中国藏族古代建筑史

༄༅། །ཀྲུང་གོ་བོད་རིགས་ཀྱི་གནའ་རབས་ཨར་སྐྲུན་ལོ་རྒྱུས། །

木雅•曲吉建才 著

མི་ཉག་ཆོས་ཀྱི་རྒྱལ་མཚན་གྱིས་བརྩམས།

西藏人民出版社

བོད་ལྗོངས་མི་དམངས་དཔེ་སྐྲུན་ཁང་།

图书在版编目(CIP)数据

中国藏族古代建筑史：汉文、藏文/木雅·曲吉建才著；

--拉萨：西藏人民出版社，2021.11

ISBN 978-7-223-07007-2

Ⅰ. ①中… Ⅱ. ①木…Ⅲ. ①藏族-建筑史-研究-中国-古代-汉、藏 Ⅳ. ①TU-092.814

中国版本图书馆CIP数据核字（2021）第258986号

中国藏族古代建筑史

作　　者：木雅·曲吉建才
责任编辑：刚组　格桑德吉　白希竹
封面设计：格次
责任印制：扎西桑珠
出版发行：西藏人民出版社(拉萨市林廓北路20号)
印　　刷：拉萨市明鑫印刷有限公司
开　　本：889×1194　1/16
印　　张：46.75
字　　数：650千
版　　次：2024年8月第1版
印　　次：2024年8月第1次印刷
印　　数：01-3,000
书　　号：ISBN978-7-223-07007-2
定　　价：260.00元

作者简介

1982年9月考察新疆吐鲁番交河古城时

木雅·曲吉建才，1947年生于四川甘孜藏族自治州康定县，5岁被认为第九世木雅香仲活佛，10岁到拉萨哲蚌寺学经。担任西藏建筑设计院副总建筑师。高级建筑师。享受国务院特殊津贴专家，荣获中国民族建筑终生成就奖。1967年下放劳动，从事建筑工程工作8年之久。1976年到西藏建筑勘察设计院工作。1980年以后从事西藏古建科研工作，1990年担任西藏古建科研设计所所长，研究出版了《大昭寺》《罗布林卡》《布达拉宫》等建筑专著，编著了《西藏民居》《神居之所：西藏建筑艺术》等。其间在《西藏风物志》《中国地域文化通览·西藏卷》等专著里承担了文物古建章节的编写任务。

1987年承担桑耶寺主殿金顶复原工程设计任务。1989年至1995年担任布达拉宫第一次维修工程技术组组长。1994年承担北京民族园藏族景区大昭寺和坛城等建筑设计和施工指导任务。2003年担任布达拉宫、罗布林卡、萨迦寺三大文物维修工程技术总监。2006年承担了东北大庆市杜尔伯特蒙古族自治县富裕正洁寺建筑设计和施工总指导。2008年负责设计内蒙古乌拉特后旗善古庙修复书总体规划设计和大殿等十几个子项的方案设计。2009年负责西藏佛学院建设工程总设计师和工程技术总监。2009年调中国佛协西藏分会工作，担任西藏自治区政协常委，佛协西藏分会副秘书长，《西藏佛教》刊物主编，中国西藏文化保护与发展协会理事，西藏文物保护技术咨询专家西藏非物质文化遗产专家，国际藏学会理事，西藏大学工程学院和艺术学院兼职教授，西南民族大学和四川省藏文学校客座教授，拉萨老城保护资深专家，甘孜州佛协咨议委员会委员，康定市佛协会名誉会长，甘孜藏族自治州康定市古瓦寺、岭古寺、哲钦尼姑寺，道孚县扎卡拖寺，九龙县吉日寺、江朗寺等寺庙的寺主活佛。2010年担任玉树灾后重建专家小组成员，负责保护维修文物古建抢险设计和施工指导。2013年承担内蒙海市拉僧重建工程设计和施工技术指导。2022年负责内蒙古自治区兴安盟科有中旗博克达庙重建大殿建筑设计。

自1980年以来，先后负责完成了家乡古瓦寺、冷古寺、卡托寺、哲钦尼姑寺等寺院的恢复重建工程。承担了康定市城市建设规划、新都桥镇、塔公镇、沙德镇和贡嘎山镇的城镇建设规划总设计师和建设项目总顾问。基于业务专长和责任志趣，利用一切机遇对木雅地区古建筑、民俗和传统文化作考察，对各类遗留古建筑进行测绘和照片采集，收集各种民俗文化素材，研究发表了一些学术论文。特别是在州市相关部门的管理指导和四川省文物局等的支持资助下，主持甘孜藏族自治州木雅文化遗产保护咨询协会完成了9座八角碉楼的修复、17座古老民居的维护和16座民房佛殿的古壁画修复保护工程。同时作为中国西藏文化保护与发展协会理事和西藏非物质文化保护专家组成员，在保护传承木雅地区传统歌舞和民族服饰等方面做了大量工作，结合传统节日组织歌舞表演，动员僧俗群众积极参与政府主导的生态资源和环境保护、生物多样性保护工作。

2003年起在联合国教科文组织的帮助下，启动木雅地区宗教艺术发展传承项目，开展泥塑、绘画、堆绣、酥油花、坛城绘制等工艺培训。2006年，在泰国曼谷举行的联合国教科文组织年会上展示的部分作品，得到了与会人士的褒奖和鼓励。

རྩོམ་པ་པོའི་ངོ་སྤྲོད།

མི་ཉག་ཚོས་ཀྱི་རྒྱལ་མཚན། 1947ལོར་སི་ཁྲོན་དཀར་མཛེས་བོད་རིགས་རང་སྐྱོང་ཁུལ་དར་མདོ་རྫོང་ལ་སྐྱེས། ལོ་ལྔའི་ཐོག་མི་ཉག་ཞབས་དྲུང་སྐུ་ཕྲེང་དགུ་པར་ངོས་འཛིན་བྱེད། ལོ་བཅུའི་ཐོག་ལྷ་ས་འབྲས་སྤུངས་དགོན་དུ་སློབ་གཉེར་བྱེད།1967ལོར་གྲོང་གསེབ་ལ་ངལ་རྩོལ་བྱེད་པར་བསྐྱོད་ནས་ཨར་སྐྲུན་ལས་ཀྱང་ལོ་བརྒྱད་ཙམ་ཨར་ལས་བྱེད།

1976ལོར་བོད་ལྗོངས་ཨར་སྐྲུན་ཐིག་ལེན་འཆར་འགོད་ཁང་ལ་ལས་ཀ་བྱེད། 1980ལོ་ནས་བོད་ལྗོངས་གནའ་རབས་ཨར་སྐྲུན་བརྟག་དཔྱད་དང་ཞིབ་འཇུག་གི་ལས་ཀ་བྱེད། 1990ལོ་ནས་བོད་ལྗོངས་གནའ་རབས་ཨར་སྐྲུན་ཚན་རིག་ཞིབ་འཇུག་འཆར་འགོད་ཁང་གི་སོའོ་ཀྲང་གི་འགན་འཁུར།

ཞིབ་འཇུག་བྱས་པ་བརྒྱུད《ལྷ་ལྡན་གཙུག་ལག་ཁང་》དང་《ནོར་བུ་གླིང་ཁ་》《གུ་གེ་རྒྱལ་པོའི་མཁར་རྡུལ་》《པོ་བྲང་པོ་ཏ་ལ་》སོགས་ཨར་སྐྲུན་ཆེད་ལས་ཀྱི་རྩོམ་དེབ་སོགས་པར་སྐྲུན་ཞུས་པ་དང་། 《བོད་ལྗོངས་དམངས་ཁང་》དང་《ལྷ་ཡི་གནས་མཆོག་》སོགས་རྩོམ་སྒྲིག་བྱས་ཡོད། དེ་ཡི་རིང་ལ《བོད་ལྗོངས་ཚན་རིག་གི་དཀར་ཆག་》དང་། 《བོད་ལྗོངས་འཛུགས་སྐྲུན་དཀར་ཆག་》《ལྷ་སའི་དཀར་ཆག་》《བོད་ལྗོངས་གཞིས་སྲོལ་དཀར་ཆག་》《ཀྲུང་གོའི་ས་ཁོངས་རིག་གནས་སྤྱི་འདུས། བོད་ལྗོངས་དེབ་》སོགས་དེབ་ཀྱི་རིག་དངོས་དང་གནའ་བོའི་ཨར་སྐྲུན་སྐོར་གྱི་ལེ་ཚན་རྩོམ་སྒྲིག་བྱས་པ་ཡིན།

1987ལོར་བསམ་ཡས་དབུ་རྩེ་ལྷ་ཁང་གི་གསེར་ཟངས་རྒྱ་ཕིབས་སླར་གསོའི་འཆར་འགོད་ཀྱི་ལས་འགན་ལེགས་སྒྲུབ་ཞུས་པ་ཡིན། 1989ལོ་ནས1995ལོ་བར་པོ་བྲང་པོ་ཏ་ལ་ཐེངས་དང་པོའི་ཉམས་གསོ་ལས་གྲྭའི་ལག་རྩལ་ཚོ་ཆུང་གི་གཙོ་འགན་ཁུར་བ་དང་། 2003ལོ་ནས་པོ་བྲང་པོ་ཏ་ལ་དང་། ནོར་བུ་གླིང་ཁ། ས་སྐྱ་དགོན་པ་བཅས་རིག་དངོས་རྣམ་གྲངས་ཆེ་བ་གསུམ་གྱི་ཉམས་གསོ་ལས་གྲྭའི་ལག་རྩལ་སྤྱི་ཁྱབ་ལྟ་སྐུལ་བའི་ལས་འགན་ཁུར་བ་ཡིན། 1994ལོར་པེ་ཅིང་མི་རིགས་སྤྱི་གླིང་བོད་རིགས་ཡུལ་ལྗོངས་ཀྱི་ལྷ་ལྡན་གཙུག་ལག་ཁང་དང་དཀྱིལ་འཁོར་ལྷ་ཁང་སོགས་ཀྱི་འཆར་བཀོད་དང་ལས་གྲྭའི་བཀོད་འདོམས་པའི་འགན་ཁུར་བ་ཡིན། 2006ལོར་ཏ་ཆེན་གྲོང་ཁྱེར་ཧྲུ་ཨར་སྤྱི་ཐའི་སོག་རིགས་རང་སྐྱོང་རྫོང་གི་དགའ་ལྡན་བྱིན་ཆགས་གླིང་དགོན་པའི་ཨར་སྐྲུན་གྱི་འཆར་འགོད་དང་ལས་གྲྭའི་སློབ་སྟོན་པའི་འགན་ཁུར་བ་ཡིན། 2008ལོར་ནང་སོག་ཕུའུ་ལ་ཐའི་ཧོ་ཆི་བསམ་གཏན་དགོན་ཆེན་སླར་གསོ་ལས་གྲྭའི་རྟེན་གཞི་འཆར་འགོད་དང་འདུ་ཁང་སོགས་རྣམ་གྲངས་བཅུ་ཕྲག་གི་ཨར་སྐྲུན་འཆར་འགོད་ཞུས་པ་ཡིན། 2009ལོར་བོད་ལྗོངས་ནང་བསྟན་སློབ་གླིང་འཛུགས་སྐྲུན་ལས་གྲྭའི་སྤྱི་ཁྱབ་འཆར་འགོད་པ་དང་ལས་གྲྭའི་ལག་རྩལ་སྤྱི་ཁྱབ་ལྟ་སྐུལ་བའི་ལས་འགན་བསྒྲུབས་པ་ཡིན། 2010ལོར་ཡུལ་ཤུལ་

ས་ཡོམ་གྱི་གནོད་འཚེ་ཐོག་རྗེས་སྐྱར་གསོ་ལས་གྲྭའི་མཁས་དབང་ཚོ་ཚུང་གི་མི་སྣ་དང་། རིག་དངོས་གནའ་སྐྲུན་ཉེན་སྐྱོབ་འཆར་འགོད་དང་ཨར་ལས་ལག་རྩལ་གྱི་བཀོད་འདོམས་པའི་ལས་འགན་ལེགས་སྒྲུབ་ཞུས་ཡོད། 2013ལོར་ནང་སོག་ཕྱུའུ་ཧེ་གྲོང་ཁྱེར་སྨན་པ་གྲྭ་ཚང་སྐྱར་གསོ་ལས་གྲྭའི་ཨར་སྐྲུན་འཆར་འགོད་དང་ལས་གྲྭའི་རྒྱས་བཀོད་པའི་ལས་འགན་ཁུར་བ་ཡིན།

བོད་ལྗོངས་ཨར་སྐྲུན་འཆར་འགོད་ཁང་གི་ཨར་སྐྲུན་དགེ་རྒན་ཆེན་མོ་དང་། རྒྱལ་སྲིད་སྤྱི་ཁྱབ་ཁང་གི་དམིགས་བསལ་བློ་ཐོགས་བཞེས་མཁན། ཀྲུང་གོ་མི་རིགས་ཨར་སྐྲུན་མི་ཚེ་གཅིག་ལ་ལེགས་སྐྱེས་ཕུལ་བའི་མཚན་གནས་བཅས་ཐོབ།

2009ལོར་ཀྲུང་གོ་ནང་བསྟན་མཐུན་ཚོགས་བོད་ལྗོངས་ཡན་ལག་མཐུན་ཚོགས་ལ་ལས་སྒྱུར་བྱས་པ་ཡིན། རང་སྐྱོང་ལྗོངས་སྲིད་གྲོས་ཀྱི་རྒྱུན་ཨུད་དང་། ནང་བསྟན་མཐུན་ཚོགས་བོད་ལྗོངས་ཡན་ལག་མཐུན་ཚོགས་ཀྱི་དྲུང་ཡིག་ཆེན་མོ་གཞོན་པ། 《བོད་ལྗོངས་ནང་བསྟན》དུས་དེབ་ཀྱི་གཙོ་འགན་རྩོམ་སྒྲིག་པའི་ལས་འགན་བཅས་ཁུར་བ་ཡིན། ཀྲུང་གོ་བོད་ལྗོངས་རིག་གནས་སྲུང་སྐྱོབ་དང་འཕེལ་རྒྱས་མཐུན་ཚོགས་ཀྱི་ལས་འཛིན་དང་། བོད་ལྗོངས་རིག་དངོས་སྲུང་སྐྱོབ་ལག་རྩལ་བློ་འདྲིའི་མཁས་དབང་། བོད་ལྗོངས་མངོན་མིན་རིག་གནས་ཤུལ་བཞག་གི་མཁས་དབང་། རྒྱལ་སྤྱི་བོད་རིག་པའི་མཐུན་ཚོགས་ཀྱི་ལས་འཛིན། བོད་ལྗོངས་སློབ་གྲྭ་ཆེན་མོ་ལས་གྲྭའི་སློབ་ཁྲིད་དང་མཛེས་རྩལ་སློབ་ཁྲིད་གི་དགེ་རྒན་ཆེན་མོ། ལྷ་ས་གྲོང་རྙིང་སྲུང་སྐྱོབ་ཀྱི་ཆེད་ལས་མཁས་དབང་རྒན་གྲས། དཀར་མཛེས་བོད་རིགས་རང་སྐྱོང་ཁུལ་ནང་བསྟན་མཐུན་ཚོགས་བློ་འདྲི་ཨུ་ཡོན་ལྷན་ཁང་གི་ཨུ་ཡོན། དར་མདོ་གྲོང་ཁྱེར་ནང་བསྟན་མཐུན་ཚོགས་ཀྱི་མཚན་འཛིན་ཚོགས་གཙོ་བཅས་ལ་གདན་ཞུ་གནང་བྱུང་། དཀར་མཛེས་བོད་རིགས་རང་སྐྱོང་ཁུལ་དར་མདོ་གྲོང་ཁྱེར་གྱི་དགེ་བ་མཁར་དགོན་དང་། གནས་མགོ་དགོན་པ། བརྩེ་ཆེན་ཆོས་གླིང་དགོན་པ། རྟའུ་རྫོང་ཁ་ཐོག་དགོན་པ། བརྒྱད་བྱུར་རྫོང་བརྒྱད་བྱུར་དགོན་པ་དང་བྱང་གླིང་དགོན་པ་བཅས་ཀྱི་དགོན་བདག་བླ་མ་ཡིན། 1980ལོ་ནས་བཟུང་སྔ་རྗེས་སུ་པ་ཡུལ་གྱི་དགེ་བ་མཁར་དགོན་དང་གནས་མགོ་དགོན། ཁ་ཐོག་དགོན་པ་དང་བརྩེ་ཆེན་ཆོས་གླིང་དགོན་པ་སོགས་སྐྱར་གསོའི་ལས་གྲྭ་ཁག་ལེགས་སྒྲུབ་བྱས་པ་དང་། དར་མདོ་གྲོང་ཁྱེར་གྱི་འཛུགས་སྐྲུན་རྒྱས་འགོད་དང་། ར་བ་སྒང་གྲོང་རྡལ་དང་ལྷ་སྒང་གྲོང་རྡལ། ས་བདེ་གྲོང་རྡལ་དང་གངས་དཀར་རི་བོའི་གྲོང་རྡལ་བཅས་ཀྱི་གྲོང་རྡལ་འཛུགས་སྐྲུན་རྒྱས་འགོད་ཀྱི་སྤྱི་ཁྱབ་འཆར་འགོད་པ་དང་འཛུགས་སྐྲུན་རྣམ་གྲངས་ཀྱི་སྤྱི་ཁྱབ་བཀོད་སྒྲིག་པ་བཅས་ཀྱི་ལས་འགན་ལེགས་སྒྲུབ་ཞུས་ཡོད། རང་ཉིད་ཆེད་ལས་ཀྱི་ཁྱད་ཆོས་དང་འོས་འགན་གྱི་བསམ་ཚུལ་བཅངས་ནས་གོ་སྐབས་ཡོད་ཚད་བེད་སྤྱད་ནས་མི་ཉག་ས་ཁུལ་གྱི་གནའ་རབས་ཨར་སྐྲུན་དང་། སྲོལ་རྒྱུན་རིག་གནས་བཅས་ལ་རྟོག་ཞིབ་དང་། རིགས་འདྲ་མིན་གྱི་གནའ་བོའི་ཨར་སྐྲུན་ཁག་དང་རྗེས་ཤུལ་ཁག་ལ་ཚད་ལེན་དང་པར་རྒྱག་སོགས་ཀྱིས་རྒྱུ་ཆ་བསྡུ་རུབ་བྱས་པ་དང་། དམངས་སྲོལ་རིག་གནས་ཤུལ་བཞག་འཚོལ་བསྡུ་བྱས་པ། ཞིབ་འཇུག་བརྒྱུད་ནས་སློབ་གཞིའི་རྩོམ་ཡིག་ཁ་ཤས་སྤེལ་བ་སོགས་བྱས་ཡོད།

ལྷག་པར་དུ་ཁུལ་དང་གྲོང་ཁྱེར་འབྲེལ་ཡོད་ཁག་གིས་དོ་དམ་དང་སྣེ་ཁྲིད་གནང་བ་དང་། སི་ཁྲོན་ཞིང་ཆེན་རིག་

དངོས་ཅུས་དང་སི་ཁྲོན་སློབ་ཆེན་སོགས་ཀྱིས་རྒྱབ་སྐྱོར་དང་མ་དངུལ་མཁོ་འདོན་གནང་བའི་འོག དཀར་མཛེས་བོད་རིགས་རང་སྐྱོང་ཁུལ་མི་ཉག་རིག་གནས་ཞུལ་བཤག་སྨུང་སྐྱོབ་བློ་འདྲི་ཚོགས་པས་འགན་ཁུར་ནས་གནའ་བོའི་མཁར་ཐུར་བརྒྱད་མ་དགུ་ལ་ཉམས་གསོ་ལེགས་སྒྲུབ་ཞུས་པ་དང་། གནའ་བོའི་དམངས་ཁང་བཅུ་བདུན་ལ་སྲུང་སྐྱོབ་ཉམས་གསོ་ཞུས་པ། དམངས་ཁང་གི་ལྷ་ཁང་བཅུ་དྲུག་ལ་སྲུང་སྐྱོབ་ཉམས་གསོ་དང་གནའ་བོའི་ལྷེབས་རིས་རྙིང་མ་ཁག་ཅིག་ལ་སྲུང་སྐྱོབ་བདག་གཉེར་གྱི་ལས་གྲྭ་སྣ་ཚོགས་སྤེལ་ཡོད། ཕྱོགས་མཚུངས་རང་ཉིད་ཀྲུང་གོ་བོད་ལྗོངས་རིག་གནས་སྲུང་སྐྱོབ་དར་སྤེལ་མཐུན་ཚོགས་ཀྱི་ལས་འཛིན་ཞིག་དང་། བོད་ལྗོངས་མངོན་མིན་རིག་གནས་སྲུང་སྐྱོབ་ཚན་པའི་ཁོངས་མི་ཞིག་གི་ངོས་ནས་མི་ཉག་ས་ཁུལ་གྱི་སྲོལ་རྒྱུན་གྱི་སྨྲ་དང་ཞབས་བྲོ། མི་རིགས་ཀྱི་གྱོན་ཆས་སོགས་ཞུལ་འཛིན་དང་རྒྱུན་འཛུགས་ཐབ་ཆེད་ལས་དོན་མང་པོ་ཞིག་བསྒྲུབས་ཡོད། སྲོལ་རྒྱུན་གྱི་དུས་ཆེན་སོགས་དང་ཟུང་འབྲེལ་བྱས་ནས་སྨྱུ་ལེན་རྒྱུ་དང་བྲོ་འཁྲབ་རྒྱུའི་ལས་འགུལ་སྤེལ་ཡོད།

གྲྭ་པ་དང་ཇོ་མོ་རྣམ་པ་ཀུན་སློང་བྱས་ནས་སྲིད་གཞུང་གིས་བཀོད་སྒྲིག་གནང་བའི་སྐྱེ་ཁམས་ཁོར་ཡུག་སྲུང་སྐྱོབ་ཀྱི་ལས་འགུལ་ནང་ཞུགས་ཡོད།

2003ལོ་ནས་མཉམ་འབྲེལ་རྒྱལ་ཚོགས་ཀྱི་སློབ་གསོ་ཚན་རིག་རིག་གནས་རྩ་འཛུགས་ཀྱིས་རོགས་རམ་ཞུགས་ཆེན་གནང་བའི་འོག་མི་ཉག་ས་ཁུལ་གྱི་ཆོས་ལུགས་སྒྲུ་རྩལ་འཕེལ་རྒྱས་དང་རྒྱུན་འཛིན་བྱ་རྒྱུའི་ལས་གཞི་ཁྲབ་སྤེལ་བྱས་ཏེ་འཛིམ་བཟོ་དང་ལྷེབས་བྲིས་རི་མོ། ཚོན་རྩི་དང་འཚེམ་དྲུབ་ལག་ཤེས། མར་གྱི་མཆོད་པ། དཀྱིལ་འཁོར་འབྲི་རྒྱུ་སོགས་སྦྱོང་བརྡར་འཛིན་གྲྭ་བཙུགས་ཡོད། 2006ལོར་འབར་མ་རྒྱལ་ཁབ་ཀྱི་མན་གུ་གྲོང་ཁྱེར་ལ་མཉམ་འབྲེལ་རྒྱལ་ཚོགས་ཀྱི་སློབ་གསོ་ཚན་རིག་རིག་གནས་རྩ་འཛུགས་ཀྱི་ལོ་རེའི་ཚོགས་འདུའི་ཐོག་སྒྲུང་ས་འབྲས་ཁག་ཅིག་འགྲེམས་སྟོན་ཞུས་པར་ཚོགས་མི་ཡོངས་ཀྱིས་བསྔགས་བརྗོད་དང་དཔེ་བཟང་བཅས་ཐོབ་ཡོད།

序

木雅·曲吉建才仁波切所著的《中国藏族古代建筑史》这部书，是一本只要一打开，非要读到结尾不放手的好书。好在能从一个点看到一大片，即举一反三的作用上；好在准确性、知识性、趣味性兼备方面。

既是建筑史，又是西藏的历史；介绍西藏自治区境内的建筑史，也概括地介绍了云南、四川、甘肃、青海等涉藏省份的藏式建筑物的情况。

番是以民族为名，应称“蕃”（bo），藏语中自称波བོད་（bo）。“吐蕃”是高地的蕃民，“唐古特”是平地的蕃民。现在藏族的族名，由卫藏变来。“藏”的藏语是གཙང་“江”，如雅鲁藏布江，“江”是翻译时加上去的。

这部中国藏族古代建筑史，将藏族历史长卷展现在读者面前，从石器时代开始，直到近现代，以建筑为载体，烘托出藏族历史文化的盛衰变迁，尽收眼底。以独特的文化驰名全球的西藏，在当下从国内外的朝圣者，到观光旅游者，似潮水涌向西藏的时代，若有幸得到这本书，便能准确了解西藏的建筑史。

一般专业书艰涩难懂，枯燥无味，这本书却不同。除了通俗浅显地介绍专业外，还含有丰富的历史文化知识性，使人读了以后，感到强烈的文化熏陶，受到很多历史知识洗礼。

第二个特点是，图文并茂。凡是介绍的典型建筑都配有图片，平面图案，立体图案。尤其是特别珍贵的部分老照片及手绘图，通过这本书将永远留在人们的视野中。

松赞干布是藏族历史上建树最大的吐蕃赞普。开疆扩土，把周围的42个邦国统一，制定文字，制定法律，行政区域的划分，军田制的建立，吸收、引进周边的文化技艺。特别是从唐朝和印度、尼泊尔引进佛教，从西安请来了佛陀十二岁等身相，从尼泊尔请来了不动金刚相，远征到印度腹地，请来了观音洛盖雪热，共称雪域三宝。所以，有信仰的人，从各地以磕头代步，朝圣拉萨，瞻仰雪域三宝，为一生幸事。

《白史》说，松赞干布土牛年生。《敦煌吐蕃年谱》只有松赞干布去世之年是公元650年的记载，土牛年如果按本世纪629年计算，松赞干布只活了22岁。按一般的说法，13岁执政，执政期只有9年。但藏文史书中都说松赞干布活了82岁。《青史》上说:“唐朝开国之年时，松赞干布50岁”。经查李渊开国登基之年是公元618年，正合藏文史书上的说法。按此计算，松赞干布应该生于土牛年公元569年。如果按《白史》说法，登基后仅9年，上述许多大事怎能完成？此处不赘，见拙文《吐蕃年谱考》。

藏族是游牧为主的民族，我曾经说，住黑帐篷的牧民是活化石。所有寺院那么豪华，与民众的生活水平不相称。为什么呢？这和游牧生活与信仰有关。牧民居无定处，逐水草而牧。寺院是学校和学术中心、文化中心，是博物馆、图书馆。

《经庄严论》认为，不懂五明，大菩萨也难成遍知佛。五明（大五明）是:内学(佛学)、因明学、语言学、医学、工艺学。工艺学包括身、言、意工艺。身工艺包括建筑学、绘画、舞蹈、音乐，各种制作；言工艺包括著作、演讲、辩论等；意工艺包括各种设计思想等。身、言工艺均离不开意工艺。

藏族是开放的民族，不是孤陋寡闻、故步自封的民族，这从藏文化的组成成分就可以说明。藏族文化不是单一的，而是吸收、引进周边各民族的文明汇集而成。如白算（印度的天文历算）、黑算（汉族的周易占卜）；如藏医是印度医、汉医、藏族民间医三者结合而成。建筑来说，桑耶寺大殿，底层藏式、中层汉式、顶层印度式，就很能说明问题。

建筑是有形有色的，其中包含着丰富的无形无色的历史文化信息。雄伟辉煌的王宫佛殿建筑，完整保存下来的也好，哪怕是断垣残壁、一砖一瓦，都诉说着人类历史的变迁，虽无言，胜过有言。人们通过游览观光，或者通过阅读这本书，透过有限的佛殿王宫建筑，可以领略到背后无限的历史文化知识，这才是真正的一种享受。

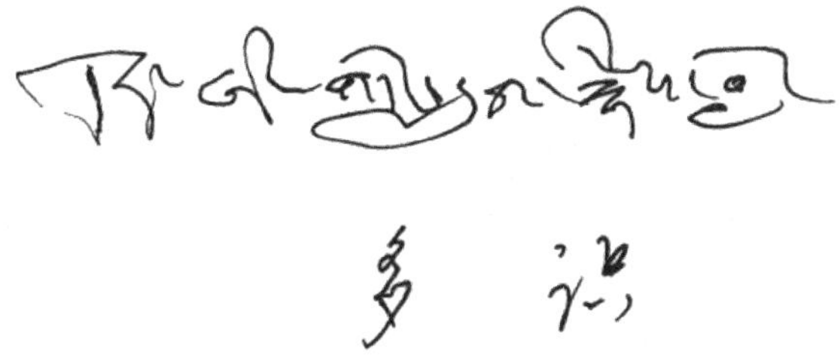

公元2021年11月9日写于成都水云庭

序言作者:多识·洛桑图丹琼排，原西北民族大学博士生导师，中国藏学研究珠峰奖“荣誉奖”获得者。

སྔོན་འགྲོའི་གཏམ།

མི་ཉག་ཆོས་ཀྱི་རྒྱལ་མཚན་གྱིས་རྩོམ་སྒྲིག་གནང་བའི་《ཀྲུང་གོ་བོད་རིགས་ཀྱི་གནའ་རབས་ཨར་སྐྲུན་ལོ་རྒྱུས》ཞེས་པ་འདི་ནི་བལྟས་པ་ནས་མཇུག་མ་རྫོགས་པར་ལྟ་བར་འདོད་པའི་དཔེ་དེབ་ཡག་པོ་ཞིག་རེད་འདུག དེ་ཡང་གཞི་གཅིག་ནས་བལྟས་ན་ཕྱོགས་མང་པོ་ཞིག་མཐོང་ཐུབ་ཅིང་། གཅིག་ཤེས་ཀུན་གྲོལ་གྱི་ནུས་པ་ཡག་པོ་ལྡན་པ་དང་། ཁུངས་བཙན་ཞིང་ཤེས་བྱའི་རང་བཞིན་ལྡན་ལ་ལྟ་འདོད་ལྡན་པའི་དཔེ་དེབ་ཡག་པོ་ཞིག་རེད།

འདི་ནི་ཨར་སྐྲུན་གྱི་ལོ་རྒྱུས་ཡིན་ལ་བོད་ཀྱི་ལོ་རྒྱུས་ཀྱང་ཡིན། བོད་རང་སྐྱོང་ལྗོངས་ས་ཁོངས་ཀྱི་ཨར་སྐྲུན་གྱི་ལོ་རྒྱུས་འཁོད་ཡོད་ལ། ཡུན་ནན་དང་། ཟི་ཁྲོན། ཀན་སུའུ། མཚོ་སྔོན་སོགས་བོད་དང་འབྲེལ་ཡོད་ས་ཁུལ་གྱི་བོད་རིགས་ཨར་སྐྲུན་གྱི་གནས་ཚུལ་རགས་བསྡུས་ཚུད་འདུག

《ཀྲུང་གོ་བོད་རིགས་ཀྱི་གནའ་རབས་ཨར་སྐྲུན་ལོ་རྒྱུས》ཞེས་པའི་དེབ་འདི་ནི་བོད་མི་རིགས་ཀྱི་ཡུན་རིང་གི་ལོ་རྒྱུས་གཟིགས་པ་པོ་རྣམས་ཀྱི་མདུན་དུ་བཀྲམ་ནས་རྡོ་ཆས་དུས་རབས་ནས་འགོ་བཙུགས་ཏེ་ཉེ་རབས་དང་དེང་རབས་བར་ངོ་སྤྲོད་ཞུས་ཏེ། ཨར་སྐྲུན་གྱི་དངོས་གཞིའི་ཐོག་ནས་བོད་རིགས་ཀྱི་ལོ་རྒྱུས་དང་རིག་གནས་དར་རྒྱུད་དང་འཕོ་འགྱུར་ཚང་མ་སྤྱན་ལམ་དུ་ཕུལ་ཡོད། ཁྱད་འཕགས་ཅན་གྱི་རིག་གནས་ཀྱིས་འཛམ་གླིང་ཡོངས་ལ་སྙན་གྲགས་ཁྱབ་པའི་བོད་ལྗོངས་སུ་རྒྱལ་ཁབ་ཕྱི་ནང་གི་གནས་མཇལ་བ་དང་། ཡུལ་སྐོར་སྐྱོ་འཆམ་ལ་ཡོང་མཁན་ནི་ཆར་སྤྲིན་བཞིན་འཕྱུར་བའི་སྐབས་འདིར་དཔེ་དེབ་འདི་ལག་ཏུ་སོན་ན། དེའི་སྐོར་ཕྲན་ཙམ་ལས་མི་ཤེས་པར་གང་བྱུང་མང་བྱུང་དུ་ངོ་སྤྲོད་བྱེད་མཁན་ཡུལ་སྐོར་སྣེ་ཤན་པ་བརྟེན་པ་ལས་ལྷག་པ་ཁེ་ཕན་ཀྱིས་ཡང་དག་པ་ཡོད།

སྤྱིར་ན་ཆེད་ལས་ཀྱི་དཔེ་དེབ་ནི་ཚིག་སྦྱོར་མཁྲེགས་ལ་གོ་དཀའ་བ་ཡོད་ཀྱང་དཔེ་དེབ་འདི་ནི་གཞན་དང་མི་འདྲ་བར་གོ་བདེ་ཞིང་ཤེས་སླ་བའི་ཐོག་ནས་ཆེད་ལས་ཀྱི་ཤེས་བྱ་ངོ་སྤྲོད་བྱས་པ་མ་ཟད། ད་དུང་ཕུན་སུམ་ཚོགས་པའི་ལོ་རྒྱུས་རིག་གནས་ཀྱི་ཤེས་བྱ་ཡང་ངོ་སྤྲོད་གནང་འདུག་པས་གཟིགས་རྟོགས་གནང་མཁན་ཚོར་རིག་གནས་ཀྱི་སྦྱོང་ཚོར་གཏིང་ཟབ་མོ་ཐོབ་ཐུབ་ལ་ལོ་རྒྱུས་ཤེས་བྱ་མང་པོ་ཞིག་ཉམས་སད་ཐུབ་པ་ཡིན།

དེབ་འདི་ནི་པར་རིས་དང་དཔེ་རིས་འདྲེས་མའི་དཔེ་དེབ་ཅིག་ཡིན་པས་ངོ་སྤྲོད་ཞུས་པའི་ཨར་སྐྲུན་གཙོ་གནད་ཚང་མར་པར་རིས་དང་ལེབ་ངོས་དང་ལངས་ངོས་སོགས་ཀྱི་དཔེ་རིས་བཀོད་འདུག ལྷག་པར་དུ་དེ་སྔོན་ལོ་རྒྱུས་ཐོག་གི་པར་རིས

མང་པོ་ཞིག་དཔེ་དེབ་འདི་བརྒྱུད་ནས་དུས་ནམ་ཡང་མི་རྣམས་ཀྱི་མིག་ལམ་དུ་ཤར་ཐུབ་པ་ཡིན།

སྲོང་བཙན་སྒམ་པོ་ནི་བོད་རིགས་ལོ་རྒྱུས་ཐོག་མཛད་རྗེས་ཆེ་ཤོས་ཀྱི་སྤུ་རྒྱལ་བཙན་པོ་ཡིན་ཞིང་། རྒྱལ་ཁོངས་རྒྱ་བསྐྱེད་གནང་ནས་ཉེ་འཁོར་གྱི་རྒྱལ་ཕྲན42གཅིག་གྱུར་བཟོས་ཤིང་། ཡི་གེ་བཟོས་པ་དང་རྒྱལ་ཁྲིམས་བརྟན་པོ་བཙུགས་པ། སྲིད་འཛིན་ས་ཁོངས་དབྱེ་འབྱེད་གསལ་པོ་གནང་བ། དམག་གི་ཞིང་སའི་ལམ་ལུགས་གསར་འཛུགས་གནང་བ། མཐའ་སྐོར་གྱི་རིག་གནས་དང་མཛེས་རྩལ་བསྡུ་ལེན་དང་དར་སྤེལ་གནང་ཡོད། ལྷག་པར་དུ་ཐང་རྒྱལ་རབས་དང་རྒྱ་གར། བལ་ཡུལ་སོགས་ནས་སངས་རྒྱས་ཆོས་ལུགས་ནང་འདྲེན་ཞུས་ཐོག་ཁྲང་ཨན་ནས་སྟོན་པ་དགུང་ལོ་བཅུ་གཉིས་སྐུ་ཚད་ཀྱི་སྐུ་འདྲ་གདན་ཞུ་གནང་བ་དང་། བལ་ཡུལ་ནས་ཛོ་བོ་མི་བསྐྱོད་རྡོ་རྗེའི་སྐུ་འདྲ་གདན་འདྲེན་ཞུས་ཤིང་། རྒྱ་གར་གྱི་ཡུལ་ལྷོ་བ་ནས་སྤྱན་རས་གཟིགས་ལོ་ཀེ་ཤྭ་རའི་སྐུ་གདན་དྲངས་ནས་གངས་ལྗོངས་ཀྱི་རྟེན་གཙོ་གསུམ་འཛོམས་པ་གནང་ཞིང་། དེར་བརྟེན་ཆོས་དད་མང་ཚོགས་ཆོས་ཕྱོགས་གང་ས་ནས་རྐང་ཐང་དང་རྐྱང་ཕྱག་འཚལ་ནས་ལྷ་སར་གནས་མཇལ་ཡོང་ཞིང་ཇོ་ཤཱཀྱ་རྣམ་གསུམ་མཇལ་རྒྱུ་བྱུང་བ་ནི་ཚེ་གཅིག་གི་དོན་ཆེན་ལ་བརྩིས་པ་ཡིན།

《དེབ་ཐེར་དཀར་པོ་》ཡི་ནང་སྲོང་བཙན་སྒམ་པོ་ས་གླང་ལོར་འཁྲུངས་པ་འཁོད་ཡོད། 《ཧུན་ཧོང་སྤུ་རྒྱལ་ལོ་ཚིགས་》ནང་སྲོང་བཙན་གྱི་འདས་ལོ་སྤྱི་ལོ650ལོར་ཡིན་པ་ལས་གཞན་འཁོད་མེད། ས་གླང་ལོ་དེ་དུས་རབས་དེའི་སྤྱི་ལོ629ལོ་ཡིན་པར་བརྩིས་ན་སྲོང་བཙན་སྒམ་པོ་དགུང་ལོ་ཉེར་གཉིས་ལས་བཞུགས་མེད་ཅིང་། སྤྱིར་བཏང་བཤད་ཚུལ་ཐོག་དགུང་ལོ་བཅུ་གསུམ་ཐོག་སྲིད་འཛིན་གནང་བ་ཡིན་ན་སྲིད་དབང་བཟུང་བའི་དུས་ཚོད་ལོ་དགུ་ལས་མེད། འོན་ཀྱང་བོད་ཡིག་གི་ལོ་རྒྱུས་དཔེ་ཚོགས་ཚང་མའི་ནང་སྲོང་བཙན་དགུང་ལོ་གྱ་གཉིས་བཞུགས་པ་འཁོད་ཡོད། 《དེབ་ཐེར་སྔོན་པོ་》ནང་"ཐང་རྒྱལ་རབས་འགོ་བཙུགས་པའི་ལོར་སྲོང་བཙན་སྒམ་པོ་དགུང་ལོ་ལྔ་བཅུར་ཕེབས"ཞེས་བཀོད་ཡོད་པས་ལི་ཡོན་གྱིས་རྒྱལ་རབས་བཙུགས་ནས་ཁྲིར་འཁོད་པའི་ལོ་དེ་སྤྱི་ལོ618ལོ་ཡིན་པ་འཁོད་ཡོད་པས་བོད་ཡིག་ལོ་རྒྱུས་ཐོག་འཁོད་པ་དང་གཅིག་མཐུན་ཡིན་པ་མཐོང་རྒྱུ་ཡོད། རྩིས་སྟངས་དེ་བྱས་ན་སྲོང་བཙན་སྒམ་པོའི་འཁྲུངས་ལོ་ས་གླང་ལོ་སྟེ་སྤྱི་ལོ569ལོ་ཡིན། གལ་ཏེ《དེབ་ཐེར་དཀར་པོ་》ནང་གི་བཤད་སྟངས་བྱས་ན་སྲིད་འཛིན་གནང་ནས་ལོ་དགུ་ལས་བཞུགས་མེད་པས་གོང་དུ་ཞུས་པའི་དོན་ཆེན་དེ་དག་ཚང་མ་སྒྲུབ་ག་ལ་ཐུབ། ད་མང་པོ་ཤོད་འདོད་མེད་པས་ངའི《སྤུ་རྒྱལ་ལོ་ཚིགས་ལ་དཔྱད་པ་》ཟེར་བའི་རྩོམ་དེ་ལ་གཟིགས་རོགས།

བོད་མི་རིགས་ནི་འབྲུ་ནོར་སྟོད་ཀྱི་འབྲོག་པས་གཙོ་བོ་བྱས་པའི་མི་རིགས་ཤིག་ཡིན། སྔ་ནག་ནང་སྟོད་མཁན་གྱི་འབྲོག་པ་ནི་རྗེ་ལ་འགྱུར་བའི་ལོ་རྒྱུས་ཅན་ཞིག་ཡིན་ཞེས་ངས་སྔ་མོ་ནས་བཤད་མྱོང་། འོན་ཀྱང་བོད་ས་ཁུལ་གྱི་དགོན་པ་ཚང་མ་རྒྱས་སྤྲོས་ཤིན་ཏུ་ཆེ་བས་མང་ཚོགས་ཀྱི་འཚོ་བའི་ཆུ་ཚད་དང་མི་མཐུན་པ་ཞིག་ཡོད་པ་དེ་གང་ཡིན་ཞེ་ན་དེ་ནི་འབྲུ་ནོར་སྟོད་ཀྱི་

འཚོ་བ་དང་དད་མོས་ཀྱི་བསམ་པར་ཐུག་ཡོད། འཁྲུག་པ་གཏན་སྡོད་བྱ་ཡུལ་མེད་པར་རྩ་ཆུ་ལ་བརྟེན་ནས་འཁྲུག་པ་སྐྱོ་སྤྱོ་བྱས་ཏེ་འཚོ་དགོས་ཤིང་། དགོན་པ་ནི་སློབ་གྲྭ་དང་རིག་གཞུང་གི་ལྟེ་གནས། རིག་གནས་ཀྱི་ལྟེ་གནས་ཡིན་ལ་རྟེན་མཛོད་ཁང་དང་། དཔེ་མཛོད་ཁང་ཡང་ཡིན།

མདོ་སྡེ་རྒྱན་ལས་རིག་པའི་གནས་ལྔ་མ་སྦྱངས་ན། ཐམས་ཅད་མཁྱེན་པ་ནམ་མཁའི་མཐའ་ལྟར་རིང་ཞེས་གསུངས་ཡོད། རིག་གནས་ལྔ་ནི། ནང་རིག་པ་(སངས་རྒྱས་ཆོས་ལུགས་ཀྱི་རིག་པ།) མཚན་ཉིད་རིག་པ། བརྡ་སྤྲོད་རིག་པ། གསོ་བ་རིག་པ། སྒྲ་རིག་པ། བཟོ་རིག་པ་བཅས་ཡིན་ཞིང་། བཟོ་རིག་པའི་ནང་སྐུ་གསུང་ཐུགས་ཀྱི་བཟོ་རྩལ་རིག་པ་ཚུད་ཡོད། གཟུགས་རིག་པའི་ནང་ཨར་སྐྱུན་རིག་པ། ཁྲིས་བཟོའི་རིག་པ། ཞབས་བྲོ་དང་རོལ་དབྱངས་སོགས་བཟོ་སྐྱུན་གྱི་རིག་པ་ལག་བཅས་ཡིན། གསུང་རིག་པ་ནི་རྩོམ་ཡིག་དང་སློབ་ཁྲིད། རྩོད་པ་རྩོད་རྒྱུ་སོགས་ཡིན། ཐུགས་རིག་པ་ནི་འཆར་འགོད་སོགས་སེམས་ཀྱི་རིག་པ་ཡིན་པས་སྐུ་གསུང་གི་རིག་རྩལ་ཚང་མ་ཐུགས་རིག་པ་དང་ཁ་བྲལ་ཐབས་མེད།

བོད་རིགས་ནི་བག་ཡངས་པའི་མི་རིགས་ཤིག་ཡིན་པས་གོ་ཐོས་ཟུང་ཞིང་མཐོང་རྒྱ་ཆུང་བ། ད་གནས་ཡིད་ཆེས་ཀྱི་རང་གི་གོག་ཕྲུལ་སྒྲུང་སྡོད་མཁན་གྱི་མི་རིགས་མ་ཡིན་པ། དེ་ཡང་བོད་རིག་གནས་ཀྱི་གྲུབ་སྟངས་ཐོག་ནས་གསལ་བཤད་བྱེད་ཐུབ། བོད་ཀྱི་རིག་གནས་ནི་ཁེར་རྐྱང་ཞིག་མ་ཡིན་པར་ཉེ་འཁོར་མི་རིགས་ཁག་གི་ཤེས་དཔལ་རིག་གནས་བསྡུ་ལེན་དང་ཁོང་དུ་ཆུད་པ་བྱས་ནས་བྱུང་བ་ཞིག་སྟེ་དཔེར་ན་དཀར་རྩིས་(རྒྱ་གར་གྱི་གནམ་རིག་སྐར་རྩིས་རིག་པ་) དང་ནག་རྩིས་(རྒྱ་རིགས་ཀྱི་ལོ་འཁོར་རྩིས་སྟངས་) བོད་སྨན་ནི་རྒྱ་གར་གྱི་གསོ་རིག རྒྱ་ནག་གི་གསོ་རིག བོད་རིགས་དམངས་ཁྲོད་ཀྱི་གསོ་རིག་གསུམ་ཟུང་འབྲེལ་བྱས་ནས་བྱུང་ཞིང་། ཨར་སྐྱུན་ཐད་ནས་བཤད་ན་བསམ་ཡས་དགོན་པའི་དབུ་རྩེ་ལྷ་ཁང་ལ་འོག་ཐོག་བོད་ལུགས། བར་ཐོག་རྒྱའི་ལུགས། རྩེ་ཐོག་རྒྱ་གར་ལུགས་བྱེད་པ་དེའི་ཐོག་ནས་གསལ་པོ་ཤེས་ཐུབ།

ཨར་སྐྱུན་ལ་དབྱིབས་གཟུགས་དང་ཆོས་མདོག་གི་ཁྱད་པར་ཡོད་ལ། ད་དུང་དེ་ཡི་ནང་དུ་དབྱིབས་གཟུགས་དང་ཆོས་མདོག་མེད་པའི་ལོ་རྒྱུས་ཀྱི་བརྡ་རྟགས་མང་པོ་ལྡན་ཡོད། བརྗོད་ཉམས་ལྡན་ལ་གསེར་འོད་འཕྲོ་བའི་ཕོ་བྲང་དང་ལྷ་ཁང་གི་ཨར་སྐྱུན། ད་ལྟ་ཆ་ཚང་གནས་མེད་པ་ཡིན་ནའི་འདྲ། ཉམས་ཆག་བྱུང་ནས་རྡིག་པ་ཞིག་རལ་ལས་ལྷག་མེད་ནའང་ཀྲུང་ཞིག་རོ་དང་རྡོ་རྡིག་རེ་རེའི་ཐོག་ནས་མིའི་རིགས་ཀྱི་ལོ་རྒྱུས་ཀྱི་འཕོ་འགྱུར་མངོན་ཡོང་གི་ཡོད་པས་མ་གཞི་སྐད་ཆ་བཤད་རྒྱུ་མེད་ན་ཡང་སྐད་ཆ་བཤད་པ་ལས་ལྷག་པ་ཡོད། མི་ཆོས་བོད་དང་འབྲེལ་ཡོད་ས་ཁུལ་ལ་སྒྲོ་འཆམ་དང་ལྷ་སྐོར་ལ་བསྐྱོད་པའམ། ཡང་ན་དཔེ་དེབ་འདི་ལ་གཟིགས་རྟོག་གནང་བ། གྲངས་ཚད་ངེས་ཅན་ལས་མེད་པའི་ལྷ་ཁང་དང་ཕོ་བྲང་སོགས་ལ་ལྟ་ཞིབ་བྱས་པ་བརྒྱུད་ཚད་ལས་བརྒལ་བའི་ལོ་རྒྱུས་རིག་གནས་ཀྱི་ཤེས་བྱ་མང་པོ་རྟོགས་ཐུབ། དེ་ནི་དངོས་ཡོད་ཀྱི་མྱོང་བ་བརྗོད་ཐབས་མེད་པ་ཞིག་ཡིན།

དོར་ཞི་གདོང་དྲུག་སྙེམས་བློས།

སྤྱི་ལོ་2021ལོའི་ཟླ་11ཚེས་9ཉིན་ཁྲིང་ཧྲུའུ་རྩ་སྤྱིན་ཁང་ནས།

དོར་ཞི་གདོང་དྲུག་སྙེམས་བློའམ་དོར་ཞི་བློ་བཟང་ཐུབ་བསྟན་ཆོས་འཕེལ་ནི་སྔོན་ནུབ་བྱང་མི་རིགས་སློབ་གྲྭ་ཆེན་མོའི་འབུམ་རམས་ཞིབ་འཇུག་སློབ་མའི་དགེ་རྒན། ཀྲུང་གོའི་བོད་རིག་པའི་ཞིབ་འཇུག་གི་ཇོ་མོ་གླང་མའི་བྱ་དགའ་ཐོབ་མཁན་ཡིན།

前言

西藏位于我们伟大祖国的西南边陲，海拔平均在4000米以上，是世界最高的高原。气势磅礴，壮观非凡。巨大的山脉纵横交接，无数的江河川流不息，大小湖泊星罗棋布，茂密的原始森林如绿色的海洋，辽阔的羌塘草原一望无际。在那广阔的天地上，千姿百态的地形地貌，记载着高原千秋万代的沧桑巨变，反映着高原独特的自然环境。由于地处高原，有其独特的地理特征和自然环境。在这种环境中，人们经过长期修养生息，逐渐创造出适合本地条件、独特的建筑体系。

藏族建筑，也于祖国其它地区一样，对地址的选择，建筑朝向，风向和水源都十分讲究。绝大多数是座北向南，背靠环山或坡地，有较丰富的水源，避开主导风向。同时，在古代地址选择尚有一定的防御作用。

藏族古代建筑像一颗璀璨的明珠镶嵌在祖国的大西南，它的建筑造型和鲜明的色彩，及其历史价值，在我国建筑历史和世界建筑历史中占有重要的地位。

在历史的长河中，藏族古代建筑技术也和祖国其它地区一样，有其发生、发展和饱经沧桑的历史。而劳动人民所创造出的精美的建筑文化，就是历史的见证。有许多宝贵资料至今在继续激发我们需要发扬光大。

藏族古代建筑历史悠久，结构多样，造型众多，适应自然环境，适合人体健康，因地制宜，节约人力物力，是我国建筑体系中很独特的一种建筑类型。藏式建筑的技艺成就不仅在我国建筑史上占有重要的地位，而且在世界建筑史上可以说是独树一帜，也是祖国文化遗产中不可缺少的一部分，更是千百万藏族劳动人民智慧的结晶，同时，藏族建筑在建筑造型、材料使用、结构体及建筑技术等各方受到祖国内地及其他邻国的影响，这些都是值得深入研究的课题。

我们应该沿着前人的足迹，在继承中求发展，在沿革中求创新。

我们希望，通过对藏族古代建筑史的研究，能够进一步推动藏族建筑事业的发展和进步，古为今用，从而更好地建设伟大祖国和美丽的家乡。

由于编写时间仓促，受其他客观因素影响，所整理的资料不够全面，错误和遗漏很难避免，恳请各位读者及有关专家学者给予批评指正。

木雅·曲吉建才

2021年7月

སྔོན་གཏམ།

འཛམ་གླིང་གི་ཡང་རྩེར་གྲགས་པའི་མཚོ་བོད་མཐོ་སྒང་ནི་ཆ་སྙོམས་མཐོ་ཚད་སྨིད་བཞི་སྟོང་ཡན་ཡོད་པས་འཛམ་གླིང་གི་ས་ཆ་མཐོ་ཤོས་དེ་ཡིན། དེར་རི་བོ་ཆེན་པོ་འཕྲེད་གཞུང་གཉིས་ལ་བརྟེན་ཞིང་བརྗིད་ཇམས་དང་ལྡན་ལ། ཆུ་བོ་དང་གཙང་པོ་རྫི་སྙེད་ཅིག་ལུང་པ་སོ་སོའི་ནང་རྒྱུན་མི་ཆད་པར་རྒྱུགས་འགྲོ་བ། མཚོ་དང་མཚེའུ་ནམ་མཁའི་སྐར་ཚོགས་ལྟར་ཕྱོགས་ཀུན་ཏུ་ཁྱབ་པ། གནའ་བོའི་ནགས་ཚལ་སྟུག་པོ་སྔོ་ལྗང་གི་རྒྱ་མཚོ་ལྟ་བུ། ཡངས་ཤིང་རྒྱ་ཆེ་བའི་བྱང་ཕྱོགས་ཀྱི་རྩྭ་ཐང་ནི་མུ་མཐའ་བྲལ་བ་བཅས་གངས་ཅན་སྣ་ལའི་སྨན་ལྗོངས་ཀྱི་ཁྱོན་ཀུན་ལ་དབྱིབས་གཟུགས་འདྲ་མིན་གྱི་གྲངས་ལས་འདས་པའི་རི་དང་ས་དབྱིབས་ཆགས་ཚུལ་སྣ་ཚོགས་ཀྱིས་མཐོ་སྒང་གི་མི་ལོ་ཁྲི་སྟོང་མང་པོའི་འཕོ་འགྱུར་མངོན་ཞིང་། དམིགས་བསལ་གྱི་རང་བྱུང་ཁོར་ཡུག་ཉམས་སུ་མྱོང་དུ་འཇུག་གིན་ཡོད། དེ་ལྟ་བུའི་ས་མཐོའི་དམིགས་བསལ་གྱི་ཁོར་ཡུག་ཁྲོད་བོད་རིགས་སྤུན་ཟླ་རྣམས་ཡུན་རིང་འཚོ་སྡོད་བྱེད་པས། རིམ་བཞིན་ཁུལ་དེ་རང་གི་ཁོར་ཡུག་ཆ་རྐྱེན་དང་ཡོངས་སུ་འཚམས་པའི་ཁྱད་འཕགས་ཅན་གྱི་ཨར་སྨན་མ་ལག་དང་བཅས་པ་གསར་གཏོད་བྱས་ཡོད།

བོད་རིགས་ཀྱི་ཨར་སྨན་ཡང་མི་རིགས་གཞན་གྱི་ཨར་སྨན་དང་འདྲ་བར། ཁང་པ་རྒྱག་ཡུལ་གྱི་ས་ཆ་གདམ་རྒྱུ་དང་། ཨར་སྨན་གྱི་ཁ་ཕྱོགས། རླུང་ཁ་ལས་གཡོལ་ཐབས། ཆུ་དང་ཐག་ཉེ་ཐབས་སོགས་ཚུད་ཡོད་པ་མ་ཟད་གནའ་དུས་སུ་ཁང་པ་རྒྱག་ཡུལ་ལ་དཔྱ་ཐོན་གྱིས་འགོག་སྲུང་བདེ་བའི་ས་ཆ་འཚོལ་བ་སོགས་ཀྱི་ཁྱད་ཆོས་དང་ལྡན།

བོད་རིགས་ཀྱི་གནའ་བོའི་ཨར་སྨན་ནི། རྣམ་པར་བཀྲ་བའི་མུ་ཏིག་གི་ཕྲ་རྒྱན་ཞིག་དང་འདྲ་བར་འཛམ་གླིང་གི་ཡང་རྩེར་མཛེས་པར་བརྒྱན་ཞིང་། དེའི་བཟོ་སྐྲུན་གྱི་ཉམས་འགྱུར་དང་། མངོན་གསལ་གྱི་ཁྱད་ཆོས། དེ་བཞིན་ལོ་རྒྱུས་ཀྱི་རིན་ཐང་བཅས་ནི་འཛམ་གླིང་གི་ཨར་སྨན་ལོ་རྒྱུས་ཐོག་གལ་འགངས་ཆེ་བའི་དོན་སྙིང་ལྡན་ཡོད།

ཡུན་རིང་གི་ལོ་རྒྱུས་བརྒྱུད་རིམ་ནང་། བོད་རིགས་ཀྱི་ཨར་སྨན་ལག་རྩལ་ཡང་མི་རིགས་གཞན་གྱི་ཨར་སྨན་ལག་རྩལ་དང་འདྲ་བར། ཐོག་མར་གསར་གཏོད་དང་། དེ་ནས་ཡར་རྒྱས་འགྲོ་བའི་དཀའ་ཚོགས་ཀྱི་བརྒྱུད་རིམ་འགྲིམས་ཡོད། དེས་ན་ལས་ལ་བརྟེན་ཞིང་དཔའ་ངར་ལྡན་པའི་བོད་རིགས་མི་དམངས་ཀྱིས་གསར་གཏོད་བྱས་པའི་ཐུན་མོང་མ་ཡིན་པའི་ཨར་སྨན་ལག་རྩལ་དེ་ང་ཚོས་མུ་མཐུད་ནས་རྒྱུན་འཛིན་དང་། སྲུང་སྐྱོབ། འཕེལ་རྒྱས་གཏོང་དགོས་ངེས་ཡིན།

བོད་རིགས་ཀྱི་ཨར་སྨན་ནི་ལོ་རྒྱུས་ཡུན་རིང་ལྡན་པ་དང་། སྒྲིག་གཞི་རྣམ་པ་སྣ་ཚོགས། བཟོ་ལྟ་འདྲ་མིན་སྣ་ཚོགས།

རང་བྱུང་ཁོར་ཡུག་དང་མཐུན་པ། མི་ཡི་གཟུགས་གཞི་བདེ་ཐང་ལ་འཚམས་པ། ཡུལ་བབ་དང་བསྟུན་པ། མི་ཤུགས་དང་དངོས་ཤུགས་ལ་གྲོན་ཆུང་ཐུབ་པ་བཅས་རང་རྒྱལ་ཨར་སྐྲུན་མ་ལག་ནང་ཆེས་ཐུན་མོང་མ་ཡིན་པའི་ཨར་སྐྲུན་གྱི་རིགས་ཤིག་ཡིན། བོད་རིགས་ཨར་སྐྲུན་གྱི་ལག་རྩལ་དང་སྒྱུ་རྩལ་ཐད་ཀྱི་གྲུབ་འབྲས་ནི་རང་རྒྱལ་གྱི་ཨར་སྐྲུན་ལོ་རྒྱུས་ཐོག་འགངས་ཆེའི་གནས་བབ་ལྡན་ཡོད་ཅིང་། འཛམ་གླིང་ཨར་སྐྲུན་ལོ་རྒྱུས་ཐོག་ཏུ་ཡང་འགྲན་ཟླ་མེད་པ་ཞིག་ཡིན་པ་མ་ཟད། མེས་རྒྱལ་རིག་གནས་རྩེས་ཤུལ་ནང་གི་མེད་དུ་མི་རུང་བའི་ནོར་བུ་ཞིག་ཡིན་ལ། བོད་རིགས་ངལ་རྩོལ་མི་དམངས་ཁྲི་སྟོང་མང་པོའི་བློ་གྲོས་ཀྱི་ཞུན་ཐིགས་ཀྱང་ཡིན། དེ་དང་སྦྲགས་མཚུངས། བོད་རིགས་ཀྱི་ཨར་སྐྲུན་དེ་ཨར་སྐྲུན་གྱི་བཟོ་དབྱིབས་དང་། རྒྱུ་ཆ་བེད་སྤྱོད། སྒྲིག་གཞི། མ་ལག ཨར་སྐྲུན་ལག་རྩལ་བཅས་གང་ཅིའི་ཐད་མེས་རྒྱལ་ནང་ཁུལ་དང་ཉེ་འཁོར་རྒྱལ་ཁབ་སོགས་ཀྱི་ཤུགས་རྐྱེན་ཆེན་པོ་ཐེབས་ཡོད་པ་ནི་ང་ཚོས་གཏིང་ཟབ་ངང་ནས་ཞིབ་འཇུག་བྱེད་དགོས་པའི་སློབ་གཞི་ཆེན་པོ་ཞིག་ཡིན།

མེས་པོའི་རྐང་རྗེས་དེད་ནས་རྒྱུན་འཛིན་བྱེད་པའི་ཁྲིད་འཕེལ་རྒྱས་གཏོང་བ་དང་། འཕེལ་རྒྱས་འགྲོ་བའི་བརྒྱུད་རིམ་ནང་གསར་གཏོད་ཐུབ་པ་བྱ་རྒྱུ་ནི་ང་ཚོའི་དམིགས་ཡུལ་ཉག་གཅིག་ཡིན།

ང་ཚོས་བོད་མི་རིགས་ཀྱི་གནའ་བོའི་ཨར་སྐྲུན་ལོ་རྒྱུས་ལ་ཞིབ་འཇུག་བྱས་པ་བརྒྱུད་བོད་རིགས་ཀྱི་ཨར་སྐྲུན་བྱ་གཞག་ཡར་རྒྱས་དང་གོང་འཕེལ་ལ་སྐུལ་འདེད་བྱས་ཏེ་གནའ་བཟང་དེང་སྤྱོད་ཀྱིས་སྔར་ལས་ལྷག་པའི་སྒོ་ནས་ནུབ་ཆེན་མེས་རྒྱལ་དང་མཛེས་སྡུག་ལྡན་པའི་ཕ་ཡུལ་འཛུགས་སྐྲུན་བྱེད་དགོས།

དཔེ་དེབ་འདི་རྩོམ་སྒྲིག་བྱེད་པའི་དུས་ཚོད་ཐུང་བ་དང་ཕྱི་རོལ་གྱི་རྒྱུ་རྐྱེན་སྣ་ཚོགས་ཀྱི་རྐྱེན་པས་དཔྱད་གཞིའི་ཡིག་ཆ་ཆ་མི་ཚང་བར་བརྟེན། ནོར་འཁྲུལ་དང་ཆད་ལྷག་མང་པོ་ཡོད་པ་བརྗོད་མི་དགོས། རྒྱ་ཆེའི་ཀློག་པ་པོ་དང་འབྲེལ་ཡོད་ཆེད་ལས་པ་རྣམ་པས་སྐྱོན་བརྗོད་དང་ཡོ་བསྲང་གནང་རོགས་ཞུ་རྒྱུ་དང་བཅས།

མི་ཉག་ཆོས་ཀྱི་རྒྱལ་མཚན་ནས།

སྤྱི་ལོ་༢༠༢༡ལོའི་ཟླ་༧པར།

目录

第一章　青藏高原独特的地形地貌、自然环境和气候

第二章　藏族建筑历史

第三章　藏式建筑种类

第四章　藏族建筑特点

第五章　藏式建筑的结构类型和特征

第六章　藏式建筑的色彩

第七章　浅析藏族古代建筑发展史上的现象

དཀར་ཆག

第一章　青藏高原独特的地形地貌、自然环境和气候

一、地形地貌及自然环境

雪域高原，像一座巨大的金字塔，拔地而起、巍然矗立。辽阔的地域，北起昆仑，南至喜马拉雅，西迄喀喇昆仑山脉，东抵横断山脉，西藏自治区总面积约为120万平方公里。（照1–1）还有青海和甘肃、云南和四川等藏民族聚集区。

举世无双的青藏高原，由于海拔高，面积大，加上自然环境的独特性，使它在全球高原高山区域中占有十分特殊的地位。许多地理学家和探险家把它和南极、北极相提并论，称之为地球的“第三极”“世界屋脊”。

人们把青藏高原视为地球的“第三极”，主要是指它在地球上绝无仅有的海拔高度，雪峰际天的群山以及由此引起的寒冷气候。高原腹地年平均气温在0°C以下，大片地区最暖月平均气温低于10°C，这样寒冷的气候只能与地球两极地区相比。因此，将地球“第三极”的称号授予青藏高原是当之无愧的。

平均海拔超过4000米的青藏高原，其上纵横展布着一系列巨大的山系，构成高原地形地貌的基本骨架。高原边缘的山系有昆仑山、阿尔金山、祁连山、喜马拉雅山、横断山脉连同其内部大致相互平行的一系列巨大山系，即东昆仑山脉至巴颜喀拉山脉、喀喇昆仑山脉至唐古拉山脉、冈底斯山脉至念青唐古拉山脉等，组成了巨大的山河。山脉绵延，此起彼伏，景色壮阔。（照1–2）

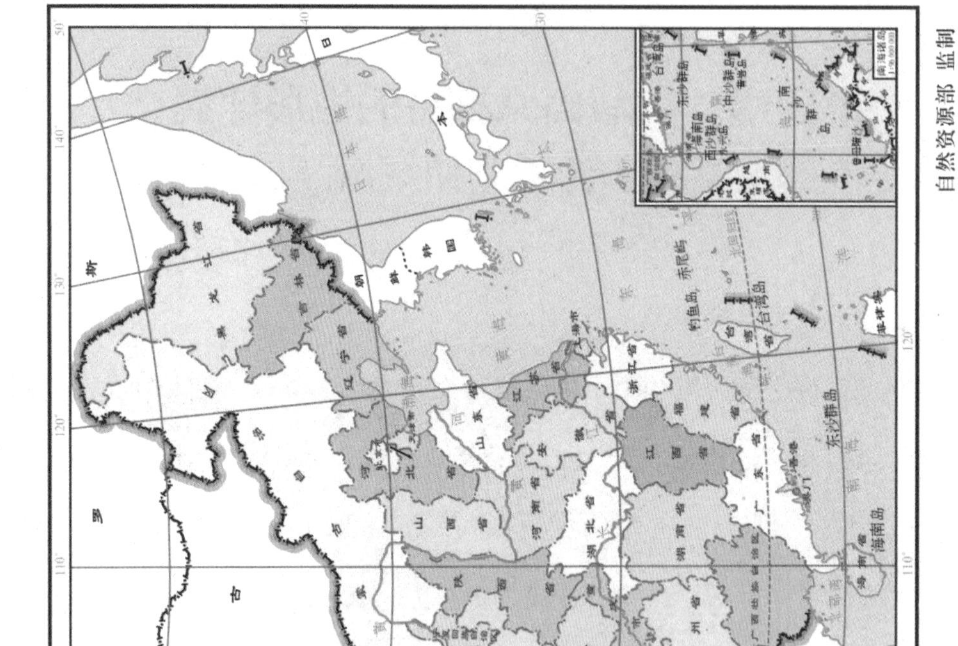
中国地图
审图号：GS(2016)1600号
自然资源部 监制
图例
1：48 000 000
新疆维吾尔自治区
西藏自治区
青海省
四川省
内蒙古自治区
黑龙江省
吉林省
辽宁省
河北省
山西省
陕西省
河南省
山东省
湖北省
湖南省
江西省
浙江省
福建省
广东省
广西壮族自治区
贵州省
云南省
台湾省
海南岛
台湾岛
钓鱼岛
赤尾屿
东沙群岛
中沙群岛
西沙群岛
南沙群岛

照1-1 中国地势图

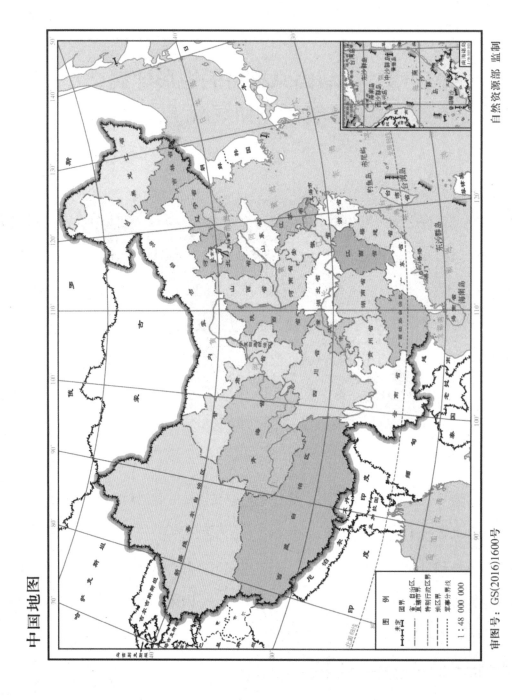

照1-2 青藏高原巨大山系

照1-3 藏东高山峡谷（昌都地段）

（一）藏东高山峡谷

藏东为高山峡谷，三江流域其地势险恶，山顶与谷底高差可达二千多米。山顶大多为终年不化的雪山，山腰为岩石和茂密的原始森林，谷底为四季常青的农田果园，构成了西藏东部的奇特景色。墨脱和察隅县等地更是四季如春，是我国少有的天然植物宝库。（照1–3）

（二）藏南高山河谷

藏南主要属雅鲁藏布江及支流，拉萨河、年楚河、尼洋河等河谷地段的拉萨、江孜、林芝、日喀则、山南等河谷平原，土地肥沃，农产丰富，其中以山南市和日喀则市以东的江孜等地，为西藏重要的农业区。（照1–4）

（三）藏北羌塘高原

藏北高原主要指那曲市和阿里地区东部革吉、改则、措勤等地，藏北为昆仑山脉、唐古拉山脉；西有冈底斯山脉，南为念青唐古拉山脉。藏语称为“羌塘”，意为北方大平原，平均海拔4500米左右，相对高差一二百米左右。苍茫而辽阔的“羌塘”草原是西藏的主要牧业区。（照1–5）

照1-4 藏南高山河谷（拉萨达孜河谷）

照1-5 藏北牧区羌塘高原

（四）喜马拉雅山脉地段

喜马拉雅山脉地段，位于西藏南部同印度、尼泊尔、不丹等国接壤区域，如吉隆、樟木口岸，定结县、定日县、洛扎县、亚东和错那县等地。西部海拔较高，气候干燥寒冷，东部气候湿润，平均海拔六千米以上。是世界最高山脉，举世闻名的世界第一高峰珠穆朗玛峰就在这里。（照1–6）

青藏高原有丰富的森林资源，森林面积约1.7亿亩，主要集中分布于高原的东部和南部。从喜马拉雅山南翼，念青唐古拉山东段南北翼向东与横断山区森林相连接。

东喜马拉雅南翼山地海拔1000~1100米以下分布着热带森林，树种非常丰富，附生植物繁多。

西藏东南的墨脱、察隅两县等地，在海拔1000~2500米左右的山地生长着常绿阔叶林，有壳斗科的栲、青冈、石栎次及茶科、樟科、木兰科等常绿乔木组成，在高原隆起抬升的过程中，这里一直处在温暖湿润的气候条件下，因而保存了许多原始和古老的植物种类，如罗汉松、穗长杉以及具有高达木质茎秆的树蕨类植物等。

喜马拉雅山脉和横断山区分布着由长叶松、乔松、云南松和高山松组成的松林，这些树种适应性强、耐旱、抗瘠、生长迅速，常在阳坡或半阳坡组成层次均匀，透光性好，林相整齐的大片森林。

照1-6 喜马拉雅山脉地段

二、高原气候

青藏高原地处中纬度内陆，海拔高，地形复杂，形成了独特的气候。从东南部的暖热湿润到西北部的寒冷干燥，从低海拔的山地热带、亚热带到高海拔的高山寒漠带，高山冰漠带，地域差异和垂直变化都十分显著。地势高，气温低，大约每上升100米，气温降低0.6℃。青藏高原的很多地区，即使在夏季七八月份仍有霜冻，海拔4500米以上的地方还要飘上漫天的雪花。这与“夏夜炎炎难入眠”的同纬度平原有着多么大的区别。然而，高原并非人们所想象的只有冰天雪地。高原也有炎热的河谷和热带、亚热带山地森林。从雅鲁藏布江下游谷地到昆仑山巅；从藏东川西平行岭谷到阿里高原，有低山热带、山地亚热带、高原温带，高原寒温带等不同的气候带。例如，在雪山南迦巴瓦山峰脚下10余公里雅鲁藏布江大转弯处地段的水平距离内，几乎可以看到从赤道到极地的全部自然景观变化，真可谓“山下开花，山上雪”“十里不同天”“一日有四季”。

高原的太阳总辐射值居全国之冠。西藏自治区全区的年平均日照时数为2500小时左右，东南两个方向的森林地带年日照时数1600小时左右，而西北两部年日照时数多在3000~3400小时左右，因而是 我国太阳辐射最多的地方，日照时数也是全国最长的地区。比如拉萨城市，每平方米地面全年接受太阳辐射19500千卡，相当于230~280公斤标准煤燃烧所产生的热量。比纬度相近的成都、南京高一倍多。由于日照强烈，即使在严冬，只要太阳一出来，气温很快上升，气温日差可达18℃~20℃。藏族同胞的穿衣习惯就是为了适应这种特殊的气候条件，高原早晚很冷，藏民须紧裹藏袍御寒。而一到中午，日照强烈，气温上升，就得脱掉一只袖子，或脱掉两只袖子系在腰间。强烈的太阳辐射在一定程度上弥补了地高天寒的不足，为当地人的生产生活提供了便利条件。

青藏高原空气中的水汽，主要来自印度洋的西南季风。它们沿横断山脉吹入，直至念青唐古拉山脉东段。每年的5-9月是高原的雨季。横亘在高原南部的喜马拉雅山脉是巨大的屏风，阻挡着季风气流向北运行。山地南麓暖湿气候被迫提升，形成地形雨。雅鲁藏布江南整个地势北高南低，呈向南开口的北窄南宽的马蹄形，正好处在迎风面上。年降水量为1000~4000毫米，是我国降水量最多的地区之一。但是，当气流沿河谷到高原内部时，年降水量只有南坡的1/5~1/10，日喀则一带年降水量仅400毫米左右。再往西北，年降水量还不足100毫米。降水量从东南向西北递减。

由于高原上大气中水汽含量少，朵朵云彩拖着长长的尾巴，似有雨，又不见雨，“只有空中雨，不见落地来”。这是因为云中雨水还没有降落到地表就又重新蒸发到大气中造成的。高原干澡的气候，有利于土木建筑的使用寿命。因此，延长了青藏高原上很多历史悠久的古建筑的实用和寿命，西藏很多历史悠久的古建筑至今仍能保存完好，也是这个原因。

总体上讲，青藏高原，受奇特多样的地形、地貌和高空气流的影响，形成了复杂多样的独特气候。日照多，辐射强烈；气温较低，温差大；气候干燥，多大风；气压低，氧气含量较少，另外，从整体上讲，西北两个方向，气候严寒干燥，东南是较为温暖湿润的气候。

以上是整个青藏高原地形地貌和自然环境，气候特征等概要介绍。在这种自然环境和气候条件下所形成的独具特色的建筑，就是本书所要介绍的中国藏民族的建筑，简称藏族建筑。

第二章　藏族建筑历史

藏族建筑历史悠久，结构特殊，形式多样，风格独特，是藏族人民智慧的突出表现，是祖国建筑艺术之珍品。

早在四五千年以前，藏族就有了较为先进的房屋建筑，考古工作者从昌都“卡若”遗址中发掘出两层楼房屋，在拉萨郊区曲贡村和定日县境内，以及阿里等地的考古发掘也发现了一些建筑遗址，有的年代比昌都“卡若”遗址更早一些。这些都证明在远古时期青藏高原便有了建筑发展历史。但高原大片地区处在远古时期，区域大，人口少。长时期内没有人去考察和研究。

西藏民主改革以后，1964年筹备成立了西藏文物管理委员会。当年中国科学院西藏科学考察队在藏南定日县苏热地点采集到属于旧石器中晚期的打制石器标本40余件。这是西藏首次发现的旧石器遗存。1976年和1983年中国科学院青藏高原科学考察队、南京大学、中国地质科学院等又在藏北申扎县珠洛勒，阿里地区日土县扎布、藏北多格则以及格听四个地点采集了打造石器二百多件。年代约为旧石器时代晚期。1966年，中国科学院西藏高原科学考察队在藏南喜马拉雅山南麓的聂拉木县的亚里、羊圈两地点采集细石器标本30多件。1976年中国科学院青藏高原综合科学考察队，南京大学等单位在藏北、阿里、日喀则等地采集了大量的细石器标本和打制石器标本。这些标本均属于新石器时代，也有人认为属于中石器时代。尽管发现的石器还不能算是跟建筑有直接的关联，但我们应该承认，只要有石器就说明有人类，有人类就有他们的栖息之地，不管是地穴或山洞都是我们古代建筑之开始。所以中国藏族之古代建筑历史可以追随到旧石器时代，经历了三百多万年的漫长历史岁月。西藏民主改革以后，特别是党的十届三中全会后，西藏的考古工作有了长足的进展，到了1985年为止，西藏自治区范围内共发现旧石器点5处，细石器地点28处，新时期时代遗址地点20余处，吐蕃时期墓葬20余处近二千座。

一、卫藏地区旧石器时代

（一）苏热地点：位于定日县东南约10公里的苏热山南坡第二阶地上，海拔4500米。共采集石器制品40件，石器15件，均为片石器，器形有刮削器和尖状器（照2-1）。

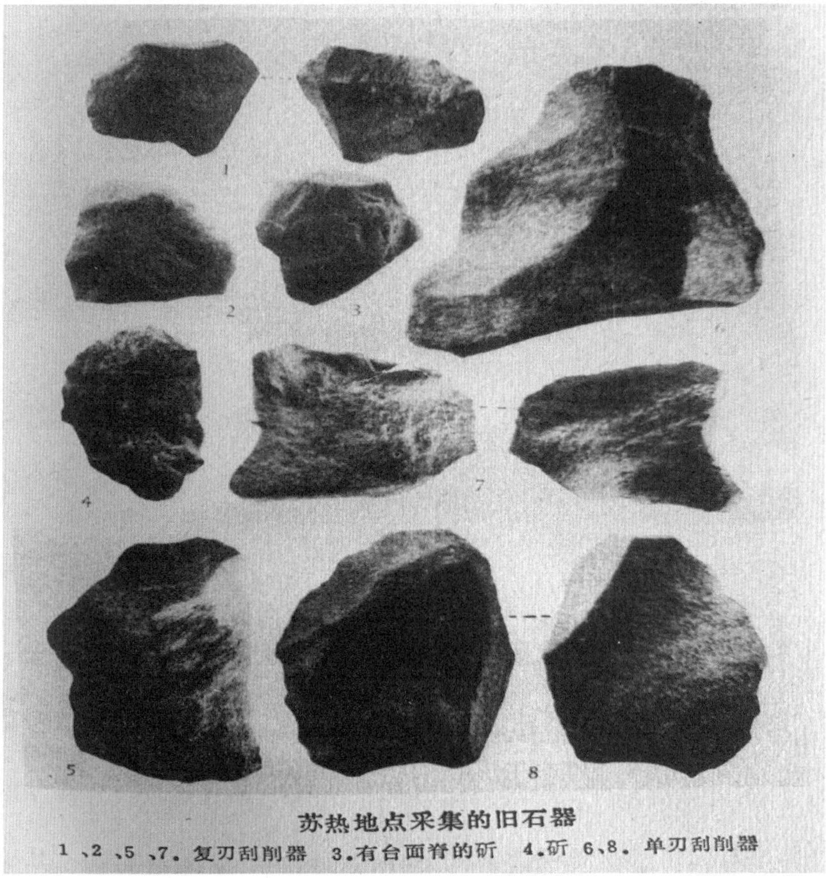

照2-1 苏热地点旧石器

苏热旧石器年代，根据其加工方法较成熟、器形较稳定、特别是心形尖状器的出现，可初步确定为旧石器中晚期。

（二）珠洛勒地点：位于藏北申扎县雄梅区珠洛勒。石器均采集于错鄂湖盆地东南及洛勒河口附近的河谷中，海拔4830米。其采集石器十四件。石器原料均为角岩，特点是石片厚大，石器由狭长的片石或宽大于长的石片制成。珠洛勒地点年代属于旧石器晚期（图2–1）。

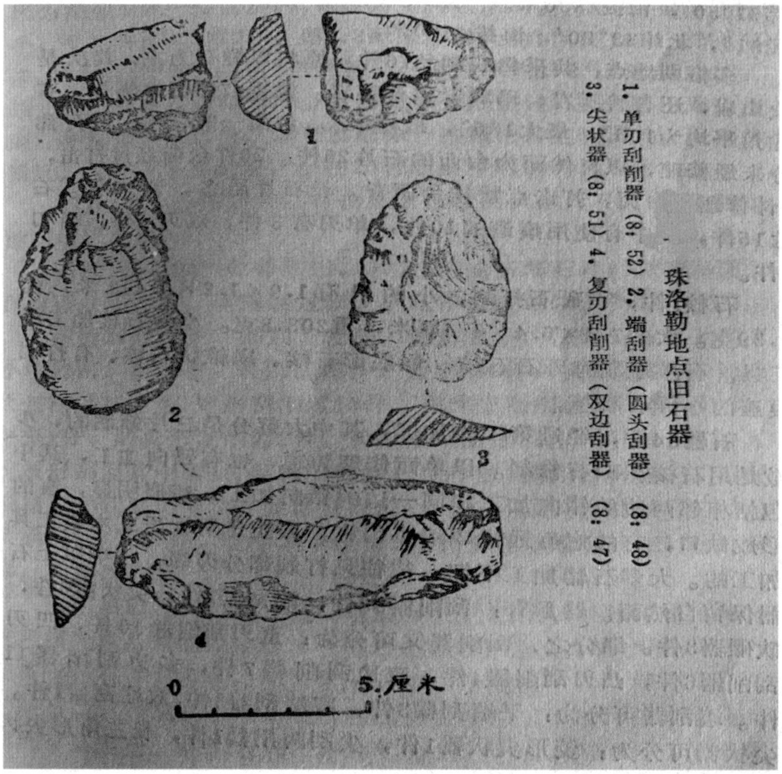

图2-1 珠洛勒地点的旧石器

（三）多格则地点：位于那曲地区申扎县多格则地点，海拔4830米。共采集石制品76件，原料以燧石为主，其次是火山岩，还有碧玉岩、玛瑙岩和石英岩。石核7件，由砾石打制，石器54件，经过第二部加工，其中大部分是石片修制的。

（四）扎布地点：位于阿里地区日土县扎布地点，海拔4400米。共采集石制品26件，原料大部分为黑色燧石。石片1件，石核1件，石器24件，第二部加工较好，器形规整。

多格则和扎布两个地点的旧石器年代，采用压制法压制细小石核，是细石器传统的早期类型，所知层位最早不超过3万年（图2-2）。

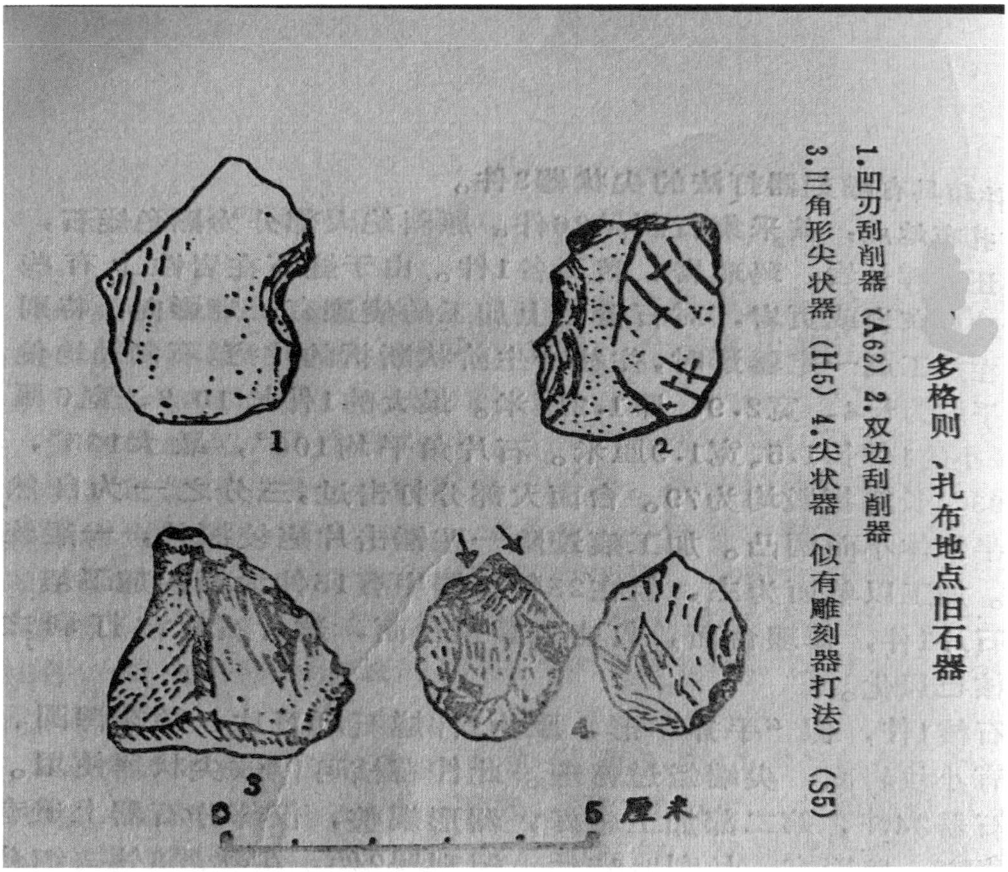

多格则、扎布地点旧石器
1.凹刃刮削器（A62）2.双边刮削器
3.三角形尖状器（H5）4.尖状器（似有雕刻器打法）（S5）
1
2
3
4
0
5 厘米

图2-2 多格则和扎布两地点旧石器

（五）格听地点：位于那曲地区色林错东岸的一个岗丘上。岗丘顶部平坦，东西长1.5公里，南北宽0.5公里，高出今湖面133米，海拔4633米。该地点石制品主要由片石、石核、石器组成。石片64件，石核6件，石器39件，边刮器21件，凹缺刮器1件。格听地点的年代距今近1万年。

二、卫藏地区新石器时代

（一）申扎、双湖境内地点：均位于藏北高原的申扎县和双湖境内，共发现十八处，海拔4500~5200米。石器地点主要在湖滨平原，河流阶地和山麓洪积扇上，这些地点的附近常有成片的沼泽草地，有流水有泉水，是天然的采集狩猎场所。

十八个地点分别是：申扎县的珠洛勒、卢令、罗马松、加虾日阿嘎、捧康、改札、雄梅、扎不金雄、亚可、查勒多、洛扎、巴家、东乡、尼隆以及双湖办事处的玛尼、绥绍拉西侧、绥绍拉西北、色乌岗。

由十八个地点共采集标本156件，为典型的细石器遗存。石核94件、石片40件、细石核石片2件、石叶5件、细石器15件（照2-2）。

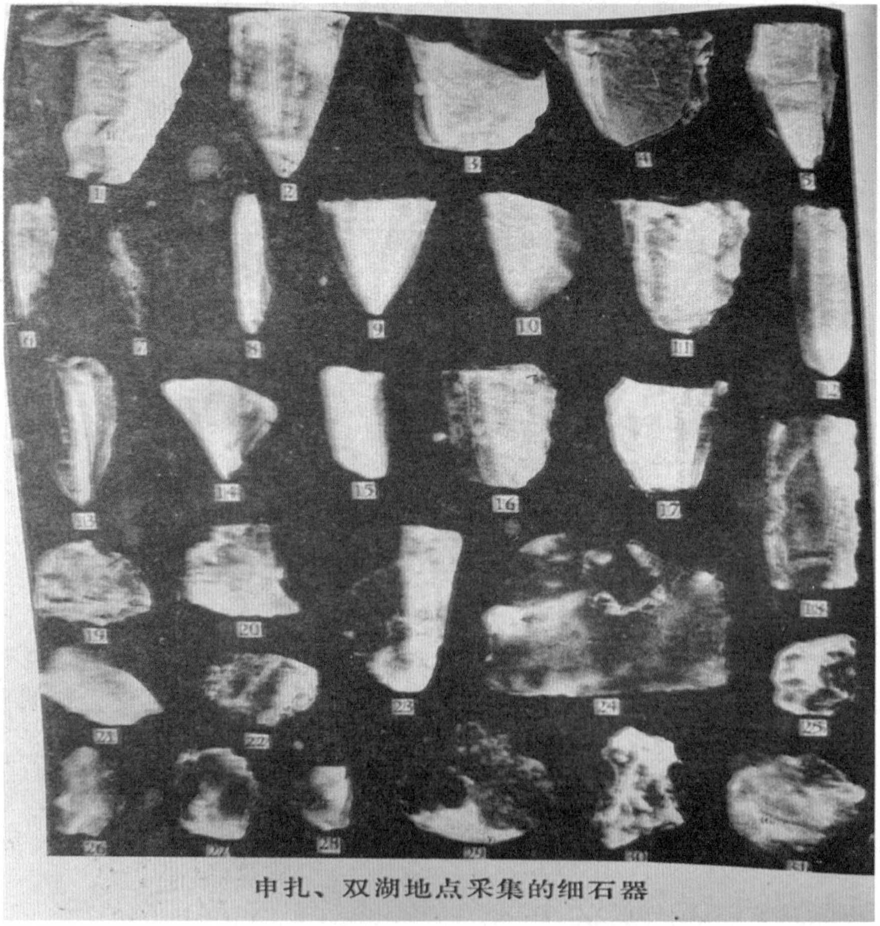

照2-2 申扎、双湖地点采集的细石器

（二）玛旁雍错东北岸地点：位于阿里地区普兰县玛旁雍错东北岸的高地上，海拔4630米。这是一处细石器和大型打制石器共存的采集点。共采集细石器标本39件，原料绝大部分为黑色燧石。石叶4件、小片石12件，细石器23件，石核1件，片石7件，石器11件（图2-3）。

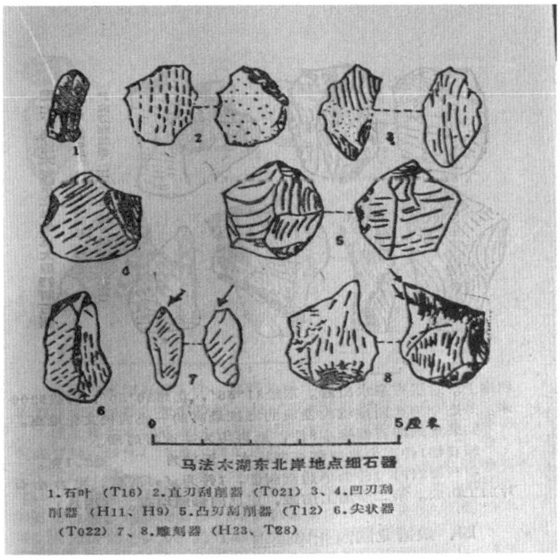

图2-3 玛旁雍错东北岸地点石器

（三）帕也布山峰南麓帕也曲镇沟左岸地点：位于阿里地区日土县帕也布山峰南麓帕也曲镇沟北侧山麓积扇上。这里有泉水出露，海拔5200米。是迄今为止西藏境内发现的海拔最高的一处古代文化遗址。共采集到细石器标本3件，原料均为半透明玛瑙。细石核1件，细石器2件（图2-4）。

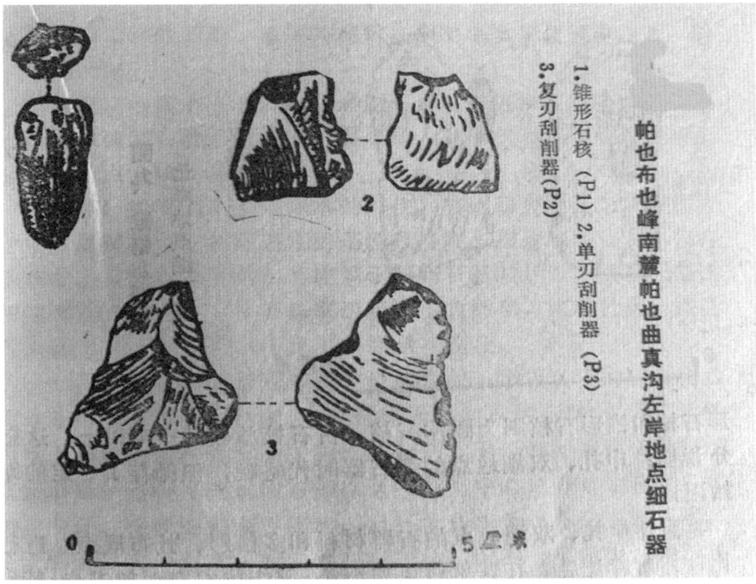

图2-4 帕也布山峰南麓帕也曲镇沟左岸地点

（四）戳错龙湖西北岸地点：位于日喀则地区吉隆县戳错龙湖西北岸滨高阶地地面，海拔4620米。仅采到细石器1件，原料为碧玉（图2-5）。

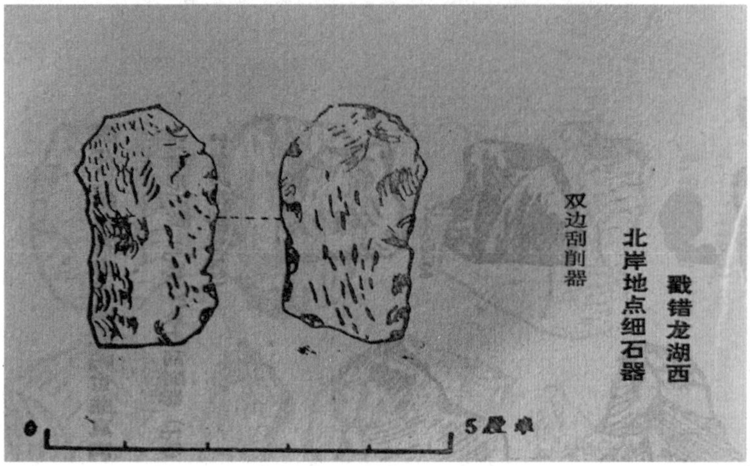

图2-5 戳错龙湖西北岸地点石器

以上几个地点石器标本的年代从旧石器晚期到新石器早期。西藏自治区境内发现众多旧石器时代和新石器时代有价值的考古点，中国科学院、西藏自治区文物考古专业人员初步确定，栖息在青藏高原上的土著民族有着悠久的历史，至少五万年前高原人的祖先繁衍生息在这片神奇的土地上。因此也给我们研究中国藏族古代建筑历史提供了石器时代的整体轮廓。随着青藏高原考古工作和古代建筑历史研究工作的发展和深入，一定能把中国藏民族古代建筑历史较全面、较完整地展现在世人面前。（西藏旧石器、新时期资料来自《西藏考古大纲》）

（五）曲贡遗址：曲贡遗址地处拉萨市北郊的山脚下，系西藏新石器时代遗址，距今3500~4000年。发掘面积为500多平方米。出土遗物的种类有石器、陶器、骨器等。其中石器近万件，分为打制与磨制和细石器三类，器形有石锤、砍砸器、刮削器、切割器、雕刻器、锥状器等，骨器类有针、锥、笄、镞等。陶器主要有单耳罐、双耳罐、圜底钵、高柄豆、高领鼓腹罐等，陶质多为泥质陶，陶色以灰色、黑色为主，多见磨光黑陶，并压划有变化丰富的几何纹饰。装饰品有骨笄、耳陶环、石环等在遗址的灰坑遗迹中发现葬有人头或人骨架。遗址内还出土大量收割器具和加工谷物的磨盘，发现有大量兽骨、鱼骨和渔猎具，1996年公布为西藏自治区保护单位（照2-3）（照2-4）。

照2-3 曲贡遗址（1985年）

照2-4 曲贡遗址磨光黑陶

（六）卡若遗址：卡若遗址位于昌都市澜沧江西岸卡若镇卡若村，为新石器时代遗址，二十世纪60年代，这里新建了一座水泥厂，1977年水泥厂扩建时工人在施工过程中发现了遗址，1978年进行了首次发掘，共发掘出遗址面积230平方米，1979

年进行了第二次发掘，发掘出面积1570平方米，中科院、四川大学及西藏文管会考古专家进行了科学发掘。2002年又进行了一次发掘，发掘面积1800多平方米，共清理出房屋、道路、石墙、石砌圆台、石砌圆圈、灰坑等遗迹。出土的石制品有打制石器和磨制石器；出土的陶器均为夹砂陶，以灰黄色为主，器型以罐、碗、盆等平底器为主，还有少量彩陶，除素面陶外，还有少量彩陶，有刻划纹、压印纹、绳纹等纹饰；还出土有骨、石、贝质的多种装饰品。以遗址出土有粟和大量动物骨骼，反映出当时的经济生产方式是以农业和狩猎业为主。卡若遗址的年代距今有4000~5300年，其文化内涵与黄河上游及川、滇高原的新石器文化有较密切的联系。在这里出土的石器、陶器及建筑遗址等完全说明，早在四五千年前，昌都一带已处于农牧生活，初级的村落布置反映了藏族氏族社会的共同特点，已经形成了定居生活，特别是这里的地面建筑，是藏族传统的石墙房屋的前身，同现在昌都一带的民居极为相似。

据有关资料分析，遗址中发现的27座建筑遗迹中，可以分为半地穴式房屋和地面房屋两大类（照2-5）（照2-6）。

照2-5 卡若遗址半地穴石墙房屋遗迹（1978年）

照2-6 卡若遗址双体兽形罐

三、青海和甘肃及宁夏地段

同样作为古代青藏高原土著人广阔栖息地之一的青海和甘肃两省，根据多年以来的考古发现，在距今3万年前的旧石器时代，当地土著先民繁衍生息在这片广袤的土地上。1956年，中国科学院地质研究所在柴达木盆地南缘的格尔木河上游三岔口（海拔3500米）、高原腹地长江源上沱沱河沿岸以及可可西里（海拔4300米）三个地点采到10余件打制石器，有石核、石片和砾石等工具。根据石器种类，打制方法和石锈，研究员推断它们应是旧石器的一种。在这里先后采集到的石器有112件，其中包括雕刻器、刮削器、尖状器和砍砸器41件。据碳14测定和地层对比，这批石器距今大约三万年，无可置疑地将青海有人类活动的历史向前推了两万多年，它充分证明柴达木盆地曾是青海先民生存过的地方。

（一）新时期人类活动遗迹

青海、甘肃、宁夏这一带为青藏高原中部和东部地段。这一地区新石器时代主要以马家窑文化为主。根据《青海通史》等重要资料的明确记载可以看到其迁移时间为公元13世纪初。它同黄土高原黄河中游一带的仰韶文化为同一时期，考古界又称其为甘肃仰韶文化。其分布范围，东起甘肃泾水、渭水上游，西至青海的兴海，同德县境内，北抵宁夏回族自治区的清水河流域，南达四川阿坝藏族自治州北部。青海省境内马家窑文化遗存很多，截至1990年调查登记的就有917处。已发掘的主要遗址和墓地有：民和县阳洼坡，贵南县尕马台，循化县的苏乎撒，互助县的总赛，西宁市的朱家寨，同德县的宗日等。据碳14测定，马家窑文化的年代大约为公元前3800~前2000年。马家窑文化氏族为单位过着定居的生活，其聚落多位于河流两岸的台地上。他们的房屋多为半地穴式，平面呈圆形、房内灶，房屋周围有储藏东西的窑穴。如民和转导乡阳洼坡遗址的第3号房子，据房址可复原方形四面坡的房屋。这种在竖穴上构筑盖顶的房子形式，可以说是土木结合的古典建筑的始祖。

（二）公元前世纪建筑遗迹

1.齐家文化

青海地区青海铜器时代遗迹主要有齐家文化，因1924年甘肃省广河县齐家坪首次发现而得名。齐家文化的年代据碳14测定，约为公元前2000~公元前1600年。齐家文化的分布范围东起泾水、渭水流域，西达青海湖畔，南抵白龙江流域，北入内蒙古阿拉善左旗。

齐家文化的住房多为四方形半地穴式，房屋的地面和四壁均抹白灰，地面白灰在0.5厘米厚以上，坚实而平整，不仅美观，还有防潮的作用，这是早期先民在建筑上的一个创举。房屋面积一般为10多平方米（照2-7）。

照2-7 齐家文化铜镜

2.卡约文化

卡约文化是青铜器时代青海境内主要的土著文化遗存，是齐家文化的延续和发展。其分布区域为东至甘青交界地带，西达柴达木盆地东缘，北到祁连山南麓，南至果洛藏族自治州境内的黄河沿岸和玉树藏族自治州境内的通天河地区。已调查登记的遗存达1766处，可见卡约文化是青海省内分布面积最广，遗址数量最多的青铜时代文化。据已有的碳14测定数据，其确定年代约为公元前1600~公元前700年。卡约文化时期人们居住的房屋以半地穴为主，也有地面式房屋遗址。房内地面铺一层红胶泥土面。居住地主要选择在河水两岸台地上，也有在高山和地势险要之地的。卡约文化时期较大规模的畜牧业经济的产生，是青海先民适应自然、征服自然能力提高的表现。由此青海广阔的草原资源得到充分的利用。

卡约文化最为流行的葬俗是二次扰乱葬，这种葬俗比例约占青海葬俗总数的70%，即在埋入地下一段时间后，再将墓地挖开、扰乱尸骨位置，打碎或取走部分尸骨。这种葬俗与当地人宗教信仰有关。目前很多藏族地区仍然有这种习俗（照2-8）。

照2-8 卡约文化鸠首牛犬铜杖首

3.诺木洪文化

诺木洪文化的分布区域仅限于柴达木盆地。截至目前，调查登记的遗址有40处，以盆地的东南部分布较为集中。目前经过发掘发现搭里他里哈仅一处遗址。经碳14测定，其年代为距今2900年左右，正当西周时期（照2-9）。

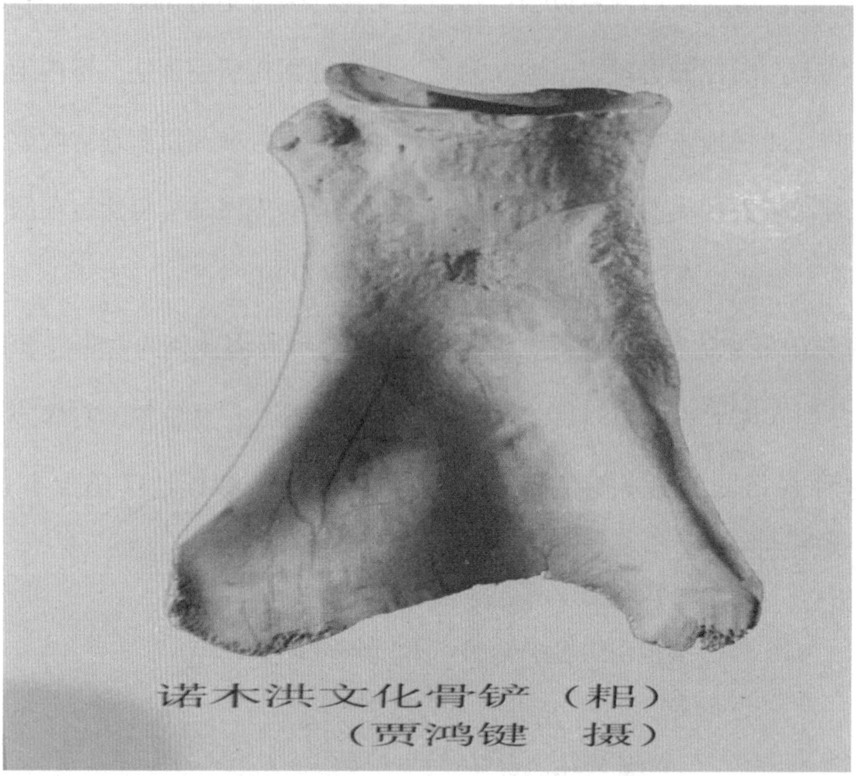

照2-9 诺木洪文化骨铲

搭里他里哈遗址发现的住房有圆形和方形两种，有的建在土坯围墙以内，用木架支撑屋顶，木构件上有X印。屋墙以上土坯砌成，表面抹以草拌泥。房屋周围有土坯砌的窑穴。住房附近发现有饲养牲畜的圈栏，圈栏内有大量羊粪堆积。另处还发现似牦牛的陶制品。

以上是《青海通史》里记载的青藏高原中、东部的青海和以甘肃为主的青藏高原土著人的旧石器、新石器时代和青铜时期的生存遗迹状况。正如《旧唐书196上 列传第146上 吐蕃上》记载："吐蕃，在长安之西八千里，本汉西羌之地也。"

四、康巴地区远古遗迹

康巴地区包括迪庆藏族自治州、甘孜藏族自治州、阿坝藏族羌族自治州等地区，同卫藏和安多地区一样也是远古人类文明的发祥地之一。

（一）德格县来格村石棺

位于德格县的龚垭乡秧达村来格组，隔金沙江与西藏昌都地区江达县相望，海拔近3000米，属山地凉温带气候。1991年，这里发现了一组石棺古墓群，坐落在来格村灌木丛生的缓坡地段，系地表自然出露。后经省、州、县等文化部门几次实地考证，证实该石棺古墓群系较早的葬俗文化，古墓群在春秋战国至西汉时期，迄今约二千多年，并考证得知埋于这片分布面积约一平方公里的墓群中有古墓几百座以上，如此年代久远且保存完整的石棺墓群实属罕见，具有极高的文物科考价值。石棺墓葬排列整齐，方向一致，均头西脚东。墓长2米左右，短者仅有1.4米，埋于45厘米的条穴土坑里，上覆以石板。同时发掘出少量砂墨陶罐及古瓦片、砂陶片。石棺古墓群在发现之前已有部分损毁，但从中仍可以窥见几千年前部族人群生产、生活及风俗文化等。（照2-10）

照2-10 德格县来格村石棺墓群（1991年）

（二）石渠岩画

石渠岩画，位于四川省甘孜藏族自治州石渠县，2016年12月由考古专家发现。据考证，它们陆陆续续“诞生”于公元前几百年至公元800年前后。部分图像因岁月的侵蚀，暂无法辨识。4处岩画中，考古人员找出了40余头动物，9个人物。其中的牦牛、大角羊、大角鹿为高原特有的动物形象。其中一处岩画上，还能看到古藏文的题记。这些图像均为密点凿刻，创作者先用细线在崖壁上刻划出轮廓，再通过密点敲凿出图像。它们中，有的是通体剪影式，有的则是粗线条轮廓式。另外，在同一岩画地点，存在着先后叠压的多次创作。后经过与周边岩画的比较，可以判断出岩画前后延续时间很长，加上其中古藏文题记的线索，初步认定其年代最早可追溯到公元前几百年，乃至公元800年前后，相当于中原的战国到唐代（照2–11）。

照2-11 石渠岩画

（三）康定朋布西乡远古遗迹

康定木雅地区还是出现了很多远古时期遗物和古代墓葬。康定市新都桥、朋布西、沙德等地的农村修建房屋时经常从地底下挖出陶器和石器，还有人骨残骸。20世纪70年代，朋布西日屋村还挖出过大陶棺，里面有小孩遗骨，这是很古老的小孩尸体葬法之一。八十年代甲根坝提吾村修建佛塔时挖出过战国时期的铜器几件，远古石器一件；同在提吾村的斯果家挖基槽时也挖出好几件陶器，这些现在仍有保存（照2-12）（照2-13）。

照2-12 康定提吾村斯果家出土的陶器（1989年）

照2-13 康定日头村登真扎西家农田中发现的墓葬（2003年）

2004年5月，一支施工队在改造沙德镇生古小学学生宿舍时发现了三座古墓，后经甘孜州文物考古工作者发掘清理出土泥质夹砂黑陶双耳罐4件、青铜戈2件、青铜剑1件、铜手镯5件。三座古墓在此之前曾遭到不同程度的破坏，但这次出土的这批珍贵文物仍然对研究木雅地区古代社会及历史文化提供了重要线索。据文物考古工作者根据器物分析，这些青铜器和陶器有可能为秦汉时期的文化遗存，这也是甘孜州首次发现的秦汉青铜器。

2019年6月，康定市甲根坝镇提吾村村民泽汪邓珠、四朗泽仁、桑登三人在劳作时，挖掘出部分陶器和铜器，并主动向州文物部门上交。据统计，该批上交的出土文物共计27件，包括双耳陶罐1只、单耳陶罐2只、青铜泡20只、铜饰件3只、铜镜1面、青铜剑1柄。通过对出土文物类型分析，工作人员鉴定出这批文物为典型的秦汉时期石棺墓出土文物，距今约2000余年（照2–14）。

照2-14 康定提吾村出土的秦汉时期石棺墓文物（1989年）

（四）稻城皮洛遗址

于2020年5月发现的稻城县皮洛遗址，位于四川省甘孜藏族自治州稻城县金珠镇。这一发现，从青藏高原，乃至整个国内少见的久远的文物古迹来看，为研究高原土著人出现、生存和发展历史的研究开辟了新局面。高原土著人不仅适应这里的生存条件，其子孙后代的队伍也越来越发展壮大。文物考古研究院部门考察到一处位置特殊、规模宏大、地层保存完好、文化序列清楚、遗物遗迹丰富、技术特色鲜明、多种文化因素叠加的罕见的超大型旧石器时代旷野遗址，这处遗址被誉为“具有世界性重大学术意义的考古新发现”。遗址面平均海拔约3750米，遗址整体面积约100万平方米，年代至少距今13万年以上（照2-15）。考古队于2021年4月底对遗址进行正式发掘（照2-16），考古人员在皮洛遗址发现包括手斧在内的近万件（发掘出土6000余件，地表采集3000余件）石制品，证明了至少早在13万年前，高原土著居民已经生活在高寒缺氧的青藏高原东南麓（照2-17）。尤其是连续的地层堆积、完好的埋藏条件和清楚的石器技术演变序列，展现了早期高原土著居民适应高海拔极端环境的能力、方式等历史进程，为研究人类适应高海拔环境提供了重要信息。

照2-15 稻城皮洛遗址位置图

照2-16 稻城皮洛遗址发掘现场

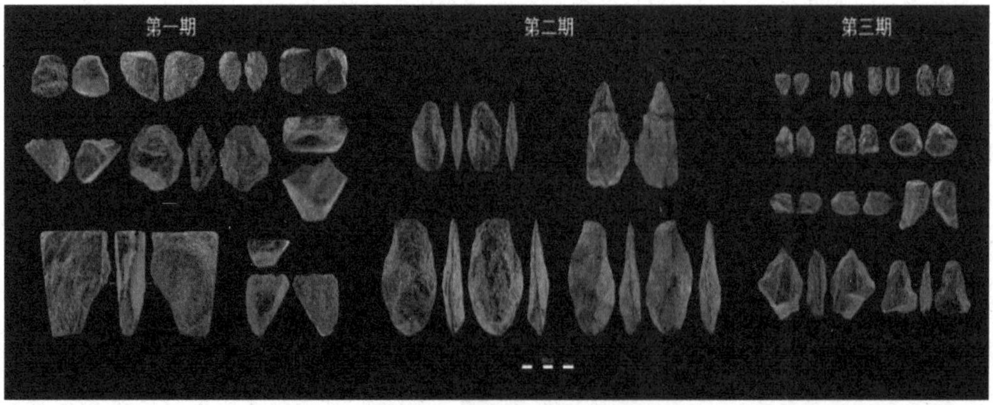

照2-17 稻城皮洛遗址出土的石器

五、藏族各个时期的建筑

从新石器时代到公元前二世纪以前的漫长岁月里，藏族建筑应该有过更大的发展，但当时还未形成藏文文字，因此没能留下什么资料。虽然留居意大利的藏学家朗卡罗布先生，在研究古代苯教和“象雄”历史的文章中，明确提出公元前的“象雄”地区已经有规模庞大的城镇建筑，古格地区的琼龙欧卡尔就是其中重要的城堡之一（照2–18）。

照2-18 阿里古格琼龙欧卡尔

（一）吐蕃前时期建筑

藏文史书上记载最早的建筑属山南的“雍布拉康”宫堡。文献称它为西藏第一座宫堡，有人把它理解为西藏第一座建筑。但它并不是西藏第一座宫堡，只能作为吐蕃祖先雅砻部落的第一座宫堡，虽然该部落是从奴隶社会走向封建制度进程中的先进部落，对于后来强大的吐蕃政权的形成有着重要的影响。

对于当时这座宫堡的规模和形状无法做出准确的判断，何况现有的“雍布拉康”是几经修复，经历过多次变化的。但从藏文“卡尔”的字面意义应该理解为高层的堡垒式建筑，平房建筑是不能算作“卡尔”的，这充分证明当时已经能够建造高层的建筑了（照2–19）。另外，当时雅砻河谷平原上还建有雅砻索嘎等较大规模的村落。

照2-19 罗布林卡壁画——雍布拉康

到了雅砻部落第八代甲赤赞布时，修建了琼结“清哇达孜”宗。这座建筑规模庞大，雄伟壮观，这就是西藏历史上影响较大的琼结宗。后来吐蕃松赞干布等几代赞普的墓葬都在这里。当时在雅砻河上游的琼结河谷平原上形成“清域”(琼结)的农业村庄，人们能够修渠引水，灌溉农田，并在河流上架桥方便通行。这些遗址都充分证明了当时的建筑技术已经发展到了一定的程度（照2-20）。

文献明确记载：第二十八代赞普拉托托日念赞居住在“雍布拉康”宫堡。当时是佛教传入西藏的初期阶段，他们把从印度和尼泊尔传来的佛经和佛塔等供奉在最高处的宫殿里，以示敬重。这又说明“雍布拉康”仅为部落重要的宫堡。

照2-20 琼结“清哇达孜”宗（20世纪30年代）

公元六世纪中叶，第三十代赞普达日聂赛，居住在“清哇达孜”宫堡，开启了走向统一各部落的路程。这里普遍使用铁犁和铁锨，进行水利建设和道路交通建设，农牧业有了显著的发展。

（二）吐蕃时期建筑

第三十一代赞普朗日松赞继位后，对外用兵，兼并强邻，扶持新臣贵族，封建社会制度得到进一步发展。其势力范围从山南雅砻地区扩大到今天的墨竹工卡和林周县境内。占据了墨竹工卡的甲马区村落和宫寨后，其子松赞干布就诞生在这里（照2-21）。

此时以印度和唐朝两地传入医学和天文历的时间来算，就是人们称之为黑白历算，对发展吐蕃文化起到了积极作用，为建立更强大的吐蕃政权奠定了坚实的基础。

第三十二代赞普松赞干布，生于公元617年。年轻的赞布，远见卓识，英勇善战，他机智地依靠新生力量，同陈旧势力作斗争，战胜了内外强敌，控制兼并临近诸多部落，完成了统一吐蕃的大业。

照2-21 甲玛古城大门（曲吉建才设计于2003年）

农牧业和手工业的快速发展，在一定程度上促进了建筑业的发展。当时西藏已经出现了大规模的城镇和高层的楼房建筑，如《旧唐书一百九十六》记载：“其人或随畜牧而不常厥居，然颇有城郭……”“屋皆平头，高者至数十丈”。

松赞干布先后迎娶尼泊尔公主和唐朝文成公主，两位公主都带来了各种建筑工匠和艺人，引进了各国风格的建筑技术，对吐蕃建筑技艺的发展起到了积极的推动作用。松赞干布迎娶尼泊尔公主后，利用尼泊尔的砖土结构手法，首次在拉萨北郊帕崩卡的巨石上建造了九层高的碉楼宫殿，可以说是拉萨古城的第一座高层建筑（照2-22）。

拉萨大昭寺梁柱结构的造型完全受西亚风格的影响，而大昭寺和小昭寺主体建筑的红砖和青砖则完全是引进唐朝和尼泊尔的先进技术，特别是文成公主亲自指挥建造的拉萨小昭寺佛殿，更是完整的唐代建筑，当时起名“嘉达热莫切”意为“汉虎大院落”，用老虎的皮毛来形容该建筑的华丽色彩。小昭寺是西藏第一座运用琉璃瓦歇山屋顶的汉式建筑。在这一时期不仅修建了布达拉宫、帕崩卡等高九层的碉楼，还建造了大昭寺、小昭寺等宗教建筑，古城拉萨也是在这个时候初步建成的。当时还在山南昌珠寺和林芝布曲拉康等西藏各地修建了大小不一的佛殿一百零八座。因此，松赞干布时期是藏式建筑发展得到突飞猛进的年代，当时所取得的建筑技艺的成就可以说是达到登峰造极的地步。在某种程度上讲，尽管后来藏式建筑的技艺不断完善，也再未创造出布达拉宫这样闻名世界的建筑（照2-23）。

照2-22 罗布林卡新宫壁画上的帕崩卡官堡

照2-23 罗布林卡新宫壁画上的早期布达拉宫

吐蕃时期所创造出来的红山布达拉宫和拉萨大昭寺、小昭寺及桑耶寺等极具艺术魅力的珍贵建筑物，可以说是空前绝后的，也是其它建筑所无法代替的（照2-24）（照2-25）。

照2-24 大昭寺行宫壁画上的大昭寺初建规模

照2-25 大昭寺行宫壁画上的小昭寺初建规模

公元755年赤松德赞继位。他十分崇敬佛教，曾派专使去印度，先后迎请静海法师和莲花生大师，全力扶持佛教，大兴土木，创建了桑耶寺。并在莲花生的指导下，以佛教里世界形成的布局，创造出以中心大殿为象征须弥山，其它殿堂为四大州和八小州围绕的整体平面布置。这不仅是西藏历史上的第一座寺庙建筑，从它独特的创意和精美的造型、庞大的规模来讲，都体现了当时西藏寺庙建筑的最高水平。1200多年的漫长岁月里，桑耶寺除了保持其独特的各殿堂平面上的布局外，整个建筑几经沧桑，加上历代统治者缺乏文物古迹保护的概念，大拆大修，吐蕃时期的建筑已无法看到。尽管如此，桑耶寺仍以它那特殊的建筑风格，闻名于世（照2-26）。

照2-26 桑耶寺主殿二层门厅壁画上的初建时的桑耶寺（1980年照）

牟尼赞布执政期间，在桑耶寺东面平原上修建了一座九层楼的宫堡。因文献记载不详，无法说明其具体规模和造型，但可以肯定是佛殿和宫堡合为一体的建筑。

到了公元815年，赤祖德赞继位。他是吐蕃最著名的三大法王之一，通称为热巴巾。他远见卓识，做了很多有益于社会发展的事业，如制定严格的法律条例，统一度量器具，规范藏文文字等，特别是同唐朝建立更加友好的亲密关系。公元822年双方正式结盟，第二年在拉萨大昭寺门前立会盟碑，这就是历史上有深远影响的“甥舅会盟碑”（照2-27）。

照2-27 甥舅会盟碑（1979年）

"商议社稷如一，结立大和盟约。"永远和好，互相援助。此次会盟实现了唐蕃人民天长地久的友好关系。这是赞布赤祖德赞对吐蕃社会的发展和藏民族文化的繁荣所作出的巨大贡献。在这个时期，赤祖德赞下令维修大昭寺（小昭寺当时已遭破坏）和桑耶寺等祖先所创造的佛殿和庙宇，并在拉萨河南边一个叫梧香的地方修建了一座造型十分独特的九层宫堡，可惜的是这座著名的建筑早已不复存在。根据文献记载该建筑下三层为石头建造；中三层为砖块砌筑；上三层用木头制作；每层设琉璃瓦飞檐，四个角用四根铁链固定在四个石狮子上。四边各设一个门，门前各立一座石碑，顶层飞檐可随风旋转。顶部三层用来供奉佛像和佛经；中间三层用作僧人们学经和宗教仪式之场所；底三层供藏王和大臣们使用。该建筑现在虽已不存在，但其门前的一块石碑，由自治区文物部门保存（图2-6）。

图2-6 罗布林卡行宫壁画临摹的梧香九层宫（曲吉建才绘）

公元841年朗达玛赞普执政。他为了清除异已，以灭佛为名，对民众进行大规模的镇压，引起了佛教徒和民众的极大不满。统治阶级和民众之间的矛盾日益剧烈，导致大规模的民众起义。朗达玛被杀，沉重打击了统治阶级，吐蕃从此崩溃。持续多年的起义，使得吐蕃历代赞普陵墓被挖掘，著名的古代建筑惨遭破坏，前面介绍的梧香九层宫堡就是在那一时期被破坏的。

朗达玛的后代卫松和雍丹等各占一方，建立各自的政权，同时也出现了许多小部落。这些势力集团经常为各自的利益，互相征伐掠夺，战争连绵不绝，人民遭受了严重的灾难。正如《宋史·吐蕃传》记载："其国自衰弱，种族分散，大者数千家，小者百十家无复统一矣。"在这二百多年里，不要说有什么好的建筑出现，原有很多有名的建筑都先后被破坏。

卫松的孙子吉德尼玛贡逃到阿里，建立阿里王系。他的三个儿子白德热贝贡、扎西德贡和德祖贡，分别占据芒域(今拉达克)、普让(今普兰宗)和香雄(今古格扎达宗)等地。德祖贡建立古格政权，开始建造古格城堡。其儿子科热继位后，有了更进一步的发展，除了城堡初具规模以外，城堡以东平地(今扎达宗所在地)上，修建了托林寺。古格城堡以一座小山头为基地，王宫修建在山顶上，地势十分险要。整个城堡设置三道城墙，防御体系十分完整，是西藏战乱年代城堡建筑的典型代表。而托林寺中属大日如来殿最具特色，二十八个角形成的平面，由大小殿堂组成，立面四角设置四个土塔，造型十分独特。另外在古格地区还有很多城堡和寺庙建筑，特别是这些建筑的木雕艺术，古朴典雅，寺庙里壁画和佛像线条流畅，造型生动，更是国内外少有的艺术珍品，为西藏建筑历史增添了不少光彩（照2-28）。

照2-28 古格城堡（1981年）

（三）萨迦时期建筑

公元1073年，昆世家族创立萨迦教派。公元十三世纪中叶，萨迦派首领八思巴任职元朝灌顶国师，开始出现政教合一的政治集团。而后大兴土木，在萨迦河北坡建造宫殿和庙宇。公元1268年萨迦河南岸平原上兴建宫堡，实际上是一座典型的元代城堡建筑，这就是后来人们称之为萨迦南寺的著名建筑。它是西藏建筑史上具有代表性的实例，代表着西藏地区兵荒马乱的封建割据逐步结束（照2-29）。

照2-29 20世纪30年代的萨迦北寺

公元十四世纪，萨迦派统治下的十三万户之一的夏鲁万户长，因与萨迦王朝的亲戚关系，权势大增，在夏鲁建立了万户府，城镇四周有夯土城墙环绕。

公元1333年，夏鲁布顿大师修建夏鲁寺，建筑风格十分别致，是一座藏、汉式建筑的混合体，该殿堂底层是藏式内廊式建筑，二层为四合院的汉式殿堂，这又是成功地结合藏汉建筑手法的典型代表，寺内有珍贵的萨迦时代的壁画。在建筑史上占有重要地位（照2-30）。

照2-30 夏鲁寺（维修前1981年）

（四）帕竹时期建筑

元朝委派专使达热卡恰等人，封乃东强久坚赞为“大司徒”，并赐给印册，命他接管西藏政权事务。强久江赞兴修水利，整治农田，建立庄园和牧场，发展农牧业生产。特别是划分了巍卡、贡嘎、仁蚌、朗卡孜、江孜、岗巴桑珠孜等十三宗的行政区域，建造了乃东宗山宫堡为首的各宗山的城堡建筑。著名的江孜宗山和日喀则桑珠孜宗山建筑就是当时完成的（照2-31）。

照2-31 江孜城堡（1981年）

这些建筑不仅象征着权利，还具有完整的防御功能，有的宗山还设置暗道和取水地道，充分体现了藏族人民在建筑技术方面的聪明才智。

这一时期，是自吐蕃以来第二个西藏建筑史上的高潮时期，对推动藏式建筑的发展起到了不可估量的作用。帕竹扎巴坚灿执政期间，得到了明王朝的支持，明朝封他为“法王”，并赐金印玉印和金册。在这一时期，扩建帕木竹巴世袭的祖寺丹萨替寺，资助创建了宗喀巴大师的甘丹寺、哲蚌寺和色拉寺等寺庙，西藏的寺庙建筑得到了空前的发展。值得一提的是：在这一时期，帕竹政权下属江孜地区首领热旦贡桑帕修建了巨大规模的江孜白居寺，该寺设立不同教派的扎仓(相当于学院)16个，佛教几大派别集中在一个寺庙，在西藏佛教史上是不多见的。建造了以措钦大殿为中心的各扎仓的殿堂及僧居的庞大建筑群，以及高大宽厚的寺庙城墙（照2-32）。

照2-32 白居寺（1930年）

公元1414年热旦贡桑帕先后动用一百万余工日，花费巨大的资金创建了举世闻名的白居寺十万佛塔。该塔立面构图十分严谨，造型华美，整个外轮廓与底座大体上成为全等三角形，给人以雄伟、稳重、壮观的强烈印象。塔座占地面积2200平方米左右，全塔高11层，共计33米多。层迭而上，层层收缩。塔内有77间佛堂，108扇门，殿内绘制了大量壁画，塑造大量佛像，素有“塔中寺”之称。塔内和白居寺大殿内的雕塑和壁画异常精美，造型之优美，色彩之丰富，线条之流畅，数量之繁多，是十分惊人的，光佛塔内部的壁画和塑像就达到十万尊，故称为十万佛塔。这不仅是西藏建筑史上的奇迹，在世界建筑史上也占有重要地位（照2-33）。

照2-33 江孜十万佛塔（1940年）

拉萨三大寺的庞大建筑群也是帕竹时期初具规模，特别是哲蚌寺二百根柱子的措钦大殿，被人们称为东方第一大殿的巨大建筑也是在帕竹统治末年完成的。

公元十六世纪，帕竹政权彻底崩溃，取而代之的是仁蚌家族，后来政权中心移至日喀则，占据桑珠孜宗，称为“藏巴第巴”。他们崇拜噶举教派、藏巴第巴镇压格鲁派。当时在日喀则和拉萨建立噶举寺庙，日喀则的叫“扎西司若”寺，拉萨的叫“噶玛衮萨”寺，从其寺名扎西司诺就是威镇扎西，即将扎西伦布寺威镇下去之意。从其建造的规模和质量来看都超过当时的拉萨三大寺和扎什伦布寺。现在大昭寺的镀金飞檐和前院千佛廊梁柱的来源都是前面两座寺庙。后来格鲁派胜利后，将上述两座寺庙彻底拆掉，把材料用到大昭寺。好景不长，所建的寺庙被摧毁，我们无法做更多的介绍。但是从拉萨大昭寺的镀金飞檐的造型和质量，以及千佛廊梁柱及木构件的规模和式样来看，当时两座噶举派寺庙的宏伟壮观是可想而知的。

（五）甘丹颇章时期建筑

公元1642年，在蒙古军事力量的援助下，格鲁派彻底推翻藏巴第司的地方政权。哲蚌寺的五世达赖建立了甘丹颇章地方政权。五世达赖执政期间，为巩固政权的需要，大兴土木，重建了布达拉宫。公元1645年动工，历时四年，整个宫堡初具规模（照2-34）。

照2-34 重建的布达拉宫（布达拉宫白宫西日光殿壁画1990年）

到了公元1682年，五世达赖圆寂，新任第巴·桑结嘉措，为了建造五世达赖灵塔殿，把原来的红宫拆除，扩建成现在的规模，另外对红宫下面的“德阳努”院落也进行了改建。现在我们所看到的布达拉宫的外观形状就是当时形成的。

第巴·桑结嘉措博学多才，精通文学、历史、医学、天文历算和建筑等各方面的知识，布达拉宫改建的成功与第巴·桑结嘉措的才能是分不开的，他丰富了传统的藏式建筑构造，增设大梁以上的莲花、叠经、挑木、猴脸等一共十三层构件，这种做法在当时来说是空前的。梁柱精雕细刻，藏式建筑的技术水平提高了一大步，对提高西藏建筑的技术和艺术水平的提高起到了积极的作用（照2–35）。

照2–35 布达拉宫扩建图（布达拉宫红宫壁画）

公元十七世纪末和十八世纪以来，随着格鲁派的势力大增，拉萨三大寺和扎什伦布寺的僧人人数迅速增多，寺庙大殿和僧居建筑大规模的增加，现有以上四个寺庙的大集会殿和扎仓、康村的建筑大多在十八世纪左右新建。另外西藏其它地方的寺庙建筑在数量上也有很大程度的增加（照2–36）（照2–37）（照2–38）（照2–39）。

照2-36 甘丹寺（1950年）

照2-37 哲蚌寺 （1900年）

照2-38 色拉寺（1950年）

照2-39 扎什伦布寺 （1920年）

甘丹颇章地方政权的中心在拉萨，自吐蕃统治崩溃以来，西藏的权利中心便移到萨迦和山南等地，因此拉萨城市没有太大的发展。但自从五世达赖喇嘛掌权后，因为他博学多才，受到了广大教徒群众的崇敬，前来朝拜、求学的人不计其数，特别是青海和四川、云南、甘肃等地的藏族、蒙古族和其他民族的教徒，以及其他外地人慕名前来进行各种贸易活动，使拉萨的人口数量大大增加，城市规模越来越大，建筑越来越多，拉萨城市得到了很大发展（照2-40）。

照2-40 拉萨老城（20世纪30年代）

西藏地方政府在清朝政府的支持下，逐步巩固了自己的政权，广大百姓基本过上了和平稳定的生活，农牧业生产有所发展，各地的村镇建筑水平也有了一定的进步。五世达赖喇嘛执政期间，对西藏各地寺庙和佛堂等名胜古迹进行了全面地保护修缮，使得各地的文物古建都得到了一定的保护。

七世达赖喇嘛时期在布达拉宫以西的灌木丛里初步建造园林建筑。八世达赖时加以扩建。十三世达赖时又增建了坚色林卡等园林建筑，这是西藏建筑史上第一个较大规模和较为完整的园林建筑——罗布林卡。虽然在这以前出现过一些园林建筑，但都是十分简便的。而西藏园林建筑中真正具有代表性的只有罗布林卡（照2-41）（照2-42）。

照2-41 罗布林卡乌尧颇章（1983年）

照2-42 罗布林卡格桑颇章背立面（1983年）

十三世达赖喇嘛重用他的侍从贡培，年青的贡培聪明过人，具有建筑设计和施工上的天赋，在新建的坚色颇章和布达拉宫东日光殿、大昭寺达赖行宫的修建过程中，对藏式传统的构件式样进行了一些创造，如在结构上把藏式建筑的柱距加大等，这些有利的创意性改革，使藏式建筑技术得到进一步提高（照2–43）。

照2–43 罗布林卡坚色颇章（1940年）

十三世达赖喇嘛掌权后，派一批较为聪明的贵族子弟到印度和英国等地去学习专业技术，这批人回来后，带来了西方的先进文化和先进技术，也带来了现代生活习俗。他们有的新建了水电站，把电引到罗布林卡；有的引进了无线电台，有的引进了造币厂和机械工厂等较为现代的机器设备。西藏从而开始尝试一些现代化设备，开启了西藏建筑史的新篇章。二十世纪四五十年代以来，拉萨很多贵族从拥挤的老城里搬出，搬进了带有园林的家院，从而出现了许多独家独院的园林式家院。他们还从印度带来一些钢梁，在设置钢梁的房间里，取消传统的柱子。在房屋的平面设计和楼梯样式等方面都有了一些变化。老城周围出现许多新的家院，使拉萨城市面积明显增加，藏式建筑又增添了新的内容，更加丰富了传统民族建筑（照2–44）。

照2-44 拉萨老城夏扎贵族家院（1999年）

（六）西藏和平解放至改革开放前建筑

1951年5月，中央人民政府和西藏地方政府签订了《关于和平解放西藏办法的协议》，驱逐了帝国主义侵略势力，西藏各族人民回到了祖国大家庭，实现了西藏的和平解放，从而走向社会主义道路。但由于少数上层反动势力的破坏和干扰，加上川藏和青藏两条公路还没有完全畅通，西藏的社会制度和生产关系未能得到彻底改变。在这种极为困难的条件下，中央政府和全国人民大力支援西藏，先后修建西藏自治区筹委会办公大楼（照2-45）、西藏自治区人民医院（照2-46）、西藏自治区筹委会大礼堂（照2-47）、西藏自治区广播电台（照2-48）、劳动人民文化宫（照2-49）、西藏自治区藏医院（照2-50）、西藏自治区建筑设计院 （照2-51）、西藏自治区邮电大楼（照2-52）和西藏自治区建委大楼(照2-53)等，高原上第一次出现了比较正规的钢筋混凝土建筑。

照2-45 西藏自治区筹委办公大楼（1956年建）

照2-46 西藏自治区人民医院（1956年建）

照2-47 西藏自治区筹委会大礼堂（1959年建）

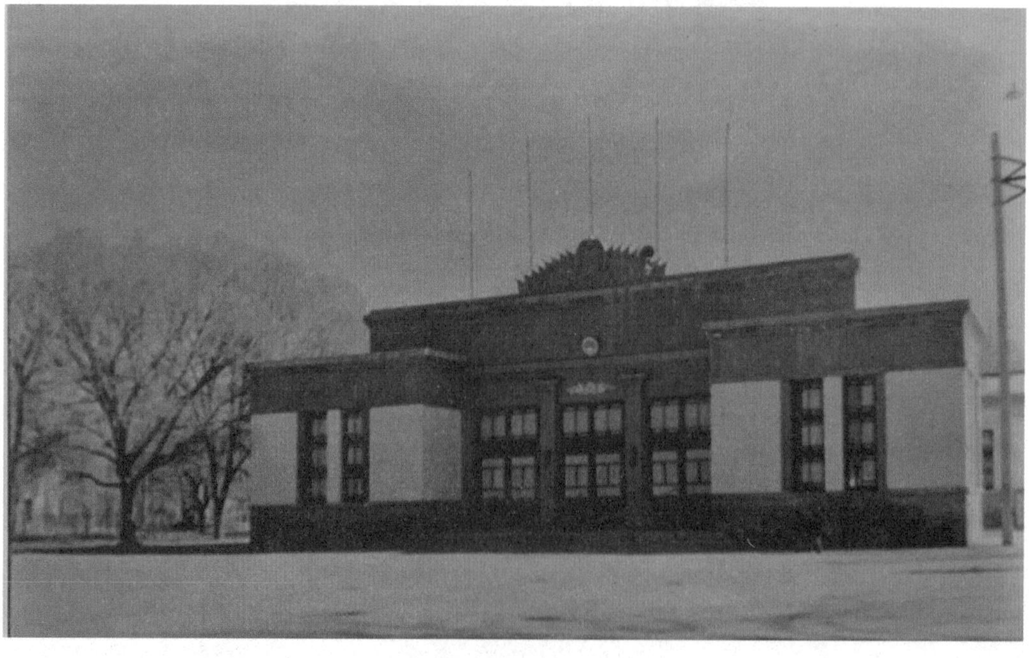

照2-48 西藏自治区广播电台（1959年建）

照2-49 劳动人民文化宫（1965年建）

照2-50 西藏自治区藏医院（1965年建）

照2-51 西藏自治区建筑设计院（1966年）

照2-52 西藏自治区邮电大楼（1973年建）

照2-53 西藏自治区建委大楼（1977年建）

在自治区筹委会的援助下，班禅大师在日喀则修建了传统造型和现代结构相结合的班禅新宫（照2-54），拉萨罗布林卡内也建造了新宫（照2-55）。也是现代结构和传统样式相结合的新型建筑。以上建筑物的成功建造，充分说明藏式建筑已经发展到一个新的阶段。

照2-54 班禅新宫德庆颇章（1953年建）

照2-55 罗布林卡新宫（1954年建）

1959年，民主改革后，自治区筹委会认真执行中央提出的“稳定发展”的方针，广大农牧民翻身得解放，人民生活逐步改善，各地农村也盖起了新房。社会进入了飞速发展的阶段。

1965年，为了迎接西藏自治区的正式成立，自治区筹委会在拉萨开展了较大规模的建设。首先，1963年，在药王山南侧，为班禅大师新建了一座新宫，由自治区筹委会建工处设计室，由唐光辉、叶学颜等著名工程师们设计，虽为现代砖混结构，但宫殿造型和布局极具民族特色，称其为雪林多吉颇章（照2-56）。

照2-56 班禅雪林多吉颇章 （1963年建）

并在当时的人民路修建了交际处政府接待楼，这些建筑在使用功能和立面造型上都体现了民族特色（照2-57）。

照2-57 交际处政府接待楼（1963年建）

以上建筑可以说是现代建筑结合民族形式方面所做的第一次尝试，主要由自治区建筑勘察设计院的前身自治区筹委会建工处设计室设计，另外从老城区琉璃桥以西，自治区筹委会大门以东开辟了一条新的街道。街道两旁建造了新华书店、百货公司、粮油门市部、副食商店等建筑，形成一条较为齐全的商业街道。虽然这些建筑都是平房，没有豪华的装饰，但是在当时的条件下，起到了繁荣拉萨城市的市场和改善人民生活等方面的积极作用（照2-58）。

随着民主改革的不断深入，中央每年给西藏自治区拨付大量的建设资金，以拉萨为首的全区各地县的基础设施建设大规模向前发展，在专业人员的积极努力下，不断从祖国内地引进先进技术和新型建筑材料。1976年以来拉萨首次盖起了四五层的现代建筑。自治区建筑勘察设计院和拉萨城关区联合举办“七二一建筑工人学习班”，培养本地区本民族的建筑专业人才，在西藏人民出版社、新华社西藏分社还有自治区建委等单位工地上，成功试制空心板和折型屋面板等建筑构件为后来大规模的建设事业奠定了基础。从此以后西藏的建筑业进入突飞猛进的发展阶段。

照2-58 拉萨新城（2003年）

第三章　藏式建筑类型

根据藏式建筑的功能，可以将其分为宫殿建筑、寺庙建筑、城堡建筑、庄园建筑、民居建筑和园林建筑六个类型。

一、宫殿建筑

宫殿在藏语里称为“颇章”。藏语中颇章的颇为男，有男子汉，大丈夫的意思。吐蕃时期称“赞普”，是强汉的意思；也有“赞颇”的叫法，即“强汉子”之意。在藏族的习俗中大丈夫、男子汉都是值得尊重的，远古藏民族心里最尊重的就是男子汉，所以当时对他们自己的头人起名为男子汉也是自然的。那么颇章的“章”是“宿地”或“营地”之意思。所以颇章的准确含意是“男子汉的营地”，而且这种宿地或营地都是搭牛毛帐篷的宿地。后来到了公元前二百多年时，雅砻部落推举聂赤赞普后修建了雍布拉康，也是游牧部落“颇章”建筑的开始。《新唐书》196上：“其国人号其为赞普，……其人或随畜牧而不常厥居，然颇布城郭”。

宫殿建筑主要是为历史上的政教首领所修建。从吐蕃赞普松赞干布的宫殿布达拉宫到萨迦和帕竹地方政教首领的宫殿，五世达赖喇嘛掌权初期的哲蚌寺甘丹颇章和后来重修的布达拉宫，班禅大师的扎什伦布寺喇章“坚赞团布”等都是属于宫殿建筑。各地的部落首领和各寺庙的寺主活佛都建有自己的宫殿，如山南拉加里王府和各寺庙的喇章均属此类建筑。为体现他们至高无上的权威和尊严，尽量把宫殿修建得雄伟高大，华丽壮观。使用功能上则为主人提供一个舒适方便的最佳平面功能。

严格意义上说来，历史上颇章建筑并不是很多，吐蕃赞普的宫殿能称为颇章，而大臣们住的还不能叫颇章。在萨迦政权，帕竹政权时期以及甘丹颇章政权的首领住的宫殿可以称为颇章。到了第五世达赖喇嘛掌握西藏地方政教合一的集权以后他的宫殿就称得上颇章。宗教上地位再高也不能享受颇章待遇，比如掌管整个格鲁教派的甘丹法王住的地方不能叫宫殿即颇章。只是后藏班禅大师的有点例外，他曾在西藏地方政府担任过摄政。在后藏也有自己的领地，在日喀则有德庆颇章，但是在扎什伦布寺内只有“喇章”，大师住的楼房只能称为“喇章坚赞团布”，是班禅的转世未担任西藏摄政之前的宫殿而不称颇章。“喇章”当然是喇嘛的住房，即活佛公署。喇章次于颇章的地位，不管职位高低，只要是合格的活佛，他住的地方就叫喇章。因为在西藏活佛很多，所以喇章也很多，总之，喇章和颇章并不是一个档次。

颇章从历史到现代，从遗址到现存的建筑，并不是很多。曾经历史上的很多颇章建筑都不存在了。比如松赞干布的帕丰长九层宫殿；热巴巾赞布的乌香九层宫等等。那么现在我们能列举的当然是吐蕃第一赞普聂赤赞普的雍布拉康，尽管这座宫堡建筑曾经多次修复重建，但现在还能确认其是吐蕃最早的宫堡建筑之一；另外还有阿里古格王国的宫堡建筑遗址和布达拉宫等。布达拉宫从1300多年前至今，经过西藏地方政府的重建，现在看到的布达拉宫，可以说是西藏宫堡建筑的代表作。另外七世达赖喇嘛为了养病在罗布林卡建造了夏天休息疗养的园林建筑，成为夏宫即夏天居住的宫殿。尽管达赖喇嘛有享受宫殿等级的地位和身份，但也不是只要是达赖喇嘛住过的建筑都称得上宫殿，比如拉萨大昭寺的达赖喇嘛的行宫还称不上颇章，还有拉萨三大寺各学院大殿顶层设置的达赖喇嘛行宫都不能叫颇章。主要是因为这些行宫建筑达不到颇章的规模，只有一定的规模和全套的房屋设施，才称为颇章。公元十六世纪末，拉萨河南列屋宗本把自家在哲蚌寺的一套僧居捐献给第三世达赖喇嘛索南加措，五世达赖喇嘛时进行了较大规模的扩建和修缮，公元二十世纪初，十三世达赖喇嘛又进行全面修缮，形成了现在的甘丹颇章样式和规模，也可以说是真正意义上的颇章建筑的代表作（照3-1）（照3-2）。

照3-1 哲蚌寺甘丹颇章（2007年）

照3-2 拉萨雪林多吉颇章（2003年）

二、寺庙建筑

更为确切地说，寺庙应该称之为寺院。寺院在藏语里称为“衮巴”，是“僻静处”的意思，因为佛学上要求寺院要建在僻静处（照3-3）。

照3-3 甘丹寺（1950年）

“衮巴”并不是指建筑，而是一级组织，一个团体。释迦摩尼在佛学律藏经里，要求寺院要建在远离繁华都市，远离闹市商业街区和村落城镇，至少要有一“俱卢舍”的距离，俱卢舍是古印度梵语当中一个长度计量，相当于三公里左右。因此建造寺院必须要远离城镇三公里以上。但是佛祖释迦摩尼当初创立佛教时，根本没有什么寺院，提倡出家，从家庭中脱离出来，所以不能再有家。释迦摩尼当初独自四处游走，讲经说法。久而久之皈依佛门的人越来越多，广大信徒还可以在家修法，但出家之人却跟随释迦摩尼四处游走。

跟随佛祖的出家男女越来越多，夜里在深山老林中借宿，经常遭遇到野兽的袭击，伤亡惨重；这么多人吃斋饭也成问题。于是有些皈依佛门的国王和大财主给佛祖提供了出家人的居住点，修建了挡风遮雨的院廊式建筑贡献给佛祖。这就是寺院建筑的起源。当时佛祖自己健在，所以人民不用供佛像。佛陀为信徒讲法，也未形成完整的佛法，所以也没有藏经的殿堂。当初的寺院非常简便，寺院的建筑标准佛陀在律藏经里做了规定，大约是院廊式方型建筑，没有门窗，没有间隔，就是现在拉萨大昭寺千佛廊的式样。后来到了佛教大发展的阶段，佛教传入西藏后，特别是藏传佛教的寺院要具备三个要素：一是佛像，首先要供奉佛祖像，还有佛教密宗的本尊、菩萨等，因此要有佛堂，而这些佛像则代表佛宝，象征佛祖；二是要有《甘珠尔》和《丹珠尔》经文，《甘珠尔》《丹珠尔》经文阐述的内容就是法，那么这些经文书籍是象征法宝；三是寺院还要必须具备僧宝，僧宝不是指一个僧人或者几个僧人，要有一个僧人团体，至少要四位僧人组成僧团。

从寺院建筑类型讲，大致分集会大殿、佛堂、护法神殿、辩经场和僧居五种。

1. 集会大殿

集会大殿是属于公共建筑，藏语叫“杜康”。“杜”是聚的意思，“康”是房屋，就是“聚集的房屋”。是用来全寺僧人共同集会，诵经祈祷等集体活动的场所。如拉萨哲蚌寺措钦大殿有一百八十三根柱子，（实际为二百根柱子的面积）可容纳一万多僧人，享有“东方第一大殿”之美称。拉萨三大寺和后藏扎什伦布寺等实际上是一座学习佛法理论的高等学府，寺庙一级的大集会殿实际上是全校的大礼堂。寺庙里还设有学院和康村等基层组织，学院和康村也有自己的集会殿，除了有级别高低和僧人多少的区别外，其功能是一样的（照3–4）（照3–5）（照3–6）。

照3-4 哲蚌寺措钦集会大殿（1996年）

照3-5 色拉寺措钦集会大殿（1998年）

照3-6 哲蚌洛色林扎仓集会大殿（1998年）

2.佛堂

佛堂是专门用来供奉佛像、佛经和佛塔的房屋，是寺庙最神圣的地方。有的寺庙有一座或几座佛殿，如扎什伦布寺的强巴佛殿就是一个例子；也有同集会大殿连接起来的佛堂，如哲蚌寺强巴佛殿和色拉寺强巴佛殿等；另外有的在集会殿深处设置一间或几间佛堂的，还有在集会大殿两侧设置佛堂的，藏语里叫“藏康”，就是“里屋”的意思，其功能都是一样的（照3-7）。

照3-7 扎什伦布寺大强巴佛殿（1980年）

3. 护法神殿

护法神殿是每座寺庙必不可少的，但规模大小不一。有的护法神殿建造专门的楼房或院落，说明它很重要，如桑耶寺的护法神殿是一座四层建筑的院落，相当于一座小寺庙的规模。还有更大规模的，如拉萨哲蚌寺山脚下的乃琼护法神殿，本身就是一座寺庙，人们也称为乃琼扎仓。因此，这里可以说是西藏最大的护法神殿。但很多寺庙的护法神殿构造还是比较简单的，有的在集会大殿的某一个配殿里供奉护法神，这种神殿规模不大，但其意义应该是同样的（照3-8）。

照3-8 哲蚌寺乃琼护法神殿（2004年）

4. 辩经场

辩经场是一种园林式建筑，三大寺的辩经场就是这种类型，这是僧人们用来学习和辩论经文的场所。辩经场里的树木，夏天可遮避烈日，冬天可阻挡风沙。但有很多寺庙不一定设有专门的辩经场，不过一般情况下，每一座寺庙都留有一些广场或院落，作为讲经说法之场所。这实际上同辩经场是同一类的建筑，辩经场或讲经场都设置凉亭或廊式讲经台，为主持法师或讲经的高僧所使用（照3-9）。

照3-9 色拉寺吉扎仓辩经场（1995年）

5.僧居

僧居建筑就是僧尼们居住的地方，除了寺庙里有特权的高僧们所居住的房屋比较宽敞外，普通僧居面积很小。如拉萨三大寺的僧居每间只有4m²左右，而且还要住师徒两人。三大寺的僧居主要是院落式建筑，密集排列的房屋，为了多居住僧人，僧居修建成四五层高楼（照3-10）（照3-11）。但僧人不太多的乡村寺庙的僧居则较为宽敞，有的是独家独院式僧居，如江孜白居寺的僧居就是这种类型，两层楼的独院僧居，有的比一家农户的房屋还要大。阿里古格托林寺的僧居也是如此，总之在西藏有几千座寺庙，寺庙建筑是宗教建筑的重要组成部分，数量之多，在整个藏式建筑中占有一定的比例。

照3-10　哲蚌寺僧居木雅康村（1990年）

照3-11　扎什伦布寺僧居（1980年）

总之，一般的小寺院的建筑就简便多了，作为一座寺院要有全寺集会和诵经的集会殿，大殿内部设置一些配殿，配殿里安置护法神殿的较多，当然条件较好的单独建有护法神殿。然后是僧居，僧居根据当地的自然条件，建筑材料不同而有所区别。但不管怎样农村寺院的僧居都比较宽畅，比较舒适。就是建筑材料比较缺乏的阿里古格托林寺，这里木材和石材都很缺少，墙体都采用夯土墙，僧居都是平房，尽管条件较差，但面积较大，有小经堂，起居室，小仓库，小厨房，面积都在一百平方米左右，而且还设置了自己的院子，是一套完整的居住点。在古格城堡遗址中也有寺院废墟，其中我们还能看到窑房结合的僧居，这也是当地的一大特点，其它地方几乎见不到。窑洞建筑造价低，建造容易而且冬暖夏凉。阿里普兰科迦寺，是一座有着千年历史的古老寺院，但因僧人人数不多等原因，只是一般寺院的规模。

但这里木材来源充足，僧居都修建成二层建筑，还有各自的院落，僧居面积为200m^2左右。

乡村寺院基本都要修建寺院外围院墙，设置主入口，大门及侧门，大门要修建门楼，有条件的还专门安排看守人员。

历史上寺院建筑属公共建筑，加上其在宗教上的地位，寺院建筑成为传统建筑当中规模最大，质量最好，最豪华，最受重视的建筑类型。

三、城堡建筑

城堡建筑，一听就知道是防御性建筑。藏语叫“宗”，宗的含义是“堡”，是西藏历史上最早出现的一种建筑。在新石期时代就出现过一些古人居住的建筑，在《唐书卷二百一十六上》有这样记载：“有城廓庐舍不肯处，联毳帐以居”，说明当时已出现了较大规模的城堡。

公元前二世纪的雍布拉康（照3–12），松赞干布时期的布达拉宫（照3–13），阿里古格城堡（照3–14），后来帕竹时期修建的十三座宗山建筑，包括现存的布达拉宫均属城堡建筑。城堡建筑从严格意义上来讲，由山上和山下两个部分建筑组成，也可以说是由碉楼和城墙所组成，吐蕃时期的布达拉宫就是这种类型。后来碉楼建筑的结构更加繁琐，从古代单纯防御性质改变成生活、办公、举行庆典等合为一体的多功能建筑，山下城堡内聚集越来越多的为山上宫殿主人服务的平民，形成了与现在的布达拉宫一样的建筑。

城堡建筑一般都修建在山上，或依山而建，其海拔逐步提高，既增加了它的体量，也便于观察四周。为增加其山上建筑的稳定性和牢固性，墙基和墙体都十分宽大，墙体逐渐收分，收分比例最大的可以达到墙体总高的百分之十左右。这种恰当的收分比例在人们视觉感观上也是比较舒服的。这种建筑是西藏特有的一种形式，其砌筑技术和装饰手法都具有浓厚的民族特色。国内的万里长城和欧洲的古堡都有墙体收分的做法，但其砌筑方法和藏族建筑收分技法略有不同。

照3-12 雍布拉康（1988年）

照3-13 布达拉宫（1982年）

照3-14 阿里古格遗址（1981年）

四、庄园建筑

庄园藏语叫“谿卡”，旧社会地方政府、各大寺庙、大活佛、世袭贵族都有自己的庄园，遍布全西藏。庄园同贵族家院、民居建筑是同一种类型的建筑，但功能上有所区别，而且庄园是旧社会的经济实体，数量也多。所以应该分期介绍一下：早些时候，特别是西藏处于封建割据时期，庄园本身就是贵族家院。有势力的贵族家院，以庄园为基地，独霸一方，有的还有一定的武装力量，山南朗色林庄园就是这种类型（照3-15）。后来西藏的贵族势力大增，占有一定的家奴和农田，在自己的势力范围内，建立起庄园。

照3-15 山南朗色林庄园（2005年）

甘丹颇章地方政权确立以后，有势力的贵族大多成为政府官员，他们在拉萨或日喀则等重要城镇建立起自己的家院，农村的家院则变成了庄园。庄园建筑里设置主人的行宫、庄园管家的住房和办公的房间，还设有仓库和厨房，最重要的是设置专门的粮库，有的把最底层的建筑全部修建成粮库。讲究的庄园，主体建筑高达六七层，并用建筑或围墙分隔出大小、功能不同的数个院落，如供庄园雇佣人员居住的院落，以及饲养牲畜的圈棚等。其中最典型的是江孜帕拉庄园（照3-16），其历史可追溯到清朝(康熙年间)西藏地方政府时期，帕拉(颇罗鼎)由农民家庭崛起，清朝和地方政府封为“台吉”形成家庭庄园，逐渐发展成为地方政府官员级别的大贵族，取得庄园周围范围相当大的村庄管辖权。管辖区的“佃农”，有自家的房产、家畜、生活和生产用具。20世纪40年代初，帕拉庄园主专门建造了给自家奴隶们居住的住所，由一间间家奴房间围合成回字型院落，相对独立且便于管理。房间室内空间不大，建筑相对主人住所幽暗低矮，却用了阿嘎土屋面，满足最基本的居住需求。

照3-16 江孜帕拉庄园（1989年）

旧西藏各地农民的住房几乎全是平房，而且都十分简陋。在那时候不管到哪个村庄，一眼就能看出哪座是庄园建筑，因为在农村就算最差的庄园也是在当地属最讲究和最高大的建筑。

五、民居建筑

民居建筑，最早出现在新石器时代，距今有五千多年的历史。但是西藏民居建筑的发展并不快，进步也不大，其根本原因是旧社会封建农奴主剥削压迫广大人民，农牧民群众生活在水深火热之中，根本谈不上盖新房子。另外还有一个原因是：早期的藏民族都过着游牧的不定居生活，而真正定居下来当农民的历史并不很长，这是从西藏的整段历史而讲的。众所周知，西藏绝大部分地区是高山峡谷和藏北草原，不利于农作物的生长。

民居建筑里，个别富裕农民、城市里的商人财主、以及贵族和官员的住房建筑，只占整个民居建筑的很小一部分。

民居因地区和气候等原因，有几种不同类型：藏北和阿里等牧业区长期以来一直在牛毛帐篷里过冬。一年四季都一样。近年来在政府的关怀下，很多牧区建造了过冬的房屋。

阿里的古格和普兰等农业地区，民居大多采用窑洞和房屋相结合的方式（图3-1）（照3-17）。也有光是窑洞的民居，其主要原因是当地建筑材料极其缺乏，但那里的土质较好，更易于挖窑洞，因此，窑洞式民居是阿里地区因地制宜创造出来的结果。日喀则和山南等地的民居大致属于同一个类型，绝大多数为平房（照3-18）。屋顶为平顶，层数不高，开间不大，有的室内外高差都很小。旧社会由于三大领主的剥削和压迫，这一带群众的生活很贫困，加上木材等建筑材料缺乏，所以这些民居均属最简陋的建筑。

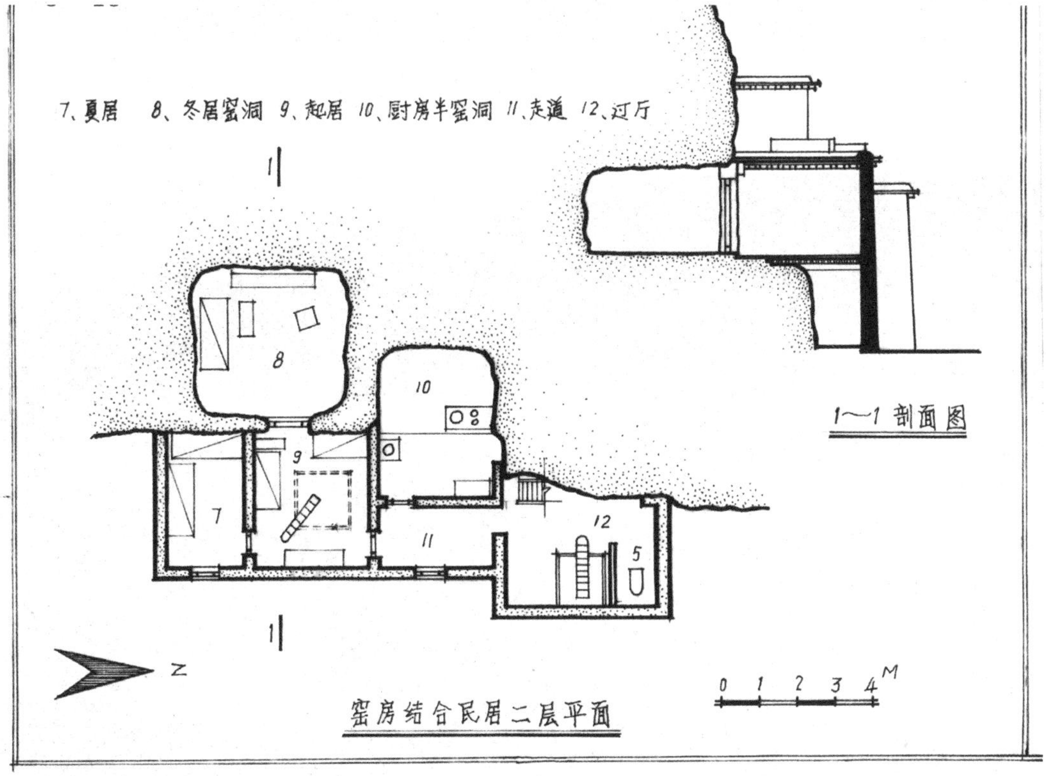

图3-1 阿里普兰窑房结合式民居平、剖面图（曲吉建才绘）

照3-17 阿里普兰县窑房结合式民居（1981年）

照3-18 萨迦县民居（1981年）

林芝和察隅，以及亚东森林地区的民居主要是屋顶不同，采用木板或石板盖起坡屋顶，因为林区降雨量很大，平屋顶是承受不了大量雨水的冲击的。另外房屋墙体也有木头制成的井杆式或木板钉做板墙式建筑，亚东和聂拉木夏尔巴村的木板房大多为二层楼楼下关牲畜，上面住人，使用较为方便。林芝等林区有些地方也有夯土墙体和石头墙体，再盖木板或石板做成坡屋顶，这些都是属于林区民居建筑（照3-19）。

照3-19 林芝民居（1982年）

昌都一带的民居，尽管房屋质量不算好，但大部分修建成二层楼房。除了少数石墙建筑外，大多是夯土墙的建筑，这一带的民居柱网平面不规整，经常存在一幢房子里的柱距不统一的情况，这同卡若遗址里发现的平面柱网极为相似，可以说是保持了古有的简便手法（照3-20）。

照3-20 昌都市贡觉县民居（2005年）

自从党的十一届三中全会以后，西藏农牧民群众的生活水平有了明显的提高，各地群众重建家园，建起了一座座崭新的民居建筑，建筑材料、外观造型都有了很大提高。如墙体大多采用石头砌筑，木构件断面加大，柱距、梁距都有加宽，使房内活动范围增加。过去民居的门窗几乎不做彩画装饰，但现在都在门窗上绘制彩色图案，如同寺庙等高级建筑一样。有些新建的民居在梁柱和门窗上还做了雕刻装饰，这在旧社会是不敢想的，这些都充分说明西藏人民的生活水平不断提高，居住条件进一步改善，西藏的民居建筑正在飞速的发展当中，为整个藏式建筑增添了不少新的生机。民居建筑发展过程中，藏族农民生活日益提高，攀比思想日益加重，农民对自家房屋开始过分地讲究和装饰，有的还建造钢筋水泥的转型民居。

六、园林建筑

园林建筑在西藏并不是很普遍，但因它具有独特的风格，在国内外具有一定的影响。西藏的生态环境较好，到处生长着树木，藏民族喜欢自然的风景。因此，人们开始在树林中建造一些小巧别致的建筑，供使用者夏天休养度假，这就是西藏园林建筑的来源，藏语叫“林卡”，是园林的意思。

山南拉加里王府就专门设有夏宫，也就是园林配套的建筑，供土王夏天居住（照3-21）。

照3-21 山南拉加里王府夏宫（1982年）

山南朗色林庄园也专门设置园林，种植果树，供庄园主度假、休闲所用（照3-22）。在西藏所有的园林建筑中，罗布林卡最具特色。经过几代达赖喇嘛的补充和扩建，凉亭和夏宫组合成各种景区，树木几十种，花卉上百种。整个园林松竹并茂，点石为景，采取了我国传统的庭院处理手法，深受国内外游客喜爱。拉萨平均海拔3700米，属高海拔区，但在罗布林卡景区内可以生长竹子等几十种低海拔区的植物和上百种花贲。形成罗布林卡景区特有的气候区，不愧为高原古城拉萨的一颗明珠（照3-23）。

照3-22 日喀则德庆颇章园林（2003年）

照3-23 罗布林卡园林（1982年）

第四章　藏族建筑特点

一、传统村落选址、布局与空间要求

藏族地区因不同地形，不同山脉和不同江河流域，形成了不同村落的聚落选址，我们在长期调查研究中，发现了几个共同点。

解放前西藏大部分属于地方政府，其次是属于各个寺庙，剩下的部分属于大贵族和庄园主，也有包括地方政府分给他们官员的故居地或庄园农田。另外整个农村也有一定数量的农田是属于农民自己的，农民的地有的是世世代代祖传的，也有庄园主卖给农户的，也有经过宗政府批准后农户自己新开荒的地。所以在旧社会时期，农田是很珍贵的。不管从地方政府的行政管理上讲，还是各村农民自身的利益而言，都不允许随便占用农田。所以我们在西藏各地调查民居村落的过程中，确切地认识到各地村落的形成是完全避开农田，以不占用农田为准则（照4-1）。

照4-1 避开农田修建的家园（康定日木道村）（费德瑞克　摄）

另外选址还要考虑吃水、交通、日照等客观条件。在落后的封建社会里，各地村镇的聚落地普遍存在交通不便的问题。这是西藏传统建筑聚落选址的一大缺陷，也是一大特点。这一特点在昌都地区等高山峡谷地段更为明显，还有林芝等森林地区，山南的错那、洛扎县等地，日喀则的亚东、聂拉木县等地都存在这一问题（照4–2）。

照4-2 交通不便的道孚县扎巴大峡谷村落（1998年）

传统村落的组成，主要有以下几个方面的因素，一是各地寺庙、部落头人、地方政府官员等所属地域的农牧民不仅要向地方政府交纳官税，还要向所属地域的主人支差，这些村落均因历史沿续而组成群落；二是偏僻山区，除了西藏地方政府整体管控以外没有具体部门管辖的地方，农民自行形成村落，这种村落较古老，较传统，从母系社会逐步演变过来，由血缘关系、亲属关系、朋友关系等组成，这种关系所组成的村落是藏族地区绝大部分村庄形成的因素。官方和头人所占居的村落，最初也是以农民组群为主，这与区外由姓氏形成的村落一样。

传统村落确定基本农田后，村镇选在石头和树木较多的地段，有些在半山腰，有些在山脚下，有些在有岩石基础的空地。所以传统村落都存在交通不便的问题，出行都要靠一些山间狭窄的小路，甚至可能还要跋山涉水。改革开放以来，特别是农民有了自家的拖拉机、汽车等机械设备以后，农民迫切希望有更便利的交通条件，于是农民干脆放弃自家的故居，搬迁到公路沿线或江河边也是这个原因。比如玉树县较为偏僻而很有特色的安冲乡的有些村落就是整村搬迁到结古镇，这些发展为农牧民生活和交通方面带来了便利，但就传统民居保护传承来讲，有些特色的传统村落也会慢慢消失。

传统村落的选择，如果说偏僻山沟，或者像洛巴和门巴等地的最原始的村落也许不具备看风水的条件，但是在条件允许的情况下新建一座村庄，会邀请懂风水的活佛或者会历算的藏医等来看风水，通过测算，新建村落最好是建在依山傍水处（照4–3），这是一项重要的标准。依山指的是村落应该背靠坚实的山体，这实际上是保证建筑和村庄的安全，假如背靠山沟或不稳定的山体，将来会增加发生灾难的风险；傍水一般是为了交通方便，取水方便等。

照4-3 康定日木道村依山傍水的村庄布局（1998年）

另外朝向一般要求坐北朝南，这与青藏高原上生存的人对日照的要求有紧密联系，就西藏村镇坐落的方位来讲，拉萨和日喀则两个城市的朝向比较好，特别是拉萨市不仅朝向好，周围山体环绕，挡住了西北两个方向的冷风。拉萨的哲蚌寺和色拉寺建在每天日照时间最长的山窝里，藏语里叫“尼枯”，差不多为“日窝”的意思。另新建村落或者民居应避开“地三角和天三角”的位置，从苯教或佛教教意上讲三角形是埋葬恶魔的地方。有些地方因山体走势，或者河流流向形成三角地段的地方，藏族人是不会在此建房居住的。

传统村庄对建筑的布局和空间有一定的要求，但也因地制宜。农村历来就是以家为单位的独立单元，即使是自己的儿女，分出去便是两个互不干涉的独立家园。

在旧社会，盗贼猖獗，屋前视野开阔便非常重要，有利于及时发现盗贼并做好防备，因此这种习惯性的做法持续到了现在。另外从农民的生活和生产来讲，自家的前后左右都留有一定的空间，更有利于种植果树、菜地及卷养牲口。藏式建筑平屋顶采用木槽来排水，邻居间如果没有一定的间距，则会因屋面排水问题产生矛盾，所以农村民居建筑的布局和空间形态一定要尊重当地习俗和传统。在农村建房的地皮再紧张，也不能遮挡其他人家的采光，这是最起码的建房要求和标准，新建户也不愿意自己的房屋靠别人家的院子或其它建筑太近，一般情况下，不会发生邻里间遮挡采光的情况。调查藏族传统村落的研究者，应该向上级决策部门，向实施安居工程的各地职能部门，提供一些实实在在、有根有据的实事依据，提高设计水平，规划技能，使国家资金用在点子上，让农民群众感受到党和国家的关怀。

二、建筑设计

西藏地处世界屋脊，自然条件和地理环境十分特殊，在这种极为特殊条件下孕育出来的藏式建筑，亦有着十分明显的特点。藏族人民就地取材，因地制宜，结合本地自然环境和地理特征，设计出独具特色的各种藏式建筑。但是由于西藏封建制度的长期腐败，受旧观念影响，建筑专业被视为下等职业，得不到应有的重视。过去从事建筑专业技术的工匠大多是以父子相传或师徒相传来继承，并没有专门以培养机构，技术工匠不仅得不到人身的自由，还要遭受统治阶级非人的折磨。相传很久以前阿里西部的拉达克王国，有一位技术十分高明的木匠师傅，他在拉达克的“烈城”为土王修建一座非常壮观的宫堡。当宫堡完全建成后，国王怕木匠再去给别人修建同样的宫堡，于是惨无人道地把他的右手给剁下来，并答应养他一辈子。但这位木匠不愿意忍受这种侮辱，偷偷地跑到阿里的日土，并用他的左手为日土王建造了同“烈城”一样的宫堡。这些充分说明，藏式建筑发展到今天的水平，先辈们付出了鲜血和生命的代价。

藏式建筑的设计，一般由木工师傅承担，木工师傅不仅是新建房屋的设计者，也是该工程的施工者。全面负责各个工种的顺序、安排场地、监督整个工程质量等，石匠师傅负责整体砌筑工程质量及顺序以外整体工程，但总体上仍听从木工师傅的统一部署，一切工种都在他的统一指挥下进行施工。

一般建筑，木工师傅将简易的平面图画在一块木板上（照4–4），图上注明几个柱子的位置和柱间的尺寸大小，这块图板可以说是木工师傅的备忘录。比较重要的建筑，如寺庙的佛殿或贵族家院等除了同前面一样画平面图之外，还要绘制一些简单的立面图，立面图上一般不标注尺寸，主要是同主人家共同商量房屋外观造型之用。而更为重要的建筑木工师傅也会用硬纸做些小模型。特别重要的建筑，如十八世纪初重建桑耶寺主殿金顶和1956年新建罗布林卡新宫达旦明久颇章时曾经制作木质模型，一是作为方案供主人观察，二是在施工过程中可以作为样板，便于施工（照4–5）。但这种模型和前面讲的平面图等没有严格的比例概念。

照4-4 画在木板上的简易房屋平面图

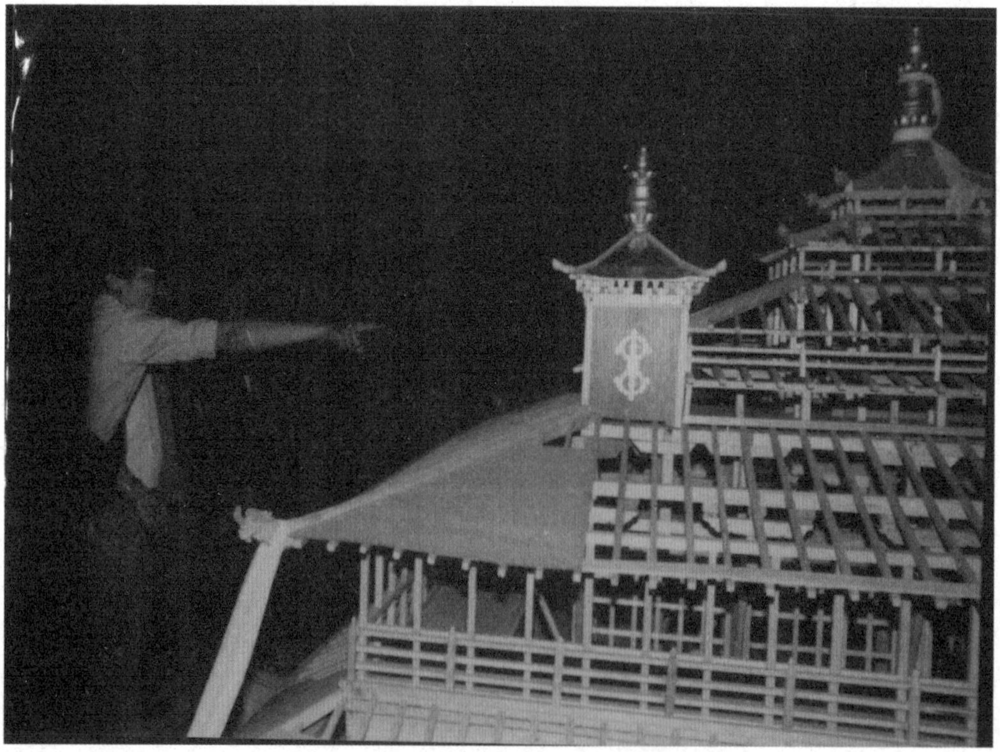

照4-5 桑耶寺金顶模型（1987年曲吉建才制作）

寺庙建筑，如拉萨大昭寺和山南桑耶寺、阿里托林寺等从整个规划及单体建筑上都赋予一定的宗教意义，此类建筑的设计和布局来自法师或高僧之手。比如在大昭寺的设计和布局上，松赞干布和文成公主、尼泊尔公主都亲自参与设计；桑耶寺的整体布局由莲花生大师和静命大师提出，把整个寺庙以佛教中的世界形成布局来设置。另外，在寺庙建筑和比较讲究的贵族庄园等建筑在开间设置和门窗布置上也会融入一些宗教内容，如三个开间和三个门的设置象征佛教的“解脱三门”等。因此，藏式建筑的设计手法不仅受自然环境、地理特征的影响，还受宗教信仰的影响，这些都值得我们进一步研究和探讨。

西藏的许多著名建筑设计独特、造型别致，在国内外享有盛名。但是这些建筑除了个别建筑的设计人员在有些文献里有所记载之外，大多数设计者都无从了解。

从近代和现代历史上看，除了有名的木工师傅可以进行房屋设计外，也有寺庙里多才多艺的高僧和社会上的著名的学者、有设计天赋的画家等。藏族古老文化中，虽然没有设置专门的建筑专科，但是藏族的“五明”学科里有一门“工巧明”，其中建筑学科是重要学习内容之一。还包含了雕塑、木刻、绘画、书法、音乐舞蹈等多种技艺、艺术科目，因此，精通“五明”的学者一般对建筑也有所研究。比如五世达赖喇嘛是一位精通“五明”的大学者。布达拉宫新建之时，在他的布置下，由著名画师朗日曲增绘制立面图（图4–1）。第巴・桑结嘉措全面负责。公元1682年布达拉宫维修重建时的设计由他主持，当时布达拉宫扩建时的建筑设计图纸总共有十几张，连排长度达六米多。图绘制于藏纸上，墙体和门窗都绘制得十分清楚，且配有比例尺、图注尺寸和文字说明。这套珍贵的建筑设计图，现保存在自治区档案馆（图4–2），三百年前绘制的如此精确的图纸，令世人震惊。第巴・桑结嘉措在红宫的整体布局和每个细节的处理上，都做到了十分完美，他是在原有建筑的基础上扩建的，以红宫内法王洞和观音殿不能拆除的前提下进行设计的。改建后的布达拉宫得到了世界的公认。

图4-1 画师朗日曲增在绘制布达拉宫立面图（曲吉建才绘）

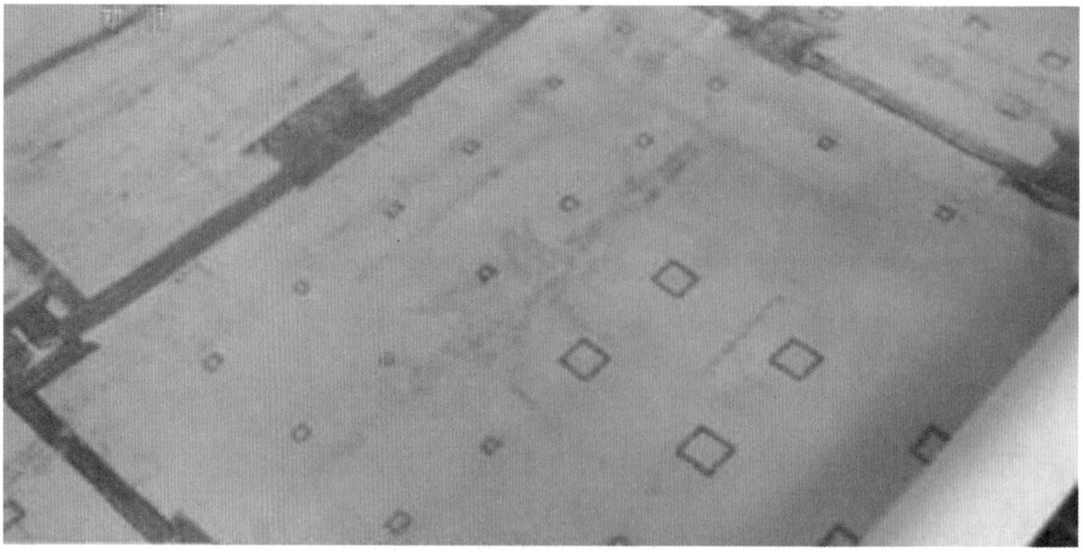

图4-2 扩建红宫时的平面设计图（1682年桑结嘉措时期）

八世达赖年幼时的摄政德莫维修桑耶寺时，修建了晒佛台，这座建筑高七层，砌筑技术十分有名，由谁设计我们无法知道，但如今却能清楚看到刻有砌筑四角者的名字的石块（照4-6），但这种做法极为少见。

照4-6 刻在桑耶寺晒佛台墙角的石匠师傅姓名

公元1817年，桑耶寺主殿被火烧毁，甘丹颇章地方政府派夏扎噶伦顿珠多吉负责修复，当时有一些很有名的木工师傅，对修复工程起到了关键作用。但整个修复工程的设计施工的总策划是夏扎噶伦，他的接班人旺求杰布是他的女婿，著有《桑耶寺志》，描写了整个修建过程及设计手法，当时还制作了模型放在太阳殿内。

总之，两位夏扎噶伦都是对藏族建筑做过重大贡献的人物。当时的维修场面在桑耶寺主殿二层上三层的南北两个楼梯间侧面墙上绘有壁画，南侧壁画在上世纪九十年代寺庙维修时被毁，北侧壁画保存较好。

十三世达赖喇嘛的侍从土登贡培机智多谋，十三世达赖喇嘛发现了他的聪明才智，让他负责罗布林卡西边的坚色颇章的全套工程。他在设计中把传统的柱距加大，减少室内的柱子，增加使用面积。在十三世达赖喇嘛的晚年，他还负责布达拉白宫东日光殿的扩建和新建，以及拉萨大昭寺达赖行宫的维修、新建等工程（照4-7）。

照4-7 传统弓木新样式（大昭寺行宫）

土登贡培是将本世纪藏式建筑推向新阶段的功臣人员，他一辈子从事建筑事业，尤其是1951年西藏和平解放后，在自治区筹委会基建处工作时，他出众的建筑才华更加彰显。

上世纪五十年代，罗布林卡建造新宫，新宫的设计和制造模型都由著名木工师傅白玛所承担，白玛师傅曾在1981年负责维修甘丹寺。新宫的建造除了白玛师傅的设想之外，起决定作用的还有达赖本人和当时的地方政府官员车仁吉美·松赞旺布。车仁曾在印度留学，擅长摄影河维修钟表，对建筑也有一定研究，车仁别墅就是他的杰作。他们的家院从房屋布置，门窗设计到院内的绿化植、果树布局都十分完美。四五十年代新建的贵族新居中，他的别墅设计是最好的。后来在罗布林卡新宫的设计中都采用了一些车仁家房子的布局。因此，车仁官员也对藏式建筑的发展有着一定的贡献。

昌都类乌齐寺有七百多年历史的大殿查杰玛在二十世纪六十年代被拆除，只剩下基址。党的三中全会以后，类乌齐大殿得以复原，这座著名建筑的复原由该寺僧人朗那多旦负责，他本来就懂一些木工活，加上作为寺庙的老僧人对原大殿非常熟悉，自身又有建筑才华，因而成功地完成了修复任务，为西藏古建筑事业做出了重大贡献。

三、施工过程

（一）开挖基槽及基础做法

藏族建筑在建造过程中，第一步是开挖基槽，基槽按实际建造建筑的面积、层次、主体结构形式等来确定（照4–8）。

照4–8 开挖基槽（内蒙拉僧庙）（2014年）

一般二、三层民居建筑的基槽宽度为1.4米左右，这些建筑的墙身约1米，基槽比墙宽40厘米，基础就更稳定。基槽深度也要按建筑的实际高度和负重程度来确定。一般建筑的基槽深1米到1.5米左右，这是基本情况。但主要是由有经验的石匠师傅根据地质情况来决定开挖深浅，如果是地质松软或砂性地就要挖得深一些，应挖到持力层。

基槽回填或填充做法，有的也叫砌基础。如拉萨市、山南和日喀则等地，因为都靠河边，卵石来源充足，所以用大小比较均等的卵石回填基槽（图4–3）（照4–9），这种卵石直径为10~20厘米左右，这种圆形的卵石算不上砌筑，因为是圆形，不加任何泥土，说铺设更确切一点。

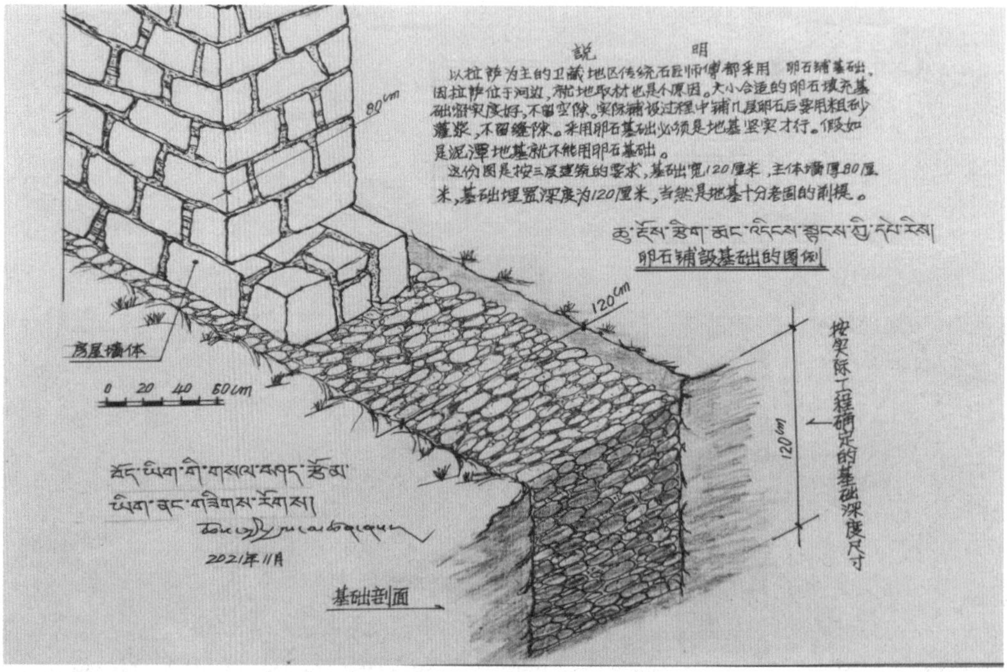

图4–3 卵石回填基槽示意图（曲吉建才绘）

总之在基槽坑内一层一层地把卵石层铺好，稍大卵石间填充一些小卵石，必要时灌一些水。有的很讲究的则会用粘性较好的泥土搅拌成较稀的泥浆来灌满缝隙，一般还是由石匠师傅自己决定。

山上的建筑，一般建在离河谷地段很远的地方，会用山上的片石和碎石铺地基，主要是不要留间隙，要形成整体性，这样才能承受墙体的荷载（图4–4）（照4–10）。

照4-9 卵石回填基槽（内蒙拉僧庙2014年）

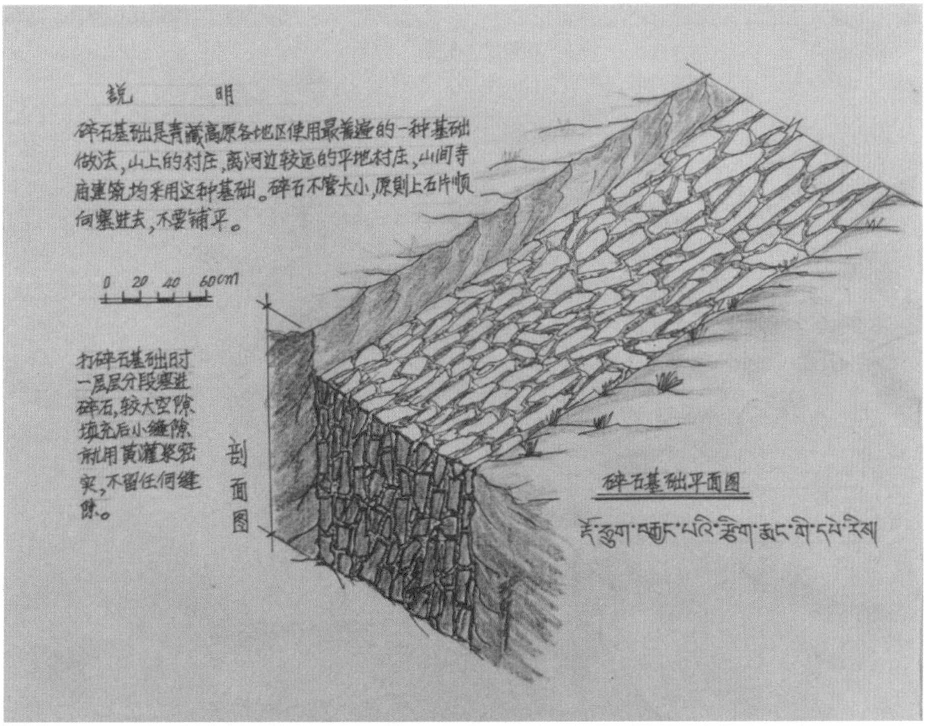

图4-4 碎石回填基槽示意图（曲吉建才绘）

照4-10 碎石回填基槽（康定俄巴绒村）

回填基槽主要是就地取材，因地制宜。在卫藏地区，回填基槽里一般不用大石头，大石头填基槽不会填充密实，而用体积小一点的卵石使整体性更好。但木雅地区的扎巴等地又喜欢用大石头和条石铺设基础，当然，他们也要求铺设牢固，不能出现孔洞和间隙（图4-5）（照4-11）。

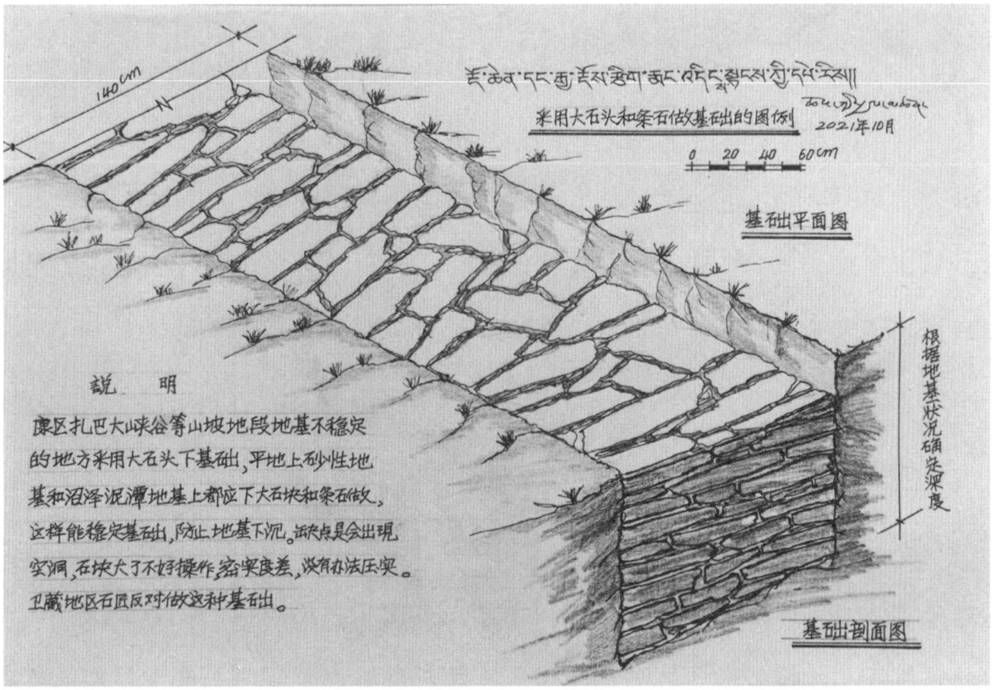

图4-5 大石头和条石铺设基础示意图（曲吉建才绘）

照4-11 大石头和条石铺设的基础（2003年尼姑庙）

现代建筑设计规范要求每座建筑的基础埋置深度必须超过当地冻土层以下。就拉萨城市范围来讲，一般的冻土层深度均为1米左右，基础也必须挖至1米以下，才能保证冻土层不会把基础冻胀空鼓起来。但在多年考察中发现，传统匠人设置的基础深度不到1米的也很多，特别是在卫藏地区很多农村民居中，传统和现在新建的民居基础很多达不到1米深，但我们没有发现哪一座民居建筑被冻胀开裂，我也曾经请教过拉萨古建公司的老屋钦师傅顿珠老人等，他们说：我们要看好地基是否坚固，牢固稳定就行，没有必要再挖下去。几百年沉淀下来的自然土层，反而被人为挖下去，用人工填充的再结实也结实不过自然形成的牢固。所以他们不主张挖多深的地基，他们也许不太懂或不太注重冻土层的问题。我们考察拉萨周边的一些被拆除的古老寺庙基础深度也都比较浅，没有超过冻土层，却也没有出现膨胀情况。还有拉萨哲蚌寺、色拉寺僧居之间和大殿周围院子均铺设不规则石头（照4-12），这些铺设的石头已经有上百年的历史，都磨得很光滑。

照4-12 不规则石板铺设的院坝（色拉寺措钦2003年）

2005年前后本人负责以上两座寺庙的上下水管道工程设计和技术总监任务，当时把两座寺庙很多老巷道的石板全部挖出，布置上下两道管子。巷道里的石板全是在原地上稍微找平后铺上去的，并没有设置任何垫层和基层。上世纪九十年代末，西藏建筑设计院新修四层办公大楼，楼层坐北朝南，大楼背面终年不见阳光，设计时大楼基础挖出一米多的深度，完全挖到冻土层以下，但没有过几年，阴暗面的地面全部开裂，有的地方空鼓起来，这种现象在拉萨其他楼房的阴面都有出现。而哲蚌寺和色拉寺里很多巷道也处在楼房背阴处，也是终年不见阳光，但我们没有发现空鼓和开裂的情况，这又是什么原因呢？经过分析，我们认为是因为以上这些民居的基础和寺庙巷道的地面都是自然形成的地基或山体，本身就是冻土层以下的地基，冬天也不会膨胀起来。由此可见，现代建筑对于不是很重要的巷道不挖地基的做法也是可行的，是因地制宜的做法。

（二）楼面及屋面做法

一般民居，木檩上面铺设的是树枝或杂木片等（照4–13），比较讲究的房屋，才能在木檩上铺设木板或规格一样的小木条，藏语叫“斋玛”，就是椽子木。将檩条之间的空隙全部铺满（照4–14）。在卫藏地区还有一种更为讲究的做法是铺设加工粗细相当的圆木条按席纹图铺设，这是最讲究的工艺，藏语叫“丁直”。在布达拉宫日光殿等少数宫殿才能见到（照4–15）。

在木檩上铺设的树枝实际的作用就是覆盖檩木之间的空隙，也就是汉式坡屋顶木檩上的铺设瓦片的椽子木，在卫藏有些地区会在这种树枝上再铺一层直径约10~15厘米的扁平卵石（照4–16）。

也有用碎石片的，一来是把松散的树枝压住，同时也能起到屋面泥土的防潮和防腐作用。在铺设大约20厘米厚的屋面粘土层后要人工踩踏和用木板拍打（照4–17），使屋面层密实牢固，然后再铺一层厚10厘米左右的干粘土，继续拍打密实，而且找出排水方向的坡度，最后再铺一层约3厘米的当地的防水性能较好的土就行，同样也要拍打密实，这样屋面工程完工。因为如在卵石上打制粘土，水分多，如果没有卵石层的隔离，就会对下面的木结构造成浸湿。在康区却没有此做法，而是在铺设的树枝或木板上再铺一层灌木，其实也是起到防腐防潮的作用。

照4-13 卫藏地区屋面铺设树枝和杂木的情景

照4-14 古格木檩上铺设木板的屋面

照4-15 卫藏木檩上按细纹铺设的圆条屋面

照4-16 屋面铺设卵石

照4-17 屋面铺垫粘土层（1998年）

拉萨老城区80%以上的房屋都是以上所说的生土屋面。在当时的历史年代也很平常，也没有发生过哪一家雨水渗漏而住不下去的情况。就拉萨来讲，这种防水性能较好的土叫“堤萨”，意为漏水时加的土，拉萨西郊三四十公里的山沟里就有。“堤萨”土颜色偏红，但山南桑耶寺附近的“堤萨”发白，不管在阿里地区、卫藏地区，还是康区各地，除了卫藏地区的阿嘎土屋面之外，所有平屋顶的藏式建筑都是用这种生土做屋面，各地都有这种防水性能好的“堤萨”土。准确地说，这种平屋顶的成功防水并不是单靠这种防水土，而是勤劳的藏族人在漫长的生活实践中总结出的一套屋面养护做法，而且维持了几千年之久，总体上算是成功的。这种做法是前面已经介绍过的屋面粘土层拍打密实，找好坡度，最后薄薄地铺一层“堤萨”，这就是全部过程。但是最关键的是家里人要一年四季不断地进行养护，冬天下雪时，一早就要把雪扫出去，不能等到雪融化，否则雪水会把屋面土层浸湿变成泥浆，夜里整个屋面土层就会结冻，这是冬天最需注意的地方。冬天除了要及时扫雪不让屋面结冻之外，到了夏天雨季生土屋面会长出一些杂草，在这期间，把屋面干时将杂草拔净，一定要连根拔出来，再踩踏结实，必要时还要添加一些土，拍打好。是否要加“堤萨”土，也要靠养护人的经验，夏天雨季期间会在某个角落出现漏雨的现象，如此时仍在下雨，便不能补修，雨停后，屋面晒干后才能上去修补。当然，前面说的除草养护的人不仅要有经验，也要有责任心，才可以完全保证生土层面不再发生漏雨现象。

传统的生土平屋顶，不仅能很好的防水，而且农民秋收后可直接在楼顶晒台上打麦子（照4-18）。

照4-18 屋顶打麦子的场景（丹巴县）

这种屋顶打麦子的民居，房屋木檩一定要粗大一点，一般位于森林地带或离林区较近地区的村落才有这种屋顶打场的习惯。在屋顶打麦子，粮食保管方便，家畜不能随便吃粮食，也比较干净等优点。缺点是白天打麦子会影响老人休息，房子会产生一定的振动等。生土屋面不仅能防水，而且其屋面相当坚固。上世纪五十年代仍然有这种方式，六十年代开始设立人民公社以后，才把打麦场搬到院子里。

藏式建筑有史以来，平屋顶漏雨并没有成为人们担心的问题，西藏和平解放和民主改革，特别是改革开放以来，发生了很大的变化，也出现了现代钢筋混泥土建筑，出现了彩钢板、瓦屋面等众多现代结构的屋面材料。富起来的农民必须在自家的房屋上首先表现出来。一个村庄里，哪一家先在自家平屋面盖起彩钢坡屋顶，不到两年这个村几乎每家都会盖这种屋面，西藏林芝和波密地区是这样，康区木雅等地的很多村庄也是如此（照4-19）（照4-20）。

照4-19 彩钢板、瓦屋面等现代材料屋面（林芝等地2007年）

照4-20 彩钢板、瓦屋面等众多现代材料屋面（木雅地区2007年）

卫藏和康区很多地方当地人仍然在坚持平屋顶的民居里生活着，仍然坚持传统的做法。青藏高原上的藏式建筑绝大部分都是生土屋面，可以说达到90%左右。除了阿里和卫藏比较干旱地段以外，雨水较多的地区，如亚东、洛扎、错那、林芝、米林、波密、类乌齐、芒康等地以及四川省的德格镇得荣、乡城、雅江、道孚、丹巴、康定、九龙等雨水充沛的林区有史以来居民都是平屋顶，云南迪庆州大部分地区也均为生土平屋面（照4-21）（照4-22）（照4-23）。

照4-21 德格更庆镇（2007年）

照4-22 昌都地区类乌齐村庄（1995年）

照4-23 山南地区加查县民居（2012年）

以上这些地方是仍然坚持传统平屋顶的各地藏族建筑，上世纪六十年代以前青藏高原上绝大部分藏族居住的民居均为生土平屋顶。除了喜马拉雅山脉南坡墨脱和察隅最南边山区，年降雨量超过5000毫米的原始森林地带的洛巴和门巴人的古村落，历来就采用芭蕉叶、稻草或石板瓦、木板瓦来盖屋顶（照4-24）（照4-25）（照4-26）。

照4-24 林芝地区门巴、洛巴民居采用芭蕉叶、稻草屋面

照4-25 木雅古瓦寺石板屋面的僧居（1998年）

照4-26 林芝地区门巴村木板瓦的坡屋顶民居（1980年）

康区铺设木板和石板屋面都与瓦屋面的做法相似。木板瓦在近一二百年内用的人越来越少。除了位于森林深处的房屋外，一般民居都不用木板盖顶，因为盖顶的木板需将粗大的木桐劈开后才能用，还易腐烂，石板盖顶更为普遍。木板和石板盖屋顶与瓦屋面的做法相似，假如是一根柱子的佛堂建筑，东西两面墙上砌三角墙，中间柱顶做屋架，从东面三角墙到木屋架，木屋架再到两边三角墙铺设木檩子，铺设木椽一般留80厘米间距（照4-27），木檩上直接铺石板，不加椽子木。铺石板要有经验的铺才好，而且雨季要修补。如北京房山区有些古建筑的石板屋面相当先进，首先是用机器开采出来的石板大小和厚薄规格统一。铺设方法是木檩上铺屋面板，然后打一层三合土底层，石板按铺设瓦片的做法铺设，石板上下和左右都做压边。而在青藏高原开采和铺设技术比较落后，达不到这样理想的效果。

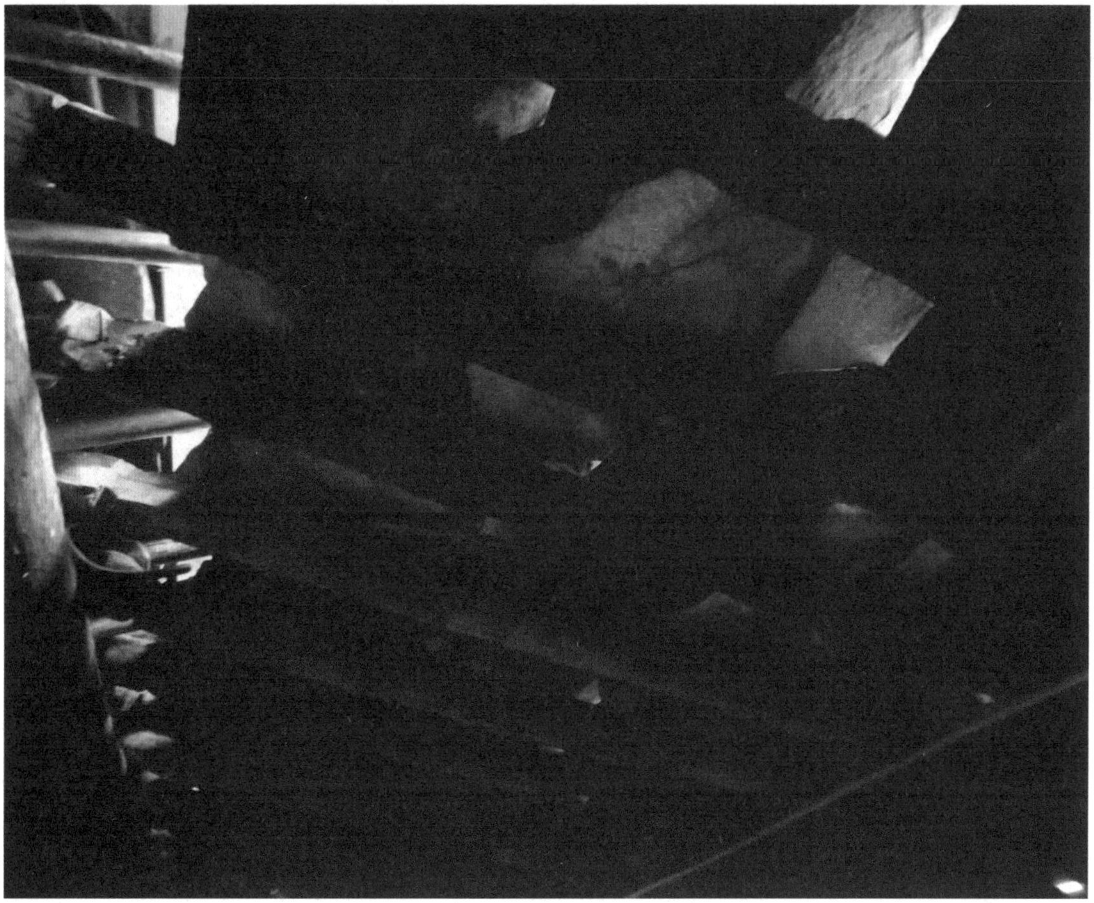

照4-27 石板屋面木构架做法

青海柴达木、海西海北大片牧区，藏式民居都比较简陋，冬居的草坯房、土坯房均为平屋顶。青海省共和县、尖扎县、湟源县、贵德县等农业区以及甘南州迭部县、碌曲县，阿坝州的松潘县，包括大片藏羌民居，四川的木里县、石棉县和冕宁县，云南的泸沽湖、德钦县、丽江藏族纳西族村寨都是生土制成的平屋顶民居。早在唐史就明确记载的“屋皆平顶”是绝对的藏民族建筑特点。所以历经五千多年沧桑巨变的藏族民居，建筑也会存在一些差异或不足，现如今随着藏族农牧民的生产生活水平的不断提高，利用现代材料、现代技术，建成斜山屋顶居民，彻底解决了雨水问题。但是现在新疆吐鲁番和伊犁等地仍保留有与藏式建筑非常相似的平屋顶民居（照4–28）。

照4-28 与平屋顶藏式建筑相似的新疆吐鲁番民居（1982年）

20世纪50年代以来，我国各大城市飞速发展，需要增建各种用途的建筑，过去传统的砖木结构的建筑已不适应现代化建设所需，特别是城市人口的迅速增长，城市用地往往不够实际所需，从而开始引进钢筋混凝的建筑类型。1979年12月份恢复的中国建筑学会的年会在安徽省芜湖市召开（照4-29）。

当时参会的著名专家有古建筑领域先驱梁思成先生、故宫的单士元先生和罗哲文、清华的穆宗江、南工的杨庭宝、齐康、郭湖生，同济大学的罗小未、喻维国、华南工学院的龙庆忠、陆元鼎、中国建筑科学研究院的刘祥禛、付熹年、孙大章、程敬琪、陈耀东、屠舜耕等，作为研究和保护中国五千多年历史的斜山屋顶建筑的老专家们，担心特色的古代建筑在中国消失。研究和保护中国藏族平屋顶藏式建筑之人，同样也担心保持几千年漫长岁月的平屋顶的藏式建筑被改变和消失，也有义务分析和研究它们的优缺点。

照4-29 1979年12月作者参加中国建筑学会年会（安徽省芜湖）

藏式建筑平屋面的另一种做法，即藏式上等屋面阿嘎土的做法。阿嘎土从地质学上讲，主要由碳酸盐矿物（方解石）组成，含有少量的石英长石及黏土矿物。土质脆性、胶结疏松、不耐酸、不耐水。阿嘎土在化学作用下，凝结成如混泥土一般较坚固的实体（照4-30）。

照4-30 屋面铺设阿嘎（1990年布宫）

历史上条件较好的家庭和公务用房都采用阿嘎土建屋面，采用阿嘎土屋面要求梁柱、檩木相比之下都要粗大一点，此为基本条件，打阿嘎土屋面的房屋，梁柱、木檩除了要承受平常的生土屋面的重量，铺设几道阿嘎土层的重量外，还要承受打制阿嘎土时众人边唱边跳踩踏跑动，总荷载远远超过了生土层面。木材比较缺少的卫藏地区，农村民居屋面木檩直径以5厘米的居多，才基本能够承受起生土屋面重量，而要做阿嘎土屋面至少需要直径为10厘米以上的檩木才能打制。

在前面讲过的屋面粘土层上先要铺设15厘米左右厚的粗阿嘎土一层，粗阿嘎土里要有一定比例的阿嘎石，直径一般不超过5厘米，这种风化石里2/3是风化土，且有一定的粘结性；而1/3是还没有完全风化的石子，这就是阿嘎土的骨料，靠它来形成阿嘎土的硬度。所以粗阿嘎层就是混泥土的卵石层，细阿嘎土像水泥一样起凝结作用。因此，铺设15厘米左右的粗阿嘎后边洒水，边夯打密实到10厘米左右，夯打就是用圆石板上插根细棍子使劲夯打，几十个人排成两队站立在彼此对面，一人夯打一米宽左右，相互穿插走动，边唱边跳边夯打（照4–31）。

照4-31 打阿嘎（拉萨1990年）

至少两天时间的夯打才能把粗阿嘎的底层基本稳固下来，到了第三天才开始铺5厘米左右厚的细阿嘎，而这些都由有经验的泥浆女师傅掌握。根据屋顶面积安排打阿嘎的人数，每人夯打面积约1m²，排两个队，相互对齐，穿插走动，边打边唱。泥浆师傅随时观察，随时洒水，慢慢凝固。这种夯打至少需要三天左右时间，像布达拉宫等重要工程则不少于五天左右，然后在泥浆师傅的指导下，每人拿一块光滑的卵石按顺序打磨两三天（照4–32）。

打阿嘎在早春和秋天是最适合的。这种人工夯打和打磨是千百年的传统手法，前几年西藏文物保护工程中有些地方采用平板振动机振动夯实，然而打磨也没有成功，防水效果也不好。

照4-32 打磨阿嘎（拉萨2008年）

传统上阿嘎土面层磨光以后就用榆树皮的汁液抹几道，最后还要用清油涂抹3遍，涂抹时间和间隔都由泥浆师傅严格控制，不能马虎。这关系到防水性和阿嘎土的质量。

阿嘎土室内地面的施工及操作与屋顶相同，只是打磨要更精致，更光滑，更漂亮，基本能够达到现代建筑的水磨石地面的效果（照4-33）。

照4-33 优质的室内阿嘎地面（布达拉宫1990年）

打制阿嘎土是西藏独特的一种工程技术。施工中的卵石铺设、加粘土层均由石工负责操作。夯打阿嘎土则由泥匠师傅负责，即阿嘎土屋面的操作和做法，泥工师傅全面掌握夯打时间和质量。泥工师傅藏语称“协本”，是“泥工头”的意思。历史上泥工多由女性承担，然而女泥工师傅得不到“屋钦”的称号，这主要是因为在旧西藏妇女地位低下所致，因阿嘎土储量有限，继续保存这门技艺难度也会随之加大（照4-34）。另外，开采挖阿嘎土也不利于生态环保。上世纪70年代末拉萨大昭寺维修时，所需阿嘎土采挖于拉萨北郊娘热沟；上世纪90年代初布达拉宫第一次维修工程时，所需阿嘎土采挖于羊八井和曲水县两地；到了20世纪初布达拉宫第二次维修时，所需的阿嘎又采挖于土山南扎囊县敏珠林寺山沟中。以上事例说明，阿嘎土来源紧缺，前后不到20年的时间里开挖阿嘎土的路程就从拉萨附近变为与拉萨相距100公里的山南敏珠林寺，而打制阿嘎土的材料和人工费用也从当初的100元/㎡增长到600元/㎡。在地表以下2米左右才有1.5米左右厚度的阿嘎土层，范围仅几十米。每开采一次阿嘎土，需将地表面全部挖开，对环境的破坏特别严重。

照4-34 有限的阿嘎土（拉萨曲水县1990年）

前面已经讲了生土屋面的保养做法，而高一个档次的阿嘎屋面同样要做好保养，如果保养不好而损坏的话，很难局部维护，只能整个屋面重新打制阿嘎。

冬季下雪，阿嘎土屋面必须及时把雪清除。若不及时扫除或不扫雪，导致屋面阿嘎全部冻结，开春后解冻的阿嘎土会变得松散，并失去防水性能，那就必须在雨季到来之前把屋面土层重新铺设、拍打密实。工程量非常之大（照4-35）。

照4-35 扫除阿嘎屋面的雪（拉萨小昭寺1998年）

阿嘎土屋另一个问题是出现裂缝，其原因多种多样，而结构层的升降和松动是关键。结构的梁柱，特别是木檩出现变形和沉降，屋顶行人过多、屋面荷载超出正常范围、周围出现爆炸等极限的震动以及地震等都会导致屋面开裂。世人瞩目的布达拉宫当初在结构选材、制作工艺各方面均为最好的，现如今也出现了一定程度的老化现象，特别是主体结构的木材都已经很陈旧了，白宫东大殿内大梁上的莲花、叠经、跳木、挡板等多层重叠的装饰和结构层已经出现了一些松动和变形状况。

在改革开放形势大好，国家强盛时，年久失修的布达拉宫建宫三百多年以来第一次正式开始正规的全范围维修工程，笔者作为维修工程办公室维修组副组长，虽然从1976年以来就不断地对布达拉宫进行考察，八十年代也做了全面测绘和拍照工作，同时还查阅了有关历史资料，但是要对这座价值连城的宫殿进行真正意义上的维修，对我们来说还是第一次。从1989年布达拉宫第一次维修和2001年开始的西藏三大文物保护维修工程及布达拉宫第二次保护维修工程，至2005年初拉萨大昭寺千佛廊保护维修工程等前后二十多年的维修实践中，才真正深入地了解到阿嘎的原理。

2005年拉萨大昭寺千佛廊维修时，除了需要矫正歪散的梁柱外，最主要的是重新打制千佛廊屋顶阿嘎土屋面（照4-36）。

照4-36 维修拉萨大昭寺千佛廊阿嘎屋面（2005年）

在揭开多处渗漏雨水的阿嘎屋面时，以及两次布达拉宫阿嘎屋面的维修，我也懂得了阿嘎损坏的原理和过程。这次维修的屋面面积较大，又是平常行人最多的一段，活荷载也比较集中，底层大梁和莲花、叠经也有歪散和变形。作为该项目维修设计总负责和工程技术质量总监及现场施工指导，必须考虑设计的合理性和工程质量的永久性。前文已对阿嘎这种刚性屋面作了介绍，一旦出现细微的裂缝都是致命的。要保证阿嘎屋面长久性的质量，就只能在新打制的阿嘎土层里设置4号铅丝的方格网，便能控制阿嘎屋面层的裂缝。但此种设计和作法从未有过，大昭寺是国保级的重点文物保护单位，自治区和拉萨市两级文物部门都不敢批准。

总之阿嘎是西藏独一无二的特殊建筑材料，主要是卫藏两个地段才有少量的储存，藏北草原和藏东、藏南的大峡谷、森林地段都没有发现阿嘎土这种材料。只在昌都和察雅县境内高山上曾发现过少量阿嘎土，用于昌都寺帕巴拉宫殿和察雅香堆寺的旧弥勒大殿屋顶上。我们曾经考察察雅香堆寺弥勒大殿时，发现了卫藏地区以外最好的阿嘎屋面（照4-37）（照4-38）（照4-39）。

照4-37 昌都地区察雅香堆寺（1994年）

照4-38 香堆寺的阿嘎屋面（1994年）

照4-39 香堆寺阿嘎屋面破损状况（1994年）

上世纪九十年代曾多次到过察雅香堆一带，进行古建考察，期间也曾向当地老年人了解该地区哪里有这种阿嘎土，谁会打阿嘎土技术，但当地老人对此却一无所知。这座距今已有二百多年历史的建筑，距离拉萨上千公里的察雅县境内竟然有如此传统的阿嘎土建筑。

2003年前后在西藏三大文物保护维修建工程时，北京文研所张志平老师等人推荐北京某公司在布达拉宫维修中做了改性阿嘎土实验，采用机械分类粗细阿嘎土。当时，布达拉宫管理处对此都抱有很大希望，允许在红宫背后达赖喇嘛父母住的亚西房屋顶上做实验。他们在原有阿嘎土屋面上重新铺一层改性阿嘎土，用平板振动机振捣。验收时将一桶水慢慢地泼在屋面上，水全部滑落出去，不留一丝水的痕迹，好像是油泥地上泼水一样，与原有的阿嘎截然不同。后来得知是在改性阿嘎土中加了防水剂的缘故。一年多以后，因高原强烈太阳的照射和防水剂本身的氧化，已经没有刚开始时的效果。阿嘎的使用历史悠久，工艺特殊，应为保护和传承的重要文物保护内容之一。虽然阿嘎土储藏量少，采挖对周围环境破坏大，施工程序繁琐、周期长，但其仍具有良好的防水性能。再说文物修缮需严格按照传统原材料、原工艺，遵守修旧如旧的维修原则，比如像布达拉宫这种重点藏式古代建筑，修复阿嘎土屋面时一定要继续使用原始材料，绝对不能用其他材料代替。

阿嘎土使用的历史早在吐蕃时期的古墓里便出现过，考古人员在林芝朗县的列山古墓群里发现过，可以肯定琼结藏王墓也使用了阿嘎土。因此，阿嘎土是传统藏式建筑必不可少的建筑材料，这种传统工艺也是世界建筑领域独一无二的远古技艺。

（三）石、木匠施工做法

历史上平民百姓新建房屋，特别在卫藏地区绝大部分都是平房，一般就地找一些普通工匠来完成。而要修建一间相当规模的比较讲究的房屋时，就必须按传统习俗和请专业工匠依照严格的施工程序施工。

藏式建筑的施工中，木工“屋钦”师傅是整个房屋的设计者。首先由木工“屋钦”在一块木板上画上设计的平面图，并确定木构件的断面尺寸，安排众木工制作构件，与石工“屋钦”商量施工相关事宜，石工“屋钦”没有决定权，但基础埋深、基础宽度，墙的断面尺寸，墙的收分比例计算出墙脚宽度等，均由石工“屋钦”决定。

房屋总高与收分比例关系表

房屋类型	总高	收分比例	收分系数	备注
依山修建的建筑	100%	20%	0.20cm	日喀则扎寺佛台
特高建筑五层以上	100%	15%	0.150cm	布达拉红宫局部
高层建筑五层以下	100%	10%	0.100cm	佛殿和庄园建筑
三层建筑	100%	0.5%	0.050cm	一般民居
一层石墙	100%	0.3%	0.030cm	一般民居

石工“屋钦”按照平面图放线定位，然后按房屋总高度（总高由木工“屋钦”定）、房屋的类型确定墙体收分系数。

石工“屋钦”按照墙脚宽度，地基情况确定基础埋置深度、基槽宽度，也就是决定基槽开挖的深度。

当基槽和柱基坑挖开后，内铺一层层卵石，一层层打夯，并用粘土灌浆。有些地方也用岩叶石、碎石片填充基槽。铺基础的卵石一般直径为15~20厘米左右，柱基坑做法也相同（照4-40）。

照4-40 基槽填充后开始砌墙（内蒙古拉僧庙2014年）

基槽填好后放好墙脚线开始砌墙，砌墙先摆一层块石，每块石头间留下一定的缝，块石摆完后两边拉线，由砌筑墙角的石工“屋穷”（二级师傅）查看。石工“屋穷”是具体砌筑的负责人，石工“屋钦”作为总负责人，是不需要亲自作业的。在石工“屋穷”通过检查准许后，砌墙的各石匠用小片石把缝隙砌好，内外缝隙全部填满后由石工“屋穷”再次检查。检查完毕后，“屋穷”叫一声“大石填充”，各师傅和助手按照内外石块的空间大小填好石头，并注意石头间的对接（照4-41）。

照4-41 砌筑墙体（内蒙古拉僧庙 2014年）

“屋穷”师傅再一次检查合格后，“屋穷”又一声“碎石填充”，于是助手和小工拿起碎石和粘土泥巴混合填充。助手和小工按照一定的距离粘到墙上去，黄泥主要起密实作用。用木桐子夯打数十次，夯打密实后经过石工“屋穷”师傅检查后，各石工再用小片石把墙找平。在过去的传统做法里，较为讲究的建筑每天只砌三四层石头，等墙体晒干后再继续往上砌。门窗洞口尺寸由木工定位，石工按尺寸砌筑洞口（照4-42），楼层全部完工后才安装门窗木樘子（照4-43）。有时也采用砌筑墙体的同时把门窗木樘安装好，同时砌筑门窗两边的墙，这样门窗会更牢固。这样做第一个条件是木工把门窗都先加工好，木工实在来不及就采取后安装门窗的办法，这需要石匠预留洞的尺寸很准确才行，否则下一步安装就不顺利（图4-6）。

砌墙开始后砌墙角的屋穷师傅根据原定的收分比例掌握墙体尺寸子（照4-44）。

屋穷师傅砌筑墙角时每一块石头都严格控制在收分比例内（照4–45）。虽然这些都是石匠砌筑技术中的细节、主要靠工匠自己掌握，但我们作为古建研究者也必须懂得这些技术环节。这些都属藏族建筑的独特技术。

照4-42 石匠砌筑洞口（内蒙拉僧庙）

照4-43 石木匠共同安装门窗（内蒙拉僧庙2014年）

照4-44 石工师傅按照墙厚确定收分比例（内蒙拉僧庙）

照4-45 石工师傅正在砌筑墙角（内蒙拉僧庙）

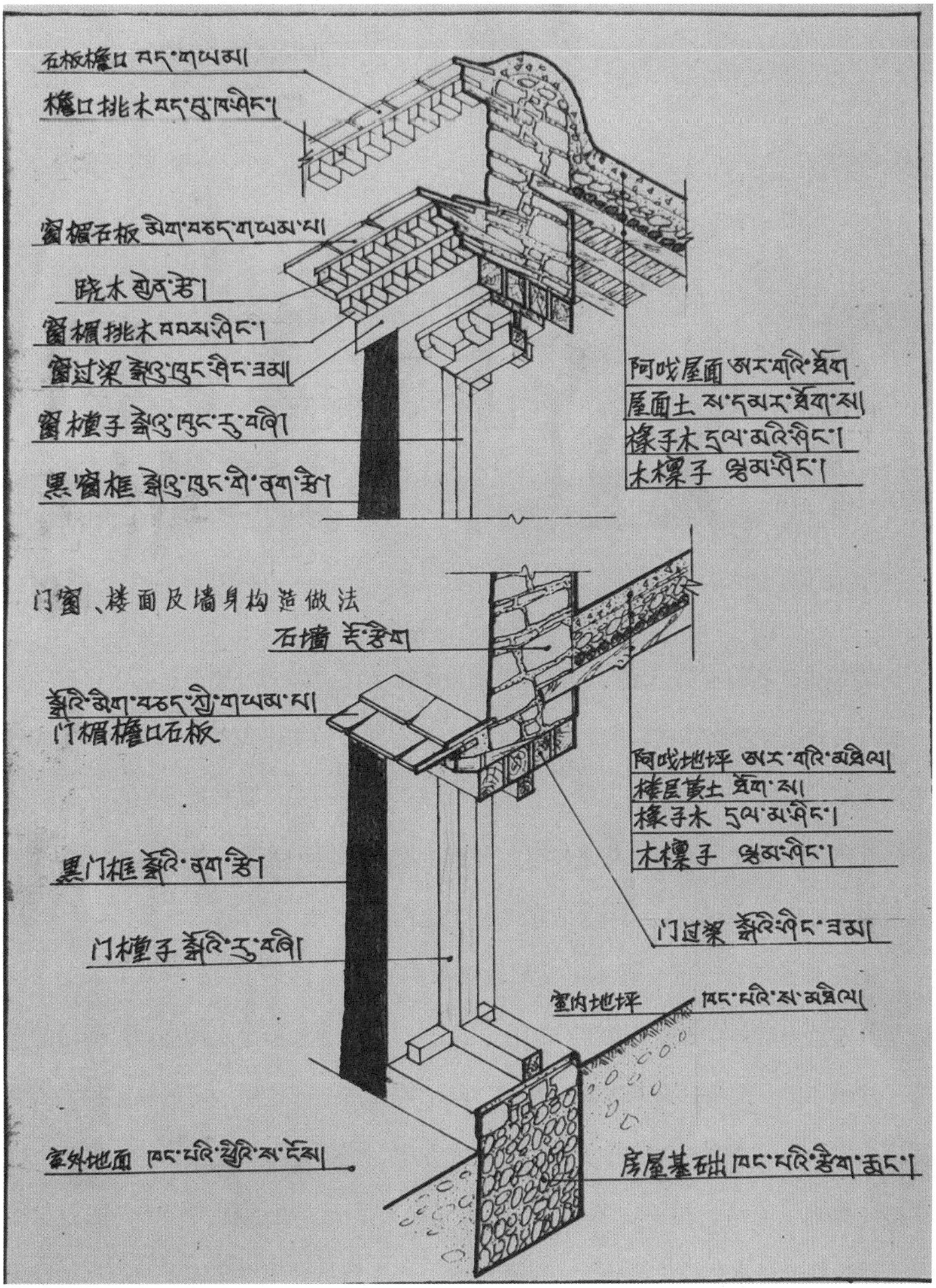

图4-6 门窗洞口砌筑做法（曲吉建才绘）

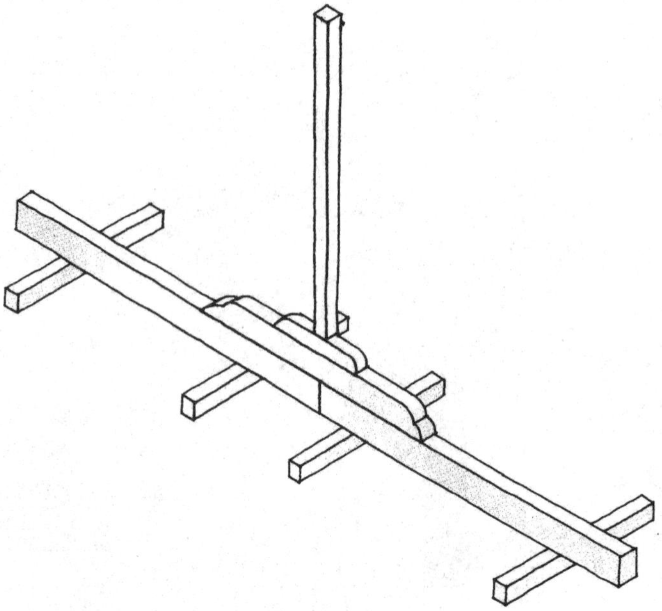

图4-7 梁柱倒立测试组装图（曲吉建才绘）

当墙体砌到门窗洞口上时，由石工铺设木工早已做好的过梁，过梁上再砌二到三层石头就达到楼面高度。当墙体砌到1.5米左右就开始搭内脚手架，一般墙宽80厘米以上时，石匠就站到墙上砌筑。背送石材和黄泥的小工都要爬梯和内脚手架运送材料，传统建筑楼层再高也从来没有打外脚手架的习惯，就像布达拉宫这么高的建筑从来没有打过外脚手架，这也是藏式建筑施工的一大特点。

石工砌筑墙体期间，在木工“屋钦”师傅的安排下，由一个到两个木工“屋穷”具体负责带领众木匠开始制作门窗、柱子、弓木和大梁等木构件。最简单的房屋、柱子和梁、檩条都是基本圆木本型，除了构件搭结部位做一定的修正外，不费更多的工。稍微讲究的，将柱子和大梁做成方型。檩条也有做成方形的。木工把柱梁弓木等加工完后，找一块平地。先将梁底朝天摆下。梁的接头用凹凸的企口接上，然后摆上弓木和柱头底朝天、梁和弓木，柱头搭结处用榫头连接，最后把柱子倒立，由木工“屋穷”师傅检查各节点是否牢固稳定，然后“屋穷”用吊线锤在柱上打好轴线，梁上打好水平线，并一一做记号，以便下一步安装（图4-7）。

当墙体砌到楼层高度时，木工把已做好的柱梁构件搬来。按记号先立好柱子，用几根撑子支住，然后按顺序将柱头弓木、梁一个个摆好。除了房屋底层有特殊功能要求外，均采用园柱园梁，并将构件断面适当加大。

以上是藏族建筑的施工程序和工种分工的大致情况。但是历史上石、木工两位师傅没有仔细计划好或者计算上出现错误导致出现工程事故的例子还是有的。

我们在布达拉宫维修过程中考察险情时发现一些当初施工中的错误或事故的现象。一处是白宫东北角底层通道，通道宽度不到3米，但是通道楼层的檩木并未压在两边的墙上，通道两边墙上立腹壁柱，柱上设置横梁，楼层的木檩搭在梁上。这是违规的做法，且不说布达拉宫这么重要的建筑，就连普通的建筑也不允许出现这样的错误（图4-8）。

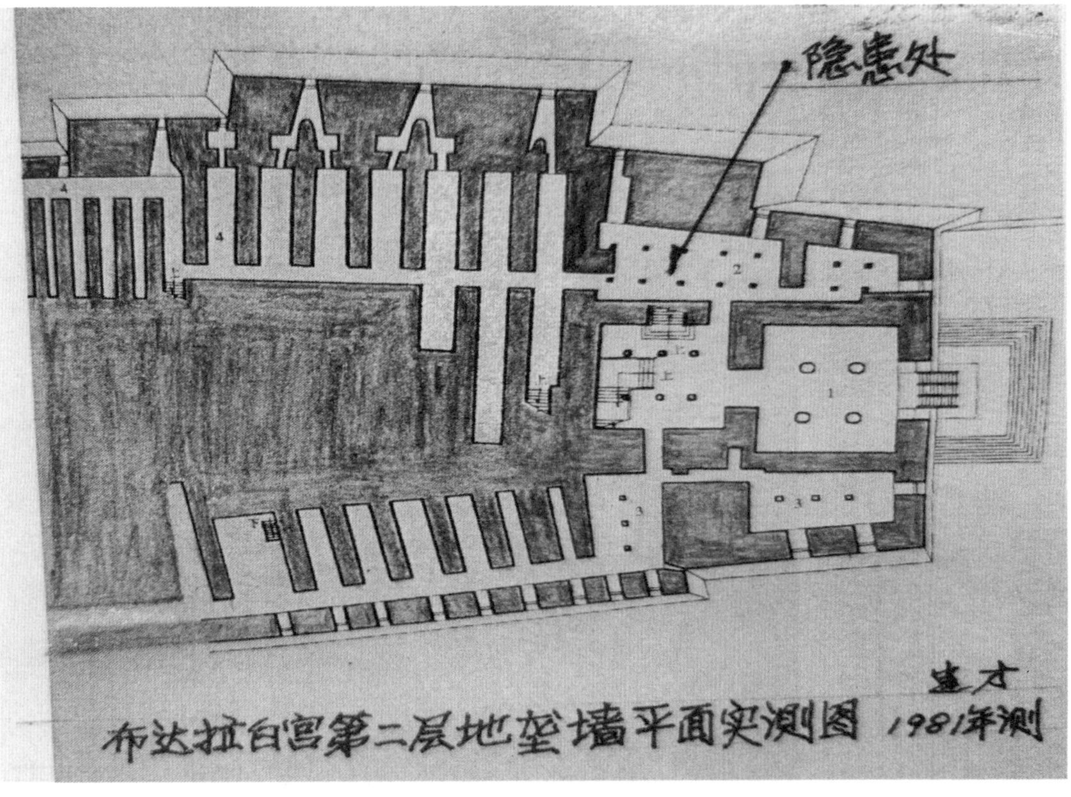

图4-8 布达拉宫白宫底层存在的隐患（曲吉建才绘）

另一处是布达拉宫正面展佛台东侧强庆塔朗门楼从底层收分过大后，顶层墙宽度不够的严重事故问题。展佛台从山脚算起有七层高的墙体，总高达20多米左右。东面的门高楼高出两层，从山下算起来达到30米高。展佛台的石墙按依山修建的墙体收分标准达到5%左右收分，到了门楼第八层时石墙只剩30cm的墙厚。最后一层的墙没有办法继续往上砌，边玛檐口也没有办法砌筑。这是当初从山脚下打基础时没有计算，底层墙没留够，于是出现顶层墙厚只有30cm左右的问题。当时他们采取一种补救的办法是，楼层盖好以后墙厚加宽50cm，加宽的墙直接砌在楼层上。这是违规的做法，传统技术层面上是决不允许的，现在我们看立面时很清楚地看到加厚墙压在楼面上的现象。本来内墙是垂直的，但第八层窗边上的石墙明显占到里面。（照4-46）（照4-47）这完全是违规的建筑，传统施工规范上绝不允许这样做。这就是施工过程中各工种需要紧密配合的典型例子，否则会出现以上违规工程的现象，从而成为一个典型的隐患工程。

照4-46 布达拉强庆塔朗门楼收分过大的墙体现状（1990年）

照4-47 收分过大的局部放大（1990年）

（四）砌筑用的泥巴

藏式石墙建筑砌筑用的泥巴也值得介绍一下。青藏高原地区的传统建筑砌筑石墙时不用石灰泥沙浆，就连桑耶寺、夏鲁寺等采用汉式琉璃瓦顶，也未用石灰泥沙浆或三合土等材料。藏族传统建筑，无论是布达拉宫、桑珠孜宗、大昭寺等宫堡和宗教建筑，还是数十米高的林芝秀巴古碉，或者最普通的民居、围墙等石砌墙体一律都用当地的黄土泥巴砌筑。很多国内外的游客或建筑专业人士在藏地看到那些十分坚固的石墙碉楼或城堡时，误以为一定是用了特殊的泥浆砌筑，当被告知是用最普通的泥巴来砌筑时，都表现得难以置信（照4-48）。

藏族建筑石墙用当地的泥土来砌筑，是否体现了一种简陋且落后的建筑材料呢？经笔者多年来的实践摸索和思考分析，得到了一些基本结论。这种基于主观经验和判断的结论，虽然还没有得到科学的实验测试和数据支撑，但保留至今且经历无数次地震、战火的藏族古建筑，可以用以佐证藏族石砌建筑的黄土泥巴，有适应地域气候、适度粘接石块的材料特性。用当地的泥土、石头等自然材料建造，其本身就是藏民族学习自然的一种表现，就像在喜马拉雅造山运动过程中隆起的山体，由岩石、黄土、沙土等基本物质堆积，形成坚实且柔性的连接关系，既相互粘结凝固，又彼此相对独立，因此，用黄土泥巴砌筑的石墙建筑符合自然山体的构造逻辑。位于青藏高原的藏族传统建筑，受其特殊的高原自然地理环境影响，形成其独特的建造工艺及做法，经受住了无数次地震的考验。这其中的缘由，除了高超的石砌技术之外，黄土泥巴起了十分重要作用。自然材料组成的黄土泥巴既能够粘结石块，又让石块间具有一定的伸缩性。当大地震造成建筑晃动时，泥巴和石块之间会出现松动，随着地震波减弱和消失，墙体又恢复到原有的状态，且基本上不会出现裂缝。假如用现代水泥砂浆砌筑的石墙，虽然粘结性强且相对牢固，但一旦受到强烈地震力作用，建筑整体就会出现大幅的摆动，水泥砂浆与石块的连结便会受到破坏。即使地震过后建筑停止晃动，破损的水泥砂浆也无法像黄土泥巴一样恢复原样。

藏族传统石墙砌筑用的黄土泥土本身的粘性也不能太大，如用于泥塑的泥土是不能用来砌筑石墙的，传统石匠都懂这个道理。粘性很强的泥浆自身很容易集结成块，很难与石块较好地粘结。泥巴所用的黄土大多就地、就近取材，其含沙量也有所不同，由石匠们根据实践经验来选定。我们经过研究分析发现，当泥巴中含沙量控制在10%左右，其粘性和使用性最佳。笔者年幼时听长辈们说过，当地震来临使建筑晃动时，不要在屋内乱跑乱动，当建筑随地震振动而有节奏的晃动时，房屋内人们乱跑乱动会打破晃动的节奏，房屋容易开裂，墙体和梁柱也不能恢复原位。虽然这是老一辈人的经验之谈，但从中分析也有其科学的一面。因此，砌筑石墙的黄土泥巴，其粘结性不强的缺陷，恰恰让石块间柔软连接，起到了防止墙体裂缝的关键作用。之前提到，笔者的体会结论基于多年的建造实践和对前人经验的总结，并未经现代科学测试，有待年轻的有志者用现代建筑科学技术模拟或实验佐证笔者的观点。

照4-48 用黄土泥浆砌筑墙体（木雅沙德乡）

藏族建筑中的土坯房一般不用黄土泥巴砌筑，由于土坏本身是素土块，很容易吸取泥巴里的水，影响土坯块的强度。不用稀泥巴的原因在这里，用于砌筑土坯的粘接材料称之为“泡土”（照4-49）与泥巴不同，不需要搅混，泡土只是将少量的水洒在泥土上，简单搅拌一下就行，含水率不高。正由于泡土自身的粘性不高，砌筑时土坯之间会散落一些，而土坯墙表面抹泥后，缝隙被填补，反而加强了土坯墙的整体稳定性。

照4-49 用泡土砌筑的土坯墙（拉萨东郊）

最后介绍一下石墙勾缝的做法，藏族建筑夯土墙、土坯墙都不勾缝，只有石砌墙需要勾缝，但也是近代的做法。早期石墙并没有勾缝的做法。包括之前介绍过的鬼神墙以及压盖式石墙都没有勾缝。西藏帕竹时期，出现大石块之间用小石块（片）衬砌的建造技术，石匠在衬砌小石（片）块时，会用砌筑用的泥巴顺便把石块间隙补一补。但不要求勾整个墙面的缝。十三世达赖时期，修建罗布林卡坚色颇章等建筑时，墙体用花岗岩加工为方正块石砌筑，块石之间用小石块（片）衬砌，形成规整有序的墙体，这种墙整体砌筑每完成一段泥工就要用泥巴逐个勾缝，（照4-50）就连小石块（片）间也要仔细勾缝。从此以后形成了石墙勾缝的一种工序。勾缝用的泥巴要用粘性大一点的泥巴，要选用基本不含沙子的土。泥工是一种专业工种，西藏历史上泥工都由妇女承担，在整个工程中负债石墙勾缝，内墙粉刷，打阿嘎土屋面等工程。根据已有的建筑实例来分析，藏族建筑石墙使用勾缝的技术也就一百多年历史。

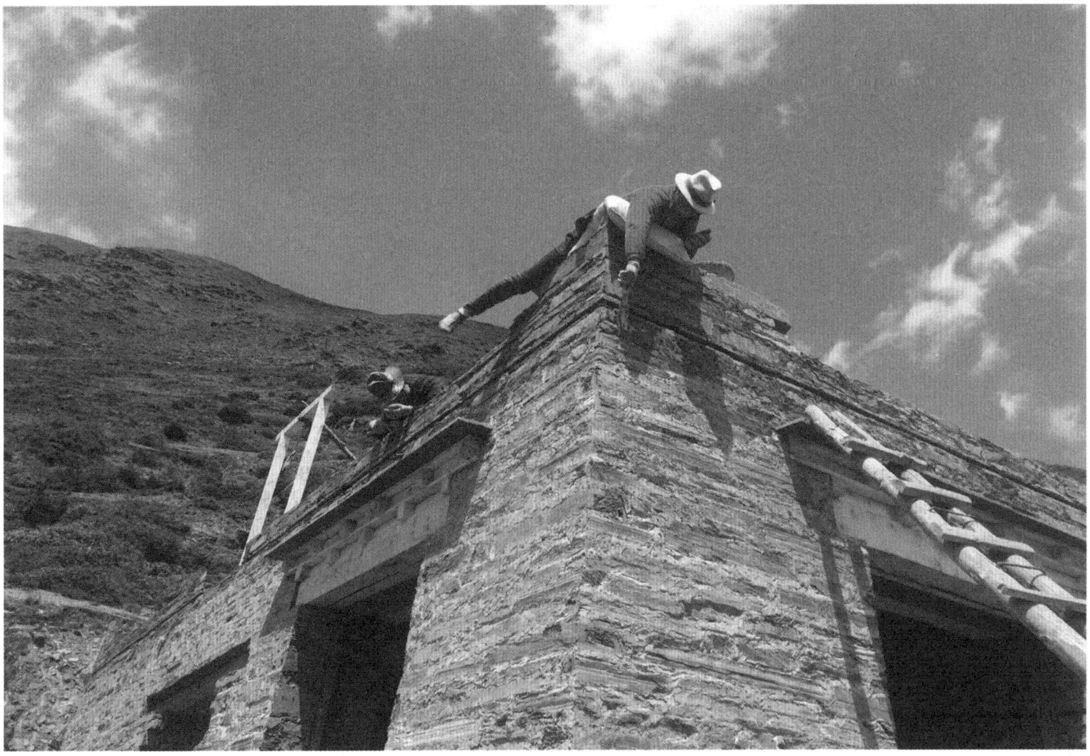

照4-50 用黄泥勾缝石墙（木雅朋布西乡）

（五）传统建筑的尺寸标准及其用具

本人在从事古建筑工作过程中，对藏族古老的尺度计算法有了一些认识，而且这些尺度是从平时生活实践中创造和运用的基本数据，有其独特性和使用性，值得为大家介绍。藏民族古老的度量方式习惯用人体和手指来确定尺度，以一个指头、一卡（一拃）、一肘、一庹等作为基数。或以平均身高来衡量，确定一个大概的尺度（图4-9）。

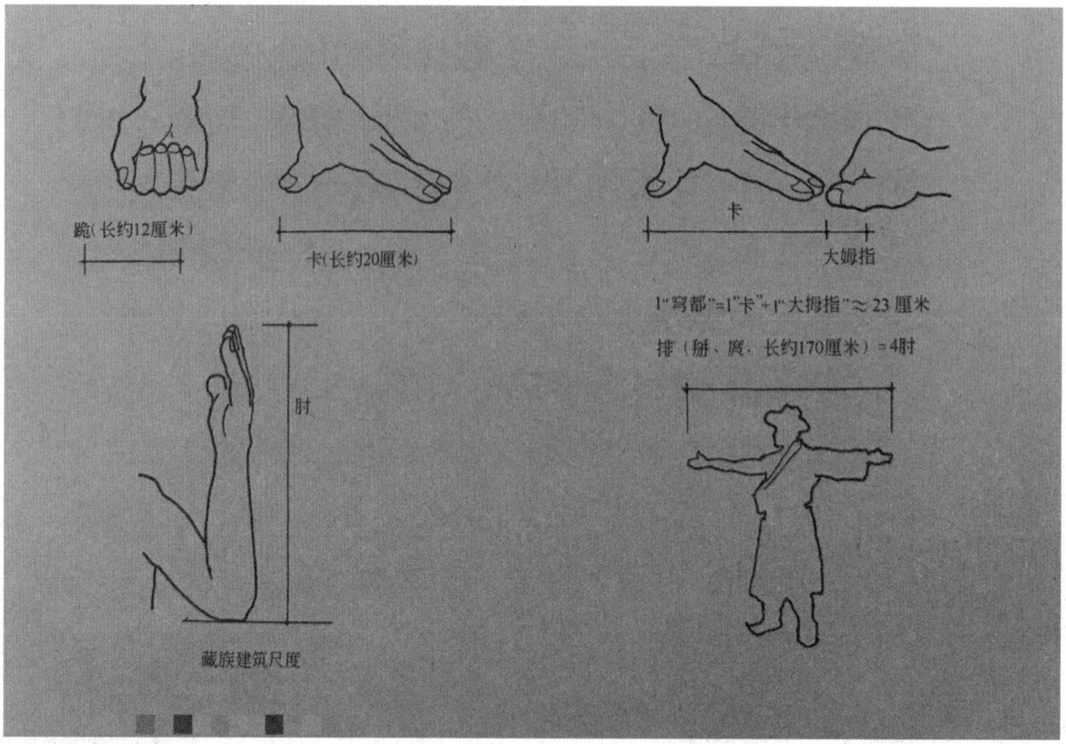

图4-9 藏民族古老的尺度概念（曲吉建才绘）

藏族传统的计量单位主要有长度、面积、容量和重量这几种，其中长度单位较为详细、面积算法较为粗糙，容量和重量准确性一般。由此可见，自古以来藏民族就擅于利用自身劳动实践创造出来的计量单位来满足生产和生活的需要。

计量运用涉及方方面面，无处不在。从人们的日常生活到高科技领域都离不开它，随着社会发展，藏族地区科技文化普及和提高，人们逐步熟悉和掌握现代计量尺度，甚至现在年轻人只掌握现代尺度计量而不懂本民族的传统计量法。藏民族文化发展的过程中，受到汉族和印度等周边民族和地区文化的影响，如佛教传入西藏后，距离尺度上开始使用一些古印度的计算法。既然我们要研究传统建筑和古代建筑，要对一些传统的计量单位有一定了解，主要还是建筑上的尺度，先介绍使用在建筑上的藏族传统尺度的标准和使用方法。

随着藏族建筑技术的逐步提高，出现了藏民族自己的尺度概念，有了自己的尺度标准。这种尺度只用于建筑上。建筑上的尺度为两个尺杆，分长短两根。短的尺杆叫“琼多”，约23.8厘米左右，是工匠们用来衡量墙厚等具体尺寸所用；长的尺杆叫“才久”，为九个“琼多”的长度，23.8×9≈214cm，约214厘米即2.14米（图4–10）。

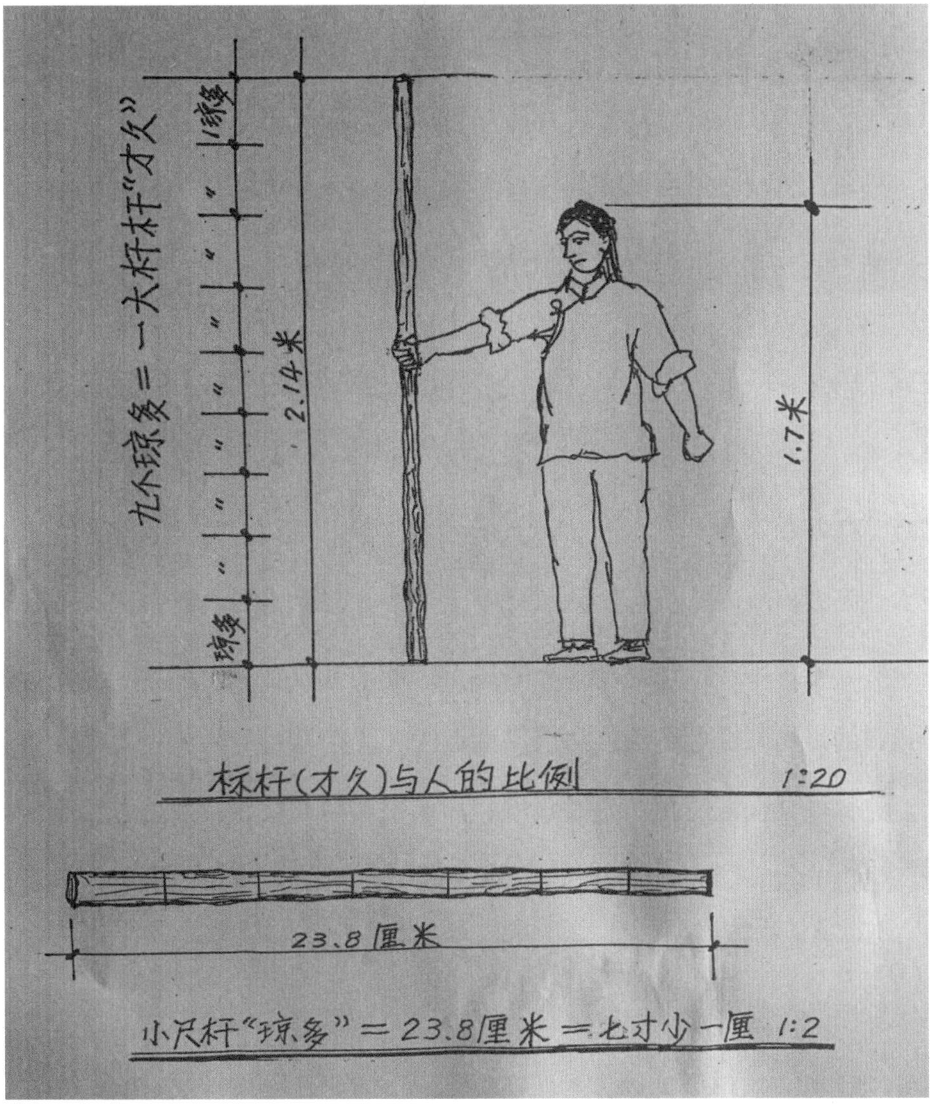

图4-10 藏族建筑施工中使用的尺度标杆（曲吉建才绘）

主要用来控制房屋开间和层高，据传吐蕃赞布时期就使用这种尺度。这种尺度的最小数为“嘎玛”，相当于7毫米左右。五个“嘎玛”为“一镩”，大约35毫米，镩不是汉文寸的意思，镩是藏文（ཚོན）音译，藏语中“镩”指的是手指，一手指宽就是一镩。这种七个镩少一嘎玛为“琼多”，一个琼多大约238毫米（35mm × 7=245mm−7mm=238mm=23.8cm）。“琼多”尺杆一般由石匠带在手上，随时衡量。房屋从基础开始砌筑时，根据层高，墙厚一般定为三个琼多，差不多有72厘米厚；假如定三个半琼多的话有84厘米。如果是四个琼多的话墙宽达到96厘米等等。这种“才久”标杆上每一个琼多处做记号。历史上的传统做法，一标杆“才久”为一层高。从现在尺度来讲只有2.2米左右。本人10岁在拉萨哲蚌寺学经时住在木雅康村的僧房，室内层高只有1.98米。就算是布达拉白宫顶上达赖喇嘛的寝宫日光殿的达赖喇嘛寝宫的层高也只有2.3米左右。历史上的习惯做法，寺庙佛堂的层高定为11个“琼多”，实际只有2.62米左右，层高并不高。当然色拉寺和哲蚌寺一百多根柱子面积的集会大殿层高已达到五米多，有21个“琼多”。另外传统上乡村民居的梁距（柱距）为十个琼多，实际为2.43米，寺庙和佛堂的梁距规定为十二个琼多，基本达到2.85米。以上为拉萨木石协会在历史上使用的习惯做法。但各地不同区域的石匠、木匠师傅根据实地情况实施不同的标准。这里不能一一解释。另外民间百姓自己的习惯做法，是将住房层高确定为一个标准身高人的一寻半，也就是室内层高。这种说法在东嘎教授的《藏学大辞典》第1438页有明确的介绍。那么一个标准身高也只能按1.5米的身高，一寻为1.5米，半寻为0.75米。一寻半就有2.25米，相当于9个“琼多”，即一个“才久”的层高。基本标准相差不大。习俗上还有一种标准计算法是按室内的床垫为一肘，（相当于0.3米）然后人站立在床垫上，身高1.5米，再把手伸上去够到的地方为层高的标高。正常人手伸上去是半寻左右。这样确定下来的层高是床垫0.3米加1.5米身高，再加上手伸上去大约0.75米，加起来实际高度2.45米。据传，藏王赤松德赞修建完成桑耶寺后，把当时使用的琼多和才久尺杆都捆绑在桑耶寺屋顶的立杆上。但后来主殿失火就不存在了。公元1947年热振活佛全面维修桑耶寺后，木工屋钦其美多吉重新做了一个尺杆捆绑在主殿金顶柱子上，又在文革中连同金顶一起拆除了。

藏族工匠就是使用这些简陋的工具，独特的技艺，创造出了许许多多举世闻名的宏伟建筑。这些传统做法和施工工艺，仍然需要我们进一步研究和继承。

当然，藏式建筑在平面形式，立面造型，施工技艺等建筑艺术和构造上的伟大成就及独特风格，希望更多的专家、学者及建筑理论爱好者以及广大从事藏式建筑专业的技术人员和施工工人共同来进一步学习研究，从而发掘藏式建筑这一宝贵的古老文化的遗产。

（六）历史上的施工队伍和技术等级标准及名称

在旧社会，西藏没有专门从事建筑设计的技术人员，建筑设计由高级的木工师傅或其他在设计方面有专长的人员进行设计。

公元十五世纪的帕竹政权大兴土木，建造了很多宗山城堡。从那时开始，逐步在木工、石工等各工种设立技术等级。到了公元十七世纪末，也就是第巴·桑结嘉措时期，这种技术等级最高者被称为“屋钦”，并分为“木工屋钦”和“石工屋钦”，所有的“屋钦”当中还要推举“总屋钦”一名，“屋钦”就是大师傅的意思，一个“屋钦”手下有好几个“屋琼”，“屋琼”是小师傅的意思，在一般的工程项目中，只需一名“木工屋钦”和“石工屋钦”就够了（照4–51）（照4–52）。较大规模的工程中，也会由几个“屋钦”共同负责，但他们当中要按资格和技术排名来选一个当总管。地方政府承认的木匠和石工“总屋钦”各有一名，他们俩可以享受政府官员的待遇。“屋钦”们一般自己不动手，他们负责工程的总安排和监督质量等，也是工程质量的监管员。“屋琼”一般都是年轻力壮、技术高明的实干家的师傅（照4–53）。哪个“屋琼”在某一个重要工程中完成得十分出色，工程竣工以后就有希望提升为“屋钦”。雕塑工和画师，金、银、铜匠均设立“屋钦”和“屋琼”的技术等级，地方政府在这些工种里“屋钦”当中再选举“总屋钦”各一名。

照4-51 二十世纪五十年代被西藏地方政府任命的石匠总屋钦顿珠（左四）（78岁时）、石匠屋琼的旺庆（左一）（72岁时）和作者（右四）在布达拉宫第一次维修工程中（1990年）

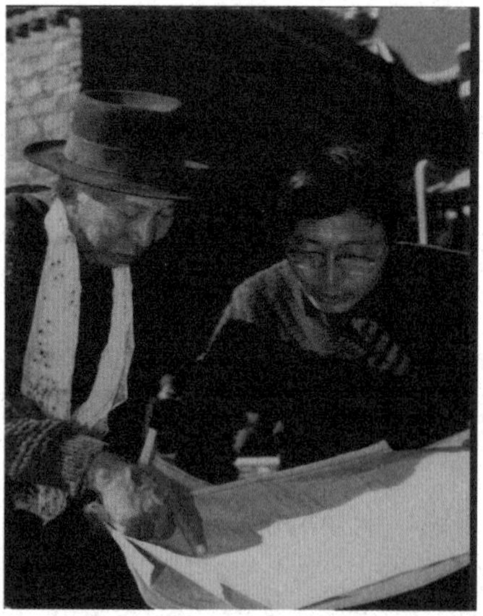

照4-52 二十世纪五十年代被西藏地方政府任命的木工总屋钦德庆（76岁时）（左）和作者（右）在布达拉宫第一次维修工程中（1990年）

照4-53 二十世纪五十年代由西藏地方政府任命的木工屋琼洛桑旺求（70岁时）（左）和作者（中）在布达拉宫第一次维修工程中（1990年）

照4-54 二十世纪五十年代由西藏地方政府认定的泥工谢本达珍（70岁时1993年）

在西藏泥工一般由妇女承担，她们同祖国内地的泥瓦工有所不同，西藏泥工负责室内粉刷和外墙面的手指纹粉刷，特别是寺庙殿堂的壁画墙壁的制作，还有地坪和屋面阿嘎土的打制都是她们的工作，她们当中技术最高的叫“谢本”（照4–54），就是“泥工头”的意思。由于旧社会对妇女的歧视，没有设立“总泥工头”，也享受不了政府官员的待遇。尽管这样，壁画墙的粉刷和阿嘎地坪、阿嘎屋面的打制都是很重要的工种，所以泥工头的待遇还算不错。在旧社会，铁匠被视为最下等的工种，他们制作的刀枪都是杀人用的，宗教上也歧视这一工种，因此，没有设立“屋钦”的职务。

四、建筑平、立面特点

（一）平面布局

藏式建筑的平面布局是有一定规律的，这就是以“柱间”或“一檩”为单位，构成单体或群体建筑。计算房屋面积也是以柱间或檩跨为单位来进行的。

这种以柱间为单位的平面是正方形或基本方形。这种平面根据使用上的需要建房面积大小，可以灵活地组合成各种平面形式（图4–11）（图4–12）。

调查中发现，民居等一般建筑的檩条都是直径为80毫米左右的园木，有的还要更细，因此檩条长度要受到一定限制。另外，过去木材运输全靠牲畜和人力，两米左右的长度在运输上较为方便。除了有特别功能要求的公共建筑（寺院集会大殿）和极为讲究的宫殿建筑外，绝大部分藏式建筑的木构件尺寸都控制在两米左右，如梁、檩条都是两米左右。

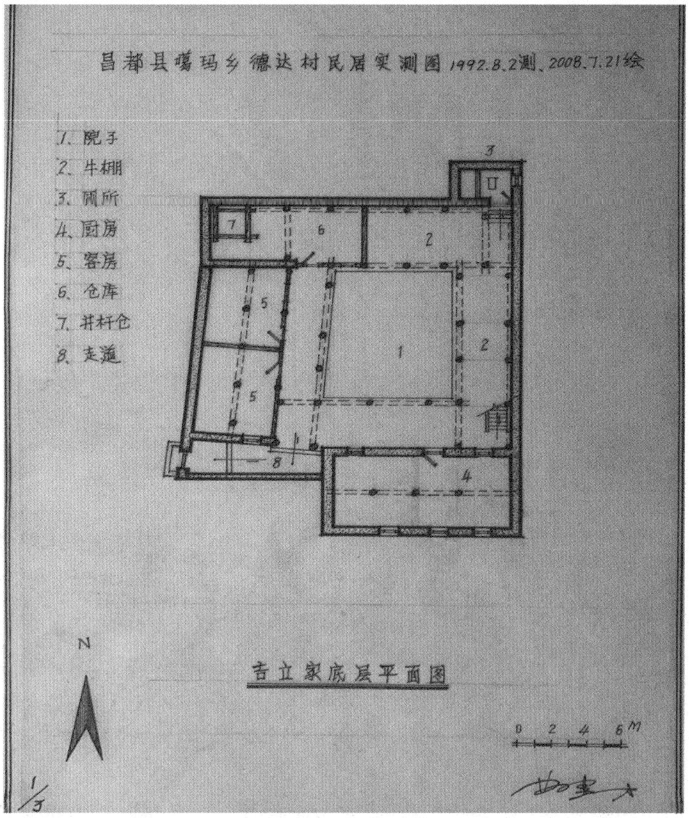

图4-11 藏式建筑具有灵活组合各种平面形式的特点（曲吉建才绘）

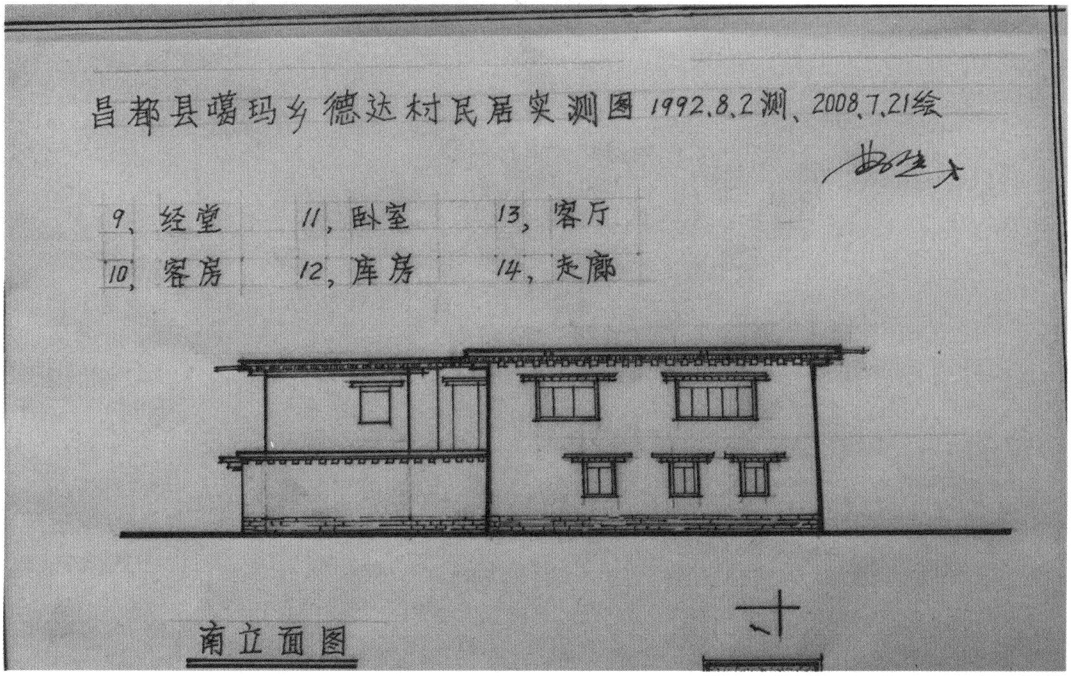

图4-12 藏式民居建筑立面组合（曲吉建才绘）

下面介绍一些传统建筑常用的柱距和檩跨尺寸，以便大家能有个较为明确的概念。哲蚌寺内约有二百个柱子的集会大殿柱距为2.3米，檩跨2.2米左右；哲蚌寺木雅康村是出现过很多高僧大德的知名康村之一。它的集会大堂有18根柱子，柱距为2.2米左右，檩跨有2.3米或1.7米不等。农区乡村民居柱距一般为2米左右，檩跨1.8米左右不等，这些都是传统建筑常用的尺寸（照4–55）。

照4-55 柱距为2米左右传统民居（木雅扎巴）

而康巴地区如木雅康定县和云南德庆县等森林区域的民居常用尺寸柱距和檩跨均在3米左右。还有林芝和云南有些林区柱距设4米多的情况也存在，但时间长久以后木梁出现明显弯曲，不得不加设支撑的情况比比皆是。二十世纪初，十三世达赖喇嘛在罗布林卡西区新建坚色颇章时，专门选用好木材，把寝宫的柱距加大成四米左右（照4–56），同时楼层大梁的弓木也适当加长至今没有出现任何变形。

照4-56 柱距4米左右的官殿建筑（坚色颇章）

这是藏式建筑平面布局方形化的根本原因，除此之外藏式建筑平面布置还有以下两个特点：

（1）主要房间方位尽可能朝南。因为方形平面的南北方向和东西方向的长度相等，这在青藏高原寒冷气候（冬季最低气温-15℃~14℃，无采暖）的条件下，对室内的温度有一定的好处。因此藏式建筑讲究平面布置上进深要尽可能小，开间尽可能加大。在室内家具布置上也讲究，靠南摆床，靠北摆设藏柜等家具，中间设藏桌（图4-13）。

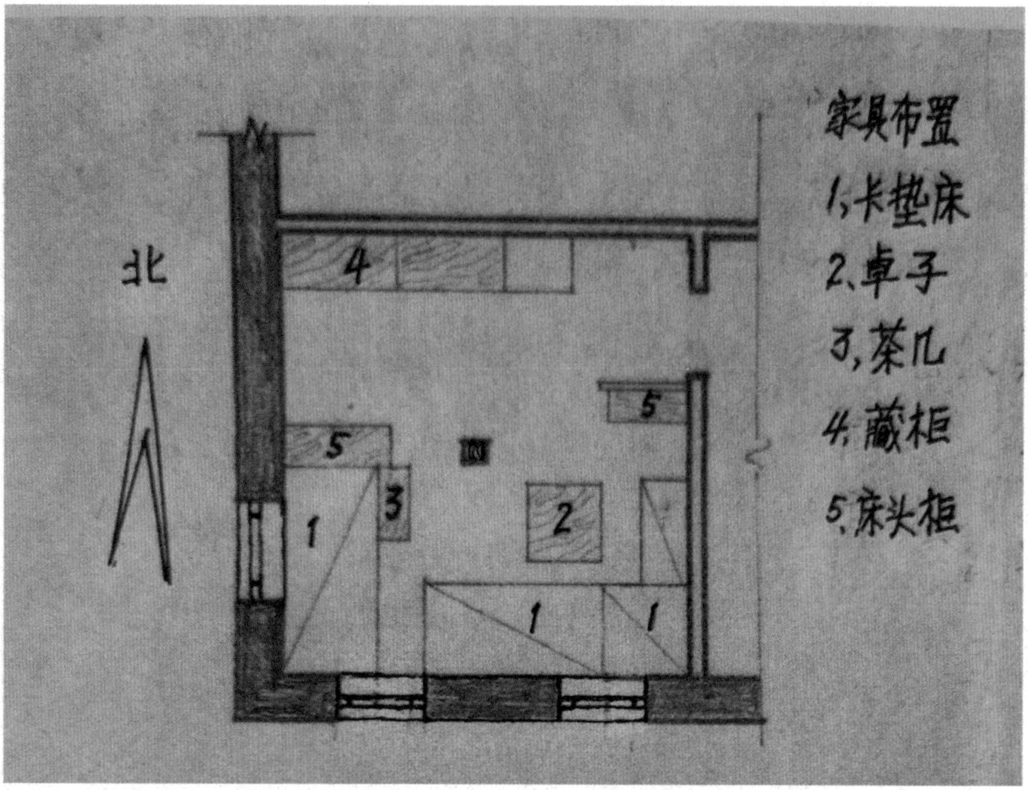

图4-13 藏式建筑室内家具布置示意图（曲吉建才绘）

（2）方形平面对室内采光也有好处。藏式房间一般一个开间设一个窗户。做为一柱房间，四米见方（两个开间，设两个窗户）的面积一般为13.7m²，藏式传统做法的窗户一般为1.3m高，0.9m宽，实际透光面积1m高，0.7m宽，采光面积为0.7m²，两个窗户共计1.4m²，采光系数为1/10，如果进深增加2m，面积为21.1m²。其采光系数降为1/15，日照不能满足基本要求，同时室内温度也受到影响，因此进深不宜太大（图4-14）。就拿前面讲的进深竖向两开间，横向也是两开间的方型平面来讲，南面摆床的位子和北面摆家具的地方温差不是很大。假如北面进深增加2米，变成6米进深，那么开间4米的房间，靠窗户的温度和靠北墙的温度至少差1℃度。这是藏式建筑无采暖情况下的室内温差。所以进深扩大以后，不仅室内采光不足，室内温度也会产生明显差别。

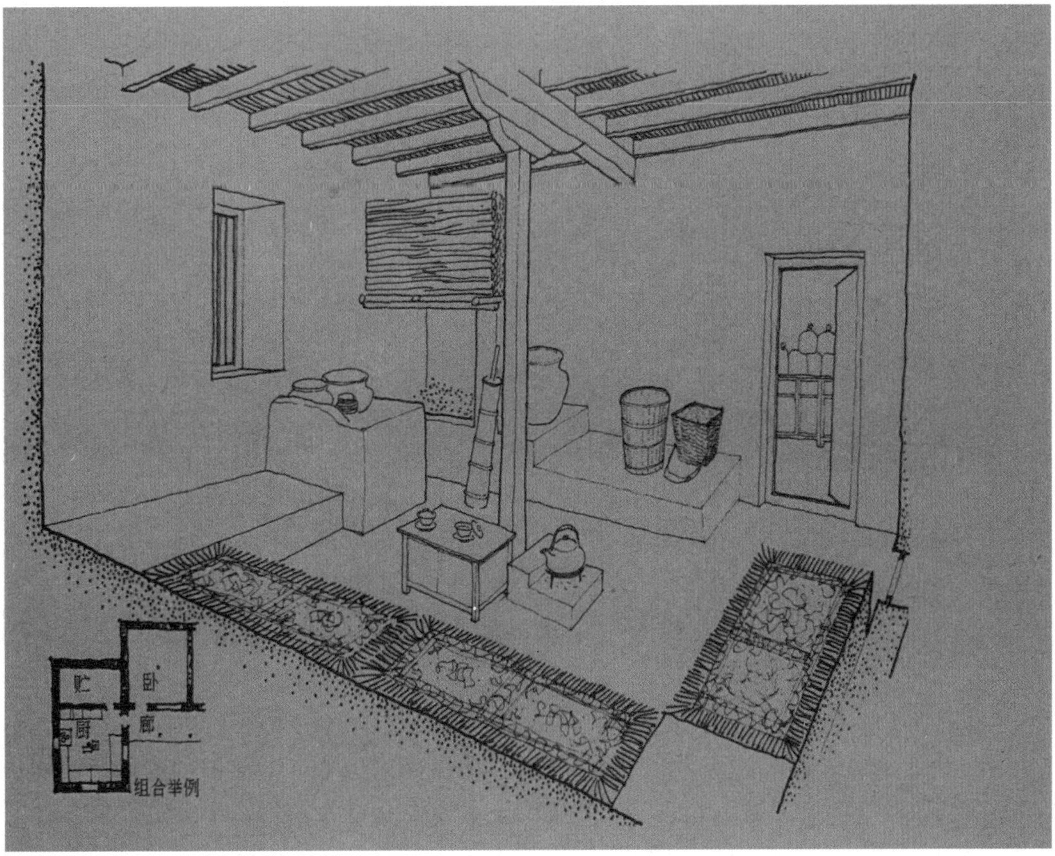

图4-14 藏式建筑方形平面的室内布置示意图（曲吉建才绘）

（二）立面造型

远古时期的夯土建筑在立面上开的窗户都不大，满足室内采光和通风的要求之外，不怎么讲究立面造型。古代社会动乱，窗户开大了偷盗者容易进来，再说由于当时没有做窗扇的技术，只能用木板挡窗户，所以夯土建筑在开设窗户上没有什么讲究。有权势的头人家的夯墙城堡只是修的高大坚固，做好防御功能之后立面上不怎么考虑造型。这些从古格城堡和十九世纪新龙头人贡布朗加的城堡建筑上可以看出（照4–57）。

照4-57 新龙贡布朗加城堡（19世纪）

卫藏地区的民居因烧火做饭等需要，每年从山上砍柴回来后搭建在房屋檐墙上，这样对房屋檐口即起到保护作用又不占地，久而久之成为一种习俗，立面上比较好看，也算是立面造型的一种装饰。

夯土墙的寺庙建筑，比如萨迦南寺大经堂，除了设置边玛墙檐口和屋顶设置金幢、法轮等装饰以外，整个立面基本上不开窗户，立面上也没有做什么造型设计。这算是夯土建筑的一大缺陷，也可以算是它的特点。

自石墙碉楼建筑出现以后，逐渐产生了各种形式的建筑造型，特别是依山修建的各种城堡，其立面造型十分壮观，加上逐渐提高的砌筑技术。恰如其分的收分比例，使人感到坚不可摧，气势雄伟（照4–58）。

照4–58 藏式城堡建筑墙体恰如其分的收分比例（布达拉宫1990年）

随着社会的发展，民居建筑逐步发展到高层建筑，特别是宫殿和寺院建筑的发展，使建筑立面造型更加丰富多采。在调查中发现一些比较古老的建筑，如西康木雅地区的古代石墙建筑遗址和古老建筑的立面建造成人的面孔形式（照4-59）。

照4-59 古老建筑的立面建造成人的面孔形式（康定赤吉西克觉拉康）

在藏语中，房屋的正立面被称之为房子的“董”，“董”在藏语中是脸的意思。康巴地区称窗户为“噶咪”，即亮眼，拉萨等地称藏式窗楣为“咪界”，即“眼眉”，故在藏族习惯中窗户就是房屋的“眼睛”。从古代遗址到近代最有名的布达拉宫的立面设计都讲究主次分明，左右对称相结合的造型，确实有一点与人的面孔相似之处（照4-60）。

照4-60 与人的面孔相似的建筑立面设计（布达拉白宫）

藏族传统建筑不仅受到环境、地域、材料等自然条件的限制，还因深刻的藏民族文化内涵使得藏式建筑在整体风格、局部构造乃至在色彩的使用方面都具有明显的个性，特色突出，独树一帜。

接下来介绍黑色门窗框，这是在藏族建筑的立面造型中，图腾文化与建筑相结合的精美之作。

藏式建筑无论是豪华的宫殿建筑、庞大的寺庙建筑还是普通的百姓民居，大都采用黑色门窗框，这种传统做法除了在实际运用当中有一定的作用之外，是否具有民俗、文化方面的含义，从来没有人进行过解释。经过本人多年来的调查和研究，得到了一些初步认识，供大家参考。早期藏式建筑的墙体大都采用夯土、土坯作为建筑材料。因此，对门窗洞口的保护、防水工作十分重要。为了解决这个问题，藏族人民采用粘性较好的黄土粉刷打底。根据建筑的体量，在门窗边缘做30厘米宽的边框，然后用防水性能较好的巴嘎土压实平整，并用园形卵石来打磨光滑，再涂上墨汁染黑，最后用酥油渣或青油渣涂刷面层。黑色边框，藏语里叫“哪孜”（照4–61）。

照4-61 藏式建筑的黑色门窗框

这种黑色边框的做法，不仅对门窗洞口墙角起到了加固和防雨水的作用，还对房屋起到了吸热、保暖的效果。那么长期以来采用黑色边框是纯属技术上的处理？还是与古老文化和民族风俗有联系？这是我们要探讨的问题。为了弄清这个问题,我查阅了很多藏汉史书，但都没有相关记载。后来又请教过很多学者，并在民间的老人和工匠当中也做了一些调查，只听说有一种说法是：宗喀巴大师创立格鲁派

（公元1409年）以后，人们在门窗边做了黑色框，以像征格鲁派的护法神“牛魔法王”的牛角，以此来表示护法神的保护。

然而我认为以上说法是不够准确的。因为，宗喀巴创立教派以前就存在黑色门窗框的做法，如桑耶寺、萨迦寺和夏鲁寺等都是这种做法。另外从教派上讲，噶举派和萨迦派根本不供奉牛魔法王，而且有的教派对这一护法神有一定反感，更不可能采用这种做法。但实际上所有藏传佛教寺庙都采用黑边框的做法。那么这种做法到底象征什么，标志着什么内容,根据多年来反复分析研究,终于得出一些初步结论。

藏式建筑门窗黑边框的做法同藏民族风俗民情有着密切的联系，黑色边框从建筑手法上，除了起到保护墙角、防水、吸热等作用之外，它还象征着本民族的一种标志，即牦牛头。这里说的牦牛头当然不是前面介绍的牛头护法神。牛头护法神是水牛头，这里说的是青藏高原之宝的牦牛头（照4–62）。

照4-62 牛头造型的黑色窗框（阿里普兰民居1981年）

藏族作为古老的游牧民族，可以说是同牦牛一起长大，一起生活，牦牛就是他们的生活来源，他们吃的是牦牛肉、喝的是牦牛奶、盖的是牛毛织成的毡子、住的是牛毛织的帐篷。牦牛养育着他们,他们钟爱牦牛、崇拜牦牛，将牦牛作为自己民族的标志。牧民的牛毛帐篷里悬挂着自家放生年老后死去的牛头，这种放生牛被称为“神牛”，藏语叫“拉亚”。自大部分牧民逐步定居下来成为农民之后，仍然把牛头作为标志或供奉物，农民会在房子的门上，围墙角上，房屋的客厅里悬挂或供奉牛头（照4-63）。

照4-63 立在门上的牛头(日喀则)

苯教和佛教的石刻嘛呢堆上，也摆设牛头或牛角，有的还把经文刻在牛头上供奉（照4-64）。

照4-64 嘛呢堆上供奉的牛头

寺庙护法殿里也要悬挂牛头，有的甚至将整个牛身做成标本树在殿门两旁，现今在青海塔尔寺的护法神殿门口就能看到（照4-65）。

照4-65 寺庙护法殿门口的牛身标本（塔尔寺）

远古藏民有四大族姓，其中第一姓是“董”。“董”又分“白董”和“黑董”，“白董”以白色为基调，“黑董”以黑色为本色。他们作为游牧民族离不开他们的牛羊，长期的牧民生活中，逐步形成将牛和羊作为各自的象征或标志物，也就是我们现在所说的图腾。何星亮著的《中国图腾文化》书里写到：“图腾文化产生于原始时代的一种十分奇特的文化现象，世界上大多数民族都曾存在着图腾文化”。美国历史学派的代表人物A·戈登卫泽认为：“所谓图腾,就是原始人把某动物、或鸟、或任何一物件认为是他们的祖先,或者他们自认和这些物件有某种联系”。我国著名民族学家杨水说：“图腾是一种动物或植物或天生物”。因此,藏族把“牛头”和“羊头”作为图腾具有必然性（照4-66）。

羊头

牛头

照4-66 藏民族的图腾

今天大家所看到的藏族建筑门窗黑框做法就是“牛头”的象征,是藏族图腾文化的延续。前面介绍的关于格鲁派供奉牛魔王的民间传说虽然有错误，但这种说法也从侧面反映了黑框为牛头的象征。因此，我们在研究历史的基础上分析现状，再结合整个图腾文化，完全可以证明上述解释是正确的。而除西藏以外的四川甘孜藏族自治州、阿坝藏族羌族自治州以及青海玉树藏族自治州等地在历史上属“董”十八大地区，这些地方有做白色门窗边框的习惯。在历史上这些地区属于“白董”的祖姓，就是以羊头为图腾的族别,这种白色边框就是羊头的象征。羊头也是藏族十分崇敬的标志物。每逢藏历新年，每家都要摆设羊头以迎接新的一年到来，表示吉祥。在藏族人眼里牛和羊都是温和的家畜，对主人百依百顺，可亲可爱。他们吃的是草，挤出的是奶。特别是羊温顺可爱，新年摆设羊头预祝新的一年平平安安，顺顺当当。还有藏语中的罗果（新年）和鲁果（羊头）的发音接近，也是摆设羊头表示新年到来的原因之一。另外藏族宗教仪式中的“招财进宝”仪轨上就要供羊头,藏族对羊有个爱称叫“央葛尔鲁”，意为“招财的白羊”。羊也有放生羊（照4-67），藏语叫“才鲁”,羊是藏族十分喜爱的家畜之一。以它来象征本民族也是合乎情理的。所以藏民族修建房屋时,结合建筑手法做出了牛头和羊头的图腾。

照4-67 放生羊（康定日吾村德典家）

由于藏族人民对牛羊的特殊情感，也十分喜用黑白颜色，不像其他民族对黑白颜色有所忌讳。卫藏地区因为“黑董”祖姓占多数，因此喜欢穿黑氆氇藏袍的农牧民也不在少数。而“白董”种姓区域，农牧民就以白色氆氇或皮袄为主。西藏那曲的牧民喜欢羊皮外装是白色的，康区的木雅和九龙等地喜欢穿白氆氇的藏装（照4–68）。

白氆氇藏装 （日喀则）

黑氆氇藏装（山南）

照4-68 区分黑白的藏式服装

因此，卫藏地区建筑上采用黑色边框，以象征“牛头”；“白董”种姓区域民居则采用白色边框，以象征“羊头”。至于木雅、青海等地的寺庙为什么采用黑色的边框，则因为藏传佛教的中心在拉萨，拉萨和卫藏地区都采用黑色框（照4–69），所以其他周边寺庙都效仿卫藏地区的寺庙做黑色窗框，但康区的寺庙僧舍仍采用白色框（照4–70）。

照4-69 卫藏地区黑色窗框的民居（江孜）

照4-70 木雅地区白色窗框的民居（康定市朋布西乡）

总之，藏式建筑是勤劳智慧的藏族人民在千百年的漫长岁月里不断创新、不断发展的劳动成果。这期间深受本民族古老文化和风俗习惯的影响，建筑本身体现着传统藏民族文化和地区特征。建筑门窗边框做法除同样受到古老图腾文化的影响之外，各个地区差别而出现黑白两种颜色的边框，这不仅符合当地人的风土人情，同时又在保持传统文化、保持族姓差异特征方面都具有深远意义。从现实感观上看，大片白色墙面上，用黑色门窗边框做装饰。这种对比强烈的颜色体现了藏族人民爱憎分明的内心情感，同时在高原强烈的阳光下，一座座建筑明朗而稳重，充分体现其建筑个性。而且这种远古的图腾文化，如此巧妙地运用在建筑立面上，千古流传。这不能不说是民族文化史上的经典之作。

五、藏式建筑木构件种类和构造做法

（一）藏式建筑梁柱及多层次木构件

1.柱子的造型

柱子是木结构建筑的最基本的构件之一，也是承受建筑荷载的最重要的结构。一般建筑用的柱子是圆木，从山上砍下来的圆木稍加修整后立起来顶住大梁就是木柱的根本用处。如果建筑档次稍高一点，家里有条件更为讲究，就要做方形柱，同样大梁也要做方形。传统建筑的历史当中宗教建筑和宫殿建筑的柱子尤为讲究，其中寺庙大殿门厅柱子和宫殿门厅柱子尤为讲究。先不谈雕梁画柱，这里介绍的是柱子结构的做法和造型。不管寺庙和宫殿，门厅是最重要的地方，从远处第一眼看到的是门厅，人们来第一个要进门厅，所以门厅的作用是进入大殿和宫殿的第一关，也是外表上展现的首要位置。但是门厅没有很复杂的造型，面积也不会很大。主要形式是排列整齐的柱子，门厅的突出点就是柱子。卫藏地区人们称之为东方第一大殿的有二百多根柱子的哲蚌寺集会大殿的门厅属面积最大，正面设8根门厅柱。但布达拉进入红宫的门厅柱正面只有两根，因此门厅豪华不在于面积大，关键的文章做在柱子上。我们的先人们在千百年的发展过程中创造出独具特色的门厅柱子造型，其中最为繁华的柱子属色拉寺密宗学院即阿巴扎仓大殿的门厅，这座大殿早先是色拉寺全寺的集会大殿，公元十八世纪初拉藏汗掌权期间，新建了现在的色拉寺措钦大殿，将原有的殿堂改为自己的家庙，后又改为密宗扎仓。阿巴扎仓大殿的门厅柱做成二十个角的柱子，整个青藏高原的各大寺庙中还没有发现过第二个。中心的柱子为24厘米见方的方木，可以说是中心柱，中心柱外包大小不同的方木二十根，形成二十个角。其中九根方木是承受荷载的柱子，其余十二根小方木主要是为造型而设置（照4-71）（图4-15），二十一根大小不同的方木组合的一根柱边到边有80厘米宽，每一个角的突出尺寸为8厘米，柱头上每一个都粘贴精确的雕刻花纹。同样柱头上的元宝木和大弓木及大梁均做了精雕细刻。光算20个角的立柱所用木材为2立方米左右，其制作工时可想而知。上面粘贴的雕刻不算，有一名木工屋钦带四个技术工至少得有十天左右才能完成，拼接20根大小不同的木方都要用硬木做的木楔固定住各个部位，最后外包三道铁箍来加以固定。

照4-71 色拉寺阿巴扎仓门厅20角柱子（1990年）

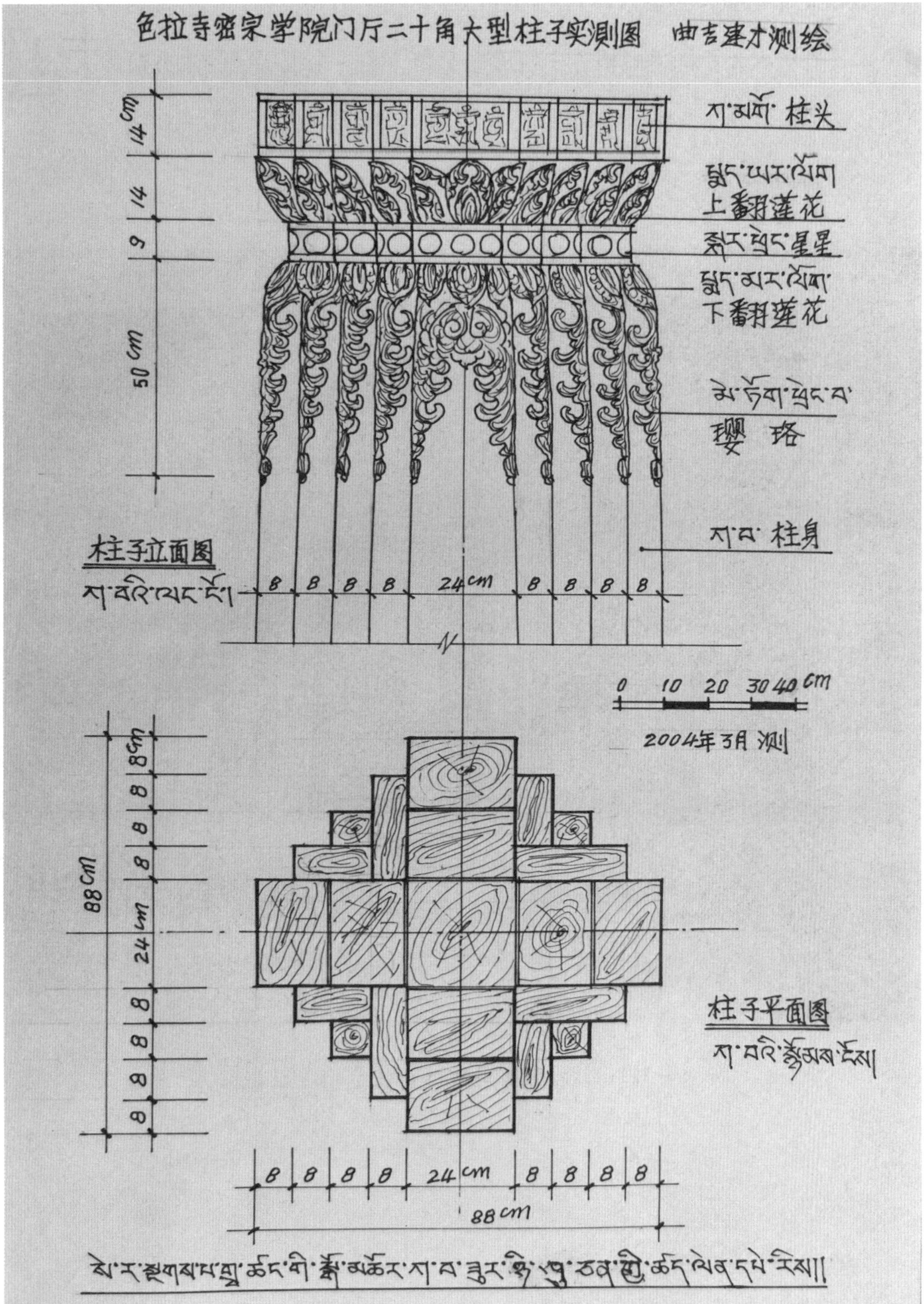

图4-15 色拉寺阿巴扎仓门厅20角柱子平立面实测图（曲吉建才绘）

其次是布达拉宫白宫入口处的四柱门厅，柱子为16个角，中心柱为30厘米见方的方木，外包大小不同的12根方木组成16个角，相对来说拼接的木方略为大一点，拼接技法和固定办法及粘贴雕刻做法同前面一样（照4–72）（图4–16）。

照4-72 布达拉白宫门厅16角柱子（1990年）

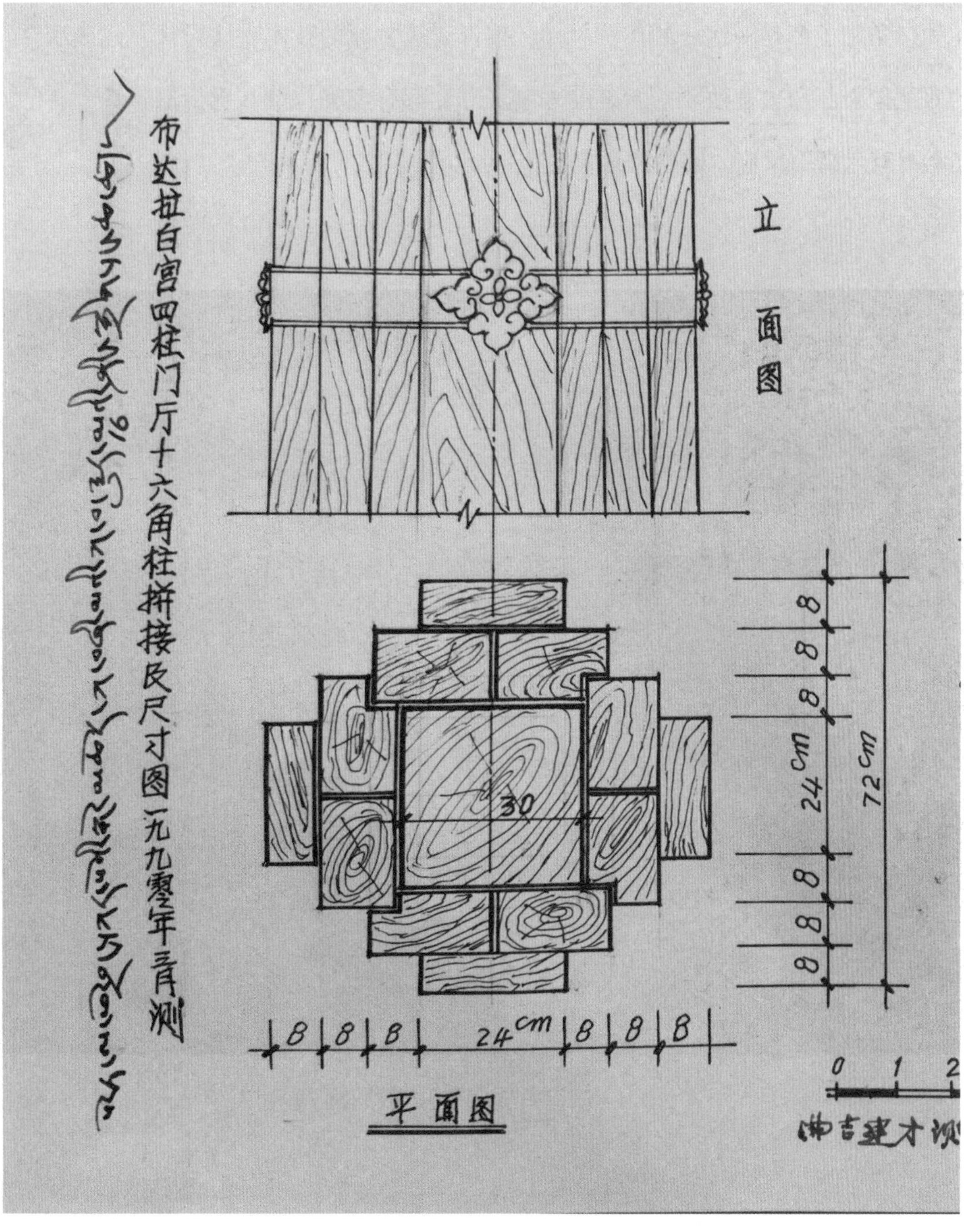

图4-16 布达拉白宫门厅16角柱子平立面实测图（曲吉建才绘）

第三种是12个角的门厅柱，拉萨大昭寺朝西门厅的柱子就是这种类型。作者在1994年为北京中华民族园设计藏族景区时，同样设计了拉萨大昭寺的门厅，整个门厅和12角柱子都是一比一的比例尺寸，按古建筑复原的技术手法设计，建成后在京的西藏老干部和去过西藏的游客前来参观时，都有亲临拉萨八廓街的感觉，有的人还觉得有点高山反应，这些都是作者亲身经历的事情（照4-73）（图4-17）。

照4-73 大昭寺门厅12角柱子（1990年）

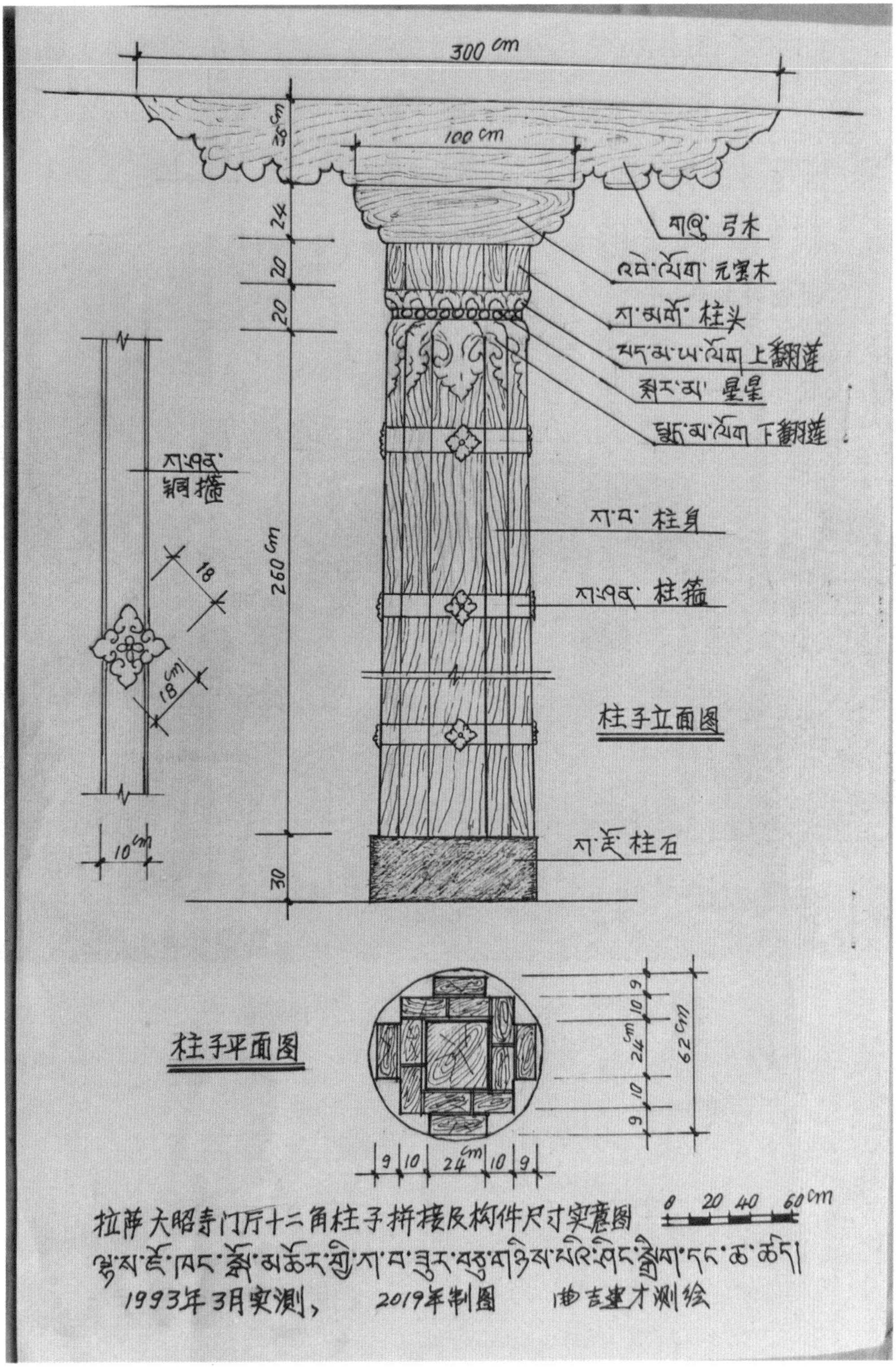

图4-17 大昭寺门厅12角柱子平立面实测图（曲吉建才绘）

第四种是较简便的做法，但也不是孤立的一根方柱，设立20×20厘米的中心柱以后，中柱的四个面同样立四个方柱，尺寸仍然是20厘米见方，形成八个角。这种立柱在山南扎囊县扎唐寺主殿门厅上，这种做法在造型上不如多角的立柱那么好看，但结构承受功能上更加优越（照4–74）（图4–18）。

照4–74 扎唐寺主殿门厅8角柱子（1999年）

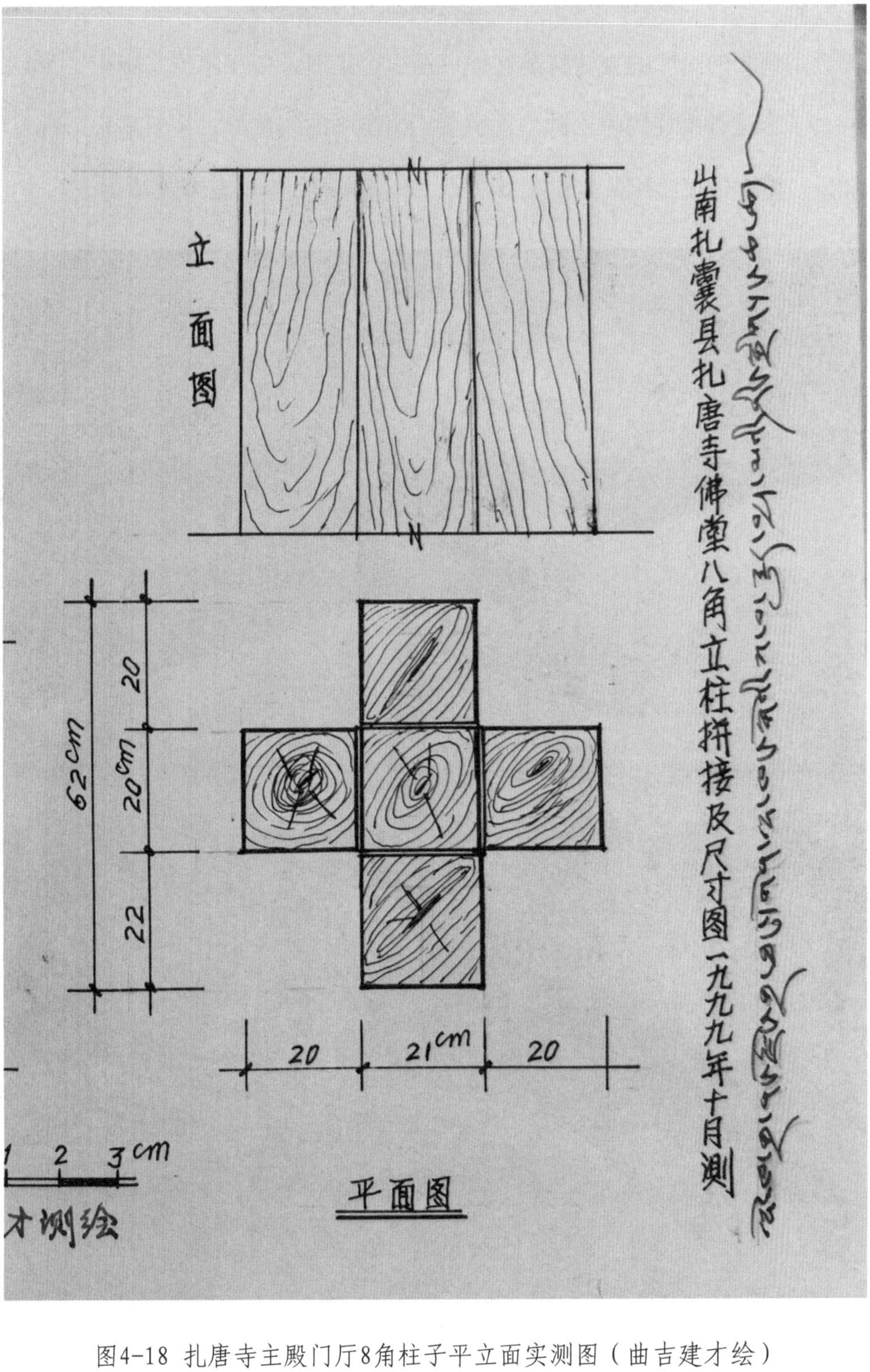

图4-18 扎唐寺主殿门厅8角柱子平立面实测图（曲吉建才绘）

第五种造型是圆木拼接出来，大小略微不同的8根圆柱围绕中心柱设立的圆柱组合型，汉语里称为束柱。布达拉宫进入德阳夏的朝南的门厅和布达拉宫山脚下雪城墙南大门朝北的门厅的立柱就是这种束柱，这张图是1990年的实测图（照4-75）（图4-19）。这种束柱因为是圆木，拼接不出牢固的整体形，主要靠扁形铁箍圈几道来加固，尽管稳定性和牢固程度不算最佳，但有其独特的造型美感。

照4-75 布达拉宫雪城墙南大门束柱（1990年）

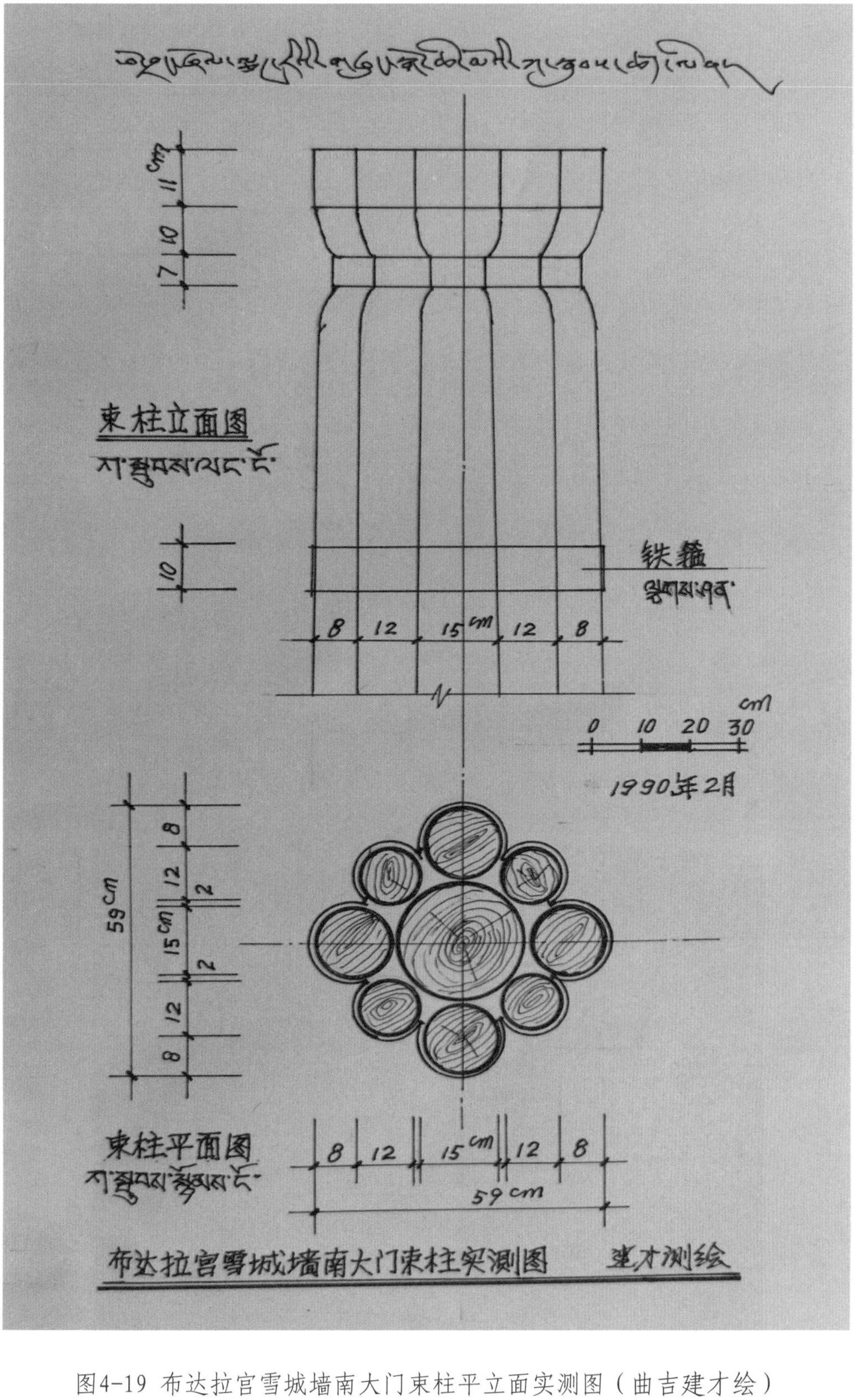

图4-19 布达拉宫雪城墙南大门束柱平立面实测图（曲吉建才绘）

还有拉萨大昭寺觉康主殿回廊内一圈柱子的形状也很特殊（照4–76）（图4–20）。有些强调宗教色彩的藏文书籍里描写成“为了欢喜密宗者，把柱子做成了金刚杵的形状，”但当时佛教刚刚转入吐蕃的初期阶段，还分什么显宗和密宗，纯粹是胡说八道。有些史书上说是莲花造型的柱子，的确柱子腰部刻凿莲花瓣倒是实事。据分析是带有古印度西亚文化的特色，由尼泊尔公主带进的工匠所制作。后来发展中的藏式建筑从来没有使用过这种造型，建造大昭寺后还不到一百年的桑耶寺里都没有使用这种手法，可以肯定这是西亚文化的特色。根据我们从1979年开始的考察和研究，大昭寺主殿内的梁柱等所有木构件都是拉萨河谷的原始柏木，梁柱都是整块树木雕凿出来的，柱子上的花瓣不是粘贴上去的，是原木刻凿出的，大梁上的狮子头是梁木上直接雕刻形成。回廊边的立柱柱身为8个角，41厘米的方木削掉4个角后变成8个角，但转角处的立柱还是50厘米宽的方形柱，柱身上部做图案浮雕。柱头上面的弓木形状略为简单一点，但仍然做了动物和飞天的浮雕。柱子的造型主要就这么一些，但各地的贵族庄园，富裕农民的民居，各地寺庙的活佛寝宫等里面也会制作一些别具特色的柱子样式，主要由各地的工匠自身的发挥就是。

照4-76 拉萨大昭寺觉康主殿回廊内的柱子（1990年）

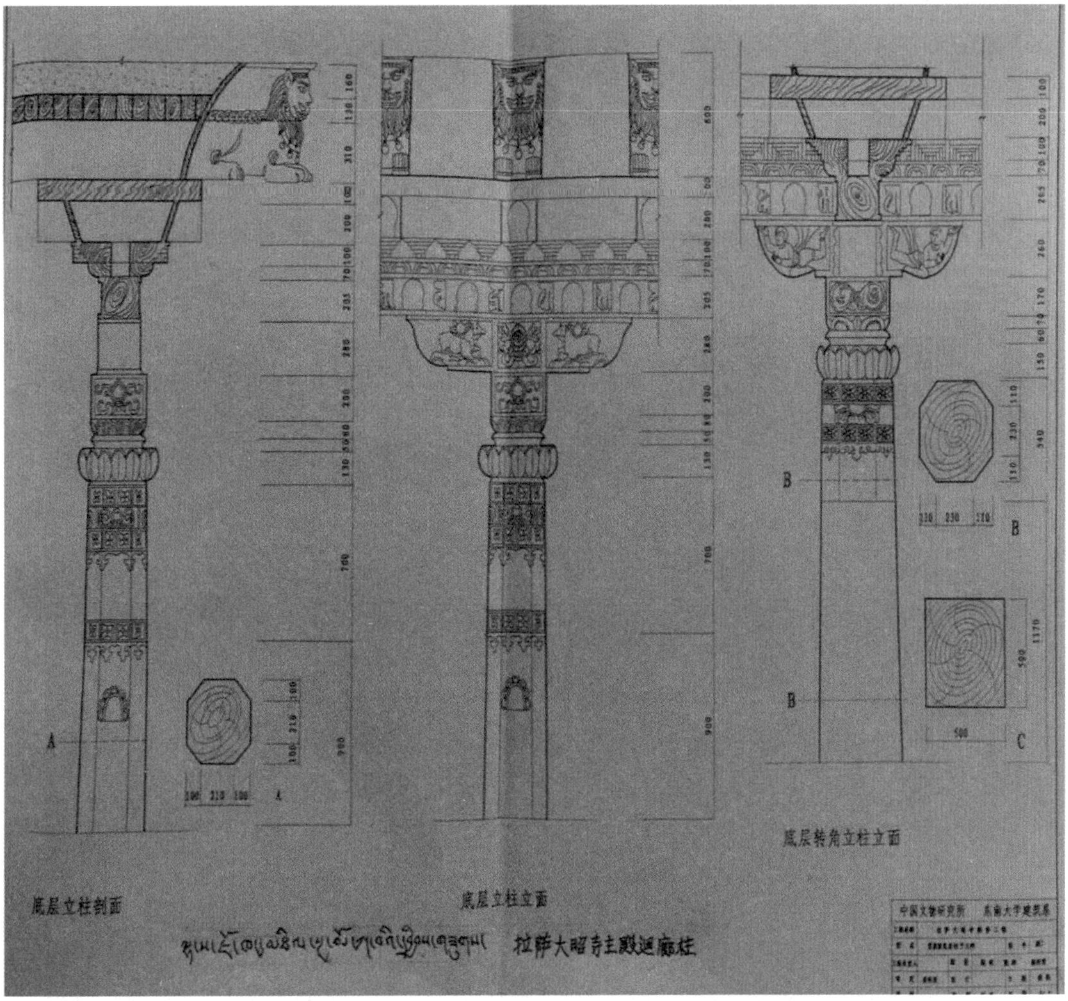

图4-20 拉萨大昭寺觉康主殿回廊柱子实测图

另外柱子的用料方面也存在很大的差别，一般来说林区的建筑用料大方一点，但是木材来源十分困难的阿里等地的梁柱用的木材太细小，标准的荷载都难以承受，这是结构问题，将在另外章节里谈论。据我们考察，整个青藏高原上最粗壮的柱子属日喀则萨迦南寺40根柱子的大经堂里的四根柱，其中最粗的相传为元朝皇帝赠送的柱，直径1.2米，外包周长3.6米长（照4-77）。本来40根柱都是粗大柏树稍加修整后设立，其中最粗的4根柱都有不同的传统故事。从中可以理解元朝政府扶持下萨迦地方政府雄厚的势力和高傲的气势。除了张扬之外，实际结构上并不需要那么大的用料。

照4-77 萨迦南寺大经堂粗壮的大柱子（1998年）

最细的柱子是不好确定，但我们在几十年来的考察当中，2017年去玉树州称多县的格察拉康旧殿的梁柱是最简陋的，与牧区最简便的牧民冬居的梁柱差不多（照4-78）。但是本人2022年5月去阿里考察时，阿里地区政协安排我们去噶尔县扎西岗寺庙去考察，扎西岗寺庙傍边有个十分破旧的观音殿，相传为象雄时期的古老寺庙，这座观音殿的梁柱更为细小，几根柱子只能说是木棍，几根柱子的直径只有5厘米（照4–79）。为本人几十年来的考察期间公共建筑中最细的柱子，这也是让读者知道一下各种尺度的柱子。这些都作为我们传统建筑的研究人员应该懂的基本知识。

照4–78 格察拉康老殿简陋的梁柱构件（2018年）

照4–79 阿里噶尔县扎西岗老观音殿柱子（2019年）

2. 建筑木构造

藏式建筑木构造在木结构章节里所讲的梁、柱、檩三大木构件之外，从建筑造型和装饰方面增加了多种构件。同江南一带和云南白族等地雕梁画柱的做法一样，很多木构件是装配式的构件，并不是构件体系当中的承重构件。对我们研究藏族古代建筑和保护维修专业的人来说必须要弄清楚。特别是宗教和宫殿建筑里多层次的柱梁以上木构件可以说是复杂多变，这些构件如何制作和搭接，对维修匠人来说是十分重要的一门技术，这些构件在整个建筑体系中起什么作用，对我们维修设计者和研究人员来说是一项重要的学习内容和思考的问题。本人几十年学习研究和特别在多项保护维修工程中，对多层次木构件产生了好感和担心交错的说不出来的一种感受。有丰富的层次感，高贵而繁重，但很多老建筑问题恰恰出在多层的柱头构件上。1989年，布达拉宫第一次维修时，白宫东大殿南面中间一排柱子的大梁上方莲花、叠经这两层险情最重，原因是大梁宽有20㎝，压在梁上面的莲花叠经两层构件从梁上往外突出8㎝左右，如果这两层构件要是用整块木枋来制作，每块木枋都要有36㎝宽，因为梁宽20㎝加上两边出8㎝就这么宽。但是白宫东大殿的莲花、叠经的木枋只有十多厘米宽，中间用小木枋拉接，正因为这两层构件都不是整块木方，问题就出在这一部分。2004年维修大昭寺千佛廊时问题同样出现在梁上面的构件层次上（照4-80）。莲花、叠经出现散架，压出和变形等各种毛病。从这个角度来讲，层次多的木构件，通过长久的年代和发生一些地震等灾害情况下，首先问题会出在这一部分上，如果单独从稳定性和牢固性方面来讲，没有这么多木构件层次更好。殿堂内部高大的空间内设置那么多层的构件，室内立面空间繁华，立面丰富、整齐，有一种高雅和丰满的感觉。第巴·桑结嘉措扩建布达拉宫时更加重视对红宫西大殿的室内装饰和木构件的层次感，把原有大梁上方的莲花叠经及几层跳木的层次确定为十三层。西大殿比白宫东大殿晚建50来年，到目前为止红宫西大殿木构件层次上没有出现什么问题，也许与第巴·桑结嘉措抓工程的质量有关，但我们搞保护维修的专业人来讲，这么多层次的装配式的木构是最担心的重点。

照4-80 2004年作者在查看大昭寺千佛廊梁上构件损害情况

作为总结和研究藏式传统建筑的时候明确这些木构件的名称和构造做法，以及构件尺寸，都要记录在册。那么藏式建筑的木构件及祖国内地汉式木结构名称及制作方面有些相同。但从严格的专业和技术角度去分析的时候有很大区别，结构体系根本不一样，构件的作用和结构承受技能上有根本的区别。所以我们认为在研究和维修过程中，不能把这两种结构和构件的名称混淆，前几年西藏三大文物维修工程中笔者担任工程技术总监，当时的维修设计由国家文物局下属几个省的文研所承担。他们的设计中运用汉式结构的名称来指定维修部位，比如他们把维修中的木檩全部写成椽子木，设计中写成椽子木要更换多少，拉萨本地施工队稿预算时椽子木和檩木的概念混淆，藏族人的概念中椽子木是望板，所以预算造价有很大差别。因此，我希望藏式建筑构件名称还是直接用藏语或者音译好，不然不仅存在语言障碍，预算过程和维修过程中也出现误会。下面将藏式平屋面的木结构名称用图文并茂加以解释，同样用图文并茂展现汉式斜坡屋面的结构名称（图4-21）（图4-22）

（图4-23），藏式木结构的名称是柱子上面是柱头，藏语叫“秀穷”我们翻译为小弓木，再上面是“秀前”译成大弓木，再上面是梁，藏语“董玛”，梁上上面是檩，藏语叫“桨木”，檩上面是望板，也可以说椽子，藏语叫“斋玛”。如果用木条就要密铺，林区建筑要铺木板，木板上面加屋面土。斜坡屋顶的做法是梁上面搭木檩，檩子上面设椽子木，椽子木铺设留一定距离，椽子木上直接铺青瓦，所以祖国内地的设计人员很多次把藏式建筑的“檩子”错写成“椽子木”。

在今后的施工和研究当中，藏式建筑木构件的基本尺寸和名称很重要，所以我们从一般民居梁柱构件到中层等级梁柱构件，最后最讲究的梁柱布置用图文并茂来加以解释。首先介绍拉萨老城北城区边孜苏（现已改变）老房子的梁柱构件。边孜苏为五百多年历史的老建筑群，分内外三个院落，过去是属哲蚌木雅康村，有一间平方大房间是木雅康村僧人在拉萨传昭期间住的地方，其余都是民房出租。边孜苏民房底层柱直径14cm，柱石宽18cm，高12cm。柱头小弓木高60cm，宽12cm，长41cm，大弓木高13cm，宽11cm，长77cm，梁高12cm，宽13cm，长度为房屋开间，木檩为圆木，直径为8cm，长度按开间。二楼柱为10cm见方，柱头设硬木垫板，板厚3cm，长22cm，小弓木高6cm，宽11cm，长41cm。大弓木高15cm，宽10cm，长100cm。梁高12cm，宽10cm。木檩为圆木，直径6cm（图4-24）。中等级别的梁柱尺寸：按大昭寺二层走廊梁柱，柱子为20cm见方，柱头设硬木垫板，小弓木高14cm，宽18cm，长70cm。大弓木高20cm，宽19cm，长164cm。梁高22cm，宽190cm。梁上设莲花板，厚6cm。上面木檩为圆木，直径9cm，檩木出头14cm。木檩上方铺压板，板厚5cm。板上摆跳木，跳木高9cm，宽8cm，出头16cm。每根跳木间距20cm，上面同样设压板，压板上面铺石板形成檐口（图4-25）。

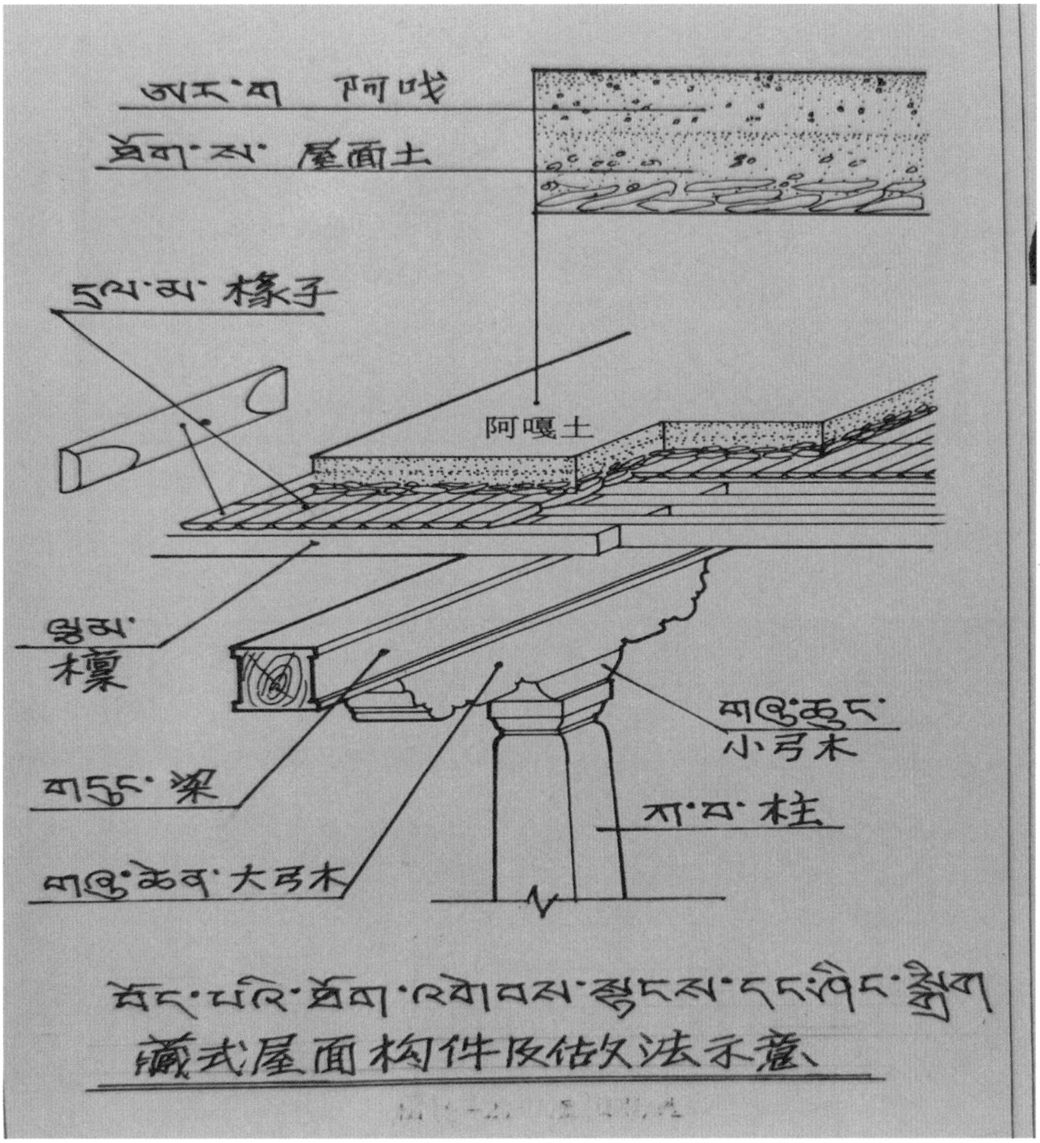

图4-21 藏式平屋面木结构做法（曲吉建才绘）

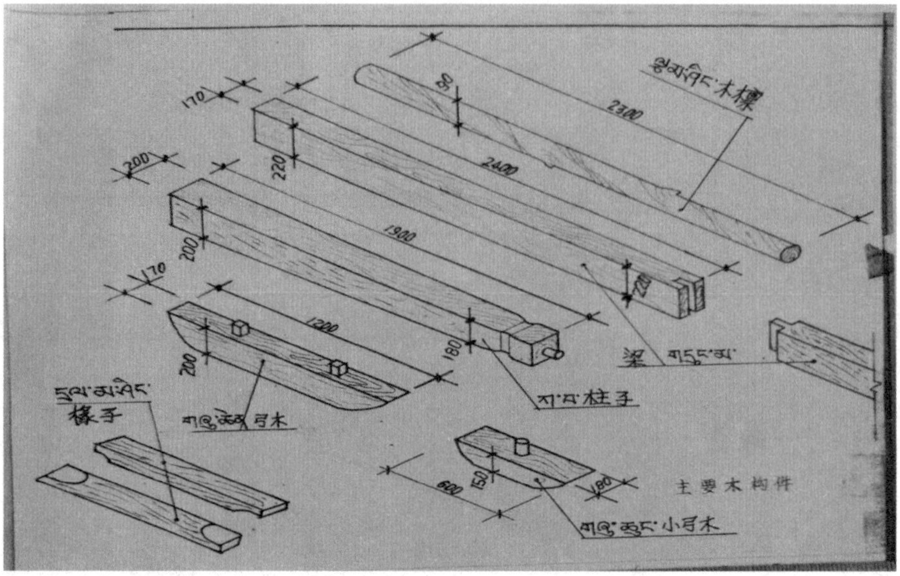

图4-22 藏式木结构名称（曲吉建才绘）

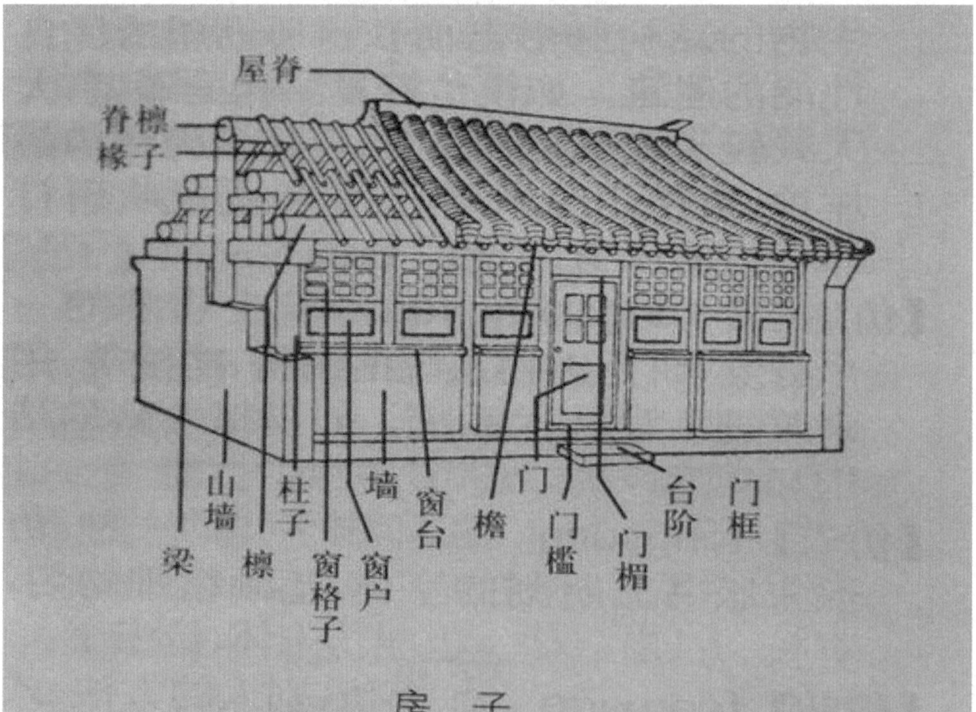

图4-23 汉式斜坡屋面结构名称

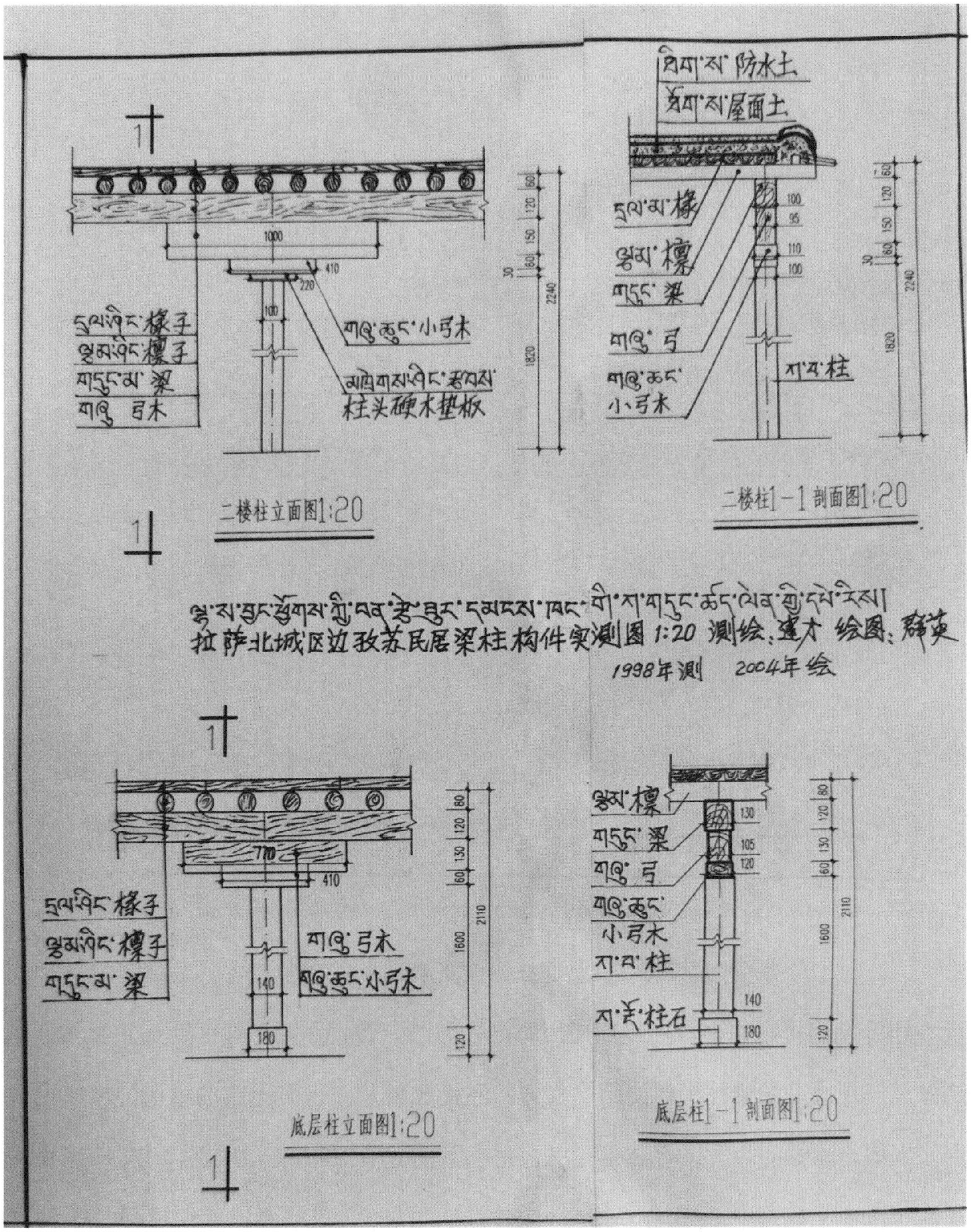

图4-24 拉萨北城边孜苏民居梁柱构件实测图（曲吉建才绘）

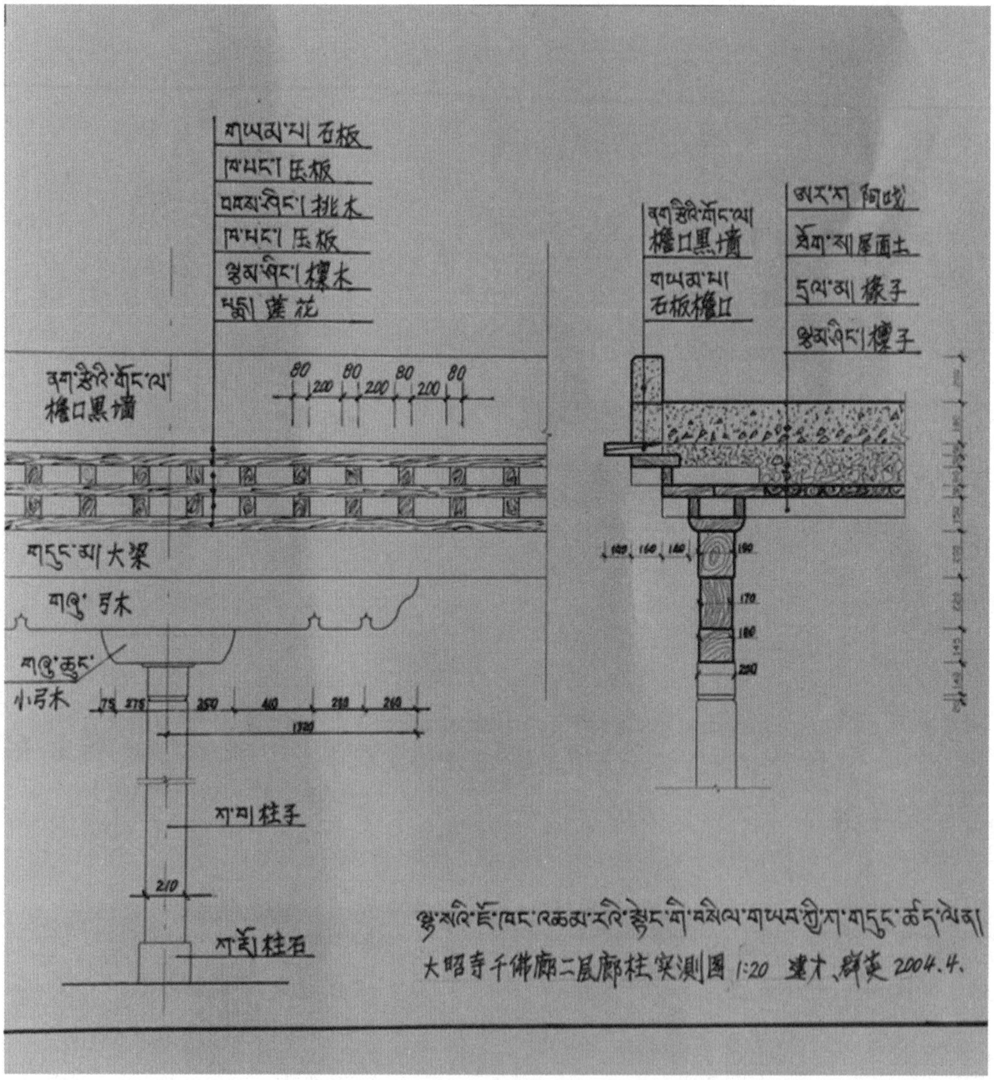

图4-25 大昭寺二层廊柱构件实测图（曲吉建才绘）

再介绍阿里科迦寺百柱殿二楼回廊梁柱做法，普兰在阿里地区算是靠近林区的地方，但是这里的梁柱构件使用木材方面还是比较节省，梁上方的木构件层次也很少，木檩之间的间距大，有45cm左右，每个开间只有五根檩子就够了，拉萨老民居开间至少有七根檩，这都是节约用材的情况。科迦寺二层廊柱的用材从柱子开始讲，柱子为圆柱，直径7cm，柱高133cm，柱头小弓木高10cm，宽8cm，长44cm。上面大弓木高15cm，宽9cm，长100cm。木梁高22cm，宽9cm。梁上方是檩子，方型檩高11cm，宽7㎝。檩木摆设间距45㎝，木檩上面横向铺一根方木压顶，方木高12㎝，宽10㎝。方木上面铺石板檐口，石板上面夯土墙檐墙，高60㎝，宽54㎝。夯墙上用黄泥粉刷外没有做防水处理，阿里的雨水比较少，不会有很大问题。这里的弓木造型比较特别，跟卫藏地区有所不同（图4-26）。

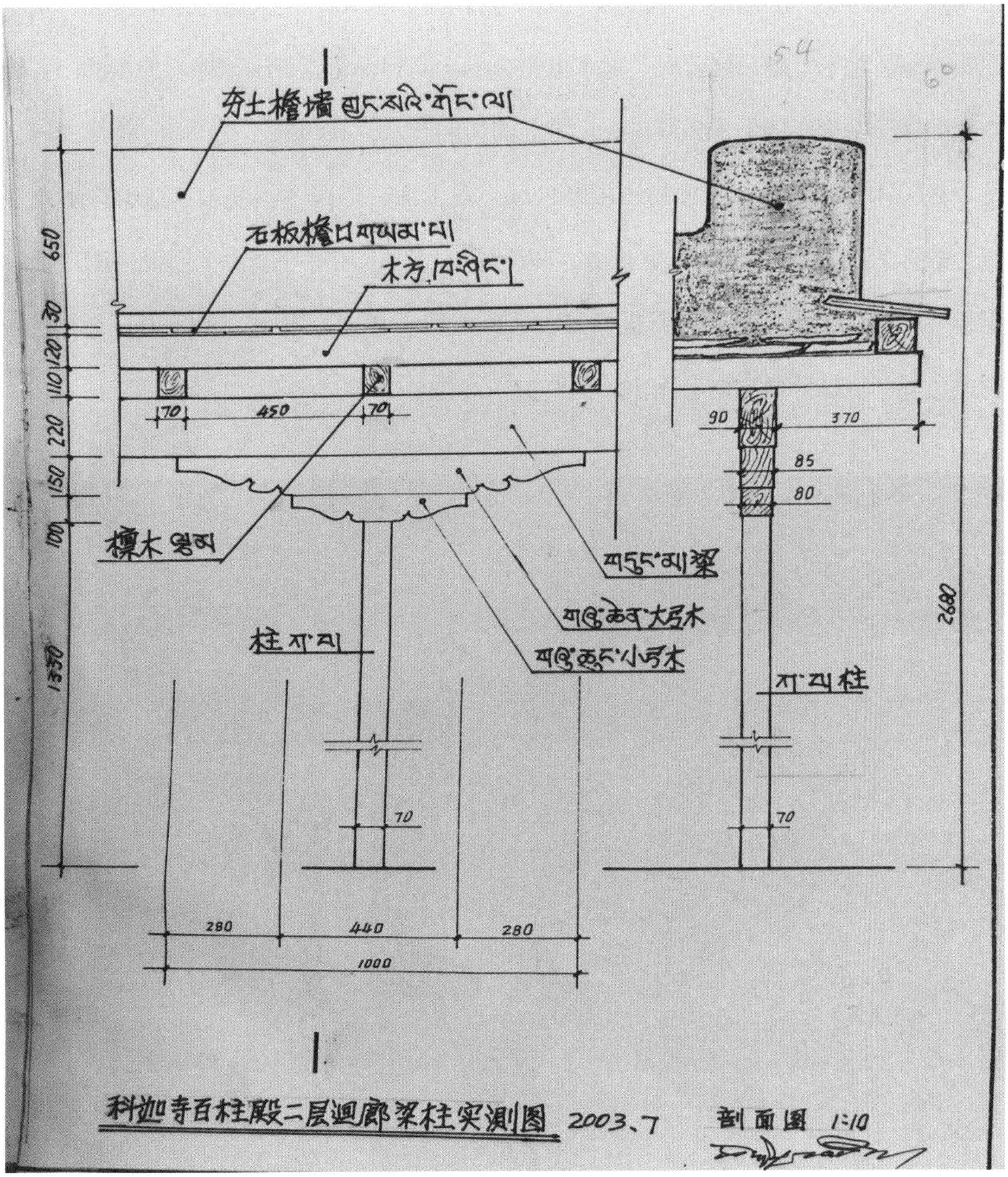

图4-26 科迦寺百柱殿二层回廊梁柱实测图（曲吉建才绘）

梁柱构件层次最多的做法出现在重要的寺庙和宫殿建筑，如布达拉宫和大昭寺等。先介绍拉萨大昭寺千佛廊的梁柱构件，首先从柱子开始，柱基石用花岗岩打制，40 ×40cm方形，高18cm。方木柱子，底宽36cm，柱头宽34cm见方。小弓木高19cm，宽30cm，长80cm。大弓木高38cm，宽22cm，长300cm。大梁高40cm，宽26cm，莲花木厚9cm，宽33cm。叠经8cm，宽36cm。跳木高18cm，宽16cm，从叠经伸出15cm，跳木间距24cm，跳木上铺一层薄板。檩木也是方形。高19cm，宽17cm，檩木伸出38cm。檩木上面椽子木为半圆形木条厚11cm。再上面为猴脸木，高19cm，宽17cm，伸出28cm。每个猴脸木间距24cm。上面的压板厚11cm，最上面一层跳木叫跷木，造型往上跷一点，故称为跷木，高170cm，宽16cm，间距同底层跳木相等。跷木上面设一圈压板，压板厚10cm。上面就要铺青石板檐口，石板上用土坯砌边檐墙，高度60cm左右，涂刷黑色墨汁后抹陈酥油防止雨水（照4-81）（图4-27）。

照4-81 大昭寺千佛廊梁柱构造（2004年）

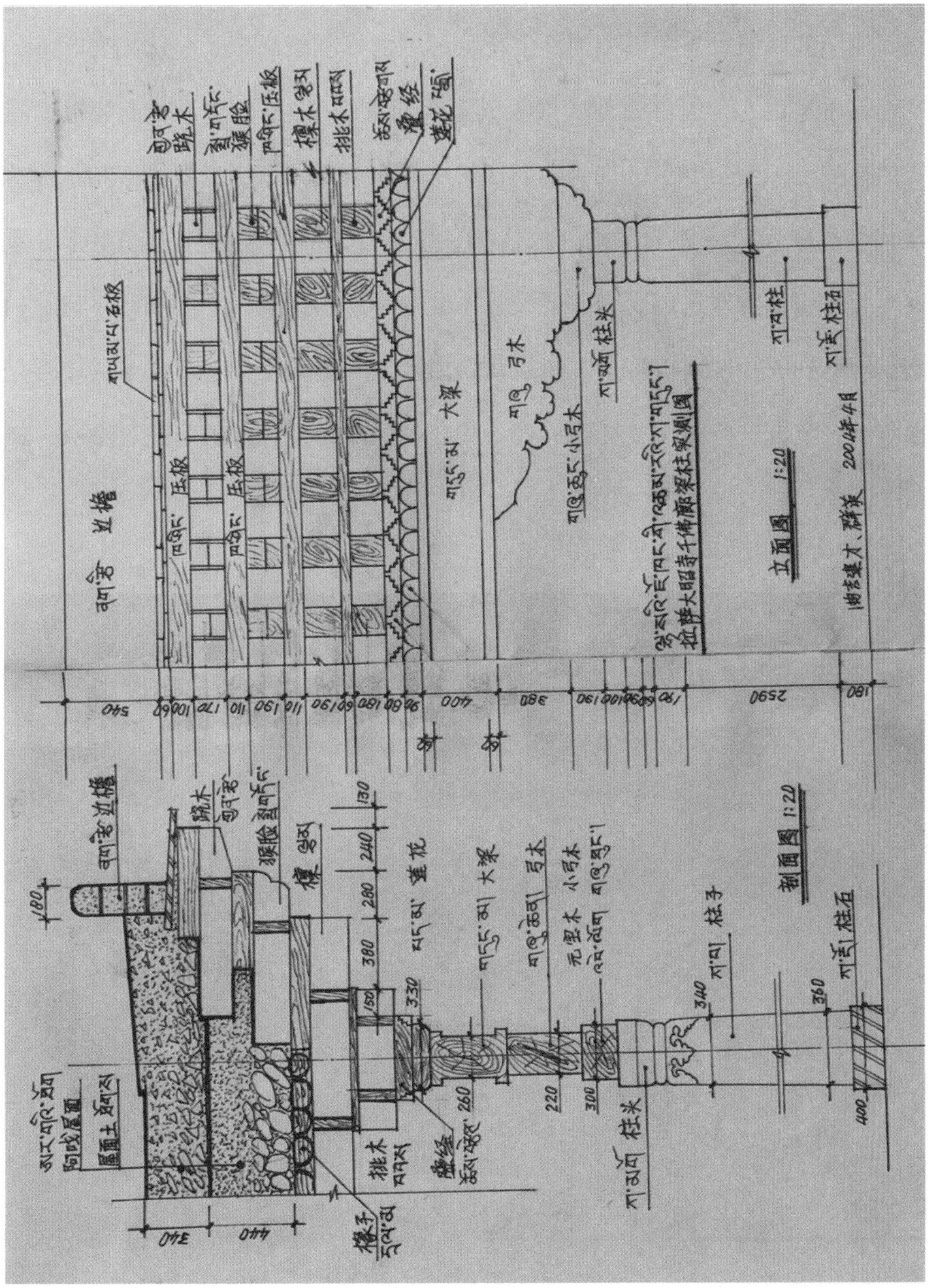

图4-27 大昭寺千佛廊柱梁构件层次实测图（曲吉建才绘）

目前藏式建筑中梁柱构件，特别是梁上方木构件最讲究和装饰最繁华算是布达拉宫红宫西大殿，虽然木构件层次上跟大昭寺千佛廊的柱头木构件相差不大，但是其用料方面构件的断面尺寸和每个构件上精雕细刻的标准就高多了。比如大昭寺的大梁正反面都是平的，但是红宫西大殿大梁正反面都加了4cm的边沿，而且上面雕有花纹（照4-82）（图4-28）。作为我们保护维修专业的人来讲，要了解和掌握这些多层次构件的断面尺寸和上下构件的搭接，以及左右构件的连接方法是十分重要。现在出版的很多古建筑画册，如果没有木结构和木构件的详细图纸，古建筑的构件做法是学不到的。现在很多仿古建筑我们内行人一看就不像，其根本的原因是仿造人根本没有掌握这些构件的准确尺度。我在这里对每个构件的高宽尺度一一做介绍的原因也在这里。

照4-82 布达拉红宫西大殿梁柱构造及雕刻花纹

图4-28 布达拉红宫西大殿梁柱构造及雕刻写生

另外，讲究的大门要做门楣的斗拱装饰，门楣斗拱有很多种做法，我们就拿布达拉宫德阳努的侧门为例加以说明：首先抬整个斗拱构件的抬木高20cm，宽21cm，伸出墙面35cm。上面是大斗，高20cm，宽18cm，做出斗的样式。上面小弓木高14cm，宽16cm，长59cm。再上面是小斗，高15cm，宽16cm。设三块小斗，间距3cm。再上面是大弓木，高14cm，宽16cm，长145cm。上面设7个小斗，高宽和间距都跟下面的小斗一样。上面设木梁，梁高19cm，宽16cm。长度跟门大小有关。木梁上面设莲花板，板厚10cm，做出花瓣样式。花瓣上面摆设跳木方，高10cm，宽9cm，每个跳木间留10cm就行，跳木上铺设5cm的压板。再上是跷木方，高10cm，宽9cm，摆设间距跟下层一样，上铺压板5cm厚。最后铺设青石板压顶就完成了（照4-83）（图4-29）。

照4-83 斗拱门楣（八廓街）

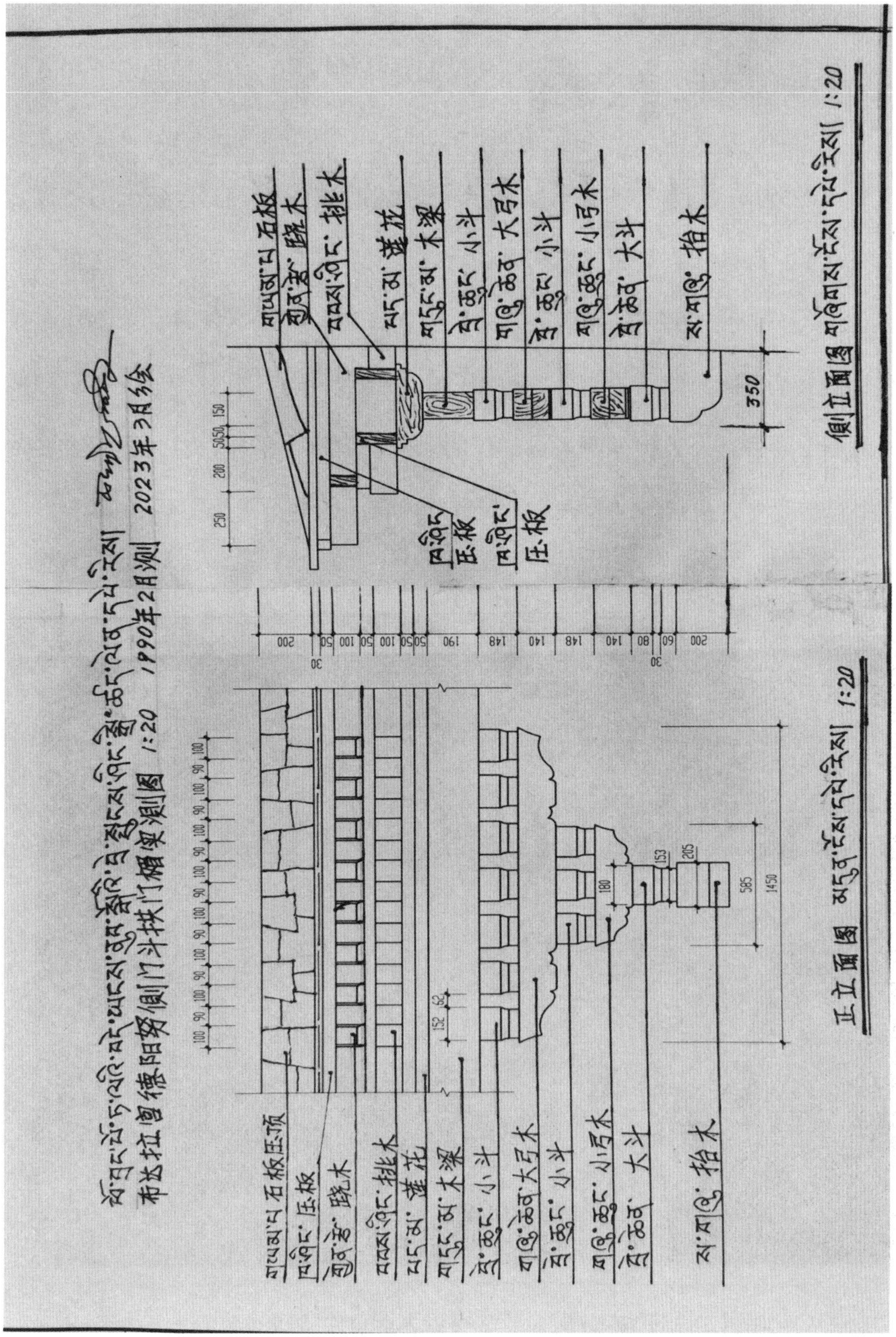

图4-29 布达拉宫德阳努侧门斗拱门楣实测图（曲吉建才绘）

另外布达拉宫西大殿西侧五世达赖灵殿，因灵塔高13米，设长柱子，而且柱头上加设斗拱构件，形式上很庄重，对提高楼层起加高的作用。实际尺寸柱子30cm见方。小弓木高30cm，宽26cm。小斗高26cm，宽也26cm。大弓木高40cm，宽26cm。上面小斗高26cm宽26cm。大梁高65cm，宽26cm。上面的莲花叠经都是厚15cm的木板，跳木为18cm方木。这种柱头安装斗弓的做法比较少见，一般寺庙都没有。这里只是介绍一下有这么一种形式的构件和做法（照4-84）（图4-30）。柱头弓木的样式在卫藏地区基本上是上面介绍过的样子，但在古格和普兰科迦寺里弓木的造型多种多样，可以说是千姿百态，吸收了西亚古建筑的式样至少有十多种，对此我们无法做详细的介绍，详看下边两张图，了解一下大致的内容（图4-31）（图4-32）。

照4-84 五世达赖喇嘛灵塔殿柱头斗拱构件（1990年）

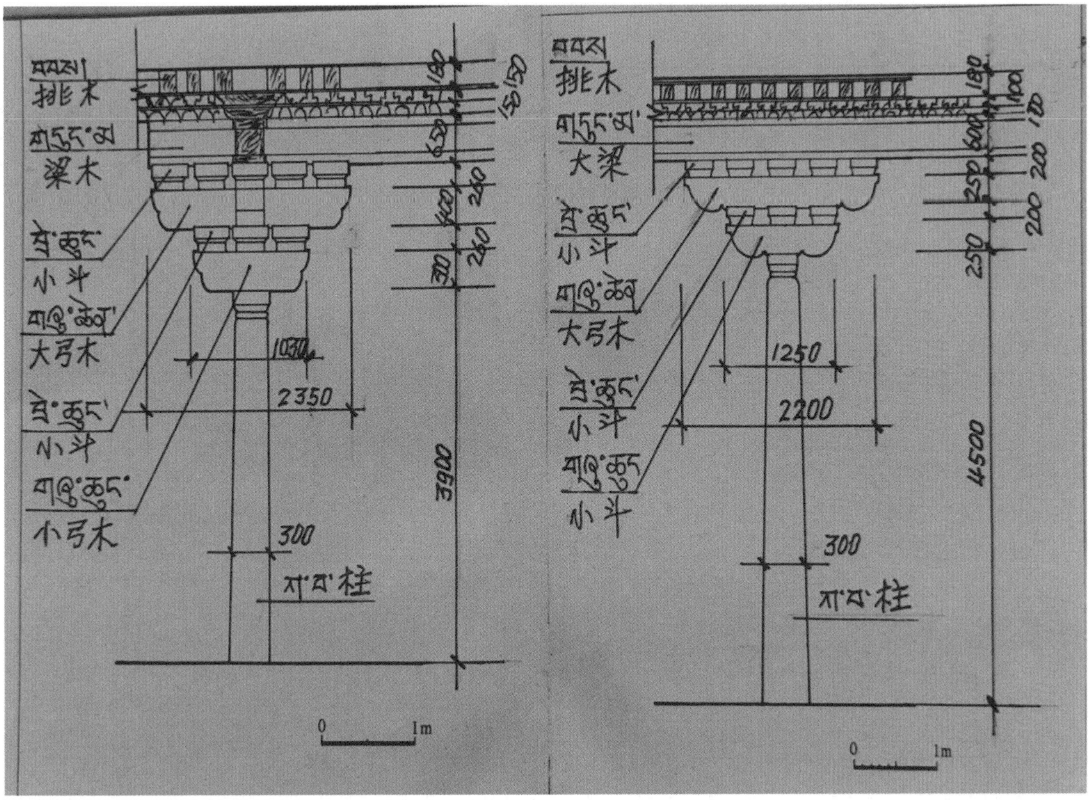

图4-30 十世达赖喇嘛灵塔殿柱头斗拱构件（曲吉建才绘）

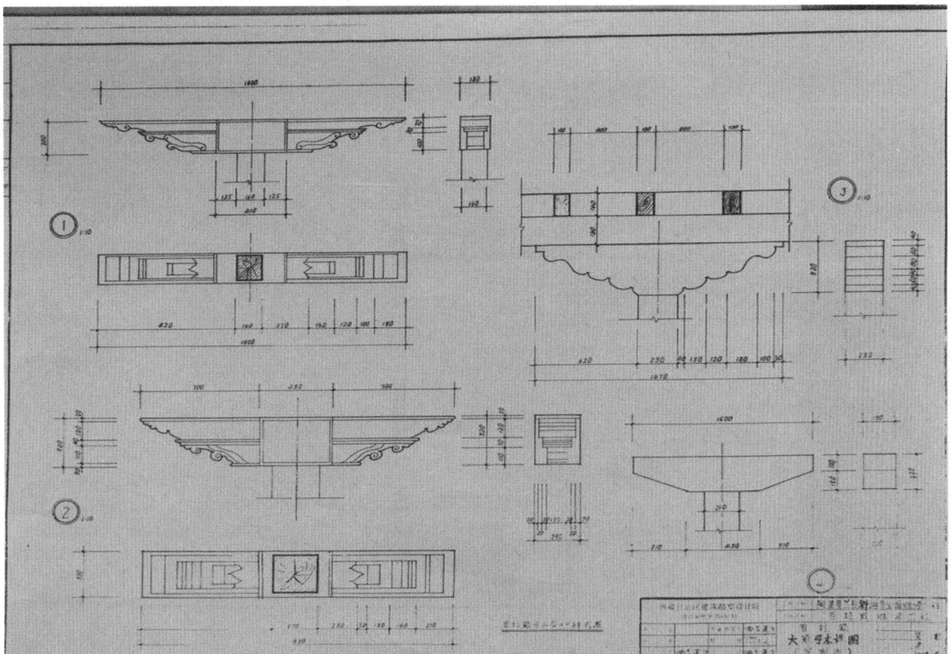

图4-31 科迦寺多种造型的弓木（曲吉建才绘）

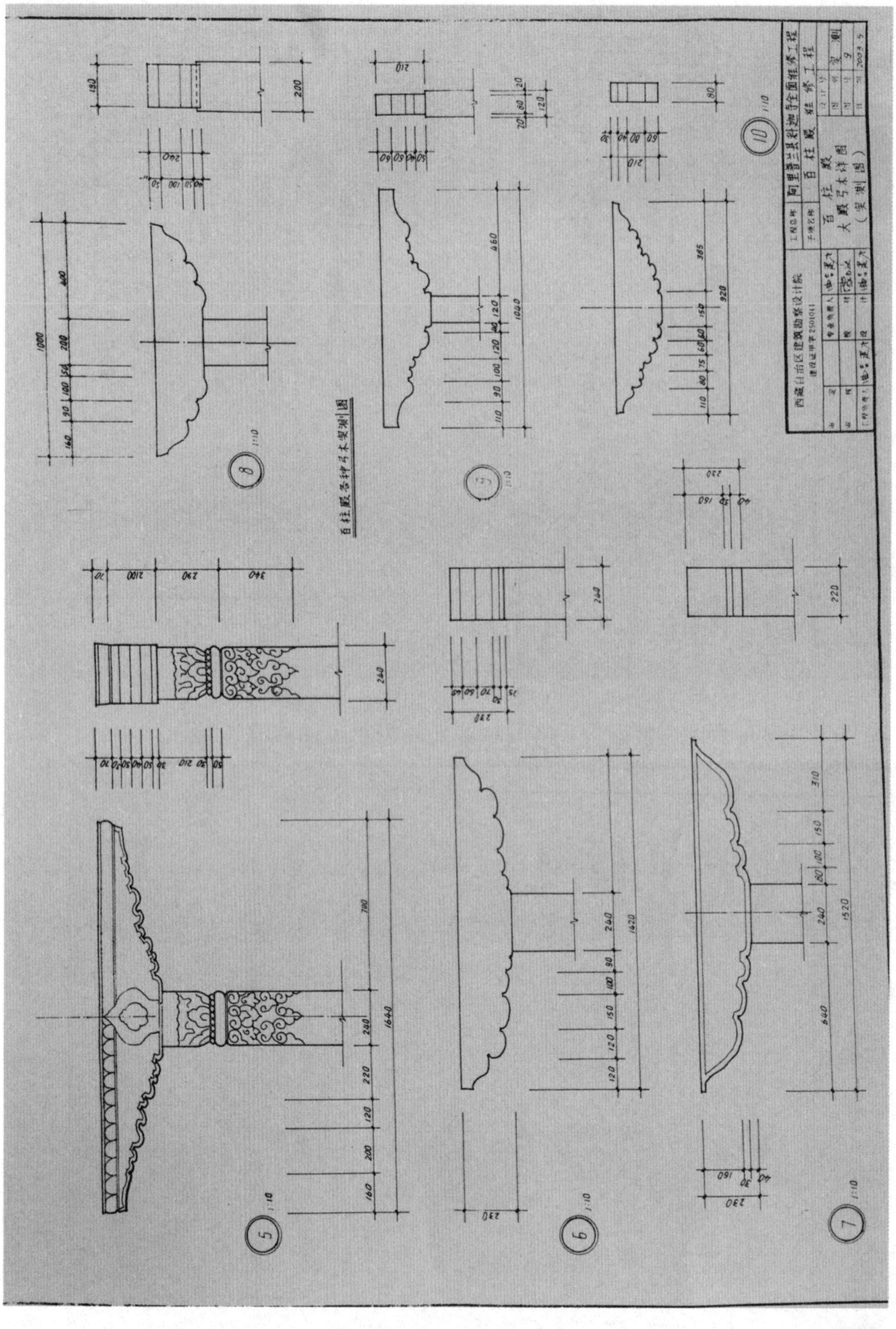

图4-32 科迦寺多种造型的弓木（曲吉建才绘）

藏式建筑中有相当数量的斜坡屋顶的寺庙，屋顶还设置斗拱构件，斗拱构件的来源主要是汉式建筑。也有少量出现尼泊尔等地的西亚式的斗拱造型。历史上的小昭寺和桑耶寺的屋顶一定是采用汉式斗拱。但实物已经不在了，我们无法研究。目前遗存的最正式的汉式斗拱属夏鲁寺琉璃瓦屋顶的斗拱。1980年我们考察夏鲁寺时有的斗拱构件上清楚地看到汉文的数字，当时我们的老师也给我们说是标准的宋式斗拱造型。十七世纪以后修建的大昭寺、布达拉红宫，桑耶寺金顶都是藏族工匠修建的斗拱构件，严格说同清式斗拱有一定差别，但总的来说还是汉式技术手法，满清斗拱的标准做法在陈明达先生著的《清式营造则例》一书有详细说明，这里不做更多的解释。为便于大家有个整体的了解，光介绍布达拉宫十三世达赖灵塔金顶的大概尺寸：底层大斗为40×40㎝，高32㎝。小弓木高15㎝，宽14㎝，伸出15㎝。小斗高宽14㎝。往上两层小斗和大弓木两层均同一个尺寸（照4-85）（照4-86）（图4-33）（图4-34）（图4-35）。

照4-85　藏式莲花型斗拱（布达拉宫1990年）

照4-86 藏式象鼻型（昂）斗拱（布达拉宫）

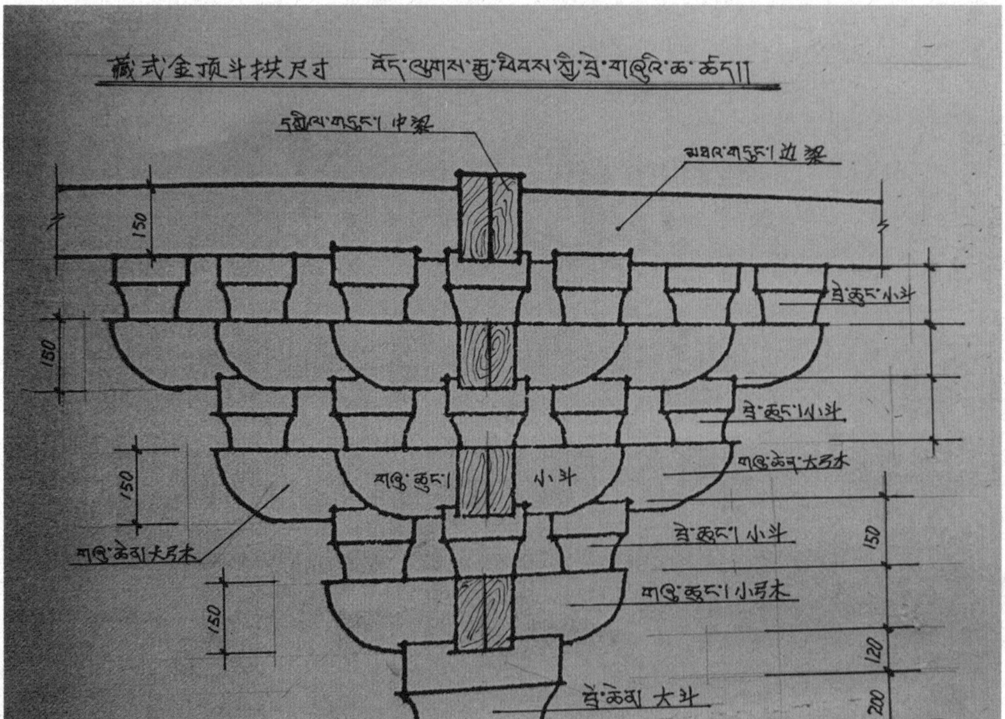

图4-33 斗拱详图（曲吉建才绘）

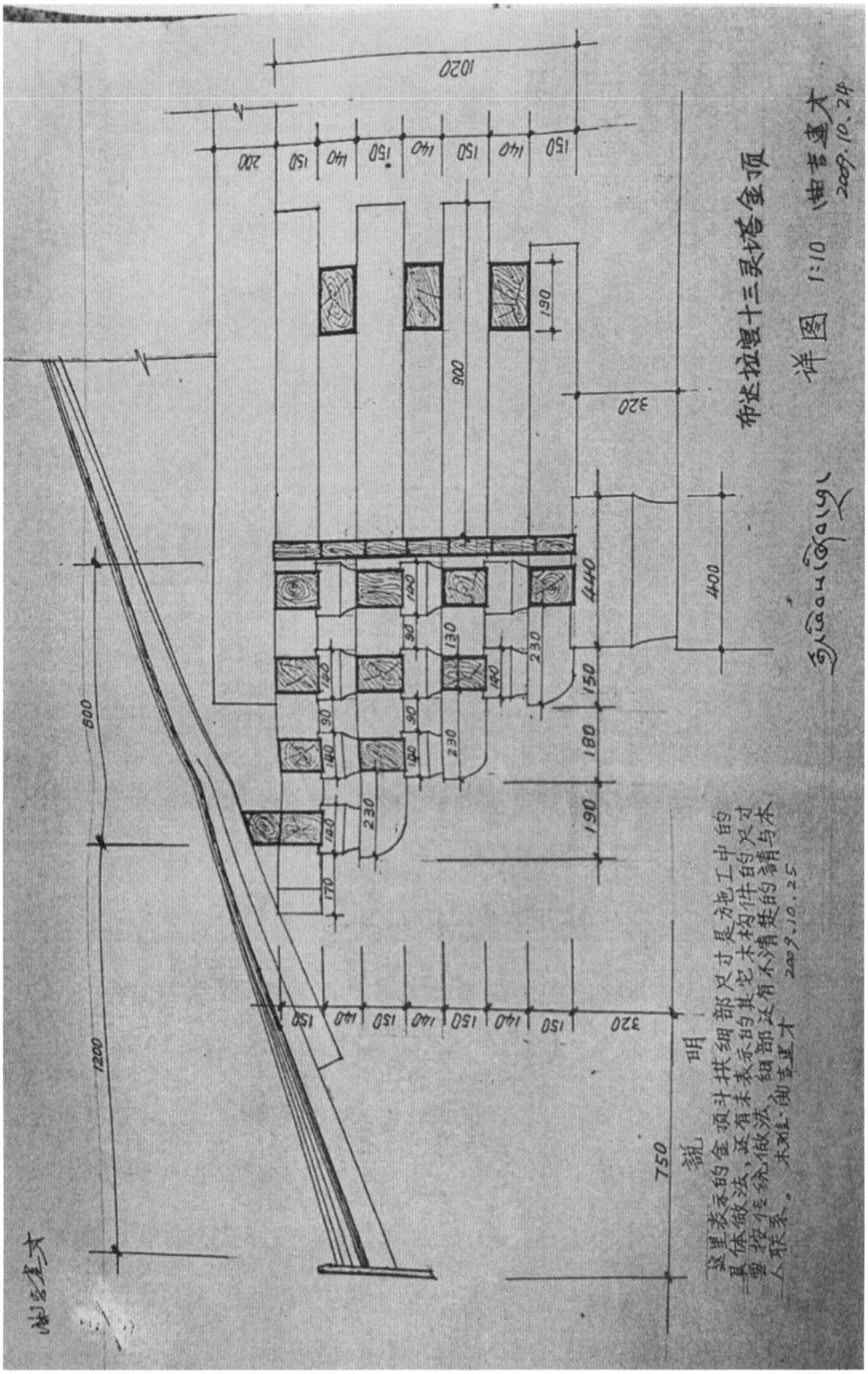

图4-34　布达拉宫十三世达赖喇嘛灵塔殿金顶斗拱构造实测图（曲吉建才绘）

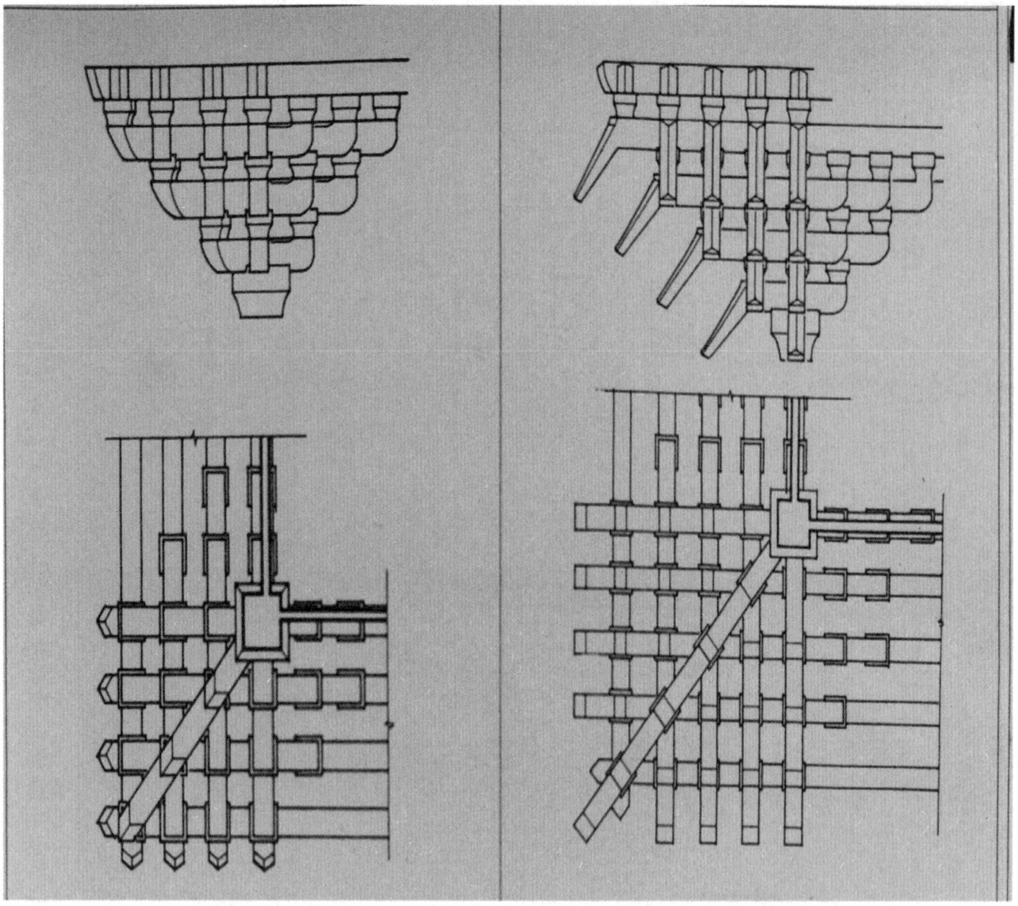

图4-35 金顶斗拱结构（曲吉建才绘）

藏式金顶斗拱主要分两种样式，一种是斗拱摞起来的样式，叫莲花堆，十三世灵塔，大昭寺主殿金顶、哲蚌、色拉寺集会殿金顶都是这种造型。另一种是斗拱的梁尽头设弧形构件，汉语里叫昂，藏语称为象鼻。五世灵塔金顶就是这种样式，我们在《布达拉宫》的建筑书中做了介绍。最具特色的斗拱构造在昌都县噶玛寺，位于离昌都60多公里的澜沧江上游噶玛乡，寺庙创建有九百多年历史，在公元1260年左右噶玛巴西在寺庙集会殿里面增建了三座小殿堂，而且每座殿的金顶上加盖三种不同造型的琉璃瓦屋顶。据当地传说，三座屋顶中西边的屋顶由藏族工匠制作，其斗拱造型像狮子爪，称为狮子爪结；中间屋顶请汉族工匠制作，斗拱像鳄鱼头，起名鳄头结；东边的屋顶由纳西族木匠制作，斗拱像大象鼻子，称为象鼻结。我在

1992年9月去噶玛寺考察时，发现琉璃瓦屋顶的斗拱造型确实各不相同（照4-87）（照4-88）。因时间紧，任务重，我们根本没有时间去详细测绘尺寸。可惜的是2003年寺庙失火，极具特色的三座屋顶化为灰烬，造成了不可弥补的损失。回想起噶玛寺这么偏僻的山沟里还存在这么独具特色的艺术作品，试想整个青藏高原还有多少我们未知的艺术杰作。

照4-87 昌都噶玛噶举母寺噶玛大寺侧立面（1992年）

照4-88 昌都噶玛寺琉璃瓦顶不同造型的斗拱装饰（1992年）

（二）门窗构件

门窗木构件相对简单一点，一般的门以门框和门板组成。但寺庙等建筑在门堂上做装饰。这里先从普通民居的门窗开始介绍，藏式木门以两根木樘子，14㎝宽，9㎝厚。门槛高18㎝，厚9㎝一样，上樘上方宽14㎝，厚9㎝，门框下两边设下角枋两根，框上面两边也设上角枋，高12㎝，高9㎝，长40㎝。这个有的也叫下脚枋，主要是固定门框用。门框高180㎝左右，大部分高170㎝以下，门过梁方木厚10㎝左右，过梁上面摆门楣构件跳木和压板，跳木方8×6㎝。上面铺青石板，形成门楣檐口。这是一张表示木门基本构造的详图（图4-36）。

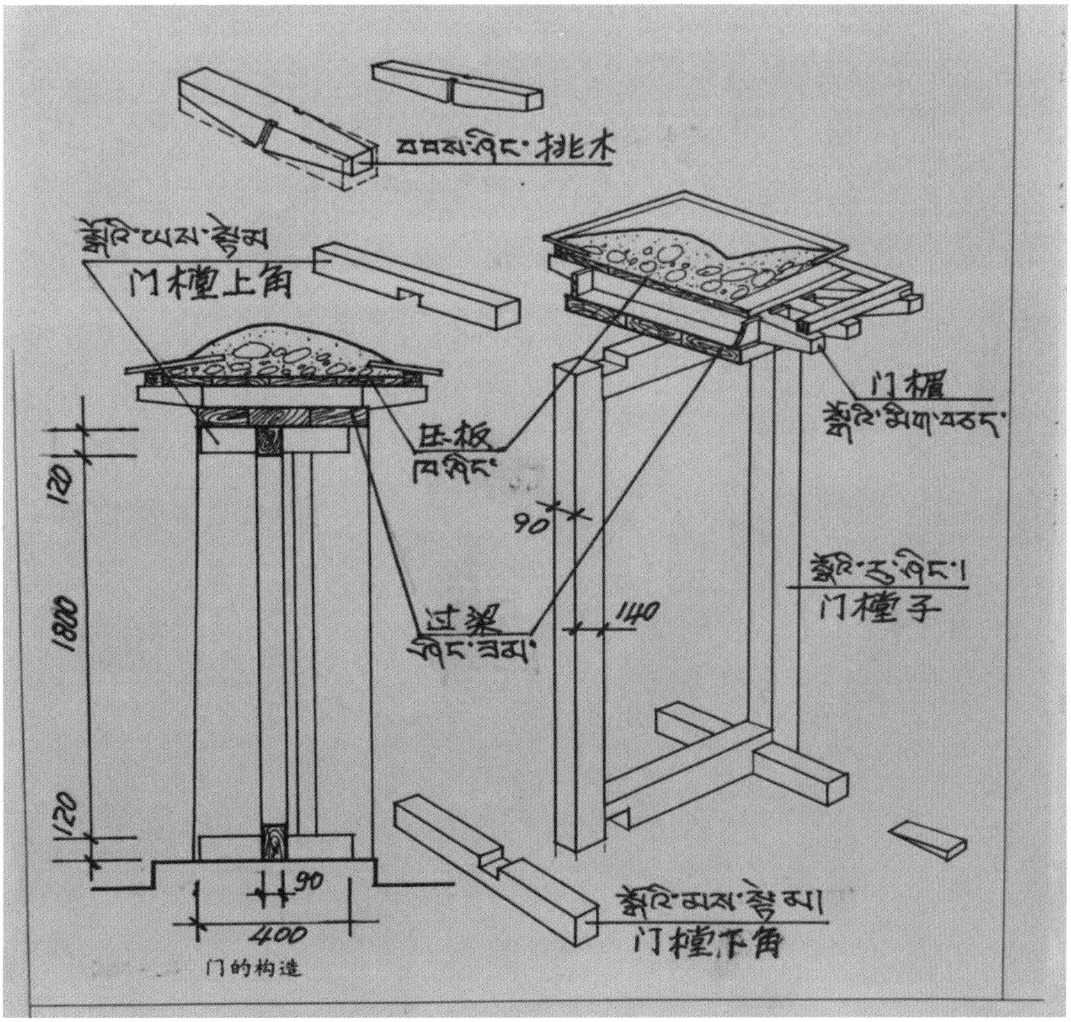

图4-36 木门基本构造实测图（曲吉建才绘）

以上是普遍的门构件，下面介绍夯土建筑的门的构件，以科迦寺觉康大殿的大门为例：门槛高13㎝，宽27㎝。门樘子宽17㎝，厚14㎝，门樘高234㎝。门框宽161㎝，双扇门，樘子外加莲花叠经木，莲花木厚7㎝，叠经厚6㎝。都紧贴门框。门框上方摆设一层跳木，高8㎝，宽7㎝，间距每隔均为15㎝（照4-89）（图4-37）。

照4-89 科迦寺觉康大殿大门（2005年）

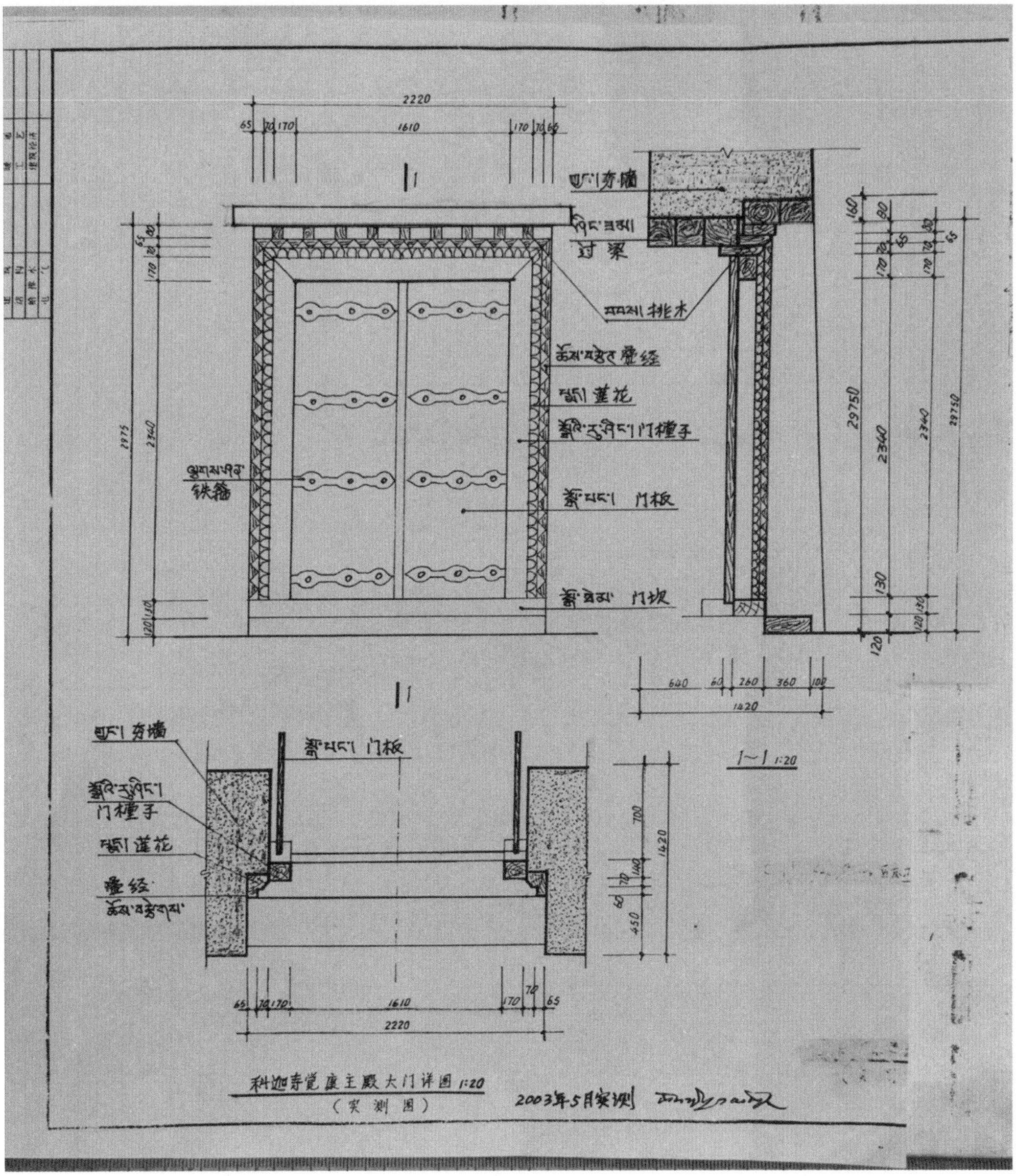

图4-37 科迦寺觉康大殿大门构件实测图（曲吉建才绘）

下面把石墙建筑的室内门的尺寸和做法介绍一下：布达拉宫底层室内门，门樘子宽14cm，厚12cm。莲花和叠经木都是厚7cm。门框上方摆设跳木，高11cm，宽9cm（图4-38）。如果是外墙门就要设石板檐口，这里不再介绍门框各部位的尺寸。外门的立面图上可以看到其基本造型，在剖面上可看到门框在墙体内的位置和过梁及跳木安置方法和石板檐口的做法（图4-39）。

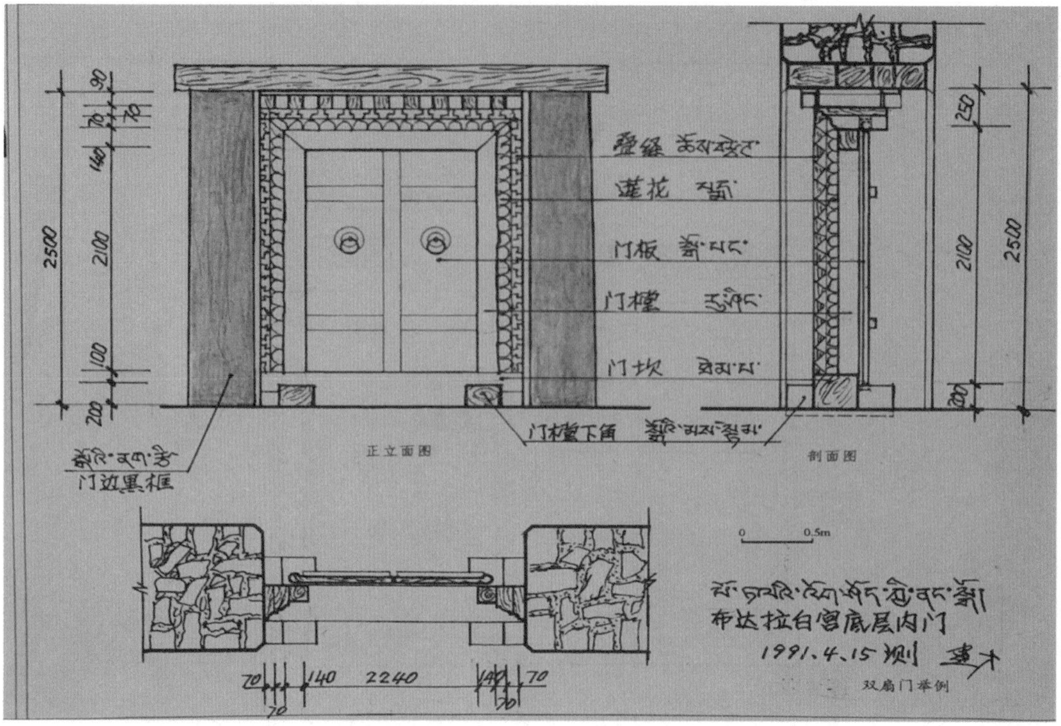

图4-38 布达拉宫底层室内门构件实测图（曲吉建才绘）

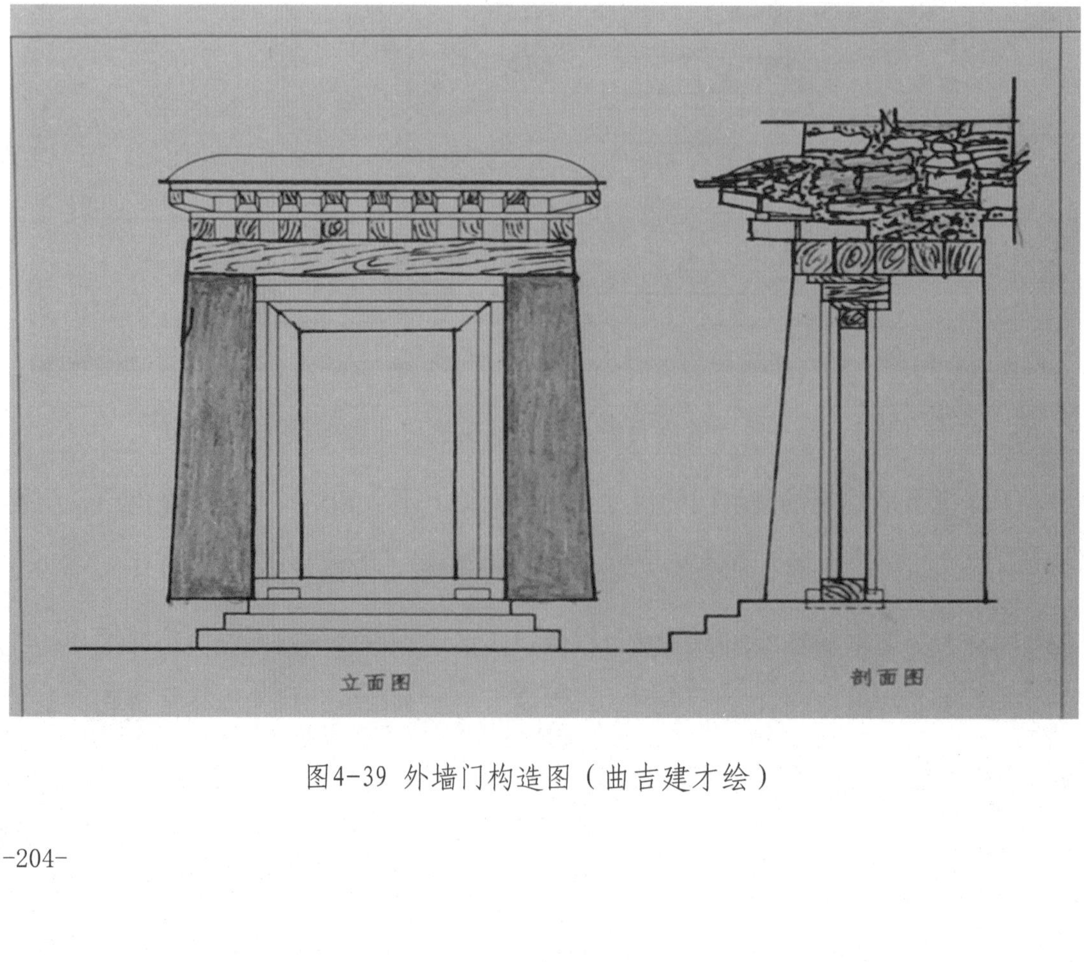

图4-39 外墙门构造图（曲吉建才绘）

再介绍一下用料比较细小的例子：阿里科迦寺二楼较简便的门，科迦寺用材很节约，下面列举的门框木材的断面就知道。这座门框樘子木为10×10㎝，门槛为高8㎝，宽10㎝。门过梁厚6㎝木方。门的高度为144㎝，宽为90㎝。门过梁上摆7块跳木，跳木是厚8㎝，宽只有5㎝。上面压板厚4㎝。压板上设边玛枝做的门楣，边玛高14㎝，边玛门楣突出30㎝，边玛上面也设厚4㎝的板子压板。这些木构件的断面尺寸都很小，比布达拉宫门的用材尺寸的一半都达不到。可是科迦寺百柱殿的内门是所有藏式建筑中绝无仅有的一樘门！（图4–40）虽然门樘子所用的木材并不是那么宽厚，门框周边增加一些木枋，但这些拼接的木枋尺寸也不大。下面介绍各部位的尺寸：门框樘子木宽9㎝，厚10㎝。门框上粘贴雕刻画。门框两边加宽12㎝、厚20㎝的方木，上面刻画各种人物和花草图案，估计是密宗成就者的像，因我们的考察的时间短，无法详细查看，门框上方还有两排佛像，加上前面说的两侧的人物像，我们粗略数一下有68尊像、外侧加了宽9㎝的木枋，上面刻有花草图案。再外面加10㎝的木枋，上面刻有花卉和卷草。又加宽8㎝的木枋，上面雕刻国珍七宝和吉祥八宝图案，分列门框两侧。再过来留有宽23㎝的佛龛盒子，竖向排列，一侧八个。据说过去里面摆设响铜佛像，现在只有空佛龛。门两边加设宽12㎝的木枋，上面刻画佛祖一生十二个业绩的图案，也是这座门最出名的地方。再外加了一枋宽8㎝的木枋，是保护整个雕刻门樘的保护架。门框上方设两层刻画花草图案的木枋以后留有高19㎝的佛龛框，内部雕刻16尊菩萨像。再上面又是两块刻画花草的木枋，宽厚跟两旁的花草木枋相同。最上面设高22㎝的大木枋，上面雕刻有11个佛龛，里面刻有13尊佛像。

门樘高223㎝，宽159㎝。门樘子两边各加8根木枋，光一边的宽度为95㎝。加上两边的雕刻木，整个门宽3.5米。门框上面雕刻高1.1米，门的总高3.6米（图4–41）（照4–90）（照4–91）。

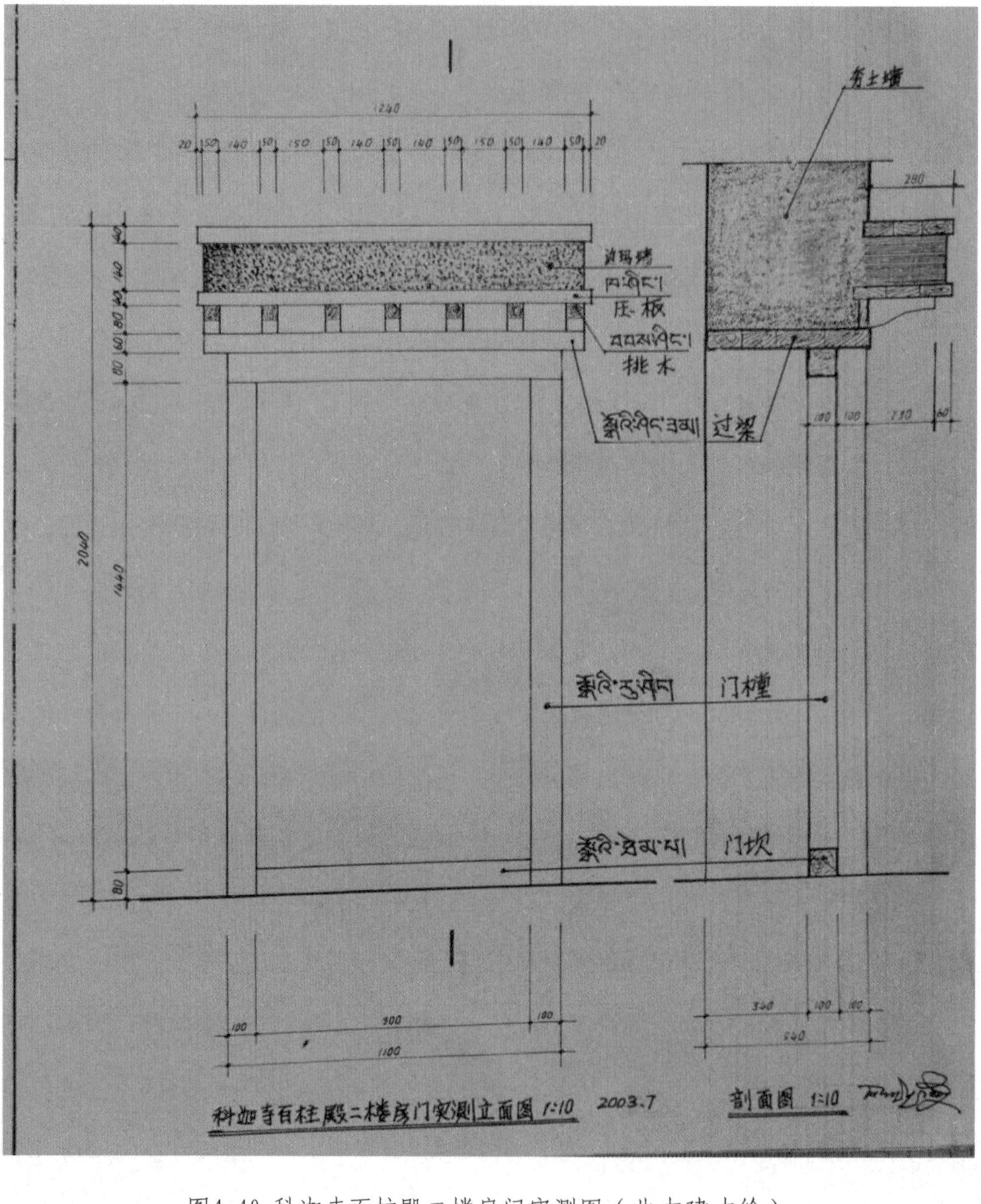

图4-40 科迦寺百柱殿二楼房门实测图（曲吉建才绘）

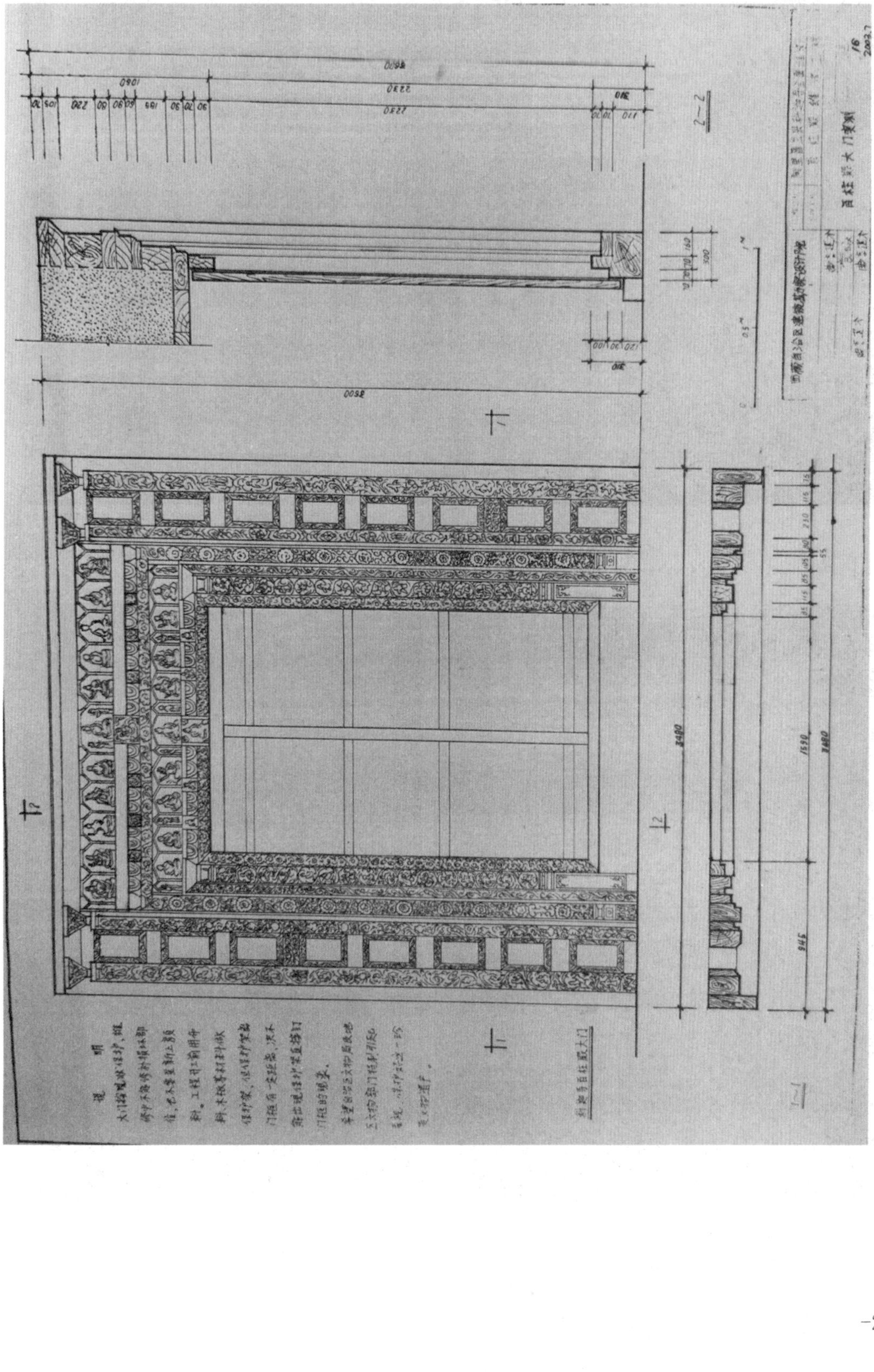

图4-41 科迦寺百柱殿大门实测图（曲吉建才绘）

照4-90 科迦寺百柱殿大门（2005年）

照4-91 科迦寺百柱殿大门雕刻局部（2005年）

门框上做那么多文章，可以说是阿里地区藏式建筑的一大特色，当然，他们也吸收西亚工艺的手法。卫藏地区基本没有出现这种工艺。但大昭寺主殿内各殿堂的门都为粗犷的雕刻（照4–92），古格山顶坛城殿和山下白庙和红庙，托林寺白殿门也做了雕刻，当然比不上科迦寺这座门细致繁华。

照4-92 大昭寺主殿经堂雕刻门（1990年）

窗户作为建筑内部采光和通风的设施。有大有小，也有不同造型。一般讲底层窗户小一点，楼上窗户大一些。卫藏地区如拉萨贵族家院、农村庄园等底层多为库房和杂物间，只有通风道（照4–93）。康区民居底层为牲畜圈，也只设通风小窗，康区有的老民居设置射箭窗。藏式窗户有单扇窗、双扇窗，也有多扇窗，落地窗、拐角窗（照4–94）（照4–95）（照4–96）（照4–97）（照4–98）等等，但构件上没有多大区别，只有用料的构件断面尺寸大小不同而已。

照4-93 庄园建筑底层通风道

照4-94 木雅古老民居的射箭窗

照4-95 木雅民居单扇窗（1980年）

照4-96 木雅民居双扇窗（1980年）

照4-97 拉萨大昭寺落地窗（1979年）

照4-98 拉萨大昭寺拐角窗（1979年）

寺庙建筑等较为讲究的窗户，窗樘子边上加莲花、叠经的装饰，再不作更多的装饰。有的民居的窗户太简陋，不成比例，无法介绍。首先介绍一下普兰民居稍微正规一点的窗户，这个樘子为8㎝见方，窗过梁高15㎝，宽度按夯墙。上面的跳木高16㎝，宽10㎝，20㎝间距设置。跳木压板厚5㎝，压板上铺设30㎝高的边玛窗楣，突出墙面40㎝。再上面铺青石板完成整个窗户的制作。窗户黑框宽30㎝，窗宽1.2米，高1.5米。窗户上设边玛檐口是阿里传统建筑的特色（照4-99）（图4-42），古格和科迦寺门窗上都采用。卫藏地区只有在江孜白居寺一座僧院门上发现过一处，其他地方没有见过。

照4-99 阿里普兰民居窗户（1981年）

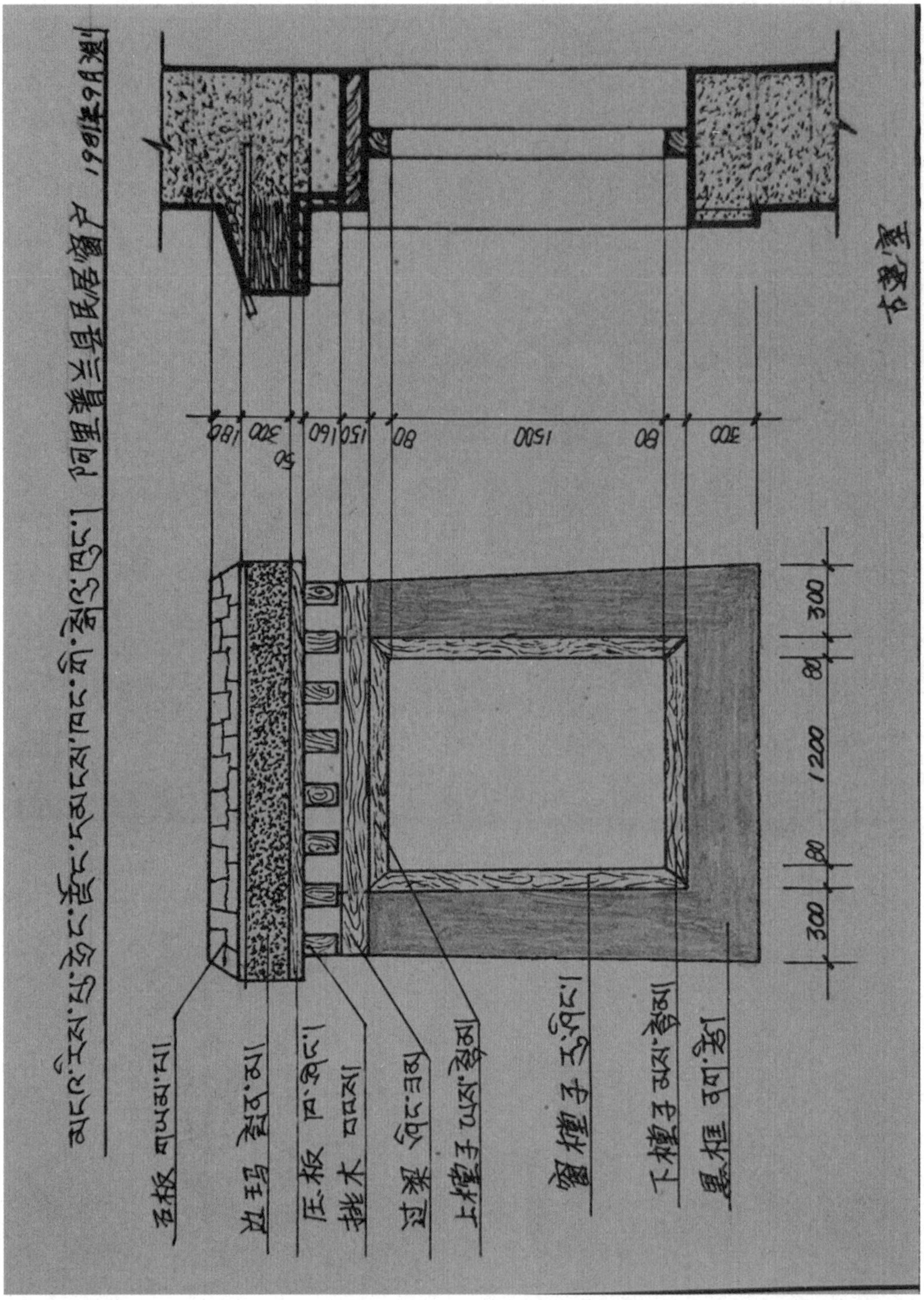

图4-42 阿里普兰民居窗户（曲吉建才绘）

再把布达拉宫扎夏的某个窗户的构件介绍一下，这张测图绘于1982年我们设计院技校学生毕业实习阶段测绘，现在发现构件断面尺寸有误差，扎夏窗户窗樘子11㎝。樘子高1.6米，窗宽80㎝。窗过梁木枋高20㎝，宽按墙厚铺设。跳木高15㎝，宽9㎝，10㎝间距摆设。压板厚4㎝，上摆跷木，高13㎝，铺设跟下一层的跳木相同。上面再铺压板和窗楣石板就完工（照4-100）（图4-43）。

照4-100 布达拉宫扎夏窗户（1982年）

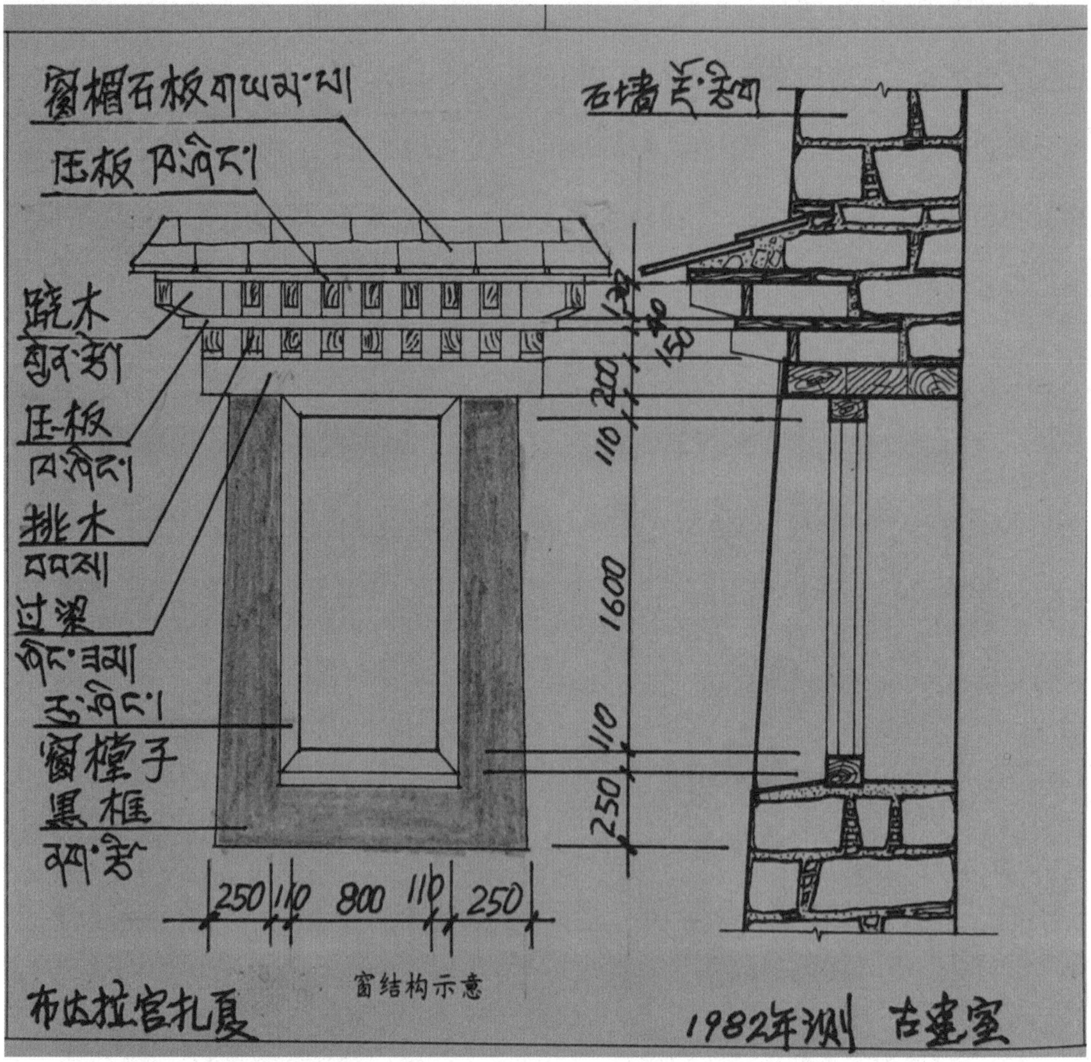

图4-43 布达拉宫扎夏窗户构件实测图（曲吉建才绘）

整个藏式建筑中最古老的门窗做法，在阿坝大小金川和木雅康定、九龙等地的古碉和古老民居里还能看到一些。这些古建筑都是科学测定出有八、九百多年历史的古老建筑。我们在考察中只有四、五百年老建筑的门窗跟现在的传统建筑基本相似。所以八九百年前的门窗做法可以确定为传统建筑中最古老的做法。当然更早的远古时期的门窗是怎么做出来，现在没有找到遗存的构件，无法去了解。经过我们研究分析，初步认为八、九百年前这些地方没有外来的木工工匠，没有盖木枋的大锯子，也没有出现刨子之类的木工工具。制作门樘子事先把粗圆木砍下来后用大匝道劈开成两半，制作门樘子要直径30㎝左右的粗圆木，做窗樘子的直径15㎝的圆木即可。做门樘子时半圆木平的一面靠墙，半圆形的一半挖出槽形，是固定门板的槽子。门樘上坊和门坎也都是半圆木挖出槽子固定门框（图-44）（图-45）。

窗樘子做法也一样，窗樘子挖出半边槽子后立起来，当时不会做窗扇，只有两块木板来关窗户。当时的木匠做工不细致，但框架很牢固。外来人不能轻易从门窗入内（照4-101）（照4-102）。这些古老做法虽早已过时，但我们研究人员必须知道这些古老的做法后来又在生活和施工当中如何进行改善和进步。这些都是我们古建科研的重要课题。

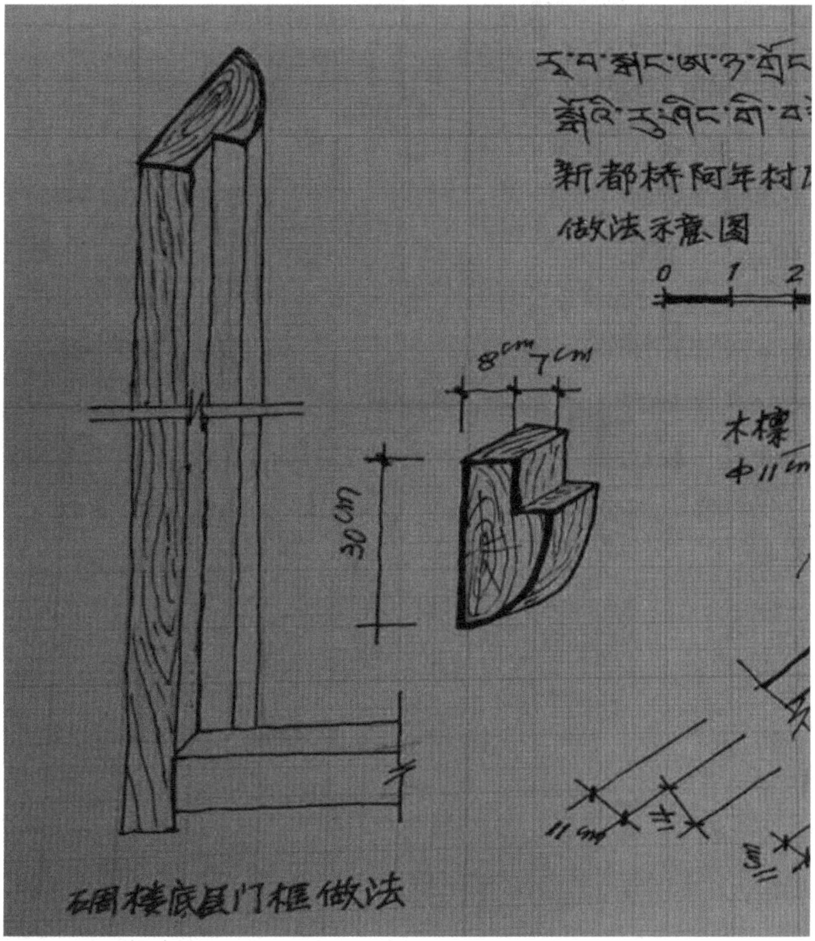

图4-44 碉楼底层门框做法（曲吉建才绘）

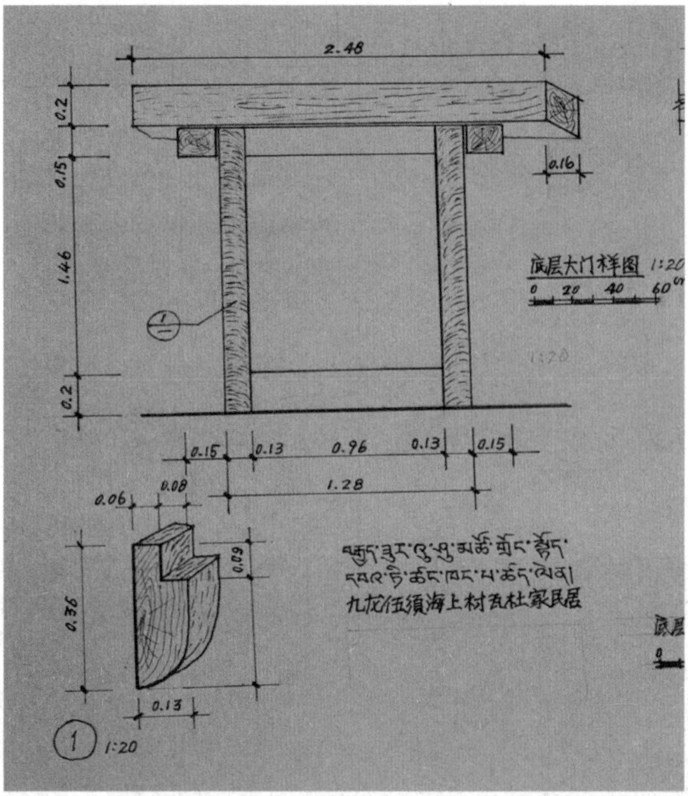

图4-45 底层大门做法（曲吉建才绘）

照4-101 古老民居窗户（木雅九龙县2003年）

照4-102 古老民居大门（木雅瓦月村巴玛家1983年）

（三）边玛墙的特点及做法

边玛墙，说清楚一点就是边玛制作的房屋檐墙、那么边玛是什么呢？是一种生长在4500米以上高海拔的蔷薇科，委陵菜属的灌木植物，学名叫金露梅，《藏汉大辞典》里译成柽柳，是不准确的。藏语叫“边玛”（照4-103），是一种筷子粗细的灌木枝，牧民们用来做扫把和洗锅刷，或者割好用来铺床，它可以防潮也起柔软的作用。“边玛”枝一般都是藏族农牧民生产生活中使用的一种工具，考古人员在挖掘的古墓中发现用边玛枝作垫层和铺设，说明远古时期人们就开始用在建筑上。

照4-103 边玛枝（金露梅）

“边玛墙”藏语叫“边柏”，边指的是边玛枝，柏指的是檐墙。其来源是历史上高原各地农村在自家房屋檐口上搭铺木柴的习俗，是每年秋天人们上山砍柴火背回来后整齐地搭在房檐上（照4-104），每年过冬时烧火做饭、取暖用的柴火，早早地晒干。一是整齐搭在屋檐上不占地，而且风吹日晒容易晾干；二是房子檐墙上摆放干柴能起挡风的作用，也起防止偷盗者爬墙。檐口上整齐摆放干柴对檐口起到了保护作用，墙体不被雨水冲刷，久而久之成为一种习俗，而且视觉感观上也成为民居外形上的一种装饰。

照4-104 边玛檐口做法的来源——搭在民居檐口的干柴火（萨迦1981年）

进入阶级社会以后，人们的等级制度越来越明显，特别是宗教制度深入社会基层以后，尽可能地把官方和宗教用房建造得别具一格，边玛墙的制作就产生在这么一种社会背景下。把农村最普遍的堆放干柴的做法以藏族建筑艺术的手法运用在等级最高的建筑上。

边玛墙是藏族建筑中独具特色的一种造型和因地制宜的建筑类型。这不仅在我国国内，甚至在世界建筑界具有独特风格的建筑技艺术手法。这不仅在视觉感观上起到了立面造型的丰富感和立体感，单调和生硬的石墙面上增设的边玛墙起到了毛绒绒的柔软感。更重要的是实际的建筑结构上减轻了重叠几层的檐口墙的重量。虽然边玛的制作比较麻烦，施工程序也比较复杂，技术性强。但制作完成后对减轻整个建筑檐口的荷载是永久性的。经过我们多年的调查，体型高大的建筑，特别是屹立在山体上的高层建筑，承受大风的推力相当严重，特别是高层建筑檐口上的风力更大，檐墙承受的风力比主体建筑承受的风力大一倍。但是毛绒绒的边玛墙把很大一部分的风力吸进墙面里，就像在海绵板上吹气一样，大部分的风自然地渗进边玛墙里。这些都是创建者在有意和无意当中达到了美观和实用两方面的效果。还有一点是在古代比较落后的施工条件当中，每一种材料都要靠人力背运的情况下，当建筑砌筑到檐墙处是背送最艰难的时候，如果采用边玛檐墙，事先制作好的边玛捆背起来十分轻松，这对加快施工进度、减轻劳动难度也起到一定的作用。另外边玛檐墙虽然属于最高的建筑标志，甚至表现至高无上的权威等级，但所使用的是最普通的牧区灌木树枝。只是采伐要爬较高的山，运送下来走比较远的路程以外，材料本身不用花什么费用，真是因地制宜，就地取材。这对不懂详细情况的人来说是不可思议。

1.边玛枝的特点：边玛是生长在高山上，一般粗细筷子那么粗，一堆一堆的生长，只能生长1米多高，是灌木丛生的形状。枝物十分坚硬，基本不会腐烂，所以建在布达拉宫的边玛檐墙，已经有380年左右的历史，曾经在某些局部进行过维修之外，整个边玛墙是1646年和1682年左右建造的，目前仍然保存良好。考古人员在西藏山南等地从古代墓坑中发现的边玛枝都没有腐烂，这些古墓起码都有上千年的历史，所以其使用寿命可想而知。因此，古人怎么得知这种材料使用寿命长，如果我们能利用现代科技手段来测试也是十分必要。还有边玛墙对抗风力或者说吸收风力而减轻风的推力方面也应该进行科学测试同样重要。总的来说这些传统建筑已经有上千年的传承，而且仍然有其使用功能和欣赏价值，是世界建筑领域里独树一帜的奇迹，值得我们很好的保护和传承。

2.边玛的制作：边玛枝从山上背下来以后到了加工场地后，首先把边玛枝的细枝和小叶子都要清理干净，留下筷子粗细的边玛枝。然后用小刀把每枝边玛的树皮全部刮下来，这主要是不腐烂和能捆绑结实的作用。最后把边玛捆绑成手臂粗细的小束（照4–105），最讲究的用泡在水里的牛皮细条捆绑，次要的用麻绳捆。

照4–105 边玛捆绑场面（康定朋布西乡2013年）

湿牛皮捆的当牛皮干枯后捆绑更结实。布达拉宫红宫、白宫的边玛墙都是用牛皮捆绑的边玛捆。布达拉宫正面台阶挡墙上修建的边玛墙是麻绳捆的边玛小束，这些都是作者曾两次参加布达拉宫维修当场发现的，也留有当时的照片。整体的边玛檐墙都是采用前面说的手臂粗的束条一层层铺设整齐后用硬木楔固定，边玛捆都是根子粗一点，山上长出来根子就粗，头上细，边玛墙上朝外的都是边玛捆绑的根部。墙角的边玛要捆成90度的边玛角料（照4–106）（照4–107）。角料的制作捆绑要求更结实，要准确形成方形角。这是边玛墙墙角直不直的关键所在，所以角料的边玛捆密度要大，湿牛皮从几个方向来回捆绑，决不能变形。

照4-106 边玛捆

照4-107 边玛角料

3.边玛墙的工程：边玛束的制作和筑造边玛檐墙的工作是技术性强，工程要精心细致，绝不能着急和马虎，不然达不到传统的质量。过去历史上西藏地方政府管理下的拉萨石木协会的官方组织里除了有享受政府官职待遇的石匠和木工高级技师总官以外，边玛工程也设有同样享受官职的高级技师总官。上世纪九十年代布达拉宫第一次维修时，拉萨古建公司有原拉萨石木协会边玛工程总技师旺钦老师傅参与过布达拉宫边玛墙的维修工程，完全达到了修旧如旧的技术要求。

4.边玛墙的修筑：高原上从阿里到卫藏地区，康巴和昂多地区，还有内蒙古等较为重要的寺庙和佛殿建筑都设有边玛檐墙，看似都是一模一样。但实际修筑过程中，各地采用各地的技术手法，外表上基本达到了同样的效果。但操作过程各地都有不同的技术手段，设置边玛的宽度，边玛墙的修筑，以及主体墙是夯土墙或石头墙，都有根本性的区别。但同样是夯土墙的阿里古格等地的做法和昌都地区和玉树等地的做法也有很大区别。所以我们在这篇文章中尽量地区分以后加以解释，但文章篇幅有限，加上施工细节和技术操作的具体经过很难用文字来说明。虽然本人经历了40多年的古建筑考察学习，参与抢险维修，承担施工工程的监理等任务以后，各方面都应该算是掌握一些基本的技术要点，但缺乏实际操作的技术和经验，还存在很多技术细节掌握得不彻底的地方。只能从整体做法和施工构造上的区别加以解释，让人们知道藏式建筑中的所有边玛墙并不是单独的一种做法。这里要强调的是目前卫藏地区边玛的制作和修筑边玛墙这一技术传承几乎要断层，上世纪第一次布达拉宫维修工程中的老匠师全部离世，他们带出来的徒弟本来就没有几个，有的也已离世，有的改行。目前已经没有什么人，再说这种古建维修项目也越来越少。如何能把这种技术传承下去，继续培养这种技术工匠是个很大的问题。

藏族建筑历史上到底什么时候开始使用这门技术，哪一座建筑上第一次采用这种做法我们无从考证，有文字记载的较早的雍布拉康建筑到红山布达拉宫、大昭寺、小昭寺、桑耶寺是否采用过边玛墙，我们无法了解。现在遗存下来的建筑当中，时间最早的属阿里古格城堡顶上的王宫和强巴佛殿遗址。同一时期修建的阿里日土城堡的石墙建筑，如1937年意大利图齐先生照的日土城堡照片上看不到边玛墙，周边的民房檐口上摆放干柴，看来日土城堡没有采用边玛墙檐口。古格城堡山顶上的王宫等建筑虽然遭受损坏，但1981年我们去考察时能清楚地看到边玛的檐墙，山顶王宫和强巴佛殿的夯土墙只有48㎝宽，夯土墙直接打到檐口顶上，边玛墙从夯土墙上跳出来，可以说是悬臂式。做法是横墙上到了设置边玛墙的高度时，横墙竖向每隔50㎝设一根跳木，从横墙上伸出55㎝，背后的主体墙加起来宽度有1米。古格山顶王宫檐口局部有些墙体也用土坯砌筑。檐口四周每隔50㎝的跳木上横向铺满圆木条，边缘上设置一根方木，高宽为16㎝左右，是边玛墙的底座星星木，也是悬臂边玛墙的抬梁。然后边玛束棍一层层铺设，尽量铺设密实，还用碎边玛枝加塞进去，尽量提高密实度。因为是悬空，不能从上面夯打。边玛檐口的高度达到后再放同样的星星木一圈，上面再每隔25㎝摆放跳木，上面铺设板条形成完整的边玛墙。这种悬空式的边玛墙目前只在古格看到过。详细做法请看示意图（照4—108）（图4–46）。

照4-108 古格城堡山顶宫殿边玛墙（1981年）

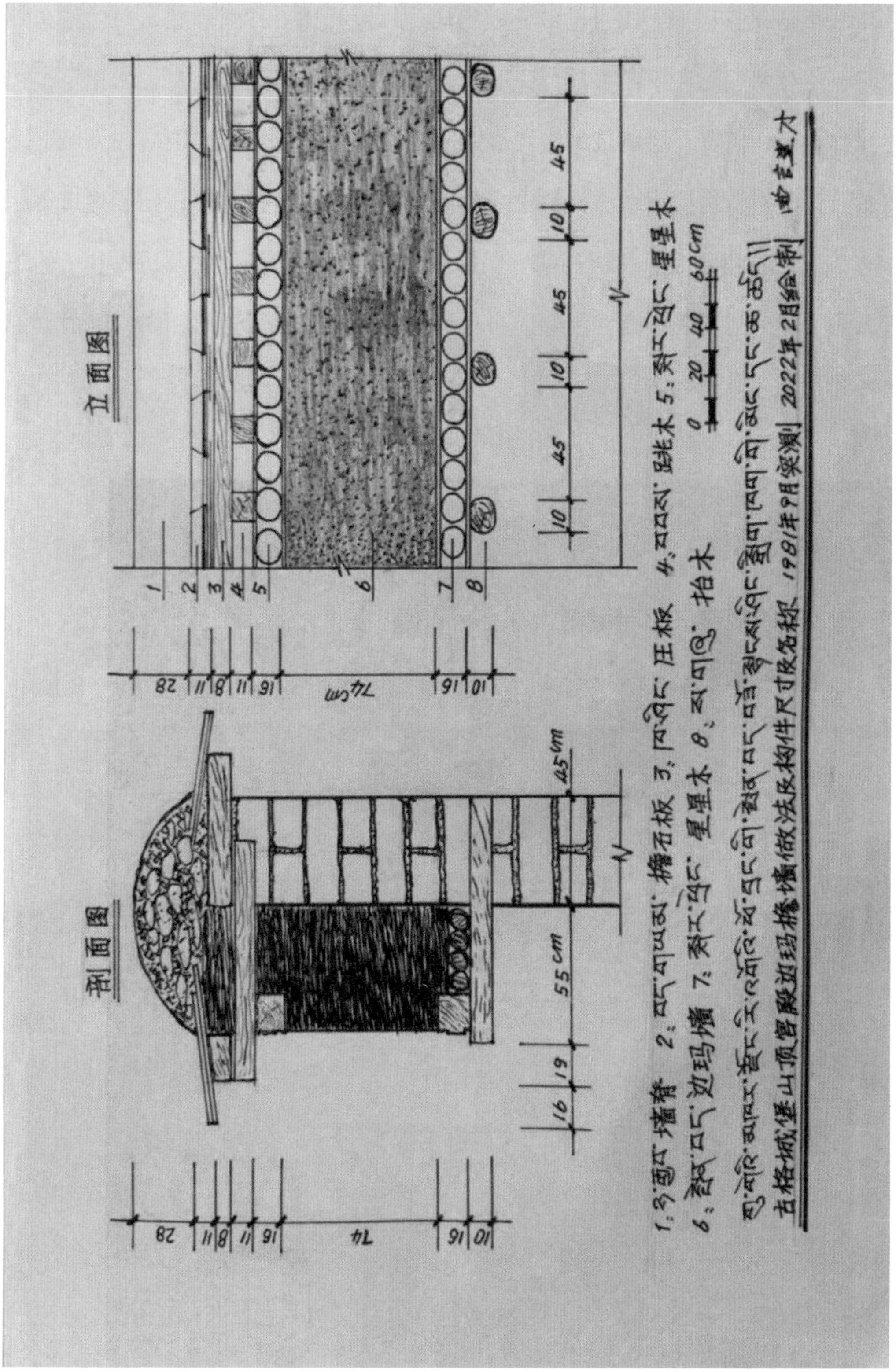

图4-46 古格城堡山顶宫殿边玛墙实测图（曲吉建才绘）

第二种形式是古格城堡山下的红庙、白庙，以及托林寺几座佛殿，普兰科迦寺两座大殿，还有萨迦南寺大殿都是另一种边玛墙。这些都是厚重的夯土墙建筑，边玛墙的设置同布达拉宫石墙建筑的边玛墙完全不同，还是采用适当地从夯土墙上跳出来的做法，但不是悬挑式做法。科迦寺和萨迦南寺夯土墙很宽厚，到了檐口墙厚还有1.5米左右，这里还是采用边玛捆一层层固定铺设，但内部做法及边玛和墙体怎样连接无法了解。边玛墙密度相当好，科迦寺的边玛墙上还设置小佛龛，里面摆佛像（照4-109）（图4-47）。

照4-109 科迦寺觉康殿边玛墙（1981年）

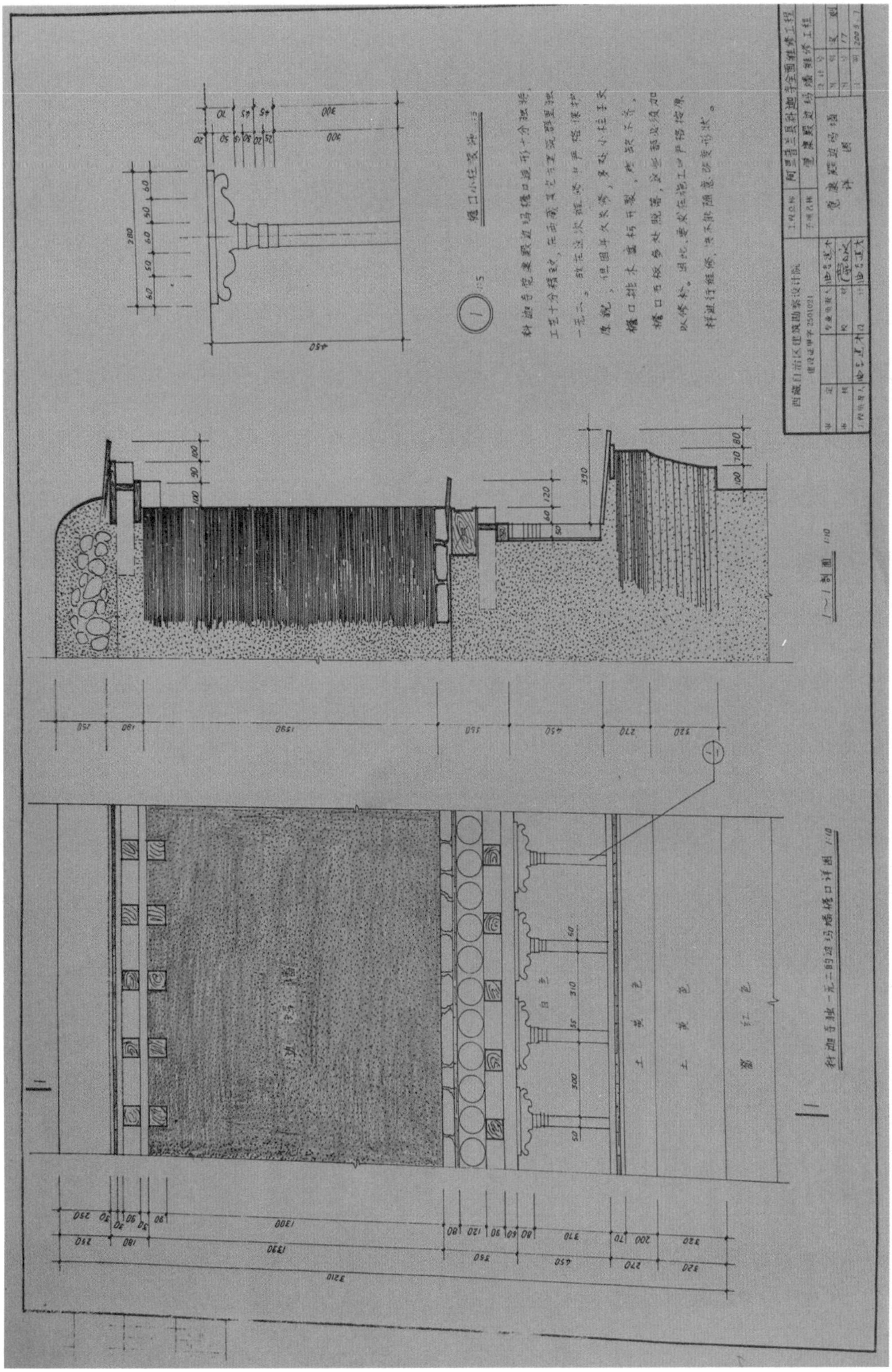

图4-47 科迦寺边玛墙实测图（曲吉建才绘）

第三种类型是森林地区的夯土墙的寺庙建筑，如昌都地区类乌齐查杰玛大殿，玉树州宗娘塔，当卡寺，称多县罗布寺的边玛墙都是同一种做法，这种做法是夯土墙打到檐口位置时就停下来，横向墙上每隔2.5米竖向铺17㎝见方的抬木，从墙面伸出30㎝左右。抬梁上设小弓木，弓木上面再设置17㎝×15㎝的边玛墙框架，边玛墙框架高度按寺庙整体设计来确定，为稳固整个檐口，木框架宽度必须是夯土墙的宽度一样，如果要设“边琼”（小边玛墙），就要在底座木框架上再加设小木框架，形成双层边玛檐口。木框架安装稳定后，从外侧打好脚手架，往木框里有顺序地一层一层塞边玛束，边玛捆的根部要整齐地朝外，尽量塞密实。这种边玛墙的做法可以叫做装配式边玛墙，我们考察类乌齐查杰玛大殿，从屋檐内侧行走时可以看到边玛墙的木框架，还能看到里边的边玛捆。木框里边玛捆塞满后，边玛墙面上有明显的空洞或缝隙要专人来补塞，而且整个边玛墙面边玛枝不断地往里打进去，增加其密度。这种做法施工较为方便，木材用量大，森林地段寺庙喜欢采用。相比之下达不到拉萨等地边玛墙的质量（照4-110）（图4-48）。

照4-110 昌都类乌齐寺查杰玛大殿边玛墙（1992年）

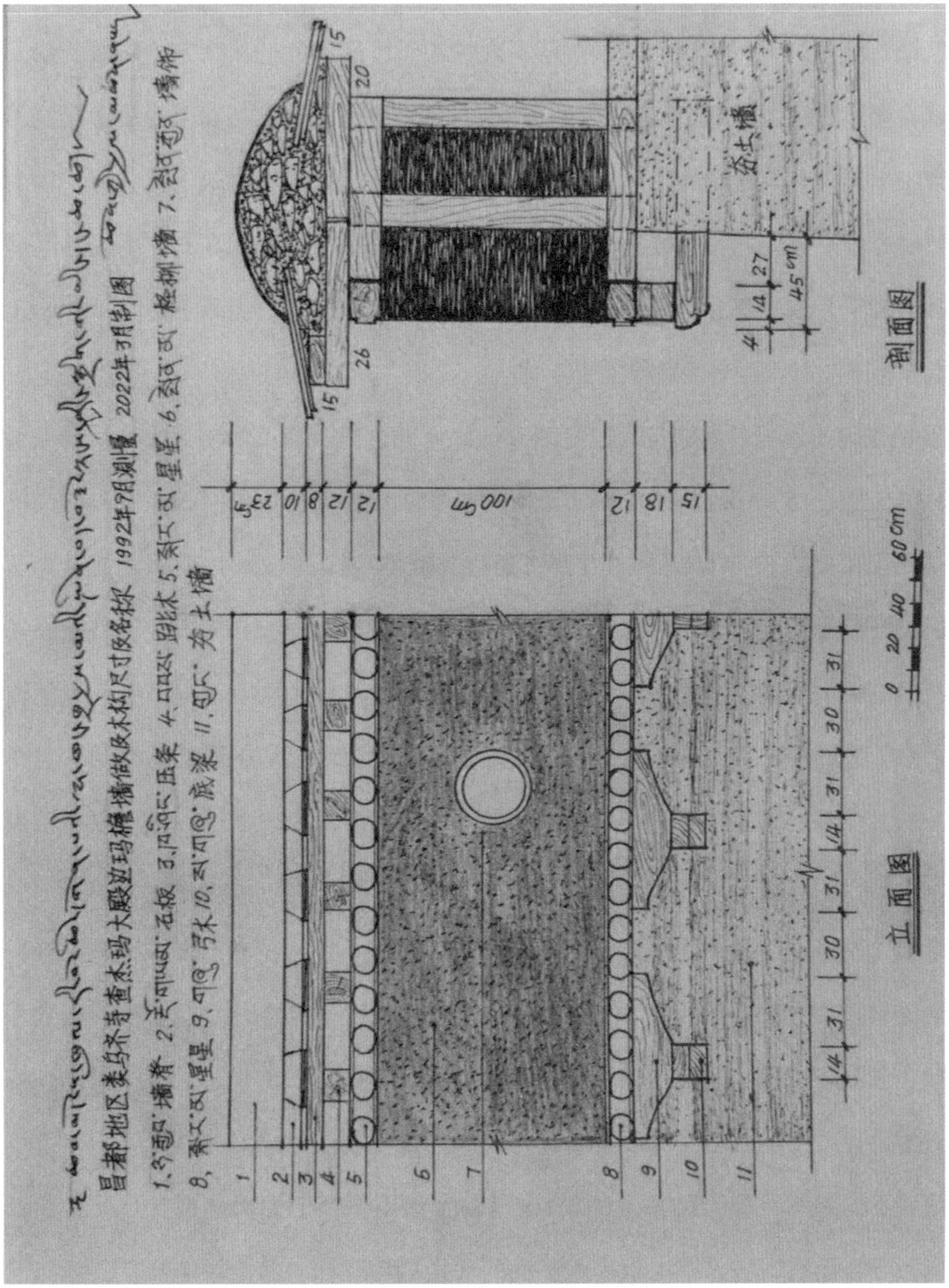

图4-48 昌都类乌齐寺查杰玛大殿边玛墙实测图（曲吉建才绘）

第四种是最普遍的石墙建筑的边玛墙，也可以称之为边玛墙的新式做法，而且是质量最好的技法。因为整个建筑历史而言，出现标准的石墙建筑也只有1000年左右，所以石墙建筑上边玛檐墙的做法还不到一千年。所以我们认为是边玛墙的新式做法。石墙边玛墙大的如布达拉宫红宫到小的布达拉宫台阶的挡墙上的小边玛墙，尽管大小不同，但其做法完全相同。一般要设置边玛墙的寺庙建筑，把主体石墙砌到檐口时先停下来，先留住砌边玛墙的宽度。边玛墙的宽度40cm左右，后面一般剩40cm多的墙宽，这一部分是要砌石墙。要做边玛墙檐口的建筑墙厚不能小于80cm，如果墙厚小于80cm，边玛墙就没有办法做。

石墙建筑的边玛墙做法是，当石墙砌到该设置边玛墙檐口的位置时，横墙上每隔25cm竖向摆设15×16cm的跳木，藏语叫“包”，从外墙面伸出30cm左右，形成檐口，跳木上横向铺设17×15cm的方木，是边玛墙的底座星星木，上面再铺设青石板，铺设石板要错缝，防止雨水从石板缝里进去。石板上面按石墙宽度铺一圈厚10cm左右的扁平小石块，是边玛墙的底座，也是预防边玛枝被雨水浸泡。上面再把边玛捆一个个的铺密实，边玛捆铺到一层石头的高度时，背后开始砌石头（照4-111）（照4-112），边玛捆的铺设和背后的石墙同时砌起来，边玛捆铺了几层以后用硬木木楔打进去加以牢固，防止松动。木楔从不同角度打进去，层层重叠的边玛捆形成一个整体。当边玛墙砌到标准高度时，再用一根15×17cm左右的方木压顶，这根木方上刻有星星图案。这是边玛墙的上星星木。这根方木每隔1米左右按一根方木来拉接，拉接木要搭在边玛墙背后的石墙上，石墙压住拉接木方，要稳固边玛墙体。方木设置后用碎石和泥巴填平空隙，横向的星星木上每隔25cm摆设跳木，大小尺寸跟底下的跳木一样，跳木上铺设4cm厚的木板压顶，上面再铺设青石板形成石板檐口。要修小边玛墙，施工程序跟下面的大边玛墙一样，小边玛墙修建到檐口又要设星星木和跳木，然后石板全部铺完后上面就要打阿嘎土墙脊（照4-113）（图4-49）。

照4-111 布宫台阶挡墙边玛墙（2003年）

照4-112 砌筑边玛墙

照4-113 布达拉红宫双层边玛墙（1990年）

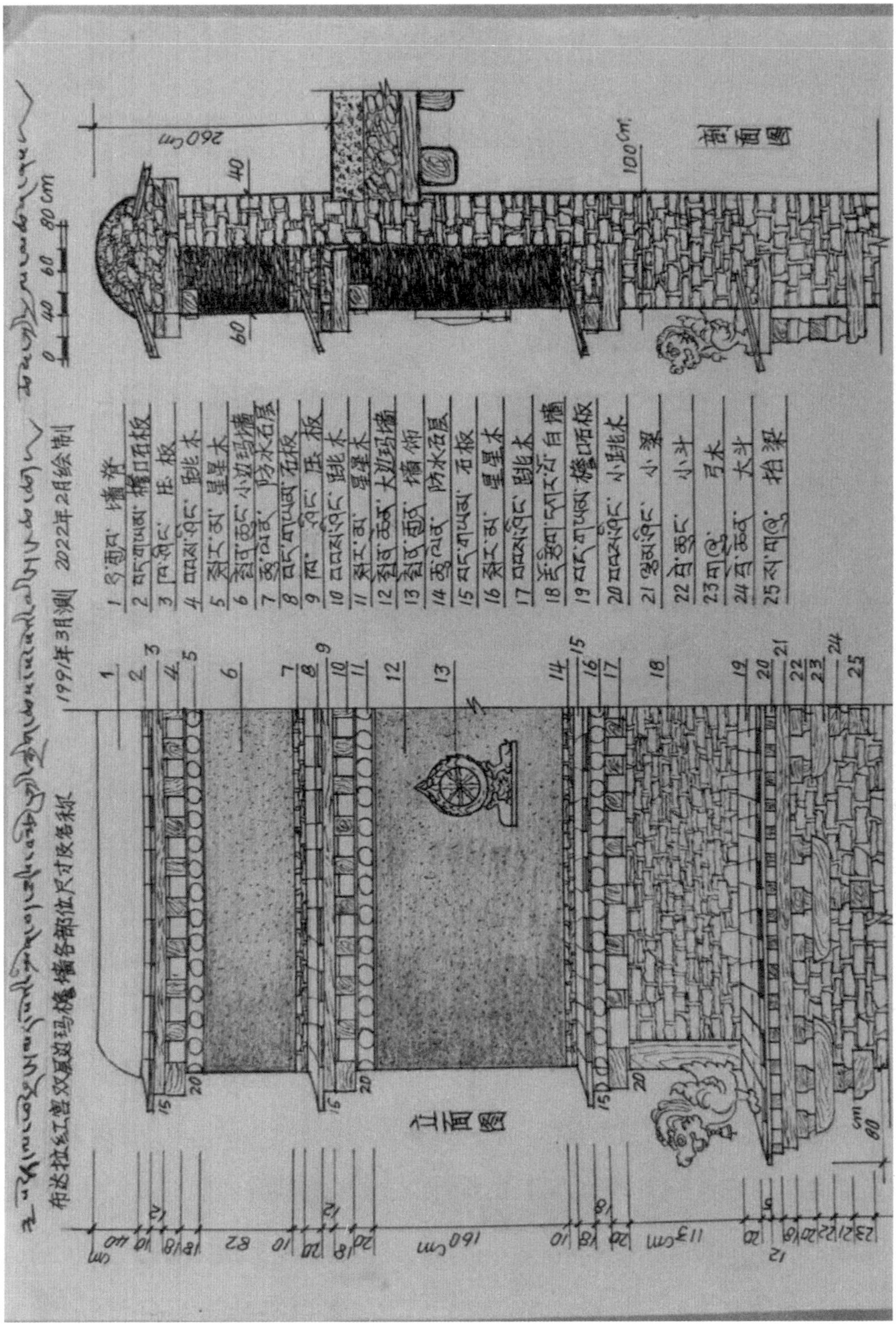

图4-49 布达拉红宫双层边玛墙实测图（曲吉建才绘）

边玛墙主题修筑完成后，派几个细心一点的助手，带好保险带站在边玛墙的石板檐口上往边玛墙面上加塞边玛枝，尽可能地把小孔洞全部填充好。边玛墙的墙面是否平整、光滑、除了开始修建时边玛捆铺设密实，不留空隙等施工中的严格要求之外，修筑好的墙面上一根一根的边玛枝打进去也是十分关键的技术手段。粗略估计，一个技术熟练的小师傅一天只能填充一平方米面积的边玛墙，直到最后总技师查看后满意为止（照4-114）。

照4-114 填充边玛枝（1990年）

前面讲的古格城堡顶王宫的悬挑式边玛墙和类乌齐寺查玛杰大殿木框里塞边玛的做法，都达不到石墙上修建的边玛墙的质量。这种悬挑式和木框里加塞的边玛墙也要做表面的加塞和填充，但整体上边玛的密度达不到石墙上边玛墙的密度。这也是夯土墙建筑逐步发展为石墙建筑一样，边玛墙也是从悬挑式逐步发展成布达拉宫上的优质边玛墙一样，都要经历开始出现到逐步发展和完善的一个过程。

边玛墙从民居房檐上堆放干柴逐步成为房屋檐口上的装饰，后来又发展成为建筑等级的标志装饰，可以说是藏族建筑独特的建筑式样。尽管不是什么昂贵的建筑材料制成，有充足的美感。那么实际运用中有什么特点？我们在多年来的研究中，发现使用边玛墙对高大的建筑物能起到减轻顶层屋檐的重量。设置边玛墙虽然施工增加了很多难度，费时费工。但从整体建筑而言，防止出现头重脚轻的现象，对整座建筑的承重体系起到了稳定的作用。另外在山体上修建的建筑，特别是朝风向的高大建筑，石墙建筑本身具备一定的抵抗风力的能力，但设置边玛墙檐可以对减轻巨大风力的推力起一定的作用，毛糙的边玛墙面能吸收很大风力，很大一部分风都渗进墙面里，这些是我们在保护维修古建筑的实践中得出的结论。比如刮大风时你站在石墙边，风力撞墙后有反弹力，人都站不稳。如果刮大风时你站在边玛墙根，大风没有反弹力，人没有多大的感觉。目前，国家全面保护绿色植物当中，金露梅属高海拔植物，高原海拔区这种植物生长周期十分缓慢。因此，边玛这种植物的来源越来越减少，旧社会制定的设置边玛墙等级的制度，现在我们当然不需要考虑，但作为本民族千百年来形成的习俗，一般建筑不应使用这种装饰。当然现在传统艺人十分缺少的状况下，一般工程用不起这种装饰。但是作为本民族优秀的传统工艺，文物部门和古建维修队伍一定要在施工中学习和传承，使这种独特的工艺世世代代传承下去。

第五章　藏式建筑的结构类型和特征

一、结构类型

藏式建筑的结构可以分为以下类型，因不同地理特征分布在不同的地方。

（一）牛毛帐篷

距今上万年的远古时代，高原人用打猎的动物皮和树皮盖起简陋的雨棚或住在山洞和地坑里，仍然采用动物皮和树叶等来挡住雨水和寒风，这些都是今天牛毛帐篷的前身。到了20世纪的时候，阿里和那曲最偏僻的牧区，仍然有些人住野牦牛皮封盖的地坑里。本人曾在阿里地区噶尔县考察，当时在那里担任副县长、后来担任自治区政协常委的布努向我们介绍：他七、八岁时候的上世纪四十年代末，在当地较为边远的一些偏僻地段，居住着一部分人，称之为“羌日西”，他们的语言同当地人一样，但生活气息完全不同，他们穿野兽皮，吃野驴、野牦牛肉等，基本吃不上粮食食品。住处是挖深一点的地窑，上面架上野牦牛肋骨，再铺盖动物皮子。他们完全靠打猎生活，不要说给旧西藏地方政府纳税，就连当地部落的任何活动都不参加。他们完完全全是自由人，但实际上他们过的是原始生活。我们认为同样是羌塘草原的青海大片地区牧民的历史演变也应该经历过这么些过程。

因此，牛毛帐篷的形成和完善是经过漫长岁月中逐步发展过来的，可以说是经过了几千年的劳动、生活中才得到完善。比如，蒙古包比牛毛帐篷温暖，挡住风沙和雨水性能更好，但是青藏高原上为什么没有使用，这有几个方面的原因。西藏和蒙古之间一千多年前就有来往，特别是元朝掌权以后相互关系更为密切，元朝掌管下的西藏萨迦地方政权、官员的衣冠、坐骑的装配，以及官员称呼等各个方面模仿蒙古的习俗，一直到甘丹颇章政权的全套做法。地方政府官员的称呼，比如达赖，额尔德尼，太吉，杂萨，巴图尔都是蒙语，地方政府四个噶伦的官服，比如大活佛出远门时穿的服装也是蒙古和满族的服饰。在五世达赖时期，蒙古大队人马来拉萨是很平常的事。大昭寺的西北角，现在的定结林寺所在地当时是一片空地，蒙古队伍在这里搭蒙古毡房，也就是蒙古包，这个地方后来修了很多民房，但一直都叫"青故"，"青故"是毡蓬的意思。当然蒙古人也通过对藏传佛教的信仰，学习藏式建筑，所建造的寺庙都是藏式建筑。学习藏文，他们念的全是藏文的经书，起藏族的名字，这些说明这两个游牧民族的后代，在生产和生活方面都在互相学习，互相模仿。可是藏族为什么不学习比牛毛帐篷更舒适、更温暖的蒙古毡包，也可以这么说西藏始终未能学习蒙古包的使用，有人说西藏牧民不具备建造蒙古包的条件，如果说一般的牧民没有条件也可以理解，但西藏各地牧区有大家族的富裕牧民，有牧民头人家族，还有历史上那曲羌塘中心区域独霸一方的土匪家族都是有钱有势的牧民，可是他们都没有学习制作蒙古毡包。曾经有没有人用过，有没有人进行过试验，不得而知，事实上藏族牧民至少在19世纪、20世纪期间是没有用过毡包是清楚的。20世纪50年代四川甘孜藏族自治州塔公区牧区，有些牧民在军队的帮助下，得到了一些军队用的帆布帐篷，开始周围牧民都羡慕得不得了，很多牧民想法设法搞这样的帐篷，但是前面这些军用帐篷是修路部队救济给一些很穷苦的牧民，其他人想买是买不到的，可是到了第二年下半年，使用刚两年的帆布帐篷，稍微一拉动，布面会撕裂，扯开一条条缝隙，原来是牧民平时不断的在帐篷里烧牛粪生火，帐篷内部被火光和烟雾烧透，加上帐篷表面受高原强烈阳光的照射，帆布内外两面都遭受损坏，这样使用寿命太短。但是高原牦牛的毛织成的帐篷就不怕烧火烟熏，也不怕日晒雨淋，牛毛帐篷本身织得比较粗糙，烟雾可以从细微的毛孔中散出去，但这些小孔中有更细的牛毛，不会把雨水渗透到里面。我自己也是牛毛帐篷里出生的人，对此有特殊的感情，但是牦牛毛到底有什么特殊的地方，还值得做科学的鉴定。我们初步分析，牛毛帐篷在一年365天都日晒雨淋的情况下，用十年左右是没问题的，就是说现在到了21世纪的时候，眼前还没有更好的材料来代替牛毛帐篷。

牛毛帐篷遍布整个青藏高原，从高原西部的阿里到东部的甘南牧区，相隔四千多公里范围内，所有牧民都采用牛毛帐篷，其材质，使用方法均统一。但是牛毛帐篷的样式有所区别，按照牧民的习惯，可以分两种样式，一种叫塔式帐篷，整个造型接近方形，顶蓬也较为平缓，牛毛帐篷中轴线上立杆，架空形成内部空间，从样式上有点接近佛塔样式，在甘南等地广大牧区使用（照5-1）；另一种叫龟壳样式，四川甘孜藏族治州木雅和理塘等大片牧区采用这种样式，龟壳样式十分逼真（照5-2），从牛毛帐篷顶部的样式到整体平面样式都按乌龟的样式设计（照5-3）（照5-4）。

照5-1 甘南地区的塔式牛毛帐篷（2003年）

照5-2 木雅地区的龟式牛毛帐篷（1983年）

照5-3 编织牛毛帐篷

照5-4 牧民搬迁（1983年）

（二）砖墙建筑

吐蕃时期文成公主、尼泊尔公主和金成公主相继进藏带来许多工匠，引进很多新的技术，烧制砖瓦就是其中一项。帕丰卡宫堡和小昭寺主体都是用红砖砌筑的，文献明确记载：布达拉宫城堡前还建造了铺设红砖的跑马场，马行其上，蹄声嚣嚣。特别是文成公主修建的小昭寺，采用几种颜色的琉璃砖砌筑而成，外观十分华丽。金成公主时候的桑耶寺在修建过程中大量使用青砖、红砖和琉璃瓦，主殿飞檐和屋顶都用琉璃瓦制作外，主殿三层门厅的地面都用绿色琉璃砖铺设。藏语有“玉协替”的说法，意思是“玉石地面”。桑耶寺四角的四座塔中，红塔是用红砖砌筑的。黑塔是青砖砌筑，绿塔是用绿色琉璃瓦砌筑。桑耶寺城墙西侧外的“格杰响铜殿”也是一座砖块砌筑的殿堂。昌都县噶玛寺也有琉璃瓦歇山顶和青砖砌筑的女儿墙。

公元1204年，噶玛巴希活佛扩建该寺庙时盖起了琉璃瓦屋顶，这里交通十分困难，至今仍是骑马通过。这些砖瓦都是就地烧制而成，质量相当不错。

在公元1333年修建的夏鲁寺，其屋顶和飞檐全部采用当地烧制的琉璃瓦，烧制质量好，图案精致，完全达到祖国内地的烧制水平。

到了公元二十世纪初，十三世达赖喇嘛扩建罗布林卡园林，园林西侧新建了坚色颇章，采用了金黄色琉璃瓦的飞檐和窗门楣装饰。这些琉璃瓦色泽鲜艳，样式美观。因此，制作砖瓦的技术从吐蕃时期一直保持到现代，但由于烧制燃料的缺乏，这项技术未能大量推广（照5–5）。

照5-5 罗布林卡格桑德庆宫的飞檐（1982年）

（三）夯土建筑

夯土建筑是青藏高原历史最悠久、分布最广的建筑类型。分布在整个青藏高原的所有土著民族栖息地各个地方，有史以来他们居住的真正意义上的民居都是采用夯土建筑。历史上的西藏阿里地区、日喀则、山南、昌都、林芝地区和拉萨市范围都是夯土建筑领域。石头建筑比较盛行的拉萨市范围和山南洛扎县等山区一些地方，出现石头建筑的历史也只有一千年左右，洛扎县过去的宗山城堡都是夯土建筑（照5-6）。

照5-6 洛扎县夯土建筑宗山城堡（2000年）

青海省各个藏族自治州除了住牛毛帐篷的牧民以外，所有人都住夯土民居。甘南藏族自治州的几大牧区之外的迭部（照5-7）、碌曲、夏河等县的民居都是夯土建筑。四川甘孜藏族自治州十八个县当中康定、九龙、丹巴三个县在一千多年以来出现石墙建筑后现在基本看不到夯土墙民居，但还是存在一些很古老的夯土建筑。新龙县下游地段和雅江县出现石砌建筑，但都是学习康定和丹巴的石墙建筑后发展起来的。其余色达和石渠县为牧区很少有正规的民居建筑以外，巴塘（照5-8）、乡城、得荣、德格、甘孜、炉霍、道孚县等在民主改革以前是清一色的夯土民居的地方。

照5-7 甘南州迭部夯土民居建筑（2012年）

照5-8 甘孜州巴塘县城夯土民居建筑（2018年）

阿坝藏族羌族自治州的大小金川和黑水县跟康定县同一个时期开展的石墙建筑外，阿坝县和松潘县还是夯土民居为主的地方。云南德庆藏族自治州各个县都是夯土民居以外，周边的纳西和白族乡村都是夯土建筑（照5–9）。

照5-9 云南纳西族夯土民居建筑（2008年）

凉山彝族自治州的木里自治县的大型寺庙建筑到普遍的民居全是夯土墙的建筑。从上世纪外国人洛克照的大量照片里能看出来。同样作为少数民族的彝族民居全是夯土（照5–10）。

照5-10　凉山州彝族夯土民居建筑（2006年）

因此，青藏高原上藏民族以及其他少数民族都居住在夯土建成的民居里，从远古到近代的漫长岁月里，整个青藏高原的建筑80%以上都是夯土建筑。除了广阔的民居建筑以外，高原上的寺庙和城堡等大型建筑也大多都是夯土建筑。从文字记载到实物遗存两方面分析研究，夯土建筑始终都是主流的建筑形式。我国《中国古代建筑史》一书中，梁思成、刘敦桢等大师们没有足够的重视我国各朝代出现的夯土建筑，没有做出较详细的介绍，但还是提到了龙山文化开始后的半地穴和窑洞住宅。介绍了夏朝时代修筑城墩和沟池，商朝时期夯土技术达到了成熟阶段，提到了夯土做房屋台基和墙身。汉代开始修筑的甘肃、陕西、河南等等地段的长城都是夯土建成的（照5-11）。元代北京元大都城墙及房屋大部分都是夯土建成。明清两代北京故宫主殿台基均由夯土建造（照5-12）。祖国内地民居建筑中从黄土高原的窑洞式民居的隔墙和院墙都是夯土和土坯制成，福建客家族的土楼更是夯土建筑的典型例子（照5–13）。甘肃和新疆等地民居大多为夯土建筑以外，敦煌、吐鲁番、楼兰等地，古城遗址都是夯土和土坯的生土建筑（照5–14）。

照5–11 甘肃汉代夯土长城遗迹

照5–12 夯土台基的北京故宫主殿

照5-13 福建省客家族夯土建筑民居

照5-14　新疆自治区楼兰古城夯土建筑遗址

青藏高原上历史悠久，造型多样的文物古迹和寺庙建筑都是夯土筑成的，象雄时期出现的阿里琼龙银城等城堡遗址，吐蕃藏王墓系列墓葬建筑，列古墓及山南、日喀则、阿里和青海格尔木等地吐蕃前后出现的墓葬建筑均为夯土筑成。吐蕃赞布在公元633年修建的布达拉山顶两座白塔和法王洞（照5-15）（图5-1），布达拉城墙、门楼建筑，山南昌珠寺大殿，公元762创建的桑耶寺屋孜大殿及各配殿，几位赞布妃子修建的康松桑卡林等都是清一色的夯土建筑。

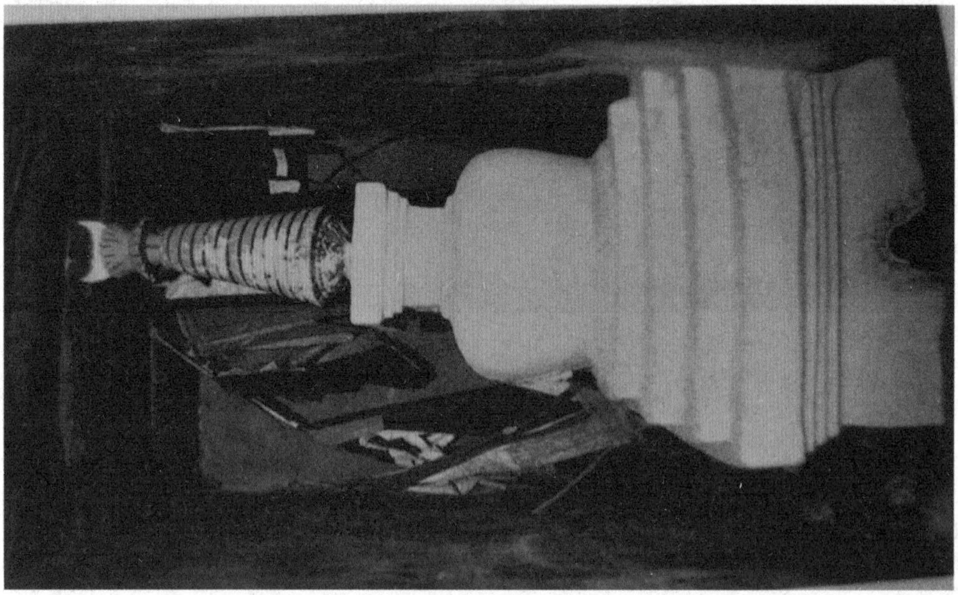

照5-15 公元633年在布达拉山顶邮件的两座夯土白塔之一（1990年）

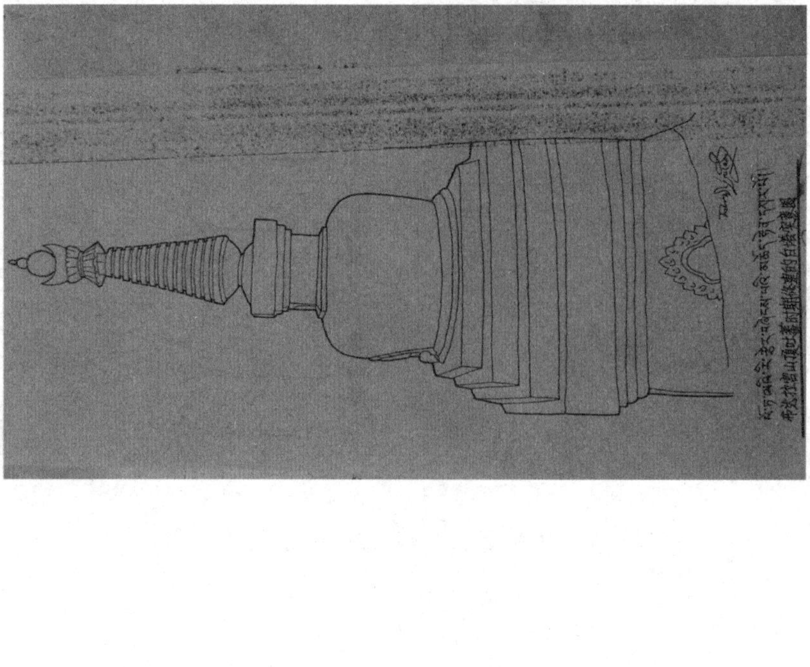

图5-1 布达拉山顶白塔实测图

相传热巴巾赞布在公元八百年间修建的洛扎县拉隆寺大殿，（照5-16）大约公元九百年初达玛赞布女儿修建的庄园建筑，后来帕竹时期修复时变成一半是石墙以外，当初整套的主楼，大小城墙均为夯土筑成（照5-17）。

照5-16　夯土建成的山南洛扎县拉隆寺（2000年）

照5-17 西藏山南地区朗色林庄园主楼（1987年）

公元九百年初吐蕃后期出现的阿里古格城堡，城堡周围的红庙、白庙等寺院建筑及民居和防卫城墙，托林寺迦萨大殿，集会殿以及周边塔墙和僧居均为夯土建筑（照5-18）。

照5-18 古格托林寺大殿僧居及周边塔墙均为夯土建筑（1981年）

普兰虎山城堡建筑（照5–19）及科迦寺百柱殿、觉康大殿及僧居、城墙门楼全套建筑都是夯土建成。还有古格世系拉达克列城宫堡、寺庙大殿及僧居民居全是夯土建筑（照5–20）。文成公主进藏时的四大卫士的后裔甲尊珠森格在后弘期初创建的江孜乃宁寺大殿及各殿堂，城墙角楼全套建筑都是夯土建成（照5–21）。

照5–19 夯土建成的普兰虎山城堡建筑（1981年）

照5–20 拉达克列城宫堡、寺庙及民居全是夯土建筑（2003年）

照5-21 日喀则康玛县乃宁寺夯土城墙（1981年）

1073年开始创建萨迦北寺，后来的行政办公大楼全套寺庙建筑，1265年修建的萨迦南寺大经堂及城墙角楼等完整的城堡建筑及周边的众多佛塔都是夯土筑成。（照5-22）1003年开始修建的夏鲁寺主殿及几个扎仓殿堂、僧居及全寺外围墙都是夯土建筑（照5-23）。1153年创建的日喀则纳唐寺，全寺几座扎仓殿及各佛塔、僧居，高大的城墙均为夯土建筑（照5-24）。1276年修建的类乌齐寺雄伟的查杰玛大殿也是夯土墙的建筑（照5-25）。公元九世纪开始兴起的古格世系阿里芒域的部落，在吉隆先后修建了大规模的部落头人的城堡和曲德寺和卓玛拉康等宗教建筑，这些早期佛殿建筑全是夯土墙（照5-26），1643年以后格鲁派维修和扩建寺庙中才出现一些石墙建筑。江孜古城里1418年开始创建的白居寺全寺集会大殿及十六座扎仓分殿，还有总高十三层的十万佛塔以及僧居和城墙角楼完整的建筑都是夯土墙（照5-27）。还有拉孜县平措林寺院早期建筑都是夯土建筑。还有昂仁县公元十四世纪铁索桥大师家乡的日乌齐山上寺院及城墙全是夯土筑成（照5-28）。

照5-22 夯土建造的萨迦南寺大殿城墙角楼等建筑（20世纪30年代）

照5-23 夏鲁寺主殿及僧居均为夯土建成（2008年）

照5-24 纳唐寺夯土建成的高大城墙（1981年）

照5-25 夯土建成的昌都类乌齐寺查杰玛大殿（1992年）

照5-26 夯土建成的日喀则吉隆县贡塘城堡遗址（2018年）

照5-27 江孜白居寺十万佛塔及大殿、僧居、城墙角楼全部
用夯土筑成（20世纪30年代）

照5-28 夯土筑成的日喀则昂仁县日乌齐寺院及城墙（2019年）

西藏帕竹时期开始大量出现石砌建筑，但是较偏僻的山区仍盛行夯土建筑，那曲索县的邦纳寺，昌都寺早期建筑大殿和帕巴拉宫殿，边巴县甲日寺，察雅烟多寺和香堆寺（照5-29），八宿寺、左贡寺、芒康寺都是夯土建筑。

照5-29 夯土筑成的昌都察雅香堆寺大殿遗址（1992年）

云南迪庆藏族自治州的松赞林寺和东珠林等该地大小寺均为夯土建筑。前面介绍的乡城县大片民居和古碉建筑以外，桑培林寺等大小寺庙全是夯土建筑。德格县德格土司府、德格大寺和印经院均为夯土建筑（照5-30）。巴塘县曲德大寺和全县所有寺庙的早期建筑都是夯土墙。理塘寺香根活佛宫宅、理塘黄正清住宅、寺院僧人住宅、理塘七世达赖故居都是夯土建筑（照5-31）。甘孜县民居均为夯土建成以外，甘孜大寺、达吉寺的寺院大殿、活佛住宅和喇嘛僧居全是夯土墙，甘孜县孔萨头人官寨等甘孜县几乎所有房屋都是夯土建筑。炉霍县炉霍大寺和城关镇察佤村等老村宅都是夯土建筑（照5-32），道孚县灵雀寺及全县城所有老村宅都是夯土建筑，现在看到有些村庄的石墙民居都是近代才出现的。得荣县寺庙和民居全部都是夯土建筑。凉山州木里藏族自治县的木里大寺及所属两个寺院及全县各地民居都是夯土建筑（照5-33）。阿坝藏族羌族自治州的阿坝县多座寺庙都是夯土建筑，县里农区民居也都是夯土墙建筑（照5-34）。松潘县的苯教寺庙也都是夯土墙。

照5-30 德格大寺和印经院以及土司府均为夯土建筑（20世纪40年代）

照5-31 用夯土建成的甘孜州理塘县七世达赖故居（2019年）

照5-32 甘孜州炉霍县察佤村民居都是夯土建筑（2018年）

照5-33 完全用夯土建成的凉山州木里大寺（20世纪20年代）

照5-34 阿坝州阿坝县夯土民居（2003年）

青海省于1560年创建的塔尔寺大经堂和藏经殿等早期建筑都是夯土墙，后来各个殿堂维修过程中以使用砖瓦和木结构为主，因此该寺大型建筑基本看不到夯土墙，大经堂等早期建筑的内部墙仍保留夯土墙。用青砖衬砌外包后表面上看起来是砖墙，但整个寺庙几位大活佛的府邸和绝大部分僧居都是夯墙（照5–35）。黄南隆务寺、夏琼寺、海西、海北等众多寺庙，十世班禅大师出生地的循化等所有寺庙的早期建筑都是夯土筑成。青海玉树藏族自治州的结古寺、当卡寺（照5–36）、老贡萨寺（照5–37）、拉卜寺、藏娘寺和藏娘塔（照5–38）等寺庙建筑全是夯土墙。1709年创建的甘南藏族自治州夏河拉卜楞寺赛康殿等早期寺院建筑都是夯土筑成，同样寺庙的僧居及外围院墙都是夯土墙。甘南藏族自治州合作市札木喀尔寺原先的格达赫九层大殿是夯土建筑（照5–39）。甘南藏族自治州夏河和碌曲等地有多处历史上的部落头人城堡，这些也都是夯土建筑。内蒙古自治区呼和浩特市席力图召大殿和大昭庙主体都是夯土建成，包头市的五当召整个寺庙均为夯土建筑（照5–40），寺庙大殿边玛檐墙都是按卫藏的手工工艺制作。还有内蒙乌拉特后旗的桑木典大寺整个寺庙大小殿堂，众多僧居及寺院外围墙院墙均为夯土建筑，历史上该寺庙规模很大，但是这里根本没有石材来源，修建夯土建筑也是很自然了（照5–41）。

照5-35 青海塔尔寺的夯土建筑（1990年）

照5-36 青海玉树州当卡寺的夯土建筑（2012年）

照5-37 青海玉树州老贡萨寺均为夯土建筑（2012年）

照5-38 青海玉树州藏娘塔及寺庙建筑均为夯土墙（2012年）

照5-39 夯土建成的甘南州合作格达赫九层大殿（1925年）

照5-40 内蒙古包头市五当召的夯土建筑（2008年）

以上是青藏高原上各个历史阶段出现的有文字依据并且能够确定年限的夯土建筑。除此之外，卫藏和康区各个地方还有很多不知年限的夯土建筑遗址。拉萨往西去，也就是当雄县方向，堆龙德庆区和当雄沿路有一些夯土墙碉楼和院墙遗址。从仁布县翻山去浪卡子的山沟里也有好几座方形碉楼遗址（照5-42），江孜县上游娘堆平坝上也有大片夯土残墙断壁，看起来像个寺庙遗址。2017年10月甘孜藏族自治州乡城县举办乡城白藏房保护传承的学术研讨会，邀请我去做建筑专业的学术讲座。我借此机会对县城内的古碉楼和白藏房民居作了较详细的考察，对重要的碉楼和民居进行了测绘和拍照，收集了必要的技术数据，由此证明这里确是夯土建筑的故乡。当地人把自家的夯墙民居每年刷一次白灰，而且不改变其结构和造型，完完全全的夯墙民居。因此，乡城白藏房民居在国内外很有名望（照5-43）。乡城河谷

照5-41 内蒙古乌拉特后旗桑木典大寺夯土遗址（2008年）

平原上石材资源缺少，周边雪山上倒是有岩石，但远离山谷无法运送，这也是乡城盛行夯土建筑的根本原因。近些年来，随着全国性的加强文物古建筑保护传承的大好形势下，乡城县领导和广大民众认识到了当地悠久历史的夯土建筑是这一地区的一大特色，于是发起了乡城白藏房保护传承的活动。乡城县东边的雅江县、康定和九龙县等地早已改变历史上的夯土结构，盛行石木的新型结构时，乡城仍然牢固地保持夯土墙这一古老传统。本人借此机会到几家较为典型的老民居考察测绘，得到了珍贵的实物数据和建筑特征。光是在县城周边古老的方形夯土碉楼遗址就有十几座（照5-44），每个小村庄都有一两座古碉，只不过现存的高度不一样。我们选了保存最完整的城北阿亚村方形碉楼作为考察测绘点，这座碉楼九层高的墙体保存完整，只是屋顶石板檐口已破损，楼层全部垮塌，但外观造型保持原样，这大概是整个青藏高原上唯一能看得见的吐蕃时期古碉建筑的样板（照5-45）。根据本人多年来观察研究拉萨布达拉宫“红宫九层”建筑的结构和造型的经验在乡城找到了样板，乡城的样板古碉给我做了解答。方碉基础用片石砌筑，高出地面70厘米（照5-46）。再往上全是夯土墙体。碉楼底座外墙东西向7.5米，南北向7.1米，墙厚达1.5米。碉楼内墙上明显看出每隔一层的设置大梁的孔洞，总共为10层，每层高2.5米左右，碉楼总高25.89米（照5-47）。

照5-42 日喀则市仁布县山沟里的夯土碉楼遗址（2004年）

以上是全面介绍夯土建筑在整个青藏高原上的分布情况。独具一格的高原各个时期各个地方的名胜古迹，绝大部分都是夯土建筑。在谈论中国藏族古代建筑时，夯土建筑占有举足轻重的重要地位。另外，祖国内地等远离青藏高原的学者或游客大多认为藏式建筑的最大特点就是石砌建筑，所以本书不得不用较多篇幅对夯土建筑作介绍。几千年的藏族建筑历史中，夯土建筑能如此广泛地使用和发展并持续下去，除了它的独特之处，还具有充分的利用价值。首先，夯土墙材料可以就地取材，因地制宜。青藏高原哪个地方没有土，哪怕夯制的土砂性大一点也可以用，古代墓葬的土堆和布达拉宫城墙和萨迦南寺城墙都是就地挖出来夯制，所以在古代运输条件十分困难的条件下有很大的优势，布达拉宫背后的龙王潭就是当年取土挖出来的地坑。广大农民自建房屋都是利用自家周围的土来夯筑房屋，节省了运输过程中的人力物力。其二是建造夯土建筑不需要那么多石匠等技工，一两个夯墙师傅把夯墙模板设置妥善以后，来帮忙的人都可以上去夯打。农村修建自家房屋，村民们都会来帮忙，众人齐心协力夯筑，没什么技术细节。如果是修建石墙房屋，那就要雇用很多石匠师傅，村民来帮忙的只能给他们打小工。同样规模的夯土建筑和石墙建筑之间造价开支方面有很大区别。夯土建筑便宜一半左右，夯土建筑体积笨重，表面松散等存在一些缺陷，墙体承重性能上比石墙差一些，但冬暖夏凉，适应老年人的体质方面。总之夯土建筑材料充足，节省运输劳务，施工方便，造价便宜，建房周期快，对环境不造成损害。如果建造石墙房屋，首先开采石头对环境造成很大破坏。同等条件下比较，夯土建筑的优点更多一点。这些都是夯土建筑经久不衰的原因。

照5-43 甘孜州乡城县夯土筑成的白色藏房民居（2018年）

照5-44 乡城县城周边村庄里的夯土碉楼（2018年）

照5-45 保存完整的乡城县阿亚村夯土碉楼（2018年）

照5-46 片石砌筑的方碉基础

照5-47 层高为2.5米的夯土碉楼内部

下面将介绍青藏高原不同地域或不同时期出现的代表性夯土建筑，首先说明夯土建筑的具体特征和细节；古墓夯土建筑，属夯土建筑中最为古老，体积最大类型。我们的观察局限于琼结藏王墓群和朗县列山古墓群等（照5-48），看到的基本都是地面以上残墙断壁，跟房屋的墙体做法有一定区别，古墓主要是堆集性质的夯土墙，土墙内掺有大小不同的石块（照5-49），土质也是采用粘土和砂性土各式各样的土，随意性比较大。有些墓葬封土中也有石砌筑石块和夯墙相结合的做法，但这些石墙砌筑技术很差，只是堵住夯墙之间的缝隙而已，算不上真正的石头墙。故这些墓葬说封土更确切一些。

照5-48 林芝朗县列山夯土古墓群（2018年）

照5-49 列山古墓夯土墙参有大小不同石块

阿里古格和普兰等地所有建筑都是夯土筑成，其主要原因是当地非常缺乏石材，但粘土资源丰富且粘性很强，这也是当地所有建筑都是夯土筑成的原因之一。在历史上因为当地缺石材，石砌技术并没有发展，可是夯土技术特别高超，除了城堡、佛殿等主体建筑采用夯墙外，殿堂门厅斗拱抬梁等装饰造型（照5-50），大小不同的成群佛塔的狮子台座和十三法轮的各种造型全部用夯土一次性夯制完成（照5-51）。这种做法在其他地方没有见到过，正是说阿里土质好的有力证明之一。

照5-50 阿里托林寺白殿夯土筑成的门饰（1981年）

照5-51 古格所有佛塔均以夯土打制（1981年）

古格西部的拉达克列城宫堡和寺院及民居建筑均为夯土建筑，虽然我们未能现场考察，但在图纸和照片资料上分析，应该跟阿里地区夯土建筑同属一种类型和手法。还有尼泊尔的尼夏等藏族居住地的寺庙和民居都是夯土建筑，尼夏的藏族民居主楼和院墙造型独特，采用卵石砌基础和房屋檐口上堆放干柴，这种做法都跟普兰民居一样（照5-52），甚至夯打墙体时候的每次夯制土层厚度都基本一致。初步研究认为，拉达克、尼泊尔过去基本属于阿里的大片区，夯土建筑做法都同属一个类型。

照5-52 尼泊尔尼夏藏族夯土民居（1981年）

卫藏地区是有史以来高原上名胜古迹最多的地方，而且都是夯土建筑为主，前面介绍的布达拉宫雪城墙，还有萨迦南寺和城墙、朗色林庄园及城墙等都属于大型夯土墙，夯墙底宽达2.5米左右，萨迦南寺大经堂和桑耶寺屋孜大殿墙厚达2米左右。这些都是大型夯土墙，夯制土里也掺和一些石头，夯打不只是夯杆打制，还用粗木墩按手把，两人抬起来夯砸。2004年，西藏三大文物维修工程之一的萨迦南寺城墙维修工程中本人承担了技术总监，以下照片是2004年萨迦南寺城墙维修情（照5-53）。

照5-53 萨迦南寺夯土城墙险情修复（2003年）

卫藏地区一般民居的夯墙做法基本一致，夯墙模具主要为两块侧模板，长2米，高1米，板厚5厘米左右，两根直径10厘米左右长度1.2米的横杆是抬模板用的，还有四根长2.5米直径8厘米的立杆，用来固定模板的，两根横杆上留有插孔，立杆插在两边，立杆顶端用绳子捆绑固定。墙宽一般70厘米左右，模板挡板就跟墙厚度一样，模板照片如下（图5-2）（照5-54）。

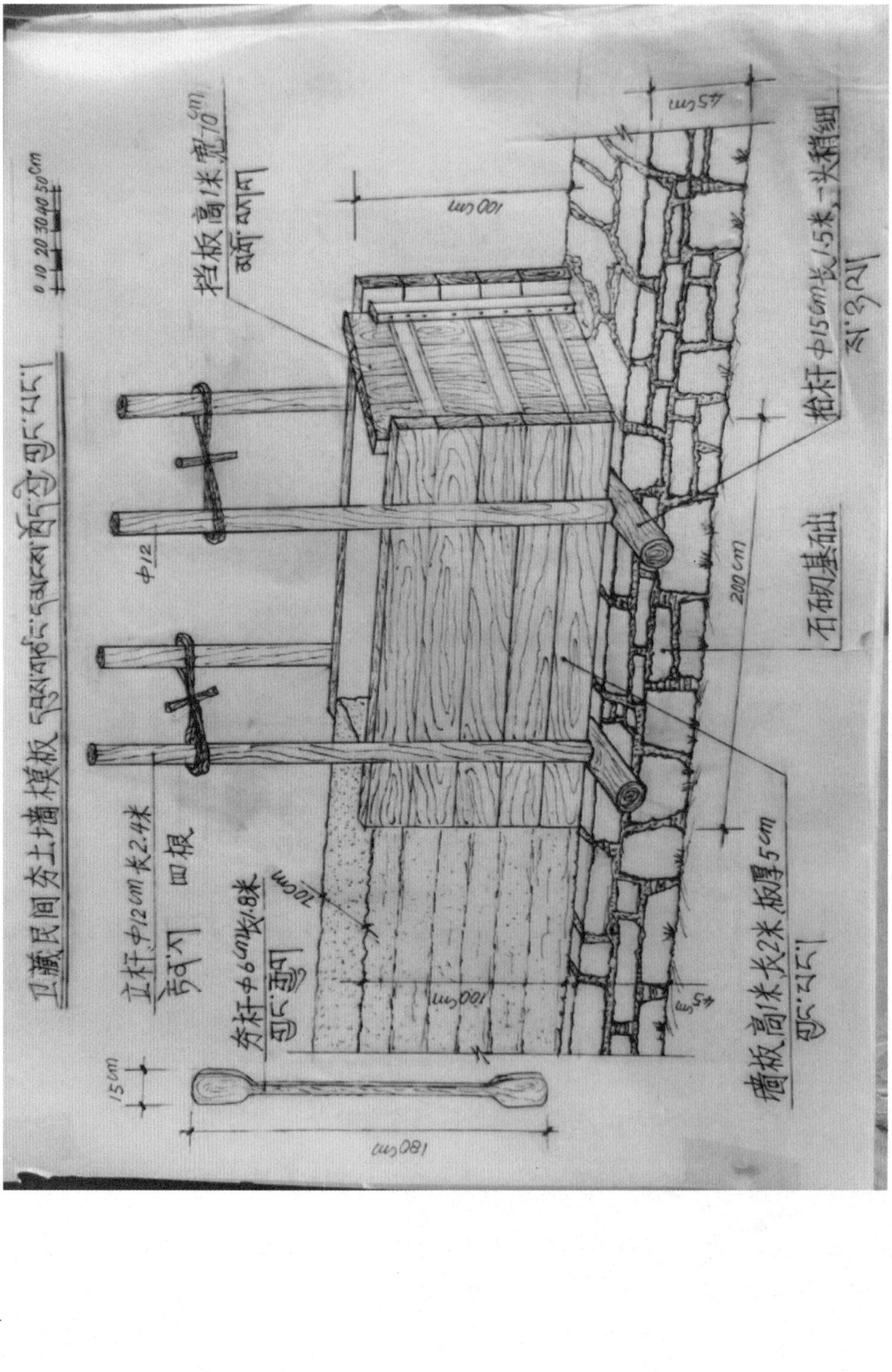

图5-2 卫藏地区打墙模板造型（曲吉建才绘）

谈到卫藏地区打夯土墙的时候，首先介绍1970年前后我们在山南部队农场场部机关修围墙的过程，也就是实际劳动中边学边干。我们按当地村民的夯墙模板的尺寸规格制作一套模板和立杆等用具。首先挖好基槽后，砌筑宽70厘米，高40厘米的围墙基础。然后在石墙上摆好两根横杆后插立四根立杆，再立两边侧板后，立杆上段用绳子加以固定，打第一块夯墙时侧板两头安放挡板，打第二块墙时接着前面打好的墙连起打墙，只需一头的挡板。墙板全部设置好了以后开始里面装土，每次装20厘米左右的土，然后去两三个人边踩边用夯杆夯打，夯打坚固以后第二次加土又继续夯打。打墙的第一天，我们班八个人安置模板和打墙用了大半天时间，打完一板墙，夯打也够结实。但当模板取下来的时候，里面的墙也塌下来了，我们这些20岁左右的小伙们干了大半天，一板墙都没有打好，尽管农场领导没有说什么，但我们自己心里很难受，多没有面子。当场分析原因后，我们发现打夯用的土太干了，粘结性不够，也可能存在操作方面的问题。第二天我们吸取各方面的教训，更认真地开始夯筑，上午打一板，下午打一板总算成功了，心里别提有多高兴。就这样，技术一天天地熟练，每天可以打12板墙，一板墙有1.4立方米，12板墙就是16.8立方米。当地村民一天也打不了那么多，这就是劳动的成果，是技术的传承。

我们修建单位院墙也是属公共建筑，要求墙厚70厘米，围墙高度基础石墙40厘米。一板墙1米高，修两层就是2米，最后檐口盖石板加墙脊后，总高达到3米左右，围墙高度足够了。一般农村民居的夯土墙宽60厘米左右，这就是卫藏地区夯土墙的传统做法。

照5-54 卫藏地区夯板造型和打墙方法（1998年）

康区昌都、察雅、德格、甘孜、乡城县等地的民居和大型夯土建筑均采用基础石墙两侧一米左右的间距要立设木杆子，整个房子长宽全部一次性立杆，一次性安装两侧板子，四周墙一次夯筑。这种夯土墙不留接头缝，一层层平均夯打。比卫藏地区2米长的墙板一次又一次连接的完整性更好。这种立杆也是用绳子捆绑固定，墙板一板一板升高时，固定杆子的绳子也要一节一节的提高。这些地方的民居夯土墙厚度都是50~60厘米。现在电视上看到整个房子四个面全立下密密麻麻的杆子，打夯的人也全站在四周墙上，边踩边唱边夯打的场面就是这样来的（照5-55）（图5-3）（照5-56）（图5-4）。这种立杆还是要有经验的师傅来操作，整个房子的垂直度、夯土墙的收分都在立杆的技术上控制。

照5-55 昌都地区洛隆县打制夯土的场面（1992年）

图5-3 1970年作者描写的在山南农场打夯土墙的场景（曲吉建才绘）

照5-56 昌都市八宿县打制夯土场面

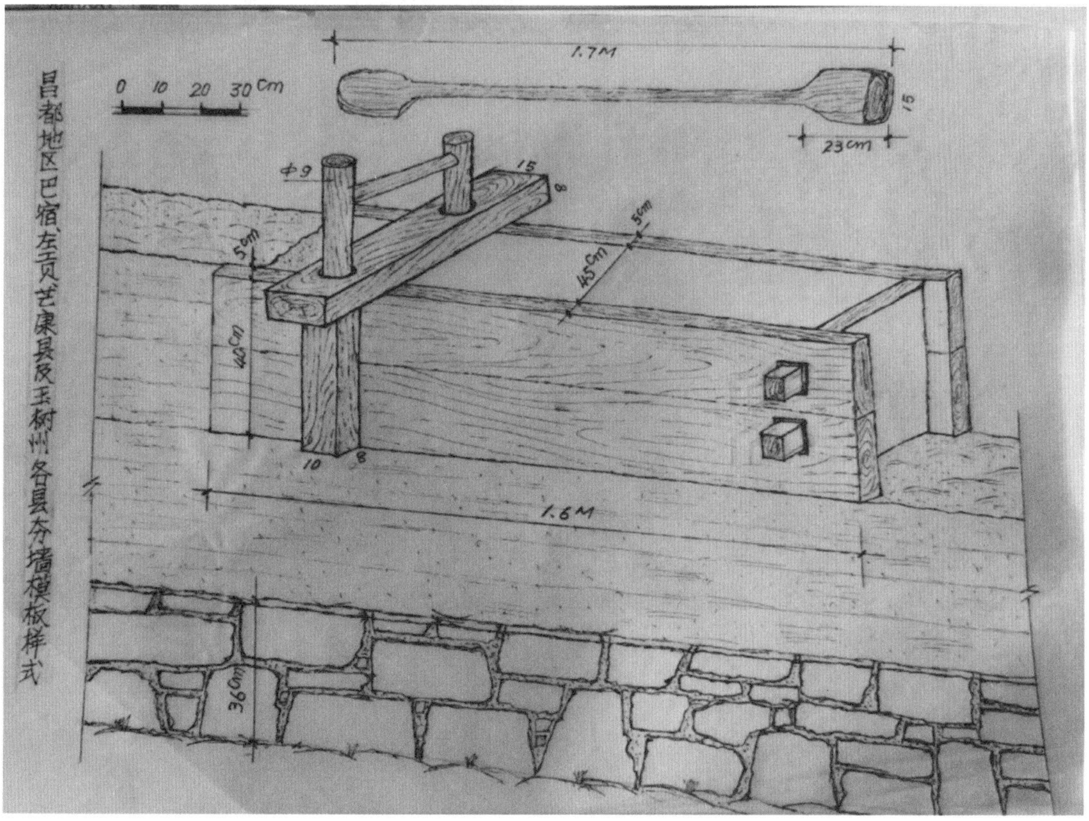

图5-4 康区八宿县和玉树等地的夯土模型（曲吉建才绘）

同样是康区的昌都地区八宿、洛隆、左贡、芒康县及青海省玉树藏族自治州结古镇、称多县等地采用一种小型的夯墙模板，这种夯墙侧板只有1.5米长，板高40厘米，板厚5厘米左右。侧板一头用木方固定，另一头侧板上打两个孔，插上挡板的榫头固定。这种夯墙宽度不超过40厘米，一板板连接，一板板提高。这些地方的民居全部是这种规格的墙，这种模板移动方便，打夯人两个人就够了（照5-57）（图5-5）。但他们这些地方修建寺庙等大型夯土建筑就用察雅和甘孜等地的立杆子的打夯办法。

照5-57 康区甘孜等地立杆打墙场景（2003年）

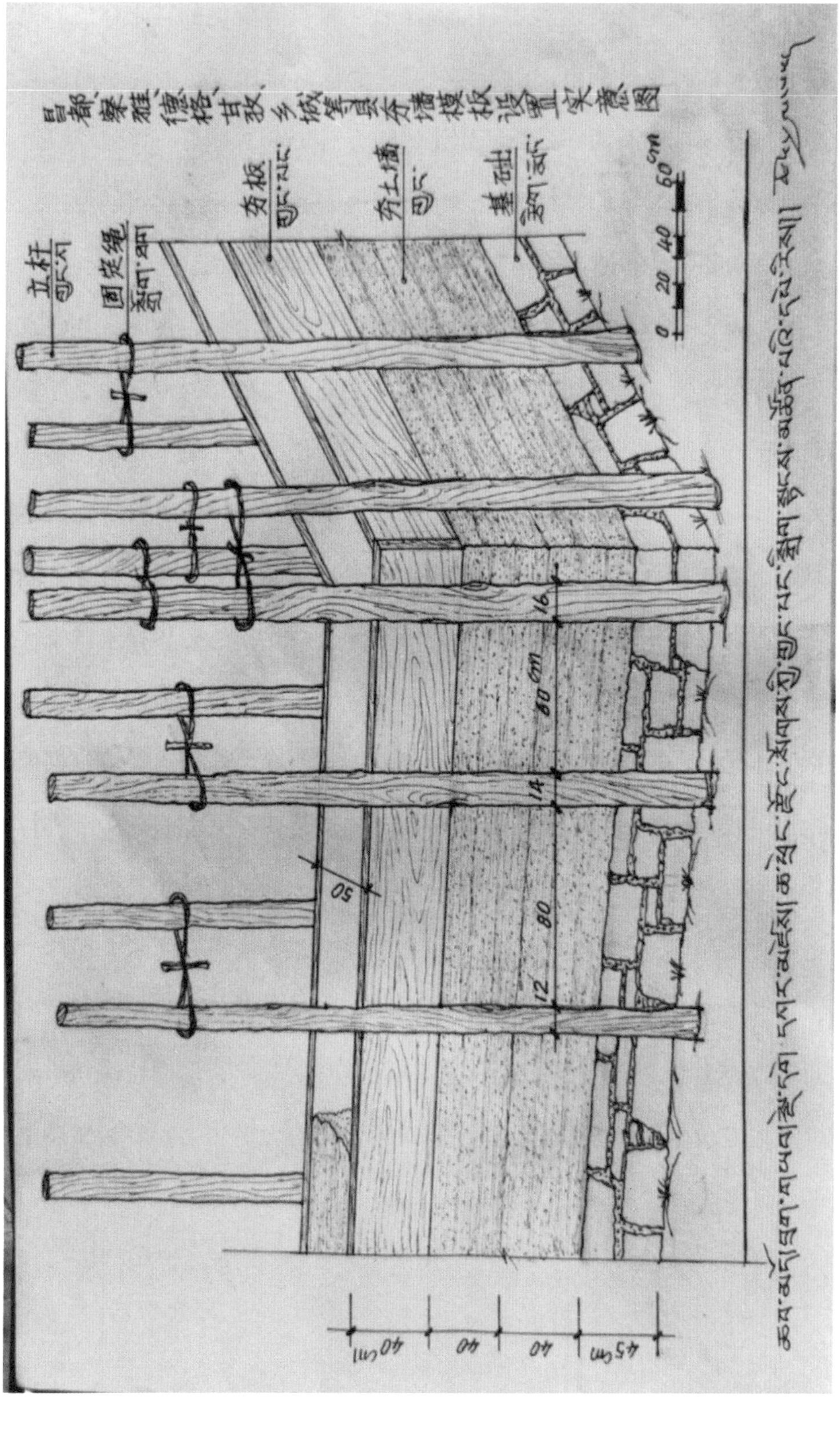

图5-5 康区立杆子打墙做法（曲吉建才绘）

以上例举的这些地区的名胜古迹都是千百年来没有变化的夯土建筑的例子。那么上面没有提到的西藏拉萨市，山南洛扎县，康区木雅康定、九龙、雅江县以及丹巴和大小金川等区域内满地都是石墙建筑的地方有史以来都是石墙建筑吗？本人在数十年的观察分析中发现以上这些地方历史上还是属于用夯土建筑的地方。下面将具体一些事例来证明这些地方的早期建筑仍然是夯土建筑：

拉萨老城从整个感觉来说是一座石墙建筑的城市。但城内古老一些建筑遗迹中还是发现了夯土建筑，20世纪80年代拉萨城关区危房改造工程中拆除了冲赛康居委会的旺典边巴的老房子，这座院落是历史上米旺达孜家的住宅，是从元朝以来有势力的世系家族，即《红史》的作者蔡巴贡嘎多吉的后裔。这座建筑拆除时主楼底层墙体都是夯土墙。城关区建筑公司的人都觉得很奇怪，拉萨城内还有夯土墙建筑，他们后来才告诉了我，可惜的是当时没有留下什么照片。还有1996年城关区吉日三巷14号雄卡夏是独家独院的二层老民居，该家院的东侧房屋破损严重，当他们把东侧房屋拆除重建时，发现主楼北墙全是夯土墙，其他几个面是石头墙。据他们家人回忆：他们姥姥二十岁嫁到拉萨，两年过后，也就是1920年左右，房子进行过一次大的维修。当时维修中北面底层的夯土墙仍然保留下来，是整个拉萨城内现有的为数不多的夯土墙的建筑之一。后来本人也去考察过，夯墙厚70厘米，墙体十分坚固（照5-58），后来在调查过程中还得知，有些老工匠曾经修复拉萨老城城南三部主殿时也拆除过夯土墙。这些史实足以证明从吐蕃时期开始，形成拉萨城市到公元十七世纪西藏地方政府较大规模的建设之前的近千年的历史当中拉萨老城还是以夯土墙为主的建筑体系。

吉日三巷雄嘎夏老民居

室内夯土墙体现状

照5-58 拉萨吉日三巷雄卡夏夯土墙老民居（2018年）

康区木雅是我的家乡，按历史上对木雅部落的划分来讲，我们属于南木雅部落的地盘，现在有些文章说南木雅是西夏灭亡过程中从西夏逃出来的木雅人，这完全是违背历史的说法。因为据考证，我们家乡的有些碉楼和民居有一千多年的历史，而公元1227年西夏灭亡到现在还不到八百年。前面介绍夯土建筑所在地域时没有包括木雅地区，因为木雅地区目前看来仍是清一色的石头建筑的区域。下面介绍本人在家乡几十年来的调查研究。

现在的木雅分布在康定、九龙、雅江、道孚几个县，上世纪80年代初自己步入了古建筑的科研领域，家乡的独特建筑吸引了我，加上自己对家乡的情感与对文物古建事业的爱好，40多年来不断地研究分析。当初认为石墙建筑就是木雅地区的主要特点之一。但是本世纪初，我路过沙德镇米屋道村时，发现该村充培家把老房子拆除重建，我仔细观察时老房子为八柱面积，东面四柱的石墙全部拆除，西边四个柱的房子是夯土墙，本来想拆除后做院子，最终还是没有动手拆。眼前只剩下北侧墙和西墙的一半（照5-59），看到这种情形，我十分后悔，当初考察家乡的建筑时只注意建筑造型和功能等方面，而忽略了建筑结构的种类。

照5-59 木雅康定米屋道村充培家的夯土民居遗址（2003年）

随着调查的逐步深入后，我们才注意到夯土建筑。当时就没能对这座夯墙建筑采取保护措施。后来我为了保护这座重要的文物古迹，自己出点钱，请村民帮忙，在夯土墙顶部盖了石板，防止雨水冲刷，并把基础部位清理出来，加以遗址的规格进行保护（照5-60），后来我们又在沙德镇生古村发现一家名为“觉索”的住户，他们是目前为止康定市内唯一一户仍有人居住的夯土墙居民。早在上世纪九十年代我匆匆路过一次，但那时没能引起我的重视。因为他们的房子很陈旧，家里早就想拆除重建，他们问我能不能拆除？我劝他们老房子不要拆，后来他们还找过其他喇嘛占卜，也算出是不能拆除。到了2017年初，我认识了他们家大学毕业后在九龙县民族宗教局工作的扎西邓珠，我跟他讲，你们家是康定市唯一仍在使用中的夯土建筑民居，这是认定这一地区古建历史上很重要的真凭实据，希望能好好保存下来。他当然能理解。但他们家里的年轻人以为现在各方面条件好了，老房子太陈旧，这里村民的攀比思想又那么严重，周围邻居都说他们还住那么破旧的房子，家里年轻人很想不通，但也不敢拆除。虽然他们不懂文物古建保护的大道理，但当地人对古老房屋拆除有一定的忌讳，担心出现死人或得病等种种灾难。于是2017年11月5日我们专程去仔细测量和拍照，万一哪天保不住了我也要把实物资料保存下来留给后代。觉索家坐西朝东，夯墙主楼东西外包长10.8米，南北向外包宽10.7米，内径东西向8.4米，南北向8米，墙厚1.3米。室内立四根柱，柱距均为2.7~2.8米，内墙两边各设两根腹壁柱，承受楼面的荷载（照5-61）。

照5-60　充培家的夯土民居遗址保护过程（2003年）

觉索家夯土民居现状

室内夯土墙现状

照5-61 康定市沙德镇生古村唯一现存的夯土墙民居（2018年）

该建筑本身是四层楼，现只剩三层，主楼东面二、三层墙已经改造成石墙，同时在主楼南侧用石墙建起了一柱间的经堂，观察分析后至少也有二百多年的历史。觉索家住山下不远地方有一家农户，叫“日拉”家。他们家原先也是夯土墙，现在只剩下残墙断壁（照5-62），这也是现在能看到的第二家夯墙民居。

照5-62 木雅康定生古村日拉家夯土民居残墙断壁（2018年）

还有沙德镇赤吉西结索村的山沟里有一座四根柱面积的夯墙遗址，原先我去了一次，但没能深入考察。通过对觉索家的考察后引起我更大的关注，于是2018年初再次去考察。这座遗址跟米屋道村的夯土民居十分相似，墙厚70厘米，内墙长宽均为9米，墙体只剩两层高的部分残墙（照5-63）。

照5-63 木雅康定赤吉西村海酷山沟的夯土民居遗址（2018年）

经过调查得知一个很重要的数据，上世纪六十年代合作社派人上山砍木材时，他们要砍粗大的木头来盖木板，当时砍木材的村民仲布吉，现年已经76岁。他们去砍树时发现这座房屋遗址的中心长了一颗粗大的松树，树木直径80厘米左右，他们把树砍倒时把墙也砸了一个缺口。这棵树是这座房屋揭顶报废以后才长出来的，经过林业部门专家的估算，这种高原松树长成80厘米粗，至少要八百年左右。这样计算废弃这座夯墙建筑已经有八百年左右的历史，这跟木雅地区出现石墙建筑有一千年左右历史相吻合（照5-64）。

照5-64 海酷夯土遗址中曾长出的松木根（2018年）

还有康定市朋布西乡夺让村的半山平坝上有一座苯教寺庙的遗址，这里是力丘河的谷地平坝，相传朋布西的名字正因这座苯教寺庙而得名，寺庙院墙基址有一百米见方，寺庙主殿遗址只剩下一座土堆（照5-65）。历史上这一地区的孕妇都到这里按苯教仪轨向左方向转经，力求顺利产下小孩。

照5-65 木雅康定朋布西夯土的苯教寺庙遗址（2018年）

寺庙遗址的对面力丘河西边山包上也有座夯土建筑遗址，据当地传说，历史上河东寺庙到河西房屋之间拉绳子把经幡挂起来，说明这座建筑跟寺庙有一定的关系河西的夯土建筑内墙宽南北向9.3米，东西向8.2米，墙厚70厘米，房屋还是四根柱，柱距2.5米。目前只剩下3米多高的残墙（照5-66），据当地老人们说，30年前还能看到三层多高的墙。这充分说明在自然和人为的影响下，这些珍贵的古代遗迹不久将从地平线上消失。由此可见，古建研究中收集这些古建实物的资料是多么的重要。

照5-66 寺庙遗址对面河西的夯土民居遗址（2018年）

说到这里，许多现代人认为木雅地区是石头建筑的故乡，就是我们这些专业研究的人开始也是这样认为的。但深入调查研究后发现木雅地区仍然是从夯土建筑演变而来的。同样，雅江、新龙县和丹巴、大小金川和黑水等几个县的早期建筑也是夯土墙。我们在考察以上地方时发现了很多夯土建筑遗址和夯土院墙（照5-67）。

照5-67 阿坝州金川县夯土墙遗址（2018年）

这种夯土建筑逐步演变成石墙的典型例子就在新龙县。2018年8月本人参加新龙县环境和文化保护方面的会议，借此机会从上新龙到下新龙相距三百公里的范围内匆匆地观察了一下。尽管只有三天的时间，但收获不小。整个县分上中下三段，县城在中段。藏语叫“娘盖”，十九世纪娘荣·贡布朗加的城堡就在这里，历史照片上清楚地看到是夯土建筑（照5-68）。我们首先去上新龙的鲁热寺，是宁玛派寺院，离县城120多公里。寺庙大殿及几位活佛的宫殿，寺庙僧居全是夯土墙建造（照5-69），同样周围农村的民居均为夯土建筑。

照5-68 夯土建成的新龙娘荣·贡布朗加的城堡（1910年）

照5-69 新龙县上娘荣鲁热寺夯土官殿遗址（2018年）

顺雅江河谷下来，雅江两岸，东西各个山沟里的村庄全是夯土墙民居。从上新龙到中新龙这段150多公里的距离内根本看不到一座石墙建筑。再到县城东面半山腰苯教固加寺去考察，该寺庙从壁画风格等方面分析的话，基本可以肯定为明永乐年间绘制距今已有五百多年历史。这座明代新建的大殿隔壁还有一间大房间，比较破旧，经分析研究后，我们认定是以前的旧大殿，这座建筑至少也有一千多年的历史。该寺庙的大小建筑及周边民居全都是夯土建筑（照5-70）。

照5-70 新龙贡杰寺新老大殿均用夯土建成（2018年）

新龙县雅江河谷从上段到中段近二百公里的范围内仍然坚持夯土建筑的传承，没有出现任何改变。第二天我们从县城往下新龙去考察，走到离县城30公里左右就开始出现石墙民居，也有不少夯土民居。再走一百公里左右就到了新龙和雅江县交界处的新龙切玉乡，这里村庄全是石头墙，看不到一座夯土民居。但是切玉乡周边，雅江河畔和山间有多座夯土墙碉楼遗址，遗址呈方形平面，墙厚1.5米左右，

（照5-71）遗址墙体最高的只剩下7米左右，有的只剩一层高。我们观察分析后认为在雅江岸边有的夯土墙遗址像碉楼的形式，村庄山间的这些夯墙遗址很可能是民居的佛殿。切玉乡当巴村里不仅有那些夯土建筑遗址，还有一座八角形石墙碉楼，（照5-72）现只剩下三层高的两个角的墙体，其余的墙角全拆完了。我们现场测量后发现这座碉楼的墙角尺寸和墙体收分比例同康定日木道双碉惊人的相似，墙角的大小尺寸似乎出自一个人的设计。石墙砌筑技术也完全一样。这样分析该石碉建筑的初建年代也是一千年前，那么这一时间可能是下新龙出现夯土演变石墙的年代，因为经过我们长期研究，认为康定等木雅地区出现石墙建筑的历史也只有一千多年，这种分析与整个木雅地区出现石墙建筑的历史相吻合。而且当巴村等下新龙石墙民居从房屋造型，屋檐铺设及砌筑手艺就跟木雅扎巴走婚大峡谷民居一模一样。大家从上新龙到下新龙走一趟就可以看出该地区夯墙建筑逐步演变成石墙建筑的全过程和典型实例。

照5-71 新龙县下娘荣切玉乡夯土建筑遗址（2018年）

照5-72 切玉乡当巴村的石墙碉楼（2018年）

说到这里我们应该给夯土建筑做个总结。早期历史当中人类建筑技术处于逐步形成到逐步提高的阶段。这种背景下，古人们选择施工简便、工程周期短、造价便宜的建筑手法。这就是选择夯土建筑的根本原因。

当然，建筑文化是全人类共享的传统工艺，故夯土建筑普及到各民族地区和世界各个国家，是千百年来我们的祖先在实际生活和生产实践中创造出来的传统技术和传统文化，是人类珍贵的文化遗产。我们祖传的建筑技术更具有生命力和使用价值。

最后要讲的是：有关夯土建筑的研究足以单独出一本书，但由于本书是全面研究藏式建筑的书，以上未能交待高原各地段和各个历史阶段夯土建筑中最早出现的是哪一座建筑，古格的穹隆银城是象雄时代的城堡，象雄时代有上千年历史，我们无法确定那个时候的建筑。目前我们能掌握的有明确年限记载的卫藏地区的夯土建筑只有拉萨市墨竹贡嘎县甲玛赤康的古代城堡遗址。《松赞遗教》等多种史书都明确记载了朗日松赞占领甲玛赤康的过程，以及松赞岗布诞生及迁都拉萨的过程。松赞之父朗日松赞继他父亲达日聂斯的扩大领地的战略，从雅砻过来占领墨竹贡嘎森布吉的地盘，把森布部落的基地作为他们的统治中心（照5-73）。目前像松赞岗布出生的宫堡强巴米久林等众多建筑没能保存下来，但是整个城堡的大城墙、门楼及角楼和敌楼，还有城墙外围的护城河的遗迹还能清楚地看到（照5-74）。

照5-73 夯土筑成的拉萨甲玛赤康城堡围墙（1940年）

照5-74 甲玛赤康护城河及夯墙遗迹（2008年）

森布吉部落是吐蕃建立之前的大部落之一，林周县姜热夏村有他们家族的遗址。盛行于公元六世纪初，算下来有1500多年的历史，这是可以肯定的数据。我在前面介绍时未能确定年限的江孜年堆年楚河边的大片夯土建筑遗址在技术操作和墙体尺度等方面十分接近甲玛古城的遗迹，但因始终找不到可靠的依据而无法确定。

总之，地域广阔的青藏高原上，还有很多不同风格和不同做法的夯土建筑，期待今后有更多的人去关注和研究。

（四）石墙建筑

石墙建筑是藏族建筑中的重要组成部分。在高寒缺氧、昼夜温差大的自然环境中，我们祖先创造出来的精品石艺，建造了无数个举世瞩目的建筑作品。

从建筑历史的角度来讲，石头建筑出现最早。远古时期猿人住山洞，山洞门口简单垒砌石块挡住洞口便是砌筑石墙的开始。石器时代的穴居生活中洞穴周边垒起石块围栏墙即是石头建筑的开始阶段（照5-75）。

照5-75 古代穴居生活中的山洞

考古工作者在昌都卡若遗址中也曾发现地面建筑遗迹。这种地面建筑四周垒起石头围栏，这些都应该属于石头建筑。这些建筑经历了几千年到几万年的漫长岁月，但对于地球的寿命来讲只是一瞬间。古猿人住的岩洞，石器时代人的居住点都还存在，只不过地面上的遗迹由于人为和自然的各种原因，大部分已消失，但在高原某些角落仍然能发现一些。过去旧社会的流浪者、乞丐，或者山间修行者都在岩洞或窑洞里居住，过着和原始人差不多的生活（照5-76）。羌塘草原或山岗上放牛羊的牧民冬天居住在穴坑上搭的牛毛帐篷里，这是石器时代人的穴居生活的延续。我自己出生在牧区牛毛帐篷里，对牧区的情形仍然有些记忆。山间修行者们在岩洞门口修建简便的房子易是洞房结合的居住点。牧民们在牧场上石头垒起一些围栏，这种石头围栏只是用大小石块摞起来，不用泥巴，也不用请石匠，牧民一家人很随意地修起，确保夜里牛羊关进后不能往外跑就行（照5-77）。这种简陋的石头围栏在农区村寨道路两旁或农田外围都能看到（照5-78）。这些石墙就是从远古时期人们手里传承下来的早期砌筑石墙的样板。

照5-76 修行者居住的山洞

照5-77 牧区随意修建的石头围栏（2003年）

照5-78 简陋的农田外围石墙（2003年）

这些石墙跟石器时代遗址中的石墙没有什么区别。这些实物就是我们研究古代石头建筑如何产生和传承的活教材，这对我们这些土生土长的高原人来说并不是什么难题，只要你用心地观察和分析就能找出答案。至于真正意义上的石墙建筑什么时候出现，想从历史文献中寻找答案是不可能的，还得找实物来确定年限。从目前已有的文字记载和实物两个方面可以确定山南泽当的雍布拉康是最早的建筑。但是据我多年来的研究分析，公元前修建的这座建筑不可能是石墙建筑，因为这座城堡经历过多次的修缮和重建。1980年4月西藏建筑设计院刚刚成立古建科研室，第一次考察的地点选在雍布拉康。我们爬到小山时看到的是雍布拉康宫堡建筑的残墙断壁（照5-79）。

照5-79 作者在雍布拉康遗址上（1980年）

我们考察的重点是主碉楼，碉楼为方形，只剩下4米多高的残墙。方形碉楼存在内外两重墙，内侧墙砌筑很粗糙，石头也不规整，这种墙在民间称为“鬼神墙”，外包的墙石材比较规整，砌筑技术跟布达拉宫的墙体一样。这座宫堡有文字记载过的有两次大的维修。第一次是五世达赖喇嘛时期，新盖了金顶，因为是他老家吐蕃第一代赞布的宫堡（照5-80）。尽管十三世达赖喇嘛时期也维修过，但根据前面讲的外包墙我认为是五世达赖喇嘛时期的墙。我们认为五世达赖喇嘛之前的帕竹期间将雍布拉康改建成石墙是最大的可能。这期间帕竹政权在卫藏地区修建了二十多座宗山城堡都是石墙建筑。作为吐蕃第一赞布的宫堡，又是帕竹政权中心地段的城堡他们怎么会不管呢？所以我们基本可以确定。现在的雍布拉康是1984年初国家出资，山南行署让山南政协的洛桑多吉活佛主要负责修复的。他曾经在劳改队当过石匠，主要依靠当地老人们的回忆进行修复（照5-81）。

这座宫堡从西藏远古历史、有文献记载的历代赞布史料及现存实物等各方面去分析研究，公元前根本没有修筑石墙建筑的技术。到了松赞干布时期，昌珠寺内供奉了石头雕刻的佛像和佛塔，赤松德赞在桑耶寺整石雕钻了主尊释迦牟尼佛，还有寺庙石碑，松卡石塔（照5-82）。但这些技术操作绝对不是本地人，吐蕃强盛期间留下的建筑作品都是夯土建筑。档次更高的建筑帕蚌卡碉楼，小昭寺主殿等都采用红砖建造。文成公主和尼泊尔公主从自己家乡带技术工匠所建造，唐朝国都长安和尼泊尔都没有砌石墙的技术。直到现在这两个地方没出现石墙建筑。当时他们在拉萨砍材烧砖费那么大的劲，推行一种新技术，但是最终由于燃料消耗太大而没能推行这门新技术。所以公元前建造雍布拉康时绝对没有石砌建筑的技术。那么青藏高原上什么时候开始出现石砌建筑，那就得靠史书记载和观察实物相结合的办法来进行研究。

青藏高原上现存建筑遗址中阿里地区噶尔县热拉石头城堡遗址最为古老（照5-83），相传为公元十世纪吉德尼玛贡没有占据古格之前的据点，相比之下，城堡山头不高，建筑规模不大，最大房屋也只有16平米左右，层高低，有的小窗户都采用长条石板做过梁，房屋木梁都采用当地细小的杂木，直径3公分左右，完全是简陋的牧民冬居房屋。还有一些规模较小的四平米左右的房间，就采用片石逐渐收缩的方法来形成房屋屋顶，充分说明当地严重缺乏木材。从石墙建筑的石材和砌筑技术方面讲，也就是近现代青藏高原牧民冬居的简易石砌房屋的水准，从某些砌筑角度讲，比牧民简陋房屋还差，和卫藏地区早期出现的鬼神墙相差不多。还有阿里日土宗山城堡建筑也是简陋的石墙建筑，相比热拉石墙技术要提高一点，基本上比卫藏地区早先的鬼神墙提高了一步。日土城堡建筑，应该是西藏传统山头上所建的宗山城堡，其外观、造型上也基本达到这个标准（照5–84）。但我们仔细考察该建筑时，整个建筑的布局设计，内部房间的开间设计到房屋间的通道都不合理。虽然目前该建筑只剩遗址，但从遗址上看出十分简单的室内布局（照5–85），作为一个地方头人的宫堡，连个像样的会客厅都没有。现在遗址顶上能看到的佛殿遗址，里面的壁画都是古格同一时期的艺术作品。但整个日土城堡就只有一小间佛堂（照5–86），面积四平方米。层高不到三米，比起古格王国的佛殿差别太大。可以说日土和古格不在一个档次上。石墙砌筑手法上，也只能说卫藏地区早期石墙建筑的鬼神墙属于同一种水平。

照5-80 五世达赖喇嘛时期新盖的雍布拉康金顶

照5-81 1984年国家出资修复后的雍布拉康（2003年）

照5-82 赤松德赞时期建造的松卡石塔（1987年）

照5-83　阿里地区噶尔县热拉城堡遗址（2020年）

照5-84　阿里地区日土石墙城堡建筑遗址（2020年）

照5-85 日土城堡十分简陋的室内布局（2020年）

照5-86 日土城堡内的小佛堂和壁画（2020年）

现在找不到有价值的历史资料，只能在实地考察。进一步分析研究，逐步寻找答案。目前无法确定准确的建造年代。上世纪30年代图齐等外国人拍摄的照片

（照5–87），虽然不很清晰，但还是能看出城堡建筑很破旧。再从佛堂内残破的旧壁画来分析，应该与古格王国建筑是同一年代。再说为什么日土宗山上建石墙建筑呢？主要是这座小山上没有用来打夯土墙的黄土，只有石头，所以因地制宜建起了石墙城堡。同样修建热拉石城的山上也只有石头，于是建起了石头建筑。目前为止全阿里地区最早和规模较大的石砌建筑只有这两座。从时间上讲，西藏全区范围内阿里的这两座石墙建筑出现的时间最早，基本可以确定是公元十世纪左右。比卫藏地区出现的石墙建筑差不多早一百年左右，当然还需要进一步调查论证才行。如果考古人员能开展一些考古挖掘，才能得出更可靠的结论。卫藏地区史书上明确记载的石墙建筑是在公元1073年，阿底峡大师的得力弟子欧·勒贝西热遵循大师的意愿创建的位于拉萨河南桑普沟的桑普寺。寺庙建在山顶的平坝上（照5–88），周围环山都是岩石，石材充足，建寺场地周围没有粘土地。在这里建石头房就是就地取材的一个典型例子。经过分析，我们可以肯定建造寺庙之前当地早已有石墙民居。因为山沟里同样缺粘土。创建寺庙时，就地取材，因地制宜，这是符合逻辑的。桑普寺内最早的建筑是一座八柱间，叫乃乌托，是欧大译师住的地方，现在从遗址上能看出砌筑十分毛糙的墙体（照5–89），该寺庙大殿虽然几经修复，但大殿东墙一段当地人称为鬼神墙的墙体仍然得以保存。传说中当初修建寺庙大殿时砌筑这一段石墙几次修建几次垮塌，寺庙多次念经祈祷，终于一天天亮时垮塌的墙修起来了，所以叫“鬼神”墙（照5–90），意为鬼神帮忙修建。我们分析后认为应是施工中出现的返工现象，说明当时的砌筑技术没有达到合格的水准，这也说明该寺庙确实属石墙建筑中的先例。从“鬼神墙”的砌筑法来分析，他们确实注重稳定性、暂且顾不上墙体美观。再一个是1078年米拉热巴在洛扎修建的九层碉楼（照5–91）。在米拉热巴的传记中，在民间的传说中，修建碉楼时进行了多次返工，多次改变碉楼平面形状也是施工布置和施工技术方面欠缺的缘故。这也充分说明当时石砌技术处于开始阶段不熟练的一种现象。绝不可能是米拉热巴为消除自己的罪孽而反反复复地修碉楼。这肯定是后来写传记的人不懂建筑原理而乱写的。

照5-87　历史上的阿里日土石墙城堡建筑（20世纪30年代）

照5-88 坐落在拉萨河南岸山沟的桑普寺（2020年）

照5-89 工艺粗糙的桑普寺遗址石墙（2020年）

照5-90 桑普寺大殿现存的鬼神墙（2020年）

照5-91 米拉热巴建造的九层石墙碉楼（1940年）

2001年1月初我去洛扎色卡寺现场为九层碉楼加固设计时，仔细观察了碉楼整个墙体，碉楼墙的砌筑技术比桑普寺的鬼神墙好很多，但没有达到洛扎地区其它石墙碉楼的砌筑技术。其他碉楼肯定是该地区石砌技术逐步成熟以后的建筑。这也有力证明了1078年左右还是洛扎地区出现石头建筑的初步阶段。

再过一百年左右的公元1180年，达隆·唐巴扎西在拉萨市林周县达隆沟里新建寺庙，新建的大殿规模比较大，建造后外墙刷红土而起名红殿（照5-92），这座建筑的砌筑技术比较出名。但当地人称之为鬼神墙，因为当地的传说中这座建筑是白天人来修建，夜里鬼神来帮忙建造，但我还是理解为修建过程中肯定出现的一些返工现象。但这座建筑的砌筑手法比桑普寺的“鬼神墙”规整多了，不过比起布达拉宫的墙体砌筑技术是完全不同的另一种砌法。我曾向拉萨古建队的老高级石匠师傅顿珠啦请教，他说这种砌法叫“鸡毛”式，这种砌筑是一层层石头压盖式的做法，其特点是墙表面留不住雨水（照5-93）。但这种技术目前已失传，没有人会修这种墙。达隆红殿虽然被拆除过，但四周的旧墙体仍保存（照5-94），我们观察时明显看出是独具特色不同风格的石墙建筑。

照5-92 拉萨林周县达隆寺红殿石墙建筑（20世纪40年代）

照5-93 达隆寺红殿压盖式石墙局部（2021年）

照5-94 达隆红殿石墙遗址（2021年）

除了达隆寺之外，卫藏地区还有没有这种压盖式风格的建筑？我们考察过程当中发现桑耶寺北门菩提发心殿的石墙也是压盖式墙体（照5-95），经过研究我们认为应该是公元1100年，热译师对桑耶寺进行过较大规模地维修。桑耶寺当初为清一色的夯土建筑群，在后来不断地维修和重建后出现了石墙建筑。也就是达隆红殿修建后80多年时出现，菩提发心殿是整个桑耶寺内改建成石墙当中属最早的建筑之一。还有比北门菩提殿更早一点是东门文殊殿，该殿堂石墙很像桑普寺的“鬼神墙”。达隆寺压盖式的砌筑技术石匠师傅们认为这种砌筑手法早已失传。但最近新建的石墙建筑中却又出现了这种压盖式石墙。2013年中国佛教协会西藏分会要新建一所藏式风格的接待楼，建筑设计是我承担的，虽然内部结构是现代的钢筋混凝土，但外墙要做成拉萨的石墙体。施工由拉萨南方公司承接，当开始砌石墙时甲方要求请藏族石匠，但施工队安排自己公司的汉族高级砖工来砌筑石墙，当施工验收时汉族砖工师傅砌的石墙跟拉萨的石墙根本不一样。他们砌的墙就是压盖式的砌法，大石头间没有衬砌小石片，看来看去跟达隆红殿的石墙十分相似（照5-96）。

经过了解得知，这些汉族师傅以前没有砌过石墙，也没有见过达隆寺庙。他们确实不会用藏式小片石衬砌的手法，就把花岗岩石当作红砖来砌筑，结果达到跟达隆寺红殿墙的石墙一模一样的效果。因此我得出以下结论：这就是初学者的一种表现，达隆寺砌石墙的人也许就是初学者。

照5-95 桑耶寺北门殿的压盖式石墙（1987年）

照5-96 西藏佛教协会接待楼压盖式砌筑法（2021年）

到了帕竹政权期间，卫藏地区的石墙建筑得到了空前的发展，砌筑技术也达到了高潮。卫藏各地修建了宗山城堡建筑多达20多座。拉萨三大寺等各地寺庙也开始修石墙的大殿和僧居，这种例子太多了，比如拉萨三大寺的石墙建筑都是如此（照5-97）。如果我们进一步详细分析的话，西藏各地的宗山城堡建筑的砌筑技法，石头的种类各方面都有些区别，同样是岩页石，也有差别，砌筑后的外观也不同，最主要的是砌筑师傅各有各的手法。比如布达拉宫白宫和红宫的砌筑外观来说也有些区别，就拿布达拉红宫主体建筑正面的东南角和西南角的砌筑技法有所区别。第巴·桑结嘉措1682年开始修建红宫主体建筑，两位技术高超的石匠屋钦各自负责一个角，东南墙角砌筑略为圆弧一点；西面墙角砌得稍尖一点。东面师傅说，他们的墙角砌得圆，从墙顶上拿个鸡蛋滚下去，不打烂就能落到墙角底；西面的师傅说，他们砌的墙角尖，拿一支羊腿滑下去，到了墙根会劈成两块。这是布达拉宫修建过程中留下一点夸张的拉萨民间传说。可是我们实际观察中还是有一些各自的不同手艺。因为那时还没有开采花岗石的技术，没有出现规整的石块，所用的石材都从岩石山上挖下来，有块石，有板石等造型各异的石块。如何使用这些石材，石匠们有各自的不同做法。当时比较普遍的是十七世纪建造的布达拉宫的石墙，民间口传的“一块大石头，衬砌一百块小石头”的砌法（照5-98），砌筑一块块大石头，墙体迅速升高，但大块石头砌筑牢固要很多小石片衬砌，这样大石块间不留空隙。前面讲的“鬼神墙”和“压盖式”都没采用小石头的衬砌技术，也就是说他们当时不会衬砌做法。读者到不了现场，也可以看照片就知道了。后来帕竹时期修建的日喀则桑珠城堡都开始采用小石块衬砌的技术，这就说明砌筑技术提高了一大步，墙体的坚固性也增加很多。

照5-97 拉萨哲蚌寺措钦大殿石墙砌法手法

照5-98 大石块用小石片衬砌的墙体

还有一种砌筑法是基本不用大块石头，主体基本都是扁平的石块，片石长一点更好，但整个墙体全是片石砌筑。这种墙在后藏岗巴宗山建筑，山南梅珠林寺朗杰颇章的墙体都是这种墙，另外康区木雅康定等地的碉楼和古老民居都是这种墙。这种石料主要是到处捡来的（照5-99），藏语叫“珠多”，就是捡来的石头，很多地方没有岩石山，或者不允许开山的就去捡石材。这种片石墙体更稳定，捡来的石头运输较方便，但砌筑比较慢。

照5-99 用捡来的片石砌筑的古建遗址（康定市俄巴绒村2020年）

整个青藏高原上近代盛行石头建筑的以拉萨城市为主，日喀则和江孜也都出现一些石墙建筑。边远地区主要是洛扎县遍及全县之外没有完整的石墙建筑的地域。石头建筑是比夯土建筑高一个档次的建筑，不像以前普及夯土墙那么快，毕竟有个发展过程。不管怎样卫藏各地都开始使用这种新型建筑。比如山南桑耶寺内各个小殿都在维修和重建过程中全部采用石材，因此，现在整个桑耶寺除了屋孜大殿之外看不到夯土建筑。夯土墙完整的萨迦南寺城堡建筑中上世纪五十年代也用石材建造了一座寺庙管理房。山南拉加里在公元十七世纪新建的宫殿也是石头建造。吐蕃政权解体后新建的朗色林庄园，在帕竹时期维修时用石墙修复主楼东侧的一半，于是变成了现在所看到的一半土墙、一半石墙的土石结合建筑。

帕竹时期卫藏区域内建造二十多座宗山城堡建筑，是推广石墙建筑中规模最大、普及最广泛、技术要求最高的一次。因为都是建在山顶上，质量要求也高。可以说通过这次大规模的建造过程，砌筑石墙技术得到了空前的发展。除了这些宗山建筑以外，出现石墙建筑最多的是“拉萨三大寺”等诸多寺庙建筑。以上这些石墙建筑都用岩石山上取下来的青石材料，地质专业上称为岩页石。这种岩页石在整个青藏高原上到处都有，只是在羌塘草原上基本看不到岩石，羌塘戈壁滩上岩石全埋在地底下。基本看不到，牧区也不允许挖草原。牧场上要修个石墙围栏，都到河边捡卵石来砌筑。总的来说，青藏高原上出现的石墙建筑绝大部分是采用岩石来建造的。

石墙建筑还有一种类型是卵石墙，这在石材资源比较充足的拉萨和康区木雅等地是不能砌墙的，有句谚语叫“圆石不可砌墙”，拉萨等地砌墙时墙的外侧 不能有一块卵石，就是墙体内填充的石子中也绝不能有卵石，这是石匠学徒们要特别注意的地方。但是有些地方以卵石作为主要材料，砌筑房屋和院墙，十分坚固又美观。典型的鹅卵石建筑，是一个在山南加查县达拉岗布山脚下，雅鲁藏布江河边“白加日”的寺庙遗址（照5-100），目前还找不到确切的资料，但当地传说中达布拉杰大师在公元1121年创建达拉岗布寺庙之前在“白加日”寺庙里待过一段时间，而且我们从专业角度去分析，也可以肯定是一座十分古老的寺庙。从加查县沿雅鲁江向东走120公里就到林芝朗县，县城江北边有巴日曲德寺，该寺往西十多公里处雅鲁江北岸平坝上有一座寺庙遗址。据寺庙记载和当地人口传，确系老巴日曲德寺。十三世纪末，元朝军队沿雅鲁藏布江经过这里。我们去考察时，当地老人说：这里有传说，过去蒙古军队来时，寺庙用粮食和牛羊肉来招待，供品堆满了院子，但是蒙古军还是把寺庙烧毁了。我们分析时发现，宗喀巴传记里有明确记载：大师一生中四大业绩之一是，曾经蒙古军队烧毁的桑日县增曲强巴佛和佛殿的修复，证明雅鲁藏布江沿线蒙古军走过的历史事实。我们估计加查县的白加日寺庙也是当时被破坏。朗县这座遗址同“白加日”一样完全用卵石砌筑，遗址北面围墙外侧建有三层高的佛殿，同样用卵石砌筑，佛殿第三层还能看到一些壁画痕迹（照5-101）。这两座寺庙遗址是十分典型的卵石墙建筑，至今为止起码也有八百多年的历史。建筑大部分已经垮塌，但遗址上的残墙断壁仍然十分牢固。砌筑的交结材料也没什么特别，就是采用了一般的黄泥，砌筑技术十分高超。圆圆的卵石砌筑成如此稳固、平整，对一般人来说难以想象。雅砻江边有的是这种卵石，他们就地取材，创造了一种特殊的石墙。这在总结高原石墙建筑中占有很高的技术水平和独特的风格魅力。加查县“白加日”遗址周边的村庄里，很多民居土坯墙的基础和房屋的台阶，平台均用卵石砌筑。所以充分证明江边村民历来就有这种技术。另外，在昌都地区察雅县香堆镇是逐步上升的牧区草皮覆盖的山丘，看不到岩石。香堆寺和香堆镇坐落在香堆河畔，河里全是卵石。大规模的寺庙和民居均为夯墙，但基础全是用卵石砌筑；还有个别民居底层用这种卵石砌筑，所以这里也是出现卵石墙的地方。

照5-100 卵石砌筑的山南加查县白加日寺庙遗址（1999年）

照5-101 卵石砌筑的林芝朗县老巴日曲登寺庙遗址（1999年）

日喀则市亚东县的帕里镇建有帕里宗山城堡建筑，这座庞大的建筑群完全是平地而起，而不是建在山头上。但由于二十世纪初英帝国主义入侵时遭受严重破坏，现在已经不在了。但我们从老照片仍可以清楚地看到城堡建筑的城墙都是卵石砌筑的。帕里的民居，历史上用草坯建造，但房屋基础都是卵石砌筑。还有青海和甘南牧区过冬房屋的基础和院墙都是鹅卵石砌筑。因此仔细观察的鹅卵石所用的建筑还不少。但是到目前为止，不要说一般人，就是从事建筑专业的很多人士根本不了解藏式建筑中还有用卵石作为砌筑材料的石墙建筑。所以了解历史和研究藏族古建筑的人们必须知道有这种独树一帜的传统技术。

藏式石墙建筑的第三种石头材料是花岗石材，这并不是说前文提到的石墙建筑中没有用过一块花岗石头，从山上运石材时也许会有一、两块花岗石头，帕竹时期的宗山建筑中，后来的布达拉宫建筑中，砌筑墙角时负责砌墙角的师傅自己打制墙角石也会用一些花岗岩石材。但那时没有开采技术，整块的花岗岩巨石也没有办法开采。

1912年左右，十三世达赖从印度带来了一个懂采石技术的老头，叫萨达。十三世达赖让曲水县南木村的村民开始学开采石头技术，这是有史以来人们真正开采石头的开始，对雪域高原来说是一项新的技术，也就是石墙建筑有了新的材料，至今也只有一百多年的历史。

南木村民学会了石头开采的技术以后，拉萨人称开采石头者为“南巴”，就是把村子的名字成为开采专用的名字。现在拉萨人仍然把叫开采石头的叫“南巴”。开采的石头规格基本统一，有高宽都是20厘米，长40厘米，也有长50厘米，高宽都是30厘米规格的（照5-102）。所以在修建罗布林卡西边坚色颇章的建筑和湖心宫西侧的珠增颇章，观马宫等建筑都采用规整的花岗石石材（照5-103），同时布达拉宫东日光殿和大昭寺达赖行宫都是这种石材，砌筑时还是采用小石片衬砌的做法。这种墙体表面规整，造型更美，使石墙建筑提高了一个档次，显然造价也提高了许多。所以在上世纪三、四十年代在西藏地方政府、各大寺庙及部分贵族家庭新建房屋中都采用这种块石材料。因为造价比较贵，民间基本没有普及。这种方正块石的墙和前面讲的岩页毛石墙比较起来，墙面规整和美观方面当然是块石墙好得多，但是墙体本身的整体性和坚固性方面毛石墙更好。本人在布达拉宫等众多古建筑的修复过程中得到了这一结论。在维修中查看各种开裂的墙体，也修复过已经垮塌的古老墙体。其中有很多古老的毛石墙，也有近代的块石墙。毛石墙砌筑时有大石头，也有小石头，砌墙也是一层层往上砌，但这只是工序上一层层砌，石头本身的结构体上没有形成水平线的缝隙，结构体上是波浪形，这种墙上找不到水平线的缝。反过来方正的块石墙，相当于砖块墙，砌体结构都是标准化，砌墙后结构体型上留有每一层石块间的水平缝隙，一栋墙有多少层石块，就有多少条缝线，这就是整体性和坚固性差的原因。卫藏地区和康区一千年左右的古老石墙建筑都经历过多次的大地震都没有出现倒塌现象。2008年汶川地震时相邻的理县等地的藏族和羌族碉楼一座都没有倒塌，这充分证明了毛石墙的坚固性。

照5-102 规格基本统一的花岗岩方正石块（1999年）

坚色颇章　　　　规整的石材墙体

照5-103 罗布林卡坚色颇章（1982年）

总体来说，加工方正块石是一项改革和创新，是高原石墙建筑的新材料和新技术。再说高原上如拉萨等地有比较充足的花岗石的资源。具体实例为二十世纪二、三十年代修建的罗布林卡坚色颇章，大昭寺行宫，哲蚌寺洛色林扎仓大殿等建筑，后来40年代摄政热振主持维修的桑耶寺康松桑卡林大殿，扎塘寺主殿，温吉如拉康，涅当度母殿等建筑的墙体都改建成花岗岩规整石。可是过去在康区和青海、甘南一带基本没有出现这一新型石材（图5-6）。与以上这些地方花岗石材也比较少也有关系。但是康巴地区出现石头墙的历史比卫藏地区的稍微早一些，虽然找不到文字资料等可靠依据，但十几年前木雅等地的古碉和古民居的木构件做了碳14测鉴定后得到了有一千年左右历史的鉴定数据。康区最普及石头建筑的地方为木雅康定、九龙和雅江，还有扎巴大峡谷地段。另外还有丹巴、大金、小金和黑水县、壤塘县这几个县。其他玉树藏族自治州的称多县和玉树镇的某些村庄有少量石墙民居，但并没有普及全县。青海省其他县区和甘南藏族自治州的各个县也没有普及石头建筑。云南迪庆藏族自治州更是夯土建筑的故乡。

康区石墙建筑的石材主要还是岩石山的青石，花岗石比较少，也没有掌握开采花岗石的技术，所以还是以青石为主。砌筑技术也同卫藏地区帕竹时期的技法一样（图5-7）。

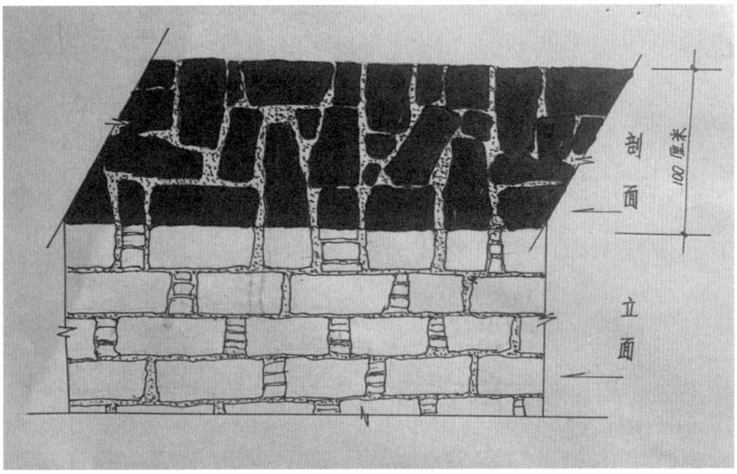

图5-6 藏式花岗岩方正石墙合理搭接平面示意图（曲吉建才绘）

图5-7 藏式青石石材砌筑的毛石墙合理搭接示意图（曲吉建才绘）

说到中国藏族建筑的独具特色，在世界建筑行列中占有一席之地的主要还是藏族的石墙建筑。也是历史久远，普及整个高原的建筑种类，在藏族建筑历史上占有很重要的地位的夯土建筑，在建筑造型和技艺术方面不见得有很突出的特点，世界上并没能引起更多的注重。自从石墙建筑发展以后青藏高原上就出现了举世瞩目的各种建筑。比如卫藏地区的宗山城堡建筑，作为帕竹时期各地区宗官的权力中心，作为该地区的最高权力机构，他们当然要选择当地最好的石匠师傅，建造出该地段最好的石墙建筑，因此成为这一地区的代表性建筑。各地的城堡建筑都有各自不同的风格和特点也是基于以上原因。宗山城堡建筑又是作为统治者和管理人员办公室和生活的地方，所以要设计上下通道及不同功能的各种房屋。而且处于封建特权社会，宗山建筑要主次分明，突出宗官的宫殿。同时城堡又是一座防御性功能的建筑，各地宗山建筑都最大限度地体现和加强防御功能，还有城堡山体上开凿山下取水通道，以保证防卫中山上还能有水喝，琼结宗山和贡嘎宗山上都能看到这种取水的山洞。所以宗山建筑并不是单纯的形象工程，而是跟当时当地的社会环境和自我保护都有着密切的关系。因此，宗山建筑是集政权机构，自我防卫，平常生活为一体的一座建筑。

宗山城堡作为山上的建筑，山下围绕宗山也有一套建筑群叫“雪城”，是为山上送粮、送水送东西的佣人们和家属的房屋，还有跟宗官有关系的做点农贸生意人员或个别农户的房屋，以及宗官随行人员及家属的住地。如琼结宗，贡嘎宗及布达拉宫的山上山下全套建筑的布局。西藏的宗山建筑中乃东宗、仁布宗、岗巴宗，以及日喀则桑珠孜宗山建筑都是各有特色的城堡建筑。真正体现了宗山建筑所起到的作用和功能。比如乃东宗位于帕竹政权的权力中心地段，主要是行政办公的地方，不需要做更多的防御设施。所以城堡建在山脚下，与城区联在一起，上下都方便（照5-104）。

照5-104 历史上山南乃东宗山所在地（1940年）

仁布宗处在进入仁布沟内的交通要道上，谁要进入仁布地区必须从宗山下面通过，宗山上完全可以监督和控制。宗山建筑不仅是当地最高权力的中心，还是进出的重要关卡（照5-105）。

照5-105 日喀则仁布宗城堡遗址（1981年）

岗巴宗则完全是另一种布局。城堡处于人口稀少的牧区，也没有完整的山下村庄，城堡完全是一座孤独的大型建筑。所以当初的设计上正面和背面全部采用完整的防御体系，这又是另一种特殊功能的城堡（照5-106）。

照5-106 日喀则岗巴宗城堡建筑（20世纪30年代）

日喀则宗作为后藏地区最高权力中心，当然要更多地体现权威和壮观，要同山下的城镇形成鲜明的主次，又要表现息息相关的布局特点（照5-107）。

照5-107 日喀则市桑珠孜宗山城堡（1920年）

布达拉宫是现存最完整、规模最大的宗山建筑，但布达拉宫是甘丹颇章地方政权巩固以后的政权机构所在地，特别是由于五世达赖喇嘛的宗教身份特殊，布达拉宫建筑更接近宗教建筑，五世达赖圆寂以后第巴·桑结嘉措重建布达拉宫，更是增加了宗教色彩。作为布达拉宫城堡建筑的主题工程，红宫就变成了历辈达赖喇嘛的灵塔殿。因此，布达拉宫同原先出现的宗山建筑的根本区别就在这里。它不仅是当时地方政权的最高权力机构所在地，还是对历代宗教领袖的缅怀和朝拜之地，成为政教合一制度下形成的最神圣的宫殿（照5-108）。

宗教建筑也是最盛行使用石墙的建筑，寺庙集会殿和佛殿基本属于公共建筑，投入的资金也充足一点。所以在卫藏地区从帕竹政权开始以来的寺庙建筑都采用石墙建筑，再也没有建夯土建筑的寺庙，比如格鲁派的四大寺庙等。可是仍然采用夯土建筑的也有，比如江孜白居寺主殿及城墙院落，还有江孜十万佛塔都是传统的夯土建筑。所以采用什么材料来建造寺庙大殿或佛堂，都是寺庙自己或支援者的选择，之外没有形成什么制度和规定，还是寺庙各自决定。石砌宗教建筑中，像哲蚌寺措钦集会大殿，设三百多根柱子。历史上称为东方第一大殿，还有扎什伦布寺的大强巴佛殿，建筑高度超过30米。还有前面介绍过的达隆寺红庙的建筑都是代表性建筑。再一个是碉楼建筑，石碉在卫藏到康区都普遍存在。从其平面布局到立面造型上都有不同的特点。

照5-108 1902年的布达拉宫城堡建筑

第一种是山南洛扎县的石碉建筑，平面为四方形，立面上底层入口处一至到顶层留一道缺口，万一有围攻者想从底层门进入碉楼内部，碉楼内的人从墙上预留的空隙往下砸石头（照5-109）。像这种样式的石碉在浪卡子县白地乡的山间也有几座，这种类型的石碉楼高都是五层左右，总高15米左右。这种方形碉楼正面上留缺口的做法与远隔千里的四川阿坝自治州羌族的碉楼完全一致。整个青藏高原上这种造型的石碉只有西藏山南洛扎县境内和四川羌族村寨里才有，别的地方没有看到过。

照5-109 山南洛扎县石砌碉楼建筑（2000年）

第二种是西藏林芝地区巴松湖秀巴村和米林县扎西热旦村等地的十二角石砌碉楼。这种石碉平面呈12角，墙厚1.2米（照5-110），楼层为九层，总高近30米，全部用大小不均的青石砌筑。12个角的特点是墙身的稳定性特别好，但砌筑那么多的墙角费事费工，也是艰难的工程。秀巴村总共有碉楼遗址九座，其中较完整的有两座。进入巴松湖西边山脚下森林里分布八座石碉遗址，但都是损害严重，有的只有基础遗迹。这种十二角造型的碉楼在其它地区至今没有发现。

第三种是基本方形的四角石砌碉楼，立面上不留缺口。这种碉楼分布在康区木雅康定、九龙和丹巴县，阿坝大小金川属最多。

照5-110 西藏林芝秀巴村12角石墙碉楼（2000年）

大小金川的石碉全是方形平面，砌筑用的岩石质量相比之下稍微差一点，表面也不怎么光整。要特别指出的是大小金川的石砌方形碉楼有十几层，其中丹巴和大金县交界处的一座方形石砌碉楼总高接近50米，文物部门确定为“中国碉王”的名称（照5-111），纳入了国家级的文物保护单位。这座碉楼的平面长宽只有7米左右，就用当地的石材和泥土砌筑如此高的楼层，楼高达建筑平面的七倍以上，而且在千百年漫长岁月里经受了地震等各种灾害的考验，这在建筑结构力学上是一个值得研究和探讨的课题。木雅康定市沙德镇拉哈村的一座方碉（照5-112），底座长宽都是8米左右，总共十一层，楼高35米，目前在康定和九龙区域内唯一的方形碉楼。康定市呷巴乡塔让果村康萨家门口有一座方形石碉遗址，目前只有一层多高。当初是不是高层碉楼无法确定。但是在丹巴、康定、九龙等地普及最广的是4、5层高的民居佛殿碉房。

照5-111 被称为“中国碉王”的金川县石碉楼（2008年）

照5-112 木雅康定拉哈村石墙方形碉楼（2003年）

经过分析，我们认为这种民居碉楼是从超高的方形碉楼逐步演变成使用率更高的民居小碉房。不管是前面讲的“中国碉王”也好，拉哈村的碉楼都是一户人家所有，高碉楼的旁边就是这一家的民居。这种民居佛殿的建筑在西藏山南曲松县城西边村子里有一座，规格和造型都跟康定等地的木雅民居的佛殿建筑基本相同。还有在浪卡子县白地乡西侧山脚下也有好几座石墙碉房，旁边有民居，目前只剩下基址，但石碉还保存二、三层墙体，显然是个佛殿。卫藏地区和康巴地区相隔几千里，但这些民居佛殿的做法十分相似。

石墙碉楼的第四种样式是八角形石碉，这种造型的碉楼在卫藏地区至今为止我们没有发现。这种碉楼最多的地方是木雅地区康定、九龙和雅江等地，还有扎巴大峡谷内也很多。木雅地区整个碉楼群中方形碉楼只占10%左右，90%都是八角碉楼。其中最有特色的是位于木雅康定朋布西日木道村的石砌八角碉楼（照5-113）。木雅地区石材质量比较好，石材坚硬，砌筑的墙体十分整洁光滑（照5-114）。八角碉楼砌筑难度大，费事费工，石材用量很大。碉楼内部只有一个圆形的空间，直径5米左右，空间很小（照5-115）。但八个角都是实心的砌体，没有一点缝隙。坚固性和稳定性极强，其它样式的碉楼无法比拟。砌筑技术也是十分高明，八个角都像是一个模子倒出来一样，让人惊奇。这些八角碉楼都是9~10层，每个楼层高2~3米，加上楼顶檐口总高也就25米多。丹巴县境内有些老人说他们小时候见过六角和三角的碉楼，可是现在找不到这些遗址。丹巴县城西南角的一个村庄和县城北边水子乡山上的冲岗村各有一座墙角很多的碉楼遗址，当地人介绍说是十三角（照5-116），其中南面村庄的碉楼由四川大学等资助修复这座十三角碉楼遗迹，上面的照片就是修复后的照片，当时也只修到一层高，而且石墙砌筑也没有达到传统标准，但还能把比较少见的多角形碉楼造型保存下来很不容易。再说这种多数角的单数平面在几何图形中相当不好设计，古人们如何把复杂的多角形碉楼砌筑成均等尺寸的墙体值得深入研究。另外三个角和六个角的碉楼也是当地老人们的说法，现在连遗址都找不到。

1980年初在北京出差时，匡老师带我去见他的老师中国建研院的刘致平教授，我谈了丹巴县有过三个角和六个角的碉楼的事，刘教授很惊奇，他解放前去过大小金川等地，没有发现类似的碉楼。总之到现在为止，我们考察碉楼也处于局限性，还不能确定有几种样式，但总体可以分为以上几种类型。

照5-113 木雅康定日木道村八角碉楼（2008年）

照5-114 墙体整洁光滑的双碉（2008年）

照5-115 内部空间为圆形的碉楼

照5-116 甘孜州丹巴县的十三角石墙碉楼（2003年）

青藏高原广阔的地域上，有史以来石头建筑没有能像夯土建筑那么普及，但凡是有夯土建筑的地方，夯土墙的基础都要用石头砌筑。从这一角度来讲石墙也跟夯土墙一样得到了普及。

真正意义上的石墙建筑，也就是整体墙采用石头建造的建筑高原很多地方都有。但本人研究过程中去过的地方十分有限，到底有多少不同类型的石墙建筑也不好说。严格来讲，砌筑石墙比较讲究技术细节，各地有各地的做法，每个石匠各有各的不同技法。同样在一个地方，有的石匠喜欢把墙体表面砌得光洁整齐，但墙体内部石头间连接不够重视；有的师傅讲究墙体内的石头搭接牢固，但墙体表面不是很平整等等。下面举一个具体的例子：扎巴大峡谷石头砌筑技术很有名，当然技术手法同康定等地的木雅民居基本一致。可是二十世纪八十年代开始出现一种新的砌法，是一位当地技术高明的石匠创造的，他叫昂汪穷迫，1940年出生，从小跟父亲学石匠，年轻时曾在乡上当干部，担任过乡党委书记。但只要有时间每次都给老乡们修房子，八十年代开始他把过去大石头间用大小不均的各种小石头衬砌的做法改为大小完全均等的小片石衬砌墙体，从墙体表面上看跟过去传统墙面有很大区别。从此以后他带出来的石匠都学他的新砌法，后来其他乡村也学他的技术，普及整个扎巴地区。也就是上世纪八十年代以后建的房子大部分学他的样式。这以前的扎巴民居都是传统做法（照5-117）（照5-118）。本人在实地观察和对比之后也有自己的看法，新砌法表面上比较整齐，但大石头间全部用片石衬砌，整体墙的受力方面存在一些缺陷，承受力不均匀；过去的衬砌法按大石头间的空隙，用大小合适的小石头来衬砌，把大石头间的受力面形成平均承受荷载的状况，墙体的稳固性方面更优越，我还是倾向传统砌筑法。以上这些砌筑手法的细小变化一般人不会有什么察觉。我干过石匠活，看一座座建筑从不同的技术手法上能感受到不同的效果。当然，这种技术细节很难用文字说明。在课堂上学建筑专业的人或者研究生在书本上学不到以上这些技术。如果他们去实地观察也看不出有什么区别。因此，我建议学建筑专业，特别是古建专业的人必须要到实践中去学习，在实践中去研究。这样可以学到很多课堂上学不到的知识。

照5-117 扎巴地区用均等小片石衬砌的新式砌法（2018年）

照5-118 扎巴地区传统的砌筑手法（1998年）

本人在古建研究和保护维修方面所取得的一些成绩，主要靠过去劳动中的实践和经验，也依靠自己学过的石木工程基本技术。所以希望年轻的同仁们，一定要把学习和实践相结合，把学到的知识带到实践中去，用实践中得到的经验和教训来充实自己的知识。

最后要说的是，石墙建筑在传统建筑系列中比夯土建筑等其它类型建筑更优越，造价更高，属高一个档次。石墙在房屋结构体系上起承重作用，能节约结构构件，能抵挡雨水的冲刷，建筑的寿命更长。现在木材资源紧缺，现代人喜欢用钢筋混凝土或钢结构来建造房屋时，石头仍然可以用来做墙体材料。特别是当今需要体现藏民族特色的建筑中使用得更多。如果世界上真正能实现绿色建筑和零碳建筑的话，石头建筑应该是首选的建筑种类。因此，传统石墙建筑的好处是说不完的。

（五）土坯建筑

藏式建筑中还有一个很重要的内容，就是土坯。土坯这种建筑材料，虽然比不上夯土墙和石头墙的作用大，但也是藏式建筑中不可缺少的一部分。高等的像布达拉宫那样的高级建筑到农村贫民百姓的房屋都不可缺少。

土坯是生土块，用木板制作土坯模子，用黄泥浆一块一块打制出来，刚打好的土坯块晒在太阳比较大的情况下，一天以后要翻一翻，大概晒两三天就可以收起来，再把打土坯的场子腾出来，还可以继续打土坯。如果就近有黄土的话，三个人合伙挖土、和泥巴、打土坯，一天可以打三百块左右，当然黄土土质要好一点，但也要有一点砂性。纯黄泥打出来的土坯会干裂，但砂性太大了，土坯又不结实，这些都要靠实际经验。还有泥巴倒进模子后用脚踩踏好，泥巴踩踏密实才能使打出来的土坯结实一点。还有就是打土坯的泥巴里不能有石子，有石子的土坯就要断裂，这些都是生产中要注意的地方。土坯在使用中各个地区有各自的大小尺寸。下面介绍几种土坯大小尺寸，阿里普兰县科迦寺是一座千年古寺，主体都是夯筑墙，但楼层上的一些隔墙都用土坯墙。所以这里的土坯也有近千年的历史，其尺寸为宽18厘米，高13厘米，长36厘米。因为用在楼层间隔用，土坯尺寸不大。山南曲松县拉加里新宫是公元十七世纪的建筑，主体是石墙，但楼层隔墙仍然使用土坯。大小尺寸是宽23厘米，厚12厘米，长50厘米；还有日喀则旧城里的老居民用的土坯尺寸是长43厘米，宽22厘米，厚13厘米。1967年我们下乡到山南农场，当时我们承担修建农场场部里修建一些汽车修理厂房和我们这些工人自己住的宿舍，这些建筑采用石墙基础以外主体都是土坯墙，我们用的土坯都是自己打的，而且按当地农民平时用的土坯大小我们自己来做模子框，这种规格使用更方便，可以双手抛到山墙上，其尺寸是长30厘米，宽15厘米，厚10厘米（图5–8）。

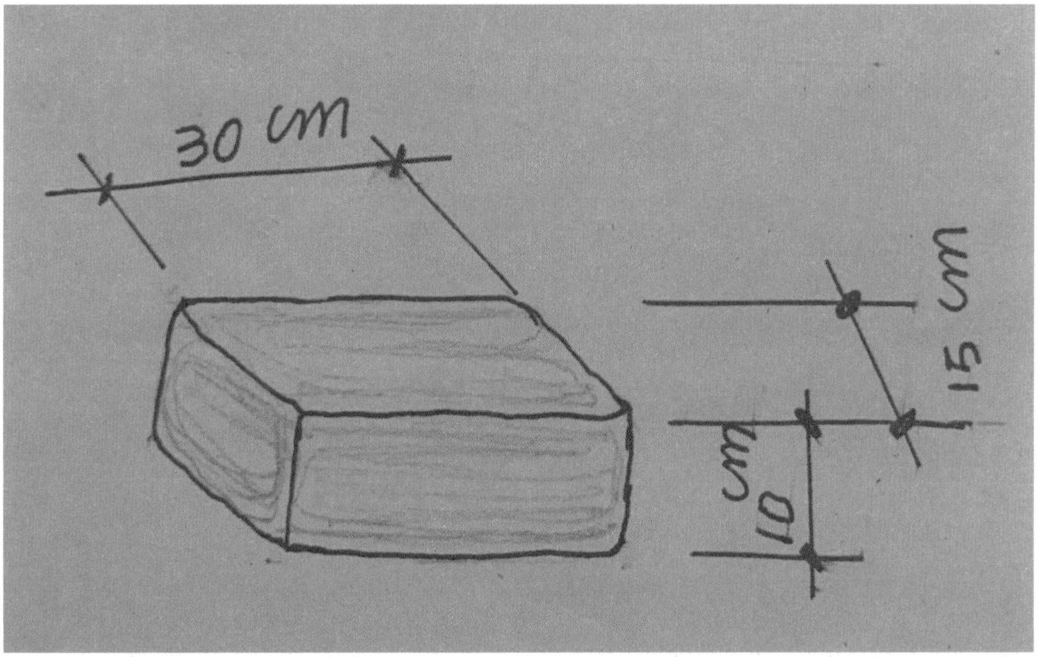

图5–8 山南地区土坯规格尺寸（1969年曲吉建才绘）

到底是从什么时候开始使用土坯我们无法考证，但是使用土坯的地方很多，阿里古格地区和普兰等地民居都是夯土建筑，但内部分隔都用土坯墙，日喀则和山南的大部分地方是土坯墙的民居，这两地的有些庄园建筑和山南泽当镇老城区民居是两层建筑以外，再就是改革开放前拉萨到山南泽当去的沿路民居，拉萨到日喀则沿线农村民居全部都是土坯墙的平房建筑。就是1980年以来我们古建科研室人员到山南曲松县、泽当乃东县、温区、琼结县、桑耶乡、扎囊县、贡嘎县、隆子县等。日喀则地区江孜县、康马县、亚东帕里镇、白朗县、定结县、萨迦县、拉孜县、昂仁县、定日县、聂拉木县、通门县、南木林县、仁布县、尼木县以及林芝地区江达县、米林县、林芝县、波密县等以及拉萨周边达孜县、林周县、墨竹工卡县等都是平房民居。以上这些地方除了阿里和林芝民居仍然用夯土墙之外，拉萨周边农区、山南及日喀则农村民居都采用土坯墙的建筑。这些地方使用土坯墙的年限至少也有一千年左右，所以土坯这种材料在建筑当中占有重要的位置，使用的范围也很广。仍然使用夯土墙为主体的阿里和昌都地区夯土墙房屋中大量使用土坯墙，另外拿拉萨老城来讲，除了较为高级的地方政府的用房和高层级别的活佛宫署之外，城市内绝大多数的民房，甚至大贵族的家园建筑底层采用石墙之外，二层的房屋内外墙全部用土坯墙，就是有些重要寺庙的隔墙也用土坯来砌筑（照5-119）。

照5-119 土坯隔墙的寺庙建筑（2003年拉萨东郊）

要知道从来没有用土坯的地方也只有木雅地区。这里从来没有见过土坯，而且他们不相信这样的生土块还能建房子。可是卫藏人家祖祖辈辈就这么用了。卫藏地区农民的土坯房还是有它经济的方面，石头基础墙砌到离地面六、七十厘米以后就开始砌土坯墙了，土坯砌外墙就是用土坯的长度为墙厚来砌筑，所砌的墙厚40厘米或30厘米，都要按土坯本身的长度，土坯墙里算更讲究一点的也有外墙用一块半土坯厚的墙，如果你用的土坯是30厘米长，一块半土坯就达到40厘米的墙厚，那就要采用一横一顺的土坯墙（图5–9），但使用这种墙厚的不太多，绝大部分都喜欢用30厘米的一块土坯长的墙厚，这样就节约一点。卫藏地区的土坯房的外墙上要设置大梁时用较厚的木板来做垫板，把梁的重量分布下去。也有更讲究一点的，干脆土坯墙根立腹壁柱，大梁就设在腹壁柱上。土坯房内部分隔墙一般只有20厘米左右，就是半块土坯宽，土坯就横着砌起来的。这种隔墙必须立暗柱，譬如布达拉宫的土坯隔墙都要设暗柱，这种半块土坯厚的墙是顶不了房梁。布达拉宫的达赖寝宫等需要间隔小卧室的地方也常用10厘米左右的土坯墙，就是按土坯侧立的办法来砌墙，这种方法就能起轻质墙的作用，这种隔墙做法首先要在楼层上设置木梁才行，否则一般的木檩条是撑不住土坯墙。从以上这些情况来看，土坯虽然是档次低一点的建筑材料，但需要土坯的地方很多，甚至是一种不可或缺的材料，就是驰名中外的布达拉宫上也不能没有土坯墙，要用土坯的地方太多了。所以我们研究中国藏族建筑的时候也不能忘记土坯这种类型的材料。同样在我国西部的一些地区和国家，还有我国新疆和内蒙古等众多地方和其他少数民族地区，也很普遍地使用土坯这种人工建材，这点我们不能忽略。

西藏卫藏地区普遍用土坯也有它各方面的因素，使用夯土墙的大型建筑一次性能完成，有它独到之处，但是卫藏地区小小的一户农民修自家的几间房屋根本折腾不起打夯墙的那么多工序，那里来那么多蹦蹦跳跳打夯人，供养不起也找不到那么多人。另外建土坯房也不用去开采那么多石头，早一年在自家麦场或自家院子里可以打土坯，准备好明年建房用到的土坯。整个建房造价也便宜，这是最主要原因。

再说修夯土墙的房屋，其墙的厚度大，所需土的用量成倍的多。土坯墙只有30~40厘米厚，简单的多，如果砌石墙的人力物力就更不用说了。从质量上讲，那当然土坯建筑档次最低，也最便宜。虽然夯土墙也是生土夯筑而成，但夯打好的夯土壤建筑见水也不很怕，夯土墙的千年古迹都一般不容易倒塌下来。但是土坯墙是最怕雨水，不要说屋顶漏雨水，就是侧风刮起来雨水溅到土坯墙上也会把土坯墙倒塌。因此卫藏地区人们针对这一情况创造了手抓纹的外墙粉刷方法（照5-120）（照5-121）。

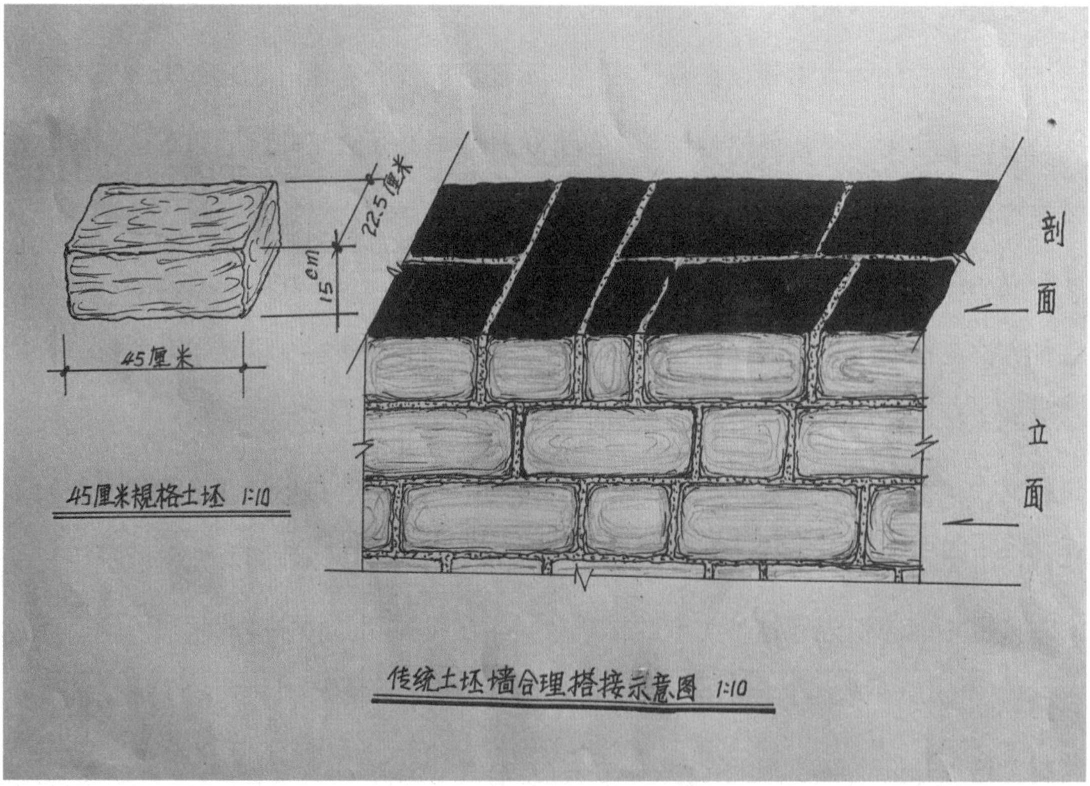

图5-9 传统土坯墙合理搭接示意图（曲吉建才绘）

照5-120 用黄泥做粉刷的土坯墙（拉萨）

照5-121　手抓纹粉刷的外墙（拉萨老民居）

这种粉刷用的泥浆要粘性较大的黄土，加上一定比例的沙性土，沙性多了防不了雨水，粘土太强了也会开裂，雨水顺裂缝渗入墙内，防水的作用就达不到， 这都是有经验的泥浆师傅所掌握。手抓纹就是泥浆师傅自己来操作，因为泥浆师傅（藏语叫“协苯”）都是女性的，“协苯”个子不高，手抓纹的宽度一般都是40厘米左右。纹路有四小条，就是除大拇指以外四个指头的纹路，这样雨水顺纹路往下流去，这样就能起较好的防水作用。这也是土坯建筑不可缺少的技术工艺。前面说了土坯自身成为一座建筑的主体材料之外，土坯又在像布达拉宫这么重要的建筑里头还有它的一席之地，甚至可以说是不可缺少的角色。布达拉宫高层建筑里面根据功能和使用各方面的需要，隔出不同大小和不同功能的房间，都要靠土坯这种材料来实施。所以从这一角度来讲，土坯又充当的轻质墙的角色。这又是土坯这种材料的特点之一。说到这里藏族建筑中还有一些特殊的轻质材料，山南拉加里王府楼层上就用过一种轻质材料，这种材料是用牛粪和少许泥土合拌打出来的牛粪土坯，这种牛粪土坯比同样大小的土坯还少一半左右的重量，再说拉加里本身在农村，牛粪有的是。另外这里还用一种柳树枝编织出来的树条板，高度跟室内层高相同，宽度也按实际需求分隔的地方把编织板立起来固定后，粘性较强的泥巴从两个面抹几次。这种轻质隔断一般用在走廊和厕所等地方，因为这种隔断虽然重量轻，但泥巴抹上去以后表面不太平整，所以高级寝宫和佛堂室内不能用。这种树枝编织的隔断在朗色林庄园和林芝阿沛庄园楼内都用过（照5-122），在农村有的民居里也用。还有一种沼泽地附近的有些庄园建筑和一般民居也有用草坯砌墙的做法。亚东县的帕里镇是西藏海拔最高的城镇之一。这里主要以牧业为主，这里的民居石墙为主，但是室内隔断或院子围墙都用草坯修建。拉萨墨竹工卡县日土乡的范围属半农半牧区域，这里的牧民冬居房屋都采用一些草坯修建简易房屋或围墙等。

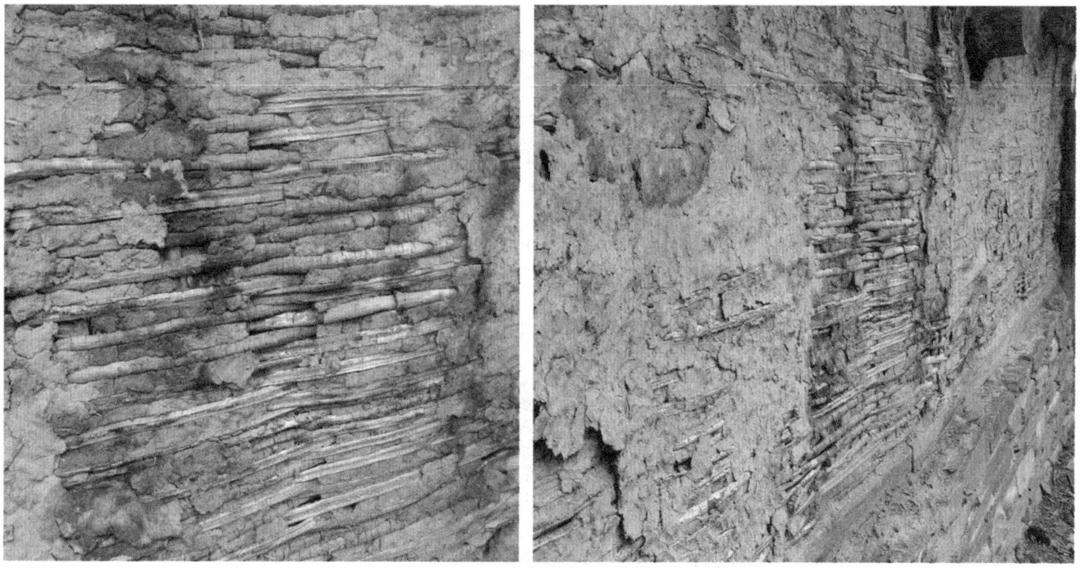

照5-122 树枝编织的屋内轻质隔断（林芝阿佩庄园2018年）

当然现在从环境保护的角度来讲，使用草坯就要把沼泽地里的草坯挖出来，这样严重破坏了草场，不值得采用。只不过作为历史给大家介绍而已。

（六）木头建筑

高原上木头建筑不是很普遍，数量并不多。藏族人的观念中木头建筑并不算正规的建筑类型，作为一种临时性或者简易性的建筑种类，另一种是有钱人休闲用的小型亭阁，这也不算什么正规建筑。

木头建筑主要出现在木材充足的林区，分为圆木和半圆木的井杆式建筑，藏语叫“蚌瓦”，还有板式建筑。木头建筑修建快，抗震性能好，可以迁移等优点。但防火性能差，防腐能力弱，这是致命缺陷。在今后的民居和住宅设计中，木材不可能成为主要的建筑用料。但木头建筑适合人的生理，有它继续使用的价值。

1.井杆式建筑。有上千年的使用历史。没有出现石墙建筑以前，夯土建筑的某个角落设立井杆式房间，汉语井杆和藏语“蚌瓦”都是并排的意思，粗细差不多的圆木在横竖角上开个口，拼接固定（照5-123）。这种井杆房屋多为半圆木制作，可以节省用料。这种建筑在康区较多，卫藏地区见不到。康区昌都、德格、甘孜、丹巴、玉树等地见的都是老式井杆建筑（照5–124）（图5–10）。

照5-123 井杆建筑做法

照5-124 康区井杆式的老民居（德格县）

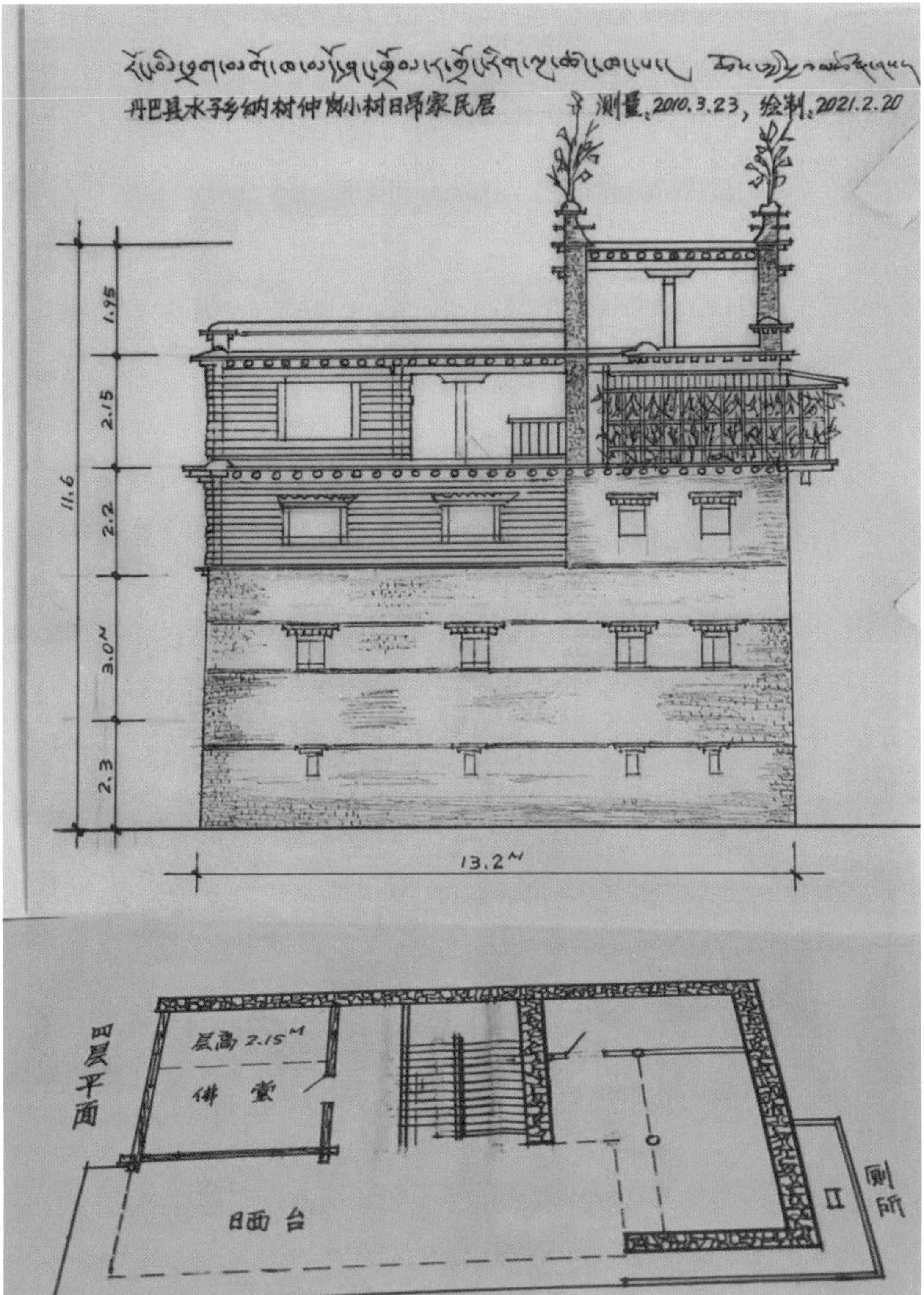

图5-10 丹巴县井杆式民居实测图（曲吉建才绘）

这种井杆式民居在挪威国家博物院里作为古老遗产展示（照5-125）。近二百多年来康区炉霍和道孚县境内发展很快，整个民居的二楼全部用井杆式木房，因为这些地方正处在地震断裂地带，地震灾害严重，故当地人找来雅安等地的汉族木匠，把传统的井杆式做法加以扩大，增加立柱和横梁，整个二楼全变为井杆式建筑（照5-126）。由于这两个县都在林区，使用木材较方便。实际建造过程中木材消耗十分严重，但抗震性能特别突出。另外康区木雅等地过去的水磨房大多用井杆式建筑（照5-127）（图5-11）。

照5-125 挪威国家博物馆展示的井杆式老民居（1996年）

照5-126 二楼全为井杆式建筑（道孚县2018年）

照5-127 井杆式水磨房（康定朋布西2018年）

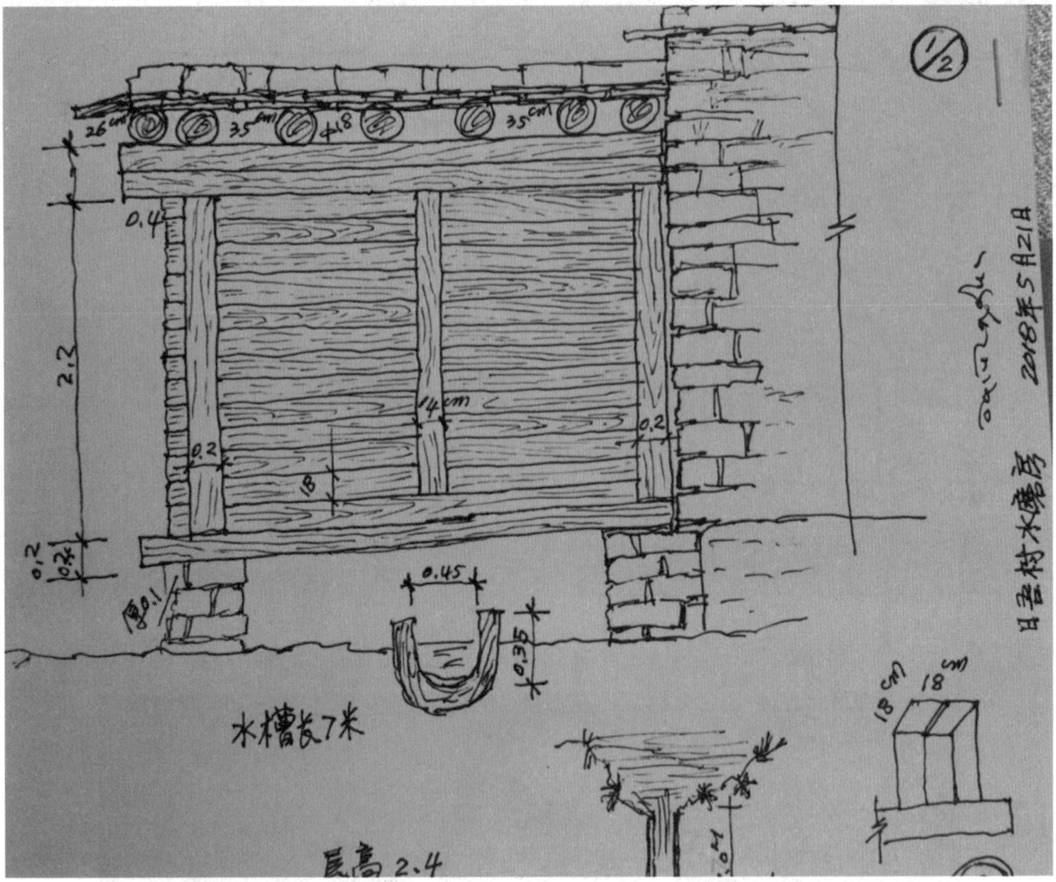

图5-11 井杆式水磨房实测图（康定朋布西）（曲吉建才绘）

2.板式建筑。板式建筑就是木板房，四周立柱子，柱子之间用木板隔断。在喜马拉雅山南坡洛巴、门巴村庄都有简陋的木板房（照5-128）。当然做工精致一点的镶板隔墙的民居也不少，日喀则的亚东下司马村庄，青海黄南州根敦群培故居也是夯土墙结合木板建成的老民居（照5-129）（图5-12）。四川木雅康定市、泸定和松潘等地很多旧民居都是这种民居。这些都是热带气候下出现的民居，整个青藏高原上很少见，其制作工艺和技术手段跟祖国内地和其他少数民族地区一样，没有什么高原地区的特色，因此不在此作介绍。

照5-128 西藏墨脱板式老民居

照5-129 根敦群培故居

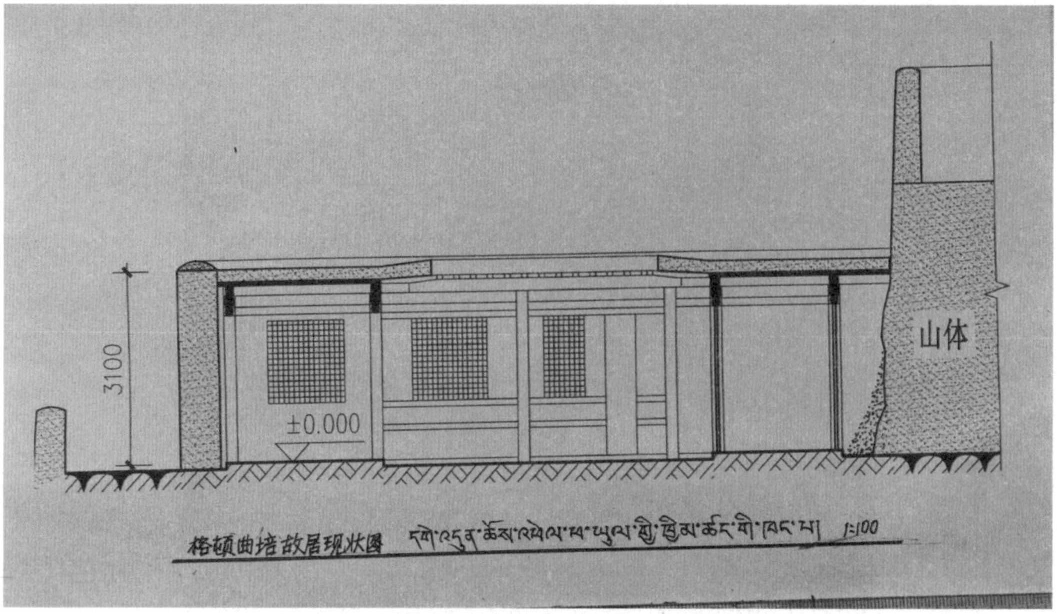

图5-12 根敦群培故居立面图（群英绘）

二、结构特征

藏式建筑为土木和石木混合结构，其型式有木头承重结构、墙体承重结构、柱网承重结构、墙柱混合承重结构之分。

(一)木头承重结构

木结构是藏族建筑最基本的结构类型，藏式建筑木结构的制作也是从远古做法逐步演变和发展过来的，藏式建筑木结构的主体以梁、柱、檩三部分组成。就是石器时代遗址中树枝搭建的棚子都是这样的结构体系，当时的树枝棚就是立两个树杈的树干作为柱子，两个枝干上横向搭一根木头是木梁，然后两边斜面上铺设树杆或是后来的小檩木，这是斜山屋面的做法（图5-13）。

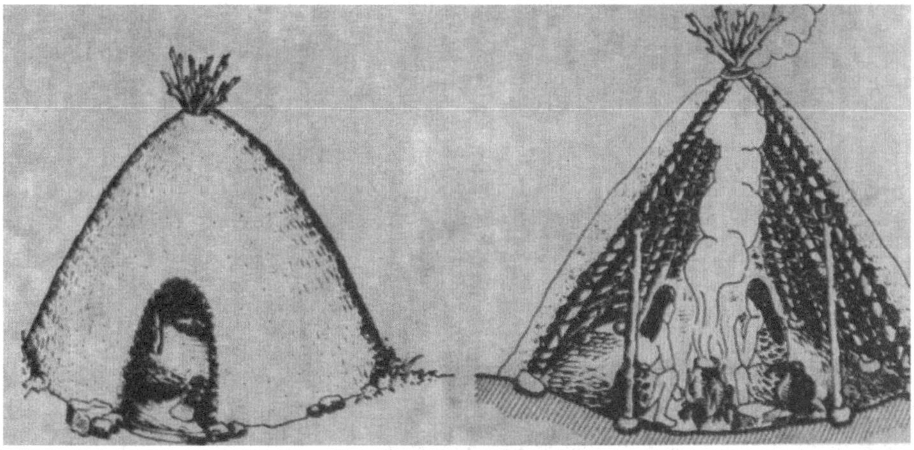

图5-13 卡若遗址斜山屋面的做法

但在昌都卡若遗址中也出现了平屋面的做法，也就是前面讲的树枝搭棚的做法基础上，多立几根木头立杆，形成平顶屋面。石器时代半地穴或石头围起来的居住点，以四周石砌围墙上搭建木梁，跨度大的中间立柱，形成一柱间的房屋，这就是形成平屋面的最基础的形式。当初这种屋顶上覆盖树叶、稻草和芭蕉叶等。这就是藏式建筑平屋顶初期的形式（图5-14）。青藏高原寒冷天气，加上雨水较少的气候，更适应这种平屋顶建筑。但是这种梁柱结构具体造型的演变过程很少有人去了解，更没有人去研究。

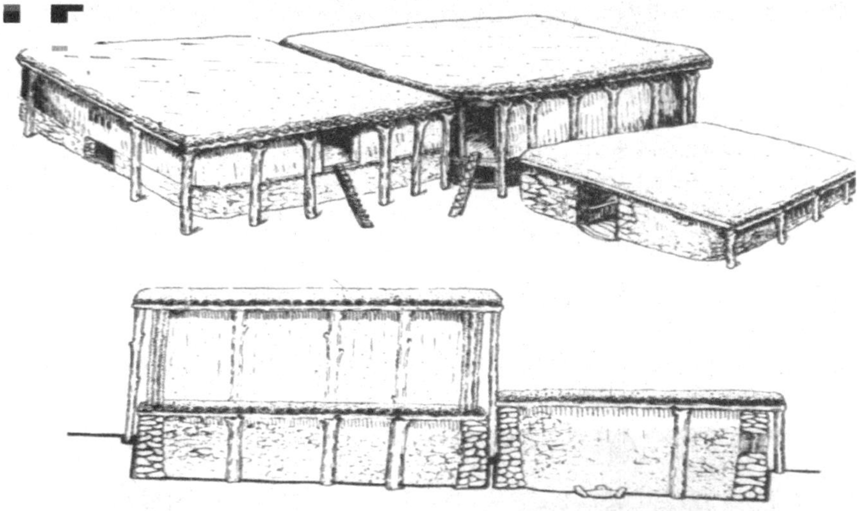

图5-14 藏式建筑平屋顶初步形成示意图（曲吉建才重绘）

首先从立柱说起，立柱子是平屋顶最基本的承重结构之一，但远古时代古人们修建房屋时设立柱子并没有那么规范，就根据梁木的长度设木柱，这就是在昌都卡若遗址中发现的不规则的柱洞的原因，也就是说柱子间跨度有大有小（照5-130）。本人在上世纪九十年代考察昌都老城区居民时，当地多处老民居室内柱子间距差别很大，很不规则，当初有点不可理解。后来同卡若遗址比较，才懂得这还是古代遗留下来的做法。

照5-130 木雅扎巴地区室内柱间距不规则的民居（2003年）

其二是梁的布置，早在远古时期木棚子的平屋面出现时，大多是搭建双梁的居多（照5-131），既然要搭双梁，一根柱托不了两根梁，就设了托木，也就是弓木。但民间更多时候叫柱头，目前仍在使用这个名字，不过使用过程中往往跟柱头柱尾混淆，所以较为专业的名字就叫弓木。后来藏汉语普遍使用过程中汉式木结构雀替的名字用在弓木上，从造型上讲雀替和弓木是很相似的，但结构承受力上完全不同。雀替是汉式建筑造型的补充构件（照5-132），弓木是实实在在的承重结构，（照5-133）所以，我们介绍藏式建筑时还是用弓木这个词更恰当。

弓木上搭建双梁的式样

局部

照5-131 搭建双梁的民居（木雅扎巴）

照5-132 汉式建筑补充造型的构件雀替

照5-133 藏式木结构实际承重能力的弓木

目前所有藏族建筑绝大部分是大梁和弓木是平行方向摆设的，但是至少五六百年前的民居，或者几百年前较偏僻的农村，如昌都一带、康定一带，丹巴、扎巴、九龙等地仍能看到这种双梁结构。当然，双梁结构是比较繁琐，样式也不美观。所以后来发展过程中更多地采用现在的弓梁平行方向摆设的样式（照5-134）。

照5-134 平行方向摆设的弓梁

我前面说了双梁和单梁在稳定性和承受力方面是有差别的，不过在后来的发展过程中，单梁结构加设了四柱八梁的做法（照5-135）。也是加强了单梁结构的稳定性和牢固性所采取的一种结构形式。

照5-135 单梁结构加设了四柱八梁的做法（木雅岭古寺）

弓木是弓箭的弓来起名，后来讲究的建筑里弓木都是以弓的造型制作。弓木不仅把两边的梁搭接在一起（图5-15），起到了连接作用之外，两头的弓木伸展1米多长度，缩小了柱间的距离，也就是梁的跨度适当地缩小，更稳定了木结构的整体性。就拿最基本的藏式木结构的梁柱尺度来讲，大的梁距一般3米左右，小的约2.3米。弓木长1.2米左右，从柱中心往两边伸展0.6米，本来的梁长3米，弓木从两边伸展0.6米，共1.2米。这样3米的两跨缩小1.2米，实际的跨度只有1.8米。这对梁跨大的问题起到很大的作用。又比如，20世纪20年代十三世达赖喇嘛让侍官土登贡培负责建造罗布林卡西边坚色颇章宫殿，聪明能干的贡培在材料优越的条件下，有意把新宫殿的梁跨从以前最大的3米扩大到4米多，当然，当时材质方面是有绝对的条件，材质好是一方面，但弓木起到关键作用，新宫殿的弓木加长1.5米，这样4米跨度的梁距，实际空跨只有2.5米。所以弓木的作用非同一般。因此藏式建筑的弓木并不只是个造型，更是结构受力的关键构件之一。

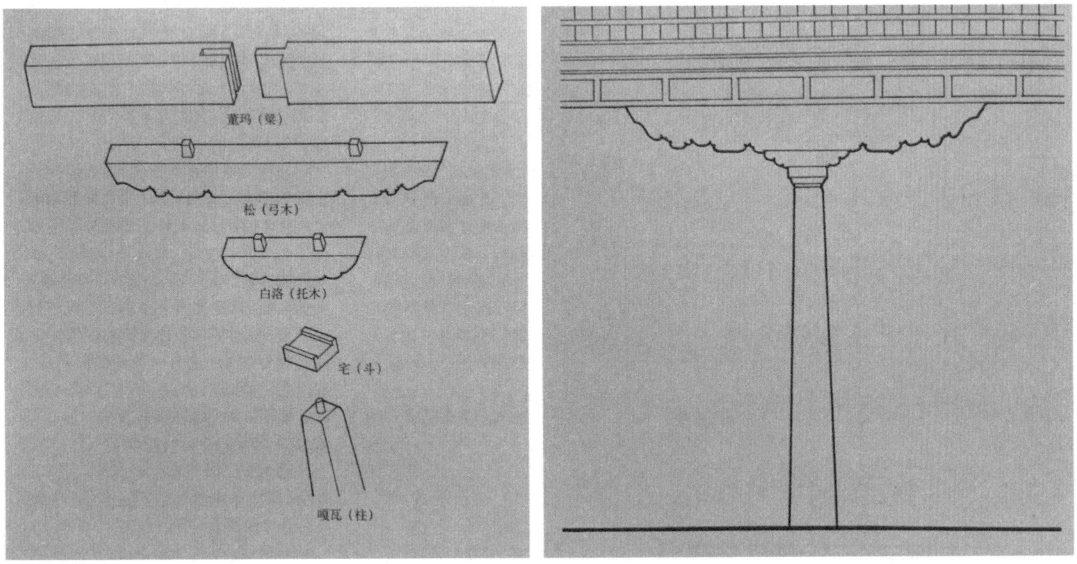

图5-15 藏式梁柱结构图（曲吉建才绘）

立柱：立柱也有讲究，梁柱加工完成后，先要倒立进行组装，试制成功后，再立起来盖顶。藏族人建筑技术达到一定水平后，本民族文化习俗和天地方位学方面都有些讲究，意识到天地山水，树木草卉都是有生命的。但修建房屋不得不砍树取木材，把树砍下来立柱时就把树的方位定好，到新建房屋里立柱时把东面方位对号立下，认为顺风顺水。但后来建筑规模大了，像哲蚌寺大殿二百根柱子，谁去对这种方位，因此这种讲究早已失传了。还有立柱要树木不能头倒下，一般的树枝一看就能知道头尾，木柱头朝下说不出受力上有什么影响，但心理上感觉不好，视觉上也不舒服。再说圆柱或打造出来的方柱，总要把柱头部位小一点，柱根部位大一点，习惯做法上头根差别为立柱高度的百分之一左右收分，就是方形柱子来说，柱头宽18厘米的话，柱根宽20厘米。

目前很多人，包括藏民族自已都认为室内立柱对空间受到很大限制，挡住视线等多种不便。但是一家较正规的传统民居，如果室内没有设柱子，就存在很大的缺陷，不称其为地道的藏族民居。屋内没有柱子，乔迁之喜客人们房内献哈达的地方都没有，习惯上屋内有几根柱，但从位置和朝向方面来确定一柱子是最重要的，象征顶天立地，一家之柱。这根柱的位置是客厅朝向的前排，房屋的右侧第一根柱。比如八柱厅、六柱厅、四柱间正面前排右第一根柱子就是最重要的（照5-136）。

这根柱上捆绑各圣地的树叶，丰收的青稞麦穗，还有朝圣时带回的哈达都挂上，有的还把家里的珠宝项链都挂在上面。以及这家人最崇拜的佛和上师的相片也要挂在柱头上，这些是有柱子的特点。假如没有柱子的房间里会有这些特点，这些习俗吗？所以藏式建筑的柱子并不单纯是结构形式的存在，而是千百年实际生活中形成的根深蒂固的传统文化。这一点现在的年轻人根本不懂或根本不去想。

照5-136 藏式建筑中柱子的重要性（康定沙德瓦月巴玛家1983年）

照5-137 五块石头垒起来的柱基（康定沙德瓦月巴玛家1983年）

早在远古时期我们的祖先就会使用，一来对柱根起防腐作用，柱基石的形成和作用，二来也是稳定了柱基。一般是找一块平整的石块，但是康定、九龙、丹巴等地古老民居底层柱加有五六块石头摞起来做柱基，每块平板石头差不多有15厘米厚，摞起来的高度1米左右（照5–137）（图5–16），这又是为什么呢？

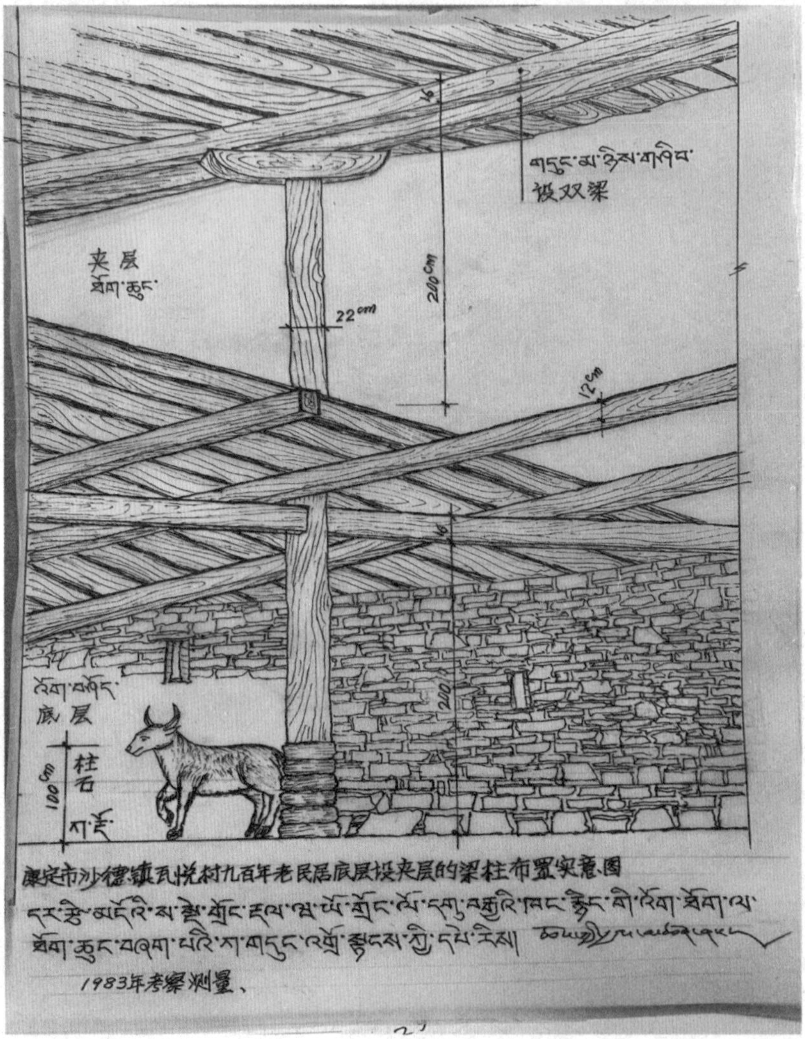

图5–16 康定市沙德镇瓦月村九百年老民居底层设夹层的梁柱布置示意图（曲吉建才绘）

这些地方的民居都是将底层作为牛羊圈，冬天暖和又不怕野兽袭击，家畜粪便也方便堆积以作肥料。但是家畜关进后还要喂草料，这样又容易长很多跳蚤等寄生虫，牛羊身上叮咬，它们往柱子上搓身子，久而久之木柱都要搓出痕迹和缺口。为此祖先们想出加高柱基石的办法，加高的柱基正好1米左右，牛羊和骡马搓背的高度正好，我们在观察中看到这些柱基石都是油腻腻的，石板的边角都磨光滑了。同时也能防止牛羊粪便浸蚀柱子等等，这些做法只要我们认真地分析研究，就能发现生活和生产不可缺少的内容。

木梁：木梁是藏式建筑梁柱结构最重要构件之一（照5–138）。

照5–138 两个支点的木梁（阿坝壤塘2003年）

早期的木梁都是圆木，在后来的发展过程中造型上也有开始讲究，出现了方形梁，但这不能是正方形，要长方形，梁高大于梁宽，这当然是受力好一点。单从梁跨上讲，圆木的受力更好一点，梁的设置也有一定的学问，树木在林区生长过程中，日照和风向使树木向一个方向倾斜，这种树再直也有一点倾斜，有经验的木匠一看就能看出梁的弯曲度。因为大梁固定在左右两个支撑点上，在这个时候木工把梁的弯曲朝上是十分重要的，也是必须的。当屋顶盖起来后，上面的重量压下来，梁的弯度还能起一种反弹的作用，相当于现代钢筋混凝预力结构一样。这种一根梁，两边各一个支撑点，横向的梁把上面的荷载传到两边的支撑点上，这是藏族建筑最普遍的结构类型。但是另一种藏族建筑的结构形式不是两个支点，而是悬臂的跳梁式结构，这种结构的典型例子是西藏山南桑耶寺主殿金顶结构做法（照5-139）。

照5-139 一个支点的挑梁（桑耶寺主殿金顶2014年）

1987年4月至7月我在桑耶寺实地修复彻底拆除的五重金顶，这种传说中的内无柱，外无墙的神变金顶就是悬臂式跳梁结构。我当时绘出了复原设计图，并现场制作了1:10的大模型。金顶悬挑结构最薄弱部位是中间部位，作为施工队木工屋钦德庆七十多岁，木工屋琼洛桑旺秋也是六十好几的年龄，他们两个都是过去地方政府拉萨土木协会评选出来的屋钦、屋琼级别的师傅，可以说是身经百战的老师傅。我前面讲过的一根梁有两个支撑点时梁的拱形要向上。这一事他们当然知道，而且熟悉得不得了。但这两位老师傅过去基本没有制作过悬臂结构的金顶构架，再说他们也只是靠经验的技术工匠，想象不到这次制作的是另一种结构受力点。习惯的做法是梁的拱形向上，他们把桑耶寺金顶结构的悬臂梁全部按拱形向上摆设，也就是有两个支点的做法。

1990年我在布达拉宫维修时，桑耶寺反映金顶底层悬臂梁有不同程度的下沉降现象，特别是四个角的大跳梁下沉更明显。于是我专门前往桑耶寺查看，一眼就看出来问题出现在什么地方，就是老匠人们还是按平常的平屋顶的两个支撑点的方法把大梁的拱形向上安装，但这些跳梁的支撑点在中间，两头没有支撑点，反而上面有向下支点，所以这些悬臂梁都有程度不同的两头下沉。中间段的跳梁两边跨度各2米左右，梁弯度不大，只有向下弯2厘米左右，但四个角的大梁跨度5米多，大梁本身的弯曲大一点，看起来更明显，梁头下沉5厘米左右，但实际上并不是结构下沉，更不是结构松动，只是木梁自然干枯的变形而已。当初木匠师傅们能想到这一点，大梁拱形向下，把两头翘起来就好了。但是我作为设计者未能提前提醒他们，自己也追悔莫及。总之，木梁的制作和设置方向有这些要求。

木檩，藏语里叫“姜木”，是摆设在大梁间或者大梁和承重墙之间铺设的木构件（照5-140）（图5-17）。

照5-140 木檩铺设法（康区一座小寺庙）

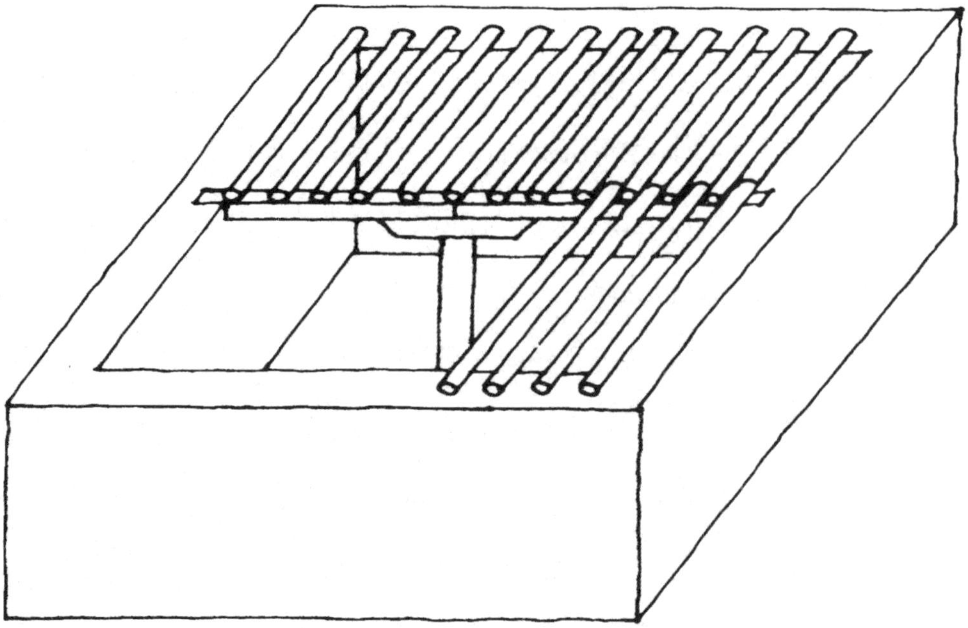

图5-17 木檩铺设示意（曲吉建才绘）

一般民居都采用圆木檩，讲究的宫殿和佛堂里也有方形木檩，这种木方要求断面高大于宽。一般民居里，木檩要多长就有多长，搭在墙上的尽量长一点，伸在梁上的也要尽量长一些为最好。但是在比较讲究的房间里，木檩搭建在木梁上的长短都要统一。这是造型上的要求。檩条摆设原则上还是拱形向上好。

藏式建筑的梁跨和柱间或柱距的概念是如何的呢？梁跨就是一根梁的跨度，柱到柱之间一根大梁的跨度。梁跨还有承重墙和柱子之间的跨度都是梁跨。这种叫法我们是按照藏语的叫法翻译过来的，大家要知道这跟汉语中的开间的叫法不完全统一。柱间和柱距也是跟梁跨一样，柱子之间的距离或柱子和墙之间的间隔，这种距离是大梁连接起来的，又叫梁跨。大梁和大梁间铺设的木檩的跨度，或者大梁和墙之间的空间就是檩跨。就拿一个四柱厅的房间来说一下梁跨、檩跨的概念（图5-18）。

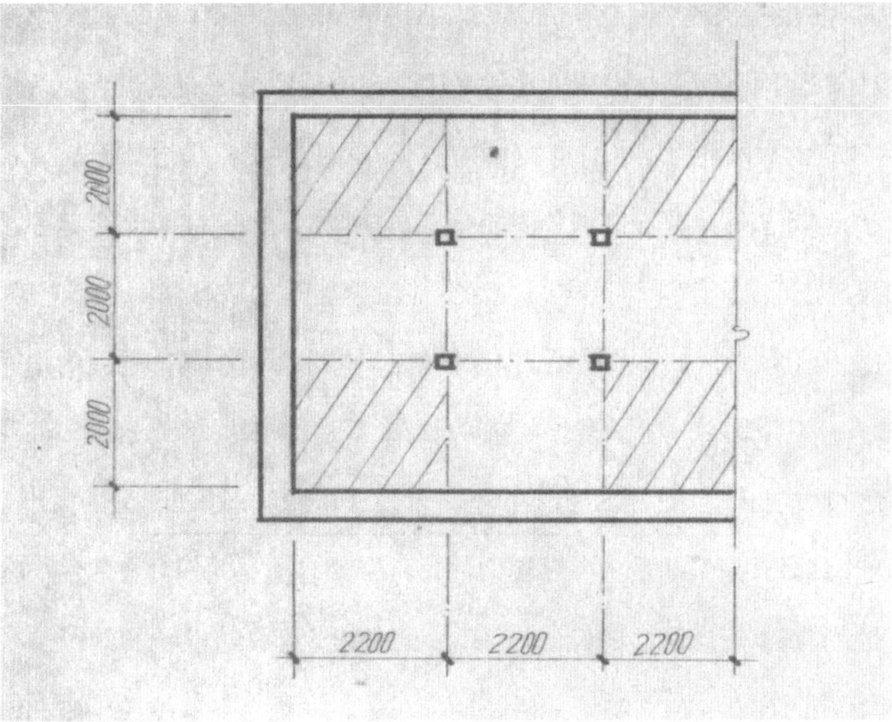

图5-18 一间四柱厅的梁跨、檩跨的概念（曲吉建才绘）

一般来说，藏式民居不管朝南或朝东的正面横向摆设大梁，人们通常叫“横梁”也是这个理由。这种四柱厅前面设置三根大梁，后面也有三根大梁，就是前后共六根梁。四柱厅竖向有三个空间，这些空间铺设木檩，所以叫檩跨。檩木铺设间距一般为30厘米左右，约3米间距的梁跨内，一般设置七根檩木正合适，七个30厘米等于2.1米左右，檩木直径一般长13厘米，占90厘米左右，2.1+0.91=3.01米，正好一梁距。但卫藏地区传统民居的梁跨小，木檩也细，设置木檩的数字相差不大，以上就是大概的情况。一般来说，藏族的习惯中一座房间的大小就用几个柱子来形容，比如：六柱、八柱和九柱等等，这种正方形和长方形的平面来讲还是说得清楚，但是有拐角的平面来说，按几根柱子是说不清楚房屋的大小。藏式民居有“L”字形，凹字形和内院廊式等，都说不清楚这些家有多少根柱子。在民间或者在藏族工匠当中有个较为准确的面积算法，比如家里铺设木地板，家里做装修都是以一空间来进行计算，实际上就是横向一梁跨，竖向一檩跨为一空，也就是平方面积的粗略计算法，因为以前没有米或公尺之类的概念，但梁跨和檩跨有大小，这样计算很不准确。一根柱的房间有四个小空间，也就是四个空。卫藏地区的建筑，包括哲蚌寺措钦大殿等建筑的大梁的跨度也只有2.4米左右，木檩跨度也只是约2.3米，这种一开间实际面积约5.5平方米。但是在我们木雅等森林地区的建筑，不管是寺庙还是民居，梁跨和檩跨都差不多有3米，这样康区森林地段建筑的一开间为3×3米，就等于9平方米左右。跟卫藏地区的一空间的面积相差3.5平方米。就一间一柱厅的房间之间面积相差较大，卫藏地区一柱厅四个小空间只有22.1平方米；木雅地区的一柱厅四个小空间就有36个平方米，木雅建筑大14个平方米，这相当于一个小房间的大小。

木头作为藏式建筑的最主要结构构件，具有其它构件的不可替代性。在长期的实践中得出了基本符合科学的经验作法，一般情况下一根直径9㎝的檩条要承受藏式楼面厚10㎝的卵石一层，粘土一层厚10㎝左右。阿嘎土一层厚10㎝左右，共30㎝左右厚的楼面荷载（图5-19）。

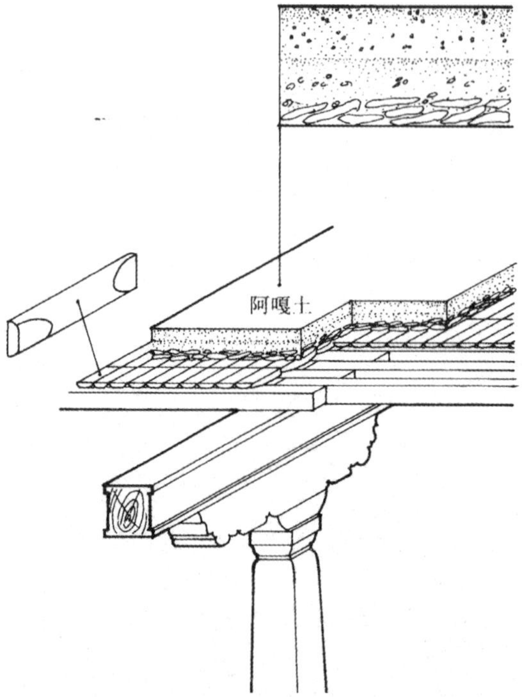

图5-19 楼面荷载层次示意（曲吉建才绘）

当这根檩条的跨度为200㎝左右时，它承受的荷载及变形情况测算结果如下：

藏式建筑木檩直径\荷载测算表（单位：cm）

楼面荷载	檩直径	度	备注
30厚面层加150活载	ф8檩	F=1/117	一般民居
50厚面层加150活载	ф10檩	F=1/181	寺院等公共建筑
30厚面层加150活载	ф10檩	F=1/285	贵族家院等高级建筑
30厚面层加150活载	ф9檩	F=1/186	普通建筑

这就是藏式建筑最基本的一些尺度关系和荷载测算数据，如果再过几代人，钢筋混泥土建筑普及各个农村地区的时候，这些数据都会被人们忘得一干二净，甚至连历史博物馆都进不去了。

在传统藏式建筑中，梁柱雕刻，门窗的花纹都在木构件上做文章。另外藏式建筑的木构件在建筑维修中，任何一个构件都可以更换，这在钢筋混凝土建筑的现代结构中是不可能实现的，先进的钢筋混凝土建筑的寿命也还不到一百多年，可是作为石木结构的藏式传统建筑却可以保持上千年历史，其主要原因除了石木本身的经久耐用的特点之外，更在于损坏的木构件随时可以更换，使建筑物的寿命大大延长。

（二）墙体承重结构

早期的碉堡建筑有方型和八角型、十二角等平面（图5-20）。因为碉堡建筑内部平面一般为筒形，不需要设柱子，采用通长的梁和檩条架起楼层和屋面。每层的重量通过梁和檩条传到墙上。另外小型修法室、转经筒殿，一般的厕所，因为开间不大，两边墙上直接铺设檩条，这些建筑都是墙体承重的结构。

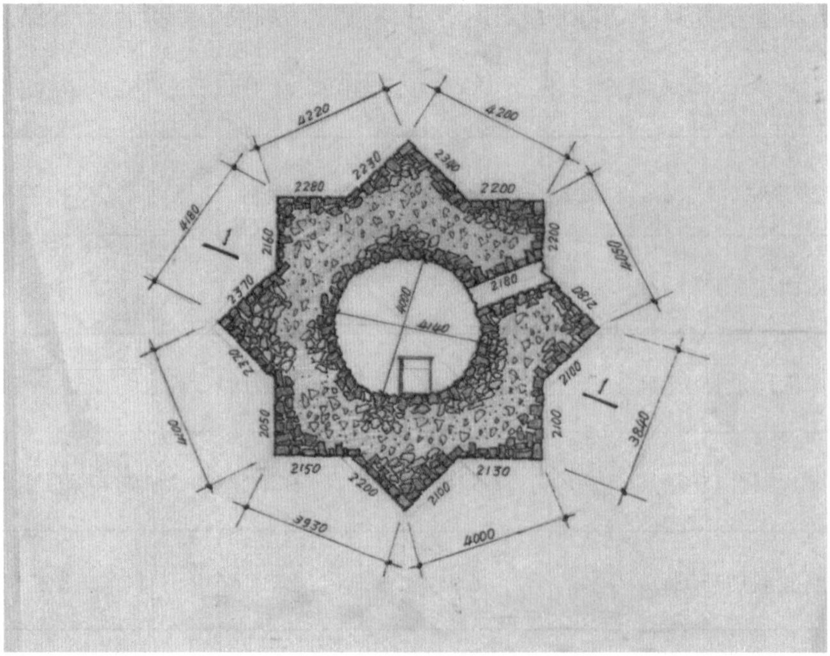

八角碉楼的底层平面图（木雅朋布西日木道碉楼）（曲吉建才绘）

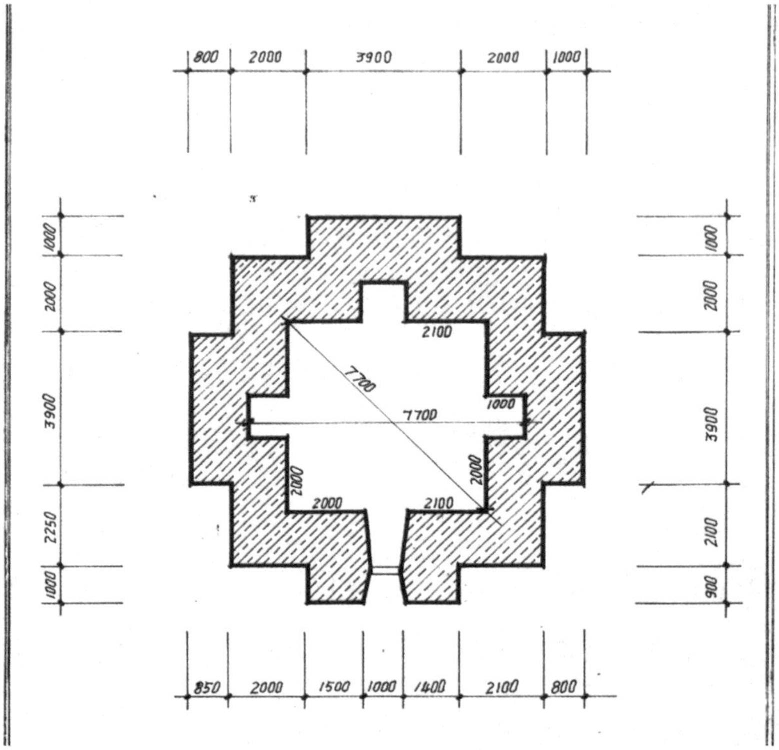

十二角碉楼的底层平面图（林芝秀巴碉楼）（曲吉建才绘）

图5-20 墙体承重的例子

另外高层建筑如依山修建的布达拉宫和农村高层的庄园建筑，如山南朗色林庄园等建筑底层部分全是由墙体承重，每一开间设一道墙，藏语称为“札秀尔”，是地垄墙的意思（图5–21）。地垄墙实际上是建筑的基础墙，只是砌筑的方法不同，它是在基础上留出一定的间隔后所砌筑的基础墙。这样可以少砌一部分的墙，而且利用这些空间储藏一些东西。因此，可以说地垄墙是基础墙的一种革新手段，可以减省很多石材和劳力。这种技术主要盛兴于依山修建的城堡建筑，比如布达拉宫正面依山修建的展佛墙，底层的四层以下全是地垄墙，到了一定的高度可以设置房间时就在底层的地垄墙上立柱子形成房间（图5–22）（照5–141）。

地垄墙的墙一般都在1米左右，墙的间距1.2米左右。层高没有什么标准，根据实际需要来确定，大部分的层高都在2.5米到3米高。可是朗色林庄园底层地垄墙有5米多高，一来提升主楼的高度，二来地垄墙里储藏粮食，所以都是因地制宜来确定层高。

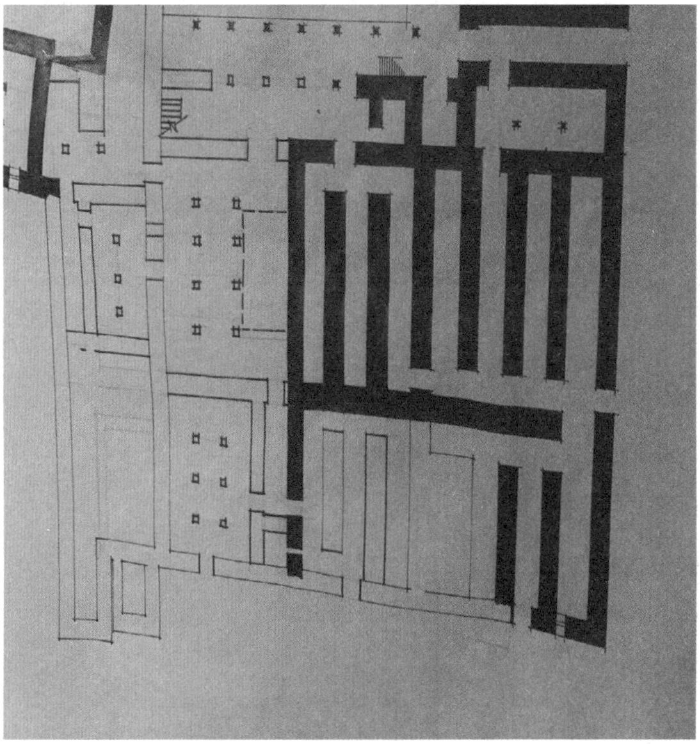

图5-21 石墙底层部位的地垄墙示意（拉萨大昭寺 曲吉建才绘）

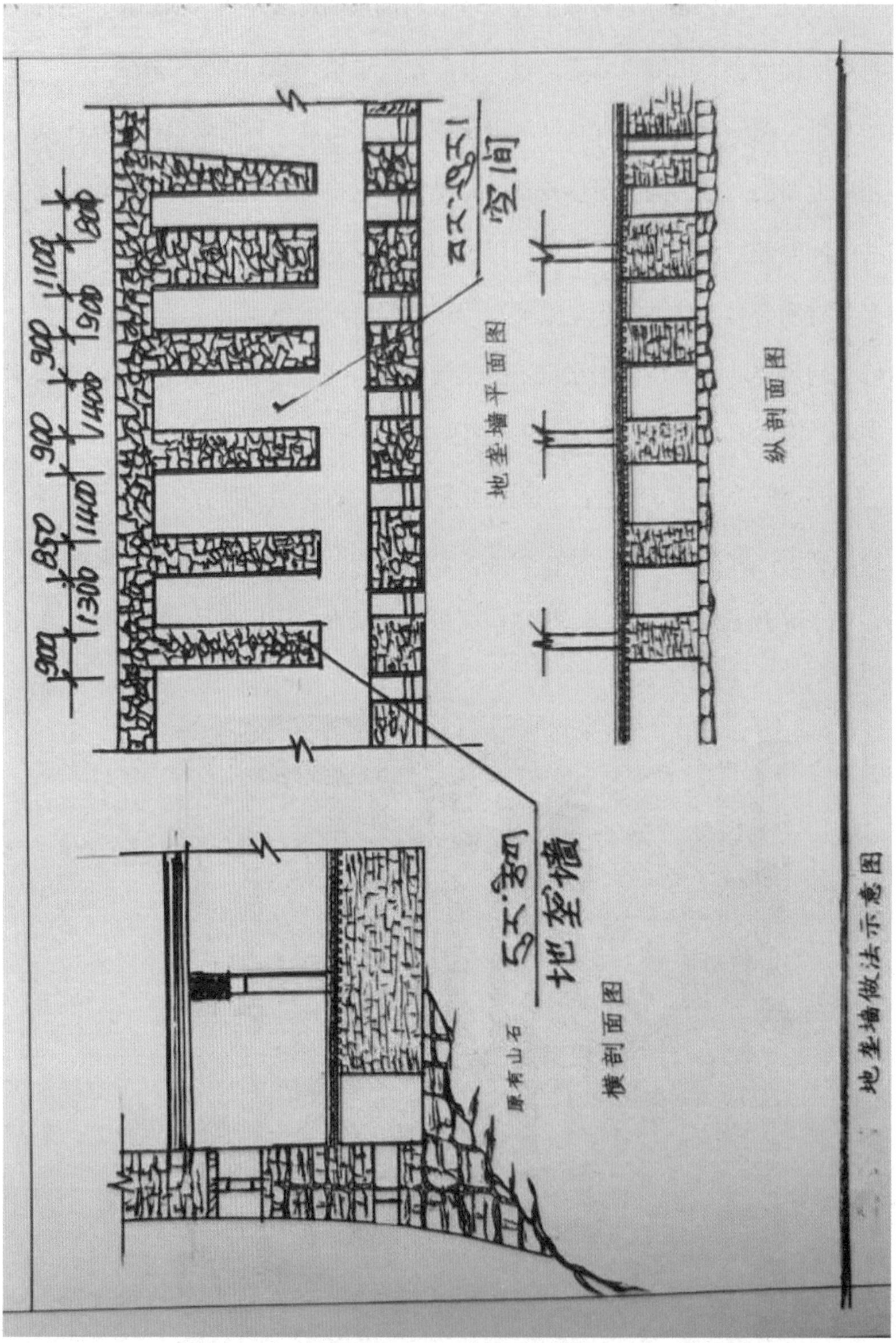

图5-22 地垄墙做法示意图（曲吉建才绘）

照5-141 藏式传统地垄墙内部状况（布达拉宫 1990年）

（三）柱网承重结构

在西藏亚东和林芝等森林地区较为盛行，这种结构同祖国内地抬梁式木结构有些相似，房子四周由木板或石墙做隔墙，屋面用木板或石板作斜坡屋面。有些寺院的亮厅如布达拉宫顶层的“供品制作厅”四周都开了窗户，为了减轻屋面重量，采用了铜皮镀锌的斜坡屋面。如哲蚌寺集会大殿，大厅内部180多根柱子面积全是柱网结构（图5-23）（照5-142）。

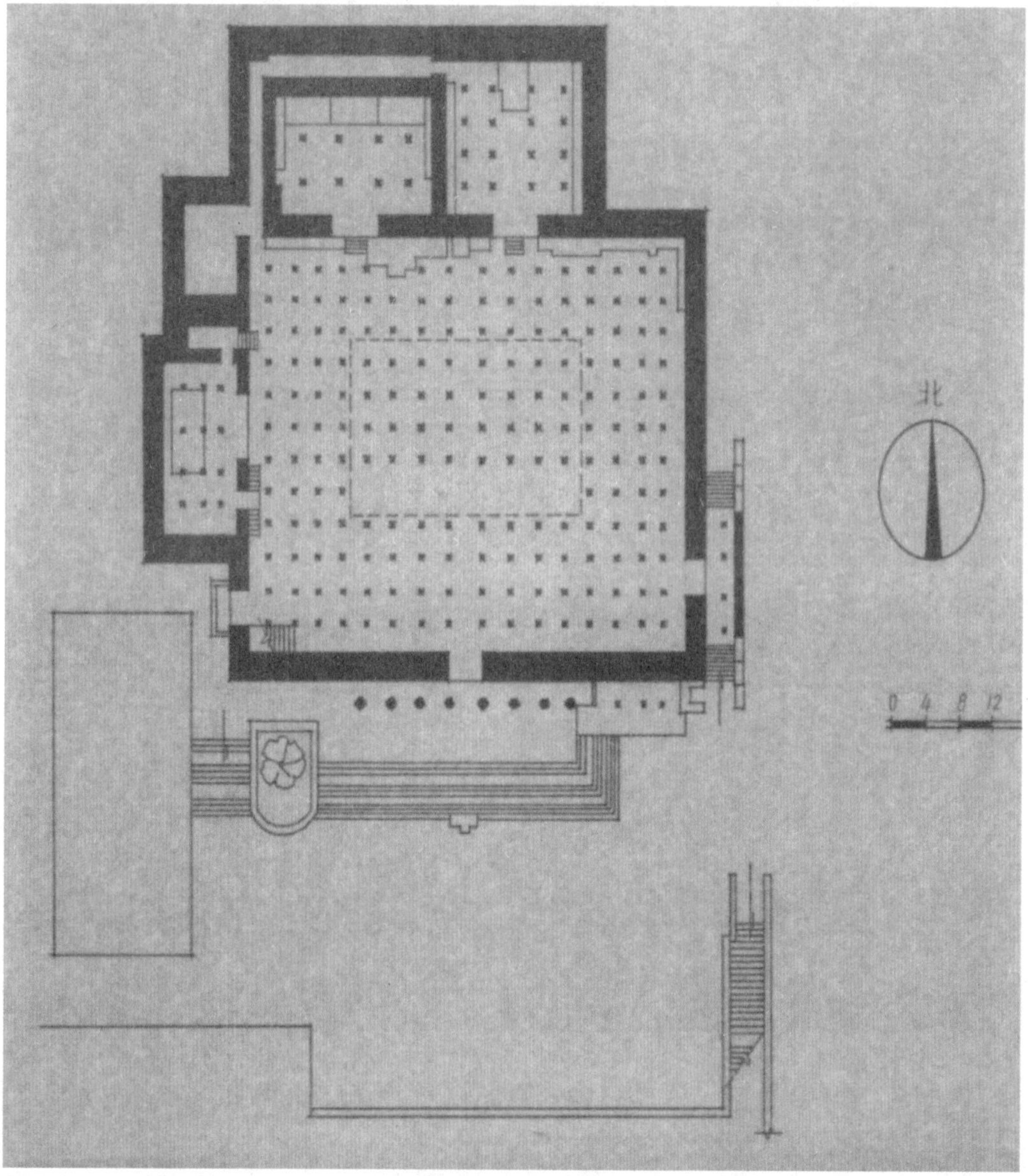

图5-23 柱网承重结构（哲蚌寺集会大殿）（曲吉建才绘1982年）

照5-142 哲蚌寺集会大殿内景（1982年）

藏族建筑的木结构十分简易，做工简单。木构件可以归纳为三类，一是柱子，为承受垂直荷载的构件，二是大梁，三是檩条，后两者为水平承受荷载的构件。

（四）墙柱混合承重结构

墙柱混合结构是藏族建筑最基本的结构形式。也就是外墙与内部柱子共同承受重量的方法。这种结构做法小到一般民居，大到寺庙集会大殿都采用。这种结构适合各种平面，布局简便，楼层多少都能使用等，有很多优点。大梁横向铺设，大梁两头摆在柱子和竖向墙体上。木檩竖向铺设，就在前面讲的横向大梁和竖向墙体把檩木上的荷载承受下来（图5-24）。

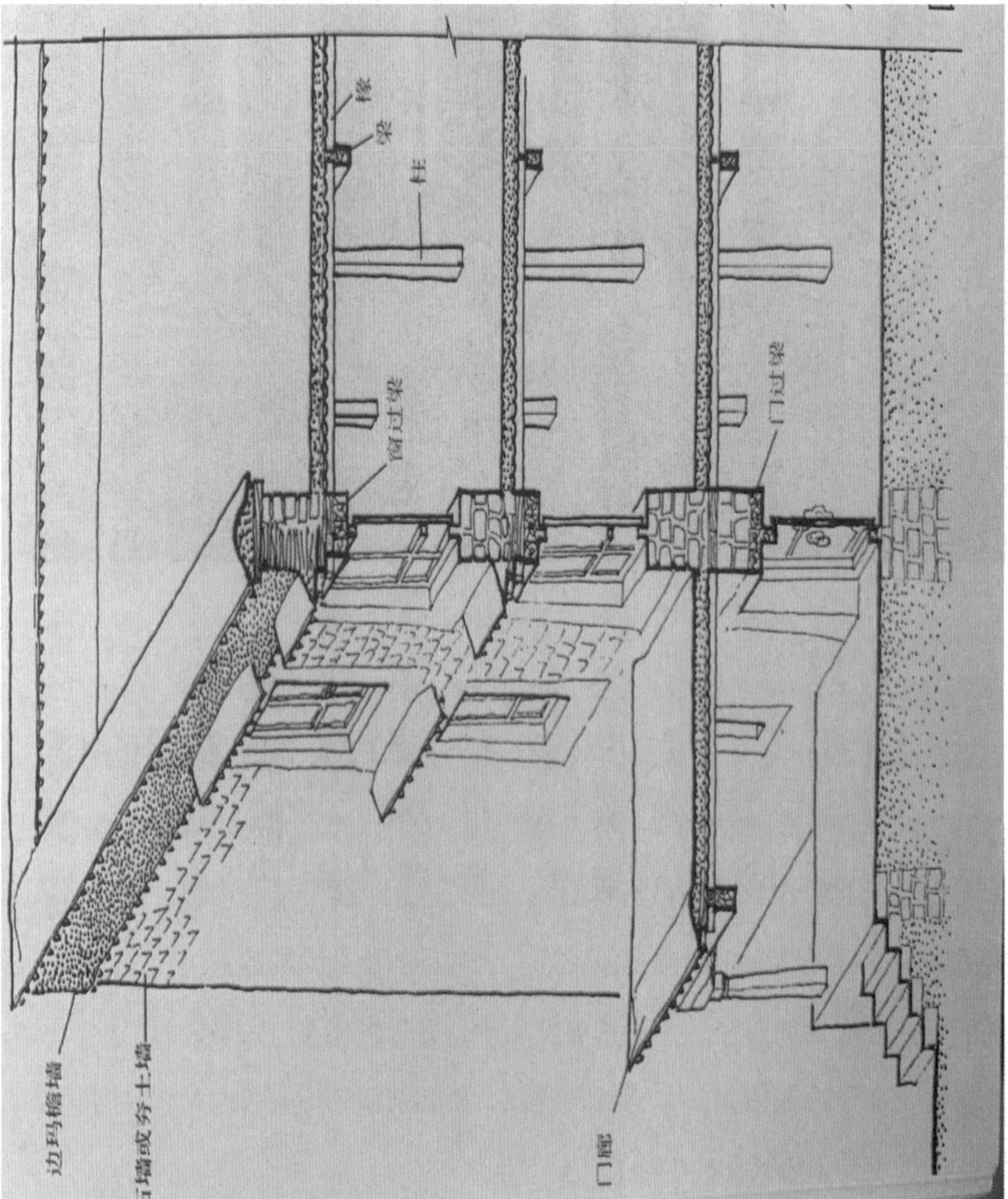

图5-24 墙柱混合承重结构（曲吉建才绘）

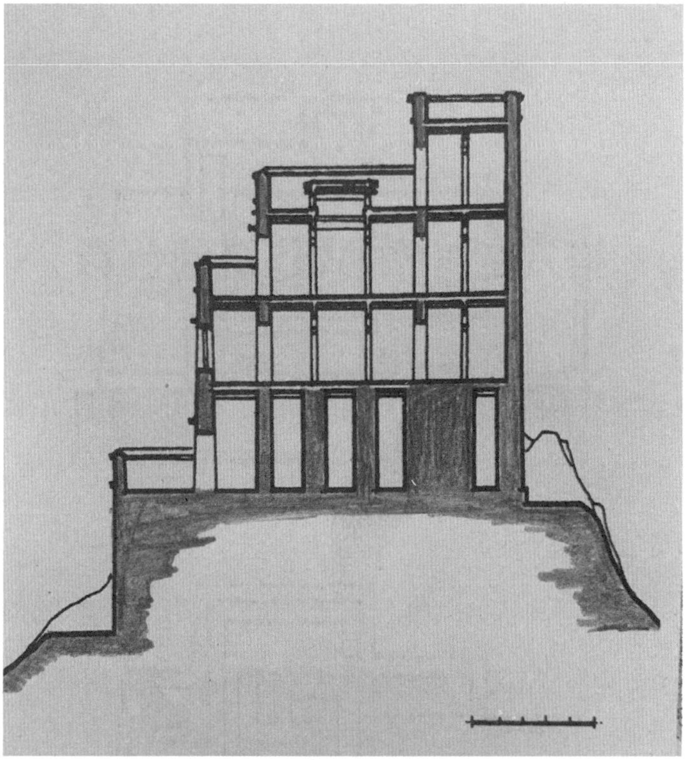

图5-24 墙柱混合承重结构（曲吉建才绘）

前面介绍的是石木结构类型。就从土木结构来说，阿里古格城堡、托林寺、普兰科迦寺、萨迦大经堂、江孜白居寺，以及昌都地区边巴县、察雅县等，德格印经院等都是夯土墙同梁柱混合承重结构形势。夯土墙上铺设较厚木板的梁垫，使梁上荷载均匀地传到墙上。石墙和夯土墙同梁柱共同承重的作用是相同的。但康区云南藏族地区，乡城和理塘县、道孚县等地段，夯土墙不承重，夯土墙室内四周加设复壁柱，实际上就是柱网结构的承重形式。所以应该属柱网承重结构行例。

第六章 藏式建筑的色彩

建筑色彩在建筑艺术中占有重要的地位。人们观看一座建筑物，首先感觉的是它的形状(外观)之美和色彩美。而不同地区和不同民族对其色彩有着不同的偏好和习惯用法，这就是色彩上的民族特点。

藏式建筑，不仅有着独特的风格，而且在色彩运用上有着十分明显的特点。

建筑色彩，可分为外墙色彩和室内彩画两大部分，首先介绍藏式建筑的外墙色彩。

一、外墙色彩

藏族建筑的外墙色彩，基本上分为白色和红色。其中白色用法较为普遍，无论是宫殿、寺庙还是民居都广泛使用。而红色的用法则较为严格，主要用在寺庙的护法神殿、供奉灵塔的灵塔殿及个别重要殿堂的外墙面上。这些色彩的运用，不仅在本民族的风俗习惯、日常生活及宗教内容等方面有着重要意义，而且在建筑艺术中，也达到了悦目清新或庄严崇高的艺术效果。例如，在布达拉宫建筑中就有白宫和红宫之分。白宫为整个建筑的重要组成部分，是达赖喇嘛居住和处理政教事务的场所，其建筑外墙皆涂白色而称为“白宫”。红宫则是供奉历辈达赖的灵塔之祭堂，是整个布达拉宫的中心，是建筑群体的高潮。

正如祖国内地孔庙的灵牌及灵像殿一样，有着纪念和祭祀的重要意义和区分。这种不同色彩的不同运用及组合，构成了藏式建筑特有的风格和艺术魅力。

（一）红、白色彩在历史上的沿革

红、白二色与藏族几千年的生活习惯和宗教传统有着密切的联系。因此，首先从藏族古老宗教文化和生活习惯谈起。

在《白史》11页中有这样一段记载："吐蕃百姓基本为游牧部落。"游牧民族在漫长的岁月和实际的生活中对红、白色彩形成了这样的概念；"白"指的是"乳品"，藏语为"噶尔"；"红"指的是"肉类"，藏语称"玛尔"，目前在所有藏族牧区仍然是这种概念。

在吐蕃时期的盛典宴会也有"噶尔瑞"和"玛尔瑞"之分，即"素筵"和"荤席"。

在宗教供神仪式上，祭神用的食子，藏语称"朵玛"，也分"红""白"两种颜色；供温和神用的"朵玛"为白色（照6–1），即用糌粑做成圆形"朵玛"形状，上涂熬制的酥油形成白色。供护法凶神用的"朵玛"为红色，其形状为三角形，远古时期的苯教用动物的鲜血将其染红，后用一种柴草叶代替（照6–2）。

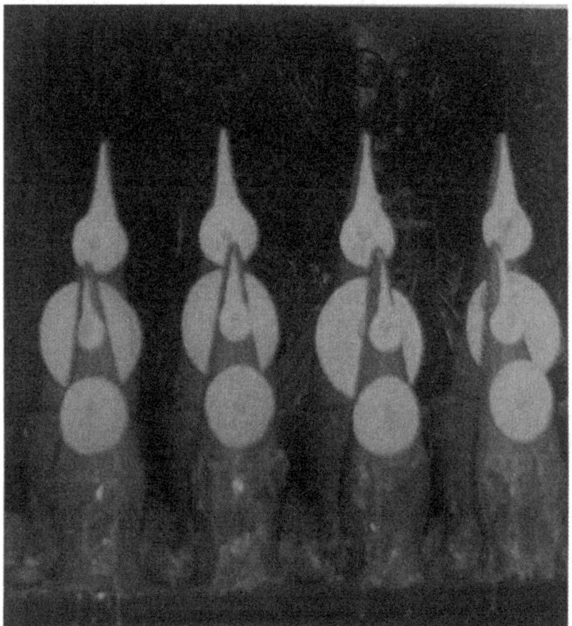

照6-1 供温和神的白色供品"白供"

照6-2 供温和神的白色供品"白供"

1.白色

“素筵”总是与“白”联系在一起。据《新唐书卷》216页上对素筵有这样记载：“其器屈木而韦底或毡为磐，疑为，食羹酪并食之，手捧酒浆以饮……”过去西藏地方政府举行重大仪式时，大厅中央铺缎垫子，垫上摆设油条、果品，这显然是“毡为”的做法。藏政府官员在藏历七月的雪顿节逛林卡时，专做木碗形的大饼吃酸奶，就是“疑”的真实写照。西藏每年藏历七月一日的“奶酪节”就是典型的素筵节目。

古代藏民族在服装上也有白色和红色之分。吐蕃时期人们平时穿的毡子和氆氇，冬天穿皮袄，都是白色。正如《新唐书卷》126页上记到：“衣率毡韦”（照6–3）。

木雅扎巴

照6-3 藏族人穿的白色衣服（2006年）

卫藏那曲

照6-3 藏族人穿的白色衣服

在藏民族的生活中，结婚办喜事给新郎、新娘铺上白色毡子，上面用麦子绘制万字型，让新人俩就坐。献上雪白的哈达，均以白色为主。

在所有藏族地区供神烧香，举行招财引福的宗教仪式以及结婚庆典、新居竣工典礼等庆祝活动中，来客每人抓一把糌粑，举手高呼向空中撒，弄得人身上和周围一片白色，以表示庆祝（照6-4）。

照6-4 撒糌粑表示欢庆的“白供场面”

西藏苯教的教仪上，供神活动也有“红”和“白”两种。古老苯教供天地、山川、日月星辰、水中的龙王、山上的黐羝均属温和之神。据《旧唐书》196页上记载有：“今巫者告于天地、山川、日月星辰之神云……多事黐羝之神。”供奉其神则为“素供”，藏语称“噶尔曲”，即用“三白”（酪、乳、酥油）供之，其烧香称“素烟”，藏语里称为“噶尔桑”（照6-5）。

照6-5 白素烟“噶尔桑”

以上为生活中以及宗教上白色的运用。随着游牧生活转向定居生活，红、白色彩逐渐运用到建筑上。藏族地区较高的山顶均修建“神垒”，藏语为“拉典”，即用石头垒起的墩子，上面插上白色或彩色旗杆，石墩平面有方形，也有圆形（照6–6）。

照6-6 供温和神的白色神堡

祭神时除了烧香之外，还把糌粑洒在石墩上，将奶酪和牛奶倒在上面，把酥油粘上，使整个石墩变成白色，这种做法在藏区各地依然存在。前几年，拉萨的寺庙开放不久，康区和牧区来的朝佛者，在大昭寺和布达拉宫等殿门上、佛龛上都要粘上一点酥油，管理人员制止都制止不住。这就是古老的“三白”供神的具体例子。

随着藏族地区建筑业的发展，大规模建造寺院和城镇，古时候用“三白”把神垒供成白色的做法，渐渐运用到房屋上，出现一片雪白的建筑群。

2.红色

西藏古代的苯教，十分盛行杀生祭神，一次较大规模的祭神活动要杀上千只牲畜。据《新唐书卷》216页上记载：“赞普与其臣，岁一小盟，用羊、犬猴为牲；三岁一大盟，夜肴诸坛，用人、马、牛、间为牲。凡牲必折足裂肠陈于前。”另有藏文史料也记载：“这种血肉供的凶神，属山妖、厉鬼，藏语为“赞”，其石墩称为“赞尔卡”（照6-7）。“卡尔”就是指碉堡式建筑的意思。在《藏汉大辞典》里对“赞卡尔”解释为：“石砌方形红色，为安置凶神厉鬼的小屋。”（见中册一零七三页）西藏远古时期在苯教的影响下，贵人和有战功者，死后其墓上也要涂红。据《新唐书卷》216上：“……其死，葬为家，既涂之……坡皆丘墓，作屋涂之，绘白虎。”

照6-7 供奉怒神“赞”的红色神堡

前面谈过，吐蕃时期的重大宴会也分“素筵”和“荤席”之区别。“荤席”，藏语为“玛尔瑞”。打仗庆功，宴请武将宾客及会盟等活动中都以“荤席”为主。据《旧唐书卷》198页上：“宴异国宾客，必驱牦牛，令客自射牲以供馔……。盟坛广十步，高三尺……上设巨榻，钵体逋升告盟……以血。”还有过去西藏地方政府为每猴年杂日圣山谷地转山平安通行而派代表去跟洛巴人谈判，牵一头牦牛让洛巴人当场射死，剥皮，双方从摊开的牛皮上走过，算是发誓会盟。

另外山南桑耶寺护法凶神“孜马热”降神时，专门牵一只山羊，当场宰杀，把羊心、羊血供于降神师前。降神后，孜马热一面吃心子，一面喝鲜血，并把血涂在脸上。这是一场古代血肉供的生活写照。

在服装上，除了前面谈过的白色服装外，在打仗时将领的服饰及吐蕃赞普举行仪式时的服装均以红色为主，正如《新唐书卷》216上记载：“皆虏贵人有战功者，生衣其皮，死以旌勇……赞普坐帐中，以黄金饰蛟螭虎豹，身披索褐。结朝霞帽首，佩金镂剑”（照6-8）。

照6-8 藏族在节日和庆典时穿的红色衣服

在《白史》中也谈到："总之，"赞"和"赞普"的服装宫堡，头巾及战旗都是一片红色。"还有吐蕃时期藏王的使臣官员及随从人员以面涂红为威严；《新唐书卷》216页上记到："以赭涂面为好，……公主恶其赭面，弄赞令国中权且罢之。"在《柱间史》等藏文史料明确记载："松赞干布在布达拉建有红宫九百。"等（照6–9）。

照6-9 布达拉宫红宫

因此，我们认为，藏式建筑涂红的做法是由古时杀生用热血泼"赞卡尔"的做法演变而来。在藏族的概念里，红总是和"赞"联系起来，历史上莲花生把苯教上的一些传统做法吸收到佛教密宗中，把古时候简易的山间"赞卡尔"，逐步发展为护法神殿。在所有藏族地区的护法神殿中，如哲蚌寺"乃穷护法神殿"、桑耶寺"觉护法神般"等墙面都是涂红的建筑（照6–10）。

照6-10 红色的护法神殿

另有一种涂红的建筑是灵塔殿，如布达拉红宫、甘丹寺阳巴坚殿堂等。布达拉红宫供奉着历辈达赖喇嘛的灵塔。这些灵塔均用纯金打制，其中五世达赖灵塔最为有名。阳巴主殿供奉着格鲁派祖师宗喀巴大师的金质灵塔（照6-11）。

照6-11 红色的供奉宗喀巴灵塔的甘丹阳巴金殿

灵塔实际上是座墓，其祭堂涂红的做法，当然也是古代贵人和勇士墓上涂红做法之延续。在山南穷结宗山的相传为文成公主墓的夯土建筑上，至今仍留有红土刷墙的痕迹。

（二）红、白颜色在建筑中的应用

前面叙述了红白二色在藏族历史上，以及宗教和生活等方面的联系。那么它的演变过程和近、现代的做法又是怎么样呢?

1.白色在建筑外墙上的用法

由洒牛奶等“三白”祭神的做法，逐渐应用到建筑上。藏族地区各地每年过藏历新年时，在灶房内、梁柱和墙面上用白面或白土粘上各种图案，西康等地还用酥油作图案表示新年的喜庆。还有办喜事或过节时在房子门前和道路上，用白土画作各种图案，以表示庆祝。现在西康的甘孜、康定等地区新修房子后，用掺了水的牛奶泼在墙面上，使建筑外墙面留下一道道白色线条。可是到了西藏农村，他们就用一种白土，藏语称“噶热”来代替（照6-12）。农村泼墙是在房屋四角和墙中间泼上白浆，形成条纹状。当然，目前整个墙面刷白的越来越多了。

墙面刷白灰

白色墙面

照6-12 藏式建筑刷白粉

农村刷房子前，到村子周围石头上，先泼洒一些白土，这些都是从泼牛奶的做法演变而来的。寺庙集会大殿，佛殿及僧居等建筑外墙全部刷白灰，形成一片白色的建筑群。

一般居民用白土加水后，直接泼在墙上，高层建筑则由人站在檐口往下泼。这种白土各地都有，质量较高的是当雄县和仁布县境内的白土。重要的建筑，如布达拉宫泼白墙时，白土加水后，里面掺白面、牛奶、蜜蜂糖、冰糖等，是为了增加其凝度和粘性，这样泼在墙面上，不容易脱落。

照6-13 藏式建筑刷红土

2.红色在建筑外墙上的做法

由古时荤宴制度到红色涂面，红色服装的习惯，加上苯教的杀生祭神，泼热血染红“赞卡尔”的做法，逐渐应用到护法神殴、灵塔殿等建筑上，显然不可能一直使用牲口的鲜血作染料，而是用一种自然红土（照6–13），藏语叫“杂玛尔”来代替。

这种红土，西藏很多地方可以挖掘，刷墙时将红土打碎，加水搅拌后刷墙。（照6–14）很讲究的如布达拉红宫刷墙时，红土浆里同样也掺白面、牛奶、红糖和白糖，还要加牛胶，以增加粘结性。

照6–14 大锅加热后红土打碎加入水里，也掺牛奶、红糖、白糖后搅拌

（三）红白色彩的感观作用

在藏族的生活习惯和宗教概念上，“白”是吉祥的象征，温和的体现，善良的代表。白色总是和吉祥、好事联系在一起。

佛经中，对善行、好事，利人之事称为“白事”。所以，在“点点繁星”中，白色的建筑群体，使人感到安宁、清静，和平、美好。同时，在高原强烈的阳光下，白色异常夺目耀眼。乳白色的建筑形体与蔚蓝的天空形成色彩明朗和谐的效果（照6–15）。

照6-15 藏式白色建筑（拉萨）

红色，历来是权利的象征，是英勇善战、斗志旺盛的刺激色，它可以使亲者振奋，使敌人丧胆。人们又以红色为尊严，以此纪念宗教领袖及英雄人物。

红色不轻易使用。大面积洁白的建筑群体，捧出深红的非常重要的灵塔或护法神殿，无疑是给朝佛者们以精神上的刺激，从而产生崇拜心情。这不仅作为建筑群体的中心，而且作为整个建筑的高潮，有着重要意义，而且在人们的心灵感受上，让人过目不忘，从而达到纪念祭祀之目的。

此外，值得一提的是，在藏族建筑中还有一定数量的黄色墙面的建筑；主要是一些寺庙的殿堂、修行室。尼姑庵的有些殿堂也是黄色墙。有人说，涂黄的来源与格鲁派(俗称黄教)有关，但是，早在吐蕃赤松德赞时期，由赤松德赞妃子卓萨将秋卓玛建造的桑耶寺“布孜金色殿”是黄色建筑，还有在公元十一世纪阿底峡来阿里托林寺时，为他修建的“托林金色殿”都是涂黄的建筑，从而得名金色殿。而此时格鲁派尚未产生（照6-16）。

照6-16 刷黄土的建筑（色拉寺宗喀巴修行室）

从唐书和敦煌藏文文献及其它史料均未发现在赤松德赞(公元九世纪)以前有涂黄建筑的记载。在这以前，在藏族生活和苯教的教义方面，也没有找到与建筑涂黄有关联的事情。因此，我们认为涂黄建筑的来源，还是和佛教有着密切的联系，佛祖释迦牟尼把出家人的袈裟颜色定为黄色(红色袈裟后来在西藏出现，佛祖释迦牟尼并不是专门挑选黄布来穿上，而是到天葬台上去捡裹尸用的白布洗好了就穿上。因这些布日晒雨淋好几年，都变成土黄色而已)。藏语“黄”作为出家僧人的别名，称僧俗人民为“色尔甲米芒”；“色尔”为黄，“甲”为俗。藏语中对僧人的衣服称为“黄服”，藏语叫“色尔廓”（照6-17）。

照6-17 佛教出家人的黄色衣服

在建筑群中，涂黄建筑的地位较高，各地较有名气的修行室绝大部分是黄色墙面，布达拉宫西侧黄色建筑里，就设有为达赖喇嘛祝寿的修行室。各寺庙中最重要的殿堂，也有涂黄的习惯。如哲蚌寺的强巴佛殿和山南宁玛派主寺“梅珠林”寺的主殿都是黄色墙面的建筑。

佛经上认为世间所有事业，都可以包括在“息”(温和)、“增”(发展)、“怀”(权力)、“伏”(凶狠)四种范畴内。其表现方法：“息”为白，“增”为黄，“怀”为红，“伏”为黑(绿)。其中白色可以代表前两种颜色，红色则可以代表后两种颜色。因此，藏式建筑的两种色彩，象征着世间一切事业。这两种颜色用在建筑上，也就集中体现事业圆满，吉祥如意。

二、藏式建筑的室内彩画

室内彩画，分为梁柱等木结构构件、门窗上的彩画和室内墙面的彩画。木结构构件、柱子、元宝木、弓木及大梁，其中彩画的重点也在弓木和大梁上，上面绘制有飞龙、彩云、卷草花卉等各种图案。宫殿和寺庙更是在这一部位进行木雕和彩画的重点装饰，如布达拉宫的立柱上部木结构层次就达到十三层之多，就是前面介绍的弓木、大梁上，还设置莲花木、叠经木、挑木、压条、猴脸和盖板等层次。自然，绘制彩画的内容也随之而增加（照6-18）。

照6-18 室内的梁柱藏式彩绘

门窗樘子门窗楣木构件都要做彩画。一般房屋上比较简单，但是，宫殿和高级寺庙主入口的门樘子的木雕也是十分繁琐，门框的构件层次很多，在框子上进行雕刻和彩画，其图案为吉祥八宝、国政七宝等内容。寺庙等重要建筑的门板均做红色，门板还用刻画图案的铁板加固。一般民居的门板，刷棕色颜料，有的用黑色和棕色刷交错的三角形图案；有的在门板上部画太阳和月亮的图案，这完全是受原始苯教影响的做法。窗户的彩画，在佛殿等很讲究的建筑中，在窗框和过梁上要绘出彩云和卷草等彩色图案。但是，一般建筑只做棕色刷窗框，不做细部彩画。

室内墙壁上的彩绘方式是多种多样的。佛殿和寺庙的墙壁上，要绘制大面积的壁画。其内容极为丰富，不胜枚举。有的绘制各种佛像、神像，也有释迦牟尼的故事，宗喀巴等著名人物的生平事迹，还有表现西藏历史变革为内容的壁画。其中影响很大的，如布达拉红宫西大殿五世达赖生平传记的壁画中，绘有五世达赖到北京朝见顺治皇帝的生动场面，还有在西大殿上层回廊里，有绘出布达拉宫修建的详细情况的壁画。另外在罗布林卡新宫会客厅里，绘有弥猴变人至吐蕃王国的形成；文成公主进藏到公元一九五六年十四达赖和十世班禅进京参加全国人民代表大会，毛主席等中央领导会见的场面，这些都是极为珍贵的历史资料。这对于维护祖国统一，展现西藏古老文化，体现中华民族团结友谊等方面，有着极其重要的现实意义。

一般住宅，如果是出家僧人的居室，要做黄色墙面；贵族等俗民有钱人的房屋，室内做一些淡绿、淡红、淡黄等颜色，内墙上部画飞帘图案，下部用酱红或墨绿等深颜色做彩画墙裙，墙裙和墙面之间用蓝、黄、红三种线条，以示分界。

农村的民居，室内基本不做彩画。在厨房里，烧火烟雾熏黑的墙面上，每年过藏历年时，用白面或白土粘点，绘出吉祥图案，写“扎西德勒”等字（照6–19）。这虽然是很简单的工艺做法，但其效果相当不错，达到了古朴、简便、和谐和真实的感觉。

藏族建筑的彩画，其内容极为丰富，色彩艳丽夺目，对比强烈鲜明，是其它建筑所不能比拟的。

综观藏族建筑，其色彩运用上，有自己的独特风格。在藏民族千万年的生活习惯中，在古老的宗教文化里，对于色彩，尤其是对其中的红色和白色赋予了一些特定的含义，而且在建筑艺术上有着明显的特点。这是值得进一步研究的重要课题，需要在今后的设计实践中认真探索。

照6-19 藏式建筑厨房里用白面粉绘出的吉祥图案

第七章　藏族古代建筑发展史上的现象

藏式古代建筑是我国文化遗产宝库中的一颗璀璨的明珠，它因地制宜，就地取材，适应环境，风格独特。这不仅在我国古代建筑中独树一帜，而且在世界文化遗产中也占据重要地位。所以加强保护和研究这一珍贵的世界文化遗产已迫在眉捷。本人在多年来研究藏式古代建筑发展历史中发现一种国内外少见的现象，也就是说西藏近乎所有的古代建筑都在漫长岁月的洗礼中被人为地进行了根本的改变，没有几座古建筑是原原本本地保留下来，这种做法是否正确？应怎样评价？这就是我下面要谈的问题。

无论是远视世界各国的古建筑，还是近观我国各地、各民族的古建筑，像藏族地区的古代建筑这样被完全改变面貌的状况我认为是罕见的。藏民族历史上文明遐迩的古代建筑没有一座不是经过人为地加以改变和扩建。换句话说，历史上的佛殿、城堡和官殿，除了被彻底毁坏以外尚存的都屡次经过加高、加宽等大幅度地改扩建，可以说完全改变了其本来的面貌，而且长此以往这几乎成为了各地的习惯行为。虽然这些改变使其立面造形更加壮观，平面功能更加完善，但可惜的是，有历史意义且有时代特征的建筑再也看不到或不能完整地看到。这样任意改变我们优秀文化遗产的做法是我作为从事文物保护和研究者所不能认同的，我认为我们应该认识到自己的错误行径，提高正确的认识，从现在起加强对历史文物的保护。

西藏的城堡和寺院等藏式古代建筑享誉国内乃至全世界，从建筑的造型和风格上独树一帜。但我们必须认识和了解到祖辈们的过失，他们并没有保持和维护好这些文物古建筑。青藏高原本来较干燥、降雨量少的气候特点适宜保存这些民族的珍宝，我认为这不是一件难事。但是这些珍贵文物遗产除了战争和自然因素的破坏以外幸存下来的都遭到“好心人”不同程度的人为的改变。今天，当全世界人们都在惊叹藏族悠久灿烂的民族历史文化时，又有多少人知道他们所见到的文物古建筑很多都是后期经过加以修改的。这种被人为改变造成的“损害”是严重的，是需要我们这代人基至后代人认真反省和充分认识。

因此，相关部门和各族人民应尽快提高文物保护意识，增强保护力度已刻不容缓。要达到这个目的，我们必须认清本民族、本地区在历史上存在的不好习惯和错误的做法。一定要改掉这种恶习，提高文化素质，尽快增强我们的文物保护观念，以保护好我们中华民族珍贵的历史文物古迹。因此，我在这里把过去历史上有些没有保护好或者后期改变的事例加以对照，供大家分析。

一、拉萨大昭寺

大昭寺是西藏历史上一座比较早的重要的古建筑，至今已有1360多年，当初的建筑只有两层，范围也只包括中心殿的方形部位（图7–1）（图7–2）。但是到了十一世纪时，桑噶大译师进行了一次全面修复，由于增建了一些佛像等，致使中心殿和门厅部位局部突出，建筑造型和面积有所改变（图7–3）。公元十二世纪先后增建了主殿周围转经廊。最大的改变出现在公元1650年后。

公元16世纪初，藏巴汗父子利用噶举派的势力，打压格鲁派。在日喀则扎什伦布寺对面修建“威镇扎什”的噶举寺庙，在拉萨建造噶玛滚萨和滚巴萨两座噶举寺，以对付三大寺，想霸占西藏的统治权。格鲁派依靠蒙古军队，彻底打垮藏巴汗政权后，被军队拆除的日喀则和拉萨噶举寺庙的梁柱构建及金顶、飞檐等金光灿烂的装饰都运来给拉萨大昭寺大规模地扩建和装饰。这种行为并不是什么很光彩的事，但当初藏巴汗新建这三座寺庙也并不是为了佛教的发展。

第五世达赖喇嘛利用被拆除的几座噶举寺院的各种材料，将大昭寺主殿加高成三层，设四个角楼，局部形成四层，扩建了主殿周围的转经廊和西面的千佛廊院，整个建筑发生了根本的变化，建筑的原有面貌几乎无法看到（图7-4）（图7-5）（图7-6）。

尽管扩建和增加金碧辉煌的装饰，使大昭寺十分壮观。但从古代建筑保护的角度去分析，还是希望当初的建筑原封不动地保存下来。有着1360多年悠久历史，吐蕃时期重要古建筑遭到这么大的改变是功还是过就让读者们去评价吧。

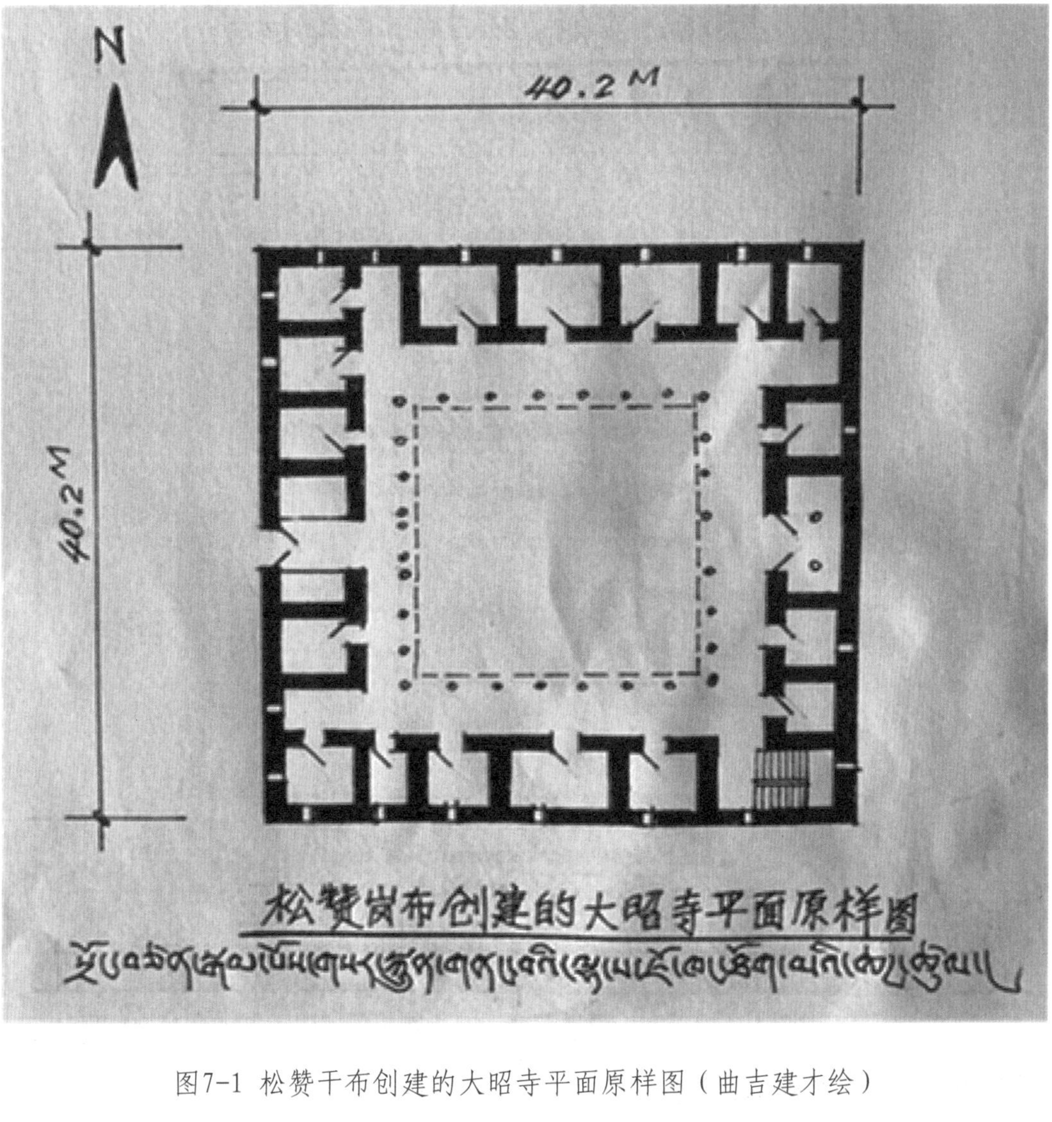

图7-1 松赞干布创建的大昭寺平面原样图（曲吉建才绘）

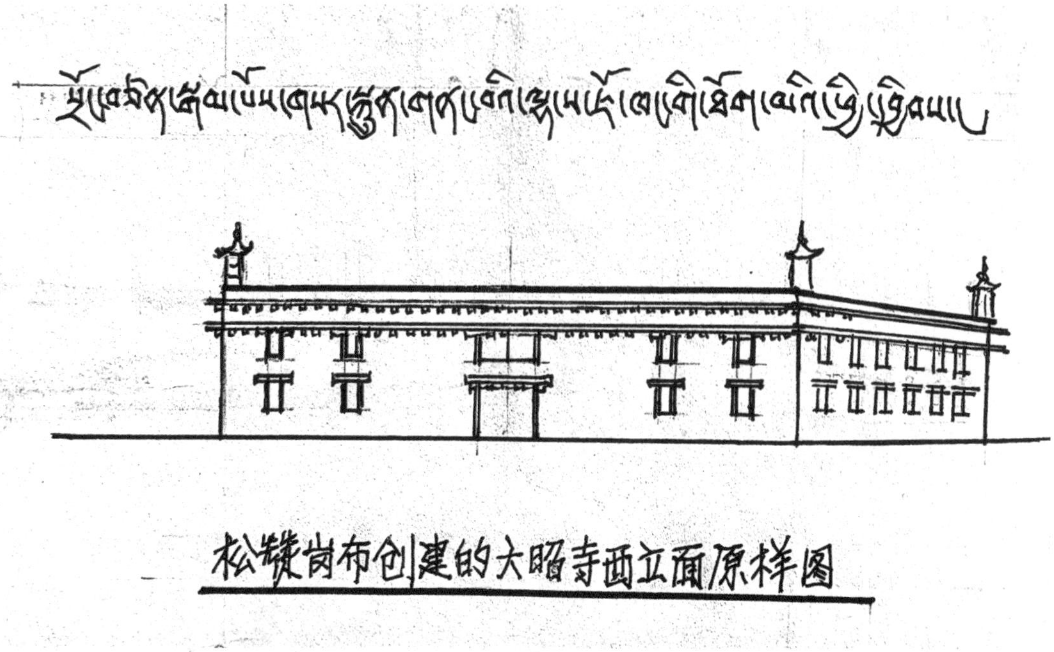

图7-2 松赞干布创建的大昭寺西立面原样图（曲吉建才绘）

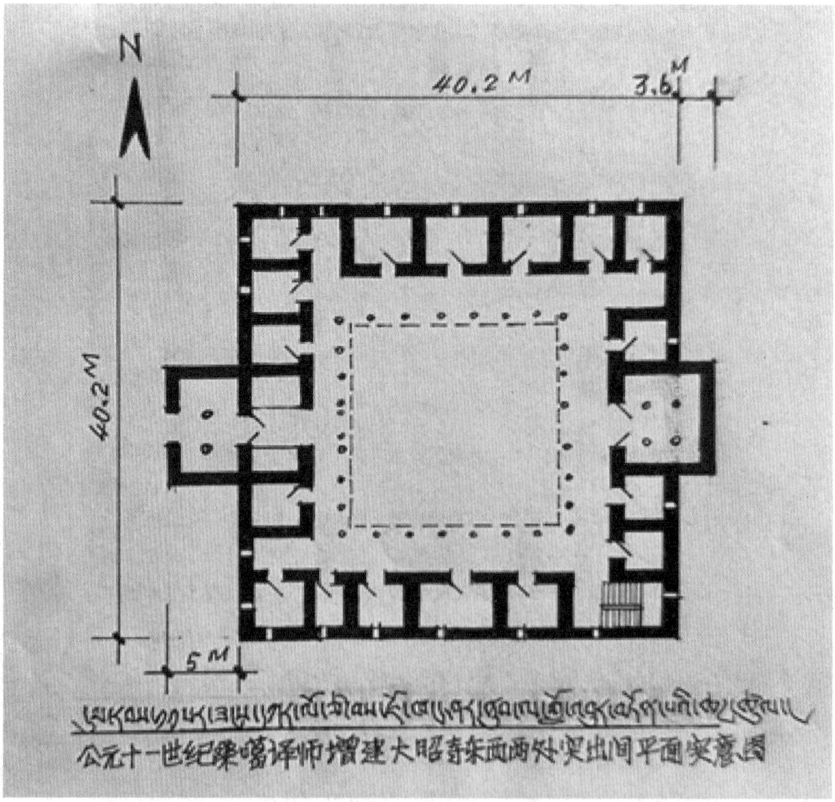

图7-3 公元十一世纪桑噶译师增建大昭寺东西两处突出间平面示意图（曲吉建才绘）

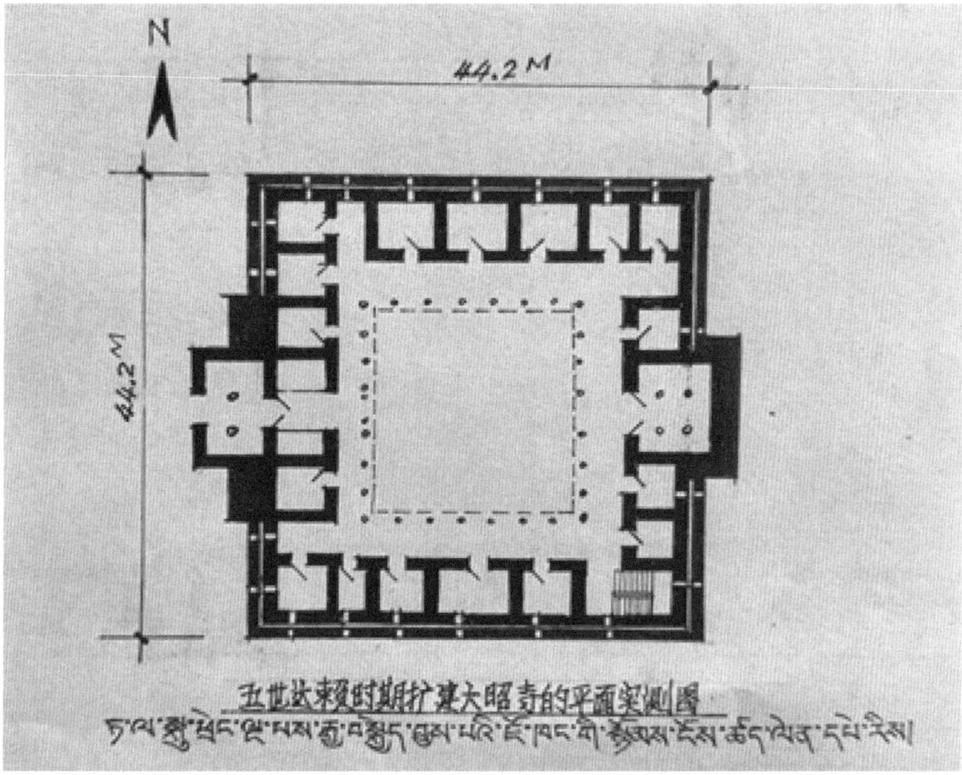

图7-4 五世达赖喇嘛时期扩建大昭寺的平面现状实测图（曲吉建才绘）

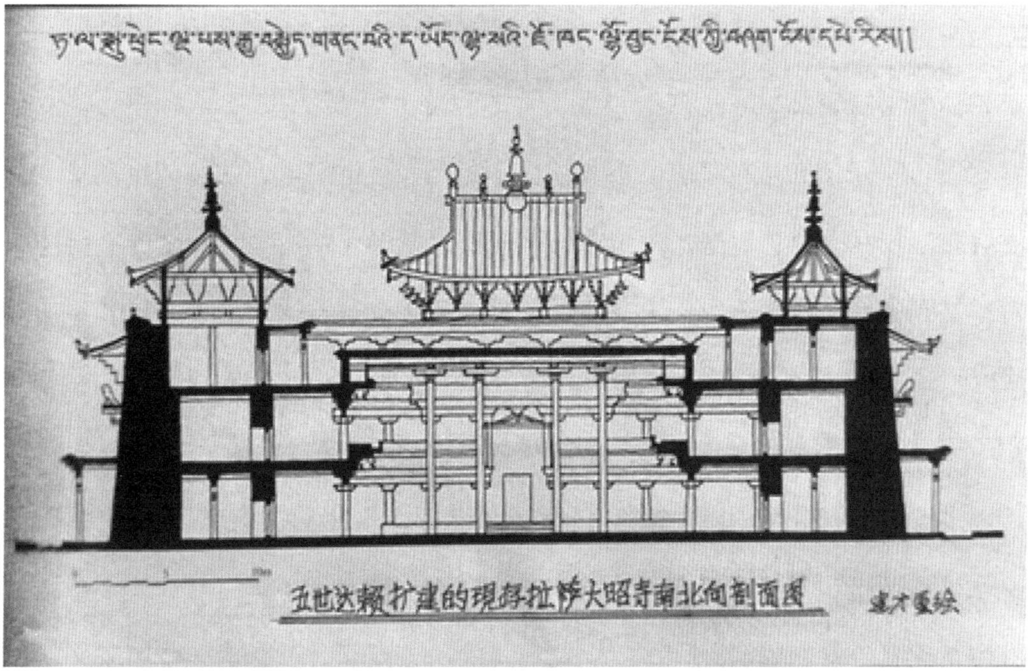

图7-5 五世达赖喇嘛时期扩建的现存拉萨大昭寺南北向剖面图（曲吉建才绘）

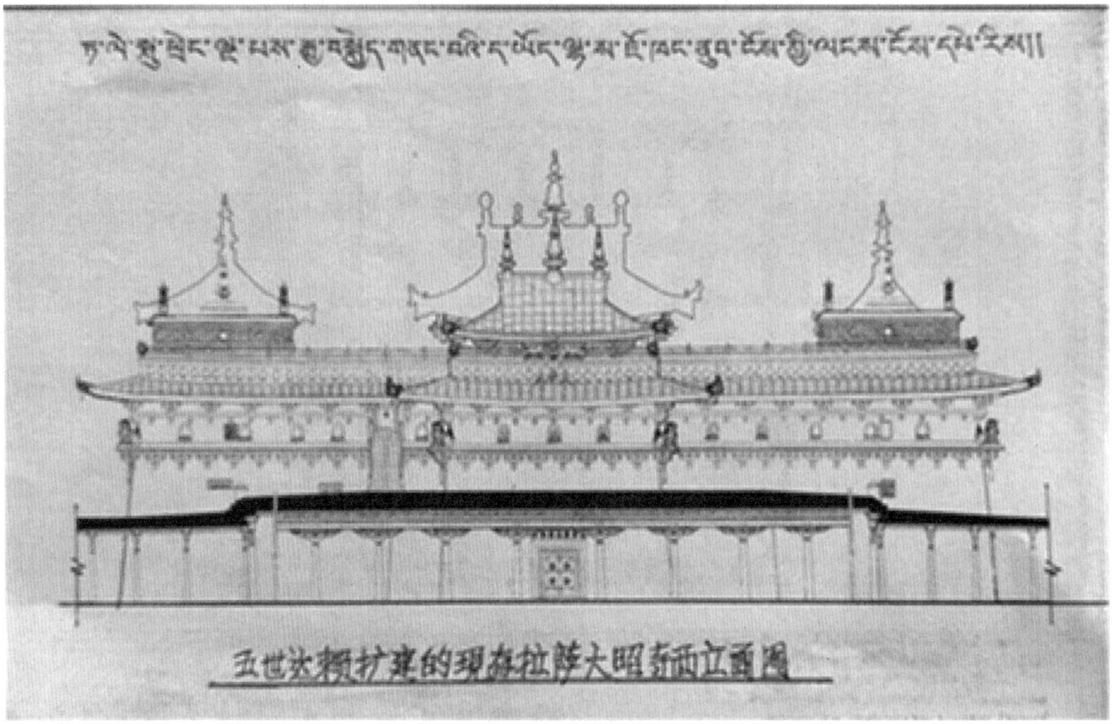

图7-6 五世达赖喇嘛时期扩建的现存拉萨大昭寺立面图（曲吉建才绘）

二、布达拉宫

公元七世纪的布达拉宫早已不复存在。公元十七世纪重建的布达拉宫完全改变了原有布达拉宫的建筑造型，是帕竹时期出现的城堡建筑造型。那么吐蕃时期布达拉宫建筑到底什么样的造型，作为考察和研究布达拉宫长达几十年的我并不是没有去研究。1998年9月在美国印弟安纳大学第八届国际藏学会上发表过《初谈吐蕃时期布达拉宫建筑造型》的研究论文。到会的学者都很重视，但他们毕境不是建筑专业，都没有提出不同意见。后来经自己深入研究，认识上有所突破。

关于公元七世纪松赞干布建造的布达拉宫建筑造型，历史文献和遗留壁画上都没有留下很有价值的依据，是一项比较艰难的研究课题。可是话又说回来，初建布达拉宫到现在只不过1300多年，红山山体原封不动地存在着，山下的城墙也基本完整。只要我们掌握吐蕃时期宫堡建筑的基本特征，当时建造的布达拉宫的造型也基本可以确定了。

我们不能拿现存的城堡建筑去比较过去的布达拉宫。经过研究得知吐蕃时期的宫堡建筑都是独立式碉楼建筑，而且都是九层楼。我们查看布达拉宫前后出现的宫堡也就一目了然了。布宫之前修建的帕邦喀九层宫，后来赤松时期的桑耶噶琼九层宫，再后来热巴巾建造的乌香九层宫堡都是独立式九层碉楼建筑。同样在吐蕃后期出现的林芝秀巴古碉群，洛扎县境内的各种古碉，康巴大片区域内的乡城，木雅康定、雅江、九龙、丹巴、大小金川等地出现的夯土和石墙的碉楼都是独立式碉楼建筑。这些古碉也都是有上千年左右历史的古迹，跟旧布达拉宫的年岁相差只有几百年。所以从各方面研究分析可以确定当年红山上的宫堡都是碉楼式建筑。另外经研究得知吐蕃时期没有出现高耸的石砌建筑。虽然有些史书上也有修建布达拉宫时采用过红砖的记载，但红山所有建筑都用红砖是不可能的。当时布达拉宫山上的法王洞和山下城墙都是夯土墙筑成，从而分析当年的碉楼基本上都是方形的夯土建筑，因为夯土筑成的碉楼只能做方形，如同现在乡城县能看到的方形夯士碉楼。不能做八角或十二角等其它造型。所以从种种迹象我们可以断定，当年布达拉宫的碉楼都是方方正正的方形建筑，历史上拉萨大昭寺西墙壁画上绘制布达拉宫的造型也是方形的碉楼。

那么基本确定红山宫堡的造型样式以后，布达拉宫碉楼的布局和碉楼数到底是什么样呢，《柱间遗嘱》等书里描写建有999座，加上赞布的宫堡就是一千座。但本人看来这种说法只是艺术的夸张，寓意吉祥的数字而已，实际上整个红山修不起那么多碉楼，当年山下修建的城墙内也根本容不下那么多建筑。如果建起一千座碉楼要比当时的整个拉萨城还要大，这点不需要去分析。

那么当时在红山上所修建的各个碉楼的布局又是什么样的呢？在第巴·桑结嘉措的《灵塔世界唯一庄严目录》中明确记载："五世达赖喇嘛重建布达拉宫时，过去的宫堡只剩下一些基础遗址。”说明当年建筑的基础遗址还是存在的，而且重建的布达拉宫上也保留了这些遗址的名称。虽然重建的布达拉宫建筑远远超出了原来的规模，但重要的宫堡名称仍旧保留着。这些名称是“国王堡”“丹玛堡”“东大堡”“战胜堡”“东园堡”和“西园堡”。“国王堡”东侧不到十米处就有“丹玛堡”，丹玛是护法女神的名字。我的分析是重建布达拉宫后不能继续用“公主堡”的名字，因为新建的布达拉宫是五世达赖喇嘛出家人的宫殿。所以改用护法女神的名字。而且这两座建筑相隔不到十米，完全能证明与当年“国王堡”和“公主堡”之间用金银装饰的铁链架桥的说法对上号了。其余“战胜堡”从名字上就知道是武将的碉楼，“东大堡”在东山边上，两个园堡便是山头东西两边。“国王堡”和“丹玛堡”的位置不仅是山顶上，而且是红山最中心位置（照7-1）（图7-7）（图7-8）（图7-9）（图7-10）。

多年来根据多方研究对比后，本人认为这种设想基本可以确定。当然作为抛砖引玉，希望将来有更多的人去进一步研究。

重建布达拉宫是在原红山宫堡毁损八百多年后才开始。恢复原样满足不了当时新建立的地方政权的使用。重建的布达拉宫还是存在一些局部的缺陷，但总体上还是个成功的建筑。

照7-1 壁画中的旧布达拉宫

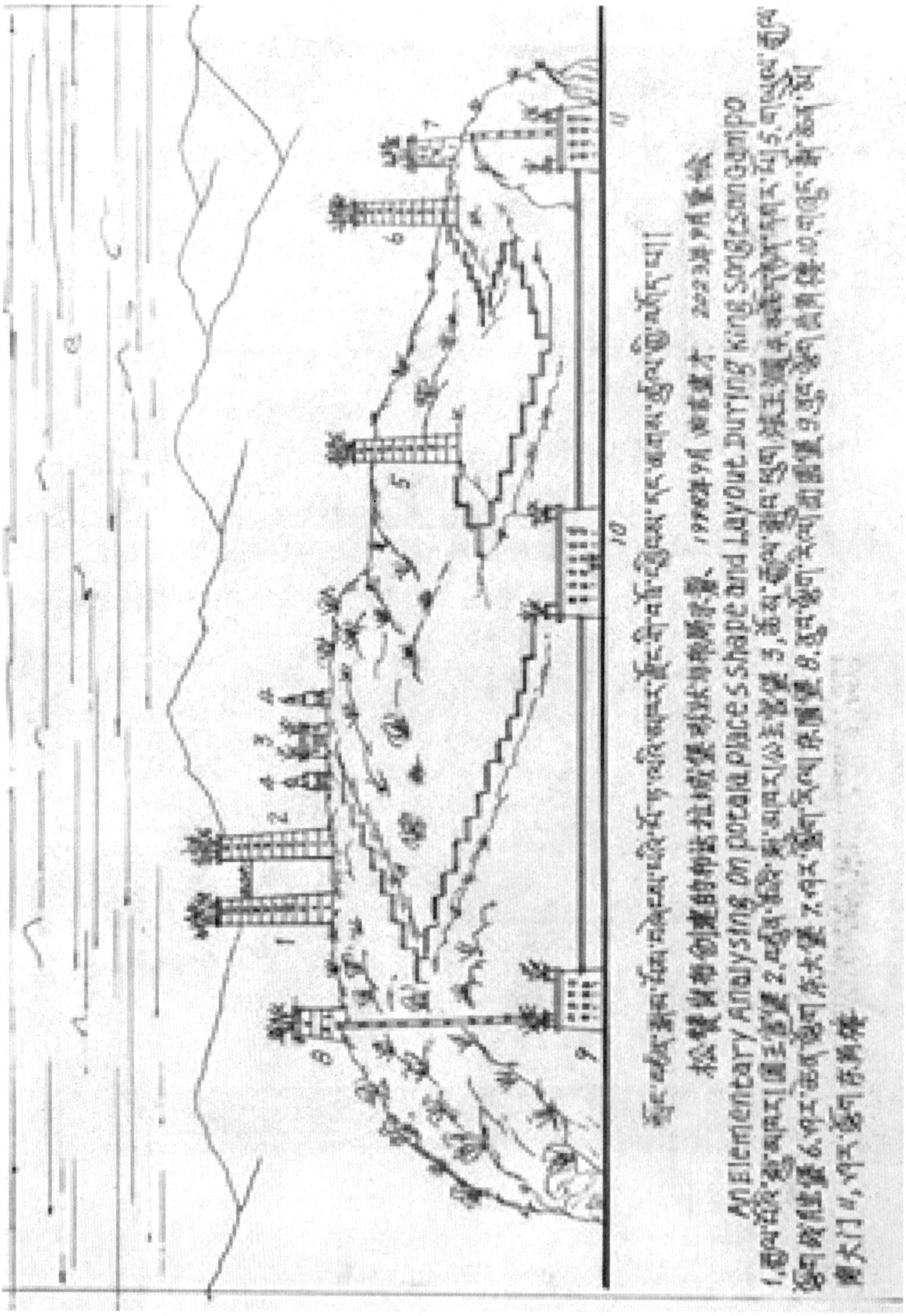

图7-7 松赞干布修建的布达拉宫城堡形状与布局示意图（曲吉建才绘）

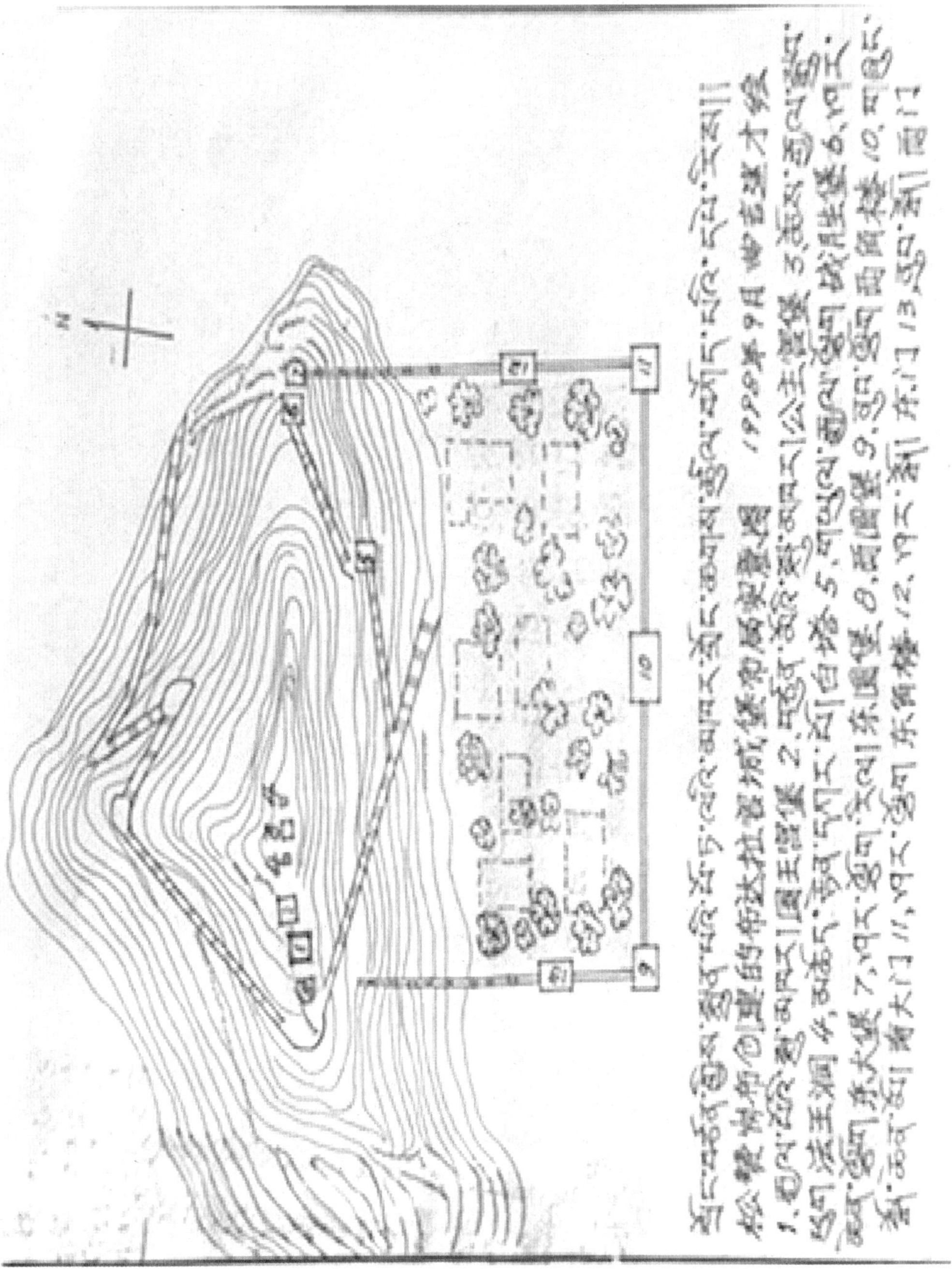

图7-8 松赞干布修建的布达拉宫城堡布局示意图（曲吉建才绘）

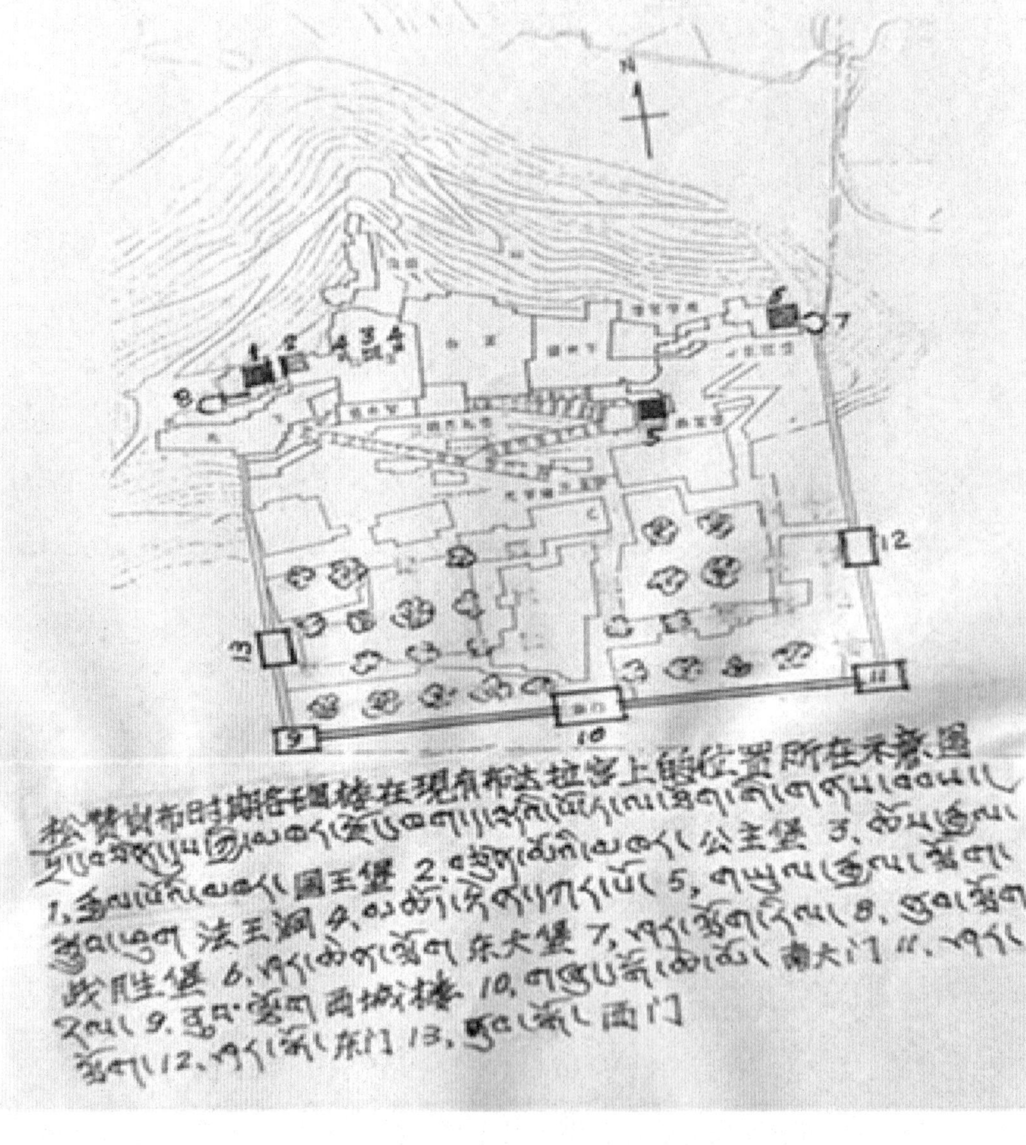

图7-9 松赞干布时期各碉楼在现有布达拉宫上的位置示意图（古建所）

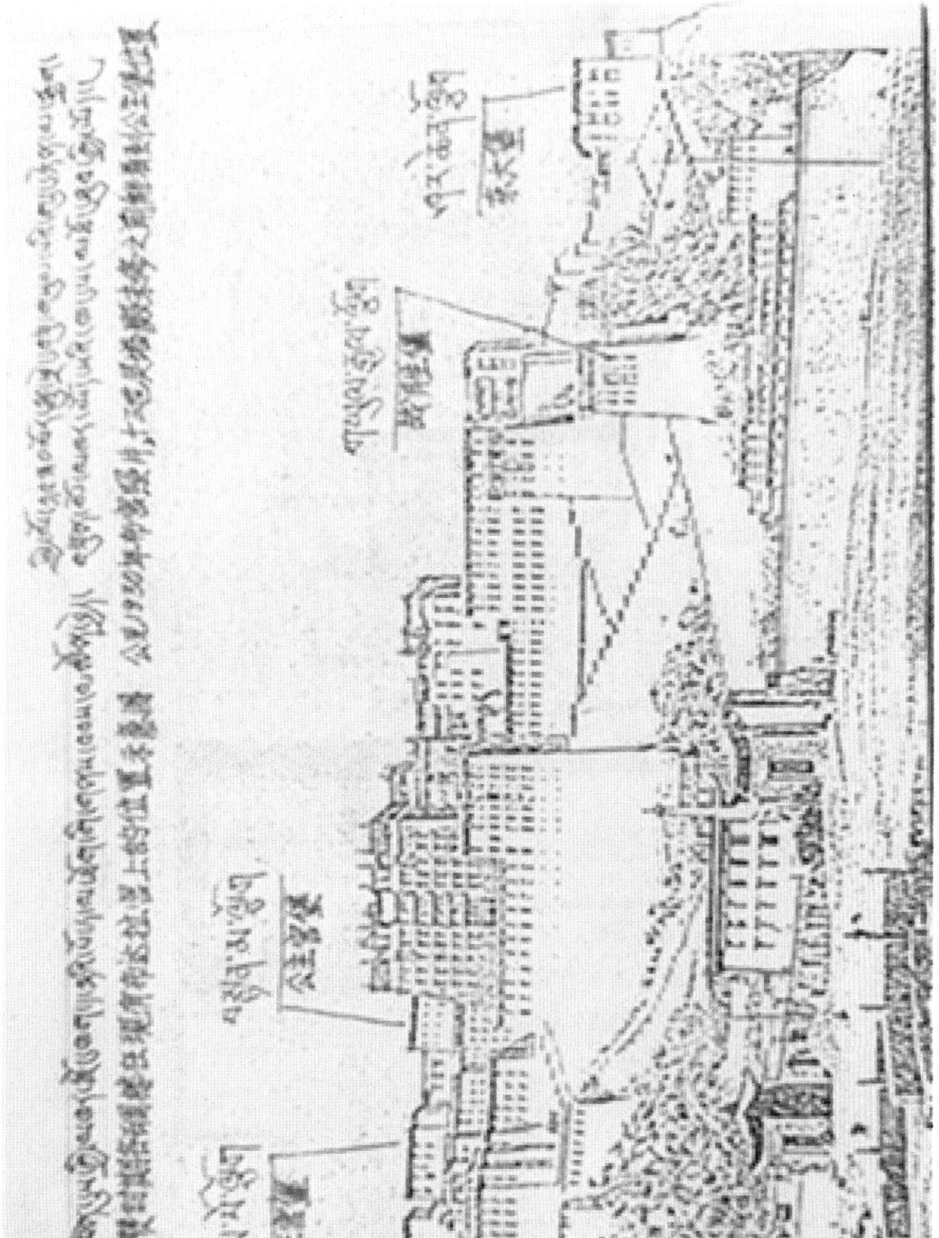

图7-10 松赞干布时期各碉楼在现有布达拉宫上的位置示意图（1930年照）

三、山南琼结藏王墓

琼结松赞干布藏王墓顶原有建筑只有四根柱，是墓葬守护人的住处。从建筑的夯土墙厚度等方面去分析，属吐蕃时期建筑（图7–11）。后来改建成纪念松赞干布的殿堂，五世达赖喇嘛洛桑嘉措在小殿西侧修建十二根柱子的大殿堂，以示对松赞干布的崇敬和纪念（图7–12）（图7–13）。还加设了一些附属建筑，大大超过了原有建筑的规模，也完全改变了原有建筑的造型。更加严重的是对整座墓葬建筑增加了过多荷载，对底层千年古墓建筑是否造成致命损害谁也说不清楚。增设墓顶上的建筑，墓顶建筑更加壮观，尽管是对松赞岗布的崇敬和缅怀，但没有考虑底层建筑的重要性，也没有考虑其后果。

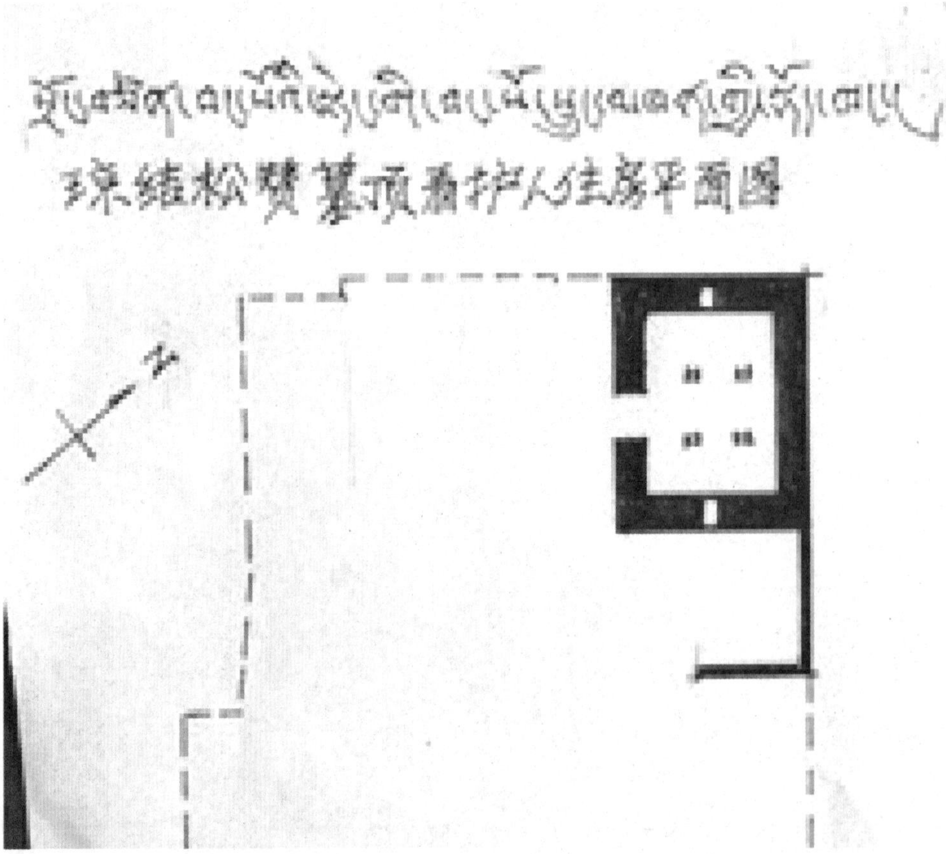

图7–11 琼结藏王墓顶看护人住房平面图实测图（曲吉建才绘）

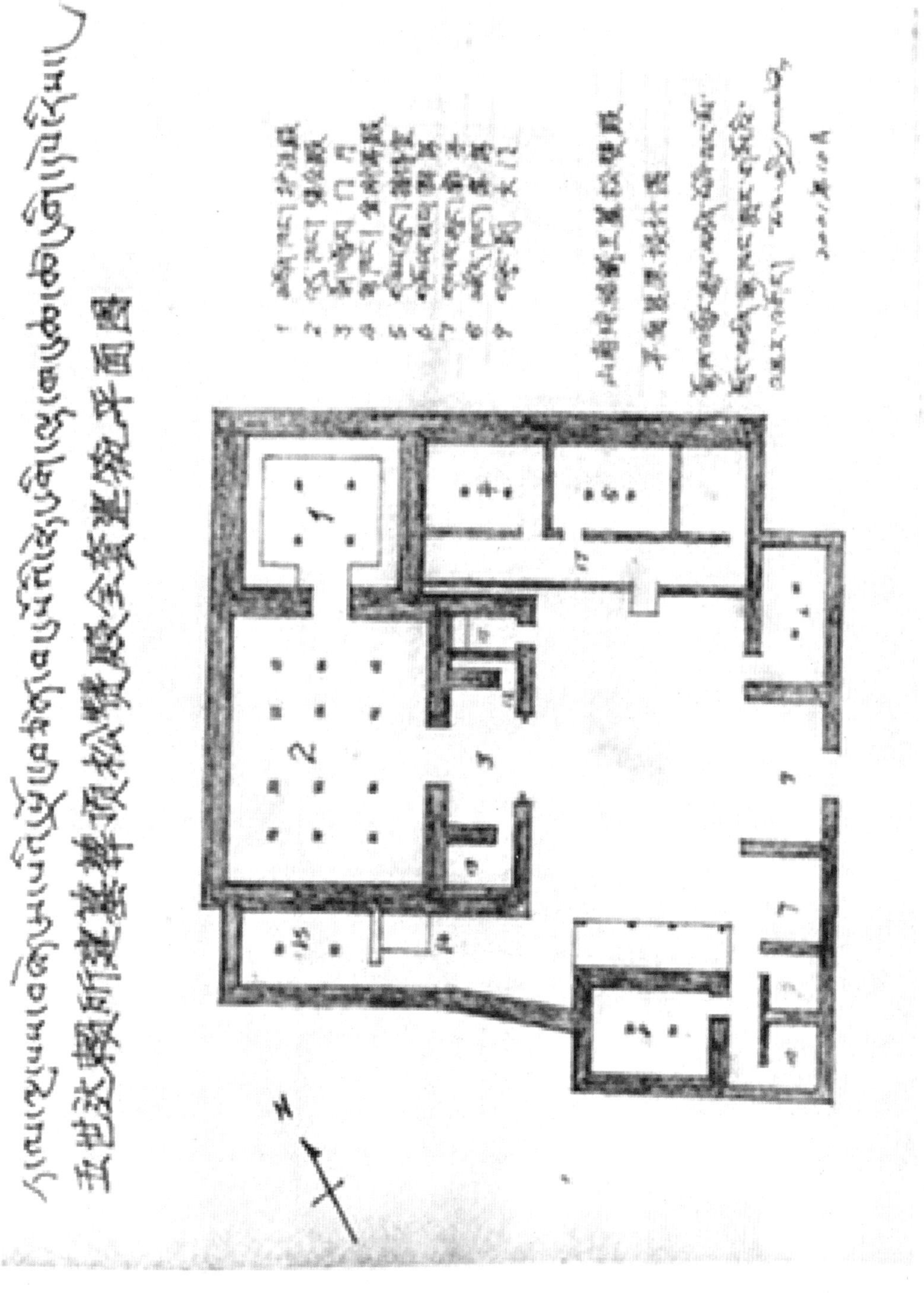

图7-12 五世达赖喇嘛所建墓顶松赞殿全套建筑平面图（曲吉建才绘）

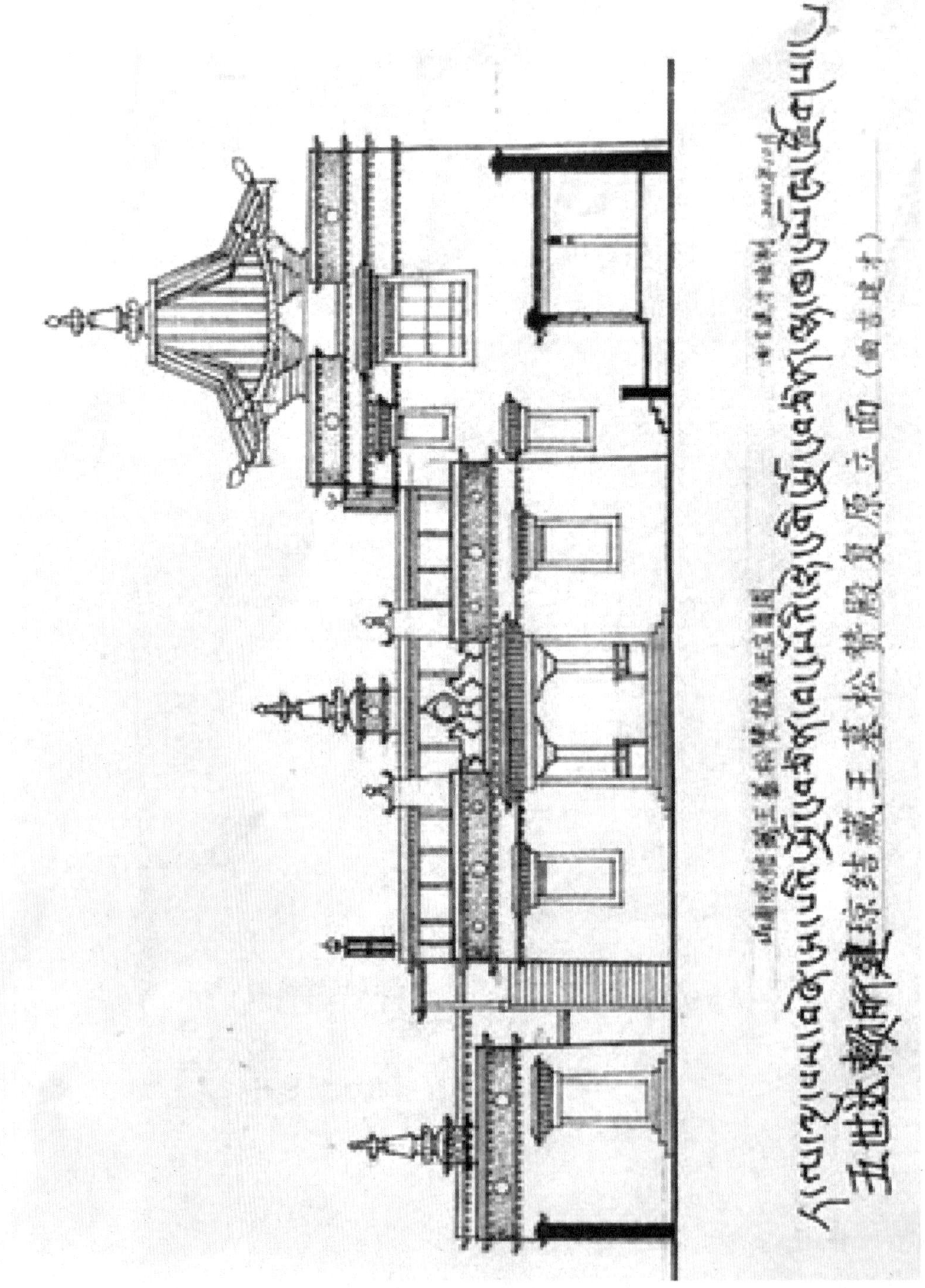

图7-13 五世达赖喇嘛所建琼结藏王墓顶松赞殿复原立面图（曲吉建才绘）

四、桑耶寺

桑耶寺是西藏的第一座佛教寺庙。据记载，当初的寺庙主殿是采用琉璃瓦屋顶（照7–2）。寺院外围墙呈折形。公元十八世纪末摄政德穆主持维修桑耶寺主殿时，改造成一种造型独特的铜皮镏金的金顶。把原有屋顶的造型完全被改变（照7–3）。但是在十九世纪初惨遭大火灾，彻底烧毁了整个主殿（照7–4），当时地方政府派夏扎噶伦负责修复，此次修复对十八世纪的金顶造型做了较大改变（照7–5）。

照7-2 吐蕃时期的桑耶寺造型

照7-3 公元18世纪重建的主殿金顶造型

照7-4 公元1816年被烧毁的桑耶寺主殿

桑耶寺是吐蕃时期规模最大的古建筑群。1200多年来的漫长岁月中自然和人为的各方面遭受过损失，唯独保持了原有寺庙的整个布局以外，大多数殿堂等建筑都进行过重建，造型也有一定的改变。本来初建时的桑耶寺所有房屋建筑均为夯土筑成，目前只有南部洲殿背后一段是夯土墙之外，四大洲、八小洲等所有建筑都采用石墙重建。只有屋孜大殿转经道内部三层楼是原夯土墙建筑。从原汁原味的文物古建意义来讲，桑耶寺已经发生了根本的变化。回顾桑耶寺沧桑的历史，真是一段伤心的回忆。特别是公元1816年的大火灾把乌孜大殿内保存一千多年的珍贵文史资料、重要的经文和翻译文本全部烧光，还有主殿底层赤松德赞亲自安排塑造的穿有藏族服饰的八大弟子像，以及壁画上绘制的穿戴藏族服饰的各种佛像全部烧毁，造成了巨大的不可弥补的损失。我们可以比较一下远离西藏三千多公里的敦煌庙里还保存了古藏文那么多文献资料。作为吐蕃统治区域的中心地段，又是西藏第一座寺庙，藏传佛教发展的中心，众多经文翻译的重点寺庙，整个庙内保存多少珍贵文史资料无法估量。

1948年摄政热振维修桑耶寺时，当初由夯土筑成的康松桑卡林大殿被拆除重建，这座殿堂主楼为三层，以桑耶寺屋孜大殿造型为样板，由赤松德赞的妃子蔡蚌萨美朵珍建造。殿内每一层都塑造多种佛像，绘制大面积壁画，由尼泊尔工匠来完成，是吐蕃时期古代艺术风格。在《东噶藏学大辞典》307页有详细记载。这座殿堂拆除重建，对桑耶寺的文物遗产造成了重大损失。随后把原桑耶寺院外围墙也改建成椭圆形围墙。这也是对桑耶寺的风貌进行了大的改变（图7-14）。

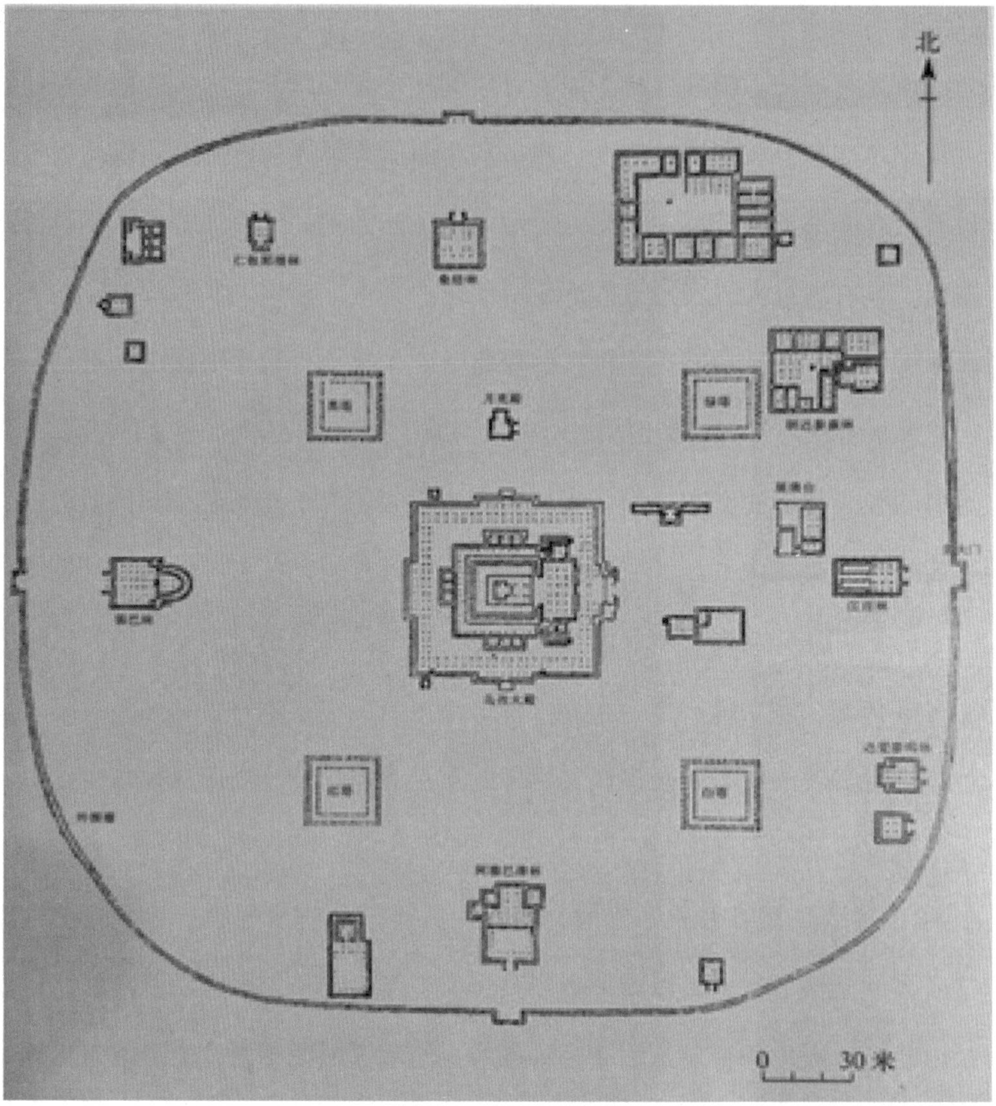

图7-14　1947年维修桑耶寺时成椭圆形的外围墙（古建所）

他们后来维修扎塘寺时也除了保留主殿内部夯土建筑以外，其余夯土建筑全部拆除，采用石墙重建。

温吉如拉康同样保留主殿以外，其余转经道等整套建筑全部拆除，采用石墙重建。整个吉如拉康的面积也大大缩小。还有涅当度姆殿维修也是原有的夯土建筑全部拆除用石墙重建。摄政热振维修过的老建筑基本上把原有的夯土墙全部拆除后改建成石墙，他们的想法是提高建筑的质量。但实际上以上四座古代建筑完全改变了早期夯土建筑的本质之外，内部结构体系和构造做法以及古老的木构件全部毁灭。更严重的是这些殿堂内的古老壁画绝大多数被毁坏。这对文物古建和古老壁画的一次严重的破坏。

后来桑耶寺又是遭受过自然和人为的巨大损害。改革开放以后的四十多年里，国家先后出巨资进行了几次大规模的保护维修，这次维修严格坚持文物保护维修原则，做到了修旧如旧的效果。其中1987年本人承担的主殿金顶复原工程是历史上桑耶寺屋孜大殿金顶的第三次修复（照7–5）（照7–6）（照7–7）（图7–15）。

照7-5 公元19世纪中叶重建的主殿金顶

照7-6　1947年维修桑耶寺时被改建成椭圆形的外围墙

照7-7 1987年国家出资重建的桑耶寺主殿金顶

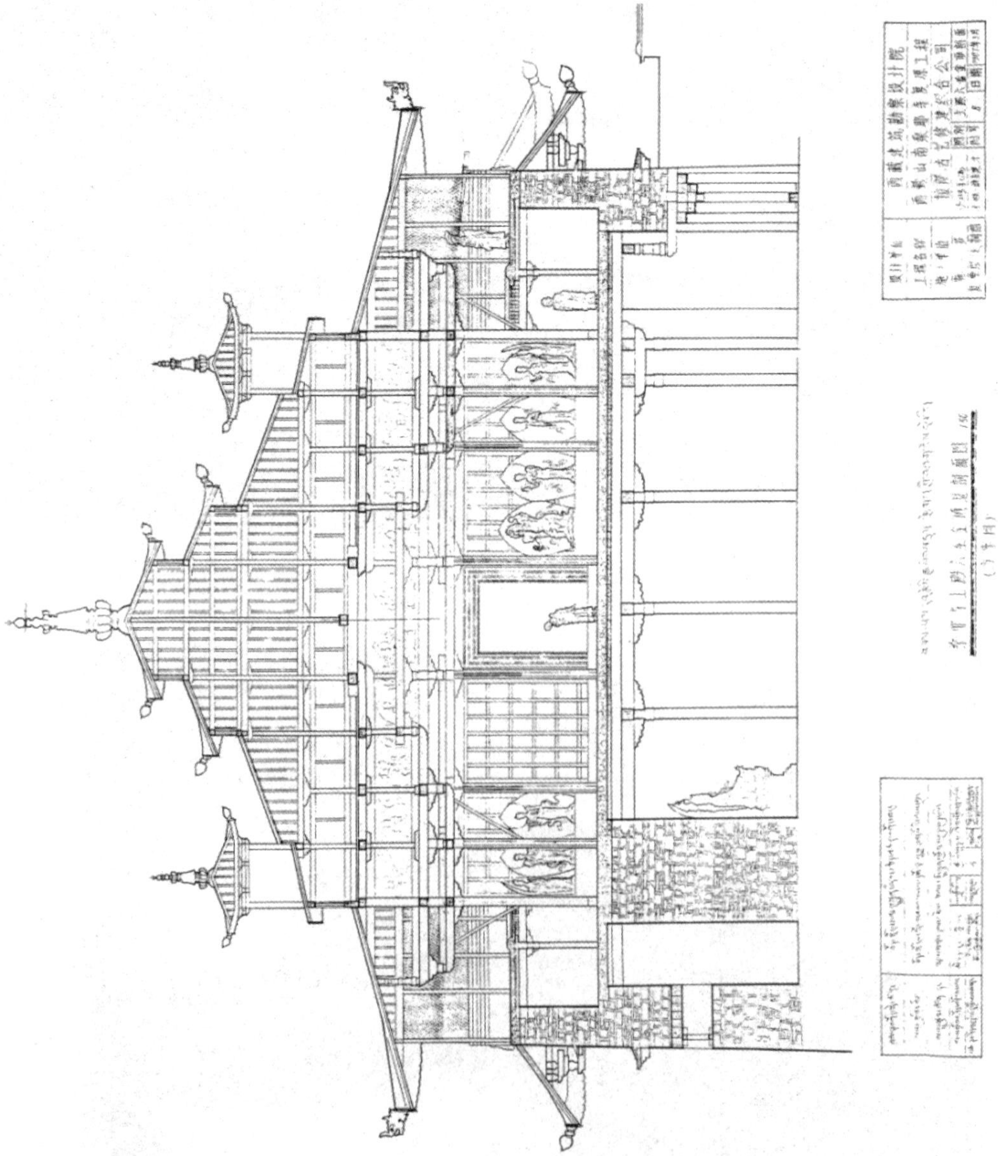

图7-15 1987年国家出资重建的桑耶寺主殿金顶复原剖面图（曲吉建才设计）

五、萨迦南寺大经堂

萨迦南寺大经堂在公元1265年由萨迦法王八思巴按照北京元大都的城堡而修建。该殿堂层高很高，柱子粗大，造型古朴、建筑内部未设墙体形成敞开式平面设计布局，平时悬挂牛毛帐遮挡（图7–16）（图7–17）。

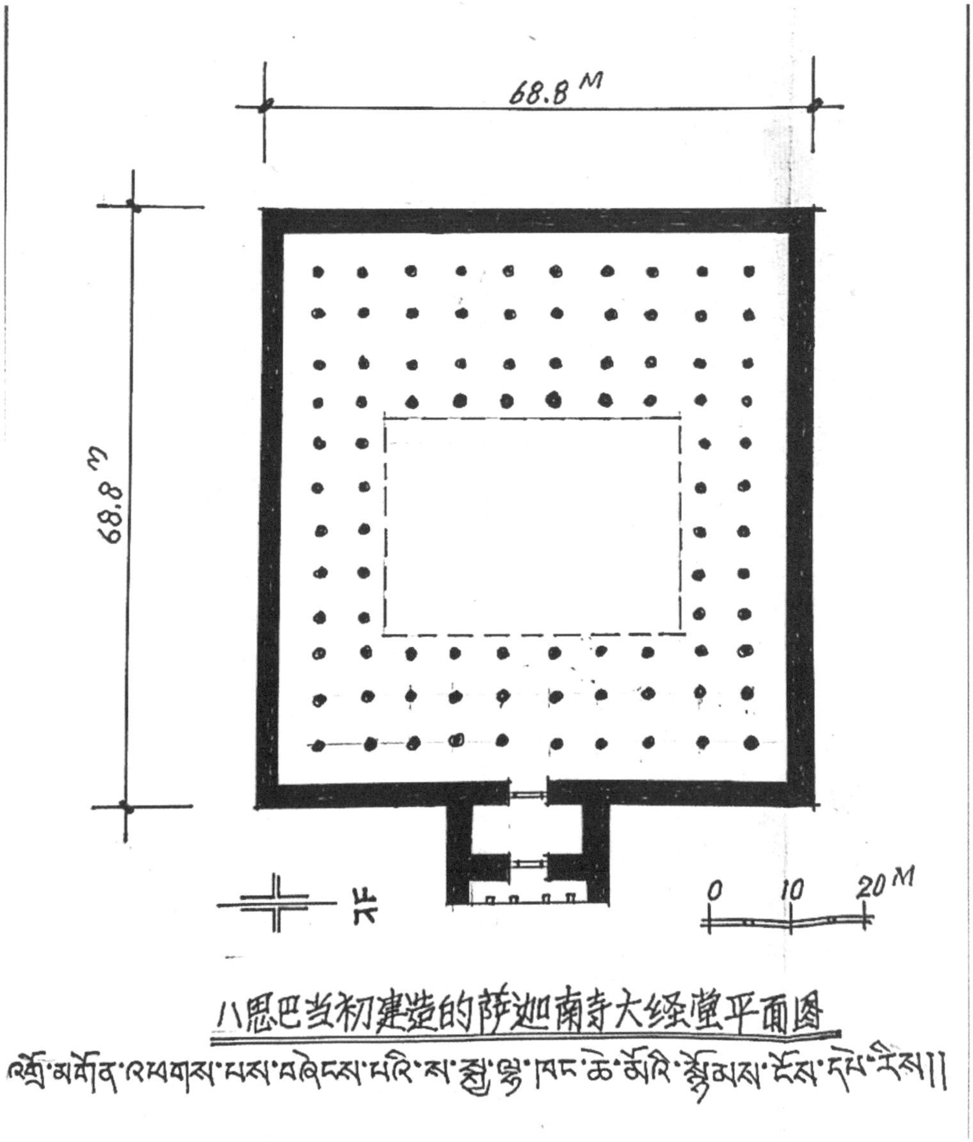

图7-16 八思巴建造的萨迦南寺大经堂平面图（曲吉建才绘）

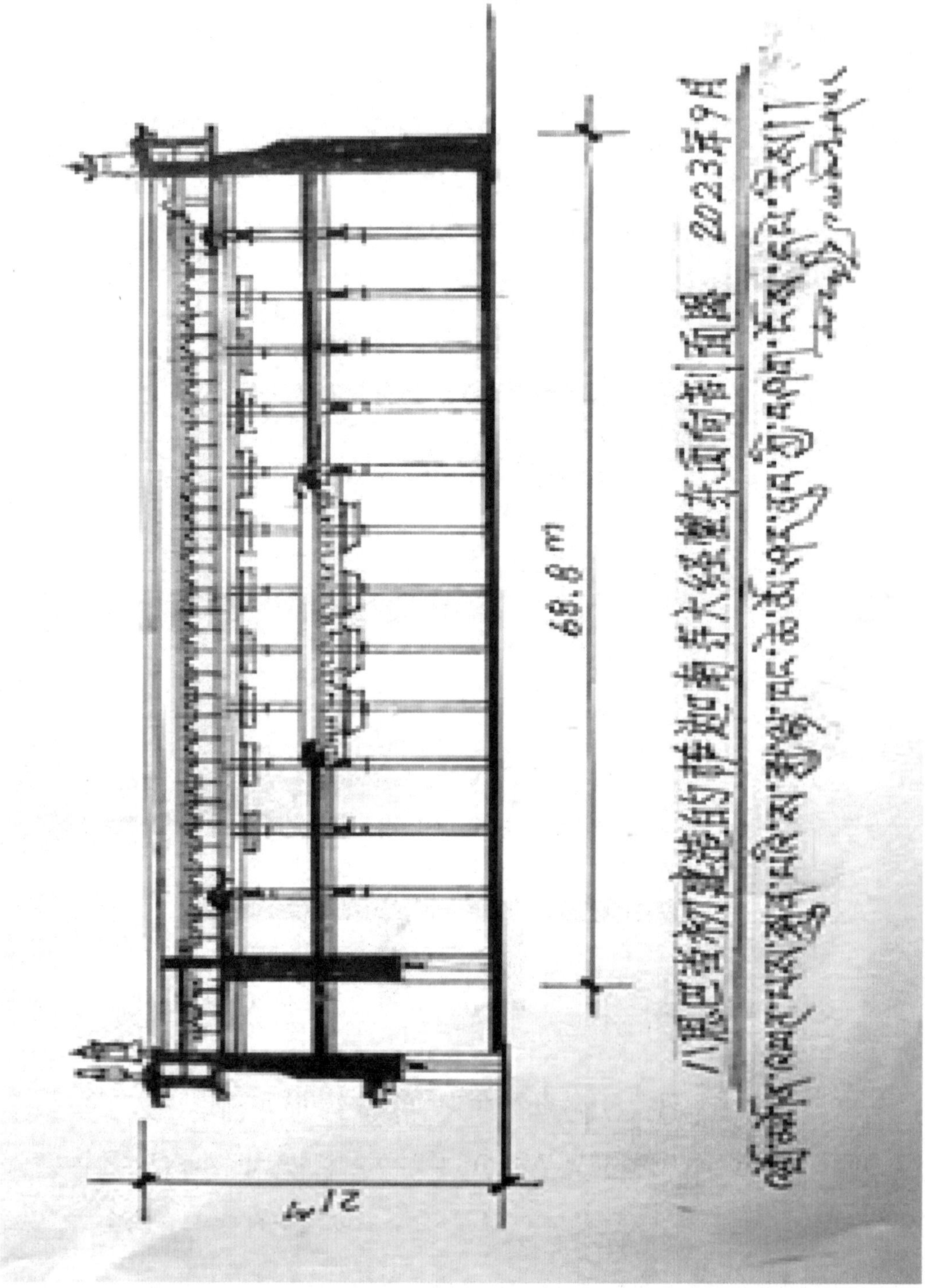

图7-17 八思巴建造的萨迦南寺大经堂东西向剖面图（曲吉建才绘）

萨迦大经堂原有的平面设计做法现在只能在昌都地区类乌齐查结玛大殿内看到。后来公元十四世纪初，萨迦法王汪尊在大经堂北侧扩大14米宽的建筑，同大经堂建筑造型相同，内设12跟柱的大殿。殿内供奉几座造型古朴的土塔，应该是专门修建佛塔殿（图7-18）。

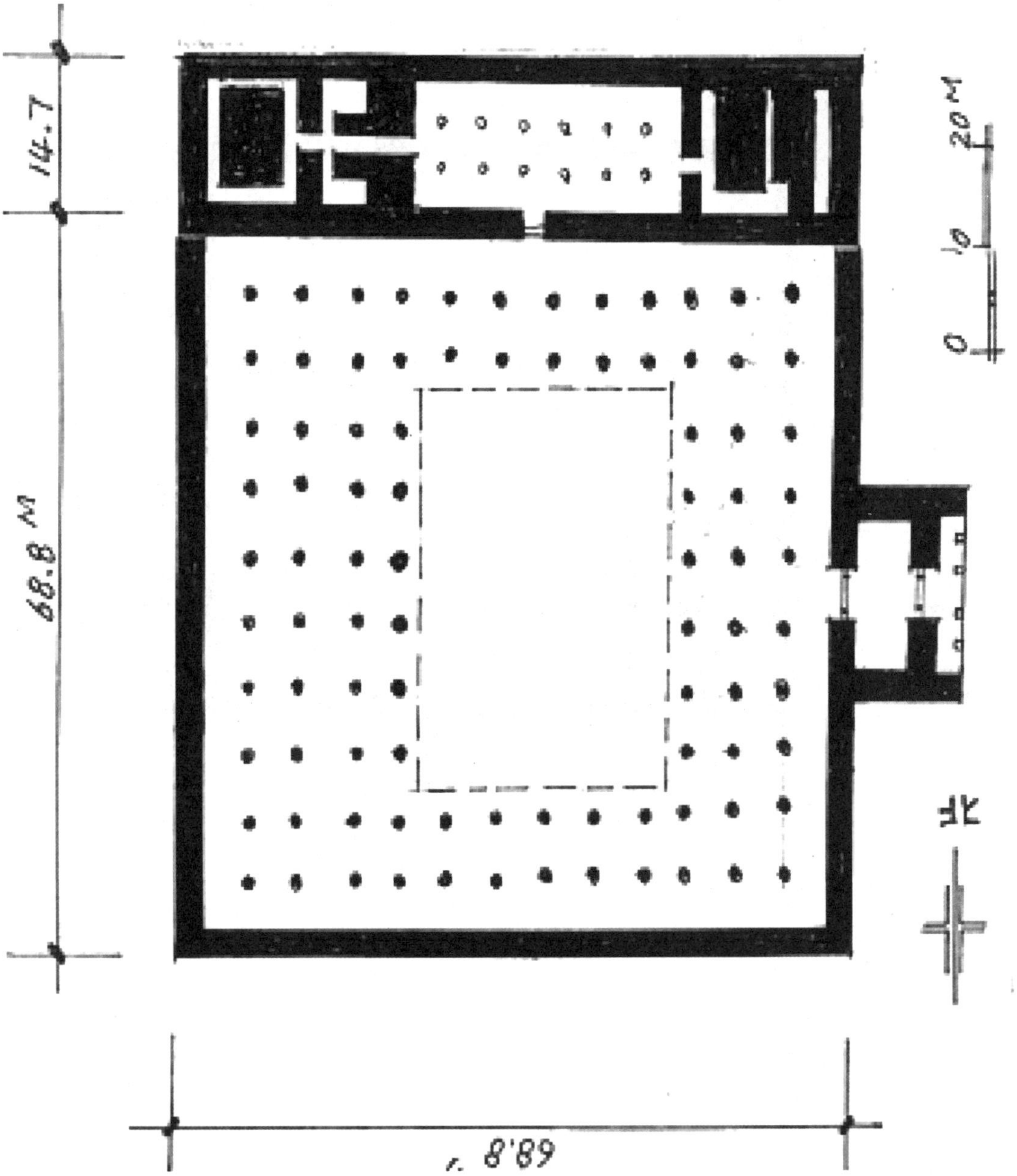

图7-18 公元14世纪初萨迦法王汪尊在北侧扩大14米宽的建筑（曲吉建才绘）

公元1948年西藏地方政府派大商人邦达多布结主持萨迦大经堂的维修。在维修中大殿内侧四周增建了石墙，分格为四个佛殿，设内院式天井，完全改变了原先敞开的大殿内部空间（图7-19）。

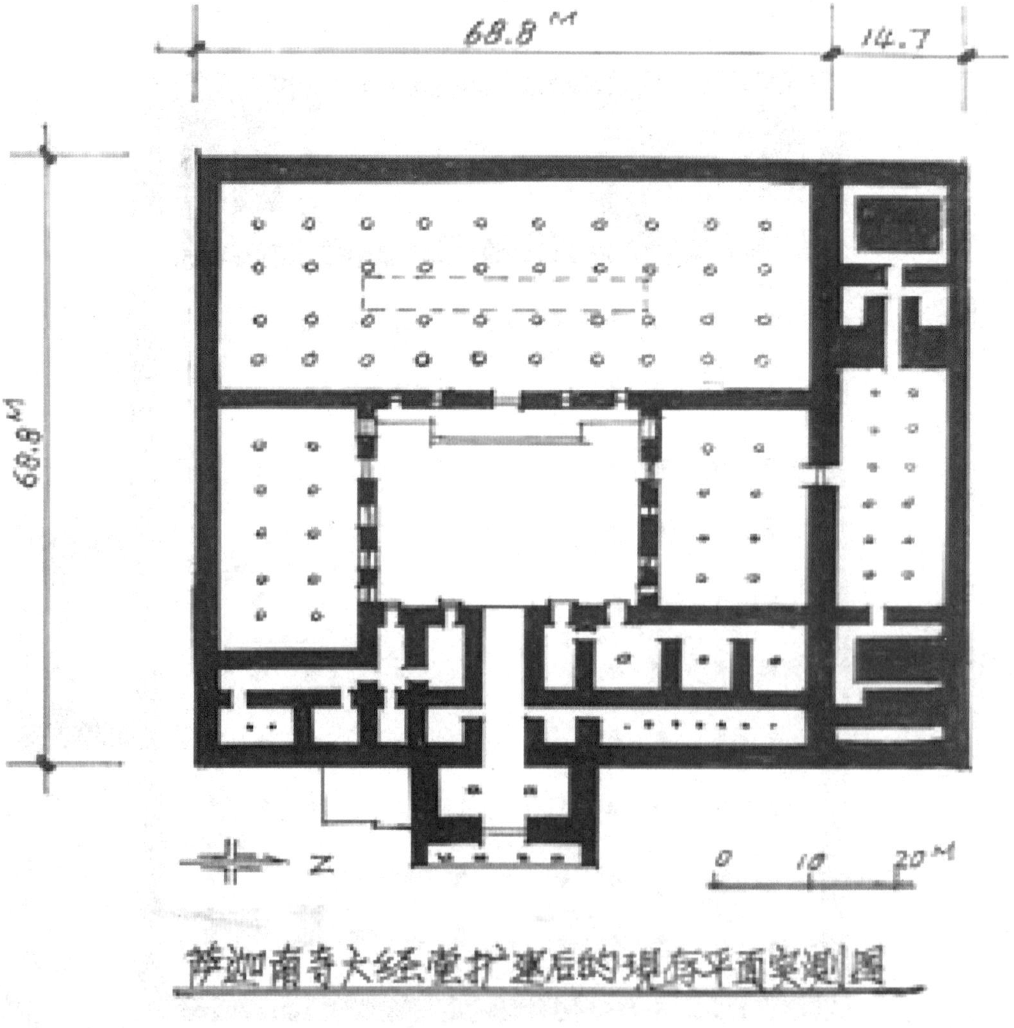

图7-19 萨迦南寺大经堂维修后的现存平面实测图（曲吉建才绘）

另外原先萨迦南寺城墙上所建的防护岗亭，间隔四米左右，每一段角楼和中间的敌楼之间设12座小岗亭，整个城墙上设有96座岗亭（照7-8）（图7-20）。但是当年维修时大部分岗亭已破损，修复起来废时废工，所需木材也很多，他们认为也没有什么使用价值，于是又取消了这些岗亭的修复，并把原岗亭的遗迹都被拆除清理，很有特点的城墙防御设施全部拆除。当时负责现场木工作业的是一位31岁的屋琼德庆师傅，他于1957年被当选为拉萨石木协会木工总师傅。我在1987年修复桑耶寺金顶工程中结识了已经70岁的德庆师傅，他总是把自己曾经承担萨迦寺的维修作为他一生的功绩。

照7-8 历史上萨迦南寺城墙上角楼和敌楼之间的防护岗亭（1940年）

经过我们仔细地实地勘察萨迦大经堂建筑，清楚地目睹了这座独具特色的建筑遭到如此大的改变，我们不仅深感遗憾，而且对于这种无智的任意践踏珍贵文物的行径感到气愤。因此希望我们这代人不要重蹈覆辙，记住历史的教训，保护好我们中华民族优秀的历史文化古迹。

因此，从保护历史文化古迹的重要意义方面讲，那一次所谓的维修，实际上是一次严重的破坏。

图7-20 根据萨迦寺唐卡绘制城墙上的岗亭示意图（曲吉建才绘）

六、洛扎米拉热巴色岗九层宫堡

洛扎色岗九层宫堡是米拉热巴尊照噶举玛尔巴大师的要求所修建。实际上这种碉堡式建筑在洛扎县境内随处可见。十五世纪巴沃·祖拉成瓦大师大兴土木创建了“桑昂曲林寺”，新建房屋紧紧围住色岗九层宫堡，大大影响其外观造型。此外，碉堡顶层檐口还安置很多高大铜佛，建筑造型受到一定改变。还有到了公园十七世纪中期五世达赖喇嘛增建了屋面金顶，风格上又发生了变化。

从历史角度来分析：公元1073年左右，洛扎玛尔巴大译师让自己的徒弟米拉热巴为自己的儿子修建了一座宫堡，称为“色岗”即“公子碉楼”。这是一种古老的习俗，是为后代建造栖息之地，在康区等地同样有这种为儿孙修碉楼的习惯。这种碉楼具备一定的防御功能之外主要是家人们居住的地方。比如色岗九层宫的四层是玛尔巴大师的卧室，五楼是家母的住处。这些都有明确记载。经过我们研究得知，这座碉楼属洛扎地区开创石墙建筑初期阶段所建，因为石墙砌筑技术不熟练，建造过程中出现一些返工现象是有力的证据。而并不是什么为了消除罪孽而反复修建。从砌筑技术层面来讲，墙面粗糙，不整洁，比洛扎各地后来出现的各种碉楼古朴得多。

米拉热巴成就之后人们对这座建筑特别崇敬。但更重要的是从西藏建筑历史角度来讲，西藏建筑从夯土转向石墙的一个典型例子，故整个西藏建筑历史上占有很重要的地位。五百多年漫长岁月里总算幸存下来了，可是后来创建桑昂曲林寺的过程中根本不重要的一些房屋团团抱住碉楼三层以下，根本看不到完整的碉楼建筑，而且从屋顶排水等方面也给碉楼造成一定的隐患。还有后来寺庙和施主在碉楼檐口边玛墙上粘贴很多铜像，增加了屋顶檐口的荷载。

本人在2000年初接受加固色岗古托碉楼建筑的设计任务时，碉楼墙体竖向已经出现两道裂缝。我的加固措施是碉楼每二层设一道钢筋加固圈，用水泥砂浆包住。但碉楼三层以下已被房屋围住，根本无法开展加固措施，对开展保护维修工程带来很多不便。

总结五百多年的历史，这座十分重要的文物古迹，虽然没有太大的改动，但寺庙有关人员根本没有把珍贵的碉楼放在首要位置，用一些无关紧要的房屋围住。从文物古建保护的规范和原则来讲，没有尽到应尽的保护义务。违背了控制保护范围的最基本的原则（图7-21）（图7-22）（图7-23）（照7-9）。

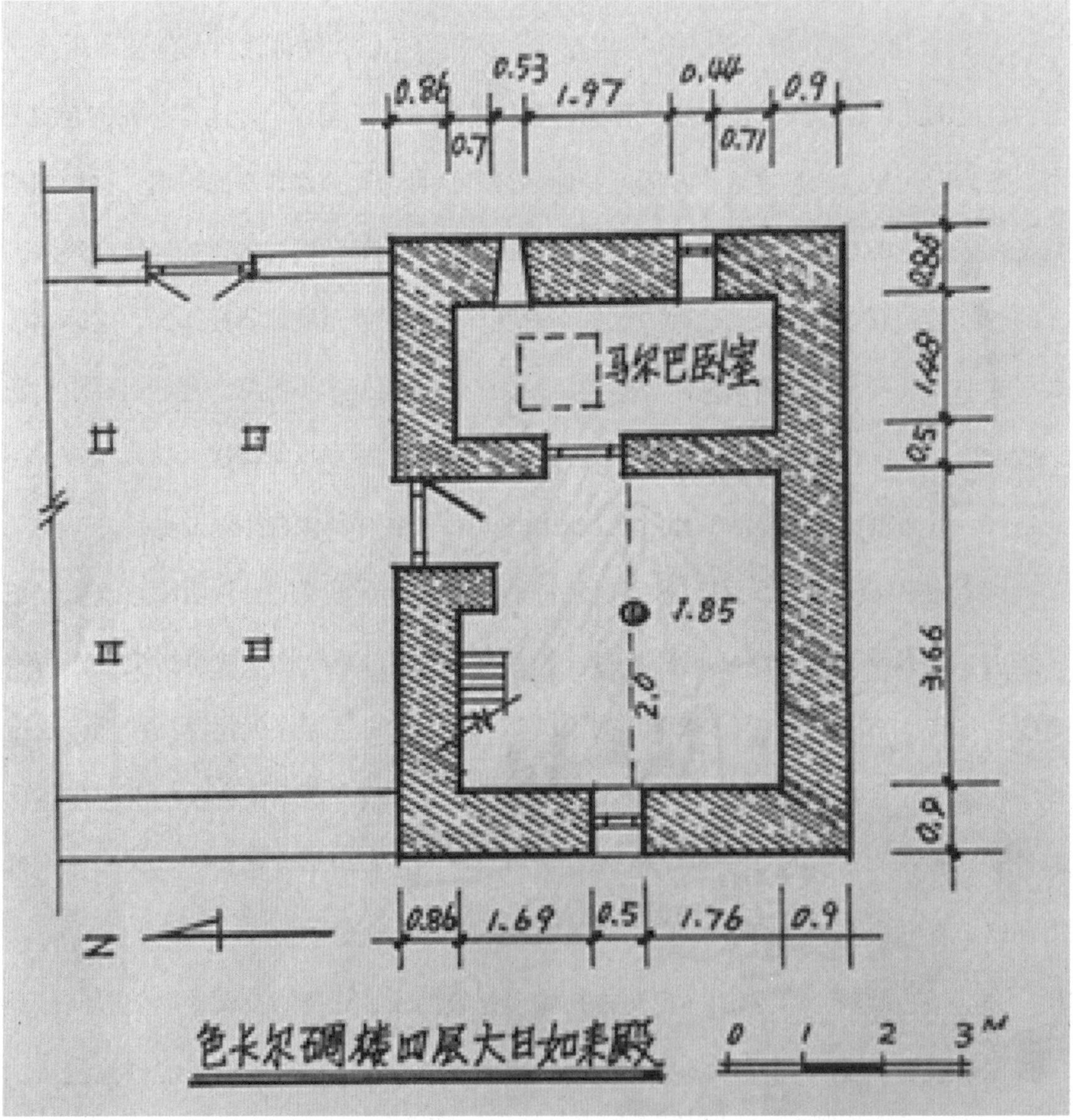

图7-21 色岗碉楼四层大日如来殿（玛尔巴的卧室）（曲吉建才绘）

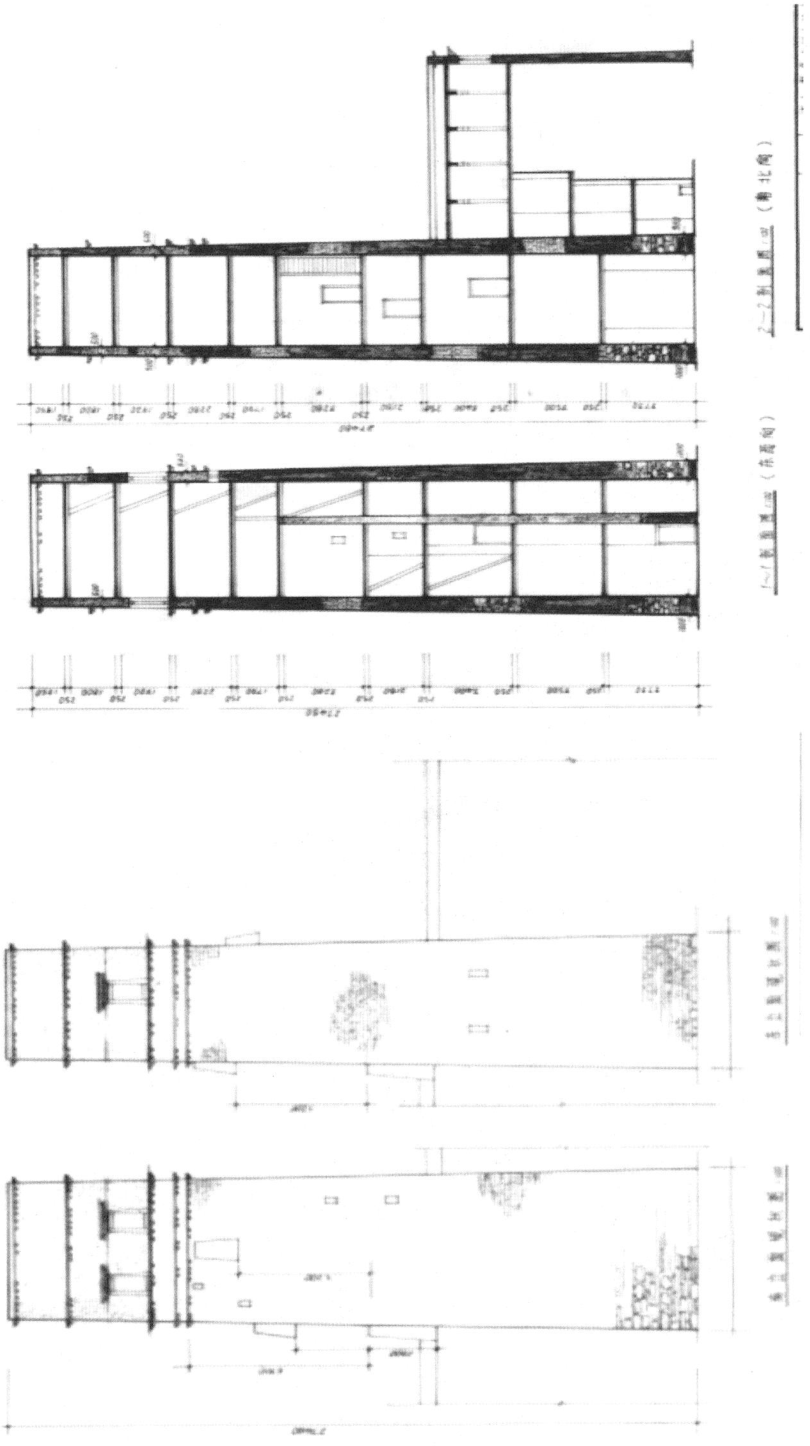

图7-22　色岗碉楼立面和剖面图（玛尔巴卧室）（曲吉建才绘）

图7-23 色岗碉楼和桑昂曲林寺总平面实测图（曲吉建才绘）

照7-9 桑昂曲林寺各种建筑团团围住碉楼的现状

七、哲蚌寺措钦集会大殿

公元十六世纪中旬，三世达赖喇嘛更顿嘉措主持哲蚌寺期间，拉萨乃屋宗官出资新建了哲蚌寺全寺集会大殿，藏语为“措钦杜康”（图7-24）。新建大殿设72根柱子，使用面积460多平方米。当时全寺僧人总数两千左右，完全能容下全寺僧人聚会。

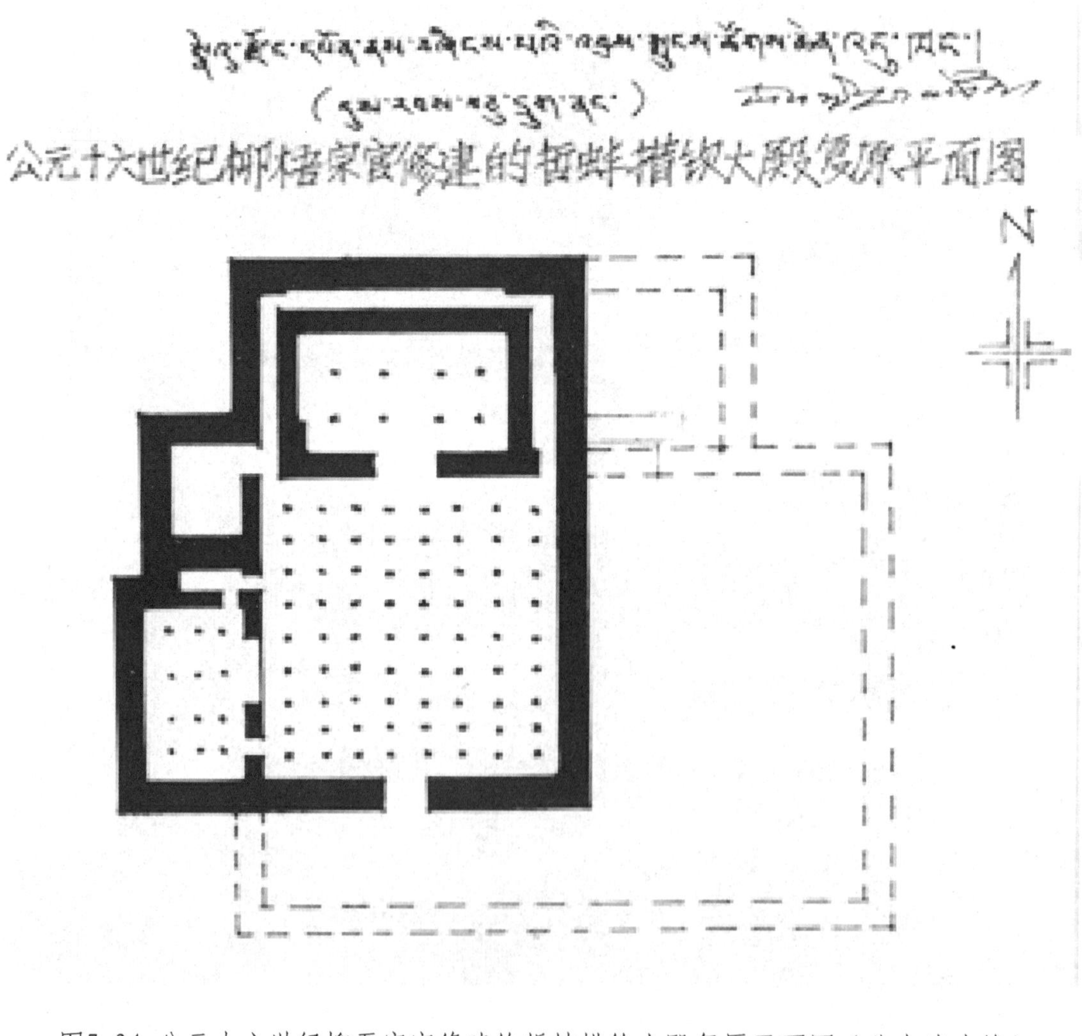

图7-24 公元十六世纪柳吾宗官修建的哲蚌措钦大殿复原平面图（曲吉建才绘）

到了公元十八世纪初，哲蚌寺僧人总数超过四千多，原有大殿根本容不下那么多僧人聚会，于是甘丹颇章地方政府总管颇罗乃安排措钦大殿的扩建工程，在原有大殿的东南两个方向扩大，建成了200根柱子的大集会殿，使用面积有1551平方米，就是现在的措钦大殿。有东方第一大殿之美称（图7-25）。

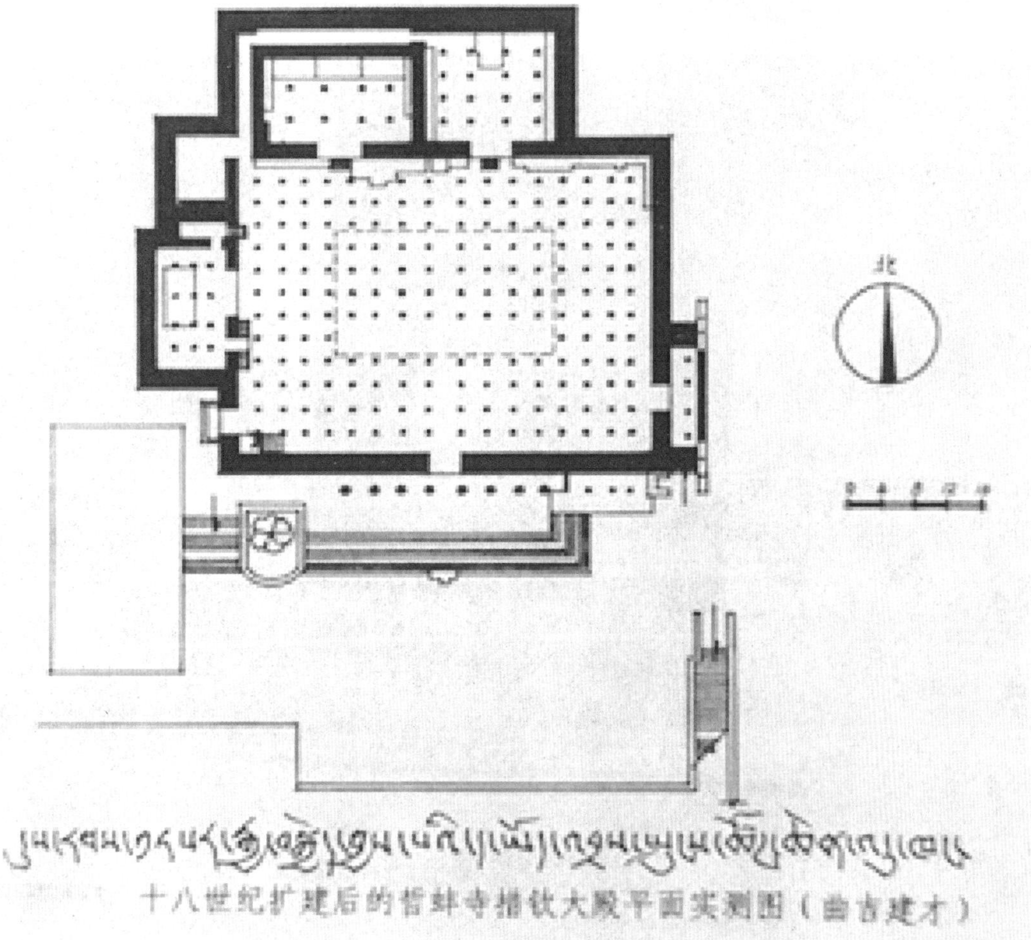

图7-25 十八世纪扩建后的哲蚌寺措钦大殿现状平面实测图（曲吉建才绘）

扩建工程中除了拆除老殿东南两面墙之外，其余转经通道在内的其他墙体均未改动。但可惜的是转经道内的明代老壁画未能得到很好的保护，现在基本看不清楚，受到了一定的损坏。

这种扩建的方法比较好，原有建筑大部分得到保留，因使用方面的要求而不得不进行扩大。

总结起来哲蚌寺原来的大殿建筑虽然没能原封不动地保存，但他们在扩建过程中原建筑大体上都保留下来了。这比热振摄政期间对桑耶康松殿和扎唐寺等拆除重建的维修方法好几百倍。所以我们从文物古建保护的原则来讲，基本可以确定为成功的例子（照7-10）。

照7-10 十八世纪扩建后的哲蚌寺措钦大殿立面现状

后记

《中国藏族古代建筑史》总算写完了，但自己不是很满意。当初2003年开始给西藏大学建筑系的几届本科生讲藏式古建筑课程时，因没有这一方面的书，我自己起草了一本教科书。几年来的教学过程中取得了良好的效果。如果西藏大学建筑系的学生不去学习这门课，谁还有机会学习。这本教科书虽然不是很完善，但也弥补了这一空缺。在此基础上北京建工出版出了一本《西藏建筑艺术》，但自己总感觉内容不够丰富，于是准备写一本更全面一点的介绍藏族古代建筑的书，在几年来的写书过程中我们西藏建筑设计院的边旺院长、总工蒙奶庆、我的徒弟清华规划院鉀美扎西、西藏古建所群英所长及天津大学的杨旭等鼓励我写藏族古代建筑史。但是要编写藏族古代建筑史谈何容易，自己手上的资料也不齐全，整个青藏高原上自己没有去过的地方还很多。加上自己是工匠出身，没有经历过高等学府的培养，不具备写作能力。但话又说回来，古建筑这门学科是实实在在的人间文化遗产，并不是神秘学科，也不是尖端科学。我们土生土长的高原人不懂，谁还会懂。

我出生在牛毛帐篷里，认定活佛后从六岁开始在寺庙学经，生活在古建筑群里。十岁到拉萨哲蚌寺深造，每时每刻都在集会大殿、辩经场、僧舍等古建环境里穿梭。我从小好奇心强，又会画点画，喜欢经常画些建筑立面和构造图，这是从小养成的习惯。

1967年5月，自治区统战部派我们这些年轻活佛到山南部队农场下放劳动，分配到农场基建队，承担整个农场的基建任务。虽然谈不上建造高级建筑，但还是要完成职工宿舍、机械厂房、大门和围墙等各项工程。那个年代很少采用钢筋、水泥等现代材料，大多是山南本地的石木和土木建筑，是地道的传统建筑。当时，我们都是不到20岁的年轻人，聪明好学，木工、石工、泥瓦工样样都干，历经七年的时光后，学到了真正的民间工匠技术。我们自称“劳动大学”。

返回拉萨后在城关区建筑公司担当施工员。1975年自治区建筑设计院和拉萨城关区联合举办“七二一”建筑工人学习班，正式学习建筑设计和施工学科。

1978年被设计院正式录取。1980年成立设计院古建科研室，在匡振鹍和龚跃祖老师的带领下，参加了西藏各地古建筑的考察研究工作，还到西安、北京、承德、内蒙、新疆等地与藏式建筑关联的地方考察学习。同时在老师们的带领下，先后出版了《布达拉宫》《大昭寺》《罗布林卡》《古格王国遗址》等建筑专著，后来自己又编写了《西藏建筑艺术》和《西藏民居》两本书。先后荣获自治区科研成果奖两次。

1985年，在西南五省区建筑学会年会上，我发表了“藏式建筑外墙色彩”的学术论文，荣获当年自治区优秀科技论文奖。

80年代以来国家更加重视西藏文物古建保护与维修工作，1987年本人承担了桑耶寺主殿金顶复原工程的设计，1990年后先后两次参加布达拉宫维修工程，担任工程办技术组副组长，担任西藏三大文物维修工程技术总监，先后承担桑耶寺、琼结藏王墓、拉加里、达拉岗布、朗色林庄园、洛扎色卡古托、扎寺大强巴佛殿、拉萨三大寺、拉萨大昭寺、罗布林卡、山南梅珠林寺、多吉扎寺、加察曲廓杰寺、亚东噶举寺、巴青苯教鲁蚌寺、阿里科迦寺、萨迦南寺、曲水珠娘朗寺、雄色寺、达扎寺、拉萨木如寺、江孜宗山和江孜白居塔、察雅香堆寺和察雅叶多寺等全区几十个古建筑的维修设计和工程监理。

2011年4月应青海省邀请，担任玉树州灾后重建工程专家顾问，并负责灾区藏娘塔、尕白塔、当卡寺和贡萨寺等古建筑的抢险、修复工程的设计和施工指导工作，被评为灾后重建工程先进工作者。

1981年以来每次到家乡休假和康区出差期间，始终坚持古建考察和研究工作，通过各方的努力，抢救和保护维修十几座古碉和古老民居。先后完成家乡古瓦寺、岭古寺、哲钦尼姑寺、扎卡托寺的修复工作。

在甘孜州委的大力支持下，成立了木雅文化遗产保护咨询协会，在联合国教科文组织亚洲办公室的帮助支持下，开展了抢救保护木雅地区古代佛堂和古老壁画的工程，同时在家乡寺庙举办了壁画、泥塑、彩绘、堆绣、酥油花等宗教文化艺术的培训班，培训班的成果作品拿到2006年泰国举办的联合国年会上，荣获优秀成果奖。

以上是自己后半生对文物古建考察学习到进行抢救保护维修的过程，也就是对文物古建逐步熟悉到保护维修的实践中逐步进行总结的一个阶段。这些都是我编写藏族古代建筑史的资本。也是几十年艰苦工作中积累起来的实践与经验。因此，不得不把整个过程叙述一遍。

我能得到这么好的机会，能够投入到这项光荣而艰巨的工作，首先要感谢西藏自治区建筑勘察设计院，感谢设计院的领导和老师们。他们是张世顺书记，洛桑院长，沈臣基总工，吕良芳，张泽江，汪志明，匡振鶠，龚跃祖，叶学彦，余元群，张世培，任乐乡，李成林，郭伯林，林树义等众多老师从“七二一”建筑工人学习班到后来在建筑设计院工作中不断地关心和指导。特别是我的恩师匡振鶠和龚跃祖老师的带领下，我才成为一名古建专业人员。设计院的栽培，院领导和老师们的教育指导，全院职工的帮助和支持，我才能把古建工作坚持了30多年。我在古建考察研究工作中取得的各项成果，以及后来在文物古建保护维修工作中作出的贡献都是我们建筑设计院的安排和分配给我的任务。因此，所取得的成绩和功劳都属于我们单位和全体员工。因此，我再一次地向我的单位和员工们表示衷心的感谢！

另外，本人在40多年来古建领域里的学习和工作中受到了我国各大院校和建筑科研部门众多前辈和顶级专家学者们的教诲和关心指导。因此我在工作中取得的一些成绩，离不开前辈们对工作认真负责的态度和对民族文化保护责任性的榜样作用。于是我在这里以十分崇敬的心情缅怀和感恩这些已故的前辈们，于是又不得不把这些过程简要地说一说：

1979年12月匡老师带我参加中国建筑学会已中断了十几年的年会，会议在安徽芜湖召开，会议上故宫博物院单士元等老先生们谈了北京城区保护古建筑方面存在的很多事项，我第一次知道我们建筑界有那么多德高望重的专家学者。前辈们得知我是唯一前来参会的藏族技术人员的时候，很多老先生鼓励我一定要把西藏古建的研究工作坚持下去，而且语重心长地讲述古建研究与保护工作的重要性。他们是故宫单士元，清华莫宗江，南工杨庭宝，文物局罗哲文，以及郭湖生，王世仁，杨乃济，张宝玮等老师。

1980年，我院古建科研室和中国建筑科学研究院历史所计划合作出版了《布达拉宫》的建筑专著。我们科研室主任匡老师是1962 年从历史所来援藏的，匡老师带我拜见了他的老师刘致平和陈明达先生，两位先生审阅了布达拉宫的书稿。具体跟我们合作的是历史所陈耀东、屠舜耕两位老师。合作过程中刘祥祯所长、傅喜年院士、孙大章等老师给予了帮助和指导。

1982年，科研室前一段工作有了一定的成果，匡老师同北京建工出版社联系，决定先出《大昭寺》《罗布林卡》《古格王国遗址》三本书。以前从来没有出过西藏古建筑方面的书，建工出版社老前辈乔云先生亲自担任主编，杨谷生老师为执行编辑。1981年春节期间我都在北京加班进行出版工作，三本书顺利出版。但是历史所与我们合作的《布达拉宫》于1983年底交给文物出版社，但过了15年，未见书影，最后还是送到建工出版社出版。后来我的《西藏建筑艺术》和《西藏民居》两本书都已出版。由此我在这里感谢乔云先生，杨谷生、杨永生、李冬喜、吴宁江、许顺发、蔡宏生、韦然、赵子宽、马彦等编辑老师们!

1985年初在上海同济大学召开中国民族建筑研讨会，我作为西藏代表参加。会议上认识了罗小未、喻维国、戴复东等专家学者。会上老师们对加强西藏民族建筑研究工作方面提出了很多宝贵的意见，鼓励我一定要把民族建筑研究工作坚持下去。这次会议对自己感触很大，我要感谢同济大学的老师们!

1994年本人承担了北京中华民族园藏族景区设计工作。戴复东院士负责民族园全面规划，云南、贵州、福建、辽宁等地的很多高级工程师都来负责各个少数民族的景区设计。自己也从中学到了其他少数民族的建筑技艺特点，我当时46岁，在我们设计团队中算是最年轻的，老师们从不同角度给予了帮助和指导。他们对藏式建筑的独特风格大加赞赏，对我的设计手法和图面质量都给于高度评价。最后我的藏族景区设计获得优秀设计奖，这是我仿古建筑设计最好的一次实践。我要感谢中华民族园和戴复东、王平等各位老师的关怀和支持！

1999年9月，应国家建设部援藏汪克处长的推荐和清华工程学院的邀请，院党委书记左川老师和秦院长亲自接待，安排我做西藏古建筑方面的讲座。吴良镛院士亲临现场，教导我们西藏建筑设计院一定要把西藏古建筑的研究工作坚持下去，说这是利在当代，功在千秋的伟业。他号召清华建筑工程学院将来也要开展对西藏古建筑方面的研究工作。再说我的老师龚耀祖是60年代清华大学高才生，他的班主任赵炳时老师也来到了现场。吴先生带我和清华的老师们一起在梁思成先生的肖像前合影留念，这是我一生难以忘怀的情景。我是龚老师的徒弟，到了清华大学受到龚老师的老师和师爷们的教诲是何等的荣耀。接着又应沈阳工程学院陈伯超院长的邀请，给学员们做了西藏古建筑的风格和特色的讲座。陈院长安排崔光海老师和工程学院唯一的藏族学生鉀美扎西陪同，参观考察具有浓厚藏族建筑风格的沈阳故宫建筑和建造在城市四方的藏式佛塔建筑。看到这些明代藏式风格的建筑，开阔了眼界，懂得了藏族建筑在祖国内地的传播途径和藏汉建筑结合的特点。鉀美扎西是青海玉树人，他后来考取了清华规划院的研究生。他在玉树灾后重建工程中跟随我学习藏式建筑的设计和施工技术，成为我的徒弟。在青海果洛藏族自治州达日县格萨尔狮龙宫的规划和建筑设计都是我俩合作完成的。

2003年初，中国两院院士吴良镛和周干峙两位先生专程到拉萨考察、参观西藏古建筑，自治区建设厅专门安排我陪同两位院士。当年吴先生80岁，周副部长70岁，两位先生不顾高山反应，徒步走完了布达拉宫和大昭寺、八廓街等地。特别是吴先生作为我国顶级的规划专家，他对远古历史上形成的拉萨老城八廓街的规划给予了高度评价。他说：相比之下有些方面比古罗马城的规划更优越一点。表面上是我向两位院士讲解西藏名胜古迹，但两位院士从更高层面给我讲述了古建筑研究和保护方面要注重的关键要素，对我来说是一次难能可贵的学习机会，一生难以忘怀。由此，我以十分感激的心情，向两位院士和清华大学的老师们，向沈阳工学院陈伯超院长和老师们表示最衷心的感谢！

2011年初，广东华南理工大学陆元鼎教授主持出版了一套全国各省区的民居建筑丛书，陆教授和建工出版社指定我来完成《西藏民居》的编著任务，编书过程中陆先生特意让我到广州向他汇报编书情况。本来以前我研究的重点放在名胜古迹方面，对民居建筑重视不够。但在陆教授和建工出版社的支持帮助下，终于完成了这项任务。为此向建工出版社马彦编辑和陆元鼎教授表示感谢！

总之，本人自开始学习建筑设计，到后来转入古建研究的40多年里，不同时期和不同地点受到全国各大院校的前辈们，各建筑科研部门的顶级专家学者们的鼓励和鞭策。回想起来十分想念他们，我很想把《中国藏族古代建筑史》这本书作为一点小小的研究成果，奉献给各位前辈和老师们。我的恩师匡振鹖和龚耀祖两位老师现在都不在了，于是我以十分激动的心情缅怀和感恩所有关心、指导我的前辈和老师们！虽然我没能取得更显著的成绩，但我听从您们的教诲，把古建研究工作始终坚持了下来，这也算是我给老师们的报答！

另外，这本《中国藏族古代建筑史》书以藏汉对照的形式来完成。这是我们当初开办“七二一”学习班时候的传统做法，当时培训班的建筑工人大部分人都不懂汉语文，这对老师们的教学带来很大困难，于是匡老师和叶老师编写建筑词汇，让我翻译藏文名词，并且让我做课堂翻译。再说旧社会建筑专用名词停留在工匠群里，文字书面上基本不出现，历史书籍和传记等书里面根本看不到这些名词。目前藏汉文字翻译方面建筑名词缺陷最大，已经有一些翻译也不够准确。因此，编写藏汉对照本，给我增加翻倍的工作量，但为了藏文建筑名词的传承方面能起点作用是主要目的，还有当初1980年刚刚开始古建考察工作时，不太懂照相技术，缺乏照相设备。当时中央新闻纪录电影制片厂拉萨摄影站的扎西旺堆、次登，吉美和次仁等老一辈摄影工作者，给我们借用照相器材，免费提供彩色胶卷，帮助指导照相技术。这些老师大多不在了，但我们十分感激他们无私的帮助和支持，今天我取得一点成绩的时候，怎能忘记当初我们一无所有的时候帮助过我们的人。由此，我以十分激动的心情缅怀和感激他们！

本书的出版，首先感谢国家出版基金的大力援助！特别感谢西藏人民出版社！在出版社的大力支持下，我准备几十年的《中国藏族古代建筑史》藏汉对照本终于能够出版。在出版过程中出版社总编刚祖老师和计美旺扎老师亲自负责藏汉书稿的主编工作，编辑格桑措和格桑德吉及藏编部和汉编部的同志们也给予热情的帮助，为此向他们表示衷心感谢！

其次在几十年里全区和全国各地进行古建考察和测绘工作中帮助过的我院领导及同仁付正浩、马晓利、边旺，张先荣、刘林、雷建、洛松格来、扎西平措、蒙乃庆、群英、益西康卓、单增康卓、土旦、次旺等同志；还有在家乡和康区一带开展古建考察和文物古建保护工作中协助帮忙的家乡人和我们咨询协会的成员白马玉珍、泽仁邓珠、占堆、李明全、邓学、扎西等同志。其中白玛玉珍在拉萨、山南、萨迦等地和玉树、内蒙古等地帮助考察、测绘工作。积极参加咨询协会开展的环境和动物保护工作，在文物古建修复工作中承担后勤和生活管理。还有长期的考察研究工作中家人德吉和儿女们的积极帮助，其中儿子吉美阿旺长期以来在西藏山南各地，以及在玉树和内蒙乌海等地考察、测绘工作中帮助测绘、摄影及整理工作，负责开车接送。还有在玉树和内蒙等地文物修复工程中承担项目经理，作出很大成绩。女儿德庆拉泽在读研究生和担任基金会工作期间，特别是联合国教科文组织的合作项目中，承担项目管理、英文翻译工作。古建维修和壁画保护工作中筹备资金，帮助落实困难学生的助学金，咨询协会的成立及管理工作等各方面作出了极大贡献。

总之，完成这本书的写作不仅是考察研究全国各地藏式古建筑中实地取得的第一手资料中研究分析的成果，同时在40多年来先后承担桑耶寺、布达拉宫等西藏各地古建筑保护维修工作，还有玉树等康区和内蒙杜尔伯特和乌海等地保护维修古建筑设计和施工中积累起来的实际经验是分不开的。所以，我再一次感谢以上所有不同时期、不同地点帮助支持我的所有人！

还要特别感谢我们家乡的大学生、德格县马尼干戈果镇副镇长四郎德卓。她从2019年以来一直帮助藏汉文字的录入，大量图纸和照片的筛选工作，在整个编书工程中付出了极大的努力。

四年多的编书过程中，拉萨市明鑫印刷有限公司的领导和微机室的员工们在打字复印，文字和图照排版方面给予大力的支持和帮助。我在这里也深表谢意！

青藏高原地域十分广阔，史书中涉及的很多地方，本人调查了解不够深入，有些地方自己未曾去过。由此，介绍各地的建筑特色还不够全面和细致，敬请读者谅解。

特别是介绍众多青藏高原独具特色的古代建筑，要用图文并貌来加以解释，才能使读者更好地了解，其中大昭寺、桑耶寺、布达拉宫等重点建筑都作者亲自参与的维修项目。可是这本书里写不下来，准备下一步《中国藏族古代建筑史——卫藏卷》和《中国藏族古代建筑史——朵康卷》里分别介绍。

青藏高原建筑历史十分悠久，但前人们所留下的资料太少，保存下来的古代建筑遗迹不多。所以编写本建筑史可能不够全面和完善，加上自己水平有限，肯定存在很多缺陷。敬请各位老师和本专业的同仁们给予批评指正。

望全国各地热爱文物古建专业的人士不断地研究和探讨世界独一无二的青藏高原古代建筑，让我们一起努力把中华民族优秀文化的保护与传承工作永远坚持下去。

木雅・曲吉建才

2023年6月4日

ལེའུ་དང་པོ། མཚོ་བོད་མཐོ་སྒང་དམིགས་བསལ་གྱི་ས་ཁམས་དང་། རང་བྱུང་ཁོར་ཡུག གནམ་གཤིས་བཅས་ཀྱི་སྐོར།

དང་པོ། ས་དབྱིབས་དང་། ས་ཁམས། རང་བྱུང་ཁོར་ཡུག

གངས་ལྗོངས་མཐོ་སྒང་ནི་རི་རབ་ལྷུན་པོ་བཞིན་ས་ཡི་གོ་ལའི་སྟེང་ནས་མངོན་པར་འཕགས་ཤིང་། ཡུལ་ཁམས་རྒྱ་ཆེ་བ་སྟེ། བྱང་ངོས་ཀྱི་ཁུན་ལུན་རི་བོའི་རི་རྒྱུད་ནས་ལྷོ་ངོས་ཀྱི་ཧི་མ་ལ་ཡ་རི་རྒྱུད་དང་། ནུབ་ངོས་ཀྱི་ཁ་ལ་ཁུ་ནུ་རི་བོ་ནས་ཤར་གྱི་གཞུང་ལ་རྒྱུག་པའི་རི་གཟར་གྲོག་རོང་གི་ས་ཁོངས་བཅས་བོད་རང་སྐྱོང་ལྗོངས་ཁོ་ནའི་ས་རྒྱ་ཆེ་ཆུང་ལ་སྤྱི་ལེ་གྲུ་བཞི་མ་ཁྲི་120ལྷག་ཙམ་ཡོད། དེ་མིན་གྱི་མཚོ་སྔོན་དང་། ཀན་སུའུ། ཡུན་ནན་དང་སི་ཁྲོན་སོགས་ཞིང་ཆེན་གྱི་བོད་རིགས་འདུས་སྡོད་ཁུལ་གྱི་ས་ཁོངས་ནི་དེ་བས་ཀྱང་ཤིན་ཏུ་རྒྱ་ཆེ་བ་ཡོད།(པར་1—1)

འཛམ་གླིང་ཐོག་མཚོ་བོད་མཐོ་སྒང་ནི་རྒྱ་མཚོའི་ངོས་ལས་མཐོ་ཤོས་ཡིན་པ་དང་། རྒྱ་ཁྱོན་ཤིན་ཏུ་ཆེ་བ། རང་བྱུང་ཁོར་ཡུག་ལ་དམིགས་བསལ་གྱི་ཁྱད་ཆོས་ལྡན་པ་བཅས་འཛམ་གླིང་མཐོ་སྒང་གི་ས་ཁོངས་ནང་ཆེས་ཁྱད་དུ་འཕགས་པའི་གནས་བབ་ལྡན་ཡོད། ས་ཁམས་རིག་པའི་མཁས་པ་ཙན་མང་པོ་དང་རྩོག་ཞིབ་བྱེད་མཁན་མང་པོས་འཛམ་གླིང་གི་ལྷོ་སྣེ་དང་བྱང་སྣེ་གཉིས་དང་བསྡུར་ནས་ས་ཡི་གོ་ལའི་སྣེ་གསུམ་པའམ་འཛམ་གླིང་གི་ཡང་རྩེ་ཞེས་འབོད་ཀྱི་ཡོད།

མི་ཆོས་མཚོ་བོད་མཐོ་སྒང་ནི་འཛམ་གླིང་ཐོག་གི་རིམ་པ་གསུམ་པར་ངོས་བཟུང་གི་ཡོད། གཙོ་བོ་ནི་འཛམ་གླིང་ཐོག་གཞན་ན་མེད་པའི་མཚོ་རྗེས་དང་། གངས་རི་གནམ་ལ་འཕྱོ་བ་སོགས་ཀྱིས་གནམ་གཤིས་གྲང་ངར་ཆེ་བ། མཐོ་སྒང་གི་ལྟེ་བར་ཆ་སྙོམས་ཀྱི་གནམ་གཤིས་དྲོད་ཚད་0℃ཡིན་པ་དང་། ས་ཆ་མང་ཆེ་བར་དྲོད་ཚད་ཆེ་ཤོས་ཀྱི་ཟླ་བར་ཆ་སྙོམས་དྲོད་ཚད་10℃ལས་དམའ་བ་ཡོད་པས་གོ་ལའི་རིམ་པ་གསུམ་པའི་མཚན་གནས་མཚོ་བོད་མཐོ་སྒང་ལ་འབོད་པ་ནི་ངོ་ནོངས་མི་དགོས་པ་ཞིག་ཡིན།

ཆ་སྙོམས་མཚོ་རྗེས་སྟེང་4000ལས་བརྒལ་བའི་མཐོ་སྒང་གི་ས་ཆ་འདིར་འཕྲེད་གཞུང་གཉིས་ལ་རི་སྣ་མཐོན་པོ་མང་པོ་ཆགས་ཡོད་པ་དེ་ཉིད་མཐོ་སྒང་ཆེན་མོའི་ས་དབྱིབས་དང་ས་ཁམས་ཀྱི་གཞི་རྩའི་རུས་སྒྲོམ་ལྟ་བུར་གྱུར་ཡོད། དེ་ཡང་མཐོ་སྒང་གི་མཐའ་ནས་བསྐོར་བའི་རི་རྒྱུད་ཁུ་ནུ་རི་བོ་དང་། ཨར་ཅིན་རི་བོ། མདོ་ལ་རིང་མོ། ཧི་མ་ལ་ཡ་སོགས་འཕྲེད་ལ་རྒྱུག་པའི་རི་སྣ་དེ་ཚོ་དང་། མཐོ་སྒང་གི་དབུས་སུ་ཡོད་པའི་ཕན་ཚུན་ཆ་སྙོམས་སུ་ཆགས་བསྡད་པའི་རི་རྒྱུད་མཐོན་པོ་མང་པོ་ཡོད་པ། དཔེར་ན། ཤར་ཁུ་ནུ་རི་རྒྱུད་ནས་བ་ཡན་ཁ་ལ་རི་རྒྱུད་དང་། ཁ་ལ་ཁུ་ནུ་རི་རྒྱུད་ནས་གདང་ལ་རི་རྒྱུད། གངས་

ཏེ་སེ་རི་རྒྱུད་ནས་གཉན་ཆེན་ཐང་ལྷ་རི་རྒྱུད་བཅས་གཅིག་ལ་གཅིག་མཐུད་ཀྱི་རི་རྒྱུད་ལྷགས་རི་ལྟ་བུར་ཆགས་ཡོད་པ་དེ་དག་ནི་ཤིན་ཏུ་ལྟ་ན་སྡུག་པ་ཞིག་ཡིན། （པར1—2）

དེ་ཡང་ཡུལ་ཕྱོགས་སོ་སོའི་ངོས་ནས་བཤད་ན། མཚོ་བོད་མཐོ་སྒང་འདི་ཡུལ་ལུང་ཁག་བཞི་ལ་དབྱེ་ཆོག་པ་སྟེ། དང་པོ་དབུས་གཙང་ཁུལ་གྱིས་གཙོ་བོ་བྱས་པའི་ད་ལྟའི་བོད་རང་སྐྱོང་ལྗོངས་ཀྱི་ས་ཁོངས་དང་། དེ་ནས་ཡུན་ནན་དང་སི་ཁྲོན་ཞིང་ཆེན་གཉིས་ཀྱི་བོད་རིགས་རང་སྐྱོང་ཁུལ་གྱི་རི་མཐོ་གཡང་གཟར། རི་རྒྱུད་འཕྲེད་གཞུང་འདྲེས་མའི་མདོ་སྟོད་ཁམས་པའི་ས་ཁུལ། དེའི་རྗེས་སུ་མཚོ་སྔོན་དང་ཀན་སུའུ་ཞིང་ཆེན་གཉིས་ཀྱི་འབྲོག་ཁུལ་གྱིས་གཙོ་བོ་བྱས་པའི་མདོ་སྨད་ཨ་མདོའི་ས་ཁུལ། མཐའ་མ་ནི་ཉིང་ཞ་རང་སྐྱོང་ལྗོངས་ཀྱི་ཁོངས་ཏེ་དེ་སྔ་མི་ཉག་རྒྱལ་རབས་ཀྱི་དབང་སྒྱུར་མངའ་ སྡེ་ཏའོ་ལན་རི་བོ། ཁྲི་ཆུ་ཚུད་པའི་ཤར་རྒྱུད་ཀྱི་ས་ཁོངས་བཅས་བཞི་ཡོད།

བོད་རང་སྐྱོང་ལྗོངས་ཀྱི་ཁྱབ་ཁོངས་གཙོ་བོ་བྱས་ན་བོད་ལྗོངས་ཀྱི་ཤར་ངོས་དང་། བོད་ལྗོངས་ཀྱི་ལྷོ་ཕྱོགས། བོད་བྱང་ཐང་གི་ཁོངས། ཧི་མ་ལ་ཡ་རི་རྒྱུད་ཀྱི་ས་ཁོངས་བཅས་ཁྱབ་ཁོངས་ཁག་བཞི་ཡིན་ཞིང་། གཤམ་ལ་ཁྱབ་ཁོངས་ཁག་བཞི་པོ་དེ་དག་གི་གནམ་གཤིས་ཀྱི་ཁྱད་ཆོས་ངོ་སྤྲོད་ཞུ་རྒྱུ་ཡིན།

༡ བོད་ལྗོངས་ཤར་ངོས་ཀྱི་རི་མཐོ་དང་གྲོག་རོང་ས་ཁུལ།

བོད་ལྗོངས་ཀྱི་ཤར་ངོས་ནི་རི་མཐོ་ལ་གྲོག་རོང་གཟར་བ་ཞིག་ཡིན་ཞིང་།（པར1—3） དེ་ཡང་གཙང་པོ་གསུམ་གྱི་རྒྱུགས་ཡུལ་གཙོ་བོ་ཆབ་མདོ་ས་ཁུལ་དང་། དེ་ནས་ད་དུང་ཤར་ངོས་ཀྱི་སི་ཁྲོན་དཀར་མཛེས་བོད་རིགས་རང་སྐྱོང་ཁུལ། རྔ་བ་བོད་རིགས་ཆང་རིགས་རང་སྐྱོང་ཁུལ། ལིའང་ཧྲན་ཁུལ་གྱི་མུ་ལི་བོད་རིགས་རང་སྐྱོང་རྫོང་། ཡུན་ནན་བདེ་ཆེན་བོད་རིགས་རང་སྐྱོང་ཁུལ་གྱི་ཁྱབ་ཁོངས་སོགས་ནི་ས་དབྱིབས་གཟར་ཞིང་རི་ཡི་རྩེ་ནས་གྲོག་རོང་གི་གཏིང་བར་མཐོ་ཚད་མིད2000ཙམ་ཟིན་པ་དང་། རི་རྩེ་ནི་ལོ་ཧྲིལ་པོར་མི་ཞུ་བའི་གངས་རི་ཡིན་པ། རི་སྙེད་ལ་གདོང་མའི་ནགས་ཚལ་སྟུག་པོས་ཁེངས་པ། གྲོག་རོང་གི་མཐིལ་ལ་དུས་བཞིར་སྔོ་ལྗང་ཅན་གྱི་ལོ་ཐོག་དང་ཤིང་འབྲས་ཡོད་པ་བཅས་བོད་ཤར་ངོས་ཀྱི་དམིགས་བསལ་ཅན་གྱི་ཡུལ་ལྗོངས་ཤིག་ཆགས་ཡོད། དེ་བཞིན་མེ་ཏོག་ཐང་དང་རྫ་ཡུལ་ཐང་སོགས་ནི་དུས་བཞིར་དཔྱིད་ཀ་ལྟར་མཛེས་པའི་ཡུལ་ཞིག་ཡིན་པ་ནི་རང་རྒྱལ་ལ་མཐོང་དཀོན་པའི་རང་བྱུང་སྐྱེ་དངོས་ཀྱི་ནོར་བུའི་བང་མཛོད་ཅིག་ཡིན།

༢ བོད་ལྗོངས་ལྷོ་ངོས་ཀྱི་གཙང་པོའི་ཆུ་གཞུང་གི་ས་ཐང་།

བོད་ལྗོངས་ལྷོ་ངོས་ཀྱི་གཙོ་བོ་ནི། ཡར་ཀླུངས་གཙང་པོ་དང་། ཡན་ལག་གི་ཆུ་བོ་སྐྱེ་ལྷ་སའི་སྐྱིད་ཆུ་དང་། མྱང་ཆུ་གཙང་པོ། ཉང་ཆུ་གཙང་པོ་སོགས་ཀྱི་ཆུ་གཞུང་ས་ཁུལ་ཡིན་པ་དང་། དེ་ཡང་གཞིས་རྩེ་དང་། ལྷ་ས། ཉིང་ཁྲི། རྒྱལ་རྩེ། ལྷོ་ཁ་སོགས་ཆུ་གཞུང་གི་ངོས་སྙོམས་ས་ཐང་དེ་དག་ནི་ས་རྒྱུ་གཤིན་པོ་དང་། ཞིང་ལས་ཐོན་སྐྱེད་ཕུན་སུམ་ཚོགས་པ། ལྷག་པར་དུ་ལྷོ་ཁ་ས་ཁུལ་ལ་བོད་ཀྱི་གཙང་པོའི་ལྷོ་རྒྱུད་ཅེས་པའི་མིང་ཐོབ་ཡོད་པ་མ་ཟད། ལྷོ་ཁ་ས་ཁུལ་དང་གཞིས་རྩེའི་ཤར་

ངོས་ཀྱི་རྒྱལ་རྗེ་སོགས་ནི་བོད་ཀྱི་འབྲུ་རིགས་ཐོན་འབབ་གཙོ་བོའི་ས་ཁུལ་ཡིན། (པར་1—4)

༣ བོད་བྱང་ཐང་མཐོ་སྒང་།

བོད་ཀྱི་བྱང་ཐང་མཐོ་སྒང་ནི་ནག་ཆུ་གྲོང་ཁྱེར་དང་མངའ་རིས་ས་ཁུལ་ཤར་ཕྱོགས་དགེ་རྒྱས་དང་སྙེར་རྗེ། མཚོ་ཆེན་སོགས་གཙོ་བོ་བྱས་ཡོད། དེར་བོད་སྐད་དུ་བྱང་ཐང་ཟེར་བའི་དོན་ཡང་བྱང་ངོས་ཀྱི་ཐང་ཆེན་པོ་ལ་ཟེར་བ་ཡིན། ཆ་སྙོམས་ཀྱི་མཚོ་རྗེས་སྨིད་4500ཙམ་ཡོད། རི་སྒང་ནས་ཐང་ཆེན་བར་ལ་མཐོ་ཚད་སྨིད་100ནས་200ཙམ་ལས་མེད། རྒྱ་ཆེ་ཞིང་མུ་མཐའ་མེད་པའི་བྱང་ཐང་གི་ས་སྟོང་ནི་བོད་ཀྱི་འབྲོག་པའི་ས་ཆ་གཙོ་བོ་ཡིན། (པར་1—5)

༤ ཧི་མ་ལ་ཡ་རི་རྒྱུད་ཀྱི་ས་ཁོངས།

གཙོ་བོ་ཀྲུང་གོའི་བོད་ལྗོངས་ཀྱི་ལྷོ་ངོས་ཏེ། རྒྱ་གར་དང་། བལ་པོ། འབྲུག་ཡུལ། འབྲས་ལྗོངས་སོགས་དང་ས་མཚམས་འབྲེལ་ཡིན་པའི་སྐྱིད་རོང་དང་། གཉེན་སྐྱིད། དིང་རི། གྲོ་མོ། ལྷོ་བྲག མཚོ་སྣ་སོགས་ཀྱི་ས་ཁུལ་ལ་ཤར་ནུབ་ཀྱི་རིང་ཚད་སྤྱི་ལེ་2000ལྷག་ཙམ་ཡོད་ཅིང་། ནུབ་ཕྱོགས་ཀྱི་ས་ཆ་མཐོ་བ་དང་། གནམ་གཤིས་རླུམ་ཤས་ཆེ་བ། གྲང་དར་ཆེ་བ་བཅས་ཡིན་པ་དང་། ཤར་ངོས་ཀྱི་གནམ་གཤིས་བཞའ་ཚན་ཆེ་བ་ཡིན། ཆ་སྙོམས་མཚོ་རྗེས་སྨིད་6000ཡན་ཟིན་གྱི་ཡོད་པས། འཛམ་གླིང་ཐོག་གི་རི་རྒྱུད་མཐོ་ཤོས་ཡིན། འཛམ་གླིང་ལ་སྐད་གྲགས་ཆེ་བའི་རི་བོ་མཐོ་ཤོས་ཇོ་མོ་གླང་མ་ཡང་འདི་ན་ཡོད། (པར་1—6)

མཚོ་བོད་ས་མཐོར་ནགས་ཚལ་གྱི་འབྱུང་ཁུངས་ཕུན་སུམ་ཚོགས་པོ་ཡོད་ཅིང་། ནགས་ཚལ་གྱི་རྒྱ་ཁྱོན་མུའུ་དུང་ཕྱུར་1. 7ཙམ་ཡོད་པ་དེ་དག་ནི། གཙོ་བོ་མཐོ་སྒང་གི་ཤར་ངོས་དང་ལྷོ་ངོས་གཉིས་ལ་ཁྱབ་ནས་ཡོད། ཧི་མ་ལ་ཡའི་ལྷོ་ངོས་ནས་གཉན་ཆེན་ཐང་ལྷའི་ཤར་ངོས་ཀྱི་ལྷོ་བྱང་ས་ཁུལ་ནང་། མཚོ་རྗེས་སྨིད་1000མན་ཆོད་ནི་ཚ་བའི་ཁུལ་གྱི་ནགས་ཚལ་ཡིན་ཞིང་། དེ་དག་ལ་ལྗོན་ཤིང་གི་རིགས་ཕུན་སུམ་ཚོགས་པོ་ཡོད་ལ་ནགས་གསེབ་སྐྱེ་དངོས་ཀྱང་ཧ་ཅང་མང་པོ་ཡོད།

བོད་ཀྱི་ཤར་ལྷོའི་ཕྱོགས་ཀྱི་མེ་ཏོག་རྫོང་དང་རྫ་ཡུལ་རྫོང་གཉིས་པོ་ནི་མཚོ་རྗེས་སྨིད་1000ནས་སྨིད་2500ཡས་མས་ཀྱི་སར་གནས་ཤིང་། རི་ལྡེབས་སུ་རྒྱུན་དུ་སྔོ་ལྗང་ཅན་གྱི་ལོ་མ་ཆེན་པོའི་ནགས་ཚལ་མང་པོ་སྐྱེས་ཡོད། ཤིང་འབྲས་ཀྱི་ཤུན་པ་སྲ་མོའི་རིགས་ཏེ། པེ་ཧྲ་དང་། ཧྲི་ལི་ཚི། ཁྲ་ཁྭ། ཀྲང་ཁྭ། མུ་ལན་ཁྭ་སོགས་རྒྱུན་དུ་སྔོ་ལྗང་ཅན་གྱི་སྡོང་རིང་གི་ལྗོན་ཤིང་མང་པོ་ཡོད་ཅིང་། ཤིང་སྡོང་མཐོ་བར་སྨིད་30ཙམ་ཡོད། ཤིང་ནགས་ཀྱི་དཀྱིལ་ལ་ཞོར་དུ་སྐྱེས་པའི་སྦྲ་རྒྱུག་གི་ཤིང་ཐག་ཏུ་ཅང་མང་པོ་ཡོད། དཔེར་ན། ཧྲི་གན་ཙིདང་། ཚུའུ་ལན། ཧྲི་ཧྲན་ཡན། འཁྲི་ཤིང་སོགས་རིགས་སྣ་ཚོགས་ཡོད། ས་མཐོའི་སྒང་ཐོག་འབུར་དུ་ཐོན་པ་དང་མཐོ་རུ་འགྲོ་བའི་བརྒྱུད་རིམ་ནང་། ས་ཁུལ་འདི་དག་ལ་གནམ་གཤིས་དྲོ་བ་དང་བཞའ་ཚན་ཆེ་བའི་ཆ་རྐྱེན་ཡོད་པས་གདོད་མའི་དུས་ཀྱི་གནའ་བོའི་ལྗོན་ཤིང་དང་སྐྱེད་ཚལ་མང་པོ་གནས་ཐུབ་པ་བྱུང་ཡོད། དཔེར་ན། ལོ་ཏན་ཐང་ཤིང་དང་། ཟུས་ཁྲང་། སྦྲོན་ཤིང་སོགས་དང་། གཞན་ཡང་ཤིང་སྡོང་ཆེན་པོའི་རིགས་ཀྱི་སྐྱེ་དངོས

མང་པོ་ཡོད།

ཧི་མ་ལ་ཡ་དང་འཕྲེད་རྒྱུགས་རི་རྒྱུད་མང་པོར་ལོ་མ་རིང་པོའི་ཐང་ཤིང་དང་། སྟོང་རིང་སྡོན་ཤིང་། ཡུན་ནན་ཐང་ཤིང་། རི་མཐོའི་ཐང་ཤིང་སོགས་ཐང་ཤིང་གི་ནགས་ཚལ་མང་པོས་ཁྱབ་ནས་ཡོད་ཅིང་། ཤིང་སྣ་དེ་དག་ནི། རི་ཐང་ཀུན་འཁྲོད་ཆེ་ཞིང་། རྣམ་ཚད་ཐེག་པ། ཤིང་རྒྱུ་སོབ་སོབ་མ་ཆགས་པ། སྐྱེ་ཚད་མགྱོགས་པ། རྒྱུན་དུ་གདངས་ངོས་དང་ཕྱེད་གདངས་ངོས་སུ་བང་རིམ་འགྲིག་པོས་སྐྱེས་ནས་ཡོད་པ། འོད་ཟེར་འཕྲོ་བདེ་བ་དང་ཤིང་སྡོང་སྟར་པ་ཚ་སྙོམས་པོ་ཡིན་པའི་ནགས་ཚལ་སྟུག་པོ་རྒྱ་ཆེན་པོ་ཡོད། ཐང་ཤིང་དེ་ཚོར་ཐོན་སྐྱེད་ཀྱི་ནུས་པ་ཆེན་པོ་ལྡན་ཡོད་ཅིང་། ལོ་ཚད་130ཙམ་ཡིན་པའི་ནགས་གསེབ་ཤིང་སྡོང་གི་ཚ་སྙོམས་རིང་ཚད་ནི་སྨིད་40ནས་50བར་ཡིན། ནགས་ཁུལ་གྱི་ས་རྒྱ་སྤྱི་ཆེང་1གི་ནང་ཤིང་ཆ་གསོག་ཚད་སྨིད་གྲུ་དཔངས་གྲུ་བཞི་མ་1000ཙམ་ཡོད་པ་ནི། བྱང་ཤར་གྱི་ཤིང་ཨན་ལིང་ཆུང་བའི་ས་ཁུལ་གྱི་མཐུན་རྐྱེན་བཟང་པོའི་འོག་སྐྱེས་པའི་ཐང་ཤིང་དམར་པོ་ལས་ཐོན་སྐྱེད་ཀྱི་ནུས་པ་ཆེ་བ་ཡོད།

ས་མཐོའི་སྟེང་ཡུན་ཧྲུན་ཤིང་ནགས་ཀྱི་རིགས་མང་པོ་ཡོད་ལ་ཁྱབ་རྒྱ་ཆེན་པོ་ཡང་ཡོད། དཔེར་ན། བོད་ལྗོངས་ཉིང་ཁྲི་གྲོང་ཁྱེར་གྱི་སྤོ་མིས་རྒྱུད་ལ་ལོ200ལོན་པའི་རིང་ཚད་ལ་སྨིད་50ནས་60བར་ཡོད་པའི་ཡུན་ཧྲུན་ཤིང་སྡོང་གི་ནགས་ཚལ་ཡོད་ལ། སྐྱེས་བཟང་བའི་སྐབས་ལོ་གཅིག་ལ་སྤྱི་ཆེང་1གི་ས་ནས་ཤིང་ཆ་རྒྱ་དཔངས་གྲུ་བཞི་མ་10ཙམ་སྐྱེ་འཕེལ་ཐུབ་ཀྱི་ཡོད་ཅིང་། སྤྱི་ཆེང་1གི་རྒྱ་ཁྱོན་ནང་ཤིང་ཆ་གསོག་པའི་ཚད་རྒྱ་དཔངས་གྲུ་བཞི་མ་2000ཡན་གྱི་ཤིང་གསོག་ཡོད་པ་ནི་འཛམ་གླིང་ཐོག་མཐོང་དཀོན་པ་ཞིག་ཡིན། འོན་ཀྱང་། མཚོ་ངོས་སྨིད་3000ཡན་གྱི་བྱང་ངོས་ཀྱི་ཐག་ཉེ་བའི་རི་ལུང་ནང་ཁྱབ་པའི་ཤིང་སྡོང་ཡུན་ཧྲུན་ནི་སྣ་ཁ་མང་པོ་མེད་ལ་སྡོང་པོ་ཡང་རིང་པོ་ཆགས་མི་ཐུབ་པ་མ་ཟད་ཐོན་སྐྱེད་ཀྱི་ནུས་པ་ཡང་མཐོན་པོ་མེད། ཤིང་ནགས་རྫོགས་མཚམས་ཀྱི་ཉེ་འགྲམ་དུ་ཤིང་སྡོང་རིང་པོ་མེད་པ་དང་། སྡོང་བུ་ཕྲ་མོ་དང་སྐམ་པོ་ཡིན་པ་བཅས་ས་རྒྱ་སྤྱི་ཆེང་1གི་རྒྱ་ཁྱོན་ནང་གསོག་འཇོག་བྱས་ཡོད་པའི་ཤིང་ཆ་ནི་རྒྱ་དཔངས་གྲུ་བཞི་མ་100ཙམ་ལས་ཟིན་གྱི་མེད། མཚོ་བོད་མཐོ་སྒང་གི་ཤར་ངོས་དཀར་མཛེས་བོད་རིགས་རང་སྐྱོང་ཁུལ་གྱི་མི་ཉག་སོགས་རི་ཁུལ་ས་ཆའི་སྲིབ་ངོས་ལ་ཡུན་ཧྲུན་ཐང་ཤིང་གི་ནགས་ཚལ་སྐྱེས་ཡོད་ལ། གདངས་ངོས་ཀྱི་རི་ལྡེབས་སུ་ས་མཐོའི་ནགས་ཚལ་དང་སྤང་རི་ཟུང་དུ་འབྲེལ་བའི་དམིགས་བསལ་གྱི་ཡུལ་ལྗོངས་ཆགས་ཡོད།

གཉིས་པ། མཐོ་སྒང་གི་གནམ་གཤིས།

མཚོ་བོད་མཐོ་སྒང་དེ་ནི་འཕྲེད་ཐེག་དཀྱིལ་མའི་རྣམ་སའི་དབུས་ལ་གནས་ཤིང་། མཐོ་བ་དང་ས་དབྱིབས་རྙོག་འཛིང་ཆེ་བའི་དམིགས་བསལ་གྱི་གནམ་གཤིས་ཆགས་ཡོད། ཤར་ལྷོའི་ཕྱོགས་ཀྱི་བཞའ་ཚན་ཆེ་བའི་ཁུལ་ནས་ནུབ་བྱང་ཕྱོགས་ཀྱི་འཁྲུགས་གྲང་རྣམ་ཚད་བར་དང་། མཚོ་ངོས་དམའ་བའི་ས་ཆ་ཚ་དྲོད་ཅན་དང་ཚ་བ་ཆེན་པོ་ཡོད་ས་ནས་མཚོ་ངོས་མཐོ་བའི་རི་མཐོ་གྲང་ངར་ཆེ་བའི་ས་རྒྱུད་དང་རི་མཐོའི་འཁྲུགས་རོམ་ཡོད་ས་བར་ས་ཁམས་ཀྱི་རྟེ་བག་ཆེ་བ་དང་། ཐད་

ཀའི་འགྱུར་བ་ཧ་ཅང་གསལ་པོ་ཡོད། མཚོ་རྡེབས་དང་དྲོད་ཚད་དབར་གྱི་འབྲེལ་བ་ནི་སྨིད་100མཐོ་རུ་འགྲོ་དུས་གནམ་གཤིས་དྲོ་གྲང་གི་ཚད0. 6℃དམའ་རུ་འགྲོ་ཡི་ཡོད། མཚོ་བོད་མཐོ་སྒང་གི་ས་ཁུལ་མང་པོར་དབྱར་ཁ་སྤྱི་ཟླ7དང་8པའི་ནང་ལའང་སད་རྒྱག་གི་ཡོད་ལ། མཚོ་རྡེབས་སྨིད4500ཡན་གྱི་ས་ཆར་ཁ་བ་བུ་ཡུག་འཚུབ་ཀྱིན་ཡོད་པས། དེ་དང་དབྱར་དུས་ཀྱི་མཚན་མོར་ཚ་གདུག་ཆེན་པོས་གཉིད་ཁུག་མི་ཐུབ་པའི་འཕྲེད་ཐིག་གཅིག་གི་ཐོག་གནས་པའི་ས་ཆ་དམའ་བའི་དབར་ཧེ་བག་ཡོད། ཡིན་ན་ཡང་མཐོ་སྒང་ལ་འཁྲུགས་རྩོམ་དང་ཁ་བ་རྒྱུང་པས་གནམ་ས་ཁེངས་པ་ཞིག་མ་ཡིན་པར་མཐོ་སྒང་ལ་ཡང་ཚ་གདུག་ཆེ་བའི་གྲོག་རོང་དང་ཚ་བ་ཙུང་ཆེ་བའི་རི་ཁུལ་ནགས་ཚལ་ཡང་ཡོད་པ་དཔེར་ན་ཡར་ཀླུངས་གཙང་པོའི་སྨད་ཕྱོགས་ཀྱི་ཆུ་གཞུང་ནས་ཁུ་ནུ་རི་བོའི་རྩེ་བར་དང་། བོད་ཀྱི་ཤར་ཕྱོགས་སི་ཁྲོན་ནུབ་ཁུལ་གྱི་རིམ་པ་གཅིག་པའི་རི་རྩེའི་གྲོག་རོང་ནས་མངའ་རིས་མཐོ་སྒང་བར། རི་བོ་དམའ་བའི་ཚ་བའི་ས་ཁོངས་དང་རི་རྒྱུད་ཙུང་ཚ་བའི་ཡུལ་ལུང་། ཤིན་ཏུ་ཚ་བའི་རི་རྒྱུད་དང་མཐོ་སྒང་ཚ་གྲང་གཉིས་ལྡན་སོགས་གནམ་གཤིས་དྲོ་གྲང་མི་འདྲ་བའི་ས་ཁོངས་མང་པོ་ཡོད། དཔེར་ན། གངས་རི་གནམ་ལྕགས་འབར་བའི་རི་གཤམ་གྱི་སྤྱི་ལེ10ཡི་སར་གནས་པའི་ཡར་ཀླུངས་གཙང་པོའི་ཁུག་པ་ཆེན་པོ་ཡི་དོས་སྙོམས་ས་ཁུལ་གྱི་བར་སྟོང་ནང་ནས། སའི་གོ་ལའི་ཐིག་དམར་ནས་གླིང་སྟེའི་བར་གྱི་རང་བྱུང་ཡུལ་ལྗོངས་ཀྱི་འཕོ་འགྱུར་ཕལ་ཆེ་བ་མཐོང་ཐུབ། རི་གཤམ་ལ་མེ་ཏོག་བཞད་ནའང་རི་རྩེར་ཁ་བ་འབབ་པ་དང་། ལེ་དབར་10རེའི་བར་ལ་གནམ་གཤིས་མི་འདྲ་ལ། ཉིན་གཅིག་ལ་དུས་བཞི་འཛོམས་ཐེར་བའི་དཔེ་ལྟར་ཡིན།

མཐོ་སྒང་གི་ཉི་ཐེར་ཐོག་ཚད་ནི་རྒྱལ་ཡོངས་ཀྱི་ཨང་དང་པོ་ཡིན་ཞིང་། བོད་ལྗོངས་ཡོངས་ཀྱི་ལོ་རེའི་ཆ་སྙོམས་ཀྱི་ཉི་མ་ཐོག་པའི་དུས་ཡུན་ཆུ་ཚོད2500ཙམ་ཐེན་པ་དང་། ཤར་སྨད་གཉིས་ཀྱི་ཤིང་ནགས་ཁུལ་ལ་ལོ་རྫིལ་པོར་ཉི་མ་ཐོག་པའི་དུས་ཡུན་ནི་ཆུ་ཚོད1600ཙམ་ཡོད། ནུབ་བྱང་གི་ས་ཁོངས་གཉིས་ལ་ལོ་གཅིག་ནང་ཉི་མ་ཐོག་པའི་དུས་ཡུན་ཆུ་ཚོད3000ནས3400ཙམ་གྱི་བར་ཐེན་གྱི་ཡོད། དེར་བརྟེན་རྒྱལ་ཡོངས་ཁྲོན་ལ་ཉི་མ་ཐོག་ས་མང་ཤོས་ཀྱི་ས་ཆ་དང་ཉི་མ་ཐོག་པའི་དུས་ཡུན་རིང་ཤོས་ཀྱི་ས་ཆ་ཞིག་ཡིན། དཔེར་ན། ལྷ་ས་གྲོང་ཁྱེར་ལ་ཆ་བཞག་ན་སྨིད་གྲུ་བཞི་མ1གི་ས་ངོས་ལ་ལོ་གཅིག་རྫིལ་པོའི་ནང་ཉི་མའི་འོད་ཐེར་ཐོག་ཚད་ནི9500ཐེན་གྱི་ཡོད་པ་དེ་ནི། སྤྱི་རྒྱ230ནས280བར་གྱི་རྗེ་སོལ་བསྲེག་པའི་ཚ་དྲོད་དང་འདྲ་བ་ཡིན་ལ། དེ་དང་འཕྲེད་ཐིག་གཅིག་གི་ཐོག་ཏུ་གནས་པའི་ཁྲིང་ཏུའུ་དང་ནན་ཅིང་གྲོང་ཁྱེར་གཉིས་ལས་ལྡབ་གཅིག་གིས་མཐོ་བ་ཡོད། ཉི་མ་ཐོག་ཚད་ཤུགས་ཆེ་བས་དགུན་ཁ་གྲང་ངར་ཤིན་ཏུ་ཆེ་བའི་སྐབས་སུའང་ཉི་མ་ཤར་བའི་རྗེས་སུ་གནམ་གཤིས་ཀྱི་དྲོད་ཚད་ལམ་སང་མཐོ་རུ་འགྲོ་ཐུབ་ཅིང་། དེ་གཉིས་དབར་གྱི་དྲོད་ཚད་ཀྱི་ཧེ་བག་ནི18℃ནས20℃ཙམ་བར་ཡིན། བོད་རིགས་སྤུན་ཟླ་ཚོས་ཀྱོན་ཆས་ཀྱོན་པའི་གོམས་གཤིས་ཡང་དམིགས་བསལ་གྱི་གནམ་གཤིས་དེ་དང་འཚམས་པ་ཞིག་ཡིན། མཐོ་སྒང་དུ་ཉ་དགོང་གཉིས་ལ་གྲང་ངར་ཆེན་པོ་ཡོད་པས། བོད་པ་ཚོས་ཕྱུ་པ་དྲོན་པོ་ཀྱོན་ནས་གྲང་ངར་འགོག་པར་བྱེད་ཀྱི་ཡོད། འོན་ཀྱང་ཉིན་དགུང་ལ་སླེབས་དུས་ཉི་མ་ཤུགས་ཆེན་པོ་ཐོག་ནས་དྲོད་ཚད་མཐོ་རུ

འགྲོ་བས་སྤུ་པའི་སྤུ་དུང་གཅིག་སྤུད་པའམ་སྤུ་དུང་གཉིས་ཀ་སྤུད་ནས་སྐྱེད་པར་དགོས་ཀྱིན་ཡོད། ཉི་ཟེར་ཤུགས་ཆེན་པོ་ཐོག་པ་དེས་ས་མཐོ་ཞིང་གནམ་གཤིས་གྲང་བའི་ཞན་ཆ་མང་པོ་ཁ་གསབ་བྱེད་ཀྱིན་ཡོད་པས། དེས་ས་གནས་དེ་གའི་མི་ཚོའི་ཐོན་སྐྱེད་དང་འཚོ་བར་མཐུན་རྐྱེན་མང་པོ་བསྐྲུན་ཡོད།

མཚོ་བོད་མཐོ་སྒང་གི་མཁའ་རླུང་ནང་གི་ཆུའི་རླངས་པ་གཙོ་བོ་ནི་ཧིན་ཏུ་རྒྱ་མཚོའི་ལྷོ་ནུབ་ཀྱི་དུས་རླུང་ལས་བྱུང་བ་ཡིན་ཞིང་། རླུང་དེ་འཕྲེད་ལ་ཆགས་པའི་རི་རྒྱུད་ནས་གཉན་ཆེན་ཐང་ལྷའི་རི་རྒྱུད་ཀྱི་ཤར་ཕྱོགས་བར་རྒྱུག་གིན་ཡོད། ལོ་རེའི་སྤྱི་ཟླ5ནས9བར་ནི་མཐོ་སྒང་གི་ཆར་ཆུའི་ནམ་དུས་ཡིན། མཐོ་སྒང་གི་ལྷོ་ངོས་སུ་འཕྲེད་ལ་ཆགས་པའི་ཧི་མ་ལ་ཡ་རི་རྒྱུད་ནི་རླུང་འགོག་ཡོལ་བ་ཆེན་པོ་ལྟ་བུ་ཡིན་པས་དེས་དུས་རླུང་དང་རླངས་པ་བྱང་ལ་རྒྱུག་རྒྱུ་འགོག་གི་ཡོད་ཅིང་། དེ་ལ་བརྟེན་ནས་ཧི་མ་ལ་ཡ་རི་རྒྱུད་ལྷོ་འདབས་ཀྱི་དྲོད་རླངས་དང་བཞའ་ཚན་མི་འཕར་ཀ་མེད་བྱུང་བས་རྒྱུན་དུ་ཆར་པ་འབབ་ཀྱི་ཡོད། ཡར་ཀླུངས་གཙང་པོའི་ལྷོ་ཕྱོགས་ཀྱི་ས་དབྱིབས་ཁྱོན་ཡོངས་ལ་ཆ་བཞག་ན། བྱང་ངོས་མཐོ་ལ་ལྷོ་ངོས་དམའ་བ་དང་། ལྷོ་ངོས་ཁ་ཞེང་ཆེ་ལ་བྱང་ངོས་ཁ་ཞེང་ཆུང་བ། ལྷོ་ངོས་ཆེ་བའི་ཁ་ཞེང་རྒྱ་གླིང་གི་ཁ་ལྟ་བུ་དེ་རླུང་ཡོང་ས་ལ་ཁ་གཏད་ནས་གནས་ཡོད། ལོ་གཅིག་གི་ཆར་པ་འབབ་ཚད་ནི་ཧའོ་སྨིད1000ནས4000ཙམ་ཟིན་གྱི་ཡོད་པས་རྒྱལ་ཡོངས་ཀྱི་ཆར་པ་འབབ་ཚད་ཆེ་ཤོས་ཀྱི་ས་ཆའི་གྲས་ཤིག་ཡིན། འོན་ཀྱང་རླུང་རྒྱུན་གྲོག་རོང་བརྒྱུད་ནས་མཐོ་སྒང་ལ་འཕགས་འགྲོ་དུས་མཐོ་སྒང་རང་ལ་ལོ་གཅིག་གི་ཆར་པ་འབབ་ཚད་ནི་གོང་དུ་བཤད་པའི་ལྷོ་ངོས་ལས་ལྔ་ཆ་གཅིག་གམ་བཅུ་ཆ་གཅིག་ལས་མེད། གཞིས་རྩེའི་ས་ཁོངས་ཀྱི་རྒྱུད་ལ་ལོ་གཅིག་གི་ཆར་པ་འབབ་ཚད་ཧའོ་སྨིད400ཙམ་ལས་མེད་ཅིང་། དེ་ལས་ནུབ་བྱང་ཕྱོགས་ཀྱི་ས་ཁུལ་ལ་ལོ་གཅིག་གི་ཆར་པ་འབབ་ཚད་ཧའོ་སྨིད100ཙམ་ལས་མེད་པས། ཆར་པའི་འབབ་ཚད་དེ་ལྷོ་ནས་བྱང་ངོས་སུ་རིམ་བཞིན་ཉུང་དུ་འགྲོ་བཞིན་ཡོད།

མཐོ་སྒང་གི་མཁའ་རླུང་ཆེན་པོའི་ནང་ཆུ་རླངས་མང་པོ་འདྲེས་མེད་པས་སྤྲིན་ཚོགས་མང་པོ་འཁྱིལ་ནས་ཆར་པ་འབབ་གྲབས་ཡོད་པ་ལྟ་བུ་ཡིན་ནུང་ཆར་པ་ངོ་མ་འབབ་མི་ཐུབ་ལ། གནམ་ལ་ཆར་པ་ཡོད་ཀྱང་ས་ལ་འབབ་མི་ཐུབ་པ་དེ་ནི་སྤྲིན་པའི་ནང་གི་ཆར་ཆུས་ས་ལ་མ་འབབ་གོང་ནས་རླངས་པར་གྱུར་ཏེ་མཁའ་རླུང་ཆེན་པོའི་ནང་ཡལ་འགྲོ་བའི་རྐྱེན་གྱིས་ཡིན། མཐོ་སྒང་གི་སྐམ་ཤས་ཆེ་བའི་གནམ་གཤིས་དེས་ས་ཤིང་ཨར་སྐྲུན་གྱི་བེད་སྤྱོད་དང་ཡུན་རིང་གནས་ཐུབ་པར་ཕན་ཐོགས་ཡོད་ཅིང་། བོད་ཀྱི་ལོ་རྒྱུས་ཡུན་རིང་ལྡན་པའི་གནའ་བོའི་ཨར་སྐྲུན་ད་ལྟ་ཡང་མུ་མཐུད་གནས་ཐུབ་པའི་རྒྱུ་རྐྱེན་ཡང་དེ་ཡིན།

སྤྱི་ཡོངས་ནས་བཤད་ན་མཚོ་བོད་ས་མཐོར་ངོ་མཚར་ཞིང་དབྱིབས་སྣ་ཚོགས་ཀྱི་ས་ཁམས་དང་། ས་གཤོངས། ས་མཐོ་ཡི་མཁའ་རླུང་སོགས་ཀྱི་ཤུགས་རྐྱེན་ལ་བརྟེན་ནས། གནམ་གཤིས་འདྲ་མིན་དང་རྙོག་འཛིང་ཆེ་བའི་དམིགས་བསལ་གྱི་ཁྱད་པར་ལྡན་པའི་གནམ་གཤིས་ཆགས་ཡོད་པ་ནི། ཉི་འོད་རྒྱག་ཆེ་བ་དང་། ཉི་ཟེར་འཕྲོ་ཤུགས་ཆེ་བ། དྲོད་ཚད་ཉུང་དམའ་བ་མ་ཟད། དྲོ་གྲང་གི་ཧེ་བག་ཆེ་བ་དང་། གནམ་གཤིས་སྐམ་ཤས་ཆེ་བ། ཐལ་རླུང་ཆེན་པོ་རྒྱག་མང་བ། རླུང་

གཙོན་དམའ་བ། གསོ་རླུང་ཉུང་བ་སོགས་ཡིན། གཞན་ཡང་ཁྲོན་ཡོངས་ནས་བཤད་ན། ནུབ་བྱང་ཕྱོགས་གཉིས་ལ་གནམ་གཤིས་ཤིན་ཏུ་གྲང་ལ་སྐམ་ཤས་ཆེ་བ་དང་། ཤར་ལྷོ་གཉིས་ལ་ཉུང་དྲོ་ལ་བཞའ་ཚན་ཉུང་ཆེ་བ་ཡོད།

གོང་གསལ་ནི་མཚོ་བོད་མཐོ་སྒང་གི་ས་དབྱིབས་དང་། རྣམ་པ། རང་བྱུང་ཁོར་ཡུག གནམ་གཤིས་ཀྱི་ཁྱད་ཆོས་སོགས་རགས་བསྡུས་ཙམ་ངོ་སྤྲོད་ཞུས་པ་ཡིན། དེ་ལྟ་བུའི་རང་བྱུང་ཁོར་ཡུག་དང་གནམ་གཤིས་ཀྱི་ཆ་རྐྱེན་འོག་ཏུ་གྲུབ་པའི་ཁྱད་འཕགས་ཅན་གྱི་ཨར་སྨན་འདི་ནི། ཐེངས་འདིར་ངོ་སྤྲོད་ཞུ་རྒྱུའི་བོད་མི་རིགས་ཀྱི་ཨར་སྨན་ཏེ་རྒྱུན་དུ་ཤོད་པའི་བོད་ལུགས་ཨར་སྨན་ཞེས་པ་དེ་ཡིན།

ལེའུ་གཉིས་པ། བོད་རིགས་ཨར་སྐྲུན་གྱི་ལོ་རྒྱུས།

ཀྲུང་གོའི་བོད་རིགས་ཀྱི་ཨར་སྐྲུན་ལ་ལོ་རྒྱུས་ཡུན་རིང་ལྡན་ཞིང་། སྒྲིག་གཞི་དམིགས་བསལ་ཅན་དང་། ཁྱད་ཆོས་ཐུན་མོང་མ་ཡིན་པ་ལྡན་པ་ནི། བོད་མི་དམངས་ཀྱི་ཤེས་རིག་བློ་གྲོས་རྒྱས་པའི་ཐུན་མོང་མ་ཡིན་པའི་མངོན་ཚུལ་ཞིག་ཡིན་ལ། མེས་རྒྱལ་ཨར་སྐྲུན་སྒྱུ་རྩལ་ཁྲོད་ཀྱི་རྩ་ཆེའི་ནོར་བུ་ཞིག་ཀྱང་ཡིན།

བོད་རིགས་ཨར་སྐྲུན་གྱི་ལག་རྩལ་དང་སྒྱུ་རྩལ་ཐད་ཀྱི་རླབས་ཆེན་གྲུབ་འབྲས་དེས་རང་རྒྱལ་གྱི་ཨར་སྐྲུན་ལོ་རྒྱུས་ཐོག་འགངས་ཆེའི་གནས་བབ་བཟུང་ཡོད་པ་མ་ཟད། འཛམ་གླིང་ཨར་སྐྲུན་གྱི་ལོ་རྒྱུས་ཐོག་གི་ཐུན་མོང་མ་ཡིན་པའི་ཁྱད་ཆོས་ཞིག་ཏུ་གྱུར་ཡོད།

ལོ་ངོ་སྟོང་ཕྲག་བཞི་ལྔ་ཡི་སྔོན་ནས་བོད་ལ་ཐུང་སྔོན་ཐོན་གྱི་ཁང་པའི་ཨར་སྐྲུན་ཡོད་ཅིང་། ཆབ་མདོའི་ཁ་རུབ་རྗེས་ཤུལ་ལ་གནའ་རྫས་རྟོག་ཞིབ་མཁན་གྱིས་དབྱེ་ཞིབ་བྱས་ནས་ཤེས་རྟོགས་བྱུང་བ་ནི། སྐབས་དེར་ཐོག་བརྩེགས་གཉིས་ལྡན་གྱི་ཁང་པ་ཡོད་པ་དང་། ད་དུང་ལྷ་སའི་ཉེ་འདབས་ཀྱི་ཆོས་གོང་གྲོང་དང་། ཉིང་ཁྲི་རྫོང་གི་ས་ཁོངས། གཞན་ཡང་མངའ་རིས་སོགས་ཀྱི་ས་ཆར་གནའ་རྫས་རྟོག་ཞིབ་པས་སྔོག་འདོན་བྱེད་པའི་སྐབས་སུ་ཨར་སྐྲུན་གྱི་རྗེས་ཤུལ་ཁ་ཤས་ཐོན་པའི་ནང་། ཆབ་མདོའི་ཁ་རུབ་རྗེས་ཤུལ་ལས་དེ་བས་སྔ་བ་ཡོད་པའི་གནའ་རྫས་ཀྱང་ཐོན་འདུག གོང་གསལ་གནས་ཚུལ་དེ་དག་གི་ཐོག་ནས་གདོད་མའི་དུས་ནས་མཚོ་བོད་མཐོ་སྒང་སྟེང་ལ་ཨར་སྐྲུན་རིམ་བཞིན་འཕེལ་རྒྱས་བྱུང་བའི་ལོ་རྒྱུས་ལྡན་ཡོད། འོན་ཀྱང་མཐོ་སྒང་གི་ས་ཁོངས་ཚང་མ་ཡུན་ཏ་ཅང་རིང་པོ་ནས་གནའ་བོའི་ཆགས་ཚུལ་རང་ལ་གནས་ཡོད་ཅིང་། ས་རྒྱ་ཆེ་ལ་མི་འབོར་ཉུང་བ་དང་། ཡུན་རིང་གི་ལོ་ཟླའི་ནང་མི་ཆོས་བརྟག་དཔྱད་དང་ཞིབ་འཇུག་བྱེད་མཁན་གང་ཡང་བྱུང་མེད།

དམངས་གཙོའི་བཅོས་བསྒྱུར་རྗེས་སུ། སྤྱི་ལོ1964ལོར་བོད་ལྗོངས་རིག་དངོས་དོ་དམ་ཨུ་ཡོན་ལྷན་ཁང་འཛུགས་རྒྱུའི་གྲ་སྒྲིག་བྱས་ཤིང་། ལོ་དེར་ཀྲུང་གོ་ཚན་རིག་ཁང་གི་བོད་ལྗོངས་ཚན་རིག་རྟོག་ཞིབ་རུ་ཁག་གིས་བོད་ལྗོངས་ལྷོ་ཕྱོགས་ཉིང་ཁྲི་རྫོང་གི་སུག་རྣ་ཟེར་བའི་ས་ཆ་ནས་རྡོ་ཆས་རྙིང་མའི་དུས་རབས་དཀྱིལ་དང་དུས་མཇུག་ཙམ་གྱི་རྡོ་ཡི་དཔེ་མཚོན་ལག་ཆའམ་ཡོ་བྱད་40ཙམ་བཙལ་འཚོལ་ཐུབ་པ་ནི་བོད་ལྗོངས་ལ་རྡོ་ཆས་རྙིང་མའི་རྗེས་ཤུལ་མཐོང་བ་ཐེངས་དང་པོ་དེ་ཡིན། སྤྱི་ལོ1976ལོ་དང་1983ལོ་ནས་ཀྲུང་གོ་ཚན་རིག་ཁང་མཚོ་བོད་མཐོ་སྒང་ཚན་རིག་རྟོག་ཞིབ་རུ་ཁག་དང་ནན་ཅིང་སློབ་ཆེན། ཀྲུང་གོ་ས་གཞིས་ཚན་རིག་ཁང་སོགས་ཀྱིས་བོད་བྱང་ཐང་ཤན་རྩ་རྫོང་གི་གྲོ་ལོ་ལྷས་དང་། མངའ་རིས་ས་ཁུལ་དུ་ཐོག་རྫོང་

གི་བཀྲ་པོ། བོད་བྱང་ཐང་གི་མདོ་སྨེར་རྩེ་དང་། སྨེར་ཐེབ་སོགས་ས་ཆ་བཞི་ནས་བཟོ་བཅོས་བྱས་པའི་རྡོ་ཆས200ལྷག་ཙམ་བརྩལ་རྙེད་ཐུབ་པ་དེ་དག་ནི་རྡོ་ཆས་རྙིང་མའི་དུས་མཇུག་ཙམ་གྱི་རྡོ་ཆས་ཡིན། སྤྱི་ལོ1966ལོར་ཀྲུང་གོ་ཚན་རིག་ཁང་མཆོ་བོད་མཐོ་སྒང་ཚན་རིག་རྟོག་ཞིབ་རུ་ཁག་གིས་བོད་ལྗོངས་སྙེ་ཕྱོགས་ཧི་མ་ལ་ཡ་རི་རྒྱུད་སྙེ་ངོས་ཀྱི་གཉའ་ལམ་རྫོང་གི་ཡར་གླིང་དང་ཡུལ་ཏྭ་ཞེས་པའི་ས་ཆ་གཉིས་ནས་རྡོ་ཆས་ཞིབ་མོའི་དཔེ་མཚོན་དངོས་པོ30ལྷག་བརྩལ་རྙེད་བྱུང་བ་རེད།

སྤྱི་ལོ1976ལོར་ཀྲུང་གོ་ཚན་རིག་ཁང་མཆོ་བོད་མཐོ་སྒང་ཚན་རིག་རྟོག་ཞིབ་རུ་ཁག་དང་ནན་ཅིང་སློབ་ཆེན་སོགས་སྡེ་ཚན་ནས་བོད་བྱང་ཐང་དང་། མངའ་རིས། གཞིས་རྩེ་སོགས་ཀྱི་ས་ཆ་ནས་རྡོ་ཆས་ཞིབ་མོའི་དཔེ་མཚོན་རྡོ་ཆས་དང་བཟོ་བཅོས་རྡོ་ཆས་ཀྱི་དཔེ་མཚོན་རྡོ་ཆས་བཅས་བརྩལ་རྙེད་བྱུང་ཡོད་ཅིང་། དཔེ་མཚོན་རྡོ་ཆས་དེ་དག་ཚང་མ་རྡོ་ཆས་གསར་མའི་དུས་སུ་བྱུང་བ་ཡིན་ལ། འགའ་རེ་རྡོ་ཆས་དཀྱིལ་མའི་དུས་རབས་ཀྱི་ཡིན་པར་ངེས་འཛིན་མཁན་ཡང་ཡོད་འདུག

ས་གཞི་ཤེས་རྟོགས་བྱུང་བའི་རྡོ་ཆས་མང་ཆེ་བ་ནི་ཨར་སྐྱུན་དང་ཐད་ཀར་འབྲེལ་བ་མེད་པ་ལྟ་བུ་ཞིག་ཡིན་རུང་། ཚང་མས་མཁྱེན་གསལ་ལྟར། རྡོ་ཆས་ཡོད་ཕྱིན་མིའི་རིགས་ཡོད་པ་གསལ་བཤད་བྱེད་ཀྱི་ཡོད་པ་དང་། མིའི་རིགས་ཡོད་ཕྱིན་ཁོ་ཚོའི་སྡོད་གནས་ཤིག་ཡོད་ངེས་པ་ཡིན་པས། ས་དོང་དྲུས་པའམ་བྲག་ཕུག་གང་ཡིན་རུང་ང་ཚོའི་གནའ་བོའི་ཨར་སྐྱུན་འགོ་ཚུགས་པ་ཞིག་ཡིན། དེར་བརྟེན་ང་ཚོ་ཀྲུང་གོ་བོད་རིགས་ཀྱི་གནའ་རབས་ཨར་སྐྱུན་གྱི་ལོ་རྒྱུས་དེ་རྡོ་ཆས་རྙིང་པའི་དུས་རབས་བར་དུ་བརྩལ་ཆོག རྡོ་ཆས་རྙིང་མའི་དུས་རབས་ཀྱི་མིའི་རིགས་ཀྱི་སྤྱི་ཚོགས་ནི་ལོ་ངོ་ཁྲི300ལྷག་གི་ལོ་རྒྱུས་ཧ་ཅང་རིང་པོ་བརྒྱུད་ཡོད། བོད་ལྗོངས་སུ་དམངས་གཙོའི་བཅོས་བསྒྱུར་བྱས་པའི་རྗེས་དང་། ལྷག་པར་དུ་རིག་གནས་གསར་བརྗེ་མཇུག་སྒྲིལ་ནས་ཏང་གི་སྐབས་བཅུ་གཅིག་པའི་ཚང་འཛོམས་གྲོས་ཚོགས་ཐེངས་གསུམ་པ་འཚོགས་རྗེས། བོད་ལྗོངས་ཀྱི་གནའ་ཤུལ་རྟོག་ཞིབ་ཀྱི་ལས་དོན་ལ་སྔར་ལས་ལྷག་པའི་གྲུབ་འབྲས་ཐོབ་ཡོད། སྤྱི་ལོ1985ལོའི་བར་བོད་རང་སྐྱོང་ལྗོངས་ཀྱི་ཁྱབ་ཁོངས་ནང་རྡོ་ཆས་རྙིང་པའི་ས་གནས་ཁག5དང་། རྡོ་ཆས་ཞིབ་མོའི་ས་གནས28 རྡོ་ཆས་གསར་པའི་རྗེས་ཤུལ་ས་གནས20ལྷག་ཙམ་དང་། སྤུ་རྒྱལ་དུས་རབས་ཀྱི་བང་སོ་ཁག20ལྷག་ཙམ་ལ་བང་སོ2000ཙམ་བརྩལ་རྙེད་བྱུང་ཡོད།

དང་པོ། དབུས་གཙང་ས་ཁུལ་གྱི་རྡོ་ཆས་རྙིང་མའི་དུས་རབས།

༡ སུག་རྣའི་ས་ཆ།

དིང་རི་རྫོང་གི་ཤར་ལྷོའི་མཚམས་ཀྱི་སྤྱི་ལེ10ཙམ་གྱི་སུག་རྣའི་ལྷོ་ངོས་རི་ལྷེབ་ཀྱི་བང་རིམ་གཉིས་པ་ཙམ་ལ། མཆོ་རྩེས་སྨིད4500ཡོད། རྡོ་ཆས་ཡོ་བྱད40དང་། རྡོ་ཆས15གསར་རྙེད་བྱུང་བ་དེ་དག་ཚང་མ་རྡོ་ལེབ་ཡོ་བྱད་ཡིན་ཞིང་གཞོག་བྱེད་དང་། རྩེ་རྡོ་པོ་དེ་འདྲ་རེད་འདུག(པར2—1)

སུག་རྣའི་རྡོ་ཆས་རྙིང་མའི་དུས་རབས་ནི་བཟོ་བཅོས་བྱེད་སྟངས་རྒྱུས་མངའ་ཡོད་པ། ཡོ་བྱད་ཀྱི་བཟོ་ལྟ་བརྟན་པོ་

ཡོད་པ། ལྷག་པར་སྙིང་གི་བཟོ་ལྷ་རྟེ་རྡོ་པོ་བཟོས་པ་སོགས་ལ་བརྟེན། ཐོག་མའི་བསམ་ཚུལ་ལ་རྡོ་ཆས་རྙིང་མའི་དཀྱིལ་དང་མཇུག་ཙམ་ལ་གཏན་འཁེལ་བ་སྟེ་ཕལ་ཆེར་ད་བར་ལོ་ཁྲི་5ཙམ་འགྲོ་ཆོད་འདུག

༢ གྲོ་ལོ་ལྷས་ཀྱི་ས་ཆ།

བོད་བྱང་ཐང་གི་ཤེལ་རྩ་རྫོང་གཞུང་སྨད་གྲོང་རྡལ་གྱི་གྲོ་ལོ་ལྷས་ཞེས་པའི་ས་ཆ། རྡོ་ཆས་ཚང་མཚོ་ཁ་མཚོ་ཡི་གཤོངས་སའི་ཤར་ལྷོ་དང་གྲོ་ལོ་ལྷས་ཀྱི་ཆུ་བོའི་འགྲམ་གྱི་ཆུ་གཞུང་ནས་འཚོལ་བསྡུ་བྱས་པ་ཡིན། མཚོ་རྟེས་རྣིད4830ཙམ་ཡོད། རྡོ་ཆས་གྲངས14ཡོད་པ་དེ་དག་ཐྲག་རྡོ་རླུམ་མ་ཡིན་ཞིང་། རྡོ་ལེབ་མཐུག་པོ་དང་རྡོ་ལེབ་རིང་པོ་ནས་བཟོས་པ་རེད་འདུག གྲོ་ལོ་ལྷས་ཀྱི་ས་ཆའི་རྡོ་ཆས་རྙིང་མའི་དུས་རིམ་ནི་རྡོ་ཆས་རྙིང་མའི་མཇུག་གི་དུས་རབས་ཡིན།（དཔེ་རིས2—1）

༣ མདོ་སྣེར་རྩེའི་ས་ཆ།

ནག་ཆུ་ས་ཁུལ་ཤན་རྩ་རྫོང་གི་མདོ་སྣེར་རྩེའི་ས་ཆ་མཚོ་རྟེས་ལ་རྣིད4830ཙམ་ཡོད། ཁྱོན་བསྡོམས་རྡོ་ཆས76འཚོལ་བསྡུ་བྱས་ཤིང་། རྡོ་རྒྱུ་དང་སེ་རི་རྡོ། ད་དུང་གཡུ་སྔོན་པོའི་རྡོ་དང་ས་ནེ་རྡོ། ཧི་ཡིང་རྡོ་སོགས་ཡིན། རྡོ་སྙར་ཀའི་དབྱིབས7དང་། རྡོ་རིལ་གྱིས་བཟོས་པའི་རྡོ་ཆས54ཡོད། འདི་ཚོ་ཐེངས་གཉིས་བཟོ་བཅོས་རྒྱག་སྒྲོང་བ་དང་མང་ཆེ་བ་ནི་རྡོ་ལེབ་ཀྱིས་བཟོས་པ་ཡིན་འདུག

༤ བཀྲ་པོའི་ས་ཆ།

མངའ་རིས་ས་ཁུལ་་དུ་ཐོག་རྫོང་གི་བཀྲ་པོ་ས་ཆ་ནི་མཚོ་རྟེས་རྣིད4400ཙམ་ཡོད། འདི་ནས་རྡོ་ཆས་བཅོས་མ26བསྡུ་རུབ་བྱས་ཤིང་། རྡོ་རྒྱུ་རྡོ་ནག་པོ་ཡིན། རྡོ་ལེབ1དང་རྡོ་སྙར་གཟུགས1 རྡོ་ཆས24ཡོད་པར་བཟོ་བཅོས་ཐེངས་གཉིས་བྱས་པ་ཙུང་ལེགས་པོའི་བཟོ་དབྱིབས་ཚད་ལྡན་བྱུང་བ་ཡིན་འདུག

མདོ་སྣེར་རྩེ་དང་བཀྲ་པོ་ས་ཆ་གཉིས་ཀྱི་རྡོ་ཆས་རྙིང་མའི་དུས་རབས་རྡོ་ཆས་བཟོས་པའི་ལག་རྩལ་ལ་གཞིགས་ན། ཕལ་ཆེར་མཉན་ནས་བཟོས་པའི་ཐབས་ཀྱིས་རྡོ་སྙར་གཟུགས་ཅན་བཟོས་ཤིང་། རྡོ་ཆས་ཞིབ་མོ་སྤྲོལ་རྒྱུན་གྱི་སྔ་བའི་དུས་རབས་ཀྱི་གྲས་ཤིག་ཡིན། ད་ལྟ་ཤེས་རྟོགས་ཐུབ་པར་གཞིགས་ན་ལོ་ཁྲི3ལས་བརྒལ་མེད་པར་བསམས། གྲོ་ལོ་ལྷས་ཀྱི་རྡོ་ཆས་རྙིང་མའི་དུས་རབས་ནི་རྡོ་ཆས་རྙིང་མའི་དུས་མཇུག་ཏུ་ལྷག་བསྡད་པའི་གནའ་ཤུལ་ཡིན་པར་ངོས་འཛིན་བྱེད་ཀྱི་འདུག དེ་ལྟར་ན་མདོ་སྣེར་རྩེ་དང་བཀྲ་པོ་ས་ཆ་གཉིས་ཀྱི་རྡོ་ཆས་ཕལ་ཆེར་རྡོ་ཆས་རྙིང་མའི་དུས་མཇུག་གི་རྗེས་ཙམ་ལ་བྱུང་བའི་ཆོད་བྱས་ན་ད་བར་ལོ་ཁྲི1ཙམ་སོང་ཡོད།（དཔེ་རིས2—2）

༥ སྐས་ཐེམ་ས་ཆ།

ནག་ཆུ་གྲོང་ཁྱེར་གསེར་གླིང་མཚོ་ཡི་ཤར་ངོས་མཚོ་འགྲམ་གྱི་ས་སྒང་ཐོག་གི་ཐང་སྟེང་དུ་གནས། ཤར་ནུབ་ཀྱི་རིང་ཚད་ལ་སྤྱི་ལེ1.5ཡོད་པ་དང་། ལྷོ་བྱང་གི་ཞེང་ཚད་སྤྱི་ལེ0.5ཙམ་ཡོད། མཚོ་རྟེས་རྣིད4633ཡོད། གསེར་གླིང་མཚོ་ཡི་

མཚོ་ཐོས་ལས་མཐོ་133ཙམ་གྱིས་མཐོ་བ། ས་ཆ་དེའི་རྡོ་ཡི་ཡོ་བྱད་གཙོ་བོ་ནི་རྡོ་ལེབ་དང་། རྡོ་སྟར་ཀའི་གཟུགས། རྡོ་ཆས་སོགས་ཡོད། རྡོ་ལེབ་64དང་རྡོ་སྟར་ཀ་གཟུགས་6 རྡོ་ཆས་39 མཐའ་གཞོག་ཆས་21དང་གཞོག་ཆས་གོང་གོང་1བཅས་འདུག སྐབས་ཐེམ་ས་གནས་ཀྱི་ལོ་རབས་ཕལ་ཆེར་སྔ་རོས་རྡོ་ཆས་རྙིང་མའི་མཇུག་ཙམ་དང་། ཕྱི་ནའང་རྡོ་ཆས་གསར་མའི་དུས་རབས་ཡིན་ཚོད་འདུག

གཉིས་པ། དབུས་གཙང་ས་ཁུལ་གྱི་རྡོ་ཆས་གསར་མའི་དུས་རབས།

༡ ཤན་རྩ་དང་མཚོ་གཉིས་ཁོངས་ཀྱི་ས་ཆ།

བོད་བྱང་ཐང་མཐོ་སྒང་གི་ཤན་རྩ་རྫོང་དང་མཚོ་གཉིས་རྫོང་གི་ས་ཁོངས་སུ་གནས་ཤིང་ཁྱོན་བསྡོམས་ས་ཆ་ཁག་བཅོ་བརྒྱད་ཡོད། མཚོ་ཐོས་མཐོ་4500ནས5200བར་ཡིན། རྡོ་ཆས་ཡོད་ས་གཙོ་བོ་མཚོ་འགྲམ་གྱི་ཐང་ཆེན་དང་། ཆུ་གཞུང་བང་རིམ་གྱི་ས་ཆ། རི་འབུར་གྱི་ཆུ་རྒྱུག་ཤུལ་སོགས་ལ་ཡིན། ས་གནས་དེ་ཚོའི་ཉེ་འགྲམ་ནི་ལོ་འཁོར་མོར་འདམ་རྩྭའི་ཐང་ཆེན་ཡིན་པས་རྒྱུག་ཆུ་དང་ཆུ་མིག་ཡོད་ས་ནི་གནའ་བོའི་མི་ཚོས་རྡོན་རྒྱག་ས་དང་སྡོ་ཚོལ་བསྡུ་སའི་ས་ཆ་ཡིན་འདུག

ས་གནས་ཁག་བཅོ་བརྒྱད་དེ་ཚོ་ནི་ཤན་རྩ་རྫོང་གི་གྲོ་ལོ་ལྷས་དང་། ཀླུ་གླིང་། ལོ་མ་གསུམ། སྐྱ་ཤར་རི་ཨར་ཀ ཕུན་ཁང་། སྣེ་རྩྭ། ཞིང་མེ། བཀྲབ་སྐྱིད་གཞུང་། གཡག་ཁ། ཁྲ་ལི་སྣེ། ལྷོ་བཀྲ། དཔའ་རྒྱ། དུང་ཤང་། ཉི་ལོང་སོགས་དང་། མཚོ་གཉིས་རྫོང་གི་མ་ཊི་དང་། མཐོ་བཀྲ་ལའི་ནུབ་ངོས་དང་ནུབ་བྱང་ཕྱོགས། བསེའུ་སྒང་སོགས་ཡིན།

ས་གནས་བཅོ་བརྒྱད་དེ་ནས་བསྡོམས་ཡོ་བྱད་156ཙམ་བསྡུ་ལེན་བྱས་ཡོད་པ་དེ་ཚོ་ནི་གཏན་འཁེལ་ཚོག་པའི་རྡོ་ཆས་ཞིབ་མོའི་རྗེས་ཤུལ་ཡིན། སྟར་ཀའི་རྡོ94དང་། རྡོ་ལེབ་40 རྡོ་ཞིབ་མོའི་སྟར་གཟུགས་དང་རྡོ་ལེབ་2 རྡོ་ལོ་མ་5 ཞིབ་རྡོའི་རྡོ་ཆས་15བཅས་བྱུང་བ་རེད།(པར2—2)

༢ མ་ཕམ་གཡུ་མཚོའི་ཤར་འགྲམ་གྱི་ས་ཆ།

མངའ་རིས་ས་ཁུལ་སྤུ་ཧྲེང་རྫོང་གི་མ་ཕམ་གཡུ་མཚོའི་ཤར་འགྲམ་གྱི་མཐོ་སར་གནས། མཚོ་ཐོས་མཐོ་4630ཡོད་ཅིང་། དེ་དག་ནི་ཞིབ་བཟོའི་རྡོ་ཆས་དང་དབྱིབས་ཆེ་བའི་ཧུང་བྱེད་རྡོ་ཆས་མཉམ་དུ་འཚོལ་བསྡུ་བྱུང་བ་ཡིན་འདུག་ཅིང་། ཁྱོན་བསྡོམས་ཞིབ་བཟོའི་རྡོ་ཆས་མཚོན་དཔེ་39བྱུང་བར་རྡོ་རྒྱུ་མང་ཆེ་བ་རྡོ་ནག་པོ་ཡིན། རྡོ་ལོ་མ་དང་། རྡོ་ལེབ་ཆུང་བ་12དང་། རྡོ་ཞིབ་མོའི་རྡོ་ཆས་23 རྡོ་འབུར་མ་1 རྡོ་ལེབ་7 རྡོ་110བཅས་ཡོད།(དཔེ་རིས2—3)

༣ པ་ཡབ་བྲུ་རི་སྒང་སྡོ་དོས་པ་ཡབ་མཆོད་སྦྱིན་ལུང་པའི་བྱང་ཕྱོགས་ཀྱི་ས་ཆ།

མངའ་རིས་ས་ཁུལ་རུ་ཐོག་རྫོང་པ་ཡབ་བུ་རི་སྒང་སྡོ་དོས་ཀྱི་པ་ཡབ་མཆོད་སྦྱིན་ལུང་པའི་བྱང་དོས་སུ་ཡོད་ཅིང་མཚོ་ཐོས་མཐོ་5200ཡིན། ད་བར་བོད་ལྗོངས་ས་ཁོངས་སུ་མཚོ་ཐོས་མཐོ་ཤོས་ཀྱི་གནའ་བོའི་རིག་གནས་ཀྱི་ས་ཆ་ཞིག་ཡིན། ཁྱོན་བསྡོམས་ཞིབ་བཟོའི་རྡོ་ཆས་མཚོན་དཔེ3བྱུང་ཞིང་། རྡོ་རྒྱུ་ཚང་མ་ཕྱེད་དྭངས་གསལ་ཅན་གྱི་སྣུ་ནོའི་རྡོ་ཤ་སྟག་ཡིན།

ཞིབ་རྡོ་འབུར་གཟུགས་1དང་ཞིབ་རྡོའི་རྡོ་ཆས་2ཡོད་འདུག （དཔེ་རིས་2—4）

༤ ཁྲོ་མཚོ་ལུང་མཚྭའུ་ཡི་ནུབ་བྱང་འགྲམ་གྱི་ས་ཆ།

གཞིས་རྩེ་གྲོང་ཁྱེར་སྙིད་གྲོང་རྫོང་གི་ཁྲོ་མཚོ་ལུང་མཚྭའུ་ཡི་ནུབ་བྱང་འགྲམ་གྱི་ས་བབ་མཐོ་སར་ཡོད། མཚོ་རྒྱས་མིད་4620ཡོད། ཞིབ་བཟོའི་རྡོ་ཆས་1བྱུང་ཞིང་རྒྱུ་གཡུ་རྡོ་སྔོན་པོ་རེད།（དཔེ་རིས་2—5）

གོང་གསལ་ས་ཆ་དེ་ཚོའི་རྡོ་ཆས་དཔེ་མཚོན་གྱི་རྡོ་དེ་དག་གི་ལོ་རབས་ནི་རྡོ་ཆས་རྙིང་མའི་དུས་མཇུག་དང་རྡོ་ཆས་གསར་མའི་དུས་འགོ་ཙམ་ལ་ཡིན་འདུག

བོད་རང་སྐྱོང་ལྗོངས་ཀྱི་ས་ཁོངས་ནས་བརྩལ་རྙེད་བྱུང་བའི་རྡོ་ཆས་རྙིང་མའི་དུས་རབས་དང་རྡོ་ཆས་གསར་མའི་དུས་རབས་ཀྱི་རིན་ཐང་ཡོད་པའི་གནའ་རྫས་རྙོག་ཞིབ་བྱ་ཡུལ་གྱི་ས་གནས་འདི་དག་ནི། ཀྲུང་གོ་ཚན་རིག་ཁང་དང་བོད་རང་སྐྱོང་ལྗོངས་རིག་དངོས་གནའ་རྫས་རྙོག་ཞིབ་ཆེད་ལས་མི་སྣས་ཐོག་མར་གཏན་འཁེལ་བྱས་ཤིང་། མཚོ་བོད་མཐོ་སྒང་དུ་གནས་པའི་ས་སྐྱེས་རྡོ་སྐྱེས་ཀྱི་མི་རིགས་དེ་ལ་རྒྱུན་རིང་གི་ལོ་རྒྱུས་ལྡན་ཡོད་པ་སྟེ་མ་མཐར་ཡང་ལོ་ཁྲི་5གོང་ནས་མཐོ་སྒང་མི་ཡི་མེས་པོ་ཚོ་ངོ་མཚར་ཅན་གྱི་ས་ཆ་འདིར་འཚོ་སྡོད་དང་གོང་འཕེལ་འགྲོ་བཞིན་ཡོད་པའི་ངོས་འཛིན་བྱས་འདུག དེར་བརྟེན་ང་ཚོས་ཀྲུང་གོའི་བོད་རིགས་ཀྱི་གནའ་རབས་ཨར་སྐྲུན་ལོ་རྒྱུས་ཞིབ་འཇུག་བྱེད་པར་བོད་རང་སྐྱོང་ལྗོངས་ཀྱི་ཁྱབ་ཁོངས་ནང་གི་རྡོ་ཆས་དུས་རབས་ཀྱི་གྲོན་ཡོངས་ཀྱི་གནས་ཚུལ་རྣམས་མཁོ་འདོན་བྱས་ནས། མཚོ་བོད་མཐོ་སྒང་གི་གནའ་ཤུལ་རྙོག་ཞིབ་ཀྱི་ལས་དོན་དང་གནའ་བོའི་ཨར་སྐྲུན་གྱི་ལོ་རྒྱུས་ཞིབ་འཇུག་ལས་དོན་འཕེལ་རྒྱས་དང་གཏིང་ཟབ་ཏུ་བཏང་སྟེ་ཀྲུང་གོ་བོད་རིགས་ཀྱི་གནའ་རབས་ཨར་སྐྲུན་གྱི་ལོ་རྒྱུས་ཙུང་ཆ་ཚང་བ་ཞིག་འཛམ་གླིང་ལ་ངོ་སྤྲོད་ཐུབ་རྒྱུའི་རེ་བ་ཡོད།（བོད་ལྗོངས་དབུས་གཙང་ཁུལ་གྱི་རྡོ་ཆས་རྙིང་མ་དང་རྡོ་ཆས་གསར་མའི་སྐོར་གྱི་དཔྱད་ཡིག་འདི་དག་ནི《བོད་ལྗོངས་གནའ་རྫས་རྙོག་ཞིབ་མདོར་བསྡུས》ཞེས་པའི་དེབ་ལས་དྲངས་པ་ཡིན།）

༥ ཆོས་ཀོང་གྲོང་གནའ་ཤུལ།

ཆོས་ཀོང་གྲོང་གནའ་ཤུལ་ནི་ལྷ་ས་གྲོང་ཁྱེར་བྱང་ཕྱོགས་ཀྱི་རི་གཤམ་དུ་གནས་ཡོད་ལ། བོད་ཀྱི་རྡོ་ཆས་གསར་མའི་དུས་རབས་ཀྱི་གནའ་ཤུལ་གྲགས་ཡིན། ད་བར་ལོ4300ནས3500ཙམ་ཕྱིན་ཡོད། སྔོག་འདོན་བྱས་པའི་རྒྱ་ཁྱོན་སྨིད་གྲུ་བཞི་མ500ཙམ་ཡོད་ཅིང་། སྔོག་འདོན་བྱུང་བའི་གནའ་རྫས་ནི་རྡོ་ཆས་དང་། རྫ་མའི་ཡོ་བྱད། རུས་པའི་ཡོ་བྱད་སོགས་ཡིན། དེ་ཡི་ནང་རྡོ་ཆས་གྲངས་ཁྲི་ལ་ཉེ་བ་སྟེ། རྡུང་ཞིང་བརྡར་བའི་རྡོ་ཆས་དང་རྡོ་ཆས་ཞིབ་མོའི་ཡོ་བྱད་སོགས་རིགས་གསུམ་ཙམ་འདུག ཡོ་བྱད་ཀྱི་བཟོ་ལྟ་སྣ་ཚོགས་ཏེ་རྡོའི་ཐོ་བ་དང་། རྡོ་ཡི་སྟ་རེ། ཐད་ཐད་གཏོང་བྱེད་དང་གཏུབ་བྱེད་ཀྱི་ཡོ་བྱད། བཀོས་རྒྱག་པའི་ཡོ་བྱད། འབྲུགས་འདྲ་བའི་ཡོ་བྱད་སོགས་ཡོད། རུས་པའི་ཡོ་བྱད་ནི་ཁབ་དང་། འབྲུགས། སྐྲ་འཛེར་

དང་མདའ་རྩེ་སོགས་ཡོད། རྫ་མའི་ཡོ་བྱད་ལ་ཡང་རྫ་མ་ལུང་གཅིག་མ་དང་། རྫ་མ་ལུང་ཆ་མ། ཞབས་ར་གོར་གོར་ཡིན་པའི་རྫ་མ་དང་། རྫ་མ་སྣེ་རིང་མ། རྫ་མ་སྣེ་མཐོ་ཞིང་ཁོག་པ་ལྟིར་ལྟིར་ཡིན་པ་སོགས་ཡོད། རྫ་མའི་མདོག་ནི་ནག་པོ་གཙོ་བོ་ཡིན་ཞིང་། མང་ཆེ་བར་འཇམ་བརྡར་བརྒྱབ་པའི་རི་མོའི་ཤུར་མ་བཀོད་ཡོད། རྒྱན་ཆའི་རིགས་ལ་རུས་པའི་སྐྲ་འཛེར་དང་། སྣ་ལུང་། རྡོ་ཡི་ལག་དགྲིས་སོགས་ཡོད། གནའ་ཤུལ་དེ་ཡི་གོ་ཐལ་གྱི་རྗེས་ཤུལ་ནང་མི་ཡི་མགོ་དང་རུས་སྒྲོམ་སོགས་ཐོན་ཡོད་ཅིང་། རྗེས་ཤུལ་ཁྲོད་ད་དུང་ལོ་ཐོག་བཟ་བྱེད་དང་ལག་སྐོར་རང་འཐག་སོགས་མང་པོ་ཐོན་ཡོད། ད་དུང་གཅན་གཟན་གྱི་རུས་པ་དང་། ཉའི་རུས་པ། ཉ་འཛིན་ཡོ་བྱད་སོགས་ཐོན་ཡོད། སྤྱི་ལོ1986ལོར་བོད་རང་སྐྱོང་ལྗོངས་རིམ་པའི་སྲུང་སྐྱོབ་ས་ཚན་ལ་ཁྱབ་བསྒྲགས་བྱས་པ་རེད།（པར2—3）（པར2—4）

༤ ཁ་རུབ་གནའ་ཤུལ།

ཁ་རུབ་གནའ་ཤུལ་ནི་རྫ་ཆུའི་ནུབ་འགྲམ་གྱི་ཆབ་མདོའི་ཁ་རུབ་གྲོང་ལ་ཡོད་ཅིང་། རྡོ་ཆས་གསར་མའི་དུས་རབས་ཀྱི་གནའ་ཤུལ་ཡིན། དུས་རབས་ཉི་ཤུ་པའི་ལོ་རབས་དྲུག་ཅུའི་ནང་འདི་ལ་ཨར་འདམ་བཟོ་གྲྭ་ཞིག་གསར་སྐྲུན་བྱས་པ་རེད། སྤྱི་ལོ1977ལོར་ཨར་འདམ་བཟོ་གྲྭ་རྒྱ་བསྐྱེད་བྱ་རྒྱུའི་གྲ་སྒྲིག་སྐབས་གནའ་ཤུལ་དེ་ཐོན་པ་རེད། སྤྱི་ལོ1978ལོར་ཐོག་མར་སྔོག་འདོན་བྱས་ཤིང་། རྒྱ་ཁྱོན་སྨིད་གྲུ་བཞི་མ230ཙམ་བསྔོགས་པ་རེད། སྤྱི་ལོ1979ལོར་ཡང་བསྐྱར་སྔོག་འདོན་བྱས་ནས་རྒྱ་ཁྱོན་སྨིད་གྲུ་བཞི་མ1570ཙམ་ཁ་ཕྱེ་བ་རེད། ཀྲུང་གོ་ཚན་རིག་ཁང་དང་། སི་ཁྲིན་སློབ་ཆེན། བོད་ལྗོངས་རིག་དངོས་དོ་དམ་ཨུ་ལྷན་བཅས་ཀྱི་གནའ་རྫས་རྟོག་ཞིབ་མཁས་ཅན་ཚོས་ཚན་རིག་དང་མཐུན་པའི་ངང་སྔོག་འདོན་བྱས་དང་། རྟོག་ཞིབ་ཚར་རྗེས་ཡང་བསྐྱར་བཀག་ནས་སྲུང་སྐྱོབ་བྱེད་ཆེད་ཨར་འདམ་བཟོ་གྲྭ་གནས་སྤོས་བྱས་པ་རེད། སྤྱི་ལོ2002ལོར་སླར་ཡང་རྒྱ་ཁྱོན་སྨིད་གྲུ་བཞི་མ་ཁྲི1ལྷག་ཙམ་སྔོག་འདོན་བྱས་པ། ཁྱོན་བསྡོམས་རྒྱ་ཁྱོན་སྨིད་གྲུ་བཞི་མ1800ལྷག་ཙམ་ཟིན་ཡོད།

གཙང་སེལ་བྱས་པའི་ནང་ཁང་པ་དང་རྒྱ་ལམ། རྡོ་རྩིག་དང་རྡོ་རྩིག་སྡེགས་བུ། རྡོ་རྩིག་ར་སྐོར་སོགས་ཡོད་ལ། རྡོ་ཡི་ཡོ་བྱད་ཐོན་པ་ནི་རྡུང་བྱེད་དང་བརྡར་བྱེད་ཀྱི་རྡོ་ཆས་དང་ཞིབ་བཟོས་རྡོ་ཡི་ཡོ་བྱད་ཡིན། རྫ་ཆས་ཚང་མ་བྱེ་སའི་རྫ་ཡིན་པ་དང་མདོག་སེར་པོ་མང་བ་ཡིན། ཡོ་བྱད་ནི་རྫ་མ་དང་། ཕོར་པ། དུང་བན་སོགས་ཞབས་ར་ལེབ་མོ་ཡིན་ཤས་ཆེ། རྫ་མའི་ཕྱི་ངོས་འཇམ་སང་ཡིན་པ་དང་། རི་མོ་ནི་ཤུར་བཀོན་པ་དང་ཐག་པའི་རི་མོ་ཡོད་ལ། ཚོན་བཏང་བའི་རྫ་མ་ཉུང་ཤས་ཀྱང་ཡོད། ད་དུང་རུས་པ་དང་། རྡོ། ཉ་ལྷིབས་སོགས་ཀྱི་རྒྱན་ཆ་སྣ་ཚོགས་ཀྱང་ཡོད། གནའ་ཤུལ་ནང་འབྲུ་རིགས་དང་སྲོག་ཆགས་ཀྱི་རུས་པ་མང་པོ་ཐོན་ཡོད་པའི་ཐོག་ནས་སྐབས་དེ་དུས་ཀྱི་མི་སེར་ཚོའི་འཚོ་ཐབས་ནི་ཞིང་ལས་དང་རྔོན་རྒྱག་གཉིས་གཙོ་བོ་ཡིན་པ་མཚོན། ཁ་རུབ་གནའ་ཤུལ་དེ་ཡི་བྱུང་དུས་ནི་ད་ལྟ་ནས་བརྩིས་པའི་ལོ5300ནས་ལོ4000ཡས་མས་

ཀྱི་གོང་དུ་ཡིན་ཞིང་། དེའི་རིག་གནས་ཀྱི་ངོ་བོ་ནི་རྨ་ཆུའི་སྟོད་ཕྱོགས་དང་ཁྲིན་ཡུན་མཐོ་སྒང་གི་རྡོ་ཆས་གསར་མའི་རིག་གནས་དང་འབྲེལ་བ་ཆེན་པོ་ཡོད་པ་ཡིན། འདི་ནས་ས་འོག་ནས་ཐོན་པའི་རྡོ་ཆས་དང་། རྫ་ཆས། ཨར་སྐྲུན་གྱི་རྗེས་ཤུལ་སོགས་ཀྱི་ཐོག་ནས་ལོ་ངོ་སྟོང་ཕྲག་བཞི་ལྔའི་སྔོན་དུ་ཆབ་མདོ་རྒྱུད་ལ་ཞིང་འབྲོག་གི་འཚོ་བའི་དུས་སྐབས་ཡིན་པ་གསལ་བཤད་ཐུབ་འདུག ཐོག་མར་ཆགས་ཡོང་བའི་གྲོང་ཚོའི་བཀོད་པའི་ཐོག་ནས་བོད་རིགས་རུས་རྒྱུད་སྤྱི་ཚོགས་ཀྱི་ཐུན་མོང་གི་ཁྱད་ཆོས་མཚོན་པ་སྟེ། གཞིས་ཆགས་ཀྱི་འཚོ་བ་གྲུབ་ཚར་བ་གསལ་བཤད་བྱས་པ་རེད། ལྷག་པར་འདི་ན་ཡོད་པའི་ས་སྟེང་གི་ཨར་སྐྲུན་ནི་བོད་མི་རིགས་ཀྱི་སྲོལ་རྒྱུན་རྡོ་རྩིག་ཁང་པའི་ཐོག་མ་དེ་ཡིན་ཞིང་། ད་ལྟའི་ཆབ་མདོའི་རྒྱུད་ཀྱི་དམངས་ཁང་དང་ཧ་ཅང་འདྲ་པོ་ཡོད། འབྲེལ་ཡོད་ཀྱི་ཡིག་ཆའི་ཐོག་ནས་དབྱེ་ཞིབ་བྱེད་སྐབས། གནའ་ཤུལ་དེ་ཡི་ནང་ནས་མཐོང་བའི་ཨར་སྐྲུན་གྱི་རྗེས་ཤུལ27ཡོད་པའི་ཁྲོད་ས་དོང་བྱེད་ཙམ་གྱི་ཁང་པ་དང་ས་ངོས་ཀྱི་ཁང་པ་ཁག་གཉིས་ཡོད། ཁ་རུབ་གནའ་ཤུལ་དེ་ཉིད་སྤྱི་ལོ1996ལོར་རྒྱལ་ཡོངས་ཀྱི་གཙོ་གནད་རིག་དངོས་སྡེ་ཚན་ལ་ཁྲབ་བསྒྲགས་བྱས་པ་རེད།

（པར2—5） （པར2—6）

གསུམ་པ། མཚོ་སྔོན་དང་། ཀན་སུའུ། ཉིང་ཞ་ཡི་ས་ཁོངས།

དེ་ཡང་བོད་ལྗོངས་ས་ཁུལ་དང་ཕྱོགས་མཚུངས་པའི་མཚོ་བོད་མཐོ་སྒང་གི་ས་སྐྱེས་རྡོ་སྐྱེས་ཀྱི་མི་དེ་ཚོའི་ཆགས་ཡུལ་གཞན་ཞིག་ནི་མཚོ་སྔོན་དང་ཀན་སུའུ་ཞིང་ཆེན་གཉིས་ཡིན་ཞིང་། ལོ་མང་རིང་གི་གནའ་རྫས་རྟོག་ཞིབ་ལས་ཤེས་རྟོགས་བྱུང་བ་ནི། ད་ལྟ་ནས་ལོ་ངོ་ཁྲི3ཙམ་གྱི་སྔོན་གྱི་རྡོ་ཆས་རྙིང་མའི་དུས་རབས་སུ། ས་གནས་དེ་ཡི་ས་སྐྱེས་རྡོ་སྐྱེས་ཀྱི་མི་དེ་ཚོ་ཡངས་ཤིང་རྒྱ་ཆེ་བའི་ས་ཁུལ་འདི་ལ་གནས་སྡོད་དང་སྐྱེ་འཕེལ་བྱུང་བ་ཡིན་ཞིང་། སྤྱི་ལོ1956ལོར་ཀྲུང་གོ་ཚན་རིག་ཁང་ས་གཤིས་ཞིབ་འཇུག་ཁང་ནས་ཚ་འདམ་གཤོང་སའི་ལྷོ་ངོས་གོར་མོ་གཙང་པོའི་སྟོད་ཀྱི་སྡུམ་མདོ་ཁ（མཚོ་ཛེས་ཛིད3500ཡོད་）དང་། མཐོ་སྒང་གི་ལྷོ་བ་འབྲི་ཆུའི་འབྱུང་ཁུངས་རྫ་ཐོ་ཐོ་གཙང་པོའི་ཆུ་འགྲམ། ཨ་ཆེན་གངས་རྒྱབ（མཚོ་ཛེས་ཛིད4300ཙམ་）བཅས་གོང་གི་ས་ཆ་གསུམ་པོ་ནས་བཅག་བཟོས་རྡོ་ཆས10ཙམ་བཙལ་རྙེད་བྱུང་བར་རྡོ་རིལ་རིལ་དང་། རྡོ་ལེབ་མོ། རྡོ་སྣར་གཟུགས་ཅན་སོགས་ཀྱི་ལག་ཆ་ཡོད་འདུག རྡོ་ཡི་རྒྱུ་དང་། གཅོག་རྡུང་གི་བཟོ་སྟངས། རྡོ་བཙའ་བརྒྱབ་པ་སོགས་ལ་གཞིགས་ན། བརྟག་དཔྱད་པ་ཚོས་རྡོ་ཆས་རྙིང་མའི་རིགས་ཡིན་པ་ཆོད་དཔག་བྱས་འདུག

གནས་དེ་ནས་སྔ་ཕྱིར་ཁྲོན་བསྡོམས་རྡོ་ཆས112འཚོལ་བསྡུ་བྱུང་ཡོད་པའི་ནང་། བཀོས་རྒྱག་ལོ་བྱད་དང་། ཐྲད་བཏར་ལོ་བྱད། རྩེ་རྣོ་པོ་དང་གཞོག་རྡུང་ལོ་བྱད་སོགས་སྡེ་ཁག41ཡོད་པར། སོལ་བ14ཡིས་བརྟག་དཔྱད་བྱས་པ་དང་སའི་བང་རིམ་ཆགས་ཚུལ་དཔྱད་བསྡུར་བྱས་པ་བརྒྱུད་རྡོ་ཆས་དེ་དག་ནི་ད་བར་ལོ3ཁྲི་ཙམ་ཕྱིན་ཡོད་ཚོད་འདུག ས་ཡི་བང་རིམ་གཞིར་བཟུང་སྟེ་རྡོ་ཆས་རྙིང་མའི་དུས་རབས་ཀྱི་རྡོ་ཆས་འཚོལ་བསྡུ་ཐུབ་པའི་ཐོག་ནས། མཚོ་སྔོན་རྒྱུད་ལ་འགྲོ་བ་མི་ཡི་འཚོ་

སྔོན་གྱི་ལོ་རྒྱུས་ལོ་ཁྲི2ཙམ་རིང་དུ་ཕྱིན་པར་ངོས་འཛིན་བྱས། དེའི་ཐོག་ནས་ཚ་འདམ་གཞོང་ས་ནི་མཚོ་སྔོན་གྱི་མེས་པོ་རྣམས་འཚོ་སྡོད་བྱེད་པའི་གནས་ཡུལ་ཡིན་པ་ར་འཕྲོད་གསལ་པོ་བྱུང་བ་རེད།

༧ ཇོ་ཆས་གསར་མའི་དུས་རབས་ཀྱི་མིའི་རིགས་ཀྱི་ལས་འགྱུལ་གནའ་ཤུལ།

མཚོ་སྔོན་དང་། ཀན་སུའུ། ཉིང་ཞ་བཅས་ས་ཁོངས་ནི་མཚོ་བོད་མཐོ་སྒང་གི་དཀྱིལ་དང་ཤར་ངོས་ཀྱི་ཁྱབ་ཁོངས་ཡིན་ཞིང་། ས་ཁུལ་འདི་དག་གི་རྒྱུད་ལ་ཇོ་ཆས་གསར་མའི་དུས་རབས་གཙོ་བོ་མ་ཆ་ཡའོ་རིག་གནས་ཟེར་གྱི་ཡོད། དོན་དངོས་ཐོག་ཤོད་སྟངས་འདིར་སྐྱོན་ཆེན་པོ་ཡོད་པ་སྟེ། སྤྱི་ལོ1923ལོར་ཀན་སུའུ་ལིང་ཐའོ་མ་ཆ་གྲོང་ནས་རྙེད་པའི་ཇོ་ཆས་གསར་མའི་རྗེས་ཤུལ་ལ་མ་ཆ་ཡའོ་རིག་གནས་ཞེས་བཏགས་པ་རེད། འོན་ཀྱང་ས་ཆ་འདི་ལ་ཧྭུའི་རིགས་བྱུང་བའི་ལོ་རྒྱུས་ནི་ལོ1000ཡང་ཟིན་མེད། མི་རིགས་འདི་ནི་ཡ་གླིང་ནུབ་ངོས་སོགས་ནས་སྤྱོས་ཡོང་བ་ཞིག་ཡིན་ཏེ། 《མཚོ་སྔོན་གྱི་དུས་རབས་རིམ་བྱུང་གི་ལོ་རྒྱུས་》སོགས་འགངས་ཆེའི་ཡིག་ཆའི་ནང་སྤྱི་ལོའི་དུས་རབས་བཅུ་གསུམ་པའི་ནང་སྤྱོས་ཡོང་བ་གསལ་པོ་འཁོད་ཡོད། ས་གཞི་གནའ་ཤུལ་རྟོག་ཞིབ་པས་ཤོད་སྟངས་འདི་གོམས་གཤིས་སུ་གྱུར་ཟིན་ན་ཡང་། མ་ཆ་ཡའོ་ནས་ཐོན་པའི་ཇོ་ཆས་གསར་མའི་རིག་གནས་ཀྱི་རིམ་པ་འདི་ནི་མཚོ་བོད་མཐོ་སྒང་གི་ས་སྐྱེས་ཇོ་སྐྱེས་ཀྱི་མི་ཡིས་བཟོས་པ་ཁ་ཚོན་གཅོད་ཐུབ། དེ་ཚོ་ནི་རྒྱལ་ནང་གི་ས་དམར་སྒང་ཐོག་དཀྱིལ་ཙམ་ནས་ཐོན་པའི་ཡང་ཧྲའོ་རིག་གནས་དང་དུས་སྐབས་གཅིག་མཚུངས་ཡིན། གནའ་ཤུལ་རྟོག་ཞིབ་པས་ཀན་སུའུ་ཡི་ཡང་ཧྲའོ་རིག་གནས་ཀྱང་ཟེར་གྱི་ཡོད། གནས་ཡུལ་སོ་སོའི་ཁྱབ་ཁོངས་ནི། ཤར་ལ་ཀན་སུའུ་ཅིན་ཆུ་དང་ལྷེ་ཆུ་ཡི་སྟོད་ཕྱོགས། ནུབ་ན་མཚོ་སྔོན་བྲག་དཀར་རྫོང་དང་འབའ་རྫོང་གི་ཁོངས། བྱང་ངོས་ཉིང་ཞ་ཧྭུའི་རིགས་རང་སྐྱོང་ལྗོངས་ཀྱི་ཆིང་ཆུ་གཙང་པོའི་ཆུ་གཞུང་། ལྷོ་ལ་སི་ཁྲོན་ཛ་བ་བོད་རིགས་རང་སྐྱོང་ཁུལ་གྱི་བྱང་ཕྱོགས་བཅས་ཡིན། མཚོ་སྔོན་ཞིང་ཆེན་གྱི་ཁྱབ་ཁོངས་ནང་མ་ཆ་ཡའོ་རིག་གནས་ལ་རིག་གནས་ཀྱི་ཤུལ་བཞག་ཤིན་ཏུ་མང་པོ་ཡོད། སྤྱི་ལོ1990ལོ་བར་དུ་བརྟག་དཔྱད་ཐོ་འགོད་བྱས་པའི་ས་གནས917ཙམ་ཡོད་ཅིང་། བང་སོ་དང་རྗེས་ཤུལ་སློག་འདོན་བྱས་པ་ནི། དམར་གཙང་རྫོང་གི་ཡང་ཞ་ཐའོ་དང་། ཁྲི་ཀ་རྫོང་གི་དགའ་མ་ཐང་། ཞུན་ཧྭ་རྫོང་གི་སུའུ་ཁྲི། དགོན་ལུང་རྫོང་གི་རྫོང་གསར། ཟི་ལིང་གྲོང་ཁྱེར་གྱི་ཀྲུ་ཏྲ་ཀྲེན། འབའ་རྫོང་གི་རྫོང་རི་སོགས་ཡིན། སོལ་བ་14ཡིས་བརྟག་དཔྱད་བྱས་པ་བརྒྱུད་མ་ཆ་ཡའོ་རིག་གནས་ཀྱི་དུས་རབས་ནི་ཕལ་ཆེར་སྤྱི་ལོའི་སྔོན་གྱི་ལོ3800ནས་ལོ2000བར་གྱི་ཡིན། ས་གནས་དང་དུས་ཚོད་སྔ་ཕྱི་འདྲ་མིན་གྱི་ཁྱད་པར་ལ་བརྟེན་ནས་སྔ་ཕྱི་དང་བར་མཚམས་སོགས་བཞི་ལ་དབྱེ་ཡོད་པ་སྟེ། ཧི་ལིན་གཤམ་རིགས་(ཐོག་མར་ཀན་སུའུ་ཧྲན་རྫོང་ཧི་ལིན་གྲོང་ཚོ་འོག་མར་ཐོན་པས་དེ་ལྟར་འབོད་) མ་ཆ་ཡའོ་རིགས། རི་སྐྱེད་(1924ལོ་ཀན་སུའུ་ཞིང་ཆེན་སྒང་ཧྭ་རྫོང་རི་སྐྱེད་གྲོང་ཚོ་ནས་ཐོག་མར་ཐོན་པས་དེ་ལྟར་འབོད་) མ་ཆ་ཡའོ་རིག་གནས་ཀྱི་མི་ཚོ་རྩ་བའི་ཆ་ནས་རིགས་རྒྱུད་ཀྱིས་སྡེ་ཚན་བྱས་ཏེ་གཞིས་སྡོད་ཀྱི་འཚོ་བ་བསྐྱལ་གྱི་

ཡོད་ཅིང་། ཏུབ་འཛོམས་བྱ་ཡུལ་མང་ཆེ་བ་གཙང་པོའི་ཕྱོགས་གཉིས་ཀྱི་ཐང་སྟེང་ཐོག་ཆགས་འདུག ཁོ་ཚོའི་ཁང་པ་མང་ཆེ་བ་ས་རྡོང་ཕྱེད་ཙམ་བྲུས་ཡོད་པ་དང་། ལེབ་རྡོས་རྣམ་པོ་བཟོས་ཡོད། ཁང་པའི་ནང་ཐབ་བཙུགས་ཡོད་ལ་མཐའ་སྐོར་དུ་དངོས་པོ་འཇོག་སའི་ས་སྦུག་ཀྱང་བཟོས་འདུག དཔེར་ན་དམར་གཙང་རྫོང་ཀྲའི་ཏའོ་ཤང་གི་ཡང་ཕ་ཐའོ་གནའ་ཤུལ་ནང་གི་ཁང་པ་ཨང་གསུམ་པ་དེ། ཁང་པའི་ཤུལ་སྣར་གསོ་བྱེད་དུས་ལེབ་རྡོས་བྱ་བཞི་ལ་ཕྱོགས་པའི་གཟར་ཚད་བཟོས་པའི་ཁང་པ་ཡིན་ཚོད་འདུག དེ་ལྟ་བུའི་ས་རྡོང་ཐོག་འགེབས་པའི་བཟོ་དབྱིབས་འདི་ས་དང་ཤིང་ཟུང་དུ་འབྲེལ་བའི་ཀྲུང་གོའི་གནའ་བོའི་ཨར་སྐྲུན་གྱི་མེས་པོ་ཐོག་མ་ཡིན།

༢ སྤྱི་ལོའི་སྔོན་གྱི་དུས་རབས་ཀྱི་ཨར་སྐྲུན་གནའ་ཤུལ།

（༡） ཆི་ཙ་རིག་གནས།

མཚོ་སྔོན་ས་ཁུལ་གྱི་མཚོ་སྔོན་ཟླང་ས་ལྷུགས་རིགས་ཀྱི་དུས་རབས་ཀྱི་རྗེས་ཤུལ་གཙོ་བོ་ནི་ཆི་ཙ་རིག་གནས་ཡིན། སྤྱི་ལོ1924ལོར་ཀན་སུའུ་ཞིང་ཆེན་ཆི་ཙ་ཐང་ནས་ཐོག་མར་མཐོང་བ་ནས་མིང་དེ་ཐོབ། ཆི་ཙ་རིག་གནས་ཀྱི་དུས་ཚོད་ནི་སོལ་བ14ཡིས་བརྟག་དཔྱད་བྱས་པས། ཕལ་ཆེར་སྤྱི་ལོའི་སྔོན་གྱི་ལོ2000ནས་ལོ1600ཙམ་ཡིན་ཚོད་འདུག ཆི་ཙ་རིག་གནས་ཀྱི་ཁྱབ་ཁོངས་ནི། ཤར་ངོས་སུ་ཅིན་ཆུ་ཤི་ཆུ་རྒྱུགས་ཡུལ་དང་། ནུབ་ངོས་སུ་མཚོ་སྔོན་པོའི་འགྲམ་བར་ཁྱབ་ཡོད་པ་དང་། ལྷོ་ཕྱོགས་སུ་འབྲུག་ཆུའི་རྒྱུགས་ཡུལ་ལ་ཡིན་ཞིང་། བྱང་ངོས་སུ་ནང་སོག་ཨ་ལ་ཧྲན་ཙའོ་ཆི་ཡོད་ས་ལ་ཡིན།

ཆི་ཙ་རིག་གནས་ཀྱི་སྡོད་ཁང་མང་ཆེ་བ་ངོས་སྒོམས་གྲུ་བཞི་ལ་ས་རྡོང་ཕྱེད་ཙམ་བྲུས་པ་ཞིག་ཡིན། ཁང་པའི་མཐིལ་དང་ཕྱོགས་བཞི་ཡི་གྱང་ལྡེབས་སུ་རྡོ་ཞོ་བྱུགས་འདུག ས་མཐིལ་གྱི་རྡོ་ཞོའི་སྲབ་མཐུག་ལ་ལི་སྨིད0. 5འདུག་པ་དེ་ནི་མཛེས་པོ་ཡོད་ལ་བཞའ་ཚན་འགོག་པའི་ནུས་པ་ཡང་ཡོད་པ་མ་ཟད། དེ་ནི་གནའ་སྔ་མོའི་མེས་པོའི་ཨར་སྐྲུན་གྱི་གསར་གཏོད་ཆེན་པོ་ཞིག་ཀྱང་ཡིན། ཁང་པའི་རྒྱ་ཁྱོན་སྤྱིར་ན་སྨིད་གྲུ་བཞི་མ10ཙམ་འདུག(པར2 –7)

（༢） ཁ་ཡོག་རིག་གནས།

ཁ་ཡོག་རིག་གནས་ནི་ལི་མའི་ལོ་ཆས་སྤྱོད་པའི་དུས་རབས་ཀྱི་མཚོ་སྔོན་ཁྱབ་ཁོངས་ནང་གི་ས་སྐྱེས་རྗེ་སྐྱེས་ཀྱི་རིག་གནས་ཤུལ་བཞག་ཡིན། དེ་ཡང་ཆི་ཙ་རིག་གནས་ཀྱི་རྒྱུན་མཐུད་པ་དང་འཕེལ་རྒྱས་སུ་སོང་བ་ཞིག་ཡིན་ཞིང་། དེ་ཡི་ཁྱབ་ཁོངས་ནི། ཤར་ངོས་ལ་ཀན་སུའུ་དང་མཚོ་སྔོན་གྱི་ས་འབྲེལ་མཚམས་དང་། ནུབ་ལ་ཚྭ་འདམ་གཤོང་སའི་ཤར་ངོས་ཕྱོགས། བྱང་ངོས་ལ་མདོ་ལ་རིང་མོ་ཡི་ལྷོ་ངོས། ལྷོ་ངོས་ནི་མགོ་ལོག་བོད་རིགས་རང་སྐྱོང་ཁུལ་གྱི་རྨ་ཆུའི་འགྲམ་གྱི་གཡས་གཡོན་དང་། ཡུལ་ཤུལ་བོད་རིགས་རང་སྐྱོང་ཁུལ་གྱི་འབྲི་ཆུའི་ས་ཁོངས་བཅས་ཡིན། དེ་ལྟར་བརྟག་དཔྱད་དང་ཐོ་འགོད་བྱས་པའི་ཤུལ་བཞག་ས་གནས1766ཙམ་ཡོད་པ་དེ་ཡི་ཐོག་ནས་ཁ་ཡོག་རིག་གནས་ནི་མཚོ་སྔོན་ཞིང་ཆེན་ནང་ཁྱབ་ཆེ་ཤོས་དང་། རྗེས་ཤུལ་ས་གནས་མང་ཤོས་ཀྱི་ལི་མའི་ལོ་ཆས་དུས་རབས་ཀྱི་རིག་གནས་ཤིག་ཡིན། སོལ་བ14ཡིས་བརྟག་དཔྱད་བྱས་ཚར་

བའི་གྲངས་ཚད་དེ་ཡི་ཐོག་ནས་ཐག་གཅོད་ཐུབ་པའི་དུས་ཚོད་ནི་ཕལ་ཆེར་སྤྱི་ལོའི་སྔོན་གྱི་ལོ1600ནས་ལོ700ཙམ་བར་ཡིན། ཁ་ཡོག་རིག་གནས་དུས་ཀྱི་མི་ཚོ་སྡོད་སའི་ཁང་པ་ནི་ས་དོང་ཕྱེད་ཀ་བྱས་པ་གཙོ་བོ་ཡིན་ཞིང་། གཞན་ཡང་ས་རྡོས་ལ་བརྒྱབ་པའི་ཁང་པའི་རྗེས་ཤུལ་ཡང་འདུག ཁང་པའི་ནང་གི་ས་མཐིལ་ལ་འབྱར་རྩི་ཆེ་བའི་ས་དམར་བཏིང་འདུག་ཅིང་། སྡོད་ཁང་རྒྱག་སའི་ས་ཆ་གཙོ་བོ་ནི་གཙང་པོའི་པ་ཡམ་གཡོན་གྱི་ཐང་སྟོང་དུ་བྱས་འདུག་པ་དང་། གཞན་ཡང་རི་མཐོ་ས་དང་ས་གཟར་མོ་ལ་ཡང་བྱས་འདུག ཁ་ཡོག་རིག་གནས་དུས་རབས་སུ་གཞི་རྒྱ་ཅུང་ཆེ་བའི་སྒོ་ཐོག་གསོ་ཚགས་ཀྱི་དཔལ་འབྱོར་ཐོན་སྐྱེད་ཀྱང་བྱུང་ཡོད་པ་ནི། མཚོ་སྔོན་གྱི་གནའ་མིས་རང་བྱུང་ཁམས་དང་མཐུན་ཐབས་བྱེད་པའམ་རང་བྱུང་ཁམས་དབང་དུ་བསྡུ་བའི་ནུས་པ་གོང་མཐོར་འགྲོ་བ་མངོན་པ་ཡིན་ལ། དེའི་སྐབས་སུ་མཚོ་སྔོན་གྱི་རྒྱ་ཆེ་ཞིང་ཡངས་སུམ་ཚོགས་པའི་རྩྭ་ཐང་གི་ཐོན་ཁུངས་ཁྱོན་ཡོངས་ནས་བེད་སྤྱོད་བྱེད་ཐུབ་པ་བྱུང་འདུག ཁ་ཡོག་རིག་གནས་ཁྲོད་དར་ཁྱབ་ཤིན་ཏུ་ཆེ་བའི་དུར་ས་འཇུག་སྟངས་ནི་ཐེངས་གཉིས་ལ་དུར་སར་འཇུག་རྒྱུ་དེ་རེད་འདུག་ཅིང་། དེས་ཕལ་ཆེར70%ཙམ་ཟིན་པ་སྟེ། ས་འོག་ཏུ་དུས་ཚོད་ངེས་ཅན་ཞིག་སྦས་རྗེས་ཡང་བསྐྱར་དུར་ས་བརྟོལ་ནས་རུས་པ་འཛོག་སྟངས་བསྒྱུར་བའམ་རུས་པ་ཞིབ་རྫུང་བྱས་པ་ཁག་ཅིག་ཁྱེར་འགྲོ་བ་སོགས་བྱེད་ཀྱི་ཡོད་འདུག དེ་ལྟ་བུའི་དུར་འཇུག་བྱ་ཐབས་ནི་ས་གནས་དེ་ཡི་ཆོས་ལུགས་དང་སྲོལ་དང་འབྲེལ་བ་ཡོད་པ་ཡིན། བོད་རིགས་ས་ཁུལ་མང་པོ་ལ་ད་ལྟ་གོམས་གཤིས་འདི་ཡོད།（པར2－8）

དུས་རབས་ཉེར་གཅིག་པའི་དུས་འགོར། མཚོ་སྔོན་ཞིང་ཆེན་གནའ་རྫས་རྟོག་ཞིབ་ལས་དོན་མི་སྣས་ཆབ་ཚ་རྫོང་ནས་རྗེ་གཡམ་གྱི་བང་སོ་ཆེན་པོ་ཁྲུ་གཅིག་སྟོག་འདོན་བྱས་པ་རེད། དེང་སྐབས་སྟོག་འདོན་དང་ལྟ་ཞིབ་བྱས་པའི་རྗེ་གཡམ་གྱི་བང་སོ་ཁྲུ་དེ་ཡི་རྒྱ་ཁྱོན་སྨིད་གྲུ་བཞི་མ་ཁྲི15སྐྱག་ཙམ་ཚང་མ་གྲུ་བཞི་ནར་མོ་བའི་ས་མཐིལ་ལ་སྟོག་པའི་དུར་ཁུང་ཤ་སྟག་རེད་འདུག བང་སོ་ཞུང་ཤས་ནང་བང་རིམ་གཉིས་བཞག་འདུག བང་སོའི་ཁ་སྒྲིགས་ཚང་མ་ཤར་ལ་གཏད་པ་ཡིན་ཞིང་། རྗེ་གཡམ་གྱི་བང་སོ་ཁྲུ་འདི་ཡི་ནང་ནས་ཐོན་པའི་གནའ་རྫས་ནང་དུར་སྨྲས་བྱས་པའི་ཁྱིའི་མགོ་དང་། སྤྲར་མོ། རྫ་མ་ལུང་ཆ་ཅན། གནའ་བོའི་རུས་ཁབ་དང་། རྡོ་ཡི་སྟ་རེ། རྡོ་ཡི་མདའ་རྩེ། རྫ་མའི་འཁལ་འཐག་སྣེར་མ་སོགས་ཐོན་སྐྱེད་ཀྱི་ཡོ་བྱད་བཅས་ཡོད་འདུག ད་དུང་རྒྱན་སྤྲས་བྱ་རྒྱུའི་རྡོ་ཡི་ཕྲེང་བ་སོགས་དང་རྡོ་ཡི་ཡོ་བྱད་གཞན་པ་ཡང་ཡོད་འདུག དེ་ཡང་མང་ཆེ་བ་ཞིབ་བཟོས་རྡོའི་ཡོ་བྱད་རེད། དཔྱེ་ཞིབ་བྱས་པར་གཞིགས་ན། སྐབས་དེའི་མི་ཚོས་འབྲོག་ལས་དང་རྔོན་རྒྱག་བྱ་རྒྱུ་གཙོ་བོ་དང་། ཞོར་ལ་ཞིང་ལས་ཀྱང་བྱེད་པའི་འཚོ་བ་སྐྱེལ་གྱི་ཡོད་པ་འདྲ། ཆེད་ལས་མཁས་པ་རྣམ་པས་ས་འོག་ནས་ཐོན་པའི་གནའ་རྫས་དང་དུར་སྦས་བྱེད་སྟངས་ཀྱི་གོམས་སྲོལ་བཅས་ཀྱི་ཐད་ལ་གནའ་རྫས་རྟོག་ཞིབ་བྱེད་དུས་ད་བར་མི་ལོ2000སྐྱག་ཕྱིན་པའི་ཁ་ཡོག་རིག་གནས་དུས་མཇུག་དང་འདྲ་ཆེ་བ་མཐོང་འདུག གནས་ཚུལ་གསར་པ་དེ་ཤེས་རྟོགས་བྱུང་བས་མཚོ་སྔོན་པོའི་མཐའ་སྐོར་གྱི་འགྲོ་བ་མིའི་རིགས་ཀྱི་རིག་གནས་ཤུལ་བཞག་ཐད་ཞིབ་འཇུག་བྱ་རྒྱུའི་ཁྱབ་ཁོངས

གསར་པ་ཞིག་གཏོད་ཐུབ་པ་བྱུང་བ་རེད།

(༣) ནོར་ནུ་ཧྲོང་རིག་གནས།

ནོར་ནུ་ཧྲོང་རིག་གནས་ཀྱི་ཁྱབ་ཡུལ་ནི་ཚྭ་འདམ་གཤོང་སའི་ས་ཆ་རང་ལས་མེད། བརྟག་དཔྱད་དང་ཐོ་འགོད་བྱས་པའི་རྗེས་ཤུལ་ཁག་40ཙམ་ཡོད། གཤོང་སའི་ཤར་དང་ནྱོ་ཡི་ཕྱོགས་ལ་མང་ཙམ་ཁྱབ་འདུག དེང་སྐབས་སྔོག་འདོན་བྱས་པ་དར་ལི་ཐུ་ལི་ཧྭ་ཡི་རྗེས་ཤུལ་གཅིག་པུ་དེ་རང་ཡིན། སོལ་བ14ཡིས་བརྟག་དཔྱད་བྱས་རྗེས་དེ་ནི་ད་ལྟ་ནས་བརྩིས་པའི་ལོ2900ཙམ་གྱི་སྔོན་ལ་བྱུང་འདུག་པ་ཀྲའོ་ནུབ་མའི་དུས་རབས་ལ་ཡིན།(པར2－9)

དར་ལི་ཐུ་ལི་ཧྭ་རྗེས་ཤུལ་ནས་ཐོན་པའི་ཁང་པ་ནི་ངོས་སྐོམས་ཟླུམ་པོ་དང་གྲུ་བཞི་ཁག་གཉིས་ཡོད་ལ། ཁ་ཤས་ནི་ས་ཕག་གི་ལྷགས་རི་ནང་ལ་བརྒྱབ་ཡོད་པ་དང་། ཤིང་གི་སྒྲོམ་གྱིས་ཐོག་འགེབས་པ། ཤིང་གི་སྒྲོམ་ལ་ཀུ་ཧུ་ཁའི་བཙད་ཁ་བརྟོན་འདུག ཁང་པའི་གྱང་ས་ཕག་གིས་བརྩིགས་པ་དང་ངོས་ལ་རྩྭ་བསྲེས་པའི་འདག་པ་བྱུགས་འདུག ཁང་པའི་མཐའ་སྐོར་ལས་ས་ཕག་གིས་ས་དོང་བརྩིགས་འདུག སྔོད་ཁང་གི་ཉེ་འགྲམ་ལ་སྒོ་ཐེག་འཇུག་སའི་ར་སྐྱོར་མཐོང་རྒྱུ་ཡོད་པ་དང་ར་སྐྱོར་ནང་ར་ལུག་གི་རིལ་མ་མང་པོ་ཕུང་གསོག་བརྒྱབ་འདུག གཞན་ཡང་གཡག་གི་བཞོ་ལྟ་འདྲ་བའི་རྫ་མའི་ཡོ་ཆས་ཡང་མཐོང་རྒྱུ་འདུག

གོང་གསལ་ནི《མཚོ་སྔོན་གྱི་དུས་རབས་རིམ་བྱུང་གི་ལོ་རྒྱུས》དེབ་ཐེར་ནང་འཁོད་པའི་མཚོ་བོད་མཐོ་སྒང་གི་དཀྱིལ་དང་ཤར་ལ་གནས་པའི་མཚོ་སྔོན་དང་ཀན་སུའུ་གཉིས་ཀྱིས་གཙོ་བོ་བྱས་པའི་མཐོ་སྒང་གི་ས་སྐྱེས་རྡོ་སྐྱེས་ཀྱི་མི་རྣམས་རྡོ་ཆས་རྙིང་མ་དང་རྡོ་ཆས་གསར་མའི་དུས་རབས་དང་ལི་བཟོས་ཡོ་ཆས་ཀྱི་དུས་རབས་སུ་འཚོ་ཞིང་གནས་པའི་རྗེས་ཤུལ་ཡིན། ཐང་ཡིག་རྙིང་མའི་196གི་ལེ་ཚན146པའི་སྤུ་རྒྱལ་སྐོར་གྱི་སྐོད་ཆའི་ནང་ཐུ་རྗོད་ཅེས་བྱ་བ་ནི་ཁྲང་ཨན་ནུབ་ཕྱོགས་ཀྱི་ལི་དབར་བརྒྱད་སྟོང་གི་སར་མཆིས་ཤིང་། མ་གཞིར་ས་ཆ་དེ་ནི་ཧན་རྒྱལ་རབས་ཀྱི་དུས་སུ་བྱང་ནུབ་མའི་མངའ་རིས་སོ་ཞེས་འཁོད་ཡོད་པའི་ཐོག་ནས་ནུབ་ཀྱི་བྱང་ཆེན་པོ་ནི་སྤུ་རྒྱལ་གྱི་གནའ་བོའི་མངའ་རིས་རང་ཡིན་པ་གཏན་འཁེལ་ཡོད།

བཞི་པ། ཁམས་ཁུལ་གྱི་གནའ་ཤུལ།

ཁམས་ཁུལ་ནི་བདེ་ཆེན་བོད་རིགས་རང་སྐྱོང་ཁུལ་དང་། དཀར་མཛེས་བོད་རིགས་རང་སྐྱོང་ཁུལ། ཡུལ་ཤུལ་བོད་རིགས་རང་སྐྱོང་ཁུལ་སོགས་རྒྱ་ཆེའི་ས་ཁོངས་ཚུད་ཡོད། དེ་ཡང་དབུས་གཙང་ས་ཁུལ་དང་ཨ་མདོ་ས་ཁུལ་སོགས་དང་འདྲ་བར་གནའ་བོའི་གདོད་མའི་མིའི་རིགས་ཀྱི་འབྱུང་ཁུངས་ས་ཆའི་གྲས་ཤིག་ཡིན།

༡ རྡེ་དགེ་རྫོང་ལྷ་དགེ་གྲོང་གི་རྡོ་གཡམ་གྱི་བང་སོ།

རྡེ་དགེ་རྫོང་ལྷུང་ར་ཤང་ཡོ་མདའ་གྲོང་གི་ལྷ་དགེ་གྲོང་ཚོ་ནི་འབྲི་ཆུས་བཅད་པའི་བོད་ལྗོངས་ཆབ་མདོའི་འཛོ་མདའ་

རྫོང་དང་ཁ་སྒྲིད་ཡིན། མཚོ་རྙེས་སྨིད་3000ཙམ་ཡོད་པ་དང་། རི་ཁྲུལ་གྱི་དྲྭ་གྲང་སྐྱོམས་པའི་གནམ་གཤིས་ཁུལ་ཡིན། སྤྱི་ལོ1991ལོར་འདི་ནས་རྡོ་གཡམ་གྱི་བང་སོ་ཁྲུ་གཅིག་ཐོན་པ་རེད། ལྷ་དགེ་གྲོང་ཚོའི་ཤིང་ནགས་གསེབ་ལ་གཟར་ཚད་དེ་ཙམ་མེད་པའི་ས་སྟོང་ལ་ཆགས་འདུག རང་བྱུང་གི་ས་ངོས་ནས་ཕྱིར་མངོན་ཡོང་བ་རེད། ཞིང་ཆེན་དང་། ཁུལ། རྫོང་སོགས་རིག་གནས་སྡེ་ཚན་གྱིས་ས་ཡུལ་དངོས་ལ་དཔྱད་བསྟུར་ཐེངས་ཁ་ཤས་བྱས་པ་བརྒྱུད། རྡོ་གཡམ་གྱི་བང་སོ་ཁྲུ་ཚོགས་འདི་ནི་རུང་སྟ་བའི་དུར་སྨམ་ལུགས་སྲོལ་གྱི་བཟོ་སྟངས་ཡིན། གནའ་བོའི་བང་སོ་ཁྲུ་ཚོགས་འདི་ནི་ཁྲིན་ཆེའུ་ཀྲན་གོའི་དུས་རབས་ནས་ཧན་ཞུབ་མའི་དུས་རབས་བར་ཡིན་པས་ད་བར་ལོ2000ལྷག་ཙམ་སོང་ཡོད་ལ། དཔྱད་བསྟུར་བྱས་པ་བརྒྱུད་ས་ཁོངས་འདི་ལ་སྦས་པའི་དུར་ས་རྒྱ་ཁྱོན་སྤྱི་ལེ་གྲུ་བཞི་མ1ཙམ་ཡོད་པའི་ནང་གནའ་བོའི་བང་སོ་བརྒྱ་ཕྲག་ཁ་ཤས་འདུག དེ་ལྟ་བུ་ལོ་རབས་ཆེས་རྙིང་མ་ཡིན་ལ་ཆ་ཚང་ལྷག་བསྡད་པའི་གནའ་བོའི་བང་སོ་ཁྲུ་ཚོགས་འདི་འདྲ་ནི་ཤིན་ཏུ་དཀོན་པོ་ཡིན་པ་མ་ཟད། རིག་གནས་ཚན་རིག་གིས་རྟོག་ཞིབ་བྱ་རྒྱུའི་རིན་ཐང་ཧ་ཅང་ཆེན་པོ་ལྡན་ཡོད། རྡོ་གཡམ་གྱི་བང་སོ་གྲལ་འགྲིག་པོ་དང་ཁ་ཕྱོགས་གཅིག་ལ་གཏད་ཡོད་པ་སྟེ། མགོ་ནུབ་ལ་གཏད་པ་དང་རྐང་པ་ཤར་ཕྱོགས་ལ་གཏད་འདུག བང་སོའི་རིང་བར་སྨིད2ཙམ་དང་ཐུང་བ་འགའ་ཤས་ལ་སྨིད་ཙམ1.4འདུག་ཅིང་། ཞིང་ཁ་ལི་སྨིད45ཙམ་གྱི་ས་དོང་ནར་མོའི་ནང་སྦས་འདུག་པ་མ་ཟད། ཐོག་ལ་ཡང་རྡོ་གཡམ་བཀབ་ནས་བཞག་འདུག ཕྱོགས་མཚུངས་དུ་དུང་ས་ནག་གིས་བཟོས་པའི་རྫ་བུམ་དང་སྔ་མོའི་རྫ་གཡམ་རྫ་ལེབ་སོགས་ཀྱང་མཐོང་རྒྱུ་འདུག་པ་དེའི་ཐོག་ནས་ལོ་སྟོང་ཕྲག་ཁ་ཤས་སྔོན་གྱི་སྔ་ཤོག་མང་ཚོགས་ཚོའི་ཐོན་སྐྱེད་དང་། འཚོ་བ། གོམས་སྲོལ་རིག་གནས་བཅས་རོབ་ཙམ་ཤེས་རྟོགས་བྱུང་ཐུབ། རྡོ་གཡམ་གྱི་གནའ་བོའི་བང་སོ་ཁྲུ་ཚོགས་འདི་མཇེད་པའི་གོང་ནས་ཁག་ཅིག་གཏོར་བརླག་ཕྱིན་འདུག(པར2—10)

༢ རྫ་ཆུ་ཁའི་བྲག་གི་རི་མོ།

རྫ་ཆུ་ཁའི་བྲག་གི་རི་མོ་ནི་སི་ཁྲིན་ཞིང་ཆེན་དཀར་མཛེས་བོད་རིགས་རང་སྐྱོང་ཁུལ་གྱི་སེར་ཤུལ་རྫོང་ལ་ཡོད། སྤྱི་ལོ2016ལོའི་ཟླ12པའི་ནང་གནའ་རྫས་རྟོག་ཞིབ་པས་མཐོང་རྗེས་ཞིབ་འཇུག་བྱས་པ་རེད། བརྟག་དཔྱད་བྱས་ནས་ཚོད་དཔག་བྱུང་བ་ནི། རི་མོ་འདི་ཚོ་ནི་སྤྱ་རྗེས་སུ་སྤྱི་ལོའི་སྔོན་གྱི་ལོ་བརྒྱ་ཕྲག་ཁ་ཤས་ནས་སྤྱི་ལོ800བར་བྱུང་བ་ཞིག་རེད། ཡང་འདིའི་ནང་གི་རི་མོ་ཁ་ཤས་ལོ་ཟླ་རིང་པོའི་བཙར་ཟད་ཀྱི་རྐྱེན་པས་གནས་སྐབས་དབྱེ་ཞིབ་བྱ་ཐུབ་ཀྱི་མེད། བྲག་གི་རི་མོ་ཁག་བཞི་ཡོད་པའི་ནང་། གནའ་རྫས་རྟོག་ཞིབ་པས་རི་དྭགས40ཙམ་དང་མི9ཙམ་གྱི་རི་མོ་ཡོད་པའི་ནང་གཡག་དང་། གནའ་བ། དགོ་བ་སོགས་ནི་མཐོ་སྒང་གི་དམིགས་བསལ་རི་དྭགས་ཀྱི་བཟོ་དབྱིབས་ཡིན་ཞིང་། བྲག་གི་རི་མོ་གཅིག་ཡོད་པར་བོད་ཀྱི་ཡིག་རྙིང་ལས་བྲིས་པའི་ཚིགས་བཅད་བཀོད་འདུག རི་མོ་འདི་ཚོ་ཚང་མ་ཚག་བརྡོས་བརྒྱབ་པ་ཡིན་ཞིང་བརྡོས་རྒྱག་མཁན་གྱིས་སྔོན་ལ་བྲག་རྡོའི་ངོས་ལ་རི་མོའི་བཟོ་དབྱིབས་བྲིས་པ་དང་། དེ་ཡི་ཐོག་ལ་ཚག་བརྒྱབ་ནས་བཟོ་ལྟ་ཐོན་པ་

ཞིག་རེད་འདུག རི་མོ་དེ་ཚོའི་ནང་གི་རི་མོ་ཁ་ཤས་ནི་གཟུགས་པོ་ཡོངས་རྫོགས་ཀྱི་དབྱིབས་ཐོན་ཡོད་པ་དང་། རེ་འགའ་ནི་རི་མོ་སྦྲམ་པོས་མཐའ་ནས་སྐོར་བའི་བཟོ་ལྟ་ཐོན་པ་རེད་འདུག གཞན་ཡང་བྲག་ཅིག་ཡོད་པར་སྤྲ་ཕྱི་གཉིས་ལ་བརྐོས་ཐེངས་ཁ་ཤས་བྱས་པ་ཡང་འདུག་ལ་དེ་ཚོ་དང་མཐའ་སྐོར་གྱི་བྲག་རྗོའི་རི་མོ་དང་བསྡུར་དུས་རི་མོ་དེ་ཚོའི་སྤྲ་ཕྱིའི་དབར་རྒྱང་ཐག་རིང་པོ་ཡིན་པ་ཐག་གཅོད་ཐུབ་ཀྱི་འདུག ད་དུང་གནའ་བོའི་བོད་ཀྱི་ཡིག་རྙིང་ལས་བྲིས་ཚོགས་བཅད་ཡོད་པའི་རྒྱུ་མཚན་ལ་བརྟེན་ནས་དུས་ཚོད་རིང་ཤོས་སྤྱི་ལོའི་སྔོན་གྱི་ལོ་བརྒྱ་ཕྲག་ཁ་ཤས་ནས་སྤྱི་ལོ800ཙམ་གྱི་བར་རྒྱུན་ཆད་མེད་པར་ངོས་འཛིན་བྱེད་ཀྱི་ཡོད། དེ་ནི་ཀྲུང་ཡོན་ས་ཁུལ་གྱི་ཀྲུན་གོའི་དུས་རབས་དང་ཐང་རྒྱལ་རབས་ཀྱི་སྐབས་དང་མཚུངས་པ་ཡིན།(པར2—11)

༣ དར་མདོའི་བོན་པོ་གཤིས་ཤང་གི་གདོད་མའི་གནའ་ཤུལ།

དར་མདོ་མི་ཉག་ས་ཁུལ་ལ་གནའ་བོའི་དུས་རབས་ཀྱི་རྗེས་ཤུལ་དང་གནའ་སྤྱ་མོའི་བང་སོ་མང་པོ་ཐོན་ཡོད། དར་མདོ་གྲོང་ཁྱེར་གྱི་ར་ཛ་ཁ་དང་། བོན་པོ་གཤིས། ས་བདེ་སོགས་ཀྱི་ས་ཆར་ཞིང་གྲོང་གི་ཁང་པ་གསར་པ་སྐྲུན་སྐབས་རྒྱུན་དུ་ས་འོག་ནས་རྫ་མ་དང་། རྗོ་ཆས། ད་དུང་མི་ཡི་རུས་པ་ཆག་རོ་སོགས་ཐོན་ཡོང་གི་ཡོད། དུས་རབས་ཉི་ཤུ་པའི་ལོ་རབས་བདུན་ཅུའི་སྐབས་བོན་པོ་གཤིས་ཀྱི་རི་འོག་གྲོང་ལ་ས་འོག་ནས་རྫ་མ་ཆེན་པོ་ཞིག་ཐོན་པ་དང་རྫ་མའི་ནང་ཕྲུ་གུ་ཆུང་ཆུང་གི་རུས་པ་ཡོད་འདུག འདི་ནི་ཆེས་གནའ་བོའི་ཕྲུ་གུ་ཤི་བའི་རོ་སྦས་སྟངས་ཤིག་ཡིན་འདུག་ཅིང་། ད་དུང་ས་ཆ་ཁ་ཤས་ཤིག་ནས་མི་ཡི་རྐང་པའི་རུས་པ་ཡང་ཐོན་འདུག རྐང་པ་དེ་ཚོ་ཏ་ཙང་རིང་པོ་ཡོད་པ་སྟེ་མི་དེ་ཚོའི་གཟུགས་ཚད་ལ་མ་མཐའ་ཡང་ཁྲིད2ཙམ་ཡོད་ཚོད་འདུག དེ་ཚོ་མཐོང་མྱོང་མཁན་གྱི་མི་པད་མ་གཡུ་སྒྲོན་སོགས་ད་ལྟ་ལོ50ཙམ་ཡིན། ལོ་རབས་བརྒྱད་ཅུའི་ནང་ལྟུགས་གད་མཐུལ་དཔལ་གྲོང་གིས་མཆོད་རྟེན་ཆེན་པོ་ཞིག་བཞེངས་སྐབས་ཀྲུན་གོའི་དུས་རབས་ཀྱི་ཟངས་ཀྱི་ལོ་བྱད་ཁ་ཤས་དང་གནའ་བོའི་རྗེ་ཆས་གཅིག་ཐོན་པ་རེད། ད་དུང་ཟྭས་གོས་ཚང་གིས་ཁང་པའི་རྩིག་རྨང་སློག་དུས་རྫ་མ་ཆེ་ཆུང་མང་པོ་ཞིག་ཐོན་ཡོད་པ་ད་ལྟ་ཡང་ཉར་ཚགས་བྱས་ཡོད།(པར2—12) (པར2—13)

ར་ཛ་ཁ་རྒྱུད་ལ་ཀྲུང་གོ་ཚན་རིག་ཁང་དང་སི་ཁྲོན་སློབ་གྲྭ་ཆེན་མོའི་གནའ་རྫས་རྟོག་ཞིབ་མི་སྣས་རྗེ་གཡམ་གྱི་གནའ་བོའི་བང་སོ་མང་པོ་ཞིག་བོན་པོ་གཤིས་རྒྱུད་ལ་ཡང་རྟོག་འདོན་བྱས་འདུག་རུང་། མི་སེར་ཚོས་སྲུང་སྐྱོབ་བྱ་དགོས་པ་ཤེས་ཀྱི་མེད་ཐོག་བཅོག་པ་རེད་བསམ་ནས་གཙང་པོའི་ནང་འཕངས་པ་རེད།

དུས་རབས་གོང་མའི་ལོ་རབས་བརྒྱད་ཅུ་པ་ནས་བཟུང་རང་ཉིད་ཀྱིས་གནས་ཚུལ་དེ་དག་ཤེས་རྗེས་མི་སེར་ཚོར་སྲུང་སྐྱོབ་བྱ་དགོས་པའི་ཁ་ཏ་བྱས་ཡོད། ད་ལྟ་བོན་པོ་གཤིས་རུ་སྨུ་ཏའོ་མཁར་ཆ་གཅིག་ཡོད་པའི་གྲོང་པར་ད་དུང་ཐོག་འདོན་བྱས་མེད་པའི་བང་སོ་ཁ་ཤས་ལྷག་ཡོད་པ་དང་། རུ་ཐོད་གྲོང་གི་བསྟན་འཛིན་བཀྲ་ཤིས་ཁྱིམ་གྱི་ཞིང་ཁའི་ས་འོག་ལ་བང་སོ་ཆེན་པོ་ཞིག་ཡོད་པ་ཏ་གོ་ནས་ང་ཚོས་འཕྲལ་དུ་སྲུང་སྐྱོབ་བྱས་ཏེ་དར་མདོ་གྲོང་གི་རིག་གནས་རུས་དང་བོན་པོ་གཤིས་ཤང་

སོགས་འབྲེལ་ཡོད་སྡེ་ཚན་ལ་སྙན་སེང་ཞུས་པ་དང་། ཚན་རིག་དང་མཐུན་པའི་གནའ་བོའི་རྟོག་ཞིབ་ཀྱིས་ཐོག་འདོན་བྱ་རྒྱུའི་རེ་བ་བཏོན་ཡོད་ཅིང་། ད་ལྟ་ཡང་སྲུང་སྐྱོབ་བྱས་ནས་བཞག་ཡོད།

སྤྱི་ལོ2004ལོའི་ཟླ5པར། ཨར་ལས་རུ་ཁག་ཅིག་གིས་ས་བདེ་གྲོང་རྫལ་གྱི་སློབ་གྲྭ་ཆུང་བའི་སློབ་མའི་ཉལ་ཁང་བཟོ་བཅོས་རྒྱག་སྐབས་གནའ་བོའི་བང་སོ3ཐོན་པས་དཀར་མཛེས་བོད་རིགས་རང་སྐྱོང་ཁུལ་གྱི་རིག་དངོས་གནའ་རྫས་རྟོག་ཞིབ་མི་སྣས་ཐོག་འདོན་དང་གཙང་བཤེར་བྱས་པར། བྱེ་འདག་གིས་བཟོས་པའི་རྫ་མ་ནག་པོ་ལུང་གཉིས་མ4དང་། ཟངས་ཀྱི་སྤུ་རི2 ཟངས་གྲི1 ཟངས་ཀྱི་ལག་དགྲིས5བཅས་ཐོན་པ་རེད། བང་སོ་གསུམ་པོར་དེ་སྔོན་ཚད་གཞི་འདྲ་མིན་གྱི་གནོད་འཚེ་ཕོག་ཡོད་ཀྱང་། ཐེངས་འདིར་ཐོག་འདོན་བྱས་པའི་རྩ་ཆེའི་རིག་དངོས་དེ་ཚོས་མི་ཉག་ས་ཁུལ་གྱི་གནའ་བོའི་སྤྱི་ཚོགས་ཀྱི་ལོ་རྒྱུས་དང་རིག་གནས་ཐད་ལ་འགངས་ཆེའི་རྒྱུ་ཆ་མཁོ་འདོན་བྱས་པ་རེད། རིག་དངོས་གནའ་རྫས་རྟོག་ཞིབ་ལས་དོན་མི་སྣས་དངོས་ཟོག་དེ་ཚོར་དབྱེ་ཞིབ་བྱེད་སྐབས་ཟངས་ཀྱི་ཡོ་བྱད་དང་རྫ་མའི་ཡོ་བྱད་དེ་ཚོ་ཕལ་ཆེར་ཆེན་དང་ཧན་རྒྱལ་རབས་དུས་ཀྱི་རིག་གནས་གནའ་ཤུལ་ཡིན་ཚོད་འདུག་པ་དཀར་མཛེས་རང་སྐྱོང་ཁུལ་ལ་ཆེན་ཧན་གྱི་ཟངས་ཀྱི་ཡོ་བྱད་ཐོན་པ་ཐེངས་དང་པོ་ཡིན།

སྤྱི་ལོ2019ལོའི་ཟླ6པར་དར་མདོ་གྲོང་ཁྱེར་གྱི་ལྷགས་གད་གྲོང་རྫལ་མཐུལ་དབུལ་གྲོང་ལ་མི་སེར་ཚེ་དབང་དོན་གྲུབ་དང་། བསོད་ནམས་ཚེ་རིང་། བསམ་གཏན་བཅས་གསུམ་གྱིས་ངལ་རྩོལ་བྱེད་སྐབས་རྫ་མ་དང་ཟངས་ཀྱི་ཡོ་བྱད་ཁག་ཅིག་ཐོན་པ་དེ་དག་ཁོ་ཚོས་རང་འགུལ་གྱིས་ཁུལ་རིག་གནས་ལས་ཁུངས་ལ་ཕུལ་བ་རེད། ཞིབ་རྩིས་བྱེད་སྐབས་ཐེངས་འདིར་གོང་རིམ་ལ་ཕུལ་བའི་རིག་དངོས་བསྡོམས་སྣ་ཁ27ཡོད་པར་རྫ་མ་ལུང་གཉིས་མ1དང་། རྫ་མ་ལུང་གཅིག་མ2 ཟངས་ལེབ་མོ20 ཟངས་ཀྱི་རྒྱན་ཆ་སྣ་ཁ3 རག་གི་མེ་ལོང་1 ཟངས་ཀྱི་རལ་གྲི1བཅས་ཡོད་འདུག ཐོག་འདོན་བྱས་པའི་རིག་དངོས་ཀྱི་རྣམ་གྲངས་ལ་དབྱེ་ཞིབ་བྱས་པ་དང་དེ་ཁུལ་གྱི་ས་ཆ་གཞན་ནས་ཐོན་པའི་འདྲ་མཚུངས་ཀྱི་རིག་དངོས་ལ་དཔྱད་བསྡུར་བྱེད་སྐབས་ལས་དོན་མི་སྣས་ཐེངས་འདིར་ཐོན་པའི་རིག་དངོས་ནི་ཚད་ལྡན་གྱི་ཆེན་ཧན་དུས་རབས་ཀྱི་རྗེ་གཡམ་བང་སོ་ལས་ཐོན་པའི་རིག་དངོས་ཡིན་པའི་གདེང་འཛོག་བྱེད་ཀྱིན་འདུག་པས་དེ་དག་ད་བར་མི་ལོ2000ལྷག་གི་ལོ་རྒྱུས་ཡོད། དེང་སྐབས་དཀར་མཛེས་བོད་རིགས་རང་སྐྱོང་ཁུལ་རིག་དངོས་དོ་དམ་ལས་ཁུངས་ནས་ཐོག་འདོན་བྱས་པའི་རིག་དངོས་ཚང་མ་དཀར་མཛེས་བོད་རིགས་རང་སྐྱོང་ཁུལ་མི་རིགས་དངོས་མང་བཤམས་སྟོན་ཁང་ལ་སྤྲད་ནས་བདག་གཉེར་བྱེད་དུ་བཅུག་པ་རེད།(པར2—14) པར་དེ་ཚོའི་སྐོར་ལ་གྲུས་པའི་ལག་ཏུ་དཔྱད་གཞིའི་ཡིག་ཆ་སོགས་མང་པོ་མེད་ཁར་རང་ཉིད་ཀྱིས་ཞིབ་འཇུག་ཀྱང་དེ་ཙམ་བྱེད་ཐུབ་མེད་པས་ཐེངས་འདིར་ཞིབ་གསལ་གྱི་ངོ་སྤྲོད་ཞུ་ཐུབ་མ་སོང་། འོན་ཏེ་རྗེས་སུ་རིམ་བཞིན་ཁ་སྐོང་ཐུབ་རྒྱུའི་འདུན་པ་ཡོད་པས། གཟིགས་པ་པོ་རྣམས་ཀྱིས་དགོངས་བཞེས་གནང་རོགས་ཞུ་རྒྱུ་ཡིན།

༤ འདབ་པ་རྫོང་ཕན་རོགས་གནའ་ཤུལ།

སྤྱི་ལོ2020ལོའི་ཟླ5པར་སྔོག་འདོན་བྱུང་བའི་འདབ་པ་རྫོང་ཕན་རོགས་གནའ་ཤུལ་དེ་སི་ཁྲིན་ཞིང་ཆེན་དཀར་མཛེས་བོད་རིགས་རང་སྐྱོང་ཁུལ་འདབ་པ་རྫོང་གི་བཅིངས་འགྲོལ་གྲོང་རྡལ་ལ་གནས་ཡོད། གནའ་ཤུལ་དེ་ཤེས་རྟོགས་བྱུང་བ་ནི་མཚོ་བོད་མཐོ་སྒང་ཙམ་མ་ཡིན་པར་རྒྱལ་ཡོངས་ཁྱོན་ལ་མཐོང་དཀོན་པའི་ཆེས་གནའ་བོའི་རིག་དངོས་ཀྱི་གནའ་ཤུལ་ཞིག་ཡིན། དེ་ནི་མཐོ་སྒང་གི་ས་སྐྱེས་རྗེ་སྐྱེས་ཀྱི་མི་ཡི་རིགས་བྱུང་ཚུལ་དང་། འཚོ་སྡོད་བྱ་ཚུལ། འཕེལ་རྒྱས་བྱུང་བའི་ལོ་རྒྱུས་ལ་རྣམ་པ་གསར་པ་ཞིག་བཏོན་པ་རེད། མཐོ་སྒང་གི་ས་སྐྱེས་རྗེ་སྐྱེས་ཀྱི་མི་ཡི་རིགས་དེ་ཚོས་ཆ་འདི་ཡི་ཆ་རྐྱེན་ཐོག་འཚོ་སྡོད་བྱེད་ཐུབ་པ་མ་ཟད་ཉིན་རེ་བཞིན་ཡར་རྒྱས་དང་སྟོབས་ཆེ་རུ་འགྲོ་ཐུབ་ཀྱི་ཡོད་པ་ར་འཕྲོད་བྱུང་བ་རེད། སི་ཁྲིན་ཞིང་ཆེན་རིག་དངོས་གནའ་རྫས་བརྟག་དཔྱད་ཞིབ་འཇུག་ཁང་དང་། པེ་ཅིང་སློབ་གྲྭ་ཆེན་མོའི་གནའ་རྫས་རྟོག་ཞིབ་རིག་དངོས་སློབ་གླིང་བཅས་ནས་བརྟག་དཔྱད་བརྒྱུད་གནའ་དུས་ཀྱི་གནས་བབ་དམིགས་བསལ་ཅན་དང་། རྒྱ་ཁྱབ་ཤིན་ཏུ་ཆེ་བ། སའི་བང་རིམ་གནས་སྟངས་ཡག་པ། རིག་གནས་ཀྱི་བརྒྱུད་རིམ་གསལ་པོ་གནས་ཡོད་པ། གནའ་རྫས་དང་གནའ་ཤུལ་ཕུན་སུམ་ཚོགས་པོ་ཡོད་པ། ལག་རྩལ་གྱི་ཁྱད་ཆོས་མངོན་གསལ་དོད་པོ་ཡོད་པའི་ཐོག་རིག་གནས་ཀྱི་རྒྱུ་རྐྱེན་རིམ་པ་མང་པོ་བརྩེགས་ཡོད་པའི་མཐོང་ཤིན་ཏུ་དཀོན་པའི་རྡོ་ཆས་རྙིང་མའི་དུས་རབས་ཀྱི་ཡུལ་ལུང་གི་རྗེས་ཤུལ་ཁྱབ་ཤིན་ཏུ་ཆེ་བ་ཞིག་ཡིན། དེ་ནི་འཛམ་གླིང་རང་བཞིན་གྱི་འགངས་ཆེའི་ཤེས་རིག་གི་དོན་སྙིང་ལྡན་པའི་གནའ་རྫས་རྟོག་ཞིབ་ཀྱི་གྲུབ་འབྲས་ཤིག་ཡིན་ཐེར་གྱི་ཡོད། གནའ་ཤུལ་གྱི་ལེབ་ངོས་ཆ་སྙོམས་ཐོག་མཚོ་རྟེས་ཚད3750ཡོད་པ་དང་། གནའ་ཤུལ་ཁྱོན་ཡོངས་ཀྱི་རྒྱ་ཁྱོན་ཚད་གྲུ་བཞི་མ་ཁྲི100ཙམ་ཡོད། ལོ་རབས་ནི་མ་མཐའ་ཡང་ད་བར་མི་ལོ་ཁྲི13ཙམ་སོང་ཡོད།（པར2—15）

སྤྱི་ལོ2021ལོའི་ཟླ4པའི་ཟླ་མཇུག་ནས་གནའ་ཤུལ་སྔོག་འདོན་བྱ་རྒྱུ་འགོ་བཙུགས་ཤིང་།（པར2—16） གནའ་རྫས་རྟོག་ཞིབ་མཁན་ཚོས་ཕན་རོགས་གནའ་ཤུལ་ནས་ལག་རྟེའུ་སོགས་རྡོའི་ལག་ཆ（ས་འོག་ནས་སྔོག་འདོན་བྱེད་པ་རྡོ་ཆས6000ཙམ་དང་ས་ངོས་ནས་བསྡུ་རུབ་བྱས་པའི་རྡོ་ཆས3000ཙམ）སྔོག་འདོན་བྱ་ཐུབ་པ་བྱུང་བ་རེད། མཐོ་སྒང་གི་ས་དེ་རང་གི་མི་ཚོས་ས་བབས་མཐོ་ལ་གསོ་རླུང་ཉུང་བའི་མཚོ་བོད་མཐོ་སྒང་གི་ཤར་སྟོའི་ས་ཁོངས་སུ་ཉུང་མཐའ་ཡང་མི་ལོ་ཁྲི13གྱི་སྔོན་ནས་འཚོ་བ་སྐྱེལ་བཞིན་པའི་ར་འཕྲོད་གསལ་པོ་བྱུང་བ་རེད།（པར2—17） ལྷག་པར་དུ་རྒྱུན་མཐུད་པའི་ས་ཡི་རིམ་པ་ཕྲུང་གསོག་ཐེབས་པ་དང་། ཆ་ཚང་བའི་སྒྲོ་ནས་ས་འོག་ཏུ་གནས་ཐུབ་པ། རྡོ་ཆས་བཟོ་རྩལ་གོང་མཐོར་འགྲོ་ཚུལ། རིག་གནས་རིམ་པ་གསལ་པོར་མངོན་ཐུབ་པ་བཅས་ཀྱི་ཐོག་གནའ་སྔ་མོ་མཐོ་སྒང་གི་མི་ཚོར་ས་བབས་མཐོ་བའི་ཁོར་ཡུག་དབང་དུ་བསྡུས་པའི་ནུས་པ་ལྡན་ལ་བྱ་ཐབས་ཕུན་སུམ་ཚོགས་པའི་བརྒྱུད་རིམ་ལྡན་པ་གསལ་པོ་མངོན་པ་ཡིན་པས་མི་ཡི་རིགས་ས་བབས་མཐོ་བའི་ཁོར་ཡུག་ལ་འཚམ་ཐུབ་མིན་ཞིབ་འཇུག་བྱེད་པར་འགངས་ཆེའི་བརྗོད་རྟགས་མཁོ་འདོན་བྱས་པ་རེད།

ལྔ་པ། དུས་སྐབས་ཁག་སོ་སོའི་ཨར་སྐྲུན།

རྗོ་ཆས་གསར་མའི་དུས་རབས་ནས་སྤྱི་ལོའི་སྔོན་གྱི་དུས་རབས་གཉིས་པའི་བར་གྱི་ལོ་བློ་ཏ་ཙམ་རིང་པོའི་ནང་བོད་རིགས་ཨར་སྐྲུན་ལ་སྔར་ལས་ལྷག་པའི་འཕེལ་རྒྱས་བྱུང་ཡོད་ཀྱང་། སྐབས་དེར་བོད་ཡིག་མེད་པས་དཔྱད་གཞིའི་ཡིག་རིགས་གང་ཡང་བཞག་མེད། མ་གཞི་དབྱི་ཏ་ལིར་གཏན་སྡོད་གནང་མཁན་སྐུ་ཞབས་ནམ་མཁའི་ནོར་བུ་མཆོག་ནས་གནའ་བོའི་བོན་ཆོས་དང་ཞང་ཞུང་གི་ལོ་རྒྱུས་ལ་ཞིབ་འཇུག་གནང་བའི་ཡིག་ཆའི་ནང་། སྤྱི་ལོའི་སྔོན་གྱི་ཞང་ཞུང་གི་ས་ཆར་གཞི་རྒྱ་ཤིན་ཏུ་ཆེ་བའི་གྲོང་ཁྱེར་གྱི་ཨར་སྐྲུན་ཡོད་པ་གསལ་བཤད་གནང་ཡོད་ཅིང་། གུ་གེ་ས་ཁུལ་གྱི་ཁྱུང་ལུང་དངུལ་མཁར་ནི་མཁར་རྫོང་དེ་ཚོའི་གྲས་ཤིག་ཡིན་པ་བརྗོད་ཡོད། (པར2—18) ཡིན་ན་ཡང་ཨར་སྐྲུན་གྱི་བཟོ་དབྱིབས་དང་བཀོད་པ་ཞིབ་ཕྲ་གསུང་ཐུབ་མེད་པས་ང་ཚོར་དེ་བས་ལྷག་པ་ཞིག་ཞུ་རྒྱུ་མེད། ཉེ་བའི་ལོ་ཤས་ནང་རྒྱལ་ཁབ་རིག་དངོས་ཅུས་དང་ཀྲུང་གོ་ཚན་རིག་ཁང་གི་གནའ་རྫས་རྟོག་ཞིབ་ཚན་པས་བརྟག་དཔྱད་བྱེད་བཞིན་པའི་སྐབས་ཡིན་པས་མི་རིང་བར་སྔར་ལས་ལྷག་པའི་གྲུབ་འབྲས་ཐོན་ངེས་ཡིན།

༡ སྤུ་རྒྱལ་སྔོན་གྱི་ཨར་སྐྲུན།

བོད་ཀྱི་ལོ་རྒྱུས་དཔེ་ཆའི་ནང་བཀོད་པའི་ཆེས་སྔ་ཤོས་ཀྱི་ཨར་སྐྲུན་ནི་སྐྱ་ཁ་ཡར་ཀླུངས་ཀྱི་ཡུམ་བུ་བླ་མཁར་ཡིན། བོད་ཡིག་གི་ཚད་ལྡན་ཡིག་ཆའི་ནང་སྐུ་མཁར་འདི་བོད་ཀྱི་ཕོ་བྲང་ཐོག་མ་དེ་ཡིན་ཞེས་འཁོད་ཡོད་ཅིང་། མི་ཁ་ཤས་ནས་འདི་ནི་བོད་ཀྱི་ཨར་སྐྲུན་ཐོག་མ་རེད་ཅེས་གོ་བ་ལེན་གྱི་ཡོད་པ་ནི་ཐད་དེ་ནོར་བ་རེད། ང་ཚོས་ངོས་འཛིན་བྱེད་དགོས་པ་ཞིག་ལ། འདི་ནི་བོད་ཀྱི་ཨར་སྐྲུན་གྱི་དངོས་པོ་ཐོག་མ་མིན་ལ་བོད་ཀྱི་ཕོ་བྲང་ངམ་སྐུ་མཁར་ཐོག་མ་ཡང་མིན་པར་སྤུ་རྒྱལ་བཙན་པོའི་སྐུ་མཁར་ཐོག་མ་ཙམ་ཡིན་ཟེར་ཆོག་བསམ་གྱི་འདུག ཡར་ཀླུངས་ཆོ་པ་འདི་ནི་བྲན་གཡོག་ལམ་ལུགས་ཀྱི་སྤྱི་ཚོགས་ནས་བཀས་བཀོད་རྒྱུད་འཛིན་ལམ་ལུགས་ལ་བསྒྱུར་པའི་སྔོན་ཐོན་གྱི་སྡེ་ཤོག་ཅིག་ཡིན། དེ་ཡི་རྐྱེན་གྱིས་རྗེས་སུ་སྟོབས་དང་ལྡན་པའི་སྤུ་རྒྱལ་བཙན་པོའི་རྒྱལ་རབས་དངོས་སུ་ཆགས་ཐུབ་པར་ཕན་ནུས་ཆེན་པོ་ལྡན་ཡོད།

སྐབས་དེ་དུས་ཀྱི་སྐུ་མཁར་འདི་ཡི་རྒྱ་ཁྱོན་དང་བཟོ་དབྱིབས་ཅི་འདྲ་ཞིག་ཡོད་པར་ཚོད་དཔག་བྱེད་ཐབས་མེད་ཅིང་། དེང་སྐབས་ཀྱི་ཡུམ་བུ་བླ་མཁར་འདི་ནི་ཐེངས་མང་ཞིག་གསོ་བྱེད་སྒྱུར་བ་དང་འགྱུར་ལྡོག་ཐེངས་མང་ཕྱིན་ཚར་བ་རེད། འོན་ཀྱང་བོད་ཡིག་གི་མཁར་ཞེས་པའི་ཚིག་དེ་ཡི་ཐོག་ནས་ཨར་སྐྲུན་མཐོན་པོ་ཞིག་དང་བཙན་རྫོང་ལྟ་བུའི་ཨར་སྐྲུན་ཞིག་ཡིན་པ་ཤེས་ཐུབ་སྟེ། ཐོག་ས་གཅིག་ལས་མེད་པའི་ཁང་པ་ལ་མཁར་ཟེར་གྱི་མེད། དེའི་ཐོག་ནས་སྐབས་དེར་ཨར་སྐྲུན་མཐོན་པོ་དེ་འདྲ་བཟོ་སྐྲུན་བྱེད་ཐུབ་ཀྱི་ཡོད་པ་ར་འཕྲོད་བྱུང་བ་རེད། (པར2—19) སྐབས་དེར་ཡར་ལྷ་ཤམ་ཕུའི་ཆུ་གཞུང་གི་ཐང་སྟེང་དུ་ཡར་ཀླུངས་སོག་ཁ་སོགས་གཞི་རྒྱ་ཙུང་ཆེ་བའི་གྲོང་ཚོ་ཡོད་འདུག

གུ་གེ་རྒྱལ་བུ་ཁྲི་བཙན་པོའམ་པུ་དེ་གུང་རྒྱལ་སྐབས་སུ་འཁྱོངས་རྒྱས་ཕྱིན་དབར་སྟག་རྩེའི་མཁར་རྫོང་བཟོ་སྐྲུན་གནང་ཡོད་ཅིང་། ཨར་སྐྲུན་འདི་ནི་གཞི་རྒྱ་ཆེ་བ་དང་བརྗིད་ཇམས་ལྡན་པ་བཅས་བོད་ཀྱི་ལོ་རྒྱུས་ཐོག་ཤུགས་རྐྱེན་ཤིན་ཏུ་ཆེ་བའི་འཁྱོངས་རྒྱས་རྫོང་ཟེར་བ་དེ་ཡིན། རྗེས་སུ་བཙན་པོ་སྲོང་བཙན་སྒམ་པོ་སོགས་རྒྱལ་རབས་ཁག་ཅིག་གི་བང་སོ་ཚང་མ་འཁྱོངས་རྒྱས་སུ་ཡོད། དེའི་དུས་སུ་ཡར་ལྷ་ཤམ་ཆུའི་སྟོད་ཀྱི་འཁྱོངས་རྒྱས་གཞུང་ཆུའི་ཐང་བདེ་མོ་དེ་ཡི་ཐོག་འཕྱིང་ཡུལ་(འཁྱོངས་རྒྱས་)ཞེས་པའི་ཞིང་ལས་ཀྱི་གྲོང་ཚོ་ཆགས་ཡོད་པ་དང་། མི་ཚོས་ཆུ་ཡུར་བཟོས་ནས་ཆུ་འདྲེན་པ་དང་། ཞིང་ནང་དུ་ཆུ་ཁྲིད་པ། ཆུ་ཡི་སྟེང་དུ་ཟམ་པ་བརྒྱབ་ནས་འགྲོ་འོང་སྟབས་བདེ་ཡོང་བར་བྱེད་པ་དེའི་ཐོག་ནས་དེའི་དུས་ཀྱི་ཨར་སྐྲུན་བཟོ་རྩལ་ལ་འཕེལ་རྒྱས་ངེས་ཅན་བྱུང་བ་ར་འཁྱོད་གསལ་པོ་བྱུང་བ་རེད།(པར་2—20)

ལོ་རྒྱུས་ཡིག་ཆའི་ནང་འཁོད་པ་ལྟར་ན། གུ་རྒྱལ་ཉེར་བརྒྱད་པ་ལྷ་ཐོ་ཐོ་རི་གཉན་བཙན་ཡུམ་བུ་བླ་མཁར་ལ་བཞུགས་པའི་སྐབས་སུ་ནང་པ་སངས་རྒྱས་པའི་ཆོས་བོད་ལ་དར་འགོ་ཚུགས་པ་ཡིན་ཞིང་། ཁོང་ཆོས་རྒྱ་གར་དང་བལ་ཡུལ་སོགས་ནས་དྲངས་པའི་ཆོས་དཔེ་དང་མཆོད་རྟེན་སོགས་ཕོ་བྲང་མཐོ་ཤོས་སུ་བཞག་ནས་གོང་བཀུར་ཆེན་པོ་ཞུ་བ་མཆོན་པར་བྱེད་ཅིང་། ཕྱོགས་མཚུངས་ཡུམ་བུ་བླ་མཁར་འདི་ཉིད་སྔར་བཞིན་ཡར་ཀླུངས་ཚོ་པའི་འགངས་ཆེའི་སྐུ་མཁར་ཡིན་པ་གསལ་བཤད་བྱས།

སྤྱི་ལོའི་དུས་རབས་དྲུག་པའི་དཀྱིལ་ཙམ་ལ། གུ་རྒྱལ་སུམ་ཅུ་པ་སྟག་རི་གཉན་གཟིགས་ཕྱིང་དབར་སྟག་རྩེ་རྫོང་ལ་བཞུགས་ཡོད་ཅིང་། ཚོ་པ་ཁག་གཅིག་འགྱུར་བཟོ་རྒྱུའི་བྱ་བ་འགོ་བཙུགས་གནང་བ་མ་ཟད། ལྕགས་ཀྱི་ཐོང་གཤོལ་དང་ལྕགས་ཀྱི་སྨྱུག་མ་ཁྱེན་ཡོངས་ལ་བེད་སྤྱོད་བྱས་པ་དང་། ཆུ་བེད་འཛུགས་སྐྲུན་དང་འཁྲིམ་འཁྲུལ་རྒྱ་ལམ་གྱི་འཛུགས་སྐྲུན་རྒྱ་ཆེར་སྤེལ་བས་ཞིང་འབྲོག་ལས་ཐོན་སྐྱེད་ལ་མངོན་གསལ་དོད་པོའི་འཕེལ་རྒྱས་བྱུང་བ་རེད།

༢ སྤུ་རྒྱལ་དུས་སྐབས་ཀྱི་ཨར་སྐྲུན།

གུ་རྒྱལ་སུམ་ཅུ་སོ་གཅིག་པ་གནམ་རི་སྲོང་བཙན་གྱིས་སྲིད་དབང་བཟུང་རྗེས་ཕྱི་ཕྱོགས་ལ་དམག་དཔུང་བཏང་བ་དང་། ཉེ་འགྲམ་གྱི་སྡེ་ཚོ་མཉམ་སྒྲིལ་བྱས་པ། སྐུ་དྲག་དང་བློན་པོ་གསར་པར་རྒྱབ་སྐྱོར་དང་གསོ་སྐྱོང་བྱས་ནས་གོམ་གང་མདུན་སྤོས་ཀྱིས་བཀས་བཀོད་རྒྱུད་འཛིན་གྱི་ལམ་ལུགས་འཕེལ་རྒྱས་བཏང་སྟེ་དབང་འཛིན་ས་ཁུལ་སྔོ་ཁ་ཡར་ཀླུངས་ཀྱི་ས་ཁོངས་ནས་དེང་སྐབས་ཀྱི་མལ་དྲོ་གུང་དཀར་དང་ལྷུན་གྲུབ་རྫོང་གི་ཁྲུབ་ཁོངས་སོགས་ལ་རྒྱ་བསྐྱེད་བྱས་ཤིང་། མལ་གྲོ་གུང་དཀར་རྒྱ་མའི་མཁར་རྫོང་དང་གྲོང་ཚོ་བདག་བཟུང་གནང་སྟེ་སྲས་སྲོང་བཙན་སྒམ་པོ་ཡང་དེར་འཁྲུངས་པ་རེད།(པར་2－21)སྐབས་དེར་རྒྱ་གར་དང་ཐང་རྒྱལ་རབས་ནས་གསོ་བ་རིག་པ་དང་གནམ་རིག་སྐར་རྩིས་ནང་འདྲེན་བྱས་པས་གུ་རྒྱལ་གྱི་རིག་གནས་འཕེལ་རྒྱས་འགྲོ་བར་ནུས་པ་ཆེན་པོ་ཐོན་ཡོད། ཕྱོགས་མཚུངས་སྟོབས་དང་ལྡན་པའི་གུ་རྒྱལ་བཙན་པོའི་རྒྱལ་ཁབ་

འཛུགས་པར་སྲ་ཞིང་བརྟན་པའི་རྨང་གཞི་བཏིང་གནང་ཡོད།

སྲོ་རྒྱལ་སུམ་ཅུ་སོ་གཉིས་པ་སྲོང་བཙན་སྒམ་པོ་ནི་སྤྱི་ལོ617ལོར་འཁྲུངས་ཤིང་། སྐུ་ན་ཆུང་བའི་སྲོང་བཙན་སྒམ་པོ་ནི། མིག་རྒྱང་རིང་ལ་མཁྱེན་རྒྱ་ཆེ་བ་དང་དཔའ་མཛངས་རྩལ་ཐོད་དང་ལྡན་པ་མ་ཟད། བོད་མི་རིགས་ཀྱི་ཕྱུལ་དུ་བྱུང་བའི་ལྷབས་ཆེན་གྱི་མི་སྣ་ཞིག་ཀྱང་ཡིན། ཁོང་གིས་བློ་རིག་ཐབས་མཁས་ཀྱི་སྒོ་ནས་གསར་དར་གྱི་ བློན་ཆེན་དང་སྐུ་དྲག་བཅས་ལ་བརྟེན་ནས་རྙིང་རྩལ་གྱི་སྟོབས་ཤུགས་ངན་པར་འཐབ་རྩོད་གནང་སྟེ་ཕྱི་ནང་གི་སྟོབས་ཤུགས་ཆེ་བའི་དགྲ་བོ་ལས་རྣམ་པར་རྒྱལ་ཐུབ་པ་བྱུང་ཐོག ཉེ་འགྲམ་གྱི་སྡེ་ཚོ་ཁག་མང་པོ་སྲོ་རྒྱལ་ཆེན་པོར་གཅིག་ཏུ་སྒྲིལ་བའི་མཛད་རྒྱ་ཆེན་པོ་ཡོངས་སུ་སྒྲུབ་གནང་ཞིང་། མངའ་ཁོངས་ཀྱི་མཐའ་མཚམས་བྱང་ངོས་སུ་ཐུའུ་ཡུའུ་ཧུན་(ད་ལྟའི་ཤིན་ཅང་)དང་། ལྷོ་ངོས་སུ་བལ་པོ་དང་རྒྱ་གར། ཤར་ཕྱོགས་སུ་ཐང་རྒྱལ་རབས་དང་གཏུགས་ཡོད།

ཞིང་ལས་དང་། འབྲོག་ལས། ལག་ཤེས་བཟོ་ལས་བཅས་མགྱོགས་མྱུར་ངང་འཕེལ་རྒྱས་ཆེན་པོ་བྱུང་བ་དང་། ལྷག་པར་དུ་ཨར་སྐྲུན་གྱི་ལས་རིགས་སྔར་ལས་ལྷག་པའི་གོང་འཕེལ་བྱུང་ཡོད། དེ་ཡི་དུས་སུ་བོད་ལ་རྒྱ་ཆེ་བའི་གྲོང་ཁྱེར་དང་ཐོག་ཁང་མང་པོའི་ཨར་སྐྲུན་ཡོད་པ་དཔེར་ན། 《ཐང་ཡིག་རྙིང་མའི་》ལེའུ196ནང་འཁོད་པ་ལྟར་ན། མི་དེ་ཚོ་ཁལ་ཟྡོག་དང་མཉམ་དུ་འགྲོགས་པ་ལས་གྲོང་ནང་མི་སྡོད། འོན་ཀྱང་གྲོང་ཚོ་ནི་ཆེན་པོ་ཡོད་ཅེས་དང་། ཁང་པ་ཚང་མ་ཐོག་ལེབ་མོ་ཡོད་ཅིང་། ཁང་པ་མཐོ་བ་ལ་འདོམ་བཅུ་ཕྲག་ཁ་ཤས་ཡོད། ཅེས་འཁོད་ཡོད།

ཆོས་རྒྱལ་སྲོང་བཙན་སྒམ་པོས་སྔ་རྗེས་སུ་བལ་བཟའ་ཁྲི་བཙུན་དང་རྒྱ་བཟའ་ཀོང་ཇོ་གཉིས་བཙུན་མོར་བསུས་ཤིང་། ཀོང་ཇོ་གཉིས་པོས་ཨར་སྐྲུན་ལག་རྩལ་བ་སྣ་ཚོགས་ཁྲིད་ཡོང་བ་དང་། ཕྱོགས་སོ་སོའི་ཁྱད་ཆོས་ལྡན་པའི་ཨར་སྐྲུན་ལག་རྩལ་ནང་འདྲེན་བྱས་པས་སྲོ་རྒྱལ་གྱི་ཨར་སྐྲུན་ལག་རྩལ་དང་སྒྱུ་རྩལ་གོང་འཕེལ་འགྲོ་རྒྱུར་སྐུལ་འདེད་ཀྱི་ནུས་པ་ཆེན་པོ་ཐོན་པ་རེད། སྲོང་བཙན་སྒམ་པོས་བལ་བཟའ་ཁྲི་བཙུན་བཙུན་མོར་བསུས་པའི་རྗེས་སུ་བལ་པོའི་ས་ཕག་གི་སྒྲིག་གཞིའི་ལག་རྩལ་བེད་སྤྱོད་ནས་ཐོག་མར་ལྷ་སའི་བྱང་ངོས་ཕ་བོང་ཁའི་ཕ་བོང་ཆེན་པོའི་སྟེང་དུ་ཐོག་སོ་དགུ་ཡོད་པའི་སྐུ་མཁར་བཞེངས་པ་དེ་ནི་གནའ་བོའི་གྲོང་ཁྱེར་ལྷ་སའི་ཐོག་བརྩེགས་ཅན་གྱི་ཨར་སྐྲུན་ཐོག་མ་དེ་ཡིན།(པར2—22)

ལྷ་ལྡན་གཙུག་ལག་ཁང་གི་ཀ་གདུང་སྒྲིག་གཞིའི་བཟོ་ལྟ་ནི་ཡ་གླིང་ནུབ་ཁུལ་གྱི་བཟོ་རྩལ་གྱི་ཤུགས་རྐྱེན་ཐོག་ཡོད་པ་དང་། ལྷ་ལྡན་གཙུག་ལག་ཁང་དང་རྒྱ་སྟག་ར་མོ་ཆེ་སོགས་ཀྱི་མ་ཁང་གཙོ་བོར་ས་ཕག་དམར་པོ་དང་སྔོན་པོ་སོགས་བེད་སྤྱོད་པ་ནི་ཐང་རྒྱལ་རབས་དང་བལ་པོ་སོགས་ཀྱི་སྔོན་ཐོན་གྱི་ལག་རྩལ་ནང་འདྲེན་བྱས་པ་ལས་བྱུང་བ་ཞིག་ཡིན། ལྷག་པར་དུ་རྒྱ་བཟའ་ཀོང་ཇོ་རང་གིས་བཀོད་འདོམས་ཀྱིས་བཟོ་སྐྲུན་བྱས་པའི་རྒྱ་སྟག་ར་མོ་ཆེ་ནི་ཐང་རྒྱལ་རབས་ཀྱི་ཨར་སྐྲུན་ཆ་ཚང་བ་ཡིན་པ་ཐེད་མི་དགོས་པ་ཡིན། དེ་དུས་རྒྱ་སྟག་ར་མོ་ཆེ་ཞེས་རྒྱ་ནག་གི་སྟག་གི་པགས་པའི་རི་མོ་ལྟར་རྣམ་པར་བཀྲ་བའི་སྒོ

ནས་ཨར་སྐྲུན་འདི་ལྟ་ན་སྡུག་པ་ཞིག་ཡིན་པ་མཚོན་པར་བྱེད་ཅིང་། ར་མོ་ཆེ་ནི་བོད་ལ་ཐོག་མར་གཡུ་རྩེའི་རྒྱ་ཐེབས་འགེབས་པའི་རྒྱ་ནག་ལུགས་ཀྱི་ཨར་སྐྲུན་ཡིན། དེ་ཡི་དུས་སུ་ཕོ་བྲང་པོ་ཏ་ལ་དང་ཕ་བོང་ཁ་སོགས་མཐོ་དམན་ཐོག་བརྩེགས་དགུ་ཡོད་པའི་མཁར་རྫོང་སྐྲུན་ཐུབ་ཀྱི་ཡོད་པ་མ་ཟད་ད་དུང་ལྷ་ལྡན་གཙུག་ལག་ཁང་སོགས་ཆོས་ལུགས་ཀྱི་ཨར་སྐྲུན་ཡང་བཟོ་སྐྲུན་བྱེད་ཐུབ་ཀྱི་ཡོད། གནའ་བོའི་གྲོང་ཁྱེར་ལྷ་ས་ཡང་དེ་ཡི་སྐབས་ནས་རིམ་བཞིན་ཆགས་པ་རེད། སྐབས་དེར་སྟོ་ཁའི་ཁྲ་འབྲུག་ལྷ་ཁང་དང་ཉིང་ཁྲིའི་བུ་ཆུ་ལྷ་ཁང་སོགས་མཐའ་སྐོར་གྱི་ཡུལ་ལུང་ཁག་ཏུའང་ཆེ་ཆུང་འདྲ་མིན་གྱི་ལྷ་ཁང་བརྒྱ་དང་བརྒྱད་བཞེངས་ཡོད། སྲོང་བཙན་སྒམ་པོའི་དུས་ནི་བོད་ལུགས་ཀྱི་ཨར་སྐྲུན་མགྱོགས་མྱུར་གོང་འཕེལ་འགྲོ་བའི་དུས་སྐབས་ཤིག་ཡིན་ཞིང་། སྐབས་དེར་ཐོབ་པའི་ཨར་སྐྲུན་གྱི་བཟོ་རྩལ་དང་མཛེས་རྩལ་ཐད་ཀྱི་གྲུབ་འབྲས་ནི་ཡང་རྩེར་སོན་པ་ཞིག་ཡིན། ཕྱོགས་གཞན་ཞིག་གི་ཐོག་ནས་བཤད་ན། མ་གཞི་རྗེས་སུ་བོད་ལུགས་ཀྱི་ཨར་སྐྲུན་རྒྱུན་མ་ཆད་པར་འཕྲུས་ཚང་དང་གོང་འཕེལ་བྱུང་ནས་ད་ལྟའི་ཕོ་བྲང་པོ་ཏ་ལ་ལྟ་བུ་འཛམ་གླིང་ཐོག་སྙན་གྲགས་ཤིན་ཏུ་ཆེ་བའི་ཨར་སྐྲུན་དངོས་པོ་གསར་སྐྲུན་བྱས་ཡོད་ན་ཡང་།（པར2—23） སྤུ་རྒྱལ་སྐབས་གསར་གཏོད་བྱས་པའི་དམར་པོ་རི་ཡི་ཕོ་བྲང་པོ་ཏ་ལ་དང་། ལྷ་ལྡན་གཙུག་ལག་ཁང་། རྒྱ་སྟག་ར་མོ་ཆེ། བསམ་ཡས་དགོན་པ་སོགས་མཛེས་རྩལ་ཁྱད་དུ་འཕགས་པའི་རྩ་ཆེའི་ཨར་སྐྲུན་དེ་ཚོ་ནི་སྔར་བྱུང་མ་མྱོང་ལ་ཁྱིན་ཆད་ཀྱང་ཡོང་དཀའ་བ་ཞིག་ཡིན་ལ། ཨར་སྐྲུན་གཞན་གྱིས་ཚབ་བྱེད་ཐབས་མེད་པ་ཞིག་ཀྱང་ཡིན།（པར2—24）（པར2—25）

སྤྱི་ལོ755ལོར་སྤུ་རྒྱལ་ཁྲི་སྲོང་ལྡེ་བཙན་སྲིད་ཁྲིར་འཁོད་ཅིང་། ཁོང་ནི་ནང་པ་སངས་རྒྱས་པའི་ཆོས་ལ་དད་གུས་ཤིན་ཏུ་ཆེ་བས། ཕོ་ཉ་ཆེད་དུ་མངགས་ཏེ་རྒྱ་གར་ནས་སྔ་རྗེས་སུ་མཁན་ཆེན་ཞི་བ་འཚོ་དང་ཨོ་རྒྱན་རིན་པོ་ཆེ་གདན་འདྲེན་ཞུས་པ་མ་ཟད། ནུས་ཤུགས་ཡོད་རྒུས་ནང་པ་སངས་རྒྱས་པའི་ཆོས་ལུགས་ལ་རོགས་སྐྱོར་གནང་སྟེ། ཨར་ལས་རྒྱ་ཆེན་པོ་འགོ་བཙུགས་ནས་བསམ་ཡས་དགོན་པ་གསར་སྐྲུན་གནང་བ་རེད། ཨོ་རྒྱན་རིན་པོ་ཆེ་ཡི་མཛུབ་ཁྲིད་འོག ནང་པ་སངས་རྒྱས་པའི་ཆོས་ལུགས་ཀྱི་འཛམ་གླིང་ཆགས་ཚུལ་གྱི་བཀོད་པ་ལྟར། དཀྱིལ་ལ་དབུ་རྩེ་ལྷ་ཁང་གིས་རི་ཡི་རྒྱལ་པོ་རི་རབ་མཚོན་པ་དང་། ལྷ་ཁང་གཞན་རྣམས་ཀྱིས་གླིང་ཆེན་བཞི་དང་གླིང་ཕྲན་བརྒྱད་སོགས་ཀྱིས་བསྐོར་བ་མཚོན་པའི་ཁྱོན་ཡོངས་ཀྱི་བཀོད་པ་གསར་གཏོད་གནང་བ་རེད། འདི་ནི་བོད་ཀྱི་ལོ་རྒྱུས་ཐོག་གི་དགོན་པའི་ཨར་སྐྲུན་ཐོག་མ་ཡིན་པ་མ་ཟད། དགོན་པ་དེ་ཡི་ཁྱད་དུ་འཕགས་པའི་གསར་གཏོད་རང་བཞིན་དང་། ལྟ་ན་སྡུག་པའི་བཟོ་དབྱིབས། གཞི་ཁྱོན་སོགས་བོད་ཀྱི་དགོན་པའི་ཨར་སྐྲུན་གྱི་ཡང་རྩེར་སོན་པ་ཞིག་ཡིན། ལོ་ངོ་1200ཙམ་གྱི་དུས་ཡུན་ནང་དུ་བསམ་ཡས་དགོན་པའི་ཐུན་མོང་མ་ཡིན་པའི་ལྷ་ཁང་སོ་སོའི་ངོས་སྟོབས་ཐད་ཀྱི་བཀོད་པ་རྒྱུན་འཛིན་བྱེད་ཐུབ་པ་ཙམ་ལས། ཨར་སྐྲུན་ཡོངས་རྫོགས་ཐེངས་མང་ཉམས་ཆག་བྱུང་ཞིང་། དེའི་ཁར་ལོ་རྒྱུས་ཐོག་གི་དབང་སྒྱུར་བ་ཚོར་རིག་དངོས་གནའ་ཤུལ་སྲུང་སྐྱོབ་བྱ་རྒྱུའི་བསམ་

པའི་གོ་བ་དེ་ཙམ་མེད་པས་བཤིག་དབྲལ་རྒྱ་ཆེན་པོ་བྱས་ནས་གསར་དུ་བཞེངས་པ་སོགས་ཀྱི་རྐྱེན་པས་སྔ་རྒྱལ་དུས་ཀྱི་ཨར་སྐྲུན་སྤྱིར་ན་མཐོང་རྒྱུ་མེད་པ་གྱུར། འོན་ཀྱང་བསམ་ཡས་དགོན་པའི་དམིགས་བསལ་ཨར་སྐྲུན་གྱི་ཁྱད་ཆོས་ལ་བརྟེན་ནས་འཛམ་གླིང་ཐོག་སྐད་གྲགས་ཆོད་སོང་།（པར2—26）

ཧུ་ཝེ་བཙན་པོས་ཁྲིད་དབང་བཟུང་བའི་སྐབས་སུ། བསམ་ཡས་དགོན་པའི་ཤར་ངོས་ཐང་ཆེན་དུ་ཐོག་སོ་དགུ་ལོན་པའི་སྐུ་མཁར་ཞིག་བཞེངས་གནང་འདུག་ཅིང་། ལོ་རྒྱུས་ཡིག་ཆའི་ནང་ཞིབ་ཆའི་གནས་ཚུལ་འཁོད་མེད་པའི་རྐྱེན་གྱིས་རྒྱ་ཁྱོན་དང་བཟོ་དབྱིབས་སོགས་ཞིབ་ཕྲའི་གསལ་བཤད་བྱ་ཐབས་མེད། འོན་ཏེ་དེ་ཉིད་པོ་བྲང་དང་ལྷ་ཁང་ཟུང་དུ་འབྲེལ་བའི་ཨར་སྐྲུན་ཞིག་ཡིན་ངེས་ལགས།

སྤྱི་ལོ815ལོར་ཁྲི་གཙུག་ལྡེ་བཙན་གྱིས་སྲིད་དབང་བཞེས་ཤིང་། ཁོང་ནི་བཙན་པོའི་རྒྱལ་རབས་ཀྱི་སྙན་གྲགས་ཆེ་བའི་ཆོས་རྒྱལ་རྣམ་གསུམ་གྱི་གྲས་ཤིག་ཡིན་ལ་རྒྱུན་དུ་རལ་པ་ཅན་ཞེས་ཞུ་ཡི་ཡོད། ཁོང་གཟིགས་རྒྱ་ཆེ་ལ་རིག་སྟོབས་ཆེ་བས་སྤྱི་ཚོགས་འཕེལ་རྒྱས་འགྲོ་རྒྱུར་ཕན་པའི་བྱ་བ་མང་པོ་མཛད་ཡོད། དཔེར་ན། ཁྲིམས་ཀྱི་དོན་ཚན་ནན་ཏན་གྱིས་གཏན་འབེབས་གནང་བ་དང་། བྲེ་སྲང་དང་འདོ་སོགས་ཚ་ཚད་གཅིག་གྱུར་བཟོས་པ། སྐད་གསར་བཅད་བྱས་པ། ལྷག་པར་དུ་ཐང་རྒྱལ་རབས་དང་མཐུན་འབྲེལ་སྤྱ་བས་དམ་ཟབ་བྱས་ནས་སྤྱི་ལོ822ལོར་ཕྱོགས་གཉིས་ནས་ཐུན་མོང་ཐོག་མཐའ་མཐུན་མཛའ་བཤེས་ཀྱི་ཆིངས་ཡིག་བཞག་ཐོག་ལོ་གཉིས་པར་ལྷ་ལྡན་གཙུག་ལག་ཁང་གི་མདུན་དུ་མཐའ་མཐུན་རྡོ་རིང་བཞེངས་པ་རེད། འདི་ནི་ལོ་རྒྱུས་ཐོག་ཤུགས་རྐྱེན་གཏིང་ཟབ་ལྡན་པའི་དབོན་ཞང་མཐའ་མཐུན་གྱི་རྡོ་རིང་ཆེན་མོ་ཞེས་པ་དེ་ཡིན།（པར2—27）

"དུས་ནམ་ཡང་མཐུན་འབྲེལ་བཟང་པོ་བྱས་ཏེ། ཕན་ཚུན་རོགས་སྐྱོར་བྱ་རྒྱུ་གཏན་འཁེལ་བྱེད" ཐེངས་འདིའི་མཐའ་མཐུན་བཟང་པོས་ཐང་བོད་མི་དམངས་བར་གྱི་མཛའ་བརྩེའི་མཐུན་ལམ་ཐད་དུས་ནམ་ཡང་འགྱུར་ལྡོག་མེད་པའི་འབྲེལ་བ་བཟང་པོ་བརྩུགས་ཐུབ་པ་བྱུང་ཡོད་ཅིང་། འདི་ནི་བཙན་པོ་ཁྲི་གཙུག་ལྡེ་བཙན་གྱིས་སྔ་རྒྱལ་སྤྱི་ཚོགས་ཀྱི་ཡར་རྒྱས་དང་བོད་མི་རིགས་ཀྱི་རིག་གནས་དར་ཞིང་རྒྱས་པར་བཞག་གནང་བའི་མཛད་རྗེས་ལྷག་པས་ཆེ་བ་ཞིག་ཡིན། དེ་ཡི་སྐབས་སུ་བཙན་པོ་ཁྲི་གཙུག་ལྡེ་བཙན་གྱིས་བཀའ་ཕེབས་ནས་ལྷ་ལྡན་གཙུག་ལག་ཁང་ལ་ཉམས་གསོ་གནང་ཞིང་།（ར་མོ་ཆེ་དེ་དུས་གཏོར་བརླག་བཏང་ཚར་བ་རེད།）བསམ་ཡས་དགོན་པ་སོགས་མེས་པོའི་དུས་ཀྱི་ལྷ་ཁང་དང་དགོན་པ་རྣམས་ལའང་ཞིག་གསོ་གནང་བ་རེད། སྐབས་དེར་ད་དུང་ལྷ་ས་སྐྱིད་ཆུའི་ལྷོ་ངོས་ཀྱི་འུ་ཤང་ལ་འཆར་འགོད་ཁྱད་དུ་འཕགས་པའི་ཐོག་བརྩེགས་དགུ་ཡོད་པའི་སྐུ་མཁར་ཞིག་གསར་སྐྲུན་གནང་བ་རེད། བློ་ཕམ་དགོས་པ་ཞིག་ལ་སྐད་གྲགས་ཆེ་བའི་ཨར་སྐྲུན་འདི་སྔར་ནས་མེད་པར་གྱུར་ཟིན། འོན་ཀྱང་ཚད་ལྡན་ཡིག་ཆའི་ནང་འཁོད་པ་ལྟར་ན། ཨར་སྐྲུན་འདི་ཡི་འོག་གི་ཐོག་བརྩེགས

གསུམ་རྗེ་ཡིས་བརྩིགས་པ་དང་། བར་ཐོག་གསུམ་སོ་ཕག་གིས་བརྩིགས་ཤིང་། སྟེང་གི་ཐོག་བརྩིགས་གསུམ་པོ་ཤིང་ལས་གྲུབ་པ། ཐོག་བརྩིགས་རེ་རེ་ལ་གཡུ་རྩེའི་མདའ་གཡབ་བཀབ་ཡོད་པ། ཟུར་བཞི་ལ་ལྕགས་ཐག་རེ་འཐེན་ནས་རྡོའི་སེང་གེ་བཞི་ལ་བཏགས་ཡོད་པ། ཕྱོགས་བཞི་ལ་སྒོ་བཞི་བཞག་ཡོད་པ་དང་སྒོའི་མདུན་དུ་རྡོ་རིང་རེ་བཙུགས་ཡོད། རྩེ་ཐོག་གི་མདའ་གཡབ་ རླུང་གིས་བསྐོར་འགྲོ་ཡི་ཡོད་ཅེས་འཕོད་འདུག སྟེང་གི་ཐོག་བརྩིགས་གསུམ་ལ་ལྷ་སྐུ་དང་ཆོས་དཔེ་གསུང་རབ་སོགས་བཞུགས་སུ་གསོལ་བ་དང་། བར་ཐོག་གསུམ་ལ་དགེ་འདུན་པ་རྣམས་སློབ་གཉེར་དང་ཚོ་ག་ཕྱག་ལེན་གནང་ས་ཡིན་པ། འོག་གི་ཐོག་བརྩིགས་གསུམ་ལ་རྒྱལ་བློན་རྣམས་ཀྱིས་མཛད་སྒོ་གནང་ས་བཅས་ཡིན་སྐད་འདུག ཨར་སྐྲུན་འདི་ད་ལྟ་གནས་ཐུབ་མེད་ཀྱང་སྒོའི་མདུན་གྱི་རྡོ་རིང་གཅིག་རང་སྐྱིད་ལྡོངས་རིག་དངོས་ཁུལ་ལ་ཉར་ཚགས་གནང་ཡོད། (དཔེ་རིས2—6)

སྤྱི་ལོ841ལོར་བཙན་པོ་གླང་དར་མས་སྲིད་དབང་བསྐྱངས་ཤིང་། ཁོང་གིས་རང་དང་མི་མཐུན་པའི་ཕྱོགས་གཙང་སེལ་བྱེད་ཆེད་སངས་རྒྱས་ཆོས་ལུགས་རྩ་མེད་གཏོང་རྒྱུའི་མིང་ཐོག་ནས་མང་ཚོགས་ལ་གཞི་རྒྱ་ཆེ་བའི་དྲག་གནོན་བྱས་པས་སངས་རྒྱས་ཆོས་ལ་དད་པའི་མང་ཚོགས་ཀྱི་འདོད་བློ་དང་འགལ་བ་བྱུང་ཞིང་། དབང་སྒྱུར་ཚོགས་པ་དང་མང་ཚོགས་བར་གྱི་འགལ་ཟླ་ཉིན་བཞིན་ཇེ་ཆེར་སོང་ནས་མཐར་གཞི་རྒྱ་ཆེ་བའི་འབངས་གཡེན་ལོག་བྱུང་ཞིང་། དར་མ་བཙན་པོ་ཡང་སྐྱིག་གསོད་བཏང་བ་སོགས་དབང་སྒྱུར་ཕྱོགས་ཁག་ལ་རྟུང་རྗེས་དྲག་པོ་ཐེབ་པ་མ་ཟད། སྤུ་རྒྱལ་བཙན་པོའི་རྒྱལ་རབས་ཡང་ཐོར་ཞིག་ཏུ་སོང་བ་རེད། དེ་ལྟར་འབངས་གཡེན་ལོག་ལོ་མང་རྒྱུན་མཐུད་བྱས་པས་སྤུ་རྒྱལ་རྒྱལ་རབས་རིམ་བྱུང་གི་བང་སོ་ཡང་མང་པོ་ཞིག་རྫིག་འདོན་བྱས་ཤིང་། དེའི་རྐྱེན་གྱིས་སྐད་གྲགས་ཡོད་པའི་གནའ་བོའི་ཨར་སྐྲུན་མང་པོར་གཏོར་བཤིག་ཚབས་ཆེན་ཐེབས་པ་སོགས་གོང་དུ་ཞུས་པའི་འུ་ཤང་རྡོ་ཡི་ལྷ་ཁང་ཡང་དེ་ཡི་དུས་སུ་གཏོར་བཤིག་ཐེབས་པ་རེད།

དར་མ་བཙན་པོའི་བུ་རྒྱུད་འོད་སྲུང་དང་ཡུམ་བརྟན་སོགས་ཀྱིས་ཕྱོགས་རེ་རེ་བཟུང་ནས་སོ་སོའི་སྲིད་དབང་ལོགས་སུ་བཙུགས་པ་དང་དུས་མཚུངས་སྡེ་ཤོག་ཆུང་ཆུང་ཡང་མང་པོ་ཐོན་པ་རེད། སྟོབས་ཤུགས་ཁག་དེ་ཚོས་རྒྱུན་དུ་རང་ཉིད་ཀྱི་ཁེ་ཕན་གྱི་ཆེད་དུ་ཕན་ཚུན་འཛིང་རྙོད་དང་འཕྲོག་རེས་བྱེད་པའི་དམག་འཁྲུག་རྒྱུན་མ་ཆད་པ་བྱས་ཏེ་མང་ཚོགས་ལ་ཆག་སྒོ་ཆེན་པོ་བྱུང་བ་རེད། 《སྲུང་གི་ལོ་རྒྱུས་སྤུ་རྒྱལ་སྐོར་》ནང་། རྒྱལ་ཁབ་འདི་ཉམས་དམས་སུ་གྱུར་ཏེ། མི་རྒྱུད་ཁ་ཐོར་སོང་བ་དེ་དག་ལ། མང་བར་དུད་ཚང་སྟོང་ཕྲག་ཡོད་པ་དང་། ཉུང་བར་དུད་ཚང་བརྒྱ་ཕྲག་ཙམ་ཡོད་པ་སོགས་མདོར་ན། གཅིག་གྱུར་ནི་མ་བྱུང་། ཞེས་འཕོད་འདུག དེ་ལྟར་ལོ200ལྷག་ཙམ་རིང་ཨར་སྐྲུན་སྤུས་ལེགས་གསར་སྐྲུན་བྱ་རྒྱུ་ཕར་ཞོག དེ་སྔོན་གྱི་སྐད་གྲགས་ཡོད་པའི་ཨར་སྐྲུན་མང་པོར་ཡང་སྔ་རྗེས་སུ་གཏོར་བརླག་ཚབས་ཆེན་ཐེབས་པ་རེད།

འོད་སྲུང་གི་ཚ་བོ་སྐྱིད་ལྡེ་ཉི་མ་མགོན་མངའ་རིས་ལ་བྲོས་ནས་མངའ་རིས་རྒྱལ་རྒྱུད་བཙུགས་གནང་བ་རེད། ཁོང་

གིས་དཔལ་གྱི་རིག་པ་མགོན་དང་། བཀྲ་ཤིས་ལྷེ་མགོན། ལྡེ་གཙུག་མགོན་བཅས་བུ་གསུམ་པོར་ཁག་སོ་སོར་མང་ཡུལ་（ལ་དྭགས་）དང་། པུ་ཧྲེང་（སྤུ་ཧྲེང་རྫོང་）དང་། ཞང་ཞུང་（ད་ལྟའི་གུ་གེ་རྩ་མདའ་རྫོང་）བཅས་སྤྲད་གནང་ཞིང་། ལྡེ་གཙུག་མགོན་གྱིས་གུ་གེ་རྒྱལ་པོའི་སྲིད་དབང་བཙུགས་ནས་གུ་གེའི་མཁར་རྫོང་སྐྲུན་འགོ་འཛུགས་གནང་། དེའི་སྲས་ཁོ་རེས་རྗེས་མཐུད་གནང་རྗེས། ཁྲིན་ཡོངས་ལ་ཐུར་ལས་ལྷག་པའི་འཕེལ་རྒྱས་བྱུང་བ་རེད། མཁར་རྫོང་ཐོག་ཨར་ལེགས་གྲུབ་བྱུང་བ་དང་དུས་མཚུངས་མཁར་རྫོང་གི་ཤར་ངོས་ཐང་སྟོང་ཡོད་སར་（ད་ལྟའི་རྩ་མདའ་རྫོང་）མཐོ་ལྡིང་དགོན་པ་བཞེངས། གུ་གེ་མཁར་རྫོང་ནི་རི་འབུར་ཆུང་ཆུང་ཞིག་གིས་རྨང་གཞི་བྱས་ནས་རྒྱལ་པོའི་ཕོ་བྲང་རི་སྟེང་དུ་བརྒྱབ་ཡོད་པས་ས་དབྱིབས་ཧ་ཅང་བཙན་པོ་ཡིན། མཁར་རྫོང་ཡོངས་ལ་ལྷུགས་རི་རིམ་པ་གསུམ་གྱིས་བསྐོར་ཡོད་ཅིང་འགོག་སྲུང་གི་མ་ལག་ཤིན་ཏུ་ཆ་ཚང་བ་སྟེ། བོད་ཀྱི་འཐབ་འཁྲུག་དུས་སྐབས་ཀྱི་མཁར་རྫོང་གི་དཔེ་མཚོན་ཅན་གྱི་ཨར་སྐྲུན་ཞིག་ཡིན། མཐོ་ལྡིང་དགོན་པའི་ནང་རྣམ་པར་སྣང་མཛད་ཀྱི་ལྷ་ཁང་དེ་ཤིན་ཏུ་ངོ་མཚར་ཅན་ཞིག་ཡིན་ཞིང་། ཁང་པའི་ཟུར་ཉི་ཤུ་རྩ་བརྒྱད་ཡོད་པ་དེ་དག་ལྷ་ཁང་ཆེ་ཆུང་སྣ་ཚོགས་ལས་གྲུབ་པ་ཡིན་ཞིང་། ཁང་པའི་ཐོག་ངོས་ཟུར་བཞི་ལ་ས་རྡོ་ལས་གྲུབ་པའི་མཆོད་རྟེན་བཞི་བཞེངས་ཡོད་པ་དབྱིབས་གཟུགས་ཁྱད་དུ་འཕགས་པ་ཡིན། གཞན་ཡང་གུ་གེ་ས་ཁུལ་ལ་ད་དུང་མཁར་རྫོང་དང་དགོན་པ་མང་པོ་ཡོད་ཅིང་། ལྷག་པར་ཨར་སྐྲུན་དེ་ཚོའི་ཤིང་བཀོས་རི་མོ་དག་སྤྱི་ཉམས་དོད་པོ་དང་བབ་ཆགས་པོ་ཡོད། དགོན་པའི་ནང་གི་སྐུ་རྟེན་དང་ལྡེབས་རིས་ཚང་མ་བཟོ་དབྱིབས་མཛེས་ཤིང་། གསོན་ཉམས་ལྡན་པ་བཅས་དེ་དག་ནི་རྒྱལ་ནང་དུ་མཐོང་དཀོན་པའི་སྒྱུ་རྩལ་གྱི་ནོར་བུ་རྩ་ཆེན་ཡིན་ཞིང་། དེས་བོད་ཀྱི་ཨར་སྐྲུན་ལོ་རྒྱུས་ལ་འོད་སྟོང་འཕྲོ་བའི་ལེའུ་ཞིག་བྲིས་ཡོད།（པར2—28）

༣ ས་སྐྱའི་དུས་སྐབས་ཀྱི་ཨར་སྐྲུན།

སྤྱི་ལོ1073ལོར་འཁོན་རིགས་ཀྱི་གདུང་རྒྱུད་ནས་ས་སྐྱའི་ཆོས་བརྒྱུད་གསར་གཏོད་གནང་ཞིང་། དུས་རབས་བཅུ་གསུམ་པའི་དཀྱིལ་ལ། ས་སྐྱ་བའི་གཙོ་འཛིན་འགྲོ་མགོན་ཆོས་རྒྱལ་འཕགས་པས་ཡོན་རྒྱལ་རབས་ཀྱི་དབུ་བླའི་མཚན་གནས་བཟུང་སྟེ་ཆོས་སྲིད་ཟུང་འབྲེལ་གྱི་སྲིད་དབང་གི་ཚོགས་པ་ཐོན་འགོ་ཚུགས། དེ་རྗེས་ཨར་ལས་རྒྱ་ཆེར་སྤེལ་ནས་ས་སྐྱའི་ཆུ་ཡི་བྱང་ངོས་ཀྱི་རི་ལྡེབས་སུ་ཕོ་བྲང་དང་དགོན་པ་མང་པོ་ཕྱག་བཏབ་གནང་བ་དང་། སྤྱི་ལོ1268ལོར་ཆུ་བོའི་ལྷོ་ངོས་ཀྱི་ཐང་སྟེང་དུ་མཁར་རྫོང་གསར་རྒྱག་གནང་ཞིང་། མཁར་རྫོང་དེ་དག་ནི་དོན་དངོས་ཐོག་ཡོན་རྒྱལ་རབས་ཀྱི་མཁར་རྫོང་རྒྱག་སྟངས་ལ་དཔེ་བྱས་པ་ཞིག་ཡིན། དེ་ནི་ད་ལྟ་མི་ཆོས་ས་སྐྱ་དགོན་པའི་ལྷ་ཁང་ལྷོ་མ་ཟེར་བའི་སྐད་གྲགས་ཅན་གྱི་ཨར་སྐྲུན་དེ་ཡིན་ཞིང་བོད་ཀྱི་ཨར་སྐྲུན་ལོ་རྒྱུས་ཐོག་དཔེ་མཚོན་རང་བཞིན་གྱི་ཨར་སྐྲུན་ཡིན་པའི་ཐོག་ནས་བོད་ལྗོངས་ས་ཁུལ་གྱི་འཐབ་འཁྲུག་འཛིང་རྩོད་ཀྱི་བཀག་བཀོད་རྒྱུད་འཛིན་གྱི་གནས་བབ་རིམ་བཞིན་མཇུག་སྒྲིལ་བ་མཚོན་པ་རེད།（པར2—29）

ཡོན་རྒྱལ་རབས་ཀྱི་ཆབ་སྲིད་ཐོག་གི་གཅིག་འགྱུར་གྱིས་རྒྱ་ནག་དང་བོད་ཀྱི་དབར་རིག་གནས་དང་ལག་རྩལ་སྤེལ་རེས་ཀྱི་བྱ་བར་སྐུལ་འདེད་ཆེན་པོ་བྱུང་ནས་སྤྱི་ཚོགས་བརྟན་ལྷིང་དང་ཡར་རྒྱས་འགྲོ་བའི་དུས་རབས་ཀྱི་ཁྱད་འཕགས་མངོན་པར་བྱས་ཡོད།

སྤྱི་ལོའི་དུས་རབས་བཅུ་བཞི་པར། ས་སྐྱའི་དབང་སྒྱུར་འོག་གི་ཁྲི་སྐོར་བཅུ་གསུམ་གྱི་གྲས་ཤིག་ཡིན་པའི་ཞ་ལུ་ཁྲི་དཔོན་ནས་ས་སྐྱ་གོང་མ་དང་གཉེན་ཚན་ཡིན་པའི་འབྲེལ་བ་ལ་བརྟེན་ནས་དབང་ཤུགས་ཇེ་ཆེར་ཕྱིན་ཏེ་ཁྲི་དཔོན་གྱི་ཕོ་བྲང་བརྒྱབ་པ་དང་། ཕོ་བྲང་གི་མཐའ་སྐོར་ལ་ཀྱང་སའི་ལྷུགས་རི་བརྒྱབ་ཡོད།

སྤྱི་ལོ1333ལོར་བུ་སྟོན་རིན་པོ་ཆེ་ནས་ཞ་ལུ་དགོན་པ་གསར་སྐྲུན་གནང་ཞིང་། ལྷ་ཁང་འདིའི་འོག་ཐོག་ནི་བོད་ལུགས་ཀྱི་ནང་དུ་བསིལ་གཡབ་བཞག་པའི་ཨར་སྐྲུན་ཡིན་པ་དང་། ཉིས་ཐོག་ནི་རྒྱ་ནག་ལུགས་ཀྱི་ཕྱོགས་བཞིར་ཁང་པ་ཡོད་པའི་ར་སྐོར་དབྱིབས་ཀྱི་ལྷ་ཁང་ཡིན་ཞིང་། ད་དུང་དགོན་པའི་ནང་ས་སྐྱའི་དུས་རབས་ཀྱི་རྩ་ཆེའི་ལྡེབས་རིས་ཀྱང་ཡོད་པ་བཅས་བོད་རྒྱ་ལུགས་གཉིས་ཀྱི་ཨར་སྐྲུན་བཟོ་རྩལ་ཟུང་དུ་འབྲེལ་བའི་ཐུལ་དུ་བྱུང་བའི་དཔེ་མཚོན་རང་བཞིན་གྱི་ཨར་སྐྲུན་ཞིག་ཡིན་ལ། བོད་ཀྱི་ཨར་སྐྲུན་ལོ་རྒྱུས་ཐོག་འགངས་ཆེའི་གནས་བབ་ལྡན་ཡོད།(པར2—30)

ཡོན་རྒྱལ་རབས་ཀྱི་དུས་མཇུག་ཏུ་ས་སྐྱའི་དབང་འཛིན་པ་ནང་ཁུལ་དབར་དབང་ཆ་འཐོག་རེས་བྱས་པས་རིམ་གྱིས་ཐོར་ཞིག་ཏུ་ཕྱིན་ནས་རླངས་ཀྱི་གདུང་རྒྱུད་ཀྱིས་དབང་ཆ་འཕྲོགས་ཏེ་ཕག་གྲུའི་སྲིད་དབང་བཙུགས་པ་རེད།

༤ ཕག་གྲུའི་དུས་སྐབས་ཀྱི་ཨར་སྐྲུན།

ཡོན་རྒྱལ་རབས་ནས་ཏཱ་རི་ཁ་ཆ་ཟེར་བའི་ལོ་ཊ་མངགས་ཏེ་ཕག་གྲུ་བྱང་ཆུབ་རྒྱལ་མཚན་ལ་ཏཱ་སི་ཏུ་ཡི་གོ་གནས་དང་བོད་ཡོངས་ཀྱི་སྲིད་དབང་རྗེས་བླངས་ཚོག་པའི་བཀའ་ཤོག་དང་ཐམ་ག་སྩྲད་པ་རེད། བྱང་ཆུབ་རྒྱལ་མཚན་གྱིས་སྲིད་དབང་བཟུང་རྗེས་ཆུ་བེད་ལས་གྲྭ་རྒྱ་ཆེར་སྤེལ་བ་དང་། ཞིང་ར་ལེགས་བཅོས། གཞིས་ཀ་དང་འབྲོག་ར་འཕེལ་རྒྱས་བཅས་བཏང་ནས་ཞིང་འབྲོག་ལས་ཀྱི་ཐོན་སྐྱེད་གོང་འཕེལ་ཤུགས་ཆེན་བཏང་བ་རེད། ལྷག་པར་དུ་འོལ་ཁ་དང་། གོང་དཀར། རིན་སྤུངས། སྣ་དཀར་རྩེ། རྒྱལ་རྩེ། གམ་པ། བསམ་གྲུབ་རྩེ་སོགས་རྫོང་ཁག་བཅུ་གསུམ་གྱི་སྲིད་འཛིན་ས་ཁུལ་བཙུགས་ཤིང་། ཕག་གྲུའི་ཕོ་བྲང་གཙོས་པའི་རྫོང་ཁག་སོ་སོའི་མཁར་རྫོང་གསར་སྐྲུན་བྱས་ཡོད། སྐད་གྲགས་ཅན་གྱི་རྒྱལ་རྩེ་མཁར་རྫོང་(མཁར་རྫོང་འདི་རྒྱ་བསྐྱེད་དང་ཆ་ཚང་བ་བཟོས་པ་རེད)དང་གཞིས་རྩེ་བསམ་གྲུབ་རྩེ་རྫོང་སོགས་དེའི་སྐབས་སུ་ལེགས་གྲུབ་བྱུང་བ་རེད།(པར2—31)

ཨར་སྐྲུན་དེ་ཚོར་གཅིག་ནས་སྲིད་དབང་མཚོན་བྱེད་ཀྱི་ནུས་པ་ཡོད་པ་མ་ཟད་འགོག་སྲུང་གི་ནུས་པ་ཆ་ཚང་བ་ཡང་ཡོད། མཁར་རྫོང་ཁ་ཤས་ལ་ད་དུང་གསང་བའི་ཕུག་ལམ་དང་ཆུ་ལེན་སའི་ཕུག་ལམ་སོགས་བཟོས་ཡོད་པའི་ཐོག་ནས་བོད་

མི་རིགས་ཀྱི་ཨར་སྐྲུན་ལག་རྩལ་ཐད་ཀྱི་ཤེས་རིག་རྣམ་པར་བཀྲ་བ་དང་བཟོ་རྩལ་ཁྱད་དུ་འཕགས་པ་གསལ་པོར་མཐོང་ཐུབ། སྐབས་དེ་དུས་ནི་ཕྲུ་རྒྱལ་བཙན་པོའི་རྒྱལ་རབས་རྗེས་ཀྱི་བོད་ཀྱི་ཨར་སྐྲུན་འཕེལ་རྒྱས་ཀྱི་མཐོ་རླབས་གཉིས་པ་བྱུང་བའི་དུས་སྐབས་ཡིན་ཞིང་། བོད་རིགས་ཨར་སྐྲུན་གོང་འཕེལ་འགྲོ་རྒྱུར་སྐུལ་འདེད་བློ་ཡུལ་ལས་འདས་པ་བྱུང་ཡོད། ཕག་གྲུ་གྲགས་པ་རྒྱལ་མཚན་གྱི་དུས་སུ་མིང་རྒྱལ་རབས་ནས་རྒྱབ་སྐྱོར་ཐོབ་སྟེ་ཆོས་ཀྱི་རྒྱལ་པོའི་མཚན་གནས་གནང་བ་དང་། གསེར་དང་གཡུ་ཡི་ཐམ་ག་དང་གསེར་གྱི་བཀའ་ཤོག་བཅས་གནང་བ་རེད། སྐབས་དེ་ཡི་དུས་སུ་ཕག་མོ་གྲུ་པའི་མི་རྒྱུད་ཀྱི་མེས་པོའི་དགོན་པ་གདན་ས་མཐིལ་དགོན་རྒྱ་བསྐྱེད་ཕྱུས་ལེགས་གནང་བ་དང་། རྗེ་ཙོང་ཁ་པ་ལ་རོགས་སྐྱོར་ཞུས་ནས་དགའ་ལྡན་དགོན་པ་དང་། འབྲས་སྤུངས་དགོན་པ། སེ་ར་དགོན་པ་སོགས་བཞེངས་པ་བཅས་བོད་ཀྱི་དགོན་པའི་ཨར་སྐྲུན་ལ་སྔར་མེད་ཀྱི་འཕེལ་རྒྱས་བྱུང་བ་རེད། ནན་བཤད་བྱེད་དགོས་པ་ཞིག་ནི། དེའི་དུས་སུ་ཕག་གྲུའི་དབང་སྒྱུར་འོག་གི་རྒྱལ་རྩེ་ས་ཁུལ་གྱི་དཔོན་པོ་རབ་བརྟན་ཀུན་བཟང་འཕགས་ཀྱིས་གཞི་རྒྱ་ཤིན་ཏུ་ཆེ་བའི་རྒྱལ་རྩེ་དཔལ་ཆོས་དགོན་གསར་སྐྲུན་གནང་ཞིང་། དགོན་པ་འདིར་གྲུབ་མཐའ་མི་གཅིག་པའི་ཆོས་རྒྱུད་ཀྱི་གྲྭ་ཚང་བཅུ་བདུན་བཙུགས་ཡོད་པའི་ནང་ནང་པ་སངས་རྒྱས་པའི་ཆོས་བརྒྱུད་མི་འདྲ་བ་ཚང་མ་མཉམ་དུ་དགོན་པ་གཅིག་གི་ནང་དུ་འཛོམས་ཐུབ་པ་ནི་ཆོས་ལུགས་ཀྱི་ལོ་རྒྱུས་ཐོག་མཐོང་རྒྱ་མེད་པ་ཞིག་རེད། ཚོགས་ཆེན་འདུ་ཁང་གིས་ལྟེ་བ་བྱས་པའི་གྲྭ་ཚང་སོ་སོའི་འདུ་ཁང་དང་གྲྭ་ཤག་བཅས་གཞི་རྒྱ་ཆེ་བའི་ཨར་སྐྲུན་དང་། མཐོ་ཞིང་རྒྱ་ཆེ་བའི་དགོན་པའི་ལྷུགས་རི་ཡང་གསར་རྒྱག་བྱས་པ་རེད།（པར2—32）

ཕྱི་ལོ1414ལོར། རབ་བརྟན་ཀུན་བཟང་འཕགས་ཀྱིས་སྡེ་རྙིང་ཐོག་ལས་མི་ཁྲི་བརྒྱ་ཕྲག་སྙིང་ཐོག་འགྲོ་གྲོན་ཧ་ཅང་རྒྱ་ཆེན་པོ་བཏང་ནས་འཛམ་གླིང་ཐོག་བྱུང་མ་མྱོང་བའི་དཔལ་ཆོས་དགོན་གྱི་སྐུ་འབུམ་མཆོད་རྟེན་གསར་བཞེངས་གནང་བ་རེད། མཆོད་རྟེན་འདི་ཕྱིའི་བཀོད་པ་ཧ་ཅང་བབ་ཆགས་ལ་བརྗིད་ཉམས་ངོ་དང་པ། དབྱིབས་གཟུགས་མཛེས་ཤིང་ལྷ་ན་སྡུག་པ། མཆོད་རྟེན་གྱི་རྩེ་ནས་ཞབས་གདན་བར་ཆ་སྙོམས་པའི་གྲུ་གསུམ་ཅན་གྱི་དབྱིབས་གཟུགས་ལྡན་པ་དེས་མི་རྣམས་ལ་རླབས་ཆེ་ཞིང་བརྟན་ཅིང་འགྱུར་བ་མེད་པ་དང་བརྗིད་ཉམས་ངོ་དང་པ་སོགས་ཀྱི་ཚོར་སྣང་ཤུགས་ཆེན་སྐྱེ་རུ་འཇུག་གིན་ཡོད། མཆོད་རྟེན་གྱི་ཞབས་གདན་ལ་རྒྱ་ཁྱོན་སྨིད་གྲུ་བཞི་མ2200ལྷག་ཙམ་ཡོད་ལ། མཆོད་རྟེན་གྱི་མཐོ་ཚད་ཐོག་བརྩེགས11སྟེ་སྨིད33ལྷག་ཙམ་ཡོད། རིམ་པ་རེ་རེ་བཞིན་མཐོ་རུ་ཕྱིན་པ་དང་། རིམ་པ་རེ་རེ་བཞིན་ནང་ལ་བསྐུམས་ཡོད་པ་ཡིན། མཆོད་རྟེན་གྱི་ནང་དུ་ལྷ་ཁང་77ཡོད་པ་དང་སྒོ108ཡོད། ལྷ་ཁང་ནང་ལྷེབས་རིས་མང་པོ་བྲིས་ཡོད་ལ་འཛིམ་སྐུ་ཧ་ཅང་མང་པོ་བཞེངས་ཡོད་པས་མཆོད་རྟེན་ནང་གི་ལྷ་ཁང་ཞེས་པའི་མིང་བཏགས་ཀྱི་ཡོད། མཆོད་རྟེན་དང་དཔལ་ཆོས་དགོན་པའི་ནང་གི་འཛིམ་སྐུ་དང་ལྷེབས་རིས་སོགས་ནི་ཧ་ལས་པའི་མཛེས་སྡུག་ལྡན་པ་ཞིག་སྟེ། དབྱིབས་གཟུགས་ཤིན་ཏུ་མཛེས་པ་དང་། ཚོན་རིས་ཕུན་སུམ་ཚོགས་པ། བཟོ་རིས་ལྷ་ན་སྡུག་པ། གྲངས་འབོར་ཤིན་ཏུ་ཆེ་བ་སོགས་མི་ཚད་མ་ཧ་ལས་དགོས

པ་ཞིག་ཡིན། འདི་ནི་བོད་ཀྱི་ཨར་སྐྲུན་ལོ་རྒྱུས་ཐོག་གི་བྱས་རྗེས་ངོ་མཚར་ཅན་ཡིན་པ་མ་ཟད་འཛམ་གླིང་ཨར་སྐྲུན་ལོ་རྒྱུས་ཐོག་ཏུའང་འགངས་ཆེའི་གནས་བབ་བཟུང་ཡོད།（པར2—33）

ལྷ་སའི་སེ་འབྲས་དགའ་གསུམ་གྱི་གཞི་ཁྱོན་ཤིན་ཏུ་ཆེ་བའི་ཨར་སྐྲུན་དེ་ཚོ་ཡང་ཕག་གྲུའི་དུས་སུ་རྩ་བའི་ཆ་ནས་གསར་སྐྲུན་བྱས་པ་ཡིན་ལ། ལྷག་པར་དུ་འབྲས་སྤུངས་དགོན་གྱི་ཀ་བ200ཡོད་པའི་ཚོགས་ཆེན་འདུ་ཁང་ཆེན་མོ་སྟེ་མི་ཚོས་ཤར་ཕྱོགས་ཀྱི་འདུ་ཁང་ཆེན་མོ་ཟེར་བ་དེ་ཡང་ཕག་གྲུའི་དུས་རབས་ཀྱི་མཇུག་ཙམ་ལ་རྒྱ་བསྐྱེད་གནང་བ་རེད།

དུས་རབས་བཅུ་དྲུག་པའི་ནང་ཕག་གྲུའི་སྲིད་དབང་ཐད་དེ་ཐོར་ཞིག་སོང་ནས་རིན་སྤུངས་ཁྲིམ་རྒྱུད་ནས་ཚབ་བྱས་ཤིང་། རྗེས་སུ་སྲིད་དབང་གི་རྟེན་གཞི་གཞིས་རྩེར་སྤོས་ནས་བསམ་གྲུབ་རྩེའི་མཁར་རྫོང་ལ་གཞིས་ཆགས་པར་གཙང་པ་སྡེ་སྲིད་ཅེས་ཟེར་གྱི་ཡོད། ཕོང་ཚོས་བཀའ་བརྒྱུད་པར་དད་བཀུར་ཆེ་ཞིང་། སྐབས་དེར་གཞིས་རྩེ་དང་ལྷ་སར་བཀའ་བརྒྱུད་པའི་དགོན་པ་གསར་དུ་བཞེངས་པར་གཞིས་རྩེ་ལ་བཀྲ་ཤིས་ཟིལ་གནོན་དང་ལྷ་སར་གཙྭ་དགོན་གསར་ཟེར་གྱི་ཡོད། མིང་དེ་ཡི་ཐོག་ནས་བཀྲ་ཤིས་ལྷུན་པོ་ཟིལ་གྱིས་གནོན་ཞེས་པའི་དོན་ཏ་ཅང་གོ་སླ་བ་ཡིན། དགོན་པ་དེ་གཉིས་ཀྱི་རྒྱ་ཁྱོན་དང་ སྤུས་ཚད་གང་གིས་ཐད་ནས་སྐབས་དེ་ཡི་ལྷ་སའི་གདན་ས་གསུམ་དང་བཀྲ་ཤིས་ལྷུན་པོ་ལས་བརྒལ་ཡོད་པ་ཞིག་ཡིན། ད་ལྟའི་ལྷ་ལྡན་གཙུག་ལག་ཁང་གི་གསེར་ཟངས་ལས་གྲུབ་པའི་མདའ་གཡབ་ཡོངས་རྫོགས་དང་ཁྲམས་རའི་སངས་རྒྱས་སྟོང་སྐུའི་ལྡེབས་རིས་ཡོད་པའི་ཀ་གདུང་ཚང་མ་གོང་གི་དགོན་པ་དེ་གཉིས་བཤིག་ནས་ཁྱེར་ཡོང་བ་ཡིན། གཙང་པ་སྡེ་པས་དགེ་ལུགས་པར་དྲག་གནོན་བྱས་ཤིང་། རྗེས་སུ་དགེ་ལུགས་པར་རྒྱལ་ཁ་ཐོབ་རྗེས་གོང་གི་དགོན་པ་དེ་གཉིས་རྩ་གཏོར་བཏང་ནས་རྒྱུ་ཆ་རྣམས་ལྷ་ལྡན་གཙུག་ལག་ཁང་ལ་བེད་སྤྱོད་བྱས་པ་རེད། དེའི་སྐབས་ཀྱི་དུས་ཡུན་ནི་རིང་པོ་མིན་ལ་དགོན་པ་བརྒྱབ་པ་ཡང་ཐད་དེ་བཤིག་ཚར་བསང་ཚོས་ངོ་སྤྲོད་ཞིབ་ཚགས་ཞུ་ཐབས་མེད་སོང་། འོན་ཀྱང་ལྷ་ལྡན་གཙུག་ལག་ཁང་གི་གསེར་ཟངས་མདའ་གཡབ་ཀྱི་བཟོ་དབྱིབས་དང་སྤུས་ཚད། སངས་རྒྱས་སྟོང་སྐུའི་ཁྲམས་རའི་ཀ་གདུང་སོགས་ཤིང་གི་སྒྲིག་ཆས་ལས་སྔོན་གྱི་བཀའ་བརྒྱུད་པའི་དགོན་པ་དེ་གཉིས་བརྗིད་ཉམས་ཆེ་ལོད་དང་སྤུས་དག་ལོད་ཟུར་བལྟས་ལེབ་མཐོང་ཡོང་ངེས་ལགས།

5 དགའ་ལྡན་ཕོ་བྲང་དུས་སྐབས་ཀྱི་ཨར་སྐྲུན།

སྤྱི་ལོ1642ལོར། སོག་པོའི་དམག་ཤུགས་ཀྱི་རྒྱབ་སྐྱོར་འོག་དགེ་ལུགས་ཕྱོགས་ཁག་གིས་གཙང་སྟོད་རྒྱལ་པོའི་ས་གནས་སྲིད་དབང་རྩ་གཏོར་བཏང་སྟེ། འབྲས་སྤུངས་དགོན་དུ་བཞུགས་པའི་ཏཱ་ལའི་བླ་མ་སྐུ་ཕྲེང་ལྔ་པ་ཆེན་པོ་འགོ་འཛིན་གཙོ་བོར་བསྐོས་ནས་དགའ་ལྡན་ཕོ་བྲང་གི་ས་གནས་སྲིད་དབང་བཙུགས་པ་རེད། ཏཱ་ལའི་བླ་མ་སྐུ་ཕྲེང་ལྔ་པས་སྲིད་འཛིན་གནང་བའི་རིང་ལ་སྲིད་དབང་སྲ་བརྟན་ཡོང་བ་སོགས་ཀྱི་ཆེད་དུ་སྤྱི་ལོ1645ལོར་ཕོ་བྲང་པོ་ཏ་ལ་བསྐྱར་དུ་བཞེངས་འགོ་བཙུགས་ནས་སྤྱི་ལོ1649ལོ་ལ་མཁར་རྫོང་ཡོངས་རྫོགས་གཞི་རྩའི་ཆ་ནས་ལེགས་གྲུབ་བྱུང་བ་རེད།（པར2—34）

སྤྱི་ལོ1682ལོར་ཏཱ་ལའི་བླ་མ་སྐུ་ཕྲེང་ལྔ་པ་དགོངས་པ་རྫོགས་ནས་སྡེ་སྲིད་སངས་རྒྱས་རྒྱ་མཚོས་རྒྱལ་དབང་ལྔ་པའི་གདུང་རྟེན་ཁང་རྒྱག་ཆེད་སྟོན་གྱི་ཕོ་བྲང་དམར་པོ་བཤིག་ནས་རྒྱ་ཆེ་རུ་བཏང་སྟེ་ད་ལྟའི་རྒྱ་ཁྱོན་འདི་བཟོས་པ་རེད། གཞན་ཡང་ཕོ་བྲང་དམར་པོའི་འོག་གི་བདེ་ཡངས་ནུབ་ཀྱི་བར་ཁྱམས་ལ་ཡང་བཟོ་བཅོས་བརྒྱབ་པ་རེད། ད་ལྟ་ང་ཚོས་མཐོང་རྒྱུ་ཡོད་པའི་པོ་ཏ་ལའི་བཟོ་དབྱིབས་འདི་དེའི་སྐབས་སུ་བཟོས་པ་རེད།

སྡེ་སྲིད་སངས་རྒྱས་རྒྱ་མཚོ་ནི་མཁྱེན་རྒྱ་ཆེ་ལ་ཐུགས་རིག་གསལ་བ། རིག་གནས་དང་ལོ་རྒྱུས། སྨན་གཞུང་དང་རྩིས་རིག ཨར་ལས་བཟོ་སྐྲུན་སོགས་རིག་པའི་གནས་ཀུན་ལ་བྱང་ཆུབ་པ་ཞིག་ཡིན་པས་ཕོ་བྲང་པོ་ཏ་ལ་ལེགས་བཅོས་ཕུན་སུམ་ཚོགས་པ་བྱུང་བ་དེ་ནི་ཁོང་གི་མཁྱེན་རྩལ་དང་ཁ་བྲལ་ཐབས་མེད་པ་ཞིག་ཡིན། ཁོང་གིས་སྲོལ་རྒྱུན་གྱི་བོད་རིགས་ཨར་སྐྲུན་གྱི་ཤིང་ཆའི་སྒྲིག་ཆས་སྤར་བས་ཕུན་སུམ་ཚོགས་པ་དང་རྒྱས་སྤྲོས་བྱས་ནས་གདུང་མའི་སྟེང་གི་པདྨ་ཆོས་བརྩེགས་དང་བབས་དང་སྤྲེལ་གདོང་སོགས་རིམ་པ་བཅུ་གསུམ་ཡོད་པའི་བཟོ་སྣངས་དེ་འདྲ་སྟོན་ཆད་ལོ་རྒྱུས་ཐོག་བྱུང་མ་མྱོང་བ་ཞིག་ཡིན། ཀ་གདུང་ལ་ཤིང་བརྐོས་ཞིབ་ཅིང་རྒྱས་པ་བརྐོས་ཡོད་པ་སོགས་སྲོལ་རྒྱུན་གྱི་བོད་རིགས་ཨར་སྐྲུན་གྱི་ལག་རྩལ་གྱི་ཚད་གོང་འཕེལ་ཤུགས་ཆེན་བྱུང་བ་དང་། བོད་རིགས་ཨར་ལས་བཟོ་སྐྲུན་གྱི་སྒྱུ་རྩལ་ཚད་གོང་མཐོར་འགྲོ་རྒྱུར་ཡང་སྐུལ་འདེད་ཤུགས་ཆེན་ཐེབས་པ་རེད།(པར2—35)

དུས་རབས་བཅུ་བདུན་པའི་དུས་མཇུག་དང་དུས་རབས་བཅོ་བརྒྱད་པའི་རིང་ལ། དགེ་ལུགས་པའི་སྟོབས་ཤུགས་ཉིན་བཞིན་ཆེ་རུ་འགྲོ་བཞིན་ཡོད་པས་ལྷ་སའི་གདན་ས་གསུམ་དང་བཀྲ་ཤིས་ལྷུན་པོའི་གྲྭ་ཚོགས་ཤིན་ཏུ་རྒྱས་ནས་འདུ་ཁང་དང་གྲྭ་ཤག་འཕར་སྣོན་ཆེན་པོ་བྱུང་བ་རེད། ད་ལྟར་གནས་པའི་གོང་དུ་ཞུས་པའི་དགོན་པ་བཞི་པོའི་འདུ་ཁང་ཆེན་མོ་དང་གྲྭ་ཚང་དང་ཁམས་ཚན་གྱི་ཨར་སྐྲུན་མང་ཆེ་བ་ནི་དུས་རབས་བཅོ་བརྒྱད་པའི་ནང་གསར་སྐྲུན་དང་རྒྱ་བསྐྱེད་གནང་བ་ཡིན། གཞན་ཡང་བོད་ཀྱི་ས་ཁུལ་གཞན་གྱི་དགོན་པའི་ཨར་སྐྲུན་ཡང་འཕར་སྣོན་ཆེན་པོ་བྱུང་ཡོད།(པར2—36)

(པར2—37) (པར2—38) (པར2—39)

དགའ་ལྡན་ཕོ་བྲང་གི་ལྟེ་གནས་ལྷ་ས་ཡིན་ཡང་། སྤུ་རྒྱལ་བཙན་པོའི་རྒྱལ་རབས་ཐོར་ཞིག་ཕྱིན་པའི་རྗེས་སུ། བོད་ཀྱི་སྲིད་དབང་གི་ལྟེ་གནས་ས་སྐྱ་དང་ལྷོ་ཁ་སོགས་སུ་སྤོས་པ་ཡིན་པས་ལྷ་ས་གྲོང་ཁྱེར་ལ་ཡར་རྒྱས་གང་ཡང་བྱུང་མེད། འོན་ཀྱང་ཏཱ་ལའི་བླ་མ་སྐུ་ཕྲེང་ལྔ་པ་ཆེན་པོས་སྲིད་དབང་བཟུང་བའི་རྗེས་སུ་ཁོང་ནི་ཆོས་སྲིད་ཟུང་འབྲེལ་གྱི་སྤྱི་ཡོངས་ཀྱི་གཙོ་འཛིན་ཡིན་པ་མ་ཟད། ཤེས་བྱ་ཡོན་ཏན་གྱི་མཁྱེན་རྒྱ་ཡངས་པ་ཞིག་ཀྱང་ཡིན་པས་རྒྱ་ཆེའི་ཆོས་དད་མང་ཚོགས་ཀྱིས་དད་བཀུར་ཚད་མེད་ཞུས་ཤིང་། མཇལ་ཞུ་ཡོང་མཁན་དང་སློབ་གཉེར་ཞུ་བར་ཡོང་མཁན་བགྲང་གིས་མི་ལངས། ལྷག་པར་ཨ་མདོ་བ་དང་ཁམས་པ་སོགས་ཡུལ་ཕྱོགས་སོ་སོའི་བོད་རིགས་དང་། སོག་པོ་དང་ཤིན་ཅང་སོགས་ས་ཁུལ་གྱི་སོག་རིགས་དང་།

མི་རིགས་གཞན་གྱི་མི་ཡང་ཤིན་ཏུ་མང་པོ་འཛོམས་ཡོད། ད་དུང་ས་ཆ་གཞན་ནས་ཚོང་གཉེར་སྣ་ཚོགས་བྱེད་མཁན་ཡང་མི་ཉུང་བ་ཡོད་པས་ལྷ་སའི་མི་འབོར་འཕར་སྣོན་ཆེན་པོ་བྱུང་ཡོད་ལ། གྲོང་ཁྱེར་གྱི་རྒྱ་ཁྱོན་དེ་བས་ཆེ་རུ་སོང་ཞིང་ཨར་སྐྲུན་ཡང་མང་དུ་ཕྱིན་པ་བཅས་ཀྱིས་ལྷ་ས་གྲོང་ཁྱེར་ཡང་འཕེལ་རྒྱས་ཆེན་པོ་བྱུང་ཡོད།(པར2—40)

བོད་ས་གནས་སྲིད་གཞུང་ལ་ཆེང་སྲིད་གཞུང་གི་རྒྱབ་སྐྱོར་ཐོབ་པས་རིམ་བཞིན་སྲིད་དབང་སྲ་བརྟན་བྱུང་བར་བརྟེན་རྒྱ་ཆེའི་མང་ཚོགས་རྣམས་རྩ་བའི་ཆ་ནས་ཞི་བདེ་བརྟན་ལྷིང་གི་འཚོ་བ་སྐྱེལ་ཐུབ་པ་བྱུང་ཞིང་། ཞིང་འབྲོག་ལས་ཀྱི་ཐོན་སྐྱེད་འཕེལ་རྒྱས་ངེས་ཅན་བྱུང་བ་དང་ས་ཆ་སོ་སོའི་གྲོང་ཚོ་དང་གྲོང་རྡལ་གྱི་ཨར་སྐྲུན་ཡང་གང་ལ་གང་འཚམས་ཀྱི་གོང་འཕེལ་སོང་ཡོད། ཏཱ་ལའི་བླ་མ་སྐུ་ཕྲེང་ལྔ་པས་སྲིད་འཛིན་གནང་བའི་རིང་ལ། བོད་ཀྱི་ས་ཁུལ་ཁག་གི་དགོན་པ་དང་ལྷ་ཁང་སོགས་གནའ་ཤུལ་གྲགས་ཅན་ཁག་ལ་ཡང་སྲུང་སྐྱོབ་ཉམས་གསོ་གནང་བས་ས་ཁུལ་སོ་སོའི་རིག་དངོས་གནའ་སྐྲུན་ཁག་ལ་སྲུང་སྐྱོབ་ཡག་པོ་བྱུང་ཡོད།

ཏཱ་ལའི་བླ་མ་སྐུ་ཕྲེང་བདུན་པའི་དུས་སུ་པོ་ཏ་ལའི་ནུབ་ངོས་ཀྱི་ལྷུང་གསེབ་ཁུལ་ལ་གླིང་ཁའི་ནང་དུ་ཁང་པ་ཐོག་མར་རྒྱག་འགོ་ཚུགས་ཤིང་། ཏཱ་ལའི་བླ་མ་སྐུ་ཕྲེང་བརྒྱད་པས་ཀྱང་རྒྱ་བསྐྱེད་གང་འཚམས་གནང་ཡོད། ཏཱ་ལའི་བླ་མ་སྐུ་ཕྲེང་བཅུ་གསུམ་པའི་དུས་ལ་སྤྱན་བསལ་གླིང་ཁ་དང་ཕོ་བྲང་གསར་སྐྲུན་རྒྱ་ཆེན་པོ་གནང་ཡོད་ཅིང་། འདི་ནི་བོད་ཀྱི་ཨར་སྐྲུན་ལོ་རྒྱུས་ཐོག་གཞི་རྒྱ་ཆུང་ཆེ་ལ་ཆ་ཚང་བའི་གླིང་ཁའི་ཨར་སྐྲུན་ཐོག་མ་ཡིན། མ་གཞི་དེ་ཡི་སྔོན་ནས་གླིང་ཁའི་ཨར་སྐྲུན་ཁ་ཤས་བྱུང་ཡོད་མོད། སྐབས་བདེ་ཤ་སྟག་རེད། ནོར་བུ་གླིང་ཁ་ནི་བོད་ལྗོངས་ཡོངས་ཀྱི་གླིང་ཁའི་ཨར་སྐྲུན་གྱི་ཚབ་མཚོན་ལྟ་བུ་ཞིག་ཡིན།(པར2—41) (པར2—42)

ཏཱ་ལའི་བླ་མ་སྐུ་ཕྲེང་བཅུ་གསུམ་པས་ཁོང་གི་སྤྱན་བསལ་ཐུབ་བསྟན་ཀུན་འཕེལ་ལགས་ལ་མཛོད་ཆེན་གནང་ཞིང་། ལོ་ན་གཞོན་པའི་ཐུབ་བསྟན་ཀུན་འཕེལ་ལགས་རིག་པ་ཤིན་ཏུ་བཀྲ་བ་དང་ཨར་སྐྲུན་གྱི་འཆར་འགོད་དང་ཨར་ལས་བཟོ་སྐྲུན་ཐད་སྐྱེ་སྟོབས་ཀྱི་ཤེས་རབ་ལྡན་པ་བཅས་ལ་བརྟེན་ཁོང་གིས་གསར་དུ་བརྒྱབ་པའི་སྤྱན་བསལ་ཕོ་བྲང་དང་། པོ་ཏ་ལའི་ཉི་འོད་ཤར་གྱི་གཟིམ་ཆུང་། ལྷ་ལྡན་གཙུག་ལག་ཁང་གི་རྒྱལ་བའི་གཟིམ་ཆུང་སོགས་གསར་སྐྲུན་བྱས་པའི་བརྒྱུད་རིམ་ནང་བོད་རིགས་ཨར་སྐྲུན་གྱི་ཤིང་ཆས་ཀྱི་བཟོ་ལྟ་ཁ་ཤས་གསར་གཏོད་བྱས་པ་དང་། སྙིག་གཞིའི་ཐད་བོད་ལུགས་ཀྱི་ཀ་ཐག་རིང་དུ་བཏང་བ་སོགས་དགེ་མཚན་ལྡན་པའི་གསར་གཏོད་རང་བཞིན་གྱི་བསྒྱུར་བཅོས་གང་འཚམས་བྱས་པས་བོད་ལུགས་ཨར་སྐྲུན་གྱི་ལག་རྩལ་སྔར་བས་གོང་མཐོར་འགྲོ་རྒྱུར་ཕན་ཐོགས་ངེས་ཅན་བྱུང་ཡོད།(པར2—43)

ཏཱ་ལའི་བླ་མ་སྐུ་ཕྲེང་བཅུ་གསུམ་པས་རིག་པ་ཅུང་རྣོ་བའི་སྐུ་དྲག་གི་བུ་ཕྲུག་ཁག་ཅིག་རྒྱ་གར་དང་དབྱིན་ཇི་རྒྱལ་ཁབ་སོགས་སུ་ཆེད་ལས་ཀྱི་ལག་རྩལ་སློབ་སྦྱོང་བྱེད་པར་མངགས་གཏོང་གནང་ཞིང་། ཕྱི་རྒྱལ་ལ་སློབ་སྦྱོང་བྱེད་པར་འགྲོ་མཁན་

ཆོ་ཕྱིར་ལོག་རྗེས། ནུབ་ཕྱོགས་ཀྱི་སྔོན་བོན་རིག་གནས་དང་སྔོན་བོན་ལག་རྩལ་ཁྱེར་ཡོང་བ་མ་ཟད་དེང་རབས་ཀྱི་འཚོ་བའི་གོམས་སྲོལ་ཡང་ཁྱེར་ཡོང་བ་རེད། ཕོ་ཚོའི་ནང་ནས་ཁ་ཤས་ཀྱིས་ཆུ་ཤུགས་གློག་ཁང་གསར་པ་བཙུགས་ནས་གློག་ནོར་བུ་གླིང་གར་ཁྲིད་པ་དང་། ཁ་ཤས་ནས་སྐྱུད་མེད་གློག་འཕྲིན་བཙུགས་པ། ཁ་ཤས་ནས་དངུལ་ལོར་བཟོ་གྲྭ་དང་འཕྲུལ་འཁོར་བཟོ་གྲྭ་སོགས་དེང་རབས་ཅན་གྱི་འཕྲུལ་ཆས་ཡོ་བྱད་ཀྱི་བཟོ་གྲྭ་བཙུགས་པ་བཅས་ཀྱིས་བོད་ལ་དེང་རབས་ཅན་གྱི་འཕྲུལ་ཆས་ལ་ཆོད་ལྟ་བྱེད་པའི་འགོ་བཙུགས་ཤིང་། དེ་ནས་བཟུང་བོད་ཀྱི་ཨར་སྐྲུན་ལོ་རྒྱུས་ཀྱི་ལེའུ་གསར་པ་འགོ་བཙུགས་པ་རེད་ཅེས་ཟེར་ཆོག དུས་རབས་ཉི་ཤུ་པའི་ལོ་རབས་བཞི་བཅུ་དང་ལྔ་བཅུ་ཡི་ནང་ལ་ལྷ་སའི་སྐྲ་དྲག་མང་པོ་གྲུ་དོག་པོའི་ལྷ་སའི་གྲོང་ནས་ཕྱིར་དོན་ཏེ་གླིང་ཁ་ཡོད་པའི་ཁྱིམ་ཁང་གསར་པ་རྒྱག་འགོ་ཚུགས་པ་རེད། དེ་ནས་བཟུང་ཁེར་རྐྱང་གི་གླིང་ཁའི་ཁྱིམ་གཞིས་ཀྱི་ཁང་པ་དང་སྒོ་ར་ཆ་ཚང་བ་མང་པོ་བྱུང་ཞིང་། ཕོ་ཚོས་ད་དུང་རྒྱ་གར་ནས་ལྕགས་གདུང་ཁྱེར་ཡོང་བས་ལྕགས་གདུང་སྒྲིག་པའི་ཁང་པའི་ནང་སྲོལ་རྒྱུན་གྱི་ཀ་བ་མི་དགོས་པ་བྱས་པ་རེད། ཁང་པའི་ལེབ་ངོས་ཀྱི་འཆར་འགོད་དང་སྐས་འཛེགས་ཀྱི་བཟོ་ལྟ་སོགས་ལ་ཡང་འགྱུར་ལྡོག་གང་འཚམས་བཏང་ཡོད། གྲོང་ཁྱེར་རྙིང་པའི་མཐའ་སྐོར་ལ་ཁྱིམ་གཞིས་གསར་པ་མང་པོ་བརྒྱབ་པས་ལྷ་ས་གྲོང་ཁྱེར་གྱི་རྒྱ་ཁྱོན་མངོན་གསལ་དོད་པོས་ཆེ་རུ་ཕྱིན་ཡོད་ལ། བོད་རིགས་ཨར་སྐྲུན་གྱི་སྒྲིག་གཞི་དང་སྒྲིག་ཆས་ཐད་ལའང་ནང་དོན་གསར་པ་བསྣན་ནས་སྲོལ་རྒྱུན་གྱི་མི་རིགས་ཨར་སྐྲུན་དེ་བས་ཕུན་ཚོགས་སུ་སོང་བ་རེད།(པར་2—44)

༤ བོད་ཞི་བས་བཅིངས་འགྲོལ་བཏང་བ་ནས་བསྒྱུར་བཅོས་སྒོ་དབྱེ་བར་གྱི་ཨར་སྐྲུན།

སྤྱི་ལོ1951ལོའི་ཟླ5པར་ཀྲུང་དབྱང་མི་དམངས་སྲིད་གཞུང་དང་བོད་ས་གནས་སྲིད་གཞུང་དབར་《བོད་ཞི་བས་བཅིངས་འགྲོལ་འབྱུང་ཐབས་སྐོར་གྱི་གྲོས་མཐུན་དོན་ཚན་བཅུ་བདུན》ལ་མིང་རྟགས་བཀོད་པས་བཙན་རྒྱལ་རིང་ལུགས་ཀྱི་བཙན་འཛུལ་སྟོབས་ཤུགས་ཕྱིར་འབུད་བཏང་བ་དང་། བོད་ཞི་བས་བཅིངས་འགྲོལ་བཏང་ནས་སྤྱི་ཚོགས་རིང་ལུགས་ཀྱི་འགྲོ་ལམ་ཐོག་བསྐྱོད་འགོ་བཙུགས་པ་རེད། འོན་ཀྱང་ལོག་སྤྱོད་ཅུ་ཚོགས་ཙུང་ཤས་ནས་གཏོར་བཤིག་དང་ངན་སྐུལ་བྱས་པའི་རྐྱེན་གྱིས་ཁྲིན་བོད་དང་མཚོ་བོད་གཞུང་ལམ་གཉིས་ཤར་གཏོང་བྱུང་ཐུབ་མེད་པ་དང་། བོད་ཀྱི་སྤྱི་ཚོགས་ལམ་ལུགས་དང་ཐོན་སྐྱེད་ཀྱི་འཕྲེལ་བར་བསྒྱུར་བཅོས་མཐར་ཕྱིན་པ་བྱུང་མེད་པ་བཅས་དཀའ་ངལ་ཤིན་ཏུ་ཆེ་བའི་གནས་ཚུལ་འོག ཀྲུང་དབྱང་སྲིད་གཞུང་དང་རྒྱལ་ཡོངས་མི་དམངས་ཀྱིས་བོད་ལ་རྒྱབ་སྐྱོར་ཤུགས་ཆེན་གནང་ནས་སྔ་རྗེས་སུ་བོད་རང་སྐྱོང་ལྗོངས་ཁྲ་སྒྲིག་ཨུ་ཡོན་ལྷན་ཁང་གི་གཞུང་ལས་ཁང་ཆེན་དང་།(པར་2—45) བོད་རང་སྐྱོང་ལྗོངས་མི་དམངས་སྨན་ཁང་།(པར་2—46) བོད་རང་སྐྱོང་ལྗོངས་ཁྲ་སྒྲིག་ཨུ་ཡོན་ལྷན་ཁང་གི་ཚོགས་ཁང་ཆེན་མོ།(པར་2—47) བོད་རང་སྐྱོང་ལྗོངས་རྒྱང་བསྒྲགས་བརྙན་འཕྲིན་ཁང་།(པར་2—48) ངལ་རྩོལ་མི་དམངས་རིག་གནས་ཁང་།(པར་2—49) བོད་རང་སྐྱོང་

ལྡོངས་སྣུན་རྩིས་ཁང་།（པར2—50） བོད་རང་སྐྱོང་ལྗོངས་ཨར་སྐྲུན་འཆར་འགོད་ཁང་།（པར2—51） བོད་རང་སྐྱོང་ལྗོངས་སྨུག་སྲིད་གློག་འཕྲིན་ཁང་ཆེན་མོ།（པར2—52） བོད་རང་སྐྱོང་ལྗོངས་འཛུགས་སྐྲུན་ཨུ་ལྷན་གྱི་ཐོག་ཁང་ཆེན་མོ་（པར2—53）སོགས་ཨར་སྐྲུན་མང་པོ་བྱས་ནས་མཐོ་སྒང་དུ་ཅུང་ཚད་ལྡན་གྱི་ལྷུགས་རྩིབས་ཨར་འདམ་གྱི་ཨར་སྐྲུན་ཡང་ཐེངས་དང་པོ་བྱུང་བ་རེད།

ཕྱོགས་མཚུངས་ཆབ་མདོ་དང་གཞིས་རྩེ་སོགས་ས་ཁུལ་ལ་ཡང་ཨར་སྐྲུན་གསར་པ་ཁ་ཤས་རྒྱག་འགོ་ཚུགས་པ་རེད། བོད་རང་སྐྱོང་ལྗོངས་གྲ་སྒྲིག་ཨུ་ཡོན་ལྷན་ཁང་གི་རྒྱབ་སྐྱོར་འོག་པཎ་ཆེན་རིན་པོ་ཆེ་ནས་གཞིས་རྩེར་སྲོལ་རྒྱུན་གྱི་བཟོ་དབྱིབས་དང་དེང་རབས་ཀྱི་སྒྲིག་གཞི་ཟུང་དུ་འབྲེལ་བའི་པཎ་ཆེན་ཕོ་བྲང་གསར་པ་བཞེངས་པ་རེད།（པར2—54） ལྷ་སར་ནོར་བུ་གླིང་ཁའི་ནང་ཕོ་བྲང་གསར་པ་བཞེངས་པ་དང་།（པར2—55） ཕོ་བྲང་དེ་ཡང་དེང་རབས་ཅན་གྱི་རྒྱུ་ཆ་དང་སྲོལ་རྒྱུན་གྱི་བཟོ་ལྟ་ཟུང་འབྲེལ་བྱས་པའི་ཨར་སྐྲུན་གསར་པ་ཞིག་ཡིན། གོང་གསལ་ཨར་སྐྲུན་དེ་ཚོ་ལེགས་གྲུབ་བྱུང་བ་ནི་བོད་རིགས་ཨར་སྐྲུན་དེ་ཉིད་དུས་རབས་གསར་པ་ཞིག་ཏུ་སླེབས་པའི་གསལ་བཤད་བྱས་པ་རེད།

སྤྱི་ལོ1959ལོར་བོད་ལྗོངས་ལ་དམངས་གཙོའི་བཅོས་བསྒྱུར་འགོ་བཙུགས་པ་ནས་ཀྲུང་དབྱང་གི་བརྟན་སྙིང་དང་ཡར་རྒྱས་ཀྱི་མཛད་ཕྱོགས་སྲིད་ཇུས་ལག་བསྟར་ཏན་ཏིག་བྱས་ཤིང་། རྒྱ་ཆེའི་ཞིང་འབྲོག་མི་དམངས་རྣམས་ཡར་ལངས་བཅིངས་འགྲོལ་ཐོབ་པ་དང་། མི་དམངས་ཀྱི་འཚོ་བ་རིམ་བཞིན་གོང་འཕེལ་ཕྱིན་ཏེ་གྲོང་གསེབ་ཀྱི་ཡུལ་ལུང་ཁག་ལ་མི་སེར་གྱི་སྡོད་ཁང་གསར་པ་རྒྱག་པ་སོགས་སྤྱི་ཚོགས་ཡོངས་ལ་འཕྱུར་བསྐྱོད་ལྟ་བུའི་ཡར་རྒྱས་ཡོང་བའི་དུས་སྐབས་གསར་པ་ཞིག་ཏུ་སླེབས་པ་རེད།

སྤྱི་ལོ1965ལོར་བོད་རང་སྐྱོང་ལྗོངས་དངོས་སུ་འཛུགས་རྒྱུར་བསུ་བ་ཞུ་ཆེད་ལྷ་ས་གྲོང་ཁྱེར་ལ་གཞི་རྒྱ་ཆེ་བའི་འཛུགས་སྐྲུན་བྱེད་འགོ་ཚུགས་པ་རེད། ཐོག་མར་སྤྱི་ལོ1963ལོར་ལྷུགས་པོ་རི་ཡི་སྨད་འདབས་སུ་པཎ་ཆེན་རིན་པོ་ཆེ་ལ་ཕོ་བྲང་གསར་པ་ཞིག་བརྒྱབ་པ། དེ་ཡང་རང་སྐྱོང་ལྗོངས་བཟོ་ལས་ཨར་སྐྲུན་ལྟ་ཞིབ་ཐེག་ལེན་འཆར་འགོད་ཁང་གི་ཐང་ཀོང་ཏུའི་དང་ཡེ་ཞའོ་ཡན་སོགས་ཨར་སྐྲུན་དགེ་རྒན་རྣམས་པས་འཆར་འགོད་གནང་བ་རེད། མ་གཞི་དེ་དེང་རབས་ཨར་འདམ་གྱི་ཀ་གདུང་དང་ཨར་འདམ་གྱི་ཐོག་པང་སོགས་ཀྱི་སྒྲིག་གཞི་གསར་པ་ཡིན་ནའང་། ཕོ་བྲང་གི་ཕྱི་དབྱིབས་དང་ནང་གི་བཀོད་པ་བཅས་བོད་ལུགས་ཀྱི་ཁྱད་ཆོས་འབྲུལ་མེད་བྱུང་ཡོད་པས། པཎ་ཆེན་རིན་པོ་ཆེ་ཡང་ཕོ་བྲང་གསར་པ་འདིར་ཐུགས་མཉེས་པོ་བྱུང་ནས་བཞུགས་གླིང་རྡོ་རྗེ་ཕོ་བྲང་ཞེས་བཏགས་གནང་མཛད།（པར2—56）

དེ་ནས་སྐབས་དེའི་མི་དམངས་ལམ་ལ་སྣེ་ལེན་ཁང་གི་ཐོག་བརྩེགས་ཁང་ཆེན་སོགས་གསར་སྐྲུན་བྱས་ཤིང་། ཨར་སྐྲུན་དེ་དག་གི་བེད་སྤྱོད་ཀྱི་ནུས་པ་དང་ཕྱི་ཡི་བཟོ་ལྟ་སོགས་གང་ཅིར་མི་རིགས་ཀྱི་ཁྱད་ཆོས་མངོན་ཡོད་པས་བོད་རིགས་མི་

དམངས་ཚོའི་གདེང་འཛོག་བཟང་པོ་ཡང་ཐོབ་ཡོད།（པར་2—57）

གོང་གི་ཨར་སྐྲུན་དག་ནི་དེང་རབས་ཀྱི་ཨར་སྐྲུན་དང་མི་རིགས་ཀྱི་ཁྱད་ཆོས་ཟུང་འབྲེལ་བྱ་རྒྱུར་ཚོད་ལྟ་བྱེད་འགོ་ཚུགས་པ་ཞིག་ཡིན། གོང་གསལ་ཨར་སྐྲུན་དེ་དག་ནི་བོད་རང་སྐྱོང་ལྗོངས་ཨར་སྐྲུན་ལྟ་ཞིབ་ཐིག་ལེན་འཆར་འགོད་ཁང་གི་སྟོན་གྱི་ལས་ཁུངས་སྙིང་པ་སྟེ། བོད་རང་སྐྱོང་ལྗོངས་གྲྭ་སྒྲིག་ཨུ་ཡོན་ལྷན་ཁང་འཛུགས་སྐྲུན་བཟོ་ལས་ཁྲུའུ་འཆར་འགོད་ཁང་གིས་འཆར་འགོད་བྱས་པ་ཡིན། གཞན་ཡང་ལྷ་ས་གྲོང་སྙིང་ཁུལ་གྱི་གཡུ་ཐོག་ཟམ་པའི་ནུབ་ངོས་ནས་བོད་རང་སྐྱོང་ལྗོངས་གྲྭ་སྒྲིག་ཨུ་ཡོན་ལྷན་ཁང་གི་གཞུང་སྒོའི་ཤར་ངོས་བར་གཞུང་ལམ་གསར་དུ་བཏོད་པ་དང་། ཁྲོམ་ལམ་གྱི་ཕྱོགས་གཉིས་ལ་ཤེན་ཧྲ་དཔེ་དེབ་ཁང་དང་། སྣེ་འཛོམས་ཚོང་ཁང་ཆེན་མོ། འབྲུ་སྣུམ་ཚོང་ཁང་། ཞོར་ཟས་ཚོང་ཁང་སོགས་ཀྱི་ཨར་སྐྲུན་མང་པོ་བརྒྱབ་ནས་ཅུང་ཆ་ཚང་བའི་ཚོང་ལས་ཀྱི་ཁྲོམ་ལམ་ཞིག་ཆགས་ཡོད། མ་གཞི་ཨར་སྐྲུན་དེ་དག་ཚང་མ་ཐོག་གཅིག་མ་ཡིན་པ་དང་། ནང་ལ་རྒྱུས་སྦྲོས་གང་ཡང་བྱས་མེད་པས་ཨར་སྐྲུན་བརྗིད་ཉམས་དོད་པོ་དེ་འདྲ་མ་ཡིན་ཡང་། སྐབས་དེ་ཡི་ཆ་རྐྱེན་འོག་ལྷ་ས་གྲོང་ཁྱེར་གྱི་ཁྲོམ་ར་དར་ཞིང་རྒྱས་པ་དང་མི་དམངས་ཀྱི་འཚོ་བ་གོང་འཕེལ་འགྲོ་རྒྱུ་སོགས་ལ་དགེ་མཚན་ལྡན་པའི་ནུས་པ་ཐོན་ཡོད།（པར་2—58）

བསྒྱུར་བཅོས་སྒོ་དབྱེ་གཏིང་ཟབ་ཏུ་འགྲོ་བ་དང་། གཞུང་དབྱང་གིས་ལོ་ལྟར་བོད་རང་སྐྱོང་ལྗོངས་ལ་འཛུགས་སྐྲུན་གྱི་མ་དངུལ་འབོར་ཆེན་བཏང་ནས་ལྷ་སས་གཙོས་པའི་ལྗོངས་ཡོངས་ཀྱི་ས་ཁུལ་དང་ཊོང་ཁག་གི་རྩ་བའི་འཛུགས་སྐྲུན་ཡར་རྒྱས་གོང་འཕེལ་བྱུང་བ་དང་། ཨར་སྐྲུན་གྱི་ཆེད་ལས་མི་སྣས་ཧུར་བརྩོན་འབད་འབུངས་བྱས་ཏེ་རྒྱལ་ནང་ནས་སྔོན་ཐོན་གྱི་ལག་རྩལ་དང་ཨར་སྐྲུན་གྱི་སྒྲིག་ཆས་དང་རྒྱུ་ཆ་གསར་པ་མང་པོ་ནང་འདྲེན་བྱས་ཡོད། སྤྱི་ལོ1976ལོ་ནས་བཟུང་ལྷ་ས་ནས་འགོ་བཙུགས་ཏེ་ཐོག་སོ་བཞི་ལྔ་ཡོད་པའི་དེང་རབས་ཀྱི་ཨར་སྐྲུན་གསར་སྐྲུན་བྱས་ཡོད་ཅིང་། བོད་རང་སྐྱོང་ལྗོངས་ཨར་སྐྲུན་ལྟ་ཞིབ་ཐིག་ལེན་འཆར་འགོད་ཁང་དང་ལྷ་ས་གྲོང་ཁྱེར་ཁྲིང་ཀོན་ཆུས་མཉམ་འབྲེལ་གྱིས་བདུན་གཉིས་གཅིག་གི་ཨར་སྐྲུན་ལས་བཟོ་བའི་སློབ་སྦྱོང་འཛིན་གྲྭ་བཙུགས་ནས་བོད་རིགས་རང་གི་ཨར་སྐྲུན་ཆེད་ལས་པའི་མི་སྣ་གསོ་སྐྱོང་དང་སྦྱོང་བརྡར་བྱས་ཏེ་བོད་ལྗོངས་མི་དམངས་དཔེ་སྐྲུན་ཁང་དང་ཤིན་ཧྭ་གསར་འགྱུར་ཁང་བོད་ལྗོངས་ཡན་ལག་ཁང་། བོད་རང་སྐྱོང་ལྗོངས་འཛུགས་སྐྲུན་ཨུ་ཡོན་ལྷན་ཁང་སོགས་ལས་ཁུངས་ཁག་གི་ལས་གྲྭའི་ཐོག་ཁང་ཆེན་པོ་ཨར་འདམ་ལྷུགས་རྩིབས་ཀྱི་ཕོག་སྟོང་པང་ལེབ་དང་། ཁང་ཐོག་གི་ཨར་འདམ་ལྡེབས་པང་སོགས་ཚོད་ལྟ་ལེགས་གྲུབ་བྱུང་བ་དེས་རྗེས་སུ་གཞི་རྒྱ་ཆེ་བའི་འཛུགས་སྐྲུན་གྱི་བྱ་གཞག་ལ་རྨང་གཞི་བརྟན་པོ་འདིང་ཐུབ་པ་བྱུང་ཡོད། དེ་ནས་བཟུང་རིམ་བཞིན་བོད་ཀྱི་ཨར་སྐྲུན་གྱི་བྱ་གཞག་ལ་འཕུར་བསྐྱོད་ལྟ་བུའི་འཕེལ་རྒྱས་བྱུང་བ་རེད།

ལེའུ་གསུམ་པ། བོད་རིགས་ཨར་སྐྲུན་གྱི་རིགས་དབྱེ།

བོད་རིགས་ཨར་སྐྲུན་དེ་བྱེད་ནུས་ལ་གཞིགས་ན་ཕོ་བྲང་གི་ཨར་སྐྲུན་དང་། དགོན་པའི་ཨར་སྐྲུན། མཁར་རྫོང་གི་ཨར་སྐྲུན། གཞིས་ཀའི་ཨར་སྐྲུན། དམངས་ཁང་ཨར་སྐྲུན། གླིང་ཀའི་ཨར་སྐྲུན་བཅས་རིགས་དྲུག་ལ་དབྱེ་ཆོག

དང་པོ། ཕོ་བྲང་གི་ཨར་སྐྲུན།

ཕོ་བྲང་དེ་ཕོ་ཞེས་པ་ནི་ཕོ་མོའི་ཕོ་ཡིན་ཞིང་། ཕོ་རྒོད་པོའི་དོན་ཡིན། ལོ་རྒྱུས་ཐོག་སྤུ་རྒྱལ་གྱི་རྒྱལ་པོ་ལ་བཙན་པོ་ཞེས་འབོད་པ་སྟེ་ཕོ་རྒོད་པོའམ་ཕོ་བཙན་པོ་ཟེར་བའི་དོན་ཡིན་པས་བཙན་པོ་ཡང་ཟེར་གྱི་ཡོད། བོད་མི་རིགས་ཀྱི་གོམས་སྲོལ་དུ་སྐྱེས་པ་ཕོ་དང་། ཕོ་རྒོད་པོ་ཚང་མ་བརྩི་འཛོག་བྱ་སའི་མི་ཡིན།

ཆོས་གཞའ་བོའི་བོད་ཀྱི་མི་ཆོས་བོན་པོ་དང་སངས་རྒྱས་ཆོས་ལུགས་ཀྱི་ལྷ་དང་སངས་རྒྱས་དེ་ཙམ་ཏ་མི་གོ་བའི་གོང་ནས་སེམས་ནང་བརྩི་འཛོག་ཆེ་ཤོས་ནི་སྐྱེས་པ་ཕོ་ཡིན། དེར་བརྟེན་སྐབས་དེར་ཕོ་ཆོས་རང་གི་འགོ་དཔོན་ལ་སྐྱེས་པ་ཕོ་ཡི་མིང་བཏགས་པ་ནི་འོས་ཤིང་འཚམས་པ་ཞིག་རེད། བྲང་ཞེས་པ་ནི་བཞུགས་སྒར་དང་སྡོད་གནས་སམ་དམག་སྒར་སོགས་ཀྱི་དོན་ཡང་ཡིན། དེས་ན་ཕོ་བྲང་གི་གོ་དོན་ངོ་མ་ནི་ཕོ་རྒོད་ཀྱི་བྲང་ས་སྟེ་སྒར་ས་ཟེར་བའི་དོན་ཡིན། དེ་ཡང་བྲང་སའམ་སྒར་ས་དེ་ཚང་མ་སྦྲ་གུར་རྒྱག་པའི་སྒར་ས་ཤ་སྟག་ཡིན། རྗེས་སུ་སྤྱི་ལོའི་སྔོན་གྱི་ལོ200ལྷག་གི་སྐབས་སུ། ཡར་ཀླུངས་ཚོ་པས་གཉའ་ཁྲི་བཙན་པོ་བོད་ཀྱི་བཙན་པོར་བསྐོས་པའི་རྗེས་སུ་ཡུམ་བུ་བླ་མཁར་བརྩིགས་པ་དེ་ནི་ར་སྒོའི་འཁྲིག་པའི་ཕོ་བྲང་དེ་ཨར་སྐྲུན་ལ་བསྒྱུར་འགོ་བཙུགས་པ་རེད། 《ཐང་ཡིག་གསར་མའི》ལེའུ196ནང་རྒྱལ་འབངས་ཀྱིས་དེ་ལ་བཙན་པོ་ཞེས་འབོད། ཕོ་ཚོ་ནི་ཁལ་ཐོག་མཉམ་དུ་འགྲོ་བ་ལས་གཏན་སྡོད་མི་བྱེད། ཡིན་ན་ཡང་གྲོང་རྡལ་ཆེན་པོ་ཚགས་ཡོད་ཅེས་འཁོད་འདུག

ཕོ་བྲང་གི་ཨར་སྐྲུན་ནི་གཙོ་བོ་ལོ་རྒྱུས་ཐོག་གི་ཆོས་སྲིད་ཀྱི་འགོ་གཙོ་ཡི་ཆེད་དུ་བརྒྱབ་པ་ཞིག་ཡིན། སྤུ་རྒྱལ་བཙན་པོ་སྲོང་བཙན་སྒམ་པོའི་ཕོ་བྲང་པོ་ཏ་ལ་ནས་ས་སྐྱ་པ་དང་ཕག་གྲུའི་དབང་འཛིན་པའི་ཕོ་བྲང་དང་། ཏཱ་ལའི་བླ་མ་སྐུ་ཕྲེང་ལྔ་པས་སྲིད་དབང་ཐོག་མར་བཟུང་བའི་སྐབས་ཀྱི་འབྲས་སྤུངས་དགོན་གྱི་དགའ་ལྡན་ཕོ་བྲང་། རྗེས་སུ་སླར་གསོ་བྱས་པའི་ཕོ་བྲང་པོ་ཏ་ལ། པཎ་ཆེན་རིན་པོ་ཆེའི་བཀྲ་ཤིས་ལྷུན་པོ་དགོན་པའི་བླ་བྲང་རྒྱལ་མཚན་མཐོན་པོ་སོགས་ནི་ཕོ་བྲང་གི་ཁོངས་སུ་གཏོགས་པའི་ཨར་སྐྲུན་ཡིན། ས་ཁུལ་སོ་སོའི་སྡེ་དཔོན་དང་དགོན་པ་ཁག་གི་དགོན་བདག་བླ་མ་ལ་ཡང་སོ་སོའི་ཕོ་བྲང་བརྒྱབ་པ་ཡོད། དཔེར་ན། སྡེ་ཁའུ་ལྷ་རྒྱ་རིའི་ཕོ་བྲང་དང་། དགོན་པ་སོ་སོའི་བླ་བྲང་སོགས་ནི་ཕོ་བྲང་གི་ཁོངས་གཏོགས

ཡིན། ཁོང་ཚོའི་བླན་མེད་པའི་དབང་ཐང་དང་གཟི་རྔམ་མཚོན་པའི་ཆེད་དུ་ཐབས་གང་ཡོད་ཀྱིས་ཕོ་བྲང་སོ་སོ་རྔམ་བརྗིད་ལྡན་པ་དང་། མཛེས་ཉིད་ཕུན་སུམ་ཚོགས་པ་ཡོང་ཐབས་བྱེད་ཀྱི་ཡོད། བདེ་སྐྱིད་བྱ་རྒྱུའི་ཐད་བདག་པོ་ལ་བདེ་ཞིང་སྐྱིད་པ་དང་སྟབས་བདེ་པོའི་བཀོད་པ་ཡོད་པ་བྱ་རྒྱུ་རེད། འོན་ཀྱང་ནན་པོའི་སློ་ནས་བཤད་ན་ལོ་རྒྱུས་ཐོག་ཕོ་བྲང་གི་ཨར་སྐྲུན་མང་པོ་དེ་ཙམ་མེད། སྤུ་རྒྱལ་བཙན་པོའི་སྐུ་མཁར་ལ་ཕོ་བྲང་ཟེར་དགོས་ཀྱང་བློན་ཆེན་ཚོའི་སྡོད་སར་ཕོ་བྲང་ཟེར་མི་ཉན། ས་སྐྱའི་དུས་སྐབས་དང་ཕག་གྲུའི་དུས་སྐབས། དགའ་ལྡན་ཕོ་བྲང་སྐབས་སོགས་ཀྱི་འགོ་དཔོན་བཞུགས་སའི་ཁང་ཆེན་ལ་ཕོ་བྲང་ཟེར་བ་ཡིན། ཏཱ་ལའི་བླ་མ་སྐུ་ཕྲེང་ལྔ་པ་ཆེན་པོས་བོད་ས་གནས་ཀྱི་ཆོས་སྲིད་གཅིག་གྱུར་གྱི་དབང་ཆ་བཟུང་བའི་རྗེས་སུ་ཁོང་གི་བཞུགས་ས་ལ་ཕོ་བྲང་ཟེར་གྱི་ཡོད། ཆོས་ལུགས་ཐོག་མཚན་སྙན་མཐོན་པོ་ག་ཚོད་ཡོད་ན་ཡང་སྤྱིར་བཏང་ཐོག་ཕོ་བྲང་གི་མཚན་གནས་མི་ཐོབ། དཔེར་ན་དགེ་ལུགས་པའི་ཆོས་བརྒྱུད་ཡོངས་ལ་དྲི་དམ་གནང་མཁན་དགའ་ལྡན་ཁྲི་པའི་བཞུགས་ས་ལ་ཕོ་བྲང་གི་མིང་མི་ཐོབ་ཅིང་། གཙང་ཁུལ་གྱི་པཎ་ཆེན་རིན་པོ་ཆེ་ལ་དམིགས་བསལ་གྱི་དབང་ཆ་ཡོད་ལ། ཁོང་གིས་སྲིད་སྐྱོང་གནང་མྱོང་བ་དང་། གཙང་ཁུལ་ལ་སྐུ་རང་ཉིད་ཀྱི་མངའ་སྡེ་ཡང་ཡོད་ཅིང་། གཞིས་རྩེ་ལ་བདེ་ཆེན་ཕོ་བྲང་ཡོད། འོན་ཀྱང་བཀྲ་ཤིས་ལྷུན་པོ་དགོན་པའི་ནང་བླ་བྲང་མ་གཏོགས་མེད། པཎ་ཆེན་རིན་པོ་ཆེ་བཞུགས་སའི་ཁང་པ་ཐོག་བརྩེགས་ཅན་ལ་བླ་བྲང་རྒྱལ་མཚན་མཐོན་པོ་ཞེས་པ་ལས་ཕོ་བྲང་ཞུ་ཡི་མེད། དེ་ཡང་པཎ་ཆེན་སྐུ་ཕྲེང་གིས་བོད་ཀྱི་སྲིད་སྐྱོང་མ་གནང་སོང་གི་བཞུགས་ས་ཡིན་པས་ཀྱང་རེད་འདུག བླ་བྲང་ནི་བླ་མའི་བཞུགས་ས་ལ་ཟེར་ཞིང་། བླ་མའི་བྲང་ས་ཞེས་པའི་དོན་ཡིན། བོད་སྐད་དུ་བླ་བྲང་ནི་ཕོ་བྲང་གི་འོག་ཏུ་ཡིན། གོ་གནས་ཆེ་ཆུང་ལ་མ་བལྟོས་པར་བླ་མ་ཚད་དང་ལྡན་པ་ཞིག་ཡིན་ན་ཁོང་བཞུགས་ས་ལ་བླ་བྲང་ཟེར་གྱི་རེད། བོད་རིགས་ས་ཁུལ་ལ་བླ་མ་ཤིན་ཏུ་མང་བས་བླ་བྲང་ཡང་མང་པོ་ཡོད། གང་ལྟར་བླ་བྲང་ནི་ཕོ་བྲང་དང་རིམ་པ་གཅིག་མཚུངས་མིན་པར་ཕོ་བྲང་ནི་བོད་རང་སྐྱོང་ལྗོངས་ཀྱི་ཁྱབ་ཁོངས་ནས་བཤད་ན། སྔོན་གྱི་ལོ་རྒྱུས་ཐོག་ནས་ད་ལྟའི་བར། ཡང་ན་སྔ་མོའི་རྗེས་ཤུལ་ནས་ད་ལྟ་ཡོད་པའི་ཕོ་བྲང་གི་ཨར་སྐྲུན་མང་པོ་ལྷག་མེད། ལོ་རྒྱུས་ཐོག་བྱུང་བའི་ཕོ་བྲང་མང་པོ་ཞིག་ད་ལྟ་ལྷག་མེད། དཔེར་ན་སྲོང་བཙན་སྒམ་པོའི་སྐབས་ཀྱི་ཕ་བོང་ཁའི་ཐོག་བརྩེགས་དགུ་ཡི་ཕོ་བྲང་། བཙན་པོ་ཁྲི་རལ་པ་ཅན་གྱི་ཐོག་བརྩེགས་དགུ་བྱས་པའི་འུ་ཤང་རྡོ་ཡི་ལྷ་ཁང་ལྟ་བུ། དེས་ན་ད་ལྟང་ཆོས་བརྗོད་པའི་སྤུ་རྒྱལ་བཙན་པོ་ཐོག་མ་གཉའ་ཁྲི་བཙན་པོའི་སྐུ་མཁར་ཡུམ་བུ་བླ་མཁར་ལ་མཚོན་ན། མ་གཞི་སྐུ་མཁར་འདིར་ཐེངས་མང་པོ་ཉམས་གསོ་བྱས་ཡོད་ན་ཡང་ད་ལྟ་སྤུ་རྒྱལ་དུས་ཀྱི་ཕོ་བྲང་སྔ་ཤོས་ཀྱི་ཨར་སྐྲུན་ཞིག་ཡིན་པ་ངོས་འཛིན། ད་དུང་མངའ་རིས་གུ་གེ་རྒྱལ་པོའི་ཕོ་བྲང་ཨར་སྐྲུན་གྱི་རྗེས་ཤུལ་དང་ཕོ་བྲང་པོ་ཏ་ལ་ལྟ་བུ་ཡིན། ཕོ་བྲང་པོ་ཏ་ལ་ནི་ལོ་ངོ་1300སྔོན་ནས་ད་བར་བོད་ས་གནས་སྲིད་གཞུང་གིས་སྐྱར་གསོ་ཞུས་ཤིང་། ད་ལྟ་མཐོང་རྒྱུ་ཡོད་པའི་ཕོ་བྲང་པོ་ཏ་ལ་ནི་བོད་ཀྱི་ཕོ་བྲང་ཨར་སྐྲུན་གྱི་ཚབ་མཚོན་གཙོ་བོ་དེ་ཡིན། གཞན་ཡང་ཏཱ་ལའི་བླ་མ་སྐུ་ཕྲེང་བདུན་པ་བསྐལ་བཟང་རྒྱ་མཚོ་མཆོག་སྙུན་གཞི་གསོ་བའི་ཆེད་ནོར་བུ་གླིང་ཁར་དབྱར་ཁ་སྐུ་ངལ་གསོ་སའི་གླིང་ཁའི་ཨར་སྐྲུན་གསར་རྒྱག་གནང་བ་དེ་ལ་

དབྱར་ཁའི་ཟོ་བྲང་ཞུ་ཡི་ཡོད། མ་གཞི་ཏྭ་ལའི་བླ་མ་བཞུགས་ས་ལ་ཟོ་བྲང་ཞེས་ཞུ་དགོས་པའི་དབུ་གནས་ཐོབ་ཐང་ཡོད་ན་ཡང་། ཏྭ་ལའི་བླ་མ་བཞུགས་སྒྲོང་བའི་ཨར་སྐྲུན་ཚང་མར་ཟོ་བྲང་ཞེས་ཞུ་ཡི་མེད། དཔེར་ན། ལྷ་ལྡན་གཙུག་ལག་ཁང་གི་ཏྭ་ལའི་བླ་མའི་གཟིམ་ཆུང་ལ་ཟོ་བྲང་ཟེར་སྲོལ་མེད། ད་དུང་ལྷ་སའི་སེ་འབྲས་དགའ་གསུམ་གྱི་གྲྭ་ཚང་སོ་སོའི་ཐོག་ཁར་ཡོད་པའི་ཏྭ་ལའི་བླ་མའི་གཟིམ་ཆུང་ལ་ཡང་ཟོ་བྲང་ཟེར་གྱི་མེད། དེ་ནི་གཙོ་བོ་གཟིམ་ཆུང་གི་ཨར་སྐྲུན་དེ་ཚོ་ཟོ་བྲང་གི་རྒྱ་ཁྱོན་ལོན་གྱི་མེད་པས་ཡིན། རྒྱ་ཁྱོན་ངེས་ཅན་དང་ཁང་པའི་མ་ལག་ཆ་ཚང་བ་ཡོད་པའི་ཨར་སྐྲུན་ལ་གཞི་ནས་ཟོ་བྲང་ཟེར་ཆོག དུས་རབས་བཅུ་དྲུག་པའི་དུས་མཇུག་ལ་ལྷ་ས་སྐྱིད་ཆུའི་ལྷོ་ངོས་ཀྱི་སྣེའུ་རྫོང་དཔོན་ནས་འབྲས་སྤུངས་དགོན་ལ་ཡོད་པའི་ཁོ་རང་ཁྱིམ་ཚང་གི་གྲྭ་ཤག་ཆ་ཚང་ཏྭ་ལའི་བླ་མ་སྐུ་ཕྲེང་གསུམ་པ་བསོད་ནམས་རྒྱ་མཚོར་ཕུལ་ཞིང་། རྒྱལ་དབང་ལྔ་པས་བོད་ཀྱི་སྲིད་དབང་བཟུང་བའི་སྔ་རྗེས་ལ་གཞི་རྒྱ་ཆེ་ཙམ་གྱིས་ཉམས་གསོ་དང་རྒྱ་བསྐྱེད་གནང་ཡོད། དུས་རབས་ཉི་ཤུ་པའི་དུས་འགོར། ཏྭ་ལའི་བླ་མ་སྐུ་ཕྲེང་བཅུ་གསུམ་པས་སླར་ཡང་ཁྱོན་ཡོངས་ནས་ཉམས་གསོ་གནང་ནས་ད་ལྟའི་རྒྱ་ཁྱོན་དང་བཟོ་དབྱིབས་ཆགས་ནས་དོན་དངོས་ཐོག་གི་ཟོ་བྲང་ཨར་སྐྲུན་གྱི་ཚབ་མཚོན་གཙོ་བོར་གྱུར་པ་ཡིན།(པར3—1) (པར3—2)

གཉིས་པ། དགོན་པའི་ཨར་སྐྲུན།

དགོན་པ་ཞེས་པ་ནི་དབེན་ཞེས་པའི་དོན་ཡིན། ཆོས་ཀྱི་གཞུང་ལུགས་ནང་དགོན་པ་ནི་དབེན་པའི་ས་ཆར་ཆགས་དགོས་པ་གསུངས་ཤིང་། དགོན་པ་ནི་ཁང་པ་ལ་ཟེར་བ་མིན་པར་རིམ་པ་ངེས་ཅན་གྱི་སྒྲིག་འཛུགས་ཤིག་ཡིན་པ་དང་ཡང་ན་ཚོགས་པ་ཞིག་ཡིན་ཟེར་ཆོག སྟོན་པ་ཤཱཀྱ་ཐུབ་པས་ཆོས་འདུལ་བའི་གཞུང་ནང་དགོན་པ་ནི་གྲོང་ཁྱེར་འབྲུག་པོ་དང་། ཚོང་རའི་ཁྲིམ་ལམ། འདུ་འཛི་ཆེ་བའི་གྲོང་སྡེ་སོགས་ལས་མ་མཐའ་ཡང་རྒྱང་གྲགས་གཅིག་གི་བར་ཐག་ཡོད་དགོས་པ་ཡིན། (པར3—3) རྒྱང་གྲགས་ནི་གནའ་བོའི་རྒྱ་གར་གྱི་རྒྱང་རིང་ཐུང་གི་ཚད་ཅིག་ཡིན་པ་ད་ལྟའི་སྤྱི་ལེ3ཙམ་ལ་བརྩིས་ཆོག དེས་ན་དགོན་པ་གསར་དུ་རྒྱག་དགོས་ན་གྲོང་རྡལ་སོགས་ལས་སྤྱི་ལེ3ཀྱི་བར་ཐག་ཡོད་དགོས་པ་ནི་མ་མཐའི་ཚད་གཞི་ཡིན། ཡིན་ན་ཡང་སངས་རྒྱས་ཆོས་ལུགས་ཀྱི་ལོ་རྒྱུས་ཐོག་ནས་བཤད་ན། སྟོན་པ་ཤཱཀྱ་ཐུབ་པས་སངས་རྒྱས་ཆོས་ལུགས་ཐོག་མར་གསར་གཏོད་གནང་བའི་སྐབས་སུ་དགོན་པ་ཟེར་བ་གཏན་ནས་མེད། སྟོན་པས་རབ་ཏུ་བྱུང་བ་དེ་ཁྱིམ་ནས་ཁྱིམ་མེད་པར་རབ་ཏུ་བྱུང་དགོས་པར་གསུངས་པས་ཁྱིམ་ཡོད་ན་མི་འགྲིག་པ་ཡིན། སྟོན་པ་ཤཱཀྱ་ཐུབ་པ་ཁོང་རང་ཉིད་ཡང་གང་སར་ཕེབས་ནས་ཆོས་གསུང་གནང་གི་ཡོད་ཅིང་། དུས་ཚོད་རིམ་བཞིན་བརྒལ་འགྲོ་དུས་སངས་རྒྱས་ཀྱི་ཞབས་ལ་གཏུགས་ནས་རབ་ཏུ་བྱུང་མཁན་དང་ཆོས་ཞུ་མཁན་ཇེ་མང་དུ་སོང་ཡོད་ཅིང་། རྒྱ་ཆེ་ཆོས་དད་པ་རྣམས་རང་སོ་སོའི་ཁྱིམ་ནང་བསྡད་ནས་ཆོས་སློབ་ཆོག་ན་ཡང་། སངས་རྒྱས་ཀྱི་སྐུ་མདུན་ནས་རབ་ཏུ་བྱུང་མཁན་ཚོ་སངས་རྒྱས་ཀྱི་རྗེས་སུ་འབྲངས་ནས་གང་སར་བསྐྱོད་དགོས་པས་རང་སོ་སོའི་ཁྱིམ་དང་བྲལ་ནས་ཁྱིམ་མེད་པར་གྱུར། སྐབས་དེར་སངས་རྒྱས་དང་རབ་བྱུང་སློབ་མ་ཚོའི་འཚོ་བ་ཧ་ཅང་ཞན་པོ་ཡིན། ཉིན་གཅིག་ལ་ཟ་མ་ཐེངས་གཅིག་ལས་ཟ་རྒྱུ་མེད་པ་དང་། དགོང་མོ་ཤིང་སྡོང་འོག་ཏུ་སྡོད་རྒྱུ

ལས་ཐབས་གཞན་མེད། མི་ཚོས་ག་རེ་སྨྲད་ཀྱང་དེ་ཟ་རྒྱུ་རེད། གལ་ཏེ་མ་བཟས་ན་གྲོད་པ་ལྟོགས་རྒྱུ་ཡིན་ལ། ཤ་ཡོད་མེད་སོགས་ཀྱི་ཆ་རྐྱེན་འདོན་ས་མེད། ད་དུང་རབ་བྱུང་པའི་གྱོན་ཆས་ལ་བཟོ་ལྟ་དང་ཆོས་མདོག་ལ་ཚད་གཞི་གང་ཡང་མེད། ཆོས་མདོག་སེར་པོ་ནི་རྗེས་སུ་རིམ་བཞིན་རབ་བྱུང་པའི་གྲྭ་ཆས་ཀྱི་ཆོས་མདོག་ཏུ་གྱུར་པ་ཞིག་ཡིན། སངས་རྒྱས་ཞལ་བཞུགས་པའི་སྐབས་སུ་རབ་བྱུང་པ་སོ་སོར་ལག་དངུལ་སྐར་མ་ཙམ་ཡང་མེད་པས་གྱོན་ཆས་སོགས་ཉོ་རྒྱུའི་དངུལ་གང་ཡང་མེད་ཅིང་། སངས་རྒྱས་ཁོང་རང་ཉིད་ཚུད་པའི་རབ་བྱུང་པ་ཚང་མ་དུར་ཁྲོད་ནང་གི་རོ་བསྒྲིལ་སའི་རས་བསྐྱུར་བཞག་པ་རྣམས་བསྡུགས་ནས་བཀྲུས་རྗེས་གྱོན་གྱི་ཡོད་པ་རེད། རས་དེ་ཚོ་དུས་ཡུན་རིང་པོའི་ནང་ཆར་པས་སྦྲངས་པ་དང་ཉི་མས་ཚིག་ནས་རས་དཀར་པོ་དེ་ཚོ་ཡང་སེར་འཚུབ་འཚུབ་ཆགས་ཡོད་རེད། སངས་རྒྱས་དང་ཁོང་གི་སློབ་མ་ཚོས་རས་རྙིང་པ་སེར་འཚུབ་འཚུབ་དེ་གྱོན་གནང་བས་མི་ཚོས་དེ་ནི་རབ་བྱུང་པའི་གྱོན་ཆས་ཀྱི་ཆོས་གཞི་ཡིན་པ་རེད་བསམ་གྱི་ཡོད་པ་འདྲ། སྐབས་དེར་རས་དེ་ཆོས་གཟུགས་པོར་གང་བྱུང་དུ་དགྲིས་པ་ལས་བཟོ་ལྟ་གང་ཡང་མེད། སངས་རྒྱས་ཀྱི་ཞབས་ལ་གཏུགས་མཁན་རབ་བྱུང་ཕོ་མོ་ཉིན་རེ་ལས་ཉིན་རེར་མང་དུ་འགྲོ་བས་མཚན་མོ་རི་དང་ནགས་ཚལ་ནང་མི་སྡོད་ཀ་མེད་ཡིན་པས་རྒྱུན་དུ་གཅན་གཟན་གྱིས་གནོད་བསྐྱལ་ནས་ཤི་རྨས་མང་པོ་ཡོང་གི་ཡོད། མི་དེ་འདྲ་མང་པོ་ཉིན་ལྟར་ཟས་སློང་མོར་འགྲོ་རྒྱུ་ཡང་དཀའ་ངལ་ཆེན་པོ་འཕྲད་པ་སོགས་ལ་བརྟེན། སངས་རྒྱས་ལ་དད་བཀུར་ཞུ་མཁན་གྱི་རྒྱལ་པོ་དང་སྟོབས་འབྱོར་ཅན་གྱི་སྦྱིན་བདག་སོགས་ནས་སངས་རྒྱས་ལ་སློབ་མ་རབ་བྱུང་པ་རྣམས་ཀྱི་སྡོད་ས་མགོ་འདོན་བྱས་ནས་ཕུལ་བ་དང་། རིམ་བཞིན་ཆར་ཆུ་དང་རླུང་འགོག་ཐུབ་པའི་དཀར་ཕིབས་ཡོད་པའི་སྒོ་ར་བརྒྱབ་ནས་སངས་རྒྱས་ལ་ཕུལ་བ་བཅས་དེ་ནི་དགོན་པའི་ཨར་སྐྲུན་བྱུང་བའི་ཐོག་མ་དེ་ཡིན། སྐབས་དེར་སངས་རྒྱས་སྐུ་ངོ་མ་བཞུགས་ཡོད་པས་ལྷ་སྐུ་སོགས་བཞེངས་དགོས་ཀྱི་མེད། སངས་རྒྱས་ཀྱིས་མི་ཚོར་ཆོས་ཐོག་མར་གསུངས་པ་ཡིན་པས་སྐབས་དེར་ཆོས་གཞུང་བཀའ་འགྱུར་སོགས་གསུང་རབ་བཞུགས་སའི་ཆོས་ཁང་མེད་པ་དགོན་པ་ནི་སྟབས་བདེ་ངོ་མ་ཞིག་ཡིན་ཟེར་ཚོག དེ་ལྟ་བུའི་དགོན་པའི་ཨར་སྐྲུན་གྱི་ཚད་གཞི་ནི་ཁོང་གིས་འདུལ་བའི་ཆོས་ནང་གཏན་འབེབས་གནང་ཡོད་པ་བཞིན་ཏེ། གཙོ་བོ་ནི་དཀར་ཕིབས་བཀབ་པའི་སྒོ་ར་གྲུ་བཞི་ཅན་དང་། སྒེའུ་ཁུང་མེད་ལ་བར་སྐྱ་ཀྱང་མེད་པ་ད་ལྟའི་ལྷ་ལྡན་གཙུག་ལག་ཁང་གི་སངས་རྒྱས་སྟོང་སྐུའི་བར་ཁྱམས་སྒོ་ར་འདྲ་བ་ཡིན། དེས་ན་རྗེས་སུ་སངས་རྒྱས་ཆོས་ལུགས་འཕེལ་རྒྱས་ཆེན་པོ་བྱུང་བའི་སྐབས་དང་། ལྷག་པར་དུ་སངས་རྒྱས་ཆོས་ལུགས་བོད་ལ་དར་རྗེས་བོད་བརྒྱུད་ནང་བསྟན་གྱི་དགོན་པར་ཆ་རྐྱེན་གསུམ་ཚང་དགོས་པ་སྟེ་གཅིག་ནི་སངས་རྒྱས་ཀྱི་སྐུ་བརྙན་ཏེ་ཆོས་ཀྱི་བདག་པོ་སྟོན་པ་ཤཱཀྱ་ཐུབ་པའི་ལྷ་སྐུ་བཞེངས་དགོས་པ་དང་། ད་དུང་ནང་པའི་ཆོས་ཀྱི་གསང་སྔགས་ཀྱི་ཡི་དམ་དང་བྱང་ཆུབ་སེམས་དཔའ་སོགས་ཀྱི་ལྷ་སྐུ་ཡོད་དགོས། དེ་ཡང་ལྷ་སྐུ་དེ་ཚོ་བཞུགས་སའི་ལྷ་ཁང་ཡོད་དགོས། ལྷ་སྐུ་དེ་ཚོ་ནི་སངས་རྒྱས་དཀོན་མཆོག་གི་མཚོན་བྱེད་ཡིན། གཉིས་པ་ནི་བཀའ་འགྱུར་དང་བསྟན་འགྱུར་སོགས་གསུང་རབ་རྣམས་ཡིན། 《བཀའ་འགྱུར་》པོད་108ཙམ་ནི་སངས་རྒྱས་ཤཱཀྱ་ཐུབ་པ་རང་གིས་གསུངས་པའི་ཚད་མ་དང་ཕར་ཕྱིན། དབུ་མ། འདུལ་

བ་དང་མཛོད་ཆེན་སོགས་ཀྱི་བཀའ་རྟེན་ཡིན། 《བསྟན་འགྱུར་》པོད་218ཙམ་ནི་ཀླུ་སྒྲུབ་དང་ཐོགས་མེད་སོགས་པཎ་གྲུབ་མང་པོས་བཀའ་འགྱུར་སོགས་ཆོས་ཀྱི་གཞུང་ལུགས་ཁག་ལ་གོམ་གང་མདུན་སྤོས་ཀྱིས་འགྲེལ་བཤད་དང་གསལ་སྟོན་གནང་བའི་གསུང་རབ་ཁག་ཡིན། གོང་དུ་ཞུས་པའི་བཀའ་བསྟན་གཉིས་ཀྱི་ནང་སྟོན་པའི་ཆོས་ཀྱི་གཞུང་ལུགས་ཀྱི་དོན་སྙིང་ནི་ཆོས་ཡིན་པས་གསུང་རབ་དེ་དག་ནི་ཆོས་དཀོན་མཆོག་གི་ཚབ་ཡིན། གསུམ་པ་ནི་དགོན་པར་དགེ་འདུན་དཀོན་མཆོག་ཡོད་དགོས་པས་གྲྭ་པ་ཁ་ཤས་ལ་དགེ་འདུན་པའི་མིང་མི་ཐོབ་ཅིང་། དགེ་འདུན་པ་ཟེར་བ་ནི་ཚོགས་པ་ཞིག་ཡིན་ཏེ། མ་མཐའ་ཡང་དགེ་འདུན་བཞི་སྡེ་འཛོམས་དགོས་པ་ཡིན། གལ་ཏེ་གྲྭ་པ་མང་པོ་ཡོད་ཀྱང་དགོན་སྡེའི་ཚོགས་པ་ཆགས་ཐུབ་མེད་ན་དགོན་པ་མི་ཟེར། དཔེར་ན། བསམ་ཡས་དགོན་པའི་བྱང་ངོས་ཀྱི་རི་སྐྱེད་མཆིམས་ཕུ་ཟེར་བའི་ལུང་པའི་ནང་མཚམས་པ་གྲྭ་པ་དང་བཙུན་མ་བརྒྱ་ཕྲག་བརྒལ་བ་ཡོད་ནའང་ཁོ་ཚོ་ལ་དགོན་པའི་མིང་ཐོབ་མི་ཐུབ། ཁོ་ཚོ་ནི་སྒེར་སོ་སོའི་མཚམས་པ་ཡིན། གང་ཡིན་ཟེར་ན་ཁོ་ཚོ་ལ་སྒྲིག་འཛུགས་མེད་ལ་གཅིག་འགྱུར་གྱི་དོ་དམ་ཡང་མེད། ཁོ་ཚོ་ནི་རང་སོ་སོ་ཁེར་རྐྱང་མཚམས་ལ་བཞུགས་ཤིང་། འགྲོ་སྡོད་རང་གིས་ཚོད་བཟུང་བའི་རང་དབང་ཅན་ཡིན། མདོར་ན། རང་འདོད་གང་བྱས་ཚོག་པའི་མི་ཚོགས་ཤིག་རེད། ཁོ་ཚོ་ནི་དགོན་པ་ཞིག་གི་ཚོགས་པའི་སྒྲིག་འཛུགས་དང་ཐུན་མོང་གི་ཚོགས་པ་ཞིག་མ་ཡིན། གལ་ཏེ་དགོན་པ་ཡིན་ན་སྒྲིག་འཛུགས་དང་སྒྲིག་ལམ་ཡོད་དགོས་ལ་གཅིག་གྱུར་གྱི་དོ་དམ་ལམ་ལུགས་ཀྱང་ཡོད་དགོས། དེ་དུང་སློབ་དཔོན་ཡོད་དགོས་པ། དཔེར་ན། བླ་མ་དང་མཁན་པོ་སོགས་དང་། དགེ་རྒན་དང་དབུ་མཛད། དགེ་བསྐོས་སོགས། གཞན་ཡང་དགོན་པའི་ནོར་སྲིད་དང་འཚོ་བ་སོགས་ཀྱི་གཉེར་པ་དང་ཕྱག་མཛོད་སོགས་ཡོད་དགོས་པ་ཡིན། དགོན་པ་ལ་སྒྲིག་སྲོལ་དང་སྒྲིག་ལམ་ནན་པོ་ཡོད་དགོས་ཤིང་། དགོས་པ་ཆེ་བ་ལྷ་སའི་སེ་འབྲས་དགའ་གསུམ་དང་བཀྲ་ཤིས་ལྷུན་པོ་སོགས་ནི་ཆོས་གཞུང་གི་སློབ་གྲྭ་ཆེན་མོ་ཡིན། དཔེ་ཁྲིད་ཀྱི་ལམ་ལུགས་ནན་པོ་ཡོད་པ་དང་། འཛིན་གྲྭ་རིམ་པ་སོ་སོ་དང་གཞུང་ལུགས་ཁག་གི་སློབ་ཚན་ཚ་ཚང་ཡོད་པ། དཔེ་ཁྲིད་དང་རྩོད་པ། སྐྱོར་སྦྱངས་སོགས་ཉིན་ལྟར་གྱི་བཀོད་སྒྲིག་ཆ་ཚང་དང་། ཟླ་བ་སོ་སོ་དང་ལོ་རེ་རེ་བཞིན་སློབ་ཡུན་སོ་སོའི་རྩོད་རྒྱུགས་དང་དམ་བཅའ་འཛུགས་རྒྱུ་སོགས་ཀྱི་ལམ་ལུགས་ཆ་ཚང་བ་ཡོད། ལོ་ངོ་13ཙམ་གྱི་སློབ་སྦྱོང་བརྒྱུད་ནས་དགེ་བཤེས་རིམ་པ་དང་པོ་ནས་བཞི་པའི་བར་རྒྱུགས་སྤྲོད་རྒྱུ་དང་། དགེ་བཤེས་རིམ་པ་དང་པོ་ལྷ་རམས་པ་ཐོབ་མཁན་རྣམས་ལོ་རེའི་ལྷ་ལྡན་གཙུག་ལག་ཁང་ནང་སྨོན་ལམ་ཆེན་མོ་འཚོགས་སྐབས་དགེ་བཤེས་ལྷ་རམས་པ་ཨང་དང་པོ་ནས་ཨང་བཞི་པ་བར་གྱི་མཚན་གནས་གཙོ་བོ་བྱས་ཏེ་དམ་བཅའ་འཛུགས་དགོས་པ་དང་། ལོ་ལྟར་སེ་འབྲས་དགའ་གསུམ་ནས་ཕེབས་པའི་དགེ་བཤེས་ལྷ་རམས་པ20ལྷག་གིས་རང་སོ་སོའི་བརྒྱུད་རིམ་གྱི་མཚན་གནས་ཐོབ་ཀྱི་རེད། ལྷ་རམས་པ་ཨང་དང་པོ་དང་གཉིས་པ་ཐོབ་མཁན་ནི་དྭ་ཡའི་བླ་མ་དང་པཎ་ཆེན་ཕུད་པའི་སེར་འབྲས་དགའ་གསུམ་སོགས་དགེ་ལུགས་པའི་ཆོས་བརྒྱུད་ཡོངས་ཀྱི་གཙོ་འཛིན་དགའ་ལྡན་ཁྲི་ལ་ཕེབས་རྒྱུའི་ལམ་ལ་བཞུགས་དགོས་པ་དང་། དེ་མིན་རྣམས་དགོན་པ་སོ་སོའི་མཁན་པོ་སོགས་གནང་བར་ཕེབས་དགོས། ལྷ་སའི་སེར་འབྲས་དགའ་

གསུམ་ནང་གི་འབྲས་སྤུངས་དགོན་ལ་ཆ་བཞག་ན། སངས་རྒྱས་ཆོས་གཞུང་གི་སློབ་གྲྭ་ཆེན་མོ་ཞིག་ཡིན་པས་དགོན་པ་དེ་ཡི་སྒྲིག་འཛུགས་ཀྱི་སྒྲིག་གཞི་ནི། སློབ་གྲྭ་ཆེན་མོ་ཞིག་གི་ངོས་ནས་སློབ་གྲྭ་ཡོངས་རྫོགས་ཉུང་འཛོམས་བྱ་ཡུལ་དང་། ཡང་ན་སློབ་གྲྭ་ཡོངས་ཀྱི་སྒྲིག་འཛུགས་ནི་ཚོགས་ཆེན་ཡིན། ཚོགས་ཆེན་ནི་དགོན་པ་ཡོངས་ཀྱི་རྩ་འཛུགས་ཡིན། དགོན་པ་ཡོངས་ཀྱི་གྲྭ་ཚང་སོ་སོའི་མཁན་པོ་ཚང་མ་འཛོམས་པའི་མཁན་པོ་ལྷ་སྤྱི་ཞེས་པའི་ཚོགས་པ་ཞིག་ཡོད་པ་ནི་དགོན་པ་ཡོངས་ཀྱི་དབུ་འཛིན་གྱི་རྩ་འཛུགས་ཆེ་ཤོས་དེ་ཡིན། ལྷ་སྤྱི་ནི་གྲྭ་ཚང་སོ་སོའི་མཁན་པོ་ལས་ཐོག་དང་མཁན་པོ་ཟུར་པ་ཚང་མ་འཛོམས་པའི་ཐོག དེ་ཡི་ནང་ནས་མཁན་པོ་ཟུར་པ་མཚན་སྙན་ཆེ་ཤོས་ཤིག་ལྷ་སྤྱིའི་མཁན་པོར་འདེམས་བསྐོ་ཞུ་རྒྱུ་རེད། ལྷ་སྤྱི་ནི་དགོན་པ་ཡོངས་ཀྱི་དབང་ཆ་ཆེ་ཤོས་ཀྱི་ཚོགས་པ་ཡིན་པས་གཙོ་བོ་སྔར་བོད་ས་གནས་སྲིད་གཞུང་གི་རྩེ་དྲུང་དྲུང་ཡིག་ཆེན་མོ་བཞི་དང་རྒྱལ་བ་རིན་པོ་ཆེ་ལ་འགན་ལེན་ཞུ་དགོས་པ་ཡིན། གལ་སྲིད་དགོན་པ་རང་གི་གཞིས་ཀ་དང་། དཔལ་འབྱོར། རྒྱུ་ནོར་སོགས་ཀྱི་དོན་ཡིན་ན་ལྷ་སྤྱི་ནས་ས་གནས་སྲིད་གཞུང་གི་བཀའ་ཤག་གི་དཔོན་རིགས་ལ་སྙན་ཞུ་དང་དགོངས་སྐོར་ཞུ་དགོས། གལ་ཏེ་ཆོས་དོན་དང་སློབ་ཁྲིད། དགོན་པའི་སྒྲིག་གཞི་དང་སྒྲིག་ལམ་སོགས་ཀྱི་དོན་ཡིན་ན་དགའ་ལྡན་ཁྲི་པ་དང་རྒྱལ་བ་རིན་པོ་ཆེ་ལ་དགོངས་སྐོར་དང་སྙན་ཞུ་འབུལ་དགོས། ལྷ་སྤྱིའི་འོག་ཏུ་ཚོགས་ཆེན་གྱི་དཔལ་འབྱོར་དང་། ནོར་དོན། དགོན་པའི་གཞིས་ཀ་དང་འབྲོག་པ་སོགས་ཀྱི་བདག་གཉེར་ངོ་དམ་གྱི་ཚན་སྡེ་སྡེ་ཚོགས་ཆེན་རིམ་པའི་ཕྱག་མཛོད་དང་གཉེར་པ་མང་པོ་ཡོད། གཙོ་འགན་མི2ཡོད་པ་ལ་སྤྱི་སོ་རྒན་གཞོན2བསྐོ་དགོས། ད་དུང་དགོན་པ་ཡོངས་ཀྱི་འདུ་ཁང་དང་ལྷ་ཁང་ནང་གི་སྒྲིག་ཆས་དང་། རྩ་ཆེའི་སྐུ་རྟེན། གསེར་དངུལ་རིན་ཆེན་ལས་བསྒྲུབས་པའི་ཐང་ག་དང་བཀའ་བསྟན་འགྱུར་གསུང་རབ། གསེར་དངུལ་གྱི་མཆོད་ཆ་སོགས་ལ་ངོ་དམ་དང་བདག་གཉེར་བྱེད་མཁན་གྲྭ་པ10གྲངས་ཡོད། ཚོགས་ཆེན་ཡོངས་ལ་ཇ་ཐུག་གཏོང་མཁན་གྱི་ཇ་མ་དང་ཐབ་གཡོག་མི10ལྷག་ཙམ་ཡོད། ཚོགས་ཆེན་ལ་ཞལ་འདོན་གནང་སྐབས་ཀྱི་དབུ་མཛད་ཆེན་མོ1དང་། དགེ་བསྐོས་ཏེ་ཞལ་ངོ་རྒན་གཞོན2དང་ཆབ་རིལ2 དགེ་གཡོག8སོགས་ཡོད། ཚོགས་ཆེན་གྱི་འོག་ལ་གྲྭ་ཚང་ཁ་ཤས་ཡོད་པ་དེ་དག་གི་ངོ་དམ་བདག་གཉེར་གྱི་ཚན་སྡེ་སོགས་ཚོགས་ཆེན་དང་འདྲ་པོ་ཡིན། དགོན་པའི་ཨར་སྐྲུན་གྱི་རྣམ་གྲངས་ཐོག་ནས་བཤད་ན། ཚོགས་ཆེན་གྱི་འདུ་ཁང་ཆེན་མོ་དང་ལྷ་ཁང་ཁག མགོན་ཁང་། ཆོས་ར། གྲྭ་ཤག་བཅས་ཁག་ལྔ་ཙམ་ཡོད་པ་ག་ཤམ་གསལ་ལྟར།

དགོན་པའི་ཨར་སྐྲུན་ལ་འདུ་ཁང་ཆེན་མོ་དང་། ལྷ་ཁང་། སྤྱང་མ་ཁང་། ཆོས་ར། གྲྭ་ཤག་སོགས་སྡེ་ཁ་མང་པོ་ཡོད།

༡ འདུ་ཁང་ཆེན་མོ།

འདུ་ཁང་ཆེན་མོ་ནི་སྤྱི་སྒྲིག་གི་ཨར་སྐྲུན་ཡིན། འདུ་བ་ནི་འཛོམས་པའི་དོན་ཡིན་ཞིང་། ཚང་མ་མཉམ་དུ་འཛོམས་སའི་ཁང་པ་ལ་ཟེར་བ་ཡིན་པ་སྟེ། དགོན་པ་ཡོངས་ཀྱི་དགེ་འདུན་པ་རྣམས་མཉམ་དུ་འདུ་འཛོམས་བྱས་ནས་གསོལ་བ་སྨོན་ལམ་འདེབས་པ་སོགས་ཐུན་མོང་གི་བྱེད་སྒོ་སྤེལ་ས་ཡིན། དཔེར་ན། ལྷ་སའི་འབྲས་སྤུངས་དགོན་གྱི་ཚོགས་ཆེན་འདུ་ཁང་

ལ་ཀ་བ་183ཡོད་(དངོས་ཡོད་ཀ་བ་200ས་ཡིན་)ཞིང་གྲྭ་པ་ཁྲི་1ལྷག་ཤོང་གི་ཡོད་པས་ཤར་ཕྱོགས་ཀྱི་ཚོགས་ཁང་ཆེ་ཤོས་ཞེས་བསྔགས་བརྗོད་བྱེད་ཀྱི་ཡོད། ལྷ་སའི་གདན་ས་གསུམ་དང་གཙང་གི་བཀྲ་ཤིས་ལྷུན་པོ་སོགས་ནི་དོན་དངོས་ཐོག་ཆོས་ལུགས་ཀྱི་གཞུང་ཆེན་བཀའ་པོད་ལྔ་སོགས་སློབ་གཉེར་བྱེད་པའི་མཐོ་རིམ་གྱི་སློབ་གྲྭ་ཆེན་མོ་ཞིག་ཡིན། དགོན་པ་ཞིག་གི་ཚོགས་ཆེན་འདུ་ཁང་ནི་དོན་དངོས་ཐོག་སློབ་གྲྭ་ཡོངས་ཀྱི་ཚོགས་ཁང་ཆེན་མོ་ཡིན། དགོན་པའི་ནང་དུ་གྲྭ་ཚང་དང་ཁམས་ཚན་སོགས་གཞི་རྩའི་རྩ་འཛུགས་ཀྱང་ཡོད། གྲྭ་ཚང་དང་ཁམས་ཚན་ལ་ཡང་སོ་སོའི་ཚོགས་ཁང་ཡོད། རིམ་པ་མཐོ་དམན་དང་གྲྭ་པ་མང་ཉུང་མི་འདྲ་བ་ལས། བྱེད་སྟངས་གཅིག་པ་རང་ཡིན།(པར3—4) (པར3—5) (པར3—6)

༢ ལྷ་ཁང་།

ལྷ་ཁང་ནི་ཆེད་དུ་ལྷ་སྐུ་དང་། གསུང་རབ། མཆོད་རྟེན་སོགས་བཞུགས་སུ་གསོལ་བའི་ཁང་པ་ཡིན་ཞིང་། དགོན་པ་ཡོངས་ཀྱི་ནང་རྩ་ཆེ་ཤོས་ཡིན། དགོན་པ་གཅིག་ལ་ལྷ་ཁང་གཅིག་དང་ཡང་ན་ལྷ་ཁང་ཁ་ཤས་ཡོད་པ་སོགས་སྣ་ཚོགས་ཡིན། དཔེར་ན། བཀྲ་ཤིས་ལྷུན་པོའི་བྱམས་པ་ཁང་ཆེན་མོ་ལྟ་བུ་རེད། ཡང་འདུ་ཁང་དང་མཉམ་དུ་སྦྲེལ་བའི་ལྷ་ཁང་དཔེར་ན་འབྲས་སྤུངས་དགོན་གྱི་བྱམས་པ་ཁང་དང་སེ་ར་དགོན་གྱི་བྱམས་ཁང་ལྟ་བུ་རེད། གཞན་ཡང་ཚོགས་ཆེན་འདུ་ཁང་གི་རྒྱབ་ལ་ལྷ་ཁང་གཅིག་གམ་ཁ་ཤས་ཡོད་པ་དང་། ཡང་འདུ་ཁང་གི་གཡས་གཡོན་ལ་ལྷ་ཁང་བཞག་པ་ཡང་ཡོད་པ་དེ་དག་ལ་བོད་སྐད་དུ་གཙང་ཁང་ཟེར་ཞིང་། གཙང་ནི་རྒྱབ་ཀྱི་དོན་ཡིན། དོན་དག་ནི་གཅིག་པ་ཡིན།(པར3—7)

༣ སྒྲུང་མ་ཁང་།

སྲུང་མ་ཁང་ནི་དགོན་པ་ཚང་མར་མེད་དུ་མི་རུང་བ་ཡིན་ཞིང་། ཆེ་ཆུང་འདྲ་མིན་སྣ་ཚོགས་ཡོད་པ་སྟེ། ཁ་ཤས་ལ་སྲུང་མ་ཁང་ཁེར་རྐྱང་ཐོག་ཁང་དང་ཁྱམས་ར་ཡོད་པ་ཡང་ཡོད། དེ་ཡང་གལ་ཆེན་པོ་ཡིན་པ་མཚོན་གྱི་ཡོད། དཔེར་ན། བསམ་ཡས་དགོན་གྱི་སྲུང་མ་ཁང་ནི་ཐོག་བརྩེགས་བཞི་དང་ར་སྐོར་ཆ་ཚང་ཡོད་པ། ཕལ་ཆེར་དགོན་པ་ཆུང་ཆུང་ཙམ་ཞིག་ཡོད། ད་དུང་དེ་བས་རྒྱ་ཆེ་བ་ནི་ལྷ་སའི་འབྲས་སྤུངས་དགོན་གྱི་རི་གཤམ་དུ་ཡོད་པའི་གནས་ཆུང་སྲུང་མ་ཁང་ནི་ས་གཞི་ནས་དགོན་པ་ཞིག་ཡིན། མི་ཚོས་ཀྱང་གནས་ཆུང་གྲྭ་ཚང་ཟེར་གྱི་ཡོད། ཡིན་ན་ཡང་འདི་ལ་གཙོ་བོ་ནི་སྲུང་མ་ཁང་གི་ནང་དོན་ཡིན། གང་ལགས་ཤེ་ན། འདི་ནི་སྔོན་གྱི་ས་གནས་སྲིད་གཞུང་གི་སྲུང་མ་ཡིན་ལ་བོད་ཀྱི་སྲུང་མ་ཆེ་ཤོས་དེ་ཡིན་ཡང་ཟེར་ཚོག ཡིན་ནའང་དགོན་པ་མང་པོའི་སྲུང་མ་ཁང་ནི་ཉུང་སྟབས་བདེ་བ་ཡིན། ཁ་ཤས་ལ་འདུ་ཁང་ནང་གི་ལྷ་ཁང་ཆུང་ཆུང་གཅིག་གི་ནང་སྲུང་མ་མཆོད་ས་བྱེད་མཁན་ཡང་ཡོད། མགོན་ཁང་དེ་ཚོ་རྒྱ་ཆེན་པོ་རང་མེད་རུང་ནང་དོན་ནི་འདྲ་པོ་ཡིན།(པར3—8)

༤ ཆོས་ར།

ཆོས་ར་ནི་གླིང་ཁའི་རང་བཞིན་གྱི་ཨར་སྐྲུན་ཡིན། སེ་འབྲས་དགའ་གསུམ་གྱི་ཆོས་ར་ནི་དེ་ལྟ་བུ་ཡིན། འདི་ནི་དགེ

འདུན་པ་རྣམས་སློབ་སྦྱོང་དང་རྩོད་པ་རྒྱག་ས་ཡིན། འདི་ཡི་ནང་ལ་ཤིང་སྡོང་བཙུགས་ཡོད་པས་དབྱར་ཁ་ཉི་མ་སྒྲིབ་པ་དང་དགུན་ཁ་བྱེ་རླུང་སོགས་འགོག་པའི་ནུས་པ་ཐོན་ཐུབ། ཡིན་ན་ཡང་དགོན་པ་མང་པོར་ཆེད་མངགས་ཀྱི་ཆོས་ར་བཙུགས་མེད་པ་ཡང་ཡོད། གང་ལྟར་སྤྱིར་བཏང་གི་གནས་ཚུལ་འོག དགོན་པ་སོ་སོས་ཁྱམས་ར་དང་ར་སྐོར་བསྐངས་ནས་བཀའ་ཆོས་གནང་ས་བྱེད་ཀྱི་ཡོད། དོན་དངོས་ཐོག་འདི་ཚོ་ནི་རྩོད་ར་དང་དོན་གཅིག་པའི་ཨར་སྐྲུན་ཡིན། རྩོད་ར་དང་ཆོས་ར་གང་ཡིན་ནའང་བསིལ་གཡབ་དང་བཀའ་ཆོས་གནང་སའི་རྒྱ་མཐོངས་ཀྱི་ཆོས་ཁྲི་བརྒྱབ་ནས་མཁན་པོ་དང་དགེ་བའི་བཤེས་གཉེན་རྣམས་པས་བཀའ་ཆོས་གནང་ས་བྱེད་ཀྱི་ཡོད།(པར3—9)

༥ གྲྭ་ཤག

གྲྭ་ཤག་གི་ཨར་སྐྲུན་ནི་གྲྭ་པ་དང་བཙུན་མ་སྡོད་སའི་ཁང་པ་ཡིན། དགོན་པའི་ནང་དམིགས་བསལ་དབང་ཆ་ཡོད་མཁན་གྱི་མཐོ་རིམ་བླ་མ་དང་གྲྭ་པ་ལ་ཁང་པ་རྒྱ་ཆེ་ཙམ་གྱི་སྡོད་ཤག་ཡོད་པ་ལས་སྤྱིར་བཏང་གི་གྲྭ་ཤག་ནི་རྒྱ་ཤིན་ཏུ་ཆུང་བ་ཡིན། དཔེར་ན། ལྷ་སའི་གདན་ས་གསུམ་གྱི་སྤྱིར་བཏང་གི་གྲྭ་ཤག་ནི་ཁང་མིག་རེ་ལ་ཞེང་གྲུ་བཞི་མ4ཙམ་ལས་མེད་ལ་ད་དུང་དེ་ཡི་ནང་ལ་དགེ་རྒན་དང་དགེ་ཕྲུག2སྡོད་ཀྱི་ཡོད། སེ་འབྲས་དགའ་གསུམ་གྱི་གྲྭ་ཤག་ནི་གཙོ་བོ་སྒོར་བསྐོར་བའི་ཨར་སྐྲུན་ཡིན་ལ་ཁང་པ་མཐུད་ནས་བརྒྱབ་ཡོད། གྲྭ་པ་མང་ཙམ་ཤོང་བའི་ཆེད་དུ་གྲྭ་ཤག་ཐོག་བརྩེགས4ནས5ཙམ་ཡོད་པ་བརྒྱབ་ཡོད།(པར3—10)(པར3—11) འོན་ཏེ་གྲྭ་པ་མང་པོ་རང་མེད་པའི་གྲོང་གསེབ་ཀྱི་དགོན་པ་ཁག་ལ་གྲྭ་ཤག་རྒྱ་ཆེ་ཙམ་ཡོད། གྲྭ་ཤག་ཁག་ཅིག་སྒོར་ཁྱེར་རྒྱང་བྱས་པ་ཡང་ཡོད་པ་དཔེར་ན་རྒྱལ་རྩེ་དཔལ་ཆོས་དགོན་གྱི་གྲྭ་ཤག་ལྟ་བུ་ནི་ཐོག་བརྩེགས2ལ་སྒོར་ཡོད་པའི་གྲྭ་ཤག་ཡིན། ཁ་ཤས་ནི་ཞིང་གྲོང་གི་ཁང་ཁྱིམ་ལས་ཀྱང་ཆེ་བ་ཡོད་པ་དཔེར་ན་མངའ་རིས་གུ་གེ་མཐོ་ལྡིང་དགོན་པའི་གྲྭ་ཤག་ལྟ་བུ། མདོར་ན། བོད་ལྗོངས་སུ་དགོན་པ་སྟོང་ཕྲག་ཁ་ཤས་ཡོད་ཅིང་། དགོན་པའི་ཨར་སྐྲུན་ནི་ཆོས་ལུགས་ཨར་སྐྲུན་ནང་གི་འགངས་ཆེའི་གྲུབ་ཆ་ཞིག་ཡིན་ལ་གྲངས་འབོར་ཡང་མང་ཤོས་ཡིན་ཐོག བོད་རིགས་ཨར་སྐྲུན་ཁྲོད་ཡོངས་ཀྱི་ནང་ལ་ཡང་གྲངས་ཚད་ངེས་ཅན་ཟིན་ཡོད།

སྤྱིར་བཏང་གི་དགོན་པ་ཆུང་ཆུང་ཡིན་ན་ཨར་སྐྲུན་སྟབས་བདེ་ཙམ་ཡིན་ཞིང་། དགོན་པ་ཞིག་ཡིན་ཕྱིན་དགོན་པ་ཡོངས་ཀྱི་གྲྭ་བཙུན་རྣམས་ཞལ་འདོན་དང་ཚོགས་འཚོགས་སའི་འདུ་ཁང་ཞིག་ཡོད་དགོས། འདུ་ཁང་ནང་དུ་ལྷ་ཁང་ཁ་ཤས་བཀོད་སྒྲིག་བྱས་ཡོད་ལ། སྲུང་མ་ཁང་འཛོམ་མཁན་ཡང་མང་པོ་ཡོད། གལ་ཏེ་ཆ་རྐྱེན་ཡག་ཙམ་བྱུང་ན་སྲུང་མའི་མགོན་ཁང་ཟུར་དུ་བཞེངས་པ་ཡང་ཡོད། དེ་ནས་གྲྭ་པ་སྡོད་སའི་གྲྭ་ཤག་ཡོད་དགོས། གྲྭ་ཤག་ནི་ས་གནས་དེ་རང་གི་ཆ་རྐྱེན་ལ་བསྟུན་ནས་ཨར་སྐྲུན་གྱི་རྒྱུ་ཆ་འདྲ་མིན་ལ་བརྟེན་ནས་ཁྱད་པར་ཐུན་བུ་ཡོད། གང་ལྟར་ནའང་གྲོང་གསེབ་ཀྱི་དགོན་པའི་གྲྭ་ཤག་ཚང་མ་ཅུང་ཟད་རྒྱ་ཆེ་བ་དང་སྐྱིད་སྣང་དོད་ཙམ་ཡོད། ཨར་ལས་རྒྱུ་ཆ་དཀོན་པོ་ཡིན་པའི་མངའ་རིས་གུ་གེ་མཐོ་ལྡིང་དགོན་ལ་ཆ་བཞག་ན་ཤིང་ཆ་ཤིན་ཏུ་དཀོན་པོ་ཡིན་པ་དང་། རྡིག་པ་ཡང་ཀྱང་རྡུང་བ། ཁང་པ་ཐོག་གཅིག་མ་ལས་མེད་པ

བཅས་ཆ་རྐྱེན་ཞན་ཙམ་ཡིན་ནའང་རྒྱ་ཁྱོན་ཆེ་ཐག་ཆོད་ཡོད་པ་སྟེ། མཆོད་ཁང་དང་མ་ཁང་། གཉེར་ཚང་དང་ཐབ་ཚང་སོགས་ཡོད་ལ། རྒྱ་ཁྱོན་ཐིད་གྲུ་བཞི་མ100ཙམ་ཡོད་ཅིང་། ད་དུང་གྲྭ་ཤག་ལ་སྒོར་ཡང་ཡོད་པ་བཅས་ཆ་ཚང་བའི་ཁྱིམ་ཚང་ཞིག་གི་རྒྱ་ཁྱོན་ཡོད། གུ་གེ་མཁར་རྫོང་གི་ཤུལ་ནང་ལ་ཡང་དགོན་པའི་ཤུལ་མཐོང་རྒྱུ་ཡོད་ལ་ས་ཕུག་དང་ཁང་པ་སྦྲེལ་བའི་གྲྭ་ཤག་ཀྱང་མཐོང་རྒྱུ་འདུག དེ་ནི་ས་གནས་དེ་ཡི་ཁྱད་ཆོས་ཆེན་པོ་ཞིག་ལས་ས་ཆ་གཞན་ལ་མཐོང་རྒྱུ་མེད། ས་ཕུག་གི་ཨར་སྐྲུན་ལ་རིན་གོང་ཆེན་པོ་མི་དགོས་ལ་བཟོ་སྐྲུན་སྟབས་བདེ་བ་མ་ཟད་དཀུན་ཁ་དྲོན་པོ་དང་དབྱར་ཁ་བསིལ་པོ་ཡོད་པའི་ཁྱད་ཆོས་ལྡན། མངའ་རིས་སྤུ་ཧྲེང་གི་འཁོར་ཆགས་དགོན་པ་ནི་ལོ་ངོ་སྟོང་ཕྲག་གི་ལོ་རྒྱུས་ལྡན་པའི་དགོན་སྡེ་ཞིག་ཡིན་ནའང་གྲྭ་པ་མང་པོ་རང་མེད་པས་སྤྱིར་བཏང་གི་དགོན་པ་ཞིག་གི་རྒྱ་ཁྱོན་ལས་མེད། འོན་ཀྱང་འདི་ན་ཤིང་ཆའི་འབྱུང་ཁུངས་ཐག་ཉེ་པོ་ཡོད་པས་གྲྭ་ཤག་ཚང་མ་ཐོག་སོ་གཉིས་བྱས་པ་བརྒྱབ་འདུག་ལ། ད་དུང་གྲྭ་ཤག་སོ་སོར་སྒོར་ཡང་འདུག གྲྭ་ཤག་གི་རྒྱ་ཁྱོན་ལ་ཐིད་གྲུ་བཞི་མ200ལྷག་ཙམ་འདུག

གྲོང་ཚོར་ཡོད་པའི་དགོན་པ་ཡིན་ན་སྤྱིར་བཏང་ཐོག་དགོན་པའི་ཕྱི་ལ་ལྕགས་རི་བསྐོར་ཡོད་པ་དང་། གཞུང་སྒོ་ལ་སྒོ་སྲུང་ཁང་ཡང་བརྒྱབ་ཡོད་ལ་ཆ་རྐྱེན་ཡོད་སར་སྒོ་སྲུང་བ་ཡང་འཛུག་གི་རེད།

ལོ་རྒྱུས་ཐོག་དགོན་པའི་ཨར་སྐྲུན་ནི་སྤྱི་སྤྱོད་ཀྱི་ཨར་སྐྲུན་ཡིན་ལ་ཆོས་ལུགས་ཀྱི་གནས་བབ་མཐོ་བ་སོགས་ལ་བརྟེན། དགོན་པའི་ཨར་སྐྲུན་ནི་སྲོལ་རྒྱུན་ཨར་སྐྲུན་གྱི་ནང་ནས་རྒྱ་ཁྱོན་ཆེ་ཤོས་དང་། ཐུས་ཚད་ལེགས་ཤོས། བཀྲ་རྒྱུས་ཤོས། མཐོང་མང་ཤོས་ཀྱི་ཨར་སྐྲུན་གྱི་རིགས་ཤིག་ཡིན།

གསུམ་པ། མཁར་རྫོང་གི་ཨར་སྐྲུན།

མཁར་རྫོང་གི་ཨར་སྐྲུན་ཞེས་པ་གོ་བ་ཙམ་གྱིས་འགོག་སྲུང་རང་བཞིན་གྱི་ཨར་སྐྲུན་ཞིག་ཡིན་པ་ཤེས་ཐུབ། རྫོང་གི་ནང་དོན་ནི་འཛིང་རགས་ལྟ་བུ་ཞིག་ཡིན་ཞིང་། དེ་ནི་བོད་ཀྱི་ལོ་རྒྱུས་ཐོག་བྱུང་རྙིང་ཤོས་ཀྱི་ཨར་སྐྲུན་གྱི་རིགས་ཤིག་ཡིན། རྗེ་ཆས་གསར་མའི་དུས་རབས་ནས་གནའ་བོའི་མི་རྣམས་སྡོད་སའི་ཨར་སྐྲུན་བྱུང་ཡོད་ཀྱང་། སྐབས་དེའི་དུས་ལ་ཆ་བཞག་ན་བོད་པ་མང་ཆེ་བ་ད་དུང་ཉུ་སྡོའི་འབྲོག་པའི་འཚོ་བ་སྐྱེལ་བཞིན་ཡོད། 《ཐང་ཡིག་གསར་མའི་》ལེའུ216ནང་འཁོད་དོན། གྲོང་རྡལ་ཁང་ཁྱིམ་ཡོད་ཀྱང་དེ་ཙམ་མི་སྡོད་པར་སྦྲ་གུར་ནང་སྡོད་ཅེས་ཟེར་བ་དེའི་ཐོག་ནས་སྐབས་དེར་གཞི་རྒྱ་ཆུང་ཆེ་བའི་གྲོང་རྡལ་ཡོད་པ་གསལ་བཤད་བྱས་ཡོད།

སྤྱི་ལོའི་སྔོན་གྱི་དུས་རབས་གཉིས་པར་བསྐྲུན་པའི་ཡུམ་བུ་བླ་མཁར་དང་།(པར3—12) རྒྱལ་པོ་སྲོང་བཙན་སྒམ་པོའི་དུས་ཀྱི་ཕོ་བྲང་པོ་ཏ་ལ།(པར3—13) མངའ་རིས་གུ་གེ་རྒྱལ་པོའི་མཁར་རྫོང་།(པར3—14) རྗེས་སུ་ཕག་གྲུའི་སྐབས་སུ་བཟོ་སྐྲུན་བྱས་པའི་རྫོང་མཁར་བཅུ་གསུམ། དེ་བཞིན་ད་ཡོད་ཀྱི་ཕོ་བྲང་པོ་ཏ་ལ་སོགས་ཚང་མ་ནི་མཁར་རྫོང་གི་ཨར་སྐྲུན་ཡིན། ནན་པོ་བྱས་ནས་བཤད་ན། མཁར་རྫོང་གི་ཨར་སྐྲུན་ནི་རི་ཡི་སྟེང་དང་རི་གཤམ་གྱི་ཨར་སྐྲུན་ཁག་གཉིས

ལས་གྲུབ་པ་ཡིན། དེ་ཡང་མཁར་རྫོང་དང་ལྷུགས་རི་ལས་གྲུབ་པ་ཡིན་ཟེར་ཚོག སྤུ་རྒྱལ་དུས་རབས་ཀྱི་ཕོ་བྲང་པོ་ཏ་ལ་ནི་དེའི་རིགས་ཡིན་ཞིང་། རྗེས་སུ་མཁར་རྫོང་གི་ཨར་སྐྲུན་སྔར་བས་འཕེལ་རྒྱས་བྱུང་བ་སྟེ་གནའ་བོའི་འགོག་སྲུང་རྒྱུང་རྒྱུང་བྱེད་པ་ནས་འཚོ་བ་དང་། གཞུང་ལས། རྟེན་འབྲེལ་མཛད་སྒོ་གནང་ས་སོགས་གཅིག་ཏུ་འབྲེལ་བའི་ནུས་པ་མང་པོ་ཡོད་པ་ཞིག་ཏུ་གྱུར་བ་མ་ཟད། རི་གཤམ་དུའང་ཞབས་ཞུ་སྐྲུབ་མཁན་གྱི་བྲན་གཡོག་དང་མི་སེར་སྔར་ལས་མང་པོ་འཛོམས་པ་ཕོ་བྲང་པོ་ཏ་ལ་ལྟ་བུ་ཡིན།

མཁར་རྫོང་གི་ཨར་སྐྲུན་ནི་སྤྱིར་བཏང་བྱས་ན་རི་ཡི་སྟེང་ལ་རྒྱུག་གི་ཡོད་པ་དང་རི་ལ་བརྟེན་ནས་རིམ་བཞིན་མཐོ་རུ་བཏང་བས་མཁར་རྫོང་གི་རྒྱུ་དཔངས་ཆེ་རུ་གཏོང་ཐུབ་པ་ཡིན་ལ། ཕྱོགས་མཚུངས་ཕྱོགས་བཞིར་ལྟ་ཞིབ་བྱེད་བདེ་བའི་ཁྱད་འཕགས་ཀྱང་ཡོད། རི་སྟེང་གི་ཨར་སྐྲུན་སྲ་ཞིང་བརྟན་པ་ཞིག་ཡོང་ཆེད་རྩིག་པའི་རྨང་གཞི་དང་རྩིག་པ་རྒྱ་ཆེན་པོ་བཟོ་དགོས་པ་དང་། རྩིག་པ་རིམ་བཞིན་འཐེན་གཏོང་དགོས་ཤིང་། འཐེན་གཏོང་བའི་ཚད་ཆེ་ཤོས་ནི་རྩིག་པའི་མཐོ་དམན་གྱི་10% ཙམ་ཟིན་ཡོད། འདི་འདྲ་བའི་འོས་འཚམས་ཀྱི་འཐེན་བཏང་བའི་ཨར་སྐྲུན་དེ་མིག་གིས་བལྟས་པའི་སྐབས་སུ་ཡང་སྣང་ཚུལ་མཐོང་བདེ་པོ་ཡོད། དེ་ལྟ་བུའི་ཨར་སྐྲུན་དེ་བོད་ལ་ཡོད་པའི་དམིགས་བསལ་གྱི་ཁྱད་ཆོས་ཤིག་ཡིན་ལ། རྩིག་པ་རྩིག་སྟངས་ཀྱི་ལག་རྩལ་དང་མཛེས་རྩལ་གྱི་ལག་ཤེས་གང་ཅིར་མི་རིགས་ཀྱི་ཁྱད་ཆོས་འབུར་དུ་ཐོན་པ། རྩིག་པ་འཐེན་སྟངས་དེ་རྒྱལ་ནང་གི་རྒྱ་ནག་ལྷུགས་རི་ལྟ་བུ་དང་། ཕྱི་རྒྱལ་ཡོ་རོབ་ཀྱི་གནའ་བོའི་མཁར་རྫོང་ལ་ཡང་འཐེན་གཏོང་ཡོད་ཀྱང་རྩིག་པ་རྩིག་སྟངས་དང་འཐེན་གཏོང་སྟངས་གཅིག་མཚུངས་མ་ཡིན་པ་ཤེས་དགོས།

བཞི་པ། གཞིས་ཀའི་ཨར་སྐྲུན།

དགོན་པ་ཆེ་བ་ཁག་དང་། བླ་མ་ཆེ་ཁག རྒྱུད་འཛིན་གྱི་སྐུ་དྲག་བཅས་ལ་རང་སོ་སོའི་གཞིས་ཀ་ཡོད་པ་ནི་བོད་ལྗོངས་ཀྱི་ཕྱོགས་ཡོངས་ལ་ཁྱབ་ཡོད། གཞིས་ཀའི་ཨར་སྐྲུན་དང་། སྐུ་དྲག་གི་ཁྱིམ་གཞིས། དམངས་ཁང་ཨར་སྐྲུན་བཅས་ནི་རིགས་གཅིག་མཐུན་གྱི་ཨར་སྐྲུན་ཞིག་ཡིན་མོད། འོན་ཀྱང་ནུས་པའི་ཐོག་ཁྱད་པར་ཡོད། དེ་ཙམ་མ་ཟད་གཞིས་ཀ་ནི་སྤྱི་ཚོགས་རྙིང་པའི་དཔལ་འབྱོར་གྱི་སྒྲིག་གཞི་ཞིག་ཡིན་ཐོག་གྲངས་འབོར་ཡང་མང་པོ་ཡོད་པ་ལ་སོགས་སུ་ངོ་སྤྲོད་བྱེད་དགོས་པ་ཞིག་འདུག ཆེས་སྔ་བའི་དུས་རབས་དང་། ལྷག་པར་དུ་བཀས་བཀོད་རྒྱུད་འཛིན་གྱི་དུས་སྐབས་སུ་བོད་ཀྱི་གཞིས་ཀ་ནི་སྐུ་དྲག་རང་གི་ཁྱིམ་གཞིས་ཡིན་ཞིང་། སྟོབས་ཤུགས་ཅུང་ཆེ་བའི་སྐུ་དྲག་གི་ཁྱིམ་ཚང་ནས་རང་གི་གཞིས་ཀས་རྟེན་གཞི་བྱས་ནས་ས་ཁོངས་གཅིག་ལ་སྐྱོར་བཙན་བྱེད་ཀྱི་ཡོད་ལ། གཞིས་ཀ་ཁག་ཅིག་ལ་དྲག་ཆས་ཀྱི་སྟོབས་ཤུགས་ཀྱང་ངེས་ཅན་ཡོད་པ་ནི་སྟོ་ཁའི་རྣམ་སྲས་གླིང་གི་གཞིས་ཀ་ལྟ་བུ་ཡིན།(པར3—15) རྗེས་སུ་བོད་ཀྱི་དགོན་སྡེའི་སྟོབས་ཤུགས་ཆེ་རུ་ཕྱིན་ནས་ནང་ཟན་དང་ས་ཞིང་ངེས་ཅན་ཡོད་པས་རང་གི་སྟོབས་ཤུགས་ཁྱབ་ཁོངས་སུ་གཞིས་ཀ་འཛུགས་ཀྱི་ཡོད།

དགའ་ལྡན་ཕོ་བྲང་གི་ས་གནས་སྲིད་དབང་བཙུགས་པའི་རྗེས་སུ། སྟོབས་ཤུགས་ཅན་གྱི་སྐུ་དྲག་མང་ཆེ་བ་སྲིད་

གཞུང་གི་དཔོན་པོ་ཆགས་ཡོད་ཅིང་། ཁོ་ཚོས་ལྷ་ས་དང་གཞིས་རྩེ་སོགས་འགངས་ཆེའི་གྲོང་རྫལ་ལ་རང་གི་ཁྱིམ་གཞིས་བཙུགས་པ་དང་། ཞིང་གྲོང་ནང་ཡོད་པའི་ཁྱིམ་གཞིས་དེ་ཚོ་གཞིས་ཀ་ལ་བསྒྱུར་ཡོད། གཞིས་ཀའི་ཨར་སྐྲུན་ནང་སྦྱིན་བདག་གི་གཟིམ་ཆུང་དང་། གཞིས་ཀའི་ཕྱག་མཛོད་ཀྱི་སྡོད་ཁང་། ལས་དོན་ཁང་ཡོད་པ་མ་ཟད་ད་དུང་གཉེར་ཚང་དང་ཐབ་ཚང་བཅས་ཡོད། གཞན་ཡང་གལ་ཆེ་བ་ཞིག་ནི་ཆེད་མངགས་ཀྱི་འབྲུ་ཁང་བཞག་ཡོད་པ་སྟེ་གཞིས་ཀ་ཁ་ཤས་ལ་འོག་ཐོག་ཚང་མ་འབྲུ་ཁང་བཟོ་མཁན་ཡང་ཡོད། དང་དོད་བྱེད་པའི་གཞིས་ཀའི་ཨར་སྐྲུན་ལ་ཐོག་བརྩེགས་དྲུག་བདུན་ཡོད་ལ་ད་དུང་སྒོ་ར་དང་ལྷུགས་རི་བཅས་བསྐོར་ནས་གཞིས་ཀའི་ནང་ཟན་དང་གླ་མི་ཚོའི་སྡོད་ས་བཟོས་པ་དང་། རྟ་ཟོག་དང་ཁལ་མ་འཛོག་སའི་སྒོ་ར་སོགས་བཞག་ཡོད་པ་དེ་དག་གི་དཔེ་མཚོན་ནི་རྒྱལ་རྩེ་ཕ་ལྷའི་གཞིས་ཀ་ལྟ་བུ་ཡིན་ཞིང་།（པར3—16）དེ་ནི་ཆེང་ཁང་ཤི་གོང་མའི་སྐབས་ཀྱི་བོད་ས་གནས་སྲིད་གཞུང་གི་དུས་ལ་ཡིན། ཕོ་ལྷ་བ་ཞིང་པའི་ཁྱིམ་ཚང་ཞིག་ནས་དར་སྤེལ་བྱུང་སྟེ་ཆེང་གོང་མ་དང་ས་གནས་སྲིད་གཞུང་གིས་ཐའི་ཇི་ལ་བསྐོ་གཞག་གནང་བས་ཁྱིམ་ཚང་གི་གཞིས་ཀ་ཆགས་པ་དང་། རིམ་བཞིན་ས་གནས་སྲིད་གཞུང་གི་དཔོན་རིགས་གྲས་ཀྱི་སྐུ་དྲག་ཆགས་པས། གཞིས་ཀའི་མཐའ་སྐོར་གྱི་ས་ཆ་ཧ་ཅང་ཆེ་བའི་ས་ཞིང་གི་བདག་དབང་ཐོབ་པ་རེད། བདག་དབང་དེའི་ཁོངས་ཀྱི་ཁྲལ་པའི་ཞིང་པ་ཚོར་རང་སོ་སོར་ཁང་པ་དང་། ས་ཞིང་། ཁལ་ཟོག་དང་འཚོ་བའི་ཐོན་སྐྱེད་ཀྱི་ཡོ་བྱད་སོགས་འཛོམས་ཡོད། དུས་རབས་ཉི་ཤུ་པའི་ལོ་རབས་བཞི་བཅུའི་འགོ་ལ་ཕ་ལྷ་གཞིས་ཀའི་བདག་པོ་རང་གི་བྲན་གཡོག་ནང་ཟན་ཚོར་སྡོད་ཁང་གསར་པ་བསྐྲུན་པས་ཁང་པ་རེ་རེ་བཞིན་བསྐོར་ནས་སྒོ་ར་བཟོས་པ་དེས་སྡོད་ཁང་ཁེར་གཙང་དང་དོ་དམ་བྱེད་བདེ་བ་ཡིན། ཁང་པའི་ནང་ངོས་རྒྱ་ཆེན་པོ་རང་མེད་ལ་ཁང་པའི་སྤུས་ཚད་ཅུང་ཞན་པོ་ཡིན་ནའང་ཨར་ཀ་བཅག་ཡོད་ལ་སྡོད་ཁང་གི་རྩ་བའི་ཆ་རྐྱེན་འཛོམས་ཡོད། གཞིས་ཀའི་ཕྱི་ནང་གི་དོན་དག་ཆེ་ཆུང་ཚང་མ་ནང་ཟན་དེ་ཚོས་དོ་དམ་བྱེད་ཀྱི་ཡོད། དཔེར་ན། ཕྱག་མཛོད་དང་། རྩིས་པ། དངུལ་གཉེར། མཛོད་ཁང་གི་བདག་གཉེར། ཁང་པ་དང་ཞིང་རའི་ཉམས་གསོ་བཅས་ཚང་མ་ནང་ཟན་དེ་ཚོས་འགན་འཁུར་དགོས། ཡིན་ནའང་ནང་ཟན་དེ་ཚོར་མི་ལུས་རང་དབང་མེད་པ་གཞིས་ཀའི་བདག་པོའི་རྒྱུ་ནོར་ནང་བཞིན་ཡིན། དེ་དག་ལས་རྐང་ལག་སྐྱོན་ཅན་དང་ལོ་རྒས་ནད་རོ་ཡིན་པའི་ནང་ཟན་རྣམས་གཞིས་ཀས་གསོ་དགོས་ཀྱི་ཡོད། སྐབས་དེར་ཕ་ལྷ་གཞིས་ཀའི་སྐུ་ངོར་ནས་བོད་ཡིག་སློབ་གྲྭ་ཞིག་ཀྱང་བཙུགས་ནས་མི་སེར་ཞིང་པ་རྣམས་ལ་སློབ་ཡོན་མི་དགོས་པ་བྱས་པ་སོགས་སྤྱི་ཚོགས་འཕེལ་རྒྱས་ཀྱི་རྣམ་པ་ཕྲན་བུ་མངོན་ཡོད།

སྤྱི་ལོ1959ལོར་ང་རང་ལྷ་སར་བོད་ཡིག་འབྲི་གཟུགས་སྦྱོང་སྐབས་ཀྱི་དགེ་རྒན་བགྲེས་སོང་ཧོར་སྤྱི་ཆོས་སྦྱིན་ནོར་བུ་ལགས་ནི་དེ་སྔོན་ཕ་ལྷ་གཞིས་ཀའི་དགེ་རྒན་གནང་མྱོང་བས་གནས་ཚུལ་དེ་ཁོང་ས་ནས་ཤེས་རྟོགས་བྱུང་། ཆོས་སྦྱིན་ནོར་བུ་ལགས་ནི་མལ་དྲོ་གུང་དཀར་གྱི་མི་ཡིན་ལ། དྭ་ལའི་བླ་མ་སྐུ་ཕྲེང་བཅུ་གསུམ་པའི་དུས་ཏེ་སྤྱི་ལོ1916ལོའི་ནག་ཆུའི་བྱང་སྤྱི་གྲགས་པ་རྣམ་རྒྱལ་གྱི་ཚ་བོ་ཡིན། ཆོས་སྦྱིན་ནོར་བུ་སྔོན་མ་རྩེ་སློབ་གྲྭར་སློབ་སྦྱོང་གནང་མྱོང་ཞིང་ཁོང་གི་དགེ་རྒན་ནི་སྟན

གྲགས་ཆེ་བའི་བོད་ཀྱི་ཡིག་གཟུགས་མཁས་ཅན་དྷ་ལའི་བླ་མ་སྐུ་ཕྲེང་བཅུ་གསུམ་པའི་མགྲོན་གཉེར་ཆེན་མོ་ཀོག་པོ་བ་ཡིན།

སྤྱི་ཚོགས་རྙིང་པའི་སྐབས་ས་ཆ་སོ་སོའི་ཞིང་པའི་སྡོད་ཁང་ཕལ་ཆེ་བ་ཐོག་གཅིག་མ་ཤ་སྟག་ཡིན་ལ་ད་ཅང་སྟབས་བདེ་བ་ཡིན། སྐབས་དེ་དུས་གྲོང་ཚོ་གང་འདྲ་ཞིག་ལ་སླེབས་ནའང་མིག་གིས་བལྟས་པ་ཙམ་གྱིས་གཞིས་ཀའི་ཁང་པ་ཡིན་མིན་ཤེས་ཐུབ་ཀྱི་ཡོད། གང་ལགས་ཤེ་ན། གྲོང་གསེབ་ལ་གཞིས་ཀ་ཆུང་ངོས་ཤིག་ཡིན་ན་ཡང་དེ་ནི་ས་གནས་དེ་གཞིའི་ཁང་པ་ཡག་ཤོས་དང་རྫིག་ཤོས་ཡིན་པས་སོ།།

ལྔ་པ། དམངས་ཁང་ཨར་སྐྲུན།

དམངས་ཁང་ཨར་སྐྲུན་ནི་སྔ་ཤོས་ལ་རྫོ་ཆས་དུས་རབས་ཀྱི་དུས་ནས་བྱུང་བ་ཡིན་ཞིང་། ད་བར་མི་ལོ5000ལྷག་ཙམ་གྱི་ལོ་རྒྱུས་ཡོད། འོན་ཀྱང་བོད་ཀྱི་དམངས་ཁང་ཨར་སྐྲུན་འཕེལ་རྒྱས་འགྲོ་མགྱོགས་པོ་རང་བྱུང་མེད་ལ། ཡར་རྒྱས་ཡང་དེ་ཙམ་ཆེན་པོ་བྱུང་མེད་པ་ནི། སྤྱི་ཚོགས་རྙིང་པའི་ནང་བཀས་བཀོད་རྒྱུད་འཛིན་ཞིང་བྲན་བདག་པོས་རྒྱ་ཆེའི་མི་དམངས་ལ་གཉའ་གནོན་དང་བཤུ་གཞོག་བཏང་བས་ཞིང་པ་མང་ཚོགས་ཀྱི་འཚོ་བར་དཀའ་ སྡུག་ཆེན་པོ་ཡོད་པས་ཁང་པ་གསར་པ་རྒྱག་རྒྱུ་ནི་དཀའ་ངལ་ཤིན་ཏུ་ཆེ་བ་ཞིག་ཡིན། ད་དུང་རྒྱུ་མཚན་གཞན་ཞིག་ཡོད་པ་ནི། གནའ་བོའི་བོད་མི་ཚང་མ་དུ་སྦྱོར་འབྲོག་པ་སྟེ་སྡོད་གནས་གཏན་འཁེལ་མེད་པའི་འཚོ་བ་སྐྱེལ་གྱི་ཡོད་ཅིང་། དངོས་འབྲེལ་གྱི་གཏན་སྡོད་བྱས་ནས་ཞིང་པ་བྱས་པའི་ལོ་རྒྱུས་ད་ཅང་རིང་པོ་རང་མེད། འདི་ཡང་ཁྲོན་ཡོངས་ཀྱི་ལོ་རྒྱུས་ཐོག་ནས་བཤད་པ་ཡིན། ཚང་མས་ཤེས་གསལ་ལྟར། བོད་ལྗོངས་ཀྱི་ས་ཆ་མང་ཆེ་བ་ནི་རི་མཐོན་པོ་དང་། གྲོག་རོང་གཟར་མོ། བྱང་ཐང་ས་སྟོང་བཅས་ཡིན་པས་ལོ་ཐོག་སྐྱེས་མི་ཐུབ།

དམངས་ཁང་ནང་། ཞིང་པ་ཕྱུག་པོ་དང་གྲོང་ཁྱེར་ནང་གི་ཚོང་པ་དང་འབྱོར་ཕྱུག་པ། གཞན་ཡང་སྐུ་དྲག་དང་དཔོན་རིགས་ཁྲིམ་ཚང་གི་ཁང་པ་བཅས་ནི་ཁྲོན་ཡོངས་དམངས་ཁང་གི་གྲུབ་ཆའི་ནང་འདུང་ཤོས་ཡིན།

དམངས་ཁང་དེ་ཡང་གནམ་གཤིས་དང་ས་ཁུལ་སོགས་ཀྱི་རྐྱེན་པས་རིགས་མི་འདྲ་བ་ཁག་སྣ་ཚོགས་ཡོད། བོད་བྱང་ཐང་དང་མངའ་རིས་སོགས་འབྲོག་པའི་ས་ཁུལ་ལ་ཡུན་རིང་པོ་ནས་སྦྲ་ནག་ནང་ལ་འཚོ་བ་སྐྱེལ་གྱི་ཡོད་ལ་ལོ་གཅིག་དུས་བཞིར་འགྱུར་བ་མེད། ཉེ་བའི་ལོ་རབས་ནང་སྲིད་གཞུང་གི་ཐུགས་འཁུར་འོག་འབྲོག་སྡེ་མང་པོར་དགུན་སའི་ཁང་པ་བརྒྱབ་ཡོད་ཀྱང་འབྲོག་པ་མང་ཆེ་བ་ད་དུང་སྦྲ་གུར་ནང་དགུན་ཁ་སྐྱེལ་གྱི་ཡོད། དགུན་ཁ་གཏན་སྡོད་བྱས་ན་གཡག་ལུག་གི་གཟན་རྩྭར་དཀའ་ངལ་མང་པོ་འཕྲད་ཡོང་གི་ཡོད་པས་སྦྲ་གུར་ནི་བོད་ཀྱི་འབྲོག་པ་ཚོའི་སྡོད་གནས་གཙོ་བོ་ཡིན།

མངའ་རིས་ཀྱི་གུ་གེ་དང་སྤུ་ཧྲེང་སོགས་ཞིང་ཁུལ་དེ་ཚོར་དམངས་ཁང་མང་ཆེ་བ་ས་ཕུག་དང་ཟུང་དུ་འབྲེལ་བའི་ཐབས་ཤེས་བྱས་ཡོད་ལ་ས་ཕུག་རྐྱང་པའི་དམངས་ཁང་ཡང་ཡོད་པ་(དཔེ་རིས3—1) (པར3—17) དེ་ནི་ས་ཁུལ་དེར་ཨར་སྐྲུན་གྱི་རྒྱུ་ཆ་ཤིན་ཏུ་དཀོན་པོ་ཡིན་ལ། ས་གནས་དེ་ཡི་ས་རྒྱུ་བཟང་པོ་ཡིན་པས་ས་ཕུག་ཀྱང་བཀོ་བདེ་པོ་ཡོད། དེར་བརྟེན་ཕུག་པ་དང་འབྲེལ་བའི་དམངས་ཁང་ནི་མངའ་རིས་ས་ཁུལ་གྱི་ཡུལ་སྲོལ་དང་བསྟུན་ནས་གསར་གཏོད་བྱས་པའི་གྲུབ་

འབྲས་ཤིག་ཡིན། གཞིས་རྩེ་དང་སྙེ་ཁ་སོགས་ས་ཁུལ་གྱི་དམངས་ཁང་ནི་སྤྱིར་ན་འདྲ་མཚུངས་ཡིན་ཞིང་། ཕལ་ཆེ་བ་ཐོག་གཅིག་མ་དང་ཁང་ཐོག་ལེབ་མོ་ཡིན།（པར3—18） ཐོག་སོ་མཐོན་པོ་མེད་ལ་གདུང་ཐག་དང་ལྕམ་ཐག་ཡང་རིང་པོ་མེད། ཁང་པ་མང་ཆེ་བའི་ཕྱི་ནང་གི་མཐོ་དམན་ཡང་ཆུང་ཆུང་ལས་བཞག་མེད་པ་བཅས་ཡིན། སྤྱི་ཚོགས་རྙིང་པའི་ནང་མངའ་བདག་ཆེན་པོ་གསུམ་གྱི་གཉའ་གནོན་དང་བཙུ་གཞོག་འོག འདི་ཁུལ་མང་ཚོགས་ཀྱི་འཚོ་བ་ཤིན་ཏུ་ཉམ་ཐག་པ་ཡིན་ཐོག་ཤིང་ཆ་སོགས་ཨར་སྐྲུན་གྱི་རྒྱུ་ཆ་ཡང་དཀོན་པོ་ཡིན་པས་དམངས་ཁང་དེ་ཚོ་ནི་ཆེས་སྟབས་བདེ་ཡི་ཨར་སྐྲུན་ཡིན།

རྫ་ཡུལ་དང་། གྲོ་མོ་སོགས་ནགས་ཚལ་ས་ཁུལ་གྱི་དམངས་ཁང་ནི། གཙོ་བོ་ཁང་ཐོག་བཟོ་སྟངས་མི་འདྲ་བ་ཡིན་ཏེ་ཤིང་པང་དང་རྡོ་ལེབ་ཀྱིས་ཐོག་འགེབས་པ་རེད། གང་ལགས་ཤེ་ན། ཤིང་ནགས་ས་ཁུལ་ལ་ཆར་པ་འབབ་ཚད་ཆེ་བས་ཁང་ཐོག་ལེབ་མོས་ཆར་ཆུ་ཆེན་པོ་བཀག་མི་ཐུབ་པ་ཡིན། གཞན་ཡང་རྩིག་པའི་ཚབ་ཤིང་གིས་བྱས་ནས་བང་བ་དང་པང་ལེབ་ཀྱི་ཁང་པ་ཡང་བཟོས་ཡོད་ཅིང་། གྲོ་མོ་དང་གཉའ་ལམ་གྱི་ཤར་པའི་གྲོང་ཚོ་སོགས་ཀྱི་ཤིང་ལེབ་ཁང་པ་དེ་དག་ནི་མང་ཆེ་བ་ཐོག་བརྩེགས་གཉིས་བྱས་པ་ཤ་སྟག་འདུག（པར3—19） ཁང་པའི་ཤོད་ལ་ཁལ་ཟོག་འཇུག་ས་དང་ཐོག་ཁར་མི་སྡོད་ས་བྱེད་ཀྱི་ཡོད་པས་བེད་སྤྱོད་སྟབས་བདེ་པོ་ཡོད། ཉིང་ཁྲི་སོགས་ཀྱི་ཤིང་ནགས་ས་ཁུལ་གྱི་ས་ཆ་ཁག་ཅིག་ལ་གྱང་རྟུང་བ་དང་རྡོ་རྩིག་ལ་ཤིང་ལེབ་དང་རྡོ་གཡམ་གྱིས་གཡབ་ཐོག་བཀབ་ཡོད་པ་དེ་ཚོ་ནི་ཤིང་ནགས་ལུང་པའི་དམངས་ཁང་ཨར་སྐྲུན་ཡིན།

ཆབ་མདོ་སོགས་ས་ཁོངས་ཀྱི་དམངས་ཁང་ལ་ཆ་བཞག་ན། ཁང་པའི་ཕྱུས་ཚད་དེ་ཙམ་ཡག་པོ་མིན་ཙང་མང་ཆེ་བ་ཐོག་བརྩེགས་ཉིས་ཅན་ཡིན།（པར3—20） དེར་རྡོ་རྩིག་གི་ཨར་སྐྲུན་ཞུང་ཤས་ཡོད་པ་ལས་མང་ཆེ་ཤོས་ནི་གྱང་རྟུང་བའི་ཨར་སྐྲུན་ཡིན། འདི་རྒྱུད་ཀྱི་དམངས་ཁང་གི་ཀ་གྲལ་ཡག་པོ་བསྒྲིགས་མེད་པ་རྒྱུན་ལྡན་ཁང་པ་གཅིག་གི་ནང་ལ་ཡང་ཀ་ཐག་རིང་ཐུང་གཅིག་པ་མ་ཡིན་པའི་གནས་ཚུལ་མཐོང་རྒྱུ་ཡོད་པ་དེ་ནི་ཁ་ཏུབ་རྗེས་ཤུལ་ནང་མཐོང་བའི་ཀ་གྲལ་སྒྲིག་སྟངས་དང་ཤིན་ཏུ་འདྲ་པོ་འདུག་པས་ཁོ་ཚོས་གནའ་བོའི་སྟབས་བདེ་ཡི་བྱ་ཐབས་དེ་མུ་མཐུད་རྒྱུན་འཛིན་བྱས་པ་རེད་ཅེས་ཟེར་ཚོག

ཧང་གི་སྐབས་བཅུ་གཅིག་པའི་ཚང་འཛོམས་གྲོས་ཚོགས་ཐེངས་གསུམ་པ་འཚོགས་པའི་རྗེས་སུ། བོད་ལྗོངས་ཀྱི་ཞིང་འབྲོག་མང་ཚོགས་ཀྱི་འཚོ་བ་ནི་ཇེ་ལེགས་སུ་སོང་ཡོད་ཅིང་། ས་གནས་གང་སར་རང་གི་ཁྱིམ་ཁང་གསར་པ་བརྒྱབ་ནས་གསར་རྐྱང་ཡིན་པའི་དམངས་ཁང་ཨར་སྐྲུན་ཧ་ཅང་མང་པོ་ཐོན་ཡོད་པ་དེ་དག་གི་ཨར་སྐྲུན་གྱི་རྒྱུ་ཆ་དང་ཕྱི་ཡི་བཟོ་ལྟ་གང་ཅིའི་ཐད་གོང་འཕེལ་ཆེན་པོ་ཕྱིན་པ་དཔེར་ན་ཁང་པའི་རྩིག་པ་རྡོ་རྩིག་བརྒྱབ་པ་དང་། ཤིང་ཆ་ཡང་ཡག་ཏུ་སོང་བར་བརྟེན་ཀ་ཐག་དང་ལྕམ་ཐག་རིང་དུ་བཏང་ཡོད་པ། ཁང་པའི་ནང་བར་སྟོང་རྒྱ་ཆེ་ཏུ་ཕྱིན་པས་འགྲུལ་བསྐྱོད་བདེ་བ། སྔོན་མ་དམངས་ཁང་གི་སྒོ་སྒེའུ་ཁུང་ལ་སྤྱིར་བཏང་ཐོག་ཚོན་རིས་གཏོང་གི་མེད་ཙང་ད་ལྟ་སྒོ་སྒེའུ་ཁུང་ཚང་མར་ཚོན་རིས་མཛེས་པོ་བྲིས་ཡོད་པ་དེ་དག་ཏ་ལམ་དགོན་པ་སོགས་ཀྱི་ཨར་སྐྲུན་ཕྱུས་ལེགས་དང་གཅིག་མཚུངས་བཟོས་ཡོད་པ། དམངས་ཁང་མང་པོའི་ཀ་གདུང་དང་སྒོ་སྒེའུ་ཁུང་གི་སྟེང་དུ་ཤིང་བརྐོས་ཀྱི་མཛེས་རྒྱན་སྤྲས་ཡོད་པ་སོགས་ནི་སྤྱི་ཚོགས་རྙིང་པའི་ནང་བསམ་

གློར་ཡང་འཁོར་མི་སྲིད་པ་ཞིག་རེད། དེ་ཚོ་ཚང་མའི་ཐོག་ནས་བོད་ལྗོངས་མི་དམངས་ཀྱི་འཚོ་བ་རྒྱུན་མ་ཆད་པར་གོང་མཐོར་ཕྱིན་ཡོད་པ་མཐོང་ཐུབ། བོད་ལྗོངས་ཀྱི་དམངས་ཁང་ཨར་སྐྲུན་དེ་ཉིད་དོན་དངོས་ཐོག་ནས་འཕུར་མཚོངས་ལྟ་བུའི་ཡར་རྒྱས་འགྲོ་བཞིན་ཡོད་པས་ཁྱོན་ཡོངས་ཀྱི་བོད་རིགས་ཨར་སྐྲུན་ལ་སྙིང་དོན་གསར་པ་མང་པོ་ཁ་སྣོན་བྱས་ཡོད། དམངས་ཁང་ཨར་སྐྲུན་འཕེལ་རྒྱས་འགྲོ་བའི་བརྒྱུད་རིམ་ནང་། བོད་ཀྱི་ཞིང་པའི་འཚོ་བ་ཉིན་བཞིན་ཇེ་ལེགས་སུ་འགྲོ་བ་དང་ སྒྲུགས་ཕྱུག་པོར་གྱུར་པའི་ཞིང་པ་རྣམས་ཀྱི་འགྲན་རྩོད་ཀྱི་བསམ་པ་ཤུགས་ཆེ་བར་བརྟེན། རང་གི་ཁང་པར་དང་དོད་བྱེད་དྲགས་པ་དང་མཛེས་རྒྱན་ཏ་ཅང་རྒྱས་པོ་སྤྲས་ཀྱི་ཡོད། ད་དུང་ཁྱིམ་ཚང་ཁ་ཤས་ནས་ལྷུགས་རྩིབས་ཀྱི་དམངས་ཁང་བཟོ་ལྟ་གསར་པ་རྒྱག་གི་ཡོད་པས་གྲོང་གསེབ་མང་པོར་སྣར་ཡོད་ཀྱི་དམངས་ཁང་ཨར་སྐྲུན་གྱི་དབྱིབས་གཟུགས་དང་ཁྱད་ཆོས་ཐད་དེ་གྱུར་པ་རེད།

དྲུག་པ། གླིང་གའི་ཨར་སྐྲུན།

གླིང་གའི་ཨར་སྐྲུན་དེ་བོད་ལ་རྒྱ་ཁྱབ་ཆེན་པོ་རང་མེད་མོད། འོན་ཏེ་དེར་དམིགས་བསལ་གྱི་ཁྱད་ཆོས་ཤིག་ལྡན་ཡོད་པས་རྒྱལ་ཁབ་ཕྱི་ནང་གཉིས་ཀར་ཤུགས་རྐྱེན་ཆེན་པོ་ཐེབས་ཡོད། གནའ་བོའི་དུས་སུ་བོད་ཁམས་ཡོངས་ལ་སྐྱེ་ཁམས་དང་ཁོར་ཡུག་ཙུང་ཡག་པོ་ཡོད་ཅིང་། གང་སར་རྩི་ཤིང་སྐྱེས་པ་མ་ཟད། བྱང་ཐང་དུའང་སྐྱེ་དངོས་ཡག་པོ་སྐྱེས་ཡོད་པས་བོད་མི་ཚོ་རུ་སྡོའི་འབྲོག་པའི་འཚོ་བ་སྐྱེལ་གྱི་ཡོད། ཁོ་ཚོ་རང་བྱུང་གི་མཛེས་ལྡོངས་ལ་དགའ་པོ་ཡོད་པས་གླིང་ཁའི་ཨར་སྐྲུན་བཟོ་དགོས་དོན་མེད། རྗེས་སུ་མི་རྣམས་ཀྱི་འདོད་རྫམ་ཆེ་ནས་ཆེ་རུ་སོང་སྟེ་སྐྱེ་ཁམས་ཁོར་ཡུག་ལ་གཏོར་སྐྱོན་བཏང་བ་དང་། ཤིང་ནགས་འབོར་ཆེན་བཅད་པ། རྫ་ར་ལ་གནོད་སྐྱོན་བཏང་བ་སོགས་ཀྱིས་ས་ཁུལ་མང་པོའི་གནམ་གཤིས་ལ་འགྱུར་ལྡོག་ཆེན་པོ་བྱུང་བ་རེད། དེ་ལྟ་བུའི་གནས་ཚུལ་འོག གློར་ཡང་ཤིང་བཙུགས་ནགས་བཟོས་དང་སྲུགས་མཚུངས་ཤིང་ནགས་ཀྱི་དཀྱིལ་ལ་ཁང་པ་སྤབས་བདེ་པོ་དང་སྙིང་རྗེ་པོ་བརྒྱབ་ནས་དབྱར་ཁ་ངལ་གསོ་དང་སྤྲོ་གསེང་གཏོང་ས་བྱེད་ཀྱི་ཡོད། དེ་ནི་བོད་ཀྱི་གླིང་ཁའི་ཨར་སྐྲུན་གྱི་འབྱུང་ཁུངས་ཡིན་ལ་མིང་ལ་ཡང་གླིང་ག་ཞེས་ཟེར་གྱི་ཡོད།

ནོར་ཁ་ཨེ་ཁུལ་གྱི་ལྷ་རྒྱ་རིའི་ཕོ་བྲང་ལ་ཆེད་མངགས་དབྱར་ཁའི་ཕོ་བྲང་བརྒྱབ་ཡོད་པ་དེར་གླིང་ཁ་དང་ཆ་ཚང་བའི་ཨར་སྐྲུན་ཡོད་ཅིང་། དེ་ནི་ཨེ་ལྷ་རྒྱ་རིའི་ཁྲི་ཆེན་རིམ་བྱོན་གྱི་དབྱར་ཁའི་བཞུགས་ས་ཡིན།(པར་3—21)

ནོར་ཁའི་རྣམ་སྲས་གླིང་གཞིས་ཀར་ཡང་ཆེད་མངགས་ཀྱིས་གླིང་ག་བཟོས་ཡོད་ལ། འབྲས་ཤིང་གི་སྡོང་པོ་སོགས་ཀྱང་བཙུགས་ཡོད་པ་དེ་ནི་གཞིས་ཀའི་སྤྱིན་བདག་གི་སྤྲོ་སྐྱིད་གཏོང་ས་ཡིན། ད་དུང་གཞིས་རྩེ་བདེ་ཆེན་ཕོ་བྲང་གི་གླིང་ག་ཡང་ཡོད།(པར་3—22)

བོད་ཀྱི་གླིང་གའི་ཨར་སྐྲུན་ཡོངས་རྫོགས་ཀྱི་ནང་ནས་ནོར་བུ་གླིང་ཁ་ནི་དམིགས་བསལ་གྱི་ཁྱད་ཆོས་ལྡན་པ་ཞིག་ཡིན། ཏཱ་ལའི་བླ་མ་སྐུ་ཕྲེང་རིམ་བྱོན་ནས་ཁ་སྣོན་དང་རྒྱ་བསྐྱེད་གནང་ཞིང་། དབྱར་ཁའི་ཕོ་བྲང་དང་བསིལ་གཡབ་སོགས་ཀྱི་

མཛེས་སྡོང་ས་འདྲ་མིན་བསྐྲུན་པར་རང་རྒྱལ་གྱི་སྲོལ་རྒྱུན་སྒྲོ་ཁང་ལྕམ་རའི་ལག་རྩལ་བཟོ་སྐྲུན་བེད་སྤྱད་པ་དེ་ནི་རྒྱལ་ཁབ་ཕྱི་ནང་གི་ཡུལ་སྐོར་བ་ཚོའི་ཡིད་དབང་བཀུག་པ་རེད། ལྷ་ས་ནི་ཆ་སྙོམས་མཚོ་ངོས་སྟེང་3700ལྷག་ཙམ་གྱི་སར་གནས་པའི་ས་མཐོའི་གནམ་གཤིས་ཀྱི་ས་ཁོངས་ཤིག་ཡིན་མོད། འོན་ཀྱང་ནོར་བུ་གླིང་ཁའི་ནང་དུ་སྨུག་མ་སོགས་ས་ཁམས་དམའ་སར་སྐྱེ་བའི་རྩི་ཤིང་སྣེ་ཁ་བཅུ་ཕྲག་ཁ་ཤས་སྐྱེས་ཐུབ་པ་དང་མེ་ཏོག་སྣ་ཁ་བརྒྱ་ཕྲག་ཙམ་སྐྱེས་ཐུབ་ཀྱི་ཡོད་པས། ནོར་བུ་གླིང་ཁའི་ཡུལ་སྡོང་ས་ནང་དམིགས་བསལ་ཅན་གྱི་དམའ་བའི་ས་ཁུལ་གྱི་གནམ་གཤིས་ཀྱི་ཁྱད་ཆོས་ལྡན་ཡོད་པས་ས་མཐོའི་གནའ་རབས་ཀྱི་གྲོང་ཁྱེར་ལྷ་སའི་ཡུལ་སྡོང་ས་གྲགས་ཅན་ཞིག་ཡིན་པ་སྨོས་མེད་ཡིན།（པར3—23）

ལེའུ་བཞི་པ། བོད་རིགས་ཨར་སྐྲུན་གྱི་ཁྱད་ཆོས།

དང་པོ། སྲོལ་རྒྱུན་གྲོང་སྡེའི་ས་ཆ་འདེམས་ཚུལ་དང་། བཀོད་པ། བར་སྟོང་འཛོག་ཚུལ།

བོད་རིགས་ས་ཁུལ་ཁག་ལ་ས་དབྱིབས་མི་འདྲ་བ་དང་། རི་རྒྱུད་མི་འདྲ་བ། གཙང་པོ་དང་ཆུ་བོ་རྒྱུགས་ཡུལ་མི་འདྲ་བ་སོགས་ཀྱིས་གྲོང་ཚོ་སོ་སོས་གྲོང་སྡེ་ཆགས་ཡུལ་འདེམས་སྟངས་ཀྱང་མི་འདྲ་བ་ཡོད་པ་དེ་དག་ལ། ང་ཚོས་ཡུན་རིང་ཞིབ་འཇུག་བྱས་པའི་ནང་ཐུན་མོང་གི་ཁྱད་ཆོས་ཡོད་པ་མཐོང་ཐུབ་བྱུང་།

བོད་ཀྱི་ལོ་རྒྱུས་ཐོག་བོད་རིགས་འཚོ་སྡོད་བྱེད་པའི་ས་ཆ་མང་ཆེ་བ་ནི་བོད་ས་གནས་སྲིད་གཞུང་དང་། དགོན་པ་ཁག་སྐུ་དྲག་ཆེ་བ་བཅས་ལ་དབང་བ་རེད། ད་དུང་དེ་ཡི་ནང་ས་གནས་སྲིད་གཞུང་གིས་དཔོན་རིགས་ཁག་ལ་སྤྲད་པའི་ཕ་ཡུལ་གྱི་ས་ཆ་དང་། གཞིས་ཀའི་ས་ཆ་སོགས་ཀྱང་ཚུད་ཡོད། དེ་མིན་གྲོང་གསེབ་ལ་ཞིང་ས་མང་པོ་ཞིག་ནི་ཞིང་པ་སོ་སོའི་ཁྱིམ་ཚང་གི་ཡིན་ཞིང་། ཕོ་ཚོའི་ས་ཞིང་ཁག་ཅིག་ནི་རང་གི་ཕ་མེས་བརྒྱུད་ནས་ཡོད་པ་དང་། ཡང་གཞིས་ཀ་བཙོངས་པ་དང་སྲིད་གཞུང་གིས་ཆོག་མཚན་ཐོབ་ནས་གསར་སྤེལ་བྱས་པ་སོགས་ཡིན། དེར་བརྟེན་སྤྱི་ཚོགས་རྙིང་པའི་སྐབས་སུ་ཞིང་ས་ནི་ཧ་ཅང་རྩ་ཆེན་ཡིན། ས་གནས་སྲིད་གཞུང་གི་སྲིད་འཛིན་དོ་དམ་ཐད་ནས་བཤད་ན་འང་འདྲ། ཡང་ན་ཞིང་པ་རང་གི་ཁེ་ཕན་ཐོག་ནས་བཤད་ན་འང་འདྲ། གང་བྱུང་གིས་ཞིང་ས་བེད་སྤྱོད་བྱེད་འཇུག་གི་མེད། ང་ཚོས་ལོ་མང་རིང་བོད་ཀྱི་ས་ཁུལ་མང་པོར་གྲོང་སྡེ་ཆགས་སྟངས་སྐོར་རྟོག་ཞིབ་བྱས་པའི་བརྒྱུད་རིམ་ནང་། གྲོང་ཚོ་ཆགས་ས་ནི་ཞིང་ས་ལས་གཡོལ་ནས་གྲོང་ཚོ་ཆགས་པ་ཞིག་ཡིན་པ་ངོས་འཛིན་གསལ་རྟོགས་བྱུང་། གྲོང་ཚོ་ཆགས་ཡུལ་དེ་ས་ཞིང་ལ་མི་གནོད་པ་བྱ་རྒྱུ་དེ་རྩ་དོན་དུ་འཛིན་པ་དང་།(པར4—1) དེ་ནས་གཞི་ནས་འབྱུང་ཆུ་ལེན་རྒྱུ་དང་། འགྲིམ་འགྲུལ། ཉི་རྒྱུག་སོགས་ཀྱི་ཕྱི་རོལ་གྱི་ཆ་རྐྱེན་ལ་བསམ་གཞིགས་བྱ་རྒྱུ་དེ་རེད་འདུག དེའི་ཐད་དེང་སྐབས་གྲོང་ཚོ་གསར་པ་འཛུགས་རྒྱུ་དང་། ཞིང་པའི་བདེ་སྡོད་ལས་གྲྭའི་ཁང་པ་མང་པོ་རྒྱག་མཁན་ཚང་མས་དོ་སྣང་ཆེན་པོ་གནང་སྟེ། ལོ་རྒྱུས་ཐོག་གི་གྲོང་སྡེ་འཛུགས་སྐྲུན་གྱི་བྱ་ཐབས་ལ་སློབ་སྦྱོང་བྱ་དགོས་ངེས་ཤིག་ཡིན། ལོ་རྒྱུས་ཐོག་གི་གྲོང་ཚོ་ཆགས་ས་འདེམ་རྒྱུ་དེ་གཅིག་ནས་མེས་པོ་རྒན་རབས་རྣམས་བློ་རིག་བཀྲ་བ་དང་། གཉིས་ནས་མི་ལོ་སྟོང་ཕྲག་གི་ཚོད་བགམ་ཐེག་པ་ཡིན་ཙང་གྲོང་སྡེར་རང་བྱུང་གནོད་འཚེ་ཐོག་པ་ཤིན་ཏུ་ཉུང་། འོན་ཀྱང་རྗེས་ལུས་ཀྱི་བཀག་བཀོད་རྒྱུད་འཛིན་གྱི་སྤྱི་ཚོགས་ནང་། ཞིང་གྲོང་གི་འགྲིམ་འགྲུལ་དཀའ་ངལ་ཤིན་ཏུ་ཆེ་བའི་གནས་ཚུལ་འོག་ལུང་པ་སོ་སོའི་གྲོང་སྡེ་ཚང་མར་འགྲོ་ལམ་སྟབས་བདེ་པོ་མེད་པའི་གནད་དོན་ཡོད་པ་དེ་ནི་བོད་རིགས་ས

ཁུལ་གྱི་སྲོལ་རྒྱུན་གྲོང་སྡེ་ཆགས་ཡུལ་འདེམས་སྟངས་ཀྱི་ཞན་ཆ་ཆེ་ཤོས་ཡིན་ལ་ཁྱད་ཆོས་ཆེ་ཤོས་ཀྱང་ཡིན། དེའི་ཐད་ཆབ་མདོ་ས་ཁུལ་གྱི་རི་མཐོ་གྲོག་རོང་ས་ཁུལ་ལ་དེ་བས་མངོན་གསལ་དོད་པོ་ཡིན། གཞན་ཡང་ཉིང་ཁྲི་སོགས་ཤིང་ནགས་ས་ཁོངས་དང་། ལྷོ་ཁའི་མཚོ་སྣ་དང་ལྷོ་བྲག་གཞིས་རྩེའི་གྲོ་མོ་དང་གཉའ་ལམ་བཅས་ཚང་མར་གནས་ཚུལ་འདི་རིགས་ཡོད།（པར4—2）

ས་ཆ་སོ་སོའི་གྲོང་སྡེ་ཆགས་ཚུལ་ལ་གཤམ་གསལ་གྱི་རྒྱུ་རྐྱེན་ཁག་མང་པོ་ཡོད་པ་སྟེ། དང་པོ་ནི། ས་ཁུལ་སོ་སོའི་དགོན་པ་དང་། སྡེ་ཤོག་གི་དཔོན་པོ། ས་གནས་སྲིད་གཞུང་གི་དཔོན་རིགས་བཅས་ཀྱི་མངའ་ཞབས་ཀྱི་ཞིང་འབྲོག་མི་སེར་ཚོས་ས་གནས་སྲིད་གཞུང་ལ་ཁྲལ་འཇལ་དགོས་པ་མ་ཟད་རང་རང་སོ་སོའི་ས་ཆའི་སྡེ་དཔོན་སོགས་ལ་ཁུ་ལག་རྒྱུག་དགོས་ཀྱི་ཡོད་པ་ནི་ལོ་རྒྱུས་ཐོག་ནས་རྒྱུན་མཐུད་པ་ཞིག་ཡིན་ཞིང་། དེའི་རྐྱེན་གྱིས་སྡེ་ཤོག་ཁག་སྤྱིགས་གཅིག་ཏུ་འཛོམས་པ་ཡང་ཡིན། གཉིས་པ་ནི། ཁྱུག་ཀྱིག་དང་མཐའ་ཁུལ་ལུང་པ་སོགས་སུ་ས་གནས་སྲིད་གཞུང་གིས་སྤྱི་ཡོངས་ཀྱིས་བདག་འཛིན་བྱས་པ་ཙམ་ལས་ཞིབ་ཕྲའི་དོ་དམ་བྱེད་མཁན་མེད་པར་ཞིང་པ་སོ་སོས་མཉམ་དུ་ཏུབ་ནས་གྲོང་སྡེ་ཆགས་པ་ཡང་ཡོད། གྲོང་ཚོ་དེ་རིགས་ནི་ལོ་རྒྱུས་ཡུན་རིང་རྒྱུན་འཛིན་བྱས་པ་ཞིག་ཡིན་ལ། མ་རྒྱུད་ནས་ཁྱིམ་རྒྱུད་བཟུང་བའི་སྤྱི་ཚོགས་ཀྱི་འཕོ་འགྱུར་ཞིག་ཡིན། ཕོ་ཚོ་ནི་ཤ་རུས་ཀྱི་འབྲེལ་བ་ཡོད་པའི་གཉེན་ཉེ་དང་གྲོགས་པོ་སོགས་ཀྱི་འབྲེལ་བས་ཆགས་བསྐྱོད་པ་ཞིག་ཡིན་ཞིང་། དེ་ལྟ་བུ་གཅིག་ལ་གཅིག་བརྟེན་བྱས་ནས་ཆགས་པ་འདི་ནི་བོད་རིགས་ས་ཁུལ་ཡོངས་ཀྱི་གྲུབ་ཚུལ་གཙོ་བོ་ཡང་ཡིན། གོང་དུ་བཤད་པའི་སྡེ་དཔོན་དང་འགོ་པ་སོ་སོས་བདག་བཟུང་བྱས་པའི་གྲོང་སྡེ་ཡིན་ནའང་ཐོག་མར་གྲོང་ཚོ་ཆགས་སྟངས་དང་། ཞིང་པ་སོ་སོའི་ཚོགས་པ་གྲུབ་ཚུལ་འདི་གཙོ་བོ་ཡིན། དེ་ཡང་རྒྱ་ནག་ཡུལ་གྲུའི་ནང་དུས་རྒྱུད་ལི་ཡིན་པའི་གྲོང་ཚོ་ལ་ལི་གྲོང་སྡེ་ཟེར་བ་དང་གཅིག་མཚུངས་ཡིན།

དེས་ན་སྲོལ་རྒྱུན་གྲོང་ཚོས་ཞིང་ས་རྩ་བའི་ཆ་ནས་གཏན་འཁེལ་བྱས་ཚར་དུས། གྲོང་རྡལ་ཆགས་ས་ནི་ཞིང་རྫོ་མི་ཐུབ་པའི་ས་སྟོང་སྐྱེ་རྗེ་དང་ཤིང་སྡོང་ཅུང་མང་བའི་ས་ཆ་བཙལ་རྒྱུ་དེ་རེད། དེ་ཡང་ཁ་ཤས་ནི་རི་ཡི་སྙེད་པར་ཆགས་པ་དང་། ཁ་ཤས་ནི་རི་འདབས་སུ་ཆགས་པ། ཡང་ན་བྲག་རྫོས་རྨང་གཞི་བྱས་པའི་ས་སྟོང་སོགས་ལ་ཆགས་ཡོད་པས་སྲོལ་རྒྱུན་གྲོང་སྡེ་ཚང་མར་འཕྲིམ་འགྲུལ་སྐབས་བདེ་མིན་པའི་ཐུན་མོང་རང་བཞིན་གནས་ཡོད། དེར་བརྟེན་ཕོ་ཚོའི་གྲོང་ཚོ་ནས་འགྲོ་འོང་བྱེད་པར་རི་ལྡེབས་ཀྱི་ལམ་ཕྲན་དང་གུ་དོག་པོའི་འགྲོ་ལམ་བརྒྱུད་དགོས་ཤིང་། ཐ་ན་གཡེན་ལ་འཛེགས་པ་དང་། ཆུ་བརྒལ་བ་སོགས་ཀྱང་བྱེད་དགོས་པ་ཡོད། བསྒྱུར་བཅོས་སྔ་དབྱེ་བྱས་པ་ནས་བཟུང་དང་། ལྷག་པར་དུ་ཞིང་པ་ཚོར་འདྲུད་འཐེན་འཁོར་ལོ་དང་། རླངས་འཁོར་སོགས་འཕྲུལ་ཆས་ཡོད་པའི་རྗེས་སུ། ཞིང་པ་ཚོར་རྒྱ་ལམ་སྐབས་བདེ་ཡོང་བའི་རེ་བ་ཤིན་ཏུ་ཆེ་བས་ཞིང་པའི་ཁྱིམ་དུད་ཁ་ཤས་ནས་སྔ་མོའི་ཁང་པ་བསྒྱུར་ནས་གཞུང་ལམ་གྱི་ཉེ་འགྲམ་དང་གཙང་པོའི་ཉེ་འགྲམ་སོགས

སུ་སྤྱོས་ཡོང་བ་ཡང་རྒྱུ་མཚན་དེ་ཡིན། དཔེར་ན། ཡུལ་ཤུལ་རྫོང་གི་ལུང་ཁུག་ཡིན་ནའང་ཁྱད་ཆོས་ཤིན་ཏུ་ལྡན་པའི་ཨ་ཁྲི་ཤང་གི་གྲོང་ཚོ་ཁ་ཤས་ཀྱི་གྲོང་པ་ཚང་མ་སྐྱེ་རྒྱུ་གྲོང་ལ་སྤྱོས་འདུག གནས་ཚུལ་དེ་ཡི་རིགས་ཀྱིས་མིག་སྔར་ཞིང་པ་དེ་ཚོར་འཚོ་བ་དང་འཕྲིན་འགྲུལ་སོགས་ལ་སྟབས་བདེ་བྱུང་བ་ཡིན་ན་ཡང་སྲོལ་རྒྱུན་གྱི་དམངས་ཁང་སྲུང་སྐྱོབ་དང་རྒྱུན་འཛིན་བྱ་རྒྱུའི་ཐད་ནས་བཤད་ན། ཁྱད་ཆོས་ཆེན་པོ་ཡོད་པའི་སྲོལ་རྒྱུན་གྱི་གྲོང་ཚོ་ཁ་ཤས་མེད་པ་ཆགས་འགྲོ་བ་རེད།

སྲོལ་རྒྱུན་གྱི་གྲོང་ཚོ་ཆགས་ཡུལ་འདེམ་རྒྱུའི་ཐད། གལ་ཏེ་གྲོང་ཚོ་དེ་ཉིད་ས་ཆ་གསར་པ་ཞིག་ཏུ་སྤོ་རྒྱུའམ་ཡང་ན་ས་ཆ་གསར་པ་ཞིག་ཏུ་གྲོང་ཚོ་ཞིག་རྒྱག་རྒྱུ་ཡིན་ན། ཆ་རྐྱེན་ཡོད་པ་རྣམས་ཀྱིས་ས་དཔྱད་ཤེས་མཁན་གྱི་མི་རྣམས་ལ་ས་དཔྱད་བརྟག་པ་བྱེད་རོགས་ཞུས་པའི་རྒྱུ་མཚན་ནི་བོད་ཀྱི་རིག་གནས་ནང་གི་ས་དཔྱད་རིག་པར་ཚན་རིག་གི་གཞི་འཛིན་ས་བརྟན་པོ་ཡོད་པས་ཡིན། བོད་ཀྱི་ས་དཔྱད་རིག་པའི་ནང་། ཨར་སྐྲུན་དང་གྲོང་སྡེ་གསར་པ་རྒྱག་ས་དེ་ཡག་ཉོས་བྱུང་ན་རྒྱབ་ལ་བརྟན་ཞིང་བརྗིད་པའི་རི་བོ་ཡོད་ཅིང་མདུན་ལ་ཤར་ཤར་དུ་རྒྱུགས་པའི་ཆུ་བོ་ཡོད་པ་ཞིག་བཙལ་གྱི་ཡོད།（པར4—3）དེ་ནི་ཆ་རྐྱེན་གཙོ་བོ་ཡིན། རྒྱབ་ལ་རི་བརྟན་པོ་ཞིག་ཡོད་ན་གྲོང་དེའི་བདེ་འཇགས་ལ་འགག་ལེན་ཡོད་ཅིང་། གལ་ཏེ་གྲོང་ཚོའི་རྒྱབ་ལ་རི་བརྟན་པོ་མེད་པ་དང་། ལུང་པ་སྟོང་པ་ཡིན་ན། རྗེས་སུ་གནོད་འཚེ་སྣ་ཚོགས་ཡོང་སྲིད་པས་ཡིན། མདུན་ལ་ཆུ་ཡོད་པ་ནི་འཕྲིན་འགྲུལ་བདེ་བ་དང་ཆུ་ལེན་བདེ་བ་སོགས་ཀྱི་དགེ་མཚན་ལྡན་པ་ཡིན། ཁ་ཕྱོགས་སྟངས་ཐད་སྨྲིར་ན་བྱང་ནས་ལྷོ་ལ་ཁ་གཏད་པ་དེ་ཡག་ཤོས་ཡིན་ཞིང་། དེ་ནི་མཚོ་བོད་མཐོ་སྒང་དུ་གནས་པའི་མི་ཚང་མ་ཉི་མ་ལ་དགའ་བ་དང་འབྲེལ་བ་ཆེན་པོ་ཡོད། བོད་ཀྱི་གྲོང་ཁྱེར་དང་གྲོང་རྡལ་གྱི་ཁ་ཕྱོགས་ངོས་ནས་བཤད་ན། ལྷ་ས་དང་གཞིས་རྩེ་གྲོང་ཁྱེར་གཉིས་ཀྱི་ཁ་ཕྱོགས་ཡག་པོ་ཡོད་ཅིང་། ལྷག་པར་དུ་ལྷ་ས་གྲོང་ཁྱེར་གྱི་ཁ་ཕྱོགས་ཏ་ཙང་ཡག་པོ་ཡོད་པ་མ་ཟད་མཐའ་སྐོར་གྱི་རི་རྒྱུད་མཐའ་ནས་བསྐོར་ཡོད་པས་ནུབ་དང་བྱང་ངོས་ཀྱི་གྲང་རླུང་འགོག་ཐུབ། ལྷ་སའི་འབྲས་སྤུངས་དང་སེ་ར་དགོན་པ་གཉིས་ནི་ཉི་མ་ཕོག་ཡུན་རིང་ཤོས་ཀྱི་རི་ཁུག་ནང་གནས་ཡོད་པར་ཉི་ཁུག་ཅེས་ཟེར་གྱི་ཡོད། གཞན་ཡང་སྒྲིར་བཏང་གི་གྲོང་པ་དང་མི་སེར་གྱི་ཁང་པ་རྒྱག་དུས་ས་ཟུར་གསུམ་དང་གནམ་ཟུར་གསུམ་ལས་གཡོལ་དགོས། བོད་རིགས་ཀྱི་བོན་པོའི་ཆོས་དང་ནང་པ་སངས་རྒྱས་པའི་ཆོས་ལུགས་གཉིས་ཀར་ཟུར་གསུམ་ནི་གདོན་འདྲེ་གནོན་པའི་ས་ཆ་ཡིན་པར་བརྩི་བ་ཡིན། དེར་བརྟེན་ས་ཆ་ཁ་ཤས་ལ་རི་སྣའི་འགྲོ་སྟངས་དང་། ཡང་ན་ཆུ་རྒྱུགས་སྟངས་སོགས་ཀྱིས་ས་ཟུར་གསུམ་ཆགས་བསྡད་ཡོད་ན་བོད་པ་ཚོ་གཏན་ནས་སྡོད་ཀྱི་མ་རེད། དཔེར་ན། ལྷ་ས་གྲོང་ཁྱེར་གྱི་སྟག་ཁང་ཐོག་བརྩེགས་ཅན་གྱི་ཤར་ངོས་དར་རྒྱས་མགྲོན་ཁང་ཞེས་པ་དེ་ལོ་ཤས་སྔོན་ལ་སྔེ་དགེའི་ཚོང་དཔོན་ཞིག་གིས་ས་ཟུར་གསུམ་དེ་ཉོས་ནས་མགྲོན་ཁང་ཆེན་པོ་ཞིག་བརྒྱབ་པ་རེད། རྗེས་སུ་མགྲོན་ཁང་དེ་གཞན་ལ་ཐེངས་མང་བཙོང་དགོས་བྱུང་ཞེས་ཐོས་ཤིང་། ཚོང་དཔོན་མང་པོས་ས་ཆ་འདི་ལ་འདོད་པ་མེད་ཅིང་། གང་ལྟར་རྒྱ་རིགས་དང་བོད་རིགས་གང་ཡིན་ཡང་ས་དབྱིབས་འདི་ལ་རྟོགས་པ་བྱེད

ཀྱི་ཡོད། ས་ཆ་འདི་གླིང་སྐོར་བྱུང་ལམ་དང་ཤར་བྱང་ཟླུར་གྱི་གཞུང་ལམ་ལྟ་མདོའི་མཚམས་སུ་ཡོད་པས་འགྲོ་བསྐྱོད་བདེ་པོ་ཡོད་ན་ཡང་། ལོ་བརྒྱ་གྲངས་རིང་ཁ་བཟང་ཡག་པོ་བྱུང་མེད་པ་ནི་དོན་དངོས་ཡིན། ད་ལྟ་ང་ཚོས་ཚན་རིག་གི་གཞི་འཛིན་ས་ཞིག་བརྩལ་མ་ཐུབ་རུང་དམངས་སྲོལ་གཤིས་ལུགས་ཀྱི་ཤུགས་རྐྱེན་ལ་ཡང་སྣང་མེད་བྱ་མི་རུང་།

སྲོལ་རྒྱུན་གྲོང་ཚོའི་ཨར་སྐྲུན་གྱི་བཀོད་སྒྲིག་དང་བར་སྟོང་འཛོམ་རྒྱུ་སོགས་ལ་ཚད་གཞི་ངེས་ཅན་ཞིག་ཡོད་ཐོག་ས་ཆ་དངོས་ལ་བརྟེན་ནས་ཐག་གཅོད་རྒྱུ་ཡང་རེད། ཞིང་པས་ཁང་པ་རྒྱག་དུས་ཁེར་གཙང་ཡིན་པའི་ས་ཆ་སྟོང་པ་ཞིག་བྱུང་བ་དང་། ཁང་པའི་ཕྱོགས་བཞིར་མ་མཐའ་ཡང་སྨིད་10ཙམ་གྱི་བར་ཐག་ནང་ཨར་སྐྲུན་མེད་ན་ཡག་ཤོས་བརྩི་བ་རེད། ལྷག་པར་དུ་ཁང་པའི་མདུན་ངོས་ལ་སྨིད་20ནས་30ཙམ་གྱི་བར་ལ་ཨར་སྐྲུན་སོགས་འགོག་དངོས་མེད་པའི་བརྩོན་ལེན་དང་རེ་བ་བྱེད་ཀྱིན་ཡོད། སྤྱིར་ན་ཁ་བྱང་ནས་ལྷོ་ལ་གཏད་པ་དང་། རྒྱབ་རི་ལ་བརྟེན་པ། ཆུ་མདུན་ལ་རྒྱུགས་འགྲོ་བའི་གྲོང་ཚོ་དེ་ཡག་ཤོས་ཡིན། གྲོང་ཚོའི་ནང་གི་ཁྱིམ་ཚང་ཚང་མས་རང་གི་ཁང་པའི་མདུན་ནས་རྒྱང་རིང་གི་རི་དང་གཙང་པོ་སོགས་ཀྱི་མཛེས་ལྡོངས་མཐོང་ཐུབ་པའི་རེ་བ་བྱེད་ཀྱི་ཡོད། དེང་དུས་ཞིང་གྲོང་ལ་ཁང་པ་གསར་པ་རྒྱག་པའམ་ཡང་ན་ཁང་པར་བཟོ་བཅོས་རྒྱག་པའི་བརྒྱུད་རིམ་ནང་། ཁྱིམ་ཚང་གསར་རྒྱག་བྱེད་མཁན་རྣམས་ནི་སྔོན་གྱི་གྲོང་ཚོ་ལས་རྒྱང་རིང་ཙམ་གྱི་སར་སྤོ་ཐུབ་ན་སྐམ་དུ་བྱེད་པ་དང་། ཡང་རང་གི་ཁང་པའི་མདུན་དུ་ཁང་པ་གསར་རྒྱག་བྱེད་མཁན་ཡོད་ཚེ། དེར་གྲོང་མི་ཚོས་ཁོ་རང་ཚོའི་མདུན་ལ་མིག་བལྟ་ས་མ་བཀག་རོགས་ཞེས་ཟེར་གྱི་ཡོད་ཅིང་། དེ་ཡི་དོན་དུ་ཁ་རྩོད་ཤོར་བ་དང་འགལ་ཟླ་ཆེན་པོ་ཤོར་མཁན་ཡང་མི་ཉུང་བ་ཡོད་པ་དེ་ཡང་ལོ་རྒྱུས་ཐོག་ནས་གྲུབ་པའི་རྒྱུ་རྐྱེན་ཡིན།

ལོ་རྒྱུས་ཐོག་དང་སྤྱི་ཚོགས་རྙིང་པའི་ནང་ཧག་པས་གློ་བུར་དུ་འཕྲོག་བཅོམ་བྱེད་པར་ཡོང་བའི་གནས་ཚུལ་རྒྱུན་དུ་ཐོན་གྱི་ཡོད་པས་སྐབས་དེར་མིག་གིས་བལྟ་ས་རྒྱ་ཆེན་པོ་ཞིག་དགོས་པ་ནི་ཤིན་ཏུ་གལ་ཆེ་བ་ཡིན། གང་ལགས་ཤེ་ན། གལ་ཏེ་ཇག་དཔུང་ཡོང་བ་སྔ་ཙམ་ནས་མཐོང་ན་འགོག་རྒོལ་གྱི་གྲ་སྒྲིག་བྱེད་མགྱོགས་པ་ཡོང་བའི་ཆེད་ཡིན། དེར་བརྟེན་བསམ་གཞིགས་འདི་ད་ལྟའི་བར་དུ་རྒྱུན་འཁྱོངས་བྱས་ཡོད། གཞན་ཡང་ཞིང་པའི་འཚོ་བ་དང་ཐོན་སྐྱེད་ཐད་ནས་བཤད་ན་འང་། ཁྱིམ་ཚང་སོ་སོའི་ཁང་པའི་རྒྱབ་མདུན་དང་གཡས་གཡོན་ལ་རང་ཁྱིམ་ལ་གཏོགས་པའི་སྟོང་ཆ་ངེས་ཅན་ཞིག་དགོས་པ་ཡིན། དེ་ལྟར་བྱུང་ན་ཁྱིམ་དུད་རང་གི་ཤིང་འབྲས་གླིང་ཁ་དང་། ཚལ་ཞིང་། སྒོ་ཐེག་ར་བ་སོགས་བསྐོར་བདེ་པོ་ཡོད། གལ་ཏེ་གྲོང་པའི་བར་ལ་སྟོང་ཆ་ངེས་ཅན་ཞིག་མེད་ན་རྒྱུན་དུ་འགལ་ཟླ་སྣ་ཚོགས་ཐོན་པ་དཔེར་ན་བོད་པའི་ཁང་པའི་ཐོག་ཁའི་ཆུ་དེ་ཤིང་གི་ཨོར་པ་ནས་བཏང་བ་ཡིན་ཞིང་། དུས་རབས་སྟོན་མའི་ལོ་རབས་དགུ་བཅུའི་ནང་དར་མདོ་རྫོང་པོན་པོ་གཉིས་ཤར་གི་གྲོང་ཚོ་ཞིག་ལ་ཁྱིམ་མཚེས་བར་ལ་ཁང་པའི་ཐོག་ཁའི་ཆུ་འགྲོ་སའི་དོན་ལ་འགལ་ཟླ་ཆེན་པོ་བྱུང་བ་རེད། ཁྱིམ་མཚེས་གཉིས་ཀྱི་བར་རྒྱང་ཐག་སྨིད་2ཙམ་གྱི་གྲོང་པའི་འགྲོ་ལམ་ཞིག་གི་བར་སྟོང་ལས་མེད་ཅིང་། དེ་ལས་ཁྱིམ་ཚང་གཅིག་གི་ཁང་

པ་ཡང་བསྐྱར་བརྒྱབ་ནས་ཁང་ཐོག་ཆུ་འགྲོའི་ཤིང་གི་ཨོར་པ་དེ་ཁང་པའི་བར་སྟོང་གི་རྒྱ་ལམ་ཐོག་གཏད་པ་རེད། མ་གཞི་རྒྱ་ལམ་དེ་ཁྱིམ་ཚང་གཉིས་ཐུན་མོང་ངམ། ཡང་ན་གྲོང་པ་ཡོངས་ཀྱི་སྤྱི་སྤྱོད་རྒྱ་ལམ་ཡིན། འོན་ཀྱང་ཨོར་པ་ནས་ཡོང་བའི་ཐོག་ཁའི་ཆུ་རྣམས་རྒྱ་ལམ་ཐོག་འཁྱིལ་བ་མ་ཟད་ཁྱིམ་མཚེས་ཁང་པའི་རྩིག་པར་ཡང་འཐོར་བའི་རྐྱེན་གྱིས་ཁྱིམ་ཚང་གཉིས་ཐོག་མར་ཁ་རྗོད་བརྒྱབ་པ་དང་རྗེས་སུ་འཛིང་མོ་བརྒྱབ་ནས་མི་གསོད་རེས་བྱེད་གྲབས་ལ་ཐུག་པ་རེད། ཞིང་གྲོང་ལ་ཞིང་པས་རང་གི་ཁང་པ་རྒྱག་རྒྱུ་དེ་རང་སོ་སོའི་འདོད་མོས་ཡིན་པ་ལས། གཅིག་གྱུར་གྱི་འཆར་གཞི་དང་བཀོད་འདོམས་གང་ཡང་མེད། གྲོང་མི་ལྷན་ཚོགས་ནས་ཀྱང་ཞུས་པ་གང་ཡང་ཐོན་མི་ཐུབ་ཅིང་། ཐ་ན་ཁྲིམས་ཁང་ལ་གཏུགས་ན་ཡང་དཔོན་པོ་བཟང་ཡང་ཁྱིམ་ཚང་གི་དོན་བཤད་དཀའ་ཟེར་བ་ལྟར་ཕྱོགས་གཉིས་ཀའི་བློ་ལ་བབ་པ་ཞིག་ཡོང་རྒྱུ་ཤིན་ཏུ་དཀའ། དེས་ན་ཞིང་གྲོང་གི་དམངས་ཁང་ཨར་སྐྲུན་གྱི་འཆར་འགོད་དང་བར་སྟོང་གི་རྒྱ་ཆེ་ཆུང་འཛུག་སྟངས་སོགས་ས་གནས་དེ་རང་གི་གོམས་སྲོལ་ལ་བརྩི་འཛུགས་བྱ་དགོས་ལ། རང་འགུལ་གྱིས་སྲོལ་རྒྱུན་ལྡན་འབེབས་ལ་བརྩི་སྲུང་ཞུ་དགོས་པ་ནི་གལ་འགངས་ཤིན་ཏུ་ཆེ་བ་རེད། ཞིང་གྲོང་ལ་ས་ཆ་ག་ཚོད་དགོན་ན་ཡང་གསར་དུ་བརྒྱབ་པའི་ཁང་པས་མི་ཚོའི་ཁང་པའི་ཉི་མ་དང་དཀར་ཆ་སྒྲིབ་མི་ཉན་པ་ནི་མ་མཐའི་རེ་བ་དང་ཚད་གཞི་ཡིན། གསར་རྒྱག་བྱེད་མཁན་གྲོང་མི་སོ་སོས་ཀྱང་རང་གི་ཁང་པ་དེ་གཞན་གྱི་ཁང་པ་དང་སྒོར་ལ་ཐག་ཉེ་པོ་བྱེད་འདོད་མེད། དེར་བརྟེན་ཞིང་གྲོང་ནང་དུ་སྤྱིར་བཏང་ཐོག་ཁྱིམ་མཚེས་བར་ལ་ཕན་ཚུན་ཉི་མ་དང་དཀར་ཆ་སྒྲིབ་པའི་དོན་རྐྱེན་གང་ཡང་ཡོང་གི་མེད།

དེང་སྐབས་ཞིང་གྲོང་གནས་སྡོ་གསར་རྒྱག་ལས་གྲྭ་སྤེལ་བའི་སྐབས་སུ། ང་ཚོས་ཤེས་རྟོགས་བྱ་དགོས་པ་ཞིག་ནི། ཁོ་ཚོ་ནི་སྔོར་གྱི་ཁྱིམ་ཚང་ཞིག་དང་ཞིང་པ་ཞིག་ཡིན་པས་ཁོ་ཚོ་རང་ཉིད་ལ་རང་དབང་གི་ཁྱབ་ཁོངས་ཆེ་ཐག་ཆོད་འཛུག་པ་ནི་གལ་ཤིན་ཏུ་ཆེ་བ་ཡིན་ལ་འཛུག་དགོས་ངེས་ཀྱང་ཡིན། དེ་ལྟར་དངོས་ཡོད་ཀྱི་གནས་ཚུལ་དང་གཞི་འཛིན་ས་ཡོད་པའི་གནས་ལུགས་རྣམས་གོང་རིམ་གྱི་འབྲེལ་ཡོད་ལས་ཁུངས་དང་། ཞིང་གྲོང་གཏན་སྡོད་ལས་གྲྭའི་འབྲེལ་ཡོད་ལས་ཁུངས་ཁག་ལ་སྙན་སེང་ཞུ་དགོས། དེ་འདྲ་བྱས་ཚེ། ང་ཚོའི་ཕྱོགས་གང་ཅིའི་ལས་དོན་གྱི་བྱེད་ནུས་གོང་མཐོར་འགྲོ་བ་དང་། འཆར་འགོད་ཀྱི་ཆུ་ཚད་དང་དུས་འགོད་ཀྱི་སྤུས་ཚད་ལེགས་པོ་ཡོང་ཐུབ་ཅིང་། རྒྱལ་ཁབ་ནས་མ་དངུལ་བཏང་བ་རྣམས་དོན་ལ་སྨིན་ཐུབ་པ་དང་། ཞིང་པ་མང་ཚོགས་རྣམས་ཀྱིས་ཀྱང་དོན་དངོས་ཐོག་ནས་ཏང་དང་རྒྱལ་ཁབ་ཀྱི་ཐུགས་འཁུར་ཚོར་ཐུབ་ངེས་ཡིན།

གཉིས་པ། ཨར་སྐྲུན་གྱི་འཆར་འགོད།

བོད་ལྗོངས་ནི་འཛམ་གླིང་གི་རྩེ་མོར་གནས་ཤིང་རང་བྱུང་གི་ཆ་རྐྱེན་དང་ས་ཁམས་ཀྱི་ཁོར་ཡུག་དམིགས་བསལ་ཅན་ཞིག་ཡིན། དེ་ལྟ་བུའི་དམིགས་བསལ་གྱི་ཆ་རྐྱེན་འོག་བྱུང་བའི་བོད་རིགས་ཨར་སྐྲུན་ལ་དམིགས་བསལ་ཁྱད་ཆོས་ཡོད། བོད་

རིགས་མི་དམངས་ཚོས་ས་དེ་རང་ནས་རྒྱུ་ཆ་ལེན་པ་དང་། ས་བབ་དང་བསྟུན་པ། ས་ཁུལ་དེ་རང་གི་རང་བྱུང་ཁོར་ཡུག་དང་ས་ཁམས་ཀྱི་ཁྱད་པར་དང་ཟུང་འབྲེལ་བྱས་ཏེ། དམིགས་བསལ་ཁྱད་ཆོས་ལྡན་པའི་བོད་རིགས་ཨར་སྐྲུན་འཆར་འགོད་བྱས་ཡོད།

འོན་ཀྱང་ཡུན་རིང་གི་ལོ་རྒྱུས་ནང་བོད་དུ་བཀགས་བཀོད་རྒྱུད་འཛིན་ཞིང་བྲན་ཡམ་ལུགས་ཀྱི་རྔུལ་སྲུངས་དང་ལྷ་བ་སྙིང་པའི་ཤུགས་རྐྱེན་འོག ཨར་སྐྲུན་ཆེད་ལས་དེ་ལས་རིགས་ཐ་ཤལ་ཞིག་ལ་བརྩིས་ནས་དགོས་ངེས་ཀྱི་མཐོང་ཆེན་བྱེད་ཀྱི་མེད་ཅིང་། ཨར་སྐྲུན་ཆེད་ལས་ལག་རྩལ་བཟོ་པ་མང་ཆེ་བ་ཕ་རྗེས་བུས་ཟིན་པ་དང་དགེ་རྒན་ནས་དགེ་ཕྲུག་ལ་རྒྱུན་འཛིན་དུ་བཅུག་པ་ལྟ་བུ་ལས་ཆེད་མངགས་ཀྱིས་གསོ་སྐྱོང་སྦྱོང་བརྡར་བྱེད་པའི་སྡེ་ཚན་ནི་མེད། གདུག་རྩུབ་ཅན་གྱི་སྤྱི་ཚོགས་སྙིང་པའི་ནང་། ལག་རྩལ་ལས་བཟོ་པར་མི་ལུས་རང་དབང་མེད་པ་མ་ཟད་དབང་སྒྱུར་གྲལ་རིམ་གྱིས་མིར་མི་བརྩི་བའི་གདུག་རྩུབ་སྤྱོད་དགོས་ཀྱི་ཡོད། བཤད་སྲོལ་ལ་གནའ་སྔ་མོ་བོད་མངའ་རིས་ནུབ་ཕྱོགས་ཀྱི་ལ་དྭགས་རྒྱལ་པོ་དེ་བོད་ཀྱི་མངའ་ཁོངས་ཡིན་ཞིང་། དེ་དུས་ཤིང་བཟོ་དཔྱ་ཆེན་ལག་རྩལ་ཤིན་ཏུ་མཁས་པ་ཞིག་ཡོད་པ་དེར་ལ་དྭགས་རྒྱལ་པོས་རྒྱལ་ས་སླེ་རྟ་རྒྱལ་པོའི་སྐུ་མཁར་ཧ་ཅང་བརྗིད་ཉམས་ལྡན་པ་ཞིག་རྒྱག་བཅུག་པ་རེད། སྐུ་མཁར་ལེགས་གྲུབ་བྱུང་རྗེས་རྒྱལ་པོས་ཤིང་བཟོ་དཔྱ་ཆེན་དེས་སླར་ཡང་ས་ཆ་གཞན་ལ་ཕོ་བྲང་འདི་དང་འདྲ་འདྲ་ཞིག་བརྒྱབ་ཡོང་བསམས་ནས་གདུག་རྩུབ་ཚད་མེད་ཀྱིས་རྗེ་བཟོ་བའི་ལག་པ་གཡས་པ་བཅད་ནས་མི་ཚེ་གཅིག་གསོས་ཚོག་ཅེས་ཟེར་བ་རེད། འོན་ཀྱང་རྗེ་བཟོ་དཔྱ་ཆེན་དེ་བརྙས་བཅོས་དེ་འདྲ་སྨྱོང་འདོད་མེད་པར་མངའ་རིས་ཏུ་ཐོག་རྒྱལ་པོའི་སར་བྲོས་ཕྱིན་ནས་སླར་ཡང་ལག་པ་གཡོན་པས་སླེ་ཕོ་བྲང་དང་འདྲ་བའི་མཁར་རྫོང་གསར་པ་ཞིག་བརྒྱབ་པ་རེད། ད་དུང་དེ་དང་འདྲ་བའི་བཤད་སྲོལ་མང་པོ་ཡོད་ཅིང་། གནས་ཚུལ་འདི་ལྟ་བུའི་འོག་ཏུའང་བོད་རིགས་ཨར་སྐྲུན་ལ་དར་བར་འཕེལ་རྒྱས་གོང་འཕེལ་འདི་འདྲ་བྱུང་ཐུབ་པ་ནི་ང་ཚོའི་མེས་པོ་རྣམས་ཀྱི་ཁྲག་དང་ཆེ་སྲོག་གི་རིན་ཐང་གནས་ཡོད་པ་དེ་ང་ཚོས་ནམ་ཡང་བརྗེད་མི་ཉུང་བ་ཞིག་ཡིན། བོད་རིགས་ཨར་སྐྲུན་གྱི་འཆར་འགོད་ནི་སྤྱིར་བཏང་ཐོག་ཤིང་བཟོ་དཔྱ་ཆེན་ནས་འགན་འཁུར་གྱི་ཡོད་ཅིང་། ཤིང་བཟོ་དཔྱ་ཆེན་ནི་ཁང་པ་གསར་པ་རྒྱག་རྒྱུའི་འཆར་འགོད་པ་ཡིན་པ་མ་ཟད། ལས་གྲྭ་དེའི་ཨར་ལས་བཀོད་སྒྲིག་པ་ཡང་ཡིན། ཁོང་གིས་ཁྲོན་ཡོངས་ནས་ལས་རིགས་ཁག་སོ་སོ་བཀོད་སྒྲིག་ལས་ས་བང་སྒྲིག་བྱ་རྒྱུ་དང་ཁྲོན་ཡོངས་ཀྱི་ལས་གྲྭའི་ཐུས་ཚད་ལ་ལྟ་ཞིབ་བྱ་དགོས། རྗེ་བཟོ་དཔྱ་ཆེན་ནས་ཁྲོན་ཡོངས་ཀྱི་རྩིག་བཟོའི་ལས་གྲྭའི་ཐུས་ཚད་དང་བརྒྱུད་རིམ་གྱི་འགན་འཁུར་དགོས་ཤིང་། དེ་མིན་ཁྲོན་ཡོངས་ཀྱི་ལས་གྲྭའི་ཐད་ཤིང་བཟོ་དཔྱ་ཆེན་གྱི་གཅིག་གྱུར་ཁ་བཀོད་ལ་བརྩི་སྲུང་བྱེད་དགོས་པ་ཡིན། མདོར་ན། ལས་རིགས་ཚང་མས་ཤིང་བཟོ་དཔྱ་ཆེན་གྱི་གཅིག་གྱུར་བཀོད་འདོམས་འོག་ཨར་ལས་བྱེད་དགོས་པ་ཡིན།

སྤྱིར་བཏང་གི་ཨར་སྐྲུན་ཡིན་ན། ཤིང་བཟོ་དགེ་རྒན་ནས་པང་ལེབ་གཅིག་གི་སྟེང་དུ་ལེབ་ངོས་རི་མོ་སྟབས་བདེ་ཞིག

བྲིས་ནས་དེ་ཡི་ཐོག་ཀ་བ་གཅོད་ཡོད་པའི་གནས་དང་ཀ་བའི་བར་སྟོང་གི་ཞེང་ཁ་ཆེ་ཆུང་བཅས་རྟགས་རྒྱག་གི་ཡོད་པ་རེད། (པར4—4) ས་ཁྲའི་པང་ལེབ་འདི་ནི་ཤིང་བཟོ་དབུ་ཆེན་གྱིས་བརྗེད་ངས་སུ་མི་འགྲོ་བའི་ཐོ་འགོད་ལྟ་བུ་ཞིག་ལས་མི་གཞན་སུ་ཞིག་གིས་ཀྱང་དེར་བལྟ་དགོས་དོན་མེད། ཡང་ཆུང་ཟད་གལ་ཆེ་བའི་ཨར་སྐྲུན་དཔེར་ན་དགོན་པའི་ལྷ་ཁང་དང་ཡང་ན་སྐུ་དྲག་གི་གཟིམ་ཤག་གལ་ཆེ་བ་སོགས་ཡིན་ན་གོང་གི་ལེབ་ངོས་རི་མོ་ཕུད་ད་དུང་སྐབས་བདེའི་ལངས་ངོས་ཀྱི་རི་མོ་ཡང་བྲིས་ཀྱི་རེད། ལངས་ངོས་རི་མོའི་ཐོག་སྒྱིར་བཏང་ཡིན་ན་ཨང་ཀི་འབྲི་སྟོལ་མེད་ཅིང་། གཙོ་བོ་སྒྲིན་བདག་དང་མཉམ་དུ་ཁང་པའི་ཕྱི་ངོས་ཀྱི་བཟོ་ལྟ་གྲོས་བསྡུར་བྱེད་པའི་ཆེད་དུ་ཡིན། དེ་བས་གལ་ཆེ་བའི་ཨར་སྐྲུན་ལ་ཤོག་བུ་མཁྲིགས་པོས་ཁང་པའི་ལངས་གཟུགས་ཡང་བཟོ་བའི་སྲོལ་ཡོད། ལྷག་པར་གལ་ཆེ་བའི་ཨར་སྐྲུན་དཔེར་ན་དུས་རབས་བཅོ་བརྒྱད་པའི་དུས་འགོར་བསམ་ཡས་དགོན་པའི་དབུ་རྩེའི་རྒྱ་ཕིབས་བསྐྱར་བཞེངས་བྱེད་སྐབས་དང་། སྤྱི་ལོ1956ལོར་ནོར་བུ་གླིང་གའི་ཕོ་བྲང་གསར་པ་རྟག་བརྟན་མི་འགྱུར་ཕོ་བྲང་གསར་བཞེངས་མ་བྱས་གོང་ཤིང་གི་ལངས་གཟུགས་ཀྱི་བཟོ་དབྱིབས་བཟོས་པ་རེད། དེ་ནི་གཅིག་ནས་བདག་པོས་ལྟ་ཞིབ་བྱ་རྒྱུའི་ཆེད་དང་། གཉིས་ནས་ཨར་ལས་ཀྱི་བྱ་རིམ་ནང་དཔེ་ལྟ་ས་ཡོད་པ་མ་ཟད། ཨར་ལས་སྐབས་བདེ་དང་ཚད་ལྡན་ཡོང་བའི་ཆེད་དུའང་ཡིན། (པར4—5) ཁང་དཔེ་འདི་རིགས་དང་གོང་དུ་བཤད་པའི་ལེབ་ངོས་རི་མོ་སོགས་ལ་བསྟུར་ཚད་ནན་པོ་བྱེད་དགོས་པའི་འདུ་ཤེས་དེ་ཙམ་མེད།

ཆོས་ལུགས་ཀྱི་དོན་སྙིང་གཏིང་ཟབ་ལྡན་པའི་ཨར་སྐྲུན་དཔེར་ན་ལྷ་ལྡན་གཙུག་ལག་ཁང་དང་། བསམ་ཡས་དགོན་པ། མངའ་རིས་མཐོ་ལྡིང་དགོན་པ་སོགས་ནི་ཁྱོན་ཡོངས་ཀྱི་འཆར་གཞི་དང་ཨར་སྐྲུན་སོ་སོའི་ཐོག་ནས་ཆོས་ཀྱི་དོན་སྙིང་མཚོན་པར་བྱེད་ཅིང་། ཨར་སྐྲུན་དེ་ཚོའི་འཆར་འགོད་དང་བཀོད་སྒྲིག་སོགས་བླ་མ་དང་མཁན་པོ་སོགས་ཀྱིས་གནང་གི་ཡོད། དཔེར་ན། ལྷ་ལྡན་གཙུག་ལག་ཁང་གི་འཆར་འགོད་དང་བཀོད་པ་ནི་རྒྱལ་པོ་སྲོང་བཙན་སྒམ་པོ་དང་། རྒྱ་བཟའ་ཀོང་ཇོ། བལ་བཟའ་ཁྲི་བཙུན་སོགས་ཁོང་རྣམ་པས་དངོས་སུ་བཀོད་སྒྲིག་གནང་ཡོད་ཅིང་། བསམ་ཡས་དགོན་གྱི་ཁྱོན་ཡོངས་ཀྱི་བཀོད་པ་ནི་སློབ་དཔོན་པདྨ་འབྱུང་གནས་དང་མཁན་པོ་ཞི་བ་འཚོས་གནང་ཡོད་པ་སྟེ། དགོན་པ་ཡོངས་རྫོགས་ཆོས་གཞུང་ནང་འཁོད་པའི་འཛམ་གླིང་ཆགས་ཚུལ་གྱི་བཀོད་པ་ལ་གཞིགས་ནས་བཀོད་སྒྲིག་གནང་ཡོད། གཞན་ཡང་དགོན་པ་སོགས་ཆོས་ལུགས་ཀྱི་ཨར་སྐྲུན་དང་ཆུང་ཕྲུས་དག་པོའི་སྐུ་དྲག་གི་གཞིས་ཀ་སོགས་ཨར་སྐྲུན་གྱི་ཀ་ཐག་སྒྲིག་སྟངས་དང་སྒོ་སྒེའུ་ཁུང་སྒྲིག་སྟངས་ཐད་ལའང་ཆོས་ཀྱི་ནང་དོན་ཡོད་པ་དཔེར་ན་ཀ་ཐག་གསུམ་དང་སྒོ་གསུམ་བཞག་པ་ལ་ནང་པའི་ཆོས་ཀྱི་རྣམ་ཐར་སྒོ་གསུམ་མཚོན་པའི་དོན་སྙིང་ཡོད་པ་འདི་ཡང་ཆོས་ལ་དད་པ་བྱེད་མཁན་མི་རིགས་ཤིག་གི་དམིགས་བསལ་གྱི་ཨར་སྐྲུན་བཟོ་སྟངས་ཡིན། དེར་བརྟེན་བོད་ལུགས་ཨར་སྐྲུན་གྱི་འཆར་འགོད་བཟོ་རྩལ་ཐད་རང་བྱུང་ཁོར་ཡུག་དང་ས་ཁམས་ཁྱད་པར་གྱི་ཤུགས་རྐྱེན་ཐོག་པ་མ་ཟད། ད་དུང་ཆོས་ལུགས་ཀྱི་ཤུགས་རྐྱེན་ཡང་མི་ཉུང་བ་ཞིག་ཐེབས་ཡོད་པ་

དེ་དག་ཚང་མར་ང་ཚོས་སྔར་བས་ལྷག་པའི་ཞིབ་འཇུག་དང་དབྱེ་ཞིབ་བྱེད་དགོས་ངེས་རེད། བོད་ལ་སྐད་གྲགས་ཅན་གྱི་ཨར་སྐྲུན་ཤིན་ཏུ་མང་པོ་ཡོད་ཅིང་། ཨར་སྐྲུན་དེ་དག་འཆར་འགོད་ཁྱད་དུ་འཕགས་པ་དང་། དབྱིབས་གཟུགས་མི་འདྲ་བ། ལྷ་ན་སྡུག་པ་བཅས་ཡིན་པས་རྒྱལ་ཁབ་ཕྱི་ནང་ཀུན་ལ་སྙན་གྲགས་ཤིན་ཏུ་ཆེ་བ་ཡིན་ནའང་། ཨར་སྐྲུན་དེ་ཚོ་སུས་འཆར་འགོད་བྱས་པ་ང་ཚོས་ད་ལམ་ཤེས་ཀྱི་མེད། ཨར་སྐྲུན་རེ་ཟུང་ཙམ་གྱི་འཆར་འགོད་བྱེད་མཁན་ལོ་རྒྱུས་ཀྱི་ཡིག་ཆ་ཁ་ཤས་ནང་ཙུང་ཟད་བཀོད་ཡོད་པ་ལས་འཆར་འགོད་བྱེད་མཁན་མང་ཆེ་བ་ཤེས་ཐབས་བྲལ། ལག་རྩལ་ཁྱད་དུ་འཕགས་པའི་ལག་ཤེས་པ་མང་ཆེ་བས་ཡི་གེ་ཤེས་ཀྱི་མེད་པས་ཞིབ་གསལ་གྱི་ཡིག་ཆ་འཇོག་རྒྱུ་ཕར་བཞག ཐ་ན་ཕོ་རང་ཚོའི་མིང་ཙམ་ཡང་བཞག་ཐུབ་མེད། ཡིན་ན་ཡང་ཏཱ་ལའི་བླ་མ་སྐུ་ཕྲེང་བརྒྱད་པ་དཀྱུང་ལོ་ཆུང་དུས་སྲིད་སྐྱོང་དེ་མོ་སྤྲུལ་སྐུ་ནས་བསམ་ཡས་དགོན་པར་ཉམས་གསོ་གནང་སྐབས་གོས་སྐུ་ཁང་གསར་སྐྲུན་གནང་ཞིང་། ཨར་སྐྲུན་འདིར་ཐོག་བརྩེགས་བདུན་ཡོད་ལ་རྩིག་བཟོ་ཧ་ཅང་ཡག་པོ་ཡོད། འདི་སུ་ཞིག་གིས་འཆར་འགོད་བྱས་པ་ཤེས་ཐབས་མེད་ནའང་། ཨར་སྐྲུན་འདི་ཡི་ཟུར་བཞི་རྩིག་མཁན་གྱི་རྡོ་བཟོ་ཡི་མིང་ཟུར་རྡོ་ལ་བརྐོས་ཡོད་པ་ད་ལྟ་ཡང་གསལ་པོ་མཐོང་རྒྱུ་ཡོད། ཡིན་ནའང་བྱེད་སྟངས་འདི་རིགས་མཐོང་རྒྱུ་ཧ་ཅང་དཀོན་པོ་ཞིག་ཡིན། ཉེ་བའི་ལོ་རབས་དང་དེང་རབས་ཀྱི་ལོ་རྒྱུས་ཐོག་ནས་བལྟས་ན། སྐད་གྲགས་ཅན་གྱི་ཤིང་བཟོ་དགེ་རྒན་ནས་ཁང་པའི་འཆར་འགོད་བྱེད་ཀྱི་ཡོད་པ་མ་ཟད་དགོན་པའི་ནང་གི་ཤེས་རིག་རྣམ་པར་བཀྲ་བའི་གྲྭ་བཙུན་མཁས་པ་ཅན་དང་། ཕྱི་ཚོགས་ཐོག་གི་བློ་རིག་གསལ་བའི་ཤེས་ཡོན་ཅན། ད་དུང་སྐྱེ་སྟོབས་ཀྱི་ཤེས་རབ་ལྡན་པའི་ལྷ་བྲིས་པའི་ནང་ལ་ཡང་ཨར་སྐྲུན་འཆར་འགོད་བྱེད་མཁན་གྱི་མཁས་པ་ཐོན་ཡོང་གི་ཡོད། བོད་རིགས་ཀྱི་གནའ་བོའི་རིག་གནས་ནང་ཆེད་མངགས་ཀྱི་ཨར་སྐྲུན་ཆེད་ལས་ཀྱི་སློ་ཚན་ཟེར་བ་མེད་ནའང་། བོད་རིགས་ཀྱི་རིག་པའི་གནས་ཆེ་བ་ལྔ་ཡི་ནང་གི་བཟོ་རིག་པའི་ཚན་ཁག་ཁྲོད་ཨར་སྐྲུན་ནི་གཙོ་བོའི་ནང་དོན་ཞིག་ཡིན་པ་དང་། ད་དུང་འཇིམ་བཟོ་དང་ཤིང་བརྐོས། མཛེས་རིས་དང་ཡི་གེ། རོལ་མོ་དང་ཞབས་བྲོ་སོགས་ཀྱི་ལག་རྩལ་དང་སྒྱུ་རྩལ་གྱི་རིགས་མང་པོ་ཚུད་ཡོད། དེར་བརྟེན་རིག་པའི་གནས་ལྔ་ལ་མཁས་པ་ཞིག་ཡིན་ན་སྤྱིར་བཏང་ཐོག་ཨར་སྐྲུན་ལ་ཡང་ཞིབ་འཇུག་ཡོད་མཁན་ཞིག་ཡིན་པ་དཔེར་ན་ཏཱ་ལའི་བླ་མ་སྐུ་ཕྲེང་ལྔ་པ་ནི་རིག་པའི་གནས་ལྔ་ལ་སྦྱངས་པའི་མཁས་པ་ཆེན་པོ་ཞིག་ཡིན་ཞིང་། པོ་བྲང་པོ་ཏ་ལ་གསར་བཞེངས་གནང་སྐབས་ཁོང་གི་བཀོད་འདོམས་འོག་ལྷ་བྲིས་མཁས་དབང་རྣམ་རི་ཆོས་མཛད་ནས་ལངས་ངོས་བྲིས་པ་ཡིན་ལ། (དཔེ་རིས4—1) སྡེ་སྲིད་སངས་རྒྱས་རྒྱ་མཚོ་ནི་མིང་དོན་མཚུངས་པའི་ཨར་སྐྲུན་མཁས་ཅན་ཞིག་ཡིན་པས། ཕྱི་ལོ1682ལོར་པོ་བྲང་དམར་པོའི་འཆར་འགོད་གཙོ་སྐྱོང་གནང་བ་རེད།

སྐབས་དེར་པོ་བྲང་པོ་ཏ་ལ་རྒྱ་བསྐྱེད་གནང་སྐབས་ཀྱི་ཨར་སྐྲུན་འཆར་འགོད་ཀྱི་དཔེ་རིས་ཤོག་བྱང་ཁྲོན་བསྡོམས་བཅུ་གྲངས་ཤིག་ཡོད་པ་རྣམས་བང་བསྒྲིགས་ནས་བཀྲམ་དུས་སྨིད6ལྷག་ཙམ་འདུག དཔེ་རིས་དེ་ཚོ་སྔ་མོའི་བོད་ཤོག་ཐོག་

བྲིས་ཡོད་པར་རྩིག་པ་དང་སྒོ་སྒེའུ་ཁྱུང་ཚང་མ་གསལ་པོ་བྲིས་འདུག་ལ་དཔེ་རིས་རང་ལའང་བསྟུར་ཚད་ཀྱི་ཚད་གཞི་ངེས་ཅན་ཞིག་འདུག ད་དུང་ཨང་གྲངས་དང་ཡི་གེའི་གསལ་བཤད་ཀྱང་བྲིས་འདུག དཔེ་རིས་ཆ་ཚང་དེ་དག་ད་ལྟ་རང་སྐྱོང་ལྗོངས་ཡིག་ཚགས་ལས་ཁུངས་ནས་བདག་གཉེར་གནང་ཡོད་ཅིང་།（དཔེ་རིས4—2） དེར་ང་ཚོས་རོབ་ཙམ་བལྟ་རྒྱུ་བྱུང་བ་ལས་པར་ཡང་རྒྱག་འཇུག་གི་མི་འདུག མི་ལོ300གོང་ནས་ས་ཁྲའི་དཔེ་རིས་གསལ་པོ་འདི་འདྲ་ཞིག་བྲིས་ཐུབ་པ་འདི་ནི། ད་ལྟ་ཨར་སྐྲུན་འཆར་འགོད་བྱེད་མཁན་ཚོས་བལྟས་ནའང་ཧ་ལས་དགོས་པ་ཞིག་རེད། སྡེ་སྲིད་སངས་རྒྱས་རྒྱ་མཚོ་ནས་པོ་ཏ་ལ་དམར་པོ་ཁྲོན་ཡོངས་ཀྱི་བཀོད་པ་དང་ཞིབ་ཕྲའི་འཆར་འགོད་གང་ཅིར་ཐག་གཅོད་ཧ་ཅང་ཡག་པོ་གནང་ཡོད་ཅིང་། དེ་ཡང་སྔར་ཡོད་ཀྱི་ཨར་སྐྲུན་རྩ་བའི་ཆ་ནས་རང་འཛུགས་བཞག་པའི་ཐོག་རྒྱ་བསྐྱེད་གནང་བ་ཞིག་ཡིན་ཏེ། དེ་ཡང་པོ་ཏ་ལ་དམར་པོའི་ནང་ལ་ཆོས་རྒྱལ་སྒྲུབ་ཕུག་དང་འཕགས་པ་ལྷ་ཁང་མ་བཤིག་པའི་ཆ་རྐྱེན་འོག་འཆར་འགོད་གནང་བ་ཞིག་ཡིན། སྡེ་སྲིད་སངས་རྒྱས་རྒྱ་མཚོས་བཟོ་བཅོས་གནང་བའི་པོ་ཏ་ལ་འདི་ནི་འཛམ་གླིང་ཡོངས་ཀྱིས་ཁས་བླངས་པའི་སྐྱོན་འདོགས་གང་ཡང་བྱེད་ཐབས་མེད་པའི་སྣད་གྲགས་ཅན་གྱི་ཨར་སྐྲུན་ཞིག་ཡིན་པས། གལ་ཏེ་པོ་ཏ་ལ་འདིའི་འགོ་ནས་མཇུག་བར་གྱི་འཆར་འགོད་ཆ་ཚང་སྡེ་སྲིད་སངས་རྒྱས་རྒྱ་མཚོ་སྐུ་ངོ་མས་བཟོས་གནང་བ་དང་བཀོད་སྒྲིག་གནང་བ་ཞིག་ཡིན་ན། པོ་ཏ་ལ་འདི་དེ་བས་ཡག་པ་ཞིག་ཡོང་རྒྱུར་ཐེ་ཚོམ་གཏན་ནས་བྱེད་མི་དགོས་པ་ཞིག་ཡིན།

ཧྲ་ལའི་བླམ་སྐུ་ཕྲེང་བརྒྱད་པ་དཔྱང་ལོ་ཆུང་དུས་ཀྱི་སྲིད་སྐྱོང་དེ་མོ་ནས་བསམ་ཡས་དགོན་པ་ཉམས་གསོ་ཞུ་སྐབས་གོས་སྐུ་ཁང་ཆེན་མོ་གསར་སྐྲུན་བྱས་པ་ཡིན་ཞིང་། ཨར་སྐྲུན་འདིར་ཐོག་སོ་བདུན་ཡོད་པ་དང་། ཨར་སྐྲུན་གྱི་ལག་རྩལ་སྣད་གྲགས་ཆེན་པོ་ཡོད། སུས་འཆར་འགོད་བྱས་པ་ད་ལྟ་ཤེས་ཐབས་མེད་ཀྱང་། ཨར་སྐྲུན་འདི་ཡི་ཟུར་བཞི་རྩིག་མཁན་གྱི་རྡོ་བཟོ་ཆེན་མོའི་མིང་དེ་ཟུར་རྡོའི་ཐོག་ལ་བརྐོས་ཡོད་པ་ད་ལྟའང་གསལ་པོ་མཐོང་རྒྱུ་ཡོད།（པར4—6） འོན་ཀྱང་དེ་འདྲ་བ་ནི་གཞན་ལ་མཐོང་རྒྱུ་ཤིན་ཏུ་དཀོན་པ་ཞིག་ཡིན་འདུག

སྤྱི་ལོ1817ལོར་བསམ་ཡས་དབུ་རྩེར་མེ་སྐྱོན་ཆེན་པོ་ཤོར་ཏེ་དགའ་ལྡན་ཕོ་བྲང་གིས་བཀའ་བློན་བཤད་སྒྲ་དོན་འགྲུབ་རྡོ་རྗེར་འགན་སྤྲད་ནས་སླར་གསོ་བྱེད་དུ་བཅུག་པ་རེད།

སྐབས་དེར་ཤིང་བཟོ་བ་སྣད་གྲགས་ཤིན་ཏུ་ཆེ་བ་ཁ་ཤས་ཡོད་པས་སླར་གསོའི་ལས་གྲྭར་འགག་རྩའི་རང་བཞིན་གྱི་ནུས་པ་ཐོན་ཡོད་ཅིང་། ཁྲོན་ཡོངས་ཀྱི་སླར་གསོའི་ལས་གྲྭའི་འཆར་འགོད་དང་ཨར་ལས་གཉིས་ཀའི་སྤྱིའི་རྒྱུས་བཀོད་པ་ནི་བཀའ་བློན་བཤད་སྒྲ་བ་ཡིན་པ་དང་། དེའི་རྗེས་མཐུད་པ་ཁོང་གི་མག་པ་དབང་ཕྱུག་རྒྱལ་པོས་བསམ་ཡས་ཀྱི་དཀར་ཆག་རྩོམ་སྒྲིག་གནང་བར་ཉམས་གསོའི་བརྒྱུད་རིམ་དང་འཆར་འགོད་བྱ་ཐབས་སོགས་བཀོད་ཡོད། ད་དུང་སྐབས་དེར་ལངས་གཟུགས་ཀྱི་ཁང་བཟང་ཆུང་ཆུང་ཞིག་ཀྱང་བཟོས་ནས་ཉི་མ་ལྷ་ཁང་ནང་དུ་བཞག་མོད། ཐངས་པ་ཞིག་ལ“རིག་གནས

གསར་བརྗེའི་” སྐབས་གཏོར་བརླག་ཐེབས་པ་རེད།

མདོར་ན། བཀའ་བློན་བཤད་སྒྲ་དང་མག་པ་གཉིས་ཀས་བོད་རིགས་ཨར་སྐྲུན་ལ་བྱས་རྗེས་ཆེན་པོ་འཇོག་གནང་བ་རེད། སྐབས་དེའི་ཉམས་གསོ་ཞུ་ཚུལ་སྐོར་བསམ་ཡས་དབུ་རྩེའི་ཐོག་སོ་གཉིས་པའི་བར་ཁྱམས་ཀྱི་ཐོག་བརྩེགས་གསུམ་པར་འགྲོ་སའི་སྣེ་བྱང་གི་སྐས་འཛེགས་འགྲམ་གྱི་གྱང་ལྡེབས་སུ་ལྡེབས་རིས་བཀོད་ཡོད་ཀྱང་སྣེ་ངོས་ཀྱི་ལྡེབས་རིས་དེ་དུས་རབས་གོང་མའི་ལོ་རབས་དགུ་བཅུའི་དུས་མཇུག་ལ་དགོན་པ་རང་ཉིད་ཀྱིས་ཉམས་གསོ་ཞུ་དུས་མེད་པར་བཟོས་ཤིང་། བྱང་ངོས་དེ་ད་ལྟའང་ཐྲན་བུ་མཇལ་རྒྱུ་ཡོད།

ཧྭ་ལའི་བླ་མ་སྐུ་ཕྲེང་བཅུ་གསུམ་པའི་དུས་ལ། ཁོང་གིས་རིག་པ་གསལ་ཞིང་ཐབས་རྩུས་མཁས་པའི་སྤྱན་བསལ་ཐུབ་བསྟན་ཀུན་འཕེལ་ལགས་ལ་ནོར་བུ་གླིང་ཀའི་ནུབ་ངོས་ཀྱི་སྤྱན་བསལ་ཕོ་བྲང་གི་ལས་གྲྭ་ཚང་མའི་འགན་འཁུར་དུ་བཙུགས་པས་ཁོང་གིས་འཆར་འགོད་ནང་རྒྱུན་སྤྲོལ་གྱི་ཀ་ཐག་ཆེ་རུ་བཏང་ཞིང་ཁང་པའི་ནང་གི་ཀ་བ་ཞུང་དུ་བཏང་སྟེ་བེད་སྤྱོད་ཀྱི་རྒྱ་ཁྱོན་ཆེ་རུ་འགྲོ་ཐབས་བྱས་པ་རེད། ཧྭ་ལའི་བླ་མ་སྐུ་ཕྲེང་བཅུ་གསུམ་པ་སྐུ་ན་བགྲེས་པའི་སྐབས་སུ་ཁོང་གིས་པོ་ཏ་ལའི་ཕོ་བྲང་དཀར་པོའི་ཉི་འོད་ཤར་གཟིམ་ཆུང་རྒྱ་བསྐྱེད་གནང་བ་དང་ལྷ་ལྡན་གཙུག་ལག་ཁང་གི་རྒྱལ་བའི་གཟིམ་ཆུང་ཡང་གསར་དུ་བཞེངས་ཤིང་སྤྲོལ་རྒྱུན་གྱི་ཀ་གདུང་དང་གཞུ་ཆེན་གཞུ་ཆུང་སོགས་ཀྱི་བཟོ་ལྟ་ཡང་གསར་གཏོད་གནང་ཡོད།(པར་4—7)

ཁོང་ནི་དུས་རབས་འདིའི་བོད་རིགས་ཨར་སྐྲུན་དེ་ཉིད་དུས་རབས་གསར་པར་སྐྱོལ་འདེད་བྱེད་མཁན་གྱི་བྱས་རྗེས་ཅན་གྱི་མི་སྣ་ཞིག་ཡིན། མི་ཚེ་གཅིག་གི་རིང་ཨར་སྐྲུན་གྱི་བྱ་གཞག་ལ་ཞུགས་ཤིང་། སྤྱི་ལོ1951ལོར་བོད་ཞི་བས་བཅིངས་འགྲོལ་བཏང་རྗེས། ཁོ་རང་རང་སྐྱོང་ལྗོངས་གྲ་སྒྲིག་ཨུ་ཡོན་ལྷན་ཁང་གི་རྩ་བའི་འཛུགས་སྐྲུན་ཁྲུའུ་ལ་ཕྱག་ལས་གནང་བ་རེད། ཁོང་གི་ཨར་སྐྲུན་གྱི་ཤེས་བྱ་ཡོན་ཏན་ཐད་ལྷ་སར་ཏ་མི་གོ་མཁན་ཏ་ལམ་མེད།

དུས་རབས་འདི་ཡི་ལོ་རབས་ལྔ་བཅུའི་ནང་། ནོར་བུ་གླིང་ཀར་ཕོ་བྲང་གསར་པ་བཞེངས་སྐབས། ཕོ་བྲང་གསར་པའི་འཆར་འགོད་དང་ཁང་དཔེ་བཟོ་རྒྱུ་སོགས་ནི་སྐད་གྲགས་ཅན་གྱི་ཤིང་བཟོ་དབུ་ཆེན་པདྨ་ལགས་ཀྱིས་འགན་འཁུར་བ་ཡིན་ཞིང་། ཤིང་བཟོ་དབུ་ཆེན་བགྲེས་སོང་དེས་སྤྱི་ལོ1981ལོར་དགའ་ལྡན་དགོན་པ་ཉམས་གསོ་གནང་སྐབས་ཀྱང་ཐུགས་འགན་བཞེས་ཡོད། ཕོ་བྲང་གསར་པའི་བཟོ་སྐྲུན་ཐད་ཤིང་བཟོ་དབུ་ཆེན་པདྨ་ལགས་ཕུད། ད་དུང་ཐག་གཅོད་རང་བཞིན་གྱི་ནུས་པ་འདོན་མཁན་ནི་སྐབས་དེའི་ས་གནས་སྲིད་གཞུང་གི་དཔོན་རིགས་ཕྲེང་རིང་འཇིགས་མེད་སྒྲོང་བཙན་དབང་པོ་ཡིན། ཕྲེང་རིང་ཁོང་སྔོན་མ་རྒྱ་གར་ལ་སློབ་སྦྱོང་བྱེད་མྱོང་བས་པར་རྒྱག་རྒྱུ་དང་ཚུ་ཚོད་བཟོ་བཅོས་རྒྱག་རྒྱུ་སོགས་ལ་མཁས་པོ་ཡོད་པ་མ་ཟད། ཨར་སྐྲུན་ཞིབ་འཇུག་ལ་ཡང་མཁས་པ་ཞིག་ཡིན། ཕྲེང་རིང་སྒྲོ་ཁང་ནི་ཁོང་གི་ཕྱུལ་བྱུང་བརྩམས་ཆོས་ཤིག་ཡིན། དེའི་ནང་གི་ཁང་པའི་བཀོད་པ་དང་། སྒོ་སྐྱེའུ་ཁྱུང་གི་འཆར་འགོད། གཞན་ཡང་སྒོ་རའི་ནང་གི་སྤང་རྩྭ་དང་།

མི་ཏོག ཤིང་འབྲས་ལྷུམ་ར་སོགས་ཏ་ཅང་ཕུན་སུམ་ཚོགས་པ་ཡིན། དུས་རབས་ཉི་ཤུ་པའི་ལོ་རབས་བཞི་བཅུ་ལྔ་བཅུའི་ནང་གསར་རྒྱག་བྱས་པའི་སྐུ་དྲག་གི་ཁང་པ་གསར་པའི་ཁྲིད་པོ་ཆོའི་སྒོ་ཁང་གི་འཆར་འགོད་ནི་ཡག་ཤོས་བྱུང་ཡོད་ཅིང་། རྗེས་སུ་ནོར་བུ་གླིང་ཀའི་ཕོ་བྲང་གསར་པའི་འཆར་འགོད་ཐད་ཕྲེང་རིང་ཁང་པའི་བཀོད་པ་ལ་ཤུགས་བེད་སྤྱོད་བྱས་པ་རེད། དེར་བརྟེན་ཕྲེང་རིང་ཁོང་གིས་ཀྱང་བོད་རིགས་ཨར་སྐྲུན་ལ་བྱས་རྗེས་འཛོག་མཁན་གྱི་གྲས་ཤིག་ཡིན།

རིག་གནས་གསར་བརྗེའི་སྐབས་ཆབ་མདོ་རི་བོ་ཆེ་དགོན་པའི་ལོ700ལྷག་གི་ལོ་རྒྱུས་ཡོད་པའི་ལྷ་ཁང་ཆེན་མོ་ཁྲ་རྒྱས་མ་དེ་ཉིད་རྩ་གཏོར་བཏང་ནས་ཤུལ་ཙམ་ལས་བཞག་མེད་པ་རེད། ཏང་གི་སྐབས་བཅུ་གཅིག་པའི་ཀྲུང་ཨུ་ཚང་འཛོམས་གྲོས་ཚོགས་ཐེངས་གསུམ་པ་འཚོགས་པའི་རྗེས་སུ། བོད་ཀྱི་གནའ་ཤུལ་གྲགས་ཅན་མང་པོར་ཉམས་གསོ་ཞུས་པ་དང་འདྲ་བར། ད་ལྟའི་རི་བོ་ཆེ་ཡི་ལྷ་ཁང་ཆེན་མོ་ཁྲ་རྒྱས་མ་ཡང་ལོ་རབས་བརྒྱད་ཅུའི་དུས་འགོར་སླར་གསོ་ཞུས་པ་རེད། སྐད་གྲགས་ཆེ་བའི་ལྷ་ཁང་འདི་ཡི་སླར་གསོ་བྱ་ཐབས་ནི་དགོན་པ་རང་གི་གྲྭ་རྒན་སླང་སྣ་སྟོབས་ལྡན་ནས་ཐུགས་འགན་བཞེས་ཏེ་ཨར་ལས་བྱས་པ་ཡིན་ཞིང་། ཁོང་གིས་སྔོན་ནས་ཤིང་བཟོ་རྩུང་ཟད་མཁྱེན་གྱི་ཡོད་པ་དང་། རང་ཉིད་ནི་དགོན་པའི་གྲྭ་པ་རྒན་གྲས་ཤིག་ཡིན་པས་ལྷ་ཁང་ཆེན་མོར་རྒྱུས་མངའ་ཡོད་པའི་ཁར། རང་ཉིད་ལ་ཨར་སྐྲུན་གྱི་ཤེས་རིག་ཡང་ལྡན་པས་སླར་གསོའི་ལས་གྲྭ་ལེགས་གྲུབ་བྱུང་བ་རེད། ཁོང་ཡང་བོད་ཀྱི་གནའ་བོའི་ཨར་སྐྲུན་བྱ་གཞག་ལ་བྱས་རྗེས་འགངས་ཆེའི་འཛོག་མཁན་ཞིག་རེད།

གསུམ་པ། ཨར་ལས་ཀྱི་གོ་རིམ།

༡ ཐིག་རྨང་རྔོག་འདོན།

བོད་རིགས་ཨར་སྐྲུན་གསར་དུ་སྐྲུན་པའི་བརྒྱུད་རིམ་ནང་གོམ་པ་དང་པོ་དེ་ཐིག་རྨང་རྔོག་རྒྱུ་དེ་ཡིན། ཐིག་རྨང་གི་ས་ཤུར་དེ་དངོས་སུ་གསར་སྐྲུན་བྱ་རྒྱུའི་ཁང་པའི་ཆེ་ཆུང་དང་། ཐོག་བརྩེགས་མང་ཉུང་། ཁང་པའི་སྒྲིག་གཞི་བཅས་ལ་བརྟེན་ནས་གཏན་འཁེལ་བྱེད་དགོས།(པར4—8) སྤྱིར་བཏང་གི་དམངས་ཁང་སོགས་ཐོག་བརྩེགས་གཉིས་གསུམ་ཙམ་བྱས་པ་ཡིན་ན་ས་ཤུར་གྱི་རྒྱ་ཆེ་ཆུང་སྨིད1.4ཙམ་དགོས། གང་ཡིན་ཟེར་ན། ཨར་སྐྲུན་དེ་ཚོའི་ཐིག་ཞེང་སྨིད1གམ་སྨིད0.9ཙམ་ཡིན་པས་ཐིག་རྨང་གི་ས་ཤུར་དེ་ཆེ་ཙམ་དགོས་པ་ནི་ཐིག་རྨང་བརྟན་པོ་ཡོང་བའི་ཆེད་ཡིན་པས་ས་ཤུར་གཡས་གཡོན་གཉིས་ལ་སྨིད0.2ཙམ་གྱིས་རྒྱ་ཆེ་བ་བཞག་ན་ས་ཤུར་རང་ལ་རྒྱ་ཆེ་ཆུང་སྨིད1.4ཙམ་དགོས། ས་ཤུར་གྱི་གཏིང་ཚད་དེ་ཨར་སྐྲུན་གྱི་མཐོ་ཚད་དང་ལྗིད་ཚད་ལ་གཞིགས་ནས་གཏན་འཁེལ་བྱ་རྒྱུ་རེད། སྤྱིར་བཏང་གི་ཨར་སྐྲུན་གྱི་ཐིག་རྨང་གི་གཏིང་ཚད་སྨིད1ནས་སྨིད1.5ཙམ་ཡིན་ན་ཆོག འདི་ནི་སྤྱི་ཡོངས་ཀྱི་གནས་ཚུལ་ཡིན། ཡིན་ནའང་གཙོ་བོ་ནི་ཉམས་མྱོང་ཡོད་པའི་རྗེ་བཟོ་ཆེན་མོ་བས་ས་གཞིའི་གནས་བབ་ལ་བལྟས་ནས་ཐིག་རྨང་གཏིང་ཚད་ག་ཚོད་རྔོག་དགོས་མིན་ཐག་གཅོད་བྱེད་ཀྱི་ཡོད། གལ་སྲིད་ས་སོབ་སོབ་ཡིན་པ་དང་ཡང་ན་བྱེ་ས་ཡིན་ན་གཏིང་རིང་ཙམ་རྔོག་དགོས།

རྩིག་རྨང་གིས་ཤུར་རྐྱོང་སྣང་ངས་དེར་རྩིག་རྨང་རྐྱོང་བའམ་རྩིག་རྨང་རྩིག་པ་ཟེར་ཞིང་། ལྷ་ས་དང་སྨོ་ཁའི་བསམ་ཡས་དགོན་པ་སོགས་གཙང་པོའམ་ཆུ་གཞུང་ཁུལ་དང་། དེ་བཞིན་རྒྱལ་རྩེ་དང་གཞིས་རྩེ་སོགས་ཀྱི་ས་ཆ་ནི་གཙང་པོའི་ཆུ་གཞུང་གི་ས་ཁོངས་ཡིན་པས་ཆུ་རྡོའི་འབྱུང་ཁུངས་མང་ཙམ་ཡོད་ལ། ཆུ་འགྲམ་གྱི་རྡོ་ལ་ཡང་དགོས་མཁོ་དེ་ཙམ་མེད་པས་ཆེ་ཆུང་ཆ་སྙོམས་ཙམ་གྱི་ཆུ་རྡོ་ཁྱེར་ཡོང་ནས་རྩིག་རྨང་བརྒྱངས་ཀྱི་རེད།(དཔེ་རིས4—3)(པར4—9) དེ་འདྲའི་ཆུ་རྡོ་ཆེ་ཆུང་ནི་ཁ་གྱ་ལི་སྨིད10ནས20ཙམ་ཡིན་ན་འགྲིག་པས་ཆུ་རྡོ་རིལ་རིལ་དེ་ཆོར་རྩིག་པ་བརྩིགས་མི་ཟེར་ཞིང་། འདག་ས་སོགས་གང་ཡང་བསྲེས་མེད་པས་རྩིག་རྨང་བཏིང་བ་ཞེས་ཟེར་ན་དེ་བས་འཚམ་པོ་ཡོད། མདོར་ན། རྩིག་རྨང་གིས་ཤུར་ནང་ཆུ་རྡོ་རིམ་པ་བཞིན་བཏིང་བ་དང་། ཆུ་རྡོ་ཆེ་ཙམ་ཡིན་པའི་བར་གསེང་ལ་ཆུ་རྡོ་ཆུང་ཆུང་བརྒྱུད་དགོས་ལ་གནས་ཚུལ་ལ་གཞིགས་ནས་ཆུ་ཐུན་བུ་བླུགས་པ་ཡང་བྱེད་ཀྱི་ཡོད། ལས་གྲྭར་དང་དོད་བྱེད་མཁན་ཡིན་ན་འབྱར་རྩི་ཆེ་བའི་ས་དམར་ཁྱེར་ཡོང་ནས་འདག་ཁུ་བརྒྱངས་ཏེ་ཆུ་རྡོའི་བར་གསེང་བཀང་པ་བྱ་དགོས་ཤིང་། དེ་ཡང་གཙོ་བོ་ནི་རྡོ་བཟོ་ཆེན་མོ་བས་ཐག་གཅོད་ཀྱི་ཡོད།

རི་སྟེང་གི་ཨར་སྐྲུན་ཡིན་ན་ཆུ་གཞུང་གི་ས་ཆ་དང་ཐག་རིང་བ་སོགས་ལ་བརྟེན། ས་དེ་རང་གི་བྲག་རྡོ་དང་གཤགས་ཚལ་སོགས་ཀྱིས་རྩིག་རྨང་བརྒྱངས་ཀྱི་ཡོད། གཙོ་བོ་ནི་བར་སྟོང་མ་ལྷག་པ་དགོས་ཤིང་། རྡོག་རྩ་གཅིག་ཏུ་སྒྲིལ་བ་བྱེད་དགོས་པ་ཡིན།(དཔེ་རིས4—4)(པར4—10) དེ་ལྟར་བྱུང་ན་གཞི་ནས་སྟེང་གི་རྩིག་པའི་ལྡིད་ཚད་ཡག་པོ་ཁེག་ཐུབ། མདོར་ན། གཙོ་བོ་ས་ཆའི་གནས་བབ་དང་བསྟུན་ནས་ས་དེ་རང་གི་རྒྱུ་ཆ་བེད་སྤྱོད་རྒྱུ་དེ་ཡིན། དབུས་གཙང་ཁུལ་གྱི་རྡོ་བཟོ་ཆེན་མོ་བ་ཚོས་རྩིག་རྨང་ནང་རྡོ་ཆེན་པོ་མ་བརྒྱངས་ན་ཡག་པ་ལས་རྡོ་ཆེན་པོ་བརྒྱངས་ན་གཡབ་བཀབ་ནས་བསྣད་པ་སོགས་ཚགས་དམ་པོ་ཡོང་མི་ཐུབ་ཅིང་། ཆུ་རྡོ་ཆུང་ཙམ་བརྒྱངས་ན་ཁྱོན་ཡོངས་རྡོག་རྡིལ་བ་ཡོང་བའི་ངོས་འཛིན་གནང་གི་ཡོད། ཁམས་མི་ཉག་གི་འདྲ་པ་སོགས་ཀྱི་རྡོ་བཟོ་བ་ཚོས་རྩིག་རྨང་ནང་རྡོ་ཆེན་བསྒྲིག་རྒྱུར་དགའ་པོ་ཡོད་མོད། འོན་ཏེ་ཁོ་ཚོས་རྡོ་ཆེན་བརྟན་པོ་བསྒྲིག་རྒྱུ་དང་བར་སྟོང་མ་ལྷག་པ་དང་གཡབ་མི་འགེབས་པ་བྱ་རྒྱུ་སོགས་ཀྱི་ཐད་གཟབ་ནན་བྱེད་ཀྱི་ཡོད།(དཔེ་རིས4—5)(པར4—11)

ང་ཚོས་དེང་རབས་ཀྱི་ཨར་སྐྲུན་འཆར་འགོད་དཔེ་ཚད་ལ་གཞིགས་ན། ཨར་སྐྲུན་ཇི་འདྲ་ཞིག་ཡིན་རུང་རྩིག་རྨང་གི་གཏིང་ཚད་དེ་ས་ཁུལ་དེ་རང་གི་ས་ཆ་འཁྱགས་པ་རྒྱག་པའི་ཚད་ལས་བརྒལ་ནས་བྲུ་དགོས་པའི་གཏན་འབེབས་ཡོད་ཅིང་། ལྷ་ས་གྲོང་ཁྱེར་གྱི་ཁྱབ་ཁོངས་ནང་སྤྱིར་བཏང་གིས་འཁྱགས་པ་རྒྱག་པའི་གཏིང་ཚད་ནི་སྨིད1ཙམ་ཡིན་པས་ང་ཚོས་རྩིག་རྨང་གི་གཏིང་ཚད་སྨིད1ལས་བརྒལ་ནས་བྲུ་དགོས། དེ་ལྟར་བྱུང་ན་གཞི་ནས་ས་འཁྱགས་པ་བརྒྱབ་ནས་འཁྱགས་སྐྲོས་མི་ཐེབས་པའི་འགན་ལེན་ཐུབ། ང་ཚོས་ལོ་མང་རིང་རྟོག་ཞིབ་བྱས་པའི་ནང་སྲོལ་རྒྱུན་གྱི་རྩིག་རྨང་གི་གཏིང་ཚད་སྨིད1མ་ལོན་པ་མང་པོ་འདུག་ལ། ལྷག་པར་དུ་དབུས་གཙང་ཁུལ་གྱི་ཞིང་གྲོང་ནང་སྲོལ་རྒྱུན་གྱི་ཁང་སྙིང་དང་ད་ལྟ་གསར་དུ་བསྐྲུན་པའི་

དམངས་ཁང་གི་རྩིག་རྨང་མང་ཆེ་བ་གཏིང་ཚད་རྨིད་1ལོན་མི་འདུག འོན་ཀྱང་དམངས་ཁང་གང་འདྲ་ཞིག་ཡིན་ནའང་རྩིག་རྨང་འཁྱུགས་སྒྲོམ་ཐེབས་ནས་ཁང་པར་གས་སླུབས་སོང་ཡོད་པ་མཐོང་མ་བྱུང་། ང་རང་གིས་དེ་སྔོན་ལྷ་ས་གནའ་བོའི་ཨར་སྐྲུན་བཟོ་རྩལ་སྤྱི་གཉེར་ཁང་གི་རྡོ་བཟོ་ཆེན་མོ་བ་བགྲེས་སོང་དོན་གྲུབ་ལགས་སོགས་ལ་བཀའ་འདྲི་ཞུས་དུས་ཁོང་ཚོས་གཙོ་བོ་ང་ཚོས་རྩིག་གདན་གྱི་ས་གཞི་བརྟན་པོ་ཡིན་མིན་ལྟ་དགོས། ས་གཞི་མཁྲེགས་པོ་དང་བརྟན་པོ་ཡིན་ན་འགྲིག་གི་རེད། ཡང་བསྐྱར་རྡོག་དགོས་པའི་རྒྱུ་མཚན་མེད། ལོ་བརྒྱ་ཕྲག་ལ་བརྟན་པོ་ཆགས་པའི་རང་བྱུང་གི་ས་གཞི་དེ་བརྡོགས་ནས་ཡང་བསྐྱར་མིས་བརྟན་པོ་ག་ཚོད་བརྒྱངས་ཀྱང་སྔོན་མ་ནང་བཞིན་མཁྲེགས་པོ་ཡོང་ཐུབ་ཀྱི་མ་རེད་ཅེས་གསུངས་བྱུང་། དེར་བརྟེན་ཁོང་རྣམ་པས་རྩིག་རྨང་གི་གཏིང་དེ་ཙམ་རིང་པོ་བརྡོག་རྒྱུར་འདོད་པ་མེད་ཅིང་། ཁོང་ཚོས་ས་ལ་འཁྱུགས་པ་བརྒྱབ་པའི་གཏིང་ཚད་དེ་ཙམ་ཤེས་ཀྱི་མེད་ནའང་འདྲ། གང་ལྟར་དོ་སྣང་གནང་གི་མི་འདུག ང་ཚོས་རྟོག་ཞིབ་བྱེད་པའི་བརྒྱུད་རིམ་ནང་ལྷ་སའི་ཉེ་འགྲམ་གྱི་དགོན་སྙིང་ཁ་ཤས་རིག་གསར་སྐབས་བཤིག་དབྲལ་སོང་བ་དེ་ཚོའི་རྩིག་རྨང་གཏིང་རིང་པོ་མེད་པ་མཐོང་བྱུང་། ལྷ་སའི་ཁུལ་གྱི་སྤྱིར་བཏང་གི་འཁྱུགས་པ་ཐེབས་པའི་རྩིག་རྨང་གི་གཏིང་ཚད་ལོན་མི་འདུག་ཀྱང་འཁྱུགས་སྒྲོམ་ཐེབས་པའི་གནས་ཚུལ་ཐོན་མི་འདུག གཞན་ཡང་ལྷ་སའི་འབྲས་སྤུངས་དགོན་དང་སེ་ར་དགོན་གྱི་གྲྭ་ཤག་སོ་སོའི་སྒང་ལམ་དང་འདུ་ཁང་མཐའ་སྐོར་དང་རྡོ་གཙལ་ཡོངས་ལ་རྡོ་ལེབ་འདྲ་མིན་སྣ་ཚོགས་བཏིང་ཡོད་ཅིང་།（པར4—12） སྤྱི་ལོ1958ལོར་ང་རང་ཉིད་འབྲས་སྤུངས་དགོན་ལ་སློབ་གཉེར་བྱེད་བཞིན་པའི་སྐབས་ཉིན་ལྟར་རྡོ་གཙལ་བཏིང་པའི་སྒང་ལམ་ཐོག་ནས་འགྲོ་བསྐྱོད་བྱེད་ཀྱི་ཡོད། རྡོ་ལེབ་དེ་ཚོ་བཏིང་ནས་ལོ་བརྒྱ་ཕྲག་སོང་ཡོད་ལ་རྡོ་ལེབ་དེ་ཚོ་བརྡར་ཟད་ཤོར་ནས་འོད་རྒྱུག་མཁན་ཆགས་ཡོད།

དེ་རྗེས་སྤྱི་ལོ2005ལོར་ང་རང་གིས་གོང་གསལ་དགོན་པ་གཉིས་ཀྱི་ཆུ་འདྲེན་གཏོང་གི་ལས་གྲྭའི་ལག་རྩལ་ལྟ་སྐྱུལ་བའི་གཙོ་འགན་ཁུར་ཏེ་དགོན་པ་གཉིས་ཀྱི་སྒང་ལམ་སྟེང་པའི་རྡོ་ལེབ་ཚང་མ་སྔོག་འདོན་བྱེད་སྐབས་སྒང་ལམ་གྱི་རྡོ་ལེབ་ཚང་མ་ས་ཆ་དེ་རང་ལ་ས་འཁོད་སྒྲིམས་ནས་རྡོ་གཙལ་འདིང་སྒྲིག་བྱས་པ་ལས་རྨང་གཞི་གང་ཡང་བཟོས་མེད་ལ་རྩིག་རྨང་ནི་དེ་བས་ཀྱང་མཐོང་རྒྱུ་མི་འདུག དུས་རབས་གོང་མའི་ལོ་རབས་དགུ་བཅུའི་ནང་ང་ཚོ་ཨར་སྐྲུན་འཆར་འགོད་ཁང་ནས་ཐོག་སོ་བཞི་ཡོད་པའི་གཞུང་ལས་ཁང་གསར་པ་བཟོ་སྐྲུན་བྱས་ཤིང་། ཁང་ཆེན་བྱང་ནས་ཁ་ལྷོ་ལ་གཏད་ཡོད་པར་ཁང་ཆེན་གྱི་རྒྱབ་ངོས་ནི་དུས་བཞིར་ཉི་མ་མི་ཐོག་པའི་གྲིབ་སོ་ཡིན། འཆར་འགོད་ནང་ཁང་པའི་རྒྱབ་ལ་གཏིང་ཚད་རྨིད་1ལྷག་བཀལ་བའི་ས་བརྡོགས་ནས་རྩིག་རྨང་བཏིང་ཡོད་ཀྱང་། ལོ་ཤས་ནས་གྲིབ་སོའི་འོག་གི་ས་མཐིལ་ཚད་མ་འཁྱུགས་སྒྲོམ་ཐེབས་ནས་གས་སླུབས་ཤོར་བ་དང་ས་མཐིལ་ཁ་ཤས་འཁྱུགས་སྒྲོམ་ཐེབས་ནས་ས་ངོས་བཀྱག་བསྙད་པ་བྱུང་སོང་། དེ་དང་འདྲ་བ་ལྷ་སའི་ཐོག་ཁང་ཆེན་མོ་མང་པོ་ལ་ཡང་འདྲ་འདྲ་རེད། འབྲས་སྤུངས་དང་སེ་ར་དགོན་ལ་ཡང་སྒང་ལམ་མང་པོ་ཐོག་ཁང་གི་

རྒྱབ་ལ་འཁེལ་ཡོད་པས་ལོ་རྟེལ་པོར་ཉི་མ་ཐོག་གི་མེད་�387ུང་གས་སྲུབས་ཤོར་བ་དང་འབྲུགས་སྒྲོས་ཐེབས་པ་མཐོང་རྒྱུ་མི་འདུག དེ་ཡང་རྒྱུ་མཚན་གང་ཡིན་ནམ། ང་རང་གི་ཕ་ཡུལ་ཕྱོགས་ལ་སྤྱི་ལོ2016ལོར་འགྱུ་བ་དགོན་པས་མ་དངུལ་གང་འཚམ་ཐབས་ཤེས་བྱས་ནས་དགོན་པའི་ནང་གི་གྲྭ་ཤག་བར་གྱི་འགྲོ་ལམ་དང་རྡོ་སྐམ་སོགས་གསར་དུ་འདིང་རྩིས་བྱེད་སྐབས་ང་རང་གིས་འགྲོ་ལམ་དེ་ཚོར་རྨང་གཞི་ཡག་པོ་ཞིག་བཏིང་ནས་སྟེང་དུ་རྡོ་ལེབ་ཀྱི་འགྲོ་ལམ་ཡག་པོ་ཞིག་བཟོ་ཐུབ་ན་བསམས་རུང་། དགོན་པའི་མ་དངུལ་དེ་ཙམ་མང་པོ་མེད་ལ་དགོན་པའི་ཞིབ་ཕྲའི་འགན་འཁུར་བས་ཀྱང་སྔོན་གྱི་རྒྱ་ལམ་ལ་ཡང་རྩིག་རྨང་བཏིང་མེད་རུང་སྐྱོན་བྱུང་མི་འདུག་ཅེས་སྔོན་མ་ནང་བཞིན་བྱས་ནས་སྒྲིག་པས་ད་ལྟ་ལོ3ཙམ་ཕྱིན་རུང་འབྲུགས་སྒྲོས་ཐེབས་པའི་གནས་ཚུལ་བྱུང་མ་སོང་། དེ་ལྟ་བུའི་སྣང་ཚུལ་མང་པོ་ཡོད་པས་དེར་ སྟེང་བས་ལྷག་པའི་ཞིབ་འཇུག་བྱ་དགོས།

༢ ཁང་པའི་ཐོག་རྫས་བཟོ་སྟངས།

སྤྱི་ཡོངས་ཀྱི་དམངས་ཁང་ལ་ལྕམ་ཤིང་ཐོག་ཤིང་གི་ཡལ་ག་ཕྲ་མོ་དང་ཤིང་ཆག་རོ་ཕྲ་མོ་སོགས་ཀྱིས་དྲལ་མ་གཏོང་གི་ཡོད།(པར4—13) སྔུས་ཚད་ཡག་ཙམ་བཟོས་པའི་ཁང་པར་ལྕམ་ཤིང་ཐོག་པང་ལེབ་འདིང་བ་ནི་ཆ་རྐྱེན་ཡག་པོའི་བཟོ་སྟངས་ཡིན།(པར4—14) ཡིན་ནའང་དབུས་གཙང་ཁུལ་ལ་སྟེང་སྒྲིག་ཟེར་བའི་ཤིང་རིལ་རིལ་ཆུང་ཆུང་ལྕམ་ཤིང་ཐོག་གྲལ་ཡག་པོ་བསྒྲིགས་ནས་བཏིང་བ་སྟེ་རིས་རྒྱག་པ་སོགས་བྱེད་པ་ནི་སྔུས་དག་ཤོས་ཀྱི་ཁོངས་སུ་བརྩི་བ་ཡིན་པས་ཐོ་བྲང་པོ་ཏ་ལའི་ཉི་འོད་གཟིམ་ཆུང་སོགས་ལ་མ་གཏོགས་མེད།(པར4—15)

དེ་ལྟར་ལྕམ་ཤིང་གི་སྟེང་དུ་ཤིང་གི་ཡལ་ག་ལ་སོགས་ཀྱི་དྲལ་མ་བཏིང་བ་ནི་གཙོ་བོ་ལྕམ་ཤིང་བར་གྱི་སྟོང་ཆ་འགེབས་པའི་ཐབས་ཡིན་པ་སྟེ་རྒྱ་ནག་གི་གཟར་ཐོག་འགེབས་པའི་ཁང་པའི་ལྕམ་ཤིང་སྟེང་ཐ་གཡམ་སྒྲིག་སའི་དྲལ་ཤིང་གི་ཚོད་རེད། དབུས་གཙང་ཁུལ་ལ་དྲལ་ཤིང་དེ་ཡི་སྟེང་དུ་ཆུ་རྡོ་ཆུང་ཆུང་རིམ་པ་གཅིག་འདིང་དགོས་རེད།(པར4—16) དེ་ནི་གཅིག་ནས་དྲལ་མ་ཤིང་ཆ་སྙོམས་ཀྱིས་གནོན་ཐུབ་པ་དང་གཉིས་ནས་སྟེང་གི་འདག་སའི་བཞུར་ཚན་དང་རུལ་སྐྱོན་ཡོང་བར་སྔོན་འགོག་གི་ནུས་པ་ཐོན་གྱི་ཡོད། གང་ཡིན་ཟེར་ན། ཆུ་རྡོའི་སྟེང་ལ་ས་དམར་གྱི་འདག་པས་ཐོག་འདག་འདིང་གི་ཡོད་པས་བཞུར་ཚན་ཆེན་པོ་ཡོད། གལ་ཏེ་ཆུ་རྡོ་རིམ་པས་བཀག་མེད་ན་གཤམ་འོག་གི་ཤིང་གི་སྒྲིག་གཞི་ལ་བཞུར་ཚན་ཐོག་ཡོང་གི་ཡོད། ཡིན་ནའང་ཁམས་ཁུལ་ལ་བཟོ་སྟངས་དེ་འདྲ་མེད། དྲལ་མ་ཤིང་གི་ཡལ་ག་ཞིབ་ཞིབ་ཡིན་ནའང་འདྲ། པང་ལེབ་ཀྱི་དྲལ་ཤིང་བཏིང་བའི་རྗེས་ལ་སྲུ་ལུ་སོབ་སོབ་རིམ་གཅིག་འདིང་གི་ཡོད། དེ་ཡང་བཞུར་ཚན་དང་རུལ་སྐྱོན་འགོག་པའི་ཆེད་ཡིན། དེ་ནས་སྲབ་མཐུག་ལི་སྨིད20ཙམ་གྱི་ཐོག་འདག་བརྒྱབ་ཚར་དུས་མིས་རྡོག་བརྫིས་གཏོང་བ་དང་ཤིང་ལེབ་སོགས་ཀྱིས་བརྡུང་བརྡུང་གཏོང་དགོས་པ་ནི་ཐོག་གི་འདག་ས་སྲ་མཁྲེགས་དང་བརྟན་པོ་ཡོང་བའི་ཆེད་ཡིན།(པར4—17) དེ་ནས་ས་དམར་སྐམ་པོ་སྲབ་མཐུག་ལི་སྨིད10ཙམ་བཏིང་ནས་ལུ་མཐུད་དེ་བརྡུང་བརྡུང་ཡག་པོ་གཏོང་དགོས་པ་དང་ཆུ

འགྲོའི་གཟར་ཚད་འདོན་དགོས། མཐའ་མཇུག་ལ་ས་གནས་དེ་རང་གི་ཐིགས་ས་སྲབ་མཐུག་ལི་སྨིད3ཙམ་ཞིག་བཏིང་ནས་བཙག་བཙག་ཡག་པོ་གཏོང་དགོས།

ལྷ་ས་གྲོང་ཁྱེར་སྙིང་པར་ཆ་བཞག་ན་གྲོང་ཁྱེར་ཡོངས་ཀྱི80% ཡན་གྱི་ཁང་པ་ནི་གོང་དུ་ཞུས་པའི་ས་དམར་གྱི་ཐོག་ཡིན། སྐབས་དེ་དུས་ལ་མཚོན་ན་དེ་ནི་ཧ་ཅང་གི་རྒྱུན་ལྡན་གྱི་གནས་ཚུལ་ཞིག་རང་ཡིན་ལ་ཁྱིམ་ཚང་སུ་ཞིག་ལའང་ཆར་ཆུས་ཐིགས་པ་བརྒྱབ་ནས་སྡོད་མི་ཐུབ་པའི་གནས་ཚུལ་བྱུང་སྲིད་མེད། ལྷ་སར་ཆ་བཞག་ན་ཆར་ཆུ་ཅུང་ཡག་པོ་འགོག་ཐུབ་པའི་ས་དེར་ཐིགས་ས་ཟེར་ཞིང་། དེ་ནི་ཐིགས་པ་རྒྱག་སའི་ཐོག་ལ་རྒྱག་རྒྱུ་ཡིན་པས་ཐིགས་ས་ཟེར་བ་རེད། ས་དེ་ལྷ་སའི་ནུབ་ངོས་སྤྱི་ལེ་སུམ་ཅུ་བཞི་བཅུ་ཙམ་གྱི་རི་ཁུག་ལ་སྦོག་འདོན་བྱ་རྒྱུ་ཡོད། ཐིགས་ས་དེ་ཁ་དོག་ཅུང་དམར་བ་ཡིན་ཡང་སྐྱ་ཁའི་བསམ་ཡས་དགོན་པ་སོགས་ཀྱི་ཉེ་འགྲམ་ལ་ཡོད་པའི་ཐིགས་ས་ནི་དཀར་པོ་རེད། བྱས་ཙང་ཆོས་གཞིའི་ཁྱད་པར་མ་ཡིན་པར། གཙོ་བོ་ས་རྒྱུ་རང་གི་ཁྱད་པར་རེད་འདུག གང་ལྟར་མངའ་རིས་དང་དབུས་གཙང་ས་ཁུལ། ད་དུང་ཁམས་ཁུལ་སོགས་ས་ཆ་གང་སར་བོད་ཁང་གི་ཐོག་ལེབ་མོ་ཡིན་ལ། དབུས་གཙང་ས་ཁུལ་གྱི་ཨར་ཀའི་ཐོག་ཕུད་པའི་ཁང་པའི་ཐོག་ལེབ་ལེབ་ཡིན་པའི་བོད་ཁང་ཨར་སྐྲུན་ཚང་མ་ནི་ས་དམར་གྱི་ཐོག་ཤ་སྟག་ཡིན། ས་ཆ་ཚང་མར་ཆུ་འགོག་ནུས་པ་ཅུང་ཡག་པའི་ཐིགས་ས་དེ་ཡོད། ཡིན་ན་ཡང་གསལ་པོར་བཤད་ན་ཐོག་ལེབ་མོ་དེ་ཚོ་ཆར་ཆུ་མ་འཛག་པ་བཟོ་རྒྱུ་དེ་ཐིགས་ས་རྐྱང་རྐྱང་ལ་བརྟེན་པ་ཞིག་མིན་པར་ལས་ལ་བརྟེན་པའི་བོད་རིགས་མི་དམངས་ཆོས་རྒྱུན་རིང་འཚོ་སྡོད་ཀྱི་ལག་ལེན་ནང་ཐོག་ས་བདག་སྐྱོང་བྱ་རྒྱུའི་བྱ་ཐབས་བཟང་པོ་ཞིག་ཐུགས་བསྒོམས་བྱས་ཡོད་ལ་ལོ་ངོ་སྟོང་ཕྲག་གི་རིང་ལ་རྒྱུན་འཁྱོངས་བྱས་ཡོད་པས་ཁྱོན་ཡོངས་ནས་བཤད་ན་ལེགས་གྲུབ་བྱུང་ཡོད། དེ་ལྟ་བུའི་བྱེད་སྟངས་དེ་གོང་དུ་ཞུས་པ་ལྟར་ཐོག་འདག་རིམ་པ་དེ་བཙག་བཙག་ཡག་པོ་བཏང་ནས་ཚགས་དམ་པོ་དང་སྲ་མཁྲེགས་ཡོང་བ་བྱ་དགོས་ཐོག་ཆུ་འགྲོ་ཡག་པོ་བཟོ་དགོས་པ་དང་། མཇུག་ཏུ་ཐིགས་ས་སྲབ་མོ་ཞིག་འདིང་དགོས། དེ་ནི་བརྒྱུད་རིམ་ཆ་ཚང་ཡིན། འོན་ཀྱང་འགག་རྩ་ནི་ནང་མིས་ལོ་གཅིག་གི་དབྱར་དགུན་སྟོན་དཔྱིད་ཚང་མའི་ནང་ལྷོད་གཡེང་མེད་པར་བདག་སྐྱོང་བྱ་རྒྱུ་དེ་ཡིན་ཞིང་། དགུན་ཁ་གངས་བབས་དུས་སྔ་མོ་ནས་ཁ་བ་འཕྱག་དགོས་པ་སྟེ་དེ་ཡང་ཉི་མ་ཤར་བའི་གོང་ནས་ཕྱགས་ཚར་བ་བྱེད་དགོས། དེ་མ་གཏོགས་ཉི་མ་ཤར་ནས་གངས་ཞུ་དུས་ཐོག་ས་ཚང་མ་འདག་པ་ཆགས་འགྲོ་བ་དང་། དགོང་མོ་ཐོག་འདག་ཡོངས་རྫོགས་འཁྱགས་པ་ཐེབས་འགྲོ་ཡི་རེད། དེ་ནི་དགུན་དུས་གཟབ་གཟབ་བྱེད་ས་གཙོ་བོ་གཅིག་རེད། དགུན་ཁ་དུས་ཐོག་ཏུ་ཁ་བ་ཕྱགས་ནས་ཐོག་ས་འཁྱགས་མ་བཅུག་པའི་རྗེས་སུ་དབྱར་ཁ་སླེབས་དུས་ཆར་པ་འབབ་འགོ་ཚུགས་སྐབས་ཁང་པའི་ཐོག་ཏུ་རྩྭ་ངན་ཐར་ཐོར་སྐྱེ་སྲིད་ཀྱི་རེད། དེ་ཡི་སྐབས་སུ་གནམ་དྭངས་པའི་ཉིན་མོ་བཙལ་ནས་ཁང་ཐོག་ཅུང་སྐམ་པའི་སྐབས་སུ་རྩྭ་ངན་བཀོག་སྟེ་ཚང་མ་གཙང་མ་བཟོ་རྒྱུ་སྟེ་རྩྭ་ངན་གྱི་རྩ་བ་ཡིན་གཅིག་གཙང་མ་བཟོ་དགོས། དེ་ནས་རྐང་པས་བཙག་བཙག་ཡག་པོ་གཏོང་བ་དང་

དངོས་ཡོད་གནས་ཚུལ་ལ་བལྟས་ནས་ཐོག་ས་ཁ་སྟོན་རྒྱུག་དགོས་ན་ས་ཕྲན་བུ་ཁ་སྟོན་རྒྱུག་ཅིང་སྤུ་མཐུད་བཅག་བཅག་གཏོང་དགོས། ཐིགས་ས་རྒྱུག་དགོས་མིན་ནི་ཐོག་ས་བཟོ་མཁན་གྱི་ཉམས་མྱོང་ལ་བརྟེན་དགོས། དེ་ལ་གཏིང་ཟབ་མོའི་ཤེས་བྱ་ཡོན་ཏན་དགོས་ཟེར་བ་མ་ཡིན་རུང་ལོ་བཅུ་གྲངས་ཀྱི་ཉམས་མྱོང་ནི་དགོས་ངེས་རེད་བསམ་གྱི་ཡོད། དབྱར་ཁ་ཆར་ཤུགས་ཆེ་དུས་སློ་བུར་དུ་ཁང་པའི་ཟུར་ཞིག་ནས་ཐིགས་པ་རྒྱུག་སྲིད། སྐབས་དེར་ཕྱི་ལ་སྤུ་མཐུད་ནས་ཆར་པ་འབབ་ཀྱི་ཡོད་ན་ང་ཚོ་ཕྱིན་ནས་ཐིགས་པ་འགོག་ཐབས་བྱ་རྒྱུ་མེད། ཆར་པ་བབས་ཚར་བ་དང་ཐོག་སྐམ་ཚེ་གཞི་ནས་ཐོག་ཁར་ཕྱིན་ནས་ཉམས་གསོ་བྱ་དགོས། གོང་དུ་བཤད་པའི་རྩ་བཀོ་རྒྱུ་དང་བདག་སྐྱོང་བྱེད་མཁན་དེ་ལ་གཅིག་ནས་ཉམས་མྱོང་ཡོད་དགོས་ལ་གཉིས་ནས་འགན་འཁུར་གྱི་བསམ་པ་ཡོད་མཁན་ཞིག་ཡིན་དགོས། དེ་ལྟར་བྱུང་ན་ཐེངས་གཅིག་ལ་བདག་སྐྱོང་ཡག་པོ་བྱེད་ཐུབ་པ་མ་ཟད། ཆར་ཤུགས་ཆེ་དུས་ལ་སློ་བུར་དུ་ཐིགས་པ་རྒྱུག་རྒྱུ་དེ་སྔོན་འགོག་བྱེད་ཐུབ། འགན་ཡག་པོ་འཁུར་བ་དང་ཞིབ་ཚགས་པོས་ལས་ཀ་བྱས་ན་ས་དམར་གྱི་ཐོག་གིས་ཆར་པ་འབབ་དུས་ཐིགས་པ་མི་རྒྱུག་པའི་འགན་ལེན་ཐུབ།

སྲོལ་རྒྱུན་ས་དམར་གྱིས་ཁང་ཐོག་གི་ཆུ་ཡག་པོ་འགོག་ཐུབ་པ་མ་ཚད་ཁམས་ཁུལ་གྱི་ས་ཆ་མང་ཆེ་བར་ཞིང་པ་ཚོས་སྟོན་ཁ་ལོ་ཏོག་བསྡུ་ལེན་བྱས་ཚར་དུས་ཁང་པའི་ཐོག་ཁའི་བར་ཁྲམས་ལ་ལོ་ཐོག་བརྡུང་ས་ཡང་བྱེད་ཀྱི་ཡོད། ལོ་ཏོག་བར་ཁྲམས་ཐོག་སྐམ་ནས་བཞག་པ་དང་མི་ཚོས་སྤྱགས་གཉིས་ནས་ཀྲལ་བསྒྲིགས་ཏེ་ལག་འཛུ་ཤིང་གི་སྟེང་དུ་ཐག་པས་དབྱུག་པ་སྦྲ་མོ་བཏགས་ཏེ་ལོ་ཐོག་ཁང་པའི་ཐོག་ཁ་ལ་རྡུང་བ་རེད།（པར4—18） དེ་ལྟར་ཁང་པའི་ཐོག་ཁ་ནས་རྡུང་བ་དེ་ཁང་པའི་ལྕམ་ཤིང་སྲོམ་པོ་ཡིན་དགོས་པ་ནི་ཤོད་མི་དགོས་པ་རེད། དེ་འདྲ་བ་ནི་ཤིང་ནགས་ས་ཁུལ་དང་ཡང་ན་ཤིང་ནགས་དང་ཐག་ཉེ་བའི་ས་ཆར་ཁང་པའི་ཐོག་ཁ་ནས་རྡུང་བའི་གོམས་གཤིས་ཡོད། དབུས་གཙང་ས་ཁུལ་དང་ཐ་ན་ཆབ་མདོའི་ས་ཁུལ་ལ་ཡང་དེ་འདྲའི་ལུགས་སྲོལ་མེད་ལ་ཆབ་མདོ་ས་ཁུལ་ལ་ལྕམ་ཤིང་དེ་འདྲ་སྲོམ་པོ་བཏང་བ་ཡང་མེད། ང་རང་གིས་བལྟས་ན་ཁམས་ཁུལ་ལ་ཤིང་ཡག་པོ་ཡོད་ཙང་མི་ཚོས་ཐབས་ཤེས་འདི་སྤྱད་པ་རེད། ཁང་པའི་ཐོག་ཁ་ནས་བརྡུངས་ན་འབྲུ་རིགས་ཉར་ཚགས་བྱེད་བདེ་བ་དང་། ཁལ་ཟྭག་སོགས་ཀྱིས་གང་བྱུང་དུ་མི་ཟ་བ། འབྲུ་རིགས་གཙང་མ་ཡོང་བ་སོགས་ཀྱི་དགེ་མཚན་ཡོད། སྐྱིན་ཆ་ནི་ཟླ་བ་གཅིག་གཉིས་ཙམ་རིང་ཉིན་ལྟར་བརྡུངས་ནས་ནང་གི་ནག་ཆས་ཆོ་སྲུན་པོ་བཟོ་ཡི་ཡོད་ལ་ཁང་པ་ལ་ཡང་འགྲུལ་ཤུགས་ཆེ་ཙམ་ཐེབས་ཀྱི་ཡོད།

ངས་འདིར་བཤད་དགོས་དོན་ནི་ས་དམར་གྱི་ཁང་པའི་ཐོག་གིས་ཆུ་འགོག་ཐུབ་པ་མ་ཚད་ཐོག་ངོས་སྲ་ཞིང་མཁྲེགས་པ་ཡིན་ཟེར་བའི་དོན་ཡིན། གནས་ཚུལ་འདི་ད་ལྟའི་དུས་ལ་མི་མང་ཆེ་བས་གཏན་ནས་ཤེས་ཀྱི་མེད། དུས་རབས་གོང་མའི་ལོ་རབས་ལྔ་བཅུ་པའི་ནང་མི་ཚོས་དེ་འདྲ་བྱེད་ཀྱི་ཡོད། ལོ་རབས་དྲུག་ཅུ་ནས་མི་དམངས་ཀུང་ཧེ་བཙུགས་པའི་རྗེས་སུ་གཞི་ནས་གཡུལ་ལས་གཏང་ས་སྒོ་རའི་ནང་སྤོས་པ་རེད།

དེར་བརྟེན་བོད་ཀྱི་ཨར་སྐྲུན་དང་ཐོག་བྱུང་བ་ནས་ད་བར་ཐོག་ལེབ་མོ་ནས་ཆུ་འཛག་པའི་སེམས་ཁྲལ་ས་ཆ་གང་ཞིག་གི་མི་ལ་འཕང་བྱུང་མ་མྱོང་། ང་ཚོའི་མེས་པོ་ཚོས་ཀྱང་དེ་ཡི་དོན་དུ་སེམས་ཁྲལ་བྱེད་མྱོང་མེད། བོད་རིགས་ས་ཁུལ་ལ་རྒྱལ་ཡོངས་བཅིངས་འགྲོལ་བཏང་བ་དང་། དམངས་གཙོའི་བཅོས་བསྒྱུར། ལྷག་པར་དུ་བསྒྱུར་བཅོས་སྒོ་དབྱེ་བྱས་པ་ནས་འགྱུར་ལྡོག་ཆེན་པོ་བྱུང་ཞིང་། དེང་རབས་ཀྱི་ཨར་འདམ་ལྕགས་རྫིངས་ཀྱི་ཨར་སྐྲུན་མང་པོ་ཐོན་པ་དང་། ཆོས་མདོ་ཀ་སྣ་ཚོགས་ཀྱི་ལྕགས་ཤོག་དང་རྫ་གཡམ་གྱི་ཐོག་ངོས་སོགས་དེང་རབས་ཀྱི་སྒྲིག་གཞི་ཡིན་པའི་ཁང་པའི་ཐོག་སྣ་ཚོགས་ཐོན་ཡོད། ཞིང་པ་ཚོ་ཕྱུག་པོ་ཆགས་ཡོད་མེད་དེ་ཨང་དང་པོ་རང་གི་ཁང་པའི་ཐོག་ནས་མངོན་ཐུབ་པ་དཔེར་ན་གྲོང་ཚོ་གཅིག་ལ་ཆ་བཞག་ན་དུད་ཚང་སུ་ཞིག་གིས་སྔོན་ལ་ཆོས་གཞི་ཡོད་པའི་ལྕགས་ཤོག་གི་ཐོག་བཀབ་ན་ཕལ་ཆེར་ལོ་གཉིས་མི་འགོར་བར་གྲོང་པ་འདི་ཡི་མི་ཚང་མང་ཆེ་ཤོས་ཀྱིས་ལྕགས་ཤོག་དེ་འདྲ་བཀབ་ཀྱི་ཡོད། བོད་ལྷོངས་ཀྱི་ཉིང་ཁྲི་དང་སྤོ་མེས་རྫོང་སོགས་ས་ཆ་དང་། ཁམས་ཁུལ་གྱི་མི་ཉག་སོགས་གྲོང་ཚོ་ཚང་མ་དེ་འདྲ་རེད།(པར4—19)(པར4—20) ཡང་བསྐྱར་བཤད་ན་དེང་སྐབས་ཀྱི་ལོ་ཆུང་གཞོན་ནུ་མང་ཆེ་བ་སྙིད་ལ་ཉེས་པོ་ཡིན་ཙང་མེས་པོ་རྒན་རབས་ནས་བརྒྱུད་ཡོང་བའི་ལས་ཀ་དེ་འདྲ་བྱེད་འདོད་མེད་པ་ཡང་རྩ་བའི་རྒྱུ་རྐྱེན་ཞིག་ཡིན། འོན་ཀྱང་དབུས་གཙང་ས་ཁུལ་སོགས་ས་ཆ་མང་པོ་ཞིག་ལ་ས་གནས་དེ་གའི་མི་ཚོས་མུ་མཐུད་ནས་ཐོག་ལེབ་མོའི་ཁང་པའི་ནང་འཚོ་བ་བསྐྱལ་དང་སྐྱེལ་བཞིན་ཡོད།

མཚོ་བོད་མཐོ་སྒང་གི་བོད་ལུགས་ཨར་སྐྲུན་མང་ཆེ་ཤོས་ནི་ས་དམར་གྱི་ཁང་ཐོག་ཡིན། ཕལ་ཆེར་བོད་ལུགས་ཨར་སྐྲུན་ཡོངས་ཀྱི90%ཟིན་གྱི་ཡོད། ཚང་མས་ཤེས་དགོས་པ་ནི། མངའ་རིས་དང་དབུས་གཙང་སོགས་ཆར་ཆུ་ཉུང་ཉུང་བའི་ས་ཆ་ཕུད་པའི་ཆར་ཆུ་མང་བའི་ས་ཆ། དཔེར་ན། གྲོ་མོ། ལྷོ་བྲག མཚོ་སྣ། ཉིང་ཁྲི། སྨན་གླིང་། སྤོ་མེས། རི་བོ་ཆེ། སྨར་ཁམས་སོགས་དང་། སི་ཁྲོན་གྱི་སྡེ་རོང་། སྤུག་སྤྲེང་། ཉག་ཆུ། རྟའུ། འདབ་པ། དར་མདོ། བརྒྱད་ཟིལ། ཆུ་ཆེན། བཙན་ལྷ་སོགས་ཆར་ཆུ་ཤིན་ཏུ་ཆེ་བའི་ཤིང་ནགས་ས་ཁུལ་དེ་ཚོར་གནའ་རྫ་མོ་ནས་ཁང་པའི་ཐོག་ལེབ་ལེབ་ཡིན། ཡུན་ནན་བདེ་ཆེན་ཁུལ་གྱི་ཁང་པ་ཡང་ས་དམར་གྱི་ཐོག་ལེབ་ལེབ་ཡིན། གོང་དུ་ཞུས་པ་ལྟར་མཚོ་བོད་མཐོ་སྒང་གི་བོད་མིའི་སྡོད་ཁང་མང་ཆེ་བ་ས་དམར་གྱི་ཐོག་ལེབ་མོ་ཡིན། མ་མཐའ་ཡང་དུས་རབས་གོང་མའི་ལོ་རབས་དྲུག་ཅུའི་སྔོན་ལ་དེ་ལྟར་ཡིན།(པར4—21)(པར4—22)(པར4—23)

བོད་མི་རིགས་འཚོ་སྡོད་བྱེད་སའི་ས་ཆ་ཁག་སོ་སོ་ནས་བཤད་ན། ང་ཚོས་ཐོག་མར་རྟོག་ཞིབ་བྱས་པ་བརྒྱུད། ཧི་མ་ལ་ཡའི་ལྷོ་ངོས་ཀྱི་མེ་ཏོག་དང་རྫ་ཡུལ་སོགས་ལོ་གཅིག་གི་ཆར་པ་འབབ་ཚད་ཏའོ་སྨིད5000ལས་བརྒལ་བའི་མཐའ་མཚམས་ཀྱི་རི་ཁུལ་ཁག་དང་། གདོད་མའི་ནགས་ཚལ་ས་ཁུལ་གྱི་མོན་པ་དང་ལྷོ་པའི་གནའ་བོའི་གྲོང་ཚོ་ཁག་ཅིག་ལ་ཐུ་མོ་ནས་རྡོ་གཡམ་དང་། ཤིང་ལེབ། ཤིང་ལོ་འབྲས་རྩྭ་སོགས་འགེབས་པ་ཡིན།(པར4—24)(པར4—25)(པར4—26)

ཁམས་ཁུལ་ཤིང་ནགས་ལུང་པ་མི་ཉག་སོགས་ལ་དམངས་ཁང་མང་ཆེ་བ་མུ་མཐུད་ནས་ཐོག་ལེབ་མོ་རྒྱུན་འཁྱོངས་བྱེད་བཞིན་པ་ནི་ཁོ་ཚོས་རང་ཁྱིམ་གྱི་ཁང་ཐོག་སྲུང་སྐྱོང་ཡག་པོ་བྱས་ནས་ཆུ་མི་འཛག་པའི་གདེང་ཚོད་ཡོད་ཙང་ཡིན། མ་ཟད་ལོ་རྒྱུས་ཐོག་རང་ཁྱིམ་གྱི་ཁང་ཐོག་ནི་འབྲུ་རིགས་རྫུང་སའི་ས་ཆ་གཙོ་བོ་ཡང་ཡིན། དེར་བརྟེན་ཁྱིམ་ཚང་ཚང་མར་ཐོག་ལེབ་མོའི་ཁང་ཐོག་མེད་དུ་མི་རུང་བ་ཡིན། འོན་ཀྱང་ཁྱིམ་ཚང་སོ་སོའི་ལྷ་ཁང་དང་སྒོ་རའི་ནང་དངོས་ཟོག་འཛོག་སའི་བསིལ་གཡབ་སོགས་ལ་ཤིང་ལེབ་དང་རྫ་གཡམ་སོགས་འགེབས་རྒྱུར་དགའ་པོ་ཡོད། ད་དུང་དགོན་པའི་གྲྭ་ཤག་ལ་ཡང་རྫ་གཡམ་འགེབས་ཀྱི་ཡོད། གང་ཡིན་ཞེ་ན་གྲྭ་པ་ཚོར་ཁང་ཐོག་ཉམས་གསོ་བྱ་རྒྱུའི་དུས་ཚོད་དེ་ཙམ་མེད་པས་ཡིན།

ཁམས་ཁུལ་ལ་ཤིང་ལེབ་དང་རྫ་གཡམ་གྱི་ཐོག་འགེབས་སྟངས་རྒྱལ་ནང་གི་རྫ་གཡམ་གྱི་ཁང་ཐོག་འགེབས་སྟངས་དང་འདྲ་པོ་ཡོད། ཡིན་ནའང་ཉེ་བའི་ལོ་བརྒྱ་ཉིས་བརྒྱ་ཙམ་རིང་བེད་སྤྱོད་གཏོང་མཁན་ཉུང་དུ་ཕྱིན་ཡོད། ཤིང་ནགས་ལུང་པའི་ཕུ་ལ་ཡོད་པའི་ཁང་པ་མ་གཏོགས་སྤྱིར་བཏང་གི་དམངས་ཁང་ལ་ཤིང་ལེབ་ཀྱི་ཐོག་འགེབས་པའི་འདོད་པ་དེ་ཙམ་མེད། གང་ལགས་ཤེ་ན་ཐོག་འགེབས་རྒྱུའི་ཤིང་ལེབ་ནི་ཤིང་སྡོང་སྦོམ་པོ་ཁ་གཤགས་ནས་འགེབས་དགོས་ཤིང་། གལ་ཏེ་སོག་ལེ་བརྒྱབ་ནས་ཁ་གཤགས་པའི་ཤིང་ལེབ་ཡིན་ན་ཆུ་འགོག་ཐུབ་ཀྱི་མེད་ལ་ཤིང་ལེབ་རུལ་མགྱོགས་པས། རྫ་གཡམ་འགེབས་རྒྱུ་དེ་བས་ཁྱབ་ཆེ་བ་ཡིན། ཤིང་ལེབ་དང་རྫ་གཡམ་གྱི་ཐོག་འགེབས་ན་གལ་ཏེ་ལྷ་ཁང་ཀ་གཅིག་མ་ཡིན་ན་ཤར་ནུབ་གཉིས་ཀྱི་རྩིག་པ་ཟུར་གསུམ་མ་བརྩིག་རྒྱུ་དང་། དཀྱིལ་ལ་ཀ་བའི་སྟེང་དུ་ཤིང་སྒྲོམ་བསྒར་ཐོག་ཤར་ངོས་རྩིག་པ་ནས་ཤིང་སྒྲོམ་བར་དང་། ཤིང་སྒྲོམ་ནས་ནུབ་ཀྱི་རྩིག་པའི་བར་ལྷུམ་ཤིང་གདང་དགོས་ཀྱི་ཡོད། ལྷུམ་ཤིང་བར་ལ་སྟོང་ཆ་ལི་སྨིད80ཙམ་བཞག་ན་འགྲིག(པར4—27) ལྷུམ་ཤིང་ཐོག་ཐད་ཀར་རྫ་གཡམ་འགེབས་པ་ལས་དྲལ་ཤིང་གདང་དགོས་མེད། རྫ་གཡམ་འགེབས་མཁན་ཉམས་མྱོང་ཡོད་མཁན་ཞིག་ཡིན་དགོས། མ་ཟད་ཆར་ཆུའི་དུས་སྐབས་སུ་ཉམས་གསོ་བྱ་དགོས།

ཕྱོགས་བསྡོམས་བྱས་ན་སྔ་མོའི་རྫ་གཡམ་སྟོག་འདོན་བྱ་ཐབས་རྗེས་ལུས་ཡིན་པས་ཐོག་ཡག་པོ་ཞིག་བཀབ་མི་ཐུབ། གལ་ཏེ་པེ་ཅིང་གྲོང་ཁྱེར་གྱི་ཧྥང་ཧྲན་ཆུས་ལ་ཡོད་པའི་གནའ་བོའི་ཨར་སྐྲུན་གྱི་རྫ་གཡམ་གྱི་ཐོག་ལྟ་བུ་ཡིན་ན་སྟོན་ཐོན་ཅན་གྱི་བཟོ་སྟངས་རེད་འདུག འཕྲུལ་ཆས་ཀྱིས་སྟོག་འདོན་བྱས་པ་ཡིན་པས་རྫ་གཡམ་ཆེ་ཆུང་དང་སྲབ་མཐུག་ཚད་མ་ཚད་གཞི་གཅིག་མཚུངས་ཡིན། ཐོག་འགེབས་སྟངས་ནི་ལྷུམ་ཤིང་སྟེང་དུ་ཐོག་པང་འགེབས་པ་དང་། དེའི་སྟེང་དུ་རྫ་ཞོ་བསྲེས་པའི་འདག་པ་བཏིང་ནས་རྫ་གཡམ་ཡང་རྫ་གཡམ་ནང་བཞིན་བཀབ་འདུག རྫ་གཡམ་གྱི་འགོ་མཐའ་དང་གཡས་གཡོན་གྱི་མཐའ་ལ་གོང་ལ་བཏང་འདུག དེ་འདྲའི་རྫ་གཡམ་གྱི་ཐོག་ནི་ཐུབ་ཚད་འགན་ལེན་ཡོད་ངེས་གཏན་རེད། དེར་བརྟེན་ཁམས་ཁུལ་གྱི་རྫ་གཡམ་འགེབས་རྩལ་དང་། ཐུབ་ཚད་ངེས་པར་དུ་གོང་མཐོར་གཏོང་དགོས་ཀྱི་འདུག དེ་ལྟར་བྱུང་ཚེ་གཞི་ནས་སྲོལ་རྒྱུན་གྱི་ལག་རྩལ་རྒྱུན་འཛིན་ལེགས་པོ་བྱ་ཐུབ།

ས་ཆ་གཞན་མཚོ་སྔོན་གྱི་ཚྭ་འདམ་དང་། མཚོ་ནུབ། མཚོ་བྱང་སོགས་ཀྱི་རྒྱ་ཆེ་བའི་འབྲོག་སར་གཞི་རྒྱ་ཆེ་བའི་བོད་ཁང་དེ་ཙམ་མེད་ཀྱང་ས་ཆ་འདི་རྒྱུད་ཀྱི་སྤང་མའི་དགུན་མཚེར་དང་ས་ཕག་གི་དགུན་མཚེར་ཚང་མ་ས་དམར་གྱི་ཐོག་ལེབ་མོ་ཡིན། མཚོ་སྔོན་གྱི་གསེར་ཆེན་དང་། གཙན་ཚོ། ཅོང་ཁ། ཁྲི་ཀ་སོགས་ཞིང་པའི་ས་ཁུལ་དང་། ད་དུང་བྱང་ངོས་ཀྱི་ཀན་སྒྲའི་ཐེ་བོ་དང་། གླུ་ཆུ་སོགས་དང་། ཤར་ངོས་ཀྱི་ཛ་བ་ཁུལ་གྱི་ཟུང་ཆུ་སོགས་བོད་ཆའང་ས་ཁུལ་གྱི་མི་སེར་ཁང་པ། སྡེ་ངོས་ཀྱི་ཀླུ་ལེ་རྫོང་། མན་ཉིད་དང་རྩེ་མན་རྫོང་། སྡེ་ནུབ་ཕྱོགས་ཀྱི་ལུ་གུ་མཚོའུ་རྒྱུད་དང་། བདེ་ཆེན་རྫོང་། ས་ཐམ་ཕྱོགས་ཀྱི་བོད་པ་དང་འཇང་རིགས་ས་ཁུལ་གྱི་གྲོང་ཚོ་ཚང་མ་ས་དམར་གྱིས་བཟོས་པའི་ཁང་ཐོག་ལེབ་མོ་ཡིན། ཐང་རྒྱལ་རབས་ཀྱི་ཡིག་ཆའི་ནང་“ཁང་པ་ཚང་མ་ཐོག་ལེབ་མོར་ཡོད”ཟེར་བ་ནི་ཐད་དེ་བོད་མི་རིགས་ཀྱི་ཨར་སྐྲུན་གྱི་ཁྱད་ཆོས་རང་ཡིན། མི་ལོ5000ཙམ་གྱི་བརྒྱུད་རིམ་ལྡན་པའི་བོད་མི་རིགས་ཀྱི་དམངས་ཁང་དེ་ཆེ་ལོ་རྒྱུས་ཀྱི་འཕོ་འགྱུར་བརྒྱུད། ཨར་སྐྲུན་ལ་ཡང་ཞན་ཆ་དང་མ་འདང་བའི་གནས་ཚུལ་ཡོང་སྲིད་པ་ནི་ང་ཚོས་ལེགས་བཅོས་གཏོང་དགོས་པ་ཞིག་ལས་གཞན་ང་ཚོའི་མེས་པོའི་དུས་ནས་བརྒྱུད་ཡོང་བའི་ཁྱད་ཆོས་ལྡན་པའི་དམངས་ཁང་དེ་ཁས་མི་ལེན་པ་བྱེད་མི་རུང་། དེར་བརྟེན་ད་ལྟ་ང་ཚོ་བོད་རིགས་ཞིང་པ་རྣམས་ཀྱི་ཐོན་སྐྱེད་དང་འཚོ་བའི་ཆུ་ཚད་གོང་མཐོར་ཕྱིན་ནས་དེང་རབས་ཀྱི་རྒྱུ་ཆ་ཡོད་པ་དང་། དེང་རབས་ཀྱི་ལག་རྩལ་ཡོད་པ་བཅས་ཀྱིས་ཚང་མས་རྒྱུ་ཆ་སྣ་ཚོགས་བེད་སྤྱོད་ནས་ཁང་ཐོག་གཟར་ཚད་ཡོད་པ་བཟོས་ཏེ་མིག་སྔའི་ཆར་ཆུའི་གནད་དོན་ཐག་གཅོད་ཐུབ་ནའང་དེ་ཡི་རྐྱེན་གྱིས་བོད་ལུགས་ཨར་སྐྲུན་གྱི་རྩ་བའི་ཕྱི་ཡི་བཟོ་དབྱིབས་ལ་ཐད་དེ་འགྱུར་ལྡོག་གཏོང་བ་ནི་མ་འགྲིག་པ་ཞིག་རེད། ཨར་སྐྲུན་གྱི་ཆེད་ལས་པ་ཙམ་མ་ཟད། སྤྱིར་བཏང་གི་མི་སེར་གཅིག་ལ་ཆ་བཞག་ནའང་ཁང་པའི་ཐོག་གཟར་མོ་འགོལ་པ་ནི་རྒྱ་ནག་དང་ཡང་ན་མི་རིགས་གཞན་གྱི་ཨར་སྐྲུན་རེད་བསམས་པ་དང་། བོད་པའི་ཁང་པ་ནི་ཐོག་ལེབ་མོ་ཡིན་པའི་ཨར་སྐྲུན་ཡིན་བསམ་གྱི་ཡོད་རེད། མི་མང་པོས་ཤིན་ཅང་གི་ཐུ་ལུ་ཧྥན་དང་དབྱི་ལི་ས་ཁུལ་གྱི་ཐོག་སྙོམས་པོའི་དམངས་ཁང་མཐོང་དུས་ཚང་མས་བོད་ལུགས་ཨར་སྐྲུན་དང་འདྲ་པོ་ཡོད་པའི་ཚོར་སྣང་སྐྱེས་ཡོང་གི་ཡོད།(པར4—28)

དུས་རབས་ཉི་ཤུ་པའི་ལོ་རབས་ལྔ་བཅུ་ནས་བཟུང་། རང་རྒྱལ་གྱི་གྲོང་ཁྱེར་ཆེན་པོ་ཁག་ལ་འཕུར་བསྐྱོད་ལྟ་བུའི་ཡར་རྒྱས་ཆེན་པོ་བྱུང་བ་དང་། མི་འབོར་ཡང་ཤིན་ཏུ་མང་པོར་གྱུར་ཡོད། ལས་ཁུངས་སྡེ་ཚན་ཁག་གིས་དགོས་མཁོ་སྣ་ཚོགས་ཀྱི་ཁང་པ་བཟོ་སྐྲུན་བྱེད་དགོས་ཀྱི་ཡོད་པས་རྒྱལ་ནང་གི་སྲོལ་རྒྱུན་གྱི་ཤིང་དང་ས་ཕག་སྒྲིག་གཞིའི་ཁང་པས་རྒྱལ་ཁབ་ཀྱི་འཛུགས་སྐྲུན་ཁག་གི་དགོས་མཁོ་སྐོང་མི་ཐུབ། ལྷག་པར་དུ་གྲོང་ཁྱེར་གྱི་མི་འབོར་འཕེལ་ཚད་མགྱོགས་པའི་རྐྱེན་གྱིས་གྲོང་ཁྱེར་ནང་གི་ས་ཆ་གཏན་ནས་འདང་གི་མེད་པས་ལྕགས་རྩིབས་ཀྱི་ཨར་སྐྲུན་རིགས་སྣ་ཚོགས་ཕྱི་རྒྱལ་ནས་ནང་འདྲེན་མི་བྱེད་ཀ་མེད་རེད། ལྷག་པར་ཐོག་བརྩེགས་མང་བའི་སྡོད་ཁང་སྟེ་སྐབས་དེ་དུས་རྒྱལ་ནང་གི་སྐད་གྲགས་ཅན་གྱི་མཁས་པ་བགྲེས་

སོང་མང་པོས་སྐྱོན་བརྗོད་བྱས་པའི་མུ་ཟེའི་སྣམ་ཆུང་འདྲ་བ་ཟེར་བ་བཟོ་སྐྲུན་མི་བྱེད་ཀ་མེད་རེད། དེ་ལྟར་རང་རྒྱལ་གྱི་ནང་སར་ཐོག་གཟར་ཅན་གྱི་ཁང་པ་རྣམས་རིམ་བཞིན་མེད་པར་ཆགས་འགྲོ་བས་རང་རྒྱལ་གྱི་གནའ་བོའི་ཨར་སྐྲུན་ཁྱབ་ཁོངས་ཀྱི་མཁས་དབང་དགེ་རྒན་ཆེན་མོ་ལེའང་སི་ཁྲིང་སོགས་ཀྱིས་ཐུགས་ཁྲལ་ཆེན་པོ་གནང་ཞིང་། ཁོང་རྣམ་པས་ཐུགས་ཐབས་གང་ཡོད་བཏོན་ནས་གཡུ་རྩེའི་ཛྫ་གཡམ་གྱིས་ཐོག་འགེབས་པའི་ཨར་འདམ་ལྕགས་རྩིབས་ཀྱི་གཞུང་ལས་ཁང་ཆེན་ཁ་ཤས་འཆར་འགོད་གནང་བ་དཔེར་ན་པེ་ཅིང་པེ་ཧན་ཀྲོང་སྨན་ལམ་གྱི་སྔོན་རྒྱལ་ཁབ་འཆར་གཞི་ཨུ་ཡོན་ལྷན་ཁང་གི་གཞུང་ལས་ཐོག་ཁང་ཆེན་པོ་ལྟ་བུ་དང་། ཁང་ཆེན་གྱི་ཉ་རྒྱབ་སྟེང་དུ་གསེར་རྩེའི་ཛྫ་གཡམ་གྱི་མདའ་གཡབ་འགེབས་པ་དཔེར་ན་རྒྱལ་ཁབ་འཛུགས་སྐྲུན་པུའི་གཞུང་ལས་ཐོག་ཁང་ཆེན་པོ་སོགས་འཆར་འགོད་གནང་བ་རེད།

སྤྱི་ལོ1979ལོའི་ཟླ12པར་སྤར་གསོ་བྱས་པའི་ཀྲུང་གོ་ཨར་སྐྲུན་སློབ་ཚོགས་ཀྱི་ལོ་རེའི་ཚོགས་འདུ་ཨན་ཧུའི་ཞིང་ཆེན་གྱི་ཧྲུའུ་ཧུའུ་གྲོང་ཁྱེར་ལ་འཚོགས་པ་རེད།（པར4—29） སྐབས་དེར་ཚོགས་འདུར་ཕེབས་མཁན་སྐན་གྲགས་ཆེ་བའི་མཁས་པ་ཅན་བགྲེས་སོང་གནའ་བོའི་ཕོ་བྲང་གི་ཧྭན་ཧྲི་ཡོན་དང་ལོ་ཀྲེ་ཧྲུན། ཚིང་ཧྭ་སློབ་གྲྭ་ཆེན་མོའི་ཀྲུ་ཙུང་ཅང་། ནན་ཅིང་བཟོ་ལས་སློབ་ཆེན་གྱི་ཡང་ཐིང་པའོ་དང་ཆི་ཁང་། ཀོ་ཧུ་རྦིང་། ཐུང་ཅི་སློབ་ཆེན་གྱི་ལོ་ཤའོ་ཕྲེས་དང་། ཡུ་ཕྲེས་གོ། ཧྭ་ནན་བཟོ་ལས་སློབ་ཆེན་གྱི་ལུང་ཆིན་ཀྲུང་དང་། ལུའུ་ཡོན་ཏིང་། ཀྲུང་གོ་ཨར་སྐྲུན་ཚན་རིག་ཞིབ་འཇུག་ཁང་གི་ལིའུ་ཤང་ཀྲེན། ཙྪུ་ཤིས་ཉན། སུན་དྲ་ཀྲང་། ཁྲིན་ཅིང་ཀྱི། ཁྲིན་ཡའོ་ཧྲུང་། ཐུ་རྦུ་ཀེང་སོགས་ཡོད། ཁོང་རྣམ་པས་པེ་ཅིང་ནུབ་ཕྱོགས་མེའོ་དབྱིང་དགོན་མཆོད་རྟེན་དཀར་པོའི་མདུན་གྱི་ཤེས་ཟེ་ཁྲིམ་ལམ་ཐོག་ཨར་འདམ་ལྕགས་རྩིབས་ཀྱི་ཚོང་ཁང་ཐོག་བརྩེགས་བཞི་ཡོད་པ་ཞིག་བསྐྲུན་པར་མགྱོགས་མྱུར་བཤིག་དབྲལ་གཏོང་དགོས་པའི་བསམ་འཆར་བཏོན་གནང་སོང་། ཀྲུང་གོའི་ལོ5000ལྷག་ཙམ་གྱི་ལོ་རྒྱུས་ལྡན་པའི་གཟར་ཐོག་ཨར་སྐྲུན་ལ་ཞིབ་འཇུག་དང་སྲུང་སྐྱོབ་གནང་མཁན་བགྲེས་སོང་མཁས་ཅན་རྣམ་པས་དེ་ལྟ་བུའི་ཀྲུང་གོའི་ཁྱད་ཆོས་ལྡན་པའི་གནའ་བོའི་ཨར་སྐྲུན་དེ་མི་རིང་བར་ཀྲུང་གོར་མེད་པར་འགྱུར་བའི་ཐུགས་ཁྲལ་གནང་གིན་འདུག དེ་ལྟར་ན་མཁས་པ་བགྲེས་སོང་ཁོང་རྣམ་པའི་རྗེས་སུ་འབྲངས་ནས་ཀྲུང་གོ་བོད་རིགས་ཀྱི་ཐོག་ལེབ་ཨར་སྐྲུན་ལ་ཞིབ་འཇུག་དང་སྲུང་སྐྱོབ་ཞུ་མཁན་ང་ཚོའང་ལོ་སྟོང་ཕྲག་མང་པོའི་ཡུན་རིང་ལོ་རྒྱུས་ལྡན་པའི་བོད་ལུགས་ཨར་སྐྲུན་དེ་འདྲ་ལས་སླ་པོ་ཞིག་གིས་འགྱུར་ཞིག་གཏོང་བ་དང་མེད་པ་ཆགས་འགྲོ་བ་ལ་སེམས་ཁྲལ་མི་བྱེད་ག་ལ་སྲིད། ང་ཚོར་རྒྱུན་འཛིན་དང་སྲུང་སྐྱོབ་བྱ་དགོས་པའི་འོས་འགན་ཡོད་ལ་དེ་དག་གི་དགེ་མཚན་དང་ཞན་ཆ་གང་ཡོད་དབྱེ་ཞིབ་དང་ཞིབ་འཇུག་བྱ་རྒྱུའི་འགན་འཁྲི་ཡང་ཡོད།

ཨར་ཀའི་ས་ཉེ་ས་གཤིས་རིག་པའི་ཐོག་ནས་བཤད་ན་གཙོ་བོ་ཐན་སྐྱུར་ཚྭ（ཐྲང་ཧེ་ཧྥེ）ལས་གྲུབ་ཅིང་རྗེ་དཀར་གོང་རྟོག་ཙམ་འདུས་པའི་གཏེར་ཁའི་རིགས་ཤིག་རེད། ས་གཤིས་རྟོབ་པོ་དང་འབྱར་ཚད་སྟོད་པ། སྐྱུར་ཚད་དང་ཆུ་དེ་ཙམ་མི་

བཟུང་བ་བཅས་ཡིན། ཨར་ཀ་ཇི་འདྲ་བྱས་ནས་ཅུང་མཁྲེགས་པོ་ཆགས་ཚུལ་དེ་ཨར་འདམ་གྱིས་རྫས་ནུས་ཐོན་པ་ལྟར་ཨར་འདམ་རྗེ་འདག་འདྲ་པོ་ཞིག་ཆགས་འགྲོ་བ་སོགས་ཤོད་ཐབས་དེ་ཙམ་མེད།(པར་4—30)

ཐོག་ལ་ཨར་ཀ་བཏང་བའི་ཨར་སྐྱུན་ནི་གཞུང་གི་ཁང་པ་དང་ཆ་རྐྱེན་ཡག་པོ་ཡོད་པའི་ཁྱིམ་ཚང་ཡིན། དེར་བརྟེན་དང་ཐོག་ཤིང་གི་སྙིག་གཞི་ནས་སྒྲུས་དག་པོ་ཡོད་དགོས་པ་སྟེ་གདུང་མ་དང་ལྕམ་ཤིང་ཚང་མ་སྦོམ་ཙམ་ཡོད་དགོས། དེ་ནི་རྩ་བའི་རྨང་གཞི་ཡིན། སྔོན་མ་དབུལ་ཞིང་ཕོངས་པའི་ཞིང་པའི་ཁང་པའི་ལྕམ་ཤིང་ཚང་མ་ཕྲ་པོ་ཡིན་ཞིང་། དང་པོ་ནས་ཐོག་ཁར་ཨར་ཀ་གཙོག་རྩིས་མེད་ལ་དཔལ་འབྱོར་གྱི་ཆ་རྐྱེན་ཐད་ནས་ཀྱང་ཡོང་ཐབས་མེད། བྱས་ཙང་ཞིང་པས་བསམ་བློ་ལ་ཡང་འཁོར་གྱི་མ་རེད། ཨར་ཀའི་ཐོག་བཟོ་སའི་ཁང་པའི་གདུང་མ་དང་ལྕམ་ཤིང་གིས་རྒྱུན་ལྡན་གྱི་ས་དམར་གྱི་ཐོག་རིམ་གྱི་ལྗིད་ཚད་འཁུར་དགོས་པ་མ་ཟད་ཨར་ཀ་རིམ་པ་ཁ་ཤས་བཏིང་བའི་ལྗིད་ཚད་འདེགས་དགོས་ལ་ད་དུང་ཨར་ཀ་གཙོག་མཁན་གྱི་མི་མང་པོ་ཕར་འགྲོ་ཚུར་འོང་བྱས་པ་དང་། རྐང་པས་རྡོག་བརྡིས་ཤུགས་ཆེན་བཏང་བ། གཞས་གཏོང་བཞིན་དུ་མཆོང་རྒྱག་རྒྱག་གི་ཡོད་པ་སོགས་ཁྲོན་ཡོངས་ཀྱི་ལྗིད་ཚད་ས་དམར་གྱི་ཐོག་ས་ལས་ལྷག་མང་པོས་ཆེ་བ་ཡོད་པ་རེད། ཚོད་དཔག་བྱས་པ་ཡིན་ན་ཤིང་ཆ་དཀོན་པོ་ཡིན་པའི་དབུས་གཙང་ས་ཁུལ་གྱི་ཞིང་གྲོང་གི་དམངས་ཁང་ལ་ལྕམ་ཤིང་སྦོམ་ཕྲ་ལི་སྨིད་5ཙམ་ལས་མེད་པ་ཤིན་ཏུ་མང་ཞིང་། ས་དམར་གྱི་ཐོག་ས་འཁྱོག་ཐུབ་ཀྱི་ཡོད། ཡིན་ནའང་ཨར་ཀའི་ཐོག་བཟོ་དགོས་ན་ལྕམ་ཤིང་གི་སྦོམ་ཕྲ་མ་མཐའ་ཡང་ལི་སྨིད་10ཡོད་པ་ཞིག་དགོས།

ད་ནི་ཨར་ཀའི་ཐོག་བཟོ་སྟངས་ཇི་འདྲ་ཡིན་ཟེར་ན། གོང་དུ་བཤད་པའི་ཁང་པའི་ཐོག་འདག་བཏིང་ཚར་བའི་སྟེང་ལ་ཐོག་མར་ཨར་ཀ་རྡོབ་རྡོབ་སྦྲབ་མཐུག་ལི་སྨིད་15ཙམ་འདིང་དགོས། ཨར་ཀ་རྡོབ་རྡོབ་ནང་ལ་ཨར་ཀའི་རྡོ་རྡོབ་རྡོབ་མང་ཙམ་ཡོད་དགོས། ཨར་ཀ་རྡོབ་རྡོབ་ཆེ་བར་ཆེ་ཆུང་ལི་སྨིད་5ཙམ་ལས་བརྒལ་རྒྱུ་མེད། རིམ་པ་འདི་ཡི་ཨར་ཀའི་ནང་2/3ཨར་ཀའི་ས་ཡིན་དགོས། ས་དེ་ལ་འབྱར་ཚད་ནུས་པ་ཡོད། 1/3ས་ལ་མ་འགྱུར་བའི་རྡོ་དེ་ཨར་ཀའི་རུས་སྦྲོམ་གྱི་ཆོད་དེ་ཡིན། དེ་ལ་བརྟེན་ནས་ཨར་ཀ་མཁྲེགས་པོ་ཆགས་པ་རེད། བྱས་ཙང་ཨར་ཀ་རྡོབ་རྡོབ་དེ་རྡོ་འདག་ནང་གི་ཆུ་རྡོའི་ཆོད་དེ་ཡིན། ཨར་ཞིབ་དེ་ཨར་འདམ་ནང་བཞིན་འདག་པ་ཆགས་པའི་ནུས་པ་ཐོན་པ་ཡིན། དེར་བརྟེན་ཨར་རྡོབ་རིམ་པ་སྦྲབ་མཐུག་ལི་སྨིད་15ཙམ་བཏིང་ཚར་རྗེས་གཅིག་ནས་ཆུ་སྐོར་བ་དང་། གཉིས་ནས་བཙག་བཙག་བཏང་ནས་ལི་སྨིད་10ཡས་མས་བར་བཙག་བཙག་ཐེབས་པ་བཟོ་དགོས། དེ་ལྟར་བཙག་བཙག་བྱེད་སྟངས་ཚང་མས་མཐོང་རྒྱུ་ཡོད་པའི་རྡོ་ལེབ་ལེབ་སྒོར་སྒོར་ལ་ཨི་ཁྱུང་འཕིགས་ནས་ཤིང་གི་ཡུ་བ་བསྣར་ཏེ་ཤུགས་བརྒྱབ་ནས་བརྡུང་དགོས། ཨར་ཀ་གཙོག་མཁན་མི་བཅུ་གྲངས་ག་ཚོད་ཡོད་ནའང་བར་གཉིས་བསྒྲིགས་ཏེ་ཁ་གཏད་བྱས་ནས་ལངས་དགོས་པ་དང་། མི་གཅིག་གིས་བཙག་བཙག་གཏོང་སའི་ཞེང་ཁ་ལི་སྨིད་100ཙམ་ཟིན་ནས་ཕར་ཚུར་འགྲོ་རྒྱུ་དང་། གཞས་གཏོང་བ་དང་ཞབས་བྲོ་བརྒྱབ་ནས་ཨར་ཀ་བརྡུང་རྒྱུ་རེད།(པར་4—31)

ཐལ་ཆེར་བཅག་རྫུང་ཉིན་གཉིས་ཙམ་བྱས་ན་ཨར་ཀ་རྫོབ་རྫོབ་ཀྱི་རིམ་པ་རྣམས་རྩ་བའི་ཆ་ནས་བརྟན་པོ་ཆགས་འགྲོ་ཡི་རེད། ཉིན་གསུམ་པར་ཨར་ཀ་ཞིབ་ཞིབ་སྦྲབ་མཐུག་ལི་སྨིད་5ཙམ་འདིང་དགོས་རེད། དེ་ཚོ་ཚང་མ་ནི་ཉམས་མྱོང་ཡོད་པའི་བུད་མེད་ཞལ་དཔོན་གྱིས་ཚོད་འཛིན་བྱེད་ཀྱི་རེད། ཁང་པའི་ཐོག་ཁའི་རྒྱ་ཁྱོན་ལ་གཞིགས་ཏེ་མི་མང་ཉུང་བཀོད་སྒྲིག་བྱ་རྒྱུ་དང་མི་གཅིག་གིས་ཨར་ཀ་གཙོག་པའི་རྒྱ་ཁྱོན་སྨིད་གྲུ་བཞི་མ1ཟིན་གྱི་རེད། གོང་དུ་ཞུས་པ་ལྟར་མི་ཚོས་བང་གྲལ་འཁྲིག་པོ་བསྒྲིགས་ནས་ཁ་གཏད་ཕྱོགས་ལ་ཕར་འགྲོ་ཚུར་འོང་བྱེད་བཞིན་དུ་གཞས་གཏོང་བ་དང་བཅག་བཅག་གཏོང་རྒྱུ་རེད། ཞལ་དཔོན་གྱིས་རྒྱུན་མ་ཆད་པར་ལྟ་ཞིབ་བྱེད་པ་དང་ཚུ་སྟོར་ཚོད་བྱེད་ཀྱི་རེད། དེ་ལྟར་ཨར་ཀ་ག་ལེར་མཁྲེགས་པོ་ཆགས་རྒྱུར་སྒྲུག་དགོས་རེད། དེ་ལྟར་ཨར་ཀ་བརྡུངས་ནས་བཅག་བཅག་བྱེད་རྒྱུ་མ་མཐའ་ཡང་ཉིན་གསུམ་ཙམ་རྒྱུན་འཁྱོངས་བྱེད་དགོས་ལ་ཐོ་བྲང་པོ་ཏ་ལ་ལྟ་བུ་འགངས་ཆེའི་ལས་གྲྭ་ཡིན་ན་ཉིན་ལྔ་ལས་མི་ཉུང་བ་བཅག་བཅག་བྱེད་དགོས། དེ་ནས་ཞལ་དཔོན་གྱི་བཀོད་སྒྲིག་ལ་གཞིགས་ནས་མི་ཚང་མས་ཆུ་རྡོ་འཛམ་པོ་རེ་ཁྱེར་ཡོང་ནས་བང་བསྒྲིགས་ཏེ་ཨར་ཀར་དབུར་ཉིན་གཉིས་གསུམ་ཙམ་རྒྱག་དགོས།（པར4—32）

ཨར་ཀ་གཅག་རྒྱུའི་དུས་ཚོད་གཙོ་བོ་དབྱིད་ཀ་དང་སྟོན་ཁ་གཉིས་ལ་ཡིན། དེ་ལྟ་བུའི་མི་ཤུགས་ལ་བརྟེན་ནས་ཨར་ཀ་གཅག་རྒྱུ་དང་མིས་དབུར་བརྡར་རྒྱག་རྒྱུ་སོགས་ནི་ལོ་ངོ་སྟོང་ཕྲག་རིང་གི་སྲོལ་རྒྱུན་གྱི་ལག་ཤེས་ཡིན། ལོ་ཤས་སྔོན་ལ་བོད་ལྗོངས་རིག་དངོས་སྲུང་སྐྱོབ་ལས་གྲྭའི་ནང་ས་ཆ་ཁ་ཤས་ལ་བཅག་བཅག་བྱེད་པའི་འཕྲུལ་འཁོར་བེད་སྤྱད་ནས་བཅག་བཅག་བྱས་པ་དང་། དབུར་བརྡར་གྱི་འཕྲུལ་འཁོར་བཏང་ནས་དབུར་བརྡར་བརྒྱབ་པ་ཚང་མ་ཡག་པོ་ཞིག་བྱུང་ཐུབ་མི་འདུག གོ་ཐོས་ལ་ཆུ་འགོག་པའི་ནུས་པ་ཡང་ཡག་པོ་བྱུང་མི་འདུག་ཟེར།

སྲོལ་རྒྱུན་ལྟར་ན། ཨར་ཀའི་ངོས་ལ་དབུར་བརྡར་བྱས་ཚར་རྗེས་ཤིང་ཡོ་འབོག་གི་པགས་པའི་ཁུ་བ་ཐིགས་ཁ་ཤས་འབྱུག་དགོས་ཤིང་། མཐའ་མར་བོད་སྣུམ་ཐེངས་གསུམ་ཙམ་འབྱུག་དགོས། ཡོ་འབོག་གི་ཁུ་བ་དང་བོད་སྣུམ་འབྱུག་རྒྱུ་སོགས་ཀྱི་བརྒྱུད་རིམ་དང་། འབྱུག་སྟངས། དུས་ཚོད་སོགས་ཚང་མ་ཞལ་དཔོན་ཆེན་མོས་ནན་ཏན་གྱིས་ཚོད་འཛིན་དང་བཀོད་སྒྲིག་བྱེད་ཀྱི་ཡོད་པས་སྟོད་གཡེང་དང་སྣང་ཆུང་གཏན་ནས་བྱེད་མི་རུང་། དེ་ཚོ་ནི་ཆུ་ཡག་པོ་འགོག་ཐུབ་མིན་དང་ཨར་ཀའི་སྤུས་ཚད་ཡག་པོ་ཡོད་མིན་གྱི་འགག་གནད་རང་ཡིན། ཁང་པའི་ནང་ལ་ཨར་ཀའི་ས་མཐིལ་གཅག་རྒྱུ་ཡང་ཨར་ལས་ཀྱི་བརྒྱུད་རིམ་གཅིག་མཚུངས་ཡིན། གཙོ་བོ་དབུར་བརྡར་རྒྱག་རྒྱུ་དེ་བས་འཛམ་པོ་དགོས་པ་དང་དབུར་བརྡར་རྒྱུན་རིང་པོ་རྒྱག་དགོས་པ། དེ་ནས་ངོ་གཙང་བ་སོགས་བཟོ་དགོས་པ་རེད། རྩ་བའི་ཆ་ནས་དེང་རབས་ཨར་སྐྲུན་གྱི་རྡོ་བརྡར་བའི་ས་མཐིལ་བཟོ་སྟངས་འདྲ་པོ་ཡོང་ཐུབ་ཀྱི་ཡོད།（པར4—33）

ས་གཞི་ཨར་ཀ་གཅིག་རྒྱུ་དེ་བོད་ཀྱི་དམིགས་བསལ་ཁྱད་ཆོས་ལྡན་པའི་ལས་གྲྭའི་ལག་རྩལ་ཞིག་ཡིན་ལ་ས་ཆ་གཞན་ལ་མེད། ཕོག་རིམ་གྱི་རྡོ་འདིང་རྒྱུ་དང་འདག་པ་རྒྱག་རྒྱུ་སོགས་ཚང་མ་ནི་རྡོ་བཟོ་དགེ་རྒན་ནས་འགན་ཁུར་ཏེ་བཀོད་སྒྲིག་བྱ་དགོས་ཤིང་། ཨར་ཀ་དངོས་སུ་འདིང་བའི་འགོ་ཚུགས་པ་ནས་ཞལ་དཔོན་གྱིས་འགན་འཁུར་དགོས་རེད། ཨར་ཀའི་ས་མཐིལ་འདིང་རྒྱུ་དང་ཕོག་འདིང་རྒྱུའི་བཀོད་སྒྲིག་དང་བྱ་ཐབས། སྦྱུས་ཚད་ལྷ་ཞིབ་དང་ཨར་ཀ་རྒྱག་པའི་དུས་ཚོད་སོགས་ཚང་མ་ཞལ་དཔོན་ལགས་ཀྱིས་ཚོད་འཛིན་བྱ་རྒྱུ་རེད། ཞལ་དཔོན་ནི་ཞལ་བ་རྒྱག་མཁན་གྱི་འགོ་གཙོ་ཡིན་ཞིང་། ལོ་རྒྱུས་ཐོག་ཞལ་དཔོན་ནི་བུད་མེད་ཀྱིས་འགན་འཁུར་དགོས་ནའང་ཞལ་དཔོན་ལ་དབུ་ཆེན་གྱི་མིང་རྟགས་ཐོབ་མི་ཐུབ་པ་ནི་བོད་ཀྱི་སྤྱི་ཚོགས་རྙིང་པའི་ནང་བུད་མེད་ལ་ཐོབ་ཐང་མེད་པའི་རྐྱེན་གྱིས་ཡིན། དེ་ལས་ལས་རིགས་ཁག་ཏུ་ཞལ་དཔོན་གྱི་ལས་ཀ་ལ་དགོས་ངེས་ཀྱི་མཐོང་ཆེན་མི་བྱེད་པའི་སྐྱོན་ཆ་ཡོད་པ་མངོན།

ཡིན་ན་ཡང་ལག་རྩལ་འདི་རྒྱ་བསྐྱེད་གཏོང་དགོས་སམ་ཟེར་ན། ང་རང་གི་བསམ་ཚུལ་ལ་རྒྱ་བསྐྱེད་གོང་འཕེལ་གཏོང་མི་ཉན། གང་ཡིན་ཟེར་ན། ས་འོག་ཏུ་ཨར་ཀའི་འབྱུང་ཁུངས་རྒྱ་ཆེན་པོ་གང་ཡང་མེད་ལ་ཨར་ཀ་སྟོག་འདོན་བྱས་ན་ཁོར་ཡུག་ལ་གནོད་སྐྱོན་ཧ་ཅང་ཆེན་པོ་བཟོ་སྲིད།(པར4—34) དུས་རབས་གོང་མའི་ལོ་རབས་བདུན་ཅུའི་ནང་ལྷ་ལྡན་གཙུག་ལག་ཁང་ལ་ཉམས་གསོ་ཞུ་བར་དགོས་པའི་ཨར་ཀ་ཚང་མ་ལྷ་སའི་བྱང་ཕྱོགས་ཉང་བྲན་ཕུའི་ལུང་པ་ནས་སྟོག་འདོན་བྱས་པ་ཤ་སྟག་ཡིན། ལོ་རབས་དགུ་བཅུའི་ནང་པོ་ཏ་ལ་ཐེངས་དང་པོ་ཉམས་གསོ་ཞུ་བའི་སྐབས་ལས་གྲྭར་མཁོ་བའི་ཨར་ཀ་ཚང་མ་ལྷ་སའི་ནུབ་ངོས་ཡངས་པ་ཅན་དང་ཆུ་ཤུར་རྫོང་གི་ས་ཆ་གཉིས་ནས་དབོར་ཡོང་བ་རེད། དུས་རབས་ཉེར་གཅིག་པའི་དུས་འགོར་པོ་ཏ་ལ་ཉམས་གསོ་ཐེངས་གཉིས་པ་ཞུ་བའི་སྐབས་སུ་སྟོ་ཁ་གྲ་ནང་རྫོང་གི་སྣེ་གྲོལ་གླིང་ཡོད་སའི་ལུང་པའི་ནང་ནས་སྟོག་འདོན་བྱ་དགོས་འཕེལ་བ་རེད། དཔེ་མཚོན་དེ་ཡི་ཐོག་ནས་པོ་ཏ་ལ་འདི་ལྟ་བུ་གལ་ཤིན་ཏུ་ཆེ་བའི་ལས་གྲྭའི་ཨར་ཀ་ཡོང་ཁུངས་དེ་འདྲ་དཀོན་པོ་ཡིན་པ་སྤྱི་ལོ་ཉི་ཤུམ་ཟིན་ཙམ་གྱི་དུས་ཚོད་ནང་ཨར་ཀ་སྟོག་ས་ལྷ་ས་ཉེ་འདབས་ནས་སྟོ་ཁ་སྣེ་གྲོལ་གླིང་ཡོད་ས་བར་སྤྱི་ལེ་100ལྷག་གི་ཐག་རིང་དུ་ཕྱིན་པ་རེད། ཨར་ཀ་གཅིག་རྒྱུའི་འགྲོ་གྲོན་ཡང་ཐོག་མར་སྨིད་གྲུ་བཞི་མ1གི་རྒྱ་ཁྱོན་གྱི་རྒྱུ་ཆ་དང་མིའི་གླ་ཆ་བསྡོམས་པར་མ་དངུལ་སྒོར100ནས་སྨིད་གྲུ་བཞི་མ1ལ་སྒོར600བར་འཕར་བ་རེད། དེས་མ་ཚད་ས་འོག་གི་ཨར་ཀའི་འབོར་ཚད་ཉུང་ཉུང་ལས་མེད་ཅིང་། ཨར་ཀ་ནི་ས་འོག་གི་རྡོ་སོལ་གཏེར་ཁ་ནང་བཞིན་སྟོག་རྒྱུ་མེད་པར་ས་ངོས་ནས་སྨིད2ཙམ་གྱི་འོག་ནས་ཨར་ཀའི་ས་མཐུག་ཚད་སྨིད1. 5ཙམ་ལས་མེད་ཅིང་། རྒྱ་ཆེ་ཆུང་ཡང་སྨིད་བཅུ་ཕྲག་ཁ་ཤས་ཙམ་ལས་མེད། ཡང་བསྐྱར་དགོས་ན་ས་ཆ་གཞན་ལ་བཙལ་བར་འགྲོ་དགོས་རེད། དེ་འདྲ་བྱས་ནས་ཨར་ཀ་ཐེངས་གཅིག་སྟོག་པ་ཡིས་དེའི་རྒྱུད་ཀྱི་ས་ངོས་ཚང་མ་སྟོག་དགོས་འཕེལ་གྱི་ཡོད། བྱས་ཙང་ཁོར་ཡུག་ལ་གནོད་སྐྱོན་ཧ་ཅང་ཆེན་པོ་འཕོག་གི་རེད།

གོང་དུ་ས་དམར་གྱི་ཐོག་ས་ལ་བདག་སྐྱོང་བྱེད་སྟངས་ཞུས་པ་བཞིན་དེ་ལས་སྤུས་ཚད་རིམ་པ་གཅིག་མཐོ་བའི་ཨར་ཀའི་ཐོག་ལ་ཡང་བདག་སྐྱོང་འདྲ་འདྲ་ཡག་པོ་བྱེད་དགོས་ལ་ཨར་ཀ་བདག་སྐྱོང་བྱ་རྒྱུ་དེ་བས་གལ་ཆེ། གལ་སྲིད་བདག་སྐྱོང་ཡག་པོ་མ་བྱུང་བར་སྐྱོན་ཤོར་ན་ཟུར་གཅིག་ལ་ཉམས་གསོ་བྱས་པས་ཕན་ཐོགས་ཀྱི་མེད་པར། ཁང་པའི་ཐོག་ཡོངས་རྫོགས་ལ་སླར་ཡང་ཨར་ཀ་གཅག་དགོས་ཀྱི་ཡོད།

དགུན་ཁ་གངས་འབབ་དུས་ཨར་ཀའི་ཐོག་ལ་ཞོགས་པ་སྔ་པོ་ནས་གངས་འཕྱག་དགོས་པ་གལ་ཤིན་ཏུ་ཆེ། དཔེར་ན། ཕོ་བྲང་པོ་ཏ་ལ་སོགས་རྩ་ཆེའི་ཨར་སྐྲུན་ཁག་ལ་ལོ་བཅུའི་ཟིང་ཆའི་ནང་དགོས་ངེས་ཀྱི་བདག་སྐྱོང་བྱེད་མཁན་མེད་པར་གྱུར་ཡོད་ཅིང་། པོ་ཏ་ལ་ལྟ་བུ་རྒྱ་ཁྱོན་ཤིན་ཏུ་ཆེ་བའི་ཨར་སྐྲུན་ལ་དོ་དམ་བྱེད་མཁན་འདང་གི་མེད་པ་དང་། དོ་དམ་གནད་ལ་མི་འཁེལ་བ། གངས་འབབ་དུས་འཕྲལ་དུ་འཕྱག་མི་ཐུབ་པའམ་ཡང་ན་གངས་འཕྱག་མཁན་གཏན་ནས་མེད་པའི་རྐྱེན་གྱིས་ཨར་ཀའི་ཐོག་ཚང་མར་འཁྱགས་པ་རྒྱག་གི་ཡོད། དཔྱིད་ཀ་ཤར་དུས་འཁྱགས་པ་ཤོར་བའི་ཨར་ཀ་རྣམས་འཁྱགས་པ་ཞུ་བ་དང་མཉམ་དུ་སོབ་སོབ་ཆགས་ནས་རིམ་བཞིན་ཆུ་འགོག་ནུས་པ་ཤོར་ཏེ་དབྱར་ཁ་ཆར་པ་བབས་རྗེས་ཨར་ཀའི་ནང་ཆུ་འཛུལ་ཡོང་བ་རེད། གལ་སྲིད་ས་དམར་གྱི་ཐོག་འཁྱགས་པ་ཐེབས་ན་ངེས་པར་དུ་དབྱར་ཁ་ཆར་པ་མ་འབབ་གོང་ནས་ཐོག་ཁའི་ས་ཡང་བསྐྱར་ཡག་པོ་བརྡིང་ཞིང་བཅག་བཅག་ཡག་པོ་བྱེད་དགོས། གལ་སྲིད་ཨར་ཀའི་ཐོག་ཡང་བསྐྱར་འདིང་དགོས་ན་ལས་གྲྭ་ཆེན་པོ་རེད། འཁྱགས་པ་ཐེབས་པའི་ཨར་ཀའི་ཐོག་ངོས་ནས་སོབ་སོབ་ཆགས་པ་མིག་གིས་དེ་ཙམ་མཐོང་གི་མེད་ཀྱང་ཨར་ཀ་རང་ལ་ཆ་བཞག་ན་འཁྱགས་པ་རྒྱག་ཐེངས་གཅིག་གིས་ཆུ་འགོག་ནུས་པ་ཤོར་ཚར་བ་རེད། ཡིན་ནའང་ང་ཚོ་སྤྱིར་བཏང་གི་མིས་མིག་གིས་བལྟས་པ་ཙམ་གྱིས་ཤེས་ཀྱི་མ་རེད། དེར་བརྟེན་སྔོན་འགོག་གི་བྱ་ཐབས་གཙོ་བོ་ནི་ཐོག་ཁར་ཁ་བ་བབས་པ་དེ་ལམ་སེང་ཕྱགས་ནས་འཁྱགས་པ་རྒྱག་ཏུ་མ་འཇུག་པ་བྱ་རྒྱུ་དེ་ཡིན།(པར4—35) དེ་ལྟ་བུའི་འགག་རྩའི་དོན་གནད་རྣམས་ད་ལྟའི་རིག་དངོས་སྲུང་སྐྱོབ་ཆེད་ལས་པ་དང་གནའ་སྐྲུན་ཆེད་ལས་པ་མང་པོས་ཤེས་ཀྱི་མེད་པ་མ་ཟད། ཨར་ཀའི་ཆུ་འགོག་ནུས་པར་ཐེ་ཚོམ་བྱེད་ཀྱི་ཡོད།

ཨར་ཀའི་ཐོག་ལ་གནད་དོན་ཆེ་ཤོས་གཞན་ཞིག་ནི་ཐོག་ངོས་སུ་གས་སྲུབས་འགྲོ་བ་དེ་ཡིན། དེ་ཡི་རྒྱུ་རྐྱེན་རྣམ་པ་སྣ་ཚོགས་ཡོད་པ་སྟེ་སྒྲིག་གཞིའི་རིམ་པ་མཐོ་དམན་མི་འདྲ་བ་ལས་བྱུང་བ་དང་གཡོ་འགུལ་ཐེབས་པ་སོགས། དཔེར་ན། སྒྲིག་གཞིའི་ཀ་གདུང་དང་ལྷག་པར་དུ་ལྕམ་ཤིང་གི་བཟོ་ལྟ་གྱུར་བའམ་བབས་གཤོལ་འགྲོ་བ། གཞན་ཡང་ཐོག་ཁར་འགྲོ་འོང་བྱེད་མཁན་མང་དྲགས་པའི་རྐྱེན་གྱིས་ལྗིད་ཚད་ཐད་ཚད་ལས་བརྒལ་བ་སོགས་ཀྱི་རྒྱུ་རྐྱེན་ཡང་ཡོད། གཞན་ཡང་ཁོར་ཡུག་ཏུ་རྫས་མེ་བརྒྱབ་པ་སོགས་ཚད་ལས་བརྒལ་བའི་གཡོ་འགུལ་ཐེབས་པ་དང་། ད་དུང་ས་ཡོམ་ཆེན་པོ་བརྒྱབ་པ་སོགས་ཀྱི་རྒྱུ་རྐྱེན་ཡང་ཡོང་སྲིད།

འཛམ་གླིང་ཡོངས་ཀྱིས་དོ་སྣང་བྱེད་པའི་ཕོ་བྲང་པོ་ཏ་ལར་གོང་དུ་བཤད་པའི་གནོད་སྐྱོན་གྱི་འབྱུང་ཚ་ཚད་མ་འཛོམས་ཡོད། གསར་སྐྲུན་བྱས་ནས་མི་ལོ་སུམ་བརྒྱ་ལྷག་ཙམ་སོང་བའི་གནའ་བོའི་ཨར་སྐྲུན་འདི་དང་ཐོག་སྒྲིག་གཞིའི་རྒྱུ་ཆ་དང་ལས་གྲྭའི་བཟོ་རྩལ་གང་ཐད་ནས་བཤད་ནའང་ཕུན་སུམ་ཚོགས་པ་ཡིན་ངེས་རེད། འོན་ཀྱང་ལོ་ཟླ་དེ་འདྲ་མང་པོ་སོང་བ་དང་། ལྷག་པར་དུ་གཙོ་བོའི་སྒྲིག་གཞི་ཤིང་གི་སྒྲིག་ཆས་ཚང་མ་རྙིང་པ་ཆགས་པ་རེད། བཟོ་རྩལ་གྱི་མཛེས་ཆ་དང་སྒྲིག་ཆས་ཀྱི་བཟོ་དབྱིབས་མཛེས་པོ་ཡོང་ཆེད། དཔེར་ན། ཕོ་བྲང་དཀར་པོའི་ཚོམས་ཆེན་ནང་གི་གདུང་མའི་སྟེང་གི་པདྨ་དང་ཆོས་བརྩེགས། བབས་དང་སྤྲེལ་གདོང་སོགས་རིམ་པ་མང་པོ་བརྩེགས་པའི་རྒྱན་སྤྲས་དེ་དག་དང་སྒྲིག་གཞི་རིམ་པ་བཅས་ལ་བབས་གཞོལ་དང་བཟོ་ལྟ་འཕོ་འགྱུར་སོང་བ་ཉི་ང་ཚོས་མཐོང་རྒྱུ་ཡོད།

བསྐྱར་བཅོས་སྒོ་དབྱེའི་དུས་བབ་ཏ་ཙང་བཟང་པོའི་འོག་རྒྱལ་ཁབ་སྟོབས་འབྱོར་རྒྱས་པས་ལོ་མང་སོང་བ་དང་དགོས་ངེས་ཀྱི་ཉམས་གསོ་ཞུ་མ་ཐུབ་པའི་ཕོ་བྲང་པོ་ཏ་ལར་ལོ་རྒྱུས་ཐོག་མི་ལོ300ལྷག་རིང་གི་ཐེངས་དང་པོའི་ཁྱོན་ཡོངས་ཀྱི་ཉམས་གསོ་ཆེན་པོ་དངོས་སུ་དབུ་ཚུགས་ཐུབ་པ་བྱུང་ཞིང་། ང་རང་ཉིད་ཀྱིས་ཕོ་བྲང་ཉམས་གསོ་གཞུང་ལས་ཁང་གི་ཉམས་གསོ་ཚོགས་ཆུང་གི་ཚུའུ་ཀྲང་གནོན་པའི་འགན་འཁུར་བ་ཡིན། མ་གཞི་ང་རང་གིས་སྤྱི་ལོ1976ལོ་འགོ་ནས་བཟུང་ཕོ་བྲང་པོ་ཏ་ལར་རྟོག་ཞིབ་རྒྱུན་མ་ཆད་པར་བྱས་པ་དང་། ལོ་རབས་བརྒྱད་ཅུའི་འགོ་ནས་ཕོ་བྲང་ཁྱོན་ཡོངས་ལ་ཚད་ལེན་དང་པར་རྒྱག་བྱེད་པ་དང་ཕྱོགས་མཚུངས་ལོ་རྒྱུས་ཡིག་ཆ་ཁག་ལ་ལྟ་ཞིབ་བཅས་བྱས་ཟིན། དེ་ལྟ་བུའི་རྩ་ཆེའི་ཕོ་བྲང་ལ་དངོས་ཡོད་ཀྱི་ཐོག་ནས་ཉམས་གསོ་ཞུ་རྒྱུ་ནི་ང་རང་ཉིད་ལ་མཚོན་ན་ཐེངས་དང་པོ་རེད། ཡིན་ན་ཡང་ཐེངས་དང་པོའི་ཉམས་གསོ་འགོ་ཚུགས་པ་དང་། རྗེས་སུ་སྤྱི་ལོ2001ལོ་ནས་འགོ་བཙུགས་པའི་རིག་དངོས་སྲི་ཞུ་ཆེན་པོ་གསུམ་སྲུང་སྐྱོབ་ཉམས་གསོའི་ནང་གི་ཕོ་བྲང་པོ་ཏ་ལ་ཐེངས་གཉིས་པའི་སྲུང་སྐྱོབ་ཉམས་གསོའི་ལས་གྲྭ། སྤྱི་ལོ2005ལོར་འགོ་བཙུགས་པའི་ལྷ་ལྡན་གཙུག་ལག་ཁང་གི་སངས་རྒྱས་སྟོང་སྐུའི་ཁྲམས་རར་ཁྱོན་ཡོངས་ཀྱི་སྲུང་སྐྱོབ་ཉམས་གསོ་ཞུ་བའི་ནང་། ཀ་གདུང་སོགས་ཤིང་གི་སྒྲིག་ཆས་ལ་འཁྲུག་སྲོང་བ་དང་བཟོ་བཅོས་བྱས་པ་ཕུད་གཙོ་ཆེ་ཤོས་སངས་རྒྱས་སྟོང་སྐུའི་ཁྲམས་རའི་ཐོག་ངོས་ལ་ཡང་བསྐྱར་ཨར་ཀའི་ཐོག་འདིང་རྒྱུ་དེ་རེད། (པར4—36) ང་ཚོས་དེ་སྔོན་གང་ས་ནས་ཆུ་འཛག་འགྲོ་བའི་ཨར་ཀ་ཐོག་བཤུས་བརྒྱབ་པའི་བརྒྱུད་རིམ་ནང་དང་། གཞན་ཡང་དེ་སྔོན་པོ་ཏ་ལར་ཨར་ཀའི་ཐོག་ཐེངས་གཉིས་ཉམས་གསོ་ཞུས་པ་སོགས་བརྒྱུད་ནས་རང་ཉིད་ཀྱིས་ཀྱང་ཨར་ཀའི་གནས་ལུགས་མང་པོ་ཤེས་རྟོགས་ཐུབ་པ་དང་། གཞན་ཡང་ཨར་ཀ་ལ་སྐྱོན་ཤོར་བའི་རྒྱུ་རྐྱེན་དང་བརྒྱུད་རིམ་ཚང་མ་ཤེས་རྟོགས་གང་འཚམས་བྱུང་བས། ཐེངས་འདི་ཡི་ཉམས་གསོའི་རྒྱ་ཁྱོན་ཆེན་པོ་ཡོད་པ་དང་། རྒྱུན་དུ་མི་འགྲོ་མཁན་ཤིན་ཏུ་མང་པོ་ཡོད་པ་ཡིན་པས་འགྲུལ་བའི་རང་བཞིན་གྱི་ལྗིད་ཚད་ཡང་དེ་བས་ཆེ་བ་ཡོད། འོག་ཐོག་གི་པདྨ་ཆོས་བརྩེགས་ཀྱི་ཤིང་ཆ་ཆག་སྐྱོན་དང་བཟོ་ལྟ་གྱུར་པ་སོགས་བྱུང་འདུག ང་རང་ལས་གྲྭ་དེ་ཡི་ཉམས་གསོའི་སྤྱི་ཡོངས་འཆར་

འགོད་པའི་གཙོ་འགན་པ་དང་། ལས་གྲྭའི་ལྕ་སྐྱལ་གྱི་སྤྱི་ཁྱབ་པ། ཨར་ལས་བཀོད་འདོམས་པ་བཅས་ཀྱི་ངོས་ནས་འཆར་འགོད་ཡང་དག་པ་དང་ལས་གྲྭའི་སྤུས་ཚད་བརྟན་པོ་ཡོང་བའི་བསམ་བློ་ངེས་པར་དུ་གཏོང་དགོས་པར་བརྟེན། གོང་ཞུས་ལྟར་ཨར་ག་ནི་སྲ་མཁྲེགས་རང་བཞིན་ཡིན་པར་གལ་སྲིད་གས་སྲུབས་ཆུང་ཆུང་ཤོར་ནའང་བཟོ་ཐབས་མེད་པ་ཞིག་ཡིན་པས། སྤུས་ཚད་ཡུན་རིང་བརྟན་པོ་ཡོང་བའི་འགན་ལེན་བྱ་དགོས་ན། རང་ཉིད་ཀྱིས་ཡུན་རིང་པོར་བརྟག་དཔྱད་བྱས་པའི་ཉམས་མྱོང་ལས། གསར་དུ་གཅག་རྒྱུའི་ཨར་ཀའི་ནང་ཨང་བཞི་པའི་ལྕགས་སྐུད་ཀྱི་དྲ་བ་ཞིག་བཏིང་ན་ཨར་ཀའི་ཐོག་རིམ་ལ་གས་སྲུབས་ཡོང་རྒྱུ་སྔོན་འགོག་གི་ནུས་པ་ཐོན་ངེས་ཡིན། ཡིན་ན་ཡང་འདི་ནི་སྔར་བྱུང་མྱོང་མེད་པའི་བསམ་ཚུལ་གསར་པ་ཞིག་ཡིན་ལ་ལྷ་ལྡན་གཙུག་ལག་ཁང་འདི་ཉིད་ཀྱང་རྒྱལ་ཁབ་རིམ་པའི་སྲུང་སྐྱོང་གི་སྡེ་ཚན་ཡིན་པར་བརྟེན། རང་སྐྱོང་ལྗོངས་དང་ལྷ་ས་གྲོང་ཁྱེར་བཅས་རིམ་པ་གཉིས་ཀྱི་རིག་དངོས་སྡེ་ཚན་ནས་ངའི་འཆར་འགོད་འདི་ལ་ཆོག་མཆན་སྤྲོད་ནུས་ཀྱི་མི་འདུག མ་གཞི་ང་རང་ཡང་རང་སྐྱོང་ལྗོངས་ནས་དམིགས་བསལ་གྱིས་གདན་ཞུ་བྱས་པའི་རིག་དངོས་སྲུང་སྐྱོབ་ཀྱི་ཆེད་མཁས་པའི་གྲས་ཤིག་ཡིན་པ་དང་། ལག་རྩལ་གྱི་ཐད་ལ་རང་ཉིད་ཀྱིས་འགན་ཡོངས་རྫོགས་འཁུར་རྒྱུ་ཡིན་མོད། འོན་ཏེ་དེར་སྲིད་འཛིན་འགོ་ཁྲིད་སྡེ་ཚན་ནས་མཆན་འགོད་བྱེད་མ་ཕོད་ན་སྒྲུབ་ཐབས་མེད་པས་ང་རང་གིས་བསམ་ཚུལ་དེ་འགྲུབ་ཐུབ་མ་སོང་། དེ་ནས་རྗེས་སུ་གཞི་རྒྱ་ཆེ་བའི་རིག་དངོས་ཉམས་གསོའི་ལས་གྲྭ་མང་པོ་རང་མེད་ལ་ང་རང་ཡང་གཞི་རྩའི་ཆ་ནས་འཆར་འགོད་ཁང་གི་ལས་ཀ་དང་ཁ་བྲལ་བ་ཡིན་པས་འཆར་འགོད་འདི་རྒྱུན་འཁྱོངས་བྱ་རྒྱུ་མ་བྱུང་བས་འགྱོད་སེམས་ལྷག་ཏུ་སྐྱེས།

མདོར་ན། ཨར་ག་ནི་བོད་ལ་མ་གཏོགས་མེད་པའི་དམིགས་བསལ་གྱི་ཨར་སྐྱུན་རྒྱུ་ཆ་ཞིག་ཡིན་ལ་དབུས་གཙང་ས་ཁུལ་གཉིས་ལ་མ་གཏོགས་བྱང་ཐང་གི་འབྲོག་ས་དང་། གྲོག་རོང་ས་ཁུལ། ཞིང་ནགས་ལུང་པ་སོགས་ལ་ཨར་ཀའི་ས་མཐོང་རྒྱུ་མེད། ཆབ་མདོ་བྲག་གཡབ་ཀྱི་རི་སྣང་ཁག་ཅིག་ལ་སྔོན་མ་ཨར་ག་སྟོག་འདོན་བྱས་མྱོང་བའི་ལོ་རྒྱུས་འདུག་ཅིང་། ཆབ་མདོ་དགོན་པའི་འཕགས་པ་ལྷའི་ཕོ་བྲང་དང་བྲག་གཡབ་བུ་དགོན་གྱི་བྱམས་ཁང་ཆེན་མོའི་ཁང་ཐོག་ལ་ཨར་ག་བཏིང་མྱོང་འདུག ཆབ་མདོའི་ཕོ་བྲང་རིག་གསར་སྐབས་བཤིག་དབྲལ་བཏང་འདུག་པས་ང་ཚོས་ཨར་སྐྱུན་ཞིག་རལ་ནང་ནས་རྗེས་ཤུལ་ཙམ་ལས་མཐོང་རྒྱུ་མེད་ཀྱང་བྲག་གཡབ་བུ་དགོན་གྱི་བྱམས་ཁང་ཐོག་ཁར་ང་ཚོས་སྟོད་མྱོང་བས་ཡུན་རིང་ཉམས་གསོ་བདག་སྐྱོང་མེད་པའི་སྐྱོན་ཆ་ཆེ་བ་ལས་ཁྱོན་ཡོངས་ཀྱི་ཨར་ག་གཙོག་ལྟངས་དང་དམངས་གཙོའི་བཅོས་བསྒྱུར་བྱས་ནས་ལོ40ཙམ་ཀྱི་རིང་ལ་རྩ་བའི་ཆ་ནས་ཆུ་འཛག་མེད་པ་སོགས་ཀྱི་གནས་ཚུལ་ལ་གཞིགས་ན་དབུས་གཙང་ས་ཁུལ་ཕུད་པའི་ཨར་ཀའི་ཐོག་བཅག་པ་ཡག་ཤོས་ཤིག་རེད་འདུག(པར4—37) (པར4—38)(པར4—39)

ང་རང་དུས་རབས་གོང་མའི་ལོ་རབས་དགུ་བཅུའི་ནང་བྱམས་མདུན་དགོན་པའི་ཕྱོགས་ལ་ཐེངས་མང་བསྐྱོད་མྱོང་

བར་གཅིག་ནས་ས་ཆ་འདི་རྒྱུད་ལ་གནའ་བོའི་ཨར་སྐྲུན་ལ་རྟོག་ཞིབ་བྱས་པ་དང་། གཉིས་ནས་བྲག་གཡབ་སྐྱབས་མགོན་གྱིས་འབྲོག་ཁུལ་ས་ཆ་ལ་སློབ་གྲྭ་གསར་པ་ཁ་ཤས་གསར་སྐྲུན་བྱ་རྒྱུ་ལ་རོགས་རམ་ཞུ་སྐབས་གཤམ་བསྐྱོད་ཀྱིས་ལས་ཀ་ཞིབ་ཚགས་བྱས་པའི་ནང་ངས་ས་ཆ་དེ་རང་གི་ལོ་ན་ཆེ་བའི་རྒྱན་རབས་རྣམ་པར་ཨར་ཀའི་ས་དེ་འདྲ་གང་དུ་ཡོད་མེད་དང་སྔོན་མ་ཨར་ཀ་པ་ཅིག་ཤེས་མཁན་གང་འདྲ་བྱུང་མྱོང་སྔོར་སྐད་ཆ་དྲིས་དུས་རྒན་རབས་ཚོས་ཀྱང་གང་ཡང་ཤེས་ཀྱི་མི་འདུག། ལྷ་ཁང་འདི་བཞེངས་ནས་ད་བར་ལོ300ཙམ་སོང་ཚར་བས་ཁོང་ཚོར་ཡང་ཁག་མི་འདུག། གལ་ཆེ་བ་ཞིག་ལ་དབུས་གཙང་ས་ཁུལ་བརྒྱལ་བའི་བྲག་གཡབ་རྫོང་ལ་དེ་ལྟ་བུའི་ཚད་ལྡན་སྤུས་ལེགས་ཀྱི་ཨར་ཀ་བེད་སྤྱོད་བཏང་བའི་ཨར་སྐྲུན་ཡོད་པ་འདི་ཚང་མས་མཁྱེན་དགོས་པ་ཞིག་དང་འདི་ནི་ང་ཚོ་གྲུང་པོའི་བོད་ཀྱི་ཨར་སྐྲུན་ལོ་རྒྱུས་བང་མཛོད་ནང་དུ་འཁོད་དགོས་པ་ཞིག་འདུག

སྤྱི་ལོ2003ལོའི་སྟ་རྗེས་སུ་བོད་ལྗོངས་ཀྱི་རིག་དངོས་སྡེ་ཚན་ཆེན་པོ་གསུམ་ལ་ཉམས་གསོ་ཞུ་བའི་སྐབས་སུ། པེ་ཅིང་རིག་དངོས་ཞིབ་འཇུག་ཁང་གི་དགེ་རྒན་ཀྲུང་གྲི་ཕིང་སོགས་ཀྱིས་འོས་སྦྱོར་བྱས་པ་བརྒྱུད། པེ་ཅིང་གི་སྤྱི་གཉེར་ཁང་ཞིག་གིས་ཐོ་བྲང་པོ་ཏ་ལ་ཉམས་གསོའི་ནང་ལེགས་བཅོས་བྱེད་པའི་ཨར་ཀས་ཐོག་གཅིག་རྒྱུའི་ཆོད་ལྷ་བྱས་པ་རེད། དང་པོ་འཕྲུལ་འཁོར་ལ་བརྟེན་ནས་ཨར་ཀ་རྟོབ་ཞིབ་དབྱེ་འབྱེད་བྱེད་པ་དང་། རྡོ་དམ་ཐད་ལ་ཡང་དེང་རབས་ཀྱི་རྡོ་དམ་བྱ་ཐབས་བེད་སྤྱོད་བྱ་རྒྱུ་ཡིན་པས་སྐབས་དེ་ཡི་ཐོ་བྲང་པོ་ཏ་ལའི་རྡོ་དམ་ཁྲའུ་ཡི་ཁྲའུ་ཀྲང་བྱམས་པ་སྐལ་བཟང་ལགས་སོགས་ནས་ཀྱང་རེ་བ་ཆེན་པོ་བཅངས་ནས་ཐོ་བྲང་དམར་པོའི་རྒྱབ་ངོས་ཀྱི་རྒྱལ་བའི་ཡབ་ཡུམ་བཞུགས་སའི་ཡབ་གཞིས་ཁང་ཐོག་ལ་ཆོད་ལྷ་བྱེད་དུ་བཅུག་པ་རེད། ཁོ་ཚོས་སྔོན་གྱི་ཨར་ཀའི་ཐོག་ངོས་ལ་ཡང་བསྐྱར་ལེགས་བཅོས་ཨར་ཀ་རིམ་པ་གཅིག་བཏིང་བ་དང་། བཙག་བཙག་གཏོང་བྱེད་འཕྲུལ་འཁོར་ལེབ་མོས་བཙག་བཙག་གཏོང་གི་འདུག ལྷ་ཞིབ་རྗེས་ལེན་བྱེད་སྐབས་ང་རང་ནི་རིག་དངོས་སྡེ་ཁག་ཆེན་པོ་གསུམ་ཉམས་གསོ་ཞུ་བའི་སྐབས་དང་པོའི་ལས་གྲྭའི་ལྷ་སྐྱུལ་སྤྱི་ཁྱབ་པ་ཡིན་པས་ངེས་པར་དུ་འགྲོ་དགོས་པ་དང་། ཀྲང་གྲི་ཕིང་ནི་རིག་དངོས་ནུས་ཀྱི་མཁས་པ་ཡིན་ལ་ལེགས་བཅོས་ཨར་ཀ་ཆོད་ལྷ་བྱ་རྒྱུ་འོས་སྦྱོར་བྱེད་མཁན་ཡང་ཡིན་པས་རྒྱུ་རྐྱེན་གཞན་ག་རེ་ཡོད་མེད་མ་ཤེས་ཀྱང་ཁོང་གིས་བརྟགས་བརྗོད་ཆེན་པོ་བྱེད་ཀྱི་འདུག། རྗེས་ལེན་བྱེད་སྐབས་ལས་གྲྭའི་སྤྱི་གཉེར་ཚུས་ཡན་ནས་ཆུ་ལྷུགས་ཟྭམ་གང་ཁྱེར་ཡོང་སྟེ་ཐོག་ངོས་ལ་ག་ལེར་བཤོས་སོང་། མིག་གིས་ལྟ་དུས་ཆུ་བཤོས་པ་ཚང་མ་འདྲེད་ཤོར་བ་ནང་བཞིན་རྒྱུགས་ཕྱིན་ནས་ཆུའི་ཤུལ་ཙམ་ཡང་མཐོང་རྒྱུ་མི་འདུག། ཕལ་ཆེར་སྣུམ་ཤོག་ཐོག་ལ་ཆུ་འཛོབ་འདྲ་པོ་ཁྱད་མཚར་པོ་འདུག། སྔོན་གྱི་ཨར་ཀ་དང་གཏན་ནས་འདྲ་ཡི་མི་འདུག། དེ་རྗེས་ང་ཚོས་ག་ལེར་དབྱེ་ཞིབ་དང་ཞིབ་འཇུག་བྱས་པ་ན་ཁོ་ཚོས་ཆུ་འགོག་གི་རྫས་ཆུ་བསྲེས་པའི་རྒྱུ་རྐྱེན་རེད་འདུག། ལོ་གཅིག་གཉིས་སོང་རྗེས་ས་མཐོའི་ཉི་ཟེར་ཤུགས་ཆེན་འཕྲོས་པ་དང་། ཆུ་འགོག་རྫས་ཆུ་ཡང་ཡལ་རྗེས་སྔོན་མའི་དེ་འདྲ་མེད་པ་ཆགས་འདུག། ཁྲི30ལྷག་གི་འགྲོ་གྲོན་བཏང་བར་གྲུབ་འབྲས་གང་ཡང་ཐོབ་མ་སོང་།

མདོར་ན། ཨར་ག་བཟོ་སྟངས་འདི་ལོ་རྒྱུས་ཡུན་རིང་ལྡན་པ་དང་། བཟོ་རྩལ་ཁྱད་པར་ཅན། ཕན་ཐོགས་ཤིན་ཏུ་ཆེན་པོ་ཡོད་པའི་གནའ་བོའི་རིག་གནས་ཀྱི་སྲོལ་རྒྱུན་ཞིག་ཡིན་པས་ང་ཚོས་ངེས་པར་དུ་སྲུང་སྐྱོབ་དང་རྒྱུན་འཛིན་བྱ་དགོས་པའི་འགངས་ཆེའི་རིག་དངོས་སྲུང་སྐྱོབ་ཀྱི་ནང་དོན་གལ་ཆེན་པོ་ཞིག་ཡིན། མ་གཞི་ཨར་ཀའི་ཐོན་ཁུངས་ཀྱི་འབོར་ཚད་མང་པོ་རང་མེད་པ་དང་། ཐོག་འདོན་བྱས་ན་ཁོར་ཡུག་ལ་གནོད་སྐྱོན་ཆེན་པོ་ཡོད་པ། ཨར་ལས་ཀྱི་བརྒྱུད་རིམ་རྙོག་དྲ་ཆེ་བ། དུས་ཡུན་རིང་པོ་འགོར་བ་སོགས་ཡིན་ན་ཡང་། རིག་དངོས་བཟོ་བཅོས་རྒྱག་རྒྱུར་ངེས་པར་དུ་སྔར་ཡོད་ཀྱི་རྒྱུ་ཆ་དང་སྔར་ཡོད་ཀྱི་བཟོ་རྩལ་ཇི་མ་ཇི་བཞིན་རྒྱུན་འཛིན་བྱེད་དགོས་པ་སྟེ། རྙིང་པ་རྣམས་བཟོ་བཅོས་རྙིང་པ་དང་འདྲ་བ་བྱ་དགོས་པ་ནི་ཉམས་གསོའི་རྩ་དོན་ཡིན་པ་ཕོ་བྲང་པོ་ཏ་ལ་ལྟ་བུ་གཙོ་གནད་ཀྱི་བོད་ལུགས་ཨར་སྐྲུན་ལ་ཨར་ཀའི་སམཐིལ་དང་ཨར་ཀའི་ཐོག་ཉམས་གསོ་བྱེད་སྐབས་མུ་མཐུད་ནས་རྒྱུ་ཆ་དེ་རང་བེད་སྤྱོད་བྱེད་དགོས་པ་ལས་རྒྱུ་ཆ་གཞན་པས་ཚབ་བྱས་ན་འགྲིག་གི་མ་རེད། གལ་ཏེ་པོ་ཏ་ལའི་ཕོ་བྲང་དང་ལྷ་ཁང་ཁག་སོ་སོའི་ནང་གི་སམཐིལ་དང་། ཕོ་བྲང་དཀར་པོ་དང་ཕོ་བྲང་དམར་པོ། གཞན་ཡང་གཡས་གཡོན་གྱི་ཡན་ལག་ཁང་པའི་ཐོག་ཚང་མ་བསྐྱར་གསོ་བྱེད་མ་ཐུབ་པར་ཚང་མ་དེང་རབས་ཀྱི་རྒྱུ་ཆ་གསར་པས་བརྗེས་པ་ཡིན་ན། ཕོ་བྲང་པོ་ཏ་ལའི་ཨར་སྐྲུན་གྱི་དམིགས་བསལ་ཁྱད་ཆོས་ག་ཚོད་ལྷག་ཐུབ་ཀྱི་རེད་དམ།

ཨར་ག་བེད་སྤྱོད་ཀྱི་ལོ་རྒྱུས་ཐད་སྤྱི་མོ་སྤུ་རྒྱལ་དུས་ཀྱི་གནའ་བོའི་བང་སོའི་ནང་བེད་སྤྱོད་བྱས་ཡོད་ཅིང་། གནའ་ཤུལ་རྟོག་ཞིབ་པས་ཉིང་ཁྲི་གྲོང་ཁྱེར་སྟང་རྫོང་གི་སླེ་གནའ་བོའི་བང་སོའི་ནང་ཨར་ག་བེད་སྤྱོད་བྱས་ཡོད་པ་མཐོང་འདུག འཕྱོངས་རྒྱས་བཙན་པོའི་བང་སོ་ཁག་ལ་ཡང་ཨར་ག་བེད་སྤྱོད་བྱས་ཡོད་ངེས་རེད་བསམ་གྱི་ཡོད། དེར་བརྟེན་ཨར་ག་ནི་བོད་ཀྱི་སྲོལ་རྒྱུན་ཨར་སྐྲུན་ནང་མེད་དུ་མི་རུང་བའི་ཨར་སྐྲུན་རྒྱུ་ཆ་ཞིག་ཡིན་པ་དང་། དེ་ལྟ་བུའི་སྲོལ་རྒྱུན་གྱི་བཟོ་རྩལ་དེ་ཡང་འཛམ་གླིང་ཨར་སྐྲུན་ཁྱབ་ཁོངས་ནང་གཞན་ན་མེད་པའི་གདོད་མའི་ལག་ཤེས་སྒྱུ་རྩལ་ཞིག་ཡིན། འོན་ཀྱང་ད་ལྟར་གནའ་སྐྲུན་རིག་དངོས་སྲུང་སྐྱོབ་ཞིབ་འཇུག་དང་ཉམས་གསོ་འཆར་འགོད་བྱེད་མཁན་ནང་ཨར་ག་སོགས་སྲོལ་རྒྱུན་གྱི་རྒྱུ་ཆ་དང་། སྲོལ་རྒྱུན་གྱི་ལག་ཤེས་བཟོ་རྩལ་ལ་སློབ་སྦྱོང་དང་ཞིབ་འཇུག་ནན་མོ་བྱེད་མཁན་ན་ཉིན་མོའི་སྐར་མ་ཡིན།

༣ རྫོ་ཤིང་ཨར་ལས་ཀྱི་ལས་བཀོས།

བོད་རིགས་ཨར་སྐྲུན་གྱི་འཆར་འགོད་ནི། ཤིང་བཟོ་དཔུ་ཆེན་གྱིས་ཤིང་ལེབ་ཐོག་འཆར་འགོད་ལེབ་ངོས་རི་མོ་བྲིས་ཀྱི་ཡོད། ཤིང་བཟོ་དཔུ་ཆེན་ནི་ཁྱོན་ཡོངས་ཀྱི་ཁང་པའི་འཆར་འགོད་པ་ཡིན་པས་ཁོང་གིས་ཤིང་གི་སྒྲིག་ཆས་སོ་སོའི་ཤིང་ཤ་ཆེ་ཆུང་དང་ཤིང་ཆས་སོ་སོའི་བཟོ་ལྟ་བཟོ་སྟངས་སོགས་ལ་བཀོད་པ་གཏོང་གི་ཡོད། རྫོ་བཟོ་དཔུ་ཆེན་ནི་ཨར་པོའི་འགོ་པ་ཡིན་པ་ཁོང་ནས་དཔེ་རིས་ལ་བལྟས་ཏེ་ཨར་ལས་བཀོད་སྒྲིག་བྱེད་པ་མ་ཟད། ཨར་ལས་བྱེད་རིང་ཐོན་པའི་གནད་དོན་རྣམས་ཤིང་བཟོ་དཔུ་ཆེན་དང་མཉམ་དུ་གྲོས་བསྡུར་བྱེད་པ་ལས་རྫོ་བཟོ་དཔུ་ཆེན་གཅིག་པུས་ཐག་བཅད་མི་ཆོག་པ་ཡིན།

འོན་ཀྱང་རྩིག་རྨང་གི་གཏིང་ཚད་དང་། རྩིག་རྨང་གི་ཞེང་ཁ། རྩིག་ཞེང་ཆེ་ཆུང་། རྩིག་འཐེན་སོགས་ཚང་མ་རྡོ་བཟོ་དབུ་ཆེན་ནས་ཐག་གཅོད་བྱེད་དགོས་པ་རེད། སྔོར་བཏང་གི་བོད་ལུགས་ཨར་སྐྲུན་གྱི་ཚད་གཞི་ནི་གཤམ་གསལ་ལྟར།

ཁང་པའི་རྣམ་གྲངས།	སྐྱིའི་མཐོ་ཚད།	འཐེན་ཚད།	འཐེན་རྟགས།	ཞར་བྱུང་།
རི་ལ་བརྟེན་ནས་བརྒྱབ་པའི་ཨར་སྐྲུན།	100%	20%	0.20cm	གཞིས་རྩེ་བཀྲ་ཤིས་ལྷུན་པོའི་གོས་སྐུ་ཁང་།
ཐོག་སོ་ལྔ་ཡན་གྱི་ཨར་སྐྲུན།	100%	15%	0.15cm	པོ་ཏ་ལའི་ཕོ་བྲང་དམར་པོ།
ཐོག་སོ་ལྔ་མན་གྱི་ཨར་སྐྲུན།	100%	10%	0.10cm	ལྷ་ཁང་དང་གཞིས་ཀ
ཐོག་སོ་གསུམ་གྱི་ཨར་སྐྲུན།	100%	0.5%	0.05cm	སྤྱིར་བཏང་གི་ཁང་པ།
ཐོག་སོ་གཅིག་གི་རྡོ་རྩིག	100%	0.3%	0.03cm	སྤྱིར་བཏང་གི་དམངས་ཁང་།

རྡོ་བཟོ་དབུ་ཆེན་གྱིས་ལེབ་ངོས་དཔེ་རིས་གཞིར་བཟུང་ནས་ས་ཐིག་རྒྱག་པ་དང་། དེ་རྗེས་ཁང་པ་སྤྱི་ཡི་མཐོ་ཚད་（ཤིང་བཟོ་དབུ་ཆེན་ནས་གཏན་འཁེལ་བྱེད་རྒྱུ）དང་། ཁང་པའི་དགོས་མཁོ་སོགས་ལ་གཞིགས་ནས་རྩིག་པའི་འཐེན་ཆེ་ཆུང་གཏན་འཁེལ་བྱེད་དགོས། འཐེན་ཆེ་ཆུང་གཏན་འཁེལ་རྗེས་རྩིག་རྨང་གི་རྒྱ་ཆེ་ཆུང་གཏན་འཁེལ་བྱེད་དགོས། རྡོ་བཟོ་དབུ་ཆེན་གྱིས་རྩིག་རྨང་གི་ཞེང་ཚད་དང་རྨང་གཞིའི་ས་ལ་བལྟས་ནས་རྩིག་རྨང་ས་ཤུར་གྱི་ཞེང་ཁ་དང་ས་ཤུར་གཏིང་ཚད་གཏན་འཁེལ་བྱེད་དགོས།

རྩིག་རྨང་གི་ས་ཤུར་བསྔོགས་ཚར་རྗེས་ཆུ་རྡོ་གྲལ་རེ་རེ་བཞིན་བཏིང་བ་དང་གྲལ་རེ་རེ་བཞིན་གསེང་རྡོ་རྒྱག་དགོས་ལ་མུགས་སའི་འདག་ཁུ་བླུགས་ནས་བར་སྟོང་འགོག་དགོས། ས་ཆ་ཁ་ཤས་ལ་རྩིག་རྨང་ས་ཤུར་ནང་བྲག་རྡོ་གཤགས་ཚལ་སོགས་བརྒྱངས་པ་ཡང་ཡོད། རྩིག་རྨང་དུ་བརྒྱུད་རྒྱུའི་ཆུ་རྡོའི་ཆེ་ཆུང་ལི་སྨིད་15ནས20ཙམ་ཡིན། ཀ་གདན་གྱི་རྩིག་རྨང་རྐྱང་སྐྱངས་ཡང་གཅིག་མཚུངས་ཡིན།（པར4—40）

རྩིག་རྨང་བརྒྱངས་ཚར་ནས་རྩིག་གདན་གྱི་ཐིག་སྐུད་འཐེན་ཏེ་རྩིག་པ་འགོ་འཛུགས་རྒྱུ་ཡིན་ལ་རྩིག་རྡོ་རེ་རེ་བཞིན་བསྒྲིག་རྒྱུ་དང་རྩིག་རྡོའི་བར་ལ་སྟོང་ཆ་ཐུན་བུ་རེ་འཛོག་དགོས། རྩིག་རྡོ་བསྒྲིགས་ཚར་རྗེས་ཕྱོགས་གཉིས་ནས་ཐིག་སྐུད་འཐེན་རྒྱུ་དང་། རྩིག་བྲུར་གྱི་བྲུར་རྡོ་རྩིག་མཁན་རྡོ་བཟོ་དབུ་ཆུང་ནས་མིག་བལྟ་དགོས། རྡོ་བཟོ་དབུ་ཆུང་ནི་དངོས་སུ་རྩིག་པ་བརྩིག་རྒྱུའི་འགན་འཁུར་མཁན་གཙོ་བོ་ཡིན། རྡོ་བཟོ་དབུ་ཆེན་ནས་ལག་པ་འགུལ་མེད། རྡོ་བཟོ་དབུ་ཆུང་ནས་མིག་བལྟས་རྗེས་སྐྱོན་མེད་ཡིན་ན། རྡོ་བཟོ་བྱིངས་ནས་རྡོ་ཆུང་བརྩིག་དགོས་མེད། ཕྱི་ནང་རྩིག་པའི་སྲུབས་བརྩིགས་ཚར་རྗེས་རྡོ

བཟོ་དབུ་ཆུང་གིས་ཡང་བསྐྱར་ལྷ་ཞིབ་བྱ་དགོས་ཤིང་། བལྟས་ཚར་རྗེས་དབུ་ཆུང་ནས་རྡོ་ཆེན་ཁོག་རྒྱངས་ཞེས་འབོད་པ་དང་རྡོ་བཟོ་ཁྲིངས་ནས་རང་སོ་སོས་རྩིག་པའི་ནང་ལག་གཡོག་གིས་རྡོ་ཁྱེར་ཡོང་ནས་ཁོག་རྒྱང་དགོས། རྩིག་རྡོ་སྣེ་གནོན་ཡག་པོ་བྱ་དགོས།(པར4—41)

དབུ་ཆུང་གིས་ཡང་བསྐྱར་འཁྲིག་མིན་བལྟས་རྗེས་སིལ་ཧྲུག་རྒྱངས་ཞེས་འབོད་པ་དང་ལག་གཡོག་ཚོས་རྡོ་ཧྲུག་དང་འདག་པ་ཁྱེར་ཡོང་ནས་ཁོག་རྒྱང་ཞིབ་ཚགས་བྱེད་དགོས་ཀྱི་ཡོད། འདག་པས་རྡོ་ཆེ་ཆུང་གི་བར་གསེང་ཚང་མ་རྒྱང་དགོས་པ་ཡིན། དེ་ནས་ལག་གཡོག་དང་ཨར་པོ་བ་ཚོ་རྩིག་པའི་སྟེང་ལ་འཛེགས་ནས་ཤིང་སྟོང་སྦྲོམ་པོས་བརྡབས་པའི་གསེང་རྡོ་ཐེངས་བཅུ་ཕྲག་ཁ་ཤས་རིམ་པ་བཞིན་རྒྱག་དགོས། གསེང་རྡོ་ཡག་པོ་ཐེབས་ཡོད་མེད་དབུ་ཆུང་གིས་ལྷ་ཞིབ་བྱས་ཚར་རྗེས་རྡོ་བཟོ་དཀྱུས་མ་ཚོས་ཅབ་གསོ་བརྒྱབ་ནས་རྩིག་པ་ཁ་སྐོམས་པོ་བཟོ་དགོས་པ་དང་། དེ་རྗེས་མུ་མཐུད་ནས་རྩིག་པ་བརྩིག་རྒྱུ་རེད། ཐུ་མོ་ལོ་རྒྱུས་ཐོག་གལ་ཆེན་པོ་ཡིན་པའི་ཨར་སྐྲུན་ཡིན་ན་ཉི་མ་རེ་ལ་རྡོ་སྟར་པ་གསུམ་ཙམ་ལས་རྩིག་གི་མེད། རྩིག་པ་སྐམ་པོ་ཆགས་ན་གཞི་ནས་ཐོག་ལ་རྩིག་པ་མུ་མཐུད་རྒྱག་གི་ཡོད། སྒོ་སྒེའུ་ཁུང་གི་སྟོང་ཆའི་ཆ་ཚད་ཤིང་བཟོ་བས་ཆོད་འཛིན་བྱས་རྗེས་རྡོ་བཟོ་བས་ཆ་ཚད་ལྟར་སྒོ་སྒེའུ་ཁུང་གི་སྟོང་ཆ་བརྩིགས་པ་དང་། ཐོག་ཚང་མ་བཀབ་ཚར་རྗེས་སྒོ་སྒེའུ་ཁུང་གི་ཤིང་སྒྲོམ་སྒོར་ཀྱི་ཡོད།(པར4—42) (པར4—43)

ལས་གྲྭ་ཁ་ཤས་ལ་རྩིག་པ་རྩིག་བཞིན་པའི་སྐབས་ལ་སྒོ་སྒེའུ་ཁུང་གི་ཏ་བཞི་དུས་མཉམ་དུ་འཛུགས་ནས་སྒོ་སྒེའུ་ཁུང་བར་གྱི་རྩིག་པ་མཉམ་དུ་རྩིག་མཁན་ཡོད། དེ་འདྲ་བྱས་ན་སྒོ་སྒེའུ་ཁུང་བརྟན་པོ་ཡག་པོ་ཆགས་ཐུབ། དེ་འདྲ་བྱ་རྒྱུར་ཆ་རྐྱེན་དང་པོ་ནི་ཤིང་བཟོ་བས་སྒོ་སྒེའུ་ཁུང་སྔོན་ནས་བཟོས་ཚར་བ་བྱེད་དགོས་པ་ཡིན། ཤིང་བཟོ་བས་སྔོན་ལ་བཟོ་མ་ཐུབ་ན་སྒོ་སྒེའུ་ཁུང་རྗེས་ལ་མ་བསྒར་ཀ་མེད་རེད། རྗེས་ལ་བསྒར་རྒྱུ་བྱས་ན་རྡོ་བཟོ་བས་སྟོང་ཆ་བརྩིགས་དུས་གཟབ་གཟབ་བྱེད་དགོས་པའི་དཀའ་ངལ་ཐུན་བུ་ཡོད། སྒོ་སྒེའུ་ཁུང་སྒར་སའི་སྟོང་ཆ་ཚད་དྲང་པོ་དགོས་པ་གལ་ཆེ། དེ་ལྟར་མ་བྱུང་ན་སྒོ་སྒེའུ་ཁུང་སྒོར་དུས་དཀའ་ངལ་ཡོང་གི་རེད།(དཔེ་རིས4—6)(པར4—44)

རྩིག་པ་སྒོ་སྒེའུ་ཁུང་གི་མཚམས་ལ་སླེབས་དུས་ཤིང་བཟོ་བས་ཤིང་སངས་སྔོན་ནས་བཟོས་ཚར་བ་དེ་སྒྲིག་སྦྱོར་བྱེད་པ་དང་། ཤིང་སངས་སྟེང་དུ་རྡོ་སྟར་ཁ་ཤས་བརྩིགས་ན་ཐོག་སོ་གཉིས་པར་སླེབས་ཀྱི་རེད། རྩིག་པ་མཐོ་དམན་སྨིད1.5ཙམ་ལ་སླེབས་དུས་ཁང་པའི་ནང་ལ་ལས་ཁྲི་རྒྱག་དགོས། རྩིག་ཞེང་ལི་སྨིད80ཡིན་པ་ཙམ་ལ་རྡོ་བཟོ་བས་རྩིག་པའི་ཐོག་འཛེགས་ནས་རྩིག་པ་བརྩིག་གི་རེད། སྦྱིར་བཏང་གི་རྡོ་དང་འདག་པ་སྐལ་པར་ཁུར་ནས་སྐྱེལ་ཡོང་མཁན་ཚོ་སྐས་འཛེགས་དང་ཁང་པའི་ནང་གི་ལས་ཁྲི་ལ་བརྟེན་ནས་དབོར་འདྲེན་བྱེད་དགོས་ཀྱི་ཡོད། སྲོལ་རྒྱུན་གྱི་ཨར་སྐྲུན་ཐོག་བརྩེགས་ག་ཚོད་མང་པོ་ཡོད་རུང་རྩིག་པའི་ཕྱི་ནས་ལས་ཁྲི་རྒྱག་པའི་ལུགས་སྲོལ་མེད། དཔེར་ན་པོ་བྲང་པོ་ཏ་ལ་ལྟ་བུ་ཨར་སྐྲུན་མཐོན་པོ་ག་ཚོད་ཡོད་

ན་ཡང་རྩིག་པའི་ཕྱི་ནས་ལས་ཁྲི་འཛུགས་སྲོང་མེད། དེ་ཡང་བོད་ལུགས་ཨར་སྐྲུན་གྱི་ལས་གྲྭའི་ཁྱད་ཆོས་ཆེན་པོ་ཞིག་ཡིན།

རྡོ་བཟོ་བས་རྩིག་པ་བརྩིག་པའི་སྐབས་ཤིང་བཟོ་དབུ་ཆེན་ནས་ཐུས་བཀོད་ཀྱིས་ཤིང་བཟོ་དབུ་ཆུང་1ནས་2ཙམ་གྱིས་འགན་ཁུར་ཏེ་ཤིང་བཟོ་དམངས་དཀྱུས་ཀྱིས་ཀ་བ་དང་གཞུ། གདུང་མ། ལྕམ་ཤིང་སོགས་ཤིང་ཆ་རྣམས་བཟོ་དགོས། ཁང་པ་སྤྲས་པ་བདེ་ཡིན་ན་ཀ་བ་དང་། གདུང་མ། ལྕམ་ཤིང་སོགས་རྩ་བའི་ཆ་ནས་རིལ་རིལ་ཡིན་པས་ཤིང་གདུང་མཐུད་མཚམས་ལ་བཟོ་ལྟ་འདོན་པ་ལས་ལས་ཀ་དེ་ཙམ་མེད། དང་དོད་ཅུང་ཟད་བྱེད་པའི་ཁང་པར་ཀ་བ་དང་གདུང་མ་གྲུ་བཞི་བཟོ་དགོས་པ་དང་། ལྕམ་ཤིང་གྲུ་བཞི་བཟོ་མཁན་ཡང་ཡོད། ཤིང་བཟོ་ནས་ཀ་གདུང་དང་གཞུ་སོགས་བཟོ་ལྟ་བཏོན་ཚར་རྗེས་ཐང་བདེ་སོ་ཞིག་བཅལ་ནས་གདུང་མའི་ཁ་གནམ་ལ་གཏད་ནས་གདུང་མའི་སྣེ་གཉིས་ཀྱི་བཅད་ཁ་མཐུད་ཐོག་དེའི་སྟེང་དུ་གཞུ་དང་ཀ་འགོ་བཅས་ནུ་མ་བཞག་ནས་ཀ་བ་འགོ་མཉམ་སྒྲིག་ནས་བཞག་སྟེ་ཤིང་བཟོ་དབུ་ཆུང་ནས་བཅད་ཁ་མཐུད་མཚམས་འགྲིག་མིན་བལྟ་བ་དང་། མཐའ་མར་འཕྱུར་རྡོའི་ཐིག་སྐུད་བཏང་ནས་དྲང་པོ་ཆགས་རྗེས་མཐུད་མཚམས་སོ་སོར་ཨང་གི་བྲིས་ནས་རྟགས་རྒྱག་པ་དེ་ནི་རྗེས་སུ་སྒྲིག་སྦྱོར་བརྟན་པོ་ཡོང་བའི་ཆེད་ཡིན།(དཔེ་རིས4—7)

རྩིག་པ་བརྩིགས་ནས་ཐོག་མཚམས་སུ་སླེབས་དུས་ཤིང་བཟོ་ནས་ཀ་གདུང་སོགས་སྒྲིག་ཆས་རྣམས་དབོར་ཡོང་ནས་ཨང་གི་ལ་བལྟས་ཏེ་ཀ་བ་འཛུགས་རྒྱུ་དང་། ཀ་བ་ལ་ཤིང་རྒྱུག་གཉིས་ཙམ་གྱིས་འདེད་བསྐར་བརྒྱབ་ནས་བརྟན་པོ་བཟོ་བ་དང་དེ་ནས་གཞུ་གདུང་མ་སོགས་རེ་རེ་བཞིན་བསྒྲིག་རྒྱུ། དམིགས་བསལ་གྱི་ཁང་པ་མིན་ན་འོག་ཐོད་ཁང་པའི་ཀ་གདུང་ཚང་མ་རིལ་རིལ་ཡིན། ཤིང་ཤ་ཆེ་ཙམ་བཏང་ན་ལེགས།

གོང་གསལ་ནི་བོད་རིགས་ཨར་སྐྲུན་གྱི་ཨར་ལས་ཀྱི་བརྒྱུད་རིམ་དང་ལས་རིགས་སོ་སོས་ལས་བགོས་རྒྱག་སྟངས་ཀྱི་སྤྱི་ཡོངས་ཀྱི་གནས་ཚུལ་ཡིན། འོན་ཀྱང་ལོ་རྒྱུས་ཐོག་རྡོ་ཤིང་གི་དབུ་ཆེན་གཉིས་པོས་འཆར་གཞི་ཡག་པོ་བཏིང་མ་ཐུབ་པའམ་རྩིས་ཡག་པོ་རྒྱག་མ་ཐུབ་པར་ལས་གྲྭར་དོན་རྐྱེན་བྱུང་བའི་དཔེ་མཚོན་བྱུང་སྲོང་ཡོད།

ང་ཚོས་ཕོ་བྲང་པོ་ཏ་ལར་ཉམས་གསོ་ཞུ་བའི་བརྒྱུད་རིམ་ནང་ཉེན་ཁའི་གནས་ཚུལ་ལ་རྟོག་ཞིབ་བྱེད་སྐབས་ཐོག་མའི་ཨར་ལས་བྱེད་སྐབས་ཀྱི་ནོར་འཁྲུལ་དང་དོན་རྐྱེན་ལྷག་བསྡད་པ་མཐོང་བ་སྟེ། གཅིག་ནི་ཕོ་བྲང་དཀར་པོའི་བྱང་ཤར་གྱི་ཟུར་ངོས་འོག་ཐོག་གི་བར་ཤུར་ནང་ལྷག་བསྡད་པའི་གནས་ཚུལ། མ་གཞི་བར་ཤུར་ཞེང་ཁ་སྨིད3ཡང་ཟིན་གྱི་མེད་རུང་བར་ཤུར་གྱི་ཐོག་འགེབས་སྐབས་ལྕམ་ཤིང་གི་རིང་ཚད་མ་འདང་བར་ལྕམ་ཤིང་གི་སྣེ་རྩིག་པའི་ཐོག་སླེབས་མེད་པར་བར་ཤུར་གྱི་རྩིག་པའི་འགྲམ་ནས་ཀ་བ་བཙུགས་ཏེ་གདུང་མ་བཏང་ནས་ལྕམ་ཤིང་བཀྱག་ནས་བཞག་འདུག འདི་ནི་ལུགས་སྲོལ་དང་འགལ་བའི་བྱ་ཐབས་རེད། པོ་ཏ་ལ་ལྟ་བུའི་རྩ་ཆེའི་ཨར་སྐྲུན་ལྟ་ཞོག སྤྱིར་བཏང་གི་ཁང་པ་ལ་ཡང་ནོར་འཁྲུལ་དེ་འདྲ་ཤོར་མི་རུང་བ་ཞིག་རེད།(དཔེ་རིས4—8)

ནོར་འབྲུལ་གཞན་ཞིག་ནི་པོ་ཏ་ལའི་མདུན་ངོས་གོས་སྐུ་བཀྲམ་སའི་ཤར་ངོས་བྱང་ཆེན་ཐར་ལམ་སྒོ་མཆོར་གྱི་རྩིག་རྨང་ཐོག་མར་བརྩིགས་དུས་ནས་འཐེན་གཏང་རྒྱུའི་ཆ་ཚད་མཐོ་དྲགས་པས་རྩེ་ཐོག་གི་རྩིག་ཞིང་མི་འདང་བའི་སྐྱོན་ཆེན་པོ་ཐོར་འདུག གོས་སྐུ་ཁང་རི་གཤམ་ནས་བརྩིས་པའི་ཐོག་སོ་བདུན་གྱི་རྩིག་པ་བརྒྱབ་འདུག མཐོ་ཚད་རྨིད་20ཙམ་ཟིན་ཡོད། ཤར་ངོས་ཀྱི་སྒོ་མཆོར་ཐོག་སོ་གཉིས་ཀྱིས་མཐོ་བ་ཡོད། རི་གཤམ་ནས་བརྩིས་ན་རྨིད་30ཙམ་གྱི་མཐོ་ཚད་ལ་སླེབས་འདུག གོས་སྐུ་ཁང་གི་རྡོ་རྩིག་རི་ལྡེབས་སུ་རྩིག་པའི་འཐེན་གཏང་རྒྱུའི་ཚད་གཞི5% ཡིན་སྐབས་སྒོ་མཆོར་གྱི་ཐོག་སོ་བརྒྱད་པར་སླེབས་དུས་རྡོ་རྩིག་གི་ཞིང་ཚད་ལི་རྨིད་30ཙམ་ལས་ལྷག་མེད་པས་རྩེ་ཐོག་གི་རྩིག་པ་རྒྱག་ཐབས་མེད་པ་ཆགས་འདུག་ལ་སྤྱིན་བད་ཡང་གཏང་ཐབས་མེད་པ་ཆགས་པ་རེད། འདི་ནི་ཐོག་མ་རི་གཤམ་དུ་རྩིག་རྨང་འདིང་དུས་ནས་བརྩིས་ཡག་པོ་རྒྱག་མ་ཐུབ་པར་རྩིག་རྨང་གི་རྩིག་ཞིང་འཛོག་རྒྱུ་མ་འདང་བས་རྩེ་ཐོག་ལ་སླེབས་དུས་རྩིག་ཞིང་ལི་རྨིད་30ལས་མེད་པའི་གནས་ཚུལ་ལྷགས་པ་རེད། སྐབས་དེར་པོ་ཆོས་ཐབས་ཤེས་བྱས་ནས་ཐོག་བཀབ་ཚར་དུས་རྩིག་ཞིང་ལི་རྨིད་50རྒྱ་ཆེ་རུ་བཏང་ནས་རྩིག་ཞིང་ཆེ་རུ་བཏང་བ་དེ་ཐོག་ངོས་ལ་རྡོ་རྩིག་རྒྱ་ཆེ་རུ་བཏང་བ་དེ་ནི་སྲུས་ཚད་དང་འགལ་བའི་བྱ་ཐབས་ཤིག་རེད། སྲོལ་རྒྱུན་གྱི་ལག་རྩལ་ཐོག་ནས་བྱས་ན་གཏན་ནས་མ་འགྲིག་པ་ཞིག་རེད། ད་ལྟ་ང་ཆོས་ལངས་ངོས་ལ་ལྟ་དུས་རྩིག་ཞིང་ཆེ་རུ་བཏང་ནས་ཁང་པའི་ཐོག་ངོས་ལ་བརྩིགས་ཡོད་པ་གསལ་པོ་མཐོང་ཐུབ་ཀྱི་འདུག མ་གཞི་ནང་རྩིག་འཛུགས་པོ་དགོས་པ་ཡིན་ན་ཡང་ཐོག་སོ་བརྒྱད་པར་སླེབས་དུས་སྣེའུ་ཁྱུང་འགྲམ་གྱི་རྩིག་པ་ནང་ལ་མངོན་གསལ་དོད་པོས་འཇུལ་ཡོད།(པར4—46) འདི་ནི་སྲུས་ཚད་དང་འགལ་བའི་ཨར་སྐྲུན་རེད། སྲོལ་རྒྱུན་གྱི་ཨར་ལས་ཀྱི་སྲུས་ཚད་ནང་གཏན་ནས་བྱེད་མི་ཆོག་པའི་གཏན་འབེབས་ཡོད། འདི་ནི་ཨར་ལས་ཀྱི་བརྒྱུད་རིམ་ནང་ལས་རིགས་སོ་སོའི་བར་མཉམ་འབྲེལ་ཡག་པོ་བྱ་དགོས་པའི་དཔེ་མཚོན་ཟབ་མོ་ཞིག་ཡིན། དེ་ལྟར་མ་བྱུང་ན་གོང་གི་སྲུས་ཚད་དང་འགལ་བའི་ལས་གྲྭའི་དོན་རྐྱེན་དེ་དང་དེ་འདྲ་བ་ཡོང་སྲིད་ཀྱི་རེད། འདི་ནི་དོན་དངོས་ཐོག་གི་དཔེ་མཚོན་རང་བཞིན་གྱི་ཉེན་ཁའི་ལས་གྲྭ་ཞིག་རང་ཡིན།(པར4—47)

༩ རྩིག་པ་བརྩིག་རྒྱུར་སྤྱོད་པའི་འདག་ས།

ཀྲུང་གོ་ནང་སའི་སྲོལ་རྒྱུན་ཨར་སྐྲུན་གྱི་ས་ཐག་གི་རྩིག་པ་ནི་འབྲས་ཁུ་འདག་ས་དང་ཡང་ན་རྡོ་ཞོ་བྱེ་འདག་གིས་རྩིག་གི་ཡོད། རྩིག་འདག་དེ་ཚོ་ཨར་འདམ་བྱེ་འདག་ནང་བཞིན་མཁྲེགས་པོ་མ་ཡིན་ནའང་སྤྱིར་བཏང་གི་ས་དམར་འདག་ས་ལས་མཁྲེགས་པ་ཡོད།

མཚོ་བོད་མཐོ་སྒང་ས་ཁུལ་གྱི་སྲོལ་རྒྱུན་ཨར་སྐྲུན་གྱི་རྡོ་རྩིག་རྩིག་སྐབས་རྡོ་ཞོ་བྱེ་འདག་གཏན་ནས་བེད་སྤྱོད་བྱེད་སྲོལ་མེད། བསམ་ཡས་དགོན་པ་དང་ཞ་ལུ་དགོན་པ་སོགས་ཀྱིས་རྒྱ་ལུགས་ཟ་གཡམ་གྱི་རྒྱ་ཕིབས་འགེབས་དུས་ཡང་རྡོ་ཞོ་བྱེ་འདག་དང་གསུམ་འདྲེས་ས་ཟེར་བ་སོགས་ཀྱི་རྒྱུ་ཆ་གང་ཡང་བཏང་མེད།

བོད་ལུགས་སྲོལ་རྒྱུན་ཨར་སྐྲུན་ཕོ་བྲང་པོ་ཏ་ལ་དང་། བསམ་འགྲུབ་རྩེ་རྫོང་། ལྷ་ལྡན་གཙུག་ལག་ཁང་སོགས་མཁར་རྫོང་དང་ཆོས་ལུགས་ཀྱི་ཨར་སྐྲུན་ཁག ཡང་ན་མཐོ་ཚད་སྨིད་བཙུ་ཕྲག་ཁ་ཤས་ཡོད་པའི་ཉིང་ཁྲི་ཤུ་པའི་མཁར་རྫོང་། དེ་མིན་རྒྱུན་ལྡན་གྱི་དམངས་ཁྱིམ་ཁང་པ་དང་ལྷགས་རི་སོགས་རྡོ་རྩིག་བརྩིགས་པ་ཚང་མ་ས་ཆ་དེ་རང་གི་ས་དམར་འདག་པས་རྩིག་གི་ཡོད།

རྒྱལ་ཁབ་ཕྱི་ནང་གི་ཡུལ་སྐོར་སྤྲོ་འཆམ་བ་མང་པོ་དང་ཡང་ན་ཨར་སྐྲུན་ཆེད་ལས་པ་ཚོས་བོད་ཀྱི་སྲ་ཞིང་མཁྲེགས་པའི་རྡོ་རྩིག་གི་མཁར་རིང་པོ་དང་མཁར་རྫོང་རྒྱ་ཆེན་པོ་དེ་ཚོ་མཐོང་དུས་དམིགས་བསལ་གྱི་འདག་ས་ཞིག་གིས་བརྩིགས་པ་རེད་བསམ་གྱི་ཡོད། གལ་ཏེ་ཁོ་ཚོར་སྤྱིར་བཏང་གི་འདག་པས་བརྩིགས་པ་རེད་ཟེར་ན་ཡིད་ཆེས་དཀའ་བ་ཡིན།(པར4—48)

བོད་རིགས་ཨར་སྐྲུན་གྱི་རྡོ་རྩིག་ནི་ས་ཆ་དེ་རང་གི་འདག་པས་རྩིག་གི་ཡོད་པ་དེ་ཏ་ཙང་སྐབས་བདེ་ཞིག་དང་རྗེས་ལུས་ཀྱི་ཨར་ལས་བྱ་ཐབས་ཤིག་ཡིན་ནམ་ཟེར་ན། རྩོམ་པ་པོ་རང་ཉིད་ཀྱིས་ལོ་མང་རིང་གི་ལག་ལེན་ནང་ཞིབ་བསྡུར་ཐེངས་མང་དང་བསམ་གཞིགས་ཡུན་རིང་བྱས་པ་བརྒྱུད་རྩ་བའི་ཆ་ནས་ཚོར་སྣང་གཞན་ཞིག་བྱུང་བ་ནི་རང་རྟོགས་ཀྱི་ཉམས་མྱོང་དང་དབྱེ་ཞིབ་བྱས་པའི་མཇུག་འབྲས་ཙམ་ལས་ཚན་རིག་གིས་ཚོད་ལྟ་དང་ཚོད་འཛིན་བྱས་ཆོག་པའི་གྲངས་ཚད་ཐོབ་མེད་ཀྱང་། ས་ཡོམ་གྲངས་མེད་དང་དམག་འཁྲུག་སོགས་བརྒྱུད་མྱོང་ན་ཡང་ད་བར་བརྟན་ཅིང་འགྱུར་བ་མེད་པར་གནས་ཐུབ་པའི་བོད་རིགས་ཀྱི་ཨར་སྐྲུན་དེ་ཚོས་བོད་རིགས་ཀྱི་རྡོ་རྩིག་ཨར་སྐྲུན་ལ་ས་དམར་གྱི་འདག་ས་བེད་སྤྱོད་པ་དེ་ཡུལ་ཁམས་དེ་ཡི་གནམ་གཤིས་དང་མཐུན་པ། རྡོ་ཡི་བར་ལ་འབྱར་ཚད་སྙོམས་པོ་ཡོད་པའི་རྟགས་གསལ་པོ་སྟོན་ཡོད། ས་གནས་དེ་རང་གི་ས་དང་རྡོ་སོགས་རང་བྱུང་གི་རྒྱུ་ཆས་བཟོ་སྐྲུན་བྱས་པ་འདི་བོད་མི་རིགས་ཀྱིས་རང་བྱུང་ལ་སློབ་སྦྱོང་བྱས་པའི་མངོན་ཚུལ་ཡིན། ཧི་མ་ལ་ཡའི་རི་རྒྱུད་ཆགས་པའི་འགྱུལ་བསྐྱོད་ཀྱི་བརྒྱུད་རིམ་ནང་བྲག་རྡོ་དང་ས་དམར། བྱེ་ས་སོགས་རྩ་བའི་རྒྱུ་ཆ་དེ་ཚོ་ཕྱུང་གསོག་བརྒྱབ་ནས་ཆགས་པའི་རི་བོ་འདི་ཚོ་མཁྲེགས་པོ་ཡོད་ལ་མཉེན་པོ་ཡང་ཡོད་པའི་འབྲེལ་མཐུད་ཀྱི་འབྲེལ་བ་ཞིག་སྟེ་ཕན་ཚུན་འབྱར་མཐུད་དང་མཁྲེགས་པོ་ཆགས་ཡོད་ལ་ས་རྡོ་སོ་སོ་རང་ཚུགས་སུ་གནས་ཡོད། དེར་བརྟེན་ས་དམར་འདག་པས་བརྩིགས་པའི་རྡོ་རྩིག་གི་ཨར་སྐྲུན་དེ་རང་བྱུང་གི་རི་བོ་ཆགས་ཚུལ་གྱི་འགྲོ་ལུགས་དང་མཐུན་པ་བྱུང་ཡོད། མཚོ་བོད་མཐོ་སྒང་དུ་གནས་པའི་བོད་རིགས་ཨར་སྐྲུན་དེ་ཚོ་ལ་དམིགས་བསལ་གྱི་མཐོ་སྒང་གི་རང་བྱུང་ས་གཤིས་དང་ཁོར་ཡུག་གི་ཤུགས་རྐྱེན་ཐོག་པའི་དབང་གིས་དམིགས་བསལ་ཅན་གྱི་བཟོ་སྐྲུན་ལག་རྩལ་དང་བྱེད་སྲོལ་ཆགས་ཡོད་པས་ས་ཡོམ་ཐེངས་གྲངས་མེད་བརྒྱབ་པ་སོགས་ཀྱི་ཚོད་བགམ་ཐེག་ཡོད། དེ་ཡི་རྒྱུ་མཚན་གཙོ་བོ་རྡོ་རྩིག་གི་བཟོ་རྩལ་ཕུལ་དུ་བྱུང་བ་ཡིན་པ་ཕུད་ས་དམར་གྱི་འདག་པའི་ནུས་པ་གལ་ཆེན་ཞིག་ཐོན་ཡོད། རང་བྱུང་གི་རྒྱུ་ཆ་ལས་གྲུབ་པའི་ས་དམར་གྱི་འདག་པ་དེས་གཅིག་ནས་རྡོ་ལ་འབྱར་ཐུབ་པ་དང་གཉིས་ནས་རྡོ་དང་རྡོ་ཡི་བར་ལ་ནར་འཁྱེམས་ཀྱི་ནུས་པ་ངེས་ཅན་ལྡན་ཡོད་པས་ས་ཡོམ་ཆེན་

པོས་ཁང་པ་གཡོ་འགུལ་ཐེབས་སྐབས་འདག་པ་དང་རྡོ་ཡི་བར་ལ་བར་སྟོང་ཐོན་པ་དང་། ས་ཡོམ་འགུལ་ཚད་ཆུང་དུ་འགྲོ་བ་དང་འགུལ་མཚམས་བཞག་སྐབས་རྩིག་པ་ཡང་སྔར་བཞིན་རང་འཇགས་མཐུད་ཐུབ་པ་ཡིན་པས་རྩ་བའི་ཆ་ནས་གས་སྲུབས་ཤོར་གྱི་མེད། གལ་ཏེ་དེང་རབས་ཀྱི་ཨར་འདམ་ཐྲེ་འདག་གིས་བརྩིགས་པའི་རྡོ་རྩིག་ཡིན་ན་འགྱུར་ཤུགས་ཆེན་པོ་དང་མཁྲེགས་པོ་ཡོད་ཀྱང་ཉིན་ཞིག་ས་ཡོམ་ཤུགས་ཆེན་པོ་བརྒྱབ་ནས་ཨར་སྐྲུན་རྫིལ་པོ་ལ་གཡོ་འགུལ་ཆེན་པོ་ཐེབས་སྐབས་ཨར་འདམ་ཐྲེ་འདག་དང་རྡོ་མཉམ་དུ་འགྱུར་བརྡད་པ་དག་གཏོར་བརླག་སོང་བས་ས་ཡོམ་མཚམས་བཞག་ནས་ཨར་སྐྲུན་འགུལ་མཚམས་འཇོག་པའི་སྐབས་སུ་གཏོར་བརླག་སོང་བའི་ཨར་འདམ་ཐྲེ་འདག་དེ་ས་དམར་གྱི་འདག་པ་ནང་བཞིན་སླར་གསོ་ཡོང་ཐབས་མེད།

བོད་རིགས་སྲོལ་རྒྱུན་གྱི་རྡོ་རྩིག་བརྩིག་རྒྱུའི་ས་དམར་གྱི་འདག་ས་དེ་འགྱུར་རྩི་ཤུགས་ཆེ་དྲགས་ན་ཡང་མི་འགྲིག དཔེར་ན་འཛམ་སྒྲ་བཞེང་རྒྱུའི་འདག་ས་དེ་འདྲས་རྡོ་རྩིག་བརྩིག་མི་ཉན་པ་སྲོལ་རྒྱུན་གྱི་རྡོ་བཟོ་བ་ཚང་མས་ཤེས་ཀྱི་ཡོད། འགྱུར་རྩི་ཤུགས་ཆེ་བའི་འདག་པ་དེ་རང་བཞིན་གྱིས་རྡོག་རྡོག་ཆགས་ནས་རྡོ་དང་ཡག་པོ་ཞིག་འགྱུར་ཐུབ་ཀྱི་མེད། འདག་པ་བཟོ་རྒྱུའི་ས་དམར་དེ་ས་ཆ་དེ་རང་དང་ཡང་ན་ཉེ་འཁྲམ་ནས་བཙལ་ཆོག གལ་སྲིད་འདག་ས་དེ་ལ་ཐྲེ་མ་འདྲེས་ཚད་ཁྱད་པར་ཅུང་ཟད་ཡོད་ན་ཡང་རྡོ་བཟོ་ཆོས་ལག་ལེན་གྱི་ཉམས་མྱོང་ལ་བརྟེན་ནས་འདེམས་ཆོག ང་ཚོས་ཞིབ་འཇུག་དང་དབྱེ་ཞིབ་བྱས་པ་བརྒྱུད་ཕལ་ཆེར་ཐྲེ་མ་འདྲེས་ཚད་10% ཙམ་འཚམས་པོ་ཡོད་པར་ངོས་འཛིན་གྱི་ཡོད། དེ་ལྟར་བྱུང་ན་འགྱུར་ཚད་དང་བེད་སྤྱོད་རང་བཞིན་ལེགས་ཤོས་ཡིན།

ང་རང་ཆུང་དུས་རྒན་རབས་རྣམ་པས་ས་ཡོམ་བརྒྱབ་ནས་ཁང་པ་གཡོ་འགུལ་ཐེབས་སྐབས་ཁང་པའི་ནང་མི་ཚོ་ཕར་རྒྱུག་ཚུར་རྒྱུག་བྱེད་མི་ཉན་ཟེར་མྱོང་། ས་ཡོམ་རྒྱག་སྐབས་ཀྱི་འགུལ་ཤུགས་ལ་བརྟེན་ནས་ཨར་སྐྲུན་བརྒྱུད་རིམ་ལྡན་པའི་སྒོ་ནས་གཡོ་འགུལ་བྱེད་སྐབས་ཁང་པའི་ནང་མི་ཚོས་ཕར་རྒྱུག་ཚུར་རྒྱུག་བྱས་ན་གཡོ་འགུལ་གྱི་བརྒྱུད་རིམ་འཁྲུག་འགྲོ་བ་ཡིན་པས་ཁང་པ་ལ་གནོད་སྐྱོན་ཤོར་བའི་ཉེན་ཁ་ཆེ་རུ་འགྲོ་ལ། རྩིག་པ་དང་ཀ་གདུང་སོགས་ཀྱང་སྔར་བཞིན་འགྲིག་མི་ཐུབ་པའི་ཉེན་ཁ་ཡོད། མ་གཞི་འདི་རྒན་རབས་རྣམ་པའི་ཉམས་མྱོང་ཙམ་ཞིག་རེད་ཟེར་ན་ཡང་དོན་དངོས་དབྱེ་ཞིབ་བྱེད་དུས་ཚན་རིག་གི་རྒྱུ་མཚན་ལྡན་པ་ཞིག་ཡིན་གཤིས་རྡོ་རྩིག་བརྩིག་རྒྱུའི་ས་དམར་གྱི་འདག་པ་དེ་ལ་འགྱུར་ཤུགས་ཆེན་པོ་མེད་པའི་ཁྱད་ཆ་ཡོད་པ་ལྟ་བུ་ཞིག་ཡིན་རུང་དེ་ཡིས་རྡོ་དང་རྡོ་བར་ལ་འབྲེལ་མཐུད་མཉེན་པོ་ཆགས་པ་ཡིན་ཙང་རྩིག་པར་གས་སྲུབས་མི་ཤོར་བའི་འགག་རྩའི་ནུས་པ་ཐོན་འདུག གོང་དུ་ཞུས་པ་ལྟར་རང་ཉིད་ཀྱིས་ཤེས་ཚོར་བྱུང་བའི་མཇུག་འབྲས་དེ་ལོ་མང་རིང་གི་བཟོ་སྐྲུན་གྱི་ལག་ལེན་དང་མི་རབས་གོང་མའི་ཉམས་མྱོང་ལ་ཕྱོགས་བསྡོམས་བྱས་པ་ཞིག་ལས་དེང་རབས་ཀྱི་ཚན་རིག་གིས་ཚོད་ལྟ་བྱ་རྒྱུ་བྱུང་མེད་པས་བློ་དང་ལྡན་པའི་གཞོན་ནུ་རྣམ་པས་དེང་རབས་ཨར་སྐྲུན་ཚན་རིག་གིས་བརྟག་དཔྱད་བྱ་རྒྱུ་དང་

འདྲ་མཚུངས་ཀྱི་ཆོད་ལྷ་བྱས་ནས་གྱུས་པའི་ལྷ་སྟངས་དེ་ལ་གདེང་འཛོག་ཐོབ་ཐུབ་པའི་རེ་བ་ཡོད།

བོད་རིགས་ཨར་སྐྲུན་ནང་གི་ས་ཕག་ཁང་པ་རྩིག་དུས་ས་དམར་གྱི་འདག་པས་རྩིག་གི་མེད། ས་ཕག་ས་རྗེན་པས་བཟོས་པ་ཡིན་ཙང་འདག་པ་ནང་གི་ཆུ་ས་ཕག་ལ་སིམ་འགྲོ་བས་ས་ཕག་མཁྲེགས་པོ་མིན་པ་ཆགས་འགྲོ་བའི་སྐྱོན་ཡོད་པས་འདག་པ་སླ་པོ་བེད་ཨི་སྤྱོད་པའི་རྒྱུ་མཚན་ཡང་དེ་ཡིན། དེ་འདྲ་ཡིན་ཙང་ས་ཕག་རྩིག་དུས་གཏོང་རྒྱུའི་ས་དེ་ལ་ས་འབོལ་ཟེར་གྱི་ཡོད།(པར4—49) འདག་པ་ནང་བཞིན་དགྲུག་མི་དགོས། ཆུ་མང་པོ་བསྲེས་མི་དགོས། ས་འབོལ་ལ་འབྱར་ཤུགས་ཆེན་པོ་མེད་ལ་ས་ཕག་བརྩིག་སྐབས་ས་ཕག་བར་ནས་ས་འབོལ་ཙུང་ཟད་འཐོར་ཡོང་ན་ཡང་ས་ཕག་གི་རྩིག་པར་ཞལ་བ་བྱུགས་རྗེས་ཕག་རྩིག་ཁྱོན་ཡོངས་སུ་བརྟན་ཡོང་གི་ཡོད།

མཐུག་ཏུ་རྡོ་རྩིག་ལ་མིག་འདག་རྒྱག་རྒྱུའི་སྐོར་ངོ་སྤྲོད་ཞུ་རྒྱུ་ཡིན། བོད་རིགས་ཨར་སྐྲུན་གྱི་གྱང་ཁང་དང་ས་ཕག་གི་རྩིག་པ་ལ་མིག་འདག་རྒྱག་ས་མེད། རྡོ་རྩིག་གི་རྩིག་པ་ལ་མིག་འདག་རྒྱག་དགོས། འོན་ཀྱང་ཉེ་བའི་དུས་རབས་ལ་མ་གཏོགས་བྱུང་མེད། སྔ་མོའི་རྡོ་རྩིག་ལ་མིག་འདག་རྒྱག་སྲོལ་བྱུང་མི་འདུག གོང་དུ་ངོ་སྤྲོད་ཞུས་པའི་ལྷ་འདྲེའི་རྩིག་པ་དང་བྱ་སྐྱུ་མའི་རྩིག་པ་སོགས་ལ་མིག་འདག་གཏན་ནས་བརྒྱབ་མི་འདུག ཕག་གྲུའི་དུས་སུ་རྡོ་ཆེན་བར་ལ་རྡོ་ཆུང་ཙབ་ལེབ་བརྩིག་རྒྱུའི་ལག་རྩལ་དར་རྗེས་རྡོ་བཟོ་ཆོས་ཙབ་ལེབ་བརྩིག་ཞོར་དུ་རྩིག་རྡོའི་བར་གསེང་ལ་འདག་པ་ཕྲན་བུ་རེ་བྱུགས་པ་ལས་རྩིག་པ་ཡོངས་རྫོགས་ལ་མིག་འདག་རྒྱག་སྲོལ་བྱུང་མི་འདུག ཏ་ལའི་བླ་མ་སྐུ་ཕྲེང་བཅུ་གསུམ་པའི་དུས་སུ་ནོར་བུ་གླིང་ཁའི་སྤྱན་བསལ་ཕོ་བྲང་སོགས་གསར་བཞེངས་བྱེད་སྐབས་སྤྲན་རྡོ་གྲུ་བཞིས་རྩིག་པ་བརྩིགས་པ་དང་། རྡོ་གྲུ་བཞིའི་བར་ལ་རྡོ་ལེབ་ཆུང་ཆུང་གིས་ཙབ་གསོས་རྒྱག་གི་ཡོད་པས་རྩིག་པའི་ངོས་གྲལ་འཁྲིག་པོ་ཆགས་ཡོད། རྩིག་པ་འདི་རྡོ་ལྟར་གང་འཚམས་ཤིག་བརྩིགས་ཚར་དུས་ཞལ་དཔོན་ཡོང་ནས་མིག་འདག་རིམ་པ་བཞིན་རྒྱག་རྒྱུ་རྡོ་ཆུང་ཙབ་ལེབ་ལ་ཡང་མིག་འདག་རྒྱག་དགོས། དེ་ནས་བཟུང་རྡོ་རྩིག་ལ་མིག་འདག་རྒྱག་རྒྱུ་དེ་ལས་རིམ་གཅིག་ཆགས་པའི་འགོ་བཙུགས་པ་རེད། མིག་འདག་རྒྱག་རྒྱུའི་འདག་པ་དེ་འབྱར་རྩི་ཆེ་བའི་འདག་པ་དགོས་ཀྱི་ཡོད་པས་རྩ་བའི་ཆ་ནས་བྱེ་མ་དེ་ཙམ་འདྲེས་མེད་པའི་ས་འདེམས་དགོས།(པར4—50)

ཞལ་དཔོན་ནི་ཆེད་མངགས་ཀྱི་ལས་རིགས་གཅིག་ཡིན། བོད་ཀྱི་ལོ་རྒྱུས་ཐོག་ཞལ་དཔོན་ནི་བུད་མེད་ཤ་སྟག་ཡིན། ལས་གྲྭ་ཁྱོན་ཡོངས་ཀྱི་རྡོ་རྩིག་ལ་མིག་འདག་རྒྱག་རྒྱུ། ནང་རྩིག་ལ་ཞལ་བ་བྱུག་རྒྱུ་དང་ཨར་ཀ་གཅག་རྒྱུ་སོགས་ཀྱི་ལས་གྲྭའི་འགན་འཁུར་དགོས།

དེ་སྔོན་གྱི་ཨར་སྐྲུན་དངོས་ཡོད་ཁག་ལ་གཞིར་བཟུང་ནས་དཔྱེ་ཞིབ་བྱས་པ་ན་བོད་རིགས་ཨར་སྐྲུན་གྱི་རྡོ་རྩིག་རྩིག་པ་ལ་མིག་འདག་རྒྱག་རྒྱུའི་ལག་རྩལ་བྱུང་ནས་ད་བར་ལོ100ལྷག་ཙམ་ལས་ཕྱིན་མི་འདུག

༥ སྒྲོལ་རྒྱན་ཨར་སྐྲུན་ཆ་ཚད་སྐོར་གྱི་ཚད་གཞི་དང་ཡོ་བྱད།

ལས་ལ་བརྩོན་ཞིང་དཔའ་ངར་ལྡན་པའི་བོད་རིགས་མི་དམངས་ཀྱིས་མི་ལོ་སྟོང་ཕྲག་མང་པོའི་ངལ་རྩོལ་དང་འཚོ་བའི་ནང་འོད་སྟོང་འཕྲོ་བའི་མི་རིགས་ཀྱི་རིག་གནས་གསར་གཏོད་བྱས་ཤིང་། ལྷག་པར་དུ་བོད་རིགས་ཨར་སྐྲུན་གྱི་ལག་རྩལ་དང་སྒྱུ་རྩལ་གྱི་རིག་གནས་ནི་རང་རེའི་མེས་རྒྱལ་གྱི་རིག་གནས་བང་མཛོད་ནང་གི་རྩ་ཆེའི་ནོར་བུ་ཞིག་ཡིན།

ཉེ་བའི་ལོ་བཅུ་ཕྲག་ཁ་ཤས་རིང་རྒྱལ་ནང་མ་ཚད་རྒྱལ་སྤྱིའི་ཐོག་གི་རིག་གནས་མཁས་ཅན་མང་པོས་ཀྱང་བོད་རིགས་ཀྱི་ཨར་སྐྲུན་ལ་མཐོང་ཆེན་དང་ཞིབ་འཇུག་བྱེད་ཀྱི་ཡོད། མི་རིགས་རང་ཉིད་ཀྱི་ཨར་སྐྲུན་ལས་རིགས་པ་ཞིག་གི་ངོས་ནས་བཤད་ན། ང་ཚོས་དེ་བས་ཀྱང་ཧུར་བརྩོན་ཆེན་པོས་རྩད་འཚོལ་དང་ཞིབ་འཇུག་བྱས་ནས་དེ་ལྟ་བུའི་གནའ་རབས་ཀྱི་རིག་གནས་ཤུལ་བཞག་དེ་རྒྱུན་འཛིན་དང་གོང་འཕེལ་ཡོང་བ་བྱེད་དགོས། དེའི་སྟབས་ཀྱིས་རང་ཉིད་ཀྱིས་གནའ་བོའི་ཨར་སྐྲུན་གྱི་ལས་དོན་སྒྲུབ་པའི་བརྒྱུད་རིམ་ནང་། བོད་ཀྱི་སྔ་རབས་ཀྱི་ཆ་ཚད་ཐད་ཀྱི་ཚད་གཞི་ཁག་ལ་ཐོག་མའི་ངོས་འཛིན་ཐུབ་བྱུང་ཞིང་། དེ་ཚོ་ནི་རྒྱུན་ལྡན་གྱི་འཚོ་བ་དང་ལག་ལེན་ནང་གསར་གཏོད་དང་བེད་སྤྱོད་བྱས་པ་ཞིག་ཡིན། ཆ་ཚད་དེ་དག་ནི་དམིགས་བསལ་དང་བེད་སྤྱོད་ལ་མཁོ་ངེས་ཤིག་ཡིན་པས་ཚང་མར་ངོ་སྤྲོད་ཞུ་དགོས། བོད་མི་རིགས་ཀྱི་གདོད་མའི་རིང་ཐུང་ཚད་རྒྱག་དུས་མི་ཡི་གཟུགས་པོ་དང་། དཔུང་པ། མཐུབ་མོ་སོགས་ལ་གཞིགས་ནས་ཚད་བཟུང་གི་ཡོད་པ་དཔེར་ན་འདོམ་གང་དང་ཁྲུ་གང་། མཐོ་གང་། སོར་གང་སོགས་ལྟ་བུ། འོན་ཀྱང་མི་ཡི་གཟུགས་ཆེ་ཆུང་མི་འདྲ་བས་ཆེ་ཆུང་གི་ཚད་དེ་ཡང་སྤྱི་ཡོངས་ཀྱི་ཚད་གཞི་ཙམ་ལས་ཡོང་གི་མེད།(དཔེ་རིས4—9)

བོད་རིགས་སྒྲོལ་རྒྱན་གྱི་ཚད་འཇལ་བའི་རིགས་གཙོ་བོ་རིང་ཚད་དང་རྒྱ་ཁྱོན། ཤོང་ཚད་དང་ལྗིད་ཚད་སོགས་སྣ་ཁ་མང་པོ་ཡོད། དེ་ལས་རིང་ཐུང་གི་ཚད་ཙུང་ཞིབ་ཚགས་ཡོད་པ་དང་། རྒྱ་ཁྱོན་གྱི་ཚད་རྟོབ་ཙམ་ཡིན་པ། ཤོང་ཚད་དང་ལྗིད་ཚད་ཡང་སྤྱིར་བཏང་ཙམ་ཡིན། གང་ལྟར་གནའ་སྔ་མོ་ནས་ད་བར་བོད་མི་རིགས་ཀྱིས་རང་གི་ངལ་རྩོལ་ལག་ལེན་ནང་གསར་གཏོད་བྱས་པའི་ཆ་ཚད་ཀྱི་ཚན་རྟེ་དག་བེད་སྤྱད་ནས་འཚོ་བ་དང་ཐོན་སྐྱེད་ཀྱི་དགོས་མཁོ་སྐོང་གང་ཐུབ་བྱས་པ་རེད། ཆ་ཚད་བེད་སྤྱོད་རྒྱུ་དེ་ཕྱོགས་གང་ས་ཅི་ཐད་ལ་དགོས་མཁོ་ཡོད་པ་མ་ཟད་ཆེས་མཐོའི་ཚན་རིག་ལག་རྩལ་གྱི་ཁྱབ་ཁོངས་དང་ཡང་ཁ་བྲལ་ཐབས་མེད།

སྤྱི་ཚོགས་འཕེལ་རྒྱས་འགྲོ་བ་དང་སྦྲགས་ནས་བོད་རིགས་ས་ཁུལ་དུ་རིག་གནས་ཚན་རྩལ་ཁྱབ་གདལ་དང་གོང་མཐོར་འགྲོ་བཞིན་ཡོད། དེ་ལྟར་མི་ཚོས་རིམ་བཞིན་དེང་རབས་ཀྱི་ཆ་ཚད་ཚད་གཞི་ལ་རྒྱུས་མངའ་དང་བེད་སྤྱོད་བྱེད་བཞིན་ཡོད་པས་ལོ་ན་ཆུང་བའི་མི་མང་པོས་དེང་སྐབས་ཀྱི་ཆ་ཚད་ཁྲི་ཙེ་ཟེར་བ་སོགས་ལས་རང་མི་རིགས་སྒྲོལ་རྒྱན་གྱི་ཆ་ཚད་རྣམས་ཤེས་ཀྱི་མེད། བོད་མི་རིགས་ཀྱི་རིག་གནས་འཕེལ་རྒྱས་འགྲོ་བའི་བརྒྱུད་རིམ་ནང་རྒྱ་ནག་དང་རྒྱ་གར་སོགས་ས་ཆ་དང་ཡུལ་

ཁམས་གཞན་དང་རིག་གནས་གཞན་གྱི་ཤུགས་རྐྱེན་ཐེབས་ཡོད་ཅིང་། སངས་རྒྱས་ཆོས་ལུགས་བོད་ཀྱི་ཡུལ་དུ་དར་བའི་རྗེས་སུ་ཐག་རིང་ཐུང་གི་ཚད་སོགས་རྒྱ་གར་གྱི་ལུགས་བྱས་པ་ཡང་བྱུང་ཡོད།

དེས་ན་འདིར་དང་པོ་ཨར་སྐྲུན་གྱི་ཐོག་ཏུ་བེད་སྤྱོད་བྱེད་པའི་བོད་རིགས་སྲོལ་རྒྱུན་གྱི་ཆ་ཚད་ཀྱི་ཚད་གཞི་དང་བེད་སྤྱོད་བྱ་ཐབས་རྣམས་ངོ་སྤྲོད་ཞུ་རྒྱུ་ཡིན། བོད་ཀྱི་ཨར་སྐྲུན་ལ་དམིགས་བསལ་གྱི་ཆ་ཚད་ཡོད་ཅིང་། ཆ་ཚད་དེ་དག་ཨར་སྐྲུན་རང་གི་ཐོག་ལ་བེད་སྤྱོད་པ་ལས་གཞན་ལ་འགྲོ་ས་མེད། དེ་ལྟ་བུའི་ཆ་ཚད་ཀྱི་ཤིང་རྒྱུག་གཉིས་ཡོད་ཅིང་། དེ་ཡང་རིང་ཐུང་གཉིས་ཡིན། ཤིང་རྒྱུག་ཐུང་བ་དེར་ཆུང་མཐོ་ཟེར་ཞིང་ཕལ་ཆེར་ལི་སྨིད་23.8ཙམ་ཡོད། དེ་ནི་ལག་ཤེས་པ་ཚོས་རྟིག་ཞིང་ཆེ་ཆུང་སོགས་ཚད་ལེན་ཆས་ཡིན། ཤིང་རྒྱུག་རིང་བ་དེར་ཚད་རྒྱུག་ཟེར་ཞིང་ཆུང་མཐོ་དགུ་ཡོད། ཕལ་ཆེར་ལི་སྨིད་214ཡིན།(དཔེ་རིས4—10) གཙོ་བོ་ནི་ཁང་པའི་ཐོག་མཐོ་དམའི་ཚད་འཇལ་བྱེད་ཡིན། ཁ་རྒྱུན་ལ་སྨྲ་རྒྱལ་བཙན་པོའི་དུས་ནས་ཚད་རྒྱུག་དེ་ཚོ་བེད་སྤྱོད་བྱེད་ཀྱི་ཡོད་ཟེར། དེ་ཡི་ཆ་ཚད་ཆུང་ཤོས་ལ་སྐར་མ་ཟེར་ཞིང་ཕལ་ཆེར་ཧ་འོ་སྨིད་7ཙམ་ཡིན། སྐར་མ5ལ་ཚོན1ཟེར་ཕལ་ཆེར་ཧ་འོ་སྨིད35ཙམ་ཡིན། ཚོན་འདི་རྒྱ་སྐད་ཀྱི་ 寸 དང་ནང་དོན་གཅིག་པ་མིན། དེ་ལྟ་བུའི་ཚོན་བདུན་ལ་སྐར་མ་གཅིག་ཆད་པ་དེ་ལ་ཆུང་མཐོ་གཅིག་ཡིན། ཆུང་མཐོ1ལ་ཕལ་ཆེར་ལི་སྨིད23.8ཙམ་ཡོད། (35 ×7 =245 −7 =238 =23.8cm) ཆུང་མཐོ་དེ་རྡོ་བཟོ་བས་ལག་ཏུ་བཟུང་ནས་ཚད་རྒྱུག་གི་ཡོད། ཁང་པའི་རྟིག་རྒྱང་ནས་རྟིག་ཡོང་དུས་ཐོག་སོ་མང་ཉུང་ལ་གཞིགས་ནས་རྟིག་ཞིང་ཆུང་མཐོ3བཏང་ན་ལི་སྨིད72ཙམ་དང་། ཆུང་མཐོ3.5བཏང་ན་ལི་སྨིད84ལྟ་བུ་ཡིན། ཆུང་མཐོ4བཏང་ན་ལི་སྨིད96ཙམ་ཡོད་ཅིང་། ཚད་རྒྱུག་དེ་ཡི་སྟེང་ཆུང་མཐོ་རེ་རེའི་རྟགས་བརྒྱབ་ཡོད་ལ་ཚད་རྒྱུག་དེ་ཁང་པ་རྒྱག་དུས་ཀྱི་རྡོ་ཤིང་ལག་ཤེས་པ་ཚོས་བེད་སྤྱོད་བྱེད་ཀྱི་ཡོད། ལོ་རྒྱུས་ཐོག་སྤྱིར་བཏང་གི་ཁང་པའི་ཐོག་སོ་དེ་ཚད་རྒྱུག་གང་བྱེད་ཀྱི་ཡོད། དེས་ན་སྲོལ་རྒྱུན་གྱི་ཐོག་ཚད་དེ་ད་ལྟ་བརྩིས་ན་སྨིད2.2ཙམ་ཡོད།

ང་རང་འབྲས་སྤུངས་དགོན་དུ་ལོ་བཅུ་ཙམ་བསྡད་ཅིང་མི་ཉག་ཁམས་ཚན་གྱུ་ཤག་གི་ཐོག་སོ་ལ་མཐོ་ཚད་སྨིད1.98ཡོད། པོ་ཏ་ལའི་ཙོ་བྲང་དཀར་པོའི་ཉི་འོད་ནུབ་ཀྱི་རྒྱལ་བ་རིན་པོ་ཆེའི་གཟིམ་ཆུང་ལ་ཡང་ཐོག་ཚད་སྨིད2.3ཙམ་ལས་མེད། སྲོལ་རྒྱུན་གྱི་ལྷ་ཁང་དང་དགོན་པའི་ཐོག་སོ་ཆུང་མཐོ11ཙམ་བྱེད་ཀྱི་ཡོད་ཟེར་བ་དེ་སྨིད2.62ཙམ་ལས་མེད། ཐོག་ཚད་མཐོན་པོ་མེད། འོན་ཀྱང་རྗེས་སུ་བྱུང་བའི་སེ་ར་དང་འབྲས་སྤུངས་དགོན་གྱི་འདུ་ཁང་ཆེན་མོ་ག་བ་བརྒྱ་ཕྲག་ཡོད་པ་རྣམས་ཀྱི་ཐོག་དཔངས་དེ་བས་མཐོ་བ་ཡོད། སེ་ར་དགོན་གྱི་འདུ་ཁང་ཆེན་མོའི་ཐོག་སོ་ལ་ཆུང་མཐོ21ཡོད་པ་སྨིད5ཙམ་ཡོད། སྲོལ་རྒྱུན་གྱི་མི་སེར་ཁང་པའི་གདུང་ཐག་ལ་ཆུང་མཐོ10ཙམ་བྱེད་སྲོལ་ཡོད་པ་སྨིད2.43ཙམ་རེད། ལྷ་ཁང་དང་དགོན་པ་སོགས་ཀྱི་གདུང་ཐག་ལ་ཆུང་མཐོ12ཙམ་བྱེད་སྲོལ་ཡོད་པ་དེར་རྩ་བའི་ཆ་ནས་སྨིད2.85ཙམ་ཡོད།

གོང་གསལ་ནི་ལྷ་ས་རྡོ་ཤིང་སྤྱི་པའི་སྤྱི་ཡོངས་ཀྱི་ལས་གྲྭའི་ཚད་གཞི་ལྟ་བུ་ཞིག་ལས་ཡུལ་ལུང་མི་འདྲ་བ་སོ་སོ་དང་།

ཤིང་བཟོ་དང་རྡོ་བཟོ་དབུ་ཆེན་སོ་སོས་ཤིང་ཆ་སོགས་ཀྱི་གནས་ཚུལ་ལ་གཞིགས་ནས་མི་འདྲ་བ་ཅུང་ཟད་ཡོང་གི་ཡོད་པ་ཤེས་དགོས། གཞན་ཡང་དམངས་ཁྲོད་ཀྱི་གོམས་སྲོལ་ནང་དུ་ཡང་ཁང་པའི་ཐོག་སོ་ལ་མི་གཅིག་གི་འདོམ་གཅིག་དང་ཕྱེད་ཀ་བྱེད་སྲོལ་ཡོད་ཅིང་། ལུགས་འདི་དུང་དཀར་ཚིག་མཛོད་ཆེན་མོའི་ཤོག་ལྷེ1438ནང་གསུངས་ཡོད། དེ་ལྟར་ན་ཚད་ལྡན་གྱི་མི་དེ་གཟུགས་པོ་ཆེན་པོ་རང་བཙེ་རྒྱུ་མེད་པར་སྨིད1.5ཙམ་བརྩིས་ན་འདོམ་གང་ལ་སྨིད1.5དང་། འདོམ་ཕྱེད་ལ0.75ཡིན་པས་འདོམ་གཅིག་དང་ཕྱེད་ལ་སྨིད2.25ཡོད་པས་གོང་གི་ཆུང་མཐོ9ཡི་ཚད་དང་འདྲ་པོ་འདུག་སྟེ་ཚད་རྒྱུག1ཐོག་ཚད་དང་ཁྱད་པར་ཆེན་པོ་མེད། བོད་རིགས་སྲོལ་རྒྱུན་གྱི་ཁང་པའི་ནང་གི་གདན་ཁྲི་ལ་ཁྲུ་གང་དང་ཕལ་ཆེར་ལི་སྨིད30ཙམ་ཡིན། དེའི་སྟེང་དུ་མི་ལངས་ནས་གོང་དང་འདྲ་བར་གཟུགས་ཚད་སྨིད1.5ཡིན་པ་ལ་ཆ་བཞག་ན། ལག་པ་ཐོག་ལ་བརྐྱངས་དུས་བསླབས་ཐུབ་པ་དེ་ལ་ཐོག་ཚད་གཅིག་གི་ཚད་བྱས་པ་ཡང་ཡོད། ཚད་ལྡན་གྱི་མི་ཞིག་གིས་ལག་པ་གནམ་ལ་བརྐྱངས་ན་འདོམ་ཕྱེད་ཀ་ཡིན། མི་དེ་ཡི་གཟུགས་ཚད་སྨིད1.5དང་། ལག་པ་བརྐྱངས་པའི་ཚད་སྨིད0.75 ཉལ་ཁྲིའི་མཐོ་ཚད་སྨིད0.3བཅས་བསྡོམས་པའི་མཐོ་ཚད་སྨིད2.45ཡོད། ངག་རྒྱུན་ལ་རྒྱལ་པོ་ཁྲི་སྲོང་ལྡེ་བཙན་ནས་བསམ་ཡས་གཙུག་ལག་ཁང་བཞེངས་ཚར་རྗེས་སྐབས་དེ་དུས་བེད་སྤྱོད་བྱས་པའི་ཆུང་མཐོ་དང་ཚད་རྒྱུག་གཉིས་བསམ་ཡས་དབུ་རྩེའི་རྒྱ་ཕིབས་ཀྱི་སྲོག་ཤིང་ལ་བསྡམས་ནས་བཞག་ཡོད་པའི་ཟེར་སྲོལ་ཡོད། རྗེས་སུ་བསམ་ཡས་དབུ་རྩེར་མེ་སྐྱོན་ཤོར་ནས་མེད་པར་གྱུར་བ་རེད། སྤྱི་ལོ1947ལོར་སྲིད་ཚབ་ར་སྒྲེང་གིས་ཕྱོགས་ཡོངས་ནས་བསམ་ཡས་ཉམས་གསོ་ཞུས་རྗེས་ཤིང་བཟོ་དབུ་ཆེན་འཆི་མེད་རྡོ་རྗེ་ལགས་ནས་ཆུང་མཐོ་གསར་པ་ཞིག་བཟོས་ཏེ་རྒྱ་ཕིབས་ཀྱི་སྲོག་ཤིང་ལ་བཏགས་ཡོད་ཟེར་ནའང་རིག་གསར་སྐབས་སྐབར་ཡང་ཤུལ་མེད་དུ་གྱུར།

བོད་ཀྱི་རྡོ་ཤིང་ལག་ཤེས་པ་ཚོས་ཏ་ཙང་སྟབས་བདེའི་ལག་ཆ་ལ་བརྟེན་ནས་ཁྱད་དུ་འཕགས་པའི་ལག་རྩལ་གྱིས་འཛམ་གླིང་ཐོག་སྐད་གྲགས་ལྡན་པའི་བཟོད་ཉམས་ཨར་སྐྲུན་ཏ་ཙང་མང་པོ་ཞིག་གསར་གཏོད་གནང་ཡོད་ཅིང་། དེ་ལྟ་བུའི་སྲོལ་རྒྱུན་གྱི་ལག་ཤེས་དང་ཨར་ལས་ཀྱི་བཟོ་རྩལ་བཅས་ནི་ང་ཚོས་རྟེར་བས་ལྷག་པའི་སྒོ་ནས་ཞིབ་འཇུག་དང་རྒྱུན་འཛིན་བྱེད་དགོས་པ་ཞིག་རེད། བོད་རིགས་ཨར་སྐྲུན་གྱི་ལེབ་ངོས་ཀྱི་བཀོད་པ་དང་། ལངས་ངོས་ཀྱི་བཟོ་དབྱིབས། ཨར་ལས་ཀྱི་ལག་རྩལ་དང་སྒྱུ་རྩལ། ཨར་སྐྲུན་གྱི་མཛེས་རྩལ་དང་སྒྲིག་ཆས་སོགས་ཀྱི་ རླབས་ཆེན་གྲུབ་འབྲས་དང་ཁྱད་འཕགས་ཅན་གྱི་གཞིས་སྲོལ་བཅས་ལ་རྒྱ་ཆེའི་བོད་རིགས་ཨར་སྐྲུན་ལག་རྩལ་པ་དང་ཨར་ལས་བཟོ་པ་རྣམས་ཀྱིས་ཐུན་མོང་ཐོག་སྟར་ལས་ལྷག་པའི་སྒོ་ནས་ཞིབ་འཇུག་དང་སློབ་སྦྱོང་བྱ་རྒྱུ་དང་། མེས་རྒྱལ་གནའ་བོའི་ནོར་བུའི་བང་མཛོད་ནང་གི་རྗེས་ཤུལ་ཏེ་བོད་རིགས་ཨར་སྐྲུན་གྱི་རྗེས་ཤུལ་དེ་དག་རྟོག་འདོན་གང་ལེགས་བྱ་རྒྱུའི་རེ་བ་སྙིང་དབུས་ནས་འཆང་བཞིན་ཡོད།

៤ ལོ་རྒྱུས་ཐོག་གི་ཨར་སྐྲུན་དཔྱད་ཁག་དང་། ལག་རྩལ་རིམ་པ། མིང་ཐོགས་རྩལ།

སྤྱི་ཚོགས་རྙིང་པའི་ནང་བོད་ལྗོངས་ལ་ཆེད་མངགས་ཨར་སྐྲུན་འཆར་འགོད་བྱེད་མཁན་གྱི་ལག་རྩལ་མི་སྣ་མེད་པས། ཨར་སྐྲུན་འཆར་འགོད་བྱ་རྒྱུ་དེ་ཡང་ཤིང་བཟོ་དབུ་ཆེན་ནམ་ཡང་ན་འཆར་འགོད་ཐད་དམིགས་བསལ་ཡོན་ཏན་ཡོད་མཁན་གྱི་མི་སྣས་འཆར་འགོད་བྱེད་ཀྱི་ཡོད།

སྤྱི་ལོའི་དུས་རབས་བཅོ་ལྔ་པའི་སྐབས་ཕག་གྲུ་བས་ཨར་ལས་རྒྱ་ཆེན་པོ་སྤེལ་ནས་རྫོང་ཁག་མང་པོའི་མཁར་རྫོང་བཟོ་སྐྲུན་བྱས་ཤིང་། དེའི་དུས་ནས་བཟུང་རིམ་བཞིན་ཤིང་བཟོ་དང་རྡོ་བཟོ་སོགས་ལས་རིགས་སོ་སོར་ལག་རྩལ་གྱི་རིམ་པ་བཟོས་པ་རེད། སྤྱི་ལོའི་དུས་རབས་བཅུ་བདུན་པའི་དུས་མཇུག་སྡེ་སྲིད་སངས་རྒྱས་རྒྱ་མཚོའི་སྐབས་སུ་ལག་རྩལ་གྱི་རིམ་པ་དེ་བས་གསལ་པོ་བཟོས་གནང་བ་དང་ཕྱོགས་མཚུངས་ཐོབ་ཐང་ཡང་ཡག་ཏུ་བཏང་ཡོད། ཤིང་བཟོ་དང་རྡོ་བཟོའི་ནང་རིམ་པ་མཐོ་ཤོས་ལ་དབུ་ཆེན་ཟེར་ཞིང་། དེའི་ནང་ཤིང་བཟོ་དབུ་ཆེན་དང་རྡོ་བཟོ་དབུ་ཆེན་གཉིས་སུ་དབྱེ་ཡོད་ཅིང་། དབུ་ཆེན་ནི་དགེ་རྒན་ཆེན་མོ་ཟེར་བའི་དོན་ཡིན། དབུ་ཆེན་ཡོད་ཚད་ཀྱི་ནང་ནས་ད་དུང་སྤྱི་ཁྱབ་དབུ་ཆེན་གཅིག་འདེམས་བསྐོ་བྱེད་ཀྱིན་ཡོད་ཅིང་། དབུ་ཆེན་གཅིག་གི་འོག་ལ་དབུ་ཆུང་ཡང་ཁ་ཤས་ཡོད། སྤྱིར་བཏང་གི་ལས་གྲྭ་ཞིག་ལ་ཤིང་བཟོ་དབུ་ཆེན་གཅིག་དང་རྡོ་བཟོ་དབུ་ཆེན་གཅིག་བྱུང་ན་འགྲིག་གི་ཡོད།(པར4—51) (པར4—52) གཞི་རྒྱ་ཆུང་ཆེ་བའི་ལས་གྲྭ་རྣམས་ཕལ་ཆེར་དབུ་ཆེན་ཁ་ཤས་ནས་ཐུན་མོང་ཐོག་འགན་འཁུར་བའང་ཡོད་ཀྱང་། ལོ་ཚོའི་ནང་ནས་ལག་རྩལ་དང་བསླབ་པ་རྒན་གཞོན་གྱི་ཐོག་ནས་སྤྱི་འདོམས་དབུ་ཆེན་ཞིག་འདེམས་བསྐོ་བྱེད་ཀྱི་ཡོད། སྔར་བོད་ས་གནས་སྲིད་གཞུང་གིས་ཁས་བླངས་པའི་ཤིང་བཟོ་དང་རྡོ་བཟོ་སྤྱི་ཁྱབ་དབུ་ཆེན་རེ་རེ་ལས་མེད་ཅིང་། ཁོ་གཉིས་ལ་སྲིད་གཞུང་དཔོན་རིགས་ཀྱི་ཐོབ་ཐང་ལེན་རྒྱུ་ཡོད། དབུ་ཆེན་ཚོས་སྤྱིར་བཏང་ཐོག་ལག་པ་འགུལ་གྱི་མེད་ཅིང་། ཁོ་ཚོས་ལས་གྲྭའི་སྤྱི་ཡོངས་ཀྱི་བཀོད་སྒྲིག་དང་སྤུས་ཚད་ལ་ལྟ་ཞིབ་བྱེད་པ་མ་ཟད། ཁོ་ཚོ་ནི་ལས་གྲྭའི་སྤུས་ཚད་ཀྱི་སྤྱི་འདོམས་ལྟ་རྟོག་པ་ཡང་ཡིན། དབུ་ཆུང་ནི་ལོ་ན་ཆུང་ཆུང་ལ་ལུས་ཤུགས་ཡོད་པ།(པར4—53) ལག་རྩལ་ཡང་མཁས་པོ་ཡོད་པའི་ལས་ཀ་དངོས་སུ་བྱེད་མཁན་གྱི་དགེ་རྒན་གྱི་གྲས་ཤིག་ཡིན། དབུ་ཆུང་ཞིག་གིས་འགངས་ཆེའི་ལས་གྲྭ་གང་རུང་ཞིག་གི་ནང་ལས་འགན་ཤིན་ཏུ་ཡག་པོ་སྒྲུབ་ཐུབ་ན་ལས་གྲྭ་མཇུག་བསྒྲིལ་རྗེས་དབུ་ཆེན་ལ་གནས་སྤར་ཐུབ་པའི་རེ་བ་ཡོད། འཇིམ་བཟོ་བ་དང་། ལྷ་བྲིས་པ། གསེར་དངུལ་དང་ཟངས་མགར་གྱི་ལས་རིགས་ནང་དུའང་དབུ་ཆེན་དང་དབུ་ཆུང་གི་ལག་རྩལ་གྱི་རིམ་པ་ཡོད། ས་གནས་སྲིད་གཞུང་གིས་ལས་རིགས་དེ་ཚོའི་ཁྲོད་ཀྱི་དབུ་ཆེན་ནང་ནས་སྤྱི་ཁྱབ་དབུ་ཆེན་གཅིག་འདེམས་བསྐོ་བྱེད་ཀྱི་ཡོད།

བོད་ཀྱི་འདག་ཞལ་ལས་རིགས་དེ་སྤྱིར་བཏང་ཐོག་བུད་མེད་ཀྱིས་བྱེད་ཀྱི་ཡོད་ཅིང་། ཁོ་ཚོ་དང་རྒྱལ་ནང་གི་འདག་ཞལ་ལས་རིགས་ཅུང་མི་འདྲ་བར་བོད་ཀྱི་འདག་ཞལ་གཏོང་མཁན་ཚོས་ཁང་པའི་ནང་གི་ཞལ་བ་རྒྱག་རྒྱུ་དང་། ཁང་པ་ཕྱིའི་

ཞལ་བ་མཛུབ་རིས་རྒྱག་རྒྱུ། ལྷག་པར་དུ་དགོན་པའི་ལྷ་ཁང་ནང་གི་ལྡེབས་རིས་ཀྱི་གྲུང་གི་འདག་ཞལ་རྒྱག་རྒྱུ། ད་དུང་ས་མཐིལ་དང་ཁང་ཐོག་གི་ཨར་ག་གཅིག་རྒྱུ་སོགས་བྱེད་དགོས་པ་ཡིན། ལོ་རྒྱུའི་ནང་གི་ལག་རྩལ་མཁས་གྲོས་དེར་ཞལ་དཔོན་ཟེར་བ་འདག་ཞལ་གཏོང་མཁན་གྱི་འགོ་པ་ཞེས་པའི་དོན་ཡིན།（པར4—54） སྤྱི་ཚོགས་རྙིང་པར་བུད་མེད་ལ་མཐོང་ཆུང་བྱེད་ཀྱི་ཡོད་པས་ཞལ་དཔོན་སྤྱི་ཁྱབ་པ་ཟེར་བ་མེད་ལ། སྲིད་གཞུང་དཔོན་རིགས་ཀྱི་ཐོབ་ཐང་ཡང་མེད། ཡིན་ན་ཡང་ལྡེབས་རིས་ཀྱི་འདག་ཞལ་རྒྱག་རྒྱུ་དང་། ཨར་གའི་ས་མཐིལ་དང་ཨར་གའི་ཐོག་འདེད་རྒྱུ་ཚང་མ་འགངས་ཆེའི་ལས་ཀ་ཡིན་པས་ཞལ་དཔོན་གྱི་ཐོབ་ཐང་ཡག་ཐག་ཆོད་ཡོད། སྤྱི་ཚོགས་རྙིང་པའི་སྐབས་ལྷུགས་རྟུང་མཁན་གྱི་མགར་བ་དེ་ལས་རིགས་དམའ་གྲོས་ལ་བརྩི་བ་ནི་ཕོ་ཆོས་བཟོས་པའི་གྲི་དང་མེ་མདའ་ཚང་མ་ནི་སེམས་ཅན་གྱི་སྲོག་ལ་འཚེ་བའི་ཡོ་བྱད་ཡིན་པ་ཆོས་ལུགས་ཀྱི་དགོངས་པ་དང་མི་མཐུན་པའི་ལས་ཤིག་ཡིན་པ་བཅས་ཀྱིས་ཕོ་ཚོའི་ལས་རིགས་ལ་དབྱེ་ཆེན་བསྐོས་མེད་པ་རེད་འདུག

སྔ་སྲིད་སངས་རྒྱས་རྒྱ་མཚོས་ལྔ་པ་ཆེན་པོའི་གདུང་རྟེན་བཞེང་རྒྱུ་དང་པོ་བྲང་དམར་པོ་རྒྱ་བསྐྱེད་བྱས་པའི་ལས་གྲྭའི་ལག་ལེན་ནང་རིམ་བཞིན་པོ་ཏ་ལའི་གཞམ་དུ་ཞོལ་འདོད་དཔལ་ལས་གྲྭ་ཁང་ཞེས་འཛུགས་འགོ་ཚུགས་པ་རེད། གསེར་དངུལ་ཟངས་བཟོ་བ་དང་འཇིམ་བཟོ་ལྷ་བྲིས་སོགས་ལས་རིགས་ཁག་གི་མི་སྣ་ཉུང་བསྡུ་བྱས་ཤིང་ལས་རིགས་སོ་སོའི་ལག་རྩལ་རྒྱུན་འཛིན་བྱེད་མཁན་གྱི་མི་རབས་རྗེས་མ་གསོ་སྐྱོང་བྱས་ཡོད། ཨར་སྐྲུན་ཐད་ལྷ་སའི་རྡོ་ཤིང་སྤྱི་པ་ཞེས་པའི་ཚོགས་པ་བཙུགས་ནས་རྡོ་ཤིང་དབུ་ཆེན་ལས་ཚན་པ་གཉིས་ནས་འགན་ཡོངས་རྫོགས་འཁུར་དགོས་ཀྱི་ཡོད་ཅིང་། ཁོང་ཚོ་ནས་ཀྱང་མི་རབས་ནས་མི་རབས་བར་ཆེད་ལས་བཟོ་རྩལ་པ་གསོ་སྐྱོང་གནང་གིན་ཡོད། གལ་ཏེ་ས་ཆ་གཞན་གྱི་རྡོ་ཤིང་མི་སྣ་ལྷ་སར་སླེབ་པར་ཡོང་ན། རྡོ་ཤིང་སྤྱི་པའི་ནང་འཛུལ་རྒྱུའམ་ཡང་ན་ཁྲལ་ངེས་ཅན་ཞིག་འཇལ་དགོས་ཀྱི་ཡོད་ལ་དེ་ལྟར་བྱས་ན་གཞི་ནས་ལྷ་སར་ཨར་ལས་བྱས་ཆོག

གཞིས་རྩེ་ལ་ཡང་པཎ་ཆེན་རིན་པོ་ཆེའི་སྐུ་དབང་འཛིན་པའི་ཁྱབ་ཁོངས་ནང་ལྷ་ས་དང་འདྲ་བའི་ལས་གྲྭ་ཁང་དང་ཨར་སྐྲུན་སྡེ་ཚན་བཙུགས་ཡོད་ཅིང་། དེ་ཚོའི་བྱེད་སྟངས་ཀྱང་གཅིག་མཚུངས་ཡིན་པ་དེའི་གནས་ཡུལ་ནི་གཞིས་རྩེ་གྲོང་གི་ནུབ་ངོས་བཀྲ་ཤིས་སྐྱིད་ཚལ་གྲོང་ཁྱེལ་ལ་ཡིན། དུས་རབས་གོང་མའི་ལོ་རབས་བཅུ་པའི་ནང་པཎ་ཆེན་སྐུ་ཕྲེང་དགུ་པས་སྐབས་དེར་འཛམ་གླིང་ཐོག་ཆེ་གྲོས་ཡིན་པའི་གསེར་ཟངས་ལས་གྲུབ་པའི་རྒྱལ་བ་བྱམས་པའི་སྐུ་བརྙན་ཐོག་སོ་དགུ་ཡོད་པ་ལྷ་ཁང་དང་བཅས་པ་གསར་བཞེངས་གནང་སྐབས་ཀྱི་ལས་གྲྭ་དེ་བཀྲ་ཤིས་སྐྱིད་ཚལ་གྲོང་ལ་བཙུགས་གནང་བ་དེ་ནི་དུས་རབས་ཉི་ཤུ་པའི་བོད་རིགས་ཨར་སྐྲུན་ནང་གི་དཔེ་མཚོན་རང་བཞིན་གྱི་ཨར་སྐྲུན་དང་ལྷ་སྐུ་ཡིན། ཐེངས་དེར་ལྷ་སྐུ་ཤིན་ཏུ་ཆེ་བ་གསར་བཞེངས་དང་། ལྷ་ཁང་འདི་འདྲ་ཆེན་པོ་བཟོ་སྐྲུན་བྱས་པ་བརྒྱུད་གཙང་ཁུལ་གྱི་ཨར་སྐྲུན་ལས་རིགས་དང་ལྷ་སྐུ་བཞེངས་པའི་ལག་རྩལ་ལ་འཕྱུར་བསྐྱེད་ལྟ་བུའི་ཡར་རྒྱས་ཕྱིན་ཡོད།

བཞི་པ། ཨར་སྐྲུན་གྱི་ལེབ་རྡོས་དང་ལངས་རྡོས་ཀྱི་ཁྱད་ཆོས།

༡ ལེབ་རྡོས་ཀྱི་བཀོད་སྒྲིག

བོད་རིགས་ཨར་སྐྲུན་གྱི་ལེབ་རྡོས་བཀོད་སྒྲིག་ལ་ཚད་གཞི་ངེས་ཅན་ཡོད། དེ་ནི་ཀ་ཐག་དང་ལྷུམ་ཐག་གིས་ཚད་བྱས་ནས་ཁྱོན་ཡོངས་ཀྱི་ཨར་སྐྲུན་ལེགས་གྲུབ་བྱུང་བ་རེད། ཁང་པའི་རྒྱ་ཁྱོན་པ་ཆེ་བའི་སྐབས་ཀ་ཐག་དང་ཡང་ན་ལྷུམ་ཐག་གིས་ཚད་བྱེད་ཀྱི་ཡོད། དེ་ལྟ་བུའི་ཀ་ཐག་གིས་ཚད་བྱས་པའི་ལེབ་རྡོས་དེ་གྲུ་བཞི་དང་ཡང་ན་རྩ་བའི་ཆ་ནས་གྲུ་བཞི་ཡིན། དེ་ལྟ་བུའི་ལེབ་རྡོས་དེ་བེད་སྤྱོད་ཐད་ཀྱི་དགོས་མཁོར་གཞིགས་ནས་ཨར་སྐྲུན་གྱི་རྒྱ་ཁྱོན་ག་ཚོད་དགོས་མིན་གང་ལ་གང་འཚམས་ཀྱི་སྒོ་ནས་ལེབ་རྡོས་ཆགས་སྟངས་འདྲ་མིན་སྣ་ཚོགས་ཕྱོགས་བསྡུས་བྱས་ཆོག་པ་ཡིན། (དཔེ་རིས4—11) (དཔེ་རིས4—12)

བརྟག་དཔྱད་བྱས་ནས་ཤེས་རྟོགས་བྱུང་བ་ནི། མི་སེར་གྱི་སྡོད་ཁང་སོགས་སྤྱིར་བཏང་གི་ཁང་པའི་ལྷུམ་ཤིང་ཚང་མ་སྦོམ་ཕྲ་ཏའོ་སྨིད80ཙམ་གྱི་གདུང་མ་རིལ་རིལ་ཡིན། ཁ་ཤས་དེ་ལས་ཕྲ་བ་ཡང་ཡོད། དེར་བརྟེན་ལྷུམ་ཤིང་གི་རིང་ཐུང་ཚོད་འཛིན་ངེས་ཅན་ཞིག་ཡོང་གི་ཡོད་པ་དང་། གནའ་སྔ་མོ་ཤིང་ཆ་དཔོར་འདྲེན་ཚང་མ་ཁལ་ཏ་དང་མི་ལ་བརྟེན་དགོས་པས་སྨིད2ཙམ་གྱི་རིང་ཐུང་དེ་དཔོར་འདྲེན་ཐུང་བདེ་པོ་ཡིན། སྤྱི་པའི་ཁང་པ་དམིགས་བསལ་གྱི་དགོས་པ་ཡོད་མཁན་(དགོན་པའི་འདུ་ཁང་ཆེན་མོ) ཡང་ན་དང་དོད་ཆེན་པོ་ཡིན་པའི་ཕོ་བྲང་གི་ཨར་སྐྲུན་སོགས་ཕུད། བོད་རིགས་ཨར་སྐྲུན་མང་ཆེ་བའི་ཤིང་གི་སྒྲིག་ཆས་གདུང་མ་དང་ལྷུམ་ཤིང་གི་རིང་ཐུང་ཚང་མ་སྨིད2ཡས་མས་སུ་ཚོད་འཛིན་བྱས་ཡོད།

འདིར་ཞིབ་གསལ་ངོ་སྤྲོད་བྱས་ན་འབྲས་སྤུངས་དགོན་པའི་ཚོགས་ཆེན་འདུ་ཁང་ཆེན་མོར་ཕྱི་ནང་བསྡོམས་པའི་ཀ་བ200ཙམ་ཡོད་པ་དེ་ལ་ཆ་བཞག་ན་ཀ་ཐག་སྨིད2. 3ཙམ་དང་། ལྷུམ་ཐག་སྨིད2. 2ལས་མེད་ཅིང་། འབྲས་སྤུངས་དགོན་གྱི་དགའ་ལྡན་ཁྲི་པ2དང་། མཁན་རབས6 གཞུང་ལེན་པ2སོགས་མཁས་དབང་རིམ་བྱོན་པའི་མི་ཉག་ཁམས་ཚན་གྱི་ཚོམས་ཆེན་འདུ་ཁང་ལ་ཆ་བཞག་ན་ཀ་བ18ཡོད། ཀ་ཐག་སྨིད2. 2ཙམ་དང་། ལྷུམ་ཐག་སྨིད2. 3སམ་སྨིད1. 7བཅས་མི་འདྲ་བ་ཡོད་པ་དང་། ཞིང་ཁུལ་གྲོང་གསེབ་ཀྱི་དམངས་ཁང་ལ་སྤྱིར་བཏང་ཐོག་ཀ་ཐག་སྨིད2ཙམ་དང་ལྷུམ་ཐག་སྨིད1. 8ཙམ་ཡོད་པ་ནི་སྲོལ་རྒྱུན་ཁང་པའི་དངོས་ཡོད་ཀྱི་ཆ་ཚད་ཡིན། (པར4—55)

ཁམས་ཕྱོགས་མི་ཉག་དང་ཡུན་ནན་ཀོང་རྗེད་ར་སོགས་ཤིང་ནགས་ཁུལ་ལ་ཆ་སྙོམས་གོམས་སྲོལ་གྱི་ཀ་ཐག་སྨིད3དང་ལྷུམ་ཐག་ཡང་སྨིད3ཙམ་འཛུག་གི་ཡོད། ཉིང་ཁྲི་ས་ཁུལ་དང་ཡུན་ནན་གྱི་ཤིང་ནགས་ས་ཁུལ་ཁ་ཤས་ལ་ཀ་ཐག་སྨིད4ཙམ་བཞག་པ་མཐོང་རྒྱུ་ཡོད་རུང་ལོ་མང་སོང་རྗེས་གདུང་མ་ལྡེམ་ནས་ཚུགས་ཀ་(ཉེན་ཀ་བཙུགས་པ) བརྒྱབ་པ་མཐོང་རྒྱུ་འདུག དུས་རབས་ཉི་ཤུ་པའི་ལོ་རབས་ཉི་ཤུའི་འགོར་ཏཱ་ལའི་བླ་མ་སྐུ་ཕྲེང་བཅུ་གསུམ་པས་ནོར་བུ་གླིང་ཀའི་སྤྱན་བསལ་ཕོ་བྲང་གསར་རྒྱག་གནང་སྐབས་ཤིང་ཆ་སྤུས་ལེགས་བཏང་ནས་ཀ་ཐག་སྨིད4བཞག་ཡོད་རུང་གདུང་མའི་འོག་གི་གཞུ་ཆེན་ཡང་

རིང་པོ་བཏང་ཡོད་པས་གདུང་མ་ལྡེམ་པའི་སྐྱོན་བྱུང་མེད། (པར4—56) འདི་ནི་བོད་རིགས་ཨར་སྐྲུན་ལེབ་ངོས་ཀྱི་བཀོད་པ་གྲུ་བཞི་ཅན་ཡིན་པའི་གཞི་རྩའི་རྒྱུ་རྐྱེན་གཅིག་ཡིན། གཞན་ཡང་བོད་རིགས་ཨར་སྐྲུན་གྱི་ལེབ་ངོས་བཀོད་སྒྲིག་ཐད་གཤམ་གསལ་གྱི་ཁྱད་ཆོས་གཉིས་ཡོད།

ཁང་པ་གཙོ་བོ་དེ་ཐབས་ཤེས་གང་ཡོད་ཀྱིས་ཁ་ལྷོ་ལ་གཏད་ཀྱི་ཡོད། དེ་ལྟར་བྱས་ན་ལེབ་ངོས་གྲུ་བཞི་དེ་ཡི་ལྷོ་བྱང་གཉིས་དང་ཤར་ནུབ་གཉིས་ཀྱི་བར་ཐག་འདྲ་མཉམ་ཆགས་ཐུབ་ཀྱི་ཡོད། དེ་ཡིས་མཚོ་བོད་མཐོ་སྒང་གྲང་དངར་ཆེ་བའི་གནམ་གཤིས་ཀྱི་ཆ་རྐྱེན་འོག་ཁང་པའི་ནང་གི་དྲོད་ཚད་ལ་ཕན་ཐོགས་ངེས་ཅན་ཡོད། དེར་བརྟེན་བོད་རིགས་ཨར་སྐྲུན་གྱི་ལེབ་ངོས་དེ་ཐབས་གང་ཡོད་ཀྱིས་ སྒྲུག་ཐག་ཆུང་ཙམ་བཟོ་རྒྱུ་དང་ཁ་ཞེང་ཆེ་ཙམ་ཡོང་ཐབས་བྱེད་ཀྱི་ཡོད། ཁང་པའི་ནང་གི་ཅ་ལག་སྒྲིག་སྟངས་ལ་ཡང་ལྷོ་ངོས་ལ་ཉལ་ཁྲི་བསྒྲིག་རྒྱུ་དང་། བྱང་ངོས་ལ་ཆ་སྣམ་སོགས་བསྒྲིག་རྒྱུ། དཀྱིལ་ལ་ལྷོག་རྩེ་འཛུག་རྒྱུ་བཅས་རེད། (དཔེ་རིས4—13)

ལེབ་ངོས་གྲུ་བཞི་ཡིན་ན་ཁང་པའི་ནང་གི་དཀར་ཆ་ལ་ཡང་ཕན་ཐོགས་ཡོད། བོད་ཁང་ལ་ཀ་ཐག་གང་ལ་སྣེའུ་ཁྱུང་གཅིག་འཛུགས་གི་ཡོད་པས། ཀ་གཅིག་མའི་ཁང་པ་ཡིན་ན་སྨིད4གྲུ་བཞི (ཀ་ཐག་གཉིས་ལ་སྣེའུ་ཁྱུང་གཉིས་བཞག་ཡོད་) ཀྱི་རྒྱ་ཁྱོན་ནི་སྨིད་གྲུ་བཞི་མ13. 7ཙམ་ཡོད་ལ། བོད་རིགས་ཨར་སྐྲུན་གྱི་སྣེའུ་ཁྱུང་སྤྱིར་བཏང་བྱས་ན་མཐོ་ཚད་སྨིད1. 3དང་ཞེང་ཁ་སྨིད0. 9ཡིན་པས་དཀར་ཆ་ཡོང་སའི་རྒྱ་ཁྱོན་ངོ་མ་མཐོ་ཚད་སྨིད1དང་རྒྱ་དཔངས་སྨིད0. 7ཙམ་མ་གཏོགས་མེད་པས་སྨིད་གྲུ་བཞི་མ0. 7ལས་མེད་ལ་སྣེའུ་ཁྱུང་གཉིས་བསྡོམས་པས་དཀར་ཆ་ཡོང་བའི་རྒྱ་ཁྱོན་སྨིད་གྲུ་བཞི་མ1. 4ལས་མེད། དེས་ན་ཁང་པའི་ནང་གི་རྒྱ་ཁྱོན་དང་སྣེའུ་ཁྱུང་ནས་ཡོང་བའི་དཀར་ཆའི་བསྡུར་ཚད་དེ1/10ལས་མེད། གལ་ཏེ་ཁང་པའི་སྒྲུག་ཐག་སྨིད2འཕར་ན་ཁང་པའི་རྒྱ་ཁྱོན་སྨིད་གྲུ་བཞི་མ21. 1ཙམ་སོང་ཡོད་པས་དཀར་ཆ་ཡོང་བའི་རྒྱ་ཁྱོན་གྱི་བསྡུར་ཚད1/15ལས་མེད་པས་ཁང་པའི་ནང་གི་དཀར་ཆ་འདང་གི་མེད། (དཔེ་རིས4—14) ཕྱོགས་མཚུངས་ཁང་པའི་ནང་གི་དྲོད་ཚད་ལ་ཡང་ཤུགས་རྐྱེན་ཐེབས་ཀྱི་ཡོད་པས་ཁང་པའི་སྒྲུག་ཐག་རིང་མི་ཉན། གོང་དུ་བཤད་པའི་སྒྲུག་ཐག་ལྔམ་གླིང་གཉིས་དང་ཀ་ཐག་གཉིས་བྱས་པའི་ལེབ་ངོས་གྲུ་བཞིའི་ཁང་པར་ཆ་བཞག་ན་ལྷོ་ངོས་ཉལ་ཁྲི་སྒྲིག་ས་དང་བྱང་ངོས་ནང་ཆས་སྒྲིག་སའི་བར་ལ་ཚ་དྲོད་ཁྱད་པར་དེ་ཙམ་མེད། གལ་སྲིད་བྱང་ངོས་ཀྱི་སྒྲུག་ཐག་སྨིད2རིང་དུ་བཏང་ནས་སྒྲུག་ཐག་སྨིད6དང་ཞེང་ལ་ཀ་ཐག་གཉིས་ཡིན་ན་སྣེའུ་ཁྱུང་འགྲམ་གྱི་དྲོད་ཚད་དང་བྱང་ངོས་རྩིག་པའི་འགྲམ་གྱི་དྲོད་ཚད་ཐད་ཨང་གྲངས1℃ཙམ་གྱི་ཁྱད་པར་ཡོད། འདི་ནི་བོད་རིགས་ཨར་སྐྲུན་ནང་ཚ་དྲོད་མ་བཏང་བའི་ཁང་པའི་ནང་གི་དྲོད་ཚད་ཀྱི་ཁྱད་པར་ཡིན་གཤིས་སྒྲུག་ཐག་རིང་དུ་བཏང་ན་ཁང་པའི་ནང་གི་དཀར་ཆ་འདང་གི་མེད་ལ་ཁང་པའི་ནང་གི་དྲོད་ཚད་ལ་ཡང་ཁྱད་པར་ཆེན་པོ་ཡོང་གི་ཡོད།

༢ ལངས་ངོས་ཀྱི་བཟོ་དབྱིབས།

ཆེས་གནའ་བོའི་དུས་རབས་སུ་གྱང་སའི་ཨར་སྐྲུན་གྱི་ལངས་ངོས་ཐོག་གི་སྒེའུ་ཁུང་ཚང་མ་རྒྱ་ཆེན་པོ་བཞག་མེད། ཁང་པའི་ནང་ལ་དཀར་ཆ་ཐོན་པ་དང་མཁའ་རླུང་རྒྱུག་ཐུབ་པ་ལས་ལངས་ངོས་ཀྱི་བཟོ་དབྱིབས་སོགས་ལ་དོ་སྣང་དེ་ཙམ་བྱེད་ཀྱི་མེད། གནའ་བོའི་དུས་སུ་སྤྱི་ཚོགས་ཐེར་ཆ་ཆེ་བས་སྒེའུ་ཁུང་ཆེན་པོ་བཞག་ན་ཀུན་རྡབ་སོགས་འཛུལ་བདེ་བ་དང་། གཞན་ཡང་སྐབས་དེར་སྒེའུ་ཁུང་གི་ཁྲ་མ་བཟོ་ཤེས་ཀྱི་མེད་པས་པང་ལེབ་ཀྱི་སྒེའུ་ཁུང་བསྒར་རྒྱུ་ལས་ཐབས་ཤེས་གཞན་མེད། དེར་བརྟེན་གྱང་སའི་ཨར་སྐྲུན་དུ་སྒེའུ་ཁུང་འདོན་རྒྱུ་ལ་དང་དོད་གང་ཡང་བྱེད་ཀྱི་མེད། དབང་ཆ་དང་སྟོབས་ཤུགས་ཆེ་བའི་འགོ་དཔོན་གྱི་ཁྱིམ་ཚང་ཡིན་ན་གྱང་སའི་མཁར་རྫོང་མཐོན་པོ་དང་སྲ་ཞིང་བརྟན་པ། འགོག་སྲུང་གི་ནུས་པ་ལྡན་པ་ཞིག་བཟོ་སྐྲུན་བྱེད་པ་ལས་བཟོ་དབྱིབས་ཐད་བསམ་བློ་དེ་ཙམ་གཏོང་གི་མེད། གནས་ཚུལ་དེ་ཡི་རིགས་ཚང་མ་གྱུ་གེའི་མཁར་རྫོང་དང་དུས་རབས་བཅུ་དགུ་པའི་ཞྭ་རོང་གི་འགོ་དཔོན་མགོན་པོ་རྣམ་རྒྱལ་གྱི་མཁར་རྫོང་གི་ཨར་སྐྲུན་ཐོག་ནས་མཐོང་ཐུབ།(པར་4—57)

དབུས་གཙང་ཁུལ་གྱི་གྱང་སའི་དམངས་ཁང་ལ་མི་ཤིང་བུད་ནས་ཟ་ཆས་བསྐོལ་བ་སོགས་ཀྱི་དགོས་མཁོ་ལ་གཞིགས་ནས་ལོ་རེ་བཞིན་རི་སྟེང་ནས་བུད་ཤིང་བཅད་ནས་ཁུར་ཡོང་སྟེ་ཁང་པའི་ཉ་རྒྱབ་ཐོག་བརྩིགས་པས་ཁང་པའི་ཉ་རྒྱབ་ལ་སྲུང་སྐྱོབ་ཐུབ་ལ་ས་ཆ་གཟུང་མི་དགོས་པ་བཅས་ཀྱི་དགེ་མཚན་ལྡན་པར་བརྟེན་ཡུན་རིང་སོང་བས་གོམས་གཤིས་སུ་གྱུར་པ་དང་། ལངས་ངོས་ཐོག་མཛེས་པོ་ཆགས་ཡོད་པ་འདི་ཡང་ལངས་ངོས་བཟོ་དབྱིབས་ཐད་ཀྱི་རྒྱན་སྤྲས་ཤིག་ཏུ་གྱུར་ཡོད།

གྱང་སས་བསྐྲུན་པའི་དགོན་པའི་ཨར་སྐྲུན་ས་སྐྱ་དགོན་པའི་ལྷ་ཁང་སྟོམ་ལ་ཆ་བཞག་ན་ཉ་རྒྱབ་ལ་སྤེན་བད་བཏང་བ་དང་ཁང་པའི་ཐོག་ལ་ཆོས་ཀྱི་འཁོར་ལོ་དང་རྒྱལ་མཚན་སོགས་ཀྱིས་རྒྱན་སྤྲས་བྱེད་པ་ལས་ཁྱོན་ཡོངས་ཀྱི་ལངས་ངོས་ཐོག་རྩ་བའི་ཆ་ནས་སྒེའུ་ཁུང་བཏོན་མེད་ལ་ལངས་ངོས་ཐོག་བཟོ་དབྱིབས་ཀྱི་འཆར་འགོད་གང་ཡང་བྱས་མེད། འདི་ནི་གཅིག་ནས་གྱང་སའི་ཨར་སྐྲུན་གྱི་ཞན་ཆ་ཞིག་ཡིན་ལ་གཉིས་ནས་གྱང་སའི་ཨར་སྐྲུན་གྱི་བྲུད་ཆོས་ཤིག་ཡིན་ཟེར་ཡང་ཆོག

བོད་ལ་མཁར་རྫོང་གི་ཨར་སྐྲུན་ཡོད་པ་ནས་བཟུང་རིམ་བཞིན་ཨར་སྐྲུན་གྱི་གཟུགས་དབྱིབས་སྣ་ཚོགས་ཆགས་ཡོད། ལྷག་པར་དུ་རི་ལ་བརྟེན་ནས་བསྐྲུན་པའི་མཁར་རྫོང་སྣ་ཚོགས་ཀྱི་ལངས་ངོས་ཀྱི་གཟུགས་དབྱིབས་ཏ་ཙང་བརྗིད་ཉམས་དོད་པོ་ཡོད་ལ། ད་དུང་རིམ་བཞིན་གོང་མཐོར་འགྲོ་བའི་རྩིག་བཟོའི་ལག་རྩལ་དང་། ཏ་ཙང་འཚམས་པོ་ཡོད་པའི་རྩིག་པའི་འཐེན་གཏོང་བཅས་ཀྱིས་མི་ཆོས་ལྷ་དུས་སུ་ཞིང་བརྟན་ལ་བརྗིད་ཉམས་ལྡན་པ་ཞིག་ཡོང་གི་ཡོད།(པར་4—58)

སྤྱི་ཚོགས་འཕེལ་རྒྱས་འགྲོ་བ་དང་སྒྲུགས་མཁར་རྫོང་དབྱིབས་ཀྱི་ཨར་སྐྲུན་རིམ་བཞིན་ཡར་རྒྱས་ཕྱིན་ནས་གཏན་སྡོད་བྱ་ཡུལ་གྱི་དམངས་ཁང་མང་པོ་བྱུང་བ་དང་། ལྷག་པར་དུ་ཕོ་བྲང་དང་དགོན་པའི་ཨར་སྐྲུན་འཕེལ་རྒྱས་ཆེན་པོ་བྱུང་སྟེ་ཨར་

སྐྲུན་ལངས་ངོས་ཀྱི་བཟོ་དབྱིབས་སྟར་བས་ཕུན་སུམ་ཚོགས་པོ་དང་ངོ་མཚར་བ་བྱུང་ཡོད། ང་ཚོས་རྟོག་ཞིབ་བྱས་པ་ལས་ཤེས་རྟོགས་བྱུང་བ་ནི། མི་ཉག་ས་ཁུལ་གྱི་གནའ་བོའི་ཨར་སྐྲུན་རྗེས་ཤུལ་ལ་དཔེར་བཞག་ན་གནའ་བོའི་ལྷ་ཁང་རྙིང་པའི་ཨར་སྐྲུན་གྱི་ལངས་ངོས་དེ་མི་ཡི་ངོ་གདོང་གི་བཟོ་དབྱིབས་བཟོས་འདུག(པར4—59)

བོད་སྐད་ནང་ཁང་པའི་མདུན་ངོས་ལ་གདོང་ཟེར་གྱི་ཡོད་པ་དང་། ཁམས་ཁུལ་ལ་སྒེའུ་ཁུང་ལ་དཀར་མིག་ཟེར་སྲོལ་ཡང་ཡོད་ལ་ལྷ་ས་སོགས་ལ་སྒེའུ་ཁུང་འོག་གི་ཁ་ཤེང་ལ་མིག་བཅད་ཟེར་གྱི་ཡོད་པ་བཅས་མདོར་ན། བོད་པའི་གོམས་སྲོལ་ལ་སྒེའུ་ཁུང་ནི་ཁང་པའི་མིག་ཡིན་པར་བསམ་གྱི་ཡོད། གནའ་བོའི་རྗེས་ཤུལ་ལས་ད་ལྟ་སྐད་གྲགས་ཆེ་ཤོས་ཀྱི་ཕོ་བྲང་པོ་ཏ་ལ་ཡི་ལངས་ངོས་ཀྱི་འཆར་འགོད་ལ། གཙོ་ཕལ་གྱི་དབྱེ་བ་ཡོད་པ་དང་གཡས་གཡོན་ཆ་འགྲིག་པོ་སོགས་ལ་བལྟས་ན་མི་ཡི་གདོང་གི་ཆགས་ཚུལ་དང་ཧ་ཅང་འདྲ་པོ་ཡོད།(པར4—60)

གཤམ་ལ་དམིགས་བསལ་ཐོག་སྒོ་སྒེའུ་ཁུང་གི་ནག་རྩིའི་སྐོར་ངོ་སྤྲོད་ཞུ་རྒྱུ་ཡིན། འདི་ནི་བོད་རིགས་ཨར་སྐྲུན་གྱི་ལངས་ངོས་བཟོ་དབྱིབས་ནང་གདོད་མའི་མཚོན་ཚོས་རིག་གནས་དང་ཨར་སྐྲུན་ཟུང་དུ་འབྲེལ་བའི་མཛེས་རྩལ་ཞིག་ཡིན།

བོད་རིགས་ཨར་སྐྲུན་ལ་ཁོར་ཡུག་དང་། ས་ཁུལ། རྒྱུ་ཆ་སོགས་རང་བྱུང་ཆ་རྐྱེན་གྱི་ཤུགས་རྐྱེན་ཐོག་གི་ཡོད་ལ། བོད་མི་རིགས་ཀྱི་གཏིང་ཟབ་པོའི་རིག་གནས་ཀྱི་ནང་དོན་ཡང་ལྡན་ཡོད། བོད་རིགས་ཨར་སྐྲུན་གྱི་ཁྱོན་ཡོངས་ཀྱི་ཉམས་འགྱུར་དང་། ཞིབ་གསལ་སྒྲིག་ཆས། གཞན་ཡང་ཆོས་མདོག་སོགས་ཀྱི་བེད་སྤྱོད་བྱེད་སྟངས་ཐད་དམིགས་བསལ་གྱི་རང་གཤིས་དང་ཁྱད་ཆོས་མངོན་གསལ་དོད་པོ་ཡོད་པ་དེ་མི་རིགས་གཞན་གྱི་ཨར་སྐྲུན་ནང་དཀོན་པོ་ཡིན།

བོད་རིགས་ཀྱི་ཨར་སྐྲུན་ནང་རྒྱས་སྤྲོས་ལྡན་པའི་ཕོ་བྲང་གི་ཨར་སྐྲུན་དང་། རྒྱ་ཆེ་བའི་དགོན་སྡེའི་ཨར་སྐྲུན། ཡང་ན་སྤྱིར་བཏང་གི་དམངས་ཁང་བཅས་ཚང་མའི་སྒོ་དང་སྒེའུ་ཁུང་ལ་ནག་རྩི་གཏོང་གི་ཡོད། སྲོལ་རྒྱུན་གྱི་བྱེད་སྟངས་འདི་དངོས་སུ་བེད་སྤྱོད་བྱེད་པའི་ནང་ཕན་ཐོགས་ངེས་ཅན་ཡོད་པ་ཕུད་དམངས་སྲོལ་དང་རིག་གནས་སོགས་ཀྱི་ཐད་དོན་སྙིང་ག་འདྲ་ཡོད་མེད་འགྲེལ་བཤད་རྒྱག་མཁན་བྱུང་མ་སྨྲོང་། རང་ཉིད་ཀྱིས་ལོ་མང་པོའི་རིང་བརྟག་དཔྱད་ཞིབ་འཇུག་བྱས་པ་བརྒྱུད་ཐོག་མའི་ངོས་འཛིན་ཁ་ཤས་བྱུང་བ་ཚང་མར་དཔྱད་གཞིར་འབུལ་རྒྱུ་ཡིན། ཅུང་སྔ་བའི་བོད་ཀྱི་ཨར་སྐྲུན་མང་ཆེ་བ་ཀྱང་རྫོང་བ་དང་ས་ཕག་གི་ཨར་སྐྲུན་ཤ་སྟག་ཡིན། དེར་བརྟེན་སྒོ་དང་སྒེའུ་ཁུང་གི་མཐའ་ལྷགས་ལ་སྲུང་སྐྱོབ་དང་ཆུ་འགོག་རྒྱུ་གལ་ཤིན་ཏུ་ཆེན་པོ་ཡིན། གནད་དོན་དེ་ཐག་གཅོད་བྱེད་པའི་ཆེད་དུ་བོད་རིགས་མི་དམངས་ཀྱིས་འབྱར་རྩི་ཅུང་ཆེ་བའི་ས་དམར་གྱིས་འདག་པས་ཞལ་གདན་བྱུགས་པ་དང་། ཁང་པའི་ཆེ་ཆུང་ལ་གཞིགས་ནས་སྒོ་དང་སྒེའུ་ཁུང་གི་མཐའ་ལྷགས་ལི་སྨིད་30ཡི་ནག་རྩི་བཟོ་ཡི་ཡོད། དེ་རྗེས་ཆུ་འགོག་གི་ནུས་པ་ཅུང་ཆེ་བའི་ས་སྨྲ་དཀར་གྱི་འདག་པས་ཕྱི་ལ་ཡང་བསྐྱར་རིམ་པ་གཅིག་བྱུགས་ནས་འཇམ་པོ་བཟོས་པ་དང་དེ་ཡི་ཐོག་ལ་ཆུ་རྡོ་རིལ་རིལ་གྱིས་དབུར་བརྒྱབ་ནས་འཇམ་པོ་འོད་རྒྱག་ཐུབ་པ་

བཟོ་བ་དང་། དེ་ཡི་ཐོག་ལ་སྣག་ཚ་སྣུམ་ཡོད་པ་འབྱུག་རྒྱུ། མཐའ་མར་དེའི་སྟེང་དུ་མར་རྙིང་པའི་མར་ཁུའམ་སྣུམ་རྙིང་པ་སོགས་ཐེངས་ཁ་ཤས་འབྱུག་དགོས་པ་རེད། དེ་ལྟ་བུའི་འདག་པས་བཟོས་པའི་མཐའ་ལྕགས་ནག་པོ་དེ་ལ་ནག་རྩི་ཟེར་བ་རེད།(པར4—61)

མཐའ་ལྕགས་ནག་པོ་བཟོ་བ་དེས་སྒོ་སྒེའུ་ཁུང་གི་མཐའ་ཟུར་སྲ་བརྟན་དང་ཆར་ཆུ་འགོག་པའི་ནུས་པ་ཐོན་པ་མ་ཟད་ཚོས་ནག་པོ་དེས་ཁང་པ་ལ་དྲོད་ཁུག་པ་དང་དྲོད་སྲུང་བའི་ནུས་པ་ཡང་ཐོན་ཐུབ། དེ་འདྲ་ཡིན་ན་ཡུན་རིང་པོ་ནས་ནག་རྩི་ཡི་མཐའ་ལྕགས་གཏོང་རྒྱུ་དེ་ལག་རྩལ་གྱི་བྱ་ཐབས་ཁོ་ན་ཞིག་ཡིན་ནམ་ཡང་ན་གནའ་བོའི་རིག་གནས་དང་མི་རིགས་ཀྱི་གོམས་སྲོལ་དང་འབྲེལ་བ་ཡོད་པ་དེ་ནི་ང་ཚོས་ཞིབ་དཔྱད་བྱེད་པའི་གནད་དོན་ཡིན། གནད་དོན་དེ་གསལ་པོ་ཞིག་ཡོང་ཆེད་ལོ་རྒྱུས་དེབ་ཐེར་མང་པོར་བལྟས་ན་ཡང་དེའི་སྐོར་གྱི་ལོ་རྒྱུས་གང་ཡང་མཐོང་རྒྱུ་མི་འདུག་ལ། རིག་གནས་ལོ་རྒྱུས་མཁས་ཅན་མང་པོ་དང་དམངས་ཁྲོད་ཀྱི་ལག་ཤེས་པ་དང་རྒན་རབས་མང་པོ་ལ་བཀའ་འདྲི་ཞུས་ཀྱང་ཤོད་ཚུལ་གཅིག་རང་ཡོད་པ་ནི། རྗེ་ཙོང་ཁ་པས་དགེ་ལུགས་པའི་ཆོས་བརྒྱུད་བཙུགས་པའི་རྗེས་སུ་མི་ཚོས་སྒོ་སྒེའུ་ཁུང་ལ་ནག་རྩི་བཟོས་ནས་དགེ་ལུགས་པའི་སྲུང་མ་དམ་ཅན་ཆོས་རྒྱལ་མཆོད་པ་བྱས་ནས་སྲུང་མས་སྲུང་སྐྱོབ་གནང་བའི་ཆེད་དུ་བཟོས་པ་རེད་ཅེས་པའི་ཟེར་སྲོལ་ཡོད་ཅེས་ཤོད་པ་ལས་གཞན་གྱི་ཤོད་ཚུལ་གང་ཡང་གོ་ཐོས་མ་བྱུང་། ང་རང་གིས་དབྱེ་ཞིབ་བྱས་པ་ན་ཤོད་ཚུལ་འདི་ཡང་དག་པ་ཞིག་ཡིན་དཀའ། གང་ལགས་ཤེ་ན། རྗེ་ཙོང་ཁ་པས་དགེ་ལུགས་པ་མ་བཙུགས་གོང་ནས་སྒོ་སྒེའུ་ཁུང་ལ་ནག་རྩི་བཟོ་བའི་སྲོལ་ཡོད་པ་དཔེར་ན་བསམ་ཡས་དགོན་པ་དང་། ས་སྐྱ་དགོན་པ། ཞ་ལུ་དགོན་པ་སོགས་ཚང་མར་ནག་རྩི་བཟོས་ཡོད།

གཞན་ཡང་གྲུབ་མཐའི་ཐོག་ནས་བཤད་ན་འང་བཀའ་བརྒྱུད་པ་དང་ས་སྐྱ་བས་སྲུང་མ་དམ་ཅན་ཆོས་རྒྱལ་མཆོད་ཀྱི་མེད་ལ་གྲུབ་མཐའ་ཁ་ཤས་ནས་སྲུང་མ་འདི་ལ་དེ་ཙམ་དགའ་པོ་མི་བྱེད་མཁན་ཡང་ཡོད་པས་འདི་འདྲ་བཟོ་མི་སྲིད་ཙང་། དོན་དངོས་ཐོག་བོད་བརྒྱུད་ནང་པ་སངས་རྒྱས་ཆོས་ལུགས་པའི་དགོན་པ་ཡོངས་ལ་ནག་རྩི་བཟོ་སྟངས་འདི་ཡོད། དེ་ལྟར་ན་ནག་རྩི་བཟོ་བ་འདི་ག་རེའི་མཚོན་བྱེད་ཡིན་པ་དང་ནང་དོན་ག་རེ་ཡོད་མེད་ནི། རང་ཉིད་ཀྱིས་ལོ་མང་རིང་བརྟག་དཔྱད་དབྱེ་ཞིབ་བྱས་པ་བརྒྱུད་ནས་ངོས་འཛིན་ཐུབ་ཏུ་བྱུང་བ་འདི་ལྟར་ཏེ་བོད་རིགས་ཨར་སྐྲུན་གྱི་སྒོ་དང་སྒེའུ་ཁུང་ལ་ནག་རྩི་བཟོ་རྒྱུ་དེ་བོད་མི་རིགས་ཀྱི་དམངས་ཁྲོད་གོམས་སྲོལ་དང་འབྲེལ་བ་ཆེན་པོ་ཡོད། ནག་རྩིའི་མཐའ་ལྕགས་གཏོང་བ་དེ་ཨར་སྐྲུན་གྱི་བཟོ་རྩལ་ཐད་རྩིག་པའི་ཟུར་ལ་སྲུང་སྐྱོབ་དང་། ཆར་ཆུ་འགོག་པ། ཚ་དྲོད་ལེན་པ་སོགས་ཀྱི་ནུས་པ་ཡོད་པ་མ་ཟད། དེས་མི་རིགས་རང་ཉིད་ཀྱི་མཚོན་རྟགས་ཤིག་ཀྱང་ཡིན་ཏེ་གཡག་གི་མགོ་ཡི་ཚབ་མཚོན་པ་ཡིན། གཡག་མགོ་འདིས་གོང་དུ་བཤད་པའི་སྲུང་མའི་མགོ་མཚོན་པ་མ་ཡིན་པར་སྲུང་མའི་མགོ་ནི་མ་ཧེ་ཡི་མགོ་ཡིན་པ་དང་། འདིར་བཤད་པ་ནི་ང་ཚོ་མཚོ་བོད་མཐོ་སྒང་གི་ནོར་བུ་གཡག་གི་མགོ་ཡིན།(པར4—62)

གནའ་བོའི་བོད་མི་ནི་ཧུ་སྤྱིའི་མི་རིགས་ཤིག་ཡིན་ཞིང་། འབྲི་གཡག་མཉམ་དུ་འཚར་ལོངས་བྱུང་བ་དང་འབྲི་གཡག་མཉམ་དུ་འཚོ་བ་སྐྱེལ་མཁན་ཞིག་ཡིན། འབྲི་གཡག་ནི་ཁོ་ཚོའི་འཚོ་བའི་འབྱུང་ཁུངས་ཡིན་པ་ཟ་རྒྱུ་གཡག་གི་ཤ་དང་། འཐུང་རྒྱུ་འབྲི་ཞོ་འོ་མ། དགབ་རྒྱུ་འབྲི་གཡག་གི་སྤུས་བཟོས་པའི་ཕྱིང་བ་དང་། སྡོད་ས་གཡག་གི་རྩིད་པས་བཏགས་པའི་སྦྲ་གུར་ཡིན། བྱས་ཙང་འབྲི་གཡག་གིས་ཁོ་ཚོ་གསོ་བ་ཞིག་རེད། ཁོ་ཚོས་གཡག་ལ་དགའ་ཞེན་ཚད་མེད་བྱེད་པ་དང་གོང་བཀུར་ཚད་མེད་ཡང་བྱེད་ཀྱི་ཡོད་པ་མ་ཟད་གཡག་ནི་མི་རིགས་རང་གི་མཚོན་རྟགས་ཤིག་ཏུ་བརྩི་ཡི་ཡོད། འབྲོག་པས་རང་ཉིད་ཀྱིས་ཚེ་ཐར་བཏང་བའི་གཡག་རྒན་ཤི་རྗེས་དེའི་མགོ་སྨྲའི་ནང་ལ་འགེལ་གྱི་ཡོད་པ་དེ་ལ་ལྷ་གཡག་ཟེར། དེ་ལྟར་ལོ་རྒྱུས་ཡུན་རིང་སོང་ནས་འབྲོག་པ་ཚོ་རིམ་བཞིན་གཏན་སྡོད་བྱས་ནས་ཞིང་པ་ཆགས་པའི་རྗེས་སུ་མུ་མཐུད་ནས་གཡག་གི་མགོ་དེ་མཚོན་རྟགས་ཀྱི་དངོས་པོའམ་མཆོད་བསྟོད་བྱ་ཡུལ་དུ་བརྩིས་ནས་ཁང་པའི་སྒོའི་ཐོག་དང་། རྩིག་པའི་ཟུར། ཡང་ན་ཁང་པའི་ནང་ལ་བཀལ་ནས་བཞག་པ་དང་གཡག་མགོ་དེ་རྟེན་དུ་བརྩིས་ནས་འཛོམ་གི་ཡོད།（པར4—63）

བོན་ཆོས་དང་སངས་རྒྱས་ཆོས་ལུགས་གཉིས་ཀྱི་རྡོ་བརྐོས་མ་ཋི་རྡོ་ཕྲུང་སོགས་ཀྱི་སྟེང་དུའང་གཡག་མགོ་དང་ཡང་ན་གཡག་གི་རྭ་ཅོ་སོགས་མཆོད་ནས་འཛོམ་གི་ཡོད།（པར4—64） གཞན་ཡང་དགོན་པའི་མགོན་ཁང་ནང་གཡག་མགོ་བཀལ་བ་དང་། ཡང་ན་མགོན་ཁང་གི་འགྲམ་ལ་གཡག་ཆ་ཚང་གི་གསོབ་བཟོས་ནས་བཞག་པ་ཡང་ཡོད། དེ་འདྲ་ནི་ད་ལྟ་མཚོ་སྔོན་གྱི་སྐུ་འབུམ་དགོན་པའི་མགོན་ཁང་འགྲམ་ལ་མཐོང་རྒྱུ་ཡོད།（པར4—65）

ཆེས་གནའ་བོའི་བོད་མི་ལ་ཧུས་རྒྱུད་ཆེན་པོ་བཞི་ཡོད་ཅིང་། དེ་ཡི་ནང་གི་དང་པོ་ནི་ལྡོང་གི་ཧུས་ཡིན་པ་དང་། ལྡོང་ལ་ལྡོང་དཀར་དང་ལྡོང་ནག་གཉིས་སུ་དབྱེ་ཡོད་ལ། ལྡོང་དཀར་གྱིས་ཆོས་གཞི་དཀར་པོ་གཙོ་བོ་བྱེད་པ་དང་། ལྡོང་ནག་གིས་ཆོས་གཞི་ནག་པོ་གཙོ་བོར་བྱེད་ཅིང་། ཁོ་ཚོ་ནི་ཧུ་སྤྱིའི་འབྲོག་པ་ཡིན་པས་འབྲི་གཡག་ར་ལུག་དང་ཁ་བྲལ་ཐབས་མེད། ཡུན་རིང་གི་འབྲོག་པའི་འཚོ་བའི་ནང་རིམ་བཞིན་ཁག་སོ་སོའི་ཚབ་བྱེད་དངོས་པོའམ་མཚོན་རྟགས་ཀྱི་དངོས་པོར་བརྩི་བ་དེ་དེང་སྐབས་ཀྱི་མིས་བཤད་པའི་གདོད་མའི་མཆོད་ཆོས་ཞེས་པ་དེ་རེད། དགེ་རྒན་ཆེན་མོ་ཏའོ་ཞིང་ལེང་གིས་བརྩམས་པའི་《ཀྲུང་གོའི་གདོད་མའི་མཆོད་ཆོས་རིག་གནས་》ཞེས་པའི་དེབ་ནང་འཁོད་དོན། གདོད་མའི་མཆོད་ཆོས་རིག་གནས་ནི་གདོད་མའི་སྐབས་ཀྱི་ཤིན་ཏུ་ངོ་མཚར་བའི་རིག་གནས་ཀྱི་མངོན་ཚུལ་ཞིག་ཡིན། འཛམ་གླིང་ཐོག་གི་མི་རིགས་མང་ཆེ་བར་གདོད་མའི་མཆོད་ཆོས་ཀྱི་རིག་གནས་ཡོད། ཅེས་དང་ཨ་མེ་རི་ཁའི་ལོ་རྒྱུས་མཁས་ཅན་གྱི་ཚབ་མཚོན་མི་སྣ་A · ཀ་ཧྲིང་ཕྲི་རྩེ་ནས་ངོས་འཛིན་བྱས་དོན། གདོད་མའི་མཆོད་ཆོས་ཞེས་པ་ནི་གདོད་མའི་མིས་རི་དྭགས་གང་རུང་ཞིག ཡང་ན་བྱ་བྱེའུ། ཡང་ན་དངོས་པོ་གང་ཡང་རུང་བ་ཞིག་ཁོ་རང་ཚོའི་མེས་པོ་ཡིན་པར་བརྩི་བའམ་དངོས་པོ་དེ་དག་དང་འབྲེལ་བ་ཡོད་པའི་ངོས་འཛིན་བྱེད་ཀྱི་ཡོད། ཅེས་དང་། རང་རྒྱལ་གྱི་སྐད་གྲགས་ཡོད་པའི་མི་རིགས་རིག་པ་མཁས་ཅན་ཡང་རྔུས་ཀྱིས་བཤད་

དོན། གདོང་མའི་མཚོན་ཆོས་ནི་རི་དྭགས་དང་སྐྱེ་དངོས་སམ་རང་སྐྱེའི་དངོས་པོ་ཞིག་ཡིན། ཞེས་པ་སོགས་མདོར་ན། བོད་རིགས་ཀྱིས་གཡག་གི་མགོ་དང་ལུག་མགོ་དེ་གདོང་མའི་མཚོན་ཆོས་ལ་བརྩི་བ་དེ་ནི་ངེས་པར་དུ་ཡིན་དགོས་པ་ཞིག་གིས་ཚོད་ལ་སླེབས་ཡོད་ལ་ད་བར་གནས་ཡོད། (པར4—66)

དེར་བརྟེན་ད་ལྟ་ང་ཚོས་མཐོང་རྒྱུ་ཡོད་པའི་བོད་རིགས་ཨར་སྐྲུན་གྱི་སྒོ་དང་སྒེའུ་ཁུང་ལ་ནག་རྩི་གཏོང་བའི་སྲོལ་འདི་ནི་གཡག་མགོའི་མཚོན་བྱེད་ཡིན། དེ་ཡང་བོད་རིགས་ཀྱི་གདོང་མའི་མཚོན་ཆོས་རིག་གནས་རྒྱུན་མཐུད་པ་ཞིག་ཡིན། གོང་དུ་ངོ་སྤྲོད་བྱས་པའི་དགེ་ལུགས་པས་དམ་ཅན་ཆོས་རྒྱལ་མཆོད་པའི་དམངས་ཁྲོད་ཀྱི་ཤོད་སྲོལ་ལ་མ་གཞི་ནོར་འཁྲུལ་ཡོད་ནའང་ཤོད་སྟངས་འདི་ཡིས་ཕྱོགས་གཞན་ཞིག་ནས་ནག་རྩི་དེ་གཡག་མགོའི་མཚོན་བྱེད་ཅིག་ཡིན་པ་མངོན་པ་རེད། དེའི་སྐབས་ཀྱིས་ང་ཚོས་ལོ་རྒྱུས་ལ་ཞིབ་འཇུག་བྱས་པའི་རྨང་གཞིའི་ཐོག་དངོས་ཡོད་ལ་དབྱེ་ཞིབ་བྱས་པ་དང་ཁྱོན་ཡོངས་ཀྱི་གདོང་མའི་མཚོན་ཆོས་རིག་གནས་ལ་ཟུང་འབྲེལ་བཅས་བྱེད་དུས་གོང་གསལ་གྱི་འགྲེལ་བཤད་རྒྱག་སྟངས་དེ་ཡང་དག་པ་ཞིག་ཡིན་པ་ར་འཕྲོད་ཐུབ་ཀྱི་འདུག

གཞན་ཡང་བོད་ལྗོངས་སྟོད་པའི་སི་ཁྲིན་དཀར་མཛེས་བོད་རིགས་རང་སྐྱོང་ཁུལ་དང་། ཛ་བ་བོད་རིགས་ཆའང་རིགས་རང་སྐྱོང་ཁུལ། མཚོ་སྔོན་ཡུལ་ཤུལ་བོད་རིགས་རང་སྐྱོང་ཁུལ་སོགས་ནི་ལོ་རྒྱུས་ཐོག་གི་ལྟོང་ཉུ་ཆེན་བཅོ་བརྒྱད་ཀྱི་ཁོངས་སུ་གཏོགས་པར་ས་ཆ་དེ་ཚོར་སྒོ་སྒེའུ་ཁུང་གི་མཐའ་ལྟགས་དཀར་པོ་བཟོ་བའི་གོམས་གཤིས་ཡོད། ལོ་རྒྱུས་ཐོག་གོང་གི་ས་ཁུལ་དེ་ཚོ་ནི་ལྟོང་དཀར་གྱི་ཉུས་རྒྱུད་ཁོངས་སུ་གཏོགས་པ་ལུག་གི་མགོ་ཡིས་གདོང་མའི་མཚོན་ཆོས་བྱེད་པའི་རིགས་རྒྱུད་ཡིན། དེ་ལྟ་བུའི་མཐའ་ལྟགས་དཀར་པོ་དེ་ནི་ལུག་གི་མགོ་ཡི་མཚོན་རྟགས་ཡིན། ལུག་མགོ་ཡང་བོད་རིགས་ཀྱིས་བརྩི་འཇོག་ཆེ་བའི་མཚོན་རྟགས་ཤིག་ཡིན། ལོ་ལྟར་བོད་ཀྱི་ལོ་གསར་སྐབས་ཁྱིམ་ཚང་ཚང་མས་ལུག་མགོ་བཤམས་ནས་ལོ་གསར་པར་བསུ་བ་ཞུ་བ་དང་བཀྲ་ཤིས་བདེ་ལེགས་ཞུ་ཡི་ཡོད། བོད་མི་ཚོའི་སེམས་ལ་གཡག་དང་ལུག་ནི་ཉམ་ཆུང་གི་སྒོ་ཟོག་ཅིག་ཡིན་པ་དང་། བདག་པོའི་ཁ་ལ་ཏ་ཅང་ཉན་པོ་ཡོད་པ། ཤིན་ཏུ་ཤ་ཚ་བ་མ་ཟད། ཁོ་ཚོའི་བཟའ་རྒྱུ་རྩྭ་དང་། འཛོ་རྒྱུ་འོ་མ་ཡིན་པ། ལྷག་པར་དུ་ལུག་ནི་གཤིས་རྒྱུད་ཏ་ཅང་འཇམ་པོ་ཤིན་ཏུ་སྙིང་རྗེ་བ་ཞིག་ཡིན་པའི་ངོས་འཛིན་བྱེད་ཀྱི་ཡོད། ལོ་གསར་ལ་ལུག་མགོ་བཤམས་སྟོན་བྱས་ནས་ལོ་གསར་པ་བདེ་བདེ་སྐྱིད་སྐྱིད་དང་དགའ་དགའ་སྤྲོ་སྤྲོ་ཡོང་བའི་སྨོན་འདུན་ཞུ་བ་ཡིན། ད་དུང་བོད་སྐད་ལ་ལོ་མགོ་དང་ལུག་མགོ་སྒྲ་འདྲ་པོ་ཡིན་པས་ལུག་མགོ་བཤམས་པ་དེས་ལོ་གསར་པ་ཚེས་པའི་རྟགས་ཀྱང་མངོན་པར་བྱེད་པ་ཡིན།

གཞན་ཡང་བོད་རིགས་ཀྱི་ཆོས་ལུགས་ཚོ་གའི་བྱེ་བྲག་གཡང་འགུག་གི་ཚོ་ག་སྒྲུབ་དུས་ཀྱང་ལུག་མགོ་བཤམ་དགོས་ཀྱི་ཡོད། བོད་པས་ལུག་ལ་གཡང་དཀར་ལུག་ཅེས་གཅེས་མིང་ཞིག་བཏགས་ཡོད། ལུག་ལ་ཡང་ཚེ་ཐར་བཏང་བའི་ལུག་ཡོད་

པར་ཚེ་ལུག་ཟེར་ཞིང་།（པར4—67） བོད་པ་ཚོས་ད་ཅང་དགའ་པོ་བྱེད་པའི་ནོར་ལུག་ཡིན། ལུག་ལ་བརྟེན་ནས་རང་མི་རིགས་མཚོན་པ་བྱེད་པར་ཡང་རྒྱུ་མཚན་ལྡན་པ་ཞིག་ཡིན། དེར་བརྟེན་བོད་མི་ཚོས་ཁང་པ་རྒྱག་དུས་ཨར་སྐྲུན་བཟོ་རྩལ་དང་ཟུང་དུ་འབྲེལ་ནས་གཡག་མགོ་དང་ལུག་མགོ་ཡི་གདོང་མའི་མཚོན་ཚོས་བཟོས་པ་ཡིན།

བོད་མི་རིགས་འདི་ཉིད་གཡག་དང་ལུག་ལ་དམིགས་བསལ་གྱི་བརྩེ་དུང་ཡོད་པར་བརྟེན་ཚོས་མདོག་དཀར་ནག་གཉིས་བེད་སྤྱོད་རྒྱུར་ཡང་ད་ཅང་དགའ་པོ་ཡོད་ཅིང་། དེ་ནི་མི་རིགས་གཞན་པ་ཁ་ཤས་ཀྱིས་ཚོས་གཞི་དཀར་ནག་གཉིས་ལ་འཛེམ་བྱ་བྱེད་ཀྱི་ཡོད་པ་དང་གཏན་ནས་མི་འདྲ། དབུས་གཙང་ཁུལ་ལ་སྟོང་ནག་གི་ཉུས་རྒྱུད་མང་བ་ཡོད་པས་ཕྱུ་པ་ཡང་ཚོས་མདོག་ནག་པོ་གྱོན་རྒྱུར་དགའ་པོ་ཡོད་པ། དཔེར་ན། སྟོ་ཁ་དང་གཞིས་རྩེའི་ཞིང་པ་ཚོས་སྣམ་བུའི་ཕྱུ་པ་ནག་པོ་གྱོན་སྲོལ་ཡོད་པ་དང་། སྟོང་དཀར་ས་ཁུལ་གྱི་ཞིང་པ་ཚོས་ཕྱུ་པ་དཀར་པོ་གྱོན་རྒྱུ་གཙོ་བོ་བྱེད་ཀྱི་ཡོད། དཔེར་ན། དབུས་གཙང་གི་ནག་ཆུའི་འབྲོག་པས་ལྷགས་ཚག་དཀར་པོ་གྱོན་པ་དང་ཁམས་མི་ཉག་དང་བརྒྱུད་ཟིལ་རྗོང་སོགས་ལ་ལྭ་བ་ཕྱུ་པ་དཀར་པོ་གྱོན་རྒྱུར་དགའ་པོ་ཡོད།（པར4—68）

དེ་དང་འདྲ་བར་དབུས་གཙང་ས་ཁུལ་གྱི་ཨར་སྐྲུན་སྟེང་དུ་ཡང་ནག་རྩི་བཏང་ནས་གཡག་གི་མགོ་མཚོན་པར་བྱེད་པ་དང་། སྟོང་དཀར་ཉུས་རྒྱུད་ཀྱི་དམངས་ཁང་ལ་མཐའ་ལྷྭགས་དཀར་པོ་བཏང་ནས་ལུག་གི་མགོ་མཚོན་པར་བྱེད་ཀྱི་ཡོད། མི་ཉག་དང་མཚོ་སྔོན་སོགས་ས་ཁུལ་གྱི་དགོན་པའི་སྒོ་དང་སྒེའུ་ཁུང་ལ་ནག་རྩི་བཏང་བ་གང་ཡིན་ཟེར་ན། དེ་ནི་བོད་བརྒྱུད་སངས་རྒྱས་ཚོས་ལུགས་ཀྱི་ལྟེ་བ་ལྷ་ས་ཡིན་པ་དང་། ལྷ་ས་དང་དབུས་གཙང་ས་ཁུལ་ཡོངས་ལ་ནག་རྩི་གཏོང་གི་ཡོད་པས་མཐའ་སྐོར་གྱི་དགོན་པ་ཚོ་ཡང་དབུས་གཙང་གི་དགོན་པ་ལ་དཔེ་བྱས་ནས་སྒེའུ་ཁུང་སོགས་ལ་ནག་རྩི་གཏོང་གི་ཡོད།（པར4—69） འོན་ཏེ་ཁམས་ཁུལ་གྱི་དགོན་པའི་གྲྭ་ཤག་གི་སྒོ་སྒེའུ་ཁུང་ལ་མཐའ་ལྷྭགས་དཀར་པོ་གཏོང་གི་ཡོད།（པར4—70）

མདོར་ན། བོད་རིགས་ཀྱི་ཨར་སྐྲུན་ནི་ལས་ལ་བརྟེན་ཞིང་ཤེས་རིག་བཀྲ་བའི་བོད་རིགས་མི་དམངས་ཀྱིས་མི་ལོ་སྟོང་ཕྲག་མང་པོའི་ལོ་རྣའི་ནང་རྒྱུན་མ་ཆད་པར་གསར་གཏོད་དང་འཕེལ་རྒྱས་གཏོང་བའི་བརྒྱུད་རིམ་ནང་མི་རིགས་རང་ཉིད་ཀྱི་གནའ་བོའི་རིག་གནས་དང་གོམས་སྲོལ་གཤིས་ལུགས་བཅས་ཀྱི་ཤུགས་རྐྱེན་འོག ཨར་སྐྲུན་དངོས་པོའི་ཐོག་ནས་བོད་མི་རིགས་ཀྱི་སྲོལ་རྒྱུན་རིག་གནས་དང་ས་ཁུལ་སོགས་ཀྱི་ཁྱད་ཆོས་མངོན་པར་བྱས་ཡོད་ཅིང་། ཨར་སྐྲུན་གྱི་སྒོ་སྒེའུ་ཁུང་གི་མཐའ་ལྷྭགས་བཟོ་སྐྲུན་ལ་ཡང་གནའ་བོའི་གདོང་མའི་མཚོན་ཚོས་རིག་གནས་ཀྱི་ཤུགས་རྐྱེན་ཐོག་པ་མ་ཟད། ས་ཁུལ་སོ་སོའི་ཁྱད་པར་ལ་བརྟེན་ནས་ཚོས་མདོག་དཀར་ནག་མི་འདྲ་བ་གཉིས་ཀྱི་མཐའ་ལྷྭགས་བཟོ་སྐྲུན་ཀྱང་བྱུང་བ་རེད། དེ་ནི་ས་གནས་སོ་སོའི་ཡུལ་སྲོལ་གོམས་གཤིས་དང་མཐུན་པ་མ་ཟད་སྲོལ་རྒྱུན་གྱི་རིག་གནས་རྒྱུན་འཛིན་ཐུབ་པ་དང་། ཉུས་རྒྱུད་

མི་འདྲ་བའི་ཁྱད་ཆོས་ཀྱང་རྒྱུན་འཛིན་ཐུབ་པ་བཅས་ཀྱི་གཏིང་ཟབ་ཀྱི་དོན་སྙིང་ལྡན་ཡོད། དངོས་ཡོད་སྣང་ཚུལ་ཐོག་ནས་བཤད་ན་ཡང་རྩིག་པ་ཚང་མ་དཀར་པོ་ཡིན་པའི་གྱང་ངོས་ལ་མཐའ་ལྷུགས་ནག་པོའི་རྒྱན་སྤྲས་བྱེད་ཅིང་། ཏེ་བག་ཆེན་པོ་ཡོད་པའི་ཆོས་མདོག་དེ་གཉིས་པོས་བོད་རིགས་མི་དམངས་ཀྱི་བྱམས་སྡུང་བསམ་པ་གསལ་པོར་མཚོན་ཐུབ་པ་མ་ཟད། དུས་མཚུངས་མཐོ་སྒང་གི་ཉི་ཟེར་ཤུགས་ཆེན་འཕྲོ་བའི་འོག་ཨར་སྐྱུན་ཁང་ཆེན་རེ་རེ་བཞིན་ཁ་གསལ་པོ་དང་བརྟན་ཞིང་བརླིང་བ་ཡོད་པ་བཅས་ཀྱི་ཨར་སྐྱུན་རང་གཤིས་གསལ་བར་མངོན་པར་བྱེད་པ་དང་དུས་མཚུངས། ཆེས་གནའ་བོའི་བོད་ཀྱི་གདོང་མའི་མཚོན་ཆོས་རིག་གནས་ངོ་མཚར་ལྡན་པའི་སྒོ་ནས་ཨར་སྐྱུན་གྱི་ལངས་ངོས་ཐོག་ཏུ་མངོན་པར་བྱས་ཏེ་མི་ལོ་སྟོང་ཕྲག་མང་པོར་རྒྱུན་འཛིན་ཐུབ་པ་ཡང་བྱས་ཡོད། དེ་ནི་མི་རིགས་རིག་གནས་ཀྱི་ལོ་རྒྱུས་ཐོག་གི་དཔེ་མཚོན་ལྡན་པའི་མཛེས་རྩལ་ཞིག་ཡིན།

ལྔ་པ། བོད་རིགས་ཨར་སྐྱུན་གྱི་ཤིང་གི་སྒྲིག་ཆས་ཁག་དང་དེའི་སྒྲིག་སྟངས།

༡ བོད་རིགས་ཨར་སྐྱུན་གྱི་ཀ་གདུང་དང་ཤིང་སྒྲིག་བང་རིམ།

(༡) ཀ་བ་བཟོ་སྟངས།

ཀ་བ་ནི་ཤིང་གི་སྒྲིག་གཞིའི་ཨར་སྐྱུན་གྱི་སྒྲིག་ཆས་གཙོ་བོ་ཡིན་ལ་ཨར་སྐྱུན་གྱི་ལྗིད་ཚད་འདེགས་པའི་སྒྲིག་གཞི་གཙོ་བོ་ཡང་ཡིན། སྤྱིར་བཏང་ཨར་སྐྱུན་གྱི་ཀ་བ་ནི་ཤིང་ཟླུམ་པོ་ཡིན། རི་ནས་བཅད་པའི་ཤིང་སྡོང་རྣམས་བཟོ་ལྟ་ཕྲན་ཙམ་བཟོས་ཏེ་ཀ་བ་བཙུགས་ནས་གདུང་མ་བཀྱག་རྒྱུ་དེ་ཀ་བའི་གཙོ་བོའི་ནུས་པ་ཡིན། གལ་ཏེ་ཨར་སྐྱུན་སྤུས་ཚད་ཡག་ཙམ་དང་ནང་ལ་ཆ་རྐྱེན་ལེགས་ཙམ་ཡོད་ན་ཀ་བ་གྲུ་བཞི་བཟོ་བ་དང་གདུང་མ་ཡང་གྲུ་བཞི་བཟོ་བཞིན་ཡོད། སྲོལ་རྒྱུན་ཨར་སྐྱུན་གྱི་ལོ་རྒྱུས་ཐོག་ཆོས་ལུགས་ཀྱི་ཨར་སྐྱུན་དང་ཕོ་བྲང་གི་ཨར་སྐྱུན་གྱི་ཀ་བ་ལ་དང་དོད་ཆེན་པོ་བྱེད་ཀྱི་རེད། དེ་ཡི་ནང་ནས་དགོན་པའི་འདུ་ཁང་གི་སྒོ་མཚར་ཀ་བ་དང་ཕོ་བྲང་གི་སྒོ་མཚར་ཀ་བ་ལ་དང་དོད་ཆེ་ཤོས་བྱེད་ཀྱི་ཡོད། འདིར་ཀ་བའི་སྒྲིག་གཞི་བཟོ་སྟངས་དང་བཟོ་དབྱིབས་བཤད་རྒྱུ་ཡིན། ཐག་རིང་ནས་བལྟ་དུས་དང་ཐོག་སྒོ་མཚར་མཐོང་བ་དང་། མི་ཚོ་ཡོང་དུས་ཡང་ཐོག་མ་སྒོ་མཚར་ནས་འཛུལ་ཡོང་དགོས་རེད། དེར་བརྟེན་སྒོ་མཚར་ནི་འདུ་ཁང་དང་ཕོ་བྲང་ལ་འཛུལ་ཡོང་དུས་ཀྱི་འགག་སྒོ་དང་པོ་དེ་ཡིན་ལ་ཕྱི་ངོས་ལ་མངོན་གསལ་དོད་ཤོས་ཀྱང་ཡིན། ཡིན་ན་ཡང་སྒོ་མཚར་ལ་བཟོ་ལྟ་མི་འདྲ་བ་མང་པོ་བཟོས་མེད། རྒྱ་ཁྱོན་ཡང་དེ་ཙམ་ཆེན་པོ་མེད། གཙོ་བོའི་སྒྲིག་གཞི་ནི་གྲལ་སྟར་སྒྲིག་པའི་ཀ་བ་རེད། དེས་ན་སྒོ་མཚར་གྱི་མངོན་གསལ་དོད་ཤོས་ཡང་ཀ་བ་ལས་མེད། དབུས་གཙང་ཁུལ་ལ་མི་ཆོས་ཤར་ཕྱོགས་ཀྱི་འདུ་ཁང་ཆེ་ཤོས་ཟེར་བའི་ཀ་བ200ཙམ་ཡོད་པའི་འབྲས་སྤུངས་དགོན་པའི་ཚོགས་ཆེན་འདུ་ཁང་གི་སྒོ་མཚར་ཆེ་ཤོས་ཡིན་ན་ཡང་ཀ་བ8ལས་མེད། འོན་ཀྱང་པོ་ཏ་ལའི་ཕོ་བྲང་དམར་པོར་འཛུལ་སའི་སྒོ་མཚར་ལ་ཀ་བ2ལས་མེད། དེར་བརྟེན་སྒོ་མཚར་རྫིག་ལོད་རྒྱ་ཆེ་ཆུང་ལ་བལྟ་རྒྱུ་མ་

ཡིན་པར་གཙོ་གནད་དེ་ཀ་བ་གང་འདྲ་བཟོས་ཡོད་མེད་ལ་བལྟ་རྒྱུ་ཡིན། ང་ཚོའི་མེས་པོ་ཚོས་ལོ་བརྒྱ་སྟོང་གི་འཕེལ་རྒྱས་འགྲོ་བའི་བརྒྱུད་རིམ་ནང་དམིགས་བསལ་ཁྱད་ཆོས་ལྡན་པའི་སྒོ་མཆོར་ཀ་བའི་བཟོ་ལྟ་བརྗིད་ཉམས་ལྡན་པ་བཟོས་ཡོད། དེའི་ནང་ནས་རྒྱས་སྤྲོས་ཆེ་ཤོས་ཀྱི་ཀ་བ་ནི་སེར་དགོན་པའི་ཐུགས་པ་གྲྭ་ཚང་འདུ་ཁང་གི་སྒོ་མཆོར་གྱི་ཀ་བ་རེད། འདུ་ཁང་འདི་ཐོག་མ་སེར་དགོན་གྱི་ཚོགས་ཆེན་འདུ་ཁང་ཡིན། སྤྱི་ལོའི་དུས་རབས་བཅོ་བརྒྱད་པའི་འགོ་ལ་སོག་པོ་ལྷ་བཟང་གིས་སྲིད་དབང་བཟུང་བའི་སྐབས་སུ་ད་ལྟའི་སེར་ཚོགས་ཆེན་འདུ་ཁང་གསར་རྒྱག་བྱས་ནས་སྔོན་གྱི་འདུ་ཁང་དེ་ཁོ་རང་སྒེར་གྱི་ལྷ་ཁང་ལ་བཞག་པ་རེད། རྗེས་སུ་དེར་ཐུགས་པ་གྲྭ་ཚང་བཙུགས་པ་རེད། ཐུགས་པ་གྲྭ་ཚང་འདུ་ཁང་གིས་སྒོ་མཆོར་ཀ་བ་ལ་ཟུར་20བཞག་འདུག མཚོ་བོད་མཐོ་སྒང་ཡོངས་ལ་དེ་དང་འདྲ་བ་ཞིག་ད་བར་མཐོང་མ་བྱུང་། ཀ་བ་ལྟེ་བ་དེ་ལ་ཞེང་ཁ་ལི་སྨིད་24ཙམ་འདུག ཀ་བ་ལྟེ་བ་དེ་ཡི་མཐའ་ལ་ཤིང་གྲུ་བཞི་བཟོ་ལྟ་འདྲ་མིན་20བསྣངས་ནས་ཟུར་20བཟོས་འདུག དེའི་ནང་ནས་ཤིང་གྲུ་བཞི9ནི་ལྗིད་ཚད་འདེགས་པའི་ཀ་བ་ཡིན། དེ་མིན་ཤིང་12ནི་ཟུར་འདོན་པའི་ཆེད་དུ་བཙུགས་པ་ཡིན།(པར4—71)(དཔེ་རིས4—15) ཤིང་21གིས་བཟོས་པའི་ཀ་བ་ཆེན་པོ་འདི་ཡི་མཐའ་ཞེང་ལ་ལི་སྨིད་80ཙམ་ཡོད། ཟུར་རེ་རེ་ལ་ཞེང་ཁ་ལི་སྨིད་8ཙམ་ཡོད། ཀ་བའི་སྟེང་གི་གཞུ་ཆུང་དང་གཞུ་ཆེན། གདུང་མ་བཅས་ལ་ཤིང་བརྐོས་རྒྱས་པ་སྤྱར་ཡོད། ཟུར་20ཡོད་པའི་ཀ་བ་ཆེན་པོ་འདི་ལ་ཤིང་ཆ་སྨིད་གྲུ་བཞི་མ་བསྣངས་གཟུགས་གཉིས་ལྷག་དགོས་ཀྱི་ཡོད། ཤིང་བཟོས་ཉིན་ག་ཚོད་ལས་ཀ་བྱེད་དགོས་ཟེར་ན། ཀ་འགོ་ལ་སྦྱར་བའི་ཤིང་བརྐོས་མ་བརྩི་བར་ཤིང་བཟོ་དཔུ་ཆེན་གཅིག་གིས་ཤིང་བཟོ་མི4ཁྲིད་ནས་མ་མཐའ་ཡང་ཉིན10ལྷག་ཙམ་འགོར་གྱི་རེད། ཤིང་གྲུ་བཞི་ཆེ་ཆུང་མི་འདྲ་བ20ཙམ་གྲལ་འགྲིག་པོར་བསྒྲིག་དགོས་ལ་ཤིང་མཁྲེགས་པོའི་ཤིང་གཟེར་བརྒྱབ་ནས་འགོ་མཇུག་ཚང་མ་བརྟན་པོ་བཟོ་དགོས་ལ་མཇུག་ཏུ་ལྕགས་ཤན་འགོ་མཇུག་གསུམ་ལ་སྦྱར་དགོས་ཀྱི་ཡོད།

རིགས་གཉིས་པ་ནི་པོ་ཏ་ལའི་ཞོ་བྲང་དཀར་པོའི་སྒོ་མཆོར་ཀ་བཞི་མའི་ཀ་བ་དེ་ཚོ་ཟུར་16ཡིན། ཀ་བ་ལྟེ་བ་དེ་མཐོ་ཚད་དང་རྒྱ་དཔངས་ལི་སྨིད་གྲུ་བཞི་མ30ཡིན། ཕྱི་ལ་ཆེ་ཆུང་མི་འདྲ་བའི་ཤིང་12སྦྱར་ནས་ཟུར་16བཟོས་ཡོད།(པར4—72)(དཔེ་རིས4—16) ཟུར་16ལས་མེད་ཙང་ཟུར་ནས་སྦྱར་བའི་ཤིང་ཆེ་ཙམ་བཏང་འདུག ཤིང་སྦྱར་སྟངས་དང་བརྟན་པོ་བཟོ་སྟངས། ཤིང་བརྐོས་སྦྱར་སྟངས་སོགས་གོང་དང་གཅིག་མཚུངས་ཡིན་པས་ཡང་བསྐྱར་ཞུ་དགོས་མེད།

རིགས་གསུམ་པ་ནི་ཟུར་12ཡོད་པའི་སྒོ་མཆོར་གྱི་ཀ་བ་ཡིན། ལྷ་ལྡན་གཙུག་ལག་ཁང་གི་ཁྱུབ་གཏད་སྒོ་མཆོར་ཀ་བ་ནི་བཟོ་ལྟ་འདིའི་གྲས་ཡིན།(པར4—73)(དཔེ་རིས4—17) སྤྱི་ལོ1994ལོར་གུས་པས་པེ་ཅིང་ཀྲུང་ཧྭ་མི་རིགས་སྤྱི་གླིང་གི་བོད་རིགས་ཀྱི་ཡུལ་ལྗོངས་འཆར་འགོད་བྱེད་སྐབས་ལྷ་ལྡན་གཙུག་ལག་ཁང་གི་སྒོ་མཆོར་ཆ་ཚང་འཆར་འགོད་བྱས་པ་ཡིན། སྒོ་མཆོར་ཡོངས་དང་ཀ་བ་ཟུར་12ཅན་ཆ་ཚང་བསྟུར་ཚད1:1གི་ཐོག་ནས་གནའ་བོའི་ཨར་སྐྱུན་སྣང་གསོ་བྱ་ཐབས་ཀྱི་ལག་

རྩལ་ལྟར་འཆར་འགོད་བྱས་པ་ཡིན། བཟོ་སྐྲུན་བྱས་ཚར་རྗེས་པེ་ཅིང་ལ་ཡོད་པའི་བོད་ཀྱི་ལས་བྱེད་པ་རྣམ་གྲངས་ཁ་ཤས་དང་བོད་ལ་བསྐྱོད་སྐྱོང་བའི་ཡུལ་སྐོར་བ་ཁ་ཤས་གཟིགས་སྐོར་ལ་ཕེབས་དུས་ལྷ་སའི་བར་སྐོར་ནང་ལ་སླེབས་པའི་སྣང་བ་ཡོང་གི་ཡོད་ལ་ས་མཐོར་སླེབས་ནས་མགོ་ན་བའི་སྣང་བ་ཡོང་མཁན་ཡང་བྱུང་བ་འདི་ནི་རང་ཉིད་ཀྱིས་མིག་མཐོང་ལག་ཟིན་ཡིན།

རིགས་བཞི་པ་ནི་ཅུང་སྟབས་བདེ་བའི་བཟོ་སྟངས་རེད། འོན་ཀྱང་ཀ་བ་གྲུ་བཞི་ཀྱང་པ་ཞིག་མིན་པར་མཐོ་ཚད་དང་རྒྱ་དཔངས་ལི་སྨིད20ཡི་ཀ་བ་ལྟེ་བ་བཙུགས་རྗེས་ཀ་བ་དེའི་ཕྱོགས་བཞི་ལ་ཀ་བ་གྲུ་བཞི་འདྲ་པོ4བཙུགས་ནས་ཟུར་བརྒྱད་ཡོད་པ་ཞིག་ཆགས་པ་རེད། ཀ་བ་དེ་འདྲ་ནི་ལྷོ་ཁ་གྲྭ་ནང་རྫོང་གི་གྲྭ་ཐང་དགོན་པའི་གཙང་ཁང་གི་སྒོ་མཆོར་ལ་བཟོས་འདུག བཟོ་སྟངས་འདི་ཟུར་མང་པོ་ཡོད་པའི་ཀ་བ་ནང་བཞིན་རྗེས་པོ་མིན་ན་ཡང་སྒྲིག་གཞི་ལྡིང་ཚད་འདེགས་པའི་ནུས་པ་དེ་བས་ཡག་པོ་ཡོད།（པར4—74）（དཔེ་རིས4—18）

རིགས་ལྔ་པ་ནི་གདུང་མ་ཟླུམ་པོ་སྒོམ་ཕྲ་ཙུང་མི་འདྲ་བ8ཀྱིས་ལྟེ་བའི་ཀ་བའི་མཐའ་བསྐོར་ནས་བསྒྲིགས་པའི་ཀ་བ་ཟླུམ་པོ་དེ་ཡིན། ཕོ་བྲང་པོ་ཏ་ལའི་བདེ་ཡངས་ཤར་ལ་འཛུལ་སའི་ཁ་སྒོ་གདུང་གྱི་སྒོ་མཆོར་དང་། པོ་ཏ་ལའི་ཞོལ་ལྷུགས་རི་ཆེན་མོའི་གཞུང་སྒོའི་ཁ་བྱང་ལ་འཁོར་བའི་སྒོ་མཆོར་གྱི་ཀ་བ་དེ་ཚོ་བཟོ་ལྟ་འདི་ཡིན།（དཔེ་རིས4—19） དཔེ་རིས་འདི་ནི1990ལོར་ཚད་ལེན་བྱས་པ་ཡིན། ཀ་བ་ཟླུམ་པོ་འདིའི་རིགས་ནི་ཤིང་རིལ་རིལ་མཉམ་དུ་སྒྲིག་པ་ཡིན་པས་བརྟན་པོ་དེ་ཙམ་བཟོ་ཐབས་མེད། གཙོ་བོ་ལྷུགས་ཤན་རིམ་པ་གསུམ་བཏང་ནས་བསྡམ་རྒྱུ་ཡིན། མ་གཞི་བརྟན་པོ་དེ་ཙམ་ཡོང་ཐབས་མེད་ནའང་བཟོ་དབྱིབས་ཐོག་དམིགས་བསལ་ཁྱད་ཆོས་ཡོད།（པར4—75）

ད་དུང་ལྷ་ལྡན་གཙུག་ལག་ཁང་གི་དཀྱིལ་འཁོར་མཐིལ་བསིལ་གཡབ་མཐའ་སྐོར་གྱི་ཀ་བའི་བཟོ་དབྱིབས་ཀྱང་དམིགས་བསལ་ཅན་ཡིན།（པར4—76）（དཔེ་རིས4—20） བོད་ཡིག་དེབ་ཐེར་ཁ་ཤས་ནང་སྔགས་པ་རྣམས་དགའ་བའི་ཆེད་དུ་ཀ་བ་རྡོ་རྗེའི་དབྱིབས་སུ་བྱས་ཞེས་འཁོད་ཡོད་ཀྱང་སྐབས་དེར་སངས་རྒྱས་ཆོས་ལུགས་ཐོག་མར་དར་བའི་སྐབས་ཡིན་པས་མདོ་དང་སྔགས་ཀྱི་དབྱེ་བ་དེ་ཙམ་འབྱེད་ཐུབ་བམ། གང་བྱུང་དུ་བཤད་པ་ཞིག་རང་རེད། ལོ་རྒྱུས་དེབ་ཐེར་ཁ་ཤས་ནང་ཀ་བ་པདྨའི་དབྱིབས་སུ་བྱས་ཞེས་འཁོད་པར་ཀ་བའི་སྙིང་པ་ལ་པདྨའི་དབྱིབས་བཀོད་ཡོད་པ་དངོས་དོན་རེད། ང་ཚོས་དབྱེ་ཞིབ་བྱས་པར་སྦྲ་མོའི་རྒྱ་གར་སོགས་ཡ་གླིང་ནུབ་མའི་བཟོ་རྩལ་གྱི་ཤན་ཞུགས་ཡོད་ངེས་རེད། གང་ལྟར་ཤེ་ན་གཙོ་བོ་བལ་བཟའ་ཁྲི་བཙུན་ཡོང་བའི་བཟོ་རྩལ་པས་བཟོ་སྐྲུན་བྱས་པ་ཞིག་ཡིན་ངེས་རེད། རྗེས་སུ་འཕེལ་རྒྱས་བྱུང་བའི་བོད་རིགས་ཀྱི་ཨར་སྐྲུན་ནང་བཟོ་དབྱིབས་དེ་འདྲ་བ་བཟོ་མཁན་གཏན་ནས་བྱུང་མི་འདུག ལྷ་ལྡན་གཙུག་ལག་ཁང་བཞེངས་ནས་ལོ་བརྒྱ་མ་ལོན་ཙམ་ལ་བསམ་ཡས་དགོན་པ་བཞེངས་པའི་སྐབས་སུ་ཀ་བའི་བཟོ་ལྟ་དེ་འདྲ་བཟོ་སྲོལ་མེད་པ་ཡ་གླིང་ནུབ་མའི་རིག་གནས་ཀྱི་ཁྱད་ཆོས་ཡིན་ངེས་རེད། ང་ཚོས་སྤྱི་ལོ1979ལོ་ནས་བརྟག་དཔྱད་ཞིབ་འཇུག་བྱས་པ་ལས་ལྷ་ལྡན་

གཙུག་ལག་ཁང་གི་ཀ་གདུང་སོགས་ཤིང་གི་སྒྲིག་ཆས་ལྷ་ས་གཙང་པོའི་འགྲམ་སོགས་ཀྱི་གནའ་བོའི་ཤུག་པ་ལས་གྲུབ་པ་ཡིན་ཞིང་། ཀ་གདུང་ཚང་མ་ཤིང་སྡོང་ཧྲིལ་པོར་བརྐོས་བརྒྱབ་ནས་བཟོས་པ་ཤ་སྟག་རེད་འདུག ཀ་བའི་སྟེང་གི་པདྨའི་འདབ་མ་སོགས་སྤྲུར་བ་ཞིག་མིན་པར་ཤིང་སྡོང་རང་ལ་བརྐོས་བརྒྱབ་པ་ཞིག་དང་། གདུང་མའི་སེང་གེའི་མགོ་ཡང་གདུང་མ་རང་ལ་བརྐོས་ནས་བཟོ་ལྟ་སྟོན་པ་ཞིག་ཡིན། བསིལ་གཡབ་ཀྱི་ཀ་བ་ཞེང་ལི་སྨིད41ཡོད་པ་རྣམས་ཟུར་བཅག་ནས་ཟུར8ཀྱི་བཟོ་ལྟ་བཏོན་པ་དང་། ཟུར་བཞིའི་ཀ་བ་ཞེང་དང་མཐོ་ལི་སྨིད50རང་རེད། ཀ་བའི་སྟོད་ལ་རི་མོའི་བརྐོས་བརྒྱབ་འདུག ཀ་བའི་སྟེང་གི་གཞུ་ཤིང་བཟོ་དབྱིབས་སྟབས་བདེ་ཙམ་ཡིན་ན་ཡང་རི་དྭགས་དང་ལྷ་མོའི་གཟུགས་དབྱིབས་བརྐོས་འདུག

ཀ་བའི་བཟོ་དབྱིབས་གཙོ་བོ་དེ་ཙམ་རེད། ཡིན་ནའང་ས་ཆ་སོ་སོའི་སྐུ་དྲག་གི་གཞིས་ཀ་དང་། ཞིང་པ་ཕྱུག་པོའི་དམངས་ཁང་། དགོན་པ་ཁག་གི་བླ་མའི་གཟིམ་ཆུང་སོགས་ནང་དུ་ཀ་བའི་བཟོ་ལྟ་ཙུང་མི་འདྲ་བ་བཟོས་ཡོད་པ་ནི་ས་ཆ་སོ་སོའི་ཤིང་བཟོ་བས་ལག་རྩལ་བཏོན་ནས་བཟོས་པ་ཡིན། གཞན་ཡང་ལོ་རྒྱུས་ཐོག་ཀ་བའི་རྒྱུ་ཆ་ཤུག་པ་བྱུང་ན་ཡག་ཤོས་བརྩི་བ་ཡིན། ཤུག་པ་ལ་འབུ་རྒྱུག་གི་མེད་ལ་རུལ་སྐྱོན་ཡང་ཡོང་གི་མེད་པས་ཡིན། ལྷ་ལྡན་གཙུག་ལག་ཁང་དང་ས་སྐྱ་དགོན་པའི་ལྷ་ཁང་ལྷོ་མའི་ཀ་གདུང་ཚང་མ་ཤུག་པ་ཡིན། ད་བར་རུལ་སྐྱོན་དང་འབུ་རྒྱུག་པ་སོགས་བྱུང་མྱོང་མེད།

ཀ་བ་ལ་ཤིང་ཆེ་ཆུང་ག་ཚོད་གཏོང་མིན་ཡང་ཁྱད་པར་ཆེན་པོ་ཡོད། སྤྱིར་བཏང་བྱས་ན་ཤིང་ནགས་ཡོད་ས་ལ་ཤིང་ཆ་སྦོམ་ཙམ་གཏོང་གི་ཡོད། ཡིན་ནའང་ཤིང་ཆ་ཤིན་ཏུ་དཀོན་པའི་མངའ་རིས་སོགས་ལ་ཀ་གདུང་གི་ཤིང་ཕྲ་མོ་ལས་གཏོང་ཐུབ་ཀྱི་མེད། རྒྱུན་ལྡན་གྱི་ལྡིང་ཚད་ཀྱང་འཚོག་དཀའ་བ་ཡིན། དེ་ནི་སྒྲིག་གཞིའི་གནད་དོན་ཡིན་པས་སྒྲིག་གཞིའི་ལེའུ་ནང་ངོ་སྤྲོད་བྱ་རྒྱུ་ཡིན། ང་ཚོས་རྟོག་ཞིབ་བྱས་པ་བརྒྱུད་མཚོ་བོད་མཐོ་སྒང་ཡོངས་ལ་ཀ་བའི་ཤིང་སྦོམ་ཤོས་ནི་གཞིས་རྩེ་ས་སྐྱ་དགོན་པའི་ཀ་བ40ཡོད་པའི་ལྷ་ཁང་ལྷོ་མའི་ནང་གི་ཀ་བ་བཞི་པོ་དེ་ཡིན། དེའི་ནང་གི་ཀ་བ་སྦོམ་ཤོས་དེ་བཤད་སྲོལ་ལ་ཡོན་རྒྱལ་རབས་ཀྱི་གོང་མས་ཕུལ་བ་ཡིན། ཀ་བའི་ཐད་ཁའི་ཞེང་ཁ་སྨིད1. 2ཡོད་པ་མཐའ་ནས་བསྐོར་ན་སྨིད3. 6ཡོད། (པར4—77) མ་གཞི་ཀ་བ40ཚང་མ་ཤུག་སྡོང་སྦོམ་པོ་ལ་བཟོ་ལྟ་ཕྲན་བུ་བཟོས་ནས་བཙུགས་པ་ཤ་སྟག་ཡིན། ཀ་བ་སྦོམ་ཤོས་བཞི་ལ་ཡང་སྣང་མི་འདྲ་བ་རེ་རེ་བཤད་སྲོལ་ཡོད་པ་དེའི་ཐོག་ནས་ཡོན་རྒྱལ་རབས་ཀྱིས་རྒྱབ་སྐྱོར་གནང་བའི་ས་སྐྱའི་སྲིད་གཞུང་ལ་སྟོབས་ཤུགས་ཆེན་པོ་ཡོད་ལ་རང་བསྟོད་ཀྱི་ང་རྒྱལ་ཆེན་པོ་ལྡན་ཡོད་པ་ཤེས་ཐུབ། ཕྱི་ལ་ངོམ་པར་བྱེད་པ་ལས་ཨར་སྐྲུན་གྱི་སྒྲིག་གཞི་ངོ་མའི་ཐོག་ནས་བཤད་ན་ཤིང་ཆ་སྦོམ་པོ་དེ་འདྲ་གཏན་ནས་དགོས་ཀྱི་མེད།

ཀ་བའི་ཤིང་ཕྲ་ཤོས་འདི་རེད་ཅེས་བཤད་དཀའ་ན་ཡང་ང་ཚོས་ལོ་བཅུ་ཕྲག་ཁ་ཤས་རིང་རྟོག་ཞིབ་བྱེད་པར་བསྐྱོད་པའི་ནང་སྐྱེ་པའི་ཁང་པའི་ཨར་སྐྲུན་ནས་བཤད་ན། སྤྱི་ལོ2017ལོར་ཡུལ་ཤུལ་ཁུལ་ཁྲི་འདུ་རྫོང་གི་སར་ལྷ་ཁང་གི་ལྷ་ཁང་སྙིང་པ་དེ་ཡི་ནང་གི་ཀ་གདུང་ནི་ཏ་ཙང་གི་ཐེབས་ཆག་རེད་འདུག(པར4—78) འབྲོག་པའི་དགུན་མཚེར་ཁང་པ་དང་

འདྲ་པོ་འདུག ད་དུང་སྤྱི་ལོ2022ལོའི་ཟླ5པར་རང་ཉིད་མངའ་རིས་ལ་རྟོག་ཞིབ་བྱེད་པར་བསྐྱོད་སྐབས་མངའ་རིས་སྒྲིད་གྲོས་ནས་སྐར་རྫོང་གི་བཀྲ་ཤིས་སྒང་དགོན་པར་ཞིབ་འཇུག་བྱ་རྒྱུ་བཀོད་སྒྲིག་གནང་བྱུང་བར་བཀྲ་ཤིས་སྒང་དགོན་པའི་གཤམ་ལ་གོག་རྡུལ་དུ་སོང་བའི་སྤྱན་རས་གཟིགས་ཀྱི་ལྷ་ཁང་ཆུང་ཆུང་ཞིག་ཡོད་པ་ཁ་རྒྱུན་ལ་ཞང་ཞུང་དུས་ནས་བྱུང་བའི་ལྷ་ཁང་རྙིང་པ་རེད། ལྷ་ཁང་འདིའི་ཡི་ཀ་གདུང་ནི་དེ་བས་ཕྲ་བ་ཞིག་འདུག ཀ་བ་ཁ་ཤས་ཡོད་པ་ཚང་མ་ཤིང་རྒྱུག་ཕྲ་མོ་ཞིག་ལས་མི་འདུག ཀ་བའི་ཕྲ་སྦོམ་ཐད་ཞེང་ཚད་ལི་སྨིད5ལས་མི་འདུག(པར4—79) སྤྱི་པའི་ཁང་པའི་ནང་གི་ཀ་བ་ཕྲ་ཤོས་རེད་ཟེར་ཆོག་པ་འདུག འདི་དག་ནི་དཔེ་དེབ་ལ་གཟིགས་མཁན་ཚོས་ཀ་བ་སྦོམ་ཕྲ་སྣ་ཚོགས་ཡོད་པ་མཁྱེན་དགོས་པ་གཅིག་དང་ལྷག་པར་དུ་སྲོལ་རྒྱུན་ཨར་སྐྲུན་ལ་ཞིབ་འཇུག་གནང་མཁན་གྱིས་མཁྱེན་དགོས་པའི་རྨང་གཞིའི་ཤེས་བྱ་ཞིག་རེད།

(༢) ཨར་སྐྲུན་གྱི་ཤིང་གི་སྒྲིག་བཟོ།

བོད་རིགས་ཨར་སྐྲུན་གྱི་ཤིང་གི་སྒྲིག་བཟོ་དེ་ཤིང་གི་སྒྲིག་གཞིའི་ལེའུ་ནང་བཤད་པའི་ཀ་གདུང་ལྕམ་གསུམ་སྟེ་གཙོ་བོའི་སྒྲིག་ཆས་གསུམ་པོ་ཕུད་ཨར་སྐྲུན་གྱི་བཟོ་དབྱིབས་དང་རྒྱན་སྤྲས་སོགས་ལ་སྒྲིག་ཆས་མང་པོ་མཁོ་དགོས་ཡོད། དེ་ནི་རྒྱལ་ནང་འབྲི་ཆུ་སྔོ་ངོས་དང་ཡུན་ནན་པེ་རིགས་སའ་ཆ་སོགས་ཀྱི་ཀ་གདུང་ལ་ཤིང་བཀོས་མང་པོ་རྒྱུག་སྲོལ་ཡོད་པ་ནང་བཞིན་སྒྲིག་ཆས་མང་པོ་ཞིག་ནི་ལྷུ་སྒྲིག་བྱས་པ་ཞིག་ལས་སྒྲིག་གཞིའི་མ་ལག་ནང་གི་ལྡིང་འདེགས་ཀྱི་སྒྲིག་ཆས་མིན། འདི་ནི་ང་ཚོ་བོད་རིགས་གནའ་བོའི་ཨར་སྐྲུན་ལ་ཞིབ་འཇུག་དང་སྲུང་སྐྱོབ་ཉམས་གསོ་བྱེད་མཁན་གྱིས་ངེས་པར་དུ་གསལ་རྟོགས་བྱ་དགོས་པ་ཞིག་ཡིན། ལྷག་པར་དུ་དགོན་པ་དང་ཕོ་བྲང་གི་ཨར་སྐྲུན་ནང་གདུང་མའི་སྟེང་གི་བང་རིམ་མང་པོ་བརྩེགས་པའི་སྒྲིག་ཆས་བཟོ་ལྟ་འདྲ་མིན་སྣ་ཚོགས་ཡོད། སྒྲིག་ཆས་དེ་ཚོ་ཅི་འདྲ་བྱས་ནས་བཟོ་སྐྲུན་བྱ་རྒྱུ་དང་ལྷུ་སྒྲིག་སྟངས་སོགས་ནི་ཉམས་གསོ་བྱ་མཁན་ལག་ཤེས་པའི་ངོས་ནས་བཤད་ན་འགངས་ཆེའི་ལག་རྩལ་ཞིག་ཡིན། སྒྲིག་ཆས་དེ་དག་གིས་ཨར་སྐྲུན་གྱི་མ་ལག་ཧྲིལ་པོའི་ནང་ནུས་པ་གང་འདྲ་ཞིག་ཐོན་གྱི་ཡོད་མེད་ནི་ང་ཚོ་ཉམས་གསོ་འཆར་འགོད་པ་དང་ཞིབ་འཇུག་པ་ཞིག་ཡིན་ན་སློབ་སྦྱོང་བྱ་རྒྱུའི་ནང་དོན་གལ་ཆེན་ཞིག་ཡིན་ལ་བསམ་གཞིགས་བྱ་ཡུལ་གྱི་གནད་དོན་ཞིག་ཀྱང་ཡིན། རང་ཉིད་ཀྱིས་ལོ་བཅུ་ཕྲག་ཁ་ཤས་རིང་སློབ་སྦྱོང་དང་ཞིབ་འཇུག་བྱེད་པ་དང་། ལྷག་པར་དུ་སྲུང་སྐྱོབ་ཉམས་གསོའི་ལས་གྲྭ་མང་པོ་ཞིག་བརྒྱུད་བང་རིམ་མང་པོ་བརྩེགས་པའི་སྒྲིག་ཆས་དེ་ཚོ་མཐོང་དུས་མཛེས་སྡུག་དང་སེམས་ཁྲལ་ཟུང་འབྲེལ་གྱི་བསམ་ཚུལ་བརྗོད་མི་ཤེས་པ་ཞིག་ཡོང་གི་འདུག བང་རིམ་མང་པོ་བརྩེགས་པར་ཕུན་སུམ་ཚོགས་པོ་དང་མངོན་པར་འཕགས་པའི་ཁྱད་ཆོས་ལྡན་ཡོད་ཀྱང་། ཨར་སྐྲུན་རྙིང་པ་མང་པོ་ཞིག་ལ་ཀ་བའི་སྟེང་གི་བང་རིམ་མང་པོ་ཡོད་ས་ནས་གནོད་དོན་ཐོན་གྱིན་འདུག སྤྱི་ལོ1989ལོར་པོ་ཏ་ལར་ཉམས་གསོ་ཐེངས་དང་པོ་ཞུ་སྐབས་ཕོ་བྲང་དཀར་པོའི་ཚོམས་ཆེན་ཤར་ནང་གི་སྔོ་ངོས་ཀྱི་ཀ་བའི་གྲལ་སྟར་གྱི་གདུང་མའི་པདྨ་ཆོས་བརྩེགས་སོགས་སྒྲིག་ཆས་ལ་སྐྱོན་ཆ་ཆེ་ཤོས་བྱུང་འདུག རྒྱུ་མཚན་ནི་གདུང་མ་ཞེང་

ཁ་ལི་སྨིད་20ལས་མེད་ཅིང་། གདུང་མའི་པདྨ་དང་ཆོས་བརྩེགས་གཉིས་རེ་རེ་བཞིན་ལི་སྨིད་8རེ་བརྙན་འདུག གལ་ཏེ་སྐྲིག་ཆས་གཉིས་པོ་ཤིང་ལེབ་ཚ་ཚད་ཞིག་བཏང་བ་ཡིན་ན་ཤིང་ལེབ་དེ་གཉིས་ལ་ཞེང་ཁ་ལི་སྨིད་36ལྷག་ཙམ་ཡོད་དགོས། གང་ལགས་ཤེ་ན་གདུང་མའི་ཞེང་ཁ་ལི་སྨིད་20ཡིན་ཐོག་ཕྱོགས་གཉིས་ལ་ལི་སྨིད་8རེ་འདོན་དགོས་པས་རྒྱ་ཆེ་ཆུང་འདི་འདྲ་ཞིག་མི་ཡོད་ཀ་མེད་རེད། འོན་ཀྱང་ཚོམས་ཆེན་ཤར་གྱི་པདྨ་ཆོས་བརྩེགས་ཤིང་ལེབ་ཀྱི་རྒྱ་ལི་སྨིད་10ཙམ་ལས་མེད་པར་བར་ལ་ཤིང་ལེབ་ཀྱི་སྦྲོག་བཏང་བ་ཞིག་རེད། ཤིང་སྐྲིག་དེ་གཉིས་ཤིང་ལེབ་ཚ་ཚད་མིན་ཙང་སྐྱོན་དེ་ནས་བྱུང་བ་རེད། སྤྱི་ལོ་2004ལོར་ལྷ་ལྡན་གཙུག་ལག་ཁང་གི་སངས་རྒྱས་སྟོང་སྐུའི་ཁྱམས་རའི་ཉམས་གསོ་བྱེད་སྐབས་གདུང་མའི་སྐྲིག་ཆས་ལ་སྐྱོན་དེ་དང་འདྲ་བ་བྱུང་འདུག(པར4—80) སྐྱོན་གཙོ་བོ་ཤིང་སྐྲིག་ཆག་སྐྱོན་དང་འབུར་དུ་ཐོན་ཡོང་བ་སོགས་རེད། དེའི་ཐད་ནས་བཤད་ན་ལོ་ཟླ་ཡུན་རིང་སོང་བ་དང་ས་འགུལ་སོགས་ཀྱི་གནོད་འཚེ་བྱུང་སྐབས་ཐོག་མ་ནས་སྐྱོན་ཤོར་ཡོང་གི་འདུག གལ་ཏེ་ཤིང་སྐྲིག་སྲ་མཁྲེགས་དང་བརྟན་པོའི་ཐོག་ནས་བཤད་ན་ཤིང་སྐྲིག་བང་རིམ་དེ་འདྲ་མང་པོ་མེད་ན་ཡག་པ་འདུག ཡིན་ནའང་ཐོག་གཡང་མཐོ་ཞིང་རྒྱ་ཆེ་བའི་ལྷ་ཁང་ནང་དུ་ཤིང་སྐྲིག་བང་རིམ་མང་པོ་བརྩེགས་པས་ཁང་པའི་ནང་བརྗིད་ཆགས་པ། གྲལ་འགྲིག་པོ་དང་ཚ་ཚད་པ། ཁྱད་དུ་འཕགས་པའི་ཉམས་སྣང་འཆར་ཐུབ། སྡེ་སྲིད་སངས་རྒྱས་རྒྱ་མཚོས་པོ་ཏ་ལ་རྒྱ་བསྐྱེད་གནང་སྐབས་ཕོ་བྲང་དམར་པོའི་ཚོམས་ཆེན་ནུབ་ཀྱི་རྒྱུན་སྤྲས་དང་ཤིང་སྐྲིག་གི་བང་བརྩེགས་རིམ་པ་བཅུ་གསུམ་ལ་གཏན་འཁེལ་གནང་ཞིང་། དོན་དངོས་ཐོག་གདུང་མའི་ངོས་ལ་མཐའ་ལྷུགས་གཉིས་བསྣན་པས་རིམ་པ་གཉིས་འཕར་བ་རེད། ཚོམས་ཆེན་ནུབ་དེ་ཚོམས་ཆེན་ཤར་ལས་ལོ་50ལས་ཕྱི་མེད་ཀྱང་ཚོམས་ཆེན་ནུབ་ཀྱི་ཤིང་སྐྲིག་ལ་ད་ལྟའི་བར་དུ་འཕོ་འགྱུར་གང་ཡང་བྱུང་མེད་པ་སྡེ་སྲིད་སངས་རྒྱས་རྒྱ་མཚོས་ལས་གྲྭའི་ཕྱུས་ཚད་དམ་འཛིན་གནང་བའི་དགེ་མཚན་ཡིན་ཚོད་འདུག འོན་ཀྱང་ང་ཚོ་སྲུང་སྐྱོབ་ཉམས་གསོའི་ཆེད་ལས་པའི་ངོས་ནས་བལྟས་ན་ཤིང་སྐྲིག་བང་རིམ་དེ་འདྲ་མང་པོ་སྡེ་ལྷུ་སྐྲིག་བྱས་པའི་ཤིང་ཆས་འདི་ཚོ་ལ་སེམས་ཁྲལ་ཆེ་ཤོས་ཡོང་གི་འདུག

བོད་རིགས་ཨར་སྐྲུན་ལ་ཞིབ་འཇུག་དང་ཕྱོགས་བསྡོམས་བྱ་བའི་སྐབས་སུ་ཤིང་སྐྲིག་དེ་དག་གི་སྐྲིག་བཟོ་བྱེད་སྟངས་དང་སྐྲིག་ཆས་སོ་སོའི་ཚ་ཚད་དང་མིང་འདོགས་ཚུལ་སོགས་ཁ་གསལ་འགོད་པ་གལ་ཆེན་པོ་ཞིག་རེད་འདུག འདི་ཡི་སྐབས་སུ་བོད་རིགས་ཨར་སྐྲུན་གྱི་ཤིང་གི་སྐྲིག་གཞི་དང་རྒྱལ་ནང་གི་རྒྱ་རིགས་ཀྱི་ཤིང་གི་སྐྲིག་གཞིའི་མིང་དང་བཟོ་སྟངས་ཅུང་འདྲ་པོ་ཡོད་ཀྱང་ཆེད་ལས་དང་ལག་རྩལ་གྱི་སྒོ་ནས་དབྱེ་ཞིབ་བྱེད་སྐབས་ཁྱད་པར་ཆེན་པོ་ཡོད། སྐྲིག་གཞིའི་མ་ལག་གཅིག་མཚུངས་མིན་ལ་སྐྲིག་ཆས་ཀྱི་བྱེད་ནུས་དང་སྐྲིག་གཞིའི་ལྗིད་འདེགས་ཀྱི་ནུས་པའི་ཐད་ལ་རྩ་བའི་ཆ་ནས་ཁྱད་པར་ཡོད། ང་ཚོས་ཞིབ་འཇུག་དང་ཉམས་གསོའི་བྱ་རིམ་ནང་སྐྲིག་གཞི་དང་སྐྲིག་ཆས་མི་འདྲ་བ་གཉིས་ཀྱི་མིང་ཕན་ཚུན་བསྲེས་ན་འགྲིག་གི་མི་འདུག ལོ་ཤས་སྔོན་བོད་ཀྱི་རིག་དངོས་སྡེ་ཚན་ཆེན་པོ་གསུམ་ལ་ཉམས་གསོ་བྱེད་སྐབས་རང་ཉིད་ཀྱིས་ལས་གྲྭའི་ལྷ་སྐྲུལ་

སྤྱི་ཁྱབ་པའི་འགན་ཁུར་བ་ཡིན། སྐབས་དེའི་ཉམས་གསོའི་འཆར་འགོད་ནི་རྒྱལ་ཁབ་རིག་དངོས་ཅུས་ཀྱི་མངའ་འོག་གི་ཞིང་ཆེན་རིག་དངོས་ཞིབ་འཇུག་ཁང་ཁ་ཤས་ཀྱིས་བྱེད་ཀྱི་ཡོད། ཁོང་ཚོས་འཆར་འགོད་ནང་རྒྱ་ལུགས་ཀྱི་གཟར་ཐོག་གི་སྒྲིག་གཞིའི་མིང་སྤྱད་ནས་ཉམས་གསོ་བྱ་ཐབས་བཀོད་པ་དཔེར་ན་ཉམས་གསོ་བྱ་དགོས་པའི་ལྕམ་ཤིང་ཚང་མ་ལ་དྲལ་མ་ཤིང་ཞེས་བྲིས་ནས་འཆར་འགོད་ནང་དྲལ་མ་ཤིང་ག་ཚོད་བརྗེ་དགོས་པ་བཀོད་འདུག ལྷ་སའི་ཨར་ལས་ཏུ་ཁག་གིས་སྔོན་རྩིས་རྒྱག་དུས་དྲལ་ཤིང་དང་ལྕམ་ཤིང་གང་ཡིན་མི་ཤེས་པ་བྱུང་ཞིང་། བོད་རིགས་ཀྱི་དྲལ་མ་ཤིང་དེ་ཐོག་པང་དང་གཅིག་མཚུངས་ཡིན་པ། ལྕམ་ཤིང་དང་ཁྱད་པར་ཆེན་པོ་ཡོད་ལ་གོང་ཚད་གཏན་ནས་འདྲ་ཡི་མེད། དེར་བརྟེན་སྔོན་རྩིས་རྒྱག་དུས་ཁྱད་པར་ཆེན་པོ་ཡོད། ང་ཚོའི་བསམ་ཚུལ་ལ་བོད་རིགས་ཨར་སྐྲུན་སྒྲིག་ཆས་ཀྱི་མིང་དེ་ཐད་ཀར་བོད་སྐད་ཐོག་ནས་བྲིས་ན་ཡག་པ་འདུག དེ་མ་གཏོགས་སྐད་ཆའི་ཐོག་ལ་གོ་བརྡ་མི་འཕྲོད་ལ་ཉམས་གསོ་ལས་གྲྭའི་ལག་ལེན་ནང་གོ་ནོར་ཤོར་བའི་སྐྱོན་ཡོང་གི་འདུག གཤམ་ལ་བོད་རིགས་ཀྱི་ཁང་ཐོག་ལེབ་ངོས་ཡིན་པའི་སྒྲིག་གཞིའི་མིང་ཚིག་དང་རྒྱ་ལུགས་ཀྱི་སྒྲིག་གཞི་གཉིས་ཀ་ཡི་གེ་དང་དཔེ་རིས་ཟུང་འབྲེལ་ཐོག་ནས་འགྲེལ་བཤད་ཞུ་རྒྱུ་ཡིན།(དཔེ་རིས4—21)(དཔེ་རིས4—22)
(དཔེ་རིས4—23)

བོད་རིགས་ཀྱི་ཤིང་གི་སྒྲིག་གཞིའི་མིང་ཚིག་ནི་ཀ་བའི་འགོ་ལ་འབེ་ལོག གཞུ་ཆུང་ཡང་ཟེར། དེའི་སྟེང་དུ་གཞུ་ཆེན། དེ་ནས་གདུང་མ། གདུང་མའི་སྟེང་དུ་ལྕམ་ཤིང་། ལྕམ་ཤིང་སྟེང་དུ་ཐོག་པང་། ཐོག་པང་སྟེང་དུ་ཤིང་ཕྲ་མོ་བཏང་ན་དྲལ་མ་ཤིང་ཟེར། ཤིང་ནགས་ལུང་པར་པང་ལེབ་གཏོང་བས་ཐོག་པང་ཟེར་བ་རེད། དྲལ་ཤིང་སྟེང་ལ་ཐོག་འདག་རྒྱག་རྒྱུ་རེད། རྒྱ་ལུགས་ཀྱི་གཟར་ཐོག་ཡིན་ན་གདུང་མའི་(梁)སྟེང་དུ་ལྕམ་གདུང་(檩)གཏོང་གི་ཡོད་པ་དང་དེའི་སྟེང་དུ་དྲལ་ཤིང་(椽子)གཏོང་གི་ཡོད་ལ་དྲལ་ཤིང་ལ་བར་སྟོང་རྫ་གཡམ་རེ་ཤོང་བ་བྱས་ནས་རྫ་གཡམ་འགེབས་ཀྱི་རེད། རྒྱལ་ནང་གི་འཆར་འགོད་མི་སྣས་འཆར་འགོད་ཁག་མང་པོའི་ནང་བོད་རིགས་ཀྱི་ལྕམ་ཤིང་ལ་དྲལ་མ་ཤིང་ཞེས་བྲིས་པ་ན་ཐད་དེ་ནོར་བ་རེད། སྲོལ་རྒྱུན་གྱི་ཨར་ལས་བཟོ་སྐྲུན་བྱེད་སྐབས་དང་ཨར་སྐྲུན་ལ་ཞིབ་འཇུག་བྱེད་སྐབས་བོད་རིགས་ཨར་སྐྲུན་གྱི་ཤིང་སྒྲིག་ཁག་གི་རྩ་བའི་མིང་ཚིག་དང་ཆ་ཚད་ཁོང་དུ་ཆུད་པ་གལ་ཆེན་པོ་ཡིན། དེར་བརྟེན་ང་ཚོས་སྤྱིར་བཏང་དམངས་ཁང་གི་ཀ་གདུང་ནས་རིམ་པ་འབྲིང་ཙམ་གྱི་ཀ་གདུང་སྒྲིག་ཆས། དེ་ནས་སྤུས་ཚད་མཐོ་ཤོས་ཀྱི་ཀ་གདུང་གི་ཤིང་སྒྲིག་བཅས་དཔེ་རིས་དང་ཡི་གེའི་ཐོག་ནས་འགྲེལ་བཤད་རྒྱག་རྒྱུ་ཡིན།

དང་པོ་ལྷ་ས་གྲོང་ཁྱེར་བྱང་ཕྱོགས་ས་ཁུལ་གྱི་བན་རྩེ་ཟུར་སྒོ་རའི་(ད་ལྟ་ཆ་ཚང་མེད་)ཁང་པའི་ཀ་གདུང་སོགས་ངོ་སྤྲོད་བྱ་རྒྱུ། བན་རྩེ་ཟུར་ནི་ལོ500ལྷག་ཙམ་སོང་བའི་ཁང་རྙིང་ཡིན་ཞིང་། སྒོ་ར་ཕྱི་ནང་བར་གསུམ་ཡོད། ཐུ་མོ་འབྲས་སྤུངས་མི་ཉག་ཁམས་ཚན་གྱི་ཁང་པ་ཡིན། ལྷ་སའི་སྨོན་ལམ་ཆེན་མོའི་སྐབས་ཁང་མིག་གཅིག་མི་ཉག་ཁམས་ཚན་གྱི་གྲྭ་པ་ཚོ

སྡོད་སའི་ཁང་པ་བྱས་པ་དེ་མིན་ཚང་མ་ཁང་སླ་གཏོང་གི་ཡོད་པ་རེད། བན་རྩེ་བྲུར་དམངས་ཁང་འོག་ཐོད་ཀ་བ་རིལ་རིལ་སྒྲོམ་ཕྲ14cmཡོད། ཀ་གདན་རྗོ18cmགྲུ་བཞི་ལ་དཔངས12cmའདུག ཀ་འགོའི་གཞུ་ཆུང་དཔངས60cmདང་ཞེང་12cmལ་རིང་ཚད41cmའདུག གཞུ་ཆེན་དཔངས13cmདང་རིང་ཚད་ཁང་མིག་གི་ཕྱེད་ཀ་ཟིན་ཡོད། ལྕམ་ཤིང་ནི་ཤིང་གདུང་རིལ་སྒྲོམ་ཕྲ8cmཡིན། རིང་ཚད་ལྕམ་གང་མ་རེད། ཉིས་ཐོག་གི་ཀ་བ་གྲུ་བཞི་རྒྱ་ཞེང་10cmདང་ཀ་འགོ་ལ་མཁྲིགས་ཤིང་གི་རྩབ་རྒྱག་འདུག སྤྲ་མཐུག3cmརེད། གཞུ་ཆུང་དཔངས6cmདང་ཞེང་ཁ11cm རིང་ཚད41cmའདུག གཞུ་ཆེན་དཔངས15cmདང་ཞེང་ཚད10cm རིང་ཚད100cmའདུག གདུང་མའི་དཔངས12cmདང་ཞེང་ཚད10cmའདུག ལྕམ་ཤིང་རིལ་རིལ་སྒྲོམ་ཕྲ6cmཡིན།(དཔེ་རིས4—24)

རིམ་པ་འབྲིང་ཙམ་གྱི་ཀ་གདུང་ལྷ་ལྡན་གཙུག་ལག་ཁང་ཉིས་ཐོག་བསིལ་གཡབ་ཀྱི་ཀ་གདུང་ཡིན། ཀ་བ་རིང་ཞེང་20cmདང་ཀ་འགོ་ལ་མཁྲིགས་ཤིང་གི་རྩབ་གདན་བཏིང་འདུག གཞུ་ཆུང་དཔངས14cmདང་ཞེང་ཚད18cm རིང་ཚད70cmའདུག གཞུ་ཆེན་དཔངས20cmདང་ཞེང་མིད19cmལ་རིང་ཚད164cmའདུག གདུང་མའི་དཔངས22cmདང་ཞེང་ཚད190cmའདུག གདུང་མའི་སྟེང་ལ་པདྨའི་ཤིང་བཏང་འདུག་པ་དཔངས6cmརེད། ལྕམ་ཤིང་རིལ་རིལ་སྒྲོམ་ཕྲ9cmདང་ལྕམ་སྣེ14cmཙམ་བརྐྱངས་འདུག ལྕམ་སྣེ་ལ་ཁ་ཤིང་བཏང་བར་དཔངས5cmའདུག ཁ་ཤིང་སྟེང་ལ་བབས་ཤིང་བཏང་ཞིང་བབས་ཤིང་དཔངས9cmདང་ཞེང་ཚད8cmཡིན་ལ16cmབཏོན་འདུག བབས་ཤིང་རེའི་བར་ལ20cmབཞག་འདུག བབས་ཤིང་སྟེང་ལ་ཁ་ཤིང་བཏང་ཐོག་རྗེ་གཡམ་བཀབ་འདུག(དཔེ་རིས4—25)

གཞམ་དུ་མངའ་རིས་འཁོར་ཆགས་དགོན་པའི་བརྒྱ་ས་ལྷ་ཁང་གི་ཉིས་ཐོག་བསིལ་གཡབ་ཀྱི་ཀ་གདུང་ངོ་སྤྲོད་ཞུས་ན་སྤུ་ཧྲེང་ནི་མངའ་རིས་ཁུལ་གྱི་ཤིང་ནགས་ཉུང་ཐག་ཉེ་བའི་ས་ཆ་ཡིན་ཙང་ཤིང་ཆ་ལ་གྲོན་ཆུང་བྱས་འདུག གདུང་མའི་སྟེང་ལ་ཤིང་སྒྲིག་མང་པོ་མི་འདུག ལྕམ་ཤིང་བར་ལ་སྟོང་ཆ45cmབཞག་པས་ལྕམ་ཐག་གཅིག་གི་ཞེང་ཚད་ལ་ལྕམ་ཤིང་ལྔ་རེ་ལས་བཏང་མི་འདུག ལྷ་སའི་དམངས་ཁང་རྙིང་པ་ལ་ཡང་ལྕམ་གང་མ་ལ་ལྕམ་བདུན་རེ་ཙམ་བཏང་ཡོད། དེ་ཡི་ཐོག་ནས་ཤིང་ཆ་གྲོན་ཆུང་བྱས་པ་ཤེས་ཐུབ། འཁོར་ཆགས་དགོན་ཉིས་ཐོག་བསིལ་གཡབ་ཀྱི་ཀ་བ་རིལ་རིལ་སྒྲོམ་ཕྲ7cmདང་རིང་ཚད133cmའདུག གཞུ་ཆུང་དཔངས10cmདང་ཞེང་ཚད8cm རིང་ཚད44cmའདུག སྟེང་གི་གཞུ་ཆེན་དཔངས15cmདང་ཞེང་ཚད9cm རིང་ཚད100cmའདུག གདུང་མའི་དཔངས22cmདང་ཞེང་ཚད9cm སྟེང་གི་ལྕམ་གྲུ་བཞི་དཔངས11cmདང་ཞེང་ཚད7cmའདུག ལྕམ་རེའི་བར་ལ་སྟོང་ཆ45cmབཞག་འདུག ལྕམ་སྣེ་ལ་ཤིང་གྲུ་བཞི་ཆུང་ཆུང་ཞིག་གཏོང་བར་དཔངས12cmདང་ཞེང་ཚད10cmའདུག དེའི་སྟེང་དུ་གཡམ་པ་གཏོང་ཞིང་བད་གཡམ་སྟེང་ལ་གྲུང་རྫུང་བའི་གོང་ལ་གཏོང་འདུག གོང་ལའི་གྲུང་མཐོ་ཚད60cmདང་ཞེང་ཚད54cmའདུག གྲུང་སའི་གོང་ལར་ས་དམར་

གྱི་འདག་ཞལ་རྒྱག་པ་ལས་ཆུ་འགོག་གི་བྱ་ཐབས་བྱས་མི་འདུག མངའ་རིས་ཆར་པ་དེ་ཙམ་མང་པོ་མེད་པས་སྐྱོན་ཆེན་པོ་མེད་པ་འདྲ།（དཔེ་རིས4—26）

ཀ་གདུང་སྟེང་གི་ཤིང་བརྩེགས་མང་ཤོས་ནི་དགོན་པ་གལ་ཆེན་དང་ཕོ་བྲང་གི་ཨར་སྐྲུན་ནང་ཐོན་ཡོད་པ་དཔེར་ན་པོ་བྲང་པོ་ཏ་ལ་དང་ལྷ་ལྡན་གཙུག་ལག་ཁང་སོགས་སུ་ཡོད་ཅིང་། འདིར་ཐོག་མ་ལྷ་ལྡན་གཙུག་ལག་ཁང་གི་སངས་རྒྱས་སྟོང་སྐུའི་ཁྱམས་རའི་ཀ་གདུང་ནས་ངོ་སྤྲོད་ཞུ་རྒྱུ་ཡིན། ཐོག་མ་ཀ་བ་ནས་ཞུས་ན་ཀ་བཀྲུག་རྡོ་ནི་སྲབ་རྡོས་བཟོས་པར40cm × 40cmགྲུ་བཞི་ལ་དཔངས18cmརེད། ཀ་བ་གྲུ་བཞི་ཀ་བའི་མཇུག་ལ་རྒྱ་ཞེང་36cmདང་ཀ་བའི་རྩེ་ལ་རྒྱ་ཞེང་34cmརེད་འདུག གཞུ་ཆུང་དཔངས19cmདང་རྒྱ་ཞེང་30cm རིང་ཚད80cmའདུག གཞུ་ཆེན་དཔངས38cmདང་ཞེང་ཚད22cm རིང་ཚད300cmའདུག གདུང་མའི་དཔངས40cmལ་རྒྱ་ཞེང་ཚད26cmདང་། པདྨ་དཔངས9cmདང་མཐའི་ཞེང33cmའདུག ཆོས་བརྩེགས་དཔངས8cmལ་ཞེང36cmའདུག བབས་ཤིང་དཔངས18cmལ་ཞེང་ཚད16cm བབས་ཆོས་བརྩེགས་ནས་འདོན15cmགཏོང་བ། བབས་རེ་རེའི་བར་སྟོང24cmབཞག་འདུག བབས་སྟེང་དུ་ཁ་ཤིང་སྲབ་པོ་ཞིག་གཏོང་བ། དེ་ནས་ལྕམ་གྲུ་བཞི་དཔངས19cmདང་ཞེང་ཚད17cmལ་ལྕམ་སྣེ་འདོན38cmགཏོང་བ། ལྕམ་སྟེང་ལ་དྲལ་མ་སྟེང་སྒྲིག་གཏོང་བ། དཔངས11cmའདུག དེའི་སྟེང་ལ་ སྤྲིལ་གདོང་དཔངས19cm ཞེང་ཚད17cmལ་འདོན28cmགཏོང་བ། སྤྲིལ་གདོང་ཤིང་རེའི་བར་སྟོང24cmབཞག་འདུག སྟེང་ལ་ཁ་ཤིང་སྲབ་མཐུག11cmའདུག སྟེང་ལ་གྱེན་རྩེ་སྣེ་བབས་ཤིང་ཁ་གྱེན་ལ་བལྟས་ཡོད་པས་གྱེན་རྩེ་ཟེར་བ་དཔངས170cmལ་ཞེང་ཚད16cmའདུག གྱེན་རྩེའི་བར་སྟོང་འོག་དང་འདྲ། སྟེང་དུ་ཁ་ཤིང་སྲབ་མཐུག10cmབྱས་པ་གཏོང་བ། དེའི་སྟེང་དུ་བད་གཡམ་འགེབས་པ་དང་སྟེང་ལ་ས་ཕག་གི་གོང་ལ་མཐོ་ཚད60cm རྩིག་པ་དང་སྣག་ཚ་བྱུག་ཐོག་མར་རྙིང་ཐེངས་ཁ་ཤས་བྱུགས་ནས་ནག་རྩེ་བཟོས་པ་རེད།（པར4—81）（དཔེ་རིས4—27）

དེང་སྐབས་བོད་རིགས་ཨར་སྐྲུན་ནང་ཀ་གདུང་དང་ཀ་གདུང་སྟེང་གི་ཤིང་སྒྲིག་རྒྱས་ཤོས་དང་རྒྱས་སྤྲོས་ཆེས་ཕུན་ཚད་ལྡན་པ་ནི་པོ་ཏ་ལའི་ཕོ་བྲང་དམར་པོའི་ཚོམས་ཆེན་ནུབ་མ་ཡིན། ས་གཞི་ཤིང་སྒྲིག་རྐྱང་པའི་ཐོག་ནས་བཤད་ན་ལྷ་ལྡན་གཙུག་ལག་ཁང་གི་ཁྱམས་རའི་ཀ་གྲལ་སྟེང་གི་ཤིང་སྒྲིག་དང་ཁྱད་པར་ཆེན་པོ་མེད་ཀྱང་ཤིང་གི་རྒྱུ་ཆའི་ཤིང་ཤ་ཆེ་ཆུང་དང་ཤིང་སྒྲིག་སོ་སོའི་སྟེང་གི་ཤིང་བཀོས་དང་སྦྱར་བཀོས་སོགས་ཀྱི་ཕྱུས་ཚད་ཏ་ཅང་མཐོན་པོ་འདུག དཔེར་ན་ཁྱམས་རའི་གདུང་མའི་གཞོགས་གཉིས་ཀ་འཇམ་པོ་ཡིན་ཙང་ཕོ་བྲང་དམར་པོའི་གདུང་མའི་གཞོགས་གཉིས་ལ4cmལོན་པའི་མཐའ་ལྕགས་བཏང་ཡོད་ལ་སྟེང་དུ་སྦྱར་བཀོས་ཀྱང་ཡོད། ཞིབ་གསལ་ཕོ་བྲང་ནང་ལ་གཟིགས་ཆོག་ལ་གཤམ་གྱི་དཔེ་རིས་ལ་ཡང་གཟིགས་ཆོག（པར4—82）（དཔེ་རིས4—28）ང་ཚོ་སྔུང་སྐྱོབ་ཉམས་གསོའི་ཆེད་ལས་པ་ཚོའི་ངོས་ནས་བཤད་ན་དེ་ལྟ

བུའི་ཤིང་སྒྲིག་ཁག་གི་ཆ་ཚད་དང་སྒྲིག་ཆས་སྟེང་འོག་གི་ལྷུ་སྒྲིག་སྟངས་དང་ཤིང་སྒྲིག་གཡས་གཡོན་མཐུད་རྒྱག་སྟངས་སོགས་རྒྱུས་མངའ་དང་ཤེས་རྟོགས་བྱ་རྒྱུ་གལ་ཤིན་ཏུ་ཆེ། དེང་སྐབས་པར་སྐྲུན་བྱས་པའི་གནའ་བོའི་ཨར་སྐྲུན་གྱི་པར་དེབ་ནང་ཤིང་གི་སྒྲིག་གཞི་དང་ཤིང་གི་སྒྲིག་ཆས་སོགས་ཀྱི་ཞིབ་ཚགས་དཔེ་རིས་བཀོད་མེད་པས་གནའ་བོའི་ཨར་སྐྲུན་གྱི་སྒྲིག་ཆས་བཟོ་སྟངས་ཤེས་ཐབས་བྲལ། ད་ལྟ་ས་ཆ་མང་པོར་བོད་ཁང་ཡིན་ཟེར་བའི་ཨར་སྐྲུན་མང་པོ་ཞིག་བརྒྱབ་ཡོད་ཀྱང་ང་ཚོ་རྒྱུས་ཡོད་པའི་མིས་བལྟ་དུས་བོད་ཁང་འདྲ་པོ་མེད་པའི་རྒྱུ་རྐྱེན་གཙོ་བོ་ནི་འདྲ་པོ་རྒྱག་མཁན་ཚོས་སྒྲིག་ཆས་ངོ་མའི་ཆེ་ཆུང་དང་བཟོ་དབྱིབས་ཡག་པོ་ཤེས་མེད་པ་དེ་ཡིན། ངས་འདིར་སྒྲིག་ཆས་སོ་སོའི་རྒྱ་དཔངས་ཀྱི་ཆ་ཚད་རེ་རེ་བཞིན་ངོ་སྤྲོད་བྱས་པའི་རྒྱུ་མཚན་ཡང་དེ་རང་ཡིན།

གཞན་ཡང་དང་ངོ་ད་བྱས་པའི་སྒོའི་མིག་བཅད་ལ་བྲེ་ཕྲུངས་བརྩེགས་པའི་རྒྱན་སྤྲས་བྱེད་ཀྱི་ཡོད། སྒོའི་བྲེ་ཕྲུངས་ལ་རྒྱས་བསྡུས་འདྲ་མིན་སྣ་ཚོགས་ཡོད་ཀྱང་འདིར་པོ་ཏ་ལའི་བདེ་གཡང་ནུབ་ཀྱི་སྒོ་ཆུང་ལ་དཔེར་བཞག་ནས་བྲེ་ཕྲུངས་ངོ་སྤྲོད་བྱ་རྒྱུ་ཡིན། གཤམ་ནས་རིམ་བཞིན་བཤད་ན་བྲེ་ཕྲུངས་ཡོངས་རྫོགས་བཏེགས་མཁན་གཞུ་ལ་དཔངས་20cmདང་ཞེང་ཚད་21cmཡིན་པ་དེ་རྫིག་པའི་ངོས་ནས་35cmབརྐྱངས་ནས་བཞག་འདུག དེའི་སྟེང་དུ་བྲེ་ཆེན་ལ་དཔངས་20cmདང་ཞེང་ཚད་18cmཡིན་ལ་བྲེའི་བཟོ་བལྟ་འདོན་དགོས། སྟེང་དུ་གཞུ་ཆུང་ལ་དཔངས་14cmདང་ཞེང་ཚད་16cmལ་རིང་ཚད་59cmཡོད། དེའི་སྟེང་དུ་བྲེ་ཆུང་དཔངས་15cmདང་ཞེང་ཚད་16cmབྱས་པའི་བྲེ་གསུམ་བསྒྲིགས་ཡོད་པར་བར་སྟོང་3cmབཞག་ འདུག དེ་ནས་གཞུ་ཆེན་བསྐར་དགོས་པར་དཔངས་14cmདང་ཞེང་ཚད་16cm རིང་ཚད་145cmའདུག སྟེང་དུ་བྲེ་ཆུང་7བསྐར་ཡོད་པར་རྒྱ་དཔངས་དང་བར་སྟོང་ཚང་མ་གཤམ་འོག་དང་མཚུངས། དེའི་སྟེང་དུ་གདུང་མ་སྒྲིག་པར་གདུང་མའི་དཔངས་19cmདང་ཞེང་ཚད་16cmལ་རིང་ཐུང་ནི་སྒོ་ཆེ་ཆུང་ལ་བལྟ་དགོས། པདྨའི་སྟེང་དུ་བབས་ཤིང་བསྒྲིག་རྒྱུར་དཔངས་10cmདང་ཞེང་ཚད་ལ་9cmཡོད་པར་བར་སྟོང་10cmརེ་བཞག་འདུག བབས་ཀྱི་སྟེང་དུ་ཁ་ཤིང་གཏོང་བར་དཔངས་5cmའདུག དེའི་ཐོག་ལ་གྱེན་རྩེ་ཤིང་གཏོང་བར་དཔངས་10cmདང་ཞེང་ཚད་9cmཡོད་པར་བར་སྟོང་འོག་དང་འདྲ། དེ་ཡི་སྟེང་དུ་ཁ་ཤིང་དཔངས་5cmཐོག་གཡམ་པ་བཏང་རྗེས་ཚར་བ་ཡིན། (པར4—83) (དཔེ་རིས4—29)

ད་དུང་པོ་ཏ་ལའི་ཚོམས་ཆེན་ནུབ་ཀྱི་ནུབ་ངོས་ནི་ལྷ་པ་ཆེན་པོའི་གདུང་རྟེན་ཁང་ཡིན་ལ་གདུང་རྟེན་མཐོ་ཚད་མིད13cmལྷག་ཙམ་ཡོད། གདུང་རྟེན་ཁང་ནང་ཀ་རིང་བཙུགས་པ་མ་ཚད་ཀ་རིང་སྟེང་ལ་བྲེ་ཕྲུངས་བསྐར་ཡོད་པས་བརྗིད་ཆགས་པོ་འདུག ཐོག་དཔངས་མཐོ་ཌུ་གཏོང་རྒྱུར་ཕན་ནུས་ཐོན་ཡོད། དངོས་ཡོད་ཆ་ཚད་ཀ་བ་མཐོ་ཚད་དང་ཞེང་ཚད་30cmཡིན། གཞུ་ཆུང་དཔངས་30cmདང་ཞེང་ཚད་26cmའདུག བྲེ་ཆུང་རྒྱ་དཔངས་26cmཡིན། གཞུ་

ཆུང་3བསྒྲིགས་འདུག སྟེང་གི་གཞུ་ཆེན་དཔངས40cmལ་ཞེང་ཚད26cmདང་རིང་ཚད235cmའདུག སྟེང་ལ་བྲི་ཆུང་འོག་དང་འདྲ་བ5བསྒྲིགས་འདུག གདུང་མ་དཔངས65cmལ་ཞེང་ཚད26cmཡིན། སྟེང་གི་པདྨ་དང་ཆོས་བརྩེགས་གཉིས་ཀ་དཔངས15cmའདུག དེའི་སྟེང་ལ་བབས་ཤིང་18cmགྲུ་བཞི་རེ་བཏང་འདུག ཀ་འགོར་བྲི་སྤྱུངས་བསྒྲིགས་པ་དེ་འདྲ་སྤྱིར་བཏང་གི་དགོན་པར་མཐོང་རྒྱུ་མེད། འདིར་ངོ་སྤྲོད་ཞུས་ནས་བྱེད་སྒོལ་འདི་འདྲ་ཞིག་ཀྱང་ཡོད་པ་མཁྱེན་པ་གནང་རོགས།(པར4—84)(དཔེ་རིས4—30)

ཀ་འགོའི་གཞུ་ཡི་དབྱིབས་གཟུགས་དབུས་གཙང་ཁུལ་ལ་ཕལ་ཆེར་གོང་དུ་ངོ་སྤྲོད་ཞུས་པ་དེ་ཚོ་རེད། འོན་ཀྱང་གུ་གེ་དང་སྤུ་ཧྲེང་འཁོར་ཆགས་དགོན་ལ་གཞུ་ཡི་བཟོ་ལྟ་རྣམ་པ་སྣ་ཚོགས་འདུག ཡ་གླིང་ནུབ་རྒྱུད་གནའ་བོའི་ཨར་སྐྲུན་གྱི་བཟོ་དབྱིབས་དཔེ་བལྟས་པ་འདྲ་མ་མཐའ་ཡང་སྣེ་ཁ་བཅུ་གྲངས་འདུག ང་ཚོས་རེ་རེ་བཞིན་ངོ་སྤྲོད་བྱ་ཐབས་མི་འདུག ཚང་མས་གཤམ་འོག་དཔེ་རིས་གཉིས་ལ་གཟིགས་ནས་རོབ་ཙམ་མཁྱེན་ཐུབ་པ་གནང་རོགས།(དཔེ་རིས4—31)(དཔེ་རིས4—32)

བོད་ལུགས་ཨར་སྐྲུན་ནང་ཁང་པའི་ཐོག་གཟར་མོ་བཀབ་པ་མང་པོ་ཡོད། དགོན་པ་སོགས་ཀྱི་ཐོག་ཁའི་ཤིང་སྒྲིག་ནང་བྲི་སྤྱུངས་གི་སྒྲིག་ཆས་བསྒར་ཡོད། བྲི་སྤྱུངས་ནི་གཙོ་བོ་རྒྱ་ཡུལ་གྱི་ཨར་སྐྲུན་ནས་བྱུང་བ་ཡིན། ད་དུང་བལ་པོ་སོགས་ནས་ཡ་གླིང་ནུབ་ཕྱོགས་ཀྱི་བྲི་སྤྱུངས་ཀྱི་བཟོ་ལྟ་ཞུང་ཤར་ཀྱང་བྱུང་སྲིད། ལོ་རྒྱུས་ཐོག་གི་ར་མོ་ཆེ་དང་བསམ་ཡས་དགོན་པའི་རྒྱ་ཕིབས་ལ་ཡང་རྒྱ་ཡི་ལུགས་ཀྱི་བྲི་སྤྱུངས་བཏང་ཡོད་ངེས་རེད། འོན་ཀྱང་སྔ་མོའི་རྒྱ་ཕིབས་ད་ལྟ་ལྷག་མེད་པས་ཞིབ་འཇུག་བྱ་ཐབས་མི་འདུག ད་ལྟ་ལྷག་བསྡད་པའི་རྒྱ་ལུགས་ཀྱི་བྲི་སྤྱུངས་ནི་ཞ་ལུ་དགོན་པའི་གཡུ་རྩེ་ཛ་གཡམ་གྱི་བྲི་སྤྱུངས་དེ་ཚོ་ཡིན། སྤྱི་ལོ1980ལོར་ང་ཚོ་ཞ་ལུ་དགོན་པར་ཐེངས་དང་པོ་རྟོག་ཞིབ་བྱེད་པར་འགྲོ་དུས་བྲི་སྤྱུངས་ཐོག་ལ་རྒྱ་ཡིག་གི་ཨང་ཀི་བྲིས་ཡོད་པ་དངོས་སུ་མཐོང་བྱུང་། དེ་དུས་ང་ཚོའི་དགེ་རྒན་ནས་ཀྱང་ཚད་ལྡན་གྱི་སུང་རྒྱལ་རབས་ཀྱི་བྲི་སྤྱུངས་ཀྱི་བཟོ་སྟངས་རེད་འདུག་གསུངས་སོང་། དུས་རབས་བཅུ་བདུན་པ་ཚུན་ཆད་བྱུང་བའི་ལྷ་ལྡན་གཙུག་ལག་ཁང་དང་པོ་ཏ་ལའི་ཕོ་བྲང་དམར་པོ། བསམ་ཡས་དགོན་པའི་རྒྱ་ཕིབས་བཅས་ནི་བོད་ཀྱི་ཤིང་བཟོ་བས་བཟོས་པའི་བྲི་སྤྱུངས་ཀྱི་ཤིང་སྒྲིག་རེད། ནན་ཏན་གྱིས་དབྱེ་ཞིབ་བྱས་ན་ཆིང་རྒྱལ་རབས་ཀྱི་བྲི་སྤྱུངས་དང་ཁྱད་ངེས་ཅན་ཡོད། ཡིན་ནའང་སྤྱི་ཡོངས་ནས་བཤད་ན་རྒྱལ་ནང་གི་ལག་ཤེས་པའི་བཟོ་རྩལ་རང་བཞིན་ཡིན། ཆིང་རྒྱལ་རབས་ཀྱི་བྲི་སྤྱུངས་ཚད་ལྡན་གྱི་བཟོ་སྟངས་དགེ་རྒན་ཆེན་མོ་ཁྲེན་མིང་དྷ་ནས་བརྩམས་པའི《ཆིང་བཟོ་ལྟའི་ཐོ་འགོད》ཅེས་པའི་དེབ་ནང་ཞིབ་ཕྲ་བཀོད་ཡོད་པར་གཟིགས་ཆོག་པས་འདིར་འགྲེལ་བཤད་རྒྱག་གི་མིན། འདིར་ཚང་མས་སྤྱི་ཡོངས་ཐོག་རྒྱུས་མངའ་ཡོང་བའི་ཆེད་དུ་པོ་ཏ་ལའི་དྷ་ལའི་བླ་མ་སྐུ་ཕྲེང་བཅུ་གསུམ་པའི་གདུང་རྟེན་རྒྱ་ཕིབས་ཀྱི་སྤྱིར་བཏང་གི་ཆ་ཚད་ངོ་སྤྲོད་ཞུ་རྒྱུ་ཡིན། འོག་རིམ་གྱི་བྲི་ཆེན40 × 40cmགྲུ་བཞི་ཡིན་ལ་མཐོ་ཚད32cmའདུག གཞུ་ཆུང་དཔངས15cmལ་ཞེང་ཚད14cmདང་འདོན15cmའདུག བྲི་ཆུང་མཐོ་

ཚད་དང་རྒྱ་ལ་14cmརེད། དེ་ཡི་སྟེང་གི་གཞུ་ཆེན་རིམ་པ་གཉིས་དང་བྲི་ཆུང་རིམ་པ་གཉིས་ཀྱི་ཆ་ཚད་གཅིག་མཚུངས་རེད།(པར4—85)(པར4—86)(དཔེ་རིས4—33)(དཔེ་རིས4—34)(དཔེ་རིས4—35)

བོད་ལུགས་རྒྱ་ཕིབས་ཀྱི་བྲི་སྤྱུངས་ཀྱི་བཟོ་དབྱིབས་གཙོ་བོ་ཁག་གཉིས་ཡོད་པ་གཅིག་ནི་བྲི་སྤྱུངས་བརྩེགས་པའི་བཟོ་ལྟ་ལ་པདྨ་སྤྱུངས་པ་ཟེར་ཞིང་། ཏཱ་ལའི་བླ་མ་སྐུ་ཕྲེང་བཅུ་གསུམ་པའི་གདུང་རྟེན་དང་། ལྷ་ལྡན་གཙུག་ལག་ཁང་གི་རྒྱ་ཕིབས། འབྲས་སྤྱུངས་དང་སེ་ར་དགོན་པའི་འདུ་ཁང་གི་རྒྱ་ཕིབས་ཚང་མ་དབྱིབས་གཟུགས་འདི་རང་རེད། བྲི་སྤྱུངས་གཞན་ཞིག་ནི་བྲི་སྤྱུངས་གདུང་མའི་སྟེ་ལ་ཤིང་སྤྲིག་གུག་གུག་ཅིག་བསྒར་བ་ལ་རྒྱ་སྐད་དུ་昂ཟེར་ཞིང་བོད་སྐད་དུ་གླང་སྣ་ཟེར་གྱི་ཡོད། ཏཱ་ལའི་བླ་མ་སྐུ་ཕྲེང་ལྔ་པའི་གདུང་རྟེན་གྱི་རྒྱ་ཕིབས་ནི་བཟོ་ལྟ་འདི་ཡིན་པ་ང་ཚོས《ཕོ་བྲང་པོ་ཏ་ལ》ཞེས་པའི་དེབ་ནང་ངོ་སྤྲོད་ཞུས་ཡོད། དམིགས་བསལ་ཁྱད་ཆོས་ལྡན་པའི་བྲི་སྤྱུངས་ཀྱི་ཤིང་སྤྲིག་ནི་ཆབ་མདོ་རྫོང་གི་ཀརྨ་དགོན་པར་ཡོད། ཀརྨ་དགོན་པ་ནི་ཆབ་མདོ་ནས་སྤྱི་ལེ60ཙམ་ཕྱིན་པའི་ཛ་ཆུའི་སྟོད་ཀྱི་ཀརྨ་ཤང་ལ་གནས་ཤིང་ཕྱག་བཏབ་ནས་ལོ900ཙམ་ཕྱིན་ཡོད། སྤྱི་ལོ1260ལོ་ཙམ་ལ་ཀརྨ་པཀྴི་ནས་དགོན་པའི་འདུ་ཁང་ཕྱུག་ལ་གཙང་ཁང་གསུམ་གསར་དུ་བཞེངས་པ་དང་ལྷ་ཁང་རེའི་སྟེང་ལ་བཟོ་དབྱིབས་མི་འདྲ་བའི་གཡུ་རྩེ་རྫ་གཡམ་གྱི་རྒྱ་ཕིབས་རེ་བཀབ་འདུག ས་ཆ་དེ་གའི་ཁ་རྒྱུན་ལ་རྒྱ་ཕིབས་གསུམ་གྱི་ནང་ནས་ནུབ་ངོས་ཀྱི་རྒྱ་ཕིབས་དེ་བོད་པའི་ཤིང་བཟོ་བས་བཟོས་ཤིང་དབྱིབས་སེང་གེའི་སྒྲར་མོ་འདྲ་བས་མིང་ལ་སེང་གེའི་སྒྲར་མདུད་ཅེས་བཏགས། རྒྱ་ཕིབས་དཀྱིལ་མ་དེ་རྒྱ་ཡི་ཤིང་བཟོ་བས་བཟོས་ཤིང་དབྱིབས་གཟུགས་ཆུ་སྲིན་གྱི་སྐེ་འདྲ་བས་མིང་ལ་ཆུ་སྲིན་སྐེ་མདུད་ཅེས་བཏགས། ཤར་ངོས་ཀྱི་རྒྱ་ཕིབས་ནི་འཇང་མི་རིགས་ཀྱི་ཤིང་བཟོ་བས་བྲི་སྤྱུངས་གླང་པོ་ཆེའི་སྣ་འདྲ་བས་མིང་ལ་གླང་ཆེན་སྣ་མདུད་ཅེས་བཏགས་པའི་བཤད་སྲོལ་འདུག ང་རང་སྤྱི་ལོ1992ལོར་ཀརྨ་དགོན་ལ་རྟོག་ཞིབ་བྱེད་པར་བསྐྱོད་སྐབས་རྫ་གཡམ་གྱི་རྒྱ་ཕིབས་གསུམ་པོའི་བྲི་སྤྱུངས་ཀྱི་བཟོ་དབྱིབས་ཁག་སོ་སོ་མི་འདྲ་བ་མཐོང་བྱུང་།(པར4—87)(པར4—88) ཡིན་ནའང་ང་ཚོ་ཆབ་མདོ་ནས་ཉིན་སྐོར་བརྒྱབ་པ་ཡིན་ཙང་ཚད་ལེན་བྱས་ནས་རི་མོ་བྲིས་པའི་དུས་ཚོད་གཏན་ནས་བྱུང་མ་སོང་། བློ་ཕངས་པ་ཞིག་ལ་སྤྱི་ལོ2003ལོར་དགོན་པར་མེ་ཤོར་ནས་ཁྱད་དུ་འཕགས་པའི་རྒྱ་ཕིབས་གསུམ་པོ་ཚང་མ་འཚིག་ནས་ཁ་གསབ་བྱེད་ཐབས་མེད་པའི་ཕྱོང་གུན་ཆེན་པོ་ཕོག་པ་རེད། བསམ་བློ་ཞིབ་པར་གཏོང་དུས་ཀརྨ་དགོན་པ་ལྟ་བུ་ལུང་ཁུག་ས་སྟོང་ལ་མཛེས་རྩལ་ཁྱད་དུ་འཕགས་པའི་བཟོ་སྐྲུན་དེ་འདྲ་བྱུང་སྲིད་ཡོད་ན་མཚོ་བོད་མཐོ་སྒང་ཡོངས་ལ་ང་ཚོས་ཤེས་རྟོགས་མ་བྱུང་བའི་ཡུལ་ཁྲུང་གི་བཟོ་རྩལ་གྱི་སྐྲུན་དངོས་ད་དུང་ག་ཚོད་ཡོད་པ་སུས་ཤེས་ཐུབ།

༢ སྒོ་སྒེའུ་ཁུང་གི་ཤིང་སྤྲིག

བོད་ལུགས་སྒོ་སྒེའུ་ཁུང་གི་ཤིང་སྤྲིག་ཅུང་སྟབས་བདེ་རེད། སྤྱིར་བཏང་གི་སྒོ་ནི་སྒོའི་ཏ་ཤིང་དང་སྒོ་པང་ལས་གྲུབ་པ་

ཡིན་མོད། ཡིན་ནའང་དགོན་པ་སོགས་ཨར་སྐྲུན་གྱི་སྒོའི་དུ་ཤིང་སྟེང་ལ་རྒྱན་སྤྲས་བྱེད་ཀྱི་རེད། འདིར་ཐོག་མ་སྦྱིར་བཏང་དམངས་ཁང་གི་སྒོ་སྐྱེའུ་ཁྱུང་ནས་ངོ་སྤྲོད་ཞུ་རྒྱུ་ཡིན། བོད་པའི་ཤིང་སྒོ་ནི་དུ་ཤིང་གཉིས་ཏེ་ཞེང་ཚད་14cmདང་དཔངས་ཚད་9cmཡིན་པ་དང་སྒོའི་ཐེམ་པ་ལ་དཔངས་ཚད་18cmཡིན་ལ་ཞེང་ཚད་9cmདང་ཡ་སྟོད་ཀྱང་དཔངས་14cmདང་ཞེང་ཚད་9cmཡིན། འོག་ལ་མས་སྟེམ་ཆ་གཅིག་དང་དུ་ཤིང་སྟེང་ལ་ཡས་སྟེམ་ཆ་གཅིག་བསྒར་དགོས་པ་དཔངས་ལ་12cmདང་ཞེང་ཚད་9cm རིང་ཚད་40cmདགོས། འདི་དུ་ཤིང་བརྟན་པོ་འཛུགས་པའི་ཆེད་ཡིན། སྒོའི་སྒྲོམ་མཐོ་ཚད་170cmམན་ཆོད་ཡིན། ཞེང་ཁ་80cmཙམ་རེད། སྒོའི་ཤིང་ཟམ་དཔངས་10cmཙམ་རེད། ཤིང་ཟམ་སྟེང་ལ་སྒོའི་མིག་བཅད། བབས་དང་ཁ་ཤིང་གཏོང་བར་བབས་རྒྱ་དཔངས8 ×6cmཡིན། སྟེང་དུ་བད་གཡམ་འགེབས་རྒྱུ་རེད།(དཔེ་རིས4—36)

གོང་གསལ་ནི་སྤྱིར་བཏང་གི་སྒོའི་སྒྲིག་ཆས་རེད། གཞམ་དུ་གྱང་ཁང་གི་སྒོའི་ཤིང་སྒྲིག་འཁོར་ཆགས་དགོན་པའི་ཇོ་ཁང་གི་སྒོ་ལ་དཔེ་བཞག་ནས་ངོ་སྤྲོད་ཞུས་ན་སྒོའི་ཐེམ་པ་དཔངས13cmདང་ཞེང་ཁ27cmའདུག སྒོའི་དུ་ཤིང་ཞེང་ཚད་17cmདང་དཔངས14cm སྒོའི་སྒྲོམ་མཐོ་ཚད234cmདང་ཞེང་ཁ161cmའདུག སྒོ་སྒྲོམ་གྱི་མཐའ་ལ་པདྨ་ཞེང་7cmདང་ཆོས་བརྩེགས་ཞེང་6cmསྟེ་སྒོའི་དུ་ཤིང་ལ་སྦྱར་ཡོད། སྒོའི་སྟེང་ལ་བབས་ཤིང་དཔངས8cmདང་ཞེང་ཚད7cmབྱས་པ་བར་སྟོང་15cmརེ་བཞག་ནས་བསྒར་འདུག སྒོའི་མེ་ལོང་ཆ་གཅིག(པར4—89) (དཔེ་རིས4—37)

གཞམ་པོ་ཏ་ལའི་ཕོ་བྲང་དཀར་པོའི་འོག་ཤོད་ཁང་པའི་ནང་གི་སྒོ་ཞིག་ལ་དཔེ་བཞག་ནས་ངོ་སྤྲོད་ཞུས་ན། སྒོའི་དུ་ཤིང་ཞེང་ཚད་14cmདང་སྦུབ་མཐུག12cmའདུག པདྨ་དང་ཆོས་བརྩེགས་སྦུབ་མཐུག7cmདང་སྒོའི་སྟེང་ལ་བབས་ཤིང་དཔངས11cmདང་ཞེང་ཚད9cmབཏང་འདུག(དཔེ་རིས4—38) གལ་སྲིད་ཕྱི་སྒོ་ཡིན་ན་བད་གཡམ་བཀབ་དགོས་ཤིང་།(དཔེ་རིས4—39) ཤིང་སྒྲིག་གི་ཆ་ཚད་ངོ་སྤྲོད་ཞུས་ཀྱི་མིན། ཕྱི་སྒོའི་ལངས་ངོས་དཔེ་རིས་ཐོག་ནས་ཞིབ་ཕྲའི་བཟོ་ལྟ་མཐོང་ཐུབ་ལ་གཞིགས་ངོས་དཔེ་རིས་ཐོག་ནས་སྒོའི་སྒྲོམ་རྩིག་པའི་ནང་ལ་འཛོག་སྟངས་དང་ཤིང་ཟམ། བབས་ཤིང་གཏོང་སྟངས། བད་གཡམ་འགེབས་སྟངས་བཅས་མཐོང་ཐུབ།

དེ་ནས་ཤིང་ཆ་གྲོན་ཆུང་བྱས་པའི་མངའ་རིས་འཁོར་ཆགས་དགོན་ཉིས་ཐོག་གི་སྒོ་སྐབས་བདེ་ཞིག་ངོ་སྤྲོད་ཞུས་ན། འཁོར་ཆགས་དགོན་པས་ཤིང་ཆ་ལ་གྲོན་ཆུང་ཆེན་པོ་བྱས་འདུག གཞམ་ལ་དཔེ་བཞག་པའི་སྒོའི་ཤིང་ཤའི་ཐོག་ནས་ཤེས་ཐུབ། སྒོའི་སྒྲོམ་གྱི་དུ་ཤིང་ལ10 × 10cmབྱས་པ་གྲུ་བཞི་རེད། ཐེམ་པ་དཔངས8cmདང་ཞེང་ཚད10cmའདུག ཤིང་ཟམ་དཔངས6cmབྱས་པ་བཏང་འདུག སྒོའི་མཐོ་དམན144cmདང་ཞེང་ཚད90cmའདུག སྒོའི་ཤིང་ཟམ་སྟེང་ལ་བབས་ཤིང་7བཏང་འདུག བབས་ཤིང་དཔངས8cmདང་ཞེང་ཚད5cmལས་མི་འདུག སྟེང་གི་ཁ་ཤིང་སྦུབ་མཐུག4cmལས་མི་འདུག ཁ་ཤིང་སྟེང་ལ་སྡེབ་མ་བཏང་ནས་སྒོའི་མིག་བཅད་བཟོས་འདུག སྡེབ་མ་མཐོ་ཚད14cmདེ་

གཡང་ལ་30cmབཏོན་འདུག ཐྲིན་མའི་ཁ་ལ་ཤིང་ལེབ་སྲབ་མཐུག4cmབྱས་པ་བཏང་ནས་མནན་འདུག གོང་གསལ་ཤིང་ཆ་ཚང་མ་ཤིང་ཤ་ཆུང་ཆུང་ཤ་སྟུག་བཏང་འདུག གོང་དུ་བཤད་པའི་པོ་ཏ་ལའི་སྒོའི་ཤིང་ཤའི་བྱེད་ཀ་ཡང་ཡོན་མི་འདུག(དཔེ་རིས4—40)

འོན་ཀྱང་འཁོར་ཆགས་དགོན་པའི་བརྒྱ་ས་ལྷ་ཁང་གི་ནང་སྒོའི་སྒོ་ཆེན་ནི་བོད་ལུགས་ཨར་སྐྲུན་གཞན་ལ་མཐོང་རྒྱུ་མེད་པའི་སྒོ་ཞིག་ཡིན། མ་གཞི་སྒོའི་ཏུ་ཤིང་སོགས་ཀྱི་ཤིང་ཆ་ཆེན་པོ་མེད། སྒོའི་སྒྲོམ་གྱི་མཐའ་གཉིས་ལ་ཤིང་ཁ་ཤས་སྦྱར་ཡོད་པ་དེ་ཚོ་ཡང་ཤིང་ཤ་ཆེན་པོ་བཏང་མི་འདུག གཤམ་ལ་ཤིང་ཆ་རེ་རེ་ནས་ངོ་སྤྲོད་བྱས་ན། སྒོའི་ཏུ་ཤིང་ལ་ཞེང་ཚད9cmདང་སྲབ་མཐུག10cmལས་མི་འདུག སྒོའི་ཏུ་ཤིང་སྟེང་ལ་མེ་ཏོག་ཤིང་ལོའི་སྦྱར་བཀོས་སྦྱར་འདུག སྒོའི་སྒྲོམ་གྱི་མཐའ་ལ་ཤིང་གྲུ་བཞི་ལ་ཞེང་ཚད12cmདང་སྲབ་མཐུག20cmཞིག་བཏང་འདུག དེའི་སྟེང་ལ་མི་སྣ་ཚོགས་དང་མེ་ཏོག་ཤིང་ལོ་སོགས་བཀོས་འདུག་པ་རྗེ་འབངས་ཉེར་ལྔ་སོགས་གྲུབ་ཐོབ་ཀྱི་སྣང་བརྙན་མིན་ནམ་བསམ། ང་ཚོས་རྟོག་ཞིབ་བྱས་པའི་དུས་ཚོད་ཐུང་རྐྱེན་ཞིབ་ཕྲ་དབྱེ་ཞིབ་བྱ་ལོང་མ་བྱུང་། སྒོའི་སྒྲོམ་གྱི་སྟེང་ལ་ལྷ་སྐུ་སྣ་ཚོགས་གྲལ་སྟར་གཉིས་བཀོས་འདུག གོང་དུ་ཞུས་པའི་ཟུར་གཉིས་ཀྱི་གྲུབ་ཐོབ་ཀྱི་སྐུ་བརྙན་བཅས་རྩོབ་རྩིས་བྱས་ན་ལྷ་སྐུ68ཙམ་འདུག དེའི་མཐའ་ལ་ཞེང་ཚད9cmཡོད་པའི་ཤིང་བཏང་བར་མེ་ཏོག་ཤིང་ལོ་སོགས་བཀོས་འདུག ཡང་དེའི་མཐའ་ལ་ཤིང་ཞེང་ཚད8cmཡོད་པ་ཞིག་བཏང་འདུག དེའི་སྟེང་ལ་རྒྱལ་སྲིད་སྣ་བདུན་དང་བཀྲ་ཤིས་རྟགས་བརྒྱད། བཀྲ་ཤིས་རྫས་བརྒྱད་སོགས་ཀྱི་རི་མོ་བཀོས་འདུག རི་མོ་དེ་ཚོ་སྒོའི་མཐའ་གཉིས་ལ་བཀོས་ཡོད། དེ་ནས་བར་སྟོང་ཞེང་ཚད23cmབྱས་པ་ཞིག་བཞག་ནས་སྐུ་ཁང་རེ་རེ་བཞིན་བརྩིགས་ནས་གཞོགས་རེ་ལ་སྐུ་ཁང8རེ་བཞག་འདུག སྔ་མོ་སྐུ་ཁང་དེ་ཚོའི་ནང་ལ་ལི་མའི་སྐུ་རེ་བཞུགས་ཡོད་པའི་བཤད་སྲོལ་འདུག ད་ལྟ་སྐུ་ཁང་སྟོང་པ་རེད། སྒོའི་མཐའ་གཉིས་ལ་ཞེང་ཚད12cmཡོད་ཅིང་ཤིང་གྲུ་བཞི་རེ་བཏང་བར་དེའི་སྟེང་ལ་སངས་རྒྱས་ཤཱཀྱ་ཐུབ་པའི་སྐུ་ཚེ་གཅིག་གི་མཛད་པ་བཅུ་གཉིས་ཀྱི་རི་མོ་བཀོས་འདུག་པ་དེ་ནི་སྒོ་དེ་ཡི་མཚན་སྙན་ཆེ་ཤོས་ཀྱི་ནང་དོན་ཡིན། དེ་ཡི་མཐའ་ལ་ཤིང་ཞེང་ཚད8cmཡོད་པའི་མཐའ་སྒྲོམ་ཞིག་བསྐར་ཡོད་པ་དེ་སྒོའི་ཤིང་བཀོས་ཆ་ཚང་བརྟན་པོ་ཡོང་བའི་ཆེད་དུ་རེད་འདུག སྒོའི་སྟེང་ལ་ཤིང་གི་སྟེམ་གཉིས་སྦྱར་ཡོད་པར་མེ་ཏོག་ལོ་འདབ་སོགས་ཀྱི་རི་མོ་བཀོས་པ་དང་དེའི་སྟེང་དུ་དཔངས་ལ19cmཡོད་པའི་སྐུ་ཁང16བཞག་ཡོད་པར་ལྷ་སྐུ་བཅོ་ལྔ་བཀོས་ཡོད་པར་བྱང་ཆུབ་སེམས་དཔའི་སྐུ་སྣ་ཚོགས་རེད། ཡང་དེའི་སྟེང་ལ་ཤིང་ལ་རི་མོ་སྣ་ཚོགས་བཀོས་པ་གཉིས་བཏང་རྗེས་སྟེང་ལ་སྐུ་ཁང11ནང་སངས་རྒྱས་ཀྱི་སྐུ13བཀོས་འདུག

སྒོའི་ཏུ་ཤིང་མཐོ་ཚད223cmདང་ཞེང་ཚད159cmའདུག སྒོའི་ཏུ་ཤིང་གི་གཞོགས་རེ་ལ་ཤིང་ཆེ་ཆུང་བསྡོམས་པས8རེ་བཏང་བར་གཞོགས་རེ་རེ་ལ་ཞེང་ཁ95cmའདུག མཐའ་གཉིས་ཀྱི་ཤིང་བཀོས་བསྡོམས་པས་སྒོ་ཡི་རྒྱ་ལ་སྨིད3. 5འདུག

སྒོའི་སྒྲོམ་སྟེང་ལ་ཤིང་བརྐོས་མཐོ་དམན་110cmཡོད་པས་སྒོའི་མཐོ་ཚད་ཡོངས་རྫོགས་360cmའདུག

(དཔེ་རིས4—41) (པར4—90) (པར4—91)

སྒོའི་སྟེང་ལ་རྒྱན་སྤྲས་དེ་ལྷ་བུ་རྒྱས་པ་བྱེད་པ་དེ་མངའ་རིས་ཀྱི་ཁྱད་ཆོས་ཆེན་པོ་ཞིག་ཡིན་ཟེར་ཆོག ཁོང་ཚོས་ཡ་གླིང་ནུབ་ཕྱོགས་ཀྱི་བཟོ་རྩལ་ལ་དཔེ་བལྟས་པ་ཞིག་ཀྱང་ཡིན་ངེས། དབུས་གཙང་ཁུལ་ལ་དེ་ལྟ་བུའི་བཟོ་རྩལ་བྱུང་མི་འདུག ལྷ་ལྡན་གཙུག་ལག་ཁང་དཀྱིལ་འཁོར་མཐིལ་གྱི་སྒོ་ནང་མ་དེ་ཐོ་མོ་གུ་གེའི་རྒྱལ་པོ་ཞིག་གིས་ཕུལ་བ་ཞིག་རེད་ཟེར། ཡིན་ནའང་ཤིང་བརྐོས་རྟབ་པོ་ཞིག་ལས་མི་འདུག(པར4—92) གུ་གེའི་རིའི་སྟེང་གི་དཀྱིལ་འཁོར་ལྷ་ཁང་དང་རི་གཤམ་གྱི་ལྷ་ཁང་དཀར་དམར་གཉིས། མཐོ་ལྡིང་དགོན་གྱི་ལྷ་ཁང་དཀར་པོའི་སྒོ་སོགས་ལ་ཡང་ཤིང་བརྐོས་རྒྱས་པོ་ཡོད་ཀྱང་འཁོར་ཆགས་དགོན་གྱི་སྒོ་འདི་ལྟ་བུ་རྒྱས་སྤྲོས་མི་འདུག སྒོའི་ཤིང་སྐྲིག་དང་བཟོ་སྣང་བཤད་རྒྱུ་དེ་ནས་མཚམས་འཇོག་རྒྱུ།

སྒེའུ་ཁུང་ནི་ཁང་པའི་ནང་དཀར་ཆ་གསལ་བ་དང་རླུང་འགྲོ་སའི་ཁུང་བུ་ཡིན་པས་ཆེ་ཆུང་སྣ་ཚོགས་ཡོད་ལ་བཟོ་ལྟ་ཡང་འདྲ་མིན་སྣ་ཚོགས་ཡིན། སྤྱིར་ན་འོག་ཤོད་ཀྱི་སྒེའུ་ཁུང་ཆུང་ཙམ་དང་ཐོག་ཁའི་སྒེའུ་ཁུང་ཆེ་ཙམ་བཟོས་ཀྱི་རེད། དབུས་གཙང་ཁུལ་གྱི་སྐྱ་དྲག་གི་གཟིམ་ཤག་དང་གཞིས་ཀའི་ཁང་པ་སོགས་ཀྱི་འོག་ཤོད་མང་ཆེ་བ་གཉེར་ཚང་དང་དངོས་ཟོག་འཇོག་ས་ཡིན་པས་རླུང་འགྲོ་ལས་འཇོག་གི་མེད། (པར4—93) ཁམས་ཁུལ་དམངས་ཁང་གི་ཤོད་ལ་ཁལ་ཟོག་བཅུག་ས་ཡིན་པས་རླུང་འགྲོ་སྒེའུ་ཁུང་ཆུང་ཆུང་མ་གཏོགས་མེད། ཁམས་ཁུལ་དམངས་ཁང་རྙིང་པ་འགའ་ཞིག་ལ་མདའ་འཕང་སའི་སྒེའུ་ཁུང་རིང་པོ་ཞིག་འཇོག་སྲོལ་ཡོད། (པར4—94) བོད་ལུགས་ཀྱི་སྒེའུ་ཁུང་ལ་ཁྲ་མ་ཡ་གཅིག་དང་ཁྲ་མ་ཆ་གཅིག་བྱས་པ། ཡང་ན་ཁྲ་མ་མང་པོ་བྱས་པ། (པར4—95) རབ་གསལ་ཆེན་མོ། ཟུར་འཁྱོང་སྒེའུ་ཁུང་སོགས་མང་པོ་ཡོད། (པར4—96) ཡིན་ནའང་ཤིང་སྐྲིག་ཐད་ཁྱད་པར་ཆེན་པོ་མེད། གཙོ་བོ་སྒེའུ་ཁུང་ཆེ་ཆུང་ལ་བརྟེན་ནས་ཤིང་ཆ་ཆེ་ཆུང་མི་འདྲ་བ་ཙམ་ཡིན། དགོན་པ་སོགས་ཀྱི་ཨར་སྐྲུན་ལ་དང་དོད་བྱས་ན་སྒེའུ་ཁུང་དུ་ཤིང་མཐའ་ལ་པད་མ་དང་ཆོས་བརྩེགས་བཏང་བ་ལས་གཞན་གྱི་རྒྱན་སྤྲས་བྱེད་སྲོལ་མེད། (པར4—97) (པར4—98) སྤྱིར་བཏང་གི་དམངས་ཁང་གི་སྒེའུ་ཁུང་ཤིན་ཏུ་སྟབས་བདེ་ཡིན་ལ་ཆ་ཚད་ལྡོན་མེད་པ་སོགས་ཡིན་པས་འདིར་ངོ་སྤྲོད་ཞུ་རྒྱུ་མེད།

སྒེའུ་ཁུང་སྐོར་ཐོག་མ་སྤུ་ཧྲེང་གི་དམངས་ཁང་ཕྲུས་ཚད་ཙུང་ཡག་པོ་ཡོད་པའི་སྒེའུ་ཁུང་ཞིག་ངོ་སྤྲོད་ཞུ་རྒྱུ་ཡིན། དམངས་ཁང་ཁ་ཤས་ཀྱི་སྒེའུ་ཁུང་ཏ་ཙང་ཐེབས་ཆག་ཡིན་པས་ངོ་སྤྲོད་བྱ་ཐབས་མི་འདུག སྒེའུ་ཁུང་འདི་ར་ཤིང་ཞེང་ཚད8cmགྲུ་བཞི་རེད། ཤིང་ཟམ་དཔངས15cmལ་རྒྱ་ཆེ་ཆུང་གྲུང་དང་སྙོམས་པ་བཞག་འདུག སྟེང་གི་བབས་ཤིང་དཔངས16cmདང་ཞེང་ཚད10cmརེད། བར་སྟོང་20cmབཞག་འདུག བབས་ཀྱི་ཁ་ཤིང་སྦུབ་མཐུག5cmདང་སྟེང་དུ་སྦྲེན་མ་མཐོ་དམན་དཔངས30cmབཏང་བར་གྲུང་ངོས་ལས40cmབརྒྱངས་འདུག དེ་ཡི་སྟེང་དུ་གཡམ་པ་བཀབ་ནས

ཚར་བ་རེད། སྒེའུ་ཁུང་ནག་རྩེ་ཞེང་ཁ30cmགཅིག་ལྷག་ཙམ་འདུག སྒེའུ་ཁུང་སྟེང་ལ་སྤེན་མ་གདང་རྒྱུ་དེ་མངའ་རིས་སྲོལ་རྒྱུན་ཨར་སྐྲུན་གྱི་ཁྱད་ཆོས་རེད།（པར4—99）（དཔེ་རིས4—42） གུ་གེ་དང་འཁོར་ཆགས་དགོན་པའི་སྒོ་སྒེའུ་ཁུང་ལ་ཡང་བཏང་འདུག དབུས་གཙང་ལ་རྒྱལ་རྩེ་དཔལ་འཁོར་ཆོས་སྡེའི་ལྷ་ཁང་གཅིག་རང་ལ་བཏང་ཡོད་པ་ལས་ས་ཆ་གཞན་ལ་མཐོང་མ་བྱུང་།

གཤམ་དུ་པོ་ཏ་ལའི་གྲྭ་ཤག་གི་སྒེའུ་ཁུང་གི་ཤིང་སྒྲིག་ངོ་སྤྲོད་ཞུས་ན་དཔེ་རིས་འདི་སྤྱི་ལོ1982ལོར་ང་ཚོའི་འཆར་འགོད་ཁང་གི་ལག་རྩལ་སློབ་གྲྭའི་སློབ་མ་ཚོས་དངོས་སྦྱོང་བྱེད་སྐབས་ཚད་ལེན་བྱས་ཤིང་།（དཔེ་རིས4—43） ད་ལྟ་བལྟ་དུས་ཤིང་ཤའི་ཆ་ཚད་ཁ་ཤས་ནོར་ཡོད་ཚོད་འདུག གྲྭ་ཤག་སྒེའུ་ཁུང་དུ་ཤིང་11cmགྱི་བཞི་བྱས་པར་སྒེའུ་ཁུང་མཐོ་ཚད160cmདང་ཞེང་ཁ80cmརེད་འདུག སྒེའུ་ཁུང་གི་ཤིང་ཐེམ་དཔངས20cmལ་ཞེང་ཁ་རྩིག་པ་དང་སྙོམས་པ་ཡིན། བབས་ཤིང་དཔངས15cmདང་ཞེང་ཚད9cmལ་བར་སྟོང་10cmརེ་བཞག་འདུག ཁ་ཤིང་སྲབ་མཐུག4cmདང་སྟེང་དུ་གྱེན་རྩེ་དཔངས13cmཡོད་པ་གཤམ་འོག་བབས་དང་འདྲ་བ་བསྒྲིགས་ཡོད། དེའི་སྟེང་དུ་ཁ་ཤིང་བཏང་རྗེས་སྒེའུ་ཁུང་མིག་བཅད་ཀྱི་གཡམ་པ་བཏིང་རྗེས་ཚར་བ་རེད།（པར4—100）

བོད་ལུགས་ཨར་སྐྲུན་ཁྱོན་ཡོངས་ནས་བཤད་ན་སྒོ་སྒེའུ་ཁུང་བཟོ་སྟངས་རྙིང་ཤོས་ནི་སི་ཁྲིན་གྱི་ཆུ་ཆེན་དང་བཙན་ལྷ། དར་མདོ། བརྒྱུད་ཐེལ་སོགས་ས་ཁུལ་གྱི་གནའ་བོའི་མཁར་རྫོང་དང་དམངས་ཁང་རྙིང་པ་ཁ་ཤས་ལ་མཐོང་རྒྱུ་འདུག ཨར་སྐྲུན་དེ་ཚོ་ནི་ཚན་རིག་གིས་ཚོད་ལྟ་བྱས་ནས་མི་ལོ་བརྒྱད་བརྒྱ་དགུ་བརྒྱའི་ལོ་རྒྱུས་ཡོད་པའི་གནའ་བོའི་ཨར་སྐྲུན་ཤ་སྟག་ཡིན། ང་ཚོས་བརྟག་དཔྱད་བྱས་པའི་ནང་ལོ་བཞི་བརྒྱ་ལྔ་བརྒྱ་ཙམ་ལས་སོང་མེད་པའི་ཁང་རྙིང་དེ་ཚོའི་སྒོ་སྒེའུ་ཁུང་ནི་དེང་དུས་ཀྱི་སྲོལ་རྒྱུན་ཁང་པའི་སྒོ་སྒེའུ་ཁུང་དང་གཅིག་མཚུངས་རེད་འདུག དེར་བརྟེན། ལོ་བརྒྱད་བརྒྱ་དགུ་བརྒྱའི་སྔོན་གྱི་སྒོ་སྒེའུ་ཁུང་གི་བཟོ་སྟངས་ནི་སྲོལ་རྒྱུན་ཨར་སྐྲུན་ནང་ཆེས་རྙིང་ཤོས་ཀྱི་བཟོ་སྟངས་ཡིན་པ་གཏན་འཁེལ་ཆོག་གི་འདུག འོན་ཀྱང་དེ་བས་སྔ་བའི་གནའ་བོའི་སྒོ་སྒེའུ་ཁུང་བཟོ་སྟངས་གང་འདྲ་ཡིན་མིན་ད་ལྟ་ལྷག་བསྡད་པའི་ཤིང་ཆས་མཐོང་རྒྱུ་མེད་པས་ཤེས་རྟོགས་བྱ་ཐབས་མི་འདུག ང་ཚོས་ཞིབ་འཇུག་དང་དབྱེ་ཞིབ་བྱས་པ་བརྒྱད་ལོ་དགུ་བརྒྱའི་སྔོན་ལ་ས་ཆ་དེ་ཚོར་ས་ཆ་གཞན་ནས་ཡོང་བའི་ཤིང་བཟོ་མེད་ལ། པང་ལེབ་གཤགས་པའི་སོག་ལེ་ཆེན་པོ་ཡང་མེད་ཅིང་། འབུར་ལེན་སོགས་ཀྱི་ཤིང་བཟོའི་ཡོ་བྱད་ཡང་ཡོད་ཚོད་མི་འདུག སྒོ་སྒེའུ་ཁུང་བཟོ་དུས་ཤིང་སྡོང་བཅད་ཚར་ནས་གདུང་མ་ཁ་གཤག་རྒྱུ་རེད་འདུག སྒོའི་རྡུ་བཞི་བཟོ་དུས་ཤིང་སྡོང་སྦོམ་ཕྲ་ཐད་ཞེང་30cmལྷག་གི་གདུང་མ་སྦོམ་པོ་དགོས་ཤིང་། སྒེའུ་ཁུང་གི་རྡུ་བཞི་ལ་ཤིང་གདུང་སྦོམ་ཕྲ15cmཙམ་གྱིས་ཆོག་པ་ཡིན་འདུག སྒོའི་རྡུ་བཞི་བཟོ་རྒྱུའི་གདུང་མ་ཕྱེད་གཤག་དེ་ཡི་ལེབ་ངོས་དེ་རྩིག་པར་སྦྱར་རྒྱུ་དང་། གདུང་མ་རིལ་རིལ་ངོས་ཕྱེད་ཀ་ལ་ཤུར་ཀ་བཏོན་ནས་སྒོའི་མེ་ལོང་བསྐར་ས་བཟོས་འདུག སྒོའི་རྡུ་བཞིའི་ཡས་སྟེམ

དང་སྔོའི་ཐེམ་པ་གཉིས་ཀ་ལ་ཤུར་ཀ་བརྟོན་ནས་སྔོའི་ཏུ་བཞི་ལྷུ་སྒྲིག་ས་བཟོས་འདུག(དཔེ་རིས4—44) (དཔེ་རིས4—45)

སྒེའུ་ཁུང་གི་ཏུ་བཞི་བཟོ་སྟངས་ཀྱང་གཅིག་མཚུངས་ཡིན། སྒེའུ་ཁུང་གི་ཏུ་བཞི་ལ་ཡང་ཤུར་ཀ་བརྟོན་ནས་བསྐར་རྒྱུ་རེད། སྐབས་དེར་སྒེའུ་ཁུང་གི་ཁྲ་མ་ཡང་བཟོ་ཤེས་ཀྱི་མེད་པར་ཤིང་ལེབ་གཉིས་ཀྱིས་སྒེའུ་ཁུང་བརྒྱབ་པ་རེད་འདུག སྐབས་དེའི་ཤིང་བཟོ་ཞིབ་ཚགས་པོ་བཟོ་ཤེས་ཀྱི་མེད་ཏུང་། ཏུ་བཞི་ཚང་མ་བརྟན་པོ་བཟོས་ཡོད་པས་ཕྱི་ནས་གང་བྱུང་གིས་སྣོ་དང་སྒེའུ་ཁུང་ལ་འཛུལ་ཐུབ་ཀྱི་མེད། གནའ་བོའི་བཟོ་སྟངས་དེ་ཆོ་དུས་ཆོད་ལས་ཡོལ་ཡང་ང་ཚོ་ཞིབ་འཇུག་པའི་ངོས་ནས་བྱས་ན་གནའ་བོའི་བཟོ་རྩལ་དེ་ཆོ་ངེས་པར་དུ་ཤེས་དགོས་པ་ཞིག་རེད།(པར4—101) (པར4—102)

༣ སྨིན་བད་ཀྱི་རྩིག་སྟངས།

སྨིན་བད་རྩིག་པ་ཟེར་བ་གསལ་པོར་བཤད་ན་སྨིན་མ་ཤིང་གིས་བརྩིགས་པའི་ཞ་རྒྱབ་བད་གཡམ་གྱི་རྩིག་པ་ལ་ཟེར་བ་ཡིན། སྨིན་མ་ཟེར་བ་གང་ཡིན་ཞེ་ན་མཚོ་རྗེས་རྨིད4500ལྷག་གི་ས་མཐོའི་རི་འདབས་སུ་སྐྱེས་པའི་ཚེར་ཤིང་འདྲ་བའི་སྐྱེ་དངོས་ཤིག་ཡིན་ལ། དབུས་གཙང་ཁུལ་ལ་སྨིན་མ་ཟེར་གྱི་ཡོད། 《བོད་རྒྱ་ཚིག་མཛོད་ཆེན་མོ》ནང་རྒྱ་སྐད་ལ་ 柽柳 ཞེས་བསྒྱུར་གནང་བ་ནི་ནོར་བ་རེད། རྒྱ་སྐད་ནང་ 金露梅 ཟེར་བ་ཡིན་འདུག ས་ཆ་དམའ་སར་སྐྱེས་ཀྱི་མི་འདུག སྨིན་མ་ནི་ཟ་ཐུར་ལས་སྡོམ་ཙམ་གྱི་སྐྱེ་དངོས་ཤིག་སྟེ་འབྲོག་པ་ཚོས་སྦྲའི་ནང་ཕྱུག་བརྡར་བྱ་དུས་ཀྱི་ཕྱུགས་མ་བྱེད་པ་དང་ཉལ་སའི་འོག་ཏུ་བཏིང་ན་བཞའ་ཚན་འགོག་པ་དང་ཉལ་ས་འབོལ་པོ་ཡོང་གི་ཡོད། སྨིན་མ་ནི་བོད་རིགས་ཡུལ་འབྲོག་མི་སེར་གྱི་ཐོན་སྐྱེད་དང་འཚོ་བའི་ནང་རྒྱུན་དུ་བེད་སྤྱོད་གཏོང་གི་ཡོད། གནའ་རྫས་རྟོག་ཞིབ་པས་གནའ་བོའི་བང་གསོའི་ནང་སྨིན་མ་ཤིང་བཏིང་བ་དང་རྩབ་བརྒྱབ་པ་སོགས་བྱེད་པ་མཐོང་འདུག་པ་དེའི་ཐོག་ནས་གནའ་བོའི་དུས་ནས་མི་ཚོས་ཨར་སྐྱུན་ནང་ལ་བེད་སྤྱོད་ཀྱི་ཡོད་པ་ཤེས་ཐུབ།(པར4—103)

བོད་སྐད་ནང་སྨིན་བད་ཟེར་བ་ནི་སྨིན་མས་ཞ་རྒྱབ་བརྩིགས་པས་སྨིན་བད་ཟེར་བ་ཡིན། དེ་ཡི་ཐོག་མའི་འབྱུང་ཁུངས་ནི་ལོ་རྒྱུས་ཐོག་ས་མཐོའི་གྲོང་གསེབ་ཁག་ལ་གྲོང་མི་སོ་སོའི་ཞ་རྒྱབ་སྟེང་ལ་བུད་ཤིང་སྐམ་ནས་འཇོག་པའི་གོམས་སྲོལ་འདི་ཡིན། ལོ་ལྟར་སྟོན་ཁའི་དུས་སུ་མི་ཚོས་རི་ནས་བུད་ཤིང་བཅད་དེ་ཁྱུར་ཡོང་སྟེ་ཁང་པའི་ཞ་རྒྱབ་སྟེང་ལ་གྲལ་འགྲིག་པོས་བརྩིགས་ནས་འཇོག་གི་ཡོད།(པར4—104) གཅིག་ནས་ལོ་ལྟར་དགུན་ཁ་མེ་བཏང་ནས་ཟ་མ་བཟོ་བྱེད་དང་། ཁང་པ་དྲོན་པོ་ཡོང་བའི་ཆེད་དུ་སྤོན་ནས་མེ་ཤིང་དེ་ཚོ་ཉི་མར་སྐམ་པ་དང་། ཞ་རྒྱབ་སྟེང་ལ་གྲལ་འགྲིག་པོས་བརྩིགས་པ་ཡིན་ན་མེ་ཤིང་འཇོག་སའི་ས་ཆ་གཞན་པ་མི་དགོས་པའི་ཕན་ཐོགས་ཡོད་ལ་ཞ་རྒྱབ་སྟེང་ལ་ལྷགས་པ་རྒྱག་པ་དང་ཉི་མ་ཕོག་ནས་སྐམ་པོ་མགྱོགས་པོ་ཆགས་ཐུབ། གཉིས་ནས་ཁང་པའི་ཞ་རྒྱབ་སྟེང་ལ་བུད་ཤིང་བརྩིགས་ནས་བཞག་ན་ལྷགས་པ་འགོག་པའི་ནུས་པ་ཆེན་པོ་ཐོན་ཐུབ་པ་དང་། ཆུན་མ་དང་ཇག་པ་སོགས་ཁང་པར་འཛུགས་མི་བདེ་བའི་ཕན་ཐོགས་ཡོད་ལ་ཞ་རྒྱབ་སྟེང་ལ་མེ

ཞིང་གྲལ་འགྲིག་པོ་བརྩིགས་ནས་བཞག་པས་ཉ་རྒྱབ་རྩིག་པ་ལ་སྲུང་སྐྱོབ་ཀྱི་ནུས་པ་ཆེན་པོ་ཐོན་གྱི་ཡོད། དེ་ལྟར་ལོ་ཟླ་ཡུན་རིང་སོང་བས་གོམས་གཤིས་སུ་ཆགས་པ་དང་ཕྱི་ནས་བལྟ་དུས་ཀྱང་དམངས་ཁང་ཕྱི་དབྱིབས་ཀྱི་མཛེས་རྒྱན་ཞིག་ཏུ་གྱུར་ཡོད།

གྲལ་རིམ་སྤྱི་ཚོགས་འགོ་བཙུགས་ནས་སྤྱི་ཚོགས་ཐོག་རིམ་པ་མཐོ་དམན་གྱི་ལམ་ལུགས་མངོན་གསལ་ཆེ་རུ་ཕྱིན་ཞིང་། ལྷག་པར་དུ་ཆོས་ལུགས་ཀྱི་ལམ་སྲོལ་སྤྱི་ཚོགས་ཀྱི་གཞི་རིམ་ལ་ཁྱབ་པས་བྱ་ཐབས་གང་ཡོད་ཀྱིས་དཔོན་རིགས་དང་ཆོས་ཕྱོགས་ཀྱི་ཁང་པ་གང་ཡག་ཡག་བཟོ་ཐབས་བྱེད་ཀྱི་ཡོད་པས། སྨན་བད་བཟོ་རྒྱུ་དེ་ནི་སྤྱི་ཚོགས་ཀྱི་རྒྱབ་ལྗོངས་དེ་འདྲ་ཞིག་ནས་བྱུང་བ་རེད། གྲོང་གསེབ་ཀྱི་ཆེས་རྒྱུན་ལྡན་ཡིན་པའི་མི་ཤིང་སྐམ་བརྩིག་རྒྱག་སྟངས་དེ་བོད་ཀྱི་ཨར་སྐྲུན་མཛེས་རྩལ་གྱི་ལག་རྩལ་ཐོག་ནས་བརྒྱུད་རིམ་མཐོ་ཤོས་ཀྱི་ཨར་སྐྲུན་ཐོག་ཏུ་བེད་སྤྱོད་བཏང་བ་ཞིག་ཡིན།

སྨན་བད་གཏོང་སྲོལ་འདི་ནི་བོད་རིགས་ཨར་སྐྲུན་དམིགས་བསལ་ཁྱད་ཆོས་ལྡན་པའི་དབྱིབས་གཟུགས་གཅིག་དང་ས་གནས་དེ་རང་གི་རྒྱུ་ཆ་བེད་སྤྱོད་པའི་ཨར་སྐྲུན་གྱི་རིགས་ཤིག་ཡིན། དེ་རང་རྒྱལ་ཙམ་མ་ཚད་འཛམ་གླིང་ཨར་སྐྲུན་ཁྲོད་དུ་ཡང་ཁྱད་དུ་འཕགས་པའི་ཨར་སྐྲུན་ལག་རྩལ་དང་མཛེས་བཟོའི་ལག་རྩལ་ཞིག་ཡིན། འདི་ཡང་ཕྱི་ཡི་དབྱིབས་གཟུགས་ཕུན་སུམ་ཚོགས་པའི་མཐོང་སྣང་དང་ཁང་པ་འབུར་དུ་ཐོན་ཐུབ་པའི་ཉམས་སྣང་ཡོད། སྤྲ་མཁྲིགས་ཀྱི་རྫོ་རྐྱང་པའི་རྩིག་པའི་སྟེང་སྨན་བད་ཀྱི་སྨུ་སོབ་སོབ་ལྟ་བུའི་འཇམ་མཉེན་གྱི་སྣང་བ་འཆར་ཐུབ། དེ་བས་གལ་ཆེ་བ་ནི་དོན་དངོས་ཀྱི་ཨར་སྐྲུན་སྒྲིག་གཞིའི་ཐད་བང་རིམ་ཁ་ཤས་ཡོད་པའི་ཉ་རྒྱབ་རྩིག་པའི་ལྗིད་ཚད་ཡང་དུ་གཏོང་ཐུབ། མ་གཞི་སྨན་མའི་ཕྲུག་པ་བཟོ་རྒྱུ་རྙོག་འཛིང་ཆེ་བ་དང་། ཨར་ལས་ཀྱི་བརྒྱུད་རིམ་མང་པོ་བརྒྱུད་དགོས་ཀྱང་བཟོ་སྐྲུན་ཡག་པོ་བྱུང་རྗེས་ཨར་སྐྲུན་ཡོངས་རྫོགས་ཀྱི་ཉ་རྒྱབ་ཀྱི་ལྗིད་ཚད་ཡང་དུ་སོང་བ་ནི་ཡུན་རིང་གི་བྱེད་ནུས་ཡིན། ང་ཚོས་ལོ་མང་པོའི་རིང་ཞིབ་དཔྱད་བྱས་ནས་ཤེས་རྟོགས་བྱུང་བར། ཐོག་བརྩིགས་མང་པོ་ཡོད་པའི་ཨར་སྐྲུན། ལྷག་པར་དུ་རི་འགོར་རྒྱག་པའི་ཨར་སྐྲུན་ཐོག་བརྩིགས་མང་པོ་ཡོད་པ་རྣམས་ལ་ཧྲུང་ཤུགས་ཆེན་པོ་ཕོག་གི་ཡོད། དེ་ཡི་ནང་ནས་ཐོག་བརྩིགས་མཐོ་ཤོས་ཀྱི་ཉ་རྒྱབ་རྩིག་པ་ལ་ཧྲུང་ཤུགས་དེ་བས་ཆེ་བ་ཕོག་པ་སྟེ་མ་ཁང་གི་ཨར་སྐྲུན་ལྟེ་བ་ལས་ལྷབ་གཅིག་ཙམ་གྱིས་ཤུགས་ཆེ་བ་ཡོད། ཡིན་ནའང་སྨུ་སོབ་སོབ་ལྟ་བུའི་སྨན་བད་རྩིག་པས་ཧྲུང་ཤུགས་མང་ཆེ་བ་སྨན་མའི་ནང་དུ་སིམ་འགྲོ་བ་ཡིན་པ་རས་བལ་ལ་ཕུ་བརྒྱབ་པ་ལྟ་བུ་ལྷགས་པ་མང་ཆེ་བ་སྨན་མའི་ནང་ལ་འཐིམ་འགྲོ་བ་ཡིན་ཞིང་། དེ་ཚོ་ཚང་མ་ནི་གསར་གཏོད་བྱ་མཁན་གྱིས་བསམ་ཡོད་དང་བསམ་མེད་གཉིས་ཀྱི་ཐོག་ནས་མཛེས་ཤོས་དང་ཕན་ནུས་གཉིས་ལྡན་ཞིག་བྱུང་བ་མ་རེད་དམ། གཞན་ཡང་གནའ་རྡོ་མོ་ཨར་ལས་ཀྱི་ཆ་རྐྱེན་རྗེས་ལུས་ཡིན་པའི་སྐབས་སུ་རྒྱུ་ཆ་གང་འདྲ་ཞིག་ཡིན་ནའང་མིས་སྐྱལ་པར་ཁུར་ནས་སྐྱེལ་དགོས་པའི་སྐབས་སུ་ཁང་པའི་ཉ་རྒྱབ་རྩིག་སྐབས་སྐྱེལ་འདྲེན་དཀའ་ཤོས་ཡིན་སྐབས་གལ་སྲིད་སྨན་བད་བརྒྱབ་པ་ཡིན་ན་སྨན་མ་ཐྲག་པར་འཁྱེར་རྒྱུ་དེ་ལས་སླ་ཤོས་ཡིན་པས་ཨར་ལས་མགྱོགས་ཙམ་འགྲུབ་ཐུབ་པ་དང་ངལ་རྩོལ་གྱི་དཀའ་ལས་ཀྱང་ཆུང་ཡང་དུ་གཏོང་རྒྱུར་ཕན་ཐོགས་ངེས་ཅན་ཡོད།

གཞན་ཡང་སྡེབ་བད་གཏོང་རྒྱུ་དེ་ཨར་སྐྲུན་གྱི་ཚད་གཞི་མཐོ་ཤོས་ཀྱི་མཛེས་རྒྱན་ཞིག་ཡིན་པ་མ་ཟད་བླ་ན་མེད་པའི་དབང་ཐང་གི་ཚད་གཞི་ཞིག་ཀྱང་ཡིན་ཟུང་བེད་སྤྱོད་རྒྱུའི་རྒྱུ་ཆ་ནི་སྤྱིར་བཏང་གི་འབྲོག་སར་སྐྱེས་པའི་ཚེར་ཤིང་དཀྱུས་མ་ཞིག་རང་རེད། རི་མཐོ་ཙམ་ལ་འཛོགས་དགོས་པ་དང་ས་ཐག་རིང་ཙམ་ལ་སྐྱེལ་འདྲེན་བྱེད་དགོས་པ་ལས་རྒྱུ་ཆ་རང་ལ་འགྲོ་གྲོན་གང་ཡང་གཏོང་དགོས་ཀྱི་མེད། དོན་དོ་ཤའི་ས་ཆ་དེ་རང་གི་རྒྱུ་ཆ་བེད་སྤྱོད་པ་དང་རང་མགོ་རང་ཐོན་བྱས་པ་ཞིག་རང་ཡིན། དེ་དག་ཞིབ་ཕྲའི་གནས་ཚུལ་མི་ཤེས་མཁན་ཞིག་གི་ངོས་ནས་བལྟས་ན་བསམ་ཡུལ་ལས་འདས་པ་ཞིག་རེད།

(༡) སྡེན་མའི་ཁྱད་ཆོས།

སྡེན་མ་ནི་རི་མཐོན་པོའི་སྟེང་ལ་སྐྱེས་ཤིང་ཟ་ཐུར་ལས་སྦོམ་ཙམ་ཞིག་ལས་མེད་པ་ཕུང་གསོག་རེ་རེ་སྐྱེས་པ་ལ་རིང་ཚད་སྨིད1ལྷག་ཙམ་ལས་མེད་པ་ཚེར་ཤིང་ཕུང་གསོག་དང་འདྲ། སྡེན་མ་ནི་ཤིང་མཁྲེགས་པོ་ཞིག་ཡིན་པས་སྤྱིར་བཏང་ཐོག་རུལ་སྐྱོན་ཡོང་གི་མེད། དེར་བརྟེན་ཕོ་བྲང་པོ་ཏ་ལའི་སྡེན་བད་ནི་སྤྱི་ལོ1646ལོ་དང་1682ལོ་ཙམ་ལ་བཟོ་སྐྲུན་བྱས་ནས་ད་བར་མི་ལོ300ལྷག་གི་ལོ་རྒྱུས་ཡོད་ཀྱང་ཟུར་ཁ་ཤས་ལ་སྐྱོན་ཕྲན་བུ་རེ་ཤོར་བ་ལས་ཁྱོན་ཡོངས་ལ་སྐྱོན་ཆ་གང་ཡང་མེད། གནའ་རྫས་རྟོག་ཞིབ་པས་སྒོ་ཁ་སོགས་ཀྱི་བང་སོ་ལས་རྙེད་པའི་སྡེན་མའི་ཕྲག་པ་དེ་ཚོ་ལ་རུལ་སྐྱོན་གཏན་ནས་བྱུང་མི་འདུག གནའ་བོའི་བང་སོ་དེ་ཚོ་མ་མཐའ་ཡང་ལོ་སྟོང་ཕྲག་གི་ལོ་རྒྱུས་ཡོད་པས་སྡེན་མ་དེ་ཚོ་བེད་སྤྱོད་པའི་དུས་ཡུན་རིང་པོ་ཡིན་པ་ཤེས་ཐུབ། དེར་བརྟེན་གནའ་མི་ཚོས་རྒྱུ་ཆ་འདི་ཡུན་རིང་བེད་སྤྱོད་ཐུབ་པ་ཤེས་རྟོགས་བྱུང་ཡོད་པས་ད་ལྟ་ང་ཚོས་ཚན་རིག་གི་ཐབས་ཤེས་ལ་བརྟེན་ནས་སྡེན་མ་ཤིང་གི་དངོས་ཡོད་བེད་སྤྱོད་བྱ་ཐུབ་པའི་ལོ་ཚད་བརྟག་དཔྱད་བྱ་དགོས་ངེས་རེད་ལ་ད་དུང་སྡེན་མ་རྩིག་པས་ལྷུང་ཤུགས་འགོག་པའམ་ལྷུང་ཤུགས་སེམ་འཛུལ་བྱས་ནས་ལྷུང་གི་ཤུགས་ཚུང་དུ་གཏོང་ཐུབ་ཀྱི་ཡོད་མེད་ཀྱང་ཚན་རིག་གིས་ཚོད་ལྟ་བྱ་རྒྱུ་གལ་ཆེན་པོ་རེད་བསམ་གྱིན་ཡོད།

མདོར་ན་སྲོལ་རྒྱུན་གྱི་ཨར་སྐྲུན་འདི་ཚོ་ལོ་སྟོང་ཕྲག་མང་པོར་རྒྱུན་འཛིན་བྱས་ནས་ཡོང་བ་དང་ད་ལྟ་སླ་མཐུད་ནས་བེད་སྤྱོད་བྱ་རྒྱུའི་ནུས་པ་ཡོད་པ་མ་ཟད་མི་ཚོར་མཐོང་སྣང་ལ་མཛེས་པའི་རིན་ཐང་ལྡན་ཡོད། དེ་ཡང་འཛམ་གླིང་ཨར་སྐྲུན་གྱི་ཁྱད་དུ་འཕགས་པའི་ལག་རྩལ་ཞིག་ཡིན་པས་ང་ཚོས་སྲུང་སྐྱོང་དང་རྒྱུན་འཛིན་ཡག་པོ་བྱ་དགོས།

(༢) སྡེན་མ་བཟོ་སྟངས།

སྡེན་མ་རི་སྟེང་ནས་ཁུར་ཡོང་སྟེ་སྡེན་མ་ཕྲག་པ་བཟོ་སའི་ས་ཆར་སླེབས་རྗེས་ཐོག་མ་སྡེན་མའི་ཡལ་ག་ཕྲ་མོ་དང་ལོ་མ་ཚང་མ་གཙང་སེལ་བཟོས་ནས་ཟ་ཐུར་ལས་སྦོམ་ཙམ་གྱི་སྡེན་མ་ཤིང་ཕྱོགས་གཅིག་ཏུ་བསྡུ་རུབ་བྱ་རྒྱུ་དང་། དེ་ནས་གྲི་ཆུང་ཁྱེར་ཡོང་ནས་སྡེན་མ་ཤིང་རེ་རེ་བཞིན་པགས་པ་གཙང་མ་བཤུ་དགོས། འདི་ནི་གཙོ་བོ་སྡེན་མ་ཤིང་མི་རུལ་བ་དང་ཕྲག་པ་དམ་པོ་བསྡམ་ཐུབ་པའི་ཆེད་དུ་ཡིན། མཇུག་ཏུ་སྡེན་མ་ཕྲག་པ་ལག་ངར་གྱི་སྦོམ་ཕྲ་ཙམ་བསྡམ་དཀྲིག་བྱ་རྒྱུ་སྟེ་སྤུས་དག་ཤོས་ལ་གོ་བ་ཚ་ནང་སྦང་ནས་རྒྱུན་པུ་དྲས་ནས་བསྡམ་རྒྱུ་དང་། སྤྱིར་བཏང་ལ་སོ་མ་ར་ཙའི་ཐག་པས་བསྡམ་བཀྲིག་བྱ་རྒྱུ་རེད།

(པར་4—105) ཀོ་ཐག་རྣོན་པས་བསྣམས་པ་དེ་ཀོ་བ་སྐམ་རྗེས་དེ་བས་མཁྲེགས་པོ་ཡོང་གི་ཡོད་པ་པོ་ཏ་ལའི་ཕོ་བྲང་དཀར་པོ་དང་དམར་པོའི་སྤེན་མ་ཚང་མ་རྒྱུན་བུས་བསྣམས་པ་ཡིན་ཞིང་། པོ་ཏ་ལའི་མདུན་ངོས་རྡོ་སྐམས་ཀྱི་ལྷ་སོའི་སྟེང་གི་སྤེན་བད་ཚང་མ་སོ་མ་ར་ཙའི་ཐག་པས་བསྣམས་པ་ཞིག་རེད། དེ་ཚོ་ནི་གྲུས་པས་ཕོ་བྲང་པོ་ཏ་ལར་ཉམས་གསོ་ཐེངས་གཉིས་བྱས་པའི་སྐབས་སུ་མིག་མཐོང་ལག་ཟིན་བྱུང་བ་ཞིག་ཡིན། སྐབས་དེར་པར་བརྒྱབ་པ་ཡང་ཡོད། ཁྲོན་ཡོངས་ཀྱི་སྤེན་བད་ཚང་མ་ནི་གོང་དུ་བཤད་པའི་ལག་ངར་སྦོམ་ཕྲའི་སྤེན་མའི་ཕྲུག་པ་རིམ་པ་རེ་རེ་བཞིན་བརྩེགས་ནས་གྲལ་འགྲིག་པོ་བཟོས་རྗེས་མཁྲེགས་ཤིང་གི་ཤིང་གཟེར་བརྒྱབ་ནས་བརྟན་པོ་བཟོ་དགོས། སྤེན་མ་ཤིང་རི་ལ་སྐྱེས་དུས་ནས་རྩ་བ་སྦོམ་པ་ཡོད་ཅིང་། སྤེན་མའི་ཕྲུག་པ་ཡང་རྩ་བ་སྦོམ་པ་ཡིན་ལ་རྩ་བ་དེ་རྩིག་པའི་ཕྱི་ལ་གཏད་པ་དང་། རྩེ་མོ་རྩིག་པའི་ནང་ངོས་ལ་གཏད་དགོས། སྤེན་བད་ཀྱི་རྩིག་ཟུར་ལ་བསྒྲིག་རྒྱུའི་སྤེན་མའི་ཕྲུག་པ་ལ་ཟུར་སྤེན་ཟེར་གྱི་ཡོད། ཟུར་སྤེན་དེ་སྤེན་མ་ཕྲུག་པ་ཁ་ཤས་མཉམ་དུ་བསྣམས་ནས་ཟུར་གྲུ་བཞི་ཐོན་པ་བཟོ་དགོས།(པར་4—106) ཟུར་སྤེན་བསྣམ་བཀྱིག་སྲ་ཞིང་བརྟན་པ་དང་ཟུར་གྲུ་བཞིའི་བཟོ་ལྟ་ཚད་དང་ལྡན་པ་བཟོ་བ་འདི་ནི་སྤེན་བད་བརྩིགས་ཚར་དུས་ཟུར་ཡག་པོ་ཆགས་ཐུབ་མིན་གྱི་འགག་རྩ་ཡིན། དེར་བརྟེན་ཟུར་སྤེན་ཕྲུག་པ་ཚགས་དམ་པོ་དགོས་ལ་ཀོ་ཐག་གིས་སྦྲགས་གང་ས་ནས་བསྣམ་བཀྱིག་སྲ་ཞིང་མཁྲེགས་པ་བཟོས་ནས་བཟོ་ལྟ་གཏན་ནས་མི་འགྱུར་བ་བྱེད་དགོས།(པར་4—107)

(༣) **སྤེན་བད་ཉ་རྒྱབ་ཀྱི་ལས་ཀ།**

ཐོག་མ་སྤེན་མའི་ཕྲུག་པ་བསྣམ་རྒྱུ་དང་སྤེན་བད་བརྩིག་རྒྱུའི་ལས་ཀ་ནི་ལག་རྩལ་གྱི་འགག་གནད་ཆེན་པོ་ཡིན་ཐོག་ལས་ཀྲ་ཞིབ་ཚགས་དང་སྤུས་དག་པོ་དགོས་པས་ཁྲེལ་འཚུབ་དང་སྣང་མེད་ཕྲན་བུ་ཡང་བྱ་མི་ཉན། དེ་ལྟར་མ་བྱས་ན་སྤྲོལ་རྒྱུན་གྱི་སྤུས་ཚད་ལ་སླེབས་མི་ཐུབ།

སྔ་མོའི་ལོ་རྒྱུས་ཐོག་གི་བོད་ས་གནས་སྲིད་གཞུང་གིས་ངོ་དམ་བྱས་པའི་ལྷ་སའི་རྗེ་ཤིང་སྐྱེ་པའི་ནང་ལ་སྲིད་གཞུང་གི་མིང་རྟགས་ཐོབ་པའི་རྗེ་བཟོ་དང་ཤིང་བཟོའི་དབུ་ཆེན་ཡོད་པ་མ་ཟད་སྤེན་བད་ལས་གྲྭ་ལ་ཡང་མིང་རྟགས་ཐོབ་པའི་སྤེན་བད་ལས་རིགས་ཀྱི་དབུ་ཆེན་བསྐོ་གཞག་བྱས་ཡོད། དུས་རབས་གོང་མའི་ལོ་རབས་དགུ་བཅུའི་ནང་ཕོ་བྲང་པོ་ཏ་ལའི་ཉམས་གསོ་ཐེངས་དང་པོ་བྱེད་སྐབས། ལྷ་ས་གནའ་སྐྲུན་མཛེས་རྩལ་སྤྱི་གཉེར་ཁང་ལ་སྔ་མོ་རྗེ་ཤིང་སྐྱེ་པའི་སྤེན་བད་ལས་རིགས་ཀྱི་དབུ་ཆེན་དབང་ཆེན་ལགས་ནས་པོ་ཏ་ལའི་སྤེན་བད་ཉམས་གསོ་ལས་གྲྭར་བཀོད་འདོམས་གནང་བས་ཉམས་གསོ་སྔར་དང་གཅིག་མཚུངས་བྱུང་ཐུབ་སོང་།

(༤) **སྤེན་བད་སྒྲིག་སྟངས།**

སྟོད་མངའ་རིས་ནས་དབུས་གཙང་ཁུལ་དང་། ཁམས་ནས་ཨ་མདོའི་ས་ཆ། སོག་པོའི་ས་ཁུལ་བཅས་ཀྱི་ཙུང་གལ་ཆེ་བའི་དགོན་པ་དང་ལྷ་ཁང་བཅས་ཀྱི་ཨར་སྐྲུན་མང་ཆེ་བར་སྤེན་བད་ཀྱི་ཉ་རྒྱབ་བཟོས་ཡོད། ཕྱི་ཚུལ་ནས་བལྟས་ན་ཚང་མ

གཅིག་མཚུངས་ཡིན། འོན་ཀྱང་དོན་དངོས་ཐོག་བཟོ་སྐྲུན་བྱེད་པའི་བརྒྱུད་རིམ་ནང་ས་ཚ་སོ་སོས་ལག་རྩལ་བཟོ་སྟངས་མི་འདྲ་བ་ལག་བསྟར་བྱས་འདུག ཨར་ལས་བྱེད་སྟངས་དང་སྤྱིན་མ་སྦྲིག་སྟངས། ཉ་རྒྱབ་རྡེག་པ་རྡེག་སྟངས། སྤྱིན་བད་ནང་ལ་སྤྱིན་མ་ཞེང་ཁ་ག་ཚོད་བཞག་ཡོད་མེད། སྤྱིན་བད་དེ་རྡེག་པའི་ངོས་ནས་འབུར་ལ་ག་ཚོད་ཐོན་ཡོད་མེད་སོགས་ཀྱི་ཁྱད་པར་ཡོད་པས་བཟོ་སྟངས་རྩ་བའི་ཆ་ནས་མི་འདྲ་བ་ཡིན། ཚང་མ་གྱང་སའི་ཁང་པ་འདྲ་འདྲ་ཡིན་ན་ཡང་མངའ་རིས་གྲུ་གེ་སོགས་ཀྱི་སྤྱིན་བད་བཟོ་སྟངས་དང་ཆབ་མདོ་དང་ཡུལ་ཤུལ་སོགས་ཀྱི་བཟོ་སྟངས་བར་ལ་ཁྱད་པར་ཆེན་པོ་ཡོད། དེར་བརྟེན་རྩོམ་འདི་ཡི་ནང་ནས་དབྱེ་བ་འབྱེད་པ་དང་འགྲེལ་བཤད་གསལ་ཙམ་རྒྱག་ཐུབ་པའི་རེ་བ་ཡོད།

འོན་ཀྱང་ཞིབ་ཕྲའི་ཨར་ལས་བྱེད་སྟངས་དང་ལག་རྩལ་གྱི་བརྒྱུད་རིམ་འགྲོ་སྟངས་སོགས་ཡི་གེའི་ཐོག་ནས་གསལ་བཤད་བྱ་དཀའ་ཞིང་། རང་ཉིད་ལོ40ལྷག་གི་རིང་གནའ་བོའི་ཨར་སྐྲུན་ལ་རྟོག་ཞིབ་དང་སློབ་སྦྱོང་བྱས་པ། ཉེན་སྐྱོབ་ཉམས་གསོའི་ལས་ཀར་ཞུགས་པ་དང་ལས་གྲྭའི་ཨར་ལས་ལྷ་ཞིབ་པའི་འགན་འཁྱེར་བ་སོགས་ལ་བརྟེན་ནས་རྩ་བའི་ཆ་ནས་ལག་རྩལ་གྱི་འགག་གནད་ཕོང་དུ་ཆུད་པ་ཞིག་བྱུང་རུང་ལག་ལེན་གྱི་ཉམས་མྱོང་དང་ལག་རྩལ་མེད་པས་ད་དུང་ཞིབ་ཕྲའི་ལག་རྩལ་གྱི་བྱ་ཐབས་མང་པོ་ཞིག་ཕོང་དུ་ཆུད་མེད། དེར་བརྟེན་སྤྱིར་བཏང་གི་ཨར་ལས་བྱེད་སྟངས་དང་སྒྲིག་ཆས་ཐད་ཀྱི་ཁྱད་པར་ཐོག་ནས་ངོ་སྤྲོད་རོབ་ཙམ་ཞུ་རྒྱུ་ཡིན། དེ་ཡང་བོད་རིགས་ཨར་སྐྲུན་གྱི་སྤྱིན་བད་བཟོ་སྟངས་གཅིག་རང་ལས་མེད་པ་ཞིག་མིན་པ་ཚང་མས་ཤེས་དགོས།

ད་ལྟ་ནན་བཤད་བྱེད་དགོས་པ་ནི་དེང་སྐབས་དབུས་གཙང་ས་ཁུལ་ལ་སྤྱིན་མ་བཟོ་སྟངས་དང་སྤྱིན་མའི་ཉ་རྒྱབ་རྡེག་སྟངས་ཀྱི་ལག་ཤེས་རྒྱུན་ཆད་པའི་ཉེན་ཁ་ལ་སླེབས་ཡོད། དུས་རབས་གོང་མའི་ནང་པོ་ཏ་ལ་ཐེངས་དང་པོ་ཉམས་གསོ་བྱེད་པའི་སྐབས་ཀྱི་ལག་ཤེས་པ་རྣམ་རབས་ཚང་མ་གྲོངས་པ་དང་། ཕོང་རྣམ་པས་ཁྲིད་པའི་དགེ་ཕྲུག་མ་རྩ་ནས་མང་པོ་ཞིག་མེད་ཐོག་ཁག་ཅིག་འདས་གྲོངས་སུ་སོང་བ་དང་ཁག་ཅིག་ལས་སྒྱུར་བྱས་པས་ད་ལྟ་ཏ་ལམ་ལྷག་མེད། གཞན་ཡང་དེང་སྐབས་གཞི་རྒྱ་ཆེ་བའི་གནའ་བོའི་ཨར་སྐྲུན་ཉམས་གསོའི་ལས་གྲྭ་ཡང་མང་པོ་མེད། གང་འདྲ་བྱས་ནས་ལག་རྩལ་འདི་རིགས་རྒྱུན་འཛིན་ཐུབ་པ་དང་། མུ་མཐུད་ནས་ལག་རྩལ་འདི་རིགས་ཀྱི་ལག་ཤེས་པ་གསོ་སྐྱོང་བྱ་རྒྱུ་དེ་ལམ་ཐག་རིང་ལ་དཀའ་ཁག་ཆེ།

བོད་ཀྱི་ཨར་སྐྲུན་ལོ་རྒྱུས་ཐོག་གང་གི་དུས་ལ་སྤྱིན་བད་བསྐར་རྒྱུ་ཐོག་མ་བྱུང་བ་དང་། ཨར་སྐྲུན་གང་ཞིག་ལ་སྤྱིན་བད་ཐོག་མ་བསྒྲིགས་ཡོད་པ་ཞིབ་དཔྱད་བྱ་ཐབས་མི་འདུག ཡི་གེར་འཁོད་པའི་ཡུམ་བུ་བླ་མཁར་ནས་དམར་པོ་རིའི་པོ་ཏ་ལ། ལྷ་ལྡན་གཙུག་ལག་ཁང་དང་ར་མོ་ཆེ། བསམ་ཡས་དགོན་པ་བཅས་ལ་སྤྱིན་བད་བཏང་ཡོད་མེད་ཞིབ་དཔྱད་བྱ་ཐབས་མི་འདུག ཨར་སྐྲུན་དེ་ཚོ་ལ་ཉམས་གསོ་ཐེངས་མང་བྱས་ཚར་བས་ཡིན། ད་ལྟ་གནས་བཞིན་པའི་ཨར་སྐྲུན་ནང་སྤྱིན་བད་བཏང་ཡོད་པའི་ཁང་པ་སྔ་ཤོས་མངའ་རིས་གྲུ་གེའི་མཁར་རྫོང་སྟེང་གི་ཕོ་བྲང་དང་བྱམས་པ་ལྷ་ཁང་གི་གནའ་ཤུལ་བཅས

གཉིས་རེད། དེ་དང་དུས་མཚུངས་པའི་མངའ་རིས་ཏུ་ཐོག་མཁར་རྫོང་གི་རྫོ་རྩིག་ཁང་པ་ལ་སྤྱི་ལོ1937ལོར་དབྱི་ཏ་ལིའི་ཐུའུ་ཅི་ནས་པར་བརྒྱབ་པའི་ནང་ལ་སྤྱིན་བད་མཐོང་རྒྱུ་མི་འདུག ཉེ་འགྲམ་གྱི་མི་སེར་ཁང་པར་ཤ་རྒྱབ་སྟེང་ལ་བུད་ཤིང་གྲལ་བསྒྲིགས་ནས་བཞག་འདུག སྐབས་དེར་སྤྱིན་བད་བཏང་མེད་པ་འདྲ། གུ་གེའི་མཁར་རྫོང་རི་སྟེང་གི་ཕོ་བྲང་སོགས་ཨར་སྐྲུན་གོག་ཧྲུལ་དུ་སོང་འདུག་ནང་སྤྱི་ལོ1981ལོར་ང་ཚོ་རྟོག་ཞིབ་བྱེད་པར་འགྲོ་དུས་ཁང་པའི་རྩེ་ལ་སྤྱིན་བད་བཏང་བ་གསལ་པོ་མཐོང་རྒྱུ་འདུག རི་སྟེང་གི་ཕོ་བྲང་དང་བྱམས་པ་ལྷ་ཁང་གི་ཕག་རྩིག་ལ་ཞེང་ཁ48cmཙམ་ལས་མི་འདུག ཁང་པའི་གྲུང་ཤ་རྒྱབ་བར་དུ་ཐད་ཀར་བརྒྱབ་འདུག སྤྱིན་བད་ནི་ཤ་རྒྱབ་མཚམས་ནས་གདུང་མ་བཏང་ནས་སྤྱིན་བད་རྩིག་ངོས་ལས་ཕྱིར་ཐོན་བཙུག་འདུག བཟོ་སྟངས་ནི་རྩིག་པའི་གཞུང་ལ་སྤྱིན་བད་གཏོང་ཚོད་ལ་སླེབས་དུས་འཕྲེད་ངོས་ཀྱི་གྲུང་གི་སྟེང་ལ50cmཙམ་གྱི་མཚམས་ལ་གདུང་མ་རེ་བཏང་འདུག གྲུང་གི་ངོས་ལས55cmཙམ་ཕྱིར་ཐོན་འདུག རྒྱབ་རྩིག་གི་ཞེང་ཁ་བསྡོམས་ན100cmཙམ་འདུག ཕོ་བྲང་གི་ཁང་པ་ཁག་ཅིག་ས་ཕག་རྩིག་པ་ཡིན། མཐའ་སྐོར་གྱི་ལྷུགས་རི་ཚང་མ་གྲུང་རྟུང་བ་དང་ཤ་རྒྱབ་མཚམས་ལ་ས་ཕག་བརྩིགས་འདུག ཤ་རྒྱབ་ཕྱོགས་བཞི་ལ་བརྐྱངས་པའི་གདུང་མའི་སྟེང་ལ་ཤིང་དྲལ་མ་གྲལ་བསྒྲིགས་ནས་བཏང་འདུག གདུང་མའི་མཐའ་ལ་ཤིང་16cmགྲུ་བཞི་ཞིག་བཏང་བ་དེ་སྤྱིན་བད་འོག་གི་སྐར་མའི་ཤིང་རེད། དེ་ཡང་སྤྱིན་མ་འདེགས་བྱེད་ཀྱི་གདུང་མ་ཡིན། དེའི་སྟེང་དུ་སྤྱིན་མ་ཕྱག་པ་རེ་རེ་བཞིན་གྲལ་འགྲིག་པོས་བསྒྲིགས་ནས་ཚགས་དམ་པོ་གང་ཡོང་ཡོང་བྱས་པ་ཞིག་རེད་འདུག སྤྱིན་མ་ཞིག་རྩེས་ཁ་གསབ་གང་ཐུབ་ཐུབ་རྒྱག་དགོས་པ་ལས་སྤྱིན་མའི་སྟེང་ནས་བཙག་བཙག་བྱེད་ཐབས་མེད། སྤྱིན་བད་ཤ་རྒྱབ་རྩིག་པའི་མཐོ་ཚད་ལ་སླེབས་དུས་སྔར་བཞིན་སྔར་མའི་གདུང་སྐོར་བཏང་འདུག དེ་ཡི་སྟེང་ལ25cmཙམ་གྱི་བར་སྟོང་བཞག་ནས་བབས་ཤིང་རེ་རེ་བཞིན་གྲལ་བསྒྲིགས་ནས་བཏང་འདུག བབས་ཤིང་སྟེང་ལ་པང་ལེབ་བཏིང་པ་དང་དེ་ནས་གཡམ་པ་བཀབ་ནས་སྤྱིན་བད་ཆ་ཚང་བཟོས་པ་རེད། དེ་ལྟ་བུ་སྤྱིན་བད་རྩིག་པའི་ངོས་ནས་བརྐྱངས་པའི་བཟོ་སྟངས་དེ་ད་ཆ་གུ་གེ་མ་གཏོགས་ས་ཆ་གཞན་ལ་མཐོང་རྒྱུ་མི་འདུག ཞིབ་ཕྲའི་བཟོ་སྟངས་དཔེ་མཚོན་རི་མོ་ལ་གཟིགས་རོགས།（པར4—108）（དཔེ་རིས4—46）

སྤྱིན་བད་བཟོ་སྟངས་གཉིས་པ་ནི། གུ་གེའི་མཁར་རྫོང་གཤམ་ལ་ཡོད་པའི་ལྷ་ཁང་དམར་པོ་དང་དཀར་པོ། གཞན་ཡང་མཐོ་ལྡིང་དགོན་གྱི་ལྷ་ཁང་ཁ་ཤས། སྤུ་ཧྲེང་འཁོར་ཆགས་དགོན་གྱི་ལྷ་ཁང་གཉིས་དང་ས་སྐྱ་དགོན་པའི་ལྷ་ཁང་ལྷོ་མ་སོགས་ཀྱི་སྤྱིན་བད་བཟོ་སྟངས་ཡིན་པ་དེ་ཚོ་ནི་གྲུང་ཞེང་ཁ་ཆེན་པོ་ཡོད་པའི་ཨར་སྐྲུན་རེད། སྤྱིན་བད་བཟོ་སྟངས་དེ་པོ་ཏ་ལ་སོགས་རྫོ་རྩིག་ཨར་སྐྲུན་གྱི་སྤྱིན་བད་བཟོ་སྟངས་དང་མི་འདྲ་བར་གྲུང་རྩིག་ནས་ཙུང་ཟད་འབུར་དུ་ཐོན་པ་བྱས་འདུག ཡིན་ན་ཡང་སྤྱིན་བད་རྩིག་པ་ནས་འཕྱུང་ཡོང་བའི་བཟོ་སྟངས་དེ་མ་རེད། འཁོར་ཆགས་དགོན་དང་ས་སྐྱ་དགོན་པའི་ལྷ་ཁང་ལྷོ་མའི་གྲུང་ཞེང་ཁ་ཆེན་པོ་རེད། ཤ་རྒྱབ་ལ་སླེབས་དུས་ཀྱི་གྲུང་ལ་ད་དུང་150cmཙམ་ཡོད། འདི་ལ་སྤྱིན་མ་གྲལ་སྟར་

རེ་རེ་བཞིན་བསྒྲིགས་ནས་བརྟན་པོ་བཟོས་པ་རེད་འདུག འོན་ཀྱང་སྨྱིན་མ་གྱང་ནང་ཁུལ་གྱི་རྩིག་སྟངས་དང་འབྲེལ་མཐུད་ག་འདྲ་བྱས་ཡོད་མེད་ཤེས་མ་བྱུང་། སྨྱིན་མ་ཚགས་དམ་པོ་ཡག་པོ་འདུག འཁོར་ཆགས་དགོན་པའི་སྨྱིན་བད་གཤམ་ལ་སྐྱ་ཁང་ཆུང་ཆུང་རེ་བཟོས་ནས་ནང་ལ་སྐྱ་འདྲ་རེ་བཞག་པའི་ལོ་རྒྱུས་འདུག(པར4—109) (དཔེ་རིས4—47)

སྨྱིན་བད་བཟོ་སྟངས་ཁག་གསུམ་པ་ནི་ཤིང་ནགས་ཡོད་སར་གྱང་རྫུང་བའི་དགོན་པའི་ཨར་སྐྲུན་རེད། དཔེར་ན་ཆབ་མདོ་ས་ཁུལ་གྱི་རི་བོ་ཆེའི་ལྷ་ཁང་ཁྲ་རྒྱས་མ་ལྷ་བྲུ། ཡུལ་ཤུལ་ས་ཁུལ་འཛོམས་ཉག་མཆོད་རྟེན་གྱི་དགོན་པ་དང་འདམ་ག་དགོན་པ། ཁྲི་འདུ་རྫོང་གི་ལབ་དགོན་སོགས་ཀྱི་སྨྱིན་བད་བཟོ་སྟངས་གཅིག་མཚུངས་རེད། བཟོ་སྟངས་འདི་ལ་གྱང་བརྡུངས་ནས་ཉ་རྒྱབ་ཀྱི་མཚམས་ལ་སླེབས་དུས་མཚམས་འཛུག་དགོས། གྱང་གི་གཞུང་ལ250cmརེའི་མཚམས་ལ་ཤིང་གདུང་17cmགྲུ་བཞི་རེ་འཕྲེད་ལ་བཏང་འདུག གདུང་མ་གྱང་ངོས་ལས30cmཕྱག་ཙམ་བཏོན་འདུག ཤིང་གདུང་དེ་ཡི་སྟེ་ལ་ཤིང་གི་གཞུ་ཆུང་རེ་བསྣར་ཡོད་པ་གཞུ་ཆུང་གི་སྟེང་ལ་ཤིང་གདུང་17cm × 15cmཡོད་པ་བཏང་ནས་སྨྱིན་བད་སྒྲོམ་བཟོས་པ་རེད། སྨྱིན་བད་སྒྲོམ་གྱི་མཐོ་དམན་དགོན་པའི་ཁྱོན་ཡོངས་ཀྱི་འཆར་འགོད་ལ་གཞིར་འཛིན་དགོས།

ཉ་རྒྱབ་བརྟན་པོ་ཡོང་བའི་ཆེད་དུ་སྨྱིན་བད་ཤིང་སྒྲོམ་གྱི་ཞིང་ཁ་ངེས་པར་གཤམ་གྱི་གྱང་ཞིང་དང་གཅིག་མཚུངས་བཟོ་དགོས། གལ་ཏེ་སྨྱིན་ཆུང་བསྣར་དགོས་ན་འོག་གི་ཤིང་སྒྲོམ་སྟེང་ལ་ཤིང་སྒྲོམ་ཆུང་ཆུང་ཞིག་བཟོས་ནས་སྨྱིན་བད་ཉིས་བརྩེགས་ཆགས་འཛུག་དགོས། ཤིང་སྒྲོམ་བརྟན་པོ་བཟོས་རྗེས་ཕྱི་ངོས་ནས་ལས་ཀ་ལས་མཁན་ལ་སྒྲོམ་སྒྱུར་བཙུགས་ནས་མི་ཚོ་སྒྲོམ་སྒྱུར་ཐོག་ལངས་ནས་སྨྱིན་བད་སྒྲོམ་ནང་སྨྱིན་མ་ཕྲུག་པ་རེ་རེ་བཞིན་གྲལ་འགྲིག་པོ་བསྒྲིག་དགོས། སྨྱིན་ཕྲུག་གི་རྩ་བ་ཕྱིར་བཏོན་ནས་ངོས་འགྲིག་པོ་བཟོ་དགོས་པ་དང་སྨྱིན་མ་ཁ་གསབ་བརྒྱབ་ནས་ཚགས་དམ་པོ་གང་ཡོང་ཡོང་བྱ་དགོས། སྨྱིན་བད་བཟོ་སྟངས་འདི་ལྷུ་བསྒྲིགས་ནས་བཟོས་པ་ལྟ་བུ་ཞིག་རེད། ང་ཚོས་རི་བོ་ཆེ་ཁྲ་རྒྱས་མ་ལྷ་ཁང་ལ་རྟོག་ཞིབ་བྱེད་སྐབས་ཉ་རྒྱབ་ཀྱི་ནང་ནས་ཕར་ཚུར་འགྲོ་དུས་སྨྱིན་བད་ཀྱི་སྒྲོམ་དང་དེ་ཡི་ནང་གི་སྨྱིན་མའི་ཕྲུག་པ་ཚང་མ་མཐོང་ཐུབ་ཀྱི་འདུག སྨྱིན་བད་སྒྲོམ་ནང་སྨྱིན་མའི་ཕྲུག་པ་བརྫངས་རྗེས་ཚགས་དམ་པོ་མ་བྱུང་བ་དང་བར་སྟོང་ཡོད་ན་མི་ཆེད་དུ་བཏང་ནས་ཁ་གསབ་ཡག་པོ་རྒྱག་དགོས། ད་དུང་སྨྱིན་མ་རྐང་རེ་རེ་བཞིན་འཚངས་ནས་ཚགས་དམ་ཐག་ཆོད་ཡོང་བ་བྱ་དགོས་པ་ཡིན་འདུག བཟོ་སྟངས་འདི་ཨར་ལས་རྩུང་སྟབས་བདེ་བ་ཡིན་ཡང་ཤིང་གི་འགྲོ་སོང་ཆེན་པོ་ཡིན་པས་ཤིང་ནགས་ཡོད་སའི་དགོན་པ་ཚོས་བྱེད་སྟངས་འདི་ལ་དགའ་པོ་ཡོད། ཕན་ཚུན་བསྡུར་ན་ལྷ་ས་སོགས་ཀྱི་སྨྱིན་བད་བཟོ་སྟངས་ཀྱི་སྤུས་ཚད་ལ་བསྡུར་ཐབས་མི་འདུག(པར4—110) (དཔེ་རིས4—48)

སྨྱིན་བད་བཟོ་སྟངས་བཞི་པ་ནི་ཁྲབ་ཆེ་ཤོས་ཀྱི་རྡོ་རྩིག་གི་ཨར་སྐྲུན་གྱི་སྨྱིན་བད་བཟོ་སྟངས་དེ་ཡིན། དེ་ཡང་སྨྱིན་བད་ཀྱི་བཟོ་སྟངས་གསར་པ་ཡིན་ཟེར་ནའང་ཆོག གང་ཡིན་ཟེར་ན་ཚད་ལྡན་གྱི་རྡོ་རྩིག་གི་ཨར་སྐྲུན་བྱུང་ནས་ད་བར་

ལོ་1000ཙམ་ལས་ཕྱིན་མེད། དེར་བརྟེན་རྡོ་རྡེག་ཨར་སྐྱུན་སྟེང་ལ་སྣེན་བད་བསྐར་བའི་སྲོལ་དེ་ལ་ལོ་1000ཟིན་མེད་པ་ངེས་གཏན་རེད། དེ་ལ་བརྟེན་ནས་སྣེན་བད་བཟོ་སྟངས་གསར་པ་ཡིན་པའི་ངོས་འཛིན་བྱེད་ཀྱི་ཡོད། རྡོ་རྡེག་སྟེང་ལ་སྣེན་བད་ཆེན་པོ་བཏང་བ་པོ་ཏ་ལའི་ཕོ་བྲང་དམར་པོ་ལྷ་བུ་དང་ཆུང་བ་པོ་ཏ་ལའི་རྡོ་སྐས་སོ་ལྷ་ལ་བཏང་བའི་སྣེན་བད་གང་ལྟར་ཆེ་ཆུང་གང་ཡིན་ཡང་བཟོ་སྟངས་གཅིག་པ་གཅིག་རྐྱང་རེད།

སྦྱིར་བཏང་སྣེན་བད་བསྐར་དགོས་པའི་དགོན་པའི་ཨར་སྐྱུན་ལ་རྡེག་པ་རྨང་གཞི་བརྡེགས་ནས་ཉ་རྒྱབ་ཀྱི་མཚམས་སུ་སླེབས་དུས་རྡེག་མཚམས་བཞག་ནས་ཐོག་མར་སྣེན་བད་ཀྱི་ཞེང་ཁ་འདྲད་ངེས་འཛོག་དགོས། སྣེན་བད་ཀྱི་ཞེང་ཁ་སྤྱིར་བཏང་བྱས་ན་40cmཙམ་ཡིན། རྒྱབ་ལ་སྦྱིར་བཏང་40cmཙམ་ཡོད་པ་འདི་ནི་རྡོ་རྡེག་རྒྱུག་ས་ཡིན། སྣེན་བད་ཀྱི་ཉ་རྒྱབ་བཟོ་དགོས་པའི་ཨར་སྐྱུན་གྱི་རྡེག་ཞེང་80cmལས་ཆུང་མི་ཉན། གལ་སྲིད་རྡེག་ཞེང་80cmལས་ཆུང་བ་ཡིན་ན་སྣེན་བད་བཟོ་ཐབས་མེད།

རྡོ་རྡེག་ཨར་སྐྱུན་ལ་སྣེན་བད་བསྐར་སྟངས་ནི་རྡོ་རྡེག་བརྡེགས་ནས་སྣེན་བད་བསྐར་རན་པའི་ཚད་ལ་སླེབས་དུས་རྡེག་པའི་གཞུང་ལ་བར་ཐག25cmཙམ་ལ་རྡེག་པའི་འཕྲེད་15cm × 16cmགི་བབས་ཤིང་རེ་གཏོང་དགོས། རྡེག་པའི་ཕྱི་ངོས་ལས་30cmཙམ་འདོན་དགོས། བབས་ཤིང་སྟེང་ལ་ཤིང་17cm × 15cmབྱས་པ་གཞུང་ལ་གཏོང་དགོས། འདི་ནི་སྣེན་བད་ཀྱི་ཞབས་གདན་སྐར་མ་ཤིང་ཟེར་བ་དེ་ཡིན། དེའི་སྟེང་དུ་རྡོ་གཡམ་སྒྲིག་དགོས་ལ་གཡམ་པ་ཕན་ཚུན་མནན་གནོན་ཡག་པོ་བྱེད་དགོས་པ་སྟེ་ཆུ་སིམ་འཛུལ་མ་ཐུབ་པ་བྱ་དགོས། རྡོ་གཡམ་སྟེང་ལ་རྡེག་ཞེང་གཞིར་བཟུང་ནས་སྲབ་མཐུག10cmཙམ་གྱི་རྡོ་ལེབ་ཆུང་སྐོར་གཅིག་འདིང་དགོས། འདི་སྣེན་བད་ཀྱི་ཞབས་གདན་ཡིན་པ་སྟེ་སྣེན་བད་ཆར་ཆུས་མི་སྦྱང་བའི་ཆེད་ཡིན། དེ་ཡི་སྟེང་དུ་སྣེན་མའི་ཕྲུག་པ་རེ་རེ་བཞིན་ཚགས་དམ་པོ་བྱས་ནས་བསྒྲིག་དགོས།（པར4—111）（པར4—112）སྣེན་ཕྲུག་བརྡེགས་ནས་རྡོ་གཅིག་གི་མཐོ་ཚད་ལོན་དུས་རྒྱབ་རྡེག་བརྡེག་དགོས། སྣེན་ཕྲུག་རྡེག་ཡོང་བ་དང་མཉམ་དུ་རྡོ་རྡེག་ཡང་འདྲ་འདྲ་བརྡེགས་ནས་ཡོང་དགོས། སྣེན་ཕྲུག་རིམ་པ་གང་འཚམས་བརྡེགས་ཚར་དུས་མཁྲིགས་ཤིང་གི་ཤིང་གཟེར་བརྒྱབ་ནས་བརྟན་པོ་བཟོས་ཏེ་འཕོ་འགྱུར་མི་འགྲོ་བ་བྱེད་དགོས། ཤིང་གཟེར་ཕྱོགས་གང་ས་ནས་བརྒྱབ་སྟེ་རིམ་པ་བཞིན་སྒྲིག་པའི་སྣེན་ཕྲུག་ཡོངས་རྫོགས་རྡོག་གཅིག་ཏུ་སྒྲིལ་བ་ཞིག་བཟོ་དགོས། སྣེན་ཆེན་གྱི་ཚད་ལ་སླེབས་དུས་ཤིང་གདུང་17cm × 15cmབྱས་པ་གཞུང་ལ་བཏང་ནས་སྣེན་མའི་ཕྲུག་པ་ཚང་མ་གནོན་དགོས། ཤིང་དེ་ཡི་སྟེང་ལ་སྐར་མའི་རི་མོ་བཀོད་ཡོད་པ་སྣེན་བད་ཀྱི་སྟེང་གི་སྐར་མའི་ཤིང་ཟེར། སྐར་མའི་ཤིང་དེ་ཡི་རྒྱབ་ལ་རྨིད་རེ་རེ་ཙམ་གྱི་ས་ལ་རྒྱབ་ལག་ཤིང་གྲུ་བཞི་རེ་བསྐར་དགོས། རྒྱབ་ལག་ཤིང་དེ་ཡིན་གཅིག་རྡོ་རྡེག་བར་ལ་བཏང་ནས་བརྟན་པོ་ཡོང་བ་བྱ་དགོས། རྡོ་རྡེག་གིས་རྒྱབ་ལག་ཤིང་བརྟན་པོ་མནན་ནས་སྣེན་བད་ཡོངས་རྫོགས་བརྟན་པོ་ཡོང་བ་བྱ་དགོས། རྒྱབ་ལག་ཤིང་གི་བར་ལ་

རྡོ་ལེབ་དང་འདག་པ་སོགས་ཀྱིས་ཁ་སྐོམས་པོ་བྱེད་དགོས། གཞུང་ལ་བཏང་བའི་སྐར་མ་ཤིང་གི་སྟེང་ལ25cmཙམ་གྱི་ས་ལ་བབས་ཤིང་རེ་གཏོང་དགོས། ཤིང་ཤ་འོག་གི་བབས་དང་གཅིག་མཚུངས་ཡིན། བབས་བཏང་ཚར་རྗེས་བབས་སྟེང་ལ་སྲབ་མཐུག4cmབྱས་པའི་ཁ་ཤིང་པང་ལེབ་གཏོང་དགོས། དེ་ཡི་སྟེང་ལ་གཡམ་པ་བཏང་ནས་བད་གཡམ་འགེབས་དགོས། སྤེན་ཚུང་གཏོང་དགོས་ན་ཨར་ལས་བྱེད་སྟངས་གཞན་གྱི་སྤེན་ཆེན་དང་གཅིག་པ་ཡིན། སྤེན་ཚུང་བརྩིགས་ནས་སྐར་མའི་ཤིང་དང་བབས་ཤིང་བཏང་ཐོག་བད་གཡམ་བཀབ་ཚར་རྗེས་སྟེང་དུ་ཨར་ཀའི་ཉ་རྒྱབ་གཙག་དགོས།(པར4—113)(དཔེ་རིས4—49)

སྤེན་བད་བརྩིགས་ཚར་རྗེས་ཞིབ་ཚགས་པོའི་ལས་རོགས་ཁ་ཤས་ལ་བདེ་འཛུགས་ཐག་པ་བཅིངས་ནས་བད་གཡམ་ཐོག་འཛོགས་ནས་སྤེན་བད་ལ་ཁ་གསབ་རྒྱག་རྒྱུ་སྟེ། སྤེན་མ་ཤིང་ཀང་རེ་རེ་བཞིན་སྤེན་བད་བར་གསེང་ཡོད་ས་ཚང་མར་ཞིབ་ཚགས་པོས་ཁ་གསབ་རྒྱག་དགོས། སྤེན་བད་ཕྱི་ངོས་གྲལ་འགྲིག་པོ་དང་ངོས་འཇམ་པོ་ཡོད་མེད་ཐོག་མ་སྤེན་ཕྲུག་རྩིག་དུས་ནས་ཚགས་དམ་པོ་བཟོས་ནས་བར་སྟོང་ཕྲན་ཙམ་ཡང་ཡོད་མི་ཉན་པ་སོགས་ཨར་ལས་ཞིབ་ཚགས་ནན་པོ་དགོས་པ་མ་ཚད་བརྩིགས་ཚར་བའི་སྤེན་བད་ཀྱི་ངོས་ལ་སྤེན་མ་ཤིང་ཀང་རེ་རེ་ནས་ཁ་གསབ་ཞིབ་ཚགས་པོ་རྒྱག་རྒྱུ་དེ་འགག་གནད་ཆེ་བའི་ལག་རྩལ་གྱི་བྱ་ཐབས་ཤིག་ཡིན། ཚོད་དཔག་རོབ་ཙམ་བྱས་ན་ལག་རྩལ་བྱང་ཆུབ་པོ་ཡོད་པའི་ལག་རྩལ་བཟོ་པ་ལོ་ཆུང་ཞིག་གིས་ཉིན་གཅིག་ལ་སྤེན་བད་ཧྲིད་ཡུ་བཞི1གི་རྒྱ་ཁྱོན་མ་གཏོགས་ཁ་གསབ་རྒྱག་མི་ཐུབ། ད་དུང་མཉྫུག་ཏུ་དབྱུ་ཆེན་ལགས་ནས་འགྲིག་ཡོད་མེད་བལྟ་དགོས་ཀྱི་ཡོད།(པར4—114)

གོང་དུ་བཤད་པའི་གུ་གེ་མཁར་རྫོང་གི་ཕོ་བྲང་གི་གཡང་ལ་བརྟེན་པའི་སྤེན་བད་དང་། རི་བོ་ཆེ་ཁྲ་རྒྱས་མ་ལྷ་ཁང་གི་ཤིང་སྒྲོམ་ནང་སྤེན་ཕྲུག་བརྩིག་རྒྱུའི་བྱེད་སྟངས་དེ་ཚོ་ཚང་མ་རྡོ་རྩིག་སྟེང་ལ་སྤེན་བད་བརྩིགས་པའི་སྲུས་ཚད་ལ་བསྒྱུར་ཐབས་མེད། གཡང་ལ་བརྟེན་པ་དང་སྒྲོམ་ནང་བརྩིགས་པའི་སྤེན་བད་ལ་ཡང་ཕྱི་ངོས་ནས་སྤེན་མ་ཁ་གསབ་རྒྱག་གི་ཡོད་ཀྱང་ཁྱོན་ཡོངས་ཀྱི་སྤེན་མ་ཚགས་དམ་པོ་རྡོ་རྩིག་སྟེང་ལ་བརྩིགས་པ་ནང་བཞིན་གཏན་ནས་ཡོང་ཐུབ་ཀྱི་མེད། དེ་ཡང་གྲུང་སའི་ཨར་སྐྲུན་རིམ་བཞིན་རྡོ་རྩིག་གི་ཨར་སྐྲུན་ལ་ཡར་རྒྱས་བྱུང་བ་བཞིན་དུ་སྤེན་བད་བཟོ་སྟངས་ཀྱང་ཐོག་མ་གཡང་ལ་བརྟེན་པ་ནས་པོ་ཏ་ལའི་སྲུས་ཚད་ལྟ་བུའི་སྤེན་བད་བཟོ་སྟངས་ལ་ཡར་རྒྱས་ཕྱིན་པ་འདྲ་འདྲ་རེད་བསམ་གྱི་འདུག ཚང་མར་ཐོག་མ་བྱུང་བ་ནས་རིམ་བཞིན་ཡར་རྒྱས་དང་སྲུས་ཇེ་དག་ཏུ་འགྲོ་བའི་བརྒྱུད་རིམ་ཞིག་དགོས་ངེས་ཡིན།

སྤེན་བད་བཟོ་རྒྱུ་དེ་དམངས་ཁང་གི་ཉ་རྒྱབ་སྟེང་ལ་མེ་ཤིང་བརྩིགས་པ་ནས་ཁང་པའི་ཉ་རྒྱབ་སྟེང་གི་མཛེས་རྒྱན་ཞིག་ཏུ་གྱུར་བ་དང་། རྗེས་སུ་ཨར་སྐྲུན་གྱི་གོ་གནས་མི་འདྲ་བ་མཚོན་པའི་རྒྱན་སྤྲས་ཤིག་ཏུ་གྱུར་པ་དེ་ནི་བོད་རིགས་ཨར་སྐྲུན་གྱི་དམིགས་བསལ་གྱི་བཟོ་དབྱིབས་ཤིག་ཏུ་གྱུར་ཡོད། མ་གཞི་རྒྱུ་ཆ་རིན་གོང་ཆེན་པོ་ཞིག་གིས་བཟོས་པ་མིན་ཡང་། ཕྱི་དབྱིབས་ཧ་ཅང་བརྗིད་ཉམས་དོད་པོ་ཞིག་དང་རྒྱན་སྤྲས་བབ་ཆགས་པོ་ཞིག་བྱུང་ཡོད། དེ་ཡང་བེད་སྤྱོད་བྱེད་པའི་དོན་དངོས

ཐོག་ཁྱད་ཆོས་ག་རེ་ཡོད་ཟེར་ན། ང་ཚོས་ལོ་མང་རིང་ཞིབ་དཔྱད་བྱས་པ་བརྒྱུད་ཨར་སྐྲུན་རྒྱ་ཆེན་པོ་དང་མཐོན་པོ་ཡིན་པ་ལ་སྙིན་བད་བཏང་ཡོད་ན་རྩེ་ཐོག་ཁང་པའི་ཉ་རྒྱབ་ཀྱི་ལྗིད་ཚད་ཡང་དུ་འགྲོ་བའི་ཁྱད་པར་ཡོད། སྙིན་བད་བསྒར་བ་ཡིན་ན་མ་གཞི་ཨར་ལས་རྙོག་དྲ་མང་བ། རྒྱུ་ཆ་གསོག་རྒྱུ་དང་ལས་ཡུན་འགོར་བ་ཡིན་རུང་། ཨར་སྐྲུན་རྩིལ་པོའི་ངོས་ནས་བཤད་ན་ཁང་པའི་རྩེ་ཐོག་གི་ལྗིད་ཚད་ཡང་དུ་འགྲོ་བ་ཡིན། ཁང་པའི་རྩེ་ཐོག་ལྗི་མ་དྲགས་པའི་འགན་ལེན་ཐུབ་པ་མ་ཟད་ཨར་སྐྲུན་རྩིལ་པོའི་ལྗིད་ཚད་འཁུར་བའི་མ་ལག་བརྟན་པོ་ཡོང་བའི་ནུས་པ་ཐོན་ཐུབ། དེའི་སྟེང་ལ་བསྐྲུན་པའི་ཨར་སྐྲུན་དང་ལྷག་པར་རླུང་ཤུགས་ཆེ་སའི་ཕྱོགས་ལ་ཁ་གཏད་པའི་ཨར་སྐྲུན་མཐོན་པོའི་རིགས་ལ། མ་གཞི་རྡོ་རྩིག་ཨར་སྐྲུན་རང་ལ་རླུང་ཤུགས་འགོག་པའི་ནུས་པ་འདང་ངེས་ཡོད་རུང་། གལ་ཏེ་སྙིན་བད་ཀྱི་ཉ་རྒྱབ་བཏང་བ་ཡིན་ན་རླུང་ཤུགས་ཀྱིས་འདེད་པའི་ནུས་པ་ཆུང་དུ་གཏོང་ཐུབ་པའི་ཁྱད་ཆོས་ཡོད། སོབ་སོབ་ཡིན་པའི་སྙིན་བད་ཀྱི་ངོས་ནས་རླུང་གི་ཤུགས་ནང་དུ་ཐིམ་འགྲོ་བའམ་རླུང་གི་ཤུགས་སྙིན་བད་ནང་དུ་སིམ་འཇུལ་འགྲོ་བའི་ཕན་ནུས་ཐོན་ཐུབ། འདི་ཚོ་ནི་ང་ཚོས་གནའ་བོའི་ཨར་སྐྲུན་ཁག་ལ་སྲུང་སྐྱོབ་ཉམས་གསོ་བྱས་པའི་ལག་ལེན་ནང་ཐོབ་པའི་མཇུག་སྡོམ་ཡིན། དཔེར་ན་རླུང་ཤུགས་ཆེན་པོ་རྒྱག་དུས་ཁྱིད་རང་རྩིག་པའི་འགྲམ་ལ་ལངས་བསྡད་ན་རླུང་ཤུགས་རྩིག་པའི་སྟེང་ལ་ཐོག་ནས་ཚུར་ལོག་ཡོང་བའི་ཤུགས་ཀྱིས་མི་ཡང་འགྱེལ་གྲབས་བྱེད་ཀྱི་ཡོད། གལ་སྲིད་རླུང་ཤུགས་ཆེན་པོ་རྒྱག་པའི་སྐབས་སུ་སྙིན་བད་ཆེན་པོ་ཞིག་གི་འགྲམ་ལ་ལངས་ནས་བསྡད་ན་རླུང་རྒྱག་དུས་ཚུར་ལོག་ཡོང་བའི་ཤུགས་མེད་པས་མི་ལངས་སྡོད་མཁན་ལ་སྣང་བ་དེ་ཙམ་མེད།

དེང་སྐབས་རྒྱལ་ཁབ་ཀྱིས་ཕྱོགས་ཡོངས་ནས་སྔོ་ལྗང་གི་སྐྱེ་དངོས་ལ་སྲུང་སྐྱོབ་བྱེད་པའི་སྐབས་འདིར་སྙིན་མ་ནི་ས་མཐོ་སའི་སྐྱེ་དངོས་ཀྱི་གྲས་ཡིན་ལ་མཚོ་རྩེས་ཆེས་མཐོ་བའི་མཐོ་སྒང་གི་སྐྱེ་དངོས་དེ་ཚོ་འཚར་ལོངས་ཡོང་བའི་དུས་ཚོད་ཤིན་ཏུ་འགོར་པོ་ཡོད་པས་སྙིན་མའི་སྐྱེ་དངོས་ཀྱི་འབྱུང་ཁུངས་ཉིན་རེ་བཞིན་དཀོན་དུ་འགྲོ་བཞིན་ཡོད། སྤྱི་ཚོགས་རྙིང་པས་གཏན་འཁེལ་བྱས་པའི་སྙིན་བད་བསྒར་ཚག་མིན་ཀྱི་ལམ་ལུགས་ལ་ད་ལྟ་ང་ཚོས་བརྩི་འཛོག་བྱེད་དགོས་དོན་མེད་ཀྱང་། མི་རིགས་རང་ཉིད་ཀྱི་མི་ལོ་སྟོང་ཕྲག་བརྒྱུད་ནས་ཆགས་པའི་གོམས་སྲོལ་ལ་སྤྱིར་བཏང་གི་ཨར་སྐྲུན་ལ་རྒྱུན་སྲུས་དེ་རིགས་མ་བྱེད་ན་ཡག་པོ་ཡོད། དེ་ཡང་ད་ལྟ་སྲོལ་རྒྱུན་གྱི་ལག་ཤེས་པ་ཤིན་ཏུ་དཀོན་པོ་ཆགས་པའི་གནས་ཚུལ་འོག་སྤྱིར་བཏང་གི་ལས་གྲྭའི་ཐོག་རྒྱུན་སྲུས་དེ་རིགས་བྱེད་མི་ཐུབ། ཡིན་ན་ཡང་མི་རིགས་རང་ཉིད་ཀྱི་ཁྱད་དུ་འཕགས་པའི་སྲོལ་རྒྱུན་གྱི་ལག་རྩལ་འདི་ཉིད་རིག་དངོས་སྡེ་ཚན་དང་གནའ་སྐྲུན་ཉམས་གསོ་བྱ་མཁན་གྱི་ཨར་ལས་སྡེ་ཚན་ཚོས་ངེས་པར་དུ་ཨར་ལས་དངོས་ཀྱི་ནང་སློབ་སྦྱོང་དང་། རྒྱུན་འཛིན་བྱ་དགོས། དེ་ལྟར་བྱུང་ན་ཁྱད་དུ་འཕགས་པའི་བཟོ་རྩལ་འདི་ཉིད་མི་རབས་ནས་མི་རབས་ལ་རྒྱུན་འཛིན་ཐུབ་པའི་རེ་བ་ཡོད།

ལེའུ་ལྔ་པ། བོད་རིགས་ཨར་སྐྲུན་གྱི་སྒྲིག་གཞིའི་རིགས་དབྱེ་དང་ཁྱད་ཆོས།

བོད་རིགས་ཨར་སྐྲུན་གྱི་ཡངས་ངོས་ཀྱི་བཟོ་ལྟ་དང་། ལེབ་ངོས་ཀྱི་བཀོད་སྒྲིག སྒྲིག་ཆས་ཀྱི་བཟོ་སྟངས། ཨར་ལས་ཀྱི་ལག་རྩལ་བཅས་གང་ཅིའི་ཐད་རང་སོ་སོའི་དམིགས་བསལ་གྱི་ཉམས་འགྱུར་ཡོད་ཅིང་། གཤམ་དུ་སྒྲིག་གཞི་ཡི་རིགས་དབྱེ་དང་སྒྲིག་ཆས་ཀྱི་བཟོ་སྟངས་ཐད་སྤྱི་ཡོངས་ཀྱི་འགྲེལ་བཤད་ཞུ་རྒྱུ་ཡིན།

དང་པོ། སྒྲིག་གཞིའི་རིགས་དབྱེ།

བོད་རིགས་ཨར་སྐྲུན་གྱི་སྒྲིག་གཞི་དེ་ཁྱོན་ཡོངས་ནས་བཤད་ན་རིགས་ལྔ་ལ་དབྱེ་ཆོག་ཅིང་། གཞན་ཡང་ས་ཁམས་མི་འདྲ་བའི་རྐྱེན་གྱིས་ས་ཆ་མི་འདྲ་བ་སོ་སོར་སྒྲིག་གཞི་མི་འདྲ་བ་ཡང་ཡོད།

༡ རྫིང་པའི་སྦྲ་གུར།

ད་ལྟ་ནས་བརྩིས་པའི་ལོ་ཁྲི་ཕྲག་མང་པོའི་སྔོན་ནས་མཐོ་སྒང་གི་མི་ཆོས་རྗེན་རྒྱུག་ལ་བརྟེན་ནས་རི་དྭགས་ཀྱི་པགས་རིགས་དང་ཤིང་ལྕུགས་སོགས་ཀྱིས་ཆར་པ་དང་གྲང་རླུང་འགོག་ཐབས་བྱེད་པའམ་ཡང་ན་བྲག་ཕུག་དང་ས་དོང་སོགས་ཀྱི་ནང་སྡོད་ཀྱི་ཡོད་ཅིང་། དེ་ཚེ་ནི་ད་ལྟའི་རྫིང་པའི་སྦྲ་གུར་གྱི་སྔོན་གྱི་བྱུང་བ་ཡིན། དུས་རབས་ཉི་ཤུ་པའི་ནང་ལའང་། མངའ་རིས་དང་ནག་ཆུའི་ས་སྟོང་འབྲོག་ཁུལ་ལ་ད་དུང་མི་ཁ་ཤས་འཁྱོང་གི་པགས་པས་བཀབ་པའི་ས་དོང་ནང་སྡོད་ཀྱི་ཡོད། གུས་པ་དེ་སྔ་སྔོད་མངའ་རིས་ཀྱི་སྨར་རྫོང་ལ་རྟོག་ཞིབ་ཏུ་བསྐྱོད་སྐབས། སྨར་རྫོང་གི་རྫོང་དཔོན་གཞོན་པ་རྗེས་སུ་བོད་རང་སྐྱོང་ལྗོངས་སྲིད་གྲོས་ཀྱི་རྒྱུན་ཞུད་གནང་མཁན་བུ་ནོར་ལགས་ནས་ངོ་སྤྲོད་གནང་དོན། ལོང་ལོ་བདུན་ཙམ་གྱི་སྐབས་ཏེ། དུས་རབས་ཉི་ཤུ་པའི་ལོ་རབས་བཞི་བཅུའི་མཇུག་ཙམ་ལ། སྨར་རྫོང་གི་བྱང་ངོས་མཐའ་སྐོར་ལ་བྱང་རི་གཤིབ་ཟེར་བའི་ནུ་སྤོའི་འཚོ་བ་སྐྱེལ་མཁན་ཁག་ཅིག་ཡོད་པ་དང་། ཁོ་ཚོ་ནི་འབྲོག་པ་གཞན་དང་སྐད་གཅིག་མཚུངས་རྒྱུག་མཁན་ཡིན་ཀྱང་། འཚོ་སྡོད་ཀྱི་ཆ་རྐྱེན་དང་གོམས་གཤིས་ནི་འབྲོག་པ་སྤྱི་ཡོངས་དང་གཏན་ནས་མི་འདྲ་བ་སྟེ། གོས་སུ་རི་དྭགས་ཀྱི་པགས་པ་གྱོན་པ་དང་། ཟས་སུ་རྒྱང་དང་འབྲོང་བཅས་རི་དྭགས་ཀྱི་ཤ་ཟ་བ་ལས་འབྲུ་རིགས་དེ་ཙམ་ཟ་རྒྱུ་མེད། སྡོད་ས་ནི་ས་དོང་བརྔོགས་ནས་སྟེང་དུ་འབྲོང་གི་རྩིབ་མ་སོགས་བསྒྲིགས་ནས་འབྲོང་ལྤགས་དང་རྒྱང་ལྤགས་སོགས་ཀྱི་ཐོག་བཀབ་ཀྱི་ཡོད་འདུག དེ་ཚེ་ནི་རྗེན་པ་བརྒྱབ་ནས་འཚོ་བ་སྐྱེལ་མཁན་ཞིག་ཡིན་པས་ས་གནས་སྲིད་གཞུང་ལ་ཁྲལ་འཇལ་རྒྱུ་ཕར་ཞོག ས་ཆ་དེ་རང་གི་འབྲོག་པའི་སྡེ་ཤོག་གི་ལས་ཀ་ཡང་གང་ཡང་མི་བྱེད་ལ་སྒྲིག་ལམ་ཡང་འཁུར་གྱི་མེད་པ་འདྲ། ཁོ་ཚོའི་འཚོ་བ་སྐྱེལ་སྟངས

ནི་གདོད་མའི་མི་ཡི་འཚོ་བ་སྐྱིལ་སྟངས་ཤིག་ཡིན་འདུག ངས་གནས་ཚུལ་འདི་ངོ་སྤྲོད་ཞུ་དགོས་དོན་ནི། བྱང་ཐང་གི་འབྲོག་ས་འདྲ་འདྲ་ཡིན་པའི་མངའ་རིས་ལས་དེ་བས་རྒྱ་ཆེ་བའི་མཚོ་སྔོན་གྱི་འབྲོག་པའི་ས་ཁུལ་དེ་ཚོའི་འབྲོག་མི་འཕེལ་རིམ་གྱི་ལོ་རྒྱུས་ཀྱང་གོང་དང་མཚུངས་པ་ཞིག་མིན་ནམ་བསམ་གྱི་ཡོད།

དེར་བརྟེན་སྒྲ་གྲུར་ཐོག་མར་བྱུང་བ་ནས་ཆ་ཚང་དུ་འགྲོ་བའི་བརྒྱུད་རིམ་དེ་ཡུན་ཏ་ཅང་རིང་པོའི་ལོ་ཟླའི་ནང་རིམ་བཞིན་ཡར་རྒྱས་བྱུང་བ་ཞིག་ཡིན་པ་དང་། དེ་ཡང་མི་ལོ་སྟོང་ཕྲག་མང་པོའི་ངལ་རྩོལ་དང་འཚོ་བའི་ནང་ལེགས་གྲུབ་བྱུང་བ་ཞིག་ཡིན། དཔེར་ན། སོག་གྲུར་དེ་རྩིད་པའི་སྒྲ་གྲུར་ལས་དྲོ་བ་ཡོད་པ་དང་། ཆར་ཆུ་དང་ཐལ་རླུང་འགོག་པའི་ནུས་པ་དེ་བས་ཡག་པོ་ཡོད་ནའང་། མཚོ་བོད་མཐོ་སྒང་དུ་བེད་སྤྱོད་བྱས་མེད་པ་དེ་ལ་རྒྱུ་རྐྱེན་ཁ་ཤས་ཡོད་པ་སྟེ་བོད་པ་དང་སོག་པོའི་བར་ལ་ལོ་སྟོང་ཕྲག་གི་སྔོན་ནས་འབྲེལ་བ་ཡོད་ཅིང་། ལྷག་པར་དུ་ཡོན་རྒྱལ་རབས་ཀྱིས་སྲིད་དབང་བཟུང་རྗེས་ཕན་ཚུན་འབྲེལ་བ་སྔར་བས་དམ་ཟབ་བྱུང་ཡོད། ཡོན་རྒྱལ་རབས་ཀྱི་དབང་སྒྱུར་འོག་གི་བོད་ཀྱི་ས་སྐྱའི་དཔོན་རིགས་ཀྱི་ཞྭ་མོ་དང་། གོས་ཆས། རྟ་སྒའི་ཡོ་ཆས། གཞན་ཡང་གོ་གནས་ཀྱི་མིང་སོགས་ཕྱོགས་གང་ཅིར་སོག་པོའི་གོམས་སྲོལ་གཞིར་བཟུང་བྱེད་ཀྱི་ཡོད་ལ། ཕྱིས་སུ་དགའ་ལྡན་ཕོ་བྲང་གི་སྲིད་དབང་སྐབས་སུའང་བྱེད་སྟངས་ཚང་མ་རྒྱུན་འཛིན་བྱས་ཡོད་པ་སྟེ། ས་གནས་སྲིད་གཞུང་གི་དཔོན་རིགས་ཀྱི་མིང་དཔེར་ན་ཏཱ་ལའི་དང་། ཨེར་ཧེ་ནི། ཐའི་ཇི། ཛ་སག པ་ཐུར་སོགས་ཚང་མ་སོག་པོའི་སྐད་ཡིན་པ་དང་། ས་གནས་སྲིད་གཞུང་གི་བཀའ་བློན་བཞི་པོའི་དཔོན་ཆས་དང་། སྤྲུལ་སྐུ་ཆེན་པོ་རྣམས་ཐག་རིང་པོའི་ཕྱོགས་ལ་ཐེབས་གནང་སྐབས་ཀྱི་ཆ་ལུགས་ཀྱང་སོག་པོ་དང་མན་ཧྲུའི་གོས་ཆས་ཡིན། རྒྱལ་དབང་ལྔ་པ་ཆེན་པོའི་སྐབས་སུ་སོག་པོའི་རྟ་དམག་འབོར་ཆེན་རྒྱུན་དུ་ལྷ་སར་ཡོང་གི་ཡོད་ལ། ལྷ་ལྡན་གཙུག་ལག་ཁང་ནུབ་བྱང་གི་ཕྱོགས་སུ་ད་ལྟའི་བསྟན་རྒྱས་གླིང་དགོན་པ་ཡོད་སའི་ཕྱོགས་སུ་ས་སྟོང་རྒྱ་ཆེན་པོ་ཡོད་ཅིང་། སོག་པོའི་དམག་དཔུང་གིས་ས་དེར་སོག་པོའི་འཕྲིང་གུར་ཕུབ་ནས་སྡོད་ཀྱི་ཡོད། རྗེས་སུ་ས་སྟོང་དེར་མང་ཚོགས་ཀྱི་ཁང་པ་མང་པོ་བརྒྱབ་ཡོད་ནའང་ད་ལྟའི་བར་ས་དེར་འཕྲིང་གུར་ཞེས་འབོད་ཀྱི་ཡོད། འཕྲིང་གུར་ནི་འཕྲིང་པས་བཟོས་པའི་གུར་ལ་ཟེར་བ་ཡིན་ཞིང་། སོག་པོའི་མིས་ཀྱང་བོད་བརྒྱུད་ནང་བསྟན་ལ་དད་བཀུར་བྱེད་ཀྱི་ཡོད་པས་ཕོ་ཆོས་བོད་ཀྱི་ཨར་སྐྲུན་ལ་སློབ་སྦྱོང་བྱས་ནས་གསར་དུ་བརྒྱབ་པའི་དགོན་པ་ཚང་མ་བོད་ལུགས་ཨར་སྐྲུན་ཡིན་ཐོག བོད་ཡིག་སློབ་སྦྱོང་བྱས་ནས་ཕོ་ཆོས་ཀློག་པའི་ཆོས་དཔེ་དེ་ཚོ་ཡང་ཚང་མ་བོད་ཡིག་ཡིན། ད་དུང་བོད་སྐད་ཀྱི་མིང་བཏགས་པ་ཡང་ཡོད།

དེ་ལྟར་སྔར་ཏུ་སྤྱིའི་འབྲོག་པ་ཆོས་ཐོན་སྐྱེད་དང་འཚོ་བའི་ནང་ཕན་ཚུན་སློབ་སྦྱོང་དང་ཕན་ཚུན་ལད་མོ་བྱས་པ་ཏ་ཅང་མང་མོད། འོན་ཀྱང་བོད་རིགས་ཀྱིས་རྩིད་པའི་སྒྲ་གྲུར་སྤྱོད་པ་ལས་དེ་བས་སྐྱིད་སྣང་དོད་པོ་དང་དེ་བས་ནྲོན་པོ་ཡོད་པའི་སོག་པོའི་འཕྲིང་གུར་སྤྱོད་རྒྱུར་སློབ་སྦྱོང་མི་བྱེད་པ་གང་ཡིན་ནམ་ཞེ་ན། དེ་ཡང་མི་རེ་འགའས་དེ་ནི་བོད་ཀྱི་འབྲོག་པར

སོག་པོའི་འཕྲིང་གུར་བཟོ་བའི་ཆ་རྐྱེན་མེད་པས་ཡིན་ཟེར་ངེས་མོད། འོན་ཏེ་སྤྱིར་བཏང་གི་འབྲོག་པར་ཆ་རྐྱེན་མེད་ཟེར་ན་ཆོག་ཀྱང་བོད་ཀྱི་འབྲོག་སྡེ་རྒྱ་ཆེན་པོ་ཡོད་པས་འབྲོག་པ་ཕྱུག་པོའི་ཁྱིམ་ཚང་མང་པོ་ཡོད་པ་དང་། འབྲོག་བདག་སྡེ་དཔོན་གྱི་ཁྱིམ་ཚང་། ད་དུང་ལོ་རྒྱུས་ཐོག་ནག་ཚྭའི་བྱང་ཐང་ལྟེ་བའི་ས་ཁུལ་ལ་རང་བཙན་སྣེར་བདག་བྱས་ནས་བསྡད་པའི་ཧག་དཔོན་གྱི་ཁྱིམ་ཚང་སོགས་ནི་སྟོབས་འབྱོར་དང་དབང་ཐང་གཉིས་ཀ་ཡོད་མཁན་གྱི་འབྲོག་པ་ཡིན། འོན་ཀྱང་ཁོ་ཚོ་ཚང་མས་སོག་པོའི་འཕྲིང་གུར་བཟོ་རྒྱུ་སློབ་སྦྱོང་བྱས་པའི་སྐོར་གཏན་ནས་གོ་ཐོས་མ་བྱུང་། དོན་དངོས་ཐོག་བོད་པ་ཆོས་སྤྱི་ལོའི་དུས་རབས་བཅུ་དགུ་དང་ཉི་ཤུའི་ནང་འཕྲིང་གུར་བེད་སྤྱོད་བྱེད་སྒོང་མེད་པ་ནི་གསལ་པོ་རེད། དུས་རབས་ཉི་ཤུ་པའི་ལོ་རབས་ལྔ་བཅུའི་ནང་སི་ཁྲོན་ཞིང་ཆེན་དཀར་མཛེས་བོད་རིགས་རང་སྐྱོང་ཁུལ་གྱི་ལྷ་སྒང་གི་འབྲོག་པ་དབུལ་ཕོངས་ཁག་ཅིག་ལ་དམག་དཔུང་གི་རོགས་སྐྱོར་འོག་དམག་སྤྱོད་ཀྱི་དར་སྦྲ་ཡི་གུར་ཁ་ཤས་སྤྲད་པས་ཉེ་འགྲམ་གྱི་འབྲོག་པ་ཚོ་ཧ་ལས་ནས་ཁོ་རང་ཚོ་ཡང་དམག་གུར་དེ་འདྲ་རག་ཐབས་བྱས་པ་རེད། འོན་ཀྱང་དེ་དག་བེད་སྤྱོད་ལོ2ཙམ་བྱས་རྗེས་ལག་པས་ཕར་འཐེན་ཚུར་འཐེན་ཙམ་གྱིས་ཚང་མ་རལ་འགྲོ་བཞིན་ཡོད། དེ་ནི་འབྲོག་པ་ཚོས་ཉིན་ལྟར་གུར་ནང་ཕྱི་བ་སོགས་བསྲེགས་ནས་མེ་གཏོང་དགོས་པས་ནང་དུ་མེ་ཡི་ངར་དང་དུ་བས་ཚིག་འགྲོ་བ་དང་། ཕྱི་ནས་མཐོ་སྒང་གི་ཉི་མའི་འོད་ཟེར་ཤུགས་ཆེན་པོ་ཐོག་པས་རེད་འདུག དེར་བརྟེན་བེད་སྤྱོད་ཐུབ་པའི་དུས་ཚོད་ཐུང་ཐག་ཆོད་རེད། ཡིན་ན་ཡང་མཐོ་སྒང་གི་རྩིད་པས་བཏགས་པའི་སྦྲ་གུར་དེར་མེ་དང་དུ་བས་སྐྱོན་བྱེད་མི་ཐུབ་ལ། ཉི་མས་ཀྱང་བསྲེག་མི་ཐུབ་པ་མ་ཟད། ཆར་ཆུས་སྣུངས་ཀྱང་རུལ་འགྲོ་ཡི་མེད། སྦྲ་གུར་གྱི་ཁུང་བུ་ཆེ་ཙམ་ཡོད་རྐྱེན་དུ་བ་དང་རླངས་པ་རྣམས་ཁུང་བུ་ནས་ཐོན་ཐུབ་ཀྱི་ཡོད་མོད། འོན་ཀྱང་ཁུང་བུ་ཆུང་དུའི་ནང་དུ་རྩིད་པ་ཕྲ་མོ་དེ་བས་མང་པོ་ཡོད་པ་རྣམས་ཀྱིས་ཆར་ཆུ་ནང་ལ་གཏན་ནས་གཏོང་གི་མེད། ང་རང་ནི་སྦྲ་གུར་ནང་སྐྱེས་པའི་མི་ཞིག་ཡིན་ལ། སྦྲ་གུར་ལ་དམིགས་བསལ་གྱི་བརྩེ་དུང་ཡོད་མཁན་ཞིག་ཡིན། རྩིད་པས་བཏགས་པའི་སྦྲ་གུར་ལ་ད་དུང་དམིགས་བསལ་གྱི་ཁྱད་ཆོས་གང་དང་ཅི་ཞིག་ཡོད་པ་ང་ཚོས་ཚན་རིག་གི་ཐོག་ནས་བརྟག་དཔྱད་བྱེད་དགོས་པ་ནི་གལ་ཤིན་ཏུ་ཆེ་བ་ཡིན། ང་ཚོས་ཐོག་མར་དབྱེ་ཞིབ་བྱེད་དུས་འབྲོག་པའི་སྦྲ་གུར་དེ་ལོ་འཁོར་གཅིག་གི་ཉིན་ཞག360རིང་དུ་བས་གཙོས་པ་དང་། ཉི་མས་སྲེག་པ། ཆར་ཆུས་སྣུངས་པ་བཅས་ཀྱི་གནས་ཚུལ་འོག་ཏུའང་ལོ10ཙམ་བེད་སྤྱོད་ཐུབ་ཀྱི་ཡོད་པས། ད་ལྟ་དུས་རབས་ཉེར་གཅིག་པར་སླེབས་པའི་སྐབས་སུ་ཡང་། དེ་ལས་ལྷག་པའི་རྒྱུ་ཆ་ནི་བརྩལ་རྙེད་དཀའ་བ་ཞིག་ཡིན།

སྦྲ་གུར་ནི་མཚོ་བོད་མཐོ་སྒང་ཡོངས་ལ་ཁྱབ་ཡོད་པ་མཐོ་སྒང་གི་ནུབ་ངོས་མངའ་རིས་ནས་ཤར་ངོས་ཀྱི་ཀན་ལྷོ་ཁུལ་བར་སྤྱི་ལེ4000ལྷག་གི་ཁྱབ་ཁོངས་ནང་འབྲོག་པ་ཚང་མས་སྦྲ་གུར་བེད་སྤྱོད་བྱས་དང་བྱེད་བཞིན་པ་ཡིན་ལ། རྒྱུ་ཆ་དང་བེད་སྤྱོད་བྱེད་སྟངས་ཀྱང་ཚང་མ་གཅིག་འགྱུར་ཡིན། འོན་ཀྱང་སྦྲ་ཡི་བཟོ་དབྱིབས་ཐད་ཁྱད་པར་ཅུང་ཟད་ཡོད། འབྲོག་པ་

རང་ཉིད་ཀྱི་གོམས་སྲོལ་གཞིགས་ན་ཁག་གཉིས་ལ་དབྱེ་ཆོག་པ་སྟེ། གཅིག་ལ་མཆོད་རྟེན་གཟུགས་ཟེར་ཞིང་། འབྲོག་པ་ཚོས་དེ་ལྟར་འབོད་དགོས་དོན་ནི། སྦྲ་གུར་དེ་ཡི་དབྱིབས་མཆོད་རྟེན་དང་གཅིག་པ་གཅིག་ཀྱང་རེད་ཟེར་དཀའ་ན་ཡང་མཆོད་རྟེན་གྱི་བཞུགས་ཁྲི་དང་ངོ་མ་འདྲ་པོ་ཡོད། དེ་ཡང་སྦྲ་གུར་མ་མའི་བཟོ་ལྟ་གྲུ་བཞི་ཡིན་པ་དང་། ཐོག་ཙུང་ལེབ་མོ་ཡིན་པ། སྦྲ་གུར་ནང་དུ་ཀ་རྒྱུག་བསླངས་ནས་སྦྲ་ནང་གི་སྟོང་ཆ་ཐོན་པར་བྱེད་པ་ཡིན་པས། བཟོ་དབྱིབས་ཐད་མཆོད་རྟེན་གྱི་བཞུགས་ཁྲིའི་བཟོ་ལྟ་དང་འདྲ་པོ་ཡོད་ཅིང་། དེ་དག་ཀན་སྔོ་ས་ཁུལ་སོགས་ཀྱི་འབྲོག་སྡེ་མང་པོར་བེད་སྤྱོད་བྱེད་ཀྱི་ཡོད།(པར5—1) སྦྲ་གུར་གྱི་བཟོ་ལྟ་གཞན་ཞིག་ནི་སྦལ་གཟུགས་མ་ཟེར་ཞིང་། དེ་རིགས་ནི་སི་ཁྲོན་ཞིང་ཆེན་དཀར་མཛེས་བོད་རིགས་རང་སྐྱོང་ཁུལ་གྱི་དར་མདོ་དང་ལི་ཐང་སོགས་ཀྱི་འབྲོག་སྡེ་ཁག་ཅིག་ལ་བེད་སྤྱོད་ཀྱི་ཡོད། སྦལ་གཟུགས་མ་ནི་རུས་སྦལ་གྱི་གཟུགས་དབྱིབས་ངོ་མ་ལྟ་བུ་ཞིག་ཡིན་ཞིང་།(པར5—2) དེ་ཡང་སྦྲ་ཡི་ཐོག་ངོས་ཀྱི་སྒལ་པའི་དབྱིབས་དང་སྦྲ་གུར་རང་གི་ལེབ་ངོས་ཀྱི་ཆགས་ཚུལ་སོགས་སྦལ་པའི་བཟོ་ལྟ་ལྟར་བཟོས་པ་ཞིག་ཡིན།(པར5—3)(པར5—4)

༢ རྫ་ཕག་གི་ཨར་སྐྲུན།

སྤུ་རྒྱལ་བཙན་པོའི་དུས་རབས་སུ་བལ་བཟའ་ཁྲི་བཙུན་དང་། རྒྱ་བཟའ་ཀོང་ཇོ། དེ་བཞིན་གྱིམ་ཤིང་ཀོང་ཇོ་སོགས་སྔ་རྗེས་སུ་བོད་ལ་ཕེབས་ནས་ལག་ཤེས་བཟོ་པ་མང་པོ་ཁྲིད་ཡོང་བ་དང་། ལག་རྩལ་གསར་པ་མང་པོ་དྲངས་པའི་ནང་ས་ཕག་ལ་སོ་བཏང་ནས་བཟོ་རྒྱུ་དེ་གཙོ་བོ་གཅིག་ཡིན། སྐུ་མཁར་ཕ་བོང་ཁ་དང་ར་མོ་ཆེ་སོགས་གཙོ་བོ་རྫ་ཕག་དམར་པོས་རྩིག་པ་བརྩིགས་པ་ཞིག་རེད། ཚད་ལྡན་ཡིག་ཆའི་ནང་པོ་ཏ་ལའི་མདུན་དུ་རྫ་ཕག་དམར་པོ་བཏིང་བའི་རྟ་རྒྱུག་སའི་འགྲོ་ལམ་བཟོས་ཡོད་པ་དེར་རྟ་གཅིག་རྒྱུག་ནའང་རྟ་བརྒྱ་ཕྲག་རྒྱུག་པ་དང་འདྲ་བའི་སྒྲ་གྲགས་ཀྱི་ཡོད་ཅེས་འཁོད་འདུག ལྷག་པར་དུ་རྒྱ་བཟའ་ཀོང་ཇོས་བཞེངས་པའི་ར་མོ་ཆེ་ནི་གཡུ་རྩེ་མདོག་སོགས་ཚོས་མདོག་སྣ་ཚོགས་ཀྱི་རྫ་ཕག་གིས་བཟོ་སྐྲུན་བྱས་ཤིང་ཤིན་ཏུ་རྣམ་པར་བཀྲ་བ་ཞིག་ཡིན། གྱིམ་ཤིང་ཀོང་ཇོའི་དུས་སུ་བསམ་ཡས་དགོན་པ་བཞེངས་སྐབས་རྫ་ཕག་དམར་པོ་དང་། སྔོན་པོ། གཡུ་རྩེའི་རྫ་གཡམ་བཅས་འབོར་ཆེན་བེད་སྤྱོད་བྱས་ཡོད་པ་སྟེ། ལྷ་ཁང་གཙོ་བོའི་མདའ་གཡབ་དང་རྒྱ་ཕིབས་ཚང་མ་གཡུ་རྩེ་ཅན་གྱི་རྫ་གཡམ་གྱིས་བཀབ་པ་དང་། དབུ་རྩེའི་སུམ་ཐོག་སྒོ་མཚོར་གྱི་ས་མཐིལ་ལ་གཡུ་རྩེ་ལྗང་ཁུའི་རྫ་གཡམ་བཏིང་ཡོད་པས་གཡུ་ཞལ་མཐིལ་ཞེས་མིང་བཏགས་ཡོད། བསམ་ཡས་དགོན་པའི་ཟུར་བཞི་ཡི་མཆོད་རྟེན་དམར་པོ་ནི་རྫ་ཕག་དམར་པོས་བཞེངས་པ་དང་། མཆོད་རྟེན་ནག་པོ་ནི་རྫ་ཕག་སྔོན་པོས་བཞེངས་ཤིང་། མཆོད་རྟེན་ལྗང་ཁུ་ནི་གཡུ་རྩེ་ལྗང་ཁུའི་རྫ་གཡམ་གྱིས་བཟོ་སྐྲུན་བྱས་པ་ཞིག་ཡིན། བསམ་ཡས་དགོན་པའི་ལྕགས་རིའི་ནུབ་ཀྱི་ཕྱི་ལ་དགེ་རྒྱས་ལི་མ་ལྷ་ཁང་ཞེས་པ་དེ་ཡང་རྫ་ཕག་གིས་བརྩིགས་པའི་ལྷ་ཁང་ཞིག་ཡིན། ཆབ་མདོ་རྫོང་གི་ཀརྨ་དགོན་པར་ཡང་གཡུ་རྩེའི་རྫ་གཡམ་གྱི་རྒྱ་ཕིབས་དང་རྫ་ཕག་སྔོན་པོས་ཉ་རྒྱབ་ཀྱི་རྩིག་པ་བརྩིགས་འདུག དེ་ནི་སྤྱི་ལོ1204ལོར་ཀརྨ་སྐུ་ཕྲེང་གཉིས་པ་

ཀརྨ་པ་ཀླིས་དགོན་པ་རྒྱ་བསྐྱེད་གནང་བ་དང་སྟགས་གཡུ་རྩེའི་རྫ་གཡམ་གྱི་རྒྱ་ཁྱོན་འགེབས་གནང་བ་ཡིན། དགོན་པ་འདི་ལ་འཁྲིམ་འགྲུལ་ཧ་ཅང་དཀའ་བ་ཡིན་ཏེ་ད་ལྟ་ཡང་རྟ་བཞོན་ནས་འགྲོ་དགོས་ཀྱི་ཡོད། དེར་བརྟེན་སོ་ཕག་དང་རྫ་གཡམ་ཚང་མ་ས་ཆ་དེ་རང་ལ་སྒྲིག་བཟོ་བྱས་པ་ཡིན་ཞིང་སྤུས་ཚད་ཤིན་ཏུ་ལེགས་པོ་འདུག

སྤྱི་ལོ1333ལོར་པཎྜི་ཏ་བཟོ་སྐྲུན་ཞུས་པའི་ཞ་ལུ་དགོན་པའི་རྒྱ་ཁྱོན་དང་མདའ་གཡབ་ཚང་མ་ས་ཆ་དེ་རང་ལ་སོ་བཏང་བའི་གཡུ་རྩེའི་རྫ་གཡམ་ཡིན་ཞིང་། སྒྲིག་བཟོ་སྤུས་དག་ཡིན་པ་དང་རི་མོ་ཞིབ་ཚགས་ལ་སྤུས་དག་པོ་ཡོད་པ་སོགས་རྒྱ་ནག་གི་བཟོ་རྩལ་དང་གཅིག་མཚུངས་ཡིན།

སྤྱི་ལོའི་དུས་རབས་ཉི་ཤུ་པའི་འགོར། རྒྱལ་དབང་སྐུ་ཕྲེང་བཅུ་གསུམ་པས་ནོར་བུ་གླིང་ག་རྒྱ་བསྐྱེད་གནང་ནས་ཞབས་ངོས་སུ་སྤྱན་བསལ་ཕོ་བྲང་གསར་སྐྲུན་གནང་ཞིང་། དེའི་སྐབས་སུ་གསེར་རྩེ་བཏང་བའི་རྫ་གཡམ་གྱིས་མདའ་གཡབ་དང་སྒོ་སྒེའུ་ཁྱུང་གི་མིག་བཅད་བཅས་བཟོས་ཡོད་ཅིང་། གསེར་རྩེ་རྫ་གཡམ་དེ་ཚོ་ཚོས་མདོག་བཀྲ་པོ་ཡོད་ལ་བཟོ་ལྟ་ཡང་ཡག་པོ་ཡོད། རྫ་གཡབ་བཟོ་རྒྱུའི་ལག་རྩལ་དེ་ཐ་མོ་ཐུ་རྒྱལ་བཙན་པོའི་དུས་ནས་ད་ལྟའི་བར་རྒྱུན་འཛིན་ཐུབ་པ་ཡིན། འོན་ཀྱང་སོ་ཕག་དང་རྫ་གཡམ་ལ་སོ་གཏོང་རྒྱུའི་བུད་ཤིང་དཀོན་ནས་དཀོན་དུ་འགྲོ་བ་སོགས་ཀྱི་རྐྱེན་པས་ལག་རྩལ་འདི་འཕེལ་རྒྱས་ཆེན་པོ་འགྲོ་ཐུབ་མེད།(པར5—5)

༣ གྱང་སའི་ཨར་སྐྲུན།

གྱང་སའི་ཨར་སྐྲུན་ནི་མཚོ་བོད་མཐོ་སྒང་གི་ལོ་རྒྱུས་ཆེས་ཡུན་རིང་དང་། རྒྱ་ཁྱབ་ཆེ་ཤོས་ཀྱི་ཨར་སྐྲུན་རྣམ་གྲངས་ཞིག་ཡིན། མཚོ་བོད་མཐོ་སྒང་གི་མིའི་རིགས་འཚོ་སྡོད་བྱ་ཡུལ་ཚང་མར་ཁྱབ་ཡོད། ལོ་རྒྱུས་བྱུང་བ་ནས་ཁོ་ཚོ་སྡོད་སའི་མིང་དོན་མཚུངས་པའི་དམངས་ཁང་ཚང་མ་གྱང་སའི་ཨར་སྐྲུན་ཤ་སྟག་བེད་སྤྱོད་བྱས་ཡོད། ལོ་རྒྱུས་ཐོག་བོད་ལྗོངས་མངའ་རིས་དང་། གཞིས་རྩེ། ལྷོ་ཁ། ཆབ་མདོ། ཉིང་ཁྲི། ལྷ་ས་བཅས་ཚང་མ་གྱང་སའི་ཨར་སྐྲུན་གྱི་ཁྱབ་ཁོངས་ཡིན། རྡོ་རྩིག་ཨར་སྐྲུན་དར་སྤེལ་ཆེ་བའི་ལྷ་སའི་གྲོང་ཁྱེར་ཁྱབ་ཁོངས་དང་། ལྷོ་ཁའི་ལྷོ་བྲག་རྫོང་སོགས་རི་ཁུལ་གྱི་ས་ཁོངས་འགའ་ཞིག་ལ་རྡོ་རྩིག་ཨར་སྐྲུན་བྱུང་བའི་ལོ་རྒྱུས་ཀྱང་ལོ1000ཙམ་ལས་མེད། ལྷོ་བྲག་རྫོང་གི་དེ་སྔོན་གྱི་མཁར་རྫོང་དེ་ཚོ་ཡང་གྱང་སའི་ཨར་སྐྲུན་རེད་འདུག(པར5—6)

མཚོ་སྔོན་ཞིང་ཆེན་གྱི་བོད་རིགས་རང་སྐྱོང་ཁུལ་སོ་སོར་སྦྲ་གུར་ནང་སྡོད་མཁན་འབྲོག་པ་ཕུད་ཚང་མ་གྱང་སའི་དམངས་ཁང་ནང་སྡོད་ཀྱི་ཡོད། ཀན་ལྷོའི་བོད་རིགས་རང་སྐྱོང་ཁུལ་གྱི་རྒྱ་ཆེ་བའི་འབྲོག་ཁུལ་ཁག་ཅིག་ཕུད་ཐེ་བོ་དང་(པར5—7) འབྲུག་ཆུ། བསང་ཆུ་སོགས་ཀྱི་དམངས་ཁང་ཚང་མ་གྱང་སའི་ཨར་སྐྲུན་ཡིན། སི་ཁྲོན་དཀར་མཛེས་བོད་རིགས་རང་སྐྱོང་ཁུལ་གྱི་རྫོང་ཁག་བཅོ་བརྒྱད་ནང་དར་མདོ་དང་བརྒྱད་ཟླ། རོང་བྲག་བཅས་གསུམ་ལ་ལོ1000ཙམ་ནས

རྡོ་རྩིག་ཨར་སྐྲུན་བྱུང་བ་ནས་ད་ལྟ་གྲུང་སའི་དམངས་ཁང་རྩ་བའི་ཆ་ནས་མཐོང་རྒྱུ་མེད་ཀྲུང་ད་དུང་ཆེས་གནའ་བོའི་གྲུང་སའི་ཨར་སྐྲུན་འགའ་ཞིག་ལྷག་འདུག ཉག་རོང་རྫོང་གི་སྨད་ཤོག་སྡེ་ཁུལ་དང་ཉག་ཆུ་རྫོང་ལ་རྡོ་རྩིག་ཨར་སྐྲུན་ཐོན་ཡོད། ཡིན་ན་ཡང་ཚང་མ་དར་མདོ་དང་རོང་བྲག་གི་རྡོ་ཡི་ཨར་སྐྲུན་ལ་དཔེ་བལྟས་ནས་འཕེལ་རྒྱས་བྱུང་བ་ཤ་སྟག་ཡིན། དེ་མིན་གསེར་ཧྲ་དང་སེར་ཤུལ་ནི་གཙོ་བོ་འབྲོག་པའི་ས་ཁུལ་ཡིན་པས་ཚད་ལྡན་གྱི་དམངས་ཁང་ཨར་སྐྲུན་ཉུང་ཤས་ལས་མེད་པ་སྟེ། འབའ་དང་། (པར་5—8) ཕྱག་ཕྲེང་། སྡེ་རོང་། སྡེ་དགེ། དཀར་མཛེས། བྲག་འགོ་དང་རྟའུ་བཅས་དམངས་གཙོ་བཙོས་བསྒྱུར་གོང་ལ་གྲུང་སའི་དམངས་ཁང་ཤ་སྟག་ཡིན་པའི་ས་ཁུལ་ཡིན།

རྔ་བ་བོད་རིགས་ཆའང་རིགས་རང་སྐྱོང་ཁུལ་གྱི་ཆུ་ཆེན་དང་བཙན་ལྷ། ཁྲོ་ཆུ་སོགས་ནི་དར་མདོ་དང་དུས་མཚུངས་པའི་སྐབས་ནས་རྡོ་རྩིག་ཨར་སྐྲུན་དར་ཁྱབ་བྱུང་བ་སྟེ་རྔ་བ་དང་ཟུང་ཆུ་སོགས་ནི་གྲུང་སའི་དམངས་ཁང་གཙོ་བོའི་ས་ཆ་ཡིན། ཡུན་ནན་བདེ་ཆེན་བོད་རིགས་རང་སྐྱོང་ཁུལ་གྱི་རྫོང་ཁག་ཚང་མ་གྲུང་སའི་དམངས་ཁང་ཡིན་པ་མ་ཚད་མཐའ་སྐོར་གྱི་འཇང་རིགས་དང་པེ་རིགས་ཀྱི་གྲོང་ཚོ་ཚང་མའང་གྲུང་སའི་ཨར་སྐྲུན་ཡིན། (པར་5—9)

གཞན་ཡང་ལི་འང་ཧྲན་དབྱི་རིགས་རང་སྐྱོང་ཁུལ་གྱི་མུ་ལི་བོད་རིགས་རང་སྐྱོང་རྫོང་གི་དགོན་པའི་འདུ་ཁང་སོགས་ཨར་སྐྲུན་ཆེ་རིགས་ནས་དམངས་ཁང་དཀྱུས་མ་ཡོངས་རྫོགས་གྲུང་སའི་ཨར་སྐྲུན་ཤ་སྟག་ཡིན། དེ་དག་དུས་རབས་གོང་མར་ཕྱི་རྒྱལ་བ་ཀློ་ཁས་བརྒྱབ་པའི་པར་རིས་འཕོར་ཆེན་ཐོག་ནས་མཐོང་ཐུབ། གྲངས་ཉུང་མི་རིགས་འདྲ་འདྲ་ཡིན་པའི་དབྱི་རིགས་ཀྱི་དམངས་ཁང་ཚང་མ་ཡང་གྲུང་ཁང་ཡིན། (པར་5—10)

དེར་བརྟེན་མཚོ་བོད་མཐོ་སྒང་གི་བོད་མི་རིགས་དང་དེ་མིན་གྲངས་ཉུང་མི་རིགས་ཚང་མ་གྲུང་རྟུང་བའི་དམངས་ཁང་ནང་སྡོད་ཀྱི་ཡོད། གནའ་སྔ་མོ་ནས་ཉེ་རབས་བར་གྱི་ཡུན་རིང་ལོ་ཟླའི་ནང་མཚོ་བོད་མཐོ་སྒང་ཡོངས་ཀྱི་ཨར་སྐྲུན་80% ཡན་གྲུང་སའི་ཨར་སྐྲུན་ཡིན། དེ་ཡི་ནང་རྒྱ་ཁྱབ་ཆེ་བའི་དམངས་ཁང་གི་ཨར་སྐྲུན་སྟེད་མཐོ་སྒང་གི་དགོན་པ་དང་མཁར་རྫོང་སོགས་གཞི་རྒྱ་ཆེ་བའི་ཨར་སྐྲུན་མང་ཆེ་བ་གྲུང་སའི་ཨར་སྐྲུན་ཡིན། དེ་ཡང་ལོ་རྒྱུས་ཡིག་ཆར་འཁོད་པ་དང་ཨར་སྐྲུན་དངོས་ཀྱི་རྗེས་ཤུལ་ཕྱོགས་གཉིས་ནས་ཞིབ་འཇུག་དང་དབྱེ་ཞིབ་བྱེད་སྐབས་གྲུང་སའི་ཨར་སྐྲུན་དེ་མཐོ་སྒང་དུ་ཐོག་མཐའ་བར་གསུམ་དུ་ཨར་སྐྲུན་རིགས་གཙོ་བོ་ཞིག་ཡིན། རང་རྒྱལ་གྱི《ཀྲུང་གོའི་གནའ་བོའི་ཨར་སྐྲུན་ལོ་རྒྱུས》ཞེས་པའི་དེབ་ཐེར་ནང་ལིའང་སི་ཁྲེང་དང་། ལིའུ་ཏུན་ཀྲེན་སོགས་སྔོན་བྱོན་མཁས་པ་རྣམས་ཀྱིས་རང་རྒྱལ་རྒྱལ་རབས་ཁག་སོ་སོའི་དུས་སུ་བྱུང་བའི་གྲུང་སའི་ཨར་སྐྲུན་ལ་དོ་སྣང་དེ་ཙམ་གནང་མེད་པས་ཉུང་ཞིབ་ཚགས་ཀྱི་ངོ་སྤྲོད་གནང་མི་འདུག འོན་ཀྲུང་ལུང་ཧྲན་རིག་གནས་འགོ་བཙུགས་རྗེས་ཀྱི་ཕྱིད་ས་དོང་དང་ས་ཕུག་གི་སྡོད་ཁང་ངོ་སྤྲོད་གནང་ཡོད་ལ་ཞ་རྒྱལ་རབས་སྐབས་བཟོ་སྐྲུན་བྱས་པའི་ལྷུགས་རི་རིང་པོ་དང་ས་ཤུར། ས་དོང་སོགས་ངོ་སྤྲོད་གནང་འདུག ཧྲང་རྒྱལ་རབས་ནི་གྲུང་སའི་

ལག་རྩལ་བྱུང་ཚུབ་པོ་བྱུང་བའི་དུས་རབས་རེད་འདུག ཀྱང་སའི་ཁང་པའི་རྩིག་གདན་འདིང་བ་དང་ཁང་པའི་ཀྱང་རྟུང་བ་སོགས་ངོ་སྤྲོད་གནང་ཡོད་ལ། ཚང་མས་ཤེས་གསལ་ལྟར་རྒྱལ་ཁབ་གསུམ་གྱི་སྐབས་ནས་ལེ་དབར་ཁྲི་ཡི་ལྷུགས་རི་རིང་པོ་བཟོ་སྐྲུན（པར་5—11）བྱ་རྒྱུ་འགོ་བཙུགས་ཡོད་པས་ལྷུགས་རི་རིང་པོའི་ནུབ་ངོས་ཀན་སུའུ་ནས་རྫུན་ཤི། ཧོ་ནན་སོགས་ཀྱི་ས་ཆ་མང་པོར་ཀྱང་བརྟུངས་ནས་ལྷུགས་རི་བཟོ་སྐྲུན་བྱས་འདུག ཡོན་རྒྱལ་རབས་ཀྱི་པེ་ཅིང་ཡོན་རྒྱལ་ས་ཆེན་པོའི་ལྷུགས་རི་དང་ཁང་པ་མང་ཆེ་བ་ཀྱང་སའི་བཟོ་སྐྲུན་བྱས་ཡོད་ཅིང་། མིང་ཆིང་རྒྱལ་རབས་གཉིས་པོས་པེ་ཅིང་ཕོ་བྲང་ཁག་གི་ཆོས་ཚེན་གཙོ་བོའི་རྨང་གདན་ཡོངས་རྫོགས་ཀྱང་བརྟུངས་ནས་བཟོ་སྐྲུན་བྱས་འདུག（པར་5—12） རྒྱལ་ནང་གི་དམངས་ཁང་ཨར་སྐྲུན་ནང་ས་སེར་མཐོ་སྒང་གི་ས་ཕུག་རང་བཞིན་གྱི་དམངས་ཁང་གི་བར་བཅད་དང་ར་སྐོར་ཚང་མ་ཀྱང་ས་དང་ཡང་ན་ས་ཕག་སོགས་ཀྱིས་བསྐྲུན་ཡོད་པ་དང་། ཧྥུའུ་ཅན་ཞིང་ཆེན་གྱི་ཁེ་ཅ་མི་རིགས་ཀྱི་སའི་ཁང་པ་ནི་ཀྱང་སའི་ཨར་སྐྲུན་གྱི་དཔེ་མཚོན་རང་བཞིན་གྱི་ཁང་པ་ཡིན།（པར་5—13） ཀན་སུའུ་དང་ཤིན་ཅང་སོགས་ས་ཁུལ་གྱི་དམངས་ཁང་མང་ཆེ་བ་ཀྱང་སའི་ཨར་སྐྲུན་ཡིན་པ་མ་ཟད་ཏུན་ཧོང་དང་ཐུའུ་ལུ་ཧྥན། ལུའུ་ལན་སོགས་ས་ཁུལ་གྱི་གནའ་གྲོང་གི་རྗེས་ཤུལ་ཚང་མ་ཀྱང་ས་དང་ས་ཕག་སོགས་ས་དམར་གྱི་ཨར་སྐྲུན་ཤ་སྟག་ཡིན།（པར་5—14）

མཚོ་བོད་མཐོ་སྒང་གི་ལོ་རྒྱུས་ཡུན་རིང་བ་དང་བཟོ་དབྱིབས་སྣ་ཚོགས་ཡིན་པའི་རིག་དངོས་གནའ་ཤུལ་དང་དགོན་པའི་ཨར་སྐྲུན་མང་ཆེ་བ་ཀྱང་སའི་ཨར་སྐྲུན་ཡིན། ཞང་ཞུང་དུས་རབས་ཀྱི་མངའ་རིས་ཁྱུང་ལུང་དངུལ་མཁར་སོགས་མཁར་རྫོང་གི་རྗེས་ཤུལ་རྣམས་དང་། སྤུ་རྒྱལ་བཙན་པོ་རིམ་བྱོན་གྱི་བང་སོའི་ཨར་སྐྲུན་ཁག སྔོ་གནའ་བོའི་བང་སོ་ཁག་དང་ལྷོ་ཁ་གཞིས་རྩེ། མངའ་རིས་དང་མཚོ་སྔོན་ན་གོར་མོ་སོགས་ཀྱི་སྤུ་རྒྱལ་སྔ་རྗེས་སུ་བྱུང་བའི་བང་སོའི་ཨར་སྐྲུན་ཚང་མ་ཀྱང་སས་བསྐྲུན་པ་ཡིན། སྤུ་རྒྱལ་བཙན་པོས་སྤྱི་ལོ་633ལོར་བཞེངས་པའི་ཕོ་བྲང་པོ་ཏ་ལ་ཡི་རྩེའི་མཆོད་རྟེན་དཀར་པོ་གཉིས་དང་ཆོས་རྒྱལ་སྒྲུབ་ཕུག（པར་5—15） （དཔེ་རིས་5—1） པོ་ཏ་ལའི་ལྷུགས་རི་དང་སྒོ་སྒེ་སོགས་ཀྱི་ཨར་སྐྲུན། ལྷོ་ཁ་ཁྲ་འབྲུག་དགོན་པ། སྤྱི་ལོ་762ཙམ་ལ་བཞེངས་པའི་བསམ་ཡས་དགོན་པའི་དབུ་རྩེ་རིགས་གསུམ་དང་གླིང་ཕྲན་ཁག་གི་ལྷ་ཁང་། བཙུན་མོས་བཞེངས་པའི་ཁམས་གསུམ་ཟངས་མཁར་གླིང་གི་ལྷ་ཁང་སོགས་ཚང་མ་ཀྱང་སའི་ཨར་སྐྲུན་ཡིན།

ཁ་རྒྱན་ལ་ཁྲི་རལ་པ་ཅན་གྱིས་དུས་རབས་བརྒྱད་པའི་སྐབས་བཞེངས་པར་གྲགས་པའི་ལྷོ་བྲག་ལྷ་ལུང་དགོན་པའི་འདུ་ཁང་ཆེན་མོ།（པར་5—16） སྤྱི་ལོ900ལོའི་འགོ་ཙམ་ལ་བཙན་པོ་གླང་དར་མའི་བུ་མོས་གསར་སྐྲུན་བྱས་པའི་གཞིས་ཀའི་ཨར་སྐྲུན། དེའི་རྗེས་སུ་ཕག་གྲུའི་སྐབས་ཁང་པའི་ཤར་ངོས་ཞིག་རལ་སོང་ནས་ཉམས་གསོ་བྱེད་སྐབས་རྡོ་རྩིག་བརྒྱབ་ནས་ཕྱེད་ཀ་རྡོ་རྩིག་ཡིན་པ་ལས་མ་ཁང་ཡོངས་རྫོགས་དང་། ལྷུགས་རི་ཆེ་ཆུང་རིམ་པ་གཉིས་བཅས་ཚང་མ་ཀྱང་སས་བསྐྲུན་པ་ཡིན།（པར་5—17）

 སྤུ་རྒྱལ་དུས་མཇུག་ལ་བྱུང་བའི་མངའ་རིས་གུ་གེའི་མཁར་རྫོང་དང་། མཁར་རྫོང་མཐའ་སྐོར་གྱི་ལྷ་ཁང་དམར་པོ་དང་ལྷ་ཁང་དཀར་པོ་སོགས་དགོན་པའི་ཨར་སྐྲུན་དང་དམངས་ཁང་། འགོག་སྲུང་གི་ཕུགས་རི། ད་དུང་མཐོ་ལྡིང་དགོན་པའི་བརྒྱ་ས་ལྷ་ཁང་། འདུ་ཁང་དང་མཐའ་སྐོར་གྱི་མཆོད་རྟེན་གྱི་གྲལ་སྟར།（པར་5—18） གྲྭ་ཤག་བཅས་ཚང་མ་གྲུང་སའི་ཨར་སྐྲུན་ཡིན།

སྤུ་ཧྲེང་གི་སྟག་རིའི་མཁར་རྫོང་（པར་5—19）གི་ཨར་སྐྲུན་དང་འཁོར་ཆགས་དགོན་པའི་བརྒྱ་ས་ལྷ་ཁང་དང་ཇོ་ཁང་ཆེན་མོ། གཞན་ཡང་གྲྭ་ཤག་དང་ཕུགས་རི་ཆེན་མོ། གཞུང་སྒོ་བཅས་ཨར་སྐྲུན་ཆ་ཚང་གྲུང་སའི་ཨར་སྐྲུན་རེད་འདུག་དུང་གུ་གེ་རྒྱལ་རྒྱུད་ལ་དྭགས་སླེ་གྲོང་ཁྱེར་གྱི་མཁར་རྫོང་དང་དགོན་པའི་འདུ་ཁང་། གྲྭ་ཤག་དང་དམངས་ཁང་གྲུང་སའི་ཨར་སྐྲུན་འབའ་ཞིག་ཡིན།（པར་5—20） རྒྱ་བཟའ་ཀོང་ཇོ་བོད་ལ་ཕེབས་སྐབས་ཀྱི་སྐུ་སྲུང་བཞི་པོའི་གྲས་ཀྱི་མི་རྒྱུད་རྒྱ་བཙོན་འགྲུས་སེང་གེས་བསྟན་པ་ཕྱི་དར་གྱི་དུས་འགོར་ཕྱག་བཏབ་པའི་རྒྱལ་རྩེ་གནས་རྙིང་དགོན་པའི་འདུ་ཁང་དང་ལྷ་ཁང་ཁག ཕུགས་རི་ཆེན་མོ་དང་ལྟོག་སྤྲི་སོགས་ཨར་སྐྲུན་ཡོངས་རྫོགས་གྲུང་སས་བསྐྲུན་པ་ཡིན།（པར་5—21）

སྤྱི་ལོ1073ལོ་ནས་བཞེངས་འགོ་བཙུགས་པའི་ས་སྐྱ་དགོན་པའི་ལྷ་ཁང་བྱང་མ་དང་། རྗེས་སུ་བསྐྲུན་པའི་སྲིད་འཛིན་གཞུང་ལས་ཁང་ཆེན་སོགས་དགོན་པའི་ཨར་སྐྲུན་ཡོངས་རྫོགས་དང་། སྤྱི་ལོ1265ལོར་བཞེངས་པའི་ས་སྐྱ་དགོན་པའི་ལྷ་ཁང་ལྷོ་མ་དང་། ཕུགས་རི་ལྟོག་སྤྲི་སོགས་མཁར་རྫོང་གི་ཨར་སྐྲུན་ཆ་ཚང་བ་དང་མཐའ་སྐོར་གྱི་མཆོད་རྟེན་མང་པོ་ཡོད་པ་ཚང་མ་གྲུང་སས་བསྐྲུན་པ་ཡིན།（པར་5—22） སྤྱི་ལོ1003ལོ་ནས་བཞེངས་འགོ་བཙུགས་པའི་ཞ་ལུ་དགོན་པའི་འདུ་ཁང་དང་གྲྭ་ཚང་སོ་སོའི་ཁང་པ། གྲྭ་ཤག་དང་དགོན་པ་ཡོངས་ཀྱི་ཕྱིའི་ཕུགས་རི་བཅས་ཚང་མ་གྲུང་སའི་ཨར་སྐྲུན་ཡིན།（པར་5—23） གཞན་ཡང་སྤྱི་ལོ1153ལོར་གསར་དུ་བཞེངས་པའི་གཞིས་རྩེ་སྣར་ཐང་དགོན་པའི་གྲྭ་ཚང་ཁག་གི་འདུ་ཁང་ཁག་དང་མཆོད་རྟེན་ཆེན་མོ་ཁག་སོ་སོ། གྲྭ་ཤག་ཡོངས་དང་མཐོ་ཞིང་རྒྱ་ཆེ་བའི་ཕུགས་རི་ཆེན་མོ་ཡོངས་རྫོགས་གྲུང་སའི་ཨར་སྐྲུན་ཡིན།（པར་5—24） སྤྱི་ལོ1276ལོར་བཞེངས་པའི་ཁམས་རི་བོ་ཆེ་དགོན་པའི་བརྗིད་ཐམ་དོད་པོའི་ལྷ་ཁང་ཆེན་མོ་ཁྲ་རྒྱས་མ་ཡང་གྲུང་རྡུང་ཨར་སྐྲུན་ཡིན།（པར་5—25） སྤྱི་ལོའི་དུས་རབས་དགུ་པ་ནས་འཕེལ་རྒྱས་བྱུང་བའི་གུ་གེའི་རྒྱལ་རྒྱུད་མངའ་རིས་མང་ཡུལ་གྱི་སྡེ་ཤོག་ཆོས་སྡེ་རྟེང་ཐོག་སྙིད་རོང་ཁུལ་ལ་གཞི་རྒྱ་ཆེ་བའི་སྡེ་དཔོན་གྱི་མཁར་རྫོང་ཆ་ཚང་དང་། ཆོས་སྡེ་དགོན་དང་སྒྲོལ་མ་ལྷ་ཁང་སོགས་ཆོས་ལུགས་ཀྱི་ཨར་སྐྲུན་བཞེངས་པ་དེ་དག་ཚང་མ་གྲུང་ཁང་ཡིན།（པར་5—26） སྤྱི་ལོ1643ལོ་ནས་དགེ་ལུགས་པས་དགོན་པ་ཉམས་གསོ་དང་རྒྱ་བསྐྱེད་བྱས་པའི་བརྒྱུད་རིམ་ནང་གཞི་ནས་རྫོ་རྩིག་གི་ཨར་སྐྲུན་བྱུང་འགོ་ཚུགས་པ་ལས་རྒྱལ་རྩེ་གནའ་བོའི་གྲོང་རྡལ་ལ་སྤྱི་ལོ1418ལོ་ནས་བཞེངས་འགོ་བཙུགས་པའི་དཔལ་ཆོས་དགོན་པའི་དགོན་སྤྱིའི་ཚོགས་ཆེན་འདུ་ཁང་དང་། གྲྭ་ཚང་བཅུ་དྲུག་གི་ལྷ་ཁང་སོ་སོ། ད་དུང་ཐོག་སོ་བཅུ

གསུམ་ཡོད་པའི་སྐུ་འདྲ་མཆོད་རྟེན་ཆེན་མོ། གཞན་ཡང་གྲྭ་ཤག་ཁག་དང་ལྷ་ཁང་རི་ཆེན་མོ། ལྟོག་སྒོ་སོགས་ཨར་སྐྲུན་ཆ་ཚང་གྲུང་རྟུང་བ་ཤ་སྟག་ཡིན།（པར5—27） ད་དུང་ལྷ་རྩེ་རྫོང་ཕུན་ཚོགས་གླིང་དགོན་པའི་སྔ་དུས་ཀྱི་ཨར་སྐྲུན་ཚང་མ་གྲུང་སའི་ཨར་སྐྲུན་ཡིན། ངམ་རིང་རྫོང་གི་སྤྱི་ལོའི་དུས་རབས་བཅུ་བཞི་པའི་སྐབས་ཀྱི་ལྷ་ཁང་ཐམ་རྒྱུག་མཁན་གྲུབ་ཐོབ་ཐང་སྟོང་རྒྱལ་པོའི་འབྲུང་ཡུལ་རི་བོ་ཆེ་དགོན་པའི་ལྷ་ཁང་དང་ལྷ་ཁང་རི་ཚང་མ་གྲུང་བརྡུངས་ནས་བསྐྲུན་པ་ཡིན།（པར5—28）

ཕག་གྲུའི་དུས་ནས་རིམ་བཞིན་རྣོ་རྩིག་གི་ཨར་སྐྲུན་མང་པོ་ཐོན་འགོ་ཚུགས་ཡོད་ཀྱང་ལུང་ཁུག་ས་ཐག་རིང་བའི་ས་ཆ་ལ་ནུ་མཐུད་ནས་གྲུང་སའི་ཨར་སྐྲུན་དར་སྲོལ་ཆེ་བ་ཡིན། ནག་ཆུའི་སོག་རྫོང་གི་སྤང་ནག་དགོན་པ་དང་། ཆབ་མདོ་དགོན་པའི་ཐོག་མའི་ཨར་སྐྲུན་འདུ་ཁང་དང་འཕགས་པ་ལྷའི་ཕོ་བྲང་། དཔལ་འབར་རྫོང་གི་ལྷ་ཁང་ར་དགོན་པ། བྲག་གཡབ་དབྱེན་འདུམ་དགོན་དང་བྱམས་མདུན་དགོན།（པར5—29） ཚ་བ་དཔའ་ཤོད་དགོན་དང་མཛོ་སྒང་དགོན་པ། སྨར་ཁམས་ཀྱི་དགོན་པ་སོགས་ཚང་མ་གྲུང་སའི་ཨར་སྐྲུན་ཡིན།

ཁམས་ཁུལ་གྱི་རྒྱ་ཆེའི་ས་ཁོངས་ཡུན་ནན་བདེ་ཆེན་བོད་རིགས་རང་སྐྱོང་ཁུལ་གྱི་རྒྱལ་ཐང་སྟོང་བཙན་གླིང་དང་དོན་འགྲུབ་གླིང་སོགས་ཚང་མ་གྲུང་སའི་ཨར་སྐྲུན་ཡིན། ཕྱག་ཕྲེང་རྫོང་རྒྱ་ཆེའི་དམངས་ཁང་དང་གནའ་བོའི་མཁར་རྫོང་གི་ཨར་སྐྲུན་ཕུད་འཕྲུལ་ལེན་བསམ་འཕེལ་གླིང་སོགས་དགོན་པ་ཆེ་ཆུང་ཡོངས་རྫོགས་གྲུང་སའི་ཨར་སྐྲུན་ཡིན། སྡེ་དགེ་རྫོང་གི་སྡེ་དགེ་རྒྱལ་པོའི་དཔོན་ཁང་དང་སྡེ་དགེ་དགོན་ཆེན། སྡེ་དགེ་པར་ཁང་སོགས་ཚང་མ་གྲུང་སའི་ཨར་སྐྲུན་ཡིན།（པར5—30） ལི་ཐང་བྱམས་ཆེན་ཆོས་འཁོར་གླིང་གི་ལི་ཐང་སྐྱབས་མགོན་གྱི་གཟིམ་ཆུང་། ལི་ཐང་དཔོན་ཧོང་གྲེང་ཆེང་གི་དཔོན་ཁང་། དགོན་པའི་གྲྭ་ཤག་ཡོངས་རྫོགས་དང་རྒྱལ་བ་སྐུ་ཕྲེང་བདུན་པའི་འཁྲུངས་ཁང་སོགས་ཚང་མ་གྲུང་སའི་ཨར་སྐྲུན་ཡིན།（པར5—31） དཀར་མཛེས་རྫོང་གི་དམངས་ཁང་ཡོངས་རྫོགས་གྲུང་སའི་ཨར་སྐྲུན་ཡིན་པ་མ་ཚད་དཀར་མཛེས་དགོན་ཆེན་དང་དར་རྒྱས་དགོན་པའི་འདུ་ཁང་ཆེན་མོ། བླ་མའི་གཟིམ་ཆུང་དང་གྲྭ་ཤག་ཚང་མ་གྲུང་སའི་ཨར་སྐྲུན་ཡིན། དཀར་མཛེས་རྫོང་གི་ཁང་གསར་དཔོན་གྱི་དཔོན་ཁང་སོགས་ཕལ་ཆེར་དཀར་མཛེས་རྫོང་གི་ཁང་པ་ཡོངས་རྫོགས་གྲུང་སའི་ཨར་སྐྲུན་ཡིན། བྲག་འགོ་རྫོང་གི་བྲག་འགོ་དགོན་ཆེན་དང་རྫོང་གི་ས་ཁོངས་གཏོགས་གྲོང་སྡེའི་ཚ་བ་གྲོང་སོགས་ཀྱི་ཁང་པ་སྙིང་པ་ཚང་མ་གྲུང་སའི་ཨར་སྐྲུན་ཡིན།（པར5—32） རྟའུ་རྫོང་ཉ་འཚོ་དགོན་དང་རྫོང་གྲོང་རྟལ་གྱི་གྲོང་ཚོ་སྙིང་པ་ཡོངས་རྫོགས་གྲུང་སའི་ཨར་སྐྲུན་ཡིན། ད་ལྟ་གྲོང་ཚོ་ཁ་ཤས་ནང་རྡོ་རྩིག་གི་དམངས་ཁང་མཐོང་རྒྱུ་ཡོད་པ་དེ་ཚོ་ནི་ཉེ་བའི་དུས་རབས་ནང་གཞི་ནས་བྱུང་བ་ཡིན། སྡེ་རོང་རྫོང་གི་དགོན་པ་དང་དམངས་ཁང་སོགས་ཀྱང་གྲུང་སའི་ཨར་སྐྲུན་ཡིན། ལིའང་ཧྲན་གྱི་ནུ་ལེ་བོད་རིགས་རང་སྐྱོང་རྫོང་གི་ནུ་ལེ་དགོན་ཆེན་དང་དེའི་ས་ཁོངས་གཏོགས་ཀྱི་དགོན་པ་གཉིས་དང་རྫོང་ཡོངས་ཀྱི་ས་ཆ་སོ་སོའི་མི་སེར་ཁང་པ་ཚང་མ་གྲུང་སའི་ཨར་སྐྲུན་རེད།（པར5—33） ཟ་བ་ཁྲུལ་ཟ་བ་རྫོང་གི་དགོན་པ་མང་པོ་གྲུང་

སའི་ཨར་སྐྲུན་ཡིན་ལ་རྫོང་ཞིང་ཁུལ་གྱི་དམངས་ཁང་ཚང་མ་ཡང་གྲུང་སའི་ཨར་སྐྲུན་ཡིན།（པར་5—34）

མཚོ་སྔོན་ཞིང་ཆེན་གྱི་སྤྱི་ལོ1560ལོ་ཙམ་ལ་ཕྱག་བཏབ་པའི་སྐུ་འབུམ་དགོན་པའི་འདུ་ཁང་ཆེན་མོ་དང་དཔེ་མཛོད་ཁང་སོགས་ སྟོད་མའི་ཨར་སྐྲུན་རྣམས་གྲུང་སའི་ཨར་སྐྲུན་ཡིན། རྗེས་སུ་ལྷ་ཁང་ལག་སོ་སོར་ཉམས་གསོ་ཞུ་སྐབས་ས་ཕག་དང་ཤིང་སྤྲིག་གཙོ་བོ་བྱས་པས་དགོན་པ་འདི་ཡི་ཨར་སྐྲུན་རྒྱ་ཆེ་བ་རྣམས་ལ་གྲུང་ས་ཏ་ལམ་མཐོང་རྒྱུ་མེད་པ་ཆགས་མོད། འདུ་ཁང་ཆེན་མོ་སོགས་ཐོག་མའི་ཨར་སྐྲུན་གྱི་ནང་གི་གྲུང་རྩིག་ད་ལྟའང་གྲུང་ས་རེད། འོན་ཀྱང་ས་ཕག་གིས་ཕྱི་ནས་སྦྲུར་རྩིག་བརྒྱབ་པས་ཕྱི་ནས་ལྟ་དུས་ས་ཕག་གི་རྩིག་པ་ཆགས་འདུག ཡིན་ན་ཡང་དགོན་པའི་བླ་ཆེན་སོ་སོའི་བླ་བྲང་གི་ཁང་པ་མང་ཆེ་བ་དང་གྲྭ་ཤག་མང་ཆེ་བ་གྲུང་སའི་ཨར་སྐྲུན་རེད།（པར་5—35） རྨ་སྔོའི་རེབ་གོང་རོང་བོ་དགོན་ཆེན་དང་། བྱ་ཁྱུང་དགོན་པ། མཚོ་ནུབ་དང་མཚོ་བྱང་སོགས་ཀྱི་དགོན་པ་མང་ཆེ་བ། པཎ་ཆེན་སྐུ་ཕྲེང་བཅུ་པ་ཆེན་པོའི་ཕ་ཡུལ་གྱི་དགོན་པ་ལག་གི་སྟོད་མའི་ཨར་སྐྲུན་ཚང་མ་གྲུང་སས་བསྐྲུན་པ་ཡིན། མཚོ་སྔོན་ཡུལ་ཤུལ་བོད་རིགས་རང་སྐྱོང་ཁུལ་གྱི་སྐྱེ་རྒུ་དགོན་དང་འདོམ་དཀར་དགོན།（པར་5—36） དགོན་གསར་དགོན།（པར་5—37） ལབ་དགོན། འཛོམས་ཉག་དགོན་དང་འཛོམས་ཉག་མཆོད་རྟེན་སོགས་དགོན་པའི་ཨར་སྐྲུན་ཡོངས་རྫོགས་གྲུང་སའི་ཨར་སྐྲུན་རེད།（པར་5—38）

སྤྱི་ལོ1709ལོར་ཕྱག་བཏབ་པའི་གན་ལྷོ་བོད་རིགས་རང་སྐྱོང་ཁུལ་བསང་ཆུ་རྫོང་གི་བླ་བྲང་བཀྲ་ཤིས་འཁྱིལ་གྱི་ལྷ་ཁང་སོགས་ཅུང་སྔ་བའི་དགོན་པའི་ཨར་སྐྲུན་ལག་ཅིག་གྲུང་སའི་ཨར་སྐྲུན་རེད། དེ་དང་འདྲ་བ་དགོན་པའི་གྲྭ་ཤག་ལག་ཅིག་དང་མཐའ་སྐོར་ལྷུགས་རི་ཚང་མ་གྲུང་ས་རེད་འདུག ད་དུང་གན་ལྷོ་ཁུལ་གྱི་རྒྱ་མཁར་དུ་གནས་པའི་སྲས་མཁར་དགུ་ཐོག་གི་ལྷ་ཁང་གྲུང་སས་བསྐྲུན་པ་ཡིན་འདུག（པར་5—39） ད་དུང་རྨ་ཆུ་རྫོང་གི་དགོན་པ་སེར་པོའི་འདུ་ཁང་དང་གྲྭ་ཤག ལྷུགས་རི་ཚང་མ་གྲུང་སའི་ཨར་སྐྲུན་ཡིན། གཞན་ཡང་གན་ལྷོ་བོད་རིགས་རང་སྐྱོང་ཁུལ་གྱི་བསང་ཆུ་དང་ཀླུ་ཆུ་སོགས་ས་ཁུལ་མང་པོར་ལོ་རྒྱུས་ཐོག་གི་སྡེ་དཔོན་ཚོ་ལག་གི་མཁར་རྫོང་མང་པོ་ཡོད་པའི་བཤད་སྲོལ་འདུག་ལ་མཁར་རྫོང་དེ་ཚོ་ཚང་མ་གྲུང་སའི་ཨར་སྐྲུན་ཡིན་འདུག

ནང་སོག་རང་སྐྱོང་ལྗོངས་ཧུའུ་ཧེ་ཧའོ་ཐའི་གྲོང་ཁྱེར་གྱི་བཞུགས་ཁྲི་དགོན་པའི་འདུ་ཁང་དང་རྗེ་ཁང་ཆེན་མོ་ཚང་མ་གྲུང་སའི་ཨར་སྐྲུན་ཡིན། པའོ་ཐའོ་གྲོང་ཁྱེར་གྱི་ཨུའུ་ཏང་ཀྲའོ་ཞེས་པའི་དགོན་པ་གྲུང་སའི་ཨར་སྐྲུན་ཡིན།（པར་5—40） དགོན་པ་དེ་ཡི་འདུ་ཁང་གི་ཐེན་བད་བཟོ་སྟངས་ཚང་མ་དབུས་གཙང་གི་བཟོ་རྩལ་ལྟར་བཟོ་སྐྲུན་བྱས་འདུག ད་དུང་ནང་སོག་གི་ཤི་ལ་ཐའི་ཧའུ་ཆའི་བསམ་གཏན་དགོན་ཆེན་གྱི་ལྷ་ཁང་ཆེ་ཆུང་ལག་དང་གྲྭ་ཤག་མང་པོ་ཞིག དགོན་པའི་ཕྱིའི་ལྷུགས་རི་སོགས་ཚང་མ་གྲུང་སའི་ཨར་སྐྲུན་ཤ་སྟག་རེད། ལོ་རྒྱུས་ཐོག་དགོན་པ་འདི་གཞི་རྒྱ་ཧ་ཙང་ཆེན་པོ་ཡིན་འདུག ས་ཁུལ་འདིར་རྡོའི་ཡོང་ཁུངས་གཏན་ནས་མེད་པས་གྲུང་སའི་ཨར་སྐྲུན་བཟོ་རྒྱུ་ཡང་བརྗོད་མི་དགོས་པ་ཞིག་རེད།（པར་5—41）

སྒོང་གསལ་དེ་དག་ནི་མཚོ་བོད་མཐོ་སྒང་གི་ལོ་རྒྱུས་སུ་བྱུང་བའི་ཡིག་ཆར་འཁོད་པའི་ལོ་རབས་གཏན་འཁེལ་ཚོག་པའི་གྲུང་སའི་ཨར་སྐྲུན་ཡིན། ཡིན་ནའང་དབུས་གཙང་ཁུལ་དང་ཁམས་ཁུལ་གྱི་ས་ཆ་མང་པོར་ལོ་རབས་མི་ཤེས་པའི་གྲུང་སའི་ཨར་སྐྲུན་གྱི་རྗེས་ཤུལ་མང་པོ་ཡོད་པ་ཡང་ཚང་མར་ངོ་སྤྲོད་ཞུ་དགོས་པ་ཞིག་འདུག ལྷ་ས་ནས་ནུབ་ངོས་འདམ་གཞུང་རྫོང་གི་ཕྱོགས་ལ་འགྲོ་དུས་སྟོད་ལུང་བདེ་ཆེན་ཆུས་དང་འདམ་གཞུང་ལ་འགྲོ་བའི་གཞུང་ལམ་འགྲམ་ལ་གྲུང་རྡུང་པའི་མཁར་རྫོང་དང་ལྷུགས་རི་སོགས་ཀྱི་རྗེས་ཤུལ་འདུག རིན་སྤུངས་རྫོང་ནས་ལ་བརྒྱབ་སྟེ་སྣ་དཀར་རྩེ་རྫོང་ལ་འགྲོ་བའི་ལུང་པའི་ནང་གྲུང་སའི་མཁར་གྲུ་བཞིའི་རྗེས་ཤུལ་མང་པོ་འདུག(པར་5—42) རྒྱལ་རྩེའི་མྱང་སྟོད་ཀྱི་ཐང་སྟེང་ལ་ཡང་གྲུང་སའི་རྗེས་ཤུལ་རྒྱ་ཆེན་པོ་ཡོད་པ་འདི་དགོན་པ་ཞིག་གི་ཤུལ་ཡིན་ཚོད་འདུག

གཞན་ཡང་སྤྱི་ལོ2017ལོའི་ཟླ10པར་དཀར་མཛེས་བོད་རིགས་རང་སྐྱོང་ཁུལ་ཕྱག་ཕྲེང་རྫོང་གིས་ཕྱག་ཕྲེང་གྲུང་ཁང་དཀར་པོ་སྲུང་སྐྱོབ་དང་རྒྱུན་འཛིན་གྱི་རིག་གཞུང་བགྲོ་གླེང་ཚོགས་འདུ་སྐོང་འཚོགས་གནང་ནས་ང་ལ་ཨར་སྐྲུན་ཆེད་ལས་ཐད་ཀྱི་རིག་གཞུང་གི་དཔྱད་གཏམ་སྤེལ་དགོས་པའི་རེ་བ་གནང་ཞིང་། ངས་གོ་སྐབས་དེ་དང་བསྟུན་ནས་རྫོང་ཁོངས་ཀྱི་གནའ་བོའི་མཁར་རྫོང་དང་གྲུང་ཁང་དཀར་པོའི་དམངས་ཁང་རྣམས་ལ་ཐུང་ཞིབ་ཚགས་ཀྱི་སྒོ་ནས་རྟོག་ཞིབ་བྱས་ཏེ་གཙོ་གནད་ཀྱི་མཁར་རྫོང་དང་དམངས་ཁང་ལ་ཚད་ལེན་དཔེ་རིས་བཀོད་པ་དང་པར་རྒྱག་སོགས་བྱས་ནས་དགོས་ངེས་ཀྱི་ལག་རྩལ་གཞི་གྲངས་བསྡུ་རུབ་བྱས་པ་ཡིན།(པར་5—43) དེ་ནི་གྲུང་སའི་ཨར་སྐྲུན་གྱི་ཕ་ཡུལ་ངོ་མ་རེད། ས་གནས་དེ་ཡི་མི་ཚོས་རང་ཁྱིམ་གྱི་གྲུང་ཁང་ལ་ལོ་ལྟར་ས་དཀར་བྱུགས་པ་ལས་ཁང་པའི་སྒྲིག་གཞི་དང་བཟོ་དབྱིབས་ལ་འགྱུར་ལྡོག་གཏོང་གི་མེད་པས་འཕོ་འགྱུར་མེད་པའི་གྲུང་སའི་དམངས་ཁང་ཡིན། དེར་བརྟེན་ཕྱག་ཕྲེང་གི་གྲུང་ཁང་དཀར་པོའི་དམངས་ཁང་དེ་རྒྱལ་ཁབ་ཕྱི་ནང་གཉིས་ཀར་སྐད་གྲགས་ཆེན་པོ་ཡོད། དེ་ཡང་ཕྱག་ཕྲེང་རོང་གཞུང་དུ་རྡོ་ཡི་འབྱུང་ཁུངས་དཀོན་པོ་རེད་འདུག མཐའ་སྐོར་གྱི་གངས་རིའི་སྟེང་ལ་བྲག་རྡོ་ཡོད་ཀྱང་ལུང་པ་དང་ཐག་རིང་བས་དབོར་འདྲེན་བྱ་ཐབས་དཀའ། དེ་ཡང་ཡུལ་ལུང་འདི་ལ་གྲུང་སའི་ཨར་སྐྲུན་དར་སྤྱེལ་ཆེ་བའི་རྒྱུ་རྐྱེན་གཙོ་བོ་ཞིག་ཡིན། ཉེ་བའི་ལོ་ཤས་ནང་རྒྱལ་ཡོངས་རང་བཞིན་གྱི་གནའ་བོའི་ཨར་སྐྲུན་སྲུང་སྐྱོབ་དང་རྒྱུན་འཛིན་བྱ་རྒྱུར་ཤུགས་སྣོན་ཆེན་པོ་བརྒྱབ་པའི་དུས་བབ་བཟང་པོའི་འོག ཕྱག་ཕྲེང་རྫོང་གི་འགོ་ཁྲིད་རྣམ་པ་དང་། རྒྱ་ཆེའི་མང་ཚོགས་ཚོས་རང་ཡུལ་གྱི་ལོ་རྒྱུས་ཡུན་རིང་ལྡན་པའི་གྲུང་སའི་ཨར་སྐྲུན་ནི་ས་ཁུལ་དེ་ཡི་ཁྱད་ཆོས་གཙོ་བོ་ཞིག་ཡིན་པ་ངོས་འཛིན་བྱུང་ནས་ཕྱག་ཕྲེང་གི་གྲུང་ཁང་དཀར་པོ་སྲུང་སྐྱོབ་དང་རྒྱུན་འཛིན་བྱ་རྒྱུའི་ལས་འགུལ་སྤེལ་གནང་བ་རེད། ཕྱག་ཕྲེང་རྫོང་གི་ཤར་ངོས་ཀྱི་ཉག་ཆུ་རྫོང་དང་། དར་མདོ་རྫོང་། བརྒྱད་ཟིལ་རྫོང་སོགས་ཀྱིས་སྔ་ས་ནས་ལོ་རྒྱུས་ཐོག་གི་གྲུང་ཁང་གི་སྒྲིག་གཞི་འགྱུར་ལྡོག་བཏང་ནས་རྡོ་ཤིང་གི་སྒྲིག་གཞི་གསར་པ་དར་སྤེལ་གཏོང་བའི་སྐབས་འདིར་ཕྱག་ཕྲེང་གིས་མུ་མཐུད་ནས་གྲུང་སའི་གནའ་རབས་ཀྱི་སྲོལ་རྒྱུན་རྒྱུན་འཁྱོངས་བྱེད་པར་རྒྱལ་

ཁབ་ཀྱི་གདེང་འཛོག་ལེགས་པོ་ཐོབ་པ་རེད།

ང་རང་གིས་གོ་སྐབས་དེ་བེད་སྤྱོད་ནས་དཔེ་མཚོན་རང་བཞིན་ལྡན་པའི་དམངས་ཁང་རྙིང་པ་ཁག་ཅིག་ལ་རྟོག་ཞིབ་དང་ཚད་ལེན་དཔེ་རིས་བཀོད་པ་ཡིན་པས་རྩ་ཆེའི་དངོས་ཡོད་ཀྱི་གཞི་གྲངས་དང་ཨར་སྐྲུན་གྱི་ཁྱད་ཆོས་སོགས་ཤེས་རྟོགས་ཐུབ་པ་བྱུང་། རྫོང་མཁར་མཐའ་སྐོར་དུ་ཡང་གནའ་བོའི་གྲུང་སའི་མཁར་གྲུ་བཞིའི་རྗེས་ཤུལ་བཅུ་ཕྲག་ཙམ་མཐོང་རྒྱུ་འདུག ཤོང་ཚོ་ཆུང་ཆུང་སོ་སོའི་ནང་གནའ་བོའི་མཁར་རྫོང་གཅིག་གཉིས་ཙམ་འདུག ཡིན་ན་ཡང་ད་ལྟར་ལྷག་བསྡད་པ་ཚོ་མཐོ་དམན་འདྲ་འདྲ་མ་རེད།(པར་5—44) ང་ཚོས་ད་ལྟར་ཅུང་ཆ་ཚང་བ་ལྷག་བསྡད་པའི་རྫོང་མཁར་བྱང་ངོས་ཀྱི་ཨ་ཡ་གྲོང་ཚོའི་མཁར་གྲུ་བཞི་དེ་རྟོག་ཞིབ་དང་ཚད་ལེན་བྱ་ཡུལ་ལ་གཏན་འཁེལ་བ་ཡིན། མཁར་རྫོང་འདི་ལ་ཐོག་སོ་དགུ་ཡི་གྲུང་ཆ་ཚང་བསྡད་འདུག ཁང་ཐོག་གི་བད་གཡམ་དང་ཉ་རྒྱབ་ཐོར་ཞིག་ཤྲིན་པ་དང་ཐོག་བརྩེགས་ཚང་མ་བརྡིབས་མེད། ཡིན་ན་ཡང་ཕྱི་ཡི་བཟོ་དབྱིབས་སྔར་བཞིན་གནས་འདུག འདི་ཐལ་ཆེར་མཆོ་བོད་མཐོ་སྒང་གི་ད་ལྟ་མཐོང་རྒྱུ་ཡོད་པའི་སྲུ་རྒྱལ་དུས་རབས་ཀྱི་གནའ་བོའི་མཁར་རྫོང་གི་དཔེ་མཚོན་ཁོན་ཙམ་ཡིན།(པར་5—45) ངས་ལོ་མང་པོའི་རིང་ལ་ལྷ་སའི་ཕོ་བྲང་པོ་ཏ་ལའི་ཐོག་སོ་དགུ་ཡི་སྐུ་མཁར་དམར་པོ་ཞེས་པའི་ཨར་སྐྲུན་དེ་སྒྲིག་གཞི་ག་འདྲ་ཞིག་དང་བཟོ་དབྱིབས་གང་འདྲ་ཞིག་ཡིན་པར་དཔྱད་བསྡུར་དང་ཞིབ་འཇུག་བྱས་པའི་ངོས་ནས་བཤད་ན་ཕྱག་ཕྲེང་ནས་དཔེ་དབྱིབས་འདི་འདྲ་ཞིག་མཐོང་བྱུང་ལ་ཕྱག་ཕྲེང་ནས་ང་ལ་ལན་གསལ་པོ་བཏབ་བྱུང་། འདི་ནི་བོད་རྒྱ་ཡིག་རིགས་གཉིས་ཀྱི་ལོ་རྒྱུས་ཡིག་ཚའི་ནང་བཙལ་རྒྱུ་མེད་པའི་ནང་དོན་ཡིན། མཁར་གྲུ་བཞི་འདི་ཡི་རྩིག་རྒྱང་ནི་རྡོ་ལེབ་ཀྱིས་བརྩིགས་འདུག སའི་ངོས་ལས་ལི་སྨིད70ཙམ་གྱིས་མཐོ་བ་འདུག(པར་5—46) དེ་ཡན་ཆད་ཚང་མ་གྲུང་རྟུང་བ་ཤ་སྟག་རེད། མཁར་རྫོང་གི་རྩིག་རྒྱང་ཡོད་སའི་ཤར་ནུབ་ཀྱི་ཕྱིའི་རྒྱ་ཆེ་ཆུང་སྨིད7. 5དང་། ལྷོ་བྱང་གི་ཕྱི་ཡི་ཞེང་ཁ་སྨིད7. 1འདུག གྲུང་རྩིག་གི་ཞེང་ཁ་སྨིད1. 5ཙམ་འདུག མཁར་རྫོང་ནང་གི་གྲུང་ངོས་ནས་ཐོག་སོ་རེ་རེའི་གདུང་མ་བཞག་སའི་ཁུང་བུ་གསལ་པོ་མཐོང་རྒྱུ་འདུག་པས་ཁྱོན་བསྡོམས་ཐོག་བརྩེགས་བཅུ་ཏག་ཏག་འདུག ཐོག་སོ་རེ་རེའི་མཐོ་ཚད་སྨིད2. 5ཙམ་འདུག་པ་མཁར་རྫོང་གི་སྤྱིའི་མཐོ་ཚད་སྨིད25. 89ཙམ་འདུག(པར་5—47)

གོང་དུ་གྲུང་སའི་ཨར་སྐྲུན་དེ་མཆོ་བོད་མཐོ་སྒང་གི་ཁྱབ་ཚུལ་སྐོར་ངོ་སྤྲོད་མདོར་བསྡུས་ཤིག་ཞུས་པ་རེད། དམིགས་བསལ་ཁྱད་ཆོས་ལྡན་པའི་དུས་རབས་སོ་སོའི་མཐོ་སྒང་ས་ཆ་ཁག་ལ་ཡོད་པའི་རིག་དངོས་གནའ་སྐྲུན་མང་ཆེ་ཤོས་གྲུང་སའི་ཨར་སྐྲུན་ཡིན་ཞིང་། ཀྲུང་གོའི་བོད་རིགས་ཀྱི་གནའ་རབས་ཨར་སྐྲུན་ལ་ཞིབ་འཇུག་བྱེད་པར་གྲུང་སའི་ཨར་སྐྲུན་དེ་གལ་འགངས་ཤིན་ཏུ་ཆེ་བ་རེད། གཞན་ཡང་ནང་ས་སོགས་མཆོ་བོད་མཐོ་སྒང་དང་ཐག་རིང་བའི་རྩོམ་པ་པོ་དང་ཡུལ་སྐོར་བ་མང་ཆེ་བས་བོད་རིགས་ཨར་སྐྲུན་གྱི་ཁྱད་ཆོས་གཙོ་ཆེ་ཤོས་དེ་རྡོ་རྩིག་མཁར་རྫོང་གི་ཨར་སྐྲུན་ཡིན་པར་ངོས་འཛིན་གྱི་ཡོད་

པས་གྲུང་སའི་ཨར་སྐྲུན་སྐོར་གྱི་དེབ་འདི་ཡི་ནང་ངོ་སྤྲོད་མང་ཙམ་མ་བྱེད་མཐུ་མེད་བྱུང་། དེར་བརྟེན་ལོ་སྟོང་ཕྲག་མང་པོའི་ཨར་སྐྲུན་གྱི་ལོ་རྒྱུས་ནང་གྲུང་སའི་ཨར་སྐྲུན་དེ་རྒྱ་ཁྱབ་ཆེན་པོ་དང་འཕེལ་རྒྱས་ཆེན་པོ་བྱུང་བ་མ་ཟད་རྒྱུན་འཁྱོངས་བྱ་ཐུབ་དོན་ཡང་དེར་དམིགས་བསལ་གྱི་ཁྱད་ཆོས་ལྡན་པ་མ་ཟད་མུ་མཐུད་བེད་སྤྱོད་རྒྱུའི་རིན་ཐང་ཆེན་པོ་ལྡན་ཡོད་པས་ཡིན།

ཐོག་མར་གྲུང་སའི་རྒྱུ་ཆའི་འབྱུང་ཁུངས་ས་ཆ་སོ་སོ་རང་ལ་ཡོད་པ་སྟེ་སའི་བབ་ལ་བསྟུན་ནས་ཁང་པ་བརྒྱབ་ཆོག་པ་ཡིན། མཚོ་བོད་མཐོ་སྒང་དུ་ས་མེད་ས་ཞིག་ག་ལ་ཡོད། གལ་ཏེ་གྲུང་རྡུང་བའི་ས་དེ་ལ་བྱེ་མ་ཤུགས་ཆེ་ཙམ་འདྲེས་ཡོད་ན་ཡང་གྲུང་རྡུང་ཆོག་གི་རེད། གནའ་རྔ་མོའི་བང་སོ་སྐྲུན་པའི་ས་ཕྱུངས་དེ་ཚོ་དང་པོ་བྲང་པོ་ཏ་ལའི་ལྷུགས་རི་ཆེན་མོ། ས་སྐྱ་དགོན་པའི་ལྷ་ཁང་ལྷོ་མའི་མཁར་རྫོང་གི་ལྷུགས་རི་དང་ལྟོག་སྡེ་སོགས་གྲུང་ས་ཚང་མ་ས་ཆ་དེ་རང་ནས་བསྡོགས་ནས་གྲུང་བརྡུངས་པ་ཤ་སྟག་ཡིན། དེར་བརྟེན་གནའ་རྔ་མོ་དཔོར་འདྲེན་གྱི་ཆ་རྐྱེན་ཏ་ཙང་ཞན་པའི་གནས་ཚུལ་འོག་དགེ་མཚན་ཆེན་པོ་ལྡན། པོ་བྲང་པོ་ཏ་ལའི་རྒྱབ་ངོས་ཀྱི་ཆུ་རྫིང་དེ་རྔ་མོ་ས་སྡོག་འདོན་བྱས་ནས་ཆགས་པའི་ས་ཀོང་དོང་ཞིག་ཡིན། རྒྱ་ཆེའི་ཞིང་པ་མི་སེར་ཚོས་རང་གི་ཁང་པ་རྒྱག་དུས་རང་ཁྱིམ་གྱི་གཡས་གཡོན་ནས་ས་བླངས་ནས་གྲུང་བརྡུངས་པ་ཡིན། བྱས་ཙང་རྒྱུ་ཆ་དཔོར་འདྲེན་བྱེད་པའི་བརྒྱུད་རིམ་ནང་གི་མི་ཤུགས་དང་དངོས་པོའི་འགྲོ་སོང་ཐད་གྲོན་ཆུང་ཆེན་པོ་བྱེད་ཐུབ་པ་ཡིན། གཉིས་པ་ནི་གྲུང་ཁང་བརྒྱབ་ན་རྡོ་བཟོ་སོགས་ལག་ཤེས་པ་མང་པོ་མི་དགོས། གྲུང་རྡུང་མཁན་གྱི་དགེ་རྒན་གཅིག་གཉིས་ཙམ་གྱིས་གྲུང་པང་གྲལ་འགྲིག་པོ་བསྒྲིགས་ཚར་རྗེས་རོགས་རམ་བྱེད་དུ་ཡོང་མཁན་ཚང་མས་གྲུང་རྡུང་ཆོག་གི་རེད། ཞིང་གྲོང་ནང་ཁྱིམ་ཚང་སོ་སོས་ཁང་པ་རྒྱག་དུས་གྲོང་མི་ཚང་མ་རོགས་བྱེད་པར་ཡོང་གི་རེད། ཚང་མས་རྡོག་རྩ་གཅིག་སྒྲིལ་གྱིས་གྲུང་རྡུང་ཆོག་པས་ལག་རྩལ་གྱི་གནད་དོན་མེད། གལ་སྲིད་རྡོ་རྩིག་གི་ཁང་པ་བརྒྱབ་པ་ཡིན་ན་རྡོ་བཟོ་བ་མང་པོ་གླ་དགོས་འཁེལ་གྱི་རེད། གྲོང་མི་རོགས་བྱེད་པར་ཡོང་མཁན་ཆོས་ལག་གཡོག་རྒྱུག་རྒྱུ་ལས་ཐབས་གཞན་མེད། གཞི་རྒྱ་ཆེ་ཆུང་གཅིག་མཚུངས་ཡིན་པའི་གྲུང་སའི་ཨར་སྐྲུན་དང་རྡོ་རྩིག་གི་ཨར་སྐྲུན་བར་རིན་གོང་དང་འགྲོ་སོང་ཁྱད་པར་ཆེན་པོ་ཡོད་པ་གྲུང་སའི་ཨར་སྐྲུན་དེ་རྡོ་རྩིག་ཨར་སྐྲུན་ལས་གོང་ཕྱེད་ཀ་ཙམ་གྱིས་ཆུང་བ་ཡོད།

གྲུང་སའི་ཨར་སྐྲུན་ལྷིང་རྗོབ་ཆེ་བ་དང་། ཕྱི་ངོས་སོབ་སོབ་ཡིན་པ་སོགས་ཀྱི་ཞན་ཆ་མང་པོ་ཡོད་པ་ལ། གྲུང་གི་ལྷིང་འདེགས་ཀྱི་ནུས་པ་རྡོ་རྩིག་ལས་ཞན་པ་ཡོད་ནའང་། དགུན་ཁ་དྲོན་པོ་དང་དབྱར་ཁ་བསིལ་བ། གནའ་རབས་རྣམས་ཀྱི་ལུས་ཁུང་ལ་འཕྲོད་པོ་ཡོད་པ་སོགས་ཀྱི་དགེ་མཚན་ཡོད། མདོར་ན་གྲུང་སའི་ཨར་སྐྲུན་གྱི་རྒྱུ་ཆ་འཐེལ་པོ་ཡོད་པ་དང་། དཔོར་འདྲེན་བྱ་རྒྱུའི་ལས་ཀ་ཉུང་བ། ཨར་ལས་བྱེད་བདེ་པོ་ཡོད་པ། ཁང་པའི་རིན་གོང་ཆུང་བ། ཁང་པ་རྒྱག་ယུན་ཐུང་བ་མ་ཟད་ཁོར་ཡུག་ལ་གནོད་སྐྱོན་མི་གཏོང་བ་སོགས་ཀྱི་དགེ་མཚན་ཆེན་པོ་ལྡན་ཡོད། གལ་སྲིད་རྡོ་རྩིག་གི་ཁང་པ་རྒྱག་པ་ཡིན་ན་ཐོག་མར་རི་ནས་རྡོ་སྡོག་འདོན་བྱེད་དུས་ཁོར་ཡུག་ལ་གཏོར་སྐྱོན་ཆེན་པོ་ཐེབས་ཀྱི་ཡོད། ཆ་རྐྱེན་གཅིག་མཚུངས་འོག་ཕན་

ཚུན་དཔྱད་བསྡུར་བྱས་ན་ཀྲུང་སའི་ཨར་སྐྲུན་ལ་དཔེ་མཚོན་མང་པོ་ལྡན་ཡོད་པ་དེས་ཀྲུང་སའི་ཨར་སྐྲུན་སྔར་ནས་ད་བར་རྒྱུན་འཛིན་ཐུབ་པའི་གཙོ་བོའི་རྒྱུ་རྐྱེན་ཡིན།

གཤམ་ལ་མཆོ་བོད་མཐོ་སྒང་གི་ཡུལ་ལུང་མི་འདྲ་བ་དང་དུས་རབས་མི་འདྲ་བའི་ནང་ཐོན་པའི་ཚབ་མཚོན་རང་བཞིན་གྱི་ཀྲུང་སའི་ཨར་སྐྲུན་ངོ་སྤྲོད་ཞུ་རྒྱུ་ཡིན། གནའ་བོའི་བང་སོའི་ཀྲུང་སའི་ཨར་སྐྲུན་ནི་ཀྲུང་སའི་ཨར་སྐྲུན་ནང་གི་སྙིང་ཤོས་དང་གཞི་རྒྱ་ཆེ་ཤོས་ཀྱི་གྲས་རེད། ང་ཆོས་འཕྲོངས་རྒྱལ་བཙན་པོའི་བང་སོ་ཁྲུ་ཚོགས་དང་སྣང་རྫོང་སླེའི་བང་སོ་ཁྲུ་ཚོགས་གཉིས་ལ་མ་གཏོགས་རྟོག་ཞིབ་བྱ་རྒྱུ་བྱུང་མ་སོང་།（པར5—48） ད་ལྟ་མཐོང་རྒྱུ་ཡོད་པ་ནི་ས་ངོས་ནས་འབུར་དུ་ཐོན་པའི་བང་སོ་ཞིག་རེ་དེ་ཚོ་རེད། དེ་ཚོ་དང་ཁང་པའི་ཀྲུང་རྟུང་སྟངས་བར་ལ་ཁྱད་པར་ཆེ་ཙམ་འདུག གནའ་བོའི་བང་སོ་ནི་གཙོ་བོ་ཕུང་གསོག་བརྒྱབ་པའི་ཀྲུང་ཡིན་པ་དང་། ཀྲུང་གི་ནང་རྫ་ཆེ་ཆུང་སྣ་ཚོགས་བསྲེས་ཡོད་ལ་ས་ཡི་རྒྱུ་ཆ་ཡང་མུག་དང་བྱེ་ས་རྣམ་པ་སྣ་ཚོགས་བཏང་ཡོད་པ་ངོ་ནན་པོ་དེ་ཙམ་བྱེད་མི་དགོས་པ་ཡིན།（པར5—49） བང་སོ་ཁ་ཤས་ནང་ཀྲུང་རྟུང་བའི་བར་ལ་རྡོ་རྩིག་ཕྲན་བུ་བརྩིགས་ནས་ཀྲུང་ཕན་ཚུན་མཐུད་རྒྱག་ས་བྱས་འདུག ཡིན་ནའང་རྡོ་རྩིག་དེ་ཚོ་ལག་རྩལ་ཏ་ཙང་ཞན་པོ་ཡིན་ཞིང་། ཀྲུང་དང་ཀྲུང་བར་གྱི་སྟོང་ཆ་བཀང་སྐང་བ་ཙམ་ལས་ཚད་ལྡན་གྱི་རྡོ་རྩིག་མ་ཡིན། དེར་བརྟེན་བང་སོ་དེ་ཚོ་ནི་ཀྲུང་སའི་ཕུང་གསོག་ཡིན་ཟེར་ན་ཡང་ཆོག

མངའ་རིས་གུ་གེ་དང་པུ་ཧྲེང་སོགས་ས་ཁུལ་གྱི་ཨར་སྐྲུན་ཡོད་ཚད་ཀྲུང་སས་བསྐྲུན་པ་ཤ་སྟག་ཡིན་པའི་རྒྱུ་རྐྱེན་གཙོ་བོ་ནི་ས་ཁུལ་དེ་ལ་རྡོ་ཡི་རྒྱུ་ཆ་ཤིན་ཏུ་དཀོན་པོས་རེད། ཡིན་ན་ཡང་ས་རྒྱུ་ཤིན་ཏུ་ལེགས་པོ་ཡོད་པ་བྱེ་ས་ཏ་ལམ་འདྲེས་མེད། དེ་ཡང་ཆ་རྐྱེན་བཟང་པོ་ཞིག་ཡིན། ལོ་རྒྱུས་ཐོག་ས་ཆ་འདི་ལ་རྡོ་དཀོན་པོ་ཡིན་ཙང་རྡོ་རྩིག་གི་ལག་རྩལ་འཕེལ་རྒྱས་བྱུང་མེད། འོན་ཀྲུང་ཀྲུང་རྟུང་བའི་ལག་རྩལ་བྱུང་ཆུབ་པོ་ཡོད། མཁར་རྫོང་དང་ལྷ་ཁང་སོགས་ཁང་པ་གཙོ་བོ་ཚང་མ་ཀྲུང་བརྟུངས་པ་ཡིན་པ་མ་ཚད་ལྷ་ཁང་གི་སྒོའི་ཏ་བབས་བྲེ་གཞུ་སོགས་ཀྱི་རྒྱན་སྤྲས་སྒྲིག་ཆས་དང་（པར5—50）ཆེ་ཆུང་འདྲ་མིན་གྱི་མཆོད་རྟེན་ཁྲུ་ཚོགས་ཡོད་པ་རྣམས་ཀྱི་སེང་གེའི་ཁྲི་དང་ཆོས་འཁོར་བཅུ་གསུམ་གྱི་བཟོ་དབྱིབས་ཚང་མ་ཀྲུང་སས་བཟོ་ཐེངས་གཅིག་ལ་བཟོས་པ་ཤ་སྟག་རེད་འདུག（པར5—51） ས་ཆ་གཞན་ལ་དེ་ལྟ་བུ་མཐོང་རྒྱུ་མི་འདུག དེ་ཡི་ཐད་མངའ་རིས་ཀྱི་ས་རྒྱུ་བཟང་པོ་ཡིན་པ་ཡང་ཤེས་ཐུབ།

གུ་གེའི་ནུབ་ཕྱོགས་ཀྱི་ལ་དྭགས་རྒྱལ་པོའི་སླེ་གྲོང་ཁྱེར་ཕྱོགས་སུ་ཡོད་པའི་མཁར་རྫོང་དང་དགོན་པ། དམངས་ཁང་བཅས་ཨར་སྐྲུན་ཡོངས་རྫོགས་ཀྲུང་ཁང་ཤ་སྟག་རེད་འདུག མ་གཞི་ང་ཚོ་ས་ཆ་དངོས་ལ་བསྐྱོད་ནས་རྟོག་ཞིབ་བྱ་རྒྱུ་བྱུང་མེད་ཙང་དཔེ་རིས་དང་པར་རིས་སོགས་རྒྱུ་ཆའི་ཐོག་ནས་དབྱེ་ཞིབ་བྱ་དུས་ལ་དྭགས་ནུབ་ཁུལ་གྱི་ཀྲུང་ཁང་ཚང་མ་མངའ་རིས་ཁུལ་གྱི་ཀྲུང་སའི་ཨར་སྐྲུན་དང་བཟོ་སྟངས་གཅིག་པ་ཡིན་པ་ཤེས་རྟོགས་ཐུབ་ཀྱི་འདུག

ད་དུང་བལ་པོའི་ཞི་ཤར་སོགས་བོད་རིགས་འཚོ་སྡོད་བྱ་ཡུལ་གྱི་དགོན་པ་དང་དམངས་ཁང་ཚང་མ་གྲུང་སའི་ཨར་སྐྲུན་རེད་འདུག ཞི་ཤར་སོགས་ཀྱི་བོད་རིགས་ཚོའི་དམངས་ཁང་གི་མ་ཁང་དང་སྒོ་རའི་བཟོ་ལྟ་ལ་དམིགས་བསལ་ཁྱད་ཆོས་ལྡན་ཡོད་ལ་ཆུ་རྡོས་རྩིག་རྨང་རྩིག་སྟངས་དང་ཁང་པའི་ཞ་རྒྱབ་སྟེང་བུད་ཤིང་སྐམ་པོ་རྩིག་སྟངས་སོགས་སྤུ་རྗེང་རྒྱུད་ཀྱི་དམངས་ཁང་དང་ཧ་ཅང་འདྲ་པོ་འདུག(པར5—52) དེས་མ་ཚད་གྲུང་རྡུང་ཐེངས་རེ་རེའི་སྲབ་མཐུག་ཀྱང་གཅིག་མཚུངས་རེད་འདུག ང་ཚོས་ཐོག་མའི་ཞིབ་འཇུག་བྱས་པ་བརྒྱུད་ལ་དྭགས་དང་བལ་པོ་ཚང་མ་རྩ་བའི་ཆ་ནས་མངའ་རིས་ཀྱི་ཁྱབ་ཁོངས་སུ་ཚུད་པ་ཡིན་པས་གྲུང་སའི་ཨར་སྐྲུན་གྱི་བཟོ་སྟངས་དང་ས་ཡི་རྒྱུ་ཆ་བཅས་གཅིག་མཚུངས་ཡིན་པ་ངོས་འཛིན་བྱུང་སོང་།

དབུས་གཙང་ཁུལ་ནི་བོད་ཀྱི་རིག་དངོས་གནའ་ཤུལ་མང་ཤོས་ཀྱི་ས་ཆ་ཡིན་པ་མ་ཟད་གྲུང་སའི་ཨར་སྐྲུན་གྱིས་གཙོ་བོ་བྱས་པ་ཞིག་ཡིན། གོང་དུ་ངོ་སྤྲོད་ཞུས་པའི་ཕོ་བྲང་པོ་ཏ་ལའི་ཞོལ་ལྕགས་རི་ཆེན་མོ་དང་། ས་སྐྱ་དགོན་པའི་ལྷ་ཁང་ལྷོ་མའི་འདུ་ཁང་དང་ལྕགས་རི། རྣམ་སྲས་གླིང་གཞིས་ཀ་དང་ལྕགས་རི་སོགས་ཚང་མ་གཞི་རྒྱ་ཆེ་བའི་གྲུང་ཁང་གི་གྲས་ཡིན། གྲུང་སའི་ཞབས་རའི་ཞེང་ཁ་སྨིད2.5ཙམ་ཡིན་པ། ས་སྐྱ་དགོན་པའི་ལྷ་ཁང་ལྷོ་མ་དང་བསམ་ཡས་དགོན་པའི་དབུ་རྩེ་ལྷ་ཁང་གི་གྲུང་གི་ཞེང་ཁ་སྨིད2ལྷག་ཙམ་ཡོད་པ་དེ་ཚོ་ཚང་མ་གྲུང་ཁང་ཆེ་བའི་གྲས་ཡིན་ཞིང་། གྲུང་སའི་ནང་ལ་རྡོ་རྡུག་ཡང་གང་འཚམས་བསྲེས་ཡོད། གྲུང་རྡུང་བའི་སྐབས་སུ་གྲུང་རྒྱག་གིས་གྲུང་རྡུང་བ་མ་ཚད་ཤིང་སྡོང་སྦོམ་པོ་ལ་ལག་འཇུ་བསྒར་ནས་གསེང་རྡོ་ཡང་བརྒྱབ་ཀྱི་ཡོད། གཤམ་གསལ་པར་རིས་ནི་སྤྱི་ལོ2004ལོར་ས་སྐྱ་དགོན་པའི་ལྷ་ཁང་ལྷོ་མའི་མཁར་རྫོང་གི་ལྕགས་རི་ཆེན་མོ་ཉམས་གསོ་ཞུ་སྐབས་ཀྱི་གནས་ཚུལ་ཡིན།(པར5—53)

དབུས་གཙང་ཁུལ་གྱི་སྤྱིར་བཏང་དམངས་ཁང་གི་གྲུང་རྡུང་སྟངས་རྩ་བའི་ཆ་ནས་གཅིག་པ་ཡིན། གྲུང་པང་གི་སྦོམ་གཙོ་བོ་ཟུར་ངོས་ཀྱི་གྲུང་པང་གཉིས་ཀྱི་རིང་ཚད་སྨིད2ཙམ་དང་མཐོ་ཚད་སྨིད1ཙམ་ཡོད། གྲུང་པང་སྲབ་མཐུག་ལི་སྨིད5ཙམ་དགོས། གྲུང་རྒྱག་སྦོམ་ཕྲ་ལི་སྨིད10ཙམ་དང་རིང་ཐུང་སྨིད1.2ཡོད་པ་གཉིས་ནི་གྲུང་པང་གཉིས་བཀྱག་མཁན་ཡིན། ད་དུང་རིང་ཐུང་སྨིད2.5ཙམ་དང་ཚངས་ཐིག་ལི་སྨིད8ཙམ་ཡོད་པའི་ཀ་རྒྱུག4དགོས། དེ་བཞི་པོ་ནི་གྲུང་པང་བསྐར་མཁན་ཡིན་ལ་གོང་གི་གྲུང་རྒྱག་གཉིས་པོའི་ཐོག་ཨེ་ཁུང་སྦུག་ཡོད་པས་ཀ་རྒྱུག་ཕྱོགས་གཉིས་ལ་འཛུགས་དགོས་རེད། ཀ་རྒྱུག་གི་རྩེ་ལ་ཐག་པས་བསྟམས་ནས་བརྟན་པོ་བཟོ་དགོས། གྲུང་གི་ཞེང་ཁ་ལི་སྨིད70ཙམ་ཡིན་པས་གྲུང་སྦོམ་གྱི་འགོ་བཀག་ཀྱང་གྲུང་གི་ཞེང་ཁ་དང་གཅིག་མཚུངས་ཡིན།(དཔེ་རིས5—2)(པར5—54)

དབུས་གཙང་ཁུལ་གྱི་གྲུང་རྡུང་སྟངས་སྐོར་ངོ་སྤྲོད་ཞུ་སྐབས་ཐོག་མར་སྤྱི་ལོ1970ལོའི་སྔ་རྗེས་སུ་ང་ཚོས་ལྷ་ཁའི་དམག་དཔུང་གི་ཞིང་ར་ར་གྲུང་གི་ལྕགས་རི་རྒྱག་པའི་བརྒྱུད་རིམ་ངོ་སྤྲོད་ཞུ་རྒྱུ། དེ་ནི་དངོས་ཡོད་ཀྱི་ངལ་རྩོལ་ནང་ཆོད་ལྟ

བྱེད་བཞིན་གྱུང་རྟུང་བ་ཞིག་ཡིན། དང་པོ་ང་ཚོས་ས་ཆ་དེ་གའི་གྲོང་མི་ཚོའི་གྱུང་སྒྲོམ་ལ་དཔེ་བལྟས་ནས་ཆ་ཚད་འདྲ་བའི་གྱུང་པང་དང་གྱུང་རྒྱུག་སོགས་བཟོས་པ་ཡིན། ཐོག་མར་རྩིག་རྨང་གི་ས་ཤུར་བསྟོགས་རྗེས་གྱུང་གི་རྩིག་གདན་བརྩིག་དགོས། ང་ཚོས་རྩིག་ཞེང་ལི་སྨིད70ཙམ་དང་ས་ངོས་ལས་ལི་སྨིད40ཙམ་མཐོ་བའི་རྡོ་རྩིག་བརྒྱབ་པ་དང་། དེ་ནས་གྱུང་རྒྱུག་གཉིས་རྩིག་པའི་ཐོག་ཏུ་འཕྲེད་ལ་བསྒྲིགས་ནས་སྟེང་དུ་ཀ་རྒྱུག4བཙུགས་ཐོག་གྱུང་པང་གཉིས་བླངས་རྗེས་ཀ་རྒྱུག་འགོ་ལ་ཐག་པས་བསྡམས་ནས་བརྟན་པོ་བཟོས་པ་ཡིན། གྱུང་པང་དང་པོ་དེ་རྒྱུག་དུས་གྱུང་པང་གི་འགོ་མཇུག་གཉིས་ལ་སྒོ་བཀག་པང་ལེབ་རེ་འཛུག་དགོས་ཤིང་། གྱུང་པང་གཉིས་པ་དེ་རྒྱུག་དུས་སྔོན་གྱི་གྱུང་བརྒྱབ་ཚར་བ་དེ་ལ་མཐུད་ནས་གྱུང་རྟུང་རྒྱུ་ཡིན་པས་སྒོ་བཀག་གཅིག་ལས་བསྐར་དགོས་ཀྱི་མེད། གྱུང་སྒྲོམ་ཚང་མ་བསྒྲིགས་ཚར་དུས་གྱུང་སྒྲོམ་ནང་ས་བླུག་དགོས་པས། བླུགས་ཐེངས་རེ་ལ་ས་སྲབ་མཐུག་ལི་སྨིད20ཙམ་བླུགས་ནས་མི་གཉིས་གསུམ་ཙམ་གྱུང་སྒྲོམ་ནང་འཛུགས་ནས་རྐང་པས་བཙག་བཙག་བྱེད་བཞིན་གྱུང་རྒྱུག་གིས་བརྡུང་དགོས། གྱུང་བརྡུངས་ནས་མཁྲེགས་པོ་ཆགས་རྗེས་ས་ཐེངས་གཉིས་པ་བླུགས་ནས་ཨུ་མཐུད་གྱུང་བརྡུང་དགོས། གྱུང་རྟུང་བའི་ཉིན་དང་པོར་ང་ཚོའི་ཏ་ཁག་གི་མི8ཙམ་གྱིས་ས་སྤུ་མོ་ནས་གྱུང་སྒྲོམ་བསྒྲིགས་ཤིང་ས་བླུག་བཞིན་གྱུང་བརྡུངས་ནས་ཞིབ་ཚགས་གང་ཡོང་ཡོང་བྱས་ཀྱང་། གྱུང་སྒྲོམ་གཅིག་རྒྱག་པར་ཉིན་ཕྱེད་ཙམ་འགོར་སོང་། དེ་ནས་གཟབ་གཟབ་བྱས་ནས་གྱུང་སྒྲོམ་ལེན་དུས་ནང་གི་གྱུང་ཞིག་ནས་ས་ཕུང་གསོག་གཅིག་ཏུ་ཆགས། ང་ཚོ་ལོ20ཙམ་ལ་སོན་པའི་གཞོན་ནུ་ཚོས་ཉིན་ཕྱེད་ལྷག་ལས་ཀ་བྱས་ནའང་གྱུང་པང་གཅིག་གི་གྱུང་ཡང་རྟུང་མ་ཐུབ་པ་ངོ་ཚ་དགོས་པ་ཞིག་རེད། ང་ཚོས་དེ་སྔོན་གྱུང་རྟུང་མ་མྱོང་བས་ཞིང་རའི་འགོ་ཁྲིད་ནས་བཀའ་བསྐྱོན་གནང་མ་བྱུང་ཡང་ང་ཚོ་སེམས་པ་སྐྱིད་པོ་གཏན་ནས་མ་བྱུང་། ང་ཚོས་ས་ཆ་དེ་རང་དུ་དཔྱེ་ཞིབ་བྱེད་སྐབས་གྱུང་ས་སྐམ་དྲགས་པ་དང་རྡོག་སྒྲིལ་མ་ཐུབ་པ། ཕལ་ཆེར་གྱུང་རྟུང་སྟངས་ཀྱང་ཡག་པོ་བྱུང་མེད་པ་འདྲ། ཉིན་གཉིས་པར་ང་ཚོས་ཐེངས་དང་པོའི་ཉམས་མྱོང་བླངས་ནས་གཟབ་ནན་གྱི་སྒོ་ནས་གྱུང་རྟུང་འགོ་བཙུགས་པ་ཡིན། སྔ་དྲོ་གྱུང་པང་གཅིག་རྒྱག་ཐུབ་པ་དང་ཕྱི་དྲོ་ཡང་གྱུང་སྒྲོམ་གཅིག་རྒྱག་ཐུབ་སོང་། ལས་ཀ་ལེགས་གྲུབ་བྱུང་བས་སེམས་ལ་དགའ་སྤྲོ་ཆེན་པོ་བྱུང་། དེ་ལྟར་ཉིན་རེ་བཞིན་གྱུང་བརྡུངས་ནས་ལག་རྩལ་བྱང་ཆུབ་པོ་བྱུང་དུས་ཉིན་གཅིག་ལ་གྱུང་སྒྲོམ12ཙམ་རྒྱག་ཐུབ་པ་བྱུང་སོང་། གྱུང་སྒྲོམ་གཅིག་ལ་གྱུང་སྨིད་རང་སུམ་སྐྱུར1.4ཙམ་ཡོད། གྱུང་སྒྲོམ12བརྒྱབ་པ་ཡིན་ན་གྱུང་སྨིད་རང་སུམ་སྐྱུར16.8ཙམ་ཡོད། ས་གནས་དེ་གའི་མི་སེར་ཚོས་ཡང་ཉིན་གཅིག་ལ་དེ་འདྲ་མང་པོ་བརྒྱབ་ཐུབ་ཀྱི་མེད། དེ་ནི་ངལ་རྩོལ་གྱི་གྲུབ་འབྲས་ཡིན་ལ་ལག་རྩལ་གྱི་རྒྱུན་འཛིན་ཡང་ཡིན།

ང་ཚོས་ཞིང་རའི་ལས་ཁུངས་ཀྱི་ལྕགས་རི་རྒྱག་རྒྱུ་དེ་ཡང་སྤྱི་སྤྱོད་ཀྱི་ཨར་སྐྲུན་ཡིན་པས་གྱུང་གི་ཞེང་ཁ་ལ་ལི་སྨིད70ཙམ་དང་རྩིག་རྨང་གི་རྡོ་རྩིག་ལ་མཐོ་ཚད་ལི་སྨིད40ཙམ་དང་། གྱུང་པང་གཅིག་ལ་མཐོ་ཚད་སྨིད1ཡོད་པས་གྱུང་

ཉིས་བརྩེགས་ལ་སྨིད་2ཀྱི་མཐོ་ཚད་ཡོད་ཐོག་མཐའ་མར་གྱང་གི་སྟེང་ལ་བད་གཡམ་བཀབ་པ་དང་ཉ་རྒྱབ་བཟོས་རྗེས་ལྷགས་རིའི་མཐོ་ཚད་སྨིད་3ལྷག་ཙམ་ཡོན་གྱི་ཡོད་པས་ལྷགས་རིའི་མཐོ་ཚད་འདྲང་ངེས་ཡིན། སྤྱིར་བཏང་ཞིང་ཁུལ་གྱི་མི་སེར་ཁང་པའི་གྱང་གི་ཞེང་ཁ་ལི་སྨིད་60ཙམ་ལས་མེད། འདི་ནི་དབུས་གཙང་ཁུལ་གྱི་སྲོལ་རྒྱུན་གྱི་གྱང་རྡུང་སྟངས་རེད།

ཁམས་ཁུལ་ཆབ་མདོ་དང་བྲག་གཡབ། སེ་དགེ། དཀར་མཛེས། ཕྱག་ཕྲེང་སོགས་རྫོང་གི་དམངས་ཁང་དང་གཞི་རྒྱ་ཆེ་བའི་གྱང་སའི་ཨར་སྐྲུན་ཚང་མར་རྩིག་རྨང་རྡོ་རྩིག་གི་གཡས་གཡོན་གཉིས་ལ་སྨིད་1ཙམ་གྱི་བར་སྟོང་ནང་ཤིང་རྒྱུག་གི་ཀ་བ་འཛུགས་དགོས་ཤིང་། ཁང་པ་ཧྲིལ་པོའི་རིང་ཚད་དང་ཞེང་ཚད་གཉིས་ཀར་མཉམ་དུ་ཤིང་རྒྱུག་འཛུགས་པ་དང་། ཕྱི་ནང་གཉིས་ཀྱི་གྱང་པང་ཡང་མཉམ་དུ་བསྒྲིགས་ནས་ཕྱོགས་བཞིའི་གྱང་མཉམ་དུ་བརྡུང་དགོས་པ་ཡིན། དེ་ལྟ་བུའི་གྱང་ཁང་ལ་མཐུད་མཚམས་འཛོག་མེད་པར་ས་བང་རིམ་རེ་རེ་བཞིན་ཚ་སྙོམས་ཀྱིས་གྱང་བརྡུང་རྒྱུ་རེད། དེ་ནི་དབུས་གཙང་ཁུལ་གྱི་གྱང་པང་རིང་ཐུང་སྨིད་2ཙམ་བྱས་པ་རེ་རེ་བཞིན་མཐུད་པ་ལས་ཡག་པོ་ཡོད། དེ་ལྟ་བུའི་ཤིང་རྒྱུག་དེ་ཚོའི་འགོ་ལ་ཐག་པས་བསྡམས་ནས་འགྱུལ་མི་ཐུབ་པ་བཟོས་རྗེས། གྱང་པང་རེ་རེ་བཞིན་མཐོ་རུ་གཏོང་དགོས། ས་ཆ་དེ་ཚོའི་དམངས་ཁང་གི་གྱང་གི་ཞེང་ཚད་ལ་ལི་སྨིད་50ནས་60བར་ཡིན། ད་ལྟ་བརྙན་འཕྲིན་ཐོག་མཐོང་རྒྱུ་ཡོད་པའི་ཁང་པའི་ཕྱོགས་བཞི་ཚང་མར་ཤིང་རྒྱུག་མང་པོ་བསླངས་ཡོད་ལ་གྱང་རྡུང་མཁན་ཚོ་ཡང་ཕྱོགས་བཞིའི་གྱང་གི་ཐོག་ལངས་ནས་གཞུས་གཏོང་བཞིན་གྱང་རྡུང་བའི་གནས་ཚུལ་ནི་འདི་ལྟར་བྱུང་བ་རེད།(པར་5—55)(དཔེ་རིས་5—3)ཤིང་རྒྱུག་དེ་ཚོ་འཛུགས་རྒྱུ་དེ་ཉམས་མྱོང་ཡོད་པའི་དགེ་རྒན་ནས་བཀོད་སྒྲིག་བྱེད་དགོས་པ་སྟེ་ཁང་པ་ཡོངས་ཀྱི་ཐིག་དྲང་པོ་ཡོང་རྒྱུ་དང་། གྱང་ལ་འཐེན་གཏོང་སྟངས་སོགས་ནི་ཀ་རྒྱུག་འཛུགས་པའི་ལག་རྩལ་ཐོག་ནས་ཚོད་འཛིན་བྱ་དགོས་ཀྱི་ཡོད།

ཁམས་ཁུལ་འདྲ་འདྲ་ཡིན་པའི་ཆབ་མདོ་ས་ཁུལ་གྱི་དཔལ་འབར་དང་ལྷོ་རོང་། མཛོ་སྒང་དང་སྨར་ཁམས། གཞན་ཡང་མཚོ་སྔོན་ཞིང་ཆེན་ཡུལ་ཤུལ་བོད་རིགས་རང་སྐྱོང་ཁུལ་གྱི་སྐྱེ་རྒུ་གྲོང་རྫལ་དང་ཁྲི་འདུ་རྫོང་སོགས་ལ་གྱང་སྒྲོམ་ཆུང་ཆུང་ཞིག་བེད་སྤྱོད་བྱེད་ཀྱི་ཡོད། དེ་ལྟ་བུའི་གྱང་སྒྲོམ་གྱི་གྱང་པང་རིང་ཐུང་ལི་སྨིད་150ཙམ་དང་པང་ལེབ་མཐོ་དམན་ལི་སྨིད་40ཡིན། གྱང་པང་སྟབ་མཐུག་ལི་སྨིད་5ཙམ་ལས་མེད། གྱང་པང་གི་སྣེ་གཅིག་ལ་ཤིང་ལེབ་གཅིག་གིས་བཀག་པ་དང་། སྣེ་གཞན་ལ་གྱང་པང་ཐོག་ཁྱུང་ཕྱུག་ནས་སྒོ་བཀག་ལ་འདེད་ཀ་བརྒྱབ་ནས་འཛོག་རྒྱུ་རེད། གྱང་སྒྲོམ་དེ་ཚོའི་ཞེང་ཀ་ལི་སྨིད་40ཙམ་ལས་མེད། གྱང་པང་རེ་རེ་བཞིན་གཅིག་ལ་གཅིག་མཐུད་ནས་གྱང་བརྡུང་རྒྱུ་དང་གྱང་པང་རེ་རེ་བཞིན་མཐོ་རུ་གཏོང་གི་ཡོད། གོང་གསལ་ས་ཆ་དེ་ཚོའི་དམངས་ཁང་ཚང་མ་ཆ་ཚད་དེ་ལྟ་བུའི་གྱང་ཁང་ཡིན། གྱང་སྒྲོམ་དེ་ཡི་རིགས་པར་ཚུར་ཁྱེར་བདེ་བ་དང་། གྱང་རྡུང་མཁན་ཡང་མི་གཉིས་མ་གཏོགས་ཤོང་གི་མེད།(པར་5—56)(དཔེ་རིས་5—4)(པར་5—57)(དཔེ་རིས་5—5) ཡིན་ནའང་ས་ཆ་དེ་ཚོའི་དགོན་པའི་འདུ་ཁང་སོགས་གཞི་རྒྱ་ཆེ་བའི་ཁང་པ་རྒྱག

དུས་བྲག་གཡབ་དང་དཀར་མཛེས་སོགས་ཀྱི་ཀ་བ་མང་པོ་འཛུགས་རྒྱུའི་གྲུང་རྟུང་སྟངས་དེ་བེད་སྤྱོད་བྱེད་ཀྱི་འདུག

གོང་དུ་བརྗོད་པའི་ས་ཆ་དེ་ཚོའི་རིག་དངོས་རྗེས་ཤུལ་དེ་ཚོ་ནི་མི་ལོ་སྟོང་ཕྲག་རིང་འགྱུར་ལྡོག་ཕྱིན་མེད་པའི་གྲུང་སའི་ཨར་སྐྲུན་གྱི་དཔེ་མཚོན་ཡིན། དེས་ན་གོང་དུ་བཤད་མེད་པའི་ལྷ་ས་གྲོང་ཁྱེར་དང་སྟོ་ཁའི་སྟོ་བྲག་རྫོང་། ཁམས་ཁུལ་གྱི་དར་མདོ་རྫོང་དང་། བརྒྱུད་ཟིལ་རྫོང་། ཉག་ཆུ་རྫོང་། ད་དུང་རོང་བྲག་རྫོང་དང་ཆུ་ཆེན་རྫོང་། བཙན་ལྷ་རྫོང་སོགས་གྲོང་ཚོ་ཚང་མ་རྡོ་རྩིག་གི་ཨར་སྐྲུན་ཡིན་པའི་ས་ཆ་དེ་ཚོ་ལོ་རྒྱུས་ཐོག་ནས་རྡོ་རྩིག་གི་ཨར་སྐྲུན་ཤ་སྟག་ཡིན་ནམ་ཞེ་ན། རང་ཉིད་ཀྱིས་ལོ་བཅུ་ཕྲག་ཁ་ཤས་རིང་ལྟ་ཞིབ་དང་དཔྱེ་ཞིབ་བྱེད་པའི་བརྒྱུད་རིམ་ནང་གོང་གསལ་ས་ཆ་དེ་ཚོ་ནི་ལོ་རྒྱུས་ཐོག་གྲུང་སའི་ཨར་སྐྲུན་ཡོད་པའི་ས་ཆ་རེད་འདུག གཞམ་དུ་ཞིབ་ཕྲའི་དཔེ་མཚོན་ཁ་ཤས་ཐོག་ནས་ས་ཆ་དེ་ཚོའི་གནའ་སྔ་མོའི་ཨར་སྐྲུན་ཚང་མ་གྲུང་སའི་ཨར་སྐྲུན་ཡིན་པའི་དཔང་རྟགས་གསལ་པོ་བྱུང་ཚུལ་ངོ་སྤྲོད་ཞུ་རྒྱུ་ཡིན། ལྷ་སའི་གནའ་བོའི་གྲོང་ཁྱེར་ལ་ཁྱོན་ཡོངས་ནས་ལྟ་དུས་རྡོ་རྩིག་ཨར་སྐྲུན་གྱི་གྲོང་ཁྱེར་ཞིག་ཡིན། ཡིན་ནའང་གྲོང་ཁྱེར་ནང་གི་གནའ་བོའི་ཨར་སྐྲུན་གྱི་རྗེས་ཤུལ་ནང་གྲུང་སའི་ཨར་སྐྲུན་མཐོང་རྒྱུ་འདུག དུས་རབས་ཉི་ཤུ་པའི་ལོ་རབས་བརྒྱད་ཅུ་ནང་ལྷ་ས་གྲོང་གཏོགས་ས་ཁུལ་གྱིས་ཉེན་ཁ་ཡོད་པའི་ཁང་པ་ཁག་ཅིག་བཟོ་བཅོས་རྒྱག་པའི་ལས་གྲྭའི་ནང་ཁྲིམ་གཟིགས་སྣང་ཨུ་ཡོན་ལྷན་ཁང་གིས་དབང་ལྷན་དཔལ་འབར་ཟེར་བའི་སྒོ་ར་རྙིང་པ་དེ་བཤིག་པ་རེད། ཁང་པ་འདི་ལོ་རྒྱུས་ཐོག་གི་མི་དབང་སྟག་རྩེའི་གཟིམ་ཤག་རེད་འདུག མི་དབང་སྟག་རྩེ་ནི་ཡོན་རྒྱལ་རབས་དུས་ནས་བྱུང་བའི་སྟོབས་ཆེན་གྱི་ཁྲིམ་རྒྱུད་ཅིག་ཡིན། དེ་ཡང་《དེབ་ཐེར་དམར་པོ་》རྩོམ་མཁན་ཚལ་པ་ཀུན་དགའ་རྡོ་རྗེའི་མི་རྒྱུད་ཡིན། ཁང་པ་འདི་བཤིག་དབྲལ་གཏོང་སྐབས་མ་ཁང་འོག་ཐོག་གི་ཁང་པ་ཚང་མ་གྲུང་རྟུང་བ་ཤ་སྟག་ཡིན་པས་ལྷ་སའི་གྲོང་གཏོགས་ས་ཁུལ་གྱི་ཨར་སྐྲུན་སྤྱི་གཉེར་གྱི་ལས་མི་རྣམས་ཡ་མཚན་ཆེན་པོ་བྱུང་ནས་ལྷ་ས་གྲོང་ཁྱེར་ནང་གྲུང་སའི་ཁང་པ་ཡོད་པ་གཞི་ནས་ཤེས་པ་རེད། ལོ་ཤས་སོང་རྗེས་ཁོ་ཚོས་གཞི་ནས་ང་ལ་བཤད་བྱུང་བས་སྐབས་དེར་པར་རྒྱག་མཁན་བྱུང་མེད་པར་འགྱོད་སེམས་ཆེན་པོ་སྐྱེས། ད་དུང་སྤྱི་ལོ1996ལོར་གྲོང་གཏོགས་ས་ཁུལ་སྐྱིད་རས་སྲང་ལམ་གསུམ་པའི་སྒོ་རྟགས་ཨང་14པའི་གཞོང་ག་ཤར་སྒོ་ར་ཁེར་གཙང་ཐོག་སོ་ཉིས་ཅན་གྱི་ཁང་པ་རྙིང་པ་དེ་ཡི་ཤར་ངོས་ཀྱི་ཁང་པ་གོག་རུལ་སོང་བས་དེ་བཤིག་ནས་གསར་པ་རྒྱག་རྩིས་བྱེད་པའི་སྐབས་སུ་མ་ཁང་གི་བྱང་ངོས་འོག་ཐོག་ཚང་མ་གྲུང་ཁང་དང་ཕྱོགས་གཞན་པ་ཚང་མ་རྡོ་རྩིག་རེད་འདུག ནང་མི་ཚོས་དྲན་གསོ་བྱེད་སྐབས་ཁོང་ཚོའི་རྫོ་བོ་ལགས་ལོ20སྐབས་ལྷ་སར་མནའ་མར་ཡོང་བ་དང་། ལོ་གཉིས་ཙམ་སོང་རྗེས་ཀྱི་སྤྱི་ལོ1920ཙམ་ལ་ནང་གི་ཁང་པ་ཉམས་གསོ་ཆེན་པོ་ཐེངས་གཅིག་བྱས་མྱོང་འདུག སྐབས་དེའི་ཉམས་གསོ་བྱེད་སྐབས་བྱང་ངོས་འོག་ཐོག་གི་གྲུང་རང་འཇགས་བཞག་པ་རེད་འདུག དེ་ནི་ལྷ་ས་གྲོང་ཁྱེར་ནང་གྲུང་ཁང་སྔ་མཐུད་གནས་ཡོད་པའི་ཁང་པ་ཁུང་ཤས་ནང་གི་གྲས་ཤིག་ཡིན། རྗེས་སུ་ང་རང་ཆེད་དུ་རྟོག་ཞིབ་བྱེད་པར་བསྐྱོད་པ་ཡིན། གྲུང་གི་ཞེང་ཁ་ལི་སྨིད70ཙམ་འདུག གྲུང་ས་ཏ

ཅང་མཁྲིགས་པོ་དང་བརྟན་པོ་འདུག(པར་5—58)

བརྟག་དཔྱད་བྱེད་པའི་བརྒྱུད་རིམ་ནང་རྫོ་ཤིང་ལག་ཤེས་པ་རྣན་གྲུས་ཁ་ཤས་ཀྱིས་ལྷ་ས་གྲོང་ཁྱེར་སྔོ་རིགས་གསུམ་མགོན་པོའི་ལྷ་ཁང་ལ་ཉམས་གསོ་ཞུ་སྐབས་ལྷ་ཁང་རྙིང་པ་བཤིག་དབྲལ་བྱེད་དུས་གྱང་ཁང་ཁག་ཅིག་བཤིག་སྒྲོང་ཞེས་བཤད་བྱུང་། གནས་ཚུལ་དེ་དག་གི་ཐོག་ནས་ཕྱི་རྒྱལ་དུས་སྐབས་ལྷ་ས་གྲོང་ཁྱེར་ཐོག་ཨར་ཆགས་པ་ནས་ཕྱི་ལོ་དུས་རབས་བཅུ་བདུན་པའི་སྐབས་བོད་ས་གནས་སྲིད་གཞུང་གི་གཞི་རྒྱ་ཆེ་བའི་འཛུགས་སྐྲུན་མ་བྱས་གོང་གི་ལོ་སྟོང་ལ་ཉེ་བའི་ལོ་རྒྱུས་ནང་གི་ལྷ་སའི་གྲོང་ཁྱེར་རྙིང་པ་དེ་གྱང་ཁང་གིས་གཙོ་བོ་བྱས་པའི་ཨར་སྐྲུན་གྱི་མ་ལག་ཡིན་པ་རིམ་བཞིན་ར་འཕྲོད་བྱུང་ཡོད། མིག་སྔར་ང་ཚོར་དཔང་རྟགས་གསལ་པོ་མང་པོ་རང་མེད་ཙང་ལོ་རྒྱུས་རྒྱལ་པོའི་བརྒྱུད་རིམ་ནང་ཕོ་བྲང་པོ་ཏ་ལ་དང་གནའ་བོའི་ལྷ་ས་གྲོང་ཁྱེར་གྱི་ཨར་སྐྲུན་ཚང་མ་གྱང་སའི་ཨར་སྐྲུན་ནས་རིམ་བཞིན་རྫོ་རྩིག་ཨར་སྐྲུན་ལ་འཕོ་འགྱུར་བྱུང་བའི་དཔེ་མཚོན་གསལ་པོ་ཞིག་མཐོང་ཐུབ་ཀྱི་འདུག

ཁམས་མི་ཉག་ནི་ང་རང་གི་ཕ་ཡུལ་ཡིན། ལོ་རྒྱུས་ཐོག་མི་ཉག་གི་སྡེ་ཤོག་རྒྱ་ཆེན་པོ་ཡོད་པའི་ངོས་ནས་བཤད་ན་ང་ཚོ་ནི་སྨད་མི་ཉག་གི་སྡེ་ཤོག་ཡིན། དེང་སྐབས་རྩོམ་ཡིག་ཁ་ཤས་ནང་སྟོད་མི་ཉག་ནི་ཤི་ཤ་ཙ་མེད་འགྲོ་བའི་བརྒྱུད་རིམ་ནང་ཤི་ཤ་ནས་བྲོས་ཡོང་བའི་མི་ཉག་བ་རེད་ཟེར་གྱི་ཡོད་ཙང་དེ་ནི་ལོ་རྒྱུས་དང་གཏན་ནས་མི་མཐུན་པའི་བཤད་ཚུལ་རང་རེད། གང་ལགས་ཟེར་ན། ང་ཚོའི་ཕ་ཡུལ་གྱི་མཁར་རྫོང་དང་དམངས་ཁང་རྙིང་པ་ཁག་ཅིག་ལ་ཚན་རིག་གི་བརྟག་དཔྱད་བྱས་པས་མི་ལོ་སྟོང་ཕྲག་གི་ལོ་རྒྱུས་ཡོད་པ་ར་འཕྲོད་བྱུང་ཡང་། ཕྱི་ལོ1227ལོར་ཤི་ཤ་ཙ་མེད་དུ་ཕྱིན་པ་ནས་ད་བར་ལོ800ཡང་ཟིན་མེད།

གོང་དུ་གྱང་སའི་ཨར་སྐྲུན་ཡོད་པའི་ས་ཁུལ་ངོ་སྤྲོད་བྱས་དུས་མི་ཉག་ས་ཁུལ་དེ་ཡི་ནང་ཚུད་མེད། གང་ལགས་ཟེར་ན་མི་ཉག་ས་ཁུལ་ནི་ད་ལྟ་བལྟས་ན་རྫོ་རྩིག་ཨར་སྐྲུན་གྱིས་ཁེངས་པའི་མངའ་ཁོངས་ཡིན། གཤམ་ལ་རང་ཉིད་ཀྱིས་ལོ་བཅུ་ཕྲག་རིང་ཕ་ཡུལ་ལ་བརྟག་དཔྱད་ཞིབ་འཇུག་བྱེད་པའི་གནས་ཚུལ་ངོ་སྤྲོད་ཞུ་རྒྱུ་ཡིན།

ད་ལྟའི་མི་ཉག་ཟེར་བ་དེ་དར་རྩེ་མདོ་དང་བརྒྱད་ཟེའུ། ཉག་ཆུ། ཉག་རོང་། རྟའུ་སོགས་ལ་གོ། དུས་རབས་ཉི་ཤུ་པའི་ལོ་རབས་བརྒྱད་ཅུའི་འགོར་རང་ཉིད་གནའ་བོའི་ཨར་སྐྲུན་གྱི་ཚན་རིག་ཞིབ་འཇུག་གི་ལས་ཀར་ཞུགས་པ་ནས་བཟུང་། ཕ་ཡུལ་གྱི་དམིགས་བསལ་ཁྱད་ཆོས་ལྡན་པའི་ཨར་སྐྲུན་གྱིས་ཡིད་དབང་བཀུག་པ་དང་། ཕྱོགས་མཚུངས་རང་གི་ཕ་ཡུལ་ལ་བཅངས་པའི་བརྩེ་སེམས་དང་རིག་དངོས་གནའ་སྐྲུན་གྱི་བྱ་གཞག་ལ་དགའ་ཞེན་ཆེན་པོ་ཡོད་པ་བཅས་ལ་བརྟེན་ནས་མི་ལོ40ལྷག་ཙམ་གྱི་རིང་ལ་རྒྱུན་མ་ཆད་པར་ཞིབ་འཇུག་དང་དབྱེ་ཞིབ་བྱས་པ་ཡིན། ཐོག་མར་རྫོ་རྩིག་ཨར་སྐྲུན་ནི་མི་ཉག་ས་ཁུལ་གྱི་ཁྱད་ཆོས་གཙོ་བོ་ཞིག་ཡིན་པར་ངོས་འཛིན་བྱས། འོན་ཀྱང་དུས་རབས་གསར་པ་འགོ་ཚུགས་པའི་སྐབས་ཤིག་ལ་ང་རང་ས་བདེ་གྲོང་རྫལ་མིག་ཝུ་གཏམ་གྲོང་ཚོ་ལ་འགྲོ་བའི་སྐབས་སུ་གྲོང་ཚོའི་ནང་གི་ཆོས་འཕེལ་ཚང་གི་ཁང་པ་རྙིང་པ་བཤིག

ནས་གསར་པ་རྒྱག་རྩིས་བྱེད་ཀྱི་འདུག ངས་བརྟག་དཔྱད་ཞིབ་ཚགས་བྱེད་དུས་ཁང་པ་རྙིང་པ་དེའི་རྒྱ་ཁྱོན་ལ་ཀ་བ་བརྒྱད་ཡོད། ཤར་ངོས་ཀྱི་ཀ་བ་བཞི་པོ་དེ་ཇོ་རྩིག་རྒྱག་མཁན་པས་རྩིག་པ་ཚང་མ་བཤིག་ཚར་འདུག ནུབ་ངོས་ཀ་བ་བཞི་ཡི་ཁང་པ་དེ་གྲུང་རྟུང་བའི་ཁང་པ་ཡིན་པས་པོ་ཆོས་སྐབས་དེར་བཤིག་ཚར་མི་འདུག པོ་ཚོའི་འཆར་གཞི་ལ་གྲུང་ཁང་བཤིག་ནས་སྔོར་རྒྱག་རྩིས་རེད་འདུག ད་ལྟ་བྱང་ངོས་དང་ནུབ་ངོས་ཀྱི་གྲུང་ཕྱེད་ཀ་ལྷག་བསྡད་འདུག（པར་5—59） གནས་ཚུལ་དེ་མཐོང་དུས་ང་རང་གི་སེམས་ལ་བློ་འགྱོད་ཆེན་པོ་སྐྱེས་བྱུང་། དང་ཐོག་པ་ཡུལ་གྱི་ཨར་སྐྲུན་ལ་རྟོག་ཞིབ་བྱེད་སྐབས་གཙོ་བོ་ཨར་སྐྲུན་གྱི་བཟོ་དབྱིབས་དང་བྱེད་ནུས་ལ་དོ་སྣང་བྱེད་པ་ལས་ཨར་སྐྲུན་གྱི་སྒྲིག་གཞི་འདྲ་མིན་ལ་ལྟ་ཞིབ་དེ་ཙམ་བྱ་རྒྱུ་མ་བྱུང་། རྗེས་སུ་བརྟག་དཔྱད་རིམ་བཞིན་གཏིང་ཟབ་ཏུ་ཕྱིན་པ་དང་བསྟུན་ནས་གྲུང་སའི་ཨར་སྐྲུན་ལ་གཞི་ནས་དོ་སྣང་བྱས་པ་ཡིན། དེ་སྔོན་ཐབས་ཤེས་གང་ཡོད་བྱས་ནས་གྲུང་ཁང་འདི་ལ་སྲུང་སྐྱོབ་བྱ་རྒྱུ་མ་བྱུང་བ་བློ་ཕམ་ཆེན་པོ་བྱུང་། དེ་རྗེས་རིག་དངོས་གནའ་ཤུལ་རྩ་ཆེན་འདི་ལ་སྲུང་སྐྱོབ་བྱ་ཆེད་ང་རང་གིས་གྲོན་དངུལ་ཕྲན་བུ་བཏང་སྟེ་གྲོང་མི་ཚོས་གྲུང་གི་རྩེ་ལ་ཇོ་གཡམ་བཀབ་ནས་ཆར་ཆུ་འགོག་པ་དང་། རྩིག་རྫང་ཡོད་སར་གཙང་མ་བཟོས་ནས་རྗེས་ཤུལ་ལ་སྲུང་སྐྱོབ་བྱས་པ་ཡིན།（པར་5—60） དེ་ཡི་རྗེས་སུ་ས་བདེ་གྲོང་རྡལ་གྱི་གསེར་འགོ་གྲོང་ལ་ད་ལྟ་དར་མདོ་གྲོང་ཁྱེར་ཡོངས་ལ་ད་དུང་མི་བསྡད་ཡོད་པའི་གྲུང་ཁང་གི་མི་སེར་སྡོད་ཁང་གཅིག་པུ་དེ་རང་ཡིན་པ་ཤེས་རྟོགས་བྱུང་། པོ་ཚོའི་དུད་ཚང་ལ་ཛོ་སོ་ཚང་ཟེར་གྱི་ཡོད། དུས་རབས་གོང་མའི་ལོ་རབས་དགུ་བཅུའི་ནང་ང་རང་བྲེལ་འཚུབ་དང་ཐེངས་གཅིག་སླེབས་ཀྱང་དོ་སྣང་ཆེན་པོ་མ་བྱུང་། པོ་ཚོའི་ཁང་པ་ཧ་ཙང་གི་རྙིང་པ་ཡིན་ཙང་སྤྱ་ས་ནས་བཤིག་དགོས་བསམ་གྱི་ཡོད་པས་པོ་ཆོས་ཁང་པ་དེ་བཤིག་ཨ་ཉན་ཞེས་ང་ལ་སྐད་ཆ་དྲིས་བྱུང་། ངས་པོ་ཚོར་ཁང་པ་རྙིང་པ་མ་བཤིག་ན་དགའ་ཟེར་བ་ཡིན། དེ་རྗེས་པོ་ཆོས་ཡང་གྲྭ་པ་ཁ་ཤས་བཙལ་ནས་མོ་འདེབས་རོགས་ཟེར་བར་ཁང་པ་བཤིག་མི་ཉན་ཟེར་འདུག སྤྱི་ལོ་2017ལོར་པོ་ཚོའི་ནང་གི་སློབ་གྲྭ་ཆེན་མོ་ལས་ཐོན་ཏེ་བརྒྱད་ཟིལ་རྫོང་གི་མི་རིགས་ཆོས་ལུགས་རུས་ཀྱི་རུས་ཀྱང་གཞོན་པའི་འགན་འཁུར་བའི་བགྲ་ཤེས་དོན་འགྲུབ་ངོ་ཤེས་བྱུང་། ངས་པོ་རང་ལ་ཁྱེད་ཚོའི་ནང་ནི་དར་མདོ་གྲོང་ཁྱེར་ཡོངས་ལ་ད་ལྟའང་མི་སྡོད་པའི་གྲུང་སའི་དམངས་ཁང་གཅིག་པུ་དེ་ཡིན་ལ་འདི་རྒྱུད་ཀྱི་གནའ་བོའི་ཨར་སྐྲུན་ལོ་རྒྱུས་ལ་དཔྱེ་ཞིབ་བྱ་རྒྱུའི་དཔང་རྟགས་གལ་ཆེན་པོ་ཞིག་ཡིན་པས་སྲུང་སྐྱོབ་ཡག་པོ་གནང་རོགས་ཟེར་བ་ཡིན། པོ་རང་གིས་ཤེས་རྟོགས་ཐུབ་ཀྱི་འདུག་སྟེ་པོ་ཚོའི་ནང་གི་གཞོན་ནུ་ཚོ་གང་ཐད་ཀྱི་ཆ་རྐྱེན་ཡག་ཏུ་ཕྱིན་ཡོད་ཀྱང་ཁང་པ་དེ་ཧ་ཙང་རྙིང་པ་ཡིན་ཞིང་། གྲོང་ཚོའི་ནང་པན་ཚུན་འགྲན་རྩོད་ཀྱི་བསམ་པ་ཤུགས་ཆེན་པོ་ཡོད་པས་གཡས་གཡོན་གྱི་གྲོང་མི་ཚོས་པོ་ཚོ་ད་དུང་ཁང་པ་གོག་རུལ་ནང་བསྡད་འདུག་ཅེས་འཕྱ་སྨོད་བྱེད་ཀྱི་ཡོད་པས་ནང་གི་གཞོན་ནུ་ཚོ་སེམས་པ་སྐྱིད་པོ་གཏན་ནས་ཡོང་གི་མེད། འོན་ཀྱང་མིག་སྔར་འཕྲལ་དུ་བཤིག་ནུས་ཀྱི་མེད། མ་གཞི་པོ་ཆོས་རིག་དངོས་གནའ་སྐྲུན་སྲུང་སྐྱོབ་བྱ་དགོས་པའི་རྒྱུ་མཚན་ཆེན་པོ་ཤེས་ཀྱི་མེད་ཙང་ས་གནས་དེ་རང་གི་མི་ཚོས

གནའ་སྔ་མོའི་ཁང་རྒྱན་རྙིང་པ་དེ་ཆོ་བཤིག་རྒྱུར་ཞེད་སྣང་བྱེད་ཀྱི་ཡོད་པ་སྟེ་མི་ཤི་བ་དང་ནད་སྡུག་པོ་ན་བ་སོགས་ཀྱི་ཆག་སྒོ་ཡོང་དོགས་བྱེད་ཀྱི་ཡོད། གང་ལྟར་ངས་སྤྱི་ལོ2017ལོའི་ཟླ11ཚེས5ཉིན་ཆེད་དུ་བསྐྱོད་ནས་ཚོད་ལེན་པར་རྒྱག་སོགས་བྱས་པ་ཡིན། གལ་ཏེ་ནམ་ཞིག་ཁང་རྙིང་དེ་སྲུང་མ་ཐུབ་ན་ཁང་པ་དངོས་ཀྱི་ཡིག་ཆ་ཉར་ཚགས་བྱས་ནས་མི་རབས་རྗེས་མ་རྣམས་ལ་བཞག་ཐུབ་པ་བྱས་པ་ཡིན།

རྫོ་སོ་ཚང་གི་ཁང་པ་ཁ་ཤར་ལ་གཏད་འདུག ཀྱང་རྟུང་བའི་མ་ཁང་དེ་ཤར་ནས་ནུབ་ཀྱི་ཕྱི་ཡི་རིང་ཚད་སྨིད10. 8དང་ལྷོ་ནས་བྱང་བར་གྱི་ཕྱིའི་ཞེང་ཁ་སྨིད10. 7འདུག ཁང་པའི་ནང་གི་སྟོང་ཆ་ཤར་ནས་ནུབ་བར་ལ་རིང་ཚད་སྨིད8. 4དང་ལྷོ་ནས་བྱང་བར་གྱི་སྟོང་ཆ་སྨིད8འདུག ཀྱང་གི་ཞེང་ཁ་སྨིད1. 3ཙམ་འདུག ཁང་པའི་ནང་གིས་ཤར་ནུབ་ཕྱོགས་གཉིས་ལ་ཀྱང་ལ་བརྟེན་ནས་ཀ་བ་གཉིས་རེ་བཙུགས་པ་དེ་ཕྱོགས་གཉིས་ལ་སྟེང་ཐོག་ནས་ཡོང་བའི་ལྗིད་ཚད་འཁུར་ཐུབ་པའི་ཆེད་དུ་བཙུགས་པ་རེད།(པར5—61)

ཨར་སྐྲུན་འདི་ཐོག་མ་ཐོག་སོ་བཞི་ཡོད་ཀྱང་ད་ལྟ་ཐོག་བརྩེགས་གསུམ་ལས་མི་འདུག མ་ཁང་ཤར་ངོས་ཀྱི་ཐོག་བརྩེགས་གཉིས་པ་དང་གསུམ་པ་རྡོ་རྩིག་ལ་བསྒྱུར་ཞིང་ལྷོ་ངོས་ལ་ཀ་བ་གཅིག་གི་རྒྱ་ཁྱོན་ཡོད་པའི་ལྷ་ཁང་ཞིག་རྡོ་རྩིག་བརྒྱབ་ནས་བཞེངས་འདུག ལྷ་ཞིབ་བྱས་པར་བཟོ་བཅོས་བརྒྱབ་ནས་ད་བར་མ་མཐའ་ཡང་ལོ200ལྷག་ཡོད་ཚོད་རེད། རྫོ་སོ་ཚང་གི་རི་གཤམ་དུ་ཞིང་པ་ཁྱིམ་དུད་གཅིག་ལ་རི་ལྷ་ཚང་ཟེར་གྱི་ཡོད་པ་ལོ་ཆོའི་ཁང་པ་རྙིང་པ་དེ་ཡང་ཀྱང་ཁང་ཡིན་འདུག ད་ལྟ་ཀྱང་ཞིག་རོ་གཅིག་ལས་ལྷག་མི་འདུག(པར5—62) དེ་ཡང་ད་ལྟ་ངོས་འཛིན་ཐུབ་པའི་ཀྱང་ཁང་གི་ཁྱིམ་ཚང་གཉིས་པ་དེ་རེད།

ད་དུང་ས་བདེ་གྲོང་རྡལ་ཁྲོད་རྒྱུ་གཤིས་གྲོང་ཚོའི་རྒྱས་བཟོ་གྲོང་པའི་ལུང་ཕུག་ཏེ་ཟེར་བ་ལ་ཡང་ཀ་བ་བཞིའི་རྒྱ་ཁྱོན་གྱི་ཀྱང་ཁང་གི་རྗེས་ཤུལ་ཞིག་འདུག ལོ་ཤས་སྔོན་ལ་ང་རང་ཐེངས་ཤིག་འགྲོ་སྐྱོང་ཡང་དེ་ཙམ་གྱིས་དོ་སྣང་མ་བྱུང་། ཐེངས་འདིར་རྫོ་སོ་ཚང་ལ་རྟོག་ཞིབ་བྱས་པ་བརྒྱུད་ང་རང་ལ་དོ་སྣང་དེ་བས་ཤུགས་ཆེ་བ་བྱུང་བས་སྤྱི་ལོ2018ལོ་འགོར་ཆེད་མངགས་རྟོག་ཞིབ་བྱེད་པར་བསྐྱོད་པ་ཡིན། ཀྱང་ཁང་གི་རྗེས་ཤུལ་འདི་དང་མིག་ཞུ་གཏམ་གྲོང་ཚོའི་ཀྱང་ཁང་རྙིང་པ་དེ་གཉིས་ཏ་ཙང་འདྲ་པོ་འདུག ཀྱང་གི་ཞེང་ཁར་ལི་སྨིད70ཙམ་དང་ཀྱང་གི་ནང་ངོས་ཀྱི་རྒྱ་དང་ཞེང་གཉིས་ཀ་སྨིད9ཏག་ཏག་འདུག ཀྱང་རྩིག་ད་ལྟ་ཐོག་སོ་གཉིས་ཙམ་གྱི་ཀྱང་ཞིག་རོ་ལྷག་འདུག(པར5—63)

བརྟག་དཔྱད་བྱས་པ་བརྒྱུད་གལ་ཤིན་ཏུ་ཆེ་བའི་གཞི་གྲངས་གཅིག་ཤེས་སོང་བར་དུས་རབས་གོང་མའི་ལོ་རབས་དྲུག་ཅུའི་སྐབས་མཉམ་ལས་ཁང་ནས་རི་ལ་ཤིང་གཅོད་མཁན་གཏོང་དུས། ཁོ་ཚོས་ཆེད་མངགས་ཤིང་སྡོང་སྦོམ་པོ་བཅད་ནས་པང་ལེབ་བྲ་དགོས་ཀྱི་ཡོད་འདུག སྐབས་དེའི་ཤིང་གཅོད་མཁན་གྲོང་མི་འབྲིང་བུ་ཅེ་ཟེར་བ་ད་ལྟ་ལོ76ལ་སླེབས་ཡོད། ཁོ་

ཆོས་ཤིང་གཅོད་པར་འགྲོ་སྐབས་ཁང་པ་ཞིག་རོ་འདི་ཡི་དཀྱིལ་ལ་ཚངས་ཐིག་ལི་སྨིད80ཙམ་ཡོད་པའི་ཐང་ཤིང་ཞིག་སྐྱེས་པ་མཐོང་འདུག ཤིང་སྡོང་སྦོམ་པོ་བཅད་ནས་ཤིང་སྡོང་འགྱེལ་དུས་ཀྲུང་རྩིག་ལ་ཁ་ཤོ་ཞིག་བརྟོན་སོང་ཟེར། ཤིང་སྡོང་ཆེན་པོ་འདི་ནི་ཀྲུང་ཁང་འདི་ཐོག་བརྩིགས་ནས་བདག་པོ་རྒྱུག་མཁན་མེད་པ་ཆགས་རྗེས་གཞི་ནས་བྱ་བྱིའུ་ཡིས་ཤིང་གི་འབྲས་བུ་ཁྱེར་ཡོང་ནས་སྐྱེས་པ་ཞིག་ཡིན་པ་གཏན་འཁེལ་ཆོག ནགས་ལས་ཞུས་ཀྱི་མཁས་པ་ཅན་གྱིས་ཚོད་དཔག་བྱས་པར་ས་མཐོའི་ཐང་ཤིང་སྦོམ་ཕྲ་ལི་སྨིད80ཙམ་སྐྱེས་དགོས་ན་མ་མཐའ་ཡང་མི་ལོ800ཙམ་དགོས་ངེས་རེད་གསུངས་བྱུང་། དེ་ལྟར་བརྩིས་ན་ཀྲུང་ཁང་གི་ཨར་སྐྲུན་དེ་བདག་པོ་མེད་པ་ཆགས་ནས་ད་བར་མི་ལོ800ལས་མས་ཀྱི་ལོ་རྒྱུས་ཡོད་དགོས་འདུག དེ་ནི་མི་ཉག་ས་ཁུལ་ལ་རྡོ་རྩིག་བྱུང་ནས་མི་ལོ1000ཙམ་སོང་བའི་ལོ་རྒྱུས་དང་མཐུན་འདུག(པར་5—64)

ད་དུང་དར་མདོ་གྲོང་ཁྱེར་གྱི་བོན་པོ་གཞིས་རྗེ་རབ་གྲོང་གི་རི་སྐེད་ལ་ས་སྡོང་ཆེན་པོ་ཞིག་ཡོད་པར་བོན་པོའི་དགོན་པ་ཞིག་གི་རྗེས་ཤུལ་རེད་འདུག འདི་ནི་ལི་ཆུའི་རོང་ས་ཡིན། ལུང་པ་འདི་ལ་བོན་པོ་གཞིས་ཟེར་བའི་མིང་དེ་དགོན་པ་འདི་ལ་བརྟེན་ནས་བྱུང་བ་ཡིན་འདུག དགོན་པའི་ལྕགས་རིའི་རྗེས་ཤུལ་སྨིད་གྲུ་བཞི100ལྷག་ཙམ་འདུག དགོན་པའི་འདུ་ཁང་གི་ཤུལ་ལ་ས་སྤུང་གསོག་ཆེན་པོ་གཅིག་ལས་ལྷག་མི་འདུག(པར་5—65) ལོ་རྒྱུས་ཐོག་ས་ཆ་འདི་རྒྱུད་ཀྱི་བུད་མེད་སྦྲུམ་མ་ཚོ་དགོན་པ་འདི་ལ་ཡོང་ནས་བོན་ལུགས་ལྟར་གཡོན་སྐོར་བརྒྱབ་ན་ཕྲུ་གུ་བདེ་བླག་ངང་སྐྱེ་ཐུབ་ཀྱི་རེད་ཟེར་སྲོལ་འདུག

དགོན་པའི་ཤུལ་གྱི་ཁ་སྒྲིད་ལི་ཆུའི་ནུབ་ངོས་ལ་ཡང་ཀྲུང་སའི་ཨར་སྐྲུན་ཞིག་རོ་གཅིག་འདུག ལོ་རྒྱུས་ཐོག་གཙང་པོའི་ཤར་ངོས་ཀྱི་དགོན་པ་ནས་གཙང་པོའི་ནུབ་ངོས་ཀྱི་ཁང་པའི་བར་ཐྲུང་རྟ་བཏགས་པའི་ཐག་པ་བརྒྱངས་ཡོད་པའི་བཤད་སྲོལ་འདུག དེ་ལྟར་ན་ཁང་པ་འདི་དང་བོན་དགོན་བར་དམིགས་བསལ་འབྲེལ་བ་ཡོད་ངེས། གཙང་པོའི་ནུབ་ངོས་ཀྱི་ཀྲུང་སའི་ཨར་སྐྲུན་ནང་གི་སྟོང་ཆ་ལྷོ་བྱང་གི་རིང་ཚད་ལ་སྨིད9. 3ཡོད་པ་དང་། ཤར་ནུབ་ཀྱི་ཞེང་ཁ་ལ་སྨིད8. 2འདུག ཀྲུང་གི་སྲབ་མཐུག་སྨིད0. 7ཙམ་འདུག ཁང་པ་འདི་ཡང་ཀ་བ་བཞི་བྱས་ལ་ཀ་ཐག་བར་ལ་སྨིད2. 5ཡི་སྟོང་ཆ་བཞག་འདུག ད་ལྟ་ཀྲུང་ཞིག་རོ་མཐོ་ཚད་སྨིད3ཙམ་ལས་ལྷག་མི་འདུག(པར་5—66) ཡིན་ནའང་ས་གནས་དེ་གའི་རྒན་རབས་རྣམ་པས་ལོ30ལྷག་གི་སྔོན་ལ་ཐོག་སོ་གསུམ་གྱི་ཀྲུང་མཐོང་རྒྱུ་ཡོད་ཟེར་གྱི་འདུག གནས་ཚུལ་དེ་དག་གི་ཐོག་ནས་རང་བྱུང་དང་མིའི་རྒྱུ་རྐྱེན་གཉིས་ཀྱིས་གོང་གསལ་རྩ་ཆེའི་གནའ་ཤུལ་དེ་ཚོ་མི་རིང་བར་ས་གཞི་འདི་ཡི་ཐོག་མེད་པར་འགྱུར་འགྲོ་རྒྱུ་རེད། དེར་བརྟེན་གནའ་བོའི་ཨར་སྐྲུན་གྱི་ལོ་རྒྱུས་ལ་ཞིབ་འཇུག་བྱེད་སྐབས་གནའ་བོའི་ཨར་སྐྲུན་ངོ་མའི་རྒྱུ་ཆ་བསྡུ་རུབ་བྱ་རྒྱུ་དེ་གལ་ཤིན་ཏུ་ཆེ་བ་ཞིག་རེད།

འདིར་བཤད་དགོས་པ་ནི་དེང་རབས་ཀྱི་མིས་མི་ཉག་ས་ཁུལ་ནི་རྡོ་རྩིག་ཨར་སྐྲུན་གྱི་ཕ་ཡུལ་རེད་བསམ་གྱི་ཡོད། ང་ཚོ་ཞིབ་འཇུག་ཆེད་ལས་པ་ཡིན་ན་ཡང་དང་ཐོག་ངོས་འཛིན་དེ་འདྲ་རང་བྱས་ཡོད། འོན་ཀྱང་བརྟག་དཔྱད་ཞིབ་འཇུག

གཏིང་ཟབ་བྱས་པ་བརྒྱུད་མི་ཞག་ས་ཁུལ་ཡང་ས་ཆ་གཞན་དང་འདྲ་བར་གྱང་སའི་ཨར་སྐྲུན་ནས་རིམ་བཞིན་འཕོ་འགྱུར་བྱུང་བ་ཞིག་རེད་འདུག དེ་དང་འདྲ་བ་ཞག་ཆུ་དང་ཞག་རོང་། རོང་བྲག་དང་ཆུ་ཆེན། བཙན་ལྷ་དང་ཁྲོ་ཆུ་སོགས་ཀྱི་སྔ་མོའི་ཨར་སྐྲུན་ཚང་མ་གྱང་རྟུང་བ་ཤ་སྟག་རེད་འདུག ང་ཚོས་གོང་གསལ་ས་གནས་དེ་ཚོར་རྟོག་ཞིབ་བྱེད་པར་བསྐྱོད་དུས་གྱང་སའི་ཨར་སྐྲུན་གྱི་རྗེས་ཤུལ་དང་གྱང་རྟུང་བའི་ར་སྐོར་མང་པོ་མཐོང་རྒྱུ་འདུག(པར་5—67)

དེ་ལྟ་བུའི་གྱང་སའི་ཨར་སྐྲུན་རིམ་བཞིན་རྡོ་རྩིག་ཨར་སྐྲུན་ལ་འགྱུར་འགྲོ་བའི་དཔེ་མཚོན་གསལ་པོ་ནི་ཞག་རོང་རྫོང་ལ་ཡོད། སྤྱི་ལོ2018ལོའི་ཟླ8པར་རང་ཉིད་ཞག་རོང་རྫོང་ལ་ཁོར་ཡུག་དང་རིག་གནས་སྲུང་སྐྱོབ་སྐོར་གྱི་ཚོགས་འདུར་ཞུགས་པ་ཡིན། གོ་སྐབས་དེ་དང་བསྟུན་ནས་ཞག་རོང་སྟོད་ནས་ཞག་རོང་སྨད་བར་ལེ་དབར300ཙམ་གྱི་ཁྱབ་ཁོངས་ནང་བྲིལ་འཚུབ་ཀྱིས་ལྟ་ཞིབ་ཐེངས་གཅིག་བྱ་རྒྱུ་བྱུང་། ཉིན་གསུམ་གྱི་དུས་ཚོད་ལས་མེད་ཀྱང་གྲུབ་འབྲས་ཆེན་པོ་ཐོབ་བྱུང་། རྫོང་ཡོངས་སྟོད་སྨད་བར་གསུམ་དུ་དབྱེ་ཡོད་པར་རྫོང་གི་གྲོང་རྡལ་ཞག་རོང་སྨད་ལ་ཆགས་པར་མི་ཚོས་ཞག་སྨད་ཟེར་གྱི་ཡོད། དུས་རབས་བཅུ་དགུ་པའི་ཧམ་ཤེད་ཅན་ཞག་རོང་མགོན་པོ་རྣམ་རྒྱལ་གྱི་མཁར་རྫོང་དེ་ལ་ཡོད། ལོ་རྒྱུས་ཀྱི་པར་རྙིང་པའི་ནང་གྱང་རྟུང་བའི་ཨར་སྐྲུན་ཡིན་པ་གསལ་པོ་མཐོང་ཐུབ་ཀྱི་འདུག(པར་5—68) ང་ཚོ་དང་ཐོག་ཞག་རོང་སྟོད་ཀྱི་ཀླུ་རབས་དགོན་པར་བལྟ་བར་ཕྱིན་པ་ཡིན། དགོན་པ་དེ་རྙིང་མ་བའི་དགོན་པ་ཡིན་ཞིང་རྫོང་ནས་སྤྱི་ལེ120ཙམ་འགྲོ་དགོས་འདུག དགོན་པའི་འདུ་ཁང་དང་བླ་སྤྲུལ་ཁ་ཤས་ཀྱི་བླ་བྲང་། དགོན་པའི་གྲྭ་ཤག་བཅས་ཚང་མ་གྱང་བརྡུངས་ནས་བཟོ་སྐྲུན་བྱས་འདུག(པར་5—69) དེ་དང་འདྲ་བར་མཐའ་སྐོར་གྱི་ཞིང་གྲོང་དམངས་ཁང་ཚང་མ་ཡང་གྱང་སའི་ཨར་སྐྲུན་རེད།

ང་ཚོ་ཞག་ཆུ་བརྒྱུད་མར་ཡོང་དུས་ཞག་ཆུའི་གཙང་འགྲམ་གཡས་གཡོན་དང་ཤར་ནུབ་གཉིས་ཀྱི་ལུང་པ་ཚང་མ་ཡང་གྱང་རྟུང་བའི་དམངས་ཁང་རེད་འདུག དེ་ལྟར་ཞག་རོང་སྟོད་ནས་ཞག་སྨད་བར་བསྐྱོད་པའི་སྤྱི་ལེ150ལྷག་ཙམ་གྱི་བར་ཐག་ནང་རྡོ་རྩིག་གི་ཨར་སྐྲུན་གཅིག་ཀྱང་མཐོང་མ་བྱུང་། དེ་ནས་རྫོང་ཡོད་སའི་གྲོང་ཚོའི་ཤར་ངོས་རི་སྨད་ལ་ཡོད་པའི་བོན་པོའི་གོང་རྒྱལ་དགོན་ལ་རྟོག་ཞིབ་བྱེད་པར་བསྐྱོད་པ་ཡིན། དགོན་པ་དེ་ཡི་ལྡེབས་རིས་ཀྱི་ཁྱད་ཆོས་སོགས་ལ་གཞིགས་ན་མིང་རྒྱལ་རབས་སྐབས་ཀྱི་རི་མོ་འདྲ་པོ་འདུག་པས་ལོ500ཙམ་སོང་ཡོད་ཚོད་འདུག མིང་རྒྱལ་རབས་སྐབས་གསར་རྒྱག་བྱས་པའི་འདུ་ཁང་གི་འགྲམ་ལ་ད་དུང་ཁང་པ་ཆེན་པོ་ཞིག་འདུག ཁང་པ་རྙིང་པ་གོག་རུལ་ཞིག་རེད། ང་ཚོས་དབྱེ་ཞིབ་བྱས་པར་འདི་སྔོན་མའི་འདུ་ཁང་རྙིང་པ་དེ་ཡིན་པ་ཤེས་བྱུང་། ཨར་སྐྲུན་འདི་མ་མཐའ་ཡང་ལོ1000ལྷག་གི་ལོ་རྒྱུས་ཡོད། དགོན་པ་འདི་ཡི་ཨར་སྐྲུན་ཆེ་ཆུང་དང་མཐའ་སྐོར་གྱི་དམངས་ཁང་ཡོངས་རྫོགས་གྱང་སའི་ཨར་སྐྲུན་རེད་འདུག(པར་5—70)

ཞག་རོང་རྫོང་གི་ཞག་ཆུའི་ཆུ་འགོ་ནས་སྨད་པ་བར་དུ་སྤྱི་ལེ200ལ་ཉེ་བའི་ཁྱབ་ཁོངས་ནང་སུ་མཐུད་ནས་གྱང་སའི་

ཨར་སྐྲུན་རྒྱུན་འཛིན་བྱས་དང་བྱེད་བཞིན་པ་འཕོ་འགྱུར་གང་ཡང་བཏང་མི་འདུག ཉིན་གཉིས་པར་ང་ཚོ་རྫོང་ཡོད་ས་ནས་ཉག་རོང་སྨད་ལ་རྟོག་ཞིབ་བྱེད་པར་ཕྱིན་པ་ཡིན། རྫོང་ནས་མར་བསྐྱོད་དེ་སྤྱི་ལེ30ཙམ་ལ་སླེབས་དུས་རྡོ་རྩིག་དམངས་ཁང་ཁ་ཤས་ཡོད་ལ་གྲུང་སའི་དམངས་ཁང་ཡང་མང་པོ་འདུག དེ་ནས་སྤྱི་ལེ100ལྷག་ཙམ་བསྐྱོད་ནས་ཉག་རོང་དང་ཉག་ཆུ་རྫོང་གཉིས་ཀྱི་ས་མཚམས་ཉག་རོང་ཆོས་ཡུལ་ལ་སླེབས་བྱུང་། གྲོང་ཚོ་འདི་ཚང་མ་རྡོ་རྩིག་གི་ཁང་པ་རེད། གྲུང་རྟུང་བའི་དམངས་ཁང་མཐོང་རྒྱུ་མི་འདུག ཡིན་ནའང་ཆོས་ཡུལ་གྱི་མཐའ་སྐོར་དང་ཉག་ཆུའི་འགྲམ། རི་འདབས་བཅས་སུ་གྲུང་རྟུང་བའི་མཁར་ཤུལ་མང་པོ་འདུག གྲུང་གི་རྗེས་ཤུལ་དེ་ཚོ་ངོས་སྒོམས་གྲུ་བཞི་ཡིན་ལ་གྲུང་གི་ཞེང་ཁ་སྨིད1. 5ཙམ་འདུག ཁང་ཤུལ་དེ་ཚོའི་གྲུང་རྩིག་ལྷག་བསྡད་པ་མཐོ་ཤོས་ལ་སྨིད7ལྷག་ཙམ་འདུག་ལ་ཐོག་སོ་གཅིག་ལས་ལྷག་མེད་པའང་འདུག (པར5—71) ང་ཚོས་ལྟ་ཞིབ་བྱས་པ་བརྒྱུད་ཉག་ཆུའི་འགྲམ་ལ་ཡོད་པའི་གྲུང་སའི་རྗེས་ཤུལ་དེ་ཚོ་ནི་མཁར་རྫོང་ཡིན་པའི་ངོས་འཛིན་བྱུང་། གྲོང་ཚོ་ཡོད་སའི་རི་འདབས་སུ་ཡོད་པའི་གྲུང་ཁང་གི་རྗེས་ཤུལ་དེ་ཚོ་ནི་མི་སེར་གྱི་ལྷ་ཁང་ཡིན་ཚོད་འདུག ཆོས་ཡུལ་གྱི་དམ་པ་གྲོང་ཚོ་ལ་གྲུང་སའི་ཨར་སྐྲུན་གྱི་རྗེས་ཤུལ་ཁག་ཅིག་ཡོད་པ་མ་ཟད་རྡོ་རྩིག་གི་མཁར་རྫོང་ཟུར་བརྒྱད་མ་ཞིག་ཀྱང་འདུག(པར5—72) ཡིན་ནའང་ད་ལྟ་ཟུར་གཉིས་ཀྱི་རྡོ་རྩིག་ཐོག་སོ་གསུམ་ཙམ་ལྷག་བསྡད་པ་ལས་དེ་མིན་ཟུར་ཚང་མ་བཤིག་ཚར་འདུག ང་ཚོས་ས་ཆ་དངོས་ལ་ཚད་ལེན་དུས་མཁར་རྫོང་དེ་ཡི་རྩིག་ཟུར་གྱི་ཆ་ཚད་དང་རྩིག་པའི་འཐེན་ཆེ་ཆུང་ཚང་མ་དར་མདོ་རྫོང་གི་རི་སྣ་ཏའོ་གྲོང་གི་མཁར་རྫོང་ཆ་གཅིག་ཡོད་པ་དེ་དང་ཧ་ལས་དགོས་པའི་འདྲ་པོ་འདུག་པ་རྡོ་བཟོ་གཅིག་གིས་བརྩིགས་པ་ནང་བཞིན་འདུག རྡོ་རྩིག་རྒྱག་སྟངས་ཀྱང་གཅིག་མཚུངས་རང་རེད། དེ་ལྟར་ཡིན་ཚེ་རྡོ་རྩིག་མཁར་རྫོང་དེ་ཐོག་མར་རྒྱག་དུས་ཀྱང་ལོ1000ཙམ་གྱི་གོང་ལ་ཡིན་ཚོད་འདུག དེ་ལྟར་ན་དུས་སྐབས་འདི་ཉག་རོང་སྨད་ལ་གྲུང་ཁང་རྡོ་རྩིག་ལ་འགྱུར་འགྲོ་བའི་སྐབས་འཕེལ་ཡོད་ས་རེད། གང་ལྟར་ཤེ་ན་ང་ཚོས་དུས་ཡུན་རིང་པོའི་ཞིབ་འཇུག་བྱས་པ་བརྒྱུད་དར་མདོ་སོགས་མི་ཉག་ས་ཁུལ་ལ་རྡོ་རྩིག་ཨར་སྐྲུན་བྱུང་བའི་ལོ་རྒྱུས་ཡང་ལོ1000ཙམ་ལས་མེད་པའི་ངོས་འཛིན་བྱུང་། ངོས་འཛིན་འདི་མི་ཉག་ས་ཁུལ་ཡོངས་ལ་རྡོ་རྩིག་གི་ཨར་སྐྲུན་བྱུང་བའི་ལོ་རྒྱུས་དང་མཐུན་ཐུབ་ཀྱི་འདུག དེས་མ་ཚད་དམ་པ་གྲོང་སོགས་ཉག་རོང་སྨད་ཕྱོགས་ཀྱི་རྡོ་རྩིག་དམངས་ཁང་གི་བཟོ་དབྱིབས་དང་། ཐོག་འགེབས་སྟངས། རྡོ་རྩིག་སྟངས་སོགས་མི་ཉག་འདྲ་པ་ས་ཁུལ་གྱི་དམངས་ཁང་དང་གཅིག་པ་གཅིག་ཀྱང་རེད་འདུག དེ་ལྟར་བྱེད་རྣམ་པས་ཉག་རོང་སྟོད་ནས་ཉག་རོང་སྨད་བར་ཐེངས་གཅིག་ཕེབས་ཐུབ་ན་ས་ཁུལ་དེ་ཡི་གྲུང་སའི་ཨར་སྐྲུན་རིམ་བཞིན་རྡོ་རྩིག་གི་ཨར་སྐྲུན་ལ་འགྱུར་བའི་བརྒྱུད་རིམ་ཆ་ཚང་དང་དཔེ་མཚོན་ཚང་མ་མཁྱེན་ཐུབ།

མཚམས་འདིར་ང་རང་གིས་གྲུང་སའི་ཨར་སྐྲུན་ལ་ཕྱོགས་བསྡོམས་ཞིག་བྱ་རྒྱུ་ཡིན། སྔ་རབས་ཀྱི་ལོ་རྒྱུས་ནང་འགྲོ་བ་མིའི་རིགས་ཀྱི་ཨར་སྐྲུན་ལག་རྩལ་དེ་དར་བ་ནས་རིམ་བཞིན་གོང་མཐོར་འགྲོ་བའི་དུས་སྐབས་ཤིག་བརྒྱུད་ཡོད། གནས་ཚུལ

དེ་ཡི་འོག་སྤྱི་མོའི་མི་ཆོས་ཨར་ལས་སྐབས་བདེ་ཡིན་པ་དང་། ཨར་ལས་དུས་ཡུན་ཐུང་བ། རིན་གོང་ཆུང་བའི་ཨར་ལས་ཀྱི་བྱ་ཐབས་དེ་ལག་ལེན་བྱེད་ཀྱི་ཡོད་པ་དེ་ནི་མི་ཆོས་གྲུང་སའི་ཨར་སྐྲུན་བདམས་པའི་རྒྱུ་མཚན་གཙོ་བོ་ཡིན། སྐབས་དེར་ཕྲུས་ཚད་དེ་བས་མཐོ་བ་དང་ལག་རྩལ་དེ་བས་ཡག་པའི་ཨར་སྐྲུན་འདེམ་རྒྱུའི་དུས་སྐབས་ལ་སླེབས་མེད་པས་གྲུང་སའི་ཨར་སྐྲུན་གྱི་ལག་རྩལ་འདི་རང་རྒྱུན་འཛིན་འཕེལ་རྒྱས་དང་ཁྱབ་སྤེལ་བཏང་བ་ཡིན།

ཨར་སྐྲུན་གྱི་རིག་གནས་ནི་མིའི་རིགས་ཡོངས་རྫོགས་ཀྱི་ཐུན་མོང་གི་སྲོལ་རྒྱུན་གྱི་བཟོ་རྩལ་ཞིག་ཡིན་པའི་སྐབས་ཀྱིས་གྲུང་སའི་ཨར་སྐྲུན་དེ་མི་རིགས་ཁག་སོ་སོའི་ས་གནས་ལ་ཁྱབ་ཡོད་པ་མ་ཟད་འཛམ་གླིང་རྒྱལ་ཁབ་ཁག་ལ་ཡང་ཁྱབ་ཡོད། དེ་ཡང་མི་ལོ་སྟོང་ཕྲག་མང་པོའི་རིང་ལ་ང་ཚོའི་མེས་པོ་ཚོས་འཚོ་བ་དངོས་དང་ཐོན་སྐྱེད་ཀྱི་ལག་ལེན་ནང་གསར་གཏོད་བྱས་པའི་སྲོལ་རྒྱུན་གྱི་ལག་རྩལ་དང་སྲོལ་རྒྱུན་གྱི་རིག་གནས་ཡིན་ལ་མིའི་རིགས་ཀྱི་རྩ་ཆེའི་རིག་གནས་ཀྱི་ཤུལ་བཞག་ཀྱང་ཡིན། ལྷག་པར་དུ་དེང་སྐབས་འཛམ་གླིང་ཐོག་སྐྱེ་ཁམས་ཁོར་ཡུག་ལ་སྲུང་སྐྱོབ་བྱ་རྒྱུར་མཐོང་ཆེན་བྱས་ནས་སྦྱོ་ལྗང་ཅན་གྱི་ཨར་སྐྲུན་དང་རྫས་འགྱུར་མེད་པའི་ཨར་སྐྲུན་ཁྱབ་གདལ་གཏོང་བའི་སྐབས་འདིར་ང་ཚོའི་མེས་པོ་ནས་བརྒྱུད་པའི་ཨར་སྐྲུན་ལག་རྩལ་འདི་ལ་བེད་སྤྱོད་ཀྱི་རིན་ཐང་ཆེ་ལ་ཆེ་སྒྲིག་གི་ནུས་པ་དེ་བས་ལྡན་ཡོད།

མཇུག་ཏུ་བཤད་དགོས་པ་ནི་གོང་གསལ་གྲུང་སའི་ཨར་སྐྲུན་ཞིབ་འཇུག་སྐོར་གྱི་རྩོམ་དེབ་གྲངས་གཅིག་འབྲི་ཐུབ་མོད། དེབ་འདི་ནི་ཁྲིན་ཡོངས་ནས་བོད་ལུགས་ཨར་སྐྲུན་ལ་ཞིབ་འཇུག་བྱས་པའི་དེབ་ཡིན་པས་གོང་དུ་ངོ་སྤྲོད་ཞུས་པའི་མཐོ་སྒང་གི་ས་ཆ་སོ་སོ་དང་། དུས་སྐབས་སོ་སོའི་ནང་བྱུང་བའི་གྲུང་སའི་ཨར་སྐྲུན་ནང་སྤྱི་ཤོས་ཀྱི་གྲུང་ཁང་གང་ཞིག་ཡིན་པ་ངོ་སྤྲོད་ཞུ་ཐུབ་མེད། གུ་གེ་ཕྱོགས་ལ་ཡོད་པའི་ཁྱུང་ལུང་དངུལ་མཁར་ནི་ཞང་ཞུང་སྐབས་ཀྱི་མཁར་རྫོང་ཡིན་ཟེར་སྲོལ་ཡོད་ན་ཡང་ཞང་ཞུང་གི་དུས་རབས་ལ་ལོ་སྟོང་ཕྲག་གི་ལོ་རྒྱུས་ཡོད་པས་དུས་ཚོད་འདི་འདྲ་གཅིག་ལ་བྱུང་བ་ཡིན་ཟེར་རྒྱུའི་གཞི་འཛིན་ས་མེད། དབུས་གཙང་ས་ཁུལ་ལ་ང་ཚོས་ལོ་རྒྱུས་ཀྱི་དོན་རྐྱེན་དང་ཡིག་རིགས་ནང་འཁོད་པ་ལ་གཞི་བཟུང་ནས་ལོ་རྒྱུས་ཡུན་རིང་ཤོས་ཀྱི་གྲུང་ཁང་ཨར་སྐྲུན་ནི་ལྷ་ས་གྲོང་ཁྱེར་མལ་གྲོ་གུང་དཀར་རྫོང་གི་རྒྱ་མ་ཁྲི་སྒང་གི་གནའ་བོའི་མཁར་རྫོང་གི་རྗེས་ཤུལ་འདི་ཡིན། 《མ་ཎི་བཀའ་འབུམ》སོགས་ལོ་རྒྱུས་ཡིག་ཆ་མང་པོའི་ནང་གནམ་རི་སྲོང་བཙན་གྱིས་རྒྱ་མ་ཁྲི་སྒང་བདག་བཟུང་བྱས་པའི་བརྒྱུད་རིམ་དང་སྲོང་བཙན་སྒམ་པོ་དེར་འཁྲུངས་པ་དང་རྗེས་སུ་ལྷ་སར་གནས་སྤོ་མཛད་པའི་བརྒྱུད་རིམ་བཅས་འཁོད་ཡོད་ཅིང་། སྲོང་བཙན་སྒམ་པོའི་ཡབ་གནམ་རི་སྲོང་བཙན་གྱིས་ཁོང་གི་ཡབ་སྟག་རི་གཉན་གཟིགས་ཀྱིས་མངའ་ཁོངས་རྒྱ་བསྐྱེད་གནང་བ་དང་སུ་མཐུད་ནས་ཡར་ཀླུངས་ཕྱོགས་ནས་སྤོས་ཡོང་སྟེ་མལ་གྲོ་གུང་དཀར་གྱི་ཟིང་པོ་རྗེའི་རྟེན་གཞི་བཟུང་ནས་ཟིང་པོ་རྗེ་ཡི་མཁར་རྫོང་དེ་ཁོང་ཚོའི་དབང་སྒྱུར་གྱི་ལྟེ་བར་འཛིན་པ་ཡིན་འདུག(པར5—73) ད་ལྟ་དཔེར་ན་སྲོང་བཙན་སྒམ་པོའི་འཁྲུངས་ཁང་བྱམས་པ་མི་འགྱུར་གླིང་སོགས་ཨར་སྐྲུན་མང་ཆེ་བ་ཐོར་ཞིག་ཏུ་གྱུར་ཟིན་ཡང་། མཁར་རྫོང་

ཁྲོན་ཡོངས་ཀྱི་ལྷུགས་རི་ཆེན་མོ་དང་། གཞུང་སྒོ། སྟོག་སྤྱི་སོགས་ཀྱི་རྗེས་ཤུལ་དང་། ལྷུགས་རིའི་ཕྱི་ལ་བསྐོར་བའི་ཆུའི་ལྷུགས་རིའི་ཤུལ་བཅས་གསལ་པོ་མཐོང་རྒྱུ་ཡོད།(པར་5—74)

ཟིང་པོ་རྫེའི་སྡེ་ཤོག་ནི་སྤུ་རྒྱལ་མ་ཆགས་གོང་གི་སྡེ་ཤོག་ཆེན་པོ་ཞིག་ཡིན། ལྷ་ས་ལྷུན་གྲུབ་རྫོང་གི་ལྷུང་ར་ཤར་ཕྱོགས་ཚོ་ལ་ཁོ་ཚོའི་ཁྲིམ་རྒྱུད་ཀྱི་ཁང་པ་ཡོད། ཟིང་པོ་རྗེ་མངའ་ཐང་དར་བའི་སྐབས་ནི་སྤྱི་ལོའི་དུས་རབས་དྲུག་པའི་དུས་འགོ་ནས་ཡིན་པས་ད་བར་བརྩིས་ན་ལོ་ངོ་1500ཙམ་གྱི་ལོ་རྒྱུས་ཡོད། འདི་ནི་གཏན་འཁེལ་ཆོག་པའི་ལོ་ཚིགས་ཡིན། ཡིན་ན་ཡང་ང་ཚོས་གོང་དུ་ངོ་སྤྲོད་ཞུས་པའི་རྒྱལ་རྩེ་རྫོང་མྱང་ཆུའི་འགྲམ་གྱི་གྲུང་སའི་ཨར་སྐྲུན་གཞི་རྒྱ་ཆེན་པོ་ཡོད་པ་འདི་ལག་ཤེས་བཟོ་རྩལ་དང་གྲུང་གི་ཞེང་ཚད་སོགས་རྒྱ་མ་ཁྲི་སྐད་གི་རྗེས་ཤུལ་དང་ཤིན་ཏུ་འདྲ་པོ་ཡོད་ཀྱང་ང་ཚོར་གཞི་འཛིན་ས་གང་ཡང་མེད་པས་གཏན་འཁེལ་བྱ་ཐབས་བྲལ།

མདོར་ན་ས་རྒྱ་ཤིན་ཏུ་ཆེ་བའི་མཚོ་བོད་མཐོ་སྒང་ལ་ཆ་བཞག་ན་ང་ཚོ་སླེབས་མ་ཐུབ་པའི་ས་ཆ་དུ་དུང་ཧ་ཅང་མང་པོ་ཡོད། གོམས་སྲོལ་མི་འདྲ་བ་དང་བཟོ་ལུགས་བཟོ་སྟངས་མི་འདྲ་བའི་གྲུང་སའི་ཨར་སྐྲུན་མང་པོ་ཞིག་ཡོད་ངེས་ཡིན་པས་མ་འོངས་པར་དེ་བས་མང་བའི་གནའ་རབས་ཨར་སྐྲུན་ཞིབ་འཇུག་པ་ཚོས་དོ་སྣང་དང་ཞིབ་འཇུག་གནང་རྒྱུའི་རེ་བ་ཡོད།

༤ རྡོ་རྩིག་གི་ཨར་སྐྲུན།

རྡོ་རྩིག་གི་ཨར་སྐྲུན་ནི་བོད་རིགས་ཀྱི་ཨར་སྐྲུན་ནང་གི་འགངས་ཆེའི་གྲུབ་ཆ་ཞིག་ཡིན། ས་བབ་མཐོ་བ་དང་གསོ་ རླུང་མི་འདང་བ། ཉིན་མཚན་དྲོད་གྲང་ཁྱད་པར་ཆེན་པོ་ཡོད་པའི་ཁོར་ཡུག་ནང་། ང་ཚོའི་མེས་པོ་ཚོས་གསར་གཏོད་བྱས་པའི་རྡོ་རྩལ་གྱིས་འཛམ་གླིང་ཐོག་སླད་གྲགས་ཆེ་བའི་ཨར་སྐྲུན་མང་དག་ཅིག་བསྐྲུན་ཡོད།

ཨར་སྐྲུན་ལོ་རྒྱུས་ཀྱི་ཐོག་ནས་བཤད་ན་རྡོ་རྩིག་ཨར་སྐྲུན་ནི་བྱུང་སྟ་ཤོས་ཡིན། ཆེས་གནའ་བོའི་དུས་ཀྱི་སྤྲ་མི་སྡོད་སའི་བྲག་ཕུག་གི་སྒོ་ཁར་རྡོ་སྟབས་བདེ་བརྩིགས་ནས་བྲག་ཕུག་གི་སྒོ་འགོག་ཐབས་བྱེད་པ་དེ་ནི་རྡོ་རྩིག་ཐོག་མའི་དུས་རིམ་ཡིན། རྡོ་ཆས་དུས་རབས་ཀྱི་ས་དོང་ནང་འཚོ་བ་སྐྱེལ་བའི་སྐབས་སུ་ས་དོང་གི་མཐའ་སྐོར་ལ་རྡོ་ཡིས་སྐོར་བརྒྱབ་པ་དེ་ཚོ་ཡང་རྡོ་རྩིག་ཨར་སྐྲུན་གྱི་ཐོག་མའི་དུས་རིམ་ཡིན།(པར་5—75)

གནའ་རྫས་རྟོག་ཞིབ་བྱ་མཁན་ཚོས་ཆབ་མདོའི་ཁ་རུབ་རྗེས་ཤུལ་ནང་ས་དོངས་ཀྱི་ཨར་སྐྲུན་རྗེས་ཤུལ་ཡང་སྟོག་འདོན་བྱས་འདུག དེ་ལྟ་བུའི་ས་དོངས་ཨར་སྐྲུན་གྱི་མཐའ་སྐོར་ལ་རྡོ་ཡི་ར་སྐོར་བརྩིགས་པ་དེ་ཚོ་ཡང་རྡོ་རྩིག་གི་ཁོངས་སུ་གཏོགས་པ་ཡིན། དེ་ཚོ་ནི་མིའི་རིགས་ཀྱི་ཤེས་བྱའི་ཐོག་ནས་བཤད་ན་ལོ་སྟོང་ཕྲག་ཁ་ཤས་ནས་ལོ་ཁྲི་ཁ་ཤས་ཀྱི་ལོ་རླ་བརྒལ་དགོས་པ་ཡིན་ཡང་སའི་གོ་ལའི་ཚེ་ཚད་ནས་བཤད་ན་འཕྲུག་ཙམ་ཞིག་རང་རེད།

གནའ་བོའི་སྤྲ་མི་སྡོད་སའི་བྲག་ཕུག་དང་རྡོ་ཆས་དུས་རབས་ཀྱི་མི་ཚོའི་སྡོད་ས་ཚང་མ་ད་ལྟར་གནས་ཡོད། ཡིན་

ནའང་ས་ངོས་ཀྱི་རྗེས་ཤུལ་དེ་ཚོ་མི་དང་རང་བྱུང་གི་རྐྱེན་གྱིས་མང་ཆེ་བ་མེད་པ་ཆགས་པ་རེད། འོན་ཀྱང་མདོ་སྨད་ཀྱི་ས་ཆ་ཁ་ཤས་ལ་ད་དུང་མཐོང་རྒྱུ་ཡོད། སྤྱི་ཚོགས་རྙིང་པའི་སྐབས་ཀྱི་སྤྲང་པོ་དང་ཡུལ་གྱུར་བ། ཡང་ན་རི་ལྗིབས་སུ་མཚམས་སྡོད་མཁན་དེ་ཚོ་བྲག་ཕུག་དང་ཡང་ན་ས་ཕུག་ནང་ལ་བསྡད་ནས་གདོད་མའི་མི་དང་འདྲ་བའི་འཚོ་བ་སྐྱེལ་གྱི་ཡོད།(པར5—76) བྱང་ཐང་གི་རྩྭ་ཐང་དང་རི་སྨད་དུ་ཕྱུགས་འཚོ་མཁན་གྱི་འབྲོག་པ་ཚོ་དགུན་ཁ་ས་དོང་ཕྱེད་ཀ་ཙམ་བྲུས་ནས་དེའི་སྟེང་དུ་སྦྲ་གུར་གྱི་ཐོག་བཀབ་ནས་བསྡད་པ་དེ་ཡང་རྡོ་ཆས་དུས་རབས་ཀྱི་ས་དོང་ནང་འཚོ་བ་སྐྱེལ་སྟངས་ཀྱི་རྒྱུན་མཐུད་པ་ཞིག་མ་ཡིན་ནམ། ང་རང་ནི་འབྲོག་པའི་སྦྲ་གུར་ནང་སྐྱེས་པས་འབྲོག་ཁྱུལ་གྱི་འཚོ་བ་སྐྱེལ་སྟངས་ད་དུང་སེམས་ནང་གསལ་ལེར་དྲན་གྱིན་འདུག རི་ལ་མཚམས་སྡོད་མཁན་ཆོས་བྲག་ཕུག་གི་སྒོ་འགྲམ་ལ་ཁང་པ་སྟབས་བདེ་རྒྱག་པ་དེ་ཡང་ཕུག་པ་དང་ཁང་པ་ཟུང་འབྲེལ་གྱི་སྡོད་ས་ཡིན། འབྲོག་པ་ཚོས་རྡོས་ར་སྐོར་བསླངས་ནས་དགོང་མོ་ཁལ་ཟོག་བཙུག་ས་བྱེད་ཀྱི་ཡོད་ཅིང་། རྡོ་ཡི་ར་སྐོར་དེ་ཚོ་རྡོ་ཆེ་ཆུང་གང་བྱུང་བྱུང་རྩིག་པ་ལས་འདག་པ་རྒྱག་གི་མེད་ལ་རྡོ་བཟོ་བ་ཡང་བཙལ་གྱི་མེད་པར་ནང་མིས་བརྩིགས་ཏེ་དགོང་མོ་ཁལ་ཟོག་བཙུག་རྗེས་ཕྱི་ལ་བྲོས་མ་ཤོར་ན་འགྲིག་པ་རེད།(པར5—77) རྡོ་སྐོར་རྒྱག་པའི་རྩིག་པ་ཐེབས་ཆག་དེའི་རིགས་ཞིང་གྲོང་གི་འགྲོ་ལམ་གྱི་གཡས་གཡོན་དང་ཞིང་ཁའི་མཐའ་སྐོར་སོགས་ལ་མཐོང་རྒྱུ་ཡོད།(པར5—78) རྡོ་རྩིག་དེ་ཚོ་ནི་གནའ་བོའི་མི་ཡི་ལག་ནས་རྒྱུན་འཛིན་བྱས་ནས་བྱུང་བའི་མིའི་རིགས་ཀྱི་གདོད་མའི་རྡོ་རྩིག་རྒྱག་སྟངས་ཀྱི་དཔེ་མཚོན་རང་ཡིན་ལ་རྡོ་ཆས་དུས་རབས་ཀྱི་རྗེས་ཤུལ་ནང་ཐོན་པའི་རྡོ་རྩིག་དང་ཁྱད་པར་གང་ཡང་མེད།

དངོས་ཡོད་ཀྱི་གནས་ཚུལ་དེ་དག་ནི་ང་ཚོས་གནའ་རབས་ཀྱི་རྡོ་རྩིག་ཨར་སྐྲུན་གང་འདྲ་བྱས་ནས་བྱུང་བ་དང་གང་འདྲ་བྱས་ནས་རྒྱུན་འཛིན་བྱས་པའི་སློབ་ཚན་གསོན་པོ་རང་ཡིན་པར་ང་ཚོ་འདྲ་བའི་ས་སྐྱེས་རྡོ་སྐྱེས་ཀྱི་མདོ་སྨད་ཀྱི་སྐྱེ་བོ་རྣམས་ལ་མཚོན་ན་དཀའ་ངལ་གང་ཡང་མེད། ཁྱེད་ཚོས་སེམས་བརྟན་པོ་བྱས་ནས་བརྟག་དཔྱད་ཡག་པོ་བྱས་ན་ལན་གསལ་པོ་འདེབས་ཐུབ། ཡིན་ནའང་དོན་ངོ་མའི་རྡོ་རྩིག་གི་ཨར་སྐྲུན་ག་དུས་བྱུང་ཡོད་མེད་དེ་ལོ་རྒྱུས་ཀྱི་ཡིག་ཆའི་ཐོག་ནས་ལན་གསལ་པོ་རྙེད་མི་ཐུབ། དེ་ལས་དངོས་པོ་ངོ་མ་བཙལ་ནས་ལོ་རབས་གཏན་འཁེལ་ན་དགའ་བ་འདུག དེ་ལྟར་ན་ལོ་རྒྱུས་ཡིག་ཆ་དང་དངོས་པོ་ངོ་མ་བཅས་ཕྱོགས་གཉིས་ཀྱི་ཐོག་ནས་སྔ་ཁའི་ཡུམ་བུ་བླ་མཁར་ནི་ཨར་སྐྲུན་སྔ་ཤོས་ཤིག་ལ་བརྩི་ཆོག་གི་རེད། འོན་ཀྱང་རང་ཉིད་ཀྱིས་ལོ་མང་རིང་ཞིབ་འཇུག་དང་དབྱེ་ཞིབ་ཐེངས་མང་བྱས་པ་བརྒྱུད། སྤྱི་ལོའི་སྔོན་ལ་བཟོ་སྐྲུན་བྱས་པའི་ཨར་སྐྲུན་འདི་རྡོ་རྩིག་ཨར་སྐྲུན་ཡིན་ཐབས་གཏན་ནས་མི་འདུག གང་ཡིན་ཟེར་ན་མཁར་རྫོང་འདི་ལོ་རྒྱུས་ཐོག་ཐེངས་མང་ཉམས་གསོ་དང་བཟོ་བཅོས་རྒྱག་སྒྲོང་བ་ཡིན་ཞིང་། སྤྱི་ལོ1980ལོའི་སྤྱི་ཟླ4པར་ང་ཚོ་བོད་ལྗོངས་ཨར་སྐྲུན་འཆར་འགོད་ཁང་དུ་གནའ་སྐྲུན་ཚན་རིག་ཞིབ་འཇུག་ཁང་བཙུགས་མ་ཐག་ཐེངས་དང་པོའི་རྟོག་ཞིབ་བྱ་ཡུལ་དེ་ཡུམ་བུ་བླ་མཁར་ལ་གཏན་འཁེལ་བ་ཡིན། ང་ཚོས་རི་ཆུང་དེར་འཛེགས་ནས་ལྷ་དུས་ཡུམ་བུ་བླ་མཁར་གྱི་རྩིག་པ་ཞིག་རོ་ཚོ་མཐོང་བྱུང་།(པར5—79)

ང་ཚོས་དོ་སྣང་བྱ་ཡུལ་གཙོ་བོ་ནི་སྐུ་མཁར་གཙོ་བོ་དེ་ཡིན། མཁར་དེ་གྲུ་བཞི་རེད་འདུག རྩིག་པ་ཞིག་རོ་མཐོ་དམན་རྨིད་4ཙམ་ལས་མི་འདུག མཁར་གྲུ་བཞི་འདི་ལ་རྩིག་པ་ཕྱི་ནང་གཉིས་འདུག ཕྱི་རྩིག་གི་རིང་ཚད་ལ་རྨིད་0. 7ཙམ་འདུག ནང་གི་རྩིག་པ་རྩིག་སྟངས་ཏ་ཙང་ཐེབས་ཆག་ཡིན་ལ། རྡོ་ཡང་བཟོ་ལྟ་མེད་པ་ཤ་སྟག་ཡིན་པ་དམངས་ཁྲོད་དུ་ལྷ་འདྲེའི་རྩིག་པ་ཟེར་བ་དེ་རེད་འདུག ཕྱི་ཡི་རྩིག་པ་དེ་ཙུང་གྲལ་འགྲིག་པོ་འདུག རྩིག་པ་རྩིག་སྟངས་ས་བྲང་པོ་ཏ་ལའི་རྩིག་པ་དང་འདྲ་པོ་འདུག ལོ་རྒྱུས་ཡིག་ཚའི་ནང་འཁོད་པ་ལྟར་ན་སྐུ་མཁར་འདི་ལ་ཉམས་གསོ་ཆེན་པོ་ཐེངས་གཉིས་བྱེད་སྐྱོང་། ཐེངས་དང་པོ་ནི་རྒྱལ་དབང་སྐུ་ཕྲེང་ལྔ་པའི་དུས་སུ་ཡིན། ཁོང་གི་ཕ་ཡུལ་དུ་ཡོད་པའི་བཙན་པོ་ཐོག་མའི་སྐུ་མཁར་ཡིན་གཤིས། གསེར་གྱི་རྒྱ་ཕིབས་གསར་དུ་བཀབ་པ་རེད།（པར་5—80） ཐེངས་གཉིས་པ་ནི་རྒྱལ་དབང་སྐུ་ཕྲེང་བཅུ་གསུམ་པའི་སྐབས་ལ་རེད། གོང་དུ་བཤད་པའི་ཕྱི་རྩིག་གི་རྩིག་པ་དེ་ང་ཚོས་བལྟས་ན་རྒྱལ་དབང་ལྔ་པའི་དུས་ཀྱི་རྩིག་པ་འདྲ་པོ་འདུག ཡིན་ན་ཡང་ང་ཚོས་བལྟས་ན་རྒྱལ་བ་ལྔ་པའི་གོང་ལ་ཕག་གྲུས་སྲིད་དབང་བཟུང་བའི་སྐབས་ཡུམ་བུ་བླ་མཁར་འདི་རྡོ་རྩིག་ལ་བསྒྱུར་བ་ཡིན་ངེས་འདུག སྐབས་དེར་ཕག་གྲུ་སྡེ་སྲིད་ཀྱིས་དབུས་གཙང་ས་ཁུལ་ལ་མཁར་རྫོང་20ལྷག་ཙམ་གསར་སྐྲུན་བྱས་པ་ཚང་མ་རྡོ་རྩིག་གི་ཨར་སྐྲུན་ཡིན། སྤུ་རྒྱལ་གྱི་བཙན་པོ་དང་པོའི་སྐུ་མཁར་ཡིན་ལ་ཕག་གྲུ་སྲིད་འཛིན་གྱི་ལྟེ་བའི་ས་ཁུལ་ལ་གནས་པའི་མཁར་རྫོང་འདི་ལ་སྐབས་དེར་ཉམས་གསོ་མི་བྱེད་པ་མི་སྲིད་པ་ཞིག་ཡིན་པས་རྩ་བའི་ཆ་ནས་གཏན་འཁེལ་ཚོག་པའི་ངོས་འཛིན་བྱེད་ཀྱི་ཡོད། ད་ལྟའི་ཡུམ་བུ་བླ་མཁར་ནི་སྤྱི་ལོ1984ལོ་འགོར་རྒྱལ་ཁབ་ཀྱིས་གྲོན་དངུལ་བཏང་ནས་ལྷོ་ཁ་ས་ཁུལ་གྱི་སྲིད་འཛིན་དབུ་ཁྲིད་ནས་ལྷོ་ཁའི་སྲིད་གྲོས་ཀྱི་སྤྲུལ་སྐུ་བློ་བཟང་རྡོ་རྗེ་ལགས་ལ་གཙོ་འགན་བཞེས་བཅུག་ནས་སླར་གསོ་ཞུས་པ་རེད། ཁོང་སྔོན་མ་བཙོན་ཁང་ནང་ཡོད་དུས་རྡོ་བཟོ་བྱེད་སྐྱོང་ཐོག་ས་གནས་དེ་གའི་རྒན་རབས་རྣམ་པར་དྲན་གསོ་བྱེད་བཅུག་ནས་སྔར་གྱི་ཆགས་ཚུལ་ལྟར་སླར་གསོ་ཞུས་པ་རེད།（པར་5—81）

སྐུ་མཁར་འདི་ནི་བོད་ཀྱི་གདོད་མའི་ལོ་རྒྱུས་ཐོག་ནས་བཤད་ནའང་འདྲ། ཡང་ན་ཡིག་ཚའི་ནང་འཁོད་པའི་བཙན་པོའི་ལོ་རྒྱུས་དང་། ད་ལྟ་ཡོད་པའི་དངོས་པོ་ངོ་མ་བཅས་གང་ཐད་ནས་ཞིབ་འཇུག་བྱས་ཀྱང་སྤྱི་ལོའི་སྔོན་ལ་རྡོ་རྩིག་ལག་རྩལ་གཏན་ནས་བྱུང་མི་འདུག སྲོང་བཙན་སྒམ་པོའི་སྐབས་སུ་ཁྲ་འབྲུག་དགོན་པར་རྡོ་བཀོས་ནས་བཟོས་པའི་ལྷ་སྐུ་དང་མཆོད་རྟེན་བཞེངས་ཡོད་པ་དང་། ཁྲི་སྲོང་ལྡེ་བཙན་དུས་སུ་བསམ་ཡས་དགོན་པར་རྡོ་ཕ་བོང་ཆེན་པོར་སྔོན་པ་ཤཱཀྱ་ཐུབ་པ་ཆེན་པོའི་སྐུ་བརྐྱན་བཀོས་པ་དང་། ད་དུང་དགོན་པའི་རྡོ་རིང་དང་ཟུར་མཁར་གྱི་རྡོ་ཡི་མཆོད་རྟེན（པར་5—82）སོགས་བཀོས་ཡོད་ཀྱང་དེ་ཚོ་བཀོས་མཁན་གྱི་ལག་རྩལ་མི་སྣ་རྣམས་ས་གནས་དེ་གའི་བོད་པ་གཏན་ནས་མིན། སྤུ་རྒྱལ་སྟོབས་འབྱོར་ཆེ་བའི་སྐབས་སུ་བསྐྲུན་པའི་ཨར་སྐྲུན་ཚང་མ་ཀྲུང་སའི་ཨར་སྐྲུན་ཡིན། ཕྱུས་ཚད་དེ་བས་མཐོ་བའི་ཨར་སྐྲུན་ཕ་བོང་ཁའི་སྐུ་མཁར་དང་། ར་མོ་ཆེ་ལྷ་ཁང་སོགས་ནི་ས་ཕག་གིས་བཟོ་སྐྲུན་བྱས་ཡོད་ཅིང་། རྒྱ་བཟའ་ཀོང་ཇོ་དང་བལ་བཟའ་ཁྲི

བརྩུན་ནས་རང་སོ་སོའི་ཕ་ཡུལ་ནས་ལག་ཤེས་བཟོ་རྩལ་པ་ཁྲིད་ཡོང་ནས་བཟོ་སྐྲུན་བྱས་པ་ཞིག་ཡིན། ཐང་རྒྱལ་རབས་ཀྱི་རྒྱལ་ས་ཁྲིང་ཨན་དང་བལ་པོ་གཉིས་ཀ་ལ་རྡོ་རྩིག་ལག་རྩལ་མེད་ཅིང་། ས་ཆ་དེ་གཉིས་ལ་ད་ལྟའང་རྡོ་རྩིག་གི་ཨར་སྐྲུན་བྱུང་མི་འདུག སྐབས་དེ་དུས་ཁོ་ཚོས་ཤིང་བཅད་ནས་ས་ཕག་བསྲེག་དགོས་པ་སོགས་དཀའ་ངལ་ཆེན་པོས་ལག་རྩལ་གསར་པ་ཞིག་སྤེལ་བ་ཡིན་ན་ཡང་བུད་ཤིང་གི་འགྲོ་སོང་ཆེ་དྲགས་པས་ལག་རྩལ་གསར་པ་འདི་རྒྱུན་འཁྱོངས་ཐུབ་མེད། དེར་བརྟེན་སྤྱི་ལོའི་གོང་ལ་ཕོ་བྲང་ཡུམ་བུ་བླ་མཁར་གསར་སྐྲུན་བྱེད་སྐབས་ཚད་ལྡན་གྱི་རྡོ་རྩིག་གི་ཨར་སྐྲུན་ལག་རྩལ་གཏན་ནས་བྱུང་མེད་པའི་དོན་འཛིན་བྱེད་ཀྱི་ཡོད། དེ་ལྟར་ན་མཚོ་བོད་མཐོ་སྒང་དུ་དུས་ནམ་ཞིག་ལ་རྡོ་རྩིག་ཨར་སྐྲུན་བྱུང་བ་རེད་ཟེར་ན་ང་ཚོས་གཅིག་ནས་ལོ་རྒྱུས་དེབ་ཐེར་ནང་གང་འདྲ་འཁོད་ཡོད་མེད་དང་། གཉིས་ནས་དངོས་པོ་ངོ་མར་ལྟ་ཞིབ་བྱ་རྒྱུ་ཟུང་འབྲེལ་བྱེད་པའི་བྱ་ཐབས་ལ་བརྟེན་ནས་ཞིབ་འཇུག་བྱ་དགོས།

མཚོ་བོད་མཐོ་སྒང་དུ་ཡོད་ཀྱི་ཨར་སྐྲུན་རྗེས་ཤུལ་ནང་མངའ་རིས་ས་ཁུལ་གྱི་སྐར་རྫོང་གི་ར་ལ་རྡོ་ཡི་མཁར་རྫོང་དེ་རྙིང་ཤོས་ཡིན་ཚོད་འདུག(པར5—83) ཁ་རྒྱུན་ལ་སྤྱི་ལོ་དུས་རབས་བཅུ་པའི་ནང་སྐྱིད་ལྡེ་ཉི་མ་མགོན་གྱིས་གུ་གེ་བདག་བཟུང་མ་བྱེད་གོང་གི་རྟེན་གཞི་ཡིན་ཟེར་སྲོལ་འདུག དབྱེ་ཞིབ་བྱས་པར་མཁར་རྫོང་གི་རི་མཐོན་པོ་མེད་ལ་ཨར་སྐྲུན་གྱི་རྒྱ་ཁྱོན་ཡང་ཆེན་པོ་མེད། ཁང་པ་ཆེ་ཤོས་ལ་ཡང་སྨིད་གྲུ་བཞི་མ16ཙམ་ལས་མི་འདུག ཁང་པའི་ཐོག་དམའ་པོ་ཡིན་ལ་སྒོའུ་ཁྱུང་ཆུང་ཆུང་ཁ་ཤས་ལ་རྡོ་ལེབ་ཀྱིས་ཤིང་ཟམ་གྱི་ཚབ་བྱས་འདུག ཁང་པའི་གདུང་མ་ཡང་ས་ཆ་དེ་གའི་ཚེར་ཤིང་ཕྲ་མོ་དེ་འདྲ་བཏང་འདུག སྲོམ་ཕྲའི་ཐད་ཞེང་ལི་སྨིད3ཙམ་ལས་མི་འདུག ད་ལྟ་བྱས་ན་འབྲོག་པ་དགུན་ཁ་སྡོད་སའི་དགུན་མཚེར་ཐེབས་ཚག་གི་ཚོད་རེད་འདུག ད་དུང་རྒྱ་ཁྱོན་སྨིད་གྲུ་བཞི་མ4ཙམ་ལས་མེད་པའི་ཁང་པ་ཁ་ཤས་ལ་རྡོ་ལེབ་ཀྱིས་ཁ་ཐུབ་ནས་ཁང་པའི་ཐོག་འགེབས་ཐབས་བྱས་འདུག དེ་ཡི་ཐོག་ནས་ས་ཆ་དེར་ཤིང་ཆ་ཤིན་ཏུ་དཀོན་པོ་ཡིན་པ་གསལ་བཤད་ཐུབ་པ་ཡིན། རྡོ་རྩིག་ཨར་སྐྲུན་དེ་ཡི་རྡོ་ཆས་དང་རྩིག་རྩལ་ཐོག་ནས་བཤད་ན་ཉེ་བའི་དུས་རབས་ཀྱི་མཚོ་བོད་མཐོ་སྒང་གི་འབྲོག་པ་ཚོའི་དགུན་མཚེར་གྱི་རྡོ་རྩིག་ཁང་པ་ཐེབས་ཚག་ཚད་ཙམ་ལས་སླེབས་མི་འདུག ཡང་རྩིག་པ་ཁ་ཤས་རྩིག་སྟངས་ལ་བལྟས་ན་འབྲོག་པའི་ཁང་པ་ཐེབས་ཚག་ལས་ཀྱང་སྟུག་པ་འདུག་པ་དབུས་གཙང་ས་ཁུལ་ལ་སྤྱི་མོ་ནས་བྱུང་བའི་ལྷ་འདྲེའི་རྩིག་པ་རེད་ཟེར་བ་དང་ཁྱད་པར་དེ་ཙམ་མི་འདུག

ད་དུང་མངའ་རིས་རུ་ཐོག་རྫོང་གི་མཁར་རྫོང་གི་ཨར་སྐྲུན་ཡང་རྡོ་རྩིག་ཨར་སྐྲུན་ཐེབས་ཚག་རང་རེད། ར་ལ་མཁར་རྫོང་དང་བསྡུར་ན་ཅུང་ཟད་ཡག་པོ་འདུག རྩ་བའི་ཆ་ནས་དབུས་གཙང་ས་ཁུལ་གྱི་སྤྱི་མོའི་ལྷ་འདྲེའི་རྩིག་པ་རེད་ཟེར་བ་ལས་ཅུང་ཟད་ལེགས་པའི་ཆ་འདུག རུ་ཐོག་མཁར་རྫོང་དེ་བོད་ཀྱི་སྲོལ་རྒྱུན་གྱི་རི་སྟེང་དུ་བསྐྲུན་པའི་མཁར་རྫོང་གི་ཨར་སྐྲུན་གྱི་གྲས་ཡིན། ཕྱི་ཚུལ་དང་བཟོ་དབྱིབས་ཐོག་ནས་བལྟས་ན་ཡང་མཁར་རྫོང་གི་ཨར་སྐྲུན་རང་རེད།(པར5—84)

འོན་ཀྱང་ཨར་སྐྲུན་དེ་ལ་ཞིབ་མོས་བལྟས་དུས་ཁྱོན་ཡོངས་ཀྱི་བཀོད་སྒྲིག་འཆར་འགོད་དང་། ཁང་པའི་ནང་གི་ཁང་མིག་གི་འཆར་འགོད། ཁང་པའི་འགྲོ་ལམ་སོགས་འོས་ཤིང་འཚམས་པ་ཞིག་བྱུང་མི་འདུག མ་གཞི་ད་ལྟ་ཨར་སྐྲུན་འདི་རྩིག་ཤུལ་ཙམ་ལས་ལྷག་མེད་ཀྱང་རྗེས་ཤུལ་ཐོག་ནས་ཁང་པའི་ནང་གི་བཀོད་པ་སྟབས་བདེ་ཞིག་ལས་མེད་པ་མཐོང་ཐུབ་པ་འདུག (པར5—85) ས་གནས་ཤིག་གི་འགོ་དཔོན་གྱི་མཁར་རྫོང་ནང་ཚོམས་ཆེན་ཆེ་ཙམ་ཞིག་ཀྱང་མེད་ལ། ད་ལྟ་རྗེས་ཤུལ་གྱི་རྩེ་ཐོག་ལ་མཐོང་རྒྱུ་ཡོད་པའི་ལྷ་ཁང་གི་རྩིག་ཤུལ་ནང་གི་ལྡེབས་རིས་ནི་གུ་གེ་དང་དུས་མཉམ་པའི་སྒྱུ་རྩལ་གྱི་རི་མོ་རེད་འདུག ཙ་ཐོག་མཁར་རྫོང་ཡོངས་ལ་ལྷ་ཁང་ཆུང་ཆུང་འདི་རང་ལས་མི་འདུག རྒྱ་ཁྱོན་སྨིད་གྲུ་བཞི་མ4ལས་མེད་ལ་ལྷ་ཁང་མཐོ་དམན་སྨིད3ལས་མི་འདུག(པར5—86) གུ་གེ་རྒྱལ་པོའི་ལྷ་ཁང་དང་བསྡུར་ན་ཧེ་བག་ཧ་ཅང་ཆེན་པོ་ཤོར་འདུག དེ་ལྟར་ན་ཙ་ཐོག་དང་གུ་གེ་གཉིས་གནས་ཚད་འདྲ་མཉམ་རེད་མི་འདུག རྡོ་རྩིག་རྒྱག་སྟངས་ཀྱི་ལག་རྩལ་ཐོག་ནས་བལྟས་ན་དབུས་གཙང་ས་ཁུལ་གྱི་ཐོག་མའི་རྡོ་རྩིག་ཨར་སྐྲུན་ནང་གི་ལྷ་འདྲེའི་རྩིག་པ་ཟེར་བ་དང་འདྲ་པོ་འདུག

ད་ལྟ་རིན་ཐང་ལྡན་པའི་ལོ་རྒྱུས་ཡིག་ཆ་བཙལ་རྒྱུ་མེད་པས་ས་ཆ་དངོས་ལ་རྟོག་ཞིབ་དང་སྤྱར་ལས་ལྷག་པའི་སྒོ་ནས་དཔྱེ་ཞིབ་བྱས་ཏེ་རིམ་བཞིན་ལན་གསལ་པོ་ཞིག་ཡོང་ཐབས་བྱ་རྒྱུ་ལས་མིག་སྔར་མཁར་རྫོང་འདི་བཟོ་སྐྲུན་བྱས་པའི་དུས་ཚོད་གཏན་འཁེལ་བྱ་ཐབས་མི་འདུག དུས་རབས་གོང་མའི་ལོ་རབས་སུམ་ཅུའི་ནང་ཐུའུ་ཅེ་སོགས་ཕྱི་རྒྱལ་བས་པར་བརྒྱབ་པ་དེ་ཚོགས་ལ་པོ་རང་མེད་ན་ཡང་མཁར་རྫོང་འདི་གོག་རྡུལ་ཡིན་པ་མཐོང་ཐུབ་ཀྱི་འདུག(པར5—87) གཞན་ཡང་ལྷ་ཁང་གི་ལྡེབས་རིས་སྙིང་པ་དེ་ཚོ་ལ་དཔྱེ་ཞིབ་བྱས་པ་བརྒྱུད་གུ་གེ་རྒྱལ་པོའི་ཨར་སྐྲུན་དང་དུས་མཉམ་པ་ཞིག་ཡིན་པ་ངོས་འཛིན་བྱེད་ཀྱི་ཡོད། དེས་ན་ཙ་ཐོག་ལ་རྡོ་རྩིག་གི་ཨར་སྐྲུན་རྒྱག་དགོས་པའི་རྒྱུ་མཚན་ཅི་ཡིན་ཞེ་ན། གཙོ་བོ་ནི་རི་ཆུང་ཆུང་དེ་ཡི་སྟེང་ལ་གྱང་བརྡུང་རྒྱུའི་ས་དམར་མེད་ཙང་ཡོད་པ་ནི་རྡོ་རེད། ས་ཆའི་བབ་ལ་བསྟུན་ནས་རྡོ་རྩིག་གི་མཁར་རྫོང་བརྒྱབ་པ་ཞིག་རེད་འདུག དེ་དང་འདྲ་བར་ལ་རྡོ་ཁང་རྒྱག་སའི་རི་ལ་ཡང་རྡོ་མ་གཏོགས་མེད་པས་རྡོ་རྩིག་གི་ཨར་སྐྲུན་མ་རྒྱག་ག་མེད་རེད།

ད་ལྟའི་བར་དུ་མངའ་རིས་ཡོངས་ལ་སྔ་ཤོས་དང་གཞི་རྒྱ་ཆེ་ཤོས་ཡིན་པའི་རྡོ་རྩིག་གི་ཨར་སྐྲུན་དེ་གཉིས་ལས་མཐོང་མ་བྱུང་། དུས་ཚོད་ཀྱི་ཐོག་ནས་བཤད་ན་བོད་ལྗོངས་ཁྱོན་ཡོངས་ལ་མངའ་རིས་ཀྱི་རྡོ་རྩིག་ཨར་སྐྲུན་དེ་གཉིས་དུས་རབས་བཅུ་པ་ཡས་མས་ལ་བྱུང་བ་འདྲ་གཤིས་བྱུང་བའི་དུས་ཚོད་སྔ་ཤོས་རེད་འདུག དབུས་གཙང་ཁུལ་གྱི་རྡོ་རྩིག་གི་ཨར་སྐྲུན་ལས་ལོ100ཙམ་གྱིས་སྔ་བ་འདུག ཡིན་ནའང་ད་དུང་མུ་མཐུད་ནས་བརྟག་དཔྱད་ཞིབ་འཇུག་བྱ་དགོས་ངེས་རེད། གལ་སྲིད་གནའ་རྫས་རྟོག་ཞིབ་མི་སྣ་ས་གནའ་རྫས་སློག་འདོན་གྱི་ལས་ཀ་སྤེལ་ཐུབ་ན་གཞི་ནས་བློས་འགེལ་ཆོག་པའི་མཇུག་སྡོམ་ཐོབ་ཐུབ་ཀྱི་རེད།

དབུས་གཙང་ས་ཁུལ་ལ་ལོ་རྒྱུས་ཡིག་ཆའི་ནང་གསལ་པོ་འཁོད་པའི་རྡོ་རྩིག་ཨར་སྐྲུན་ནི་སྤྱི་ལོ1073ལོར་རྡོ་བོ་རྗེ་ཨ་ཏི་

ཤའི་སློབ་མ་གཙོ་བོའི་གྲས་ཇོག་ལེགས་པའི་ཤེས་རབ་ནས་བླ་མའི་བཀའ་བཞིན་ལྷ་ས་གཙང་པོ་ལྷོ་ངོས་ཀྱི་གསང་ཕུ་ལུང་པའི་ནང་གསང་ཕུ་དགོན་ཐུག་བཏབ་ཅིང་། དགོན་པ་ནི་ལུང་པའི་ཕུའི་ས་སྟོང་ལ་ཡོད།(པར་5—88) མཐའ་སྐོར་ཚང་མ་བྲག་རི་ཡིན་པས་རྡོ་ཡི་རྒྱུ་ཆ་འབེལ་པོ་ཡོད། དགོན་པ་རྒྱག་སའི་གཡས་གཡོན་ལ་མྱུགས་ས་མེད་པའི་སྟབས་ཀྱིས་རྡོ་རྩིག་ཁང་པ་མ་རྒྱག་ཀ་མེད་རེད་འདུག དེ་ཡང་ས་དེ་ཡི་རྒྱུ་ཚ་ལ་བརྟེན་པའི་དཔེ་མཚོན་རང་རེད། ང་ཚོས་དབྱེ་ཞིབ་བྱས་པ་བརྒྱུད་དགོན་པ་མ་བརྒྱབ་གོང་ལ་ས་ཆ་དེར་རྡོ་རྩིག་གི་དམངས་ཁང་ཡོད་པའི་ངོས་འཛིན་བྱུང་ཡོད། རྒྱུ་མཚན་ཡང་ལུང་པ་འདི་ལ་ས་མྱུགས་དཀོན་པོ་ཡིན་པས་རེད། དགོན་པ་གསར་པ་བཞེངས་སྐབས་ས་དེ་རང་གི་རྒྱུ་ཆ་བེད་སྤྱོད་བྱ་རྒྱུར་གོ་བ་མི་ལོན་རྒྱུ་གང་ཡང་མེད། གསང་ཕུ་དགོན་ནང་སྟ་ཤོས་ཀྱི་ཨར་སྐྲུན་ནི་ཀ་བ་བརྒྱད་ཡོད་པའི་ཁང་པ་དེ་ཡིན། དེ་ལ་ནེའུ་ཐོག་ཟེར་ཞིང་སྤྱང་སྟྭའི་ཐོག་ཟེར་བའི་དོན་ཡིན་པ་ཇོག་ལོ་ཙྪ་བའི་བཞུགས་ས་ཡིན། ད་ལྟ་ཁང་ཤུལ་དེ་ཡི་རྩིག་པ་ལ་ལྟ་དུས་རྩིག་པ་ཐེབས་ཆག་རེད་འདུག(པར་5—89) དགོན་པའི་འདུ་ཁང་ལ་ཉམས་གསོ་ཐེངས་མང་བྱས་སྒོང་ཡང་འདུ་ཁང་ཤར་ངོས་དཀྱིལ་གྱི་རྩིག་པ་དེ་ལས་གནས་དེ་གའི་མི་ཚོས་ལྷ་འདྲེའི་རྩིག་པ་ཡིན་ཟེར་བ་དེ་རང་འཇགས་གནས་ཐུབ་འདུག ཁ་རྒྱན་ལ་ཐོག་མར་འདུ་ཁང་བཞེངས་སྐབས་ཤར་ངོས་ཀྱི་རྩིག་པ་རྩིག་དུས་ཐེངས་ག་ཚོད་བརྩིགས་ན་དེ་ཙམ་གྱིས་ཞིག་ནས་ཐབས་མ་བྱུང་བར་མཐའ་མ་དགོན་པས་ཞབས་བརྟན་རིམ་སྒྲུབ་ཐེངས་མང་བྱས་པས་ཉིན་ཞིག་ནམ་ལངས་དུས་རྩིག་པ་ཞིག་རང་དེ་བརྩིགས་ཚར་བས་དེ་ནི་ལྷ་དང་འདྲེས་རྩིག་རོགས་བྱས་པ་རེད་ཟེར་ནས་ལྷ་འདྲེའི་རྩིག་པ་ཞེས་མིང་བཏགས་པ་ཡིན་འདུག(པར་5—90) ང་ཚོས་དབྱེ་ཞིབ་བྱས་པ་ལ་དེ་ནི་ཨར་ལས་ནང་རྩིག་པ་ཡང་བསྐྱར་བརྩིག་དགོས་འཁེལ་བའི་རྟགས་ཡིན་ངེས་ལ་སྐབས་དེར་རྩིག་པ་བརྩིག་རྒྱུའི་ལག་རྩལ་ཚད་ལྡན་ལ་སླེབས་མེད་པའི་རྟགས་གསལ་པོ་བསྟན་པ་རེད། ད་དུང་དེ་ཡི་ཐོག་ནས་དགོན་པ་འདི་རྡོ་རྩིག་ཨར་སྐྲུན་ནང་གི་སྔ་ཤོས་གྲས་ཤིག་ཡིན་པ་གསལ་བཤད་བྱས་པ་རེད། ལྷ་འདྲེའི་རྩིག་པ་ཟེར་བ་འདི་ཡི་རྩིག་སྟངས་ལ་བལྟས་ན་གཙོ་བོ་རྩིག་པ་བརྟན་པོ་ཞིག་ཡོང་ཐབས་བྱེད་པ་ལས་རྩིག་པ་མཛེས་པོ་ཡོང་ཐབས་ཀྱི་ཚད་ལ་སླེབས་མི་འདུག་བསམ་གྱི་འདུག ད་དུང་གཞན་ཞིག་ནི་སྤྱི་ལོ1078ལོར་རྗེ་མི་ལ་རས་པས་ལྷོ་བྲག་ལ་ཐོག་སོ་དགུ་ཡི་མཁར་ཞིག་བཞེངས་པ་རེད།(པར་5—91) མི་ལ་རས་པའི་རྣམ་ཐར་དང་། སྐུ་མཁར་བཞེངས་པའི་སྐབས་སུ་ཐེངས་མང་ཞིག་ནས་ཡང་བསྐྱར་རྒྱག་དགོས་འཁེལ་བ་དང་། དེ་ཡི་སྐབས་སུ་མཁར་རྫོང་གི་བཟོ་ལྟ་ཡང་ཐེངས་མང་བསྒྱུར་དགོས་འཁེལ་བའི་དམངས་ཁྲོད་ཀྱི་བཤད་སྲོལ་ཡོད་པ་དེ་ཚོ་ཡང་ཨར་ལས་ཀྱི་བཀོད་སྒྲིག་དང་ཨར་ལས་ལག་རྩལ་ཐད་ཀྱི་རྒྱུ་རྐྱེན་ཡིན་ངེས་ལ་སྐབས་དེར་རྡོ་རྩིག་གི་ལག་རྩལ་ཐོག་མར་སྦྱངས་ནས་བྱུང་ཚབ་པོ་མེད་པའི་རྟགས་མཚན་གསལ་པོ་རེད། དེ་མ་གཏོགས་མི་ལ་རས་པས་རང་གི་ སྡིག་སྒྲིབ་སྦྱངས་པའི་ཆེད་དུ་མཁར་འདི་ཡར་རྒྱག་མར་བཤིག་མང་པོ་བྱས་པ་ཞིག་གཏན་ནས་ཡིན་མི་སྲིད། དེ་ནི་རྗེས་སུ་རྣམ་ཐར་འབྲི་མཁན་གྱིས་ཨར་སྐྲུན་གྱི་རྒྱུ་མཚན་ཡག་པོ་ཤེས་ཀྱི་མེད་པར་སྒྲིབ་སྦྱངས་བྱེད་པ་རེད་ཅེས

བྲིས་པ་ཞིག་ཡིན་ཐག་ཆོད་རེད།

སྤྱི་ལོ་2001ལོའི་ཟླ་1པོར་སྔོ་ཁ་རིག་དངོས་ཅུས་ནས་བཀོད་སྒྲིག་གནང་བ་ལྟར་ང་རང་སྔོ་བྲག་སྲུས་མཁར་དགོན་པར་སྲུས་མཁར་དགུ་ཐོག་སྲ་བརྟན་གཏོང་བའི་འཆར་འགོད་བྱེད་པར་འགྲོ་དུས་སྐུ་མཁར་གྱི་རྩིག་པ་ཡོངས་རྫོགས་ལ་བརྟག་དཔྱད་ཞིབ་ཚགས་བྱས་པ་ཡིན། མཁར་རྫོང་འདི་ཡི་རྩིག་པའི་ལག་རྩལ་གསང་ཕུ་དགོན་པའི་ལྷ་འདྲེའི་རྩིག་པ་ཟེར་བ་ལས་ཞི་དྲག་ཡག་པོ་འདུག་ཀྱང་སྔོ་བྲག་ས་ཁུལ་གྱི་རྡོ་རྩིག་མཁར་རྫོང་གཞན་པའི་རྩིག་པའི་སྤུས་ཚད་ལ་སླེབས་ཐུབ་མི་འདུག མཁར་གཞན་དག་ཆོས་ཁུལ་འདི་ཡི་རྡོ་རྩིག་གི་ལག་རྩལ་མཁས་པ་ཆགས་ནས་བརྒྱབ་པ་ཡིན་ངེས་རེད། གནས་ཚུལ་དེ་ཡི་ཐོག་ནས་སྤྱི་ལོ་1078ཡས་མས་ནི་སྔོ་བྲག་ས་ཁུལ་ལ་རྡོ་རྩིག་ཨར་སྐྲུན་ཐོག་མར་བྱུང་བའི་སྐབས་ཡིན་པ་ར་འཇོག་ཐུབ་པ་བྱུང་སོང་།

དེ་ནས་ལོ་100ཙམ་སོང་བའི་སྤྱི་ལོ་1180ལོ་ཙམ་ལ་སྟག་ལུང་ཐང་པ་བཀྲ་ཤིས་ནས་ལྷ་ས་གྲོང་ཁྱེར་གྱི་ལྷུན་གྲུབ་རྫོང་གི་སྟག་ལུང་ལུང་པའི་མདའ་ལ་དགོན་པ་ཕྱག་བཏབ་པ་རེད། གསར་དུ་བཞེངས་པའི་འདུ་ཁང་རྒྱ་ཆེན་པོ་ཡོད་ཅིང་། བཞེངས་ཚར་རྗེས་ཕྱི་རྩིག་ལ་བཙག་བྱུགས་པས་ཚང་མས་ལྷ་ཁང་དམར་པོ་ཞེས་ཞུས་ཀྱི་ཡོད།(པར་5—92) ཨར་སྐྲུན་འདི་རྩིག་པ་རྩིག་སྟངས་ལ་སྐད་གྲགས་ཆེན་པོ་ཡོད་ཀྱང་ས་གནས་དེ་རང་གི་མི་ཚོའི་ཁ་རྒྱུན་ལ་ལྷ་འདྲེའི་རྩིག་པ་ཟེར་གྱི་འདུག བཤད་སྲོལ་ལ་ཨར་སྐྲུན་འདི་ཉིན་མོ་མིས་བརྩིགས་པ་དང་མཚན་མོར་ལྷ་འདྲེས་བརྩིགས་པ་རེད་ཟེར། ང་ཚོས་བཟོ་སྐྲུན་བྱེད་པའི་བརྒྱུད་རིམ་ནང་རྩིག་པ་ཞིག་ནས་ཡང་བསྐྱར་བརྩིག་དགོས་བྱུང་བའི་རྟགས་རེད་བསམ་གྱི་ཡོད། འོན་ཀྱང་ཨར་སྐྲུན་འདི་ཡི་རྩིག་པ་རྩིག་སྟངས་ཀྱི་ལག་རྩལ་གསང་ཕུ་དགོན་པའི་ལྷ་འདྲེའི་རྩིག་པ་ཟེར་བ་ལས་སྤུས་དག་པོ་འདུག ཡིན་ནའང་ཕོ་བྲང་པོ་ཏ་ལའི་རྩིག་པ་རྩིག་སྟངས་དང་གཏན་ནས་མི་འདྲ་བའི་རྩིག་སྟངས་གཞན་ཞིག་རེད་འདུག ངས་སྔོན་མ་ལྷ་ས་གནའ་སྐྲུན་ཏུ་ཁག་གི་རྡོ་བཟོ་དབུ་ཆེན་བགྲེས་སོང་དོན་གྲུབ་ལགས་ལ་བཀའ་འདྲི་ཞུས་སྐབས་ཁོང་གིས་རྩིག་པ་རྩིག་སྟངས་དེ་ལ་བྱ་སྤུ་མ་ཟེར་གྱི་རེད་གསུངས་བྱུང་། རྩིག་སྟངས་འདི་རྡོ་རིམ་པ་རེ་རེ་བཞིན་ཁེབས་བརྒྱབ་པ་འདྲ་པོ་ཞིག་བྱས་ནས་བརྩིགས་པ་རྩིག་པའི་ངོས་ལ་ཆུ་སྡོད་མི་ཐུབ་པའི་དགེ་མཚན་ཡོད།(པར་5—93) ཡིན་ནའང་དེང་སྐབས་ལག་རྩལ་འདི་རྒྱུན་ཆད་པས་རྩིག་པ་འདི་འདྲ་རྩིག་ཤེས་མཁན་མེད། སྟག་ལུང་ལྷ་ཁང་དམར་པོ་མ་གཞི་ཁང་པའི་ཤིང་སྒྲིག་དང་ཐོག་བཤིག་ཚར་འདུག་ཀྱང་མཐའ་སྐོར་གྱི་རྩིག་པ་རྙིང་པ་ད་དུང་གནས་ཡོད། ང་ཚོས་རྟོག་ཞིབ་བྱས་པ་བརྒྱུད་འདི་ནི་དམིགས་བསལ་ཁྱད་ཆོས་ལྡན་པ་དང་ལག་རྩལ་གཞན་དང་གཏན་ནས་མི་འདྲ་བའི་རྡོ་རྩིག་གི་ཨར་སྐྲུན་ཞིག་རེད་འདུག(པར་5—94)

སྟག་ལུང་དགོན་པ་ཕུད་དབུས་གཙང་ས་ཁུལ་ལ་བྱ་སྤུ་མའི་བཟོ་ལྟ་ལྡན་པའི་ཨར་སྐྲུན་ཡོད་དམ་མེད་ཟེར་ན་ང་ཚོ་ལྟ་ཞིབ་བྱས་པར་བརྒྱུད་བསམ་ཡས་དགོན་པའི་བྱང་སྒོ་སེམས་སྐྱེད་གླིང་ལྷ་ཁང་གི་རྡོ་རྩིག་དེ་ཡང་བྱ་སྤུ་མའི་རྩིག་པ་ཡིན་པ་ཤེས་རྟོགས་བྱུང་།(པར་5—95) ཞིབ་འཇུག་བྱས་པ་བརྒྱུད་ང་ཚོའི་བསམ་པར་སྤྱི་ལོ་1100ལོར་ར་ལོ་ཙཱ་བས་བསམ་ཡས

དགོན་པར་གཞི་རྒྱ་ཆེ་བའི་ཉམས་གསོ་གནང་སྐབས་ཀྱི་རྡོ་རྩིག་ཡིན་ངེས་རེད། བསམ་ཡས་དགོན་པ་ཐོག་མར་གསར་བཞེངས་གནང་སྐབས་ཨར་སྐྲུན་ཡོངས་རྫོགས་ཀྱང་བརྟུངས་པ་ཤ་སྟག་ཡིན། དེ་ནས་རྗེས་སུ་རྒྱུན་མ་ཆད་པར་ཉམས་གསོ་དང་སྐྱར་གསོ་གནང་བའི་སྐབས་སུ་རྡོ་རྩིག་གི་ཨར་སྐྲུན་ཁ་ཤས་ཐོན་པ་རེད། སེམས་སྐྱིད་གླིང་ནི་བསམ་ཡས་དགོན་པ་ཁྱོན་ཡོངས་ཀྱི་ནང་ནས་རྡོ་རྩིག་ལ་བསྒྱུར་བའི་ཨར་སྐྲུན་སྔ་ཤོས་ཀྱི་གྲས་ཤིག་ཡིན་ཡང་དེ་བས་སྔ་བ་ནི་ཤར་སྒོ་འཛམ་དཔལ་གླིང་ཡིན། ལྷ་ཁང་འདི་ཡི་རྩིག་པ་ནི་ཧ་ལམ་གསང་ཕུ་དགོན་པའི་ལྷ་འདྲེའི་རྩིག་པ་ཟེར་བ་དང་འདྲ་པོ་འདུག སྟག་ལུང་དགོན་པའི་བྱ་ཁྱུ་མའི་རྩིག་པ་རྩིག་སྟངས་དེ་རྡོ་བཟོ་ཆེན་མོ་བ་རྒན་པ་ཚོས་ལག་རྩལ་འདི་རྒྱུན་ཆད་པ་རེད་གསུངས་ཀྱིན་འདུག ཡིན་ན་ཡང་ཉེ་བའི་ལོའི་ནང་གསར་རྒྱག་བྱས་པའི་ཨར་སྐྲུན་ནང་རྩིག་བཟོ་དེ་ཡི་རིགས་ཐོན་སོང་། སྤྱི་ལོ2013ལོར་ཀྲུང་གོ་ནང་བསྟན་མཐུན་ཚོགས་བོད་ལྗོངས་ཡན་ལག་མཐུན་ཚོགས་ནས་བོད་ལུགས་ཨར་སྐྲུན་གྱི་སྔེ་ལེན་ཁང་གསར་པ་ཞིག་རྒྱག་རྒྱུའི་བཀོད་སྒྲིག་གནང་བས་ཨར་སྐྲུན་འཆར་འགོད་ང་རང་གིས་བྱས་པ་ཡིན། མ་གཞི་ནང་གི་སྒྲིག་གཞི་ནི་ལྕགས་རྩིབས་རྡོ་འདག་གི་དེང་རབས་ཀྱི་བཟོ་སྟངས་ཡིན་ན་ཡང་ཕྱི་རྩིག་ནི་ལྷ་སའི་སྲན་རྡོ་བྲུ་བཞིའི་རྩིག་པ་བརྩིག་རྒྱུའི་འཆར་འགོད་བྱས་པ་ཡིན། ཨར་ལས་ནི་ལྷ་ས་སྙེ་ཕྱུགས་ཀུང་སིས་བཟོ་སྐྲུན་འགན་འཁུར་བ་རེད། ཁང་པའི་རྡོ་རྩིག་རྒྱག་རན་དུས་ནང་བསྟན་མཐུན་ཚོགས་ནས་བོད་པ་རྡོ་བཟོ་སློང་དགོས་པའི་རེ་བ་བཏོན་པ་རེད། ཡིན་ནའང་ཨར་ལས་རུ་ཁག་གིས་ཁོ་རང་ཚོའི་རྒྱ་རིགས་ས་ཕག་རྩིག་མཁན་གྱི་ལག་ཤེས་པ་ཁག་ཅིག་ལ་རྡོ་རྩིག་རྒྱག་བཅུག་སོང་། ལས་གྲྭ་རྗེས་ལེན་བྱེད་སྐབས་རྒྱ་རིགས་ས་ཕག་རྩིག་བཟོ་བས་བརྩིགས་པའི་རྡོ་རྩིག་ལྷ་སའི་རྡོ་རྩིག་དང་གཏན་ནས་འདྲ་ཡི་མི་འདུག ཁོ་ཚོའི་རྡོ་རྩིག་སྟངས་དེ་བྱ་ཁྱུ་མའི་རྩིག་སྟངས་ཆགས་འདུག རྡོ་ཆེན་པོའི་བར་ལ་རྡོ་ཆུང་གི་ཅབ་གསོས་གཅིག་ཀྱང་བརྒྱབ་ཡོད་པ་མ་རེད། ག་ཚོད་བལྟས་ན་ཡང་སྟག་ལུང་གི་ལྷ་ཁང་དམར་མོའི་རྡོ་རྩིག་དང་ཧ་ཅང་འདྲ་པོ་འདུག(པར5—96) བརྟག་དཔྱད་བྱས་པ་བརྒྱུད་རྒྱ་རིགས་ལག་ཤེས་པ་དེ་ཚོས་དེ་སྔ་རྡོ་རྩིག་རྒྱག་མྱོང་མེད་ལ་སྟག་ལུང་དགོན་པ་ཡང་མཐོང་མྱོང་མི་འདུག ཁོ་ཚོས་བོད་ལུགས་ཀྱི་ཅབ་གསོས་རྒྱག་རྒྱུའི་རྩིག་པ་རྩིག་ཤེས་ཀྱི་མེད་པས་སྲན་རྡོ་བྲུ་བཞི་དེ་ཚོ་ས་ཕག་ལ་བརྩིས་ནས་རྩིག་པ་བརྩིགས་འདུག་བྱས་ཙང་སྟག་ལུང་དགོན་པའི་ལྷ་ཁང་དམར་པོའི་རྩིག་པ་དང་གཅིག་པ་གཅིག་ཀྲུང་ཆགས་འདུག དེར་བརྟེན་ང་ཚོས་མཇུག་སྡོམ་བྱས་ན་རྡོ་རྩིག་ཐོག་མ་རྒྱག་མཁན་གྱི་བྱེད་སྟངས་དེ་འདྲ་ཞིག་ཡིན་པ་ངོས་འཛིན་བྱས་པ་ཡིན། དེ་ལྟར་ན་སྟག་ལུང་དགོན་པའི་རྡོ་རྩིག་རྒྱག་མཁན་དེ་ཚོ་ཡང་རྡོ་རྩིག་ཐོག་མ་སློབ་མཁན་ཡིན་པ་འདྲ་བསམ་གྱི་ཡོད།

ཕག་མོ་གྲུ་པས་སྲིད་དབང་བཟུང་བའི་རིང་ལ་དབུས་གཙང་ས་ཁུལ་གྱི་རྡོ་རྩིག་གི་ཨར་སྐྲུན་ལ་སྔར་བྱུང་མ་མྱོང་བའི་འཕེལ་རྒྱས་ཆེན་པོ་བྱུང་བ་དང་། རྩིག་བཟོའི་ལག་རྩལ་ཡང་གོང་འཕེལ་ཆེན་པོ་བྱུང་བ་རེད། དབུས་གཙང་ས་གནས་ཁག་ལ་རྫོང་ཁག་སོ་སོའི་མཁར་རྫོང་གསར་སྐྲུན་བྱས་ཏེ་མཁར་རྫོང་20ལྷག་ཙམ་བྱུང་བ་རེད། ལྷ་སའི་དགོན་པ་ཁག་སོ་སོས་ཀྱང་

རྡོ་རྩིག་གི་འདུ་ཁང་དང་གྲྭ་ཤག་སོགས་རྒྱུག་འགོ་ཚུགས་པ་རེད། དེ་ལྟ་བུའི་དཔེ་མཚོན་ཧ་ཅང་མང་པོ་ཡོད། དཔེར་ན་ལྷ་སའི་སེ་འབྲས་དགའ་གསུམ་གྱི་རྡོ་རྩིག་གི་ཨར་སྐྲུན་ཚང་མ་དེ་ཡི་གྲས་ཡིན།(པར5—97) གལ་སྲིད་ང་ཚོས་སྔར་ལས་ལྷག་པའི་སྒོ་ནས་བོད་ལྗོངས་ས་ཁུལ་ཁག་གི་རྫོང་ཁག་སོ་སོའི་མཁར་རྫོང་ཨར་སྐྲུན་གྱི་རྩིག་བཟོའི་ལག་རྩལ་དང་། རྡོའི་རྒྱུ་ཆ་སོགས་ལ་དབྱེ་ཞིབ་བྱས་ན་ཁྱད་པར་ངེས་ཅན་ཡོད་པ་མཐོང་ཐུབ། བྲག་རྡོ་ཡིན་པ་འདྲ་ན་ཡང་ཁྱད་པར་ཅུང་ཙམ་ཡོད། རྩིག་པ་བརྩིགས་ཚར་དུས་ཕྱི་ཡི་རྣམ་པ་ཡང་མི་འདྲ་བའི་རྒྱུ་རྐྱེན་གཙོ་བོ་ནི་རྡོ་བཟོ་ལག་རྩལ་བ་སོ་སོར་ལག་ཤེས་མི་འདྲ་བས་ཡིན། དཔེར་ན་པོ་ཏ་ལའི་ཕོ་བྲང་དཀར་པོ་དང་ཕོ་བྲང་དམར་པོའི་རྩིག་བཟོ་ལག་རྩལ་ལ་ཡང་ཁྱད་པར་ཡོད། ཕོ་བྲང་དམར་པོའི་ཨར་སྐྲུན་གཙོ་བོའི་མདུན་ངོས་ཀྱི་ཤར་ལྷོའི་རྩིག་ཟུར་དང་ལྷོ་ནུབ་ཀྱི་རྩིག་ཟུར་གཉིས་རྩིག་སྟངས་འདྲ་ཡི་མེད། སྡེ་སྲིད་སངས་རྒྱས་རྒྱ་མཚོས་སྤྱི་ལོ1682ལོར་འགོ་བཙུགས་ནས་ཕོ་བྲང་དམར་པོའི་ཨར་སྐྲུན་གཙོ་བོ་བཞེངས་འགོ་བཙུགས་པའི་སྐབས་ལག་རྩལ་རྩེར་སོན་པའི་རྡོ་བཟོ་དབུ་ཆེན་གཉིས་ལ་རྩིག་ཟུར་རེ་འགན་འཁུར་བཅུག་པ་རེད། ཤར་ལྷོའི་ཟུར་དེ་ངོས་འཛམ་ཙམ་བརྩིགས་པ་དང་ལྷོ་ནུབ་ཀྱི་རྩིག་པའི་ཟུར་རྣོ་ཙམ་བརྩིགས་པ་ཡིན་འདུག ཤར་ངོས་ཀྱི་ཆེན་མོ་བས་ཟེར་ན་ང་ཚོས་བརྩིགས་པའི་རྩིག་ཟུར་ངོས་འཛམ་ཙམ་ཡོད་པས་རྩིག་ཟུར་རྩེ་ནས་སྒྲོ་ང་གཅིག་བཏང་ན་སྒྲོ་ང་མ་ཆག་པར་གཤམ་ལ་སླེབས་ཐུབ་པ་དང་། ནུབ་ངོས་ཀྱི་རྡོ་བཟོ་ཆེན་མོ་བས་ང་ཚོས་རྩིག་ཟུར་རྣོ་པོ་བརྩིགས་ཡོད། ལུག་ཤ་ཕོག་གཅིག་རྩིག་པའི་རྩེ་ནས་མར་བཏང་ན་གཤམ་ལ་སླེབས་དུས་ཤ་ཕོག་གཉིས་ལ་འགྱུར་ཐུབ་ཅེས་བཤད་པ་རེད་ཟེར། འདི་ནི་ལྷ་སའི་དམངས་ཁྲོད་དུ་དར་བའི་ཕོ་བྲང་པོ་ཏ་ལ་བཟོ་སྐྲུན་བྱས་པའི་ཆེ་བསྟོད་ཀྱི་ཁ་རྒྱུན་ཡིན་ཡང་། ང་ཚོས་དོན་དངོས་ལ་ལྟ་ཞིབ་བྱེད་སྐབས་ཁག་སོ་སོར་མི་འདྲ་བའི་ལག་ཤེས་ཡོད་པ་མཐོང་ཐུབ། གང་ལྟར་ཞེ་ན་སྐབས་དེར་སྔོན་རྡོ་གཤག་པའི་ལག་རྩལ་བྱུང་མེད་པས་རྩིག་རྡོ་གྲུ་བཞི་མེད། བོད་སྤྱོད་བྱ་རྒྱུའི་རྡོ་ནི་བྲག་རི་ནས་བསྡོགས་ཡོང་བ་ཡིན་པས་རྡོ་རྡོག་རྡོག་དང་རྡོ་ལེབ་ལེབ་སོགས་འདྲ་མིན་སྣ་ཚོགས་ཡོད། རྡོ་དེ་ཚོ་ཅི་འདྲ་བྱས་ནས་བརྩིག་རྒྱུ་རྡོ་བཟོ་སོ་སོར་རྩིག་སྟངས་མི་འདྲ་བ་ཡོད། སྐབས་དེར་ཁྱབ་ཆེ་བ་ནི་སྤྱི་ལོ་དུས་རབས་བཅུ་བདུན་པའི་སྐབས་གསར་རྒྱག་བྱས་པའི་པོ་ཏ་ལའི་རྩིག་བཟོའི་ལག་རྩལ་དེ་ཡིན། དམངས་ཁྲོད་ཁ་རྒྱུན་ལ་ཡོད་པའི་རྡོ་ཆེན་གཅིག་ལ་རྡོ་ཆུང་བརྒྱ་ཟེར་བའི་རྩིག་སྟངས་འདི་ཡིན།(པར5—98) དེ་ལྟར་རྡོ་ཆེན་རྐྱང་པས་བརྩིགས་ན་རྩིག་པ་མགྱོགས་པོ་ལོན་ཐུབ་ཀྱི་ཡོད་ནའང་རྡོ་ཆེན་དེ་ཚོ་བརྟན་པོ་ཡོང་དགོས་ན་རྡོ་ཆུང་མང་པོས་ཅབ་གསོས་རྒྱག་དགོས་པ་དེ་ཡིན། རྡོ་ཆེན་བར་ལ་སྟོང་ཆ་འཇོག་རྒྱུ་མེད།

གོང་དུ་བཤད་པའི་ལྷ་འདྲེའི་རྩིག་པ་དང་བྱ་སྤུ་མའི་རྩིག་པ་དེ་གཉིས་ལ་རྡོ་ཆུང་གི་ཅབ་གསོས་བརྒྱབ་མེད་པ་སྟེ་སྐབས་དེར་ཁོ་ཚོས་ཅབ་གསོས་རྒྱག་ཤེས་ཀྱི་མེད། ཀློག་པ་པོས་གོང་གསལ་ས་ཆ་དེ་ཚོར་ཕེབས་མ་ཐུབ་ནའང་པར་ལ་གཟིགས་ན་མཁྱེན་ཐུབ་ཀྱི་རེད། ཕག་གྲུའི་དུས་རབས་སུ་གསར་སྐྲུན་བྱས་པའི་གཞིས་རྩེ་བསམ་གྲུབ་རྩེ་ཕོ་བྲང་གི་མཁར་རྫོང་ལ་རྡོ་ཆུང་

ཅན་གསོས་རྒྱག་པའི་ལག་རྩལ་བེད་སྤྱོད་བྱས་འདུག དེ་ནི་རྩིག་བཟོའི་ལག་རྩལ་གོང་འཕེལ་ཆེན་པོ་བྱུང་བ་ཞིག་ཡིན་ལ་རྩིག་པའི་སྲ་བརྟན་རང་བཞིན་ཡང་ཡག་ཏུ་གྱུར་ཡོད་པ་ཞིག་ཡིན།

ད་དུང་རྩིག་པ་རྩིག་སྟངས་གཞན་ཞིག་ནི་རྩིག་པའི་ནང་རྡོ་ཆེན་པོ་མི་གཏོང་བར་རྩིག་པ་ཚང་མ་རྡོ་ལེབ་ཀྱང་པས་བརྩིགས་ཤིང་རྡོ་ལེབ་རིང་ཙམ་ཡོད་ན་དེ་བས་ཡག གང་ལྟར་རྩིག་པ་ཡོངས་རྫོགས་རྡོ་ལེབ་ཀྱིས་བརྩིགས་པ་ཤ་སྟག་ཡིན། རྩིག་པ་འདི་རིགས་ནི་གཙང་གམ་པ་རྫོང་གི་མཁར་རྫོང་གི་ཨར་སྐྲུན་དང་སྔོ་ཁ་སྨིན་གྲོལ་གླིང་དགོན་པའི་རྣམ་རྒྱལ་ཕོ་བྲང་གི་རྩིག་པ་བཅས་རེད། གཞན་ཡང་ཁམས་ཁུལ་མི་ཉག་དང་མདོ་སོགས་ཀྱི་མཁར་རྫོང་དང་གནའ་བོའི་དམངས་ཁང་ཁག་ཅིག་གི་རྩིག་པ་ཡང་དེ་འདྲ་རེད་འདུག རྡོ་དེ་ཚོག་ས་གང་ནས་སྒྲུག་ཡོང་བ་ཡིན་པས་སྒྲུག་རྡོ་ཡང་ཟེར་གྱི་ཡོད།(པར 5—99) ས་ཆ་མང་པོ་ལ་བྲག་རི་མེད་པ་དང་བྲག་ཡོད་ན་ཡང་སྐབས་དེར་བྲག་སྟོག་མི་ཚོག་པས་རྡོ་བསྒྲུག་པར་གང་སར་འགྲོ་དགོས་ཀྱི་ཡོད། དེ་ལྟ་བུའི་རྡོ་ལེབ་ཀྱི་རྩིག་པ་ནི་ཤིན་ཏུ་བརྟན་པོ་ཡོད། སྒྲུག་རྡོ་དབོར་འདྲེན་ཡང་སྟབས་བདེ་པོ་ཡིན་ཡང་རྩིག་པ་རྩིག་དུས་དུས་ཚོད་མང་པོ་འགོར་གྱི་ཡོད།

མཆོད་བོད་མཐོ་སྒང་ཡོངས་ལ་ཉེ་བའི་ལོ་རབས་ནང་རྡོ་རྩིག་གི་ཨར་སྐྲུན་དར་ཁྱབ་ཆེ་ཤོས་བྱུང་བ་ལྷ་ས་གྲོང་ཁྱེར་གཙོ་བོ་ཡིན་པ་དང་། གཞིས་རྩེ་དང་རྒྱལ་རྩེ་ལ་ཡང་རྡོ་རྩིག་ཨར་སྐྲུན་གང་འཚམས་བྱུང་ཡོད། མཐའ་མཚམས་ས་ཁུལ་གཙོ་བོ་སྔོ་བྲག་རྫོང་ལ་ཁྱབ་སྤེལ་བྱུང་བ་ལས་ཆ་ཚང་རྡོ་རྩིག་ཡིན་པའི་ས་ཆ་དེ་ཙམ་མེད། རྡོ་རྩིག་གི་ཨར་སྐྲུན་ནི་གྲུང་སའི་ཨར་སྐྲུན་ལས་ཐུས་ཚད་མཐོ་བའི་ཨར་སྐྲུན་གྱི་གྲས་ཤིག་ཡིན་གཤིས་དེ་སྔ་གྲུང་ཁང་ཁྱབ་དར་འགྲོ་བ་ལྟར་ཁྱབ་ཆེན་པོ་དང་གོང་འཕེལ་མགྱོགས་པོ་ཕྱིན་མེད་པར་རྡོ་རྩིག་རིམ་བཞིན་འཕེལ་རྒྱས་འགྲོ་བའི་བརྒྱུད་རིམ་ཞིག་བརྒྱུད་འདུག གང་ལྟར་དབུས་གཙང་ས་ཁུལ་ཚང་མར་ཨར་སྐྲུན་གསར་པ་འདི་རྒྱུག་འགོ་བཙུགས་པ་དཔེར་ན་བསམ་ཡས་དགོན་པའི་གླིང་ཕྲན་ཁག་གི་ལྷ་ཁང་རྣམས་ཉམས་གསོ་བྱེད་པའམ་གསར་རྒྱག་བྱེད་དུས་ཚང་མ་རྡོ་རྩིག་ལ་བསྒྱུར་བ་ལྟ་བུ་རེད། དེར་བརྟེན་ད་ལྟ་བསམ་ཡས་དགོན་པ་ཡོངས་ལ་དབུ་རྩེའི་ལྷ་ཁང་མ་གཏོགས་གྲུང་སའི་ཨར་སྐྲུན་མཐོང་རྒྱུ་མེད། གྲུང་སའི་ཨར་སྐྲུན་ཆ་ཚང་བ་ཡིན་པའི་ས་སྐྱ་དགོན་པའི་ལྷ་ཁང་སྔོ་མ་ཡང་དུས་རབས་གོང་མའི་ལོ་རབས་ལྔ་བཅུའི་ནང་རྡོ་རྩིག་གི་དགོན་པའི་བདག་གཉེར་ཁང་ཞིག་བརྒྱབ་པ་རེད། སྤུ་རྒྱལ་དུས་མཇུག་ཏུ་གསར་རྒྱག་བྱས་པའི་གཞིས་ཀ་རྣམ་སྲས་གླིང་གི་མ་ཁང་འདི་ཕག་གྲུའི་སྐབས་ཉམས་གསོ་བྱེད་པའི་སྐབས་སུ་མ་ཁང་ཤར་ངོས་ཀྱི་ཁང་པ་ཕྱེད་ཀ་རྡོས་བརྩིགས་པས་ད་ལྟ་མཐོང་རྒྱུ་ཡོད་པའི་ཕྱེད་ཀ་གྲུང་ཁང་དང་ཕྱེད་ཀ་རྡོ་རྩིག་ཡིན་པའི་གྲུང་དང་རྡོ་རྩིག་འདྲེས་མའི་ཨར་སྐྲུན་འདི་ཆགས་པ་རེད།

ཕག་གྲུའི་སྐབས་དབུས་གཙང་ས་ཁུལ་ལ་མཁར་རྫོང་གི་ཨར་སྐྲུན་ཉི་ཤུ་ལྷག་ཙམ་གསར་སྐྲུན་བྱས་པ་ནི་རྡོ་རྩིག་གི་ཨར་སྐྲུན་ཁྱབ་དར་བཏང་བའི་ནང་གཞི་རྒྱ་ཆེ་ཤོས་དང་། ཁྱབ་ཆེ་ཤོས། ལག་རྩལ་གྱི་ཚད་བྱ་མཐོ་ཤོས་བཅས་ཡིན། གང་ཡིན་

ཟེར་ན་མཁར་རྫོང་ཚང་མ་རིའི་སྟེང་དུ་བརྒྱབ་པ་ཡིན་ཙང་སྲུས་ཚད་ཀྱི་རེ་བ་ཡང་མཐོ་ཤོས་ཡིན། ཐེངས་དེའི་གཞི་རྒྱ་ཆེ་བའི་ཨར་ལས་བརྒྱུད། རྡོ་རྩིག་ལག་རྩལ་སྔར་ལས་ལྷག་པའི་གོང་མཐོར་ཕྱིན་པ་རེད། མཁར་རྫོང་གི་ཨར་སྐྲུན་དེ་ཚོ་ཕུད་རྡོ་རྩིག་གི་ཨར་སྐྲུན་མང་ཤོས་བྱུང་ས་ནི་ལྷ་སའི་དགོན་ཆེན་གསུམ་སོགས་དགོན་པ་ཁག་སོ་སོའི་ཨར་སྐྲུན་ཡིན། གོང་གསལ་གྱི་རྡོ་རྩིག་ཨར་སྐྲུན་དེ་ཚོ་ཚང་མར་བྲག་རི་ནས་དབོར་ཡོང་བའི་སྔོ་རྡོ་ཤ་སྟག་ཡིན། ས་གཞིས་ཆེད་ལས་པས་བྲག་ལེབ་རྡོ་ཟེར་གྱི་འདུག དེ་ལྟ་བུའི་བྲག་རྡོ་དེ་མཚོ་བོད་མཐོ་སྒང་གང་སར་ཡོད། ཡིན་ནའང་བྱང་ཐང་གི་བྲག་རྡོ་ཚང་མ་ས་འོག་ཏུ་གནས་པས་མཐོང་རྒྱུ་མེད་ལ་འབྲོག་ས་ལ་རྫུ་ཐང་ཡང་སྟོག་ཆོག་གི་མ་རེད། གལ་ཏེ་འབྲོག་སར་རྡོ་ཡི་ར་བཙིག་དགོས་ན་ཆུ་འགྲམ་ནས་ཆུ་རྡོ་དབོར་ཡོང་ནས་བརྩིག་རྒྱུ་རེད། མདོར་བསྡུས་ནས་བཤད་ན་མཚོ་བོད་མཐོ་སྒང་ལ་ཡོད་པའི་རྡོ་རྩིག་ཨར་སྐྲུན་མང་ཆེ་བ་ནི་བྲག་རྡོ་བེད་སྤྱད་ནས་བསྐྲུན་པ་ཤ་སྟག་ཡིན།

རྡོ་རྩིག་ཨར་སྐྲུན་གཞན་ཞིག་ནི་ཆུ་རྡོའི་རྩིག་པ་ཡིན། ཡིན་ན་ཡང་རྡོ་འབེལ་པོ་ཡོད་པའི་ལྷ་ས་དང་མི་ཉག་གི་ས་ཆ་སོགས་ལ་ཆུ་རྡོ་ནི་རྩིག་པ་རྩིག་མི་ཆོག་པའི་ཁོངས་སུ་འཛོག་གི་རེད། རྡོ་རིལ་རིལ་གྱིས་རྩིག་པ་དཀྲུག་ཟེར་སྲོལ་ཡོད་པ་ལྷ་ས་སོགས་སུ་རྩིག་པ་རྩིག་དུས་རྡོ་རྩིག་གི་ཕྱི་ངོས་ལ་ཆུ་རྡོ་ཧྲང་གཅིག་ཀྱང་ཡོད་མི་ཆོག་པ་མ་ཚད་རྩིག་པའི་ནང་གི་ཁོག་རྐྱང་ནང་ལ་ཡང་ཆུ་རྡོ་ཧྲང་གཅིག་ཀྱང་གཏོང་གི་མེད། དེ་ནི་རྡོ་བཟོ་དགེ་སློབ་ཆོས་ལྷག་པར་གཟབ་ནན་བྱེད་དགོས་པ་ཞིག་ཡིན། འོན་ཀྱང་ས་ཆ་ཁ་ཤས་ལ་ཆུ་རྡོས་གཙོ་བོ་བྱས་ནས་བརྩིགས་པའི་ཁང་པ་དང་ལྕགས་རི་སོགས་ཡོད་པ་མ་ཚད་རྩིག་པ་ཧ་ཅང་བརྟན་པོ་ཡིན་ལ་སྙིང་རྗེ་པོ་ཡང་འདུག ཆུ་རྡོ་རྐྱང་པས་བརྩིགས་པའི་ཨར་སྐྲུན་གཅིག་ནི་ལྷོ་ཁ་ས་ཁུལ་གྱི་རྒྱ་ཚ་རྫོང་གི་དྭགས་ལྷ་སྒམ་པོ་དགོན་གཞམ་ཡར་ཀླུངས་གཙང་པོའི་བྱང་ངོས་སུ་དཔལ་ལྕགས་རི་ཟེར་བའི་དགོན་ཤུལ་ཞིག་འདུག(པར5—100) དེའི་སྐོར་གྱི་ལོ་རྒྱུས་ཡིག་ཆ་རྙེད་མ་བྱུང་མོད། ས་ཆ་དེ་ཡི་ཁ་རྒྱུན་ལ་དྭགས་པོ་ལྷ་རྗེ་སྤྱི་ལོ1121ལོར་དྭགས་ལྷ་སྒམ་པོ་ཕྱག་མ་བཏབ་གོང་དཔལ་ལྕགས་རི་དགོན་པར་བཞུགས་སྒྲོང་བ་རེད་ཟེར་སྲོལ་འདུག དེས་མ་ཚད་ང་ཚོ་ཆེད་ལས་པས་དཔྱད་ཞིབ་བྱས་ནས་གནའ་བོའི་དགོན་སྙིང་ཞིག་ཡིན་པའི་ངོས་འཛིན་བྱུང་ཡོད།

རྒྱ་ཚ་རྫོང་ནས་ཡར་ཀླུངས་གཙང་པོ་བརྒྱུད་ཤར་ཕྱོགས་ལ་སྤྱི་ལེ120ཙམ་བསྐྱོད་ན་ཉིང་ཁྲི་ས་ཁུལ་གྱི་སྣང་རྫོང་ལ་སླེབས་ཀྱི་རེད། རྫོང་གི་གཙང་པོའི་བྱང་ངོས་སུ་ད་ལྟའི་དཔལ་རི་ཆོས་སྡེ་དགོན་ཡོད། དེ་ནས་ནུབ་ངོས་སྤྱི་ལེ10ཙམ་གྱི་ཡར་ཀླུངས་གཙང་པོའི་བྱང་འགྲམ་གྱི་ཐང་སྟོང་དུ་དགོན་པའི་ཤུལ་ཞིག་འདུག ལོ་རྒྱུས་ཡིག་ཆ་དང་ས་ཆ་དེ་གའི་ཁ་རྒྱུན་བཅས་ལས་དགོན་པ་འདི་ནི་དཔལ་རི་ཆོས་སྡེ་རྙིང་པ་རེད་ཟེར་གྱི་འདུག སྤྱི་ལོའི་དུས་རབས་བཅུ་གསུམ་པའི་མཇུག་ཙམ་ལ་ཡོན་རྒྱལ་རབས་ཀྱི་དམག་དཔུང་ཡར་ཀླུངས་གཙང་པོ་བརྒྱུད་ནས་དགོན་པ་དེར་སླེབས་འདུག ས་གནས་དེ་གའི་རྒན་རབས་ཚོས་ང་ཚོ་ལ་སྨྲ་མོ་ནས་ཁ་རྒྱུན་དེ་འདྲ་ཡོད་དེ་སྨྲ་མོ་སོག་པོའི་དམག་དཔུང་འཁྱོར་དུས་དགོན་པས་འབྲུ་རིགས་དང་གཡག་ཤ

ལུག་ཤ་སོགས་འབུལ་ཚན་རྡོ་གཅལ་དུ་སྤྲུངས་ནས་བཞག་ཉུང་སོག་པོའི་དམག་གིས་དགོན་པ་མེ་ལ་བསྲེགས་པ་རེད་ཟེར་སྲོལ་ཡོད་ཅེས་ཟེར་བྱུང་། ང་ཚོས་དབྱེ་ཞིབ་བྱེད་དུས་རྗེ་ཙོང་ཁ་པས་སྐུ་ཚེ་གཅིག་གི་རིང་མཛད་རྗེས་ཆེན་པོ་བཞི་འཛོག་གནང་བའི་གཅིག་ནི་ལྷོ་ཁ་ཟངས་རི་རྫོང་གི་རྫིང་ཆུའི་བྱམས་པ་ཆེན་པོ་ལྷ་ཁང་དང་བཅས་པ་སྤྱ་མོ་སོག་པོའི་དམག་གིས་མེ་སྲེག་བཏང་བ་དེ་རྗེ་རིན་པོ་ཆེ་ནས་ཉམས་གསོ་མཛད་པ་ཞེས་རྣམ་ཐར་ནང་གསལ་པོ་འཁོད་ཡོད་པས་སོག་པོའི་དམག་ཡར་ཀླུངས་གཙང་པོ་བརྒྱུད་ནས་འགྲོ་སྐྱོད་བའི་ར་འཕྲོད་བྱུང་བ་རེད།

སྣང་རྫོང་གི་དགོན་ཤུལ་འདི་དང་དཔལ་ལྷུགས་རི་གཉིས་ག་ཆུ་རྡོ་རྐྱང་པས་བརྩིགས་པ་ཡིན་ལ་སྣང་རྫོང་དགོན་ཤུལ་གྱི་ལྷུགས་རིའི་ཕྱི་ལ་ལྷ་ཁང་ཐོག་སོ་གསུམ་བྱས་པ་ཞིག་འདུག་པ་དེ་ཡང་ཆུ་རྡོས་བརྩིགས་པ་འདྲ་འདྲ་རེད། ལྷ་ཁང་གི་ཐོག་བརྩིགས་གསུམ་པར་ལྡེབས་རིས་ཀྱི་ཤུལ་ཡང་མཐོང་རྒྱུ་འདུག(པར5—101)

དགོན་པ་རྙིང་པའི་ཤུལ་འདི་གཉིས་ནི་ཆུ་རྡོས་བརྩིགས་པའི་ཨར་སྐྲུན་གྱི་དཔེ་མཚོན་གསལ་པོ་ཞིག་ཡིན། ད་ལྟའི་བར་མ་མཐའ་ཡང་ལོ་རྫོ800ལྷག་གི་ལོ་རྒྱུས་ཡོད་ངེས་རེད། ཡིན་ན་ཡང་རྗེས་ཤུལ་གྱི་རྩིག་པ་ཞིག་རོ་དེ་ཚོ་སྡུར་བཞིན་སྲ་ཞིང་བརྟན་པ་འདུག རྩིག་པའི་འདག་པ་ཡང་སྦྱིར་བཏང་གི་ས་དམར་རང་འདུག གཙོ་བོ་ནི་རྩིག་བཟོའི་ལག་རྩལ་དཔེ་མེད་ཀྱིས་ཡག་པོ་རེད། ཆུ་རྡོ་རིལ་རིལ་དེ་ཚོས་རྩིག་པ་དེ་འདྲ་བརྟན་པོ་དང་ངོས་སྙོམས་པོ་དེ་འདྲ་སྦྱིར་བཏང་མི་ཚོའི་བསམ་པ་ལ་འཁོར་མི་ཐུབ་པ་ཞིག་རེད། ཡར་ཀླུངས་གཙང་པོའི་འགྲམ་ལ་ཆུ་རྡོ་དེ་འདྲ་ག་ཚོད་སྦྲུག་སྦྲུག་རེད། ཁོ་ཚོས་ས་ཆ་དེ་རང་གི་རྒྱུ་ཆ་བེད་སྤྱོད་ནས་དམིགས་བསལ་གྱི་རྡོ་རྩིག་གཅིག་གསར་གཏོད་བྱས་པ་འདི་ནི་ས་མཐོའི་རྡོ་རྩིག་ཨར་སྐྲུན་ལ་ཕྱོགས་བསྡོམས་བྱེད་སྐབས་ཀྱི་ལག་རྩལ་གྱི་ཆུ་ཚད་མཐོ་ཤོས་དང་དམིགས་བསལ་གྱི་ཁྱད་ཆོས་ལྡན་པ་ཞིག་རེད། རྒྱ་ཚ་རྫོང་གི་དཔལ་ལྷུགས་རིའི་གནའ་ཤུལ་གཡས་གཡོན་ཞིང་གྲོང་གི་ཁང་པའི་ས་ཕག་རྩིག་པའི་རྩིག་རྨང་དང་། ཁང་པའི་རྡོ་བཀྱག་ཚང་མ་ཆུ་རྡོས་བརྩིགས་པ་ཤ་སྟག་རེད་འདུག དེར་བརྟེན་གཙང་པོའི་འགྲམ་གྱི་གྲོང་མི་ཚོ་ལ་ལོ་རྒྱུས་ཐོག་ནས་ལག་རྩལ་འདི་ཡོད་པ་ར་འཕྲོད་གསལ་པོ་བྱུང་སོང་།

གཞན་ཡང་ཆབ་མདོ་ས་ཁུལ་བྲག་གཡབ་རྫོང་བྱམས་མདུན་གྲོང་རྡལ་ནི་ས་ཆ་རིམ་བཞིན་མཐོ་རུ་སོང་བའི་འབྲོག་ས་རྩྭ་ཐང་གིས་ཁེངས་པའི་རི་འདབས་སུ་ཆགས་ཡོད་པས་བྲག་རྡོ་མཐོང་རྒྱུ་མེད། བྱམས་མདུན་དགོན་པ་དང་གྲོང་རྡལ་ནི་བྱམས་མདུན་གཙང་པོའི་འགྲམ་ལ་གནས་ཡོད། ཆུ་འགྲམ་ལ་ཆུ་རྡོས་ཁེངས་ཡོད། གཞི་རྒྱ་ཆེ་བའི་དགོན་པ་དང་དམངས་ཁང་མང་ཆེ་ཤོས་ཀྱང་སའི་ཨར་སྐྲུན་ཡིན། ཡིན་ནའང་རྩིག་རྨང་ཡོངས་རྫོགས་ཆུ་རྡོས་བརྩིགས་པ་རེད། ད་དུང་མི་སེར་ཁང་པ་ཁ་ཤས་ཀྱི་འོག་ཐོག་ཆུ་རྡོས་བརྩིགས་འདུག དེར་བརྟེན་ས་ཆ་འདི་ཡང་ཆུ་རྡོའི་རྩིག་པ་ཡོད་པའི་ས་ཆ་རེད་འདུག

གཞིས་རྩེ་གྲོང་ཁྱེར་གྱི་གྲོ་མོ་རྫོང་གི་ཕག་རི་གྲོང་རྡལ་ལ་ལོ་རྒྱུས་ཐོག་ཕག་རི་རྫོང་གི་མཁར་རྫོང་རྒྱ་ཆེན་པོ་ཡོད། གཞི་

རྒྱ་ཆེ་བའི་ཨར་སྐྲུན་ལྦུ་ཚོགས་འདི་ཐང་སྟེང་དུ་བཟོ་སྐྲུན་བྱས་པ་ལས་རི་འགོ་ལ་བསྐྲུན་པ་ཞིག་མ་རེད། སྤྱི་ལོའི་དུས་རབས་ཉི་ཤུ་པའི་དུས་འགོར་དབྱིན་ཇི་བཙན་རྒྱལ་རིང་ལུགས་པས་བཙན་འཛུལ་བྱེད་སྐབས་གཏོར་སྐྱོན་ཆེན་པོ་ཐེབས་ནས་ད་ལྟ་མེད་པ་ཆགས་པ་རེད། ཡིན་ནའང་ང་ཚོས་པར་རྙིང་པའི་ཐོག་ནས་མཁར་རྫོང་གི་ལྷུགས་རི་ཚང་མ་ཚུ་རྡོས་བརྩིགས་ཡོད་པ་མཐོང་རྒྱུ་འདུག ཕག་རི་འི་དམངས་ཁང་ལོ་རྒྱུས་ཐོག་སྤྱང་རྡོག་གིས་བརྩིགས་པ་ཡིན་ཡང་ཁང་པའི་རྩིག་རྨང་ཚུ་རྡོས་བརྩིགས་འདུག ད་དུང་མཚོ་སྔོན་པོ་དང་ཀན་ལྷོའི་འབྲོག་སའི་དགུན་མཚེར་གྱི་རྩིག་རྨང་དང་ར་སྐོར་ཐམས་ཅད་ཚུ་རྡོས་བརྩིགས་པ་བཅས་ཞིབ་ཚགས་སྒོ་ནས་ལྟ་ཞིབ་བྱས་ན་ཚུ་རྡོ་བེད་སྤྱོད་པའི་ཨར་སྐྲུན་མི་ཉུང་བ་འདུག ཡིན་ན་ཡང་ད་བར་སྤྱིར་བཏང་གི་མི་ཕར་བཞག ཨར་སྐྲུན་གྱི་ཆེད་ལས་པ་མང་པོ་ཞིག་གིས་ཀྲུང་བོད་རིགས་ཨར་སྐྲུན་ནང་ད་དུང་ཚུ་རྡོས་བརྩིགས་པའི་རྡོ་རྩིག་ཨར་སྐྲུན་ཡོད་པ་རྒྱུས་མངའ་མེད། དེར་བརྟེན་ལོ་རྒྱུས་ལ་ཞིབ་རྟོགས་བྱེད་མཁན་དང་བོད་རིགས་ཀྱི་གནའ་བོའི་ཨར་སྐྲུན་ལ་ཞིབ་འཇུག་བྱེད་མཁན་ཚོས་དེ་ལྟ་བུའི་དམིགས་བསལ་གྱི་སྲོལ་རྒྱུན་ལག་རྩལ་ཞིག་ཡོད་པ་ཡིན་གཅིག་ཤེས་དགོས།

བོད་རིགས་ཨར་སྐྲུན་གྱི་རྡོ་ཡི་རྒྱུ་ཆ་རིགས་གསུམ་པ་ནི་སྲན་རྡོ་ཡིན། གོང་དུ་བཤད་ཟིན་པའི་རྡོ་རྩིག་ཨར་སྐྲུན་ནང་སྲན་རྡོ་རྡོག་གཅིག་ཀྱང་འདྲེས་མེད་ཟེར་བ་མིན། རི་ཡི་སྐད་ནས་རྡོ་དབོར་ཡོང་དུས་སྲན་རྡོ་རེ་གཉིས་དབོར་ཡོང་སྲིད་ཀྱི་རེད། སྔ་པ་ཕག་གྲུའི་སྐབས་ཀྱི་རྫོང་མཁར་གྱི་ཨར་སྐྲུན་དང་། དེ་རྗེས་པོ་བྲང་པོ་ཏ་ལའི་རྩིག་ཟུར་རྩིག་དུས་རྩིག་ཟུར་འགན་ལེན་མཁན་རྡོ་བཟོ་ཆེན་མོ་བས་ཟུར་རྡོ་བཟོས་པའི་ནང་སྲན་རྡོ་ཁ་ཤས་གཏོང་སྲིད་ཀྱི་རེད། ཡིན་ནའང་སྐབས་དེར་སྲན་རྡོ་གཤག་རྒྱུའི་ལག་རྩལ་མེད་པས་སྲན་རྡོ་ཕ་བོང་ཆེན་པོ་བེད་སྤྱོད་གཏོང་ཐུབ་ཀྱི་མེད།

སྤྱི་ལོ1912ལོ་ཙམ་ལ་ཏྭ་ལའི་བླ་མ་སྐུ་ཕྲེང་བཅུ་གསུམ་པས་རྒྱ་གར་ནས་རྡོ་གཤག་ལག་རྩལ་ཤེས་མཁན་ཀས་པོ་གཅིག་ཁྲིད་ཕེབས་པ་དེའི་མིང་ལ་ས་རྟག་ལགས་ཟེར་གྱི་ཡོད། ཏྭ་ལའི་བླ་མ་སྐུ་ཕྲེང་བཅུ་གསུམ་པས་ཚུ་ཤུར་རྫོང་ཁོངས་གནམ་གྲོང་ཚོའི་མི་སེར་ལ་རྡོ་གཤག་ལག་རྩལ་སྦྱོང་བཅུག་པ་དེ་ནི་ལོ་རྒྱུས་ཐོག་མི་ཚོས་དོན་དངོ་མའི་ཐོག་ནས་རྡོ་གཤག་འགོ་བཙུགས་པ་ཞིག་སྟེ་མཐོ་སྒང་གི་ལག་རྩལ་གསར་པ་ཞིག་ཡིན། དེ་ཡང་རྡོ་རྩིག་ཨར་སྐྲུན་ལ་རྒྱུ་ཆ་གསར་པ་ཞིག་བྱུང་བ་དང་ད་བར་མི་ལོ་100ལྷག་ཙམ་གྱི་ལོ་རྒྱུས་ཡོད།

གནམ་གྲོང་ཚོའི་གྲོང་མི་ཚོས་རྡོ་གཤག་གི་ལག་རྩལ་སྦྱངས་པའི་རྗེས་སུ་ལྷ་ས་བ་ཚོས་རྡོ་གཤག་མཁན་ལ་གནམ་པ་ཞེས་འབོད་ཅིང་རིམ་བཞིན་རྡོ་གཤག་མཁན་གྱི་མིང་ལ་གྱུར་པ་ད་ལྟར་ལྷ་ས་བས་རྡོ་གཤག་མཁན་ལ་གནམ་པ་ཞེས་ཟེར་གྱི་ཡོད། གཤག་པའི་རྡོ་ནི་ཆ་ཚད་སྤྱིར་བཏང་གཅིག་གྱུར་ཡིན་པ་རྒྱ་དཔངས་གཉིས་ལ་ལི་སྨིད20རེ་དང་། རིང་ཚད་ལི་སྨིད40ཙམ། ཡང་རིང་ཚད་ལི་སྨིད50དང་རྒྱ་དཔངས་གཉིས་ལི་སྨིད30བྱས་པ་ཡང་ཡོད།（པར5—102） རྩིག་པ་རྩིག་དུས་རྡོ་ཚུང་

ཅན་གསོས་རྒྱག་སྟངས་གཅིག་མཚུངས་ཡིན། རྩིག་པ་འདི་ཕྱི་ངོས་སྙོམས་པོ་དང་། མཛེས་པོ་ཡོད་པ་བཅས་ཡིན་པས་རྡོ་རྩིག་ཨར་སྐྲུན་གྱི་སྲུས་ཚད་མཐོ་རུ་ཕྱིན་པ་དང་ཕྱོགས་མཚུངས་གོང་ཚད་ཀྱང་མཐོ་རུ་ཕྱིན་ཡོད། དེར་བརྟེན་དུས་རབས་གོང་མའི་ལོ་རབས་སུམ་ཅུ་དང་བཞི་བཅུའི་སྐབས་ས་གནས་སྲིད་གཞུང་དང་། དགོན་པ་ཁག སྐུ་དྲག་ཁྱིམ་ཚང་ཁ་ཤས་ནས་ཁང་པ་གསར་པ་རྒྱག་དུས་རྩིག་རྡོ་འདིའི་རིགས་བེད་སྤྱོད་བྱས་འདུག འོན་ཀྱང་རིན་གོང་ཆེ་པོ་ཡོད་པ་མིས་དམངས་ཁྲོད་ལ་བེད་སྤྱོད་བྱ་ཐུབ་མཁན་དེ་ཙམ་མེད།（པར་5—103）

དེ་ལྟར་རྡོ་གྲུ་བཞིའི་རྩིག་པ་དང་གོང་དུ་བཤད་པའི་ བྲག་རྡོའི་རྩིག་པ་གཉིས་དཔྱད་བསྡུར་བྱས་ན་རྩིག་པའི་ཕྱི་ངོས་སྙོམས་པོ་དང་མཛེས་པོ་ཡོད་པ་ལ་བལྟས་ན་རྡོ་གྲུ་བཞིའི་རྩིག་པ་ཡག་པོ་ཡོད། འོན་ཀྱང་རྩིག་པ་རང་གི་རྡོག་སྒྲིལ་རང་བཞིན་དང་སྲ་བརྟན་རང་བཞིན་ཐད་ནས་བཤད་ན་བྲག་རྡོའི་རྩིག་པ་དེ་བས་བརྟན་པོ་ཡོད། རང་ཉིད་ཀྱིས་ཞིབ་བྲང་པོ་ཏ་ལ་སོགས་གནའ་བོའི་ཨར་སྐྲུན་མང་པོ་ཞིག་སླར་གསོ་བྱེད་པའི་ལས་གྲྭའི་ནང་ཞུགས་པ་བརྒྱུད་གོང་གི་སྟོམ་ཚོག་དེ་འདྲ་ཞིག་ཐོབ་པ་རེད། ཉམས་གསོ་བྱེད་སྐབས་རྩིག་པ་གས་སྲུབས་འགྲོ་བ་དག་ལ་ལྟ་ཞིབ་བྱེད་པ་དང་། རྩིག་པ་རྙིང་པ་ཞིག་རལ་སོང་བ་རྣམས་ཡང་བསྐྱར་ཞིག་གསོ་བྱས་པའི་ནང་བྲག་རྡོའི་རྩིག་པ་མང་པོ་ཡོད་ལ། ཉེ་བའི་དུས་རབས་ནང་བྱུང་བའི་སྒྲན་རྡོ་གྲུ་བཞིའི་རྩིག་པ་ཡང་ཡོད། བྲག་རྡོའི་རྩིག་པ་རྩིག་དུས་རྡོ་ཆེན་ཡོད་ལ་རྡོ་ཆུང་ཡང་ཡོད། རྩིག་པ་བརྩིག་རྒྱུ་ཡང་རིམ་པ་རེ་རེ་བཞིན་བརྩིག་དགོས་པ་ཡིན་ཡང་དེ་ནི་ཨར་ལས་འགྲོ་སྟངས་ཐད་རིམ་པ་བཞིན་བརྩིགས་པ་ལས་རྩིག་རྡོ་རང་གི་སྒྲིག་གཞིའི་ཐོག་ནས་བཤད་ན་ལེབ་ངོས་ཐད་སྲུབས་ག་བཞག་མེད་པར་ཟ་ཐབས་ལྟ་བུ་ཡིན། རྩིག་པ་འདི་ཡི་རིགས་ལ་བར་སྲུབས་སྙོམས་པོ་ཞིག་གཏན་ནས་མེད་པ་དེ་ལས་ལྡོག་སྟེ་རྩིག་རྡོ་གྲུ་བཞི་ཡི་རྩིག་པ་ཡིན་ན་ས་ཐག་གི་རྩིག་པ་དང་འདྲ་བར་རྩིག་རྡོའི་སྒྲིག་གཞི་ཚང་མ་ཆ་ཚད་གཅིག་མཚུངས་ཡིན་པས་རྩིག་པ་བརྩིགས་ཚར་དུས་སྒྲིག་གཞིའི་རིམ་པ་ཡོངས་ལ་རྡོ་གྲུ་བཞི་རེ་རེའི་བར་ལ་ལེབ་ངོས་ཀྱི་བར་སྲུབས་རེ་རེ་ཐོན་ཡོང་གི་ཡོད། རྩིག་པ་ཐོག་སོ་གཅིག་གི་ངོས་ལ་རྡོ་རིམ་པ་ག་ཚོད་ཡོད་པ་དེ་བཞིན་གྱིས་བར་སྲུབས་རེ་ཐོན་ཡོད། དེ་ཡང་རྡོག་རྫ་གཅིག་ཏུ་སྒྲིལ་ཐུབ་མེད་པ་དང་སྲ་བརྟན་རང་བཞིན་ཞན་པ་ལ་ཐུག་ཡོད། དབུས་གཙང་ས་ཁུལ་དང་ཁམས་ཁུལ་གྱི་ལོ1000ཙམ་སོང་བའི་གནའ་བོའི་རྡོ་རྩིག་ཨར་སྐྲུན་དེ་ཚོ་ས་ཡོམ་ཆེན་པོ་ཐེངས་མང་པོ་བརྒྱུད་མྱོང་ཡང་ཐོར་ཞིག་ཏུ་ཕྱིན་མེད་ཅིང་། སྤྱི་ལོ2008ལོར་ལྷུན་ཁྲོད་ལ་ས་ཡོམ་ཆེན་པོ་བརྒྱབ་དུས་ཉེ་འགྲམ་གྱི་ལི་རྫོང་སོགས་ཀྱི་བོད་རིགས་དང་ཆའང་རིགས་ཀྱི་མཁར་རྫོང་གཅིག་ཀྱང་ཞིག་མེད་པ་ནི་བྲག་རྡོའི་རྩིག་པ་བརྟན་པོ་ཡོད་པའི་ར་འཕྲོད་བྱུང་བ་རེད།

ཁྱོན་ཡོངས་ནས་བཤད་ན། རྩིག་རྡོ་གྲུ་བཞི་བཟོ་རྒྱུ་འདི་བསྒྱུར་བཅོས་དང་གསར་གཏོད་ཅིག་ཡིན་ལ། མཐོ་སྒང་གི་རྡོ་རྩིག་ཨར་སྐྲུན་གྱི་རྒྱུ་ཆ་གསར་པ་གཅིག་དང་ལག་རྩལ་གསར་པ་ཞིག་ཀྱང་རེད། གཞན་ཡང་མཐོ་སྒང་དུ་ལྷ་ས་ལྟ་བུར་

མཚོན་ན་སྤྲན་རྫོའི་འབྱུང་ཁུངས་ཕུན་སུམ་ཚོགས་པོ་ཡོད། དཔེ་ཆ་བཞག་ན་དུས་རབས་ཉི་ཤུ་པའི་ལོ་རབས་ཉི་ཤུ་དང་སུམ་ཅུའི་ནང་གསར་སྐྲུན་བྱས་པའི་ནོར་བུ་གླིང་ཁའི་སྤྱན་བསལ་ཕོ་བྲང་སོགས་དང་ལྷ་ལྡན་གཙུག་ལག་ཁང་གི་གཟིམ་ཆུང་། འབྲས་སྤུངས་བློ་གསལ་གླིང་གྲྭ་ཚང་གི་འདུ་ཁང་སོགས། དེ་བཞིན་ལོ་རབས་བཞི་བཅུའི་ནང་སྲིད་སྐྱོང་ར་སྒྲེང་གིས་བཀོད་སྒྲིག་གནང་ནས་ཉམས་གསོ་ཞུས་པའི་བསམ་ཡས་དགོན་པའི་ཁམས་གསུམ་ཟངས་མཁར་གླིང་གི་ལྷ་ཁང་དང་། གྲྭ་ཐང་དགོན་པའི་འདུ་ཁང་། འོན་སྐྱིད་ཏུ་ལྷ་ཁང་། སྣེ་ཐང་སྒྲོལ་མ་ལྷ་ཁང་སོགས་ཨར་སྐྲུན་གྱི་རྩིག་པ་ཚང་མ་སྤྲན་རྫོ་གྲུ་བཞི་ལ་བསྒྱུར་བ་རེད།(དཔེ་རིས5—6)

སྔོན་མ་ཁམས་ཁུལ་དང་མཚོ་སྔོན། ཀན་ལྷོ་སོགས་ཀྱི་ས་ཁོངས་ལ་རྫོ་བཟོ་ལྷ་གསར་པ་དེ་འདྲ་ཐོན་མེད། གོང་གསལ་ས་ཆ་དེ་ཚོ་ལ་སྤྲན་རྫོ་འདི་རིགས་དཀོན་པོ་ཡིན་པ་ཡང་རྒྱུ་མཚན་གཅིག་ཡིན། འོན་ཀྱང་ཁམས་པའི་ས་ཁུལ་ལ་རྫོ་ཡི་རྩིག་པ་བྱུང་བའི་ལོ་རྒྱུས་དབུས་གཙང་ས་ཁུལ་ལས་ཅུང་སྔ་བ་ཡོད། མ་གཞི་ལོ་རྒྱུས་ཡིག་ཆ་སོགས་ཆ་འཛོག་ས་མེད་ཀྱང་ལོ་10ཙམ་གྱི་སྔོན་ལ་མི་ཉག་སོགས་ས་ཁུལ་གྱི་མཁར་རྙིང་པ་དང་དམངས་ཁང་རྙིང་པའི་ཤིང་གི་སྒྲིག་ཆས་ལ་སོལ་བ14ཡིས་བརྟག་དཔྱད་བྱས་པས་ལོ1000ཙམ་གྱི་ལོ་རྒྱུས་ཡོད་པའི་གདེང་འཛོག་ཐུབ་ཡོད་ཅིང་། ཁམས་ཕྱོགས་ལ་རྫོ་ཡི་ཨར་སྐྲུན་ཁྱབ་ཆེ་ཤོས་ནི་མི་ཉག་དར་མདོ་དང་བརྒྱད་ཟིལ། ཉག་ཆུ། འདྲ་པའི་གྲོག་རོང་ས་ཁུལ་སོགས་ཡིན་ལ་ད་དུང་རོང་བྲག་དང་ཆུ་ཆེན། བཙན་ལྷ་དང་ཁྲོ་ཆུ། ཛམ་ཐང་སོགས་ཡིན། དེ་མིན་ཡུལ་ཤུལ་བོད་རིགས་རང་སྐྱོང་ཁུལ་གྱི་ཁྲི་འདུ་རྫོང་དང་ཡུལ་ཤུལ་གྲོང་རྡལ་གྱི་གྲོང་ཚོ་ཁ་ཤས་ལ་རྫོ་རྩིག་གི་དམངས་ཁང་ཉུང་ཤས་མཐོང་རྒྱུ་ཡོད་ཀྱང་ཁྱབ་ཆེན་པོ་མེད།

མཚོ་སྔོན་ཞིང་ཆེན་དང་ཀན་ལྷོ་བོད་རིགས་རང་སྐྱོང་ཁུལ་གྱི་རྫོང་ཁག་སོ་སོ་ལ་རྫོ་རྩིག་གི་ཨར་སྐྲུན་ཁྱབ་གདལ་གཏན་ནས་བྱུང་མེད། ཡུན་ནན་བདེ་ཆེན་བོད་རིགས་རང་སྐྱོང་ཁུལ་ནི་བརྗོད་མི་དགོས་པའི་གྲུང་སའི་ཨར་སྐྲུན་གྱི་ཕ་ཡུལ་རང་ཡིན།

ཁམས་ཁུལ་རྫོ་རྩིག་ཨར་སྐྲུན་གྱི་རྫོ་ཡི་རྒྱུ་ཆ་གཙོ་བོ་ནི་བྲག་རྫོ་དང་སྡོ་རྫོ་ཡིན་པ་ལས་སྤྲན་རྫོ་ཅུང་དཀོན་པོ་ཡིན་ལ་སྤྲན་རྫོ་གཤག་རྒྱུའི་ལག་རྩལ་ཡང་མེད་པས་སྡོ་རྫོས་གཙོ་བོ་བྱེད་ཀྱི་ཡོད། རྩིག་བཟོའི་ལག་རྩལ་ཡང་དབུས་གཙང་ས་ཁུལ་གྱི་ཕག་གྲུའི་དུས་རབས་ཀྱི་ལག་རྩལ་དང་འདྲ་བ་ཡིན།(དཔེ་རིས5—7)

ཀྲུང་གོ་བོད་རིགས་ཀྱི་ཨར་སྐྲུན་ལ་དམིགས་བསལ་ཁྱད་ཆོས་ལྡན་ཞིང་འཛམ་གླིང་ཨར་སྐྲུན་གྱི་གྲལ་ལ་ཚུད་ཐུབ་ཅེས་པ་དེ་གཙོ་བོ་བོད་རིགས་ཀྱི་རྫོ་རྩིག་ཨར་སྐྲུན་ལ་ཟེར་བ་ཡིན་པ་ལས། ལོ་རྒྱུས་ཤིན་ཏུ་རིང་བ་དང་མཐོ་སྒང་ཡོངས་ལ་ཁྱབ་པའི་བོད་རིགས་ཀྱི་ཨར་སྐྲུན་ལོ་རྒྱུས་ཐོག་གལ་འགངས་ཤིན་ཏུ་ཆེ་བའི་གནས་བབ་ལྡན་པའི་གྲུང་སའི་ཨར་སྐྲུན་དེ་ཚོ་ལ་ཨར་སྐྲུན་གྱི་བཟོ་དབྱིབས་དང་སྒྱུ་རྩལ། ལག་རྩལ་བཅས་ཀྱི་ཐད་དམིགས་བསལ་གྱི་ཁྱད་ཆོས་དེ་ཙམ་མེད་ལ་འཛམ་གླིང་ཐོག་ཏུ་ཡང་དམིགས་བསལ་གྱིས་དོ་སྣང་དེ་ཙམ་བྱེད་ཀྱི་མེད། རྫོ་རྩིག་གི་ཨར་སྐྲུན་འཕེལ་རྒྱས་བྱུང་རྗེས་མཐོ་སྒང་དུ་འཛམ་གླིང་ལ་

སྐྱིད་གྲགས་ཡོད་པའི་ཨར་སྐྲུན་རྣམ་པ་སྣ་ཚོགས་བྱུང་ཡོད་པ་དཔེར་ན་དབུས་གཙང་ཁུལ་གྱི་རྫོང་ཁག་སོ་སོའི་མཁར་རྫོང་གི་ཨར་སྐྲུན་དེ་ཚོ་ཕག་གྲུའི་དུས་རབས་སུ་ས་ཆ་སོ་སོའི་རྫོང་དཔོན་གྱི་དབང་ཆའི་ལྟེ་གནས་ཡིན་པ་སྟེ་ས་ཆ་དེ་ཡི་དབང་ཆེ་གྲོས་ཀྱི་ལས་ཁུངས་ཡིན་ཞིང་། ཕོ་ཆོས་ས་ཆ་དེ་ཡི་ལག་རྩལ་མཁས་གྲོས་ཀྱི་རྡོ་བཟོ་བཙལ་ནས་ས་ཁུལ་འདི་ཡི་རྒྱུད་ལ་བྱུང་མ་མྱོང་བའི་རྡོ་རྩིག་ཨར་སྐྲུན་ཡག་གྲོས་རྒྱག་ཐབས་བྱས་པས་ས་ཁུལ་དེ་ཡི་རྒྱུད་ཀྱི་དཔེ་མཚོན་འོས་པའི་ཨར་སྐྲུན་ཡག་གྲོས་ཆགས་པ་རེད། ས་ཆ་སོ་སོའི་མཁར་རྫོང་གི་ཨར་སྐྲུན་སོ་སོ་ལ་ཁྱད་ཆོས་མི་འདྲ་བ་ལྡན་ཡོད་པའི་རྒྱུ་མཚན་ཡང་དེ་ཡིན། རྫོང་སོ་སོའི་མཁར་རྫོང་ནི་དབང་འཛིན་པ་དང་དེ་དམ་མི་སྣའི་ལས་དོན་སྒྲུབ་ས་དང་འཚོ་བ་སྐྱེལ་ས་ཡིན་པས་འགྲོ་འོང་གི་བར་ཤུར་དང་བྱེད་ནུས་འདྲ་མིན་གྱི་ཁང་པ་སྣ་ཚོགས་འཆར་འགོད་བྱ་དགོས་པ་མ་ཟད། བཀག་བཀོད་རྒྱུད་འཛིན་གྱི་དམིགས་བསལ་དབང་ཆ་ཡོད་པའི་སྤྱི་ཚོགས་ཡིན་པས་མཁར་རྫོང་གི་ཨར་སྐྲུན་ལ་གཙོ་ཕལ་གྱི་དབྱེ་འབྱེད་བྱས་ཏེ་རྫོང་དཔོན་གྱི་ཕོ་བྲང་མངོན་གསལ་དོད་པོ་དགོས་ཀྱི་ཡོད། དུས་མཚུངས་མཁར་རྫོང་ནི་འགོག་སྲུང་རང་བཞིན་གྱི་ཨར་སྐྲུན་ཡང་ཡིན་པས་མཁར་རྫོང་གི་ཨར་སྐྲུན་ཚང་མ་འགོག་སྲུང་གི་ནུས་པ་མཆོན་ཐབས་དང་འགོག་སྲུང་ལ་ཤུགས་སྣོན་ཆེན་པོ་རྒྱག་གི་ཡོད། ད་དུང་མཁར་རྫོང་གི་རི་ལ་ཆུ་ལེན་སའི་བྲག་ཕུག་བརྔོགས་ནས་རི་གཤམ་ནས་ཆུ་ལེན་ཐབས་ཀྱང་བྱེད་ཀྱི་ཡོད། འགོག་སྲུང་བྱེད་པའི་སྐབས་སུ་རི་སྐང་ལ་ཆུ་འཐུང་རྒྱུ་ཡོད་པ་བྱེད་པ་སོགས་འཁྱོངས་རྒྱས་རྫོང་དང་གོང་དཀར་རྫོང་སོགས་ལ་ཆུ་ལེན་སའི་ཕུག་ལམ་མཐོང་རྒྱུ་ཡོད། དེར་བརྟེན་མཁར་རྫོང་གི་ཨར་སྐྲུན་ནི་ཕྱི་ལ་ངོམ་རྒྱུའི་བཟོ་ལྟ་ཙམ་གྱི་ཨར་སྐྲུན་མ་ཡིན་པར་སྐབས་དེ་དང་ས་ཆ་དེ་ཡི་སྤྱི་ཚོགས་ཀྱི་ཁོར་ཡུག་དང་རང་ངོས་ཀྱི་སྲུང་སྐྱོབ་བཅས་གང་ཅིར་འབྲེལ་བ་དམ་ཟབ་ཡོད་པ་ཞིག་ཡིན་གཞིས་མཁར་རྫོང་གི་ཨར་སྐྲུན་ནི་སྲིད་འཛིན་གྱི་ལས་ཁུངས་དང་། རང་སོ་སོའི་འགོག་སྲུང་། རྒྱུན་ལྡན་གྱི་འཚོ་བ་བཅས་གཅིག་ཏུ་འཛོམས་པའི་ཨར་སྐྲུན་ཞིག་ཡིན།

རྫོང་གི་མཁར་རྫོང་གཙོ་བོ་རི་ཡི་སྐང་ལ་ཡོད་ན་ཡང་རི་གཤམ་དུ་རྫོང་ལ་བསྐོར་ནས་ཨར་སྐྲུན་ཁྱུ་ཚོགས་གཅིག་ཡོད་པ་ཞོལ་གྲོང་ཟེར་གྱི་ཡོད། དེ་ནི་རི་ཡི་སྐང་ལ་འབྲུ་རིགས་དང་འཐུང་ཆུ། རྩ་དངོས་སྣ་ཚོགས་སྐྱེལ་མཁན་གཡོག་པོ་ཚོ་དང་ཕོ་ཚོའི་ནང་མི་རྣམས་ཀྱི་སྡོད་ཁང་། ད་དུང་རྫོང་དཔོན་དང་འབྲེལ་བ་ཡོད་པའི་ཞིང་ཁུལ་གྱི་ཚོང་པ་ཆུང་ཆུང་དང་ཞིང་པ་བཅས་ཀྱི་ཁང་པ་སྣ་ཚོགས་དང་། རྫོང་དཔོན་གྱི་ལག་གཡོག་མི་སྣ་དང་ཕོ་ཚོའི་ནང་མིའི་སྡོད་ཁང་བཅས་ལས་གྲུབ་པ་འཁྱོངས་རྒྱས་རྫོང་དང་གོང་དཀར་རྫོང་། ལྷག་པར་དུ་ཕོ་བྲང་པོ་ཏ་ལ་ལྟ་བུ་རི་སྟེང་དང་རི་གཤམ་ཆ་ཚང་བའི་ཨར་སྐྲུན་གྱི་བཀོད་པ་ལ་གཟིགས་རོགས། བོད་ཀྱི་མཁར་རྫོང་གི་ཨར་སྐྲུན་ནང་སྣེ་གདོང་རྫོང་དང་། རིན་སྤུངས་རྫོང་། གམ་པ་རྫོང་། ལྷག་པར་གཞིས་རྩེ་བསམ་གྲུབ་རྩེ་ཆུས་ཀྱི་ཨར་སྐྲུན་སོགས་ནི་རང་སོ་སོར་དམིགས་བསལ་གྱི་ཁྱད་ཆོས་ལྡན་པའི་མཁར་རྫོང་གི་ཨར་སྐྲུན་ཡིན། དོན་དངོས་ཀྱི་ཐོག་ནས་མཁར་རྫོང་ཨར་སྐྲུན་གྱིས་ཐོན་དགོས་པའི་ནུས་པ་དང་ཕན་པ་སྒྲུབ་ཐུབ་པ་བྱེད་ཀྱི་

ཡོད། དཔེར་ན་སྟེ་གདོང་རྫོང་ནི་ཕག་གྲུའི་སྲིད་དབང་གི་ལྗེ་བའི་ས་ཁུལ་ལ་གནས་ཡོད་པས་འགོག་སྲུང་གི་བཀོད་སྒྲིག་དེ་ཙམ་དགོས་ཀྱི་མེད་པར་གཙོ་བོ་སྲིད་འཛིན་དོན་གཅོད་བྱ་ཡུལ་ཡིན་པའི་དབང་གིས་མཁར་རྫོང་རི་འདབས་སུ་བཟོ་སྐྲུན་བྱས་ནས་གྲོང་ཁྱུལ་དང་གཅིག་ཏུ་བསྒྲིལ་ཡོད། འགྲོ་འོང་སྟབས་བདེ་ཡོད་པ་སོགས་དོན་དངོས་ཐོག་སྲིད་འཛིན་གྱི་གཞུང་ལས་ཁང་ཆེན་པོ་ཞིག་ཡིན།（པར་5—104）

རིན་སྤུངས་རྫོང་ནི་རིན་སྤུངས་ལུང་པའི་ནང་འགྲོ་སའི་འཁྲིམ་འགྲུལ་གྱི་འགག་རྩར་ཆགས་ཡོད། རིན་སྤུངས་ལུང་པའི་སྦུག་ལ་འགྲོ་དགོས་ན་ཡིན་གཅིག་མཁར་རྫོང་འོག་ནས་མི་འགྲོ་ཀ་མེད་ཡིན། རྫོང་གི་སྟེང་ནས་ལྟ་རྟོགས་དང་ཚོད་འཛིན་བྱེད་ཆོག་ཆོག་ཡིན། མཁར་རྫོང་འདི་ས་ཆ་དེ་ཡི་སྲིད་དབང་བཟུང་སའི་ལྟེ་བ་ཡིན་པ་མ་ཚད་འགྲོ་འོང་བྱ་མཁན་ལ་ཚོད་འཛིན་བྱ་སའི་འགག་སྒོ་ཡང་ཡིན།（པར་5—105）

གམ་པ་རྫོང་གི་སྒྲིག་བཀོད་ནི་ཁྱད་པར་ཆེ་ཙམ་ཡོད་དེ། མཁར་རྫོང་དེ་མི་འབོར་ཞུང་བའི་འབྲོག་ཁུལ་ལ་ཆགས་ཡོད། རི་གཤམ་དུ་ཡང་གྲོང་ཚོ་ཆ་ཚང་བ་མེད་པས་མཁར་རྫོང་དེ་ཁེར་རྐྱང་ལ་གནས་ཡོད་པ་ཐོག་མ་ནས་མདུན་ངོས་དང་རྒྱབ་ངོས་ཚང་མར་འགོག་སྲུང་གི་མ་ལག་ཆ་ཚང་འཆར་འགོད་བྱས་ཡོད་པ་དེ་ནི་དམིགས་བསལ་གྱི་བྱེད་ནུས་ལྡན་པའི་མཁར་རྫོང་གཞན་ཡིན།（པར་5—106）

གཞིས་རྩེ་མཁར་རྫོང་ནི་གཙང་ཁུལ་གྱི་དབང་ཆ་མཐོ་ཤོས་ཀྱི་རྟེན་གཞི་ཡིན་པའི་ངོས་ནས་གཙོ་བོ་དབང་ཤུགས་དང་ཟིལ་གནོན་མངོན་ཐབས་བྱ་དགོས་པས་རི་གཤམ་ལ་ཡོད་པའི་གྲོང་ཚོ་ལས་གཙོ་ཐལ་གྱི་དབྱེ་བ་མངོན་གསལ་དོད་པོ་ཡོད་ལ་རི་གོང་འོག་ཕན་ཚུན་ཟུང་དུ་འབྲེལ་བའི་བཀོད་སྒྲིག་གི་ཁྱད་ཆོས་ཀྱང་ལྡན་ཡོད།（པར་5—107）

ཕོ་བྲང་པོ་ཏ་ལ་ནི་ད་ལྟ་རང་འཛམ་གནས་ཡོད་པའི་གཞི་རྒྱ་ཆེ་ཤོས་ཀྱི་མཁར་རྫོང་ཨར་སྐྲུན་རྩེར་སོན་པ་དེ་ཡིན། ཡིན་ན་ཡང་ཕོ་བྲང་པོ་ཏ་ལ་ནི་དགའ་ལྡན་ཕོ་བྲང་ས་གནས་སྲིད་གཞུང་གི་སྲིད་དབང་སྤྱ་བརྟན་བྱུང་རྗེས་ཀྱི་སྲིད་འཛིན་ལས་ཁུངས་ཆགས་ས་དང་། ལྷག་པར་དུ་རྒྱལ་དབང་ལྔ་པར་ཆོས་ལུགས་མི་སྣའི་དམིགས་བསལ་གྱི་ཐོབ་ཐང་ཡོད་གཤིས་ཕོ་བྲང་པོ་ཏ་ལ་ཆོས་ལུགས་ཀྱི་ཨར་སྐྲུན་རང་བཞིན་དེ་བས་མང་བ་ལྡན་ཡོད། རྒྱལ་དབང་ལྔ་པ་དགོངས་པ་རྫོགས་རྗེས་སྡེ་སྲིད་སངས་རྒྱས་རྒྱ་མཚོས་པོ་ཏ་ལ་རྒྱ་བསྐྱེད་གནང་སྐབས་ཆོས་ལུགས་ཀྱི་དོན་སྙིང་དེ་བས་མང་དུ་བཏང་ཞིང་། ཕོ་བྲང་པོ་ཏ་ལའི་མཁར་རྫོང་ཨར་སྐྲུན་གྱི་ལྟེ་བ་ཕོ་བྲང་དམར་པོ་དེ་རྒྱལ་དབང་སྐུ་ཕྲེང་རིམ་བྱུང་གི་གདུང་རྟེན་བཞུགས་སར་གྱུར་ནས་ཕོ་བྲང་པོ་ཏ་ལ་དང་དེ་ཡི་སྔོན་ལ་བྱུང་བའི་མཁར་རྫོང་ཨར་སྐྲུན་བར་གྱི་རྩ་བའི་ཁྱད་པར་ཡང་འདི་ལ་ཐུག་ཡོད། དེ་ནི་སྐབས་དེའི་ས་གནས་སྲིད་འཛིན་གྱི་ཆེས་མཐོའི་དབང་ཆའི་ལས་ཁུངས་གནས་ས་ཡིན་པ་མ་ཟད། ཆོས་ལུགས་ཀྱི་དབུ་འཛིན་རིམ་བྱོན་ལ་རྗེས་དྲན་དང་གསོལ་བ་བཏབ་ས་ཡིན་ལ་ཆོས་སྲིད་ཟུང་འབྲེལ་ལམ་ལུགས་ཀྱི་ཆེས་འགངས་ཆེའི་ཕོ་བྲང་ཞིག་ཏུ་གྱུར་པ་རེད།（པར་5—108）

ཆོས་ལུགས་ཀྱི་ཨར་སྐྲུན་ཡང་རྡོ་རྩིག་གི་ཨར་སྐྲུན་དར་སྲོལ་ཆེ་བའི་གྲས་ཤིག་ཡིན། དགོན་པའི་འདུ་ཁང་དང་ལྷ་ཁང་སོགས་ནི་སྤྱི་པའི་ཁང་པ་ཡིན་པས་མ་དངུལ་འགྲོ་གྲོན་ཡང་མང་ཙམ་གྲ་སྒྲིག་བྱ་ཐུབ་པས་དབུས་གཙང་ཁུལ་ལ་ཕག་གྲུའི་སྲིད་དབང་བཟུང་བའི་རྗེས་ནས་དགོན་པའི་ཨར་སྐྲུན་མང་ཆེ་བ་རྡོ་རྩིག་རྐྱག་གི་ཡོད། དེ་ནས་བཟུང་གྱང་ཁང་རྐྱག་པའི་དགོན་པ་ཧ་ལམ་བྱུང་མེད། དཔེར་ན་དགེ་ལུགས་པའི་དགོན་ཁག་ཆེན་པོ་བཞི་ལྟ་བུ་ཡིན། ཡིན་ན་ཡང་ས་མཐུད་ནས་གྱང་སའི་ཨར་སྐྲུན་རྐྱག་མཁན་ཡང་ཡོད་པ་དཔེར་ན་རྒྱལ་རྩེ་དཔལ་ཆོས་དགོན་གྱི་འདུ་ཁང་དང་ལྷགས་རི་ལྟོག་སྒོ་ཚང་མ་སྤར་བཞིན་གྱང་སའི་ཨར་སྐྲུན་ཡིན་པ་མ་ཚད་རྒྱལ་རྩེའི་སྐུ་འབུམ་མཆོད་རྟེན་ཡང་སྲོལ་རྒྱུན་གྱི་གྱང་སའི་ཨར་སྐྲུན་ཡིན། དེར་བརྟེན་དགོན་པའི་འདུ་ཁང་དང་ལྷ་ཁང་སོགས་གསར་སྐྲུན་བྱ་རྒྱུར་རྒྱུ་ཆ་གང་འདྲ་ཞིག་གཏོང་རྒྱུ་དགོན་པ་སོ་སོ་དང་རྒྱབ་སྐྱོར་བྱེད་མཁན་གྱིས་འདེམ་རྒྱུ་ལས་ལུགས་སྲོལ་དང་གཏན་འཁེལ་བས་གང་ཡང་མེད་པར་དགོན་པ་སོ་སོས་ཐག་གཅོད་ཀྱི་ཡོད། རྡོ་རྩིག་གི་ཆོས་ལུགས་ཨར་སྐྲུན་ནང་འཁྲུལ་ཕྱུངས་དགོན་པའི་ཚོགས་ཆེན་འདུ་ཁང་ཆེན་པོ་ལ་ཆ་བཞག་ན་ག་བ300ལྷག་ཙམ་བཙུགས་ཡོད་ཅིང་། པོ་རྒྱུས་སུ་ཤར་ཕྱོགས་ཀྱི་འདུ་ཁང་ཆེ་ཤོས་ཟེར་སྲོལ་ཡོད། ད་དུང་གཙང་བཀྲ་ཤིས་ལྷུན་པོའི་བྱམས་ཁང་ཆེན་མོ་ཡི་ཨར་སྐྲུན་གྱི་མཐོ་ཚད་སྨིད30བརྒྱལ་ཡོད་པ། དེ་བཞིན་གོང་དུ་ཞུས་ཟིན་པའི་སྟག་ལུང་དགོན་པའི་ལྷ་ཁང་དམར་པོ་སོགས་ནི་དཔེ་མཚོན་རང་བཞིན་གྱི་ཨར་སྐྲུན་ཡིན།

ཨར་སྐྲུན་གྱི་བཟོ་དབྱིབས་གཞན་ཞིག་ནི་མཁར་རིང་པོའི་ཨར་སྐྲུན་ཏེ་རྡོ་ཡི་མཁར་རིང་པོ་ནི་དབུས་གཙང་ནས་ཁམས་ཁུལ་བཅས་ས་ཆ་ཡོངས་ལ་ཡོད་ཅིང་། དེ་ཡི་ལེབ་ངོས་ཀྱི་བཟོ་བཀོད་དང་ལངས་ངོས་ཀྱི་བཟོ་དབྱིབས་གང་ཅིར་ཁྱད་ཆོས་མི་འདྲ་བ་མང་པོ་ཡོད། བཟོ་དབྱིབས་དང་པོ་ནི་ལྷོ་ཁ་ལྷོ་བྲག་རྫོང་ལ་ཡོད་པའི་རྡོ་ཡི་མཁར་གྱི་ཨར་སྐྲུན་ཏེ་ལེབ་ངོས་གྲུ་བཞི་ཡིན་པ་དང་། ལངས་ངོས་ལ་འོག་ཐོག་སྒོ་ཡོད་ས་ནས་རྩེ་ཐོག་བར་རྩིག་ཤུར་གཅིག་བཞག་ཡོད་པ་གལ་ཏེ་དགྲ་བོ་ཡོང་སྐབས་ནས་འཛུལ་རྩིས་བྱས་ན་མཁར་ནང་ཡོད་པའི་མིས་རྩིག་ཤུར་དེ་ནས་རྫོག་རྡོ་འཕེན་ས་རེད་འདུག(པར5—109) བཟོ་ལྟ་འདི་དང་འདྲ་བའི་རྡོ་རྩིག་གི་མཁར་སྣ་དཀར་རྩེ་རྫོང་གི་དཔལ་སྡེ་ཤང་གི་རི་འདབས་སུ་ཡང་ཁ་ཤས་འདུག དེ་ལྟ་བུའི་རྡོ་མཁར་གྱི་མཐོ་ཚད་ཐོག་སོ་ལྔ་ཙམ་འདུག་པས་སྨིད15ཙམ་རེད་འདུག དེ་ལྟ་བུའི་མཁར་རྫོང་གི་མདུན་ངོས་ལ་རྩིག་ཤུར་འཛོག་སྟངས་དེ་བར་ཐག་ལེ་དབར་སྟོང་ཕྲག་བརྒྱལ་བའི་སི་ཁྲོན་ཇ་བ་རང་སྐྱོང་ཁུལ་ཆའང་རིགས་ཀྱི་རྡོ་མཁར་དང་ཤིན་ཏུ་འདྲ་པོ་འདུག མཆོ་བོད་མཐོ་སྒང་ཡོངས་ལ་བཟོ་དབྱིབས་དེ་འདྲ་བའི་རྡོ་རྩིག་གི་མཁར་ནི་བོད་ལྗོངས་ལྷོ་ཁའི་ལྷོ་བྲག་རྫོང་དང་སི་ཁྲོན་ཆའང་རིགས་ཀྱི་གྲོང་ཚོའི་ནང་ཡོད་པ་ལས་ས་ཆ་གཞན་ལ་མཐོང་རྒྱུ་མི་འདུག

ཁག་གཉིས་པ་ནི་བོད་ལྗོངས་ཉིང་ཁྲི་ས་ཁུལ་གྱི་བྲག་གསུམ་མཚོའི་མདའ་ལ་ཡོད་པའི་ཤུ་པ་གྲོང་ཚོ་དང་སྨིན་གླིང་རྫོང་བཀྲ་ཤིས་རབ་བརྟན་གྲོང་ཚོ་སོགས་ལ་ཡོད་པའི་ཟུར་བརྒྱ་གཉིས་ཅན་གྱི་རྡོ་རྩིག་གི་མཁར་དེའི་རིགས་ཡིན། རྡོའི་མཁར་འདི་

ལེབ་ངོས་ལ་བྲུར་བཅུ་གཉིས་བཞག་ཅིང་རྩིག་ཞེང་སྨིད1.2ཙམ་འདུག(པར5—110) ཐོག་སོ་དགུ་བཞག་ཡོད་པར་སྤྱིའི་མཐོ་ཚད་སྨིད30ལྷག་ཙམ་འདུག་པ་རྩིག་པ་ཡོངས་རྫོགས་སྟོ་རྗེ་ཆེ་ཆུང་སྣ་ཚོགས་ཀྱིས་བརྩིགས་འདུག བྲུར་བཅུ་གཉིས་བཞག་པ་ནི་རྩིག་པ་ཤིན་ཏུ་བརྟན་པོ་ཆགས་པའི་ཆེད་ཡིན། འོན་ཀྱང་རྩིག་བྲུར་དེ་འདྲ་མང་པོ་རྩིག་དུས་ཨར་ལས་འགོར་པོ་ཡོད་པ་དང་བྲུར་རྡོ་མང་པོ་དགོས་པ་སོགས་དཀའ་ཚེགས་ཆེ་ཙམ་ཡོད། ཤུ་པ་གྲོང་ལ་མཁར་རྫོང་གི་རྗེས་ཤུལ9ཙམ་ཡོད་པའི་ནང་ཙུང་ཆ་ཚང་བ་མཁར་གཉིས་ཙམ་འདུག བྲག་གསུམ་མཚོ་ལ་འགྲོ་དུས་ནུབ་ངོས་རི་འདབས་ཀྱི་ནགས་ཚལ་ནང་མཁར་ཤུལ་བརྒྱད་ཙམ་ཁ་བཀྲམ་ནས་ཆགས་འདུག ཡིན་ནའང་གཏོར་སྐྱོན་ཚབས་ཆེན་བྱུང་ནས་མཁར་ཁ་ཤས་ལ་རྩིག་རྨང་མ་གཏོགས་ལྷག་མི་འདུག བྲུར་བཅུ་གཉིས་ཅན་གྱི་མཁར་རྫོང་དེ་ལྟ་བུ་ས་ཆ་གཞན་ལ་ཡོད་པ་ད་བར་མཐོང་མ་བྱུང་།

བཟོ་དབྱིབས་ཁག་གསུམ་པ་ནི་རྩ་བའི་ཆ་ནས་གྲུ་བཞི་ཡིན་པའི་བྲུར་བཞིའི་རྡོ་རྩིག་གི་མཁར་ཡིན། ཡངས་ངོས་ལ་རྩིག་ཤུར་བཞག་མེད། རྡོ་མཁར་འདི་ཡི་རིགས་ཁམས་ཁུལ་མི་ཉག་དར་མདོ་དང་བརྒྱད་ཟླ། རོང་བྲག་སོགས་ལ་ཡོད་ཅིང་། ལྷག་པར་དུ་རྒྱལ་མོ་རོང་གི་ཆུ་ཆེན་དང་བཙན་ལྷ། ཁྲོ་ཆུ་སོགས་ལ་དེ་བས་མང་པོ་ཡོད།

ཆུ་ཆེན་དང་བཙན་ལྷ་གཉིས་ཀྱི་མཁར་རྫོང་ཕལ་ཆེ་བ་གྲུ་བཞི་གྲུ་ཀྲུང་ཡིན། མཁར་བརྩིགས་པའི་རྩིག་རྡོ་ཡང་དེ་ཙམ་གྱིས་སྤུས་དག་པོ་མེད་ལ་ཕྱི་ངོས་ཡང་འཇམ་པོ་དེ་ཙམ་མེད། འདིར་ལྷག་པར་དུ་དོ་སྣོད་ཞུ་དགོས་པ་ནི་ཆུ་ཆེན་དང་བཙན་ལྷའི་རྡོ་རྩིག་གི་མཁར་གྲུ་བཞི་དེ་ཚོ་ཐོག་སོ་བཅུ་ལྷག་ཡོད་ཅིང་། དེ་ཡི་ནང་རོང་བྲག་དང་ཆུ་ཆེན་རྫོང་གཉིས་ཀྱི་ས་མཚམས་སུ་ཡོད་པའི་རྡོ་རྩིག་གི་མཁར་གྲུ་བཞི་གཅིག་ཡོད་པ་དེ་ལ་མཐོ་ཚད་སྨིད50ཙམ་ཡོད་ཅིང་། རིག་དངོས་སྟེ་ཚན་ནས་ཀྲུང་གོའི་མཁར་རྫོང་གི་རྒྱལ་པོ་ཞེས་པའི་མིང་རྟགས་བཀོད་ཅིང་རྒྱལ་ཁབ་རིམ་པའི་རིག་དངོས་སྲུང་སྐྱོབ་སྡེ་ཚན་ནང་བཞག་ཡོད། (པར5—111) མཁར་འདི་ཡི་ལེབ་ངོས་ནི་ཕྱི་རྩིག་གི་རྒྱ་ཞེང་གཉིས་ལ་སྨིད7ཙམ་ལས་མི་འདུག ས་ཁུལ་དེ་རང་གི་རྡོ་དང་ས་ལ་བརྟེན་ནས་རྩིག་པ་མཐོན་པོ་དེ་འདྲ་རྒྱག་ཐུབ་པ་མཁར་དེ་ཡི་མཐོ་ཚད་མཁར་གྱི་རྨང་གཞིའི་རྒྱ་ཆེ་ཆུང་ལས་ལྡབ་བདུན་ཙམ་གྱིས་མཐོ་བ་ཡོད་པ་མ་ཟད་མི་ལོ་བརྒྱ་སྟོང་གི་དུས་ཡུན་རིང་པོའི་ནང་ས་ཡོམ་སོགས་གནོད་འཚེ་མང་པོའི་ཚོད་བགམ་ཐེག་ཐུབ་པ་འདི་ནི་ཨར་སྐྲུན་ཆེད་ལས་ཀྱི་སྤྱི་གཞི་རིག་པའི་ཐོག་ནས་ཞིབ་འཇུག་དང་རྟོག་ཞིབ་ཟབ་མོ་བྱེད་དགོས་པའི་ཚན་རིག་གི་རྣམ་གྲངས་ཤིག་རེད།

མི་ཉག་དར་མདོ་གྲོང་ཁྱེར་གྱི་ས་བདེ་གྲོང་རྡལ་ལ་ཏ་གྲོང་ལ་མཁར་གྲུ་བཞི་གཅིག་ཡོད།(པར5—112) མཁར་གྱི་རྩ་བའི་རྒྱ་ཞེང་གཉིས་ཀར་སྨིད8ཙམ་འདུག སྟོམ་པའི་ཐོག་བརྩེགས་བཅུ་གཅིག་འདུག མཁར་མཐོ་ཚད་སྨིད35འདུག ད་ལྟ་དར་མདོ་དང་བརྒྱད་ཟླ་རྫོང་གཉིས་ལ་མཁར་གྲུ་བཞི་དེ་མ་གཏོགས་མཐོང་རྒྱུ་མི་འདུག དར་མདོ་གྲོང་ཁྱེར་གྱི་འགག་པ་ཤར་ཐག་ར་གྲོང་ཚོའི་ཁང་གསར་ཚང་གི་སྒོ་འགྲམ་ལ་རྡོ་རྩིག་མཁར་གྲུ་བཞི་ཞིག་རེ་གཅིག་ཡོད་པ་ད་ལྟར་ཐོག་སོ་གཅིག་

ཙམ་ལས་ལྷག་མི་འདུག སྔོན་མ་མཁར་རིང་པོ་ཡིན་མིན་ཤེས་ཐབས་མི་འདུག ཡིན་ནའང་རོང་བྲག་དང་དར་མདོ། བརྒྱུད་ཟེའུ་རྫོང་བཅས་ལ་ཁྱབ་ཆེ་ཤོས་ནི་ཐོག་བརྩེགས་བཞི་ལྔ་ཙམ་ལས་མེད་པའི་མི་སེར་ཁང་པའི་ལྷ་ཁང་དེ་ཚོ་ཡིན། ང་ཚོས་དབྱེ་ཞིབ་བྱས་པ་བརྒྱུད་དམངས་ཁང་གི་ལྷ་ཁང་དེ་ཚོ་ནི་ཤིན་ཏུ་མཐོ་བའི་མཁར་གྲུ་བཞི་རིམ་བཞིན་དམའ་རུ་བཏང་ནས་བེད་སྤྱོད་བྱེད་བདེ་བའི་དམངས་ཁང་གི་མཁར་ཆུང་ཆུང་ལ་གྱུར་བ་ཞིག་ཡིན་པའི་ངོས་འཛིན་བྱེད་ཀྱི་ཡོད། གོང་དུ་ཞུས་པའི་ཀྲུང་གོའི་མཁར་རྫོང་གི་རྒྱལ་པོ་ཡིན་ན་འདྲ། ལ་ཏ་གྲོང་གི་མཁར་རྫོང་ཚང་མ་ཁྱིམ་ཚང་སོ་སོ་ལ་དབང་བ་ཡིན། མཁར་རིང་པོ་དེ་ཚོའི་འགྲམ་ལ་ཁྱིམ་ཚང་འདིའི་ཁང་པ་ཡོད། དེ་ལྟ་བུའི་མི་སེར་ཁང་པའི་ལྷ་ཁང་ཨར་སྐྲུན་གྱི་བཟོ་སྟངས་དེ་བོད་ལྗོངས་སྐྱོ་ཁ་ཆུ་གསུམ་རྫོང་གི་ནུབ་ངོས་སུ་ལྷ་ཁང་ཞིག་རྩ་གཅིག་ཡོད་པ་ཆེ་ཆུང་དང་བཟོ་དབྱིབས་བཅས་དར་མདོ་སོགས་མི་ཉག་ས་ཁུལ་གྱི་ལྷ་ཁང་གི་ཨར་སྐྲུན་དང་ཟ་བའི་ཆ་ནས་གཅིག་མཚུངས་རེད་འདུག ད་དུང་སྣ་དཀར་རྩེ་རྫོང་གི་དཔལ་སྡེ་ཤང་ནུབ་འདབས་སུ་རྡོ་རྩིག་གི་མཁར་ཞིག་རྩ་ཁ་ཤས་ཡོད་པ་དེ་ཚོའི་འགྲམ་ལ་མི་སེར་གྱི་ཁང་པ་ཡོད་ཀྱང་དེ་ལྟ་རྩིག་རྐང་ལས་ལྷག་མི་འདུག ཡིན་ནའང་མཁར་ཆུང་ཆུང་དེ་ཚོ་ཐོག་སོ་གཉིས་གསུམ་གྱི་རྡོ་རྩིག་ལྷག་འདུག ལྷ་ཁང་ཡིན་ཐག་ཆོད་རེད། དབུས་གཙང་ས་ཁུལ་དང་ཁམས་པའི་ས་ཁུལ་དབར་ལེ་དབར་སྟོང་ཕྲག་གི་བར་ཐག་ཡོད་ན་ཡང་དམངས་ཁང་གི་ལྷ་ཁང་བཟོ་སྟངས་ཏ་ཙང་འདྲ་པོ་འདུག

རྡོ་རྩིག་མཁར་རྫོང་གི་བཟོ་ལྟ་བཞི་པ་ནི་ཟུར་བརྒྱད་ཀྱི་མཁར་རྫོང་ཡིན། བཟོ་ལྟ་དེ་འདྲ་བའི་མཁར་རྫོང་དབུས་གཙང་ས་ཁུལ་ལ་ད་ཕན་གཏན་ནས་མཐོང་མ་བྱུང་། མཁར་འདི་རིགས་མང་པོ་ཡོད་ས་ནི་མི་ཉག་ས་ཁུལ་གྱི་དར་མདོ་དང་། བརྒྱུད་ཟེའུ། ཉག་ཆུ་བཅས་ལ་ཡིན། ད་དུང་འདྲ་པའི་གྲོག་རོང་ཆེན་པོར་ཡང་མང་པོ་ཡོད། མི་ཉག་ས་ཁུལ་གྱི་མཁར་རྫོང་གི་ཁྲུ་ཚོགས་ནང་མཁར་གྲུ་བཞི་ནི་10% ཙམ་ལས་མེད་ཅིང་། 90% ནི་ཟུར་བརྒྱད་ཀྱི་མཁར་ཡིན།(པར5—113) མི་ཉག་ས་ཁུལ་རྡོ་ཡི་རྒྱུ་ཆ་ཡག་པོ་ཡོད་པ་དང་རྡོ་མཁྲེགས་པོ་ཡོད། ཕྱི་ངོས་འཇམ་པོ་ཡོད་པས་རྩིག་པ་རྩིག་དུས་རྡོ་རྩིག་ངོས་འཇམ་པོ་དང་གྲལ་འགྲིག་པོ་ཡོད།(པར5—114) མཁར་ཟུར་བརྒྱད་མ་རྩིག་དུས་ལག་རྩལ་གྱི་དཀའ་གནད་ཆེན་པོ་ཡོད་ལ་ལས་ཡུན་རིང་བ་དང་རྒྱུ་ཆ་འགྲོ་སོང་ཆེ་བ། གཙོ་བོ་རྡོ་ཏ་ཙང་མང་པོ་དགོས་ཀྱི་རེད། མཁར་རྫོང་ནང་ལ་སྟོང་ཆ་གོར་གོར་གཅིག་ལས་མེད། སྟོང་ཆ་དེ་ཐད་ཀའི་ཞེང་ཁ་སྨིད5ཙམ་ལས་མེད་པས་སྟོང་ཆ་ཆེན་པོ་མེད།(པར5—115) ཡིན་ནའང་ཟུར་བརྒྱད་པོ་ཚང་མ་རྡོ་རྩིག་བརྒྱབ་པ་ལས་བར་སྟོང་ཕྲན་བུ་ཡང་མེད། རྩིག་པ་མཁྲེགས་པོ་དང་བརྟན་པོ་ཡིན་པས་བཟོ་ལྟ་གཞན་པའི་རྡོ་རྩིག་མཁར་རྫོང་གིས་འགྲན་ཟླ་བྲལ་བ་ཞིག་ཡིན། རྩིག་བཟོའི་ལག་རྩལ་ཡང་ཟུར་བརྒྱད་པོ་ཚང་མ་སྒྲོམ་གཅིག་གི་ནང་ནས་ལུགས་བརྒྱབ་པ་ནང་བཞིན་ཁྱད་པར་གཏན་ནས་མེད་པ་མི་སུ་འདྲ་ཞིག་གིས་བལྟས་ན་ཡང་ཧ་ལས་དགོས་པ་ཡིན། མཁར་ཟུར་བརྒྱད་མ་དེ་ཚོ་ཚང་མ་ཐོག་སོ་དགུ་ཙམ་དང་བཅུ་ཙམ་ཡོད་ལ་ཐོག་བརྩེགས་རེ་ལ་མཐོ་དམན་

རྨིད་2ནས་3ཙམ་འདུག ཁང་པའི་རྩེ་ཐོག་གི་ཉ་རྒྱབ་བརྩེས་ན་སྤྱི་ཡི་མཐོ་ཚད་རྨིད་25ལྷག་ཙམ་འདུག་པ་དེ་བས་མཐོ་བ་ད་ཕན་མཐོང་མ་བྱུང་། རོང་བྲག་རྫོང་གི་རྒས་པོ་ཁ་ཤས་ནས་ཁོ་ཚོ་ལོ་ཆུང་དུས་ཟུར་དྲུག་དང་ཟུར་གསུམ་བྱས་པའི་མཁར་ཤུལ་མཐོང་མྱོང་ཟེར་རུང་ད་ལྟ་གནའ་ཤུལ་དེ་ཚོ་བཙལ་རྒྱུ་མི་འདུག རོང་བྲག་རྫོང་བྱང་ངོས་ཆུ་འཁོར་ཤང་གི་གྲོང་སྡང་ཟེར་བའི་ས་ཆ་ལ་ཟུར་མང་པོ་ཡོད་པའི་མཁར་ཞིག་རོ་ཞིག་འདུག གྲོང་མི་ཚོས་མཁར་འདི་ཟུར་བཅུ་གསུམ་འདུག་ཟེར། འོན་ཀྱང་མཁར་འདི་སྔོན་ནས་བཤིག་དབྲལ་བཏང་ནས་ཟུར་བཞི་ཙམ་མ་གཏོགས་ལྷག་མེད་པས་ང་ཚོ་འགྲོ་དུས་ཚད་ལེན་བྱ་ཐབས་མ་བྱུང་། ད་དུང་རྫོང་གི་སྔོ་ནུབ་རི་སྐེད་ཀྱི་གྲོང་ཚོ་ཞིག་ཏུ་ཟུར་ཆ་ཚང་མཐོང་ཐུབ་པའི་མཁར་ཞིག་རོ་ཐོག་སོ་གཅིག་ཙམ་ལས་ལྷག་མེད་པའི་མཁར་ཤུལ་འདི་ལ་སི་ཁྲིན་སློབ་གྲྭ་ཆེན་མོ་སོགས་ཀྱིས་གྲོན་དངུལ་བཏང་ནས་ཉམས་གསོ་བྱས་རྗེས་ད་ལྟ་ཟུར་བཅུ་གསུམ་ཆ་ཚང་མཐོང་ཐུབ་པ་འདུག (པར5—116) པར་འདི་ནི་ཉམས་གསོ་བྱས་རྗེས་བརྒྱབ་པ་རེད། སྐབས་དེར་སྔར་གསོ་ཐོག་སོ་གཅིག་ཙམ་ལས་བྱེད་ཐུབ་མི་འདུག དེས་མ་ཚད་རྡོ་རྩིག་རྩིག་སྟངས་ཀྱང་སྲོལ་རྒྱུན་གྱི་ཚད་ལ་སླེབས་ཐུབ་པ་བྱུང་མི་འདུག ཡིན་ན་ཡང་མཐོང་དཀོན་པའི་ཟུར་མང་པོ་ཡོད་པའི་མཁར་དེ་ཡི་བཟོ་དབྱིབས་སྲུང་སྐྱོབ་ཐུབ་པ་ནི་ལས་སླ་པོ་མ་རེད། གཞན་ཡང་ཟུར་མང་པོ་དེ་འདྲ་ཟུར་གྱི་གྲངས་ཚད་ཆ་མ་ཡིན་པ་དེ་ཟུར་རིས་འབྲི་ལུགས་ཐོག་ལ་ཡང་འཆར་འགོད་བྱེད་དཀའ་བ་ཞིག་ཡིན་ལ། གནའ་བོའི་མི་ཚོས་ཟུར་མང་པོ་རྩིག་འཛིང་ཆེན་པོ་འདི་འདྲ་ཆ་སྙོམས་པོས་བརྩིགས་ཐུབ་པ་འདི་ལག་རྩལ་ཐད་རྩིག་འཛིང་དང་དཀའ་ངལ་ཆེན་པོ་ཡོད་ཅིང་། གནའ་བོའི་མི་ཚོར་གྲངས་ཚད་ཀྱི་ཤེས་བྱ་མེད་པ་ཡིན་ངེས་རུང་རྩིག་བཟོའི་ཐད་ཆ་སྙོམས་ཡག་པོ་དེ་འདྲ་རྩིག་ཐུབ་པ་འདི་ལ་རྩིས་རིག་ཐད་ནན་ཏན་གྱི་ཞིབ་འཇུག་བྱ་དགོས་ངེས་ཤིག་རེད།

སྤྱི་ལོ1980ལོ་འགོར་པེ་ཅིང་དུ་དགེ་རྒན་ཁོང་ལགས་ནས་ང་ཁོ་རང་གི་དགེ་རྒན་ཏེ་ཀྲུང་གོ་ཨར་སྐྲུན་ཞིབ་འཇུག་ཁང་གི་དགེ་རྒན་ཆེན་མོ་ལིའུ་ཀྲེ་ཕིང་མཇལ་དུ་ཁྲིད་བྱུང་། ངས་རོང་བྲག་རྫོང་ལ་མཁར་ཟུར་གསུམ་དང་ཟུར་དྲུག་ཡོད་པ་གོ་ཐོས་བྱུང་ཞུས་པས་དགེ་རྒན་ཆེན་མོ་ལིའུ་ལགས་ཀྱིས་ཡ་མཚན་ཆེན་པོ་གནང་གི་འདུག ཁོང་གིས་སྤྱི་ཚོགས་རྙིང་པའི་སྐབས་རྒྱལ་རོང་ཆུ་ཆེན་སོགས་ལ་འགྲོ་མྱོང་ཡང་དེ་འདྲ་གཏན་ནས་མཐོང་མ་མྱོང་གསུངས་བྱུང་། མདོར་ན་ད་བར་ང་ཚོས་མཁར་རྫོང་ལ་རྟོག་ཞིབ་བྱ་རྒྱུ་ཡང་ཆ་ཚང་བ་བྱུང་མེད་པས་བཟོ་ལྟ་ག་ཚོད་ཡོད་མེད་ཐག་གཅོད་ཐུབ་ཀྱི་མི་འདུག འོན་ཀྱང་སྔར་བཏང་ཐོག་གོང་དུ་བཤད་པའི་རིགས་དེ་ཚོ་ལ་ཆ་བཞག་ཚོག་པ་འདུག

མཚོ་བོད་མཐོ་སྒང་གི་ཁྱབ་ཆེ་བའི་ས་ཁོངས་ནང་ལོ་རྒྱུས་ཐོག་རྡོ་རྩིག་གི་ཨར་སྐྲུན་དེ་ཀྲུང་སའི་ཨར་སྐྲུན་ནང་བཞིན་ཁྱབ་ཆེན་པོ་བྱུང་ཐུབ་མེད། ཡིན་ནའང་ཀྲུང་སའི་ཨར་སྐྲུན་ཡོད་ཚད་ལ་ཀྲུང་གི་རྩིག་རྨང་ཚང་མ་རྡོས་བརྩིག་དགོས་པ་ཡིན་པས་དེ་ཡི་ཐོག་ནས་བཤད་ན་རྡོ་རྩིག་དེ་ཡང་ཀྲུང་ས་ནང་བཞིན་ཁྱབ་ཆེ་བ་བྱུང་འདུག

རྡོ་རྩིག་གི་ཨར་སྐྲུན་ངོ་མ་དེ་རྩིག་པ་ཡོངས་རྫོགས་རྡོས་བརྩིགས་པའི་ཨར་སྐྲུན་མཐོ་སྒང་གི་ས་ཆ་གང་སར་མཐོང་རྒྱུ་ཡོད། འོན་ཀྱང་རང་ཉིད་ཀྱིས་ཞིབ་འཇུག་བྱ་བའི་བརྒྱུད་རིམ་ནང་སླེབས་མྱོང་བའི་ས་ཆ་དེ་ཙམ་མང་པོ་མེད་པའི་རྐྱེན་གྱིས་རྡོ་རྩིག་ཨར་སྐྲུན་རིགས་མ་འདྲ་བ་ག་ཚོད་ཡོད་པ་གཏན་འཁེལ་བྱེད་དཀའ་མོ་རེད། ནན་ཏན་གྱི་སྒོ་ནས་བཤད་ན་རྩིག་པ་བརྩིག་རྒྱུ་དེ་ཞིབ་ཕྲ་དང་ནན་ཏན་བྱ་དགོས་པའི་ལག་རྩལ་ཞིག་རེད།

ས་ཆ་སོ་སོར་ས་ཆ་སོ་སོའི་བྱེད་ལུགས་བྱེད་སྟངས་ཡོད་པ་དང་། རྡོ་བཟོ་སོ་སོའི་ལག་རྩལ་ཡང་མི་འདྲ་བ་ཡིན་པ་དཔེར་ན་ས་ཆ་གཅིག་པ་ཡིན་ནའང་རྡོ་བཟོ་ཁ་ཤས་ཀྱིས་རྩིག་པའི་ཕྱི་ངོས་འཇམ་པོ་དང་གྲལ་འགྲིག་པོ་བརྩིག་རྒྱུར་དགའ་ན་ཡང་རྩིག་པའི་ནང་གི་རྡོ་དང་རྡོའི་བར་ལ་སྒྲིག་བརྟན་པོ་རྒྱག་རྒྱུར་དོ་སྣང་དེ་ཙམ་མེད་པ། ཡང་རྡོ་བཟོ་ཁ་ཤས་ནས་རྩིག་པའི་ནང་གི་རྡོ་ཕན་ཚུན་སྒྲིག་བརྟན་པོ་རྒྱག་གི་ཡོད་ན་ཡང་རྩིག་པའི་ཕྱི་ངོས་དེ་ཙམ་གྲལ་འགྲིག་པོ་མེད་པ་སོགས་ཁྱད་པར་སྣ་ཚོགས་ཡོད། གཤམ་དུ་དཔེ་མཚོན་གཅིག་ངོ་སྤྲོད་ཞུ་རྒྱུ། འདྲ་པ་གྲོག་རོང་ས་ཁུལ་གྱི་རྡོ་རྩིག་གི་ལག་རྩལ་སྐད་གྲགས་ཆེན་པོ་ཡོད། དེ་ཡང་རྡོ་རྩིག་སྟངས་སོགས་ནི་དར་མདོ་སོགས་མི་ཉག་དམངས་ཁང་གི་རྩིག་པ་དང་གཅིག་མཚུངས་ཡིན། ཡིན་ནའང་དུས་རབས་ཉི་ཤུ་པའི་ལོ་རབས་བརྒྱད་ཅུ་ནས་འགོ་བཙུགས་ཏེ་རྩིག་པ་རྩིག་སྟངས་གསར་པ་ཞིག་བྱུང་བ་རེད། དེ་ནི་ས་ཆ་དེ་ཡི་ལག་རྩལ་མཁས་པ་ཡིན་པའི་རྡོ་བཟོ་བ་གཅིག་གིས་གསར་གཏོད་བྱས་པ་རེད། ཁོང་ལ་ངག་དབང་ཆོས་འཕེལ་ཟེར་ཞིང་སྤྱི་ལོ1940ལོར་སྐྱེས་པ་ཡིན། ཆུང་དུས་ནས་ཡབ་ཀྱི་ཞབས་ལ་གཏུགས་ནས་རྡོ་བཟོ་སྦྱངས་པ་ཡིན་ཞིང་། ན་གཞོན་སྐབས་ཤང་གི་ལས་བྱེད་པ་བྱེད་མྱོང་ལ་ཤང་ཏང་ཨུད་ཀྱི་རྒྱུའུ་ཅི་ཡང་བྱེད་མྱོང་། དུས་ཚོད་ཡོད་དུས་ཕ་ཡུལ་གྱི་མི་རྣམས་ལ་ཁང་པ་རྒྱག་རོགས་བྱེད་ཀྱི་ཡོད། ལོ་རབས་བརྒྱད་ཅུ་ཙམ་ནས་ཁོང་གིས་སྔོན་མ་རྡོ་ཆེན་གཉིས་བར་གྱི་རྡོ་ཆུང་གི་རྩིག་པ་དེ་རྡོ་ཆུང་འདྲ་མིན་སྣ་ཚོགས་ཀྱིས་བརྩིགས་པའི་ལུགས་སྲོལ་དེ་བསྒྱུར་ནས་རྡོ་ཆུང་ཚད་མ་ཆེ་ཆུང་འདྲ་མཉམ་གྱིས་བརྩིག་རྒྱུའི་སྲོལ་བཏོད་པ་རེད། རྩིག་པའི་ཕྱི་ངོས་ནས་བལྟས་ན་སྔོན་མའི་སྲོལ་རྒྱུན་གྱི་རྩིག་པ་དང་ཁྱད་པར་ཆེན་པོ་ཡོད། དེ་ནས་བཟུང་ཁོང་གི་དགེ་ཕྲུག་ཚང་མས་ཁོང་གི་རྩིག་སྟངས་གསར་པ་དེར་ལད་མོ་བྱེད་ཅིང་ཤང་གྲོང་གཞན་པ་ཁག་ཅིག་གིས་ཀྱང་ཁོང་ལ་དཔེ་བལྟས་པས་ཕལ་ཆེར་འདྲ་པ་ཡོངས་ལ་ཁྱབ་པ་རེད། དུས་རབས་གོང་མའི་ལོ་རབས་བརྒྱད་ཅུའི་མཇུག་གི་ཁང་པ་གསར་པ་མང་ཆེ་བ་བཟོ་ལྟ་དེ་འདྲ་རེད།（པར5—117） དེ་ཡི་གོང་གི་འདྲ་པའི་དམངས་ཁང་རྣམས་ནི་སྲོལ་རྒྱུན་གྱི་བཟོ་སྟངས་རེད།（པར5—118） རང་ཉིད་ཀྱིས་ས་ཆ་དངོས་ལ་ལྟ་ཞིབ་དང་དཔྱད་བསྡུར་བྱེད་སྐབས་རང་ཉིད་ལ་ལྟ་སྟངས་འདི་འདྲ་ཞིག་བྱུང་ཡོད་དེ་རྩིག་པ་རྩིག་སྟངས་གསར་པ་དེ་ཕྱི་ངོས་ལ་གྲལ་འགྲིག་པོ་ཡོད་ཀྱང་རྡོ་ཆེན་བར་ལ་རྡོ་ལེབ་ཆུང་ཆུང་ཤ་སྟག་བརྩིགས་པ་ཡིན་པས་རྩིག་པ་རྗེས་པོའི་ལྗིད་ཚད་འདེགས་པའི་ནུས་པ་ཞན་དུ་ཕྱིན་ཏེ་ཆ་སྙོམས་ཀྱིས་ལྗིད་ཚད་འཁུར་མི་ཐུབ་པར་གྱུར། སྔ་མོའི་རྡོ་ཆུང་གི་རྩིག་པ་དེ་རྡོ་ཆེན་གཉིས་བར་གྱི་སྟོང་ཆ་ལ་གཞིགས་ནས་རྡོ་ཆུང་ཆེ་

ཆུང་རང་ཤོང་དུ་བཙིགས་པ་ཡིན་པས་རྡོ་ཆེན་པར་གྱི་ལྡེད་འདེགས་ཚད་ཆ་སྙོམས་བྱུང་བས་རྩིག་པ་དེ་བས་བརྟན་པོ་ཡོད་པའི་དགེ་མཚན་ཆེ་བ་མཐོང་བས་རང་ཉིད་ནི་སྲོལ་རྒྱུན་གྱི་རྩིག་སྟངས་དེ་བས་ཡག་པའི་ངོས་འཛིན་བྱེད་ཀྱི་ཡོད།

གོང་གསལ་དེ་དག་ནི་རྩིག་པ་རྩིག་སྟངས་ཀྱི་ལག་ཤེས་ཐད་ཀྱི་ཁྱད་པར་ཆུང་ངུ་ཙམ་ཡིན། སྤྱིར་བཏང་གི་མི་ཞིག་ལ་སྣང་བ་གང་ཡང་ཡོང་གི་མ་རེད། ང་རང་ནི་རྡོ་བཟོ་བྱས་མྱོང་བས་ཨར་སྐྲུན་འདྲ་མི་འདྲ་ལ་བལྟ་དུས་ལག་རྩལ་མི་འདྲ་བའི་ཐོག་ནས་ཚོར་སྣང་ཡང་མི་འདྲ་བ་ཡོང་གི་འདུག ཡིན་ནའང་དེ་ལྟ་བུའི་ལག་རྩལ་གྱི་དབྱེ་བ་ཕྲ་མོ་དེ་ཚོ་ཡི་གེའི་ཐོག་ནས་གསལ་བཤད་བྱེད་ཐབས་བྲལ། སློབ་ཁང་ནང་ཨར་སྐྲུན་རིག་པ་སློབ་སྦྱོང་བྱེད་མཁན་དང་ཞིབ་འཇུག་སློབ་མ་སུ་ཡིན་ན་ཡང་སློབ་དེབ་ཐོག་ནས་གོང་གསལ་གྱི་ལག་རྩལ་དེ་ཚོ་ཤེས་མི་ཐུབ། གལ་ཏེ་ཁོ་ཚོ་ལས་ས་དངོས་ལ་ལྟ་ཞིབ་བྱས་ན་ཡང་ཁྱད་པར་གང་ཡོད་དབྱེ་ཞིབ་བྱེད་དཀའ། དེར་བརྟེན་ངས་ཨར་ལས་ཀྱི་ཆེད་ལས་སློབ་སྦྱོང་བྱེད་མཁན་དང་ལྷག་པར་དུ་གནའ་བོའི་ཨར་སྐྲུན་གྱི་ཆེད་ལས་སློབ་སྦྱོང་བྱེད་མཁན་ཚོ་ངེས་པར་དུ་ལག་ལེན་ནང་སློབ་སྦྱོང་བྱ་དགོས་པ་དང་ལག་ལེན་ནང་ཞིབ་འཇུག་བྱ་དགོས་པའི་རེ་བ་འདོན་གྱི་ཡོད། དེ་འདྲ་བྱས་ན་སློབ་ཁང་ནང་སློབ་མི་ཐུབ་པའི་ཤེས་བྱ་ཡོན་ཏན་མང་པོ་ཞིག་སློབ་ཐུབ་ཀྱི་རེད། རང་ཉིད་ལ་མཚོན་ན་གནའ་བོའི་ཨར་སྐྲུན་ལ་ཞིབ་འཇུག་དང་གནའ་སྐྲུན་ཉམས་གསོ་བྱ་རྒྱུའི་ཐད་གྲུབ་འབྲས་ཁ་ཤས་ཐོབ་ཐུབ་པ་གཙོ་བོ་རྫོན་མ་ངལ་རྩོལ་བྱེད་སྐབས་ཀྱི་ལག་ལེན་དང་ཉམས་མྱོང་ལ་བརྟེན་པ་དང་། རྡོ་ཤིང་ལས་གྲྭ་སོགས་གཞི་རྩའི་ལག་རྩལ་སྦྱངས་པ་ལས་བྱུང་བ་ཡིན། དེར་བརྟེན་ལོ་ན་ཆུང་བའི་ལས་རོགས་པ་ཚོ་ངེས་པར་དུ་སློབ་སྦྱོང་དང་ལག་ལེན་ཟུང་དུ་འབྲེལ་ནས་སློབ་སྦྱོང་བྱེད་པའི་ཤེས་ཡོན་དེ་ལག་ལེན་ནང་བསྐྱར་བ་དང་། ལག་ལེན་གྱི་ནང་དུ་བྱུང་བའི་ཉམས་མྱོང་དང་བསླབ་བྱ་ལ་བརྟེན་ནས་རང་གི་ཤེས་ཡོན་དེ་བས་ཆ་ཚང་བ་ཡོང་ཐབས་བྱ་དགོས་པ་འདི་ཤིན་ཏུ་གལ་ཆེན་ཞིག་ཡིན།

མཇུག་ཏུ་ཞུ་རྒྱུ་ནི་རྡོ་རྩིག་གི་ཨར་སྐྲུན་དེ་སྲོལ་རྒྱུན་གྱི་ཨར་སྐྲུན་རིམ་པའི་ནང་གྲུང་སའི་ཨར་སྐྲུན་སོགས་ཨར་སྐྲུན་རིགས་གཞན་ལས་སྲུས་ལེགས་ཙམ་ཡོད་ལ་གོང་ཚད་ཀྱང་མཐོ་བ་ཡོད་པས་སྲུས་ཚད་རིམ་པ་གཅིག་མཐོ་བའི་གྲས་ཡིན། རྡོ་རྩིག་དེ་ཁང་པའི་སྙིག་གཞིའི་རིམ་པའི་ནང་ལྡེད་ཚད་ཐེག་ཐུབ་པ་ཡིན་པས་སྙིག་གཞིའི་ཡོ་བྱད་ལ་གྲོན་ཆུང་ཐུབ་པའི་ཁྱད་ཆོས་ཡོད་ལ་ཆུ་དང་ཆར་པའི་གནོད་སྐྱོན་འགོག་པའི་ནུས་པ་ངེས་ཅན་ཡང་ཡོད་པ་སོགས་ཀྱིས་ཨར་སྐྲུན་དེ་བས་ཡུན་རིང་ཙམ་གནས་ཐུབ་ཀྱི་ཡོད།

དེང་སྐབས་ཤིང་ཆའི་འབྱུང་ཁུངས་དཀོན་དུ་འགྲོ་བའི་སྐབས་འདིར་དེང་རབས་ཀྱི་མི་ཆོས་ལུགས་རྩིབས་རྡོ་འདག་གི་སྙིག་གཞི་དང་ངར་ལུགས་ཀྱི་སྙིག་གཞི་བེད་སྤྱད་ནས་ཁང་པ་རྒྱག་པའི་སྐབས་སུ་རྡོ་དེ་སྤུ་མཐུད་ནས་རྩིག་པའི་རྒྱུ་ཆ་བྱེད་ཆོག་གི་ཡོད། ལྷག་པར་དུ་དེང་སྐབས་བོད་མི་རིགས་ཀྱི་ཁྱད་ཆོས་ལྡན་པའི་ཁང་པ་རྒྱག་དགོས་ན་རྡོ་རྩིག་མ་རྒྱག་ཀ་མེད་ལྟ་བུ

ཞིག་ཆགས་ཡོད། གལ་ཏེ་འཛམ་གླིང་ཐོག་རྫོ་ལྡང་ཅན་གྱི་ཨར་སྐྲུན་དང་ཟླ་མེད་པའི་ཨར་སྐྲུན་དོན་འགྲོལ་བྱ་རྒྱུར་རྗེ་རྩིག་ཨར་སྐྲུན་འདེམ་རྒྱུ་དེ་ཕལ་ཆེར་ཨང་དང་པོ་ཡིན་རྒྱུ་རེད། དེར་བརྟེན་སྒྱོལ་རྒྱུན་ཨར་སྐྲུན་གྱི་དགེ་མཚན་བཤད་ན་རྫོགས་རྒྱུ་མེད་པ་ཞིག་ཡིན་ལུགས།

༥ ས་ཕག་གི་ཨར་སྐྲུན།

བོད་རིགས་ཀྱི་ཨར་སྐྲུན་ནང་དུ་དུང་འབག་ངས་ཆེའི་ནང་དོན་ཞིག་ཡོད་པ་ནི་ས་ཕག་ཡིན། ཨར་སྐྲུན་རྒྱུ་ཆ་ས་ཕག་དེ་གྱང་རྩིག་དང་རྗེ་ཡི་རྩིག་པ་ནང་བཞིན་ནུས་པ་ཆེན་པོ་མིན་ཙུང་བོད་ལུགས་ཨར་སྐྲུན་ནང་མེད་དུ་མི་རུང་བའི་གྲུབ་ཆ་ཞིག་ཡིན། སྤུས་ཚད་མཐོ་བའི་པོ་ཏ་ལ་ཕོ་བྲང་གི་ཨར་སྐྲུན་ནས་ཞིང་གྲོང་གི་དབུལ་ཕོངས་མི་སེར་གྱི་ཁང་པ་ཚང་མར་མེད་དུ་མི་རུང་བ་ཞིག་ཡིན།

ས་ཕག་ནི་ས་སྙོན་པ་དེ་རྡོག་རྡོག་བཟོས་པ་ཞིག་ཡིན་ཞིང་། ཤིང་པང་གི་ཕག་སྒྲོམ་བཟོས་ནས་འདག་པ་རྣམས་ཕག་སྒྲོམ་ནང་བླུགས་ནས་བཟོ་རྒྱུ་རེད། ས་ཕག་བརྒྱབ་ཚར་ནས་ཉི་མ་ཡག་པོ་ཡོད་པའི་ཆ་རྐྱེན་འོག ཉིན་གཅིག་ཙམ་ནས་ཨ་ལོག་རྒྱག་ཅིང་ཕལ་ཆེར་ཉིན་གཉིས་གསུམ་ཙམ་ནས་བསྡུས་ཆོག་གི་ཡོད། བརྒྱབ་ཟིན་པའི་ས་ཕག་རྣམས་གཅིག་ཏུ་བསྡུས་རྗེས་ཡང་ས་ཕག་རྒྱག་སའི་ས་སྟོང་ཐོན་ཡོང་གི་ཡོད་ཅིང་དེ་ནས་མུ་མཐུད་དེ་ས་ཕག་བརྒྱབ་ཆོག གལ་སྲིད་ས་དམར་ཐག་ཉེ་ས་ལ་ཡོད་ན་མི་གསུམ་གྱིས་མཉམ་དུ་ས་བརྙོ་བ་དང་། འདག་པ་བཟོ་བ། ཕག་རྒྱག་པ་སོགས་བྱས་ན་ཉིན་གཅིག་ལ་ས་ཕག་300ཙམ་རྒྱག་ཐུབ་ཀྱི་ཡོད། འདག་ས་དེ་ཙུང་ཡག་པོ་དགོས་ནའང་བྱེ་མ་ཕྲན་བུ་འདྲེས་པ་དགོས། གང་ལྟར་ཤེ་ན། ས་དམར་གྱི་ཚི་དམ་དྲགས་ན་ཕག་བརྒྱབ་ཚར་དུས་གས་སྲུབས་ཡོང་གི་རེད། ཡང་བྱེ་མ་ཤུགས་ཆེ་དྲགས་ན་ས་ཕག་མཁྲེགས་པོ་མིན་པ་ཆགས་འགྲོ་བ་རེད། དེ་ཚོ་ཚང་མ་དོན་དངོས་ཀྱི་ཉམས་མྱོང་ལ་བརྟེན་དགོས། གཞན་ཡང་ས་ཕག་རྒྱག་དུས་འདག་པ་ཕག་སྒྲོམ་ནང་བླུགས་རྗེས་རྐང་པས་རྡོག་བརྫིས་ཡག་པོ་བཏང་ནས་འདག་པ་ཚགས་དམ་པོ་ཡོང་བ་བྱེད་ཐུབ་ན་གཞི་ནས་ས་ཕག་སྲ་མོ་ཡོང་གི་རེད། ད་དུང་ས་ཕག་གི་འདག་པའི་ནང་རྗེ་རྩྭ་ཡོད་མི་ཉན། རྗེ་རྩྭ་ཡོད་ན་རྗེ་ཡོད་སར་ནས་ཆག་འགྲོ་བ་རེད། འདི་ཚོ་ཚང་མ་ལས་ཀའི་ནང་ཡིད་གཟབ་བྱེད་དགོས་པ་ཡིན།

ས་ཕག་བེད་སྤྱོད་བྱེད་པའི་ཁྱད་ས་ཆ་སོ་སོར་ས་ཕག་གི་ཆེ་ཆུང་མི་འདྲ་བ་སྣ་ཚོགས་ཡོད་པས་གཤམ་ལ་དེ་དག་ངོ་སྤྲོད་ཞུས་ན། མངའ་རིས་སྤུ་ཧྲེང་རྫོང་འཁོར་ཆགས་དགོན་པ་ནི་ལོ1000ལ་ཉེ་བའི་ལོ་རྒྱུས་ཡོད་པའི་དགོན་སྡེ་ཞིག་ཡིན་ཞིང་། དེའི་ཕྱི་རྩིག་གཙོ་བོ་ཚང་མ་གྱང་རྩིག་ཡིན་ནའང་ཁང་པའི་ཐོག་ཁའི་བར་སྐྱ་སོགས་ལ་ས་ཕག་བརྩིགས་ཡོད། དེར་བརྟེན་ས་ཕག་དེ་ཚོར་ཡང་ལོ1000ལ་ཉེ་བའི་ལོ་རྒྱུས་ཡོད། འདི་ན་ཡོད་པའི་ས་ཕག་གི་དཔངས་ལ་ལི་སྨིད13དང་། རྒྱ་ལ་ལི་སྨིད18 རིང་ཐུང་ལ་ལི་སྨིད36ཡོད། དེ་དག་གཙོ་བོ་ཁང་ཐོག་གི་བར་སྐྱ་ལ་གཏོང་རྒྱུ་ཡིན་པས་ས་ཕག་ཆེན་པོ་བཟོས་མི་འདུག

སྟོ་ཁ་ཆུ་གསུམ་རྫོང་གི་ཨེ་ལྷ་རྒྱ་རིའི་ཕོ་བྲང་གསར་པ་འདི་རྒྱལ་དབང་ལྔ་པ་ཆེན་མོས་རྒྱབ་སྐྱོར་གནང་བའི་འོག་གསར་སྐྲུན་བྱས་པ་ཞིག་ཡིན་ཞིང་། ཁང་པའི་གཞི་མ་རྡོ་རྩིག་ཡིན་ཡང་ཐོག་ཁའི་བར་སྐྱ་སོགས་ནི་ས་ཕག་ཡིན། ས་ཕག་དེ་དག་གི་ཚེ་ཚད་ནི་རྒྱར་ལི་སྨིད23དང་། དཔངས་ལ་ལི་སྨིད12 རིང་ཐུང་ལ་ལི་སྨིད50ཡོད། ད་དུང་གཞིས་རྩེའི་གྲོང་རྙིང་ནང་གི་དམངས་ཁང་རྙིང་པའི་ནང་བེད་སྤྱད་པའི་ས་ཕག་ནི་རྒྱ་ལ་ལི་སྨིད22དང་། དཔངས་ལ་ལི་སྨིད13 རིང་ཚད་ལ་ལི་སྨིད43བཅས་རེད་འདུག སྤྱི་ལོ1967ལོར་ང་ཚོ་སྟོ་ཁའི་ཞིང་རར་བཏང་རྗེས་ཞིང་རའི་ཨར་སྐྲུན་བརྒྱ་ཤོག་ལ་བཞག་བྱུང་བས་སྐབས་དེར་ང་ཚོས་ཞིང་རའི་ལས་ཁུངས་ནང་ལ་ཐྲངས་འཁོར་བཟོ་བཅོས་ཁང་དང་ལས་བཟོའི་ཉལ་ཁང་གསར་སྐྲུན་བྱ་རྒྱུའི་ལས་འགན་བསྒྲུབ་དགོས་ཤིང་། ཁང་པ་དེ་ཚོ་རྩིག་རྨང་རྡོ་ཡིས་བརྩིགས་པ་མ་གཏོགས་མ་ཁང་གཙོ་བོ་ས་ཕག་གི་རྩིག་པ་ཤ་སྟག་རྒྱག་རྒྱུ་ཡིན་པས་ས་ཕག་ཚང་མ་ང་རང་ཚོས་རྒྱག་དགོས་ཀྱི་ཡོད། ང་ཚོས་ས་ཆ་དེ་རང་གི་ཞིང་པ་ཚོས་བེད་སྤྱོད་བྱེད་པའི་ས་ཕག་ནང་བཞིན་བཟོས་ཡོད་ཅིང་། ས་ཕག་དེ་ཚོ་བེད་སྤྱོད་བྱེད་བདེ་པོ་ཡོད་པ་ལག་པ་གཉིས་ཀྱིས་ཁང་པའི་རྩེ་ལ་འཕེན་ཐུབ་པ་དེ་འདྲ་ཡིན། དེ་དག་གི་ཚེ་ཚད་ནི་རིང་ཚད་ལ་ལི་སྨིད30དང་། རྒྱ་ལ་ལི་སྨིད15དང་། དཔངས་ལ་ལི་སྨིད10ཙམ་ཡོད།（དཔེ་རིས5—8）

ས་ཕག་དེ་ལོ་རྒྱུས་ཐོག་དུས་སྐབས་གང་ཞིག་ནས་བེད་སྤྱོད་བྱས་པ་ད་ལྟ་ང་ཚོས་ཤེས་ཐབས་མེད་ཀྱང་ས་ཕག་བེད་སྤྱོད་བྱེད་པའི་ས་ཆ་ཅན་རྒྱ་ཆེན་པོ་ཡོད་པ་དཔེར་ན་མངའ་རིས་གུ་གེའི་རྒྱུད་དང་སྤུ་ཧྲེང་རྒྱུད་སོགས་ལ་ཁང་པ་ཚང་མ་ཀྱང་སའི་ཨར་སྐྲུན་ཡིན་ན་ཡང་ཁང་པའི་ནང་གི་བཅད་ཚང་མ་ས་ཕག་གིས་བརྩིགས་འདུག གཞིས་རྩེ་དང་སྟོ་ཁའི་རྒྱུད་ཀྱི་ས་ཆ་མང་ཆེ་བ་ས་ཕག་གི་ཁང་པ་ཡིན་ཞིང་། ས་ཁུལ་འདི་གཉིས་ཀྱི་གཞིས་ཀའི་ཨར་སྐྲུན་དང་སྟོ་ཁ་རྫོང་ཐང་གི་གྲོང་ཚོ་རྙིང་པ་ཆགས་སར་དམངས་ཁང་ཁག་ཅིག་ཉིས་ཐོག་ཡིན་པ་མ་གཏོགས། བསྒྱུར་བཅོས་སྒོ་དབྱེའི་སྔོན་ལ་ལྷ་ས་ནས་སྟོ་ཁ་རྫོང་ཐང་ལ་འགྲོ་བའི་ལམ་རྒྱུད་ཀྱི་དམངས་ཁང་དང་། ལྷ་ས་ནས་གཞིས་རྩེ་ལ་འགྲོ་བའི་ལམ་རྒྱུད་ཀྱི་ཞིང་གྲོང་གི་དམངས་ཁང་ས་ཕག་གི་ཁང་པ་ཐོག་གཅིག་མ་ཤ་སྟག་ཡིན། སྤྱི་ལོ1980ལོ་ནས་ང་ཚོ་གནའ་སྐྲུན་ཚན་རིག་ཞིབ་འཇུག་ཁང་གིས་སྟོ་ཁ་ཆུ་གསུམ་དང་། སྣེ་གདོང་། འོན། འཕྱོངས་རྒྱས། བསམ་ཡས། གྲ་ནང་། གོང་དཀར། ལྷུན་རྩེ་སོགས་དང་། གཞིས་རྩེ་ལ་རྒྱལ་རྩེ་དང་ཁང་དམར། ཕག་རི། གྲོ་མོ། པ་སྣམ། གཏིང་སྐྱེས། ས་སྐྱ། ལྷ་རྩེ། ངམ་རིང་། དིང་རི། གཉའ་ལམ། བཞད་མཐོང་སྨོན། རྣམ་གླིང་། རིན་སྤུངས་སོགས། ཉིང་ཁྲིའི་རྒྱ་མདའ། སྨན་གླིང་། སྤོ་བོ་སོགས། དེ་བཞིན་ལྷ་སའི་ཉེ་འཁོར་གྱི་སྟག་རྩེ་དང་། སྙེ་མོ། ཆུ་ཤུར། ལྷུན་གྲུབ། མལ་གྲོ་གུང་དཀར་སོགས་ཚང་མ་ཁང་པ་ཐོག་གཅིག་མ་ཡིན། གོང་གསལ་ས་གནས་དེ་ཚོའི་ནང་མངའ་རིས་དང་ཉིང་ཁྲི་གཉིས་ཀྱི་དམངས་ཁང་ཁག་ཅིག་ཀྱང་སའི་ཨར་སྐྲུན་ཡིན་པ་ལས་ལྷ་སའི་ཉེ་འཁོར་གྱི་ཞིང་གྲོང་དང་། སྟོ་ཁ། གཞིས་རྩེའི་གྲོང་གསེབ་ཀྱི་དམངས་ཁང་ཡོངས་རྫོགས་ས་ཕག་གི་ཨར་སྐྲུན་རེད། ས་ཁུལ་

དེ་ཚོར་ས་ཕག་བེད་སྤྱོད་པའི་ལོ་རྒྱུས་མ་མཐའ་ཡང་ལོ་1000ལྷག་ཙམ་ཡོད་ཚོད་འདུག་པས་ས་ཕག་གི་རྒྱུ་ཆ་འདི་བོད་རིགས་ཨར་སྐྲུན་ནང་གལ་ཆེན་པོའི་གནས་བབ་ལྡན་ཡོད་ལ་བེད་སྤྱོད་བྱེད་པའི་ཁྱབ་ཁོངས་ཀྱང་ཤིན་ཏུ་རྒྱ་ཆེ་བ་ཡིན། ལྷུ་མཐུད་ནས་ཀྱང་ཁང་གཙོ་བོ་བྱེད་པའི་མངའ་རིས་དང་ཆབ་མདོ་ས་ཁུལ་ལ་ཡང་ཀྱང་རྩིག་དང་ཟུང་འབྲེལ་བྱས་ནས་ས་ཕག་བེད་སྤྱོད་རྒྱ་ཁྱབ་ཏུ་ལག་ལེན་བྱེད་ཀྱི་ཡོད། ལྷ་ས་གྲོང་ཁྱེར་ལ་ཆ་བཞག་ན་སྤུས་ཚད་ཅུང་མཐོ་བའི་ས་པ།ཉ་ས་སྲིད་གཞུང་གི་གཞུང་ཁང་དང་གོ་གནས་མཐོ་བའི་བླ་སྤྲུལ་ཁ་ཤས་ཀྱི་སྒེར་ཁང་ཕུད་གྲོང་ཁྱེར་ནང་མང་ཆེ་ཤོས་ཡིན་པའི་མང་ཚོགས་ཀྱི་ཁང་པ་དང་སྐུ་དྲག་གི་གཟིམ་ཤག་ཁང་ཚུད་པའི་ཨར་སྐྲུན་ཚང་མར་འོག་ཐོག་ལ་རྡོ་རྩིག་བརྒྱབ་པ་མ་གཏོགས་ཐོག་སོ་གཉིས་པའི་ཕྱི་ནང་གི་རྩིག་པ་ཚང་མ་ས་ཕག་གི་རྩིག་པ་ཡིན། པོ་ཏ་ལ་ཡི་ཞོ་བྲང་དཀར་པོ་དང་ཕོ་བྲང་དམར་པོའི་བར་སྐྱ་དང་ཐྭ་ལའི་བླ་མའི་གཟིམ་སྤྱུག་སོགས་ནང་གི་བར་སྐྱ་བརྒྱབ་པའི་ཨར་སྐྲུན་ཚང་མ་ཡང་ས་ཕག་བཏང་ཡོད།(པར5—119)

གལ་སྲིད་ས་ཕག་བེད་སྤྱོད་བཏང་མེད་པའི་ས་ཆ་ཞིག་ཤེས་དགོས་བསམས་ན་གོང་དུ་དོ་སྣོད་བྱས་པའི་མི་ཉག་ས་ཁུལ་གྱི་ཡུལ་སྡེ་ཁག་ཅིག་ལ་ས་ཕག་ཟེར་བ་མཐོང་སྣང་མེད། ད་དུང་ས་འདག་པ་རྡོག་རྡོག་གིས་ཁང་པ་རྒྱག་ཐུབ་པར་ཡིད་ཆེས་ཀྱི་མེད། ཡིན་ནའང་དབུས་གཙང་གི་མི་ཚོས་མི་རབས་ནས་མི་རབས་བར་བེད་སྤྱོད་བྱེད་བཞིན་པ་རེད། དབུས་གཙང་ཁུལ་གྱི་ཞིང་པའི་ས་ཕག་གི་ཁང་པ་ལ་དཔལ་འབྱོར་ཐོག་གྲོན་ཆུང་ཡིན་པའི་དགེ་མཚན་ཡོད། ས་དོས་ནས་ལི་སྨིད་བདུན་ཅུ་བརྒྱད་ཅུ་ཙམ་གྱི་རྡོ་རྩིག་བརྩིགས་རྗེས་ས་ཕག་རྩིག་ཡོང་གི་ཡོད། ཕག་རྩིག་གི་རྩིག་ཞེང་ལི་སྨིད40ཡིན་ནའང་འདྲ། ལི་སྨིད30ཡིན་ནའང་འདྲ་གཙོ་བོ་ས་ཕག་སྣེ་གཉོན་ཐུབ་པ་ཞིག་དགོས། མ་གཞི་ས་ཕག་གི་རྩིག་པ་ཡིན་ནའང་སྤུས་དག་ཙམ་བྱེད་མཁན་ཡིན་ན་ཕྱི་རྩིག་ལ་ས་ཕག་གཅིག་དང་ཕྱེད་ཀ་གཏོང་མཁན་ཡང་ཡོད། གལ་སྲིད་ས་ཕག་རིང་ཐུང་ལི་སྨིད30ཡིན་ན་ས་ཕག་གཅིག་དང་ཕྱེད་ཀ་ལ་རྩིག་ཞེང་ལི་སྨིད40ཡོད་པ་རེད། དེ་འདྲ་ཡིན་ན་ས་ཕག་རྩིག་སྟངས་འཕྲེད་ལ་གཅིག་དང་གཞུང་ལ་གཅིག་རེད།(དཔེ་རིས5—9) ཡིན་ནའང་རྩིག་ཞེང་དེ་འདྲ་བྱེད་མཁན་མང་པོ་ཞེ་དྲག་མེད། མང་ཆེ་བས་རྩིག་ཞེང་ལི་སྨིད30བྱས་པ་སྟེ་ས་ཕག་གཅིག་གི་རིང་ཚད་ཀྱིས་རྩིག་ཞེང་བྱས་པ་ཡིན་ཞིང་། དེ་འདྲ་བྱས་ན་གྲོན་ཆུང་ཐུབ་པ་ཡིན། དབུས་གཙང་ས་ཁུལ་གྱི་ས་ཕག་ཁང་པའི་ཕྱི་རྩིག་ཐོག་གདུང་མ་གཏོང་དགོས་པ་ཡིན་ན་པང་ལེབ་ཙུང་མཐུག་པོ་ཞིག་བཏིང་ནས་གདུང་གདན་འདིང་གི་ཡོད། དེ་འདྲ་བྱས་ན་གདུང་མའི་སྟེང་གི་ལྗིད་ཚད་ཁ་བགྲམ་འགྲོ་བ་ཡིན། དེ་བས་དང་དོད་བྱས་ན་ཕག་རྩིག་གི་རྩ་བར་ཀ་སྐྱོར་བསླངས་ནས་གདུང་མ་ཀ་སྐྱོར་དེ་ཡི་ཐོག་ལ་གཏོང་གི་ཡོད། ས་ཕག་ཁང་པའི་ནང་གི་བར་སྐྱ་ཀྱི་རྩིག་པའི་ཞེང་ཚད་ནི་ལི་སྨིད20ཙམ་སྟེ་ས་ཕག་གི་ཞེང་ཁ་ཏག་ཏག་ཡིན་ཞིང་། དེ་ཡང་ས་ཕག་འཕྲེད་ལ་བརྩིགས་པ་ཞིག་རེད། དེ་འདྲ་བའི་ས་ཕག་གི་ཕྱེད་ཀ་ལས་མེད་པའི་རྩིག་ཞེང་གིས་གདུང་མ་བཀུག་ཐུབ་ཀྱི་མེད་པས་ན། བར་སྐྱ་དེ་ཡི་རིགས་ལ་ཕག་རྩིག་གི་བར་ལ་ཀ་བ་འཛུགས་དགོས་པ་དཔེར་ན་པོ་ཏ་ལའི་ནང་གི་བར་སྐྱ་ཚང་མར་ཀ་བ་བཙུགས་ཡོད་པ

རེད། ཕོ་བྲང་པོ་ཏ་ལའི་རྒྱལ་བའི་གཟིམ་ཆུང་གི་མཚན་གཟིམ་ཁང་སོགས་ཀྱི་བར་སྐྱ་ལ་རྒྱུན་དུ་ལི་སྨིད10ཙམ་གྱི་ཕག་རྡིག་རྒྱག་གི་ཡོད། དེ་ནི་ས་ཕག་གི་མཐུག་ཚད་ལྟར་ཕག་བསླངས་ནས་བརྩིགས་པ་རེད། བྱ་ཐབས་དེ་གཙོ་བོ་བར་སྐྱའི་ལྗིད་ཚད་ཆུང་དུ་གཏོང་བའི་ཆེད་དུ་ཡིན། བར་སྐྱ་དེ་འདྲ་རྒྱག་དགོས་ན་དང་ཐོག་གཤམ་འོག་གི་ཐོག་འགེབས་དུས་ནས་གདུང་མ་གཏོང་དགོས་པ་ལས་ལྷུམ་ཤིང་གི་ཐོག་ལ་བར་སྐྱ་བསླངས་ན་འགྲིག་གི་མེད་དེ། ལྷུམ་ཤིང་གིས་བར་སྐྱ་འཁྱོག་མི་ཐུབ་པས་སོ།། གོང་གསལ་གནས་ཚུལ་དེ་དག་ལ་བལྟས་ན་ས་ཕག་དེ་མ་གཞི་སྲུས་ཚད་ཞན་ཙམ་གྱི་ཨར་སྐྲུན་རྒྱུ་ཆ་ཡིན་ནའང་ས་ཕག་ནི་དགོས་མཁོ་ཧ་ཅང་ཆེན་པོ་ཡིན་ལ་མེད་དུ་མི་རུང་བའི་རྒྱུ་ཆ་ཞིག་ཀྱང་ཡིན། འཛམ་གླིང་ཐོག་སྐད་གྲགས་ཡོད་པའི་ཕོ་བྲང་པོ་ཏ་ལར་ཡང་ས་ཕག་མེད་ན་མི་འགྲིག ས་ཕག་དགོས་ས་ཧ་ཅང་མང་པོ་རེད། དེར་བརྟེན་ང་ཚོས་ཀྲུང་གོའི་བོད་རིགས་ཨར་སྐྲུན་ལ་ཞིབ་འཇུག་བྱེད་སྐབས་ས་ཕག་གི་རྒྱུ་ཆ་དེ་བརྗེད་ན་འགྲིག་གི་མ་རེད། ཕྱོགས་མཚུངས་རང་རྒྱལ་གྱི་ནུབ་རྒྱུད་ས་ཁུལ་དང་རྒྱལ་ཁབ། ད་དུང་རང་རྒྱལ་གྱི་ཤིན་ཅང་དང་ནང་སོག་སོགས་ཀྱི་ས་ཆ་མང་པོ་དང་གྲངས་ཉུང་མི་རིགས་གཞན་པས་ཀྱང་རྒྱ་ཁྱབ་ཀྱིས་ས་ཕག་སྐྱེ་མིས་བཟོས་པའི་ཨར་སྐྲུན་རྒྱུ་ཆ་འདི་བེད་སྤྱོད་བྱེད་ཀྱི་འདུག་པས། དེའི་ཐད་ང་ཚོས་སྣང་མེད་གཏན་ནས་གཏོང་མི་རུང་།

དབུས་གཙང་ས་ཁུལ་ལ་ཁྱོན་ཡོངས་ནས་ས་ཕག་གི་ཨར་སྐྲུན་བེད་སྤྱོད་བྱེད་པར་ཡང་རྒྱུ་རྐྱེན་མང་པོ་ཡོད། ཀྲུང་རྡུང་བའི་རྩིག་པར་ཆ་བཞག་ན་ཨར་སྐྲུན་གཞི་རྒྱ་ཆེ་བ་བཟོ་ཐེངས་གཅིག་གིས་གྲུབ་པའི་དམིགས་བསལ་ཁྱད་པར་ཡོད། ཡིན་ནའང་དབུས་གཙང་ས་ཁུལ་གྱི་ཞིང་པ་དུད་ཚང་ཆུང་ཆུང་ཞིག་ཡིན་ན་མི་ཚང་གཅིག་གིས་ཁང་པ་ཆུང་ཆུང་ཁ་ཤས་ཀྱི་ཆེད་དུ་ཀྲུང་བརྡུང་རྒྱུའི་ལས་རྙོག་མང་པོ་དེ་འདྲ་བྱེད་ཐུབ་ཐབས་མེད་ལ། ཀྲུང་རྡུང་མཁན་གྱི་མི་མང་པོ་དེ་འདྲ་ཡང་ག་ནས་བཙལ་དགོས་རེད་དམ། མི་མང་པོ་དེ་འདྲ་གསོ་ཡང་ཐུབ་ཀྱི་མ་རེད། གལ་ཏེ་ས་ཕག་གི་ཁང་པ་བརྒྱབ་པ་ཡིན་ན་ཛོ་མང་པོ་དེ་འདྲ་གསོག་མི་དགོས་ལ་དཔོར་འདྲེན་ཡང་བྱེད་མི་དགོས་པ་མ་ཟད་ལོ་གཅིག་གི་སྟོན་ནས་གཡུལ་ཐང་དང་ཡང་ན་རང་ཁྱིམ་གྱི་ས་སྟོང་ལ་ས་ཕག་བརྒྱབ་ཆོག དེ་ལྟར་བྱས་ཚེ་ཁྱོན་ཡོངས་ཀྱི་ཁང་པའི་རིན་ཐང་ཁེ་པོ་ཡོང་ཐུབ། འདི་ནི་གཙོ་བོའི་རྒྱུ་རྐྱེན་གཅིག་ཡིན།

གཞན་ཡང་ཀྲུང་ཁང་ཡིན་ན་ཀྲུང་གི་ཞེང་ཁ་ཆེན་པོ་ཡོད་རྐྱེན་ས་ཡང་མང་པོ་དགོས་ཀྱི་ཡོད་ལ་ས་ཕག་གི་རྩིག་ཞེང་ལི་སྨིད30ནས40ཙམ་ལས་མེད་པས་སྟབས་བདེ་པོ་ཡོད། གལ་སྲིད་རྡོ་ཡིས་རྩིག་པ་ཡིན་ན་མི་ཤུགས་དངོས་ཤུགས་དེ་བས་མང་པོ་དགོས་པ་ནི་བཤད་མི་དགོས་པ་ཞིག་རེད། སྲུས་ཚད་ཀྱི་ཐད་ནས་བཤད་ན་ས་ཕག་གི་ཨར་སྐྲུན་སྲུས་ཚད་དམའ་ཤོས་རེད་ལ་གོང་ཡང་ཁེ་ཤོས་རེད། མ་གཞི་ཀྲུང་རྩིག་ཀྱང་ས་རྗེན་པས་བཟོས་པ་ཡིན་ཡང་ཀྲུང་ཡག་པོ་རྡུང་བའི་ཨར་སྐྲུན་ལ་ཆུ་ཡིས་དེ་ཙམ་གནོད་ཐུབ་ཀྱི་མེད། ཀྲུང་གི་གནའ་ཤུལ་ལོ་སྟོང་ཕྱིན་ན་ཡང་འགྱེལ་མེད་པ་མང་པོ་ཡོད། ཡིན་ནའང་ས་ཕག་གི་

སྒྲིག་པར་ཐོག་ཁ་ནས་ཆུ་འཛག་པ་བཀག་མ་དགོས་པ་མ་ཟད་ཕག་སྒྲིག་ལ་བྲུར་ནས་ཆར་ལྷགས་ཀྱིས་གཅོས་ཡུན་རིང་ན་ཕག་སྒྲིག་ཤིག་པའི་ཉེན་ཁ་ཡང་ཡོད། དེ་ལ་བརྟེན་ནས་དབུས་གཙང་ཁུལ་གྱི་མི་ཆོས་མཛུབ་རིས་བརྒྱབ་པའི་ཞལ་བ་གཏོང་བའི་ཐབས་ཤེས་བརྟོན་པ་རེད།（པར་5—120）（པར་5—121）

དེ་ཡང་ཞལ་བ་འབྱུག་རྒྱུའི་ས་དེ་འབྱུར་རྩེ་ཙུང་ཆེ་བའི་ས་ལ་ཚད་ངེས་ཅན་གྱི་བྱེ་ས་ཡང་བསྲེས་དགོས་ཤིང་། བྱེ་ས་མང་ན་ཆུ་འགོག་མི་ཐུབ་ལ་འབྱུར་རྩེ་ཆེ་དྲགས་ན་གས་སྲུབས་ཤོར་ཏེ་སྲུབས་གསེང་ནས་ཆུ་འཛུལ་ཡོང་གི་ཡོད། དེར་བརྟེན་འདག་ས་རྫི་ཙམ་ལ་བྱེ་ས་རྫི་ཙམ་ཞིག་བསྲེས་དགོས་མིན་དེ་དག་ཚང་མ་ཞལ་དཔོན་རང་གིས་ཆོད་འཛིན་བྱེད་དགོས་ལ། མཛུབ་རིས་ནི་ཞལ་དཔོན་རང་གིས་རྒྱག་གི་ཡོད། ཞལ་དཔོན་ཚང་མ་བུད་མེད་ཡིན་ཙང་གཟུགས་པོ་ཆེན་པོ་རང་མེད་པས་མཛུབ་རིས་བརྒྱབ་པའི་ཞེང་ཁ་ལི་སྨིད་40ཙམ་ཡིན། མཛུབ་རིས་ལ་རི་མོ་བཞི་རེ་ཡོད་པ་སྟེ་ལག་པ་གཡས་པའི་མཐེ་བོང་ཕུད་པའི་མཛུ་གུ་བཞི་པོས་རི་མོ་རྒྱག་རྒྱུ་རེད། དེ་འདྲ་བྱེད་དུས་ཆར་ཆུ་དེ་རི་མོ་བརྒྱུད་ནས་རྒྱུགས་འགྲོ་བས་ཁས་བླངས་ཆོག་པའི་ཆུ་འགོག་གི་ནུས་པ་ཐོན་པ་དེ་ཡང་ས་ཕག་ཨར་སྐྲུན་ལ་མེད་དུ་མི་རུང་བའི་ལག་ཤེས་བཟོ་རྩལ་ཞིག་ཡིན། གོང་དུ་ཞུས་པ་བཞིན་ས་ཕག་དེ་ཉིད་ཨར་སྐྲུན་ཁང་པ་ཞིག་གི་གཙོ་བོའི་རྒྱུ་ཆ་ཡིན་པ་མ་ཟད་པོ་ཏ་ལ་ལྷ་བུའི་གལ་འགངས་ཆེ་བའི་ཨར་སྐྲུན་གྱི་ནང་ལ་ཡང་དགོས་ངེས་ཀྱི་རྒྱུ་ཆ་མེད་དུ་མི་རུང་བ་ཞིག་ཡིན། པོ་ཏ་ལ་ལྷ་བུའི་ཐོག་བརྩེགས་མང་པོ་ཡོད་པའི་ཁང་པའི་ནང་བེད་སྤྱོད་ཀྱི་དགོས་མཁོར་གཞིགས་ནས་ཁང་པ་ཆེ་ཆུང་འདྲ་མིན་དང་བཟོ་ལྟ་འདྲ་མིན་གྱི་སྐྱ་རྒྱག་དགོས་པ་དེ་ཚོ་ཡང་ས་ཕག་ལ་བརྟེན་དགོས་པས་ས་ཕག་གིས་ཡང་སྐྱ་ཡི་ནུས་པ་ཆེན་པོ་ཐོན་པ་དེ་ནི་ས་ཕག་གི་ཁྱད་ཆོས་ཤིག་ཀྱང་ཡིན། སྐབས་དེར་བོད་རིགས་ཨར་སྐྲུན་ནང་ད་དུང་ཡང་སྐྱ་ཡི་རྒྱུ་ཆ་ཁ་ཤས་ཡོད་པ་སྟེ། སྔོ་ཁའི་ཨེ་ལྷ་རྒྱ་རིའི་ཕོ་བྲང་ནང་དམིགས་བསལ་གྱི་ཡང་སྐྱ་འདི་འདྲ་ཞིག་ཡོད་པ་ནི་བ་སྤུགས་ཀྱི་ལྡི་བའི་ནང་འདག་པ་སྦྲན་བུ་བསྲེས་པའི་ལྡི་བའི་ཕག་རེད། ལྡི་བའི་ཕག་དེ་ས་ཕག་དང་ཆེ་ཆུང་འདྲ་འདྲ་ཡིན་ནའང་ལྗིད་ཚད་ས་ཕག་གི་ཕྱེད་ཀ་ཙམ་ལས་མེད། དེ་ཡང་ཨེ་ལྷ་རྒྱ་རི་དེ་ཉིད་གྲོང་གསེབ་ལ་ཡོད་ཙང་ལྡི་བ་ནི་འབེལ་ཤོས་ཤིག་རེད། ད་དུང་འདི་ལ་ལྕང་མའི་ཡལ་ག་ཕྲ་མོས་བརྣོལ་བའི་ལྷས་མའི་བར་སྐྱ་མཐོ་དམའ་དང་ཞེང་ཚད་དངོས་ཡོད་ལ་གཞིར་བཟུང་བྱས་ཆོག་པ་ཡང་ཡིན་འདུག་ཅིང་། བར་སྐྱ་རྒྱག་དགོས་སར་ལྕང་ལྕུག་ལྷས་མ་བརྣོལ་ཏེ་འདག་པ་འབྱུར་རྩེ་ཆེ་ཙམ་ཞིག་ཕྱི་ནང་གཉིས་ཀར་འབྱུག་ཐེངས་ཁ་ཤས་བྱུགས་ན་འགྲིག་གི་ཡོད། ཡང་སྐྱ་དེ་རིགས་ནི་གསང་སྤྱོད་དང་འགྲོ་ལམ་སོགས་ཀྱི་བར་སྐྱར་གཏོང་གི་ཡོད། དེ་འདྲའི་ཡང་སྐྱ་དེ་ཚོ་ཡང་པོ་ཡིན་ན་ཡང་འདག་པ་བྱུགས་རྗེས་ཕྱི་ངོས་དེ་ཙམ་འཇམ་པོ་བཟོ་མི་ཐུབ་པས་གཟིམ་ཆུང་དང་ལྷ་ཁང་ནང་ལ་གཏོང་གི་མེད། ཤིང་གི་ཡལ་གས་བརྣོལ་བའི་བར་སྐྱ་ནི་རྣམ་སྲས་གླིང་གཞིས་ཀ་དང་ཉིང་ཁྲི་ང་བོད་གཞིས་ཀའི་ཁང་པའི་ནང་བེད་སྤྱོད་བྱས་འདུག་ལ།（པར་5—122） གྲོང་གསེབ་ཀྱི་དམངས་ཁང་ནང་ལ་ཡང་བེད་སྤྱོད་བྱེད་མཁན་འདུག ད་དུང་གཞན་ཞིག་ནི་འདམ་

རའི་ཉེ་འགྲམ་གྱི་གཞིས་ཀའི་ཨར་སྐྲུན་དང་སྤྱིར་བཏང་དམངས་ཁང་ཡང་སྒང་རྡོག་གཏོང་མཁན་ཡོད་འདུག གྲོ་མོ་རྫོང་ལ་འགྲོ་བའི་ཕག་རི་གྲོང་རྡལ་འདི་མཚོ་རྗེས་མཐོ་ཤོས་ཀྱི་གྲོང་ཚོ་ཞིག་ཡིན་ལ་གཙོ་བོ་འབྲོག་ས་ཡིན་པས། མི་སེར་གྱི་ཁང་པ་གཙོ་བོ་རྡོ་རྩིག་ཡིན་རུང་ཁང་པའི་ནང་གི་བར་སྐྱ་དང་སྒོ་རའི་ར་སྐོར་སོགས་སྒང་རྡོག་གིས་བརྩིགས་འདུག

ལྷ་སའི་མལ་གྲོ་གུང་དཀར་རྫོང་གི་ཤར་ངོས་ཀྱི་ཏུ་ཐོག་ཤང་གི་ཁྲུབ་ཁོངས་ནི་ས་མ་འབྲོག་གི་ས་ཆ་ཡིན་ཞིང་། འདི་རྒྱུད་ཀྱི་འབྲོག་པའི་དགུན་མཚེར་དང་དེའི་ནུབ་ཕྱོགས་ཀྱི་ཞིང་ཕྲན་བུ་རྨོ་བའི་ཞིང་པའི་ཁང་པ་ཡང་སྒང་རྡོག་གིས་ཁང་པ་སྐབས་བདེ་རེ་བསྐྲུན་པ་དང་སྒོ་ར་བསྐོར་བ་སོགས་བྱེད་སྲོལ་འདུག

ཡིན་ན་ཡང་ད་ལྟ་ཁོར་ཡུག་སྲུང་སྐྱོབ་ཀྱི་ངོས་ནས་བཤད་ན་སྒང་རྡོག་འདམ་རའི་ནང་ནས་བཀོག་ཡོང་བ་དེས་རྩྭ་ཐང་གནོད་སྐྱོན་ཏ་ཅང་ཆེན་པོ་བཟོ་བཞིན་ཡོད་པས་བྱེད་སྟངས་འདི་རྒྱུན་འཛིངས་གཏན་ནས་བྱ་མི་ཉན། འདི་ནི་ལོ་རྒྱུས་ཐོག་ཡོད་པ་ཡིན་ཙང་ངོ་སྤྲོད་བྱས་པ་ཙམ་ཡིན་པ་མཁྱེན་དགོས།

༨ ཤིང་གི་ཨར་སྐྲུན།

ས་མཐོའི་སྟེང་ལ་ཤིང་གི་ཨར་སྐྲུན་ཁྱབ་ཆེན་པོ་དེ་ཙམ་མ་ཡིན་ལ་གྲངས་འབོར་ཡང་ཆེན་པོ་མེད། བོད་རིགས་ཀྱི་བསམ་པའི་ནང་ཤིང་གི་ཁང་པ་དེ་རྒྱུན་ལྡན་གྱི་ཨར་སྐྲུན་གྲས་ལ་བཞག་གི་མེད་པར་གནས་སྐབས་རིང་དང་ཡང་ན་སྐབས་བདེའི་ཨར་སྐྲུན་ཞིག་ལ་བརྩི་བ་རེད། གཞན་ཡང་རྒྱུ་སྟོབས་ཆེན་པོ་ཡོད་པའི་མི་ཚོས་སྤྲོ་སྐྱིད་གཏོང་སའི་བསིལ་གཡབ་སོགས་འགེབས་པའི་ལུགས་སྲོལ་ཡང་ཡོད། དེ་ཡང་རྒྱུན་ལྡན་གྱི་ཨར་སྐྲུན་ཞིག་ལ་མི་བརྩི།

ཤིང་གི་ཨར་སྐྲུན་གཙོ་བོ་ཤིང་ཆ་འཕེལ་པོ་ཡོད་སའི་ཤིང་ནགས་ལུང་པ་ལ་ཐོན་གྱི་ཡོད། དེ་ལ་དབྱེ་ན་གདུང་རིལ་དང་གདུང་མ་ཕྱེད་གཤགས་ཀྱིས་བཟོས་པའི་བང་བའི་ཁང་པ་དང་། དེ་ནས་པང་ལེབ་ཀྱི་ཁང་པ་བཅས་ཡོད། ཤིང་གི་ཁང་པ་བཟོ་སྐྲུན་བྱེད་མགྱོགས་པ་དང་ས་ཡོམ་འགོག་པའི་ནུས་པ་ཆེ་བ། ཁང་པའི་སྒྲོམ་བཤིག་ནས་སྤོས་བདེ་པོ་ཡོད་པ་སོགས་ཀྱི་དགེ་མཚན་ཡོད། འོན་ཀྱང་མེ་སྐྱོན་ཤོར་སླ་བ་དང་། རུལ་སྐྱོན་འགྲོ་སླ་བ་སོགས་ཀྱི་ཞན་ཆ་འདི་དག་འགག་གནད་ཆེན་པོ་ཞིག་ཡིན། ཤིང་ནགས་ལུང་པ་དང་གླིང་ཁའི་འཆར་འགོད་ནང་ཤིང་གི་ཨར་སྐྲུན་བྱས་ན་དམིགས་བསལ་ཁྱད་ཆོས་ལྡན་པ་ཞིག་ཡོང་གི་ཡོད། མ་གཞི་དེང་སྐབས་ཤིང་ནགས་རྒྱ་ཁྱོན་ཆུང་དུ་འགྲོ་བཞིན་པ་ཡོད་པས་ཤིང་གི་རྒྱུ་ཆ་དེ་ཨར་སྐྲུན་གྱི་རྒྱུ་ཆ་གཙོ་བོ་བྱ་ཐབས་མེད། ཡིན་ནའང་ཤིང་གི་ཨར་སྐྲུན་མི་ཡི་སྐྱེ་ཁམས་ལ་འཕྲོད་པོ་ཡོད་པ་སོགས་ལ་བརྟེན་མུ་མཐུད་བེད་སྤྱོད་མ་བྱེད་ཀ་མེད་ཡིན།

(༡) བང་བའི་ཁང་པ།

བང་བའི་ཁང་པར་ལོ་རྡོ་སྟོང་ཕྲག་གི་ལོ་རྒྱུས་ཡོད། རྡོ་རྩིག་གི་ཁང་པ་མ་བྱུང་སྔོན་ལ་གྲུང་སའི་ཨར་སྐྲུན་གྱི་ཐུར་གང་རུང་ལ་བང་བའི་ཁང་པ་རྒྱག་སྲོལ་ཡོད། བང་བ་ཞེས་པ་ཤིང་གདུང་བསྒྲིགས་ནས་བཟོས་པས་བང་བ་ཟེར་ཞིང་བང་སྒྲིག

པའི་དོན་ཡིན། སྒོམ་གྲྭ་གཅིག་མཚུངས་ཡིན་པའི་ཤིང་གདུང་དེ་འཕྲེད་གཞུང་གི་ཟུར་ལ་བཅད་ཁ་བཏོན་ནས་ལྷུ་སྒྲིག་པ་ཡིན།(པར་5—123) བང་བའི་ཁང་པ་དེ་རིགས་མང་ཆེ་བ་གདུང་མ་བྱེད་གཤགས་བཏང་ནས་བཟོས་པ་རེད། དེ་འདྲ་བྱས་ན་གདུང་མ་ལ་གྲོན་ཆུང་ཐུབ་པ་ཡིན། ཨར་སྐྲུན་དེ་ཡི་རིགས་ཁམས་པའི་ས་ཁུལ་ལ་མང་པོ་ཡོད་ཀྱང་དབུས་གཙང་ཕྱོགས་ལ་མཐོང་རྒྱུ་མི་འདུག ཁམས་ཁུལ་སྡེ་དགེ་དང་། དཀར་མཛེས། རོང་བྲག་དང་། ယུལ་ཤུལ་སོགས་ལ་མཐོང་རྒྱུ་ཡོད་པ་ཚང་མ་ནི་སྔ་མོའི་བང་ཁང་བཟོ་སྟངས་ཡིན།(པར་5—124)(དཔེ་རིས5—10) བོད་ཀྱི་བང་བའི་ཁང་པ་དང་གཅིག་པ་གཅིག་ཀྲུང་ཡིན་པ་ནོར་ཝེ་རྒྱལ་ཁབ་རྟེན་རྫས་བཤམས་མཛོད་ཁང་དུ་ཆེད་མངགས་འགྲེམས་སྟོན་བྱས་ནས་བཞག་འདུག(པར་5—125)

ཉེ་བའི་ལོ་བརྒྱ་ཕྲག་ཁ་ཤས་སྔོན་ནས་ཁམས་ཁུལ་བྲག་འགོ་དང་རྟའུ་རྫོང་གི་ཁྱབ་ཁོངས་ནང་བང་བའི་ཁང་པ་ཡར་རྒྱས་མགྱོགས་པོ་བྱུང་འདུག དམངས་ཁང་གི་ཉིས་ཐོག་ཚང་མ་བང་བའི་ཤིང་ཁང་རྒྱུག་སྲོལ་བྱུང་བ་རེད། གང་ཡིན་ཟེར་ན་ས་ཆ་འདིའི་རྒྱུད་ནི་ས་ཡོམ་གྱི་གས་ཆག་ས་རྒྱུད་དུ་འཁེལ་ཡོད་པས་ས་ཡོམ་གྱི་གནོད་སྐྱོན་ཚབས་ཆེན་རྒྱུན་དུ་ཡོང་གི་ཡོད། དེར་བརྟེན་ལོ200ལྷག་གི་སྔོན་ནས་ས་ཁུལ་དེ་ཡི་མི་ཆོས་གཡག་ཇ་སོགས་ས་ཆ་ནས་རྒྱ་རིགས་ཤིང་བཟོ་བཙལ་ནས་སྔ་མོའི་བང་ཁང་རྒྱུག་སྟངས་རྒྱ་ཆེར་བཏང་བ་དང་། ཀ་བ་གདུང་མ་མང་དུ་བཏང་ནས་ཉིས་ཐོག་ཡོངས་རྫོགས་བང་ཁང་གི་ཨར་སྐྲུན་བཟོས་པ་རེད།(པར་5—126) རྫོང་འདི་གཉིས་ཀ་ཤིང་ནགས་ལུང་པ་ཡིན་པས་ཤིང་བེད་སྤྱོད་རྒྱུ་སྟབས་བདེ་པོ་ཡོད། དངོས་སུ་བང་ཁང་རྒྱུག་སྐབས་ཤིང་ཆ་འགྲོ་སོང་ཧ་ཅང་ཆེན་པོ་ཡོད་མོད་ས་ཡོམ་འགོག་པའི་ནུས་པ་མངོན་གསལ་དོད་པོ་ཡོད། གཞན་ཡང་མི་ཉག་སོགས་ཁམས་ཁུལ་ལ་སྔ་མོའི་ཆུ་འཐག་ཁང་མང་ཆེ་བ་ཡང་བང་ཁང་རྒྱུག་གི་ཡོད།(པར་5—127)(དཔེ་རིས5—11)

(༢) པང་ལེབ་ཀྱི་ཁང་པ།

པང་ལེབ་ཀྱི་ཁང་པ་ནི་ཕྱོགས་ཡོངས་ལ་ཀ་བ་བཙུགས་པའི་རྗེས་སུ་ཀ་བའི་བར་ལ་པང་ལེབ་ཀྱི་སྐྱ་རྒྱག་གི་ཡོད། ཧི་མ་ལ་ཡ་རི་རྒྱུད་ལྷོ་ངོས་སུ་ལྷོ་པ་དང་མོན་པ་སོགས་ཀྱི་གྲོང་ཚོ་ཚང་མར་སྟབས་བདེའི་པང་ལེབ་ཀྱི་ཁང་པ་མང་པོ་ཡོད། གཞན་ཡང་ཤིང་བཟོ་ཕྱུས་དག་པོའི་ཤིང་སྒྲོམ་ནང་པང་ལེབ་སྦྲུར་པང་བརྒྱབ་པའི་ཤིང་ཁང་ཡང་མང་པོ་ཡོད།(པར་5—128) དཔེར་ན་གཞིས་རྩེ་གྲོ་མོ་རྫོང་གི་ཤར་གསིང་མ་གྲོང་ཚོ་ལྷ་བུ། མཚོ་སྔོན་ཞིང་ཆེན་རྨ་ལྷོ་བོད་རིགས་རང་སྐྱོང་ཁུལ་གྱི་མཁས་དབང་དགེ་འདུན་ཆོས་འཕེལ་གྱི་འཁྲུངས་ཁང་ཡང་གྲུང་ཁང་ལ་པང་ལེབ་ཀྱི་སྐྱ་བརྒྱབ་པའི་དམངས་ཁང་ཞིག་རེད་འདུག(པར་5—129)(དཔེ་རིས5—12) སི་ཁྲོན་དང་མདོ་གྲོང་ཁྱིར་དང་ལྟུགས་ཟམ་ཁ་རྫོང་ཟུང་ཆུ་རྫོང་སོགས་ཀྱི་དམངས་ཁང་རྙིང་པ་མང་ཆེ་བ་ཡང་དེ་ཡི་རིགས་ཡིན། དེ་ཚོ་ཚང་མ་གནམ་གཤིས་དྲོ་བའི་ས་ཆར་བྱུང་བའི་དམངས་ཁང་ཡིན། མཚོ་བོད་མཐོ་སྒང་ལ་

མཐོང་རྒྱུ་མེད། ཤིང་ཁང་དེ་ཚོ་བཟོ་སྐྲུངས་དང་ལག་རྩལ་བེད་སྤྱོད་བྱ་ཐབས་ནི་མེས་རྒྱལ་ནང་ཁུལ་དང་གྲངས་ཉུང་མི་རིགས་གཞན་གྱི་ས་ཆ་དང་གཅིག་མཚུངས་ཡིན། དེ་ལ་ས་མཐོའི་ཁྱད་ཆོས་གང་ཡང་མེད་པས་འདིར་ཞིབ་གསལ་ངོ་སྤྲོད་ཞུ་ཡི་མིན།

གཉིས་པ། སྒྲིག་གཞིའི་ཁྱད་ཆོས།

བོད་རིགས་ཨར་སྐྲུན་ནི་ས་ཤིང་དང་རྡོ་ཤིང་མཉམ་དུ་འབྲེལ་བའི་སྒྲིག་གཞི་ཡིན། དེའི་ནང་ཤིང་གིས་ལྗིད་ཚད་འཁུར་བའི་སྒྲིག་གཞི། རྩིག་པས་ལྗིད་ཚད་འཁུར་བའི་སྒྲིག་གཞི། ཀ་བའི་དྲ་བས་ལྗིད་ཚད་འཁུར་བའི་སྒྲིག་གཞི། རྩིག་པ་དང་ཀ་བས་མཉམ་དུ་ལྗིད་ཚད་འཁུར་བའི་སྒྲིག་གཞི་སོགས་ཀྱི་དབྱེ་བ་ཡོད།

༡ ཤིང་གིས་ལྗིད་ཚད་འཁུར་བའི་སྒྲིག་གཞི།

ཤིང་གི་སྒྲིག་གཞི་ནི་བོད་ལུགས་ཨར་སྐྲུན་གྱི་སྒྲིག་གཞི་གཙོ་བོའི་གྲས་ཡིན། བོད་ལུགས་ཨར་སྐྲུན་གྱི་ཤིང་གི་སྒྲིག་གཞི་བཟོ་སྐྲུངས་དེ་གནའ་བོའི་གདོད་མའི་དུས་ནས་རིམ་བཞིན་འཕོ་འགྱུར་དང་ཡར་རྒྱས་སུ་ཕྱིན་པ་ཞིག་ཡིན། བོད་རིགས་ཨར་སྐྲུན་གྱི་ཤིང་གི་སྒྲིག་གཞི་གཙོ་བོ་ནི་ཀ་བ་དང་། གདུང་མ། ལྷམ་ཤིང་གསུམ་ལས་གྲུབ་པ་ཡིན། དེ་ཡང་རྡོ་ཆས་དུས་རབས་ཀྱི་རྗེས་ཤུལ་ནང་ཤིང་གི་ཁྲ་མས་བརྩུགས་པའི་སྒྲོམ་དེ་ནི་སྒྲིག་གཞི་འདི་ཡི་མ་ལག་ཡིན། སྐབས་དེ་དུས་ཀྱི་ཤིང་སྒྲོམ་ནི་ཤིང་རྩེ་ལ་ཁ་རག་ཡོད་པ་གཉིས་བླངས་ནས་ཀ་བ་བྱས་པ་དང་། ཁ་རག་གཉིས་ཀྱི་འཕྲེད་ལ་ཤིང་གཅིག་བཏང་བ་དེ་གདུང་མ་ཡིན། གདུང་མའི་གཡས་གཡོན་ལ་བཀབ་པའི་ཤིང་ཡལ་ག་དེ་ཚོ་ལྷམ་ཤིང་གི་ཚོད་ཡིན། དེ་ནི་གཟར་ཚད་ཡོད་པའི་ཐོག་ཡིན།(དཔེ་རིས5—13) ཡིན་ནའང་ཆབ་མདོ་ཁ་རུབ་རྗེས་ཤུལ་ནང་ཐོག་ལེབ་ལེབ་ཀྱང་ཐོན་ཡོད། གོང་དུ་བཤད་པའི་ཤིང་སྒྲོམ་བླངས་སྐབས་ཀ་བ་མང་ཙམ་བརྩུགས་ན་ཐོག་ལེབ་ལེབ་ཆགས་འགྲོ་བ་རེད།

རྡོ་ཆས་དུས་རབས་ཀྱི་ཕྱིད་ས་དོང་དང་རྡོ་ཡིས་ར་སྐྱོར་བསྐོར་བའི་སྡོད་ཁང་ལ་མཐའ་ནས་བསྐོར་བའི་ར་སྐྱོར་ཐོག་ནས་གདུང་མ་བཏང་ཡོད་པ་དང་། སྡོང་ཆ་ཆེན་པོ་ཡོད་སའི་དཀྱིལ་ལ་ཀ་བ་འཛུགས་པ་བཅས་ནི་ལེབ་ངོས་ཀྱི་ཐོག་འགེབས་སྐྲངས་དང་པོ་དེ་ཡིན། ཐོག་མར་ཤིང་སྒྲོམ་གི་ངོས་ལ་ཤིང་གི་ཡལ་ག་དང་། རྩྭ་སྙིགས། ཤིང་ལོ་ཆེན་པོ་སོགས་འགེབས་ཀྱི་ཡོད་པ་འདི་དག་ནི་བོད་རིགས་ཨར་སྐྲུན་གྱི་ཐོག་འགེབས་སྐྲངས་ཐོག་མ་དེ་ཡིན།(དཔེ་རིས5—14) མཚོ་བོད་མཐོ་སྒང་དུ་གནམ་གཤིས་གྲང་ངར་ཆེ་བ་དང་། ཆར་ཆུ་དེ་ཙམ་འབེལ་པོ་མེད་པས་ལེབ་ངོས་ཀྱི་ཁང་ཐོག་དེ་འོས་ཤིང་འཚམས་པ་ཡིན། འོན་ཀྱང་ཀ་གདུང་སྒྲིག་གཞིའི་ཞིབ་ཕྲའི་བཟོ་དབྱིབས་ཀྱི་འཕོ་འགྱུར་འགྲོ་སྐྲངས་ཤེས་མཁན་ད་ལྟ་མེད་ལ་ཞིབ་འཇུག་བྱེད་མཁན་ནི་དེ་བས་ཀྱང་མེད།

ད་ནི་ཐོག་མར་ཀ་བ་འཛུགས་སྐྲངས་ནས་བཤད་ན། ཀ་བ་ནི་ཐོག་ལེབ་ལེབ་ཀྱི་ཆེས་རྩ་བའི་ལྗིད་འདེགས་ཀྱི་སྒྲིག་གཞི་ཞིག་ཡིན། གནའ་རྫ་མོ་མི་ཚོས་ཁང་པ་བཟོ་དུས་ཀ་བ་འཛུགས་རྒྱུར་ཆ་ཚད་གཏན་འཁེལ་དེ་ཙམ་མེད་པར་གདུང་མའི་ཤིང་

རིང་ཐུང་ལ་བལྟོས་ནས་ཀ་བ་འཛུགས་ཀྱི་ཡོད་པ་འདི་ཡང་ཆབ་མདོ་ཁ་རུབ་ཀྱི་རྗེས་ཤུལ་ནང་ཀ་བ་འཛུགས་སྟངས་ཆ་སྙོམས་པོ་མེད་པའི་རྒྱུ་རྐྱེན་རེད། གསལ་པོ་བཤད་ན་ཀ་བའི་བར་ཐག་ཆེ་ཆུང་སྣ་ཚོགས་ཡོད་པ་དེ་ཡིན།（པར5—130） ང་རང་གིས་དུས་རབས་གོང་མའི་ལོ་རབས་དགུ་བཅུའི་ནང་ཆབ་མདོ་གྲོང་ཁུལ་ཉིང་པར་རྟོག་ཞིབ་བྱེད་སྐབས་གྲོང་ཁུལ་ཁང་ཉིང་མང་པོའི་ནང་ལ་ཀ་བའི་བར་ཐག་ཏེ་བག་ཆེན་པོ་ཡོད་པ་མཐོང་དུས་ཐོག་མར་གོ་བ་ལེན་མ་ཐུབ་པ་ལྟ་བུ་བྱུང་རུང་རྗེས་སུ་ཁ་རུབ་རྗེས་ཤུལ་དང་བསྡུར་དུས་སྔ་མོའི་བྱེད་སྲོལ་ཞིག་ཡིན་པ་ཤེས་བྱུང་།

གཉིས་པ་ནི་གདུང་མ་སྒྲིག་སྟངས། གནའ་སྔ་མོ་རྗེ་ཆས་དུས་རབས་ཀྱི་ཤིང་སྒྲོམ་བླངས་ནས་ཐོག་ལེབ་ལེབ་བཟོ་དུས་ནས་གདུང་མ་ཆ་གཅིག་གཏོང་གི་ཡོད།（པར5—131） གདུང་མ་ཆ་གཅིག་གཏོང་དགོས་དུས་ཀ་བ་གཅིག་གིས་གདུང་མ་གཉིས་འཁྱོག་ཐབས་མེད་པས་ཀ་འགོའམ་གཞུ་གཏོང་རྒྱུའི་ཐབས་བྱས་པ་རེད། དམངས་ཁྲོད་ལ་ཀ་འགོ་ཟེར་མཁན་མང་པོ་ཡོད་རུང་བེད་སྤྱོད་བྱེད་པའི་ནང་ཀ་བའི་འགོ་དང་མཇུག་ཟེར་བ་དང་ནོར་འགྲོ་བས་ཆེད་ལས་ཀྱི་ཐོག་ནས་གཞུ་ཟེར་བ་དེ་བྱུང་བ་རེད། ཕྱིས་སུ་བོད་རྒྱ་སྐད་ཡིག་རྒྱ་ཁྱབ་ཏུ་བེད་སྤྱོད་པའི་བརྒྱུད་རིམ་ནང་རྒྱ་རིགས་ཀྱི་ཤིང་གི་སྒྲིག་ཆས་ནང་གི་雀替ཞེས་པའི་མིང་དེ་གཞུ་ལ་བཏགས་པ་རེད། བཟོ་ལྟའི་ཐད་ནས་བལྟས་ན་雀替དང་གཞུ་གཉིས་འདྲ་པོ་ཡིན་རུང་སྒྲིག་གཞིའི་ལྗིད་འདེགས་ནུས་པའི་སྒོ་ནས་བཤད་ན་གཏན་ནས་མི་འདྲ་བ་རེད། 雀替ནི་རྒྱ་ནག་གི་ཨར་སྐྲུན་ཐོག་གཙོ་བོ་བཟོ་ལྟའི་ཐད་ཁ་སྒྲོན་བྱེད་པའི་སྒྲིག་ཆས་ཤིག་ཡིན་ལ།（པར5—132） གཞུ་ནི་དངོས་ཡོད་ཀྱི་ལྗིད་ཚད་འདེགས་པའི་སྒྲིག་གཞི་ཞིག་ཡིན།（པར5—133） དེར་བརྟེན་ང་ཚོས་བོད་ཀྱི་ཨར་སྐྲུན་ངོ་སྤྲོད་བྱེད་དུས་གཞུ་སྟེ་རྒྱ་ཡིག་ཐོག弓ཟེར་ནས་ངོ་སྤྲོད་ཞུས་ན་དགའ་བ་འདུག དེང་སྐབས་བོད་ལུགས་ཨར་སྐྲུན་མང་ཆེ་བར་གདུང་མ་དང་གཞུ་སྦྲགས་གཅིག་ནས་མཉམ་དུ་བཏང་བ་རེད། ཡིན་ནའང་ལོ500ཡས་མས་ཀྱི་དམངས་ཁང་དང་། ཡང་ན་ལོ100ཙམ་སྔོན་གྱི་ལུང་པ་ཁྱུག་ཀྱུག་གི་གྲོང་ཚོ་དཔེར་ན་ཆབ་མདོ་དང་མི་ཉག་ས་ཁུལ། རོང་བྲག་འདྲ་བ། བརྒྱུད་ཟིལ་སོགས་ལ་ད་ལྟའང་གདུང་མ་ཆ་བཏང་བའི་སྒྲིག་གཞི་མཐོང་རྒྱུ་ཡོད། གདུང་མ་ཆ་བཏང་བའི་སྒྲིག་གཞི་དེ་རྙོག་དྲ་ཆེ་ཙམ་ཡོད་ལ་མིག་ལ་ཡང་དེ་ཙམ་མཛེས་པོ་མེད། བྱས་ཙང་རྗེས་སུ་འཕེལ་རྒྱས་འགྲོ་བའི་བརྒྱུད་རིམ་ནང་མི་ཚོས་གདུང་མ་གཅིག་སྟེ་གདུང་མ་དང་གཞུ་སྦྲགས་གཅིག་ལ་བཏང་བ་རེད།（པར5—134）

གོང་དུ་ཞུས་པ་ལྟར་གདུང་མ་ཆ་བཏང་བ་དང་གདུང་མ་རྐྱང་པ་བཏང་བའི་བར་བརྟན་པོ་ཡོད་མེད་དང་། ལྗིད་ཚད་འདེགས་ནུས་ཐད་ལ་ཁྱད་པར་ཆེ་ཙམ་ཡོད་པ་སྟེ་གདུང་མ་ཆ་བཏང་ན་བརྟན་ཤུགས་ཆེ་བ་ཡོད། ཡིན་ནའང་རྗེས་སུ་གདུང་མ་རྐྱང་པ་གཏོང་རྒྱུ་ལ་ཡང་ཀ་བཞི་གདུང་བརྒྱད་སྒྲིག་སྟངས་བཟོས་ནས་གདུང་མ་རྐྱང་པ་ཡིན་ན་ཡང་སྲ་བརྟན་དང་འཕོ་འགྱུར་མི་འགྲོ་བའི་སྒྲིག་གཞི་གསར་པ་བཟོས་པ་རེད།（པར5—135）

གཞུ་ནི་མདའ་གཞུ་ཡི་གཞུ་ལ་ཟེར་བ་ཡིན་ཞིང་། རྗེས་སུ་དང་དོན་བྱས་པའི་ཁང་པའི་ནང་གཞུ་ཤིང་ལ་གཞུ་རང་གི་

བཟོ་ལྟ་ཐོན་པ་བཟོ་མཁན་ཡང་ཡོད། མི་ཉག་ས་ཁུལ་ལ་གཞུ་ཡི་བཟོ་ལྟ་འདི་ལ་རྒྱལ་བློན་འབབས་གསུམ་ཞེས་ཁ་རྒྱུན་ཞིག་ཡོད་ཀྱང་ཞིབ་ཕྲ་ནི་རི་མོའི་ཐོག་ནས་འགྲེལ་བཤད་བརྒྱབ་པ་རེད། དབུས་གཙང་ཕྱོགས་ལ་ཤོད་ཚུལ་གང་ཡོད་ང་རང་གིས་ཤེས་རྟོགས་མ་བྱུང་། གཞུ་ཡིས་ཕྱོགས་གཉིས་ནས་བརྐྱངས་ཡོང་བའི་གདུང་མ་གཉིས་མཐུད་ཐུབ་པ་དང་མཉམ་དུ་སྦྲེལ་བའི་ནུས་པ་ཐོན་པ་མ་ཟད་གཞུ་ཡི་སྣེ་གཉིས་སྐེད་1ཙམ་རེ་བརྐྱངས་ཡོད་པས་ཀ་ཐག་བར་གྱི་སྟོང་ཆ་ཆུང་དུ་བཏང་བ་ཞིག་སྟེ་གདུང་མའི་འཁྱོངས་ཐག་ཐུང་བའི་ནུས་པ་ཐོན་པས་ཤིང་གི་སྒྲིག་གཞི་གཅིག་སྒྲིལ་ཡོང་བ་བྱས་ཡོད།（དཔེ་རིས5—15）སྤྱིར་བཏང་གི་བོད་རིགས་ཤིང་གི་སྒྲིག་གཞིའི་གདུང་མའི་རིང་ཚད་ལ་ཆ་བཞག་ན། གདུང་ཐག་རིང་བ་ལ་སྐེད་3ཙམ་ཡོད་པ་དང་གདུང་ཐག་ཐུང་བ་ལ་ཡང་སྐེད་2.3ཙམ་ཡོད། གལ་སྲིད་གཞུ་རིང་ཐུང་སྐེད་1.2ཙམ་ཡིན་ན་ཀ་བའི་སྙིང་ཐིག་ནས་ཕྱོགས་གཉིས་ལ་སྐེད་0.6རེ་བརྐྱངས་ཡོད་ཙང་མ་གཞི་གདུང་ཐག་སྐེད་3ཡོད་པ་གཞུ་ཕྱོགས་གཉིས་ནས་སྐེད་0.6རེ་བརྐྱངས་པ་བསྣོམས་སྐེད་1.2ཟིན་ཡོད་པས་སྐེད་3གྱི་འཁྱོངས་ཐག་ནས་སྐེད་1.2ཐུང་དུ་ཕྱིན་པས་དངོས་ཡོད་ཀྱི་གདུང་མའི་འཁྱོངས་ཐག་སྐེད་1.8ལས་མེད་པས་གདུང་ཐག་རིང་མི་དྲགས་པའི་ནུས་པ་ཆེན་པོ་ཐོན་ཐུབ། ཡང་དཔེར་ན། དུས་རབས་ཉི་ཤུ་པའི་དུས་འགོར་རྒྱལ་དབང་སྐུ་ཕྲེང་བཅུ་གསུམ་པས་སྤྱན་བསལ་ཐུབ་བསྟན་ཀུན་འཕེལ་ལགས་ལ་ནོར་བུ་གླིང་ཁའི་ནུབ་ངོས་ཀྱི་སྤྱན་བསལ་ཕོ་བྲང་གསར་རྒྱག་བྱ་རྒྱུའི་ལས་འགན་འཁུར་དུ་བཅུག་པ་རེད། རིག་པ་གསལ་ལ་འཛོན་ཐང་ཡོད་པའི་ཐུབ་བསྟན་ཀུན་འཕེལ་ལགས་ནས་ཨར་ལས་ཀྱི་རྒྱུ་ཆ་བཟང་པོ་ཡོད་པ་དང་བསྟུན་ནས་ཕོ་བྲང་གསར་པ་འདི་ཡི་གདུང་ཐག་སྔོན་མ་སྐེད་3ཙམ་ཡིན་པ་ནས་སྐེད་4ལྷག་ཙམ་བར་རིང་དུ་བཏང་བ་རེད། དེ་དུས་ཁོང་ལ་ཤིང་ཆ་ཡག་པོ་ཡོད་པ་ནི་བཤད་མི་དགོས་པ་རེད། ཕྱོགས་གཅིག་ནས་ཤིང་ཆ་ཡག་པོ་ཡོད་པ་ཡིན་ཡང་གཞུ་ཡིས་ནུས་པ་ཆེན་པོ་ཐོན་ཡོད་པ་ནི་འགག་རྩ་ཡིན། ཕོ་བྲང་གསར་པ་འདི་ཡི་གཞུ་རིང་དུ་བཏང་ནས་སྐེད་1.5ཡོད་པ་བཟོས་འདུག བྱས་ཙང་གདུང་ཐག་སྐེད་4ཡོད་པ་ཡིན་ན་ཡང་དངོས་ཡོད་ཀྱི་སྟོང་ཆ་སྐེད་2.5ལས་མེད། དེར་བརྟེན་གཞུ་ཡིས་ནུས་པ་ཧ་ཅང་ཆེན་པོ་ཐོན་གྱི་ཡོད། བྱས་ཙང་བོད་རིགས་ཨར་སྐྲུན་གྱི་གཞུ་དེ་བཟོ་ལྟ་གཅིག་པུ་མིན་པར་སྒྲིག་གཞིའི་ལྗིད་ཚད་འཁུར་བའི་སྒྲིག་ཆས་གཙོ་བོ་ཞིག་ཡིན།

ཀ་བ་འཛུགས་པ། ཀ་བ་འཛུགས་རྒྱུར་ཡང་དང་དོན་ཡོད། ཀ་གདུང་སྒྲིག་བཟོ་བྱས་ཚར་རྗེས་ཀ་བ་མགོ་རྟིང་སློག་ནས་སྒྲིག་སྦྱོར་བྱས་ཏེ་ཚོད་ལྟ་ལེགས་གྲུབ་བྱུང་རྗེས་དངོས་སུ་བཙུགས་ནས་ཐོག་འགེབས་རྒྱུ་རེད། བོད་མི་རྣམས་ཨར་སྐྲུན་གྱི་ལག་རྩལ་གང་འཚམས་མཐོ་རུ་འགྲོ་དུས་མི་རིགས་རང་ཉིད་ཀྱི་རིག་གནས་གོམས་གཤིས་དང་གནམ་སའི་འབྱུང་རྐྱེན་སོགས་གང་ཐད་ལ་དོ་སྣང་བྱེད་ཀྱི་ཡོད། གནམ་ས་རི་ཆུ་དང་རྩ་ཤིང་མེ་ཏོག་ཚང་མར་སྲོག་གནས་ཡོད་པར་ངོས་འཛིན་གྱི་ཡོད། ཡིན་ནའང་ཁང་པ་རྒྱག་དུས་ཤིང་མ་བཅད་ཀ་མེད་རེད། ཤིང་བཅད་ནས་ཁྱེར་ཡོང་བའི་ཀ་བ་དེ་དང་པོ་ཤིང་བཅད་དུས་ནས་ཕྱོགས་ཁ་རྟགས་བརྒྱབ་ནས་ཁང་པ་གསར་པའི་ནང་ཀ་བ་འཛུགས་སྐབས་ཤར་ནུབ་ཀྱི་ཕྱོགས་ཁ་མ་ནོར་བར་འཛུགས་

ཐུབ་ན་རྟེན་འབྲེལ་ཡག་པོར་བརྩི་བ་ཡིན། ཡིན་ནའང་ཕྱིས་སུ་ཨར་སྐྲུན་གྱི་གཞི་ཁྱོན་ཆེ་རུ་ཆེ་རུ་འགྲོ་བ་དཔེར་ན་འབྲས་སྤུངས་དགོན་པའི་ཚོགས་ཆེན་འདུ་ཁང་ཀ་བ200ཙམ་ཡོད་པས་ཕྱོགས་ཁ་ཏག་ཏག་བཟོ་ཐུབ་ཀྱི་རེད་དམ། ད་ལྟ་བྱེད་སྟྲོལ་དེ་མེད་པ་ཆགས་པ་རེད་ཅེས་བཤད་ཆོག ད་དུང་ཀ་བ་འཛུགས་དུས་ཤིང་མགོ་རྟེང་སློག་མི་ཉན། སྤྱིར་བཏང་ཤིང་ལ་ལྟ་དུས་ནས་འགོ་མཇུག་ཧ་གོ་ཐུབ། ཀ་བའི་ཤིང་མགོ་རྟེང་སློག་ནས་བཙུགས་ན་ལྡིད་ཚད་འཁྱུར་རྒྱུའི་ཐད་གནོད་པ་འདི་ཡོད་ཟེར་རྒྱུ་མེད་རུང་། སེམས་ནང་མ་བདེ་བ་ཞིག་དང་མིག་གིས་བལྟ་དུས་ཀྱང་མཛེས་པོ་མེད། གཞན་ཡང་བཟོ་ལྟ་བཟོས་པའི་ཀ་བ་རིལ་རིལ་དང་གྲུ་བཞི་ག་རེ་ཡིན་ནའང་ཀ་འགོ་རྩུང་ཕྲ་བ་དང་ཀ་མཇུག་སྦོམ་ཙམ་བཟོ་དགོས། སྲོལ་རྒྱུན་དུ་ཀ་བ་རིང་ཐུང་གི1%ཙམ་གྱིས་ཕྲ་སྦོམ་གྱི་ཁྱད་ཡོད་པ་བཟོས་ན་ལེགས། ཀ་བ་གྲུ་བཞི་ཞིག་ལ་ཆ་བཞག་ན་ཀ་བའི་རྩེ་ལ་ལི་སྨིད18ཡོད་ན་ཀ་བའི་རྩ་བ་ལ་ལི་སྨིད20བཞག་ན་འཚམ་པོ་ཡོད།

དེང་སྐབས་མི་མང་པོ་ཞིག་གིས་ཁང་པའི་ནང་ལ་ཀ་བ་ཡོད་ན་ཁང་པའི་སྟོང་ཆ་ཆུང་དུ་འགྲོ་བ་དང་མིག་གིས་བལྟ་མི་བདེ་བ་སོགས་སྐབས་བདེ་པོ་མེད་པའི་ངོས་འཛིན་བྱེད་ཀྱི་འདུག འོན་ཀྱང་ཚུང་ཆ་ཚང་བའི་སྲོལ་རྒྱུན་གྱི་བོད་ཁང་ཞིག་ཡིན་ན་ཁང་པའི་ནང་ལ་ཀ་བ་མེད་ན་ནི་ཆ་མ་ཚང་བ་ཞིག་ཡིན་པས་དོན་དངོས་མའི་བོད་ཁང་ཞིག་ཆགས་མི་ཐུབ། ཁང་པའི་ནང་ཀ་བ་མེད་ན་ཁང་སྟོན་གྱི་ཉིན་མོར་སྐུ་མགྲོན་ཚོའི་ཁ་བཏགས་འགེལ་ས་ཡང་མེད། བོད་མི་རིགས་ཀྱི་གོམས་སྲོལ་ལ་ཁང་སྟོན་ནི་ཁང་པ་དང་འབྲེལ་བ་ཡོད་པ་ཞིག་ཡིན་པས་ཁ་བཏགས་དེ་ཡང་ཁང་པའི་སྲོག་ཤིང་གི་མཚོན་བྱེད་ཀ་བ་ལ་འདོགས་དགོས་པ་ལས་ལྷུག་ཅེའི་ཐོག་ལ་བཏང་ན་མི་འགྲིག་ལ་བདག་པོ་ལ་བཏང་ན་ཡང་མི་འགྲིག དེར་བརྟེན་ཁ་བཏགས་གཏོང་ས་ཡག་ཤོས་ནི་ཀ་བ་རེད། ང་རང་ཚོའི་གོམས་གཤིས་སུ་ཁང་པའི་ནང་ཀ་བ་ག་ཚོད་ཡོད་ན་ཡང་ཁང་པའི་ནང་གི་གནས་བབ་དང་ཁ་ཕྱོགས་ཀྱི་ཐོག་ནས་ཀ་བ་གཅིག་གལ་ཆེ་ཤོས་ལ་བརྩི་བ་རེད། དེ་ཡང་ཁང་པའི་ནང་གི་སྲོག་ཤིང་ལ་བརྩི་བ་དང་ཁང་པའི་ལྟེ་བ་ལ་བརྩི་དགོས་པ་ཡིན། དེ་ལྟ་བུའི་ཀ་བ་དེ་མ་ཁང་ནང་གི་ཀ་བའི་མདུན་གྲལ་གྱི་གྲལ་འགོ། ཁང་པ་རང་གི་ཀ་བ་གཡས་ཀྱི་དང་པོ་དེ་ཡིན་དཔེར་ན་ཀ་བ་བརྒྱད་ཡོད་པའམ་ཀ་བ་དྲུག་ཡོད་པ། ཡང་ན་ཀ་བཞི་གང་ཡིན་རུང་མདུན་གྲལ་གཡས་ཀྱི་ཀ་བ་དང་པོ་དེ་ཡིན།(པར5—136)

ཀ་བ་དེ་ཡི་སྟེང་ལ་གནས་རྩ་ཆེན་གྱི་ཤིང་སྣ་དང་། ལོ་ལེགས་ཀྱི་འབྲུ་ཡི་སྙེ་མ། གནས་མཇལ་འགྲོ་ས་ནས་ཁྱེར་ཡོང་བའི་ཁ་བཏགས་བཅས་འགེལ་བ་དང་། ཡང་མི་ཚང་ཁ་ཤས་ཀྱིས་རང་སོ་སོའི་ནང་གི་གསེར་དངུལ་གྱི་གཙུ་དང་ནོར་བུའི་སྐྲི་རྒྱན་སོགས་ཀྱང་འགེལ་བའི་ལུགས་སྲོལ་ཡོད། ད་དུང་མི་ཚང་སོ་སོའི་དད་བཀུར་ཆེ་ཤོས་ཀྱི་རྟེན་གཙོ་དང་བླ་མའི་སྐུ་པར་ཡང་ཀ་བ་དེ་ལ་འགེལ་གྱི་རེད། དེ་ཚོ་ཚང་མ་ནི་ཀ་བའི་ཁྱད་ཆོས་ཡིན། ཀ་བ་མེད་པའི་ཁང་པ་གཅིག་གི་ནང་ཁྱད་ཆོས་དེ་ཚོ་ཡོང་སྲིད་ཀྱི་རེད་དམ། གོམས་སྲོལ་དེ་ཚོ་རྒྱུན་འཛིན་བྱེད་ཐུབ་ཀྱི་རེད་དམ། དེར་བརྟེན་བོད་རིགས་ཨར་སྐྲུན་གྱི་ཀ་བ་དེ་

སྒྲིག་གཞི་རྒྱུད་པའི་ཐོག་ནས་གནས་པ་ཞིག་མ་ཡིན་པར་མི་ལོ་སྟོང་ཕྲག་མང་པོའི་རིང་ལ་དངོས་ཡོད་ཀྱི་འཚོ་བའི་ནང་ཆགས་པའི་སྲོལ་རྒྱུན་རིག་གནས་གཏིང་ཟབ་མོ་ཞིག་ཡིན། དེ་ཡི་ཐད་དེང་དུས་ཀྱི་གཞོན་ནུ་ཚོས་གཏན་ནས་ཤེས་ཀྱི་མེད་པའམ་ཡང་ན་དེ་ཡི་སྐོར་བསམ་བློ་གཏན་ནས་གཏོང་གི་མེད།

ཀ་གདན། གདོད་མའི་དུས་ནས་ང་ཚོའི་མེས་པོ་ཚོས་རྡོ་ཡི་ཀ་གདན་འཛུགས་ཤེས་ཀྱི་ཡོད། དེ་ནི་གཅིག་ནས་ཀ་བའི་རྩ་བ་ལ་རུལ་སྐྱོན་མི་ཡོང་བའི་ཆེད་དང་གཉིས་ནས་ཀ་བའི་རྩ་བ་བརྟན་པོ་ཡོང་བའི་ཆེད་ཡིན། ཕྱིར་བཏང་བྱས་ན་རྡོ་དངོས་སྨྲམས་པོ་ཞིག་ཀ་གདན་དུ་འདིང་གི་ཡོད། ཡིན་ནའང་དར་མདོ་དང་། བརྒྱད་ཟེལ། རོང་བྲག་སོགས་ཀྱི་དམངས་ཁང་སྙིང་པ་མང་པོ་ལ་ཀ་གདན་གྱི་རྡོ་རིམ་པ་ལྔ་དྲུག་ཙམ་བརྩེགས་པ་མང་པོ་ཡོད་ཅིང་། རྡོ་རེ་རེའི་སྲབ་མཐུག་ལ་ལི་སྨིད་15ཙམ་ཡོད་པས་ཀ་གདན་ལྔ་བརྩེགས་རྒྱག་དུས་མཐོ་དམན་ལི་སྨིད་100ཙམ་ཟིན་གྱི་ཡོད།（པར5—137）（དཔེ་རིས5—16）དེ་ལྟར་བྱ་དགོས་པའི་རྒྱུ་མཚན་གང་ཡིན་ཟེར་ན། ས་ཆ་དེ་ཚོའི་དམངས་ཁང་ཚང་མའི་འོག་ཐོག་ལ་དགོང་མོ་བ་གླང་དང་ར་ལུག་སོགས་འཇུག་ས་བྱེད་ཀྱི་ཡོད། དེ་ལྟར་བྱས་ན་དགུན་ཁ་དྲོན་པོ་ཡོད་པ་དང་གཅན་གཟན་གྱི་གནོད་སྐྱོན་བར་ཡང་སྐྲག་མི་དགོས་པ་ཡིན། ད་དུང་ཁལ་ཟོག་གི་ལུད་ཀྱང་གསོག་བདེ་པོ་ཡོད། ཡིན་ནའང་སྣ་ཟོག་ལ་རྩྭ་སོགས་གཟན་རྩྭ་མང་པོ་རྒྱག་དགོས་པས་དེ་ལས་ལྡེ་བ་སོགས་འབུ་སྲིན་མང་པོ་སྐྱེས་ནས་ཁལ་མ་ལ་སོ་རྒྱག་གི་ཡོད་པས་སྣ་ཟོག་ཚོས་ཀ་བ་ལ་ཕུར་ཕུར་མི་གཏོང་ཀ་མེད་ཆགས་ཀྱི་ཡོད། དེ་ལྟར་ཡུན་རིང་པོ་འགྲོ་དུས་ཀ་བར་བཙེར་ཟད་ཐེབས་ནས་ཀྱོང་ཀྱོང་ཡང་ཆགས་འགྲོ་བས་མེས་པོ་ཚོས་ཀ་རྡོ་མཐོ་རུ་གཏོང་རྒྱུའི་ཐབས་ཤེས་དེ་གསར་གཏོད་བྱས་པ་རེད། ཀ་རྡོ་མཐོ་རུ་བཏང་བ་དེ་ཁལ་ཟོག་གི་སྐལ་པ་མཐོ་དམན་དང་ཏག་ཏག་རེད། ང་ཚོས་ལྟ་ཞིབ་བྱེད་དུས་ཀ་རྡོ་དེ་ཚོ་སྒྱུམ་ཚིལ་ཚིལ་ཡིན་ལ་རྡོ་ཡི་ཟུར་ཡང་བཙེར་ཟད་སོང་ཡོད་པ་མཐོང་རྒྱུ་འདུག ད་དུང་ཁལ་ཟོག་གི་ལུད་ཀྱིས་ཀ་བའི་རྩ་བ་རུལ་མི་འགྲོ་བའི་ཆེད་དུ་ཡང་ཡིན། གནས་ཚུལ་དེ་ཚོ་བཟོ་སྟངས་ཐད་ང་ཚོས་ནན་ཏན་གྱིས་དཔྱད་ཞིབ་དང་བརྟག་དཔྱད་བྱས་ན་ཚང་མར་འཚོ་བ་དང་ཐོན་སྐྱེད་ནང་མེད་དུ་མི་རུང་བའི་དོན་སྙིང་ཆེན་པོ་ལྡན་ཡོད།

ཤིང་གདུང་། གདུང་མ་ནི་བོད་རིགས་ཨར་སྐྲུན་གྱི་ཀ་གདུང་སྒྲིག་གཞིའི་ནང་གི་གལ་ཆེ་ཤོས་ཀྱི་སྒྲིག་ཆས་ཤིག་ཡིན།（པར5—138） གནའ་སྔ་མོའི་གདུང་མ་ཚང་མ་རིལ་རིལ་ཡིན་ཞིང་། རྗེས་སུ་ཡར་རྒྱས་འགྲོ་བའི་ནང་དང་དོད་བྱས་ནས་བཟོ་ལྟ་གྲུ་བཞི་བཟོས་པ་ཡང་བྱུང་ཡོད། ཡིན་ན་ཡང་གྲུ་བཞི་གྲུ་རྒྱུད་བཟོ་མི་ཉན། གྲུ་བཞི་ནར་མོ་བ་སྟེ་གདུང་མའི་ཐྲམ་དེ་ཞེང་ཁ་ལས་ཐུང་ཆེ་བ་ནི་ལྗིད་ཚད་འདེགས་ཆེ་བའི་ནུས་པ་ཡོད། གདུང་མའི་འཁྱོངས་ཐག་ངོས་ནས་བཤད་ན་གདུང་མ་རིལ་རིལ་ཡིན་ན་ལྗིད་འདེགས་ཆེ་བ་ཡོད། གདུང་མ་གཏོང་བའི་སྐབས་སུ་ཡང་གནད་འགག་ཅིག་ཡོད། ཤིང་སྡོང་རེ་ལ་སྐྱེས་པའི་སྐབས་སུ་ཉི་གཏད་ཀྱི་ཕྱོགས་དང་རླུང་གི་ཁ་ཕྱོགས་སོགས་ལ་བརྟེན་ནས་ཤིང་སྡོང་དེ་ཕྱོགས་གཅིག་ལ་ཐུང་

ཟད་འཁྱོག་འགྲོ་བ་རེད། ཤིང་དེ་ཚོ་ག་ཚོད་ཀྱིས་དྲང་པོ་ཡོད་ནའང་གུག་པའི་ཕྱོགས་གཅིག་ཡོད། ཉམས་སྐྱོང་ཡོད་པའི་ཤིང་བཟོ་ཆེན་མོ་བ་ཡིན་ན་བལྟས་པ་ཙམ་གྱིས་གདུང་མའི་གུག་ཕྱོགས་དེ་ཧ་གོ་ཐུབ། གདུང་མ་དེ་ཡི་སྣེ་གཉིས་ཕྱོགས་གཉིས་ལ་གཏན་འཁེལ་བ་ཡིན་པས་སྐབས་དེར་ཤིང་བཟོ་བས་གདུང་མའི་གུག་ཆ་གནམ་ལ་གཏད་དགོས་པ་ཤིན་ཏུ་གལ་ཆེ་ལ་ངེས་པར་དུ་གནམ་ལ་གཏད་དགོས། ཐོག་བཀབ་པའི་རྗེས་སུ་སྟེང་གི་ལྗིད་ཚད་མནན་ཡོང་དུས་གདུང་མའི་གུག་ཆས་ཀྱིན་དུ་ལོག་པའི་ནུས་ཤུགས་ཐོན་ཐུབ་ཡང་ཐོན་སྲིད་པ་རེད། དེ་ནི་དེང་སྐབས་ལྕགས་རྩིབས་ཨར་འདམ་ལས་གྲྭའི་ཤུགས་སྟོན་འགོག་གི་སྒྲིག་གཞི་དང་འདྲ་བའི་ནུས་པ་ཐོན་ཐུབ། གདུང་མ་དེ་ཕྱོགས་གཉིས་ལ་རྟེན་ས་རེ་ཡོད་པས་སྟེང་གི་ལྗིད་ཚད་དེ་སྣེ་གཉིས་ཀྱི་རྟེན་ས་རེ་རེའི་ཐོག་ལ་ཁྱབ་འགྲོ་བ་རེད། འདི་ནི་བོད་རིགས་ཨར་སྐྲུན་གྱི་ཁྱབ་ཆེ་ཤོས་ཀྱི་སྒྲིག་གཞིའི་རིགས་ཡིན། འོན་ཀྱང་བོད་རིགས་ཨར་སྐྲུན་གྱི་སྒྲིག་གཞིའི་རིགས་གཞན་ཞིག་ནི་རྟེན་གཞི་གཉིས་མ་ཡིན་པར་གདུང་མ་བརྐྱངས་བརྡད་པའི་སྒྲིག་གཞི་དེ་ཡིན། དེ་ལྟ་བུའི་ཤིང་གི་སྒྲིག་གཞིའི་དཔེ་མཚོན་གཙོ་བོ་ནི་བོད་ལྗོངས་ལྷོ་ཁའི་བསམ་ཡས་དགོན་པའི་དབུ་རྩེ་གསེར་གྱི་རྒྱ་ཕིབས་ཀྱི་ཤིང་གི་སྒྲིག་གཞི་བཟོ་སྟངས་དེ་ཡིན།(པར་5—139)

སྤྱི་ལོ་1987ལོའི་ཟླ་4པ་ནས་7པའི་བར་གུས་པས་བསམ་ཡས་དགོན་པར་རིག་གསར་སྐབས་ཤུལ་ཙམ་ཡང་མེད་པར་བཟོས་པའི་ཐོག་སོ་ལྔ་ཡི་གསེར་གྱི་རྒྱ་ཕིབས་དེ་ཉིད་སྣར་གསོ་ཞུས་པ་ཡིན། འདི་ནི་ཁ་རྒྱུན་ལ་ནང་ལ་ག་བ་མེད་པ། ཕྱི་ལ་རྩིག་པ་མེད་པ་ཞེས་པའི་སྤྲུལ་པའི་ལྷ་ཁང་ཟེར་བ་དེ་ཡིན་ལ་གདུང་མ་གཡང་སྐྱུར་བྱས་པའི་སྒྲིག་གཞི་ཞིག་ཡིན། ང་རང་གིས་སྐབས་དེར་སྣར་གསོའི་འཆར་འགོད་ཀྱི་དཔེ་རིས་བྲིས་པ་དང་ཤིང་བཟོ་མཁས་ཅན་མི་12ལ་བཀོད་འདོམས་བྱས་ནས་བསྡུར་ཚད་1：10ཡི་ཆ་ཚད་ཀྱི་དཔེ་དབྱིབས་བཟོ་རུ་བཅུག་པ་ཡིན། གསེར་གྱི་རྒྱ་ཕིབས་ཀྱི་གཡང་སྐྱུར་སྒྲིག་གཞིའི་ནུས་པ་སྐྱོ་ཤོས་དེ་དཀྱིལ་ལ་འཁེལ་གྱི་ཡོད། ཨར་ལས་རུ་ཁག་གི་ཤིང་བཟོ་ཆེན་མོ་བདེ་ཆེན་ལགས་ལོ་70ལྷག་ཙམ་ཡིན་པ་དང་ཤིང་བཟོ་དབུ་ཆུང་བློ་བཟང་དབང་ཕྱུག་ལགས་ཀྱང་ལོ་60ལྷག་ལ་ཕེབས་ཡོད་ཅིང་། ཁོང་གཉིས་ཀ་བོད་ས་གནས་སྲིད་གཞུང་གི་སྐབས་ནས་ལྷ་སའི་རྗེ་ཤིང་སྐྱི་པའི་ཆེན་མོ་བ་དང་དབུ་ཆུང་ཡིན་པས་ཁོང་གཉིས་ག་ལས་ཀ་ཧ་ཅང་མང་པོ་བྱེད་སྐྱོང་མཁན་གྱི་ཤིང་བཟོ་བགྲེས་པོ་ཡིན། ངས་གོང་དུ་བཤད་པའི་གདུང་མ་གཅིག་གི་མཐའ་གཉིས་ལ་རྟེན་ས་ཡོད་དུས་གདུང་མའི་གུག་ཆ་གནམ་ལ་གཏད་དགོས་པ་ཁོ་གཉིས་ནས་ཤེས་ཀྱི་ཡོད་པ་མ་ཚད་ཤེས་ཐག་ཆོད་པ་ཡིན། འོན་ཀྱང་ཁོང་བགྲེས་སོང་གཉིས་པོས་དེ་སྔ་གདུང་མ་གཡང་སྐྱུར་བཏང་བའི་རྒྱ་ཕིབས་ཀྱི་སྒྲོམ་གཏན་ནས་བཟོ་སྐྱོང་མི་འདུག གཞན་ཡང་ཁོང་གཉིས་པོ་རང་གི་ཉམས་སྐྱོང་ལ་བརྟེན་ནས་ཤིང་བཟོ་བྱེད་རྒྱུ་ལས་རིག་གནས་སོགས་ཕྱོན་ཡོངས་ཀྱི་ཤེས་བྱ་གང་ཡང་མེད་པས་ད་རེས་བཟོ་རྒྱུ་ཡི་སྒྲིག་གཞི་འདི་ཤུགས་འཁེལ་སྟངས་གཞན་ཞིག་ཡིན་པ་གཏན་ནས་དྲན་ཐུབ་མི་འདུག ཁོ་ཚོས་དུས་རྒྱུན་གྱི་བཟོ་སྟངས་ནང་བཞིན་གདུང་མའི་གུག་ཆ་གནམ་ལ་བསྟན་ནས་བཟོས་འདུག གསལ་པོར་བཤད་ན་གདུང་མའི་སྣེ་གཉིས་གཉིས་

འཛུགས་ས་ཡོད་པ་ནང་བཞིན་བཟོས་པ་རེད།

སྤྱི་ལོ་1990ལོར་ང་རང་པོ་བྲང་པོ་ཏ་ལའི་ཉམས་གསོ་གཞུང་ལས་ཁང་ལ་སྡོད་སྐབས། བསམ་ཡས་དགོན་པའི་ལས་སྣེ་འགན་འཁུར་བ་ཕེབས་ནས་རྒྱ་ཕིབས་འོག་ཐོག་གི་གདུང་མ་གཡང་སྐྱུར་ཁག་ལ་ཚད་གཞི་འདྲ་མིན་གྱི་བབས་གཞོལ་བྱུང་འདུག་པ་དང་། ལྷག་པར་དུ་ཟུར་བཞི་པོའི་གདུང་མ་རིང་པོ་བཞི་དེ་དེ་བས་མངོན་གསལ་ཆེ་བ་འདུག་པས་ཁོང་རྣམ་པས་གསེར་གྱི་རྒྱ་ཕིབས་ཀྱི་སྒྲིག་གཞི་ཁྱོན་ཡོངས་ལ་བབས་གཞོལ་འགྲོ་བའམ་སྒྲིག་གཞི་ལ་ཉེན་ཁ་ཡོང་ཉེན་ཡོད་མེད་སོགས་ལ་བརྟག་དཔྱད་གནང་རོགས་ཟེར་བྱུང་བས་ང་རང་ཆེད་མངགས་བསམ་ཡས་དགོན་ལ་བལྟ་བར་འགྲོ་དུས། བལྟ་ཐེངས་གཅིག་ལ་གནད་འགག་གང་དུ་ཡོད་མེད་ལམ་སེང་ཏ་གོ་སོང་། ཤིང་བཟོ་བགྲེས་སོང་གཉིས་ཀྱིས་རྒྱུན་ལྡན་ལྟར་ཐོག་ལེབ་ལེབ་ཡིན་པའི་ཕྱོགས་གཉིས་ལ་རྟེན་ས་ཡོད་པ་ནང་བཞིན་གདུང་མའི་གུག་ཆ་གནམ་ལ་བསྟན་ནས་སྒྲིག་སྦྱོར་བྱས་འདུག ཡིན་ནའང་གཡང་སྐྱུར་གདུང་མའི་རྟེན་ས་དཀྱིལ་ལ་ཡིན་པ་ལས་ཕྱོགས་གཉིས་ལ་མེད་པར་སྟེང་གི་ལྗིད་ཚད་ཀྱི་གནོན་ཤུགས་དེ་གདུང་མའི་སྣེ་ལ་སླེབས་གཤིས་གཡང་སྐྱུར་གྱི་གདུང་མ་དེ་ཚོ་ཚད་གཞི་འདྲ་མིན་གྱི་ཐོག་ནས་སྣེ་གཉིས་ཕྲན་བུ་གུག་པ་ལྟ་བུ་བྱུང་འདུག ཤིང་སྒྲོམ་དཀྱིལ་ལ་ཡོད་པའི་གཡང་སྐྱུར་གྱི་གདུང་མ་རིང་ཚད་སྨིད་2ཙམ་ལས་མེད་པས་གདུང་མ་བབས་གཞོལ་ཆེན་པོ་མེད་པར་ལི་སྨིད་2ཙམ་ལས་མི་འདུག ཡིན་ནའང་ཟུར་བཞི་ཡི་གདུང་མ་རིང་ཚད་སྨིད་5ལྷག་ཡོད་ལ་གདུང་མ་རང་ཉིད་ཀྱི་གུག་ཆ་ཡང་ཅུང་ཆེ་བ་ཡོད་པས་མིག་གིས་ལྟ་དུས་དེ་བས་མངོན་གསལ་ཡོད་པ་སྟེ་བབས་གཞོལ་ལི་སྨིད་5ཙམ་སོང་འདུག ཡིན་ན་ཡང་དོན་དངོས་ཐོག་སྒྲིག་གཞི་ལ་བབས་གཞོལ་ཕྱིན་པ་མིན་ལ་ཤིང་སྒྲོམ་ལྷུག་ཏུ་ཕྱིན་པ་ཡང་མིན་པར་གདུང་མ་སྙམ་པོ་ཆགས་འགྲོ་དུས་བཟོ་ལྟ་འཕོ་འགྱུར་སོང་བ་རེད། ཤིང་བཟོ་དགེ་རྒན་ཆོས་སྟོན་ནས་བསམ་བློ་འདི་འཁོར་ཐུབ་ནས་གདུང་མའི་གུག་ཆ་དེ་ས་ལ་གཏད་ཡོད་ན་ཟུར་གཉིས་གནམ་ལ་གུག་བསྟད་པ་ལྟ་བུ་ཞིག་ཡོང་ཐུབ་ན་ཡག་པོ་ག་འདྲ་མེད་དམ། འོན་ཀྱང་ང་རང་དང་པོ་འཆར་འགོད་བྱེད་མཁན་ཞིག་གི་ངོས་ནས་སྟོན་ནས་ཁོ་ཚོར་དྲན་གསོ་ཞིག་གཏོང་མ་ཐུབ་པ་འགྱོད་པ་ཆེན་པོ་སྐྱེས་བྱུང་། མདོར་ན། གདུང་མ་བཟོ་སྟངས་དང་སྒྲིག་སྟངས་གང་ཅིའི་ཐད་ལ་ཚད་གཞི་དེ་འདྲ་བ་ཡོད།

ལྷམ་ཤིང་། ལྷམ་ཤིང་ནི་གདུང་མ་ནས་གདུང་མའི་བར་དང་། གདུང་མ་ནས་རྩིག་པའི་བར་འགེབས་པའི་ཤིང་གི་སྒྲིག་ཆས་ལ་ཟེར་བ་རེད།(པར་5—140)(དཔེ་རིས་5—17) སྤྱིར་བཏང་མི་སེར་ཁང་པའི་ལྷམ་ཤིང་ཚང་མ་རིལ་རིལ་ཡིན་ཞིང་། དང་དོད་བྱས་པའི་ཕོ་བྲང་དང་ལྷ་ཁང་ནང་གི་ལྷམ་ཤིང་ནི་གྲུ་བཞི་བཟོས་པའང་ཡོད། དེ་ཡང་ལྷམ་གྲུ་བཞི་བཟོ་དུས་རྒྱ་ལས་དཔངས་མཐོ་བ་དགོས་པ་ཡིན། སྤྱིར་བཏང་གི་མི་སེར་ཁང་པའི་ནང་ལྷམ་ཤིང་རིང་ཐུང་ག་ཚོད་ཡོད་ནའང་ཀ་ཐག་ཆེ་ཆུང་ལ་བལྟོས་ནས་མ་བཅད་པར་རིང་པོ་ག་ཚོད་ཡོད་ནའང་དེ་ག་རང་གཏོང་གི་ཡོད། རྩིག་ཞེང་ཐོག་ལ་གཏོང་རྒྱུ་དང་གདུང་མའི་ཐོག་ལ་ཡང་ལྷག་མ་གང་རིང་རིང་བཏང་ན་ཡག་པར་བརྩི་བ་རེད། ཡང་སྦུས་ཚད་ཅུང་ཡག་པོ་

བྱས་ན་ཁང་པའི་ནང་ལ་གདུང་མའི་སྟེང་དུ་བཏང་བའི་ལྷམ་ཤིང་རིང་ཐུང་འདྲ་འདྲ་བཟོ་བ་ནི་མཛེས་ཤིང་གྲལ་འགྲིག་པོ་ཡོང་བའི་ཆེད་དུ་རེད། ལྷམ་ཤིང་སྒྲིག་ཡོང་དུས་ཀྱང་ལྷམ་ཤིང་གི་གུག་ཆ་གནམ་ལ་བསྟན་ན་ཡག་གི་རེད། ཡིན་ནའང་རྒྱུ་ཁྱོན་ཆེན་པོ་ཡོད་པའི་ཁང་པ་ལ་སྐབས་འགར་དོ་སྣང་མི་བྱེད་པ་ཡོང་སྲིད་རུང་རྩ་དོན་ནི་གུག་ཆ་གནམ་ལ་བསྟན་དགོས།

བོད་རིགས་ཨར་སྐྲུན་གྱི་གདུང་ཐག་དང་། ཀ་ཐག ཀ་བའི་བར་སྟོང་བཅས་ཀྱི་གོ་དོན་ངོ་མ་དེ་ཅི་འདྲ་ཞིག་ཡིན་ཟེར་ན། གདུང་ཐག་ཟེར་བ་ནི་གདུང་མ་ཞིག་གི་འཕྱོངས་ཐག་གི་ཚད་ལ་ཟེར་བ་རེད། དེ་ཡང་ཀ་བ་ཞིག་ནས་ཀ་བ་གཞན་ཞིག་བར་གདུང་མ་གཅིག་བཏང་བའི་རིང་ཚད་དང་ད་དུང་རྩིག་པ་ནས་ཀ་བའི་བར་བརྒྱངས་པའི་གདུང་མ་དེ་ཡང་གདུང་ཐག་གང་རེད། འོད་སྣང་དེ་བོད་རིགས་ཨར་སྐྲུན་གྱི་ཚད་གཞིའི་ཐོག་ནས་བཤད་པ་ལས་རྒྱ་ནག་གི་ཨར་སྐྲུན་གྱི་འགྲོ་སྟངས་དང་གཅིག་མཚུངས་མིན་པ་ཚང་མས་ཤེས་དགོས། ཀ་ཐག་གང་དང་ཀ་བའི་བར་སྟོང་ཟེར་བ་ཡང་གདུང་ཐག་གང་དང་གཅིག་པ་རེད། དེ་ཡང་ཀ་བ་ནས་ཀ་བའི་བར་དང་ཡང་ན་ཀ་བ་ནས་རྩིག་ཆེན་བར་གྱི་སྟོང་ཆ་ཡང་གཅིག་མཚུངས་རེད། གང་ལགས་ཟེར་ན་དེ་ལྟ་བུའི་བར་སྟོང་དེ་ཡང་གདུང་མ་གཅིག་གི་རིང་ཚད་ཡིན་པས་གདུང་ཐག་གང་ཟེར་ནའང་འགྲིག གདུང་མ་ནས་གདུང་མའི་བར་བཏང་བའི་ལྷམ་ཤིང་གི་འཕྱོངས་ཐག་གམ་ཡང་ན་གདུང་མ་དང་རྩིག་པའི་བར་འཕྲེད་ལ་གནས་པའི་སྟོང་ཆ་ལ་ལྷམ་གང་མ་རེད། གཤམ་ལ་ཁང་པ་ཀ་བཞི་ཡོད་པ་ཞིག་གི་ཐོག་ནས་གདུང་ཐག་དང་ལྷམ་གང་མའི་འགྲོ་སྟངས་ལ་གསལ་བཤད་བྱ་རྒྱུ་ཡིན།（དཔེ་རིས5—18）

ཁྱོན་ཡོངས་ནས་བཤད་ན་བོད་རིགས་ཀྱི་ཁང་པ་ཁ་ཤར་གཏད་དང་ལྷོ་གཏད་གང་ཡིན་རུང་ཁང་པའི་མདུན་ངོས་ཀྱི་འཕྲེད་ལ་གདུང་མ་གཏོང་གི་ཡོད། མི་ཆོས་རྒྱུན་དུ་འཕྲེད་གདུང་ཟེར་བའི་དོན་ཡང་དེ་རེད། དེ་ལྟ་བུའི་ཀ་བ་བཞི་ཡོད་པའི་ཁང་པའི་མདུན་ངོས་ལ་གདུང་མ་གསུམ་དང་རྒྱབ་ངོས་ལ་གདུང་མ་གསུམ་བཏང་བས་བསྡོམས་པའི་གདུང་མ་དྲུག་ཡོད། ཁང་པ་ཀ་བཞི་མའི་གཞུང་ལ་སྟོང་ཆ་གསུམ་ཡོད། སྟོང་ཆ་དེ་ཚོར་ལྷམ་ཤིང་བཏང་བ་ཡིན་པས་ལྷམ་ཐག་གང་དང་ཡང་ན་ལྷམ་གང་མ་ཟེར་གྱི་ཡོད།

ལྷམ་ཤིང་སྒྲིག་སྟངས་ཐད་སྒྲིར་བཏང་བྱས་ན་བར་སྟོང་ལི་སྨིད30ཙམ་འཇོག་དགོས་པ་རེད། གདུང་ཐག་སྨིད3ཙམ་ཡིན་པ་ཆ་བཞག་ན་ལྷམ་ཤིང7བཏང་ན་ཏག་ཏག་བྱེད་ཀྱི་ཡིན་པ་སྟེ་བར་སྟོང30cm ×7 = 2. 1m ལྷམ་ཤིང་གི་སྦོམ་ཕྲ་སྤྱིར་བཏང་ལི་སྨིད13ཙམ་ཡིན་པ་ས་རྒྱ་ལི་སྨིད90ཡས་མས་ཟིན་པས2. 1 + 0. 91 = 3. 01ཡིན་པས་གདུང་ཐག་གཅིག་ལོན་ཡོད། ཡིན་ན་ཡང་བོད་ཀྱི་དབུས་གཙང་ཁུལ་གྱི་སྲོལ་རྒྱུན་དམངས་ཁང་གི་གདུང་མའི་རིང་ཐུང་ཡང་སྨིད3ལོན་གྱི་མེད་པ་དང་། ལྷམ་ཤིང་གི་སྦོམ་ཕྲ་ཡང་ལི་སྨིད10ཡང་ཟིན་གྱི་མེད། དེར་བརྟེན་གདུང་ཐག་གཅིག་གི་ནང་ལྷམ་ཤིང་ག་ཚོད་གཏོང་བའི་གྲངས་ཚད་ལ་ཕྱུད་པར་དེ་ཙམ་མེད།

གོང་གསལ་ནི་སྤྱི་ཡོངས་ཨར་སྐྲུན་གྱི་འགྲོ་སྟངས་ཡིན། བོད་རིགས་ཀྱི་གོམས་གཤིས་ཐོག་ཁང་པ་སྟར་པ་གཅིག་གི་ཆེ་ཆུང་དེ་ཀ་བ་ག་ཚོད་ཡོད་མེད་ཐོག་ནས་བཤད་ཀྱི་རེད། དཔེར་ན། ཀ་བ་དྲུག ཀ་བ་བརྒྱད་ཅེས་ཟེར་གྱི་ཡོད། དེ་ལྟར་ཀ་བ་ག་ཚོད་ཡོད་མེད་རྩིས་སྟངས་དེ་ཁང་པའི་ངོས་སྐོམས་གྲུ་བཞི་གྲུ་རྐྱང་དང་གྲུ་བཞི་ནར་མོ་བའི་ཆགས་ཚུལ་ལ་བརྟེ་བདེ་པོ་ཡོད་ཙང་དབུས་གཙང་ཁུལ་གྱི་དམངས་ཁང་ཧ་མགོ་མ་དང་དཀར་ཕེབས་བཀབ་པ། ཡང་ན་ནང་ལ་སྒོ་ར་བསྒོར་ཡོད་པ་སོགས་ལ་ཀ་བ་ག་ཚོད་ཡོད་མེད་བཤད་ཐུབ་ཀྱི་མ་རེད། འོན་ཀྱང་ཁམས་ཁུལ་མི་ཉག་སོགས་ལ་ཁང་པ་མང་ཆེ་བ་གྲུ་བཞི་ནར་མོ་བ་དང་གྲུ་བཞི་གྲུ་རྐྱང་ཡིན་པས་ཀ་བ་ག་ཚོད་ཡོད་མེད་ཀྱི་ཤོད་སྟངས་དེ་ཡི་ཐོག་ནས་སྤྱིར་བཏང་གི་ཁང་པའི་རྒྱ་ཁྱོན་ཚུང་གསལ་པོ་ཞིག་བཤད་ཐུབ་ཀྱི་ཡོད།

གཞན་ཡང་དམངས་ཁྲིད་དང་ལྷག་པར་བོད་རིགས་རྫོ་ཤིང་ལག་རྩལ་པས་ཁང་པའི་རྒྱ་ཁྱོན་ཚུང་གསལ་པོ་ཞིག་བརྩི་ཐབས་ཡོད་པ་ནི་ཀ་ཐག་གང་ཟེར་བ་དེ་ཡིན། དཔེར་ན། ཁང་པའི་ནང་ལ་པང་གཅལ་བཏིང་བ་དང་ནང་ལ་ཤིང་སྦྲམ་བྱ་རྒྱུ་སོགས་ཚང་མ་ཀ་ཐག་གང་གི་ཚད་བཟུང་ནས་རྒྱ་ཁྱོན་བརྩི་ཡི་ཡོད། དམངས་ཁྲིད་ལ་སྟོང་ཆ་གཅིག་དང་ལྷམ་གང་མ་གཉིས་ཀ་ཟེར་སྲོལ་ཡང་ཡོད། དོན་དངོས་ཐོག་འཕྲེད་ལ་གདུང་ཐག་གཅིག་དང་གཞུང་ལ་ལྷམ་གང་ཡོད་པ་དེ་ལ་སྟོང་ཆ་གཅིག་ཟེར་བ་ཡིན་པས་ཀ་བ་གཅིག་ཡོད་པའི་ཁང་པ་ལ་སྟོང་ཆ་བཞི་ཡོད་པ་སྟེ་ལྷམ་གང་མ་བཞི་ཡང་ཟེར།

གཤམ་དུ་ཨར་སྐྲུན་གྱི་རྒྱ་ཁྱོན་ནས་བཤད་ན། དབུས་གཙང་ཁུལ་གྱི་ཨར་སྐྲུན་དཔེར་ན་འབྲས་སྤུངས་དགོན་པའི་ཚོགས་ཆེན་འདུ་ཁང་ཆེན་མོ་ལ་ཆ་བཞག་ན་འདང་གདུང་མའི་གདུང་ཐག་སྨིད2.4ཙམ་ལས་མེད་ལ་ལྷམ་ཐག་གི་རིང་ཚད་ཡང་སྨིད2.3ཙམ་ལས་མེད་པས་ཀ་ཐག་གང་ལ་རྒྱ་ཁྱོན་སྨིད་གྲུ་བཞི་མ5.5ཙམ་ལས་མེད། ཡིན་ནའང་ང་ཚོ་མི་ཉག་སོགས་ཤིང་ནགས་ས་ཁུལ་གྱི་ཨར་སྐྲུན་ལ་དགོན་པ་སོགས་དང་དམངས་ཁང་གང་ཡིན་རུང་གདུང་ཐག་དང་ལྷམ་ཐག་གཉིས་ཀ་སྨིད3ཙམ་ཡོད། དེ་ལྟར་ན་ཁམས་ཁུལ་གྱི་ཤིང་ནགས་ཡོད་སའི་ཨར་སྐྲུན་གྱི་སྟོང་ཆ་གཅིག་ལ་སྨིད3ཡིན་པས་སྨིད་གྲུ་བཞི་མ9ཙམ་ཡོད། དེ་འདྲ་བྱེད་དུས་དབུས་གཙང་ཁུལ་གྱི་སྟོང་ཆ་གཅིག་དང་ཧེ་བག་སྨིད་གྲུ་བཞི་མ3.5ཙམ་གྱི་ཁྱད་པར་ཡོད། ཀ་བ་གཅིག་བྱས་པའི་ཁང་མིག་འདྲ་འདྲ་གཉིས་ཀྱི་བར་ལ་རྒྱ་ཆེ་ཆུང་ཐད་ཧེ་བག་ཆེན་པོ་ཡོད་པ་སྟེ་དབུས་གཙང་ཁུལ་གྱི་ཀ་བ་གཅིག་གི་སྟོང་ཆ་བཞི་ཡོད་པའི་ཁང་པ་ལ་སྨིད་གྲུ་བཞི་མ22.1ཙམ་ལས་མེད་ཀྱང་མི་ཉག་སོགས་ས་ཁུལ་གྱི་ཀ་གཅིག་ལྷམ་གང་མ་བཞི་བྱས་པ་ལ་སྨིད་གྲུ་བཞི་མ36ཙམ་ཡོད་པར་བརྟེན་མི་ཉག་གི་ཨར་སྐྲུན་སྨིད་གྲུ་བཞི་མ14ཙམ་གྱིས་ཆེ་བ་ཡོད། ཕལ་ཆེར་ཁང་པ་ཆུང་ཆུང་གཅིག་གི་ཆེ་ཆུང་ཙམ་ཡོད།

ཤིང་ཆ་དེ་བོད་རིགས་ཨར་སྐྲུན་གྱི་ཆེས་གཙོ་བོའི་སྒྲིག་གཞི་ཞིག་ཡིན་པས་ཡོ་བྱད་གཞན་གྱིས་ཚབ་བྱེད་དཀའ་བ་ཡིན། བོད་རིགས་ཨར་སྐྲུན་གྱི་རྒྱུན་རིང་ལག་ལེན་ནང་རྩ་བའི་ཆ་ནས་ཚན་རིག་དང་མཐུན་པའི་ཉམས་མྱོང་གི་ལས་ཀ་བྱེད་སྟངས

ཆགས་ཡོད། སྤྱིར་བཏང་གི་གནས་ཚུལ་འོག་སྦོམ་ཕྲ་ལི་སྨིད9ཡི་ལྩམ་ཤིང་གཅིག་ལ་ཆ་བཞག་ན། ལྩམ་ཤིང་དེ་ཡིས་བོད་རིགས་ཀྱི་ཐོག་དོས་ལི་སྨིད10ཙམ་གྱི་ཆུ་རྗེ་རིམ་པ་གཅིག་དང་། ས་དམར་སྲབ་མཐུག་ལི་སྨིད10ཙམ་གཅིག དེ་ཡི་སྟེང་གི་ཨར་ཀ་སྲབ་མཐུག་ལི་སྨིད10ཙམ་བསྡོམས་སྲབ་མཐུག་ལི་སྨིད30ཙམ་ཞིག་གི་ཁང་ཐོག་གི་ལྗིད་ཚད་ཐེག་དགོས་པས་ལྩམ་ཤིང་དེའི་འཁྱོངས་ཐག་ལི་སྨིད200ཙམ་ཡིན་པའི་སྐབས་ལྩམ་ཤིང་གི་ལྗིད་ཚད་ཐེག་པའི་ནུས་པ་དང་།（དཔེ་རིས5—19）ལྩམ་ཤིང་ལྡེམ་པའི་ཚད་ག་ཚོད་ཡིན་མིན་གཤམ་གསལ་རེའུ་མིག་ལ་གཟིགས།

ཐོག་དོས་ཀྱི་ལྗིད་ཚད།	ལྩམ་ཤིང་གི་སྦོམ་ཕྲ།	ལྡེམ་པའི་ཚད།	ཞར་བྱུང་།
ཐོག་དོས་མཐུག་ཚད30cm དང་འགྲུལ་བའི་ལྗིད་ཚད150	ལྩམ་ཤིང་སྦོམ་ཕྲ8cm	F = 1/117	སྤྱིར་བཏང་གི་དམངས་ཁང་།
ཐོག་དོས་མཐུག་ཚད50cm དང་འགྲུལ་བའི་ལྗིད་ཚད150	ལྩམ་ཤིང་སྦོམ་ཕྲ10cm	F = 1/181	དགོན་པ་སོགས་སྤྱི་པའི་ཁང་པ།
ཐོག་དོས་མཐུག་ཚད30cm དང་འགྲུལ་བའི་ལྗིད་ཚད150	ལྩམ་ཤིང་སྦོམ་ཕྲ10cm	F = 1/285	སྐུ་དྲག་གི་སྒེར་ཁང་སོགས་ ཨར་སྐྲུན་ལེགས་པོ།
ཐོག་དོས་མཐུག་ཚད30cm དང་འགྲུལ་བའི་ལྗིད་ཚད150	ལྩམ་ཤིང་སྦོམ་ཕྲ9cm	F = 1/186	སྤྱིར་བཏང་གི་ཨར་སྐྲུན།

དེ་ཚོ་ཚང་མ་ནི་བོད་རིགས་ཨར་སྐྲུན་གྱི་ཆེས་རྩ་བའི་ཆ་ཚད་བར་གྱི་འབྲེལ་བ་ཡིན། དེ་ལྟར་ཡིན་རུང་ད་ལྟ་ནས་མི་རབས་ཁ་ཤས་ཕྱིན་པ་དང་ལྩགས་རྩིབས་ཨར་འདག་ཨར་སྐྲུན་ཞིང་གྲོང་ཡོངས་ལ་ཁྱབ་པའི་སྐབས་སུ་ཚད་གཞི་དེ་ཚོ་ཚང་མ་མི་ཚོས་གཏན་ནས་མ་ཤེས་པ་ཆགས་ནས་ལོ་རྒྱུས་ཀྱི་དངོས་མང་བཤམས་སྟོན་ཁང་ལ་མི་སླེབས་པའི་ངེས་པ་གཏན་ནས་མེད།

སྲོལ་རྒྱུན་གྱི་བོད་རིགས་ཨར་སྐྲུན་ནང་། ཀ་གདུང་གི་ཤིང་བཀོས་དང་སྒོ་སྐྱེའུ་ཁུང་གི་མཛེས་རིས་སོགས་ཚང་མ་ཤིང་གི་སྒྲིག་ཆས་ཐོག་བཟོས་པ་ཡིན། གཞན་ཡང་བོད་རིགས་ཨར་སྐྲུན་གྱི་ཤིང་གི་སྒྲིག་ཆས་གང་འདྲ་ཞིག་ཡིན་ནའང་ཨར་སྐྲུན་ཉམས་གསོ་བྱས་པའི་ནང་ཚང་མ་གསར་པ་བརྗེ་བདེ་པོ་ཡོད་པ་དེ་ནི་ལྩགས་རྩིབས་རྡོ་འདག་ཨར་སྐྲུན་གྱི་དེང་རབས་སྒྲིག་གཞིའི་ནང་ཡོང་ཐབས་མེད་པ་ཞིག་ཡིན། སྔོན་ཐོན་གྱི་ལྩགས་རྩིབས་རྡོ་འདག་ཨར་སྐྲུན་གྱི་ཚེ་ཚད་ཡང་ལོ་བརྒྱ་ཙམ་རེད། ཡིན་ནའང་རྡོ་ཤིང་སྒྲིག་ཆས་ཀྱི་བོད་རིགས་སྲོལ་རྒྱུན་ཨར་སྐྲུན་གྱིས་ལོ་སྟོང་གི་ལོ་རྒྱུས་རྒྱུན་འཁྱོངས་བྱེད་ཐུབ་ཀྱི་ཡོད་པ་དེ་རྡོ་ཤིང་གི་རྒྱུ་ཆ་རང་ལ་ཡུན་རིང་བེད་སྤྱོད་ཐུབ་པའི་ཁྱད་ཆོས་ཡོད་པ་མ་ཟད་སྐྱོན་ཤོར་བའི་ཤིང་གི་སྒྲིག་ཆས་རྒྱུན་དུ་གསར་པ་བརྗེ་བདེ་པོ་ཡོད་པའི་དམིགས་བསལ་ཁྱད་ཆོས་ཀྱང་ལྡན་ཡོད་པས་ཡིན།

༢ རྫིག་པས་ཕྱིད་ཚད་འཁུར་བའི་སྒྲིག་གཞི།

གནའ་སྔ་མོའི་མཁར་རྫོང་གི་ཨར་སྐྲུན་ནི་དཔེར་བས་གྲུ་བཞི་དང་། ཟུར་བརྒྱད། ཟུར་བཅུ་གཉིས་སོགས་ཡོད། (དཔེ་རིས5—20) མཁར་རྫོང་ཨར་སྐྲུན་གྱི་ནང་གི་ལེབ་རྡོས་གོར་གོར་ཡིན་པས་ཀ་བ་མི་དགོས་པ་བྱས་ཡོད། གདུང་མ་རིང་པོ་བཏང་ནས་ལྕམ་ཤིང་དང་མཉམ་དུ་ཐོག་རྡོས་དང་རྫ་ཐོག་གི་སྒྲོམ་བསྒྲངས་པ་ཡིན་ཙང་། ཐོག་རིམ་སོ་སོའི་ལྗིད་ཚད་རྫིག་པའི་ཐོག་བཀྲམ་ཡོད། གཞན་ཡང་མཚམས་ཁང་དང་། མ་ཎི་དུང་འཁོར་ཁང་། གསང་སྤྱོད་སོགས་བར་ཐག་ཆུང་ཆུང་ཡིན་པའི་རྫིག་པ་གཉིས་ལ་གདུང་མ་བཏང་ནས་ཐོག་འགེབས་པ་རེད།

གཞན་ཡང་ཐོག་བརྩེགས་མང་པོའི་ཨར་སྐྲུན་པོ་ཏ་ལ་དང་ཞིང་ཁྲུལ་གཞིས་ཀའི་ཁང་པ་ཐོག་སོ་མང་པོ་ཡོད་པ་དཔེར་ན་སྣེ་ཁ་རྣམ་སྲས་གླིང་གཞིས་ཀ་ལྷ་བུའི་འོག་ཐོག་གི་ལྗིད་ཚད་ཚང་མ་རྫིག་པས་འཁུར་གྱི་ཡོད། ཀ་ཐག་རེ་རེའི་ཚོད་ལ་རྫིག་པ་རེ་བརྒྱབ་ཡོད་པར་བོད་སྐད་ཐོག་བྲག་ཤུར་ཞེས་འབོད་ཀྱི་ཡོད།(དཔེ་རིས5—21) བྲག་ཤུར་ཟེར་བ་དོན་དངོས་ཐོག་ཨར་སྐྲུན་གྱི་རྨང་གཞིའི་རྫིག་པ་ཡིན། དེ་ཡང་རྫིག་པ་རྫིག་སྟངས་མི་འདྲ་བ་ཞིག་ཡིན། རྫིག་རྨང་ཐོག་བར་སྟོང་ངེས་ཅན་བཞག་ནས་བརྩིགས་པའི་རྫིག་རྨང་རང་ཡིན། དེ་འདྲ་བྱས་ན་རྫིག་པ་ཁག་ཅིག་རྒྱག་མི་དགོས་པ་ཡིན། ད་དུང་བར་སྟོང་དེ་ཚོ་བེད་སྤྱད་ནས་དངོས་ཟོག་ཁ་ཤས་འཇོག་ཆོག དེར་བརྟེན་བྲག་ཤུར་ནི་རྫིག་རྨང་རྫིག་སྟངས་ཐད་གསར་གཏོད་བྱས་པ་ཞིག་རེད། རྡོའི་རྒྱུ་ཆ་དང་མི་ཡི་ལས་ཀ་གཉིས་ལ་གྲོན་ཆུང་ཐུབ་པ་ཡིན། ལག་རྩལ་འདི་གཙོ་བོ་རི་ལྡེབས་སུ་བཟོ་སྐྲུན་བྱེད་པའི་མཁར་རྫོང་གི་ཨར་སྐྲུན་ལ་དར་སོ་ཆེ་བ་ཡིན། པོ་བྲང་པོ་ཏ་ལའི་མདུན་རྡོས་རི་ལྡེབས་སུ་བསྐྲུན་པའི་གོས་སྐུ་ཁང་ལ་ཆ་བཞག་ན་འོག་ཐོག་གི་ཐོག་བརྩེགས་བཞི་མན་ཆོད་ཚང་མ་བྲག་ཤུར་ཡིན། མཐོ་ཚད་ངེས་ཅན་སླེབས་རྗེས་ཁང་པ་བཟོ་ཆོག དུས་འོག་རིམ་གྱི་བྲག་ཤུར་ཐོག་ཀ་བ་བཙུགས་ནས་ཁང་པ་ཆགས་འགྲོ་བ་རེད།(དཔེ་རིས5—22)(པར5—141)

བྲག་ཤུར་གྱི་རྫིག་ཞེང་སྤྱིར་ན་སྨིད1ཙམ་ཡིན། བར་སྟོང་སྨིད1. 2ཙམ་བཞག་ཡོད། ཐོག་སོ་མཐོ་དམན་དམིགས་བསལ་གཏན་འཁེལ་མེད་པར་སྐབས་འཕྲལ་དགོས་མཁོ་ལྟར་བཟོ་རྒྱུ་རེད། སྤྱིར་བཏང་ཐོག་སོ་སྨིད2. 5ནས་སྨིད3ཙམ་བཞག་འདུག ཡིན་ནའང་རྣམ་སྲས་གླིང་གཞིས་ཀའི་འོག་ཐོག་བྲག་ཤུར་མཐོ་ཚད་སྨིད5ཙམ་བཞག་འདུག གཅིག་ནས་མ་ཁང་མཐོན་པོ་ཡོང་བའི་ཆེད་དང་གཉིས་ནས་འོག་གི་བྲག་ཤུར་ནང་འབྲུ་གསོག་འཇོག་ཡུལ་ཡིན་པས་དགོས་མཁོ་ལ་བརྟེན་པ་ཞིག་རང་རེད། སྟེང་གི་ཀ་བ་བྲག་ཤུར་ཐོག་ལ་བཙུགས་ཀྱི་ཡོད།

༣ ཀ་བའི་དྲ་བས་ཕྱིད་ཚད་འཁུར་བའི་སྒྲིག་གཞི།

བོད་ཀྱི་གྲོ་མོ་དང་ཉིང་ཁྲི་ནགས་ཚལ་ཁུལ་ལ་མང་ཙམ་ཡོད་ཅིང་། དེ་ནི་རྒྱ་ནག་གི་གདུང་མ་འདེགས་པའི་ཤིང་གི་སྒྲིག་གཞི་དང་འདྲ་བ་དང་ཁང་པའི་ཕྱོགས་བཞི་ལ་ཤིང་ལེབ་དང་། རྡོ་རྫིག་སོགས་ཀྱིས་སྐྱ་རྒྱག་པ། ཐོག་ལ་ཤིང་ལེབ་དང་

རྡོ་གཡམ་སོགས་འགེབས་ཀྱི་ཡོད། དགོན་པ་ཁ་ཤས་དང་པོ་ཏ་ལའི་ཕོ་བྲང་དམར་པོའི་ཚོམས་ཆེན་ནུབ་ཀྱི་སྟེང་གི་མཆོད་ཁང་གི་ཕྱོགས་བཞི་ཚང་མ་ཤེལ་ཁྲ་ཡིན་པ་དང་། ཐོག་ཡང་པོ་ཡོང་ཆེད་ཟངས་ཤོག་ལ་ཏི་མོ་བཏང་ནས་ཐོག་བཀབ་ཡོད། ཡང་དཔེར་ན་འབྲས་སྤུངས་དགོན་པའི་ཚོགས་ཆེན་འདུ་ཁང་གི་ཀ་བ180ལྷག་ཡོད་པའི་རྒྱ་ཁྱོན་ནི་ཀ་བའི་དྲ་བའི་སྒྲིག་གཞི་ངོ་མ་ཡིན།（དཔེ་རིས5—23）（པར5—142） བོད་རིགས་ཨར་སྐྲུན་གྱི་ཤིང་གི་སྒྲིག་གཞིའི་སྒྲིག་སྟངས་ནི་ཤིན་ཏུ་སྟབས་བདེ་པོ་ཡིན། ཤིང་གི་སྒྲིག་ཆས་མདོར་བསྡུས་ན་སྣ་ཁ་གསུམ་ཡིན་པ་སྟེ། དང་པོ་ཀ་བ་སྟེ་ལྗིད་ཚད་ཐད་ཀར་འཁྱེར་བའི་སྒྲིག་གཞི། གཉིས་པ་ནི་གདུང་མ་དང་གསུམ་པ་ལྕམ་ཤིང་ཡིན་པས་གདུང་མ་དང་ལྕམ་ཤིང་གཉིས་ནི་ལེབ་ངོས་ཏེ་འཕྲེད་ལ་ལྗིད་ཚད་འཁྱེར་བའི་སྒྲིག་ཆས་ཡིན།

༤ རྩིག་པ་དང་ཀ་བས་མཉམ་དུ་ལྗིད་ཚད་འཁྱེར་བའི་སྒྲིག་གཞི།

འདི་ནི་བོད་རིགས་ཨར་སྐྲུན་གྱི་ཆེས་གཙོ་བོའི་སྒྲིག་གཞི་ཡི་འགྲོ་ལུགས་ཡིན་ལ་ཕྱི་ཡི་རྩིག་པ་དང་ནང་གི་ཀ་བས་མཉམ་དུ་ལྗིད་ཚད་འཁྱེར་སྟངས་དེ་ཡིན། སྒྲིག་གཞི་འདི་ཡི་རིགས་ནི་ཆུང་བ་སྤྱིར་བཏང་གི་དམངས་ཁང་དང་། ཆེ་བ་དགོན་པའི་འདུ་ཁང་ཆེན་མོ་ཚང་མར་བེད་སྤྱོད་བྱེད་ཀྱི་ཡོད། སྒྲིག་གཞི་འདི་ལེབ་ངོས་སྣ་ཚོགས་ལ་འཚམས་པ་དང་། བཀོད་སྒྲིག་སྟབས་བདེ་པོ། ཐོག་སོ་ག་ཚོད་ཡོད་མེད་ཁྱད་མེད་པ་སོགས་ཀྱི་དགེ་མཚན་ཡོད། གདུང་མ་འཕྲེད་ལ་སྒྲིག་པ་སྟེ། གཞུང་ལ་ཡོད་པའི་ཕྱི་རྩིག་དང་ཁང་པའི་ནང་གི་ཀ་བ་གཉིས་ཀྱིས་གདུང་མའི་ལྗིད་ཚད་འཁྱེར་དགོས་པ་ཡིན། ལྕམ་ཤིང་གཞུང་ངོས་ལ་སྒྲིག་པ་སྟེ་གོང་དུ་བཤད་པའི་གདུང་མ་དང་འཕྲེད་ལ་ཡོད་པའི་ཕྱི་རྩིག་གཉིས་ཀྱིས་ལྕམ་ཤིང་སྟེང་གི་ལྗིད་ཚད་འཁྱེར་གྱི་ཡོད།（དཔེ་རིས5—24）

གོང་དུ་བཤད་པ་ནི་རྡོ་ཤིང་གི་སྒྲིག་གཞིའི་སྐོར་ཡིན། ས་དང་ཤིང་གི་སྒྲིག་གཞི་ནས་བཤད་ན། མངའ་རིས་གུ་གེའི་མཁར་རྫོང་དང་མཐོ་ལྡིང་དགོན་སོགས་དང་། སྤུ་ཧྲེང་གི་འཁོར་ཆགས་དགོན། ས་སྐྱ་དགོན་པའི་ལྷ་ཁང་སྒོ་མ། རྒྱལ་རྩེ་དཔལ་ཆོས་དགོན། ཆབ་མདོའི་དཔལ་འབར་རྫོང་དང་བྲག་གཡབ་རྫོང་སོགས་ཚང་མ་གྱང་སའི་ཨར་སྐྲུན་ཡིན་པ་དེ་དག་ཀུན་ཡང་རྡོ་ཤིང་སྒྲིག་གཞི་དང་འདྲ་བར་གྱང་དང་ཀ་གདུང་སོགས་ཀྱིས་མཉམ་དུ་ལྗིད་ཚད་འཁྱེར་བའི་སྒྲིག་གཞིའི་འགྲོ་སྟངས་ཡིན། གྱང་གི་སྟེང་ལ་གདུང་མ་བཞག་པ་ལ་པང་ལེབ་ཙུང་རིང་པོ་འདིང་གི་ཡོད་པ་དེ་གདུང་མའི་ལྗིད་ཚད་ཁ་འགྲེམ་རྒྱུའི་ཆེད་དུ་ཡིན་ཞིང་། རྡོ་རྩིག་དང་གྱང་གཉིས་ཀའི་ཀ་གདུང་མཉམ་དུ་ལྗིད་ཚད་འཁྱེར་བའི་འགྲོ་སྟངས་ལ་ཁྱད་པར་མེད། འོན་ཀྱང་ཁམས་ཕྱོགས་ཡུན་ནན་གྱི་བོད་རིགས་ས་ཁུལ་དང་། ཕྱུག་ཕྲེང་དང་ལི་ཐང་། བྲག་འགོ་རྟའུ་སོགས་སུ་གྱང་གི་ལྗིད་ཚད་འཁྱེར་མི་དགོས་པར་གྱང་འགྲམ་ལ་ཀ་བ་མཐའ་བསྐོར་ནས་བཙུགས་ཡོད་པ་དེ་ཀ་བའི་དྲ་བས་ལྗིད་ཚད་འཁྱེར་བའི་སྒྲིག་གཞི་ཡིན་པས་གོང་གི་ས་ཁུལ་དང་རྫོང་ཁག་གི་གྱང་ཁང་གི་ཨར་སྐྲུན་ནི་ཀ་བའི་དྲ་བས་ལྗིད་ཚད་འཁྱེར་བའི་སྒྲིག་གཞིའི་ཁོངས་སུ་འཛུད་དགོས།

ལེའུ་དྲུག་པ། བོད་རིགས་ཨར་སྐྲུན་གྱི་ཆོས་མདོག

ཨར་སྐྲུན་གྱི་ཆོས་མདོག་ནི་ཨར་སྐྲུན་སྒྱུ་རྩལ་ཐད་འགངས་ཆེའི་གནས་བབ་ལྡན་ཡོད། མི་ཆོས་ཨར་སྐྲུན་ཞིག་ལ་བལྟ་བའི་སྐབས་སུ་ཐོག་མར་ཁེང་པའི་བཟོ་བལྟ་མཛེས་པོ་ཡིན་མིན་དང་དེ་བཞིན་ཆོས་མདོག་མཛེས་པོ་ཡིན་མིན་ལ་བལྟ་རྒྱུ་རེད། ས་ཁུལ་མི་འདྲ་བ་དང་མི་རིགས་མི་འདྲ་བས་ཆོས་མདོག་ལ་དགའ་ཞེན་མི་འདྲ་བ་དང་གོམས་སྲོལ་མི་འདྲ་བ་ཡོད་ཅིང་། དེ་ནི་ཆོས་མདོག་ཐད་ཀྱི་མི་རིགས་ཀྱི་ཁྱད་ཆོས་ཡིན།

བོད་རིགས་ཨར་སྐྲུན་ལ་སྲོལ་རྒྱུན་ཐད་དམིགས་བསལ་གྱི་ཁྱད་ཆོས་ཡོད་པ་མ་ཟད། ཆོས་གཞི་བེད་སྤྱོད་བྱ་རྒྱུའི་ཐད་ཆེས་མངོན་གསལ་དོད་པོའི་ཁྱད་པར་ཡོད། ཨར་སྐྲུན་གྱི་ཆོས་གཞི་ཁག་གཉིས་སུ་དབྱེ་ཆོག་པ་སྟེ། ཕྱི་རྩིག་གི་ཆོས་མདོག་དང་ཁང་པའི་ནང་གི་ཚོན་རིས་གཉིས་ཡིན། ཐོག་མར་བོད་རིགས་ཨར་སྐྲུན་གྱི་ཕྱི་རྩིག་གི་ཆོས་མདོག་ངོ་སྤྲོད་ཞུ་རྒྱུ་ཡིན།

དང་པོ། ཕྱི་རྩིག་གི་ཆོས་མདོག

བོད་རིགས་ཨར་སྐྲུན་གྱི་ཕྱི་རྩིག་གི་ཆོས་གཞི་ནི་རྩ་བའི་ཚནས་དཀར་པོ་དང་དམར་པོ་གཉིས་སུ་དབྱེ་ཆོག དེ་ཡི་ནང་ནས་ཆོས་གཞི་དཀར་པོ་བེད་སྤྱོད་རྒྱ་ཁྱབ་ཆེ་བ་ཡོད་པ་ཕོ་བྲང་དང་། དགོན་པ། ཡང་ན་མི་སེར་གྱི་ཁང་པ་ཚང་མར་བེད་སྤྱོད་བྱེད་ཀྱི་ཡོད། ཆོས་གཞི་དམར་པོ་བེད་སྤྱོད་གཏོང་རྒྱུ་ཉུང་ནན་པོ་ཡིན་ཞིང་། གཙོ་བོ་དགོན་པའི་སྒྲུང་མ་ཁང་དང་གདུང་རྟེན་བཞུགས་སའི་སྐུ་གདུང་ཁང་། གཞན་ཡང་རྩ་ཆེའི་ལྷ་ཁང་དམིགས་བསལ་ཅན་བཅས་ལ་གཏོང་གི་ཡོད། ཆོས་གཞི་དེ་ཚོ་བེད་སྤྱོད་གཏོང་རྒྱུའི་ཐད་མི་རིགས་ཀྱི་གོམས་གཤིས་དང་སྲོལ་རྒྱུན། རྒྱུན་ལྡན་གྱི་འཚོ་བ་དང་ཆོས་ཀྱི་ནང་དོན་སོགས་ཀྱི་ཐད་འགངས་ཆེའི་དོན་སྙིང་ལྡན་ཡོད་ལ། ཨར་སྐྲུན་སྒྱུ་རྩལ་གྱི་ཐོག་ནས་ཀྱང་བལྟས་པ་ཙམ་གྱིས་ཁམས་དྭངས་པའི་སྣང་ཚུལ་དང་། ཡང་ན་བརྗིད་ཉམས་དང་དད་བཀུར་གྱི་སྒྱུ་རྩལ་ནུས་པ་ཐོན་གྱི་ཡོད། དཔེར་ན། ཕོ་བྲང་པོ་ཏ་ལ་ཡི་ཨར་སྐྲུན་ནང་ཕོ་བྲང་དཀར་པོ་དང་དམར་པོ་ཡི་ཁྱད་པར་ཡོད་ཅིང་། ཕོ་བྲང་དཀར་པོ་ནི་ཨར་སྐྲུན་ཁྲོན་ཡོངས་ཀྱི་གལ་ཆེའི་གྲུབ་ཆ་ཡིན་པ་དང་། རྒྱལ་དབང་སྐུ་ཕྲེང་རིམ་བྱོན་བཞུགས་ས་དང་ཆོས་སྲིད་ཀྱི་བྱ་བ་ཐག་གཅོད་གནང་ས་ཡིན་པ་བཅས་ལ་ཁང་པའི་ཕྱི་རྩིག་དཀར་པོ་བཟོས་པས་ཕོ་བྲང་དཀར་པོ་ཟེར་ཞིང་། ཕོ་བྲང་དམར་པོ་ནི་རྒྱལ་དབང་སྐུ་ཕྲེང་རིམ་བྱོན་གྱི་སྐུ་གདུང་བཞུགས་སའི་གདུང་རྟེན་ཁང་ཡིན་ལ། ཕོ་བྲང་པོ་ཏ་ལ་ཡོངས་ཀྱི་ལྟེ་བ་དང་ཨར་སྐྲུན་ཁྱུ་ཚོགས་ཀྱི་རྩེ་སྤུད་ཡིན། དེ་ཡང་ནང་སའི་ཁུང་ཚོའི་ལྷ་ཁང་གི་བླ་རྫོ་དང་འདུ་སྐྱ་བཞུགས་སའི་ལྷ་ཁང་ནང་བཞིན་དྲན་གསོ་དང་གསོལ་འདེབས་བྱ་ཡུལ་སོགས་

འགངས་ཆེའི་དོན་སྙིང་ལྡན་ཡོད།

དེ་ལྟ་བུའི་ཆོས་གཞི་མི་འདྲ་བ་བེད་སྤྱོད་བྱེད་ཚུལ་མི་འདྲ་བ་དང་བཀོད་སྒྲིག་མི་འདྲ་བ་སོགས་ཀྱིས་བོད་རིགས་ཨར་སྐྲུན་ལ་དམིགས་བསལ་གྱི་སྲོལ་རྒྱུན་དང་མཛེས་རྩལ་གྱི་ཡིད་དབང་འཕྲོག་པའི་ནུས་པ་ལྡན་ཡོད།

༡ ཆོས་མདོག་དཀར་དམར་གཉིས་བེད་སྤྱོད་ཀྱི་ལོ་རྒྱུས་འཕེལ་རིམ།

ཆོས་མདོག་དཀར་དམར་གཉིས་ནི་བོད་མི་རིགས་ཀྱི་མི་ལོ་སྟོང་ཕྲག་མང་པོའི་རིང་གི་འཚོ་བའི་གོམས་གཤིས་དང་ཆོས་ལུགས་ཀྱི་སྲོལ་རྒྱུན་ལ་འབྲེལ་བ་དམ་ཟབ་ཡོད། དེར་བརྟེན་ཐོག་མར་ང་ཚོས་བོད་རིགས་ཀྱི་གནའ་བོའི་ཆོས་ལུགས་ཀྱི་རིག་གནས་དང་འཚོ་བའི་གོམས་གཤིས་ཐད་ནས་བཤད་དགོས།

《དེབ་ཐེར་དཀར་པོ་》ཡི་ནང་སྤུ་རྒྱལ་གྱི་མི་སེར་རྣམས་རྩ་བའི་ཆ་ནས་འབྲོག་སྡེ་ཡིན་ཞེས་འཁོད་ཡོད་པ་སྟེ། འབྲོག་སྡེའི་འབྲོག་པ་རྣམས་ཀྱིས་ཡུན་རིང་ལོ་ཟླ་དང་དངོས་ཡོད་འཚོ་བའི་ཁྲོད་དཀར་དམར་གྱི་ཆོས་གཞི་གཉིས་ལ་གོ་དོན་འདི་འདྲ་ཞིག་ཡོད་པ་སྟེ། དཀར་པོ་ནི་འོ་མའི་རིགས་ལ་གོ་བ་སྟེ་བོད་སྐད་ནང་དཀར་ཟེར་གྱི་ཡོད། དམར་པོ་ནི་ཤ་ཡི་རིགས་ལ་གོ་བ་ཡིན་ཏེ་བོད་སྐད་ཐོག་དམར་ཟེར་གྱི་ཡོད། བོད་ཀྱི་འབྲོག་པ་ཡོད་ཚད་ཀྱིས་ད་ལྟའི་བར་ཐ་སྙད་འདི་འདྲ་རང་སྤྱོད་ཀྱི་ཡོད།

སྤུ་རྒྱལ་བཙན་པོའི་དུས་རབས་སུ་དགའ་འཛོམས་ཀྱི་གསོལ་སྟོན་ལ་ཡང་དཀར་སྟོན་དང་དམར་སྟོན་གྱི་དབྱེ་བ་ཡོད། ཆོས་ལུགས་པའི་ལྷ་མཆོད་ནང་ལ་ཡང་གཏོར་མ་དམར་པོ་དང་དཀར་པོ་གཉིས་ཀྱི་དབྱེ་བ་ཡོད་ཅིང་། དེ་ཡང་ལྷ་ཞི་བ་རྣམས་ལ་འབུལ་རྒྱུའི་གཏོར་མ་དེ་དཀར་པོ་བཟོ་དགོས་པ་སྟེ་རྩམ་པས་གཏོར་མ་བཅའ་བ་དང་།(པར་6—1) བཟོ་ལྟ་ཡང་ཟླུམ་པོ་རིལ་རིལ་བཟོ་རྒྱུ་མ་ཟད། སྟེང་དུ་མར་ཁུ་བྱུགས་ནས་དཀར་པོ་བཟོ་ཡི་རེད། སྲུང་མ་སོགས་དྲག་པོའི་རིགས་ཀྱི་ལྷ་ལ་འབུལ་རྒྱུའི་གཏོར་མ་དེ་དམར་པོ་བཟོ་དགོས་པ་ཡིན་ལ་གཏོར་མའི་བཟོ་ལྟ་ཡང་གྲུ་གསུམ་ཡིན། གནའ་བོའི་བོན་ཆོས་ཀྱི་དུས་སུ་སྲོག་ཆགས་ཀྱི་ཁྲག་བྱུགས་ནས་དམར་པོ་བཟོས་རྗེས་སྤོ་སྨན་གྱི་རིགས་སུ་གཏོགས་པའི་འབྲི་མོག་ཅེས་པ་དེའི་པགས་པའི་ཁུ་བ་བྱུགས་ནས་དམར་པོ་བཟོ་ཡི་ཡོད།(པར་6—2)

(༡) ཆོས་མདོག་དཀར་པོ།

དཀར་སྟོན་ནི་ནམ་ཡང་དཀར་པོ་དང་འབྲེལ་བ་ཞིག་ཡིན་ཏེ། རྒྱའི་《ཐང་ཡིག་གསར་མའི་》ཤོག་ལྡེ216ནང་དཀར་སྟོན་གྱི་སྐོར་འདི་ལྟར་བཀོད་ཡོད་པ་སྟེ། ཞིང་གི་ཐོར་པ་ལ་ཀོ་བས་མཐིལ་བྱེད་པའམ་འཕྱིང་པས་སྟེར་མ་བྱས་ཤིང་། ཁྲོ་ཞིབ་ཀྱི་སྟེར་མ་བཟོས་ནས་ཞོ་ལྡུག་པ་དང་མཐར་བག་ལེབ་ཡང་ཟ། ལག་པ་སྐྱོར་སྐྱོར་བྱས་ནས་ཆང་འཐུང་ཞེས་འཁོད་ཡོད། སྤ་མོ་བོད་ས་གནས་སྲིད་གཞུང་ནས་འགངས་ཆེའི་མཛད་སྒོའི་སྐབས། ཚོམས་ཆེན་གྱི་དཀྱིལ་ལ་གོས་ཆེན་གྱི་གདན་བཏིང་སྟེ་དེའི་ཐོག་གྲོ་ཡི་ཁ་ཟས་དང་ཞིང་ཏོག་སྣ་ཚོགས་སྤུངས་ནས་འཇོག་གི་ཡོད་པ་འདི་ནི་འཕྱིང་པས་སྟེར་མ་བྱེད་ཟེར་བ་དེ་རང་ཡིན། ས་གནས་སྲིད་གཞུང་གི་དཔོན་རིགས་ཚོ་དབྱར་ཁ་བོད་ཟླ་བདུན་པའི་ཚེ་སྟོན་ཐོག་གླིང་ག་གཏོང་སྐབས་ཀྱི་

ཞིབ་ཀྱིས་ཕོར་པ་འདྲ་བའི་བག་ལེབ་བཟོས་ནས་དེའི་ནང་ཞོ་ལྡུག་པ་ཡིན་ཞིང་། བོད་ཟླ་བདུན་པའི་ཞོ་སྟོན་ནི་དཔེ་མཚོན་རང་བཞིན་གྱི་དཀར་སྟོན་ཞིག་ཡིན།

གནའ་སྔ་མོ་ནས་བོད་མིའི་གྱོན་ཆས་ལ་ཡང་དཀར་པོ་དང་དམར་པོའི་དབྱེ་བ་ཡོད་ཅིང་། སྤུ་རྒྱལ་སྐབས་སུ་མི་ཆོས་རྒྱུན་དུ་འཕྱིང་པ་དང་སྣམ་བུ་དཀར་པོ་གྱོན་ཞིང་། དགུན་དུས་ལྤགས་ཚག་གྱོན་པ་ཚང་མ་ཆོས་མདོག་དཀར་པོ་ཡིན། དེ་ཡང་《ཐང་ཡིག་གསར་མའི་》ཤོག་ལྡེ126ནང་གོས་སུ་འཕྱིང་པ་གྱོན་ཟེར་བ་དེ་རང་ཡིན།(པར6—3)

བོད་མི་རིགས་ཀྱི་འཚོ་བའི་ནང་དུ་གཉེན་སྟོན་བྱེད་པའི་སྐབས་སུ་བུ་དང་བུ་མོ་ལ་འཕྱིང་པ་དཀར་པོ་བཏིང་བ་དང་གྲོ་ཡིས་གཡུང་དྲུང་རི་མོ་བྲིས་ནས་མི་གསར་པ་གཉིས་དེའི་སྟེང་དུ་སྡོད་དུ་བཅུག་རྗེས་ཁ་བཏགས་དཀར་པོ་གཡོག་པ་སོགས་ཚང་མ་དཀར་པོ་ཡིན།

གཞན་ཡང་བོད་རིགས་ས་ཁུལ་ཡོངས་ལ་ལྷ་བསང་གཏོང་བ་དང་། གཡང་སྒྲུབ་ཀྱི་ཆོ་ག གཉེན་སྟོན། ཁང་སྟོན་སོགས་རྟེན་འབྲེལ་སྒྲིག་པའི་སྐབས་སུ་མི་ཚང་མས་རྩམ་པ་སྤར་མོ་གང་བཟུང་ནས་ལྷ་རྒྱལ་ལོ་ཞེས་འབོད་སྒྲ་སྒྲོག་པ་དང་ཆབས་ཅིག་རྩམ་པ་གནམ་ལ་མཆོད་ནས་མི་དང་ཁོར་ཡུག་ཚང་མ་དཀར་པོ་བཟོས་ནས་རྟེན་འབྲེལ་མཚོན་པ་བྱེད་ཀྱི་ཡོད།(པར6—4)

བོན་ཆོས་ཀྱི་ཆོ་གའི་ནང་དུ་ལྷ་གསོལ་བའི་སྐབས་སུ་ཡང་དཀར་པོ་དང་དམར་པོ་སྣ་ཁ་གཉིས་ཡོད། གནའ་བོའི་བོན་གྱིས་གནམ་དང་ས། རི་དང་ཆུ་བོ། ཉི་ཟླ་སྐར་གསུམ། ཀླུ་དང་གཉན་སོགས་ནི་ཞི་བའི་ལྷ་ཡི་ཁོངས་གཏོགས་ཡིན། 《ཐང་ཡིག་རྙིང་མའི་》ཤོག་ལྡེ196ཐོག་ཐུགས་པ་ཞིག་གིས་གནམ་དང་ས། རི་དང་ཆུ། ཉི་ཟླ་སྐར་གསུམ་གྱི་ལྷ་ལ་འབོད་ནས……ཞེས་དང་། རྒྱུན་དུ་རི་དྭགས་གཞན་ཡང་ལྷ་ལ་བཀུར་ཞེས་བཀོད་ཡོད་ཅིང་། ལྷ་དེ་ཚོ་མཆོད་དུས་དཀར་མཆོད་འབུལ་རྒྱུ་རེད། དེ་ཡང་དཀར་གསུམ་གྱིས་གཙོ་བོ་བྱེད་རྒྱུ་སྟེ་ཞོ་དང་འོ་མ་མར་གསུམ་གྱིས་མཆོད་རྒྱུ་དང་། དེ་འདྲ་བའི་བསང་གཏོང་རྒྱུར་ཡང་དཀར་བསང་ཟེར་གྱི་ཡོད།(པར6—5)

གོང་གསལ་ནི་འཚོ་བའི་ནང་དང་ཆོས་ལུགས་ཐོག་གི་དཀར་པོ་བེད་སྤྱོད་གཏོང་ཚུལ་ཡིན། ཊ་སྤྱིའི་འཁྲོག་པའི་འཚོ་བ་རིམ་བཞིན་གཏན་སྡོད་བྱ་རྒྱུའི་འཚོ་བར་འགོ་བཙུགས་པ་ནས་བཟུང་དཀར་དམར་གཉིས་ཀྱི་ཆོས་མདོག་རིམ་བཞིན་ཨར་སྐྲུན་ཐོག་བེད་སྤྱོད་བཏང་བ་རེད། བོད་རིགས་ས་ཁུལ་དུ་ཚུང་མཐོ་བའི་རི་ཡི་སྒང་ལ་རྟེན་མཁར་བཞེངས་ཀྱི་ཡོད་པར་ལྷ་རྟེན་ཡང་ཟེར། རྫོང་བརྩིགས་པའི་ལྷ་རྟེན་གྲུ་བཞིའམ་ཟླུམ་པོའི་སྟེང་དུ་དར་ལྕོག་དཀར་པོ་དང་ཆོས་མདོག་སྣ་ཚོགས་ཀྱི་དར་ལྕོག་འཛུགས་ཀྱི་རེད།(པར6—6)

བསང་གསོལ་བྱེད་དུས་བསང་གཏོང་བསམ་ཚད་རྩམ་པ་རྟེན་མཁར་སྟེང་དུ་གཞོག་བ་དང་། འོ་མ་དང་ཞོ་སོགས་ཀྱང་

རྟེན་མཁར་སྟེང་དུ་མཆོད་པ། མར་ཡང་ཕྲན་བུ་རེ་སྦྱར་བ་སོགས་བྱས་ནས་རྟེན་མཁར་དཀར་སེང་ངེ་བཟོ་ཡི་ཡོད་ཅིང་། ལུགས་སྲོལ་འདི་འདྲ་བོད་ཀྱི་ས་ཆ་གང་སར་ཡོད་པ་ཡིན། ལོ་ཤས་སྔོན་ལྷ་སའི་དགོན་པ་སོགས་སྒོ་ཕྱེ་ནས་ཡུན་རིང་མ་སོང་བའི་སྐབས་སུ་ཁམས་ཁུལ་དང་འབྲོག་ཁུལ་ནས་ཡོང་བའི་གནས་སྐོར་བ་ཆོས་ལྷ་ལྡན་གཙུག་ལག་ཁང་དང་པོ་བྲང་པོ་ཏ་ལའི་ལྷ་ཁང་གི་སྒོ་དང་ལྷ་སྐུའི་བཞུགས་ཁྲི་སོགས་ལ་མར་ཕྲན་བུ་རེ་སྦྱར་ནས་དཀོན་གཉེར་ཆོས་བཀག་ཀྱང་མ་ཐོགས་པ་བྱུང་བ་འདི་གནའ་སྔ་མོའི་དཀར་གསུམ་གྱིས་ལྷ་ལ་མཆོད་པ་འབུལ་བའི་དཔེ་མཚོན་རང་རེད། བོད་རིགས་ས་ཁུལ་གྱི་ཨར་སྐྲུན་ལས་རིགས་ཡར་རྒྱས་ཕྱིན་པ་དང་ཆབས་ཅིག་དགོན་པ་དང་གྲོང་རྡལ་གཞི་རྒྱ་ཆེན་པོ་བཟོ་སྐྲུན་བྱས་པའི་ནང་དུ་གནའ་བོའི་དཀར་གསུམ་གྱིས་རྟེན་མཁར་དཀར་པོ་བཟོ་སྟངས་དེ་རིམ་པ་བཞིན་ཁང་པའི་ཐོག་ལ་བེད་སྤྱོད་བྱས་ནས་དཀར་སེང་སེང་གི་ཨར་སྐྲུན་ཁྱུ་ཚོགས་བྱུང་བ་རེད།

（༢） ཆོས་མདོག་དམར་པོ།

གནའ་རབས་ཀྱི་བོན་ཆོས་ལ་སྲོག་ཆགས་བསད་ནས་དམར་མཆོད་ཕུལ་བའི་དར་སྲོལ་ཤིན་ཏུ་མང་པོ་ཡོད། རྒྱ་ཆེ་བའི་དམར་མཆོད་འབུལ་ཐེངས་གཅིག་ལ་ར་ལུག་སོགས་སྟོང་ཕྲག་གསོད་ཀྱི་ཡོད་པ་ནི་《ཐང་ཡིག་གསར་མའི་》ཤོག་ལྷེ216ཐོག་བཀོད་དོན། བཙན་པོ་དང་བློན་པོ་སོགས། ལོ་གཅིག་ལ་མནའ་འབྲེལ་ཆུང་ཆུང་རེ་ཚོགས། ལུག་དང་ཁྱི་སྤྲེའུ་སོགས་བསད། ལོ་གསུམ་ལ་མནའ་འབྲེལ་ཆེན་པོ་རེ་ཚོགས། མཚན་མོར་སྡིངས་ཆ་ཚང་མ་བརྒྱབ་ཚར་བ་བྱེད། མི་དང་རྟ། ཁལ་ཟོག་དང་བོང་བུ་སོགས་བསད། རྐང་ལག་དུམ་བུར་བཅད་ནས་ནང་ཁྲོལ་བཅས་མདུན་དུ་སྤུངས་ཞེས་དང་། ད་དུང་བོད་ཡིག་ཡིག་ཆའི་ནང་སེམས་ཅན་བསད་ནས་དམར་མཆོད་འབུལ་སྐབས་ཁྲག་རྟེན་མཁར་ལ་བཤོས་ནས་དམར་པོ་བཟོས་ཞེས་ཀྱང་འཁོད་ཡོད། དེ་ལྟར་ཤ་ཁྲག་གི་མཆོད་པ་འབུལ་སའི་ལྷ་དྲག་པོ་ནི་བཙན་དང་རྒྱལ་འདྲེ་སོགས་ཡིན་ཞིང་། བོད་སྐད་དུ་བཙན་ཟེར་བ་དང་དེ་མཆོད་པའི་རྟེན་མཁར་ལ་བཙན་མཁར་ཡང་ཟེར། (པར6—7) མཁར་ཞེས་པ་ནི་མཁར་རྫོང་ལྟ་བུའི་ཨར་སྐྲུན་ལ་ཟེར་བ་ཡིན། 《བོད་རྒྱ་ཚིག་མཛོད་ཆེན་མོ》ཡི་ནང་རྟེན་མཁར་ལ་འགྲེལ་བཤད་འདི་ལྟར་བརྒྱབ་ཡོད་པ་སྟེ། རྫོའི་རྩིག་པ་གྲུ་བཞི་མ་དམར་པོ། འདྲེ་བཙན་སོགས་གནས་སའི་ཁང་པ་ཞེས་འཁོད་ཡོད། བོད་ལྗོངས་སུ་གནའ་བོའི་དུས་བོན་ཆོས་ཀྱི་ཤུགས་རྐྱེན་འོག་དཔོན་རིགས་དང་དམག་གི་བྱས་རྗེས་ཆེན་པོ་ཡོད་མཁན་རྣམས་གྲོངས་པའི་རྗེས་སུ་བང་སོའི་སྟེང་དུ་ཆོས་དམར་པོ་བྱུགས་པའི་ལུགས་སྲོལ་ཡོད། 《ཐང་ཡིག་གསར་མའི་》ཤོག་ལྷེ216ནང་། ཤི་བའི་རྗེས་སུ་དུར་སར་འཛོག ཆོས་མདོག་བྱུགས། ……བང་སོ་ཆེ་ཆུང་ས་སྤུངས་པ་འདྲ་བ། འགྲམ་དུ་ཁང་པ་བརྩིགས་ནས་ཆོས་དམར་སྨུག་བྱུགས། དེའི་སྟེང་དུ་སྟག་དཀར་པོ་བྲིས་ཞེས་འཁོད་འདུག

གོང་དུ་བཤད་པ་ལྟར། སྤུ་རྒྱལ་སྐབས་སུ་གལ་ཆེའི་གསོལ་སྟོན་ལ་ཡང་དཀར་སྟོན་དང་དམར་སྟོན་གྱི་ཁྱད་པར་ཡོད།

དམར་སྟོན་ནི་དམག་ལ་རྒྱལ་ཁ་ཐོབ་ནས་གཟེངས་བསྟོད་ཀྱི་དགའ་སྟོན་བྱེད་པ་སྟེ། སྐུ་མགྲོན་དམག་དཔོན་ལ་གསོལ་སྟོན་འབུལ་བ་དང་མནའ་འབྲེལ་གྱི་དགའ་སྟོན་སོགས་ལ་དམར་སྟོན་གྱིས་གཙོ་བོ་བྱེད་ཀྱི་ཡོད། 《ཐང་ཡིག་རྙིང་མའི་》ཤོག་ལྷེ196ཐོག་རྒྱལ་ཁབ་གཞན་གྱི་སྐུ་མགྲོན་གལ་ཆེན་ཕེབས་ན། ངེས་པར་དུ་གཡག་ཅིག་ཁྲིད་ཡོང་ནས་སྐུ་མགྲོན་ལ་མདའ་བརྒྱབ་ནས་གསོད་བཅུག་སྟེ་ཤ་ཡི་གསོལ་སྟོན་ཕུལ། …མནའ་འབྲེལ་གྱི་སྐབས་ཆ་ཞིང་ཁོམ་པ་བཅུ་ཙམ་དང་། མཐོ་དམན་ཁྲུ་གསུམ་ཙམ་ཡོད། སྟེང་དུ་སྟེགས་བུ་རྒྱ་ཆེན་པོ་སྒྲིག དར་མདུང་རྣམས་འཕྱར་ཞིང་མནའ་སྐྱེལ། ……ཁྲག་འཐུང་དགོས། ཞེས་སོགས་འཁོད་འདུག ད་དུང་སྤྱི་ཚོགས་རྙིང་པའི་སྐབས་ས་གནས་སྲིད་གཞུང་གིས་སྐུ་ཚབ་མངགས་ནས་ཐྲིལ་ལོའི་ཙ་རིའི་རོང་སྐོར་བདེ་བླག་ཡོང་ཆེད་སློ་པའི་འགོ་པར་མནའ་སྐྱེལ་གྲོས་མོལ་བྱེད་སྐབས་གཡག་ཅིག་ཁྲིད་ཡོང་ནས་སློ་པའི་མི་ལ་མདའ་བརྒྱབ་ནས་གསོད་དུ་བཅུག་སྟེ། གཡག་གི་པགས་པ་བཤུས་ནས་པགས་པ་དམར་པོའི་ཐོག་ལ་ཕྱོགས་གཉིས་ཀྱི་སྐུ་ཚབ་རྣམས་ཁོམ་པ་སྤྲོས་ནས་བསྐྱོད་དེ་མནའ་སྐྱེལ་བའི་ལུགས་སྲོལ་ཡོད།

གཞན་ཡང་སློ་ཁའི་བསམ་ཡས་དགོན་པའི་སྲུང་མ་དྲག་པོ་ཙིའུ་དམར་ཕེབས་སྐབས། ཆེད་མངགས་ར་ཞིག་ཁྲིད་ཡོང་སྟེ་དེ་རང་དུ་བསད་ནས་ར་ཡི་སྙིང་དང་ཁྲག་དྲོན་མོ་སྐྱ་ཁོག་གི་མདུན་དུ་འབུལ་དགོས་ཤིང་། ཙིའུ་དམར་ཕེབས་པ་དང་ར་སྙིང་ཟ་བ་དང་ར་ཁྲག་འཐུང་ཞིང་། ཁྲག་དྲོན་མོ་ངོ་གདོང་ལ་འབྱུག་གི་ཡོད། དེ་ནི་གནའ་བོའི་ཤ་ཁྲག་གིས་མཆོད་པ་འབུལ་བའི་མངོན་ཚུལ་ངོ་མ་ཡིན།

གྱོན་ཆས་ཐད་གོང་དུ་ཞུས་པའི་གྱོན་ཆས་དཀར་པོ་ལྟར། དམག་རྒྱག་དུས་ཀྱི་དམག་དཔོན་གྱི་གྱོན་ཆས་དང་སྤུ་རྒྱལ་བཙན་པོས་མཛད་སྒོ་གནང་སྐབས་ཀྱི་གྱོན་ཆས་ཚང་མ་ཚོས་མདོག་དམར་པོ་གཙོ་བོ་ཡིན། དཔེར་ན། 《ཐང་ཡིག་གསར་མའི་》ཤོག་ལྷེ216ཐོག་དཔོན་ཆེན་དང་དམག་གི་བྱས་རྗེས་ཡོད་མཁན་ཚོ་སྟག་ལ་བརྩིས་ནས་གསོན་པའི་དུས་ནས་སྟག་ལྤགས་གྱོན་ཞིང་། ཤི་ནའང་སྟག་ལྤགས་ཀྱི་དར་ཆ་བཀལ། ……བཙན་པོ་གུར་ཆེན་པོའི་ནང་ལ་བཞུགས། གསེར་གྱི་འབྲུག་དང་སྟག་གཟིག་རི་མོའི་རྒྱན་ཆ་སྤྲས་པ་དང་། སྟག་ལྤགས་དཀར་པོ་སྐུ་ལ་གསོལ་ཞིང་དབུ་ལ་རས་དམར་པོའི་ལ་ཐོད་བཅིངས། དཔའ་དམ་སྐྱེད་ལ་གཟེར། ཞེས་འཁོད་འདུག(པར6—8)

《དེབ་ཐེར་དཀར་པོ་》ཡི་ནང་དུ་ཡང་འདི་ལྟར་འཁོད་འདུག་སྟེ། མདོར་ན། བཙན་དང་བཙན་པོའི་ན་བཟའ་དང་སྐུ་མཁར། དབུ་རས་དང་དམག་དར་བཅས་ཚང་མ་ཚོས་མདོག་དམར་སེང་ངེ་ཡིན་འདུག་ཅེས་དང་། ད་དུང་སྤུ་རྒྱལ་དུས་སུ་བོད་རྒྱལ་གྱི་སྐུ་འཁོར་བློན་པོ་རྣམས་དང་ཞབས་ཞུ་བ་ཚོས་ཐོ་གདོང་ལ་དམར་པོ་བྱུགས་པ་བརྗིད་ཇམས་སུ་བརྩི་ཡི་ཡོད་པ། 《ཐང་ཡིག་གསར་མའི་》ཤོག་ལྷེ216ཐོག་འཁོད་དོན། གདོང་ལ་དམར་པོ་བྱུགས་པ་ཡག་པོར་བརྩི། ……ཀོང་ཇོ་གདོང་དམར་པོ་བཟོས་པར་ཞེན་པ་ལོག་པས། སྲོང་བཙན་གྱིས་རྒྱལ་ཁབ་ཡོངས་ལ་བཀའ་བཏང་ནས་མཚམས

འཛོག་བྱེད། ཅེས་དང་《བཀའ་ཆེམས་ཀ་ཁོལ་མ》སོགས་བོད་ཡིག་གི་ལོ་རྒྱུས་དེབ་ཐེར་ནང་། རྒྱལ་པོ་སྲོང་བཙན་སྒམ་པོས་པོ་ཏ་ལར་ཕོ་བྲང་དམར་པོ་དགུ་བརྒྱ་བརྒྱབ་ཡོད། ཅེས་གསལ་བར་བཀོད་ཡོད།(པར6—9)

དེར་བརྟེན་བོད་རིགས་ཨར་སྐྲུན་ལ་ཆོས་དམར་པོ་འབྱུག་པའི་ལུགས་སྲོལ་དེ་གནའ་བོའི་དུས་སུ་སེམས་ཅན་བསད་ནས་ཁྲག་དྲོན་མོ་བཙན་མཁར་གྱི་སྟེང་དུ་བཏོན་པའི་བྱེད་སྲོལ་ནས་རིམ་བཞིན་ཆགས་ཡོང་བ་ཞིག་ཡིན་པར་ངོས་འཛིན་བྱེད་ཀྱི་ཡོད། བོད་རིགས་ཀྱི་འདུ་ཤེས་ནང་དམར་པོ་ནི་གང་བྱས་ཀྱང་བཙན་དང་འབྲེལ་བ་ཡོད་པ་ཞིག་ཡིན། ལོ་རྒྱུས་ཐོག་སློབ་དཔོན་པདྨ་འབྱུང་གནས་ཀྱིས་བོན་པོའི་བྱེད་སྲོལ་ཁ་ཤས་ནང་པ་སངས་རྒྱས་ཆོས་ལུགས་ཀྱི་གསང་སྔགས་ཀྱི་ཆོས་ནང་བེད་སྤྱོད་གནང་ཡོད་པ་སྟེ། གནའ་རབས་ཀྱི་རི་སྣང་གི་སྟབས་བདེའི་བཙན་མཁར་དེ་དག་རིམ་བཞིན་སྲུང་མ་ཁང་ལ་གོང་འཕེལ་བཏང་བ་རེད། བོད་རིགས་ས་ཁུལ་ཡོངས་ལ་སྲུང་མ་ཁང་ཡོད་ཚད། དཔེར་ན། འབྲས་སྤུངས་དགོན་པའི་གནས་ཆུང་སྲུང་མ་ཁང་དང་བསམ་ཡས་དགོན་པའི་ཙོག་སྲུང་མ་ཁང་སོགས་ཚང་མ་ཆོས་དམར་པོ་བྱུགས་པའི་ཨར་སྐྲུན་ཤ་སྟག་ཡིན།(པར6—10)

དེ་མིན་ད་དུང་ཆོས་དམར་པོ་བྱུགས་པའི་ཨར་སྐྲུན་གཞན་ཞིག་ཡོད་པ་ནི་གདུང་རྟེན་ཁང་ཡིན། དཔེར་ན། པོ་ཏ་ལའི་ཕོ་བྲང་དམར་པོ་དང་དགའ་ལྡན་དགོན་པའི་ཡངས་པ་ཅན་ལྷ་ཁང་སོགས་ཡིན་ཞིང་། པོ་ཏ་ལའི་ཕོ་བྲང་དམར་པོའི་ནང་རྒྱལ་དབང་སྐུ་ཕྲེང་རིམ་བྱོན་གྱི་སྐུ་གདུང་མཆོད་རྟེན་རྣམས་བཞུགས་སུ་གསོལ་ཡོད་ཅིང་། གདུང་རྟེན་ཚང་མ་གསེར་ལས་གྲུབ་པ་ཡིན། ལྷག་པར་དུ་རྒྱལ་དབང་སྐུ་ཕྲེང་ལྔ་པའི་གདུང་རྟེན་སྐད་གྲགས་ཆེ་ཤོས་ཡིན། ཡངས་པ་ཅན་ལ་དགེ་ལུགས་པའི་ཆོས་བརྒྱུད་ཀྱི་སྲོལ་འབྱེད་པ་རྗེ་ཙོང་ཁ་པ་ཆེན་པོའི་གསེར་གདུང་བཞུགས་ཡོད།(པར6—11)

གདུང་རྟེན་ནི་དོན་དངོས་ཐོག་དུར་སྒམ་ལྟ་བུ་ཞིག་ཡིན་ཞིང་། གདུང་རྟེན་ཁང་དམར་པོ་བཟོ་རྒྱུ་དེ་ཡང་གནའ་སྔ་མོ་དཔོན་རིགས་དང་དཔའ་བོའི་བང་སོ་དམར་པོ་བཟོ་བའི་རྒྱུན་མཐུད་པ་ཞིག་ཡིན། ལྷོ་ཁའི་འཕྱོངས་རྒྱས་རྫོང་གི་རི་སྟེང་དུ་བཤད་སྲོལ་ལ་རྒྱ་བཟའ་ཀོང་ཇོ་ཡི་བང་སོ་ཡིན་ཟེར་བའི་ཀྲུང་སའི་ཨར་སྐྲུན་ཆེན་པོ་ཞིག་ཡོད་པ་དེ་ལ་ཡང་བཙག་བྱུགས་པའི་ཤུལ་མཐོང་རྒྱུ་འདུག

༢ ཆོས་མདོག་དཀར་དམར་གཉིས་ཨར་སྐྲུན་ཐོག་སྤྱོད་ཚུལ།

གོང་དུ་ཆོས་མདོག་དཀར་དམར་གཉིས་པོ་དེ་བོད་རིགས་ཀྱི་ལོ་རྒྱུས་དང་། གཞན་ཡང་ཆོས་ལུགས་དང་འཚོ་བ་སོགས་དང་འབྲེལ་བའི་སྐོར་བཤད་པ་ཡིན། དེ་བས་ན་དེ་ཡི་འཕོ་འགྱུར་དང་། ཉེ་རབས་དང་དེང་རབས་ཀྱི་བྱེད་སྟངས་གང་འདྲ་ཞིག་ཡིན་ཟེར་ན།

(༡) ཆོས་མདོག་དཀར་པོ་ཨར་སྐྲུན་གྱི་ཕྱི་ཕྱོགས་ཐོག་སྤྱོད་སྟངས།

གནའ་བོའི་དུས་སུ་འོ་མ་བཏོན་པ་སོགས་དཀར་གསུམ་གྱིས་ལྷ་མཆོད་པའི་བྱེད་སྟངས་དེ་རིམ་བཞིན་ཨར་སྐྲུན་ཐོག

བེད་སྤྱོད་བྱས་ཤིང་། བོད་རིགས་ས་ཁུལ་ལ་ལོ་རེའི་ལོ་གསར་གཏོང་སྐབས་ཐབ་ཚང་ནང་དང་ཀ་གདུང་དང་རྩིག་པའི་ཐོག་གྲོ་ཞིབ་དང་ཡང་ན་ས་དཀར་གྱིས་རི་མོ་བྲིས་ནས་ལོ་གསར་རྟེན་འབྲེལ་མཚོན་པར་བྱེད་པ་དང་། ཁམས་ཕྱོགས་ལ་མར་སྦྱར་ནས་རི་མོ་བཟོ་ཡི་ཡོད། ད་དུང་གཉེན་སྒྲིག་རྟེན་འབྲེལ་དང་དུས་ཆེན་ཤར་བའི་སྐབས་སུ་ཁང་པའི་སྒོ་འགྲམ་དང་ལམ་གྱི་ཐོག་ལ་ས་དཀར་གྱིས་རི་མོ་སྣ་ཚོགས་བྲིས་ནས་རྟེན་འབྲེལ་མཚོན་པར་བྱེད་ཀྱི་ཡོད། དེང་སྐབས་ཁམས་ཁུལ་གྱི་དཀར་མཛེས་དང་དར་མདོ་སོགས་ཀྱི་ས་ཁུལ་ལ་ཁང་པ་གསར་པ་བརྒྱབ་ཚར་དུས་འོ་མའི་ནང་ལ་ཆུ་བསྲེས་ནས་རྩིག་པའི་ཐོག་ལ་བསྐོས་ཏེ་ཁང་པའི་ཕྱི་རྩིག་གི་ངོར་དཀར་པོའི་རི་མོ་ཐུང་ཟད་རེ་ཐོན་པ་བྱེད་ཀྱི་ཡོད། དབུས་གཙང་ཕྱོགས་སུ་སླེབས་དུས་གྲོང་གསེབ་སོགས་ལ་ས་དཀར་གྱིས་ཚབ་བྱེད་ཀྱི་ཡོད། (པར6—12) གྲོང་གསེབ་ལ་ས་དཀར་གསོལ་དུས་ཁང་པའི་ཟུར་བཞི་དང་རྩིག་པའི་དཀྱིལ་ལ་ས་དཀར་བསྐོས་ནས་དཀར་པོའི་རི་མོ་ཐོན་པ་བྱེད་ཀྱི་ཡོད། འོན་ཀྱང་དེང་སྐབས་ཁང་པའི་ཕྱི་རྩིག་ཚང་མ་དཀར་པོ་བཟོ་མཁན་དེ་བས་མང་དུ་འགྲོ་ཡི་འདུག གྲོང་གསེབ་ལ་ཁང་པར་ས་དཀར་མ་གཏང་གོང་སྔོན་ལ་གྲོང་ཚོའི་གཡས་གཡོན་རི་ལྡེབས་ཀྱི་རྡོ་ཕ་བོང་སྟེང་ས་དཀར་གཟོ་ཡི་ཡོད་པ་ཚང་མ་སྔོན་གྱི་བྱེད་སྲོལ་རིམ་བཞིན་འཁྱུར་ལྡོག་འགྲོ་བའི་བྱེད་སྟངས་ཡིན། དགོན་པའི་འདུ་ཁང་དང་། ལྷ་ཁང་། གྲྭ་ཤག་སོགས་ཀྱི་ཁང་པའི་ཕྱི་རྩིག་ཚང་མར་ས་དཀར་བསྐོས་ནས་དཀར་སིང་ངེར་བསྟད་པའི་ཨར་སྐྲུན་ཁྱུ་ཚོགས་ཤིག་ཆགས་ཡོད། སྤྱིར་བཏང་གི་མི་སེར་ཁང་པར་ས་དཀར་ནང་ཆུ་བླུགས་ནས་རྩིག་པའི་ཐོག་བསྐོ་རྒྱུ་ཡིན་པ་དང་། ཐོག་བརྩེགས་མཐོན་པོའི་ཨར་སྐྲུན་ཡིན་ན་མི་རྣམས་ཁང་ཐོག་རྩེ་ལ་ཕྱིན་ཏེ་ཞ་རྒྱབ་ཀྱི་སྟེང་ནས་མར་གཟོ་བཞིན་ཡོད། དེ་ལྟ་བུའི་ས་དཀར་ས་ཆ་གང་སར་ཡོད་ཀྱང་སྤུས་ཀ་ཡག་ཤོས་དེ་འདམ་གཞུང་རྫོང་རྒྱུད་དང་རིན་སྤུངས་རྫོང་ཁོངས་སུ་ཡོད། གལ་ཆེ་བའི་ཨར་སྐྲུན་ཏེ་པོ་བྲང་པོ་ཏ་ལ་ལྟ་བུར་སྐུ་དཀར་གསོལ་བའི་སྐབས་སུ་ས་དཀར་ནང་ཆུ་བླུགས་རྗེས་དར་དུང་གྲོ་ཞིབ་དང་འོ་མ། བུ་རམ་དང་སྦྲང་རྩི་སོགས་བསྲེས་ཀྱི་ཡོད། འདི་ནི་གཙོ་བོ་ས་དཀར་ལ་འབྱར་རྩི་ཆེ་རུ་ཕྱིན་ཏེ་རྩིག་པའི་ཐོག་ལ་བསྐོས་ན་ཐུང་བརྟན་པོ་འབྱར་བའི་ཆེད་དུ་ཡིན།

(༢) རྩིག་པ་དམར་པོའི་བཟོ་སྟངས།

གནའ་སྔ་མོའི་དམར་སྟོན་གཏོང་རྒྱུའི་ལམ་ལུགས་ནས་ངོ་གདོང་ལ་དམར་པོ་འབྱུག་པ་དང་། གྱོན་ཆས་དམར་པོ་དར་སོ་ཆེ་བ་ནས་བོན་ཆོས་ཀྱིས་སེམས་ཅན་བསད་ནས་ལྷ་ལ་མཆོད་པ་དང་། ཁྲག་དྲོན་མོ་བཙན་མཁར་ལ་བསྐོས་ནས་དམར་པོ་བཟོ་བ་སོགས་ཀྱི་བྱེད་སྟངས་དེ་དག་རིམ་བཞིན་སྤུང་མ་ཁང་དང་གདུང་རྟེན་ཁང་སོགས་ཨར་སྐྲུན་ཐོག་བེད་སྤྱོད་བྱས་ཤིང་། དེ་ལྟར་ཆོས་མདོག་དམར་པོ་བེད་སྤྱད་ཀྱང་སྔ་མཐུད་ནས་སེམས་ཅན་བསད་པའི་ཁྲག་གིས་དམར་པོ་བཟོ་ཐབས་མེད་པས་རང་བྱུང་གི་ས་དམར་ཏེ་བོད་སྐད་དུ་བཙག་ཟེར་བ་ཞིག་གིས་ཚབ་བྱས་པ་རེད། བཙག་དེ་བོད་ཀྱི་ས་ཆ་མང་པོར་བརྙེད་རྒྱུ་ཡོད། བཙག་གཏོང་དུས་ས་དམར་པོ་དེ་ཞིབ་ཞིབ་བཟོས་ནས་ཆུ་བླུགས་ཏེ་གྱང་ལ་བསྐོ་རྒྱུ་རེད། (པར6—13)

དང་དོད་ཆེན་པོ་བྱེད་ན། དཔེར་ན། པོ་ཏ་ལའི་ཕོ་བྲང་དམར་པོ་ལ་བཙག་འབྱུག་དུས་བཙག་ཁུ་ནང་གྲོ་ཞིབ་དང་འོ་མ། བུ་རམ་དང་སྦྲང་རྩི། ཤིང་ཡོ་འབོག་གི་ལྷགས་པའི་ཁུ་བ་དང་གཡག་ཀོའི་སྤྱིན་གྱི་ཁུ་བ་བསྲེས་ནས་གཞི་ཡི་ཡོད། དེ་ནི་རྩིག་པའི་སྟེང་དུ་འབྱར་ཚད་ཆེ་བ་ཡོང་བའི་ཆེད་དུ་ཡིན།(པར་6—14)

༣ ཚོས་མདོག་དཀར་དམར་གཉིས་ཀྱི་མཐོང་ཚོར་ནུས་པ།

བོད་མི་རིགས་ཀྱི་འཚོ་བའི་གོམས་གཤིས་དང་ཆོས་ལུགས་ཀྱི་གོ་དོན་ཐོག་ནས་བཤད་ན། དཀར་པོ་ནི་བཀྲ་ཤིས་པའི་མཚོན་བྱེད་དང་། ཞི་འཇམ་མཚོན་པ། གཤིས་བཟང་གི་ཚབ་བཅས་ཡིན་པས། དཀར་པོ་ནི་ག་དུས་ཡིན་ནའང་བཀྲ་ཤིས་པ་དང་ལས་བཟང་པོ་དང་མཉམ་དུ་འབྲེལ་བ་ཡིན། སངས་རྒྱས་ཆོས་ལུགས་ཀྱི་ནང་དུ་སྤྱོད་པ་བཟང་པོ་དང་། ལས་ཀ་ཡག་པོ། གཞན་ལ་ཕན་པའི་བྱ་བར་རྣམ་དཀར་གྱི་ལས་ཟེར་ཞིང་། སྐར་ཚོགས་རྒྱས་པ་ལྷ་བུའི་ཚོས་མདོག་དཀར་པོའི་ཨར་སྐྲུན་གྱི་གྲུ་ཚོགས་ཀྱིས་མི་རྣམས་སེམས་བདེ་བ་དང་། འཇམ་ཐིང་ངེར་གནས་པ། ཞི་ཞིང་དུལ་བ། ལྷ་ན་སྡུག་པ་བཅས་ཀྱི་སྣང་བ་སྐྱེས་ཐུབ། དུས་མཚུངས་ས་མཐོའི་ཚ་ཟེར་ཆེ་བའི་ཉི་འོད་ཀྱི་འོག་ཏུ། དཀར་པོའི་ཚོས་མདོག་ནི་དེ་བས་ཀྱང་བཀྲག་མདངས་ཆེ་བ་ལྷ་བས་མི་ངོམས་པ་ཞིག་ཡིན།(པར་6—15)

དམར་པོ་ནི་གནའ་སྔ་མོ་ནས་དབང་ཤུགས་ཀྱི་མཚོན་བྱེད་དང་། དཔའ་མཛངས་བརྟུལ་ཕོད་དང་བློ་སྟོབས་དང་། ལྷུང་ཏ་རྒྱས་པར་སྐྱུལ་འདེད་གཏོང་བ་མཚོན་པའི་ཚོས་མདོག་ཅིག་ཡིན། དེ་ཡིས་དགྲ་རྣམས་བཏུལ་བ་དང་གཉེན་རྣམས་སྐྱོང་བའི་ནུས་པ་ཐོན་ཞིང་། གཞན་ཡང་མི་ཆོས་དམར་པོའི་ཆོས་གཞི་ནི་བརྩེ་འཛོག་ཞུ་དགོས་པ་ཞིག་ཏུ་བརྩི་བ་ཡིན་ལ་དེ་ལ་བརྟེན་ནས་ཆོས་ལུགས་ཀྱི་གཙོ་འཛིན་དང་དཔའ་བོའི་མི་སྣ་རྣམས་ལ་དྲན་གསོ་ཞུ་བ་ཡིན།

དམར་པོ་ནི་གང་བྱུང་དུ་བེད་སྤྱོད་མི་བྱེད་ཅིང་། རྒྱ་ཆེ་བའི་དཀར་སེང་སེང་གི་ཨར་སྐྲུན་གྲུ་ཚོགས་ཀྱི་ནང་ནས་ཆོས་མདོག་དམར་ནག་ཡིན་པའི་རྩ་ཆེའི་གདུང་རྟེན་ཁང་དང་སྲུང་མའི་མགོན་ཁང་སོགས་འབུར་དུ་ཐོན་བཏུག་པ་འདེས། ཆོས་མཇལ་ལ་ཡོང་མཁན་གྱི་མི་ཚོར་བསམ་པའི་ཐོག་ལ་སེམས་འགུལ་གང་འདྲ་ཞིག་ཐེབས་སུ་འཇུག་གི་རེད་དམ། དེ་ཡི་རྒྱུན་གྱིས་དད་བཀུར་གྱི་བསམ་པ་སྐྱེ་ཡོང་བ་བྱེད་ཀྱི་ཡོད། དེ་ནི་ཨར་སྐྲུན་གྲུ་ཚོགས་ཀྱི་ལྟེ་བ་ཡིན་པ་མ་ཟད། ཨར་སྐྲུན་ཡོངས་ཀྱི་མཐོ་རླབས་ཀྱི་ཆོད་ཡིན་པས་འགངས་ཆེའི་སྙིང་དོན་ལྡན་ཡོད། དེ་ཙམ་མ་ཟད་མི་ཚོར་སེམས་གཏིང་གི་སྨྱོང་ཚོར་ཐོག་ནས་ཡིད་ལ་དང་བ་འདྲེན་པ་དང་ནམ་ཡང་བརྗེད་ཐབས་མེད་པ་ཞིག་ཡོང་གི་ཡོད་པས་རྗེས་དྲན་ཞུ་བ་དང་གསོལ་འདེབས་བྱ་ཡུལ་ཞིག་ཏུ་ཆགས་འགྲོ་བཞིན་ཡོད།

དེ་མིན་བོད་རིགས་ཨར་སྐྲུན་ནང་ཕྱི་རྩིག་སེར་པོ་བཟོས་པའི་ཁང་པ་གྲངས་ངེས་ཅན་ཡང་ཡོད་པ་མི་བཤད་ཀ་མེད་ཅིག་འདུག་པ་དགོན་པའི་ལྷ་ཁང་རེ་འགའ་དང་། མཚམས་ཁང་རེ་འགའ། ཇོ་མོ་དགོན་པའི་ལྷ་ཁང་ཁ་ཤས་ཀྱང་ཕྱི་རྩིག

སེར་པོ་བཟོས་ཡོད་པ་དེ་རེད། མི་རེ་འགས་ཁང་པ་སེར་པོ་བཟོ་བ་ནི་དགེ་ལུགས་པ་དང་འབྲེལ་བ་ཡོད་པ་རེད་ཟེར་གྱི་འདུག་རུང་། ཐ་མོ་ཧྲུ་རྒྱལ་བཙན་པོ་ཁྲི་སྲོང་ལྡེ་བཙན་གྱི་དུས་སུ་བསམ་ཡས་དགོན་པའི་འགྲམ་ལ་བརྩུན་མོ་འབྲོ་བཟའ་བྱང་ཆུབ་སྒྲོལ་མས་བཞེངས་པའི་བུ་ཚལ་གསེར་གྱི་ལྷ་ཁང་ནི་སེར་པོ་ཡིན། ད་དུང་སྤྱི་ལོའི་དུས་རབས་བཅུ་གཅིག་པར་ཇོ་བོ་རྗེ་དཔལ་ལྡན་ཨ་ཏི་ཤ་གུ་གེའི་མཐོ་ལྡིང་དགོན་དུ་གདན་འདྲེན་ཞུ་སྐབས་བཞུགས་ས་མཐོ་ལྡིང་གསེར་གྱི་ལྷ་ཁང་ཞེས་པ་དེ་གསར་སྐྱུན་བྱས་ནས་ཚོས་མདོག་སེར་པོ་བྱུགས་པས་གསེར་གྱི་ལྷ་ཁང་ཞེས་ཟེར་བ་ཡིན་པ་དེའི་དུས་དགེ་ལུགས་པ་གཏན་ནས་མེད།（པར6—16）

ཐང་གི་ལོ་རྒྱུས་དེབ་ཐེར་དང་ཏུན་ཧོང་གི་ཡིག་རྙིང་དེ་བཞིན་ལོ་རྒྱུས་ཡིག་ཆ་གང་གི་ནང་དུ་ཡང་ཁྲི་སྲོང་ལྡེ་བཙན་གྱི་གོང་ལ་ཨར་སྐྱུན་སེར་པོ་ཡོད་པ་མཐོང་རྒྱུ་མི་འདུག་ལ། དེ་ཡི་གོང་ལ་བོད་རིགས་ཀྱི་འཚོ་བ་དང་བོན་པོའི་ཆོས་ལུགས་ཀྱི་ནང་དུ་ཨར་སྐྱུན་སེར་པོ་མ་མཐོང་། དེར་བརྟེན་ང་ཚོས་ཁང་པ་སེར་པོ་བཟོ་རྒྱུའི་འབྱུང་ཁུངས་དེ་ནང་པ་སངས་རྒྱས་པའི་ཆོས་ལུགས་དང་འབྲེལ་བ་དམ་ཟབ་ཡོད་པ་ཞིག་ཡིན་བསམ་གྱི་ཡོད། བསྟན་པའི་བདག་པོ་སྟོན་པ་ཤཱཀྱ་ཐུབ་པས་རབ་བྱུང་བའི་སྐྱོན་པའི་ཆོས་མདོག་སེར་པོ་ལ་གཏན་འཁེལ་གནང་ཞིང་། གྲྭ་ཆས་དམར་པོ་དེ་བོད་ལ་བྱུང་བ་ཡིན། སྟོན་པ་ཤཱཀྱ་ཐུབ་པའི་ན་བཟའི་ཆོས་མདོག་སེར་པོ་ཡིན་པ་དེ་ནི་ཚེད་མངགས་སེར་པོ་བཟོས་པ་ཞིག་མ་ཡིན་པར། ཁོང་གིས་དུར་ཁྲོད་ཀྱི་རོ་བསྒྲིལ་སའི་རས་དཀར་པོ་དེ་དག་བཀྲུས་ནས་སྐུ་ལ་བཞེས་ཤིང་། རས་དཀར་པོ་དེ་དག་སེར་པོར་གྱུར་དོན་ནི་རས་དེ་དག་ལོ་མང་པོ་ལྷགས་པས་གཙོས་པས་སེར་འཚུབ་འཚུབ་ཏུ་ཆགས་པ་ཞིག་ཡིན། བོད་སྐད་ནང་སེར་ནི་རབ་བྱུང་བའི་མིང་གཞན་ཞིག་ཡིན་པ་སེར་སྐྱ་མི་དམངས་ཞེས་པའི་སེར་ནི་གྲྭ་པ་དང་སྐྱ་ནི་མི་སེར་ལ་ཟེར་བ་དང་། ད་དུང་དགེ་འདུན་པའི་གྲྭ་ཆས་ལ་སེར་གོས་ཞེས་ཟེར་གྱི་ཡོད།（པར6—17）

ཨར་སྐྱུན་ཁྲིད་སེར་པོ་བྱུགས་པའི་ཁང་པ་ནི་གནས་བབ་ཚུང་མཐོ་བ་སྟེ། ས་ཆ་སོ་སོའི་སྐད་གྲགས་ཆེ་བའི་མཚམས་ཁང་མང་ཆེ་བ་སེར་པོ་བཟོས་ཡོད་པ་དཔེར་ན་ལོ་བྲང་པོ་ཏ་ལའི་ནུབ་ངོས་ཀྱི་ཁང་པ་སེར་པོའི་ནང་རྒྱལ་དབང་རིན་པོ་ཆེ་ལ་སྐུ་ཚེ་ཚེ་སྐྱབ་ཞུ་མཁན་གྱི་མཚམས་པ་བ་སྡོད་ཀྱི་ཡོད་པ་དང་། དགོན་པ་སོ་སོའི་ནང་རྗ་ཆེ་ཤོས་ཀྱི་ལྷ་ཁང་ལ་ཡང་སེར་པོ་བྱུགས་པའི་ལུགས་སྲོལ་ཡོད་པ་དཔེར་ན་འབྲས་སྤུངས་དགོན་པའི་བྱམས་པ་མཐོང་གྲོལ་ལྷ་ཁང་དང་། སྒོ་ཁའི་སྨིན་གྲོལ་གླིང་གི་གཙུག་ལག་ཁང་སོགས་ཀྱི་ཕྱི་རྩིག་སེར་པོ་བཟོས་ཡོད།

མདོར་ན། ཆོས་ཀྱི་གཞུང་ལུགས་ནང་འཇིག་རྟེན་གྱི་བྱ་གཞག་ཚང་མ་ཞི་ （བདེ་བ་དང་འཇམ་པ་）རྒྱས་ （གོང་དུ་འཕེལ་བ་དང་ཡར་རྒྱས་）དབང་（དབང་ཐང་དང་སྟོབས་འབྱོར་）དྲག་（དྲག་པོའི་ལས་）བཞི་རུ་འདུས་པ་ཡིན་ཞིང་། དེའི་མཚོན་བྱེད་ནི་ཞི་བ་དཀར་པོ་དང་། རྒྱས་པ་ནི་སེར་པོ། དབང་ནི་དམར་པོ། དྲག་པོ་ནི་ནག་པོ་（སྐབས་འགར་ལྗང་

ཁྱུ་ཡང་བྱེད་) བཅས་ཀྱི་ལས་མཚོན་པ་ཡིན་ཞིང་། དེ་ཡི་ནང་ནས་དཀར་པོས་ཆོས་གཞི་སྟོན་མ་གཉིས་པོའི་ཚབ་མཚོན་པ་དང་། དམར་པོས་རྗེས་མ་གཉིས་པོའི་ཚབ་མཚོན་ནའང་ཆོག དེར་བརྟེན་བོད་རིགས་ཨར་སྐྲུན་གྱི་ཆོས་མདོག་གཉིས་པོས་འཇིག་རྟེན་གྱི་འཕྲིན་ལས་བཞི་ཡི་བྱ་བ་ཐམས་ཅད་མཚོན་པར་བྱེད་པས་ཆོས་མདོག་དེ་གཉིས་ཨར་སྐྲུན་ཐོག་བེད་སྤྱོད་བྱེད་པ་དེ་ཡང་བྱ་བ་ཐམས་ཅད་ལམ་འགྲོ་ཡོང་བ་དང་བཀྲ་ཤིས་པ་དོན་འགྲུབ་པ་སོགས་ཕྱོགས་ཀུན་ནས་མངོན་པར་བྱེད་པ་རེད།

གཉིས་པ། བོད་རིགས་ཨར་སྐྲུན་ནང་ལོགས་ཀྱི་ཚོན་རིས།

ཁང་པའི་ནང་གི་ཚོན་རིས་ལ་ཤིང་གི་སྒྲིག་ཆས་ཀ་གདུང་སོགས་དང་སྒོ་སྒེའུ་ཁྱུང་སོགས་ཀྱི་ཤིང་ཚོན་དང་། ཁང་པའི་ནང་གི་གྱང་ལྡེབས་ཀྱི་ཚོན་རྩི་ཁག་གཉིས་སུ་དབྱེ་ཆོག ཤིང་གི་སྒྲིག་ཆས་ཏེ་ཀ་བ་དང་འབེ་ལོག གཞུ་དང་གདུང་མ་སོགས་ཀྱི་སྟེང་ལ་ཚོན་རིས་རྒྱག་པ་གཙོ་བོ་གཞུ་ཆེན་དང་གདུང་མ་གཉིས་ཡིན། དེ་ཡི་སྟེང་དུ་འབྲུག་འཕུར་བའི་འཇའ་ཚོན་རི་མོ་དང་ཤིང་ལོ་མེ་ཏོག་སོགས་སྣ་ཚོགས་བྲིས་ཀྱི་ཡོད། ཕོ་བྲང་དང་དགོན་པ་ཡིན་ན་དེ་ཡི་སྟེང་ལ་ཤིང་བརྐོས་དང་ཚོན་རིས་རྒྱས་པ་རྒྱག་དགོས་ཤིང་། ཕོ་བྲང་པོ་ཏ་ལ་ཡི་ཀ་བའི་སྟེང་གི་ཤིང་སྒྲིག་ཆས་རིམ་པ་བཅུ་གསུམ་ཙམ་ཡོད་པ་འདི་ལྟར་ཡིན་ཏེ། གོང་དུ་བཤད་པ་ལྟར་གཞུ་དང་གདུང་མའི་སྟེང་ལ་ད་དུང་པདྨ་དང་ཆོས་བརྩེགས། བབས་དང་ཁ་ཤིང་། སྲིལ་གདོང་དང་གྱེན་རྩེ་སོགས་ཡོད་པས་ཚོན་རིས་གཏོང་ས་དེ་བས་མང་པོ་ཡོད།(པར་6—18)

སྒོ་སྒེའུ་ཁྱུང་གི་སྒྲོམ་དང་མིག་བཅད་སོགས་ལ་ཡང་ཤིང་ཚོན་ཚ་ཚང་བ་གཏོང་དགོས། སྤྱིར་བཏང་གི་ཁང་པ་ཡིན་ན་སྟབས་བདེ་ཙམ་རེད། ཡིན་ནའང་ཕོ་བྲང་དང་དགོན་པའི་སྒོ་ཆེན་གྱི་ཧུ་བཞིར་ཤིང་བརྐོས་ཧ་ཅང་རྒྱས་པོ་རྒྱག་སྲོལ་ཡོད། ཧུ་བཞིའི་མཐའ་སྐོར་དུ་པདྨ་ཆོས་བརྩེགས་དང་སྒོ་ཡི་སྟེང་གི་བབས་དང་བད་ཕུར་ཁ་ཤིང་སོགས་ཀྱང་རྒྱས་པོ་ཡོད་པ་དེ་དག་ཐོག་ཤིང་བརྐོས་རི་མོ་ཡང་བཀྲ་ཤིས་རྟགས་བརྒྱད་དང་རྒྱལ་སྲིད་སྣ་བདུན་སོགས་རྒྱག་གི་ཡོད། དགོན་པ་སོགས་གལ་ཆེའི་ཨར་སྐྲུན་གྱི་སྒོའི་མེ་ལོང་ནི་ཆ་ཚང་དམར་པོ་བཟོས་པ་དང་སྒོ་ཤན་ལ་ལྕགས་བཀྱོལ་རི་མོ་ཡོད་པ་ཡིན་ཞིང་། སྤྱིར་བཏང་གི་མི་སེར་ཁང་པ་སོགས་ཀྱི་སྒོ་ལེབ་ལ་ཆོས་རྒྱ་སྣག་འབྲུག་གི་ཡོད། ཡང་རེ་འགས་ཆོས་རྒྱ་སྣག་དང་ནག་པོ་གཉིས་ཀྱིས་རི་མོ་ཟུར་གསུམ་པ་འབྲི་བ་དང་། སྒོ་ལེབ་ཀྱི་སྟོད་ལ་ཉི་མ་ཟླ་བའི་རི་མོ་འབྲི་མཁན་ཡང་ཡོད། དེ་ཚོ་ནི་གདོད་མའི་བོན་ཆོས་བྱེད་སྲོལ་ལས་བྱུང་བ་ཡིན། སྒེའུ་ཁྱུང་གི་ཚོན་རིས་ཐད་ནས་བརྗོད་ན། ལྷ་ཁང་སོགས་དང་དོད་བྱེད་པའི་ཨར་སྐྲུན་ལ་སྒེའུ་ཁྱུང་གི་ཧུ་བཞི་དང་ཤིང་ཟམ་སོགས་ལ་སྤྲིན་རིས་དང་ཤིང་ལོ་སོགས་ཀྱི་ཤིང་ཚོན་གཏོང་གི་ཡོད། སྤྱིར་བཏང་གི་ཨར་སྐྲུན་ལ་སྒེའུ་ཁྱུང་གི་ཧུ་བཞི་དང་ཤིང་ཟམ་སོགས་ལ་ཚོན་རིས་གང་ཡང་མེད་པར་བཙག་བྱུགས་ནས་འཇམ་སང་བཟོ་ཡི་ཡོད།

ཁང་པའི་ནང་གི་གྱང་ལྡེབས་ཀྱི་ཚོན་རིས་རྒྱག་སྟངས་རྣམ་པ་སྣ་ཚོགས་ཡོད། ལྷ་ཁང་དང་དགོན་པའི་གྱང་ལྡེབས་སུ་རྒྱ་ཆེ་བའི་ལྡེབས་རིས་འབྲི་སྲོལ་ཡོད་ཅིང་། ལྡེབས་རིས་ཀྱི་ནང་དོན་ནི་ཧ་ཅང་ཕུན་སུམ་ཚོགས་པ་ངོ་སྤྲོད་ཞུས་ཚར་ཡས་མེད་

པ་ཞིག་ཡིན། ཞིབ་པ་སངས་རྒྱས་ཀྱི་སྐུ་བརྙན་སྣ་ཚོགས་དང་ལྷ་སྐུ་སྣ་ཚོགས། སངས་རྒྱས་ཤཱཀྱ་ཐུབ་པའི་འཁྲུངས་རབས་དང་རྗེ་ཙོང་ཁ་པ་སོགས་མཚན་སྙན་ཆེ་བའི་སྐྱེས་བུ་དམ་པའི་མཛད་རྣམ་སོགས་དང་། ད་དུང་བོད་ཀྱི་ལོ་རྒྱུས་འཕེལ་རིམ་གྱི་ལྡེབས་རིས་ཡོད། དེའི་ནང་ཤུགས་རྐྱེན་ཤིན་ཏུ་ཆེ་བའི་པོ་ཏ་ལའི་ཕོ་བྲང་དམར་པོའི་ཚོམས་ཆེན་ནུབ་མའི་རྒྱལ་དབང་ལྔ་པ་ཆེན་པོའི་སྐུ་ཚེའི་མཛད་རྣམ་གྱི་ལྡེབས་རིས་ནང་རྒྱལ་དབང་ལྔ་པ་ཆེན་པོ་པེ་ཅིང་དུ་ཆིང་གོང་མ་ཧྲུན་ཀྲི་རྒྱལ་པོ་མཇལ་ཞུ་གནང་བའི་ངོ་མཚར་གྱི་ལྡེབས་རིས་ཡོད་ལ། ད་དུང་ཚོམས་ཆེན་ནུབ་མའི་རྒྱ་མཐོངས་ཀྱི་མཐའ་སྐོར་ཡོངས་ལ་ཕོ་བྲང་པོ་ཏ་ལ་གསར་བཞེངས་ཀྱི་བརྒྱུད་རིམ་ཆ་ཚང་བའི་ལྡེབས་རིས་ཡོད། གཞན་ཡང་ནོར་བུ་གླིང་ཁའི་ཕོ་བྲང་གསར་པའི་སྒོ་མཆོར་གྱི་རབ་གསལ་གཟིམ་ཆུང་ནང་གི་ལྡེབས་རིས་ཐོག པ་སྤྲེའུ་ནས་མི་བྱུང་བའི་ལོ་རྒྱུས་དང་། སྲོང་རྒྱལ་བཙན་པོའི་རྒྱལ་རབས་བྱུང་ཚུལ། རྒྱ་བཟའ་ཀོང་ཇོ་བོད་ལ་ཕེབས་པ་ནས་སྤྱི་ལོ1956ལོར་རྒྱལ་དབང་སྐུ་ཕྲེང་བཅུ་བཞི་པ་དང་པཎ་ཆེན་སྐུ་ཕྲེང་བཅུ་པ་པེ་ཅིང་དུ་རྒྱལ་ཡོངས་མི་དམངས་འཐུས་མི་ཚོགས་ཆེན་ལ་བཞུགས་པ་དང་མའོ་ཀྲུའུ་ཞི་སོགས་ཀྲུང་དབྱང་དབུ་ཁྲིད་རྣམ་པས་མཇལ་འཕྲད་གནང་བའི་ལོ་རྒྱུས་སོགས་བཀོད་ཡོད་པ་རྣམས་ནི་ཧ་ཅང་རྩ་ཆེའི་ལོ་རྒྱུས་ཀྱི་རྒྱུ་ཆ་ཞིག་ཡིན་ཞིང་། དེ་དག་ནི་མེས་རྒྱལ་གཅིག་གྱུར་ལ་སྲུང་སྐྱོབ་དང་། བོད་ཀྱི་གནའ་བོའི་རིག་གནས་མངོན་པར་བྱེད་པ། ཀྲུང་ཧྭ་མི་རིགས་ཀྱི་མཐུན་སྒྲིལ་མངོན་པ་སོགས་ཀྱི་ཐད་ཤིན་ཏུ་འགངས་ཆེའི་དོན་སྙིང་ལྡན་པ་ཞིག་ཡིན།

སྤྱིར་བཏང་གི་སྟོད་ཁང་སྟེ་གྲྭ་ཤག་ལྟ་བུ་ཡིན་ན་ཁང་པའི་ནང་གི་གྱང་སེར་པོ་བཟོ་བ་དང་། སྐུ་དྲག་སོགས་སྐྱ་བོ་སྟོབས་འབྱོར་ཅན་ཚོའི་ཁང་པའི་ནང་གི་གྱང་ངོས་ལ་ལྗང་སྐྱ་དང་། དམར་སྐྱ། སེར་སྐྱ་ཡི་ཚོས་མདོག་བཟོ་བ་དང་། གྱང་གི་རྩེ་མོ་ལ་ཤམ་བུའི་རི་མོ་བྲིས་པ། གཤམ་ལ་ཚོས་རྒྱ་སྨུག་གམ་ལྗང་ནག་སོགས་ཀྱི་ཞབས་རིས་རྒྱག་གི་རེད། སྐྱིད་ལ་སྔོན་པོ་དང་། སེར་པོ། དམར་པོ་གསུམ་གྱི་འཇའ་རིས་འཐེན་གྱི་ཡོད།

ཞིང་གྲོང་གི་སྟོད་ཁང་ཡིན་ན་ཁང་པའི་ནང་ལ་ཚོན་གཏོང་གི་མེད་ཅིང་། ཐབ་ཚང་ནང་མེ་བཏང་བ་སོགས་ཀྱི་དུ་བས་ནག་པོ་ཆགས་ཡོད་པར་ལོ་རེའི་ལོ་གསར་སྐབས་གྲོ་ཞིབ་དང་ས་དཀར་སོགས་ཀྱིས་བཀྲ་ཤིས་པའི་རི་མོ། བོད་ཡིག་གིས་བཀྲ་ཤིས་བདེ་ལེགས་སོགས་འབྲི་ཡི་ཡོད།（པར6—19） འདི་དག་མ་གཞི་ཧ་ཅང་སྟབས་བདེའི་བྱ་ཐབས་ཤིག་ཡིན་རུང་དེས་ཐབ་ཚང་ནང་སྟབས་བདེ་ལ། སྤྱ་ཉམས་ངོད་པོ། འོས་ཤིང་འཚམས་པ་བཅས་ཀྱི་སྣང་བ་ཞིག་ཤར་ཐུབ་པ།

བོད་རིགས་ཨར་སྐྲུན་གྱི་ཚོན་རིས་ནི་ནང་དོན་ཕུན་སུམ་ཚོགས་པོ་དང་། ཚོས་མདོག་བཀྲག་མདངས་རྒྱས་པ། མངོན་གསལ་ངོད་པོ་བཅས་ཨར་སྐྲུན་གཞན་གྱིས་བསྒྱུར་ཐབས་གཏན་ནས་མེད་པ་ཞིག་ཡིན།

བོད་རིགས་ཨར་སྐྲུན་ལ་ཁྱབ་ཡོངས་ནས་བཤད་ན། ཚོས་མདོག་བེད་སྤྱོད་བྱེད་སྟངས་ཐད་རང་གི་དམིགས་བསལ་གྱི་གོམས་སྲོལ་ཡོད་ཅིང་། དེ་དག་ནི་བོད་མི་རིགས་ཀྱི་མི་ལོ་ཁྲི་སྟོང་གི་འཚོ་བའི་གོམས་གཤིས་དང་། གདོད་མའི་ཆོས་ལུགས་

དང་རིག་གནས་ཁྲིད་ཀྱི་ཚོས་མདོག་སྤྱི་དང་ཡང་སྒོས་སུ་ཚོས་མདོག་དཀར་པོ་དང་དམར་པོ་གཉིས་བེད་སྤྱོད་བྱེད་པའི་ཆེས་དམིགས་བསལ་གྱི་གོ་དོན་ལྡན་པ་ཞིག་ཡིན་ལ། ཨར་སྐྲུན་མཛེས་རྩལ་གྱི་ཐད་ལ་ཡང་མངོན་གསལ་དོད་པོའི་ཁྱད་ཆོས་ལྡན་ཡོད་པས། གོམ་གང་མདུན་སྤོས་ཀྱིས་ཞིབ་འཇུག་བྱ་དགོས་པའི་གནད་འགངས་ཆེན་ཞིག་དང་། སླད་ཕྱིན་འཆར་འགོད་ཀྱི་ལག་ལེན་ནང་དུ་འང་ནན་ཏན་གྱིས་འཚོལ་ཞིབ་བྱ་དགོས་ངེས་ཤིག་ཡིན།

ལེའུ་བདུན་པ། བོད་རིགས་ཀྱི་གནའ་རབས་ཨར་སྐྲུན་འཕེལ་རྒྱས་ཁྲོད་ཀྱི་མངོན་ཚུལ།

བོད་རིགས་ཀྱི་གནའ་རབས་ཨར་སྐྲུན་ནི་རང་རྒྱལ་རིག་གནས་ཤུལ་བཞག་བང་མཛོད་ནང་གི་ཕུལ་དུ་བྱུང་བའི་ནོར་བུ་ཞིག་ཡིན། དེ་ནི་ས་ཆའི་ཡུལ་བབ་ལ་བརྟེན་ཞིང་། ས་ཆ་དེ་རང་གི་རྒྱུ་ཆ་བེད་སྤྱད་པ། ཁོར་ཡུག་ལ་འཕྲོད་པ་དང་དམིགས་བསལ་གྱི་ཁྱད་ཆོས་ལྡན་པ་བཅས་ཡིན། འདི་ནི་རང་རྒྱལ་གནའ་རབས་ཨར་སྐྲུན་ཁྲོད་ཀྱི་ཁྱད་དུ་འཕགས་པ་ཞིག་ཡིན་པ་མ་ཚད་འཛམ་གླིང་རིག་གནས་ཤུལ་བཞག་གི་ནང་དུ་འགངས་ཆེའི་གནས་བབ་ལྡན་ཡོད། དེར་བརྟེན་འཛམ་གླིང་རྩ་ཆེའི་རིག་གནས་ཤུལ་བཞག་འདི་ལ་སྲུང་སྐྱོབ་དང་ཞིབ་འཇུག་བྱ་རྒྱུར་ཤུགས་སྣོན་རྒྱག་དགོས་པ་ནི་འགོར་འགྱངས་བྱ་མི་རུང་བའི་དོན་ཆེན་ཞིག་ཡིན། རང་ཉིད་ཀྱིས་ལོ་མང་རིང་བོད་རིགས་ཀྱི་གནའ་རབས་ཨར་སྐྲུན་འཕེལ་རྒྱས་བྱུང་བའི་ལོ་རྒྱུས་ལ་ཞིབ་འཇུག་བྱ་སྐབས་རྒྱལ་ཁབ་ཕྱི་ནང་དུ་མཐོང་དཀོན་པའི་སྣང་ཚུལ་ཞིག་མངོན་ཡོང་གི་ཡོད་པ་གསལ་པོར་བཤད་ན་བོད་ཀྱི་གནའ་རབས་ཨར་སྐྲུན་ཕལ་ཆེ་བ་ཡུན་རིང་གི་ལོ་རྒྱའི་དུས་རབས་ཀྱི་འཕོ་འགྱུར་ནང་རྩ་བའི་ཆ་ནས་འགྱུར་ལྡོག་བཏང་འདུག གནའ་རབས་ཨར་སྐྲུན་སྔ་མོ་རང་འཛུགས་གནས་ཐུབ་པ་ཤིན་ཏུ་ཉུང་། བྱེད་སྟངས་དེ་ཡི་རིགས་ཡང་དག་པ་ཡིན་ནམ་དང་དེ་ལ་གདེང་འཇོག་ཅི་འདྲ་བྱ་དགོས་པ་བཅས་ནི་ངས་བཤད་རྒྱུའི་གནད་དོན་ཡིན།

ང་ཚོས་གང་ལྟར་རྒྱང་རིང་གི་འཛམ་གླིང་རྒྱལ་ཁབ་ཁག་གི་གནའ་བོའི་ཨར་སྐྲུན་དང་། ཡང་ན་ཐག་ཉེ་བའི་རང་རྒྱལ་མི་རིགས་ཁག་གི་གནའ་བོའི་ཨར་སྐྲུན་ལ་བལྟ་དུས་བོད་རིགས་ས་ཁུལ་གྱི་གནའ་རབས་ཨར་སྐྲུན་ནང་བཞིན་བཟོ་དབྱིབས་ཐད་དེ་འགྱུར་ལྡོག་བཏང་བ་དེ་ཙམ་མཐོང་རྒྱུ་མི་འདུག བོད་མི་རིགས་ཀྱི་ལོ་རྒྱུས་ཐོག་གི་འཛམ་གླིང་ལ་སྐད་གྲགས་ཆེ་བའི་གནའ་རབས་ཨར་སྐྲུན་ཚང་མ་མི་ཚོས་བཟོ་ལྟ་བསྒྱུར་བ་དང་རྒྱ་བསྐྱེད་མ་བྱས་པ་ཏ་ལམ་ལྷག་མི་འདུག གསལ་པོར་བཤད་ན་ལོ་རྒྱུས་ཐོག་གི་ལྷ་ཁང་། མཁར་རྫོང་དང་ཕོ་བྲང་སོགས་གཏོར་བརླག་ཕྱིན་པ་ཕུད་ད་ལྟར་གནས་ཡོད་པ་ཚང་མ་ནི་ཐེངས་མང་པོར་མཐོ་རུ་བཏང་བ་དང་། རྒྱ་བསྐྱེད་བྱས་པ་སོགས་འགྱུར་ལྡོག་ཤུགས་ཆེན་བཏང་བ་ཞ་སྟག་རེད་འདུག སྔར་གྱི་རྩ་བའི་བཟོ་དབྱིབས་ཐད་དེ་འགྱུར་ལྡོག་བཏང་འདུག་ཅེས་ཟེར་ཆོག དེ་ལྟར་ཡུན་རིང་སོང་རྗེས་ས་ཆ་སོ་སོའི་གོམས་གཤིས་ཀྱི་བྱ་བ་ལྟ་བུར་གྱུར་འདུག མ་གཞི་འགྱུར་ལྡོག་དེ་འདྲ་བཏང་ནས་ཕྱི་ཡི་དབྱིབས་གཟུགས་སྟོར་བས་བརྗིད་ཉམས་ལྡན་པ་དང་། ནང་གི་བཀོད་པ་དེ་བས་འཐུས་སྒོ་ཚང་བར་གྱུར་ཡོད། སློ་འགྱོད་བྱ་དགོས་པ་ནི་ལོ་རྒྱུས་ཀྱི་དོན་སྙིང་ལྡན་ལ་དུས་རབས་ཀྱི་

ཁྱད་ཆོས་ལྡན་པའི་ཨར་སྐྲུན་དེ་ཚོ་མཐོང་རྒྱུ་མེད་པའམ་ཆ་ཚང་བ་མཐོང་མ་ཐུབ་པ་ཆགས་པ་རེད། དེ་ལྟར་གང་བྱུང་བྱུང་གིས་ང་ཚོའི་ཕྱུལ་བྱུང་གི་རིག་གནས་ཤུལ་བཞག་དེ་དག་ལ་འགྱུར་ལྡོག་བཏང་བའི་བྱེད་སྟངས་འདི་ལ་རང་ཉིད་རིག་དངོས་སྲུང་སྐྱོབ་དང་ཞིབ་འཇུག་བྱ་མཁན་ཞིག་གི་ངོས་ནས་བཤད་ན་སེམས་མཐུན་བྱ་ཐབས་མེད་པ་ཞིག་ཡིན། ང་རང་གི་ངོས་འཛིན་བྱས་ན་ང་ཚོས་རང་གི་ནོར་འཁྲུལ་གྱི་བྱེད་སྟངས་འདི་ཧ་གོ་དགོས་པ་དང་། ཡང་དག་པའི་ངོས་འཛིན་གོང་མཐོར་བཏང་སྟེ་ལོ་རྒྱུས་ཀྱི་རིག་དངོས་ལ་སྲུང་སྐྱོབ་དང་རྒྱུན་འཛིན་ཡང་དག་པ་བྱ་དགོས་པ་གལ་ཤིན་ཏུ་ཆེ།

བོད་ལྗོངས་ཀྱི་མཁར་རྫོང་དང་དགོན་སྡེ་སོགས་བོད་རིགས་ཀྱི་གནའ་རབས་ཨར་སྐྲུན་དེ་དག་ནི་རང་རྒྱལ་ཙམ་མ་ཟད་འཛམ་གླིང་ཡོངས་ལ་སྐད་གྲགས་ཡོད་ཅིང་། ཨར་སྐྲུན་གྱི་བཟོ་དབྱིབས་དང་གཤིས་སྤྱོལ་གང་ཅི་ཐད་དམིགས་བསལ་ཅན་ཞིག་ཡིན། འོན་ཀྱང་ང་ཚོས་ངེས་པར་དུ་མི་རབས་གོང་མ་རྣམས་ཀྱི་ཉེས་སྐྱོན་ལ་ངོས་འཛིན་ཡག་པོ་བྱེད་དགོས།

མ་གཞི་ཡིན་ན་མཚོ་བོད་མཐོ་སྒང་སྐམ་ཚད་ཆེ་བ་དང་། ཆར་ཆུ་ཉུང་བའི་གནམ་གཤིས་ཀྱི་ཁྱད་ཆོས་ལྡན་པས་མི་རིགས་ཀྱི་རྩ་ཆེའི་ནོར་བུ་དེ་ཚོ་རྒྱུན་འཛིན་བྱ་བདེ་པོ་ཡིན། ང་རང་གིས་བལྟས་ན་སེལ་ཐབས་མེད་པའི་དཀའ་ངལ་ཞིག་མ་ཡིན། ཡིན་ན་ཡང་རྩ་ཆེའི་རིག་དངོས་ཀྱི་ཤུལ་བཞག་དེ་ཚོ་དམག་འཁྲུག་དང་རང་བྱུང་གི་གནོད་སྐྱོན་ཕོག་པ་ཕུད། ལྷག་བསྟད་པ་ཚང་མར་ཚད་གཞི་འདྲ་མིན་གྱི་ཐོག་ནས་འགྱུར་ལྡོག་བཏང་བ་ཤ་སྟག་རེད། འཛམ་གླིང་ཡོངས་ཀྱི་མི་ཚོས་བོད་རིགས་ཀྱི་འོད་སྟོང་འཕྲོ་བའི་མི་རིགས་ཀྱི་ལོ་རྒྱུས་རིག་གནས་ལ་ཡིད་སྨོན་བྱེད་བཞིན་པའི་སྐབས་འདིར་ཁོ་ཚོས་དངོས་སུ་མཐོང་བའི་རིག་དངོས་གནའ་སྐྲུན་མང་ཆེ་བ་འགྱུར་ལྡོག་བཏང་ཚར་བའི་གནའ་བོའི་ཨར་སྐྲུན་ཡིན་པ་མི་མང་པོ་ཞིག་གིས་ཤེས་ཀྱི་མེད། དེ་ལྟ་བུ་ཕྱི་རབས་པའི་མིས་བཟོ་བཅོས་བརྒྱབ་པའི་གནོད་སྐྱོན་ནི་ཚབས་ཆེན་པོ་རེད། ང་ཚོའི་མི་རབས་འདི་དང་ད་དུང་མི་རབས་རྗེས་མ་རྣམས་ཀྱིས་བསམ་གཞིགས་གཏིང་ཟབ་མོ་དང་ངོས་འཛིན་གསལ་པོ་བྱ་དགོས་ངེས་ཤིག་ཡིན།

དེར་བརྟེན་ང་ཚོའི་འབྲེལ་ཡོད་ཀྱི་སྡེ་ཚན་དང་མི་རིགས་ཁག་གི་མི་དམངས་ཆོས་རིག་དངོས་སྲུང་སྐྱོབ་ཀྱི་འདུ་ཤེས་མགྱོགས་མྱུར་གོང་མཐོར་བཏང་ནས་སྲུང་སྐྱོབ་ཀྱི་ནུས་པ་གོང་མཐོར་གཏང་རྒྱུ་ནི་འགོར་འགྱངས་བྱེད་མི་རུང་བ་ཞིག་ཡིན། དམིགས་ཡུལ་དེ་འགྲུབ་པ་བྱེད་དགོས་ན་ང་ཚོས་ངེས་པར་དུ་རང་མི་རིགས་དང་རང་སོ་སོའི་ས་ཁུལ་གྱི་ལོ་རྒྱུས་ཐོག་བྱུང་བའི་གོམས་སྲོལ་ངན་པ་དང་ནོར་འཁྲུལ་གྱི་བྱེད་སྟངས་དེ་རིགས་ལ་ཤེས་རྟོགས་གསལ་པོ་བྱ་དགོས་པ་དང་། ངེས་པར་དུ་གོམས་གཤིས་ངན་པ་བསྒྱུར་བཅོས་བྱས་ནས་རིག་གནས་ཀྱི་བྱང་ཚད་གོང་མཐོར་གཏོང་བ་དང་། མགྱོགས་མྱུར་ངང་ང་རང་ཚོའི་རིག་དངོས་སྲུང་སྐྱོབ་ཀྱི་འདུ་ཤེས་གོང་མཐོར་བཏང་ནས་ང་ཚོ་ཀུང་ཧྭ་མི་རིགས་ཀྱི་རྩ་ཆེའི་ལོ་རྒྱུས་རིག་དངོས་ཀྱི་གནའ་ཤུལ་ལ་སྲུང་སྐྱོབ་ཡག་པོ་བྱ་དགོས། མཚམས་འདི་ནས་ངས་ལོ་རྒྱུས་ཐོག་སྲུང་སྐྱོབ་ཡག་པོ་བྱས་མེད་པ་དང་ཡང་ན་བཟོ་བཅོས་བརྒྱབ་པའི་དཔེ་མཚོན་ཁག་ཅིག་དཔྱད་བསྡུར་བྱས་ནས་ཁྱེད་རྣམ་པས་དབྱེ་ཞིབ་གནང་རྒྱུར་མོས་འདོད་ཞུས་ཡོད།

དང་པོ། ལྷ་ལྡན་གཙུག་ལག་ཁང་།

ལྷ་ལྡན་གཙུག་ལག་ཁང་ནི་ཙུང་སྤྲ་བའི་གནའ་རབས་ཀྱི་ཨར་སྐྲུན་འགངས་ཆེ་ཞིག་ཡིན། ད་བར་མི་ལོ1360ལྷག་ཕྱིན་ཡོད། ཐོག་མའི་ཨར་སྐྲུན་ནི་ཐོག་བརྩེགས་གཉིས་ལས་མེད། རྒྱ་ཁྱོན་ཡང་ལྷ་ཁང་ལྟེ་བའི་ཀྲུ་བཞིའི་རྒྱ་ཁྱོན་ལས་མེད།（དཔེ་རིས7—1）（དཔེ་རིས7—2） འོན་ཀྱང་དུས་རབས་བཅུ་གཅིག་པར་སླེབས་དུས་ཟངས་དཀར་ལོ་ཙཱ་བས་ཁྱོན་ཡོངས་ནས་ཉམས་གསོ་ཐེངས་གཅིག་གནང་བའི་སྐབས་ལྷ་སྐུ་ཁག་ཅིག་གསར་བཞེངས་གནང་བ་སོགས་ལ་བརྟེན་ལྷ་ཁང་གཙོ་བོ་དང་སྒོ་མཚོར་ཕྱོགས་གཉིས་ལ་སྒོ་འབུར་རེ་བརྟན་ཏེ་ཨར་སྐྲུན་གྱི་བཟོ་དབྱིབས་དང་རྒྱ་ཁྱོན་གཉིས་ཀར་འཕོ་འགྱུར་གང་འཚམས་བྱུང་བ་རེད།（དཔེ་རིས7—3） སྤྱི་ལོ་དུས་རབས་བཅུ་གཉིས་པ་ནས་བཟུང་སྟེ་ཕྱི་ལྷ་ཁང་མཐའ་སྐོར་ལ་སྐོར་ལམ་སོགས་གསར་རྒྱག་བྱས་པ་རེད། བཟོ་བཅོས་ཆེ་ཤོས་ནི་སྤྱི་ལོ1650ལོ་ཡས་མས་ལ་བྱུང་བ་རེད།

དུས་རབས་བཅུ་དྲུག་པའི་དུས་འགོར་གཙང་པ་རྒྱལ་པོ་ཕ་བུ་གཉིས་ནས་བཀའ་བརྒྱུད་པའི་སྟོབས་ཤུགས་ལ་བརྟེན་ནས་དགེ་ལུགས་པར་དྲག་གནོན་བྱེད་ཅིང་། གཞིས་རྩེའི་བཀྲ་ཤིས་ལྷུན་པོའི་ཁ་སྒྲོད་དུ་བཀྲ་ཤིས་ཟིལ་གནོན་ཟེར་བའི་བཀའ་བརྒྱུད་པའི་དགོན་པ་གསར་སྐྲུན་བྱས་པ་དང་། ལྷ་སར་ཀརྨ་དགོན་གསར་དང་དགོན་པ་གསར་ཟེར་བའི་བཀའ་བརྒྱུད་དགོན་པ་གཉིས་གསར་རྒྱག་བྱས་ནས་སེ་འབྲས་དགའ་གསུམ་ལ་ཁ་གཏད་གཙོག་ཡ་བྱས་ནས་བོད་ཡོངས་ཀྱི་དབང་ཆ་བཟུང་ཐབས་བྱས་པ་རེད། དགེ་ལུགས་པས་སོག་པོའི་དམག་ཤུགས་ལ་བརྟེན་ནས་གཙང་པ་སྡེ་སྲིད་གཏོར་ཕྱམ་བཏང་རྗེས་དམག་དཔུང་གིས་བཤིག་དབྲལ་བཏང་བའི་གཞིས་རྩེ་དང་ལྷ་སའི་བཀའ་བརྒྱུད་དགོན་པའི་ཀ་གདུང་སོགས་ཤིང་ཆས་དང་གསེར་ཟངས་ཀྱི་རྒྱ་ཕིབས་མདའ་གཡབ་སོགས་གསེར་འོད་ཆེམ་ཆེམ་གྱི་རྒྱན་སྤྲས་ཚང་མ་ལྷ་སར་དབོར་འདྲེན་བྱས་ཏེ་ལྷ་ལྡན་གཙུག་ལག་ཁང་ལ་གཞི་རྒྱ་ཆེ་བའི་རྒྱ་བསྐྱེད་དང་རྒྱན་སྤྲས་བྱས་པ་རེད། བྱ་སྤྱོད་འདི་ཡང་དག་པ་ཞིག་ཡིན་ཟེར་ག་ལ་ཐུབ། ཡིན་ན་ཡང་ཐོག་མར་གཙང་པ་རྒྱལ་པོས་དགོན་པ་གསུམ་གསར་རྒྱག་བྱེད་པ་ཡང་ཆོས་ལུགས་འཕེལ་རྒྱས་གཏོང་བའི་ཆེད་དུ་མིན།

ཏཱ་ལའི་བླ་མ་སྐུ་ཕྲེང་ལྔ་པས་བཤིག་དབྲལ་བཏང་བའི་བཀའ་བརྒྱུད་དགོན་པའི་རྒྱུ་ཆ་དེ་དག་ལ་བརྟེན་ནས་ལྷ་ལྡན་གཙུག་ལག་ཁང་མཐོ་རུ་བཏང་ནས་ཐོག་བརྩེགས་གསུམ་བཟོས་པ་དང་། ཕྱོགས་བཞི་གསར་རྒྱག་བྱས་ནས་ཟུར་བཞི་ལ་ཐོག་སོ་བཞི་ཡོད་པ་བྱས། ལྷ་ཁང་ལྟེ་བའི་མཐའ་སྐོར་དུ་མ་ཎིའི་སྐོར་ལམ་དང་། ནུབ་ངོས་ལ་སངས་རྒྱས་སྟོང་སྐུའི་ཁྲམས་ར་ཆེན་པོ་བཅས་རྒྱ་བསྐྱེད་བྱས་པས་ཨར་སྐྲུན་ཡོངས་རྫོགས་ལ་གཞི་རྩའི་ཆ་ནས་འགྱུར་ལྡོག་ཕྱིན་པ་རེད། སྔར་ཡོད་ཨར་སྐྲུན་གྱི་བཟོ་དབྱིབས་ནི་གཏན་ནས་མཐོང་རྒྱུ་མེད་པ་ཆགས་པ་རེད།（དཔེ་རིས7—4）（དཔེ་རིས7—5）（དཔེ་རིས7—6）

མ་གཞི་རྒྱ་བསྐྱེད་བྱས་པ་དང་གསེར་འོད་འཕྲོ་བའི་རྒྱན་སྤྲས་བྱས་པས་ལྷ་ལྡན་གཙུག་ལག་ཁང་ཤིན་ཏུ་བརྗིད་ཉམས་རྗོད་པོ་ཞིག་བྱུང་རུང་གནའ་རབས་ཨར་སྐྲུན་སྲུང་སྐྱོབ་བྱ་རྒྱུའི་ཕྱོགས་ནས་དཔྱད་ཞིབ་བྱས་ན་ཐོག་མའི་ཨར་སྐྲུན་རང་འཇགས

གནས་ཐུབ་པའི་རེ་བ་ཡོད། ཧྲ་ལའི་བླ་མ་སྐུ་ཕྲེང་ལྔ་པས་ལྷ་ཁང་བཞེངས་དགོས་ན་གསར་དུ་བཞེངས་པ་ལས། སྔར་ཡོད་ཀྱི་ལྷ་ལྷན་གཙུག་ལག་ཁང་གི་ཨར་སྐྲུན་ལ་འགྱུར་ལྡོག་མ་བཏང་ན་ཡག་ཤོས་རེད། འདི་ནི་ང་ཚོ་གནའ་རབས་ཨར་སྐྲུན་སྲུང་སྐྱོབ་བྱ་མཁན་ཆེད་ལས་པའི་རེ་བ་ཡིན།

གཉིས་པ། ཕོ་བྲང་པོ་ཏ་ལ།

དུས་རབས་བདུན་པའི་ཕོ་བྲང་པོ་ཏ་ལ་སྔར་ནས་མེད་པར་གྱུར་ཟིན་པ་རེད། དུས་རབས་བཅུ་བདུན་པར་བསྐྱར་དུ་བཞེངས་པའི་ཕོ་བྲང་པོ་ཏ་ལ་ནི་སྔོན་གྱི་པོ་ཏ་ལ་ཕོ་བྲང་གི་ཨར་སྐྲུན་ལས་ཐད་དེ་འགྱུར་ལྡོག་བཏང་བ་རེད། འདི་ནི་ཕག་གྲུའི་དུས་རབས་ཀྱི་མཁར་རྫོང་གི་ཨར་སྐྲུན་གྱི་ཆགས་ཚུལ་ཡིན། དེས་ན་སྔ་རྒྱལ་དུས་ཀྱི་པོ་ཏ་ལའི་ཕོ་བྲང་བཟོ་དབྱིབས་ཡང་སྙིང་ཅི་འདྲ་ཞིག་ཡིན་པའི་སྐོར་རང་ཉིད་ལོ་བཅུ་ཕྲག་ཁ་ཤས་རིང་ཕོ་བྲང་པོ་ཏ་ལར་བརྟག་དཔྱད་དང་ཞིབ་འཇུག་བྱ་མཁན་ཞིག་གིས་རྟོག་ཞིབ་མ་བྱས་པ་མིན། སྤྱི་ལོ1998ལོའི་ཟླ9པའི་ཨ་མེ་རི་ཀའི་ཨིན་ཏི་ཨན་ན་སློབ་ཆེན་གྱི་སྐབས་བརྒྱད་པའི་རྒྱལ་སྤྱིའི་བོད་རིག་པའི་གྲོས་ཚོགས་ཐོག《སྔ་རྒྱལ་དུས་རབས་ཀྱི་པོ་ཏ་ལའི་ཕོ་བྲང་ཨར་སྐྲུན་གྱི་བཟོ་དབྱིབས་ལ་ཐོག་མའི་ཞིབ་དཔྱད་བྱ་བ》ཞེས་པའི་རྩོམ་ཡིག་ཅིག་སྤེལ་ཞིང་ཚོགས་འདུར་ཕེབས་པའི་ཞིབ་འཇུག་པ་ཚང་མས་དོ་སྣང་ཆེན་པོ་གནང་གི་འདུག ཝེན་ཀྲུང་ཧྥིང་རྣམ་པ་ཨར་སྐྲུན་གྱི་ཆེད་ལས་པ་མིན་པས་ལྟ་ཚུལ་མི་འདྲ་བ་གསུང་མཁན་མ་བྱུང་། དེའི་རྗེས་སུ་རང་ཉིད་ཀྱིས་མུ་མཐུད་ནས་ཞིབ་དཔྱད་བྱས་པས་ཤེས་རྟོགས་གོང་མཐོར་འགྲོ་ཐུབ་པ་བྱུང་། འོན་ཀྱང་འདི་ནི་འགངས་ཆེའི་ཞིབ་འཇུག་གི་རྣམ་གྲངས་ཤིག་ཡིན་པས་ངས《ཀྲུང་གོ་བོད་རིགས་ཀྱི་གནའ་རབས་ཨར་སྐྲུན་ལོ་རྒྱུས》ནང་འགོད་ནུས་མ་བྱུང་།

དུས་རབས་བདུན་པའི་སྐབས་སུ་སྲོང་བཙན་སྒམ་པོས་གསར་སྐྲུན་གནང་བའི་ཕོ་བྲང་པོ་ཏ་ལའི་ཨར་སྐྲུན་གྱི་བཟོ་དབྱིབས་སྐོར་ལོ་རྒྱུས་ཀྱི་དེབ་ཐེར་དང་ཤུལ་བཞག་གི་ལྡེབས་རིས་སོགས་སུ་རིན་ཐང་ཆེ་བའི་གཞི་འཛིན་ས་ཞིག་མེད་པས་དཀའ་ངལ་ཅུང་ཆེ་བའི་ཞིབ་འཇུག་གི་གནད་དོན་ཞིག་ཡིན། འོན་ཀྱང་བསམ་གཞིག་ཞིབ་པ་བྱ་དུས་ཕོ་བྲང་པོ་ཏ་ལ་ཐོག་མར་བཞེངས་པ་ནས་ད་བར་མི་ལོ1300ལྷག་ཙམ་ལས་ཕྱིན་མེད་ཅིང་། དམར་པོ་རི་ཡི་རི་ཆ་ཚང་འགྱུར་ལྡོག་གང་ཡང་མེད་པར་གནས་བཞིན་པ་དང་། རི་གཤམ་གྱི་ཞོལ་ལྷུགས་རི་ཡང་རྩ་བའི་ཆ་ནས་ཆ་ཚང་གནས་ཡོད། དེར་བརྟེན་ང་ཚོས་སྔ་རྒྱལ་སྐབས་སྐུ་མཁར་ཨར་སྐྲུན་གྱི་དབྱིབས་གཟུགས་ཀྱི་རྩ་བའི་ཁྱད་ཆོས་ཤེས་རྟོགས་བྱ་ཐུབ་ན་སྐབས་དེར་བཟོ་སྐྲུན་གནང་བའི་ཕོ་བྲང་པོ་ཏ་ལའི་བཟོ་དབྱིབས་ཀྱང་རྩ་བའི་ཆ་ནས་གཏན་འཁེལ་བྱ་ཐུབ།

ང་ཚོས་ད་ཡོད་ཀྱི་མཁར་རྫོང་གི་ཨར་སྐྲུན་ལ་བརྟེན་ནས་སྔ་མོའི་ཕོ་བྲང་པོ་ཏ་ལ་དང་བསྡུར་མི་ཉན། ང་རང་གིས་ཞིབ་འཇུག་བྱས་ནས་ཤེས་རྟོགས་བྱུང་བ་ནི་སྔ་རྒྱལ་དུས་ཀྱི་མཁར་རྫོང་གི་ཨར་སྐྲུན་ནི་མཁར་རྒྱང་པའི་ཨར་སྐྲུན་ཡིན་ལ་ཐོག་བརྩེགས་དགུ་ཤ་སྟག་ཡིན། ང་ཚོས་ཕོ་བྲང་པོ་ཏ་ལའི་སྔ་རྗེས་སུ་བྱུང་བའི་སྐུ་མཁར་རྣམས་ལ་བལྟས་པ་ཡིན་ན་ཤེས་ཚོག་ཚོག

རེད། པོ་ཏ་ལའི་སྟོན་དུ་བཞེངས་པའི་ཕ་བོང་ཁའི་སྐུ་མཁར་དགུ་ཐོག་ཅན་དང་། རྗེས་སུ་ཁྲི་སྲོང་ལྡེ་བཙན་སྐབས་ཀྱི་བསམ་ཡས་སྐར་ཆུང་རྡོ་རྗེ་དབྱིངས་ཀྱི་སྐུ་མཁར་དགུ་ཐོག དེ་ཡི་རྗེས་སུ་ཁྲི་རལ་པ་ཅན་གྱིས་བཞེངས་པའི་འུ་ཤང་གི་ཕོ་བྲང་དགུ་ཐོག་བཅས་ཚང་མ་ཐོག་སོ་དགུ་ཡོད་པའི་མཁར་ཤ་སྟག་ཡིན། ཕྱོགས་མཚུངས་སྨྲ་རྒྱལ་དུས་མཇུག་ལ་བྱུང་བའི་ཀོང་པོ་ཉིང་ཁྲི་རྒྱུད་ཀྱི་ཤུ་པའི་མཁར་རྫོང་གི་ཁྲུ་ཚོགས། ལྷོ་བྲག་རྫོང་ལ་ཡོད་པའི་མཁར་ནམ་པ་སྣ་ཚོགས། ཕྱག་ཕྲེང་དང་དར་མདོ། ཉག་ཆུ། བརྒྱད་ཟིལ། རོང་བྲག ཆུ་ཆེན་དང་བཙན་ལྷ་སོགས་ཁམས་ཁུལ་དུ་ཡོད་པའི་གྲུང་ས་དང་རྡོ་རྩིག་གི་མཁར་རྫོང་ཚང་མ་མཁར་རྫོང་ཁེར་རྐྱང་གི་ཨར་སྐྲུན་ཡིན། གནའ་བོའི་མཁར་རྫོང་དེ་ཚོ་ཚང་མ་ལོ་སྟོང་ཡས་མས་ཀྱི་གནའ་ཤུལ་ཡིན། དེ་ཚོ་དང་ཕོ་བྲང་པོ་ཏ་ལ་བར་ལ་ལོ་བརྒྱ་ཕྲག་ཁ་ཤས་ལས་མེད། དེར་བརྟེན་ཕྱོགས་གང་ཐད་ནས་དཔྱེ་ཞིབ་བྱ་སྐབས་ཐུ་མོ་དམར་པོ་རིའི་སྟེང་གི་སྐུ་མཁར་ཚང་མ་ནི་མཁར་རིང་པོའི་ཨར་སྐྲུན་ཡིན་པ་གཏན་འཁེལ་ཚོག་གི་འདུག གཞན་ཡང་སྨྲ་རྒྱལ་དུས་སྐབས་སུ་རྡོ་རྩིག་མཐོན་པོ་རྒྱག་པའི་ཨར་སྐྲུན་བྱུང་མེད་པ་ཡང་ཞིབ་འཇུག་བྱས་ནས་ཤེས་རྟོགས་བྱུང་ཞིང་། ལོ་རྒྱུས་དེབ་ཐེར་འགའ་ཤས་ནང་ཕོ་བྲང་པོ་ཏ་ལ་བཟོ་སྐྲུན་བྱ་སྐབས་ས་ཕག་བེད་སྤྱོད་སྤྱོད་ལུགས་བཀོད་ཡོད་ཀྲུང་དམར་པོ་རི་ཡི་ཨར་སྐྲུན་ཚང་མར་ས་ཕག་གཏོང་མི་ཐུབ་པ་གཏན་འཁེལ་ཚོག་ཅིང་། སྐབས་དེ་ཡི་པོ་ཏ་ལ་རི་སྟེང་གི་ཆོས་རྒྱལ་སྒྲུབ་ཕུག་དང་རི་གཤམ་གྱི་ལྷུགས་རི་ཡོངས་རྫོགས་ཀྲུང་བརྟུངས་ནས་བསྐྲུན་ཡོད། དེར་བརྟེན་སྐབས་དེ་ཡི་མཁར་རྫོང་ཚང་མ་ཀྲུང་བརྟུངས་ནས་བསྐྲུན་པའི་མཁར་གྲུ་བཞི་ཤ་སྟག་ཡིན་དགོས། གང་ལགས་ཤེ་ན་ཀྲུང་རྟུང་བའི་མཁར་དེ་ཚོ་གྲུ་བཞི་མ་གཏོགས་བཟོ་མི་ཐུབ་ཅིང་། ད་ལྟ་ཕྱག་ཕྲེང་རྫོང་ལ་མཐོང་རྒྱུ་ཡོད་པའི་ཀྲུང་རྟུང་བའི་མཁར་རྫོང་གྲུ་བཞི་ནང་བཞིན་མ་གཏོགས་ཟུར་བརྒྱད་དང་ཟུར་བཅུ་གཉིས་སོགས་བཟོ་ཐུབ་ཀྱི་མ་རེད། དེར་བརྟེན་རྒྱུ་མཚན་སྣ་ཚོགས་ཀྱི་ཐོག་ནས་སྐབས་དེ་ཡི་པོ་ཏ་ལའི་སྐུ་མཁར་ཚང་མ་གྲུ་བཞི་གྲུ་རྐྱང་གི་ཨར་སྐྲུན་ཡིན་པ་ང་ཚོས་རྩ་བའི་ཆ་ནས་ཐག་གཅོད་ཐུབ་ཀྱི་འདུག ལོ་རྒྱུས་ཐོག་ལྷ་ལྡན་གཙུག་ལག་ཁང་གི་ནུབ་ངོས་ལྡེབས་རིས་ཐོག་པོ་ཏ་ལའི་བཟོ་དབྱིབས་བྲིས་པ་དེ་ཡང་མཁར་གྲུ་བཞིའི་བཟོ་ལྟ་རེད་འདུག

རྩ་བའི་ཆ་ནས་དམར་པོ་རི་ཡི་སྐུ་མཁར་གྱི་བཟོ་དབྱིབས་གཏན་འཁེལ་བྱུང་རྗེས་པོ་ཏ་ལའི་མཁར་རྫོང་གི་ཆགས་སྟངས་དང་མཁར་གྲངས་ག་ཚོད་ཡོད་ཟེར་ན། 《བཀའ་ཆེམས་ཀ་ཁོལ་མ་》སོགས་དེབ་ཐེར་ནང་མཁར་གྲངས999ཡོད་པ་བཙན་པོའི་སྐུ་མཁར་བརྩེགས་པས་མཁར་ཆིག་སྟོང་ཡོད་ཅེས་འཁོད་ཡོད། ཁོ་བོས་བལྟས་ན་བཤད་སྟངས་འདི་ནི་རྩོམ་ཡིག་ནང་ཆེ་བསྟོད་བྱེད་པའི་ཚིག་ཅིག་དང་བཀྲ་ཤིས་པའི་གྲངས་ཀ་ཞིག་ཡིན་པ་ལས་དོན་དངོས་ཐོག་དམར་པོ་རི་ཡོངས་ལ་མཁར་མང་པོ་དེ་འདྲ་རྒྱག་ས་མེད་ལ་སྟོན་མ་རི་གཤམ་དུ་རྒྱག་པའི་ལྷུགས་རིའི་ནང་ལ་ཨར་སྐྲུན་མང་པོ་དེ་འདྲ་ཤོང་ས་མེད། གལ་སྲིད་མཁར་སྟོང་ཕྲག་གཅིག་གསར་སྐྲུན་བྱས་ན་སྐབས་དེའི་ལྷ་ས་གྲོང་ལས་ཀྱང་ཆེ་བ་ཡོད་པས་དེའི་སྐོར་དབྱེ་ཞིབ་བྱེད་དགོས་དོན་མི་འདུག་བསམ་གྱི་ཡོད།

ད་ནི་སྐབས་དེར་དམར་པོ་རི་སྟེང་ལ་བཟོ་སྐྲུན་བྱས་པའི་མཁར་དེ་དག་གི་སྒྲིག་བཀོད་གང་འདྲ་ཞིག་ཡིན་ཟེར་ན། སྔ་སྲིད་སངས་རྒྱས་རྒྱ་མཚོས《གསེར་གདུང་འཛམ་གླིང་རྒྱན་གཅིག་གི་དཀར་ཆག》ནང་གསལ་པོ་འཁོད་ཡོད་པ་སྟེ་རྒྱལ་བ་ལྔ་པས་པོ་བྲང་པོ་ཏ་ལ་ལ་ཡང་བསྐྱར་བཞེངས་སྐབས་སྔོན་གྱི་པོ་བྲང་རྩིག་རྫང་གི་ཤུལ་ཙམ་ལས་ལྷག་མེད་ཅེས་གསལ་བ་ལ་བརྟེན་ན་སྔ་མོའི་ཨར་སྐྲུན་གྱི་རྩིག་རྫང་གི་རྗེས་ཤུལ་གནས་ཡོད་པ་མ་ཟད་བསྐྱར་དུ་བཞེངས་པའི་པོ་བྲང་པོ་ཏ་ལ་ལ་ཡང་རྗེས་ཤུལ་དེ་ཚོའི་མིང་རང་འཛུགས་བཞག་འདུག མ་གཞི་ཡང་བསྐྱར་བཞེངས་པའི་པོ་ཏ་ལའི་པོ་བྲང་གི་རྒྱ་ཁྱོན་ལྷབ་མང་པོས་ཆེ་བ་ཡོད་ཀྱང་གལ་ཆེ་བའི་སྐུ་མཁར་གྱི་མིང་རང་འཛུགས་འཕོད་བཞིན་པ་སྟེ་རྒྱལ་པོ་སྒོ་ཁྲིག་དང་། བཙན་མ་སྒོ་ཁྲིག དབང་ཁང་སྒོ་ཁྲིག(ཤར་ཆེན་སྒོ་ཁྲིག)དང་གཡུལ་རྒྱལ་སྒོ་ཁྲིག ཤར་སྒོ་ཁྲིག་རིལ་དང་ནུབ་སྒོ་ཁྲིག་རིལ་བཅས་ཡོད། རྒྱལ་པོ་སྒོ་ཁྲིག་གི་ཤར་ངོས་རྩིད་10མ་ཟིན་ཙམ་ལ་བཙན་མ་སྒོ་ཁྲིག་ཡོད། བཙན་མ་ནི་སྲུང་མ་ལྷ་མོ་ཞིག་གི་མིང་ཡིན། ངས་དཔྱེ་ཞིབ་བྱས་ན་པོ་ཏ་ལ་ཡང་བསྐྱར་བཞེངས་རྗེས་བཙུན་མོ་སྒོ་ཁྲིག་ཟེར་མི་བདེ་བ་ནི་གསར་དུ་བཞེངས་པའི་པོ་བྲང་པོ་ཏ་ལ་ནི་ཏཱ་ལའི་བླ་མ་སྐུ་ཕྲེང་ལྔ་པ་རབ་བྱུང་བ་ཞིག་གི་པོ་བྲང་ཡིན་པས་སྲུང་མ་བཙན་མའི་མིང་ལ་བསྒྱུར་བ་རེད་བསམ་གྱི་ཡོད། དེས་མ་ཟད་ཨར་སྐྲུན་འདི་གཉིས་བར་ཐག་རྩིད་10ཡང་མེད་པ་སྔ་མོ་རྒྱལ་པོ་སྒོ་ཁྲིག་དང་བཙུན་མོ་སྒོ་ཁྲིག་བར་ལ་གསེར་དངུལ་གྱིས་བརྒྱན་པའི་ལྕགས་ཐག་གི་ཟམ་པས་སྦྲེལ་ཡོད་པ་ར་འཁྲིད་གསལ་པོ་བྱུང་བ་རེད། གཞན་ཡང་གཡུལ་རྒྱལ་སྒོ་ཁྲིག་ནི་མིང་གི་ཐོག་ནས་དམག་དཔོན་གྱི་མཁར་རྫོང་ཡིན་པ་ཤེས་ཐུབ། ཤར་ཆེན་སྒོ་ཁྲིག་ནི་ཤར་གྱི་རི་ཟུར་ལ་ཡོད་ཅིང་། སྒོ་ཁྲིག་རིལ་གཉིས་ནི་རི་རྩེའི་ཤར་ནུབ་གཉིས་ལ་ཡོད། རྒྱལ་པོ་སྒོ་ཁྲིག་དང་བཙན་མ་སྒོ་ཁྲིག་གཉིས་རི་ཡི་རྩེ་ལ་ཡོད་པ་མ་ཟད་དམར་པོ་རི་ཡི་ལྟེ་བར་གནས་ཡོད།(པར7—1)(དཔེ་རིས7—7)(དཔེ་རིས7—8)(དཔེ་རིས7—9)(དཔེ་རིས7—10)

ལོ་མང་རིང་ཕྱོགས་གང་ཐད་ནས་ཞིབ་དཔྱད་དབྱེ་ཞིབ་བྱས་པ་བརྒྱུད་རང་ཉིད་ཀྱི་བསམ་ཚུལ་འདི་གཏན་འཁེལ་ཚོག་པའི་ངོས་འཛིན་བྱེད་ཀྱི་ཡོད། དེ་ཡང་ཐོག་མའི་དཔྱད་ཞིབ་བཏོན་པ་ཡིན་པས་རྗེས་སུ་དེ་བས་མང་བའི་མི་ཚོས་སྔར་ལྷག་གིས་ཞིབ་འཇུག་གནང་རྒྱུའི་རེ་བ་ཡོད།

པོ་བྲང་པོ་ཏ་ལ་སླར་གསོ་བྱས་པ་ནི་སྔ་མོ་དམར་པོ་རི་ཡི་སྐུ་མཁར་རྣམས་ཞིག་རལ་སོང་ནས་ལོ800ཙམ་སོང་རྗེས་ཀྱི་དུས་ལ་ཡིན། སྔ་མ་ནང་བཞིན་གཅིག་བརྒྱབ་ན་གསར་དུ་བཙུགས་པའི་ས་གནས་སྲིད་གཞུང་གི་དགོས་མཁོ་དང་འཚམས་པ་ཞིག་ཡོང་ཐུབ་ཀྱི་མེད། སླར་གསོ་བྱས་པའི་པོ་ཏ་ལར་ཕྱོགས་ཁ་ཤས་ཐད་ལ་མ་འགྲིག་ས་ཡོད་ རུང་ཁྱོན་ཡོངས་ནས་བཤད་ན་ཕུན་སུམ་ཚོགས་པའི་ཨར་སྐྲུན་ཞིག་ཡིན། མ་གཞི་སྤུ་རྒྱལ་དུས་ཀྱི་པོ་བྲང་པོ་ཏ་ལ་གནས་མ་ཐུབ་དེ་བློ་ཤིན་ཏུ་ཕངས་དགོས་པ་ཞིག་ཡིན་རུང་། པོ་བྲང་སླར་གསོ་བྱ་དུས་སྐུ་མཁར་རྙིང་པ་རྣམས་ཆེད་མངགས་བཤིག་པ་ཞིག་ཀྱང་མ་ཡིན་པས་པོ་བྲང་པོ་ཏ་ལ་སླར་གསོ་བྱས་པ་དེ་ལེགས་ཉེས་གང་ཡིན་ཟེར་ན་ལེགས་པའི་ཆ་གཙོ་བོར་འཛིན་ཚོག་ཟེར་རྒྱུ་ཨ་ཡིན།

གསུམ་པ། འཕྱོངས་རྒྱས་བཙན་པོའི་བང་སོ།

འཕྱོངས་རྒྱས་སྤྱོང་བཙན་སྒམ་པོའི་བང་སོའི་སྟེང་གི་ཨར་སྐྲུན་དེ་ལ་སྔོན་མ་ཀ་བ་བཞི་ལས་མི་འདུག བང་སོ་སྲུང་མཁན་གྱི་སྡོད་ས་ཡིན་ཚོད་འདུག ཨར་སྐྲུན་གྱི་ཀྲུང་གི་མཐུག་ཚད་སོགས་ནས་དཔྱེ་ཞིབ་བྱས་ན་ སྤུ་རྒྱལ་དུས་ཀྱི་ཨར་སྐྲུན་ཡིན་ཚོད་འདུག(དཔེ་རིས7—11) རྗེས་སུ་སྲོང་བཙན་སྒམ་པོའི་ལྷ་ཁང་ལ་བསྒྱུར་བ་རེད། ཧྭ་ལའི་བླ་མ་སྐྱ་ཕྲེང་ལྔ་པ་བློ་བཟང་རྒྱ་མཚོས་ལྷ་ཁང་ཆུང་ངུ་དེ་ཡི་ནུབ་འགྲམ་དུ་ཀ་བ་བཅུ་གཉིས་ཡོད་པའི་ལྷ་ཁང་ཆེན་པོ་ཞིག་བཞེངས་ནས་སྲོང་བཙན་སྒམ་པོ་ལ་དད་བཀུར་དང་རྗེས་དྲན་ཞུ་ཡུལ་བྱེད་འདུག(དཔེ་རིས7—12)(དཔེ་རིས7—13) ད་དུང་ཤག་སྐོར་ཡང་གསར་རྒྱག་བྱས་འདུག དེ་ལྟར་སྔོན་གྱི་ཨར་སྐྲུན་ལས་ལྷབ་མང་པོས་ཆེ་རུ་བཏང་ཞིང་སྔོན་གྱི་ཨར་སྐྲུན་གྱི་བཟོ་དབྱིབས་ཀྱང་ཐད་དེ་བསྒྱུར་བ་རེད། གནད་འགག་ཆེ་བ་ཞིག་ནི་བང་སོའི་ཨར་སྐྲུན་ཁྱོན་ཡོངས་ལ་སྟེང་གི་གནོན་ཤུགས་ཚད་ཏ་ཅང་ཆེ་རུ་ཕྱིན་ཡོད་པས་འོག་ཏུ་གནས་པའི་ལོ་ངོ་སྟོང་ཕྲག་བརྒལ་བའི་གནའ་བོའི་བང་སོའི་ཨར་སྐྲུན་ལ་འགག་རྐྱེན་སྐྱོན་ཆ་བྱུང་ཡོད་མེད་སུས་ཀྱང་བཤད་ཚོད་མི་ཐེག་པ་ཞིག་རེད། བང་སོའི་སྟེང་ལ་ཁང་པ་མང་པོ་གསར་རྒྱག་བྱེད་པས་བང་སོའི་སྟེང་གི་ཨར་སྐྲུན་བརྗིད་ཉམས་ལྡན་པ་བྱུང་ཡོད་པ་ཕྱི་ཚུལ་ལ་སྲོང་བཙན་སྒམ་པོ་ལ་རྗེས་དྲན་དང་དད་བཀུར་བྱེད་པ་མངོན་ཡོད་ན་ཡང་། བང་སོའི་ནང་གི་ཨར་སྐྲུན་དེ་གལ་འགངས་ཆེན་པོ་ཡིན་པར་བསམ་གཞིག་གཏན་ནས་བྱས་མེད་ལ་དེ་ཡི་མཇུག་འབྲས་ལའང་བསམ་བློ་གཏན་ནས་བཏང་མེད།

བཞི་པ། བསམ་ཡས་དགོན་པ།

བསམ་ཡས་དགོན་པ་ནི་བོད་ཀྱི་དགོན་པ་དང་པོ་དེ་ཡིན། ལོ་རྒྱུས་ནང་འཁོད་པ་ལྟར་ན་དགོན་པའི་ལྷ་ཁང་གཙོ་བོ་ལ་སྐབས་དེར་གཡུ་རྩེའི་རྗེ་གཡམ་གྱི་རྒྱ་ཕིབས་བཀབ་པ་ཡིན་འདུག(པར7—2) དགོན་པའི་ཕྱི་ཡི་ལྕགས་རི་ནི་ཟླུར་མང་པོ་ཡོད་པའི་རྒྱ་ནག་ལྕགས་རི་ཟླུམ་པོ་ཡིན་ཞིང་། དུས་རབས་བཅོ་བརྒྱད་པའི་དུས་མཇུག་ལ་སྲིད་སྐྱོང་དེ་མོ་བས་བསམ་ཡས་དབུ་རྩེ་ལྷ་ཁང་ལ་ཉམས་གསོ་ཞུ་སྐབས་གསེར་ཟངས་ཀྱི་རྒྱ་ཕིབས་ལ་བསྒྱུར་འདུག(པར7—3) སྔོན་གྱི་རྒྱ་ཕིབས་ཀྱི་བཟོ་དབྱིབས་ཐད་དེ་བསྒྱུར་བ་རེད། ཡིན་ནའང་དུས་རབས་བཅུ་དགུ་པའི་ལོ་རབས་ཉེ་ཤུའི་ནང་མེ་སྐྱོན་ཆེན་པོ་བྱུང་ནས་དབུ་རྩེ་ལྷ་ཁང་ཡོངས་རྫོགས་འཚིག་པ་རེད།(པར7—4) སྐབས་དེར་ས་གནས་སྲིད་གཞུང་གིས་བཀའ་བློན་བཤད་སྒྲ་བ་ལ་ཉམས་གསོའི་ལས་འགན་འཁྲུར་དུ་བཅུག་པ་རེད། ཐེངས་འདིའི་རྒྱ་ཕིབས་སླར་གསོ་བྱ་སྐབས་དུས་རབས་བཅོ་བརྒྱད་པའི་སྐབས་ཀྱི་རྒྱ་ཕིབས་བཟོ་དབྱིབས་ལ་འགྱུར་ལྡོག་ཆེ་ཙམ་བཏང་འདུག(པར7—5)

བསམ་ཡས་དགོན་པ་ནི་སྤུ་རྒྱལ་དུས་རབས་ཀྱི་གནའ་བོའི་ཨར་སྐྲུན་ཁྱུ་ཚོགས་རྒྱ་ཆེ་ཤོས་ཡིན། མི་ལོ1200ལྷག་གི་ལོ་ཟླའི་ཡུན་རིང་ནང་རང་བྱུང་དང་མིའི་རྐྱེན་སོགས་ཀྱིས་ཕྱོགས་གང་སར་གནོད་སྐྱོན་ཕོག་མྱོང་ཞིང་། དགོན་པའི་ཁྱོན་ཡོངས

ཀྱི་བཀོད་པ་སྔར་སྲུས་བཞིན་གནས་ཡོད་པ་ལས་ལྷ་ཁང་ཁག་སོགས་ཨར་སྐྲུན་མང་ཆེ་བ་གསར་རྒྱག་བྱས་ཤིང་། བཟོ་དབྱིབས་ཀྱང་འཕོ་འགྱུར་ངེས་ཅན་བྱུང་ཡོད་ཚོད་འདུག མ་གཞི་ཐོག་མ་གསར་སྐྲུན་གནང་སྐབས་ཁང་པའི་ཨར་སྐྲུན་ཚང་མ་གྲུང་སའི་ཨར་སྐྲུན་ཡིན་རུང་དེང་སྐབས་ལྗོ་སྒོ་ཧྲ་མཁྲིན་གླིང་ལྷ་ཁང་རྒྱབ་ངོས་གྲུང་དུམ་བུ་ཞིག་ལྷག་བསྡད་པ་ལས་གླིང་བཞི་དང་གླིང་ཕྲན་བརྒྱད་ཀྱི་ཨར་སྐྲུན་ཡོངས་རྫོགས་རྡོ་རྩིག་བརྩིགས་ནས་གསར་རྒྱག་བྱས་པ་ཤ་སྟག་རེད།

དཔུ་རྩེ་ལྷ་ཁང་གི་སྐོར་ལམ་ནང་གི་ཐོག་སོ་གསུམ་པ་དེ་གཅིག་པུ་སྔོན་གྱི་གྲུང་སའི་ཨར་སྐྲུན་ཡིན། རིག་དངོས་གནའ་བོའི་ཨར་སྐྲུན་གྱི་ཐོག་ནས་བཤད་ན་བསམ་ཡས་དགོན་པར་གཞི་རྩའི་ཆ་ནས་འགྱུར་ལྡོག་ཕྱིན་ཚར་བ་རེད། བསམ་ཡས་དགོན་པ་ཉམས་ཆག་བྱུང་བའི་ལོ་རྒྱུས་ལ་རྗེས་དྲན་བྱེད་པ་ཡིན་ན་དངོས་འབྲེལ་སེམས་སྐྱོ་དགོས་པའི་ལོ་རྒྱུས་ཤིག་རེད། ལྷག་པར་དུ་སྤྱི་ལོ1816ལོའི་མེ་སྐྱོན་ཆེན་པོ་དེས་དབུ་རྩེ་ལྷ་ཁང་ནང་གི་ལོ1000ལྷག་རིང་ཉར་ཚགས་བྱས་པའི་རྩ་ཆེའི་ལོ་རྒྱུས་ཡིག་ཆ་དང་། གལ་ཆེའི་རྒྱལ་བའི་གསུང་རབ་དང་ཡིག་སྐྲུར་བྱས་པའི་ཡིག་རིགས་སྣ་ཚོགས་ཚང་མ་མེད་པར་གྱུར། དབུ་རྩེ་ལྷ་ཁང་འོག་ཤོད་ཀྱི་ཁྲི་སྲོང་ལྡེ་བཙན་སྐུ་ངོ་མས་བཀོད་སྒྲིག་གནང་ནས་བཞེངས་པའི་བོད་ཆས་ཆ་ཚང་གྱོན་པའི་ཉེ་སྲས་བརྒྱད་ཀྱི་ལྷ་སྐུ་དང་། བོད་ཆས་གྱོན་པའི་སྟོན་པའི་སྐུ་སོགས་ལྡེབས་རིས་ཚང་མ་འཚིག་སྐྱོན་ཤོར་བ་རེད། དེ་དག་ནི་ཁ་གསབ་བྱེད་ཐབས་མེད་པའི་ཆག་སྒོ་ཆེན་པོ་ཡིན། ང་ཚོས་དཔྱད་བསྡུར་ཞིག་བྱས་ན་བོད་ལྗོངས་ནས་ལོ་དབར3000ལྷག་གིས་བར་ཐག་ཆོད་པའི་ཏུན་ཧོང་ས་ཕུག་ནང་གནའ་བོའི་བོད་ཡིག་གི་ལོ་རྒྱུས་ཡིག་ཆ་དེ་འདྲ་མང་པོ་ཡོད་པ། ཕྱུ་རྒྱལ་སྲིད་འཛིན་ས་ཆའི་ལྟེ་བའི་ས་ཁོངས་སུ་གནས་ཡོད་ལ་བོད་ལྗོངས་ཀྱི་དགོན་པ་དང་པོ་ཡང་ཡིན་པ། བོད་བརྒྱུད་སངས་རྒྱས་ཆོས་ལུགས་འཕེལ་རྒྱས་འབྱུང་སའི་ལྟེ་གནས། གྲངས་འབོར་ཤིན་ཏུ་མང་བའི་ཆོས་དཔེ་སྣ་ཚོགས་ཡིག་སྐྲུར་བྱ་སའི་གཙོ་གནད་ཀྱི་དགོན་པ་འདི་ཡི་ནང་ལ་རྩ་ཆེའི་རིག་གནས་དང་ལོ་རྒྱུས་སོགས་ཀྱི་ཡིག་ཆ་མང་པོ་ག་ཚོད་ཡོད་པ་ཚོད་དཔག་བྱ་ཐབས་མེད་པ་ཞིག་ཡིན། སྤྱི་ལོ1948ལོའི་སྔ་རྗེས་སུ་སྲིད་སྐྱོང་རྭ་སྒྲེང་གིས་བསམ་ཡས་དགོན་པར་ཉམས་གསོ་ཞུ་སྐབས་ཐོག་མར་གྲུང་བརྡུངས་ནས་བཞེངས་པའི་ཁམས་གསུམ་ཟངས་མཁར་གླིང་ལྷ་ཁང་སྟེང་ཤོད་ཚང་མ་བཤིག་ནས་ཡང་བསྐྱར་བརྒྱབ་པ་རེད། ལྷ་ཁང་འདི་ཐོག་བརྩེགས་གསུམ་ཡོད་པ་དང་བསམ་ཡས་དབུ་རྩེ་ལྷ་ཁང་གི་བཟོ་དབྱིབས་ལྟར་བཙན་པོ་ཁྲི་སྲོང་ལྡེ་བཙན་གྱི་བཙུན་མོ་ཚེ་སྤོང་བཟའ་མེ་ཏོག་སྒྲོན་གྱིས་བཞེངས་པ་རེད། ལྷ་ཁང་ཐོག་སོ་ཚང་མར་ལྷ་སྣ་ཚོགས་ཀྱི་འཛིམ་སྐུ་མང་པོ་བཞེངས་ཡོད་ལ་ལྡེབས་རིས་ཀྱང་རྒྱ་ཆེན་པོ་ཡོད་འདུག དེ་དག་ནི་བལ་པོའི་ལག་ཤེས་པས་བཞེངས་པའི་ཕྱུ་རྒྱལ་དུས་རབས་ཀྱི་གནའ་བོའི་མཛེས་རྩལ་གྱི་ཁྱད་ཆོས་ལྡན་པ་ཡིན་འདུག་ཞིབ་ཕྲ《དུང་དཀར་ཚིག་མཛོད་ཆེན་མོའི》ཤོག་ལྡེ307ལ་གསལ་པོ་བཀོད་འདུག ལྷ་ཁང་འདི་བཤིག་ནས་ཡང་བསྐྱར་རྒྱག་པ་དེས་བསམ་ཡས་ཀྱི་རིག་དངོས་གནའ་ཤུལ་ཉམས་ཆག་ཤིན་ཏུ་ཆེན་པོ་ཞིག་བཟོས་འདུག དེ་ཡིས་རྗེས་སུ་བསམ་ཡས་དགོན་པའི་ཟུར་མང་པོ་ཡོད་པའི་ལྷུགས་རི་དེ་ཡང་བཤིག་ནས་ལྷུགས

རི་གོར་གོར་བརྒྱབ་པ་རེད། དེ་ཡང་བསམ་ཡས་དགོན་པ་ཕྱོགས་ཡོངས་ཀྱི་ཁྱད་ཆོས་ལ་འགྱུར་ལྡོག་ཆེན་པོ་བཏང་བ་ཞིག་རེད། (དཔེ་རིས7—14)

ཁོ་ཆོས་ལྷོ་ཁ་གྲྭ་ནང་རྫོང་གི་གྲྭ་ཐང་དགོན་པར་ཉམས་གསོ་ཞུ་སྐབས་ཡང་ལྷ་ཁང་དབུས་ཀྱི་ཀྲུང་སའི་ཨར་སྐྲུན་རང་འཛུགས་བཞག་པ་ལས་དེ་མིན་གྱི་ཀྲུང་ཁང་ཚང་མ་བཤིག་ནས་རྗེ་རྩིག་བརྒྱབ་པ་རེད།

འོན་སྐྱིད་ཏུ་ལྷ་ཁང་ཡང་གཙང་ཁང་རང་འཛུགས་བཞག་པ་ལས་ནང་གི་སྐོར་ལམ་སོགས་ཨར་སྐྲུན་ཡོངས་རྫོགས་བཤིག་ནས་རྗེ་རྩིག་གི་ཁང་པ་ཁག་ཅིག་སླར་གསོ་བྱས་ཙང་འོན་སྐྱིད་ཏུ་ལྷ་ཁང་ཕྱོགས་ཡོངས་ཀྱི་རྒྱ་ཕྱོགས་ཆེན་པོ་ལྷག་མི་འདུག ད་དུང་སྣེ་ཐང་སྒྲོལ་མ་ལྷ་ཁང་གི་ཉམས་གསོ་ཡང་སྔར་ཡོད་ཀྱི་ཀྲུང་སའི་ཨར་སྐྲུན་ཡོངས་རྫོགས་བཤིག་ནས་རྗེ་རྩིག་བརྒྱབ་པ་རེད། ཁོ་ཚོའི་བསམ་ཚུལ་ནི་ཨར་སྐྲུན་གྱི་ཕྱུས་ཚད་མཐོ་རུ་བཏང་བ་ཡིན་ཙང་དོན་དངོས་ཐོག་གོང་གསལ་གནའ་རབས་ཀྱི་ཨར་སྐྲུན་བཞི་པོར་སྤྱ་མོའི་ཀྲུང་སའི་ཨར་སྐྲུན་གྱི་ངོ་བོ་ཐད་དེ་འགྱུར་ལྡོག་བཏང་བ་མ་ཚད་ཁང་པའི་ནང་གི་ཤིང་གི་སྒྲིག་གཞི་མ་ལག་དང་སྒྲིག་ཆས་བཟོ་སྟངས། གནའ་རབས་ཀྱི་ཤིང་སྒྲིག་ཚང་མ་མེད་པ་བཟོས་པ་རེད། དེ་བས་འགན་ལྡིད་པ་ནི་ལྷ་ཁང་དེ་ཚོའི་ནང་གི་གནའ་བོའི་ལྡེབས་རིས་མང་ཆེ་བ་གཏོར་བརླག་བཏང་བ་དེ་ནི་རིག་དངོས་དང་གནའ་རབས་ཨར་སྐྲུན། གནའ་བོའི་ལྡེབས་རིས་སྙིང་མ་བཅས་ལ་གཏོར་བརླག་ཚབས་ཆེན་བཏང་བ་ཞིག་རེད། ཕྱོགས་བསྡོམས་བྱས་ན་ར་སྒྲེང་ནས་གོང་གསལ་དགོན་པ་ཁག་ལ་ཉམས་གསོ་བྱས་ནས་རང་ཉིད་ཀྱི་མཚན་སྙན་མཐོ་རུ་འགྲོ་ཐབས་བྱེད་པ་ལས་དོན་དངོས་ཐོག་རིག་དངོས་གནའ་རབས་ཀྱི་ཨར་སྐྲུན་དེ་དག་ལ་ཁ་གསབ་བྱ་ཐབས་མེད་པའི་གཏོར་སྐྱོན་ཆེན་པོ་བཏང་བ་ཞིག་རེད།

དེ་ཡི་རྗེས་སུ་ཡང་བསམ་ཡས་དགོན་པར་རང་བྱུང་དང་མི་ཡི་རྐྱེན་གྱིས་གཏོར་སྐྱོན་ཚབས་ཆེན་ཕོག་མྱོང་། བསྐྱར་བཅོས་སྒྲོ་འཛུགས་བྱས་ནས་ལོ40ལྷག་གི་རིང་ལ་རྒྱལ་ཁབ་ནས་མ་དངུལ་འབོར་ཆེན་བཏང་ནས་གཞི་རྒྱ་ཆེ་བའི་ཉམས་གསོ་ཐེངས་ཁ་ཤས་ཞུས་པ་རེད། དེ་ཡི་ནང་སྤྱི་ལོ1987ལོར་རང་ཉིད་ཀྱིས་འགན་ཁུར་བའི་དབུ་རྩེ་ལྷ་ཁང་གི་རྒྱ་ཕིབས་སླར་གསོ་ཞུ་བའི་ལས་གྲྭ་ནི་ལོ་རྒྱུས་ཐོག་བསམ་ཡས་དགོན་པའི་དབུ་རྩེ་ལྷ་ཁང་གི་རྒྱ་ཕིབས་ཉམས་གསོ་ཐེངས་གསུམ་པ་དེ་ཡིན། (པར7—6) (པར7—7) (དཔེ་རིས7—15)

ལྔ་པ། ས་སྐྱ་དགོན་པའི་ལྷ་ཁང་ལྷོ་མ།

ས་སྐྱ་དགོན་པའི་ལྷ་ཁང་ལྷོ་མ་ནི་སྤྱི་ལོ1265ལོ་ཙམ་ལ་ས་སྐྱའི་ཆོས་རྒྱལ་འགྲོ་མགོན་འཕགས་པས་པེ་ཅིང་ཡོན་རྒྱལ་པོའི་མཁར་རྫོང་ལ་དཔེ་བྱས་ཏེ་བཀོད་སྒྲིག་གནང་བ་སྟེ་གསར་སྐྲུན་བྱས་པ་ཞིག་ཡིན། ལྷ་ཁང་དེ་ཤིན་ཏུ་མཐོ་ལ། ཀ་བ་ཚང་མ་ཤིང་སྡོང་སྦོམ་པོ་བཏང་ཡོད་པ། གནའ་ཉམས་ཀྱིས་ཕྱུག་པ། ཨར་སྐྲུན་ནང་ལ་ཀྲུང་རྩིག་མེད་པར་གནམ་མཐོང་ས་ཀྱི་ལེབ་ངོས་ཀྱི་འཆར་འགོད་བྱས་པ་ཞིག་རེད། ཐོག་གཡང་ནང་རྒྱུན་དུ་ཁྲ་ཡོལ་བཏང་ནས་བཞག་ཡོད་འདུག (དཔེ་

རིས7—16)(དཔེ་རིས7—17)

ས་སྐྱ་དགོན་པའི་ལྷ་ཁང་ལྷོ་མའི་སྟོན་གྱི་ལེབ་ངོས་འཆར་འགོད་བྱ་ཚུལ་དེ་ད་ལྟ་ཆབ་མདོ་ས་ཁུལ་རི་བོ་ཆེའི་ལྷ་ཁང་ཁྲ་རྒྱས་མའི་ནང་ལ་མཐོང་ཐུབ། རྗེས་སུ་དུས་རབས་བཅུ་བཞི་པའི་དུས་འགོར་ས་སྐྱ་ཆོས་རྒྱལ་དཔང་བརྟོན་གྱིས་ལྷ་ཁང་ཆེན་མོའི་བྱང་ངོས་སུ་ཞེང་ཚད་རྨིད14ཡོད་པའི་ཨར་སྐྲུན་རྒྱ་བསྐྱེད་བྱས་འདུག བཟོ་དབྱིབས་ཚང་མ་ལྷ་ཁང་ཆེན་མོ་དང་གཅིག་མཚུངས་བཟོས་ནས་ཀ་བ་བཅུ་གཉིས་བཙུགས་པའི་ལྷ་ཁང་ཞིག་བརྒྱབ་འདུག ལྷ་ཁང་འདི་གནའ་བོའི་མཆོད་རྟེན་གྱི་བཟོ་དབྱིབས་ཡིན་པའི་གྲུང་སའི་མཆོད་རྟེན་བཞུགས་སའི་ལྷ་ཁང་ཞིག་རེད་འདུག(དཔེ་རིས7—18)

སྤྱི་ལོ1948ལོར་བོད་ས་གནས་སྲིད་གཞུང་གིས་ཚོང་དཔོན་སྤོམ་མདའ་སྟོབས་རྒྱལ་ལ་འགན་འཁྲུར་བཅུག་ནས་ས་སྐྱ་དགོན་པའི་ལྷ་ཁང་ལྷོ་མ་ལ་ཉམས་གསོ་ཐེངས་གཅིག་བྱས་མྱོང་འདུག ཉམས་གསོ་ཞུ་སྐབས་ལྷ་ཁང་ནང་གི་ཕྱོགས་བཞི་ལ་རྫོ་རྩིག་བརྩིགས་ནས་ལྷ་ཁང་བཞི་བཟོས་ནས་ར་སྐོར་ནང་གནམ་མཐོང་བཞག་སྟེ་སྟོན་གྱི་ལྷ་ཁང་ནང་ཀ་གྲལ་ཁ་ཕྱེ་བའི་ཆགས་ཚུལ་མེད་པ་བཟོས་པ་རེད།(དཔེ་རིས7—19)

གཞན་ཡང་སྟོན་ས་སྐྱ་དགོན་པའི་ལྷ་ཁང་ལྷོ་མའི་མཁར་རྫོང་ལྷུགས་རིའི་སྟེང་གི་རྨིད4རེའི་མཚམས་ལ་འགོག་སྲུང་གི་འཛིང་རགས་རེ་བརྒྱབ་ཡོད་པ་སྟེ་ལྷུགས་རིའི་ཟུར་གྱི་ལྟོག་ནས་དཀྱིལ་ལ་ཡོད་པའི་སྤྱི་བར་འཛིང་རགས12རེ་ཡོད་པ་ལྷུགས་རི་ཁྱོན་ཡོངས་ལ་འཛིང་རགས96བཙུགས་འདུག(པར7—8)(དཔེ་རིས7—20) འོན་ཀྱང་སྐབས་དེའི་ཉམས་གསོ་སྐབས་འཛིང་རགས་མང་ཆེ་བ་ཐོར་ཞིག་ཕྱིན་པས་ཉམས་གསོ་བྱ་དཀའ་བ། རྒྱུ་ཆ་ཡང་མང་པོ་དགོས་པས་ཁོ་ཚོས་བེད་སྤྱོད་བྱ་རྒྱུའི་དགོས་མཁོ་ཡང་མི་འདུག་བསམ་ནས་སྐབས་དེའི་ཉམས་གསོ་ནང་སླར་གསོ་བྱ་མི་དགོས་པ་གཏན་འཁེལ་བྱས་པ་མ་ཟད་སྔར་ཡོད་འཛིང་རགས་ཀྱི་རྗེས་ཤུལ་ཚང་མ་བཤིག་པ་རེད། དེ་ལྟར་དམིགས་བསལ་གྱི་ཁྱད་ཆོས་ལྡན་པའི་ལྷུགས་རིའི་སྟེང་གི་འགོག་སྲུང་གི་སྒྲིག་ཆས་ཚང་མ་བཤིག་ནས་མེད་པ་བཟོས་པ་དེ་ཡང་ད་ཅང་གི་ཕངས་སེམས་སྐྱེ་དགོས་པའི་དོན་དག་ཆེན་པོ་ཡིན། སྐབས་དེར་ལས་གྲྭ་དངོས་ལ་ཤིང་བཟོའི་འགན་འཁུར་མཁན་ལོ31ཡིན་པའི་ཤིང་བཟོ་དབུ་ཆུང་བདེ་ཆེན་ལགས་ཡིན་ཞིང་། ཁོང་རྗེས་སུ1957ལོར་ལྷ་ས་རྫོ་ཤིང་སྤྱི་པའི་ཤིང་བཟོ་དབུ་ཆེན་ལ་བདམས་ཐོན་བྱུང་བ་རེད།

ང་རང་གིས1987ལོར་བསམ་ཡས་དགོན་པའི་གསེར་གྱི་རྒྱ་ཕིབས་སླར་གསོ་ཞུ་བའི་ལས་གྲྭའི་ནང་ཞུགས་སྐབས་དགུང་ལོ70ལོན་པའི་ཤིང་བཟོ་དབུ་ཆེན་བདེ་ཆེན་ལགས་ངོ་ཤེས་བྱུང་། ཁོང་གིས་རྒྱུན་དུ་ཁོ་རང་གིས་སྔ་མོ་ས་སྐྱ་དགོན་པ་ཉམས་གསོ་ཞུས་མྱོང་བ་དེ་ཁོ་རང་མི་ཚེ་གཅིག་གི་མཛད་རྗེས་ཡིན་པ་མི་ཚང་མར་གསུངས།

ང་ཚོས་ས་སྐྱ་དགོན་པའི་ལྷ་ཁང་ལྷོ་མའི་ཨར་སྐྲུན་དངོས་ལ་ཚད་ལེན་རྟོག་ཞིབ་བྱ་སྐབས་དམིགས་བསལ་ཁྱད་ཆོས་ལྡན་པའི་ཨར་སྐྲུན་འདི་ལ་འགྱུར་ལྡོག་ཆེན་པོ་དེ་འདྲ་བཏང་བ་དངོས་སུ་གསལ་པོ་མཐོང་བྱུང་།

ང་ཚོས་གཅིག་ནས་བློ་འགྲོད་ཆེན་པོ་སྐྱེས་པ་མ་ཟད་འདི་ལྟ་བུའི་གང་བྱུང་གིས་རྩ་ཆེའི་རིག་དངོས་འཕོ་འགྱུར་བཏང་བའི་བྱ་སྤྱོད་ལ་ཕངས་སེམས་བར་མེད་སྐྱེས། མི་རབས་འདི་ཡི་མི་ཚོས་ལོ་རྒྱུས་ཀྱི་བསླབ་བྱ་ངེས་པར་དུ་སེམས་ལ་བཞག་ནས་ཀྲུང་ཧྭ་མི་རིགས་ཀྱི་ལོ་རྒྱུས་རིག་གནས་ཀྱི་ཤུལ་བཞག་རྒྱུན་འཛིན་ཡག་པོ་བྱ་དགོས།

དྲུག་པ། ལྷོ་བྲག་སྲས་མཁར་དགུ་ཐོག

ལྷོ་བྲག་སྲས་མཁར་དགུ་ཐོག་ནི་བཀའ་བརྒྱུད་མི་ལ་རས་པས་མར་པ་ལོ་ཙཱ་བའི་བཀའ་ལྟར་བཞེངས་པ་ཞིག་ཡིན། དོན་དངོས་ཐོག་མཁར་རྫོང་གི་ཨར་སྐྲུན་དེ་འདྲ་བ་ལྷོ་བྲག་རྫོང་ག་ས་གང་ལ་མཐོང་རྒྱུ་ཡོད། དུས་རབས་བཅོ་ལྔ་པའི་སྐབས་སུ་དཔའ་བོ་གཙུག་ལག་ཕྲེང་བས་ལས་གྲྭ་རྒྱ་ཆེན་པོ་འགོ་བཙུགས་ནས་གསང་སྔགས་ཆོས་གླིང་དགོན་པ་གསར་པ་བཞེངས་འདུག གསར་དུ་བརྒྱབ་པའི་ཁང་པས་སྲས་མཁར་དགུ་ཐོག་མཐའ་བསྐོར་ནས་ཕྱི་ཡི་དབྱིབས་གཟུགས་ལ་ཤུགས་རྐྱེན་ཆེན་པོ་ཐེབས་པ་དང་། ད་དུང་མཁར་རྫོང་གི་རྩེ་ཐོག་བད་གཡམ་མཐའ་སྐོར་ལ་ཟངས་སྐུ་ཆེན་པོ་བསྐར་ཡོད་པས་ཨར་སྐྲུན་གྱི་བཟོ་ལྟ་ལ་ཡང་འགྱུར་ལྡོག་གང་འཚམས་བཏང་བ་རེད། དེ་ཡི་རྗེས་སུ་སྤྱི་ལོ་དུས་རབས་བཅུ་བདུན་པའི་དཀྱིལ་ལ་ཧྥ་ལའི་བླ་མ་སྤྲེང་ལྔ་པས་རྩེ་ཐོག་ལ་རྒྱ་ཕིབས་གསར་འགེབས་གནང་ནས་ཁྱད་ཆོས་མི་འདྲ་བ་ཞིག་ཆགས་པ་རེད།

ལོ་རྒྱུས་ཐོག་ནས་དཔྱད་ཞིབ་བྱས་ན་སྤྱི་ལོ1073ལོར་ལོ་ཙཱ་བ་ཆེན་པོ་རྗེ་མར་པས་རང་གི་སློབ་མ་མི་ལ་རས་པ་ལ་སྲས་དར་མ་མདོ་སྡེའི་ཆེད་དུ་སྐུ་མཁར་ཞིག་བརྩིག་བཅུག་པ་རེད། མིང་ལ་ཡང་སྲས་མཁར་དགུ་ཐོག་ཅེས་བཏགས་འདུག འདི་ནི་གནའ་བོའི་གོམས་སྲོལ་ཞིག་སྟེ་མི་རབས་རྗེས་མ་ལ་འཚོ་སྡོད་བྱེད་ས་བསྐྲུན་པ་ཞིག་རེད། ཁམས་པའི་ས་ཁུལ་སོགས་བུ་ཚོ་མི་རྒྱུད་ལ་མཁར་རྫོང་རྒྱག་པའི་ལུགས་སྲོལ་དང་གཅིག་མཚུངས་ཡིན། མཁར་རྫོང་འདི་ཡི་རིགས་ལ་འགོག་སྲུང་གི་ནུས་པ་ངེས་ཅན་ལྡན་ཡོད་པ་མ་ཚད་གཙོ་བོ་ནི་ནང་མི་སྡོད་ས་ཡིན། དཔེར་ན་སྲས་མཁར་དགུ་ཐོག་གི་ཐོག་སོ་བཞི་པར་རྗེ་མར་པའི་གཟིམ་ཁང་ཡིན་པ་དང་། ཐོག་བརྩེགས་ལྔ་པར་ཡུམ་བདག་མེད་མ་བཞུགས་པ་སོགས་ཡིག་ཚའི་ཐོག་གསལ་པོ་འཁོད་ཡོད།

ང་ཚོས་ཞིབ་འཇུག་བྱས་ནས་ཤེས་རྟོགས་བྱུང་དོན་ལ་མཁར་རྫོང་འདི་ལྷོ་བྲག་ཁུལ་ལ་རྡོ་རྩིག་གི་ཨར་སྐྲུན་གསར་གཏོད་བྱས་པའི་སྐབས་སུ་བྱུང་བ་ཡིན་འདུག རྡོ་རྩིག་བརྩིག་རྒྱུའི་ལག་རྩལ་བྱུང་ཚུབ་པོ་མེད་པས་བཟོ་སྐྲུན་བྱེད་པའི་བརྒྱུད་རིམ་ནང་རྩིག་པ་བཤིག་ནས་ཡང་བསྐྱར་རྒྱག་དགོས་འཁེལ་བ་དེ་དཔང་རྟགས་གསལ་པོ་ཞིག་ཡིན་པ་ལས་སྔིག་སྒྲིག་སྦྱོང་བའི་ཆེད་དུ་ཡར་བརྩིགས་ནས་མར་བཤིག་པ་དེ་འདྲ་གཏན་ནས་མིན་པ་ར་འཕྲོད་གསལ་པོ་ཐོབ་ཐུབ། རྩིག་པ་བརྩིགས་པའི་ལག་རྩལ་ཐོག་ནས་བཤད་ན་རྩིག་པའི་ངོས་འཇམ་པོ་དང་གྲལ་འགྲིག་པོ་རང་མེད་པ་སོགས་ལ་བལྟས་ན་ལྷོ་བྲག་ས་ཆ་ཁག་ལ་དེ་ཡི་རྗེས་སུ་བྱུང་བའི་མཁར་རྫོང་ཁག་ལས་ཆེས་སྔ་བ་ཡོད།

རྗེ་མི་ལ་རས་པ་གྲུབ་པ་ཐོབ་པའི་རྗེས་སུ་སྐུ་མཁར་འདི་ལ་མི་ཚོས་དད་བཀུར་ཚད་མེད་ཞུས་པ་ཡིན་རུང་དེ་བས་གལ་

ཆེ་བ་ཞིག་ནི་བོད་ཀྱི་ཨར་སྐྲུན་ལོ་རྒྱུས་ཐོག་ནས་བཤད་ན་བོད་ཀྱི་ཨར་སྐྲུན་གྱུང་ཁང་ནས་རྡོ་རྩིག་ལ་བསྒྱུར་བའི་དཔེ་མཚོན་གསལ་པོ་གཅིག་ཡིན་པས་བོད་ཀྱི་ཨར་སྐྲུན་ལོ་རྒྱུས་ཐོག་འགངས་ཆེའི་གནས་བབ་ལྡན་ཡོད། ལོ500ལྷག་གི་ཡུན་རིང་ལོ་ཟླའི་ནང་གནས་ཐུབ་པ་བྱུང་ན་ཡང་ཕྱིས་སུ་གསར་སྤྲུགས་ཆོས་སྐྱིང་དགོན་གསར་སྐྲུན་བྱེད་སྐབས་ཁང་པ་མང་པོ་ཞིག་གིས་སྐུ་མཁར་གྱི་ཐོག་སོ་གསུམ་མན་ཆད་བསྐོར་ནས་མཁར་རྫོང་གི་ཨར་སྐྲུན་ཆ་ཚང་བ་ཞིག་མཐོང་མི་ཐུབ་པ་བཟོས་པ་མ་ཟད་ཁང་པའི་ཐོག་ངོས་ཀྱི་ཆུ་འགྲོ་འཇོག་སྟངས་སོགས་ཀྱི་ཐད་ནས་སྐུ་མཁར་ལ་ཉེན་ཁ་གང་འཚམས་བཟོས་འདུག རྗེས་སུ་དགོན་པ་དང་སྦྱིན་བདག་སོགས་ནས་སྐུ་མཁར་གྱི་སྤྱིན་བད་ཐོག་ཐ་ཟངས་སྐུ་ཆེན་པོ་བསྒྲར་ནས་ཁང་པའི་ཞུ་རྒྱབ་ལ་ལྷིད་ཚད་ཆེ་རུ་གཏོང་བའི་སྐྱོན་ཆ་ཡང་འདུག

གུས་པས་སྤྱི་ལོ2000ལོར་འགོར་སྲུས་མཁར་དགུ་ཐོག་གི་ཨར་སྐྲུན་སྲ་བརྟན་བཟོ་རྒྱུའི་ལས་གྲྭའི་འཆར་འགོད་ཀྱི་ལས་འགན་སྒྲུབ་སྐབས་སྐུ་མཁར་གྱི་རྩིག་པའི་གཞུང་ལ་གས་སྲུབས་ཁག་གཉིས་ཤོར་འདུག ང་རང་གི་སྲ་བརྟན་བཟོ་ཐབས་ནི་སྐུ་མཁར་ཐོག་སོ་གཉིས་རེ་ལ་ལྕགས་རྩིབས་ཀྱིས་སྒོ་བཅིངས་རེ་བཏང་ནས་ཨར་འདམ་བྱེ་འདག་གི་ཕྱི་ངོས་གཏུམ་རྒྱུ་དེ་ཡིན། ཡིན་ན་ཡང་མཁར་རྫོང་གི་ཐོག་བརྩེགས་གསུམ་མན་ཆད་ཁང་པས་བསྐོར་ཡོད་པས་སྲ་བརྟན་གྱི་བྱ་ཐབས་སྤེལ་ཐབས་མི་འདུག སྲུང་སྐྱོབ་ཉམས་གསོའི་ལས་གྲྭར་འགོག་རྐྱེན་ཆེན་པོ་བྱུང་སོང་།（དཔེ་རི7—21）（པེ་རིས7—22）
（དཔེ་རིས7—23）（པར7—9）

བདུན་པ། འབྲས་སྤུངས་དགོན་གྱི་ཚོགས་ཆེན་འདུ་ཁང་ཆེན་མོ།

དུས་རབས་བཅུ་དྲུག་པའི་དཀྱིལ་ཙམ་ལ་རྒྱལ་དབང་དགེ་འདུན་རྒྱ་མཚོས་འབྲས་སྤུངས་དགོན་གཙོ་སྐྱོང་གནང་བའི་སྐབས་སུ་ལྷ་ས་སྡེའུ་རྫོང་དཔོན་གྱིས་མ་དངུལ་བཏོན་ནས་འབྲས་སྤུངས་དགོན་སྤྱིའི་ཚོགས་ཆེན་འདུ་ཁང་གསར་རྒྱག་བྱས་པ་རེད། ཚོགས་ཆེན་འདུ་ཁང་གསར་པ་ལ་ཀ་བ72བཙུགས་ཡོད་པར་བེད་སྤྱོད་རྒྱ་ཁྱོན་སྨིད་གྲུ་བཞི་མ460ལྷག་ཙམ་ཡོད་འདུག སྐབས་དེར་དགོན་པ་ཡོངས་ལ་གྲྭ་པ2000ཙམ་ལས་མེད་པས་གྲྭ་པ་ཚང་མ་འདུ་འཛོམས་བྱ་ཐུབ།（དཔེ་རིས7—24）

དུས་རབས་བཅོ་བརྒྱད་པ་ལ་སླེབས་དུས་འབྲས་སྤུངས་དགོན་གྱི་གྲྭ་པ་སྟོམ་འབོར4000ལས་བརྒལ་བས་སྔར་ཡོད་ཀྱི་འདུ་ཁང་ནང་ཤོང་མི་ཐུབ་པས་ཕོ་ལྷ་བས་བཀོད་སྒྲིག་བྱས་ནས་ཚོགས་ཆེན་འདུ་ཁང་རྒྱ་བསྐྱེད་ཀྱི་ལས་གྲྭ་འགོ་བཙུགས་པ་རེད། གཙོ་བོ་སྔར་ཡོད་འདུ་ཁང་གི་ཤར་ལྷོ་ཕྱོགས་གཉིས་ལ་རྒྱ་བསྐྱེད་བྱས་ནས་ཀ་བ200ཡོད་པའི་འདུ་ཁང་ཆེན་མོ་བཟོ་སྐྲུན་བྱས་པ་རེད། བེད་སྤྱོད་ཚིག་པའི་རྒྱ་ཁྱོན་སྨིད་གྲུ་བཞི་མ1551ཟིན་པ་ད་ཡོད་ཀྱི་ཚོགས་ཆེན་འདུ་ཁང་ཆེན་མོ་འདི་ཡིན། དེར་ཤར་ཕྱོགས་ཀྱི་འདུ་ཁང་ཆེ་ཤོས་ཞེས་པའི་མཚན་སྙན་ཐོབ་ཡོད།（དཔེ་རིས7—25） རྒྱ་བསྐྱེད་བྱས་པའི་ལས་གྲྭའི་ནང་འདུ་ཁང་རྙིང་པའི་ཤར་ལྷོ་གཉིས་ཀྱི་རྩིག་པ་བཤིག་པ་མ་གཏོགས་དེ་མིན་གྱི་སྔོར་ལམ་ཚུད་པའི་རྩིག་པ་ཚང་མ་ལ་འཐོ

འགྱུར་གང་ཡང་བཏང་མི་འདུག འོན་ཀྱང་རྡོ་ཕམ་བྱ་དགོས་པ་ཞིག་ནི་སྐོར་ལམ་ནང་གི་མིང་རྒྱལ་རབས་སྐབས་ཀྱི་ལྡེབས་རིས་རྙིང་མ་རྣམས་ལ་སྲུང་སྐྱོབ་ཡག་པོ་བྱས་མི་འདུག ད་ལྟ་གསལ་པོ་མཐོང་མི་ཐུབ་པ།

རྒྱ་བསྐྱེད་བྱེད་སྟངས་ཀྱི་ཐབས་ཤེས་འདི་ཅུང་ཡག་པོ་འདུག ཐར་ཡོད་ཀྱི་ཨར་སྐྲུན་མང་ཆེ་བ་རང་འཛུགས་བཞག་པ་དང་། རྒྱ་ཁྱོན་འདང་གི་མེད་པས་རྒྱ་བསྐྱེད་མ་བྱས་ཀ་མེད་བྱུང་བ་རེད། ཕྱོགས་བསྡོམས་ཞུས་ན་འབྲས་སྤུངས་དགོན་གྱི་སྡེ་མོའི་འདུ་ཁང་གི་ཨར་སྐྲུན་ཆ་ཚང་འགྱུར་ལྡོག་མེད་པར་གནས་ཐུབ་མེད་ཀྱང་རྒྱ་བསྐྱེད་བྱེད་པའི་བརྒྱུད་རིམ་ནང་སྔོན་གྱི་ཨར་སྐྲུན་རྩ་བའི་ཆ་ནས་རང་འཛུགས་བཞག་པ་སྟེ་སྲིད་སྐྱོང་ར་སྒྲེང་སྐབས་བསམ་ཡས་ཁམས་གསུམ་ལྷ་ཁང་དང་གྲྭ་ཐང་དགོན་སོགས་བཤིག་ནས་ཡང་བསྐྱར་བཞེངས་པའི་ཉམས་གསོའི་བྱ་ཐབས་ལས་ལྷག་བརྒྱ་ཕྲག་གིས་ཡག་པོ་བྱུང་ཡོད།（པར7—10）

མཇུག་བྱང་།

《ཀྲུང་གོ་བོད་རིགས་ཀྱི་གནའ་རབས་ཨར་སྐྲུན་ལོ་རྒྱུས》དེ་བྲིས་ཚར་སོང་། ཡིན་ནའི་རང་གི་འདོད་བློ་ཁེངས་པ་ཞིག་བྱུང་མ་སོང་། ཐོག་མར་སྤྱི་ལོ2003ལོར་འགོ་བཙུགས་ནས་བོད་ལྗོངས་སློབ་གྲྭ་ཆེན་མོའི་ཨར་སྐྲུན་སྡེ་ཚན་གྱི་སྐབས་ཁ་ཤས་ཀྱི་སློབ་ཆེན་སློབ་མར་བོད་རིགས་གནའ་བོའི་ཨར་སྐྲུན་གྱི་སློབ་ཚན་ཁྲིད་སྐབས་འདི་ཡི་སྐོར་གྱི་སློབ་དེབ་མེད་པས་ང་རང་གིས་སློབ་ཚན་གྱི་དེབ་ཅིག་རྩོམ་སྒྲིག་བྱས་པ་ཡིན། ལོ་མང་རིང་གི་སློབ་ཁྲིད་ཀྱི་གོ་རིམ་ནང་གྲུབ་འབྲས་ཡག་པོ་ཐོབ་སོང་། གལ་ཏེ་བོད་ལྗོངས་སློབ་གྲྭ་ཆེན་མོའི་ཨར་སྐྲུན་སྡེ་ཚན་གྱི་སློབ་མས་སློབ་ཚན་འདི་མ་སློབ་ན་མི་གཞན་ལ་གོ་སྐབས་འདི་མེད།

སློབ་ཚན་གྱི་དེབ་འདི་མ་གཞི་ཆ་ཚང་བ་ཞིག་བྱུང་ཐུབ་མེད་དུང་སྟོང་ཆ་འདི་ཁ་གསབ་ཐུབ་པ་བྱུང་། དེབ་འདིའི་རྨང་གཞིའི་ཐོག་པེ་ཅིང་ཨར་སྐྲུན་བཟོ་ལས་དཔེ་སྐྲུན་ཁང་ནས《བོད་ལྗོངས་ཨར་སྐྲུན་གྱི་བཟོ་རྩལ》ཞེས་པའི་དེབ་ཅིག་པར་སྐྲུན་བྱས་དུང་རང་ཉིད་ངོས་ནས་བཤད་ན་ནང་དོན་ཆ་ཚང་བ་ཞིག་བྱུང་ཐུབ་མ་སོང་། དེར་བརྟེན་རང་ཉིད་ཀྱིས་བོད་རིགས་ཀྱི་ཨར་སྐྲུན་ཙུང་ཆ་ཚང་བའི་སྒོ་ནས་ངོ་སྤྲོད་བྱ་རྒྱུའི་དེབ་ཅིག་འབྲི་རྒྱུའི་གྲ་སྒྲིག་བྱས་པ་ཡིན། ལོ་ཤས་རིང་རྩོམ་སྒྲིག་བྱས་པའི་གོ་རིམ་ནང་བོད་རང་སྐྱོང་ལྗོངས་ཨར་སྐྲུན་འཆར་འགོད་ཁང་གི་དབུ་འཛིན་སྲེན་དབང་ལགས་དང་། ལས་གྲྭའི་སྤྱི་ཁྲབ་མོང་ནེ་ཆེང་། གཞན་ཡང་རང་གི་དགེ་ཕྲུག་ཆེང་ཧྭ་ཧྲུས་འགོད་ཁང་གི་འཛིགས་མེད་བཀྲ་ཤིས་དང་། གནའ་སྐྲུན་ཞིབ་འཇུག་ཁང་གི་འགན་འཛིན་ཆོས་དབྱིངས། ད་དུང་ཐན་ཅིན་སློབ་ཆེན་གྱི་གཡང་ཞུའུ་སོགས་ནས་བོད་རིགས་ཀྱི་གནའ་རབས་ཨར་སྐྲུན་ལོ་རྒྱུས་ཀྱི་དེབ་ཅིག་བརྩམ་དགོས་པའི་རེ་བ་ཆེན་པོ་བྱས་མོད། བོད་རིགས་ཀྱི་གནའ་རབས་ཨར་སྐྲུན་ལོ་རྒྱུས་བྲི་རྒྱུ་ལས་སླ་པོ་ཞིག་ག་ལ་ཡིན། རང་ཉིད་ལག་ཏུ་རྒྱུ་ཆ་གང་ལྟར་ཆ་ཚང་བ་ཞིག་མེད་ལ། མཚོ་བོད་མཐོ་སྒང་གི་ས་ཆ་མང་པོ་ཞིག་ལ་ད་དུང་བསྐྱོད་མྱོང་མེད་པ། དེའི་ཐོག་རང་ཉིད་ནི་ལག་ཤེས་བཟོ་རྩལ་པ་ཞིག་ཡིན་པ་ལས་མཐོ་རིམ་སློབ་གྲྭ་ཆེན་མོ་སོགས་ནས་གསོ་སྐྱོང་གནང་མ་མྱོང་ལ་རྩོམ་སྒྲིག་བྱ་རྒྱུའི་ཤེས་བྱའང་ཞན་པོ་ཡིན།

འོན་ཀྱང་ཕྱོགས་གཞན་ཞིག་གི་སྒོ་ནས་བཤད་ན། གནའ་བོའི་ཨར་སྐྲུན་གྱི་ཤེས་རིག་འདི་ས་ཆ་དངོས་ལ་གནས་ཡོད་པའི་མི་ཡུལ་གྱི་རིག་གནས་ཤུལ་བཞག་ཅིག་ཡིན་པ་ལས་སྙིག་ཟུར་གྱི་ཚན་རིག་མ་ཡིན་ལ་རྟེར་སོན་གྱི་ཤེས་རིག་ཀྱང་མ་ཡིན་ཞིང་། ང་ཚོས་སྐྱེས་རྗེ་སྐྱེས་ཀྱི་མཐོ་སྒང་གི་མིས་མ་ཤེས་ན་སུས་ཤེས་ཀྱི་རེད་དམ།

ང་རང་ནི་སྤྲ་ཀྲུར་ནང་སྐྱེས་པ་ཞིག་ཡིན། ཕྱུལ་སྐྱར་ངོས་འཛིན་བྱས་རྗེས་ལོ་དྲུག་ནས་དགོན་པའི་ནང་ཡི་གེ་བསླབས་ནས་གནའ་རབས་ཨར་སྐྲུན་ནང་འཚོ་བ་སྐྱེལ་བ་ཞིག་ཡིན། ལོ་བཅུ་ནས་ལྷ་སའི་འབྲས་སྤུངས་དགོན་དུ་སློབ་གཉེར་ལ་འགྱོར་རྗེས་ཉིན་ལྟར་ཚོགས་ཆེན་འདུ་ཁང་དང་ཚོས་ར་ནས་ཁམས་ཚན་བར་གནའ་བོའི་ཨར་སྐྲུན་གྱི་ཁོར་ཡུག་ནང་གནས་ཡོད་པ་མ་ཟད། ང་ཆུང་དུས་ནས་དོ་སྣང་ཆེན་པོ་བྱེད་མཁན་ཞིག་ཡིན་ལ་རི་མོ་འབྲི་རྒྱུ་ཡང་དགའ་པོ་ཡོད་པས་རྒྱུན་དུ་ཨར་སྐྲུན་གྱི་སྒྲིག་ཆས་དང་ཁང་པའི་ཕྱི་དབྱིབས་སོགས་བྲིས་པའང་གོམས་གཤིས་སུ་གྱུར་ཡོད།

སྤྱི་ལོ1967ལོའི་ཟླ5པར་རང་སྐྱོང་ལྗོངས་འཐབ་ཕྱོགས་གཅིག་གྱུར་ཕུའུ་ནས་ལྷོ་ཁའི་དམག་དཔུང་གི་ཞིང་རར་ངལ་རྩོལ་སྦྱོང་བརྡར་ལ་བཏང་བས་ཞིང་ར་ནས་འཛུགས་སྐྲུན་བརྒྱ་ཤོག་ལ་བཞག་སོང་། ཞིང་ར་ཡོངས་ཀྱི་རྩ་བའི་འཛུགས་སྐྲུན་གྱི་ལས་འགན་སྐྱབ་དགོས་པ་རེད། མ་གཞི་ཁང་པ་ཕྱུས་ལེགས་ཐོག་བརྩེགས་ཅན་རྒྱག་རྒྱུ་མེད་ཙང་ལས་བཟོའི་སྟོད་ཁང་དང་། འཕྲུལ་འཁོར་གྱི་ཁང་ཆེན། རྒྱལ་སྒོ་དང་ལྕགས་རི་སོགས་ལས་གྲྭ་སྣ་ཚོགས་སྐྲུན་དགོས་ཀྱི་ཡོད། ལོ་རབས་དེ་ཡི་སྐབས་སུ་ལྕགས་རྡེབས་དང་ཨར་འདམ་སོགས་བེད་སྤྱོད་བྱ་རྒྱུ་མང་པོ་མེད། མང་ཆེ་བ་ལྷོ་ཁ་ས་གནས་རང་གི་རྡོ་ཤིང་དང་ས་ཤིང་གི་ཨར་སྐྲུན་ཤ་སྟག་ཡིན། དེ་ཡང་གསལ་པོ་བཤད་ན་ས་གནས་དེ་རང་གི་སྲོལ་རྒྱུན་གྱི་ཨར་སྐྲུན་ཡིན། སྐབས་དེར་ང་ཚོ་ནི་ལོ་ཉི་ཤུ་ཡས་མས་ཀྱི་གཞོན་ནུ་ཡིན་པས་བློ་རིག་གསལ་ལ་ལག་རྩལ་སྦྱོང་རྒྱུ་དགའ་པོ་ཡོད་པས་ཤིང་བཟོ་དང་རྡོ་བཟོ། ཞལ་བ་རྒྱག་རྒྱུ་སོགས་ལག་ཤེས་མ་སྦྱངས་པ་མེད། ལོ་བདུན་ཙམ་གྱི་དུས་ཡུན་ནང་དངོས་ཡོད་ཀྱི་དམངས་ཁྲོད་ཨར་ལས་ཀྱི་ལག་རྩལ་ཤེས་ཐུབ་པ་བྱུང་བས་ང་ཚོས་ངལ་རྩོལ་གྱི་སློབ་གྲྭ་ཆེན་མོ་ཡིན་ཟེར་གྱི་ཡོད།

ལྷ་སར་ཕྱིར་ལོག་རྗེས་གྲོང་གཏོགས་ཁྲུལ་ཨར་སྐྲུན་ཀུང་སིའི་ཨར་ལས་བཀོད་སྒྲིག་པ་བྱས་ནས་བསྡད་ཅིང་། སྤྱི་ལོ1975ལོ་ནས་རང་སྐྱོང་ལྗོངས་ཨར་སྐྲུན་འཆར་འགོད་ཁང་དང་ལྷ་སའི་གྲོང་གཏོགས་ཁྲུལ་ཐུན་མོང་ཐོག“ བདུན་གཉིས་གཅིག” གི་ཨར་སྐྲུན་ལས་བཟོའི་སྦྱོང་བརྡར་འཛིན་གྲྭ་བཙུགས་ནས་ཨར་སྐྲུན་འཆར་འགོད་དང་ཨར་ལས་སློབ་ཚན་ཁག་དངོས་སུ་སློབ་སྦྱོང་བྱ་འགོ་བཙུགས་པ་རེད།

སྤྱི་ལོ1978ལོར་འཆར་འགོད་ཁང་ལ་དངོས་སུ་ལས་བསྒྱུར་བྱས་པ་དང་། 1980ལོར་འཆར་འགོད་ཁང་གི་གནའ་བོའི་ཨར་སྐྲུན་ཞིབ་འཇུག་ཁང་བཙུགས་ནས་ཁོང་ཀྲིན་ཡན་དང་། ཀྲུང་ཡའོ་ཙུའུ་དགེ་རྒན་གཉིས་ཀྱིས་སྣེ་ཁྲིད་ནས་བོད་ལྗོངས་ས་ཁུལ་ཁག་གི་གནའ་རབས་ཨར་སྐྲུན་ཁག་ལ་བརྟག་དཔྱད་ཞིབ་འཇུག་བྱ་རྒྱུའི་ལས་ག་བྱས་པ་ཡིན། ད་དུང་ཤིས་ཨན་དང་པེ་ཅིང་། ཁྲིང་ཧྲའུ་དང་ནང་སོག ཤིན་ཅང་སོགས་ས་ཁུལ་གྱི་བོད་རིགས་ཨར་སྐྲུན་དང་འབྲེལ་བ་ཡོད་པའི་ས་ཆ་ཁག་ལ་རྟོག་ཞིབ་དང་སློབ་སྦྱོང་བྱེད་པར་བསྐྱོད་པ་ཡིན། དུས་མཚུངས་དགེ་རྒན་རྣམ་པའི་སྣེ་ཁྲིད་འོག་སྤྱི་རྟེང་ཐོག《 པོ་ཏ་ལ》དང་།《 ལྷ་ལྡན་གཙུག་ལག་ཁང་》《 ནོར་བུ་གླིང་ཁ》《 གུ་གེ་རྒྱལ་པོའི་མཁར་ཤུལ》སོགས་ཨར་སྐྲུན་གྱིས

ཆེད་དེབ་ཁག་པར་སྐྲུན་བྱས་པ་དང་། རྗེས་སུ་རང་ཉིད་ཀྱིས《བོད་ལྗོངས་ཨར་སྐྲུན་གྱི་བཟོ་རྩལ》དང་《བོད་ལྗོངས་དམངས་ཁང་》བཅས་དེབ་གཉིས་རྩོམ་སྒྲིག་ཞུས་ཤིང་། སྔ་རྗེས་ཐོག་རང་སྐྱོང་ལྗོངས་ཚན་རིག་ཞིབ་འཇུག་གྲུབ་འབྲས་ཀྱི་དཔེ་བཟང་ཐེངས་གཉིས་ཐོབ་པ་དང་། སྤྱི་ལོ1985ལོའི་ལྷོ་ནུབ་ཞིང་ཆེན་ལྔའི་ཨར་སྐྲུན་རིག་པའི་ཚོགས་འདུའི་ཐོག《བོད་ལུགས་ཨར་སྐྲུན་གྱི་ཕྱི་རྩིག་གི་ཚོས་མདོག》ཅེས་པའི་དཔྱད་རྩོམ་འགྲེམས་སྤེལ་བྱས་པར་ལོ་དེ་ཡི་རང་སྐྱོང་ལྗོངས་ཀྱི་ཕྱུལ་བྱུང་ཚན་རྩལ་དཔྱད་རྩོམ་གྱི་གཟེངས་རྟགས་ཐོབ་བྱུང་།

ལོ་རབས80ནས་བཟུང་རྒྱལ་ཁབ་ཀྱིས་རིག་དངོས་གནའ་བོའི་ཨར་སྐྲུན་སྲུང་སྐྱོབ་ཉམས་གསོ་བྱ་རྒྱུའི་ལས་དོན་ལ་སྟར་བས་མཐོང་ཆེན་གནང་བས1987ལོར་རང་ཉིད་ཀྱིས་བསམ་ཡས་དགོན་དབུ་རྩེའི་ལྷ་ཁང་གི་གསེར་གྱི་རྒྱ་ཕིབས་སླར་གསོ་ལས་གྲྭའི་འཆར་འགོད་ཀྱི་ལས་འགན་འཁུར་བ་དང་། 1990ལོ་ནས་སྤོ་ཕྱི་ཐེངས་གཉིས་ཕོ་བྲང་པོ་ཏ་ལའི་ཉམས་གསོ་ལས་གྲྭར་བཞུགས་ནས་ལས་གྲྭའི་ལག་རྩལ་ཚོ་ཆུང་གི་ཚུའུ་ཀྲང་གཞོན་པའི་འགན་འཁུར་བ་དང་། བོད་ལྗོངས་རིག་དངོས་སྡེ་ཚན་ཆེན་པོ་གསུམ་གྱི་ཉམས་གསོ་ལས་གྲྭའི་སྤྱི་ཡོངས་ཀྱི་ལྟ་སྐྱུལ་བའི་ལས་འགན་འཁུར་བ། སྔ་རྗེས་ཐོག་བསམ་ཡས་དགོན་པ་དང་། འཕྲུལ་སྣང་གཙུག་ལག་ཁང་། ཇོ་ཁང་ཆེན་མོ། ས་སྐྱ་དགོན་པ། ཞྭ་ལུ་དགོན། ཕུན་ཚོགས་གླིང་དགོན། ... etc

པ་དང་། འཕྱོངས་རྒྱས་བཙན་པོའི་བང་སོ། ཨེ་ལྷ་རྒྱ་རི། དྭགས་ལྷ་སྒམ་པོ། རྣམ་སྲས་གླིང་གཞིས་ཀ། ལྷོ་བྲག་སྲས་མཁར་དགུ་ཐོག བཀྲ་ཤིས་ལྷུན་པོའི་བྱམས་ཁང་ཆེན་མོ། སེ་འབྲས་དགའ་གསུམ། ལྷ་སའི་ཇོ་ཁང་། ནོར་བུ་གླིང་ཁ། ལྷོ་ཁ་སྨིན་གྲོལ་གླིང་། རྡོ་རྗེ་བྲག ཆོས་འཁོར་རྒྱལ་དགོན་པ། གྲོ་མོ་བཀའ་བརྒྱུད་དགོན། སྣ་ཆེན་པོན་པོའི་གླུ་འབུམ་དགོན། མངའ་རིས་འཁོར་ཆགས་དགོན། ཚ་ཤུར་འབྲུག་ཉམས་སྣང་དགོན། ཤུག་གསེབ་དགོན། སྟག་བྲག་དགོན་པ། ལྷ་ས་རྨེ་རུ་དགོན་པ། རྒྱལ་རྩེ་མཁར་རྫོང་དང་དཔལ་ཆོས་དགོན་པའི་མཆོད་རྟེན་ཆེན་མོ། བྲག་གཡབ་མ་དགོན་དང་བུ་དགོན་བཅས་ལྗོངས་ཡོངས་ཀྱི་གནའ་བོའི་ཨར་སྐྲུན་བཅུ་ཕྲག་ཁ་ཤས་ཀྱི་ཉམས་གསོའི་འཆར་འགོད་དང་ལས་གྲྭའི་ལྟ་སྐྱུལ་སོགས་ཀྱི་ལས་འགན་སྒྲུབ་པ་དང་། སྤྱི་ལོ2011ལོའི་ཟླ4པར་མཚོ་སྔོན་ཞིང་ཆེན་གྱི་གདན་ཞུ་ལྟར་ཡུལ་ཤུལ་ཁྲུལ་གནོད་སྐྱོན་ཐོག་རྗེས་སླར་གསོ་ལས་གྲྭའི་བློ་འདྲི་མཁས་དབང་གི་འགན་འཁུར་བ་དང་། འཛོམས་ཉག་མཆོད་རྟེན། སྣ་མཆོད་རྟེན་དཀར་པོ། འདོམ་དཀར་དགོན། དགོན་གསར་དགོན་པ། ཇ་སྟོད་སྐྱི་ཏུ་གནའ་བོའི་མཆོད་རྟེན་སོགས་རིག་དངོས་གནའ་རབས་ཨར་སྐྲུན་ཁག་ལ་སྐྱུར་སྐྱོབ་དང་ཉམས་གསོ་ལས་གྲྭའི་འཆར་འགོད་དང་ལས་གྲྭའི་བཀོད་འདོམས་ཀྱི་ལས་འགན་ལེགས་སྒྲུབ་ཞུས་པས་གནོད་སྐྱོན་ཐོག་རྗེས་སླར་གསོའི་ལས་གྲྭའི་སྟོན་ཐོན་མི་སྣར་བདམས་ཐོན་བྱུང་བ་རེད།

སྤྱི་ལོ1981ལོ་ནས་བཟུང་ཕ་ཡུལ་གཞི་འཁོར་འགྲོ་རིམ་བཞིན་དང་ཁམས་ཁུལ་ལ་ཚོགས་འདུ་སོགས་ལ་བསྐྱོད་རིང་གནའ་བོའི་ཨར་སྐྲུན་ཁག་ལ་བརྟག་དཔྱད་ཞིབ་འཇུག་བྱ་རྒྱུའི་ལས་ཀ་རྒྱུན་འཁྱོངས་བྱས་ཐོག་ཕྱོགས་གང་ཐད་ནས་འབད་བརྩོན་ཞུས་པས་མཁར་རྫོང་བཅུ་གྲངས་དང་དམངས་ཁང་རྙིང་པ་མང་པོ་ཞིག་མྱུར་སྐྱོབ་དང་སྲུང་སྐྱོབ་ཉམས་གསོ་བྱས་པ།

ཐོ་རིང་ཐོག་དགེ་བ་མཁར་དགོན་དང་གནས་མགོ་དགོན། བརྩེ་ཆེན་ཆོས་གླིང་དགོན། ཁ་ཐོག་དགོན་སོགས་སླར་གསོ་བྱ་རྒྱུའི་ལས་ཀ་ལེགས་སྐྲུན་ཞུས་ཡོད།

དཀར་མཛེས་ཁུལ་ཨུད་ཀྱིས་ཤུགས་ཆེན་རྒྱབ་སྐྱོར་གནང་བའི་འོག་མི་ཉག་རིག་གནས་ཤུལ་བཞག་སྲུང་སྐྱོབ་བློ་འདྲི་ཚོགས་པ་དངོས་སུ་བཙུགས་ཐུབ་པ་བྱུང་ཞིང་། མཉམ་འབྲེལ་རྒྱལ་ཚོགས་སློབ་གསོ་ཚན་རྩལ་སྒྲིག་འཛུགས་ཡ་གླིང་གཞུང་དོན་ཁང་གིས་རོགས་རམ་རྒྱབ་སྐྱོར་གནང་བའི་འོག་མི་ཉག་ས་ཁུལ་གྱི་གནའ་བོའི་ལྷ་ཁང་དང་གནའ་བོའི་ལྡེབས་རིས་མྱུར་སྐྱོབ་དང་སྲུང་སྐྱོབ་ཞུ་རྒྱུའི་ལས་གྲྭ་བཙུགས་པ་དང་ཕྱོགས་མཚུངས་ཕ་ཡུལ་གྱི་དགོན་པའི་ནང་ལྡེབས་རིས་དང་འཛིམ་བཟོ། ཚོན་རིས་དང་འཆམ་དྲུབ། མར་གྱི་མཆོད་པ་བཞེང་རྒྱུ་སོགས་ཆོས་ལུགས་རིག་གནས་སྒྱུ་རྩལ་གྱི་སྦྱོང་བརྡར་འཛིན་གྲྭ་བཙུགས་ཤིང་། སྦྱོང་བརྡར་འཛིན་གྲྭའི་ནང་ཐོབ་པའི་སྒྲུབ་འབྲས་ཀྱི་དངོས་པོ་རྣམས་སྤྱི་ལོ2006ལོར་འབར་མ་རྒྱལ་ཁབ་ལ་འཚོགས་པའི་མཉམ་འབྲེལ་རྒྱལ་ཚོགས་ཀྱི་ལོ་རེའི་ཚོགས་འདུའི་ཐོག་ཐུལ་བྱུང་གི་གཟིངས་རྟགས་ཐོབ།

གོང་གསལ་དེ་དག་ནི་རང་ཉིད་ཀྱིས་ཚེ་མཇུག་ལ་རིག་དངོས་གནའ་སྐྲུན་ལ་རྩོག་ཞིབ་དང་སློབ་སྦྱོང་བྱས་པ་ནས་མྱུར་སྐྱོབ་དང་སྲུང་སྐྱོང་། ཉམས་གསོ་བཅས་ཞུ་བའི་བརྒྱུད་རིམ་ཞིག་ཡིན། དེ་ཡང་གསལ་པོ་བཤད་ན་རིག་དངོས་གནའ་སྐྲུན་ཁག་ལ་རིམ་བཞིན་རྒྱུས་མངའ་ཡོད་ནས་སྲུང་སྐྱོབ་ཉམས་གསོའི་ལག་ལེན་ནང་རིམ་བཞིན་ཕྱོགས་སྡོམ་བྱས་པའི་བརྒྱུད་རིམ་ཞིག་ཡིན། དེ་དག་ཚང་མ་ང་རང་གིས་བོད་རིགས་ཀྱི་གནའ་རབས་ཨར་སྐྲུན་ལོ་རྒྱུས་རྩོམ་སྒྲིག་བྱ་རྒྱུའི་མ་རྩ་ཡིན། དེ་ཡང་ལོ་བཅུ་ཕྲག་ཁ་ཤས་རིང་དཀའ་དཔྱད་འབད་བརྩོན་བྱས་པའི་ལས་ཀའི་ནང་གསོག་འཇོག་བྱས་པའི་ལག་ལེན་གྱི་ཉམས་མྱོང་ཡང་ཡིན། དེར་བརྟེན་ཁྱོན་ཡོངས་ཀྱི་གོ་རིམ་རོབ་ཙམ་མ་ཞུས་ག་མེད་རེད། ལོ་བོར་གོ་སྐབས་འདི་འདྲ་ཞིག་བྱུང་བ་དང་། གཟི་བརྗིད་ཡིན་ལ་དཀའ་ཚེགས་ཆེ་བའི་འོས་འགན་འདི་འདྲ་ཞིག་བསྒྲུབ་རྒྱུ་བྱུང་བ་ནི་ཐོག་མར་བོད་རང་སྐྱོང་ལྗོངས་ཨར་སྐྲུན་ཐིག་ལེན་འཆར་འགོད་ཁང་ལ་ཐུགས་རྗེ་ཆེ་ཞུ་རྒྱུ་དང་། འཆར་འགོད་ཁང་གི་དབུ་ཁྲིད་རྣམ་པ་དང་དགེ་རྒན་རྣམ་པར་ཐུགས་རྗེ་ཆེ་ཞུ་རྒྱུ་ཡིན། ཁོང་ཚོ་ནི་ཧྲུའུ་ཅི་ཀྲང་ཧི་ཧྲུན། ཡོན་ཀྲང་བློ་བཟང་ལགས། ལས་གྲྭའི་སྤྱི་ཁྲབ་ཧྲེན་ཁྲེན་ཅེ། ཀྲང་ཅེ་ཅང་། ལུས་ལེའང་ཧྲིང་། ཞང་ཀྲི་མིང་། ཁོང་ཀྲེན་ཡན། གུང་ཡའོ་ཙུའུ། ཡེ་ཞའོ་ཡན། ཡུས་ཡོན་ཆུན། ཀྲང་ཧྲི་ཡེ། རིན་ལའེ་ཤང་། ལི་ཁྲིང་ལིན། ཀོའོ་པོ་ལིན། ལིན་ཧྲུའུ་དབྱི་སོགས་དགེ་རྒན་མང་པོས་བདུན་གཉིས་གཅིག་ཨར་སྐྲུན་ལས་བཟོའི་སྦྱོང་བརྡར་འཛིན་གྲྭ་ནས་རྗེས་སུ་ཨར་སྐྲུན་འཆར་འགོད་ཀྱི་ལས་དོན་ནང་རྒྱུན་མ་ཆད་པར་ཐུགས་འཁུར་དང་སློབ་སྟོན་གནང་ཞིང་། ལྷག་པར་དུ་ཁོང་ཀྲེན་ཡན་དང་གུང་ཡའོ་ཙུའུ་དགེ་རྒན་གཉིས་ཀྱི་སྣེ་ཁྲིད་འོག་རང་ཉིད་གནའ་བོའི་ཨར་སྐྲུན་གྱི་ཆེད་ལས་པ་ཞིག་ཏུ་གྱུར་པ་རེད། འཆར་འགོད་ཁང་ནས་གསོ་སྐྱོང་གནང་བ་དང་འགོ་ཁྲིད་དང་དགེ་རྒན་རྣམ་པས་སློབ་གསོ་དང་བཀོད་འདོམས་གནང་བ། ལས་ཁུངས་ཀྱི་ལས་བཟོ་ཚང་མས་རོགས་རམ་དང་རྒྱབ་སྐྱོར་གནང་བ་བཅས་ལ་

བརྟེན་ནས་རང་ཉིད་ཀྱིས་གནའ་རབས་ཨར་སྐྲུན་གྱི་ལས་དོན་མི་ལོ་སུམ་ཅུ་ལྷག་གི་རིང་ལ་རྒྱུན་འཁྱོངས་བྱེད་ཐུབ་པ་བྱུང་བ་རེད། ང་རང་གིས་གནའ་རབས་ཨར་སྐྲུན་ལ་བརྟག་དཔྱད་ཞིབ་འཇུག་བྱ་བའི་ལས་དོན་ནང་ཐོབ་པའི་གྲུབ་འབྲས་ཁག་དང་། རྗེས་སུ་རིག་དངོས་གནའ་སྐྲུན་སྲུང་སྐྱོབ་ཉམས་གསོའི་ལས་དོན་ནང་བྱས་རྗེས་ངེས་ཅན་འཇོག་ཐུབ་པ་ཚང་མ་ང་ཚོ་ཨར་སྐྲུན་འཆར་འགོད་ཁང་གིས་བཀོད་སྒྲིག་དང་ལས་བསྒོས་རྒྱག་པ་ཞིག་ཡིན། དེར་བརྟེན་ལས་དོན་༡༨ ཐོབ་པའི་གྲུབ་འབྲས་དང་བྱས་རྗེས་ཚང་མ་ང་ཚོའི་ལས་ཁུངས་དང་ལས་བཟོ་ཡོངས་ཀྱི་བཀའ་དྲིན་ཡིན་པས་མཚམས་འདིར་ཡང་བསྐྱར་ང་ཚོའི་ལས་ཁུངས་དང་ལས་བཟོ་ཡོངས་ལ་སྙིང་ཐག་པ་ནས་ཐུགས་རྗེ་ཆེ་ཞུ་རྒྱུ་ཡིན།

རང་ཉིད་ཀྱིས་མི་ལོ་བཞི་བཅུ་ལྷག་གི་རིང་གནའ་རབས་ཨར་སྐྲུན་གྱི་ཁྱབ་ཁོངས་ནང་སློབ་སྦྱོང་དང་ལས་དོན་སྒྲུབ་པའི་གོ་རིམ་ནང་རང་རྒྱལ་གྱི་སློབ་གྲྭ་ཆེན་མོ་ཁག་དང་ཨར་སྐྲུན་ཚན་རིག་ཞིབ་འཇུག་སྡེ་ཚན་ནང་གི་དགེ་རྒན་རྒན་རབས་རྣམ་པ་དང་ཡུལ་བྱུང་གི་མཁས་ཅན་རྣམ་པས་སློབ་སྟོན་དང་ཐུགས་འཁུར། མཛུབ་ཁྲིད་མང་པོ་གནང་སྦྲོང་། དེར་བརྟེན་རང་ཉིད་ཀྱི་ལས་དོན་ནང་གྲུབ་འབྲས་ངེས་ཅན་ཐོབ་ཐུབ་པ་ནི་དགེ་རྒན་རྒན་རབས་རྣམ་པའི་ལས་དོན་བྱ་གཞག་ལ་ནན་ཏན་གྱིས་འགན་འཁུར་བའི་སྙིང་སྟོབས་དང་། མི་རིགས་རིག་གནས་ལ་སྲུང་སྐྱོབ་བྱ་རྒྱུའི་འགན་འཁུར་རང་བཞིན་གྱི་མིག་དཔེའི་ནུས་པ་དང་ཁ་བྲལ་ཐབས་མེད། དེ་ལ་བརྟེན་ནས་ངས་གུས་བཀུར་ཤིན་ཏུ་ཆེ་བའི་བསམ་པ་བཅངས་ནས་འདས་གྲོངས་ཟིན་པའི་རྒན་རབས་རྣམ་པར་རྗེས་དྲན་ཞུ་བ་དང་བཀའ་དྲིན་དྲན་བཞིན་པའི་སྐབས་འདིར་བརྒྱུད་རིམ་ཁག་མདོར་བསྡུས་ཙམ་མ་ཞུ་ག་མེད་བྱུང་།

སྤྱི་ལོ1979ལོའི་ཟླ་12པར་དགེ་རྒན་ཁོང་ལགས་ནས་ང་ཁྲིད་ནས་ཀྲུང་གོ་ཨར་སྐྲུན་སློབ་ཚོགས་ཀྱི་ལོ་བཅུ་གྲངས་རིང་རྒྱུན་ཆད་པའི་ལོ་རེའི་ཚོགས་འདུ་ལ་ཞུགས་པ་ཡིན། ཚོགས་འདུ་ཨན་ཧུའི་ཝུ་ཧུ་གྲོང་ཁྱེར་ལ་འཚོགས་སོང་། ཚོགས་འདུའི་ཐོག་པེ་ཅིང་ཕོ་བྲང་རྙིང་པའི་ཧྲན་རྡི་ཡོན་སོགས་རྒན་རབས་མཁས་དབང་རྣམ་པས་པེ་ཅིང་གྲོང་ཁུལ་གྱི་གནའ་རབས་ཨར་སྐྲུན་ལ་སྲུང་སྐྱོབ་བྱ་རྒྱུའི་ཐད་གནས་པའི་དོན་རྐྱེན་མང་པོ་སྙིག་སྦྲངས་གནང་སོང་། ང་ཚོ་ཨར་སྐྲུན་ལས་རིགས་ཀྱི་ཁྲོད་དུ་སྙན་གྲགས་ཤིན་ཏུ་ཆེ་བའི་ཞིབ་འཇུག་པ་དང་མཁས་དབང་དེ་འདྲ་མང་པོ་ཡོད་པ་ཐེངས་དང་པོ་ཤེས་རྟོགས་བྱུང་། ང་ནི་ཚོགས་འདུར་ཞུགས་མཁན་བོད་རིགས་ལག་རྩལ་པ་གཅིག་པུ་ཡིན་པ་མཁྱེན་དུས་དགེ་རྒན་ཆེན་མོ་རྒན་རབས་པ་མང་པོས་ང་ལ་ངེས་པར་དུ་བོད་ཀྱི་གནའ་རབས་ཨར་སྐྲུན་ལ་ཞིབ་འཇུག་བྱ་རྒྱུའི་ལས་ཀ་རྒྱུན་འཁྱོངས་བྱེད་དགོས་པའི་སྐུལ་མ་གནང་བ་མ་ཟད་ཞིབ་ཕྲའི་དཔེ་མཚོན་མང་པོའི་ཐོག་ནས་གནའ་སྐྲུན་ཞིབ་འཇུག་དང་སྲུང་སྐྱོང་ལས་དོན་གྱི་གལ་ཆེའི་རང་བཞིན་འགྲེལ་བཤད་གནང་བྱུང་། ཁོང་རྣམ་པ་ནི་པེ་ཅིང་གནའ་བོའི་ཕོ་བྲང་གི་ཧྲན་རྡི་ཡོན་དང་། ཆིང་ཧྭ་སློབ་ཆེན་གྱི་རྨོ་ཙོང་ཙང་། ནན་ཅིང་གི་ཡང་ཐིང་པའོ། རིག་དངོས་ཅུས་ཀྱི་ལོ་ཀྲའི་ལྷུན། ཀོའོ་ཧྲའུ་ཧྲེང་། ཕང་ཧྲི་རིན། ཡང་ནེ་ཅི། ཀྲང་

པའོ་ཕྲའི་སོགས་རེད།

སྤྱི་ལོ1980ལོ་ནས་ང་ཚོ་གནའ་སྐྲུན་ཚན་རིག་ཞིབ་འཇུག་ཁང་དང་ཀྲུང་གོ་ཨར་སྐྲུན་ཚན་རིག་ཞིབ་འཇུག་ཁང་གི་ལོ་རྒྱུས་སྡེའོ་དང་མཉམ་ལས་ཀྱིས་ཁ་བྲང་པོ་ཧ་ལའི་ཨར་སྐྲུན་གྱི་ཆེད་དེབ་དཔེ་སྐྲུན་བྱས་པ་རེད། དགེ་རྒན་ཧོང་ལགས་ནི1962ལོར་ལོ་རྒྱུས་སྡེའོ་ནས་བོད་སྐྱོར་ཕེབས་མཁན་ཞིག་རེད། ཧོང་གིས་ང་ཁྲིད་ནས་ཁོ་རང་གི་དགེ་རྒན་ལིའུ་ཀྲི་ཐིང་དང་ཁྲིན་མིང་ཏ་གཉིས་མཇལ་བ་མ་ཟད་རྒན་ལགས་གཉིས་ཀྱིས་ང་ཚོའི་རྩོམ་ཡིག་མ་དཔེ་ལ་གཟིགས་ཞིབ་ཡང་གནང་བ་རེད། ང་ཚོ་དང་ཞིབ་ཕྲ་མཉམ་ལས་གནང་མཁན་ནི་ལོ་རྒྱུས་སྡེའོ་ཡི་དགེ་རྒན་ཁྲིན་ཡའོ་ཧྲུང་དང་ཐུའུ་ཧྲུ་གེང་གཉིས་རེད། མཉམ་ལས་བྱེད་རིང་ལིའུ་ཤང་ཀྲེན་སོའོ་ཀྲང་དང་། ཧྲུ་ཤིས་ཉན། སུན་ཏ་ཀྲང་སོགས་ནས་ཐུགས་འཁུར་དང་རོགས་རམ་གནང་བྱུང་།

སྤྱི་ལོ1982ལོ་ནས་ང་ཚོ་ཞིབ་འཇུག་ཁང་གི་དེ་སྔོན་གྱི་ལས་དོན་ལ་གྲུབ་འབྲས་ངེས་ཅན་ཐོབ་པའི་རྐང་གཞིའི་ཐོག་དགེ་རྒན་ཧོང་ལགས་ནས་པེ་ཅིང་འཛུགས་སྐྲུན་བཟོ་ལས་དཔེ་སྐྲུན་ཁང་ལ་འབྲེལ་བ་བྱས་ནས་ལྷ་ལྡན་གཙུག་ལག་ཁང་དང་། ནོར་བུ་གླིང་ཁང་། གུ་གེ་རྒྱལ་པོའི་མཁར་ཤུལ་བཅས་དཔེ་དེབ་གསུམ་པར་སྐྲུན་བྱ་རྒྱུ་གཏན་འཁེལ་བ་རེད། དེ་སྔ་བོད་ཀྱི་གནའ་རབས་ཨར་སྐྲུན་སྐོར་གྱི་དཔེ་དེབ་པར་སྐྲུན་བྱ་མྱོང་མེད་པས་དཔེ་སྐྲུན་ཁང་གི་རྒན་རབས་ཚའོ་ཡུན་སྐྱུ་ངོ་མས་གཙོ་འགན་རྩོམ་སྒྲིག་པའི་འགན་འཁུར་གནང་བ་དང་། དགེ་རྒན་ཡང་ཀུའུ་ཧྲིང་ནས་ལག་བསྟར་རྩོམ་སྒྲིག་པ་གནང་བ་རེད། 1981ལོའི་དབྱིད་ཀའི་ལོ་གསར་ལ་ཡང་ང་རང་པེ་ཅིང་དུ་རྩོམ་སྒྲིག་གི་ལས་ཀ་བྱས་ནས་བསྡད་པ་ཡིན། དེབ་གསུམ་པོ་བདེ་བླག་ངང་པར་སྐྲུན་བྱེད་ཐུབ་པ་དེ་ང་ཚོ་གནའ་སྐྲུན་ཚན་ཞིབ་ཁང་གི་དུས་ཡུན་ཐུང་ངུའི་ནང་གྲུབ་འབྲས་ཐོབ་ཐུབ་པ་བྱུང་རྒྱུང་ལོ་རྒྱུས་སྡེའོ་དང་མཉམ་ལས་བྱེད་པའི《ཁ་བྲང་པོ་ཧ་ལ》1983ལོ་མཇུག་ལ་པེ་ཅིང་རིག་དངོས་དཔེ་སྐྲུན་ཁང་ལ་སྤྲད་ནས་ལོ་15ཕྱིན་ན་ཡང་དེབ་མཐོང་རྒྱུ་མེད་པས་མཐར་པེ་ཅིང་འཛུགས་སྐྲུན་བཟོ་ལས་དཔེ་སྐྲུན་ཁང་ལ་སྤྲད་ནས་པར་སྐྲུན་བྱས་པ་དང་། རྗེས་སུ་ང་རང་གི《བོད་ཀྱི་ཨར་སྐྲུན་གྱི་བཟོ་རྩལ》དང་《བོད་ལྟོངས་དམངས་ཁང་》བཅས་དེབ་གཉིས་པར་སྐྲུན་ཐུབ་པ་བྱུང་བས་སྐབས་འདིར་དགེ་རྒན་ཆེན་མོ་ཚའོ་ཡུན་དང་ཡང་ཀུང་ཧྲེང་། ཡང་ཡུང་ཧྲེང་། ལི་ཧྲུང་ཤིས། ལྷུའུ་ཉིང་ཅང་། ཞུས་ཧྲུན་ཧྭ། ཚའི་ཧོང་ཧྲེང་། ཕའི་རན། ཀཱའོ་ཅིའུ་ཁྲེན། མ་ཡན་བཅས་རྩོམ་སྒྲིག་དགེ་རྒན་རྣམ་པར་ཐུགས་རྗེ་ཆེ་ཞུ་རྒྱུ་ཡིན།

1985ལོ་འགོར་ཧྲང་ཧེ་ཐུང་ཅི་སློབ་གྲྭ་ཆེན་མོ་ནས་ཀྲུང་གོའི་མི་རིགས་ཨར་སྐྲུན་གྱི་ཞིབ་འཇུག་གྲོས་ཚོགས་འཚོགས་སྐབས་རང་ཉིད་བོད་ལྟོངས་ཀྱི་འཐུས་མི་བྱས་ནས་ཚོགས་འདུར་ཞུགས་པ་ཡིན། ཚོགས་འདུའི་ཐོག་དགེ་རྒན་ཆེན་མོ་ལའོ་ཞའོ་ཕའེ། ཡུས་ཕའེ་གོ། ཧའེ་ཧྲུ་ཧྲུང་སོགས་མཁས་དབང་རྣམ་པ་ངོ་ཤེས་པ་དང་། ཚོགས་འདུའི་ཐོག་དགེ་རྒན་རྣམ་པས

བོད་ལྗོངས་ཀྱི་མི་རིགས་ཨར་སྐྲུན་གྱི་ཞིབ་འཇུག་ལས་དོན་ལ་ཤུགས་སྐྱོན་རྒྱག་དགོས་པའི་སྐོར་གྱི་འགངས་ཆེའི་དགོངས་འཆར་མང་པོ་གནང་བ་དང་། རང་ཉིད་ལ་ངེས་པར་དུ་མི་རིགས་ཨར་སྐྲུན་ཞིབ་འཇུག་གི་ལས་ཀ་རྒྱུན་འཛིན་བྱེད་དགོས་པའི་སྐུལ་མ་གནང་བྱུང་བར་ཐེངས་འདིའི་ཚོགས་འདུའི་ནང་རང་ཉིད་ལ་སྐུལ་འདེད་ཤུགས་ཆེན་ཐོབ་བྱུང་བས་ཐུང་ཅི་སློབ་ཆེན་གྱི་དགེ་རྒན་རྣམ་པར་སྙིང་དབུས་ནས་ཐུགས་རྗེ་ཆེ་ཞུ་རྒྱུ་ཡིན།

སྤྱི་ལོ1994ལོར་ང་རང་གིས་པེ་ཅིང་གྲུང་ཧྭ་མི་རིགས་སྤྱི་སློབ་ཀྱི་བོད་རིགས་ཡུལ་ལྗོངས་འཆར་འགོད་ཀྱི་ལས་འགན་འཁུར་སྐབས་ཡོན་ཧྲི་ཧའེ་ཐྲུ་ཧྲུང་ལགས་ཀྱིས་མི་རིགས་སྤྱི་སློབ་ཁྲིན་ཡོངས་ཀྱི་རྟུས་འགོད་བཀོད་འདོམས་གནང་བ་དང་། ཡུན་ནན། ཀུའེ་ཀྲུའོ། སྒྲུ་ཅན། ལེའོ་ཉིང་སོགས་ཞིང་ཆེན་ཁག་གི་དགེ་རྒན་ཆེན་མོ་མང་པོས་གྲངས་ཉུང་མི་རིགས་སོ་སོའི་ཡུལ་ལྗོངས་འཆར་འགོད་གནང་གི་ཡོད་པས་རང་ཉིད་ནས་ཀྱང་གྲངས་ཉུང་མི་རིགས་གཞན་གྱི་ཨར་སྐྲུན་ཁྱད་ཆོས་ལ་རྒྱུས་མངའ་ངེས་ཅན་ལོན་ཐུབ་པ་བྱུང་། སྐབས་དེར་ང་རང་ལོ45ཡིན་པས་འཆར་འགོད་ཚོགས་པའི་ནང་ལོ་ཆུང་ཤོས་ཡིན། དགེ་རྒན་རྣམ་པས་ཕྱུགས་མི་འདྲ་བའི་ཐད་ནས་སློབ་སྟོན་དང་རོགས་རམ་གནང་བྱུང་ལ་ཁོང་རྣམ་པས་བོད་ལུགས་ཨར་སྐྲུན་གྱི་དམིགས་བསལ་ཅན་གྱི་ཁྱད་ཆོས་ལ་བསྔགས་བརྗོད་ཆེན་པོ་གནང་ཞིང་། ངའི་འཆར་འགོད་ཀྱི་ལག་རྩལ་དང་དཔེ་རིས་བྲིས་པའི་སྤུས་ཚད་ལ་གདེང་འཛོག་ཆེན་པོ་གནང་ཐོག་མཇུག་ཏུ་ང་རང་གིས་བྲིས་པའི་བོད་རིགས་ཡུལ་ལྗོངས་ཀྱི་འཆར་འགོད་ལ་ཕུལ་བྱུང་འཆར་འགོད་ཀྱི་གཟེངས་རྟགས་ཀྱང་གནང་བྱུང་། འདི་ནི་ངས་གནའ་བོའི་ཨར་སྐྲུན་འདྲ་བཤུས་འཆར་འགོད་བྱ་བའི་ལག་ལེན་དངོས་ཤིག་ཡིན་པས་ཀྲུང་ཧྭ་མི་རིགས་སྤྱི་སློབ་དང་ཧའེ་ཐྲུ་ཧྲུང་དང་ཞང་ཕེང་སོགས་དགེ་རྒན་རྣམ་པའི་ཐུགས་འཁུར་དང་རྒྱབ་སྐྱོར་གནང་བར་ཐུགས་རྗེ་ཆེ་ཞུ་རྒྱུ་ཡིན།

1999ལོའི་ཟླ9པར་རྒྱལ་ཁབ་འཛུགས་སྐྲུན་པུའུ་ནས་བོད་ལ་ཕེབས་པའི་ཞང་ཁེ་ཁྲིའུ་ཀྲང་ནས་འོས་སྦྱོར་བྱས་པ་བརྒྱུད་ཆིང་ཧྭ་ཨར་སྐྲུན་ལས་གྲྭའི་སློབ་གླིང་གིས་གདན་ཞུས་གནང་ཞིང་སློབ་གླིང་ཏང་ཨུད་ཧྲུའུ་ཅི་ཙོ་ཁྲིན་དང་སློབ་གཙོ་ཆེང་ལགས་གཉིས་ནས་སྟེ་ལེན་གནང་བ་དང་། རང་ཉིད་ལ་བོད་ཀྱི་གནའ་རབས་ཨར་སྐྲུན་སྐོར་གྱི་སློབ་ཁྲིད་གཏམ་བཤད་བྱ་རྒྱུའི་བཀོད་སྒྲིག་གནང་བྱུང་། ཡོན་ཧྲི་ཞྭུའུ་ལེང་ཡུང་སྐུ་ངོ་མ་ཚོགས་རང་རར་ཕེབས་ཤིང་བོད་ལྗོངས་ཨར་སྐྲུན་འཆར་འགོད་ཁང་ནས་ངེས་པར་དུ་བོད་ཀྱི་གནའ་རབས་ཨར་སྐྲུན་ལ་ཞིབ་འཇུག་བྱ་རྒྱུའི་ལས་དོན་རྒྱུན་འཛིན་བྱ་དགོས་པ་དེ་ནི་བྱས་རྗེས་དེང་འདིར་བཞག ཕན་འབྲས་སྐལ་བརྒྱུར་ཐོན་པའི་ལྟབས་ཆེན་གྱི་བྱ་གཞག་ཅིག་རེད་ཅེས་བཀའ་སློབ་གནང་བ་དང་། ཁོང་གིས་ཆིང་ཧྭ་ཨར་སྐྲུན་ལས་གྲྭའི་སློབ་གླིང་ནས་ཀྱང་རྗེས་སུ་བོད་ཀྱི་གནའ་རབས་ཨར་སྐྲུན་སྐོར་གྱི་ཞིབ་འཇུག་བྱེད་སྒོ་སྤེལ་དགོས་པའི་འབོད་སྐུལ་ཡང་གནང་སོང་། གཞན་ཡང་ང་རང་གི་དགེ་རྒན་གྲུང་ཡའོ་ཙུའུ་ནི་ལོ་རབས་དྲུག་ཅུའི་སྐབས་ཀྱི་ཆིང་ཧྭ་སློབ་ཆེན་གྱི་ཕུལ་བྱུང་སློབ་མ་ཡིན་ཞིང་། ཁོང་གི་འཛིན་གྲྭའི་དགེ་རྒན་ཀྲའོ་པིང་ཧྲི་ཡང་ཚོགས་རར་ཕེབས་སོང་།

དགེ་རྒན་ཆེན་མོ་ཀྲུའུ་ལེང་ཡུང་ནས་ང་དང་ཆེང་ཧྭ་དགེ་རྒན་རྣམ་པ་མཉམ་དུ་སློབ་དཔོན་ཆེན་མོ་ལེང་ཟེ་ཁྲིང་གི་འདྲ་སྐུའི་མདུན་ལ་དྲན་རྟེན་གྱི་མཉམ་པར་ཡང་བརྒྱབ་གནང་བྱུང་། འདི་ནི་ང་རང་མི་ཚེ་གཅིག་ལ་བརྗེད་ཐབས་མེད་པ་ཞིག་ཡིན། ང་ནི་དགེ་རྒན་གྲུང་ལགས་ཀྱི་དགེ་ཕྲུག་ཡིན་པ་དང་ཆེང་ཧྭ་སློབ་ཆེན་ལ་སླེབས་དུས་དགེ་རྒན་གྲུང་ལགས་ཀྱི་དགེ་རྒན་དང་། དགེ་རྒན་རྒན་རབས་རྣམ་པས་བཀའ་སློབ་ཉམས་སུ་མྱོང་རྒྱུ་ཡོད་པ་ནི་གཟི་བརྗིད་ག་འདྲ་ཞིག་རེད། དེ་ནས་ཧྲན་ཡང་ལས་གྲྭའི་སློབ་གླིང་གི་སློབ་གཙོ་ཁྲིན་པའི་ཁྲའོ་ནས་གདན་ཞུས་གནང་ནས་སློབ་གྲྭ་ཡོངས་ལ་བོད་ཀྱི་གནའ་རབས་ཨར་སྐྲུན་གྱི་རྣམ་པ་དང་ཁྱད་ཆོས་སྐོར་སློབ་ཁྲིད་བྱས་པ་ཡིན། སློབ་གཙོ་ཁྲིན་ལགས་ནས་དགེ་རྒན་ཚུའི་གོང་ཧེ་དང་ལས་གྲྭ་སློབ་གླིང་གི་བོད་རིགས་སློབ་གྲྭ་བ་གཅིག་པུ་འཇིགས་མེད་བཀྲ་ཤིས་གཉིས་ཆེད་མངགས་རོགས་པར་མངགས་ནས་བོད་རིགས་ཨར་སྐྲུན་གྱི་ཁྱད་ཆོས་ཆེན་པོ་ལྡན་པའི་ཧྲན་ཡང་ཕོ་བྲང་རྙིང་པའི་ཨར་སྐྲུན་དང་གྲོང་ཁྱེར་གྱི་ཕྱོགས་བཞིར་ཡོད་པའི་བོད་ལུགས་མཆོད་རྟེན་གྱི་ཨར་སྐྲུན་བཅས་ལ་ལྟ་སྐོར་དང་རྟོག་ཞིབ་བྱས་པས་མིང་རྒྱལ་རབས་སྐབས་ཀྱི་བོད་ཀྱི་ཁྱད་ཆོས་ལྡན་པའི་ཨར་སྐྲུན་རྒྱལ་ནང་དུ་ཁྱབ་སྤེལ་བྱུང་ཚུལ་དང་རྒྱ་བོད་གཉིས་ཀྱི་ཨར་སྐྲུན་ཟུང་འབྲེལ་བྱས་པའི་ཁྱད་ཆོས་བཅས་ཤེས་རྟོགས་ཡག་པོ་བྱུང་།

འཇིགས་མེད་བཀྲ་ཤིས་ནི་མཚོ་སྔོན་ཡུལ་ཤུལ་གྱི་མི་ཡིན་ཞིང་། ཁོང་རྗེས་སུ་ཆེང་ཧྭ་རྟུས་འགོད་སློབ་གླིང་གི་ཞིབ་འཇུག་སློབ་མ་ཡིན་པ་དང་། ཡུལ་ཤུལ་ལ་གནོད་སྐྱོན་ཕོག་རྗེས་སླར་གསོ་བྱས་པའི་ལས་གྲྭའི་ནང་ངའི་ས་ནས་བོད་ལུགས་ཨར་སྐྲུན་གྱི་འཆར་འགོད་དང་ཨར་ལས་ཀྱི་ལག་རྩལ་སློབ་སྦྱོང་བྱས་ནས་ངའི་དགེ་ཕྲུག་བྱས་པ་རེད། མཚོ་སྔོན་མགོ་ལོག་བོད་རིགས་རང་སྐྱོང་ཁུལ་གྱི་དར་ལག་རྫོང་གི་གེ་སར་ཕོ་བྲང་སེང་འབྲུག་སྟག་རྩེའི་རྟུས་འགོད་དང་ཨར་སྐྲུན་འཆར་འགོད་ཚང་མ་ང་གཉིས་མཉམ་ལས་བྱས་པ་ཡིན།

2003ལོ་འགོར་དགེ་རྒན་ཆེན་མོ་ཀྲུའུ་ལེང་ཡུང་དང་ཀྲའོ་ཀན་ཁྲི་གཉིས་ཆེད་དུ་ལྷ་སར་རྟོག་ཞིབ་གནང་བར་ཕེབས་ནས་བོད་ཀྱི་ཨར་སྐྲུན་ཁག་ལ་གཟིགས་སྐོར་གནང་བ་རེད། རང་སྐྱོང་ལྗོངས་འཛུགས་སྐྲུན་ཐིང་ནས་ང་ལ་ཡོན་ཏི་གཉིས་ལ་ཕེབས་རོགས་ཞུ་དགོས་པའི་བཀོད་སྒྲིག་གནང་བྱུང་། སྐུ་ཞབས་ཀྲུའུ་ལགས་དགུང་ལོ80ལ་ཕེབས་པ་དང་ཡོན་ཏི་ཀྲའོ་ལགས་དགུང་ལོ70ལ་ཕེབས་ཡོད་ཀྱང་ཁོང་རྣམ་གཉིས་ས་མཐོ་མི་འཕྲོད་པར་འཇེམས་སྣང་མེད་པར་ཕོ་བྲང་པོ་ཏ་ལ་དང་ལྷ་ལྡན་གཙུག་ལག་ཁང་། བར་སྐོར་བཅས་ལ་ཀྲང་ཐང་ལ་ཕེབས་ནས་རྟོག་ཞིབ་གནང་སོང་། ལྷག་པར་དུ་སྐུ་ཞབས་ཀྲུའུ་ལགས་རང་རྒྱལ་གྱི་ཡང་རྩེར་སོན་པའི་རྟུས་འགོད་མཁས་ཅན་ཞིག་གི་ངོས་ནས་གནའ་བོའི་ལྷ་སའི་གྲོང་ཁྱེར་རྙིང་པའི་བར་སྐོར་ཁྲོམ་ལམ་གྱི་ཆགས་ཚུལ་ལ་གཏིང་འཇོག་ཆེན་པོ་གནང་གི་འདུག ཁོང་གིས་ཕན་ཚུན་ཞིབ་བསྡུར་བྱས་པ་ཡིན་ན་ཕྱོགས་ཁ་ཤས་ལ་གནའ་བོའི་ལོ་མ་གྲོང་ཁྱེར་ལས་ལྷག་པ་འདུག་ཅེས་གསུངས་འདུག ཕྱི་ཚུལ་ནས་བྱས་ན་ངས་ཁོང་གཉིས་ལ་བོད་ཀྱི་རྩ་ཆེའི་རིག་དངོས་ཤུལ་བཞག་རྣམས་ངོ་སྤྲོད་ཞུས་པའི་ཁུལ་ཡིན་ན་ཡང་མཁས་དབང་གཉིས་ཀྱིས་ཚད་མཐོའི་སྒོ་ནས

གནའ་རབས་ཨར་སྐྲུན་ལ་ཞིབ་འཇུག་དང་སྲུང་སྐྱོབ་བྱ་སྐབས་ཞིབ་ནན་དང་འགག་རྩར་འཛིན་དགོས་པའི་དོན་གནད་སྐོར་བཀའ་སློབ་མང་པོ་གནང་བྱུང་། ང་རང་གི་ངོས་ནས་བཤད་ན་ཐོབ་དཀའ་བའི་སློབ་སྦྱོང་གི་དུས་སྐབས་ཤིག་ཡིན་ལ་མི་ཚེ་གཅིག་ལ་བརྗེད་ཐབས་གཏན་ནས་མེད། དེར་བརྟེན་ངས་སེམས་འགུལ་ཆེན་པོ་ཐེབས་པའི་བསམ་པའི་ཐོག་ནས་ཁོང་ཡོན་ཏི་མཁས་དབང་རྣམ་པ་གཉིས་དང་ཆིང་ཧྭ་སློབ་ཆེན་གྱི་དགེ་རྒན་རྣམ་པ། ཧུན་ཡང་སློབ་གླིང་གི་སློབ་གཙོ་ཁྲིད་པའི་ཁྲའོ་དང་དགེ་རྒན་རྣམ་པར་སྙིང་དབུས་ནས་ཐུགས་རྗེ་ཆེ་ཞུ་རྒྱུ་ཡིན།

སྤྱི་ལོ2011ལོའི་འགོར་ཧྭ་ནན་བཟོ་རྩལ་སློབ་ཆེན་གྱི་དགེ་རྒན་ཆེན་མོ་ལུའུ་ཡོན་ཏིང་གིས་གཙོ་སྐྱོང་གནང་ནས་རྒྱལ་ཡོངས་ཞིང་ཆེན་ཁག་གི་དམངས་ཁང་ཨར་སྐྲུན་གྱི་དཔེ་དེབ་ཚ་ཚད་ཞིག་པར་སྐྲུན་གནང་རྒྱུའི་འཆར་གཞི་བཀོད་གནང་བས་དགེ་རྒན་ཆེན་མོ་ལུའུ་ཡོན་ཏིང་དང་པེ་ཅིང་འཛུགས་སྐྲུན་བཟོ་ལས་དཔེ་སྐྲུན་ཁང་ནས་ང་ལ《བོད་ལྗོངས་དམངས་ཁང་》གི་རྩོམ་སྒྲིག་ལས་འགན་འཁུར་དགོས་པའི་རེ་བ་གནང་ཞིང་། རྩོམ་སྒྲིག་བྱས་པའི་གོ་རིམ་ནང་དགེ་རྒན་ཆེན་མོ་ལུའུ་ལགས་ནས་ང་ལ་ཆེད་དུ་ཀོང་གྲུའུ་ལ་ཡོང་ནས་རྩོམ་སྒྲིག་བྱ་ཚུལ་སླན་སེང་ཞུ་རུ་བཅུག་བྱུང་། མ་གཞི་དེ་སྔོན་རང་ཉིད་ཀྱི་ཞིབ་འཇུག་གི་གཙོ་གནད་སྐད་གྲགས་ཅན་གྱི་རིག་དངོས་གནའ་ཤུལ་ཁག་ཡིན་པ་ལས་དམངས་ཁང་གི་ཨར་སྐྲུན་ལ་དོ་སྣང་དེ་ཙམ་བྱ་རྒྱུ་མ་བྱུང་རུང་དགེ་རྒན་ཆེན་མོ་ལུའུ་ལགས་དང་པེ་ཅིང་འཛུགས་སྐྲུན་བཟོ་ལས་དཔེ་སྐྲུན་ཁང་གིས་རྒྱབ་སྐྱོར་རོགས་རམ་གནང་བའི་འོག་ལས་འགན་འདི་ལེགས་གྲུབ་བྱུང་སོང་། དེར་བརྟེན་པེ་ཅིང་འཛུགས་སྐྲུན་བཟོ་ལས་དཔེ་སྐྲུན་ཁང་གི་རྩོམ་སྒྲིག་པ་མ་ཡན་ལགས་དང་དགེ་རྒན་ཆེན་མོ་ལུའུ་ཡོན་ཏིང་མཆོག་ལ་ཐུགས་རྗེ་ཆེ་ཞུ་རྒྱུ་ཡིན།

མདོར་ན་ང་རང་གིས་ཐོག་མར་ཨར་སྐྲུན་འཆར་འགོད་སློབ་སྦྱོང་བྱས་པ་དང་། རྗེས་སུ་གནའ་རབས་ཨར་སྐྲུན་གྱི་ཞིབ་འཇུག་ལ་བསྒྱུར་ནས་མི་ལོ་བཞི་བཅུ་ཙམ་གྱི་རིང་དུས་རབས་འདྲ་མིན་དང་ས་གནས་འདྲ་མིན་ཁག་ལ་རྒྱལ་ཡོངས་ཀྱི་སློབ་གྲྭ་ཆེན་མོ་ཁག་གི་རྒན་རབས་པ་རྣམ་པ་དང་ཨར་སྐྲུན་ཚན་རིག་ཞིབ་འཇུག་སྡེ་ཚན་གྱི་རྩེར་སོན་མཁས་དབང་རྣམ་པས་སློབ་གསོ་དང་འབོད་སྐུལ་གནང་སྩོལ་བ་རྗེས་དྲན་བྱ་ཡོང་དུས་ཁོང་རྣམ་པ་ཤིན་ཏུ་དྲན་ཡོང་གི་འདུག རང་ཉིད་ཀྱིས《ཀྲུང་གོ་བོད་རིགས་ཀྱི་གནའ་རབས་ཨར་སྐྲུན་ལོ་རྒྱུས》ཀྱི་དེབ་འདི་ཞིབ་འཇུག་གི་གྲུབ་འབྲས་ཆུང་ངུ་ཞིག་ཁོང་རྒན་རབས་རྣམ་པ་དང་དགེ་རྒན་རྣམ་པར་སྤྱན་འབུལ་ཞུ་རྒྱུའི་རེ་བ་ཤིན་ཏུ་ཆེ་ན་ཡང་རྒན་རབས་རྣམ་པ་མ་ཚད་ང་རང་གི་བཀའ་དྲིན་ཅན་གྱི་དགེ་རྒན་ཁོང་ཁྲེན་ཡན་དང་ཀུང་ཡའོ་ཙུའུ་གཉིས་དགུང་ལོ་དེ་ཙམ་ཆེན་པོར་ཕེབས་མེད་ཀྱང་ད་ལྟ་གཉིས་ཀ་བཞུགས་མེད། བྱས་ཙང་ངས་ཡིད་ཤིན་ཏུ་སྐྱོ་བའི་ངང་ནས་ཐུགས་འཁུར་དང་སློབ་སྟོན་གནང་མཁན་རྒན་རབས་རྣམ་པ་དང་དགེ་རྒན་རྣམ་པ་ཡོངས་ལ་རྗེས་དྲན་དང་བཀའ་དྲིན་དྲན་བཞིན་ཡོད། མ་གཞི་ངས་གྲུབ་འབྲས་ཆེན་པོ་ཞིག་ཐོབ་ཐུབ་པ་བྱུང་མེད་རུང་། ཁྱེད་རྣམ་པའི་བཀའ་སློབ་ལྟར་གནའ་སྐྲུན་ཞིབ་འཇུག་གི་ལས་དོན་འདི་སྔ་ཕྱི་བར་གསུམ་དུ་རྒྱུན་འཛིན་བྱས

པ་ཡིན། དེ་ཡང་ངས་དགེ་རྒན་རྣམ་པར་བཀའ་དྲིན་གཟོ་བའི་ཁུལ་ཡིན།

གཞན་ཡང་ཐེངས་འདིའི་བོད་རིགས་ཀྱི་གནའ་བོའི་ཨར་སྐྲུན་གྱི་ལོ་རྒྱུས་དེབ་འདི་རྒྱ་བོད་ཤན་སྦྱར་གྱི་ཐོག་ནས་རྩོམ་སྒྲིག་ཞུས་པ་འདི་ཐོག་མ"བདུན་གཉིས་གཅིག"གི་སྦྱོང་བརྡར་འཛིན་གྲྭའི་སྐབས་ཀྱི་སྲོལ་རྒྱུན་ཞིག་ཀྱང་ཡིན། སྐབས་དེར་སྦྱོང་བརྡར་འཛིན་གྲྭའི་ཨར་སྐྲུན་ལས་བཟོ་པ་མང་ཆེ་བས་རྒྱའི་སྐད་ཡིག་ཤེས་ཀྱི་མེད་པས་དགེ་རྒན་རྣམ་པས་སློབ་ཁྲིད་བྱ་རྒྱུར་དཀའ་ངལ་ཆེན་པོ་འཕྲད་པ་རེད། དེ་ལ་བརྟེན་ནས་དགེ་རྒན་ཁོང་ལགས་དང་ཡེ་ལགས་གཉིས་ཀྱིས་ཨར་སྐྲུན་མིང་ཚིག་གི་ཚིག་མཛོད་ཆུང་ཆུང་རྩོམ་སྒྲིག་བྱས་ཏེ་ང་ལ་བོད་ཡིག་ཏུ་བསྒྱུར་དུ་བཅུག་ཅིང་། སློབ་ཁྲིད་སྐབས་ཀྱི་སྐད་སྒྱུར་བྱེད་བཅུག་པ་རེད། མ་གཞི་ནས་སྤྱི་ཚོགས་རྙིང་པའི་སྐབས་སུ་ཆེད་མངགས་ཀྱི་ཨར་སྐྲུན་མིང་ཚིག་དེ་དག་ལས་བཟོ་བའི་ཁྲོད་དུ་ཡོད་པ་ལས་ཡིག་རིགས་ཀྱི་དཔེ་དེབ་ནང་རྩ་བའི་ཚ་ནས་མཐོང་རྒྱུ་མེད། ལོ་རྒྱུས་དེབ་ཐེར་དང་རྣམ་ཐར་སོགས་ཀྱི་ཡིག་ཚའི་ནང་མིང་ཚིག་དེ་ཚོ་གཏན་ནས་མཐོང་རྒྱུ་མེད། དེང་སྐབས་ཀྱི་བོད་རྒྱ་ཡིག་བསྒྱུར་ནང་དུ་ཡང་ཨར་སྐྲུན་མིང་ཚིག་མ་འདང་བའི་གནས་ཚུལ་ཆེན་པོ་ཡོད་ལ་ཡིག་སྒྱུར་བྱས་པ་ཁག་གཅིག་ཀྱང་ཏག་ཏག་བསྡད་མེད་པའི་གནས་ཚུལ་མང་པོ་ལྷགས་ཡོད། དེར་བརྟེན་བོད་རྒྱ་ཤན་སྦྱར་གྱི་དེབ་རྩོམ་སྒྲིག་བྱ་དུས་ང་རང་ལ་ལས་ཀ་ལྷབ་འགྱུར་གྱིས་མང་དུ་ཕྱིན་པ་ཡིན་ན་ཡང་། བོད་ཡིག་ཐོག་གི་ཨར་སྐྲུན་གྱི་མིང་ཚིག་བེད་སྤྱོད་བྱ་རྒྱུ་དང་རྒྱུན་འཛིན་ཐུབ་པ་ཡོང་རྒྱུ་ནི་དམིགས་ཡུལ་གཙོ་བོ་དེ་ཡིན།

ད་དུང་ཐོག་མ1980ལོར་གནའ་རབས་ཨར་སྐྲུན་ལ་རྟོག་ཞིབ་བྱ་བའི་ལས་དོན་ནང་ང་ཚོས་པར་རྒྱག་རྒྱུའི་ལག་རྩལ་དེ་ཙམ་ཤེས་ཀྱི་མེད་པ། པར་རྒྱག་གི་ཡོ་བྱད་འདང་ངེས་མེད་པའི་སྐབས་སུ་སྐབས་དེའི་ཀྲུང་དབྱང་གསར་འགྱུར་གློག་བརྙན་བཟོ་གྲྭའི་ལྷ་སའི་པར་རྒྱག་ལས་ཁུངས་ཀྱི་དགེ་རྒན་བཀྲ་ཤིས་དབང་འདུས་དང་། ཚེ་བརྟན། འཇིགས་མེད་ཚེ་རིང་ལགས་བཅས་པར་རྒྱག་ལས་ཀའི་དགེ་རྒན་རྒན་རབས་པ་རྣམ་པས་ང་ཚོ་ལ་པར་ཆས་སོགས་སྒྲིག་ཆས་གཡར་གནང་བ་དང་། རིན་མི་དགོས་པའི་ཐོག་ནས་ཚོན་ཁྲའི་སྤྱིན་ཤོག་འཁྲིལ་མ་མགོ་འདོན་གནང་བ་མ་ཚད་པར་རྒྱག་ལག་རྩལ་ཁྲིད་སྟོན་ཡང་གནང་བྱུང་བར་ཁོང་རྣམ་པ་མང་ཆེ་བ་ད་ལྟ་འཚོ་བཞུགས་གནང་མེད་པས་ཁོང་རྣམ་པས་ང་ཚོ་ལ་སྙིར་སེམས་མེད་པའི་རོགས་རམ་དང་རྒྱབ་སྐྱོར་གནང་སྦྱོང་བར་ང་རང་སེམས་འགྱུལ་དཔག་མེད་ཐེབས་ཀྱི་འདུག ད་ལྟ་ང་རང་ལ་གྲུབ་འབྲས་ཐུན་བུ་ཐོབ་པའི་སྐབས་སུ་དང་ཐོག་ཆ་རྐྱེན་ཧ་ཅང་ཞན་པའི་སྐབས་རོགས་རམ་གནང་མཁན་ཚོ་བརྗེད་ག་ལ་སྲིད། ད་ལྟ་ངས་ཡིད་ཤིན་ཏུ་སྐྱོ་བའི་བསམ་ཚུལ་གྱིས་ཁོང་རྣམ་པ་ཡིད་ལ་འཁོར་བ་དང་བཀའ་དྲིན་རྗེས་དྲན་ཚད་མེད་ཞུ་རྒྱུ་ཡིན།

དེབ་འདི་པར་སྐྲུན་བྱས་པར་ཐོག་མ་རྒྱལ་ཁབ་པར་སྐྲུན་མ་དངུལ་འཆར་འགོད་དོ་དམ་གཞུང་ལས་ཁང་ནས་རྒྱབ་སྐྱོར་གནང་བར་ཐུགས་རྗེ་ཆེ་ཞུ་རྒྱུ་དང་ལྷག་པར་དུ་བོད་ལྗོངས་མི་དམངས་དཔེ་སྐྲུན་ཁང་ལ་ཐུགས་རྗེ་ཆེ་ཞུ་རྒྱུ་ཡིན། དཔེ་སྐྲུན་ཁང་གིས་ཤུགས་ཆེན་གྱིས་རྒྱབ་སྐྱོར་གནང་བས་ངས་ལོ་བཅུ་ཕྲག་ཁ་ཤས་རིང་བྲ་སྒྲིག་བྱས་པའི་《ཀྲུང་གོ་བོད་རིགས་ཀྱི་

གནའ་རབས་ཨར་སྐྲུན་ལོ་རྒྱུས》རྒྱ་བོད་ཤན་སྦྱར་གྱི་དེབ་འདི་པར་སྐྲུན་བྱེད་ཐུབ་སོང་། དཔེ་སྐྲུན་བྱས་པའི་གོ་རིམ་ནང་དཔེ་སྐྲུན་ཁང་གི་སྤྱི་ཁྱབ་རྩོམ་སྒྲིག་པ་དགེ་རྒན་ཧང་བརྩུགས་ལགས་དང་དགེ་རྒན་འཇིགས་མེད་དབང་གྲགས་ལགས་གཉིས་ཀྱིས་བོད་རྒྱ་ཡིག་རིགས་གཉིས་ཀྱི་རྩོམ་སྒྲིག་པའི་ཐུགས་འགན་བཞེས་པ་དང་། རྩོམ་སྒྲིག་པ་སྐལ་བཟང་མཚོ་དང་། སྐལ་བཟང་བདེ་སྐྱིད། བོད་ཡིག་རྩོམ་སྒྲིག་ཁང་། རྒྱ་ཡིག་རྩོམ་སྒྲིག་ཁང་གི་བློ་མཐུན་རྣམ་པས་ལྷག་བསམ་གྱིས་རོགས་རམ་གནང་བྱུང་བར་མཚམས་འདིར་ཐུགས་རྗེ་ཆེ་ཞུ་རྒྱུ་ཡིན།

དེ་ནས་ལོ་བཅུ་ཕྲག་ཁ་ཤས་རིང་ལྗོངས་ཡོངས་དང་རྒྱལ་ཡོངས་ས་ཁུལ་ཁག་ལ་གནའ་བོའི་ཨར་སྐྲུན་རྟོག་ཞིབ་དང་ཚད་ལེན་བྱས་པའི་ལས་ཀའི་ནང་རོགས་རམ་གནང་མཁན་ང་ཚོའི་ལས་ཁུངས་ཀྱི་འགོ་ཁྲིད་དང་ལས་རོགས་ཧྲུ་ཀྲེང་ཏའོ། མ་ཞའོ་ལི། སྤེན་དབང་། ཀྲང་ཤན་རོང་། ལིའུ་ལིན། ལའེ་ཙན། བློ་བཟང་དགེ་ལེགས། བཀྲ་ཤིས་ཕུན་ཚོགས། སོང་ནེ་ཆེང་། ཆོས་དབྱིངས། ཡེ་ཤེས་མཁའ་འགྲོ། བསྟན་འཛིན་མཁའ་འགྲོ། ཕུན་བསྟན། ཚེ་དབང་སོགས་དང་། ད་དུང་ཕ་ཡུལ་དང་ཁམས་ཕྱོགས་ལ་གནའ་བོའི་ཨར་སྐྲུན་རྟོག་ཞིབ་དང་རིག་དངོས་གནའ་སྐྲུན་སྲུང་སྐྱོབ་བྱས་པའི་ལས་དོན་ནང་རོགས་རམ་བྱ་མཁན་ཕ་ཡུལ་གྱི་མི་དང་ང་ཚོ་བློ་འདྲ་ཚོགས་པའི་ཁོངས་མི་པད་མ་གཡུ་སྒྲོན། ཚེ་རིང་དོན་འགྲུབ། དགྲ་འདུལ། ལི་མིང་ཆེན། ཧྲིང་ཞའོ། བཀྲ་ཤིས་སོགས་བློ་མཐུན་རྣམ་པ། དེའི་ནང་ནས་པད་མ་གཡུ་སྒྲོན་གྱིས་ལྷ་ས་དང་ལྷོ་ཁ། ས་སྐྱ་སོགས་ས་ཁུལ་དང་། ཡུལ་ཤུལ་དང་ནང་སོག་ས་ཁུལ་ལ་རྟོག་ཞིབ་དང་ཚད་ལེན་གྱི་བྱ་བར་རོགས་རམ་བྱས་པ་དང་། བློ་འདྲི་ཚོགས་པས་ཁོར་ཡུག་སྲུང་སྐྱོབ་དང་རི་དྭགས་སྲུང་སྐྱོབ་ཀྱི་བྱ་བ་ཧུར་བརྩོན་ཆེན་པོས་ལེགས་སྒྲུབ་བྱས་པ་མ་ཟད་རིག་དངོས་གནའ་སྐྲུན་ཉམས་གསོའི་ལས་དོན་ནང་འཚོ་བའི་བཀོད་སྒྲིག་དང་གཞོགས་འདེགས་ཀྱི་ལས་འགན་ལེགས་སྒྲུབ་བྱས་ཡོད་ཅིང་། ད་དུང་ཡུན་རིང་གི་བརྟག་དཔྱད་ཞིབ་འཇུག་གི་ལས་དོན་བྱ་སྐབས་ནང་མི་བདེ་སྐྱིད་ལགས་དང་བུ་བུ་མོས་ཧུར་བརྩོན་གྱིས་རོགས་རམ་གནང་ཡོད་པར་དེའི་ནང་བུ་འཇིགས་མེད་ངག་དབང་ནས་བོད་ལྗོངས་ལྷོ་ཁའི་ས་ཆ་ཁག་དང་། ཡུལ་ཤུལ་དང་ནང་སོག་ཧྲུའུ་ཏེ་གྲོང་ཁྱེར་སོགས་སུ་རྟོག་ཞིབ་དང་ཚད་ལེན་བྱས་པའི་སྐབས་སུ་ཚད་ལེན་བྱ་རོགས་དང་པར་རྒྱག་དང་ཕྱོགས་སྒྲིག་ལས་ཀ་བྱེད་རོགས་བྱས་པ་མ་ཟད་རླངས་འཁོར་བཏང་ནས་སྐྱེལ་བསྐྱུ་བྱེད་པ། ད་དུང་ཡུལ་ཤུལ་དང་ནང་སོག་སོགས་ས་ཁུལ་གྱི་རིག་དངོས་སླར་གསོའི་ལས་གྲྭའི་ནང་རྣམ་གྲངས་གཙོ་གཉེར་གྱི་འགན་ཁུར་ནས་གྲུབ་འབྲས་ཆེན་པོ་ཐོབ་ཡོད། བུ་མོ་བདེ་ཆེན་ལྷ་མཛེས་ནས་ཞིབ་འཇུག་སློབ་མ་སྦྱངས་རིང་དང་། མ་དངུལ་ཚོགས་པའི་འགན་འཁུར་བའི་རིང་། ལྷག་པར་དུ་མཉམ་འབྲེལ་རྒྱལ་ཚོགས་སློབ་གསོ་ཚན་རྩལ་སྒྲིག་འཛུགས་དང་མཉམ་འབྲེལ་བྱས་པའི་ལས་དོན་ནང་རྣམ་གྲངས་གཙོ་གཉེར་གྱི་འགན་འཁུར་བ་དང་། དབྱིན་ཡིག་དང་རྒྱ་ཡིག་གི་ཡིག་སྒྱུར། གནའ་བོའི་ཨར་སྐྲུན་ཉམས་གསོ་དང་ལྡེབས་རིས་སྲུང་སྐྱོབ་སོགས་ཀྱི་ལས་དོན་ནང་མ་དངུལ་འཚོལ་བསྡུ་བྱས་པ། དཀའ་ངལ་ཆེ་བའི་སློབ་གྲྭ་བར་

སློབ་ཡོན་རིགས་དང་དུལ་བཙལ་ཐབས་བཅས་བྱས་པ་རེད། གཞན་ཡང་བློ་འདྲི་ཚོགས་པ་འཛུགས་རྒྱུ་དང་གཉེར་སྐྱོང་གི་ལས་དོན་ནང་མཛད་རྗེས་ཆེན་པོ་འཇོག་གནང་ཡོད།

མདོར་ན་དཔེ་དེབ་འདི་རྩོམ་སྒྲིག་བྱེད་པའི་བརྒྱུད་རིམ་ནང་རྒྱལ་ཡོངས་ས་ཁུལ་ཁག་གི་བོད་ལུགས་གནའ་རབས་ཨར་སྐྲུན་ཁག་ལ་བརྟག་དཔྱད་ཞིབ་འཇུག་བྱ་བའི་ནང་ས་ཆ་དངོས་ནས་བྱུང་བའི་རྒྱུ་ཆ་དོ་མར་ཞིབ་འཇུག་དང་དབྱེ་ཞིབ་བྱས་པའི་འབྲས་བུ་ཡིན་པ་དང་ཕྱོགས་མཚུངས་མི་ལོ་བཞི་བཅུ་ལྷག་གི་རིང་སྔ་རྗེས་སུ་བསམ་ཡས་དགོན་པ་དང་ཕོ་བྲང་པོ་ཏ་ལ་སོགས་བོད་ལྗོངས་ས་ཁུལ་ཁག་གི་གནའ་བོའི་ཨར་སྐྲུན་རྣམས་ལ་སྲུང་སྐྱོབ་ཉམས་གསོའི་ལས་འགན་འཁུར་བའི་སྐབས་དང་། གཞན་ཡང་ཡུལ་ཤུལ་སོགས་ཁམས་ཁུལ་དང་། ནང་སོག་ཏུའུ་ཨེར་སྤོ་ཐ་རྫོང་དང་ཕྲུའུ་ཧེ་གྲོང་ཁྱེར་སོགས་སུ་གནའ་བོའི་ཨར་སྐྲུན་སྲུང་སྐྱོབ་ཉམས་གསོའི་འཆར་འགོད་དང་ལས་གྲྭའི་ནང་གསོག་འཇོག་བྱས་པའི་དངོས་ཡོད་ཀྱི་ཉམས་མྱོང་དང་ཁ་བྲལ་ཐབས་མེད། དེར་བརྟེན་ངས་ཡང་བསྐྱར་གོང་གསལ་དུས་སྐབས་མི་འདྲ་བ་དང་ས་ཆ་མི་འདྲ་བར་རོགས་རམ་རྒྱབ་སྐྱོར་གནང་མཁན་ཚང་མར་ཐུགས་རྗེ་ཆེ་ཞུ་རྒྱུ་ཡིན།

ད་དུང་ཕ་ཡུལ་གྱི་སློབ་གྲྭ་ཆེན་མོ་བ་སྡེ་དགེ་རྫོང་མ་ཧི་གད་མགོ་གྲོང་རྡལ་གྱི་གྲོང་དཔོན་གཞོན་པ་བསོད་ནམས་བདེ་འཛོམས་ཀྱིས2019ལོ་ནས་བཟུང་བོད་རྒྱ་ཡིག་རིགས་གཉིས་སྒྲིག་སྒྲད་ནང་འཇུག་རྒྱུ། དཔེ་རིས་དང་པར་རིས་ཕོན་ཆེན་འདེམས་སྒྲུག་བྱ་རྒྱུ་སོགས་རྩོམ་སྒྲིག་བྱ་བའི་ལས་ཀའི་ནང་ཞུགས་པར་ལྷག་པར་དུ་ཐུགས་རྗེ་ཆེ་ཞུ་རྒྱུ་ཡིན།

ལོ་བཞི་ལྷག་གི་རིང་རྩོམ་སྒྲིག་བྱས་པའི་གོ་རིམ་ནང་ལྷ་ས་མིང་ཤིན་པར་འདེབས་བཟོ་གྲྭའི་འགོ་ཁྲིད་དང་སྒྲིག་སྒྲད་ཁང་གི་བློ་མཐུན་ཚོས་ཡི་གེ་དང་པར་སྒྲིག་བྱ་རྒྱུའི་ཐད་ལ་རྒྱབ་སྐྱོར་རོགས་རམ་ཚད་མེད་གནང་བར་སྙིང་དབུས་ནས་ཐུགས་རྗེ་ཆེ་ཞུ་རྒྱུ་ཡིན།

མཚོ་བོད་མཐོ་སྒང་ས་ཁོངས་ཤིན་ཏུ་རྒྱ་ཆེན་པོ་ཡིན་ཞིང་། དེབ་འདིའི་ནང་བཀོད་པའི་ས་ཆ་མང་པོ་ཞིག་ལ་རང་གིས་བརྟག་དཔྱད་ཞིབ་འཇུག་གཏིང་ཟབ་མོ་བྱུང་མེད་པ་དང་། ས་ཆ་ཁ་ཤས་ལ་རང་ཉིད་སླེབས་ཐུབ་མེད་པ་བཅས་ལ་བརྟེན་ས་ཁུལ་སོ་སོའི་ཨར་སྐྲུན་གྱི་ཁྱད་ཆོས་ངོ་སྤྲོད་བྱ་སྐབས་ཆ་ཚང་བ་དང་ཞིབ་ཚགས་པོ་བྱུང་ཐུབ་མེད་པས་གཟིགས་མཁན་རྣམ་པས་དགོངས་བཞེས་གནང་རོགས།

ལྷག་པར་དུ་མཚོ་བོད་མཐོ་སྒང་གི་དམིགས་བསལ་ཁྱད་ཆོས་ལྡན་པའི་གནའ་རབས་ཨར་སྐྲུན་མང་པོ་ཞིག་ངོ་སྤྲོད་ཞུས་པར་དཔེ་རིས་དང་ཡིག་ཆ་ཟུང་འབྲེལ་བྱས་ནས་འགྲེལ་བཤད་རྒྱག་དགོས་པ་ཡིན་ལ། དེ་ཡི་ནང་ནས་ལྷ་ལྡན་གཙུག་ལག་ཁང་དང་། བསམ་ཡས་དགོན་པ། ཕོ་བྲང་པོ་ཏ་ལ་སོགས་འགངས་ཆེའི་ཨར་སྐྲུན་ཁག་གི་ཉམས་གསོ་ལ་རྩོམ་པ་པོ་རང་ཉིད་དངོས་སུ་བཞུགས་མྱོང་བ་ཡིན། ཡིན་ན་ཡང་དེབ་འདིའི་ནང་བཀོད་མི་ཚར་བས་གཤམ་དུ《གྲུང་གོ་བོད་རིགས་ཀྱི་

གནའ་རབས་ཨར་སྐྲུན་ལོ་རྒྱུས། དཔྱད་གཞི་གཙང་དེབ་》དང་《ཀྲུང་གོ་བོད་རིགས་ཀྱི་གནའ་རབས་ཨར་སྐྲུན་ལོ་རྒྱུས། མདོ་ཁམས་དེབ་》ནང་ངོ་སྤྲོད་ཞུ་རྒྱུ་ཡིན།

མཚོ་བོད་མཐོ་སྒང་གི་ཨར་སྐྲུན་གྱི་ལོ་རྒྱུས་ཤིན་ཏུ་ཡུན་རིང་བ་ཡིན་ན་ཡང་མི་རབས་གོང་མ་རྣམས་ཀྱིས་བཞག་པའི་ཡིག་ཆ་སོགས་ཧ་ཅང་དཀོན་པོ་ཡིན་པ་དང་། གནའ་རབས་ཨར་སྐྲུན་གྱི་རྗེས་ཤུལ་གནས་ཡོད་པ་ཡང་མང་པོ་མེད་པས་ཨར་སྐྲུན་གྱི་ལོ་རྒྱུས་རྩོམ་འབྲི་བྱ་དུས་ཆ་ཚང་བ་དང་ སྒྲུས་ལེགས་པོ་བྱུང་ཐབ་མེད་པ། ལྷག་པར་རང་ཉིད་ཀྱི་ཚུ་ཚད་མཐོན་པོ་མེད་པའི་རྐྱེན་གྱིས་མ་འདང་བ་དང་ནོར་འཁྲུལ་ཡོད་ངེས་ཡིན་པས་དགེ་རྒན་རྣམ་པ་དང་ལས་རིགས་འདི་ཡི་ལས་རོགས་རྣམ་པས་སྐྱོན་བརྗོད་དང་ཡོ་བསྲང་གནང་རོགས་ཞུ་རྒྱུ་ཡིན།

མཐར་རྒྱལ་ཡོངས་ས་ཁུལ་ཁག་གི་རིག་དངོས་གནའ་སྐྲུན་གྱི་ཆེད་ལས་པ་རྣམ་པས་འཛམ་གླིང་ཐོག་ཁྱད་དུ་འཕགས་པའི་མཚོ་བོད་མཐོ་སྒང་གི་གནའ་རབས་ཨར་སྐྲུན་ལ་རྒྱུན་མི་ཆད་པར་ཞིབ་འཇུག་དང་དཔྱད་བསྡུར་གནང་ནས་ཀྲུང་ཧྭ་མི་རིགས་ཀྱི་ཕྱུལ་བྱུང་གི་རིག་གནས་འདི་སྲུང་སྐྱོབ་དང་རྒྱུན་འཛིན་གནང་རྒྱུའི་ལས་དོན་འདི་ཡུན་ནས་ཡུན་དུ་རྒྱུན་འཁྱོངས་གནང་རོགས་ཞུ་རྒྱུ་ཡིན།

མི་ཉག་ཆོས་ཀྱི་རྒྱལ་མཚན་ནས།

2023ལོའི་ཟླ6ཚེས4ཉིན།

ཟུར་བཀོད།

汉藏对照建筑学专业词汇

ཡར་སྐྲུན་རིག་པའི་ཐ་སྙད་རྒྱ་བོད་ཤན་སྦྱར་མ།

A

ā

阿嘎土　ཨར་ཀ།（ས་ཨར་ཀ།）

ān

安全　བདེ་འཇགས།

安装　སྒྲིག་སྦྱོར།（ཞུ་སྒྲིག）

安全网　བདེ་འཇགས་དྲ་བ།（ཉེན་འགོག་དྲ་བ།）

安全阀　ཉེན་འགོག་གཅུས་ཕུར།

安定　བརྟན་འཇགས།（ལྷིང་པོ།）

àn

暗河　ས་འོག་རྒྱུགས་ཆུ།

暗沟　ས་འོག་ཡུར་བུ།

暗线　སྦས་སྐུད།（མངོན་མེད་སྐུད་པ།）

暗管　སྦས་པའི་ཨོར་སྦུག（མངོན་མེད་ཨོར་སྦུག）

暗销　མངོན་མེད་སྦ་སྒྲི།

凹陷　བརྡིབས་པ།

凹廊　བསིལ་གཡབ།

凹缝　མིག་འདག་ཀོང་དོང་།

B

bái

白水泥　ཨར་འདམ་དཀར་པོ།

白石子　རྡོ་ཕྲུག་དཀར་པོ།

白云石　རྡོ་དཀར་གོང་།

白铁皮　ལྕགས་ཤོག་དཀར་པོ།

bǎi

百叶　ཀླུང་འཁྲོ།

百叶窗　སྒེའུ་ཁུང་རྩིབས་ལག

bǎn

板墙　པང་ལེབ་ཀྱི་རྩིག

板面　པང་ལེབ་ཀྱི་ངོས།

板条墙　ཤིང་ལེབ་ཀྱི་རྩིག

bàn

半刚性　ཕྱེད་མཁྲེགས་ལྡན་རང་བཞིན།

半刚性地面　ཕྱེད་མཁྲེགས་ལྡན་རང་བཞིན་གྱི་ས་ངོས།

半玻门　ཕྱེད་ཤེལ་སྒོ།

bǎng

绑扎　བསྡམས་བཀྲིག

báo

薄　སྲབ་པོ།

薄板　པང་ལེབ་སྲབ་པོ།

薄壳屋面　སྣོད་དབྱིབས་སྲབ་ཐོག

bǎo

保护层　སྲུང་སྐྱོབ་རིམ་པ།

保温　དྲོད་སྲུང་།

保温墙　དྲོད་སྲུང་གི་རྩིག（དྲོད་སྲུང་རྩིག་པ།）

保温层　དྲོད་སྲུང་བང་རིམ།

保温性能　དྲོད་སྲུང་ནུས་པ།

保险螺栓　ཉེན་འགོག་གཅུས་གཟེར།

饱和　ཚད་ལོངས་པ།

bào

爆破　མེ་རྫས་སྒྲར་བ།（འབར་གཏོར།）

爆破桩　འབར་གས་ཕུར་པ།

刨(铇)　འབུར་ལེན།

刨方　འབུར་ལེན་གྱིས་གྲུ་བཞི་བཟོ་བ།

刨光　འབུར་ལེན་གྱིས་འཇམ་པོ་བཟོ་བ།

刨花　འབུར་ཤོག

刨花板　འབུར་ཤོག་པང་ལེབ།

bèi

备料　རྒྱུ་ཆ་གྲ་སྒྲིག

bèn

笨重　ལྗིད་རྫོབ།

笨拙　གོབ་ཧྲོ།（གླེན་རྟགས་ཆ་བ།）

bēng

崩塌　འཐོར་ཞིག　ཉིལ་བ།

bǐ

比例　བསྡུར་ཚད།

比例尺　བསྡུར་ཚད་ཁྲི་ཅེ།

比重　ལྗིད་ཚད་བསྡུར་བ།

bì

必须　ངེས་པར།（དགོས་ངེས།）

壁　རྩིག（གྱང་།）

壁柱　རྩིག་གདོང་།

壁板　རྩིག་ངོས་པང་ལེབ།

biān

边坡　གཟར་ངོས།（ཟུར་གསེག）

边坡斜度　ཟུར་ངོས་ཀྱི་གཟར་ཚད།

边框　མཐའ་སྒྲོམ།

边挺　མཐའི་སྡོང་།

边缘　མཐའ།（མུ་མཐའ།）

biǎn

扁钢　ངར་ལྕགས་ལེབ་རིང་།

扁铁　ལྕགས་ལེབ་རིང་།

biàn

变形　དབྱིབས་འགྱུར།

变硬　མཁྲེགས་པོར་གྱུར་པ།

变软　མཉེན་པོར་གྱུར་པ།

变脆　སོབ་དོ།

变压器　གློག་གི་གནོན་ཤུགས་སྒྱུར་ཡོ་བྱད།

变形缝　དབྱིབས་འགྱུར་སྲུབས་ཀ

变性　　ངོ་བོ་འགྱུར་བ།

biāo

标志线　　མཚོན་ཐིག （མཚོན་རྟགས་ཐིག）

标志桩　　མཚོན་བྱེད་ཕུར་པ། （མཚོན་རྟགས་ཕུར་པ།）

标注　　རྟགས་འགོད་མཆན་འགྲེལ།

标准　　ཚད་གཞི།

标准图　　ཚད་འཛིན་དཔེ་རིས།

标准化　　ཚད་གཞི་ཅན།

标号　　མཚོན་རྟགས།

标高　　མཐོ་ཚད།

biǎo

表面　　ཕྱིའི་ངོས།

表示　　མཚོན་པ།

bīng

冰　　འཁྱགས་པ།

冰冻　　དར་ཆགས་པ། （འཁྱགས་བརྒྱབ།）

bō

波形　　རྦབས་དབྱིབས།

波桩　　རྦབས་གཟུགས།

波纹　　ཆུ་རིས།

玻璃　　ཤེལ་སྒོ།

玻璃窗　　ཤེལ་ཁྲའི་སྒེའུ་ཁུང་།

玻璃窗扇　　ཤེལ་ཁྲ།

玻璃丝　　ཤེལ་སྐུད།

玻璃布　　རས་ཤེལ།

玻璃棉　　ཤེལ་བལ།

bù

部分　　ཆ་ཤས། （ཁག་གཅིག）

不均匀　　སྙོམས་པོ་མེད་པ།

不起尖　　ཐལ་བ་མི་ལངས་པ།

不同　　མི་འདྲ་བ།

不允许　　བྱེད་མི་འགྲིག （བྱེད་མི་ཆོག）

不大于　　ཆེ་མ་དྲགས་པ།

不小于　　ཆུང་མ་དྲགས་པ།

布局　　བཀོད་སྒྲིག （ཁའགྲེམས་སྟངས།）

布置　　བཀོད་སྒྲིག （སྒྲིག་པ།）

C

cā

擦光　　བདར་ནས་འཇམ་པོ་བཟོས་པ།
（བདར་ནས་འོད་རྒྱག་པ།）

擦脚板　　རྐང་པ་ཕྱི་སའི་པང་ལེབ།

cái

裁口　　སྙེམ།（ཉག་ཁ།）

材料　　རྒྱུ་ཆ།

材料试验　　རྒྱུ་ཆ་ཚོད་ལྟ།

材料准备　　རྒྱུ་ཆ་གྲ་སྒྲིག

cǎi

彩色　　ཚོན་ཁྲ།

彩色水泥　　ཚོས་ལྡན་ཨར་འདམ།

彩色石渣　　ཚོས་ལྡན་རྡོ་ཞིབ།

彩色玻璃　　ཚོས་ལྡན་ཤེལ་སྒོ།

彩画　　ཚོན་ཁྲའི་རི་མོ།（ཚོན་རིས།）

采用 ལག་ལེན། （སྤྱོད་པ།）

采纳 ཁས་ལེན། （དང་ལེན།）

采光 འོད་ལེན་པ། （དཀར་ཆ་ལེན་པ།）

采光口 དཀར་ཁུང་། （དཀར་ཆ་ཡོང་ས།）

采暖 དྲོད་ལེན།

采取 ལག་ལེན། （བེད་སྤྱོད།）

cāng

仓库 མཛོད་ཁང་། （བང་མཛོད།）

cāo

操作 ཁ་བསྒྱུར།

操作杆 ཁ་སྒྱུར་ཡུ་བ།

cáo

槽形瓦 ཨོར་གཟུགས་ཐོག་གཡམ།

槽形板 ཨོར་གཟུགས་ཐོག་པང་།

槽钢 ཨོར་གཟུགས་ངར་ལྕགས།

槽刨 ཤུར་ལེན།

cǎo

草酸 སྐྱུར་རྩྭ། （རྩྭ་ཞིག）

草测 རགས་ཐིག་ལེན་པ།

草图 རགས་བྲིས།

草稿 ཟིན་བྲིས།

草泥 རྩྭ་འདག

cè

测量 ཐིག་ལེན། （ཚད་ལེན། ཐིག་ཚད།）

测绘 ཐིག་རིས།

厕所 གསང་སྤྱོད།

侧窗 ཟུར་ངོས་སྒེའུ་ཁུང་།

侧面 ཟུར་ངོས།

céng

层次 གོ་རིམ། （བང་རིམ།）

层板 པང་ལེབ་བང་རིམ་ཅན།

chā

插销 ཨ་ཤིང་།

插口灯头 ཨ་ཤིང་ཤེལ་ཏོག་འགོ།

插口灯泡 ཨ་ཤིང་ཤེལ་ཏོག

插入 བཙུགས་པ།

chá

察看 ལྟ་ཞིབ།

chái

柴油 ཕུད་སྣུམ།

柴油机 ཕུད་སྣུམ་འཕྲུལ་འཁོར།

chǎn

铲平 འབྲད་འབྲད་བཏང་ནས་སྙོམས་པ།

铲光 འབྲད་འབྲད་བཏང་ནས་འཇམ་པོ་བཟོ་བ།

产品 ཐོན་དངོས།

cháng

常温 རྒྱུན་དྲོད།

常识 རྒྱུན་ཤེས།

常用 རྒྱུན་སྤྱོད།

长脚合页 ཀབ་ཅར་རྐང་རིང་།

长插销 ཨ་ཤིང་སྦེ་རིང་།

chǎng

场地 ས་སྟོང་། （ཐང་བདེ།）

chàng

畅通 ཤར་རྒྱུག

chāo

抄平 སྙོམས་ཐིག་ལེན་པ།

chē

车架 འཁོར་སྒྲོམ།

车轮 འཁོར་ལོ།

chén

沉降 བབས་གཞོལ།

沉陷 དིམ་པ།

沉降缝 བབས་གཞོལ་སྲུབས་ཀ

沉头木螺丝 མགོ་དིམ་གཙུས་གཟེར།

chéng

承载力 ལྡིད་ཤུགས་ཐེག་ཚད།

承重 ལྡིད་ཐེག

承重墙 ལྡིད་ཐེག་རྩིག་པ།

承受 ཐེག་པ། （འཁེལ་བ།）

成功 ལེགས་གྲུབ།

城市规划 གྲོང་ཁྱེར་ཇུས་འགོད།

城乡 གྲོང་ཁྱེར་དང་གྲོང་གསེབ།

chí

池塘 རྫིང་བུ། （ཆུ་རྫིང་།）

chǐ

齿轮 སོ་ལྡན་འཁོར་ལོ།

尺 ཐིག་ཤིང་།

chōng

冲眼 ཁུང་འབིགས།

冲刷 བཤལ་འདེད།

冲击 རྡབ་རྡེག

冲洗 བཤལ་བཀྲུ།

chóng

虫胶漆 སྐམ་རྩི།

重叠 ཡང་ལྡེབ། （ལྡེབ་རྩེག་མང་པོ།）

重复 ཡང་བསྐྱར། （བསྐྱར་ལོག）

重新 གསར་དུ།

chōu

轴心 ལྟེ་བ།

chóu

稠度 གར་ཚད།

稠密 གར་པོ།

chū

初步 ཐོག་མ།

初凝 ཐོག་མར་འཁེངས་པ།

出水口 ཆུ་དོན་ས།

chú

除锈 བཙའ་ཕུད་པ།

除去 ཕུད་པ། （བཀོག་པ།）

chǔ

处理 ཐག་གཅོད།

处置 ཐག་གཅོད་པ། （ཉེས་ཆད་གཅོད་པ།）

chuāng

窗 སྒེའུ་ཁུང་།

窗洞 སྒེའུ་ཁུང་སྟོང་ཆ།

窗间墙 སྒེའུ་ཁུང་བར་སྐྱ།

窗扇 ཁྲ་མ།

窗亮子 སྒེའུ་ཁུང་ཉི་ཟེར།

窗芯 ཚིག་བཀག

窗挺 སྒེའུ་ཁུང་གི་སྒང་།

窗台 སྒེའུ་ཁུང་སྟེགས་བུ།

窗台板 སྒེའུ་ཁུང་སྟེགས་པང་།

窗帘盒 ཁྲ་ཡོལ་སྒྲོམ།

窗帘轨 ཤེལ་རས་རྒྱུགས་ལམ།

窗帘棍 ཤེལ་རས་རྒྱུག་རིལ།

窗孔 དཀར་ཁུང་།

窗口 སྒེའུ་ཁུང་གི་ཁ།

chuàng

创造 གསར་གཏོད། （གསར་བཟོ།）

chuí

垂直 ཐད་ཀར། （དྲང་ཀྲུང་།）

垂直度 འདྲོང་ཚད། （དྲང་པོའི་ཚད།）

垂直支撑 ཐད་སློང་སྐྱོར་འདེགས།

chūn

春季 དཔྱིད་ཁ། （དཔྱིད་དུས།）

cí

瓷漆 དཀར་ཡོལ་རྩི།

瓷砖 དཀར་ཡོལ་ཕག

瓷面 དཀར་རྩིའི་ངོས།

磁性 ཁབ་ལེན་རང་བཞིན།

磁铁 ལྕགས་ཁབ་ལེན།

cì

刺铁丝 ལྕགས་སྐུད་གཟེར་མ་ར་མགོ།

cū

粗沙 བྱེ་རྫོབ།

粗刨 འབུར་ལེན་རགས་ཙམ་རྒྱག་པ།

粗平 རགས་ཙམ་སྙོམས་པ།

cuì

脆性 ཆག་སླ་བ།

D

dā

搭扣 ལྕགས་སྒོར།

搭接 སྦྲིག་མཐུད།

dà

打腊 ལ་བྱུག་པ།

打眼 ཨི་ཁུང་འབིགས་པ།

打光 འཇམ་པོ་བཟོ་བ།

dà

大型 ཆེ་དབྱིབས། ཆེ་གྲས།

大白粉 ཀ་རག་དཀར་ཆེན།

大白浆 དཀར་ཆེན་ཁུ་བ།

大面 ངོས་ཆེ་བ།

大放脚 རྨིག་གདན་རྒྱ་བསྐྱེད།

大样 དཔེ་རིས་ཆེ་བ།

大理石 རྡོ་ཀ་མ་རུ།

大梁 གདུང་མ།

大型墙板 ལེབ་སྐྱ་ཆེན་པོ།

大气 མཁའ་རླུང་ཆེན་པོ།

大枋 གདུང་མ་གྲུ་བཞི།

dān

单跑楼梯　ཐད་འགྲོ་སྐས་འཛེགས།（ཤར་སྐྱོད་སྐས་འཛེགས།）

单层窗　སྒེའུ་ཁུང་རྐྱང་པ།

单扇门　སྒོ་ལེབ་རྐྱང་མ།

单轨吊车　ལྕགས་ལམ་རྐྱང་མའི་དཔྱང་འཁོར།

单扇窗　ཁྲ་མ་རྐྱང་པའི་སྒེའུ་ཁུང་།

dī

低温　དྲོད་ཚད་དམའ་པོ།

低跨　འཁྱོང་ཐག་དམའ་པོ།

低窗　སྒེའུ་ཁུང་དམའ་པོ།

滴水　ཆུ་ཐིགས།

滴水槽　ཆུ་ཐིགས་ཤུར་ཀ

滴水线　ཆུ་ཐིགས་འབུར་སྒྲིལ།（ཆུ་འཇག་རི་མོ།）

dǐ

底坐　འོག་གདན།

dì

地垅墙　ཤུར་རྩིག （ཐག་ཤུར།）

地段　ས་ཆ་དུམ་བུ། （ས་ཁོངས།）

地基　རྨང་ས། （རྩིག་རྨང་འདིང་ས།）

地基加固　རྨང་ས་མཁྲེགས་སུ་གཏོང་བ།

地震　ས་ཡོམ། （ས་འགུལ།）

地震区　ས་ཡོམ་ཁུལ།

地面　ས་ངོས།

地坪　ས་མཐིལ།

地沟　ས་ཤུར།

地下室　ས་འོག་ཁང་པ།

地板　པང་གཅལ།

地梁　ས་འོག་གི་གདུང་མ།

地面构造　ས་ངོས་ཀྱི་གྲུབ་ཆ།

地质　ས་གཤིས། （སའི་ཆགས་རིམ།）

地质构造　ས་གཤིས་ཀྱི་གྲུབ་ཆ།

地洞　ས་སྦུག

地基类别　རྨང་ས་འདྲ་མིན།

地下水　ས་འོག་ཆུ།

diàn

垫木　ཤིང་བཀྱག

垫圈　གཅུས་གདན།

垫板　རྩབ་གདན།

垫层　རྐྱོང་ཆ། （གདན་རིམ།）

垫平　བརྒྱངས་ནས་སྙོམས་པ། （ཕོད་སྙོམས་པ།）

电器　གློག་ཆས།

电施图　གློག་ལས་དཔེ་རིས།

电施　གློག་ལས།

电动葫芦　གློག་འགུལ་ཛེ་མ།

电动机　གློག་འགུལ་འཕྲུལ་འཁོར།

电梯　གློག་སྐས།

电焊条　གློག་ཚའི་ཤ་རྒྱུག

电焊机　གློག་ཚའི་འཕྲུལ་འཁོར།

电讯　གློག་འཕྲིན།

diào

吊线　འཕྱང་ཐོ།

吊钩　ཨ་འགུག

吊线盒　གློག་སྐུད་གའུ།

吊杆　འཐེན་རྒྱུག

吊装 དཔྱང་སྒྲིག

dīng

钉牢 གཟེར་བརྟན་པོ་བརྒྱབ་པ།

钉接 གཟེར་མཐུད།

钉子 གཟེར་ཀ

丁字尺 ཐིག་ཤིང་“T” གཟུགས།

丁字铁 ལྕགས་“T” གཟུགས།

dǐng

顶砖 གཞུང་ཕག

顶层 རྩེ་རིམ། （བང་རིམ་གྱི་ཡང་རྩེ།）

顶升 འདེགས་བཀར།

dìng

定向 ཕྱོགས་གཏན་འཁེལ།
（ཁ་ཕྱོགས་གཏན་འཁེལ།）

定型 དབྱིབས་གཏན་འཁེལ།

定型化 དབྱིབས་གཏན་འཁེལ་ཅན།

定型图 དབྱིབས་གཏན་དཔེ་རིས།

定位 གནས་གཏན་འཁེལ།
（གནས་བབ་གཏན་འཁེལ།）

dōng

冬季 དགུན་ཁ།

冬季施工 དགུན་ཁའི་ཨར་ལས།

dòng

动力 སྒུལ་ཤུགས།

冻 འཁྱགས་པ།

冻土 འཁྱགས་ས།

冻胀 འཁྱགས་སྦོས།

冻土层 འཁྱགས་སའི་རིམ་པ།

冻结 འཁེངས་པ།

dou

斗砖 སྒོང་ཕག

豆石砼 སྲན་ཞིབ་རྡོ་འདག

dú

独立 རང་ཚུགས།

独立基础 རང་ཚུགས་རྨིག་གདན།

独立柱 རང་ཚུགས་ཀ་བ།

dǔ

堵塞 བཀག་པ། （བརྒྱངས་པ།）

dù

镀锌钢管 ཏི་ཚ་བྱུག་པའི་ལྕགས་སྦུག

镀铬 དཀར་གཡའ་བཏང་བ།

镀锌 ཏི་ཚ་བྱུག་པ།

镀铜 ཟངས་བྱུག་པ།

镀锌铁皮 ཏི་ཚ་བྱུག་པའི་ལྕགས་ཤོག

镀锌铁丝 ཏི་ཚ་བྱུག་པའི་ལྕགས་སྐུད།

duàn

断层 བཅད་རིམ།

断面 བཅད་ངོས།

断料 རྒྱུ་ཆ་བཅད་པ།

断裂 ཆག་གས།

duì

对焊 ཚ་ལ་ཕྱོགས་གཉིས་ལ་བརྒྱབ།

对接 སྣེ་མཐུད།

duō

多孔砖　ཁུང་མང་ཛ་ཕག

多层　བང་རིམ་མང་པོ།

F

fā

发明　གསར་གཏོད།

发电　གློག་འདོན་པ།

发动机　སྐུལ་བྱེད་འཁྲུལ་འཁོར།

发光　འོད་བཀྱག་པ།

发生　ཐོན་པ། （བྱུང་བ། སྐྱེས་པ།）

发现　མཐོང་བ། （ཤེས་པ།）

发展　ཡར་རྒྱས།（གོང་འཕེལ།）

fá

筏式基础　རྫིངས་གཟུགས་རྨིག་གདན།

fǎn

反作用力　ལོག་ཤུགས། （ཚུར་ལོག་གི་ནུས་པ།）

反面　རྒྱབ་ངོས། （ལྡོག་ཕྱོགས།）

fāng

方正石　རྡོ་གྲུ་བཞི་མ།

方钢　ལྕགས་ཏྲེང་གྲུ་བཞི།

方木　ཤིང་གྲུ་བཞི།

方砖　ཛ་ཕག་གྲུ་བཞི།

方正　གྲུ་བཞི་གྲུ་རྒྱང་།

fáng

房屋　ཁང་པ།

房檐　ཁང་པའི་ཉ་རྒྱབ།

防潮层　བཞའ་འགོག་རིམ་པ།

防水层　ཆུ་འགོག་རིམ་པ།

防滑　འདྲེད་འགོག （འདྲེད་ཤོར་སྔོན་འགོག）

防滑条　འདྲེད་འགོག་རྒྱུག་རིལ།

防火花　མེ་ཚག་སྔོན་འགོག

防爆　འབར་འགོག （འབར་གས་སྔོན་འགོག）

防尘　རྡུལ་འགོག （ཐལ་འགོག）

防潮　བཞའ་འགོག

防水沙条　ཆུ་འགོག་བྱེ་ས།

防水剂　ཆུ་འགོག་སྣུམ་ཞོ།

防辐射　ཟེར་འཕྲོད་སྔོན་འགོག

防火　མེ་འགོག

防火门　མེ་འགོག་སྒོ།

防腐　རུལ་འགོག

防洪　ཆུ་ལོག་འགོག་པ།

防寒　གྲང་འགོག

fàng

放线　ཐིག་རྒྱག

放坡　གསེག་འདོན་པ།

放射　འཕྲོ་བ།

放射性　འཕྲོ་བའི་རང་བཞིན།

fēi

非金属　ལྕགས་རིགས་མིན་པ།

fēn

分段流水　དུམ་བུ་སོ་སོའི་ལས་ཀ་རྒྱུན་མཐུད་པ།

分布筋　ཁ་བཀྲམ་པའི་ལྕགས་སྦྲེབས།

分贝　སྒྲའི་ཚད།

分别 ཁག་སོ་སོ།

分布 ཁག་བགོས། （ཁ་བཀྲམ།）

分类 དབྱེ་བ་ཕྱེ།

分子 ཡན་ལག （རྡུལ་ཕྲན།）

分段 དུམ་བུ་དབྱེ་བ།

分水 ཆུ་ཁག་དབྱེ་བ།

分配 བགོ་བགྲེམས།

fěn

粉砂 བྱེ་ཕྱེ།

粉煤灰 རྡོ་སོལ་ཐལ་ཞིབ།

粉煤灰砖 རྡོ་སོལ་ཐལ་ཞིབ་སོ་ཕག （རྡོ་ཐལ་སོ་ཕག）

粉尘 ཕྱེ་ཞིབ།

粉末 ཕྱེ་མ།

粉刷 ཞལ་ལ་བྱུགས་པ།

粉面 ངོས་ལ་བྱུག་པ།

粉光 འཇམ་པོ་བཟོ་བ།

粉状 ཕྱེ་མ།

fèn

粪池 སྐྱག་དོང་།

粪槽 སྦྱིད་མིག （སྐྱག་གཞོང་།）

fēng

封闭 ཁ་བཀག་པ།

封闭空隙 བར་སྟོང་བཀག་པ། （སྟོང་ཆ་བཀག་པ།）

风化 རླུང་ཟད།

风向 ལྷགས་ཕྱོགས། （རླུང་ཕྱོགས།）

风钩 ལྷགས་འཛིན།

fèng

缝 སྦུབས་ཀ

缝隙 བར་གསེང་། （སྦུབས་ཀ）

fú

辐射 འཕྲོ་བ།

fǔ

腐烂 རུལ་བ།

腐蚀 རུལ་སུངས།

腐植土 ས་རུལ།

fù

附设 ཁ་སྣོན། （ཁ་སྐོང་།）

附近 ཉེ་འདབས།

附加 ཟུར་སྣོན།

附壁柱 རྩིག་བསྙེས་ཀ་བ།

腹杆 ནང་ཀ

G

gān

干打垒 གྱང་རྡུང་བ།

干硬 སྐམ་མཁྲེགས།

干硬性 སྐམ་མཁྲེགས་རང་བཞིན།

gāng

刚性 མཁྲེགས་ཤེམ་རང་བཞིན།

刚性面层 མཁྲེགས་ཤེམ་ངོས་རིམ།

刚性垫层 མཁྲེགས་ཤེམ་སྟེང་ཆ།

刚性地面 མཁྲེགས་ཤེམ་ས་ངོས།

刚性角 མཁྲེགས་ཞེམ་གྲུ་ཟུར།

钢 ངར་ལྕགས།

钢丝 ལྕགས་སྐུད། （ངར་ལྕགས་སྐུད་པ།）

钢丝绳 ལྕགས་སྐུད་ཐག་པ།

钢屋架 ངར་ལྕགས་ཀྱི་ཐོག་སྒྲོམ།

钢板网 ལྕགས་པང་དྲ་བ།

钢化玻璃 ལྕགས་རྒྱུ་ཤེལ་སྒོ།

钢筋混凝土 ལྕགས་རྩིབས་རྡོ་འདག

钢筋混凝土过梁 ལྕགས་རྩིབས་རྡོ་འདག་གི་ཤིང་ཟམ།

钢板 ངར་ལྕགས་པང་ལེབ།

钢门 ལྕགས་སྒོ།

钢轨 ལྕགས་ལམ།

钢窗 ལྕགས་ཀྱི་སྒེའུ་ཁུང་།

钢筋 ལྕགས་རྩིབས།

钢管 ལྕགས་སྦུག （ལྕགས་མདོང་།）

钢丝网 ལྕགས་དྲ།

钢筋砖过梁 ལྕགས་རྩིབས་རྫ་ཕག་གི་ཤིང་ཟམ།

缸体 དཀར་ཡོལ་རྫ་མ།

缸砖 རྫ་དཀར་སོ་ཕག

gāo

高程 མཐོ་མཚམས།

高低 མཐོ་དམན།

高纬度 འཕྲེད་ཐིག་མཐོ་བ།

高压线 མཐོ་གནོན་གློག་སྐུད།

高窗 སྒེའུ་ཁུང་མཐོན་པོ།

高差 མཐོ་དམན་ཁྱེ་བག （མཐོ་དམན།）

高度 མཐོ་ཚད།

高级职称 ལག་རྩལ་མཐོ་རིམ་པ།

高级 རིམ་པ་མཐོ་བ།

高级教授 དགེ་རྒན་ཆེ་མོ།

高温 དྲོད་ཚད་མཐོན་པོ།

高强 ཤིན་ཏུ་མཁྲེགས་པོ།

高级工程师 ལས་གྲྭའི་དབུ་ཆེན།（བཟོ་སྐྲུན་དབུ་ཆེན།）

gé

隔热 ཚ་བ་འགོག་པ།

隔绝 གཏན་འགོག （ཁ་ཕྲལ་བ།）

隔离 ཁ་ཕྲལ་བ། （སོ་སོར་ཕྱེ་བ།）

隔声 སྒྲ་འགོག

隔声墙 སྒྲ་འགོག་སྐྱ།

隔墙 བར་སྐྱ།

隔断墙 བར་བཅད། （བར་སྐྱ།）

隔热材料 ཚ་འགོག་རྒྱུ་ཆ།

隔气层 རླངས་འགོག་བང་རིམ།

隔断 བཅད་པ། （བར་བཅད།）

阁楼 ཐོག་འོག་ཁང་ཆུང་། （ཐོག་ཁང་།）

gè

各层 བང་རིམ་ཁག （རིམ་པ་ཁག）

各别 ཕྱེ་བྲག （སོ་སོ།）

各级 རིམ་པ་ཁག

各种 སྣ་ཚོགས།

各类 རིགས་སྣ་ཚོགས།

gěi

给排水 ཆུ་འདྲེན་གཏོང་།

给排水图 ཆུ་འདྲེན་གཏོང་གི་དཔེ་རིས།

给水 ཆུ་འདྲེན།

gēng

更换 བརྗེ་ལེན།

更衣 གོས་བརྗེ་བ།

更衣室 གོས་བརྗེ་ཁང་པ།

gōng

工程 ལས་གྲྭ།（བཟོ་སྐྲུན།）

工程师 བཟོ་སྐྲུན་དབུ་ཆུང་། （ལས་གྲྭའི་དབུ་ཆུང་།）

工程地质 ལས་གྲྭའི་ས་གཤིས།

工字梁 དབྱིབས་ཀྱི་གདུང་མ།

工段“工” ལས་ཚན། （ལས་ཀའི་ཚན་པ།）

工型柱 ཀ་བ་“工”དབྱིབས་ཅན།

工具 ལག་ཆ།

工期 ལས་ཡུན།

工效 ལས་ཚོད།

工字钢 “工”དབྱིབས་ངར་ལྕགས།

工业 བཟོ་ལས།

gòng

供电 གློག་མཁོ་འདོན།

供热 ཚ་བ་མཁོ་འདོན། （དྲོད་མཁོ་འདོན།）

供水 ཆུ་མཁོ་འདོན།

供给 མཁོ་སྤྲོད།

供气 རླངས་པ་མཁོ་འདོན།

gōu

勾缝 མིག་འདག

沟渠 ཡུར་བ།

沟盖板 ཆུ་འགྲོའི་ཁེབས་གཅོད།

gòu

构成 གྲུབ་ཆ། （གྲུབ་པ།）

构筑 ལྷུ་སྒྲིག （བཟོ་བཀོད།）

构架 སྒྲོང་སྒྲོམ།

构造 སྒྲིག་ཆ། （སྒྲིག་བཟོ།）

构造柱 སྒྲིག་ཆས་ཀ་བ།

构件 ལྷུ་ལག （ཆ་ལག）

gū

箍筋 སྐྱི་བཅིངས་ལྕགས་རྩིབས།

gǔ

古墓 གནའ་རབས་ཀྱི་དུར་ས།

gù

固定盖版 གཏན་འཛུགས་ཁེབས་གཅོད།

固体噪声 དངོས་ཟོག་ཟིང་སྒྲ།

固定窗 སྒེའུ་ཁུང་བཙན་བཀག

固定扇 ཁྲ་མ་བཙན་བཀག

固定 གཏན་འཁེལ། （བརྟན་པོ།）

固体 སྲ་གཟུགས།

guà

挂镜线 ཤེལ་འགེལ་ཐིག་རིམ།

挂瓦条 གཡམ་འཛིན།

guān

关闭 ཁ་རྒྱག （ཁ་འགོག）

观察窗 ལྟ་ཞིབ་སྒེའུ་ཁུང་། （ལྟ་སྒོ།）

guǎn

管柱 ཀ་མདོང་། （ཀ་བ་ཁོག་སྟོང་།）

管子 ཨོར་སྦུག

管理　　ཇོ་དམ། （བདག་གཉེར།）

guāng

光洁　　འཇམ་གཙང་། （ཁམས་དྭངས་པོ།）

光洁度　　ཁམས་དྭངས་ཚད།

光滑　　འཇམ་འདྲེད།

光亮　　གསལ་པོ།

guī

硅酸盐制品　　ཀུའེ་སྐྱུར་ཚྭས་བཟོས་པའི་དངོས་ཟོག

硅酸盐　　ཀུའེ་སྐྱུར་ཚྭ།

规格　　ཆ་ཚད།

规定　　གཏན་འབེབས།

规划图　　ཇུས་འགོད་དཔེ་རིས།

规划　　ཇུས་འགོད།

规划设计　　ཇུས་གཞིའི་འཆར་འགོད།

规范　　དཔེ་ཚད།（ཚད་གཞི་ཅན།）

guǐ

轨道　　ལྕགས་ལམ།

gǔn

滚洞　　ནར་གཟུགས།

guò

过性　　ངོ་བོ་བརྒལ་བ།

过滤　　ཚགས་རྒྱག་པ།

过氯乙烯漆　　ཅི་ཀོ་ལུའུ་དབྱི་ཞི།

过筛　　ཚགས་རྒྱག་པ།

过梁　　ཤིང་ཟམ།

gǎi

改　　བསྒྱུར་བ།

改正　　ཡོ་བསྲང་།

改变　　འགྱུར་ལྡོག

gài

盖面　　ངོ་འགེབས།

盖瓦　　འགེབས་གཡམ།

H

há

蛤蟆夯　　སྦལ་གཟུགས་གསེང་རྡོ།

hán

寒冷　　གྲང་གཟུགས། （གྲང་ངར།）

涵洞　　སྐམ་སྦུག （སྦུག་སྟོང་།）

含水率　　ཆུ་སིམ་ཚད། （ཆུ་ཚུད་ཚད།）

hàn

焊缝　　ཚ་ལ་རྒྱག་མཚམས།

焊接　　ཚ་ལ་རྒྱག་པ། （ཚ་ལ་གཏོང་བ།）

焊牢　　ཚ་ལ་བརྟན་པོ་རྒྱག་པ།

hāng

夯土机　　གཞེང་རྡོ་འཕྲུལ་འཁོར།

夯土架　　གཞེང་རྡོ་སྒྲོམ།

háo

毫米　　（ཧའོ་སྨིད།）

hào

号　　ཨང་། （རྟགས།）

hé

河床　　ཆུའི་གཞུང་།（གཙང་པོའི་གཞུང་།）

河流　　གཙང་པོ།

合金 མཉམ་བསྲེས་ལྕགས།

合金钢 མཉམ་བསྲེས་ངར་ལྕགས།

合计 ཁྱོན་བསྡོམས། （གྲོས་བྱེད་པ།）

和易性 གར་ཡོད་སྙོམས་པོ།

hēi

黑色 ནག་པོ། （མདོག་ནག）

黑铁皮 ལྕགས་ཤོག་ནག་པོ།

黑色金属 མདོག་ནག་ལྕགས་རིགས།

héng

横断面 འཕྲེད་བཅད་ངོས།

横缝 འཕྲེད་སྲུབས།

横平竖直 འཕྲེད་སྙོམས་གཞུང་དྲང་།

横墙 འཕྲེད་རྩིག

横向 འཕྲེད་ཕྱོགས།

横架 ལྷུ་སྒྲོམ།

桁条 ལྕམ་སྒྲོམ།

hòu

厚 མཐུག་པོ།

厚板 པང་ལེབ་མཐུག་པོ།

厚度 མཐུག་ཚད།

厚漆 རྩི་མཐུག་པོ།

后轴 འཁོར་ལྟེ་མཇུག་མ།

后期 མཇུག་དུས།

hú

湖泊 མཚོའུ།

弧线 གཞུ་ཐིག

弧卷砖过梁 ཛ་ཕག་གུག་རྩིག་གི་ཤིང་ཟམ།

huā

华岗石 ཕྲན་རྡོ།

花格 ཁྲ་མིག

花线 སྐུད་པ་ཁྲ་ཁྲ།

花色 ཚོས་གཞི་སྣ་ཚོགས།

花隔断 ཁྲ་མིག་གི་བཅད།

huá

滑轮 འདྲེད་འཁོར།

滑石粉 ཏ་ཤིག

滑动 འདྲེད་འགུལ།

huà

画线 ཐིག་བྲིས་པ།

画草图 རྫོབ་བྲིས། （རྫོབ་རིས་འབྲི་བ།）

画测图 ཚད་ལེན་དཔེ་རིས་འབྲི་བ།

画图 དཔེ་རིས་འབྲི་བ།

画施工图 ཨར་ལས་དཔེ་རིས་འབྲི་བ།

划线 དབྱེ་འབྱེད་རི་མོ།

划分 དབྱེ་བ་ཕྱེ་བ།

划线槽 དབྱེ་འབྱེད་ཤུར་ཀ

huáng

黄蜡 ལ་སེར་པོ།

huī

灰浆 ཐལ་འདག

灰色 ཐལ་མདོག

灰土 ཐལ་ས།

灰浆饱满 ཐལ་འདག་རྒྱོངས་པོ།（འདག་པས་ཁེངས་པ།）

灰缝 འདག་སྲུབས།

灰沙砖　བྱེ་ཐལ་སོ་ཕག

灰浆泵　འདག་འཐེན་འཁོར་ལོ།

huí

回填土　རྐྱོང་ཆའི་ས།

回填　རྐྱོང་ཆ་རྐྱོང་བ།

回填基槽　ས་ཤུར་རྐྱོང་ཆ།

回填房心　ཁང་པའི་རྐྱོང་ཆ།

回转　སྐོར་ར་རྒྱག་པ།

回转机构　སྐོར་རྒྱག་སྒྲིག་ཆས།

huó

活动盖板　ཁེབས་གཙོད་འགྱུལ་མ།

活水　རྒྱུག་ཆུ།

火灾　མེ་སྐྱོན།

火花　མེ་སྟག　（མེ་ཚག）

火漆　ལ་ཆ།

火房　ཐབ་ཚང་།

hùn

混水墙　ཞལ་ལ་བྱུག་པའི་རྩིག་པ།

混凝土　རྫོ་འདག

混合　མཉམ་བསྲེས།

J

jī

基础　རྩིག་རྨང་།　（རྩིག་གདན།）

基础类型　རྩིག་གདན་གྱི་རྣམ་པ་ཁག　（རྩིག་རྨང་རྣམ་གྲངས།）

基础构造　རྩིག་རྨང་གི་གྲུབ་ཆ།

基础墙　རྨང་གཞིའི་རྩིག་པ།

基础抄平　རྩིག་རྨང་ཁོད་སྙོམས།

基础自重　རྩིག་རྨང་གི་ལྗིད་ཚད།

基础施工　རྩིག་རྨང་གི་ཨར་ལས།

基槽　རྩིག་རྨང་ས་ཤུར།

基坑　རྩིག་རྨང་གི་ས་དོང་།

基地　རྟེན་གཞི།　（གནས་གཞི།）

基槽放线　རྩིག་ཤུར་ཐིག་རྒྱག་པ།

基层　གཞི་རིམ།

积累　གསོག་འཇོག

积聚　སྤུང་གསོག

机械　འཕྲུལ་ཆས།

机械性质　འཕྲུལ་ཆས་ཀྱི་ངོ་བོ།

机械夯实　འཕྲུལ་ཆས་ཀྱིས་གསིང་རྡོ་རྒྱག་པ།

机制标准砖　འཕྲུལ་བཟོས་ཚད་ལྡན་རྫ་ཕག

jí

集中　གཅིག་བསྡུས།

集中荷载　ལྗིད་ཤུགས་གཅིག་བསྡུས།

集水坑　ཆུ་བསྐྱིལ་ས་དོང་།

集水井　ཆུ་གསོག་ཁྲོན་པ།

级配骨料　དུས་རྒྱུ་རིམ་སྦྱོར།

jǐ

脊瓦　ཐོག་སྒལ་རྫ་གཡམ།

jì

技术条件　ལག་རྩལ་གྱི་ཆ་རྐྱེན།

记工　ལས་ཐོ་འགོད་པ།

记录　ཟིན་ཐོ།　（ཟིན་བྲིས།）

季节　དུས་ཚིགས།　（ནམ་དུས།）

jiā

加重　ལྗིད་ཚད་སྣོན་པ།

加料　རྒྱུ་ཆ་ཁ་སྣོན།

加强　ཤུགས་སྣོན།

加气砼　ཕུ་རྒྱག་རྡོ་འདག

jià

架子　སྒྲོམ།（སྒྲོམ་བཀྱག）

架立筋　སྒྲོང་སྒྲོམ་ལྕགས་ཐིབས།

驾驶　ཁ་ལོ་སྒྱུར་བ།

jian

坚固　མཁྲེགས་ཤིང་བརྟན་པ།

坚土　མཁྲེགས་ས།

间距　བར་ཐག

jiǎn

剪　གཅུབ་པ།（དྲས་པ།）

剪力　གཅུབ་ཤུགས།

剪刀撑　འདེད་བཀར།

简易　སྟབས་བདེ།

简易门　སྟབས་བདེའི་སྒོ།

简单　ལས་སླ་པོ།（སྟབས་བདེ།）

碱性　བ་ཚྭ་ཅན།（བ་ཚྭའི་རང་བཞིན།）

检查　ཞིབ་བཤེར།（བརྟག་དཔྱད།）

jiàn

建设　འཛུགས་སྐྲུན།

建筑　ཨར་སྐྲུན།

建筑构件　ཨར་སྐྲུན་སྒྲིག་ཆས།

建施　ཨར་ལས།

建施图　ཨར་ལས་དཔེ་རིས།

建筑材料　ཨར་སྐྲུན་རྒྱུ་ཆ།

jiàng

浆砌毛石　འདག་ཐིག་རྡོ་ལེབ།

jiàng

降低造价　བཟོ་སྐྲུན་གོང་ཚད་བཅག་པ།

jiāo

交通　འགྲིམ་འགྲུལ།

交通图　འགྲིམ་འགྲུལ་དཔེ་རིས།

胶合　སྦྱར་བ།

胶结　སྦྱར་འབྲེལ།

胶合板　སྦྱར་པང་།

胶合板门　སྦྱར་པང་གི་སྒོ།

胶木壳　འཁྱིག་ཤིང་གི་ཤུབས།

浇筑　རྒྱོང་ཐིག

浇捣　རྒྱོང་རྒྱག་པ།

焦点　ལྟེ་གནས།（གནད་འགག）

焦油　སྣུམ་ནག

焦距　བར་ཐག

jiǎo

铰链　བཀབ་ལྕགས།

绞车　དཀྱི་འཁོར།（དཀྱི་བྱེད་འཁོར་ལོ།）

角度　ཟུར་ཚད།

角钢　ལྕགས་ལེབ་གྲུ་གསུམ།

角沟　ཐིག་ཟུར་གྱི་ཆུ་འགྲོ།

脚手架　རྐང་ཁྲི།（ལས་ཁྲི།）

脚手架杆　རྐང་ཁྲིའི་རྒྱུག་རྐང་།

搅拌机　　གཡོས་འཁོར།

搅拌　　གཡོས་དཀྲུག

jiào

校对　　ཞུ་དག

校正　　དག་བཅོས། （ཡོ་བསྲང་།）

jié

结合　　ཟུང་འབྲེལ།

结构　　སྒྲིག་གཞི། （གྲུབ་གཞི།）

结施图　　སྒྲིག་ལས་དཔེ་རིས།

结施　　སྒྲིག་ལས།

结合层　　ཟུང་འབྲེལ་རིམ་པ།

节点　　མཚམས་ཚིགས།

jīn

金属　　ལྕགས་རིགས།

金属结构　　ལྕགས་རིགས་སྒྲིག་གཞི།

jìn

进料斗　　རྒྱུ་ཆ་བླུགས་གཞོང་།

进深　　ཁང་པའི་སྟུག་ཐག

进水口　　ཆུ་འཛུལ་ས།

进口　　འཛུག་སྒོ། （ནང་འདྲེན།）

浸泡　　སྦོང་བ།

浸溅　　ཆུ་ཐིགས་ཐོར་བ། （ཐོར་བ།）

jǐng

井字梁　　རྒྱ་གྲམ་གདུང་མ།

井架　　རྒྱ་སྒྲོམ། （ཁྲོན་པའི་སྒྲོམ།）

jìng

静荷载　　སོར་གནས་ལྗིད་ཤུགས།

静力　　སོར་གནས་ཀྱི་ཤུགས།

净重　　དངོས་ཡོད་ལྗིད་ཚད། （ཞིབ་རྩིས་ལྗིད་ཚད།）

境界　　མཐའ་མཚམས། （ས་མཚམས།）

jiǔ

酒精　　ཨ་རག་ཉིང་བཅུད།

jù

锯木　　ཤིང་བྲེག་པ།

锯末　　ཤིང་ཕྱེ།

锯末板　　ཤིང་ཕྱེ་པང་ལེབ།

juǎn

卷材　　རྒྱུ་ཆ་སྒྲིལ་སྒྲིལ།

卷扬机　　དཀྲིས་སྐོར་འཕྲུལ་ཆས།

卷边　　མཐའ་སྒྲིལ་བ།

jué

绝缘　　གློག་འགོག

jūn

均衡　　སྙོམས་པ།

均匀　　ཆ་སྙོམས།

均布荷载　　ལྗིད་ཤུགས་ཆ་སྙོམས་པོ།

K

kāi

开启　　ཁ་ཕྱེ་བ།

开孔　　ཁུང་འབིགས།

开间　　ཁང་མིག （ཁང་མིག་ཞེང་ཚད།）

开关　　འགོག་གཏོང་།

开启扇　　ཁྲམ་ཕྱེ་རྒྱུ་ཡོད་པ།

开敞　ཁ་ཕྱེ་བ།

kān

勘察　རྟོག་ཞིབ།

勘探　རྩད་ཞིབ།

勘测　ལྟ་ཞིབ་ཚད་ལེན།

kàng

抗风　རླུང་འགོག

抗腐蚀　རུལ་འགོག

抗震缝　ཡོམ་འགོག་སྲུབས་ཀ

抗冻性　འཁྱགས་འགོག་རང་བཞིན།

抗震　ཡོམ་འགོག

抗拉　འཐེན་འགོག

抗压　གནོན་འགོག

抗弯　གུག་འགོག

抗剪　གཏུབ་འགོག

kào

靠尺　རྟེན་བྱེད་ཐིག་ཤིང་།

kōng

空心楼板　ཁོག་སྟོང་ཐོག་པང་།

空气　མཁའ་རླུང་།

空心砖　ཁོག་སྟོང་རྫ་ཕག

空气调节　མཁའ་རླུང་མཐུན་སྒྱུར།

空花　ཁྲ་མིག

空花墙　ཁྲ་མིག་གྱང་རྩིག

空心板　ཁོག་སྟོང་ཐོག་པང་།

空气层　མཁའ་རླུང་བང་རིམ།

空中　བར་སྣང་།

kū

枯井　སྐམ་ཁྲོན།　（ཆུ་མེད་ཁྲོན་པ།）

kuà

跨度　འཁྱོངས་ཐག

kuān

宽度　ཞེང་ཚད།

kuàng

框架　སྒྲོམ་བཀྱག

矿山　གཏེར་རི།

矿渣　གཏེར་སྙིགས།

矿棉　གཏེར་བལ།

矿渣砖　གཏེར་སྙིགས་སོ་ཕག

kǒng

孔洞　ཁུང་སྟོང་།　（ས་དོང་།）

孔隙　སྟོང་ཆ།　བར་སྟོང་།

孔隙率　སྟོང་ཆའི་ཚད།

kǒu

口径　ཁ་རྒྱ།　（ཁ་ཞེང་།）

kuài

块石　རྩིག་རྡོ།　（རྡོ་གྲུ་བཞི།）

块石墙　རྡོ་གྲུ་བཞིའི་རྩིག་པ།

块状　རྡོག་རྡོག

块灰　རྡོ་ཐལ།

kuò

括号　གུག་རྟགས།

扩大模数　ཚད་གྲངས་ཆེ་རུ་གཏོང་བ།

扩大　རྒྱ་སྐྱེད།

扩充 ཁ་སྐོན། (མང་དུ་གཏོང་བ།)

L

lā

拉 འཐེན། (འཐེན་པ།)

拉杆 འཐེན་ལྕུག

拉牢 དམ་པོར་འཐེན་པ།

拉线开关 སྐུད་ཡོད་བསད་སྒོར།

拉手 ལག་འཛུ།

lán

栏杆 ལྕུག་དྲ།

láng

廊 ཁྱམས།

lāo

老化 རྒས་ཕྱིན་པ།

老土 སྔར་ཡོད་ས།

老土层 སྔར་ཡོད་ས་རིམ།

léng

棱角 སྣེ་ཟུར། (ཟུར་རྣོ་པོ།)

lěng

冷凝水 ཆུ་རླངས་གྲང་མོ།

冷凝 གྲང་འཁེངས།

冷桥 གྲང་ངར་ལྕུག་ལམ།

冷冻 འཁྱགས་བཟོ། (གྲང་བཟོ།)

冷却 གྲང་མོ་བཟོ་བ། (གྲང་མོ་ཆགས་པ།)

lí

离心水泵 ལྟེ་བྲལ་ཆུ་འཐེན་འཁོར་ལོ།

离心力 ལྟེ་བྲལ་ཤུགས།

厘米 ལི་སྨིད།

lì

立方 རྒྱ་དཔངས་གྲུ་བཞི།

立樘子 སྒྲོམ་བསླངས་པ།

立面 ལངས་ངོས།

立面图 ལངས་ངོས་དཔེ་རིས།

利用 བེད་སྤྱོད།

利益 ཁེ་ཕན།

力学性能 ཤུགས་དཔྱད་རིག་པའི་གཤིས་ནུས།

力学 ཤུགས་དཔྱད་རིག་པ།

沥青 སྣུམ་ནག

沥青砂浆 སྣུམ་ནག་བྱེ་འདག

沥青麻丝 སྣུམ་ནག་རྩྭ་ཞིབ།

沥青混凝土 སྣུམ་ནག་རྡོ་འདག

沥青碎石 སྣུམ་ནག་རྡོ་ཕྲུག

沥青玛蹄脂 སྣུམ་ནག་སྦྲུར་རྩི།

lián

连通 མུ་འབྲེལ།

连续 རྒྱུན་མཐུད། (མུ་མཐུད།)

连续梁 མུ་འབྲེལ་གདུང་མ།

连接 འབྲེལ་མཐུད། (མཐུད་པ།)

liáng

梁 གདུང་མ།

梁长 གདུང་མའི་རིང་ཚད།

梁宽 གདུང་མའི་དཔངས་ཚད།

梁垫 གདུང་གདན། (ལྕམ་ཉལ།)

两端　སྣེ་གཉིས། （སྣེ་མོ་གཉིས།）

liàng

亮子　ཉི་ཟེར། （ཞེལ་སྒོ།）

liè

裂缝　གས་སྲུབས།

烈度　དྲག་ཚད།

lín

淋浴器　ཆུ་སྟོར་འཁྲུ་བྱེད།

líng

檩条　ཕྱམ། （ཕྱམ་ཤིང་།）

棂子　ཆིག་བཀག

lìng

另行　ལོགས་སུ།

liú

留岔　སྒྲོག་སྣེ་འཛོག་པ། （སྒྲོག་འཛོག་པ།）

留孔　ཨི་ཁུང་འཛོག་པ།

留洞　ཁུང་འཛོག་པ།

流沙　ཆུ་རྒྱུག་བྱེ་མ།

流水作业　རྒྱུན་མཐུད་ལས་ཀ

流水施工　རྒྱུན་མཐུད་ཨར་རྒྱག

流水槽　ཆུ་རྒྱུག་ཡུར་ཁ

lè

勒脚　རྩིག་རྐང་།

lóu

楼板　ཐོག་པང་།

楼层　ཐོག་རྩེག

楼梯　སྐས་འཛེགས།

楼面　ཐོག་ངོས།

楼房　ཐོག་ཁང་།

lòu

漏　འཛག་པ།

lú

炉渣　བཞུ་ཐབ་ཚིག་རོ། （ཚིག་རོ།）

lóng

龙骨　རུ།

龙门板　ཐིག་པང་། （ཕུར་པང་།）

龙门架　དཔྱང་སྒྲོམ།

lǚ

履带　ལྕགས་ཐག་འཁོར་ལོ།

履带式起重机　ལྕགས་ཐག་འཁོར་ལོའི་འདེགས་འཁོར།

铝　ཧ་ཡང་།

氯化铝　ལུའུ་ཧྭ་ཧ་ཡང་།

氯化钙　ལུའུ་ཧྭ་ཀའེ།

luǎn

卵石灌浆　ཆུ་རྡོའི་འདག་རྫོང་།

luó

螺口灯头　གཅུས་ཡོད་ཤེལ་ཏོག

螺栓　ཟོ་གཅུས།

螺丝　གཅུས་གཟེར།

螺母　གཟེར་ཞྭ།

螺帽　གཟེར་འགོ།

M

mά

麻刀　　རྩྭ་ཐག་ལྷུག་མ། （རྩྭ་སྐྱུད་སྙིགས་མ།）

麻布　　རྩྭ་རས།

mǎ

马凳　　ཀང་ཁྲི།

马牙岔　　རྟ་སོའི་དབྱིབས་སྒྲོག

马力　　རྟ་ཤུགས།

mάi

埋入　　སྦས་འཇུག

埋置　　སྦས་པ།

埋置深度　　སྦས་པའི་གཏིང་ཚད།

mǎn

满涂　　བྱུག་པ།

满堂　　ཡོངས་ཁྱབ།

mάo

锚栓　　རྫོན་སྦས་གཅུས་གཟེར།

锚固　　བརྟན་པོར་བསྒར་བ།

矛盾　　འགལ་བ། （འགལ་ཟླ།）

mào

冒险　　ཉེན་མཆོངས།

mén

门　　སྒོ།

门框　　སྒོ་སྒྲོམ།

门连窗　　སྒོ་སྒེའུ་ཁུང་འབྲེལ་མ།

门洞　　སྒོའི་སྟོང་ཆ།

门挺　　སྒོའི་སྡོང་།

门锁　　སྒོ་ལྕགས།

门架　　སྒོའི་སྒྲོམ།

门口　　སྒོའི་འགྲམ།

门心板　　སྒོའི་པང་བཀག

门窗　　སྒོ་སྒེའུ་ཁུང་།

门窗图　　སྒོ་སྒེའུ་ཁུང་གི་དཔེ་རིས།

mǐ

米　　སྨི་ཁྲི། （སྨིད།）

mì

密度　　མཐུག་ཚད། （འདུས་ཚད།）

密肋　　རྩིབ་མ་ཞིབ་པོ།

密肋板　　རྩིབ་མའི་ཐོག་པང་།

miàn

面层　　ངོས་རིམ།

面盆　　དུང་བན།

mǐn

民居　　དམངས་ཁང་།

民房　　དམངས་ཁང་།

民用　　དམངས་སྤྱོད།

民用建筑　　དམངས་སྤྱོད་ཨར་སྐྲུན།

míng

名称　　མིང་།

明设　　མངོན་སྒྲིག

明线　　མངོན་སྐུད།

明沟　　ཕྱིར་མངོན་ཡུར་བུ།

mó

磨平　　བདར་སྙོམས།

磨损 བདར་ཟད།

磨光 བདར་འཇམ། （བདར་ནས་འོད་རྒྱག་པ།）

磨砂玻璃 འོ་མའི་མདོག་གི་ཤེལ་སྒོ།

磨石机 རྡོ་བདར་འཕྲུལ་འཁོར།

模数 ཚད་གྲངས།

模板 དབྱིབས་སྒྲོམ།

模具 ལྕགས་སྒྲོམ།

mǒ

抹光 འཇམ་བྱུག

抹平 སྙོམས་བྱུག

抹面 ངོས་བྱུག(བྱུག་པ།)

抹光机 འཇམ་བཟོས་འཕྲུལ་འཁོར།

抹灰 འདག་པ་བྱུག་པ།

抹灰喷涂机 འདག་བྱུག་འཕྲུལ་འཁོར།

méi

煤油 ས་སྣུམ།

煤焦油 རྡོ་སོལ་བསྲེགས་སྣུམ།

煤渣 རྡོ་སོལ་སྙིགས་མ།

mù

木枋 གདུང་མ་གྲུ་བཞི།

木榫 བཙད་ཁ།

木梁 ཤིང་གདུང་།

木模 ཤིང་གི་དབྱིབས་སྒྲོམ།

木夹板 འགྲམ་སྦྱར།

木结构 ཤིང་གི་སྒྲིག་གཞི།

木构件 ཤིང་གི་སྒྲིག་ཆས།

木檩 ལྕམ་ཤིང་།

木椽 ཤིང་དྲལ་མ།

木踢脚板 རྡོག་ལེན་ཤིང་པང་།

木桩 ཤིང་ཕུར།

木抹 བཟོ་པང་། （ལག་པང་།）

木杠 ཤིང་རྒྱུག

木板 པང་ལེབ།(ཤིང་ལེབ།)

木楞 ཤིང་གི་ཟུ། （ཟུ།）

木砖 ཤིང་ཕག （ཤིང་གི་ལག་པ།）

木柱 ཤིང་གི་ཀ་བ།

木过梁 ཤིང་ཟམ།

木材干燥 ཤིང་སྐམ་པ། （ཤིང་སྐམ་པོ་བཟོ་བ།）

木板墙 པང་ལེབ་སྐྱུ།

木板条隔墙 རྒྱུག་དྲལ་བར་སྐྱུ།

木板条 པང་ལེབ་སྟེམ།

N

nài

耐碱 བ་ཚྭ་འགྲོག་པ།

耐热 ཚ་བ་ཐེག་པ།

耐冻 འཁྱགས་པ་ཐེག་པ།

耐压力 གནོན་ཤུགས་ཐེག་ཚད།

耐久 ཡུན་རིང་ཐུབ་པ།

耐磨 བདར་ཟད་ཐེག་པ།

耐压 གནོན་ཤུགས་ཐེག་པ།

耐冲击 བརྡབ་རྡུང་ཐེག་པ།

耐火砖 མེ་འགྲོག་ས་ཕག

耐油 སྣུམ་ཐེག་པ།

耐酸 སྐྱུར་ཐེག་པ།

耐水性 ཆུ་ཐེག་རང་བཞིན།

耐磨度 བདར་ཟད་ཐེག་ཚད།

耐熔性 མི་བཞུ་བའི་རང་བཞིན།

耐火材料 མེ་ཐེག་རྒྱུ་ཆ།

nán

男厕所 ཕོའི་གསང་སྤྱོད།

难燃烧 འབར་དཀའ་བ།

难燃材料 འབར་དཀའ་བའི་རྒྱུ་ཆ།

难度 དཀའ་ཚད།

nèi

内 ནང་། （ནང་ལོགས།）

内粉刷 ནང་གི་ཞལ་ལ།

内外搭接 ཕྱི་ནང་མཐུད་པ།

内墙 ནང་སྐྱ། （ནང་རྩིག）

内落水 ནང་གི་ཆུ་འགྲོ།

内力 ནང་ཤུགས།

内开窗 ནང་ཕྱེ་སྒེའུ་ཁུང་།

内开门 ནང་ཕྱེའི་སྒོ།

nián

年度 ལོ་འཁོར།

粘土 མྱགས་ས།

粘土砖 ཛ་ཕག

粘土瓦 ཛ་གཡམ།

níng

凝结水 ཆུ་འཁེངས་པ།

凝固 འཁེངས་པ།

niú

牛胶 སྤྱིན།

牛腿 ཀ་གཞུ།

nǚ

女儿墙 ཤ་རྒྱབ།

nuǎn

暖气 དྲོད་རླངས།

暖通 དྲོད་རྒྱུག

暖棚 དྲོད་ལྡན་གཡབ་ཁང་།

P

pá

爬山虎 ལྕུམ་སྤྲས། （རྩབ་གཅིག་གི་མིང་།）

pāi

拍拍浆 འདག་པ་བཙག་པ། （འདག་ཞོ་སྦྱོང་བ།）

pái

排水 ཆུ་འབུད།

排水沟 ཆུ་འགྲོ་ཡུར་བུ།

排水口 ཆུ་འགྲོ་ཡུར་བུའི་ཁ།

排气阀 ཕུ་འགོག་གཏོང་།

排渣 སྙིགས་མ་ཕྱིར་འབུད། （རོ་ཧྭ་ཕྱིར་འབུད།）

排污 བཙོག་འབུད།

排气窗 རླུང་འགྲོ་སྒེའུ་ཁུང་།

排洪 ཆུ་ལོག་འབུད་པ།

排除 ཕུད་པ། （ཁས་མི་ལེན་པ།）

pào

泡沫砼 ལྦུ་བའི་ཛོ་འདག

pèi

配　ཆ་བསྒྲིགས།

配件　ལྷུ་ལག

配电盘　གློག་པང་སྒྲོམ།

配筋　ལྕགས་རྩེབས་ལྷུ་སྒྲིག

配置　བཀོད་སྒྲིག

配合　གཞོགས་འདེགས།

pēn

喷射　ཕྱོར་འཕེན།

喷枪　ཕྱོར་མདའ།

喷咀　ཕྱོར་བྱེད་མཆུ་ཏོ།

喷浆　འདག་པ་བརྫོས་པ།

péng

膨胀　སྦོས་པ། （རྒྱས་པ།）

膨胀螺栓　ཆེར་འགྲོ་གཅུས་གཟེར།

pèng

碰撞　རྡུང་ཁ་རྒྱག་པ།

pí

皮线　ཀོ་སྐུད།

皮数杆　ཚད་རྒྱུག

piān

偏心轮　གཞོགས་འཁྱོག་འཁོར་ལོ།

偏心块　གཞོགས་འཁྱོག་ལེབ་མ།

偏离　བྲལ་བ། （འཁྱོག་པ།）

偏僻　ལུང་ཁུག （ལུང་པ་ཁུག་ཀྱོག）

piàn

片石　རྡོ་ལེབ། （ལེབ་རྡོ།）

pin

拼板　ལེབ་སྒྲིག་པང་ལེབ།

拼板门　ལེབ་སྒྲིག་སྒོ།

拼装　སྒྲིལ་རྒྱག

拼花板　ལེབ་སྒྲིག་རི་མོའི་པང་ལེབ།

píng

平　སྙོམས་པོ།

平方　རྒྱ་གྲུ་བཞི། （སྒོ་）

平板　ལེབ་པང་།

平方米　སྨིད་གྲུ་བཞི།

平行　མཉམ་གཤིབ། （དོ་མཉམ་པ།）

平面　ལེབ་ངོས།

平顶　གནམ་པང་།

平口　ཁ་སྙོམས་པོ།

平板玻璃　ཤེལ་སྒོ་འཇམ་སང་།

pō

坡度　གཟར་ཚད།

坡屋顶　གཟར་ཐོག

坡道　གསེག་ལམ།

坡地　ས་ལྡེབས་མ།

pò

破裂　ཆག་གྲུམ།

破坏　གཏོར་བཤིག

破损　ཟད་སྐྱོན།

pōu

剖面　གཤགས་ངོས། （གཏུབ་ངོས།）

剖面图　གཤགས་ངོས་དཔེ་རིས།

pū

铺设　　བཀྲམ་པ།

pǔ

普通　　སྤྱིར་བཏང་། （ཐལ་པ། དཀྱུས་མ།）

普通钢轨　　སྤྱིར་བཏང་ལྕགས་ལམ།

普通水泥　　སྤྱིར་བཏང་ཨར་འདམ།

Q

qī

漆　　རྩི།

漆片　　སྐམ་རྩི། （ལེབ་རྩི།）

qǐ

起拱　　གུག་རྩིག

起重臂　　ལྗིད་འདེགས་དཔུང་པ།

起重量　　ལྗིད་འདེགས་ཚད།

起重高度　　ལྗིད་འདེགས་མཐོ་ཚད།

企业　　ཁེ་ལས།

qì

汽油　　རླངས་སྣུམ།

砌块　　རྩིག་རྡོག

砌块墙　　རྩིག་རྡོག་གི་སྐྱ།

砌块柱　　རྩིག་རྡོག་གི་ཀ་བ། （རྩིག་རྡོག་གི་སྐྱ་གདོང་།）

砌筑　　རྩིག་པ་བརྩིག

qiān

千卡　　ཁྲི་སྟོང་ཐིག （དྲོད་ཚད་གི་ཚན་པ།）

铅　　ཞ་ཉེ།

铅板　　ཞ་པང་། （ཞ་ཉེའི་པང་ལེབ།）

铅丝　　ཞ་སྐུད། （ཞ་ཉེའི་སྐུད་པ།）

纤维　　ཚེ་སྣ།

纤维板　　ཚེ་སྣའི་པང་ལེབ།

qiàn

嵌缝　　བསད་སྦུབས།

嵌填　　སྦུབས་རྒྱོང་བ།

嵌油灰　　སྣུམ་ལྡན་སྐྱོ་བཀག

嵌腻子　　སྐྱོ་བཀག་བརྒྱབ།

qiáng

强度　　མཁྲེགས་ཚད།

墙　　གྱང་། （སྐྱ། རྩིག་པ།）

墙垛　　སྐྱ་གདོང་།

墙基　　རྩིག་གདན། （རྩིག་རྨང་།）

墙墩　　སྐྱ་གདོང་། （སྐྱ་རྩིག）

墙梁　　རྩིག་གདུང་། （རྩིག་ཐེག་གདུང་མ།）

墙体　　རྩིག་གཞི།

墙身　　གྱང་གཟུགས།

墙体材料　　རྩིག་པའི་རྒྱུ་ཆ།

qīn

侵蚀　　བསྣད་སྐྱོན་གཏོང་བ།

qīng

轻质　　ཡང་བའི་རང་བཞིན།

轻亚粘土　　བྱེ་མ་ཞུང་བའི་སྨུགས་ས།

轻轨　　ལྕགས་ལམ་ཆུང་རིགས།

倾斜　　འཁྱོག་པ།

倾倒　　འཁྱོག་འགྱེལ།

清洁　　གཙང་སྦྲ།

清水墙 ཞལ་མེད་རྩིག་པ། （ངོས་གཙང་རྩིག་པ།）

清漆 བཀྲག་རྩི།

qiū

秋季 སྟོན་ཁ།

qū

区域 ཁྱབ་ཁོངས། （ས་ཁོངས།）

区分 དབྱེ་འབྱེད།

区别 དབྱེ་བ། （ཁྱད་པར།）

qú

取暖 དྲོད་ཁུག་པ།

quān

圈梁 སྒོར་གདུང་།

quān

全部 ཆ་ཚང་། （ཡོངས་རྫོགས།）

R

rán

燃料 འབུད་རྫས།

燃烧 འབར་བ།

rè

热 ཚ་པོ།

热锻 ཚ་རྡུང་། （ལྕགས་སོགས་ཚ་རྡུང་བྱེད་པ།）

热胀冷缩 ཚ་ནར་གྲང་འཁུམས།

热沥青 སྣུམ་ནག་ཚ་པོ།

热量 དྲོད་ཚད།

热阻 དྲོད་འགོག

热阻值 དྲོད་འགོག་ཚད།

热电站 ཚ་གློག་འབབ་ཚུགས།

热桥 དྲོད་ལམ།

热损失 ཚ་བའི་ཟད་གྲོན།

热容量 ཚ་བ་ཤོང་ཚད།

rén

人工挖槽 ས་ཤུར་མིས་བྲུས་པ།

人工夯实 མིས་གསིང་རྡོ་རྒྱག་པ།

人工烘干 མིས་བསྲེས་སྐམ་བྱེད་པ།

rèn

韧性 རྒྱུན་ཐུབ་རང་བཞིན།

rì

日照 ཉི་འོད་ཕོག་པ།

日光灯 ཉི་འོད་གློག་བཞུ།

róng

容重 ཤོང་ལྗིད་གཉིས་བསྡུར།

容量 ཤོང་ཚད།

容纳 བསྡུ་ལེན། （ཚུད་པ།）

融 བཞུ།

融化 བཞུ་བ།

溶液 བཞུ་ཁུ།

溶冻 འཁྱགས་པ་བཞུ་བ།

溶洞 ཆུ་ཟད་བྲག་ཕུག

róu

柔性 སྙི་བའི་རང་བཞིན།

柔性地面 སྙི་བའི་ས་མཐིལ།

ruǎn

软性 མཉེན་པའི་རང་བཞིན།

软土层　ས་འབོལ་པོའི་རིམ་པ།

软木　ཤིང་མཉེན་པོ།

ruò

弱土层　ས་སོབ་རིམ་པ།

S

sā

撒灰　ཐལ་བ་བཀྲམ་པ།（ཐལ་བ་སྟོར་བ།）

sǎ

洒水　ཆུ་སྟོར་བ།

sān

三合土　གསུམ་འདྲེས་ས།（ས་གསུམ་འདྲེས་མ།）

三合土基础　གསུམ་འདྲེས་སའི་རྨིག་གདན།

三层　གསུམ་ཐོག（བང་རིམ་གསུམ།）

三角皮带　འཁོར་ཐག་ཟུར་གསུམ་པ།

三层板　གསུམ་སྦྱར་པང་ལེབ།

sǎn

散水　ཆུ་འབབ།（ཆུ་ལེན།）

散失　ཐོར་བ།

shā

沙性土　བྱེ་ས།

沙质粘土　བྱེ་སའི་སྦྱགས་ས།

沙卵石　བྱེ་འདྲེས་གྲམ་རྡུག

沙浆　བྱེ་འདག

纱窗　ཐགས་སང་སྒེའུ་ཁུང་།

纱窗扇　ཐགས་སང་ཁྲ་མ།

shāi

筛　ཚགས།（ཚགས་བརྒྱབ་པ།）

shài

晒图　དཔེ་རིས་པར་ལེན།

shān

山墙　རི་སྐྱ།（ཕྱག་ཚན།）

山岗　རི་སྒེ།（རི་ཟུར།）

山尖　རི་རྩེ།

shàng

上　གོང་།（སྟེང་།）

上胶　སྤྱིན་བྱུག་པ།

上槛　སྟོད་འདེམས།（ཤིང་སྒྲོམ་གྱི་མིང་ཞིག）

上冒头　མགོ་བཀག

上悬窗　གནམ་བཀལ་སྒེའུ་ཁུང་།

上下水　ཆུ་འདྲེན་གཏོང་།

上部　སྟོད་ཆ།（ཡན་འདབ།）

上端　རྩེ་མོ།

上弦杆　གཞུ་རྒྱུག་སྣང་མ།

上下错缝　གོང་འོག་སྦུབས་གནན་པ།（སྒྲིག་ལེན་པ།）

设计　འཆར་འགོད།

设计荷载　འཆར་འགོད་ལྗིད་ཚད།

设备　ཡོ་ཆས།（ཡོ་བྱད།）

设备管线　ཐགས་སྦུག་སྐུད་པའི་ཡོ་བྱད།

设置　བཀོད་སྒྲིག

射流　སྟོར་རྒྱུག

shēn

深度　གཏིང་ཚད།（ཟབ་ཚད།）

伸缩　ནར་འཁུམས།

伸缩缝　ནར་འཁུམས་སྲུབས་ཀ།

shěn

审查　ཞིབ་འཇུག

审定　ཞིབ་བཤེར་གཏན་འཁེལ།

审核　ཞིབ་བཤེར།

shèn

渗漏　སིམ་འཛག

shēng

声强级　སྒྲའི་ཤུགས་ཚད།

生铁　ཁྲོ་ལྕགས།

生石灰　རྡོ་ཞོ་རྗེན་པ།

升　བཀུག་པ།　（བྲེ།）

升高　མཐོ་རུ་བཏང་བ།

升降　འཕར་ཆག

shī

湿润　བརླན་བཤེར།

施工　ཨར་ལས།　（ཨར་རྒྱག）

施工图　ཨར་ལས་དཔེ་རིས།

施工缝　ཨར་ལས་བར་སྲུབས།

施工顺序　ཨར་ལས་གོ་རིམ།

施工条件　ཨར་ལས་ཀྱི་ཆ་རྐྱེན།

shí

石灰　རྡོ་ཞོ།

石灰石　རྡོ་ཞོའི་རྡོ།

石灰膏　རྡོ་ཞོ་དྭངས་མ།

石油　རྡོ་སྣུམ།

石棉　རྡོ་བལ།

棉绒　རྡོ་བལ་སྤུ་མ།

石棉绳　རྡོ་བལ་གྱི་ཐག་པ།

石墙　རྡོ་རྩིག

试验　ཚོད་ལྟ།

试制　ཚོད་བཟོས།　（ཚོད་ལྟའི་བཟོས་པ།）

室高　ཁང་པའི་མཐོ་ཚད།

室内外高差　ཁང་པ་ཕྱི་ནང་གི་མཐོ་དམན།

室内楼梯　ཁང་ནང་གི་སྐས་འཛེགས།

室外楼梯　ཁང་ཕྱིའི་སྐས་འཛེགས།

室内　ཁང་པའི་ནང་།

室内地坪　ཁང་པའི་ས་མཐིལ།

室外地坪　ཁང་ཕྱིའི་ས་མཐིལ།

室外　ཁང་པའི་ཕྱི་ལོགས།

室外地面　ཁང་ཕྱིའི་ས་ངོས།

室内地面　ཁང་ནང་གི་ས་ངོས།

shōu

收缩　འཁུམས་པ།

shòu

受力　ཤུགས་འཁེལ་བ།　（ཤུགས་ཐོག་པ།）

受剪　བཅད་ཤུགས་ཐོག་པ།

受压杆　གནོན་འཁེལ་རྒྱུག་ཤིང་།

受潮　བཞའ་ཐོག་པ།　（བཞའ་ཁུག་པ།）

受拉杆　འཐེན་ཐོག་རྒྱུག་ཤིང་།

shū

输送　སྐྱེལ་བ།

输电　གློག་སྐྱེལ།

疏散 ཁྲ་བཀྲམ།

疏密 སྲབ་མཐུག

shú

熟石灰 ཆུས་བཏུལ་བའི་རྡོ་ཐལ།

熟油 སྣུམ་བཏུལ་མ།

熟漆 རྩི་བཏུལ་མ།

熟料 རྒྱུ་ཆ་བཅོས་མ།

熟化 བཏུལ་པོར་གྱུར་པ།

数字 གྲངས་ཀ

数据 གཞི་འཛིན་གྲངས་ཀ

数量 གྲངས་འབོར།

竖缝 ཐད་ཀའི་སྲུབས།

竖向 ཐད་ཀའི་ཕྱོགས།

竖直 ཐད་འདྲོངས།

树 ཤིང་སྡོང་།

树指漆 ཤིང་གི་སྣུམ་རྩི།

shuā

刷漆 རྩི་བྱུག་པ།

刷浆 འདག་པ་བྱུག་པ།

刷油 སྣུམ་བྱུག་པ།

刷沥青 སྣུམ་ནག་བྱུག་པ།

刷胶 སྤྱིན་བྱུག་པ།

刷白 ཀ་རག་བྱུགས་པ།

shuāng

双层 བང་རིམ་ཉིས་རྩེག

双层窗 སྒེའུ་ཁུང་ཉིས་རྩེག

双向 ཆ་སྒྲིག （ཁ་ཕྱོགས་ཆ།）

水泥 ཨར་འདམ།

水沟 ཆུ་ཡུར།

水平 ཆུ་ཚད། （ཆུ་ངོས་སྙོམས་ཚད།）

水平度 ངོས་སྙོམས་ཚད། （ཆུའི་སྙོམས་ཚད།）

水平尺 ངོས་སྙོམས་ཐིག་ཤིང་།

水泥沙浆 ཨར་འདམ་བྱེ་འདག

水泥石屑 ཨར་འདམ་རྡོ་བསྲེས།

水泥花砖 ཨར་འདམ་རི་མོའི་ཕག

水磨石 ཆུས་བདར་བའི་རྡོ།

水管 ཆུ་སྦུག

水池 ཆུ་རྫིང་།

水龙头 ཆུ་བཀག་གཏོང་གི་གཙུས་ཕུར།

水灰比 ཆུ་ཐལ་བསྡུར་ཚད།

水泵 ཆུ་འཐེན་འཕྲུལ་འཁོར།

水施图 ཆུ་འདྲེན་ལས་ཀའི་དཔེ་རིས།

水施 ཆུའི་ཨར་ལས།

水泥制品 ཨར་འདམ་སྐྲུན་དངོས།

水平旋转 ངོས་སྙོམས་ཀྱི་སྐོར་བ།

水胶 སྤྱིན་ཆུ།

水道 ཆུ་ལམ།

水蒸气 ཆུའི་རླངས་པ།

水落管 ཆུ་རྒྱུག་ཨོར་སྦུག

水斗 ཆུ་འགྲོའི་ཁ་གཞོང་།

水面 ཆུ་ངོས།

水文地质 ཆུ་རིག་ས་གཤིས།

shùn

顺砖 གཞུང་ཕག

顺流 གཞུང་ལ་རྒྱུག་པ།

顺水 ཆུ་རྒྱུག

顺水条 ཆུ་རྒྱུག་ཤིང་རིང་།

shuō

说明 གསལ་བཤད།

说明书 གསལ་བཤད་ཡི་གེ།

sī

丝口 གཙུས་ལམ།

sì

四落水 ཕྱོགས་བཞིར་ཆུ་འབབ་པ།

四坡水 ཕྱོགས་བཞིའི་ཆུ་ཐིབས།

sōng

松软 མཉེན་པོ།

松香 ཐང་ཚི།

松散 ལྷོད་གཡེང་།

松动 ལྷུག་ལྷུག

松树 ཐང་ཤིང་།

sù

素土夯实 ས་རང་སར་གསེང་རྡོ་རྒྱག

素土 ས། （ས་ལྷད་མེད་པ།）

素混凝土 རྡོ་འདག （ལྕགས་སྙིབས་མེད་པའི་རྡོ་འདག）

塑料 འགྱིག

塑料板 འགྱིག་པང་།

塑性 འགྱིག་གི་རང་བཞིན།

塑料制品 འགྱིག་བཟོས་དངོས་པོ།

宿舍 ཉལ་ཁང་།

suān

酸 སྐྱུར།

酸性 སྐྱུར་བའི་རང་བཞིན།

suí

随拍随抹 བཅག་བཅག་བྱེད་བཞིན་འཇམ་པོ་བཟོས།

sè

色彩 ཚོས་མདོག

塞口 ཁ་བཀག་པ།

suō

缩短工期 ལས་ཡུན་ཐུང་དུ་གཏོང་བ།

T

tā

塌方 ས་བརྡིབས།

踏步岔 སྐས་བང་རིམ་ཅན།

tǎ

塔身 མཆོད་རྟེན་གཟུགས།

塔式起重机 མཆོད་རྟེན་དབྱིབས་ཀྱི་འདེགས་འཁོར།

塔帽 སྒྲོམ་ཞྭ།

tái

台班 ཐེ་པན། འཕྲུལ་འཁོར་ལས་གྲངས་གཅིག
（འཁོར་ལོ་རེ་རེའི་ལས་ཚད།）

台阶 རྡོ་བཀྱག

抬高 ཡར་བཀྱག

tán

弹性 ལྷེམ་པའི་རང་བཞིན།

弹性模量 ལྷེམ་ཚད་གྲངས། ལྷེམ་གཤིས་ཀྱི་འབྲེལ་གྲངས།

弹线 ཐིག་བརྒྱབ་པ།

弹子锁 ལྡེམ་ཤུགས་སྒོ་ལྕགས།

弹簧 ལྡེམ་རྩེབ།

弹簧门 ལྡེམ་རྩེབ་བསྐོར་བའི་སྒོ།

弹簧合页 ལྡེམ་རྩེབ། བཀབ་ལྕགས།

弹簧插锁 ལྡེམ་རྩེབ། ཨ་ཤིང་།

tān

摊铺 བཀྲམ་པ།

tǎn

坦克吊 ལྡིད་འདེགས་འཕྲུལ་འཁོར།

tàn

碳钢 ཐན་ཏ་ངར་ལྕགས།

碳化物 ཐན་འགྱུར་དངོས་པོ།

táng

樘子 སྒྲོམ།

táo

陶质材料 རྫའི་རྒྱུ་ཆ།

陶板 རྫ་གཡམ།

陶粒 རྫ་རྡོག

陶土 རྫ་ས།

tī

梯梁 སྐས་གདུང་།

梯段 སྐས་འཛེགས་དུམ་བུ།

梯步 སྐས་རིམ།

踢脚线 རྡོག་ལེན་ཐིག

踢脚板 རྡོག་ལེན་པང་།

tí

提浆 འདག་ཞོ་སློང་བ།

提高工效 ལས་ཚད་མཐོ་རུ་གཏོང་བ།

提升 ཡར་འཐེན་པ།

tǐ

体量 ལུས་བོངས།

体积吸水率 བོངས་ཚད་ཀྱི་ཆུ་འཇིབ་ཚད།

体积 བོངས་ཚད། （གཟུགས་བོངས།）

tiān

天沟 ཐོག་གི་ཡོར་པ།

天然石材 རང་བྱུང་གི་རྡོ་ཆས།

天然砂石 རང་བྱུང་གི་བྱེ་རྡོ།

天车 གནམ་འཁོར། （བར་སྣང་གི་དཔྱང་འཁོར།）

tiāo

挑沿木 ས་གཞུ།

挑梁 ཀྱང་གདུང་།

tiáo

条形 ནར་གཟུགས།

条形基础 ནར་གཟུགས་ཀྱི་རྨིག་གདན།

调节 སྙོམས་སྒྲིག

调和漆 མཉམ་བསྲེས་རྩི།

调直 འཁྲོང་བསྲང་།

调匀 སྙོམས་པོར་བཟོ་བ།

tiē

贴脸板 （སྒྲིབས་འགོག་སྙེམ།）

贴面 སྦྱར་བ།（འགྲམ་སྦྱར།）

tiě

铁皮　ལྕགས་ཤོག

铁拉杆　ལྕགས་ཀྱི་རྒྱུག་འཛིན།

铁锨　ལྕགས་ཤན།

铁屑水泥　ལྕགས་ཕྱེ་ཨར་འདམ།

铁壳　ལྕགས་ཤུབས།

铁件　ལྕགས་ཆས།

铁槽　ལྕགས་ཤུར།

铁三角　ལྕགས་ལེབ་ཟུར་གསུམ་པ།

铁拉手　ལྕགས་ཀྱི་ལག་འཛུ།

铁皮防火门　ལྕགས་ཤོག་གི་མེ་འགོག་སྒོ།

铁栅　ལྕགས་དྲ།

铁纱　ལྕགས་སང་།

铁丝　ལྕགས་སྐུད།

铁钉　ལྕགས་གཟེར།

铁抹　ལྕགས་རྩེ། （འདག་ཞལ་གཏོང་བྱེད།）

铁路　ལྕགས་ལམ།

tíng

停工待料　ལས་བཞག་རྒྱུ་སྒུག

停止　མཚམས་འཇོག་པ།

停工　ལས་མཚམས་འཇོག་པ།

tǐng

挺　བསྲངས་པ།

挺钩　ལྕགས་འཛིན།

tōng

通缝　སྦུབས་འབྲེལ།

通用　ཡོངས་སྤྱོད།

通用图　ཡོངས་སྤྱོད་དཔེ་རིས།

通用性　ཡོངས་སྤྱོད་རང་བཞིན།

通风　རླུང་འགྲོ།

通风道　རླུང་འགྲོ་ལམ།

通道　སྐྱོད་ལམ།

通长　ཤར་རེ་བཏང་བ།

tóng

砼　རྡོ་འདག

同前　གོང་མཚུངས།

同左　གཡོན་དང་མཚུངས།

同右　གཡས་དང་མཚུངས།

同样　ཆ་མཚུངས། （གཅིག་མཚུངས།）

桐油　ཤིང་སྣུམ།

tǒng

筒形簿壳　མདོང་གཟུགས་སྲབ་ཤོག
（ཁང་པའི་ཤོག）

筒形瓦　ཨོར་གཟུགས་རྫ་གཡམ།

筒仓　སྒོར་དབྱིབས་མཛོད་ཁང་།

tóu

投产　ཐོན་སྐྱེད་ལ་ཞུགས་པ།
（ཐོན་སྐྱེད་བྱེད་འགོ་ཚུགས་པ།）

投资　མ་རྩ། （མ་དངུལ།）

投放　རྒྱག་པ། （སྨན་སོགས།）

tòu

透水性　ཆུ་སིམ་ཚད།

透明度　དྭངས་གསལ་གྱི་ཚད།

透气　རླུང་རྒྱུག་པ།

透视　སྒྲིབ་མེད་མཐོང་བ།

透视图　འབུར་གཟུགས་རི་མོ།

透风　རླུང་ཐད་རྒྱུག

透光　འོད་ཐད་རྒྱུག

tú

涂　བྱུག་པ།

涂料　བྱུག་རྫས།

涂满　ཡོངས་ལ་བྱུག་པ།

tǔ

土层　ས་རིམ། （ས་བང་རིམ།）

土质　ས་གཤིས།

土崩　ས་ཞིལ་བ།

土坑　ས་དོང་།

土层冻胀　ས་རིམ་འཁྱགས་སྦོས་ཐེབས་པ།

土坯　ས་ཕག

土坯墙　ཕག་རྩིག （ས་ཕག་གི་སྐྱུ།）

土筑墙　གྱང་རྡུང་བའི་སྐྱུ།

土路面　སའི་ལམ་ངོས།

土设备　ཡུལ་ལུང་གི་ཡོ་བྱད།

tuī

推土机　ས་འབུད་འཁོར་ལོ།

推拉门　འབུད་འཐེན་སྒོ།

推动　སྐུལ་འདེད།

tuō

拖车　འདྲུད་འཁོར།

拖拉机　འདྲུད་འཐེན་འཁོར་ལོ།

W

wā

挖　རྔོག་པ།

挖掘　རྔོག་འདོན།

wǎ

瓦屋面　རྫ་གཡམ་གྱི་ཁང་ཐོག

wài

外门　ཕྱི་སྒོ།

外开门　ཕྱིར་ཕྱེ་སྒོ།

外开窗　ཕྱིར་ཕྱེ་སྒེའུ་ཁུང་།

外力　ཕྱིའི་ཤུགས།

外落水　ཕྱིའི་ཆུ་འགྲོ།

外墙　ཕྱི་རྩིག

外廊　ཕྱིའི་གཡབ།

外形　ཕྱིའི་དབྱིབས།

外粉刷　ཕྱིའི་ཞལ་ལ།

wēi

危险　ཉེན་ཁ།

危房　ཉེན་ཁའི་ཁང་པ།

危害　གནོད་སྐྱོན།

wéi

围墙　ར་སྐོར། ལྕགས་རི།

围护墙　སྲུང་སྐྱོབ་རྩིག་པ།

wèi

卫生　འཕྲོད་བསྟེན།

卫生器具　འཕྲོད་བསྟེན་ཡོ་བྱད།

wēn

温度　　རྡོད་ཚད།

温度缝　　རྡོད་ཚད་སྲུབས་ཀ།

温差　　རྡོད་ཚད་ཀྱི་ཧེ་བག

温水　　ཆུ་རྡོད་འཇམ།

wěn

稳定　　བརྟན་པོ།

稳定性　　བརྟན་པའི་རང་བཞིན།

wǎng

网架　　དྲ་བའི་སྒྲོམ།

wò

卧浆　　འདག་པ་བཀྲམ་པ།

卧木　　ཤིང་ཉལ།

卧梁　　ལྕམ་ཉལ།

wū

污水池　　རྫབ་རྫིང་།

污染　　བཙོག་པ་བཟོས་པ།

污泥　　འདམ་རྫབ།

污物　　དངོས་པོ་བཙོག་པ།

屋面　　ཐོག་ངོས།

屋顶　　རྩེ་ཐོག

屋沿　　ཁང་པའི་གོང་ལ།

屋架　　ཐོག་སྒྲོམ།

X

xī

吸湿性　　བཞར་ཚད་འཐེན་ཤུགས།

吸水率　　ཆུ་འཇིབ་ཚད།

吸水性　　ཆུ་འཇིབ་པའི་རང་བཞིན།

吸气阀　　ཐུ་འཐེན་བཀག་གཏོང་།

吸力　　འཐེན་ཤུགས།

锡　　ཚ་ལ།

xì

细度　　ཞིབ་ཚད།

细骨料　　རུས་རྒྱུ་ཞིབ་པ།

细石砼　　ཞིབ་རྡོའི་རྡོ་འདག

细沙　　བྱེ་ཞིབ།

xià

下　　འོག

下水道　　ས་འོག་གི་ཆུ་ལམ།

下槛　　མས་སྐེམ།

下落　　མར་བབས་པ།

下垂　　འཇོལ་བ། （བབས་པ།）

下塌　　བརྡིབས་པ།

下部　　མན་འདབ། （སྨད་ཆ།）

下降　　བབས་གཞོལ།

夏季　　དབྱར་དུས།

xiàn

线锤　　དཔྱང་ཐིག

线路　　སྐུད་ལམ།

线脚　　ཐིག་རིམ།

现象　　སྣང་ཚུལ།

xiāng

相应　　དེ་དང་བསྟུན་པ།

相邻　གྲོང་པ།

相同　འདྲ་བ།

相差　ཧེ་བག

箱形　སྒམ་གཟུགས།

箱形基础　སྒམ་གཟུགས་རྨིག་གདན།

镶嵌　ཕྲ་རྒྱན་རྒྱག་པ།

镶板门　པང་བཀག་སྒོ།

镶铜条　ཟངས་ཀྱི་ཁྲ་བཅད།

镶金属条　ལྕགས་རིགས་ཁྲ་བཅད།

镶玻璃条　ཤེལ་གྱི་ཁྲ་བཅད།

xiáng

详见　ཞིབ་གསལ།

详图　ཞིབ་ཕྲའི་དཔེ་རིས།

详细　ཞིབ་ཚགས།

xiàng

橡胶板　འགྱིག་གི་པང་ལེབ།

橡胶　འགྱིག

橡皮土　ས་འབོལ་པོ།

橡皮管　འགྱིག་སྦུག

xiāo

消防　མེ་ཟྲོན།

消角　ཟུར་གཞོག་པ།

消除　གཙང་སེལ།

消融　བཞུར་ཟད།

销子　ལྕགས་ཟབ།

xiǎo

小　ཆུང་བ།

小梁　གདུང་ཆུང་།

小木撅　ཤིང་ཟབ།

小五金　ལྕགས་རིགས་ཡོ་བྱད་ཆུང་བ།

小便斗　གཅིན་གཞོང་།

小便槽　གཅིན་གཞོང་ནར་མ།

小坡屋顶　གཟར་ཚད་ཆུང་བའི་ཐོག

小枋　ལྕམ་གྲུ་བཞི་མ།

小样　དཔྱིབས་ཆུང་།

xiē

歇山屋面　ཕྱག་ཚན་སྣོང་བའི་ཐོག

楔　སྦ་སྐྱི། （ཤིང་ཟབ།）

xié

协作　རོགས་ལས།

斜撑　འཕྲེད་བརྟེན།

斜杆　འཕྲེད་རྒྱུག

斜道　གསེག་ལམ།

斜坡　ཐུར། （གསེག）

斜层面　གཟར་ཐོག

xīn

锌　ཏི་ཚ།

xíng

形状　གཟུགས་དབྱིབས།

型号　དབྱིབས་ཨང་།

型钢　དབྱིབས་ལྡན་ཨར་ལྕགས།

行驶　འགྲོ་སྐྱོད།

xiū

修理　བཟོ་བཅོས།

修复 ཉམས་གསོ།

修面 ངོ་བཅོས་པ།

修边 མཐའ་བཅོས་པ།

修补 ཉམས་གསོ།

xù

序号 གོ་རིམ།

xuán

悬臂梁 གཡང་སྐྱུར་གདུང་མ།

悬山 ཐོག་གི་ཕྱག་ཚན།

悬空 གནམ་ལ་དཔྱང་བ།

悬索 དཔྱང་འགེལ།

悬臂 དཔྱང་དཔུང་།

悬挑 དཔྱང་པ།

xún

循环 སྐོར་བ་རྒྱག་པ།

循环水 སྐོར་ཆུ།

Y

yā

压 གནོན་པ།

压口 གནོན་ཁ།

压实 མནན་ནས་བརྟན་པོ་བཟོས།

压光 བཙག་བཙག་གིས་འཇམ་པོ་བཟོས་པ།

压花玻璃 ཤེལ་སྒྲོ་རི་མོ་ཅན།

压缩空气 མཁའ་རླུང་གནོན་འཇུག

压平 གནོན་སྙོམས།

压板 ཁ་ཤིང་།

yān

烟灰 དུ་ཐལ།

烟窗 དུ་ཁུང་། （དུ་འགྲོ།）

yán

研究 ཞིབ་འཇུག

岩石 བྲག་རྡོ།

延长 སྲིང་བ། （རིང་དུ་བཏང་བ།）

延续 རྒྱུན་མཐུད།

延误 འཐུས་ཤོར།

延缓 འགོར་འགྱངས།

延长工期 ལས་ཡུན་འགོར་འགྱངས།

严寒 གྲང་ངར་ཆེན་པོ།

严冬 དགུན་ཨ་ཧྲང་ད་ཧྲང་།

炎热 ཚ་བ་ཆེན་པོ།

颜色 ཚོས་གཞི།

颜料 ཚོས།

沿沟 ཐོག་གི་ཆུ་འགྲོ།

沿墙 གོང་ལ།

yàn

验收 ལྟ་ཞིབ་རྩིས་ལེན།

yáng

阳台 ཉི་གཡབ།

阳角 མངོན་ཟུར།

yǎng

养护 སྲུང་སྐྱོང་།

氧气 དབྱང་རླུང་།

氧焊 དབྱང་རླུང་ཚ་ལ།

氧化　ཡལ་འགྱུར།

氧焊机　དབྱང་རླུང་ཚ་ལའི་འཕྲུལ་འཁོར།

yāo

腰窗　ཉི་ཁུང་།

yě

冶金　ལྕགས་བཞུ།

冶炼　བཙོ་སྦྱངས།

yī

一定　ངེས་པར།

一律　ཡོངས་རྫོགས།

一层　གཅིག་ཐོག （རིམ་པ་གཅིག）

一毡二油　ཕོག་གཅིག་སྣུམ་གཉིས།

一砖墙　གཅིག་ཕག་གི་སྐྱུ།

一砖半墙　ཕག་ཕྱེད་གཉིས་ཀྱི་གྱང་།

yí

以下　གཞམ་གསལ། （མན་ཆད།）

以上　གོང་གསལ། （ཡན་ཆད།）

yì

易燃烧　འབར་སླ་བ།

易燃材料　འབར་སླ་བའི་རྒྱུ་ཆ།

易型钢　བཟོ་ལྟ་མེད་པའི་ངར་ལྕགས།

易溶　བཞུ་སླ་བ།

yǐn

隐蔽　གབ་ཡིབ།

yīng

应力　ལན་ཤུགས། （འཐེན་ཤུགས།）

应该　འོས་པ། （དགོས་པ།）

应用　བེད་སྤྱོད།

yìng

硬土层　མཁྲེགས་སའི་རིམ་པ།

硬山　ཐུག་ཚན། （སྐྱུ་གྲུ་གསུམ་པ།）

硬木　མཁྲེགས་ཤིང་།

硬木垫层　མཁྲེགས་ཤིང་རྩབ་གདན།

硬性　མཁྲེགས་པའི་རང་བཞིན།

硬度　མཁྲེགས་ཚད།

yòng

用　བེད་སྤྱོད།

用料　རྒྱུ་ཆ་བེད་སྤྱོད།

yóu

油毡　སྣུམ་ཕོག

油漆　ལྕགས་རྩི། （སྣུམ་རྩི།）

yǒu

有组织落水　བཀོད་སྒྲིག་ཆུ་འབབ།

有色金属　ཚོས་ལྡན་ལྕགས་རིགས།

有效　ནུས་ལྡན།

有色　ཚོས་ལྡན།

yòu

釉面瓷砖　འོད་ལྡན་རྫ་དཀར་ཕག

yú

鱼鳞板块　ཉ་རིས་པང་ལེབ།

yù

预算　སྔོན་རྩིས།

预应力　སྔོན་སྔོན་འཐེན་ཤུགས།

预制　སྔོན་བཟོས།

预制过梁　སྔོན་བཟོས་ཤིང་ཟམ།

预制梁　སྔོན་བཟོས་གདུང་མ།

预制板　སྔོན་བཟོས་ཐོག་པང་།

预留　སྔོན་བཞག

预埋　སྔོན་སྦས།

预留孔　སྔོན་འཇོག་ཨི་ཁུང་།

预留洞　སྔོན་འཇོག་སྦོང་ཆ།

浴缸　ཁྲུས་གཞོང་།

浴室　ཁྲུས་ཁང་།

浴盆　ཁྲུས་གཞོང་།

yuán

原浆　འདག་ས།

原因　རྒྱུ་རྐྱེན།

原则　རྩ་དོན།

原料　མ་བཙོས་རྒྱུ་ཆ།

圆滚　རྗེ་རིལ།　（རིལ་རིལ་ནར་མོ།）

元钉　གཟེར།

圆木　ཤིང་རིལ་རིལ།

椽子　དྲལ་མ།

yǔn

允许　ཆོག་པ།

yùn

运输　དབོར་འདྲེན།

运力　དབོར་ཤུགས།

运送　དབོར་འདྲེན།

运动　ལས་འགུལ།　（འགུལ་སྐྱོད།）

运用　བེད་སྤྱོད།

Z

zào

造价　བཟོས་གླ།　（བཟོས་རིན།）

zhà

炸药　འབར་རྫས།　（རྫས་མེ།）

zhān

粘贴　སྦྱར་བ།

zhǎo

找坡　（ཞལ་ཞལ་བཟོས་པ།）

找平层　ཁོད་སྙོམས་རིམ་པ།

zhào

照明　གསལ་སྟོན།　（དཀར་མེ།）

照度　གསལ་ཚད།

zhé

折门　ལྟེབ་སྒོ།

折页　བཀབ་ལྡུགས།

折形　ལྟེབ་དབྱིབས།

折板　ལྟེབ་པང་།

折叠　ལྟེབ་རྩེག

折断　ལྟེབ་ནས་བཅག་པ།

折尺　ལྟེབ་ཁྲེ།　（ཐིག་ཤིང་ལྟེབ་མ།）

zhèn

振实　རྫོང་དམ་པོ་བརྒྱབ་པ།

振动压实机　དཀྲུག་བཅག་འཕྲུལ་འཁོར།

振动　འགུལ་བ།　（གཡོ་བ།）

振捣　དཀྲུག་རྫོང་།

震级　ཡོམ་ཚད།　（ས་ཡོམ་རིམ་པ།）

zhēng

蒸汽养护　　རླངས་པའི་སྲུང་སྐྱོང་།

蒸煮料　　རླངས་སྐམ་རྒྱུ་ཆ། （རླངས་བཙོས་རྒྱུ་ཆ།）

zhěng

整体性　　རྫོག་སྒྲིལ་རང་བཞིན།

整浇　　ཆ་ཚང་བརྒྱབ་པ།

整齐　　གྲལ་འགྲིག་པོ།

zhī

之间　　བར་ཐག

支座　　ཤུགས་འཁེལ་ས།

支持　　རྒྱབ་སྐྱོར།

支承　　འདེགས་སྐྱོར།

支承桩　　འདེགས་སྐྱོར་ཕུར་པ།

zhí

直岔　　ཐད་ཀའི་སྒྲོག

执手　　ལག་འཛུ།

执手锁　　ལག་འཛུ་ཅན་གྱི་སྒོ་ལྕགས།

职业学校　　ལས་རིགས་སློབ་གྲྭ།

职工　　ལས་བཟོ།

zhǐ

指定位置　　གནས་གཏན་འཁེལ།

指北针　　བྱང་སྟོན་འཁོར་ལོ།

指定　　དམིགས་འཛུགས།

指示　　མཛུབ་སྟོན།

zhì

制作　　བཟོས་པ།

制定　　གཏན་འབེབས།

质量　　སྤུས་ཚད།

zhōng

中冒头　　དཀྱིལ་མགོ་བཀག

中贯档　　དཀྱིལ་གདང་།

中庭　　དཀྱིལ་སྒྲོམ།

中樘　　དཀྱིལ་སྒོང་།

中悬窗　　སྒེའུ་ཁུང་ཕྱེད་ལེན།

中槛　　ཉ་རྒྱུག་དཀྱིལ་མ།

中沙　　བྱེ་མ་ཞིབ་མ་རྩུབ།

中线　　དཀྱིལ་ཐིག

中枋　　ཤིང་གྲུ་བཞི་འབྲིང་བ།

中性　　མ་ནིང་།

中心　　ལྟེ་བ། （སྙིང་པོ།）

中央　　དཀྱིལ། （དབུས།）

中轴　　སྲོག་ཤིང་།

zhòng

重物　　ལྕི་བའི་དངོས་པོ།

重心　　ལྗིད་ཚད་ལྟེ་བ།

重量　　ལྗིད་ཚད།

重型钢轨　　ལྕི་དབྱིབས་ལྕགས་ལམ།

重型机械　　ལྕི་དབྱིབས་འཕྲུལ་འཁོར།

zhóu

轴线　　སྙིང་ཐིག （ལྟེ་བའི་ཐིག）

zhú

竹编　　སྨྱུག་སླས།

竹材　　སྨྱུག་མ།

竹筋　　སྨྱུག་རྩིབས།

竹桩　སྨྱུག་ཕུར།

zhǔ

主要　གཙོ་བོ།

主要楼梯　སྐས་འཛེགས་གཙོ་བོ།

主筋　ལྕགས་རྩིབས་ཨ་མ།

主梁　གདུང་མ་གཙོ་བོ།

主入口　འགྲོ་ས་གཙོ་བོ།

主楼　ཐོག་ཁང་གཙོ་བོ།

主厂房　བཟོ་གྲྭ་ཁང་གཙོ་བོ།

zhù

住房　སྡོད་ཁང་།（ཤག）

柱基　ཀ་གདན།

住宅　སྡོད་ཁང་།（ཉལ་ཁང་།）

柱子　ཀ་བ།

铸铁　ལྕགས་ལུགས་མ།

助燃　འབར་རོགས།

zhuān

砖基础　རྫ་ཕག་གི་རྩིག་གདན།

砖　རྫ་ཕག

砖块　རྫ་ཕག་རྡོག་རྡོག

砖柱　རྫ་ཕག་ཀ་བ།（རྫ་ཕག་སྒྲུ་གདོང་།）

砖块施工　རྫ་ཕག་གི་ཨར་ལས།

砖过梁　རྫ་ཕག་གི་ཤིང་ཟམ།

砖拱　རྫ་ཕག་གུག་རྩིག

砖平拱　རྫ་ཕག་སྙོམས་གུག་རྩིག་པ།

砌平拱过梁　རྫ་ཕག་སྙོམས་རྩིག་གི་ཤིང་ཟམ།

砖砌弧拱过梁　རྫ་ཕག་གུག་རྩིག་གི་ཤིང་ཟམ།

专职　ཆེད་བཀོད་ལས་འགན།

专门　དམིགས་དགར།

专家　མཁས་ཅན།（རིགས་གཅིག་མཁས་པ།）

专业　ཆེད་ལས།

zhuǎn

转向　ཁ་ཕྱོགས་སྒྱུར་བ།

zhuàn

转盘　འཁོར་གཞོང་།（འཁོར་སྡེགས།）

zhuāng

装配　ཟུ་སྒྲིག

装配化　ཟུ་སྒྲིག་ཅན་དུ་འགྱུར་བ།

装配性　ཟུ་སྒྲིག་རང་བཞིན།

装修　རྒྱན་སྤྲས།

装板　པང་བཀག（པང་ལེབ་བསྒར་བ།）

桩　ཕུར་པ།

桩柱　ཕུར་ཀ

桩基　ཕུར་གཟུགས་རྩིག་གདན།

zong

综合　མཉམ་བསྡུ།

zòng

纵断面　གཞུང་བཅད་ངོས།

纵坡　གཞུང་གསེག

གསལ་བཤད།

འདིར་བོད་ཡིག་གི་རྩོམ་ཡིག་དང་ཨར་སྐྲུན་གྱི་མིང་ཚིག་ཡིག་སྒྱུར་སྐོར་གསལ་བཤད་ཕྲན་ཙམ་ཞུ་རྒྱུ་ཡིན།

རྩོམ་འདི་ཡི་བརྗོད་བྱ་བོད་རིགས་གནའ་རབས་ཨར་སྐྲུན་གྱི་ལོ་རྒྱུས་དང་ཨར་སྐྲུན་གྱི་བཟོ་རྩལ་ཚང་མ་བོད་རིགས་ས་ཁུལ་ཁག་ལ་བྱུང་བ་ཡིན་པས་རྩོམ་གཞི་འདི་ཐོག་མ་རྩོམ་པ་པོའི་བློ་ལ་འཆར་དུས་ནས་བོད་སྐད་རང་གི་ཐོག་ནས་གྲུབ་པ་ཞིག་ཡིན་ལ་རྩོམ་པ་པོ་རང་ཉིད་ཀྱིས་དང་པོ་བོད་ཡིག་ཐོག་ནས་རྩོམ་འབྲི་བྱས་པ་ཞིག་ཡིན།

འོན་ཀྱང་བོད་ཀྱི་སྐད་ཡིག་འཕེལ་རྒྱས་འགྲོ་བའི་གོ་རིམ་ནང་ཆབ་སྲིད་དང་ཆོས་གཞུང་། སྐད་ཡིག་དང་སྨན་རྩིས་སོགས་མཁས་དབང་རྣམ་པས་མིང་ཚིག་འདང་ངེས་འཕེལ་རྒྱས་དང་ཁྱབ་སྤེལ་གནང་ཡོད་ཙང་ཨར་ལས་བཟོ་སྐྲུན། རྡོ་ཤིང་རྒྱུ་ཆ་དང་སྒྲིག་ཆས། ལྷ་བྲིས་དང་ཚོན་རྩི། འཛིམ་བཟོ་སོགས་མཛེས་རྩལ་གྱི་ལག་རྩལ་དང་རྒྱུ་ཆ་སོགས་ཀྱི་མིང་ཚིག་ཡི་གེའི་ཐོག་བཀོད་པ་ཤིན་ཏུ་ཉུང་ལ་ཁྱབ་སྤེལ་གཏན་ནས་བྱུང་མེད་པས་བཟོ་རྩལ་པ་སོ་སོའི་ཁ་རྒྱུན་ཙམ་ཞིག་དམངས་ཁྲོད་དུ་གནས་པ་ལས་ལོ་རྒྱུས་དང་དཀར་ཆག་ཡིག་རིགས། ཚིག་མཛོད་དང་དག་ཡིག་སོགས་སུ་བཀོད་པ་མེད། དམངས་ཁྲོད་དུ་ཡང་ས་ཁུལ་འདྲ་མིན་གྱི་ཡུལ་སྐད་ཐོག་ནས་མིང་ཚིག་འབོད་སྟངས་མི་འདྲ་བས་གཅིག་འགྱུར་ཞིག་བྱུང་མེད།

ལྷག་པར་དེང་སྐབས་དངོས་པོ་དང་མིང་ཚིག་གསར་པ་མང་པོ་ཞིག་ཐོན་ཡོང་དུས་ལོ་ཆུང་ཚང་མས་རྒྱ་སྐད་དང་དབྱིན་སྐད་ཐད་ཀར་འབོད་པ་ལས་བོད་ཡིག་གང་ཡིན་པ་ཤེས་ཀྱི་མེད། ད་ལྟ་སློབ་གྲྭ་བ་མང་ཆེ་བས་བོད་ཁང་གི་ཀ་བ་དང་གདུང་མ། ལྕམ་ཤིང་སོགས་རྒྱ་སྐད་ལས་བོད་སྐད་ཀྱི་མིང་ཏ་ལམ་ཤེས་ཀྱི་མེད།

1976ལོར་རང་ཉིད་འཆར་འགོད་ལས་ཁུངས་ལ་ཐོག་མར་སློབ་སྦྱོང་བྱེད་པའི་སྐབས་ནས་དགེ་རྒན་རྣམ་པས་ཨར་སྐྲུན་སྐོར་གྱི་མིང་ཚིག་ཡིག་སྒྱུར་ལ་འབད་བརྩོན་བྱ་དགོས་པའི་བཀའ་སློབ་གནང་ཞིང་། སྐབས་དེར་རྒྱལ་ཡོངས་ཀྱི་བོད་ཡིག་རྩོམ་སྒྱུར་ནང་ 建筑 ལ་འཛུགས་སྐྲུན་ཞེས་ 建设 ཡི་གོ་དོན་དུ་སྒྱུར་གྱི་ཡོད་པ་ལས་དབྱེ་བ་འབྱེད་མི་འདུག

རང་ཉིད་ཀྱིས་སྐབས་དེར་གཞི་འཛིན་ས《རྒྱ་བོད་ཤན་སྦྱར་ཚིག་མཛོད་》(汉藏词典)(1964ལོའི་ཟླ2པར་པེ་ཅིང་མི་རིགས་དཔེ་སྐྲུན་ཁང་ནས་པར་སྐྲུན་བྱས་པ་)དེ་ཡི་ནང་ 建筑 མིང་ཚིག་ལ་ཨར་ལས་དང་། བྱ་ཚིག་ལ་བཟོ་སྐྲུན། འཛུགས་སྐྲུན་ཞེས་སྒྱུར་གནང་འདུག 混凝土 ལ་ཨར་འདམ་དང་། 水泥 ལ་ཡང་ཨར་འདམ་ཞེས་སྒྱུར་གནང་འདུག ད་དུང་ 规划 ལ་འཆར་འགོད་དང་། 设计 ལ་ཇུས་འགོད་ཅེས་བསྒྱུར་བ། 施工 ལ་ལས་ཀ་དངོས་སུ་བྱེད་པ་ཞེས་བསྒྱུར་བ་སོགས་ཁོང་རྣམ་པ་རྒྱ་བོད་ཡིག་སྒྱུར་གྱི་མཁས་དབང་རྒན་རབས་སྐད་གྲགས་ཅན་ཡིན་ན་ཡང་ང་ཚོའི་ཆེད་ལས་ཀྱི་ཐོག་ནས་དབྱེ་ཞིབ་བྱ་དུས་སྐྱོན་ཆ་ཆེན་པོ་འདུག་པས་རང་ཉིད་བོད་ཡིག་ཆུ་ཚད་ངེས་ཅན་ཡོད་ཐོག་ཨར་སྐྲུན་ཆེད་ལས་པ་ཞིག་གི་ངོས

ནས་དཔྱད་བསྡུར་བྱས་ཏེ་ 建筑 དེ་རྒྱ་ཡིག་ཐོག་མིང་ཚིག་དང་བྱ་ཚིག་གཉིས་ཀ་འཇུག་ཅིང་། མ་གཞི་ཚིག་འབྲུའི་ཐོག་ནས་བལྟས་ན་ 建筑 དེ་བཟོ་སྐྲུན་དང་མཚུངས་པ་ཡིན་ན་ཡང་ཁང་ལས་ཀྱི་ཆེད་ལས་པས་ 建筑 ཞེས་ཁང་པའི་སྐྲུན་དངོས་ལ་བཏགས་པ་ཞིག་ཡིན་པས་རང་ཉིད་ཀྱིས་ 建筑 དེ་ཨར་སྐྲུན་ཞེས་བསྒྱུར་ན་གོ་བདེ་བ་དང་འཐོད་བདེ་བ་ཞིག་ཡོད་པ་བསམ་བྱུང་། 混凝土 ལ་ཐོག་མར་དོན་སྒྱུར་བྱས་ནས་བསྲེས་འཁེང་ས་ཞེས་བྲིས་ནའང་གོ་དཀའ་ལ་འགོད་མི་བདེ་བས་རྡོ་འདག་ཅེས་བྲིས་པ་རྡོ་བསྲེས་པའི་འདག་པ་ཡིན་པས་རྡོ་འདག་ཟེར་ན་འཐོད་བདེ་བ་དང་དོན་གོ་བ་ཞིག་ཡོང་གི་འདུག གཞན་ཡང་གྲོང་ཁྱེར་གྱི་ 规划 དེ་ཁང་པ་གང་ན་རྒྱག་པ། ལམ་གང་ནས་བཟོ་བ་ཞིག་ཡིན་པས་ 规划 དེ་ཇུས་འགོད་ཟེར་ན་འཚམས་པོ་ཡོད་པ་དང་། 设计 དེ་ཁང་པའི་ཆེ་ཆུང་དང་མཐོ་དམའ་སོགས་ཀྱི་ཁང་བཀོད་དེ་འཆར་འགོད་པའི་བློ་ལ་འཆར་བ་དེ་བཞིན་འགོད་རྒྱུ་ཡིན་པས་འཆར་འགོད་ཟེར་ན་འཚམས་པ་ལས་ཇུས་གཞི་ཙམ་བརྟན་པ་མ་ཡིན་པར་སེམས་ཀྱི་འཆར་ཚུལ་ཚང་མ་བཀོད་པས་འཆར་འགོད་དེ་རང་འཚམས་པ་བསམ་གྱི་ཡོད། 水泥 ལ་ཨར་འདམ་ཞེས་དུས་རབས་གོང་མའི་ལོ་རབས་ལྔ་བཅུའི་འགོ་ལ་ལྷུང་ལོ་ཅན་སྒོ་ལགས་ནས་ 报纸 ལ་ཚགས་པར་དང་ 水泥 ལ་ཨར་འདམ་ཞེས་འདོད་རྒྱལ་གྱི་མིང་བཏགས་པ་ད་ལྟ་ཚང་མས་ཁས་ལེན་པ་དང་གོམས་གཤིས་སུ་གྱུར་ཡོད་པས་ངས་ 混凝土 ལ་རྡོ་འདག་ཅེས་བཏགས་པ་ཡང་དེ་བཞིན་བྱུང་ན་བསམ་གྱི་ཡོད། གཞན་ཡང་ཨར་ལས་ཐོག་བེད་སྤྱོད་ཆེ་བའི་ 钢筋 ཞེས་པ་ཚིག་མཛོད་ནང་བཀོད་མེད་པར་ངས་ལྕགས་རྩིབས་ཞེས་བསྒྱུར་ཡོད།

གོང་གསལ་ 建筑 ལ་ཨར་སྐྲུན་ཞེས་བསྒྱུར་བ་སོགས་དེ་སྔོན1976ལོར་བོད་ལྗོངས་ཚགས་པར་ཁང་གི་གཙོ་འགན་རྩོམ་སྒྲིག་པ་རྗེས་སུ་རང་སྐྱོང་ལྗོངས་རྩོམ་སྒྱུར་ལས་ཁུངས་ཀྱི་རྩོམ་སྒྲིག་པ་ཆེན་མོ་བཀྲ་ཤིས་རྒྱལ་མཚན་ལགས་དང་ང་རང་གི་ཨ་ཁུ་མི་ཉག་མཁྱེན་རབ་འོད་གསལ་སོགས་ལ་བཀའ་འདྲི་ཞུས་རྗེས་ཡག་པོ་བྱུང་འདུག་ཅེས་མོས་མཐུན་གནང་སྩོལ། འདིར་གཙོ་བོ་ཨར་སྐྲུན་སྐོར་གྱི་མིང་ཚིག་བཀོད་ཡོད་པ་དཔྱད་གཞིར་ཕུལ་བ་ཡིན་པས་ཚང་མས་ཐུགས་འཇགས་གནང་རོགས།

མི་ཉག་ཆོས་ཀྱི་རྒྱལ་མཚན་ནས།

2023ལོའི་ཟླ6པར།

༄༅། །ཀྲུང་གོ་བོད་རིགས་ཀྱི་གནའ་རབས་ཡར་སྨན་ལོ་རྒྱུས།

རྩོམ་པ་པོ།	མི་ཉག་ཆོས་ཀྱི་རྒྱལ་མཚན།
རྩོམ་སྒྲིག་འགན་འཁུར་བ།	ཀང་བཙུགས། སྐལ་བཟང་བདེ་སྐྱིད། སྐལ་བཟང་མཚོ།
ཁ་ཤོག་རྟུས་འགོད།	སྐལ་ཚེ།
པར་འདེབས་འགན་འཁུར་བ།	བཀྲ་ཤིས་བསམ་གྲུབ།
དཔེ་སྐྲུན་འགྲེམས་སྤེལ་ཚན་པ།	བོད་ལྗོངས་མི་དམངས་དཔེ་སྐྲུན་ཁང་། （ལྷ་ས་གླིང་སྐོར་བྱང་ལམ་སྒོ་ཨང་20པ།）
པར་འདེབས་ཚན་པ།	ལྷ་ས་གྲོང་ཁྱེར་མིང་ཤིན་པར་འདེབས་ཚད་ཡོད་ཀུང་སི།
དེབ་ཚད།	889×1194 1/16
དཔར་ཤོག	46.75
ཡིག་གྲངས།	ཁྲི་65
པར་གཞི་སྒྲིག་ཐེངས།	2024ལོའི་ཟླ8པར་པར་གཞི་1བསྒྲིགས།
དཔར་ཐེངས།	2024ལོའི་ཟླ8པར་དཔར་ཐེངས་1བཏབ།
དཔར་གྲངས།	01－3,000
དཔེ་རྟགས།	ISBN 978－7－223－07007－2
བཅད་གོང་།	སྒོར་260.00